G. Kortüm/H. Lachmann

Einführung in die chemische Thermodynamik

G. Kortüm / H. Lachmann

Einführung in die chemische Thermodynamik

Phänomenologische und statistische Behandlung

7., ergänzte und neubearbeitete Auflage

Verlag Chemie Weinheim · Deerfield Beach, Florida · Basel
Vandenhoeck & Ruprecht Göttingen
1981

Prof. Dr. Gustav Kortüm
Wolfgang-Stock-Straße 21
D-7400 Tübingen

Dr. Heinrich Lachmann
Institut für Physikalische Chemie der Universität
Marcusstraße 9 – 11
D-8700 Würzburg

Verlagsredaktion: Dr. Hans F. Ebel

Dieses Buch enthält 141 Abbildungen und 32 Tabellen.

CIP-Kurztitelaufnahme der Deutschen Bibliothek
Kortüm, Gustav:
Einführung in die chemische Thermodynamik: phänomenolog. u. statist. Behandlung/G. Kortüm; H. Lachmann. – 7., erg. u. neubearb. Aufl. – Weinheim; Deerfield Beach, Florida; Basel: Verlag Chemie; Göttingen: Vandenhoeck & Ruprecht, 1981.
ISBN 3-527-25881-7 (Verl. Chemie)
ISBN 3-525-42310-1 (Vandenhoeck & Ruprecht)
NE: Lachmann, Heinrich:

Satz und Druck: Krebs-Gehlen Druckerei GmbH & Co. KG, D-6944 Hemsbach
Bindung: Buchbinderei Josef Spinner, D-7583 Ottersweier
Printed in the Federal Republic of Germany

Vorwort zur siebten Auflage

Die 1. Auflage dieses Buches von 1949 wurde geschrieben, um die Thermodynamik der charakteristischen Zustandsfunktionen nach *Gibbs* und *Planck* auch im deutschen Sprachraum dem Chemiker zugänglich zu machen; im angelsächsichen Sprachgebiet war dies bereits durch das didaktisch sehr erfolgreiche Buch von *Lewis* und *Randall* geschehen. Die Thermodynamik der Zustandsfunktionen bietet zwar dem Anfänger größere Schwierigkeiten als der anschaulichere Weg über die Kreisprozesse, entschädigt ihn aber dadurch, daß sie sehr viel rascher zu dem tieferen Verständnis thermodynamischer Zusammenhänge führt, das für ihre praktische Anwendung auf chemische Probleme unerläßlich ist.

Inzwischen hat sich diese Methode, Thermodynamik zu lehren, allgemein durchgesetzt und wurde in zahlreichen größeren und kleineren Lehrbüchern verwendet. Dieses als „Einführung“ bestimmte Buch wurde im Lauf der Jahre mehrmals gründlich überarbeitet, ergänzt und bezüglich der Zahlenwerte auf den neuesten Stand gebracht. Da es dazu dienen sollte, dem Chemiker die Thermodynamik der Zustandsfunktionen in strenger, aber verständlicher Form nahezubringen, wurde auf didaktische Gesichtspunkte besonderer Wert gelegt. Die Thermodynamik der Elektrolytlösungen wurde nicht speziell behandelt, da dies im „Lehrbuch der Elektrochemie“ des einen Verfassers (5. Auflage, 1972, Verlag Chemie) ausführlich geschehen ist. Dagegen wurde zuweilen bemängelt, daß die Ergebnisse der Quantenstatistik bisher nicht berücksichtigt bzw. nur am Rande vermerkt worden waren. Wir haben uns deshalb entschlossen, der siebenten Auflage ein Kapitel über statistische Thermodynamik anzufügen, das die phänomenologisch beobachteten Eigenschaften der Materie mit ihrer molekularen Struktur verknüpft. Auch hierbei wurde auf die verständliche, aber exakte Darstellung der Grundprinzipien besonderer Wert gelegt und deshalb auch auf die Behandlung nichtidealer Systeme (reale Gase, Flüssigkeiten) verzichtet. Die „Thermodynamik der irreversiblen Prozesse“ wurde ebenfalls nicht behandelt (vgl. S. 3).

Da es sich um eine 7. Auflage handelt, wurden die früher benutzten Formelzeichen weitgehend beibehalten und nur, wo es leicht möglich war, den Empfehlungen der IUPAC angepaßt. Weitaus die Mehrheit der Symbole entsprach auch in den früheren Auflagen schon diesen Empfehlungen. Als Maßeinheiten wurden durchweg SI-Einheiten benutzt, zuweilen wurden für die Energie neben den Joule auch noch die Kalorien angegeben. Als Standarddruck wurde die Atmosphäre (1 atm = 1,03125 bar) benutzt.

Die Begriffe der neusten DIN-Normen (1310 bzw. 32625, Dezember 1979 bzw. Juli 1980), die im Hochschulbereich noch kaum bekannt sind, sind im Symbolverzeichnis und z. T. auch im Text in spitzen Klammern ⟨...⟩ angefügt (vgl. dazu auch die Kritik von *F. Seel,* Nachr. Chem. Techn. Lab. *29,* 222 (1981)); ältere Begriffe werden zum Vergleich in eckigen Klammern [...] angegeben.

Die Tabellen des Anhangs wurden nach den neuesten Literaturdaten völlig überarbeitet und auf SI-Einheiten umgerechnet. Um die Umrechnung zwischen verschiedenen Maßsystemen zu erleichtern, wurden die Tabellen I – III (Naturkonstanten sowie Druck- und Energieumrechnungsfaktoren) auf den hinteren Innendeckel verlegt.

Für ihre wertvolle Hilfe bei der Herstellung des Manuskripts, den Korrekturen und der Umzeichnung der Abbildungen haben wir Frau Dr. *M. Kortüm* und Frau Dr. *G. Lachmann* aufrichtig zu danken, ebenso dem Verlag Chemie für die ausgezeichnete Betreuung dieses Buches und Frl. *D. Gehnert* für ihre Hilfe bei der Überarbeitung der Tabellen und der Erstellung des Registers. Herrn Prof. Dr. *H. Versmold* danken wir für wertvolle Diskussionsbeiträge sowie für die kritische Durchsicht von Kap. VIII.

Tübingen, im Frühjahr 1981

G. Kortüm
H. Lachmann

Aus dem Vorwort zur dritten Auflage

Es gibt bekanntlich zwei verschiedene Methoden, Thermodynamik zu lernen: Die Thermodynamik der Kreisprozesse, die im wesentlichen aus Überlegungen von *Carnot, Raoult, van't Hoff, Helmholtz* und *Nernst* entwickelt wurde, und die Thermodynamik der charakteristischen Zustandsfunktionen, die auf die Namen *Gibbs* und *Planck* zurückgeht. Dieses Nebeneinander zwei verschiedener, historisch bedingter Richtungen hat dazu geführt, daß insbesondere die chemische Thermodynamik in verschiedenen Sprachgebieten in verschiedener Weise gelehrt wurde. Während im angelsächsischen Sprachgebiet das didaktisch so erfolgreiche Buch von *Lewis* und *Randall* die *Gibbs*sche Thermodynamik sehr rasch auch dem Chemiker zugänglich gemacht hat, so daß sie heute ausschließlich verwendet wird, hat sie sich trotz der Übersetzung des *Lewis-Randall*schen Buches im deutschen Sprachgebiet bis heute noch nicht vollständig durchgesetzt.

Von dieser Überlegung ausgehend hatte der Verfasser versucht, eine einfache und doch nach Möglichkeit strenge und geschlossene Darstellung der Thermodynamik der Zustandsfunktionen für den Anfänger zu schreiben. Wie sehr eine solche Darstellung für den Chemiker erwünscht und notwendig ist, wird dadurch unterstrichen, daß seit dem Erscheinen der ersten Auflage dieses Buches im Jahre 1949 im angelsächsischen Sprachgebiet fast ein Dutzend analoger Lehrbücher erschienen ist, die bei allen Unterschieden im Aufbau und in Einzelheiten doch sämtlich dem gleichen Zweck dienten, die Thermodynamik der Zustandsfunktionen dem Chemiker in verständlicher Form nahezubringen. Zusammenhänge mit den Ergebnissen der Molekulartheorie und der Quantenstatistik wurden nur am Rande vermerkt, um die Einheitlichkeit – den roten Faden – der Darstellung zu wahren, worauf stets besonderer Wert gelegt wurde. Auch auf Rechenübungen zu den einzelnen Kapiteln, die sonst in Lehrbüchern dieser Art üblich sind, wurde verzichtet, einmal um den Umfang des Buches nicht allzu groß werden zu lassen, zum andern, weil in den letzten Jahren ausgezeichnete Sammlungen thermodynamischer Aufgaben (*Fromherz, Guggenheim, Holleck*) erschienen sind, die als Ergänzungen zu dieser Einführung nachdrücklich empfohlen seien.

Für seine Hilfe beim Lesen der Korrekturen und für zahlreiche wertvolle Verbesserungsvorschläge habe ich Herrn Dr. H. *Mauser* herzlich zu danken.

Tübingen, im Herbst 1959 *G. Kortüm*

Inhalt

Liste der Symbole [1]

a_i	Aktivität der Komponente *i*
$[a_i]$	Gleichgewichtsaktivität der Komponente *i*
a	*van der Waals*sche Konstante
A	Arbeit
A_σ	Grenzflächenarbeit
b	Covolumen nach *van der Waals*
B	Zweiter Virialkoeffizient eines realen Gases
$\bar{B}$	Mittlerer Virialkoeffizient einer Gasmischung
B	Konstante
c	spezifische Wärme
c_i	Molarität [Liter-Molarität, (molare) Volumenkonzentration], ⟨Stoffmengenkonzentration⟩ der Komponente *i*
$[c_i]$	Gleichgewichtskonzentration der Komponente *i*
$\boldsymbol{C}$, C	Verteilungskoeffizient
C	Wärmekapazität
$\boldsymbol{C}_V$	Molwärme eines reinen Stoffes bei konstantem Volumen
$\boldsymbol{C}_p$	Molwärme eines reinen Stoffes bei konstantem Druck
$\boldsymbol{C}_{p_{0i}}$	partielle Molwärme des Stoffes *i* bei unendlicher Verdünnung
C_{V_i}, C_{p_i}	partielle Molwärme der Komponente *i*
$C^*_{p_i}$	scheinbare Molwärme der Komponente *i*
$\bar{C}_p$	mittlere Molwärme
$\Delta\bar{C}^E_p$	mittlere Zusatzmolwärme
$\Delta C^E_{p_i}$	partielle Zusatzmolwärme der Komponente *i*
ΔC_V, ΔC_p	Änderung der Wärmekapazität pro Formelumsatz
$\Delta\boldsymbol{C}_V$, $\Delta\boldsymbol{C}_p$	Änderung der Wärmekapazität pro Formelumsatz von Standardreaktionen
$\boldsymbol{C}_{p_0}$	*T*-unabhängiger Anteil der Molwärme eines Gases
$\boldsymbol{C}_v$	*T*-abhängiger Anteil der Molwärme eines Gases
E	Energie (potentielle bzw. kinetische)
E	Elektromotorische Kraft einer galvanischen Zelle

---

1 Aufgeführt sind nur die wichtigsten der benutzten Formelzeichen. Für die molaren Größen *reiner Stoffe* werden fette Buchstaben benutzt (vgl. S. 16[4], 29[1]). Die Begriffe der neusten DIN-Normen (1310 bzw. 32625, ab Dezember 1979) werden in spitzen Klammern ⟨ ... ⟩ angefügt, ältere Begriffe werden in eckigen Klammern [...] angegeben.

$\boldsymbol{E}, \boldsymbol{E}_0$	Elektromotorische Kraft unter Standardbedingungen
E_F	Fermi-Grenzenergie
E_S	molare Siedepunktserhöhung
E_G	molare Gefrierpunktserniedrigung
f	Oberfläche, Grenzfläche
f_0	Osmotischer Koeffizient
f_i	Aktivitätskoeffizient der Komponente i, auf den reinen Stoff normiert
f_{0i}	rationeller Aktivitätskoeffizient der Komponente i, bezogen auf die unendlich verdünnte Lösung
$f_{0i(m)}$	praktischer Aktivitätskoeffizient der Komponente i, bezogen auf die unendlich verdünnte Lösung
$f_{0i(c)}$	praktischer Aktivitätskoeffizient der Komponente i, bezogen auf die unendlich verdünnte Lösung
F	Freie Energie (Helmholtz-Energie)[1]
$\bar{F}$	mittlere molare Freie Energie
ΔF	Reaktionsarbeit pro Formelumsatz bei konstantem Volumen
F_σ	Freie Energie der Grenzflächenphase
F	Faraday-Konstante
g	Schwerebeschleunigung
g_i	Entartungsgrad
G	Freie Enthalpie (Gibbs-Energie)
$\bar{G}$	mittlere molare Freie Enthalpie
$\Delta\bar{G}^E$	mittlere molare Freie Zusatz-Enthalpie
ΔG	Reaktionsarbeit pro Formelumsatz bei konstantem Druck
$\Delta\boldsymbol{G}, \Delta\boldsymbol{G}_0$	Standard-Reaktionsarbeit (bei konstantem Druck)
$\Delta\boldsymbol{G}^B, \Delta\boldsymbol{G}_0^B$	Freie Standard-Bildungsenthalpie
G_σ	Freie Enthalpie der Grenzflächenphase
h	*Planck*sche Konstante
ΔH	differentielle molare Verdampfungswärme
H	Enthalpie
$\boldsymbol{H}$	Molare Enthalpie eines reinen Stoffes
$\Delta\boldsymbol{H}_{Verd.}$	äußere molare Verdampfungswärme
$\Delta\boldsymbol{H}_{Subl.}$	äußere molare Sublimationswärme
$\Delta\boldsymbol{H}_{Schm.}$	äußere molare Schmelzwärme
$\Delta\boldsymbol{H}_{Umw.}$	äußere molare Umwandlungswärme
H_i	partielle molare Enthalpie der Komponente i
$\boldsymbol{H}_{0i}$	partielle molare Enthalpie der Komponente i bei unendlicher Verdünnung
$\bar{H}$	mittlere molare Enthalpie
$\Delta\bar{H}^E$	mittlere molare Mischungswärme (mittlere molare Zusatzenthalpie)
ΔH_i^E	partielle molare Mischungswärme (partielle molare Zusatzenthalpie) der Komponente i

[1] Nach IUPAC mit A bezeichnet (vgl. S. 157[1]); die Arbeit wird dann mit W bezeichnet.

ΔH_1^E	differentielle Verdünnungswärme
$\Delta \bar{H}$	integrale Mischungwärme
$\Delta H/n_i$	integrale Lösungswärme der Komponente *i*
H_σ	Grenzflächenenthalpie
H_σ	partielle molare Enthalpie der Grenzflächenphase
H_σ^*	spezifische Grenzflächenenthalpie pro cm^2
$\boldsymbol{H}_\sigma$	molare Grenzflächenenthalpie
$H_{\sigma f}$	Benetzungswärme
ΔH	Reaktionswärme pro Formelumsatz bei konstantem Druck (Reaktionsenthalpie)
$\Delta \boldsymbol{H}, \Delta \boldsymbol{H}_0$	Standard-Reaktionsenthalpie pro Formelumsatz
$\Delta \boldsymbol{H}^B$	Standard-Bildungsenthalpie
I	Trägheitsmoment
j	Gesamtdrehimpuls-Quantenzahl der Elektronen
j_p	thermodynamische Dampfdruckkonstante
J	Integrationskonstante
J	Ionenstärke
J	*Massieu* sche Funktion
J	Mechanisches Wärmeäquivalent
J	Rotationsquantenzahl
k	*Boltzmann*-Konstante
$\boldsymbol{K}, \boldsymbol{K}_{(x)}, \boldsymbol{K}_{(0x)}, \boldsymbol{K}_{(m)}, \boldsymbol{K}_{(c)}, \boldsymbol{K}_{(p^*)}$	Thermodynamische Gleichgewichtskonstanten
$\boldsymbol{K}^B$	thermodynamische Gleichgewichtskonstante einer Bildungsreaktion
$K, K_{(x)}, K_{(m)}, K_{(c)}, K_{(p)}$	Gleichgewichtskonstanten in idealen Mischungen bzw. „klassische" Gleichgewichtskonstanten
l	Löslichkeit
m	Masse
m_i	Molalität [Kilogramm-Molarität, (molare) Gewichtskonzentration] der Komponente *i*
$[m_i]$	Gleichgewichts-Molalität der Komponente *i*
M	molare Masse (in g/mol) [Molmasse]
M_r	Molekulargewicht ⟨relative Molekülmasse⟩
n_i	Stoffmenge [Molzahl] der Komponente *i*
$[n_i]$	Gleichgewichts-Stoffmenge der Komponente *i*
N	Zahl der Teilchen eines Systems
N_L	*Loschmidt* sche Zahl ⟨*Avogadro*-Konstante⟩
n_a	spezifische Belegungsdichte des Adsorbenden
$\mathbb{N}$	kanonisches Ensemble

p	Druck
p_0	Druck bei 0 °C
p^+	Standarddruck
p_i	Partialdruck der Komponente i in einer Gasmischung
$[p_i]$	Gleichgewichts-Partialdruck der Komponente i
$p_{0,i}$	Druck eines reinen Gases
p^*	Fugazität eines reinen Gases
p_i^*	Fugazität der Komponente i in einer Gasmischung
$[p_i^*]$	Gleichgewichts-Fugazität der Komponente i
p_s	Sättigungsdruck
p_σ	Kapillardruck
Q	Wärme
r	Radius
R	Gaskonstante
R	*Ohm*scher Widerstand
s	kritischer Koeffizient
S	Entropie
$\boldsymbol{S}$	molare Entropie eines reinen Stoffes
S_i	partielle molare Entropie der Komponente i
$\boldsymbol{S}_{0i}$	partielle molare Entropie bei der idealisierten Konzentration $m_i = 1$
$\bar{S}$	mittlere molare Entropie
$\Delta\bar{S}^E$	mittlere molare Zusatz-Entropie
ΔS	Reaktionsentropie pro Formelumsatz
$\Delta\boldsymbol{S}, \Delta\boldsymbol{S}_0$	Standard-Reaktionsentropie pro Formelumsatz
$\boldsymbol{S}_0$	molare Nullpunktsentropie reiner Stoffe
S^*_{Gas}	Entropiekonstante eines reinen Gases
S_σ	Entropie der Grenzflächenphase
S_σ^*	spezifische Entropie der Grenzfläche pro cm^2
t	Temperatur (in °C)
T	absolute Temperatur (in K)
T_0	273,15 K
$\bar{u}$	mittlere Geschwindigkeit
U	Innere Energie
U_σ	Innere Energie der Grenzflächenphase
$\boldsymbol{U}$	molare Innere Energie eines reinen Stoffes
$\Delta\boldsymbol{U}_{\mathrm{Verd.}}$	Innere molare Verdampfungswärme reiner Stoffe
U_i	partielle molare Innere Energie der Komponente i
$\bar{U}$	mittlere molare Innere Energie
ΔU	Reaktionswärme pro Formelumsatz bei konstantem Volumen
$\Delta\boldsymbol{U}$	Standard-Reaktionswärme pro Formelumsatz (bei konstantem Volumen)

v	Rücklaufverhältnis
v	Schwingungsquantenzahl
V	Volumen
V_0	Volumen bei 0°C
$\boldsymbol{V}$	Molvolumen eines reinen Stoffes
V_i	partielles Molvolumen der Komponente i
$\boldsymbol{V}_{0i}$	partielles Molvolumen bei unendlicher Verdünnung
ΔV	Volumenänderung pro Formelumsatz
ΔV_i^E	partielles Zusatz-Molvolumen der Komponente i
$\Delta \boldsymbol{V}, \Delta \boldsymbol{V}_0$	Volumenänderung pro Formelumsatz unter Standardbedingungen
$\bar{V}$	mittleres Molvolumen
$\Delta \bar{V}^E$	mittleres Zusatz-Molvolumen
V_σ	Volumen der Grenzflächenphase
w	mathematische Wahrscheinlichkeit
w_i	Gewichtsprozent ⟨Massenanteil in %⟩
x_i	Molenbruch der Komponente i ⟨Stoffmengenanteil⟩
$[x_i]$	Gleichgewichtsmolenbruch der Komponente i
y	Bildungsgrad, Ausbeute
Y	*Planck*sche Funktion
Z	Zustandssumme (lokalisierte Teilchen)
$\overset{*}{Z}$	Zustandssumme (nichtlokalisierte Teilchen)
$\overset{**}{Z}$	Zustandssumme $\overset{*}{Z}/N_L!$

α	thermischer Ausdehnungskoeffizient, bezogen auf das vorliegende Volumen
α	Dissoziationsgrad
α_0	relative Flüchtigkeit einer idealen binären Mischung
α	relative Flüchtigkeit einer nichtidealen binären Mischung
β	Spannungskoeffizient, bezogen auf den vorhandenen Druck p
Γ_i	Grenzflächenkonzentration der Komponente i
δ	differentieller *Joule-Thomson*-Koeffizient
δ	Dicke der Grenzflächenphase
ε	isothermer Drosseleffekt
ε_i	Energie-Eigenwert
η	thermischer Nutzeffekt

ϑ	reduzierte Temperatur
Θ	charakteristische Temperatur
Θ	Belegungsdichte
$\varkappa$	Verhältnis $\boldsymbol{C}_p/\boldsymbol{C}_V$
$\varkappa$	Kompressibilitätsfaktor
λ, μ	Lagrange-Faktoren
μ	reduzierte Masse
μ_i	chemisches Potential der Kompoente i
$\boldsymbol{\mu}$	Standardpotential, bezogen auf den reinen Stoff
$\boldsymbol{\mu}^+$	chemisches Potential eines reinen Gases beim Standarddruck p^+
$\boldsymbol{\mu}_{0i}, \boldsymbol{\mu}_{0i(m)}, \boldsymbol{\mu}_{0i(c)}$	Standardpotentiale, bezogen auf die unendlich verdünnte Lösung
μ_i^E	chemisches Zusatzpotential der Komponente i
μ_σ	chemisches Potential der Grenzfläche
ν	Frequenz
$\tilde{\nu}$	Wellenzahl
ν_i	stöchiometrische Äquivalenzzahl der Komponente i
ξ	Reaktionslaufzahl
π	reduzierter Druck
Π	innerer Druck
Π	osmotischer Druck
Π_0	osmotischer Druck ideal verdünnter Lösungen
ϱ	Dichte
σ_0	Grenzflächenspannung einer reinen Flüssigkeit
σ	Grenzflächenspannung einer kondensierten Phase
σ	Symmetriezahl
$\boldsymbol{\sigma}$	molare Grenzflächenspannung
σ_f	Haftspannung
φ	Wärmeverhältnis eines *Carnot*schen Kreisprozesses
φ_i	scheinbares Molvolumen der Komponente i
φ	Volumenbruch ⟨Volumenanteil⟩
φ_0	Fugazitätskoeffizient eines reinen Gases
φ_i	Fugazitätskoeffizient der Komponente i in einer Gasmischung
φ	reduziertes Volumen
χ	Kompressibilität, bezogen auf das vorhandene Volumen V
χ	Spin-Eigenfunktion
ψ	Orts-Eigenfunktion
Ω	statistisches Gewicht

Tabellenverzeichnis

Kapitel I

Definitionen und Grundbegriffe

1 Aufgabe der Thermodynamik und Grenzen ihrer Leistungsfähigkeit in der Chemie

Die Thermodynamik verknüpft, ausgehend von ganz wenigen grundlegenden Postulaten, den sog. Hauptsätzen der Thermodynamik, empirisch gefundene und zunächst scheinbar voneinander unabhängige *makroskopische,* d. h. der Messung unmittelbar zugängliche Eigenschaften der Materie untereinander. Sie bedient sich dazu einer – ebenfalls geringen – Anzahl charakteristischer Größen, die auf Grund der Hauptsätze definiert werden und die ausschließlich vom *Zustand* des betrachteten Stoffes oder Systems abhängen; man bezeichnet deshalb diese Größen als *Zustandsfunktionen,* durch sie wird der Zustand des Systems eindeutig festgelegt. Ihre Zahlenwerte hängen von den äußeren Bedingungen, den sog. *Zustandsvariablen* ab, zu diesen gehören Druck, Temperatur, chemische Zusammensetzung, Oberfläche, elektrische Ladung usw., je nach der Art des betrachteten Systems. Diese Zustandsfunktionen und ihre partiellen Ableitungen nach den Zustandsvariablen ergeben unmittelbar die genannten Zusammenhänge zwischen verschiedenen makroskopischen Eigenschaften des Systems. Wenn also ein Teil dieser Eigenschaften experimentell bestimmt ist, so lassen sich andere auf Grund thermodynamischer Beziehungen berechnen. Die Gesamtheit dieser Beziehungen bildet ein in sich geschlossenes Formelsystem, mit dessen Hilfe man das makroskopische Verhalten der Materie theoretisch vollständig beherrscht.

Die Bedeutung der Thermodynamik für die Chemie kann nicht hoch genug eingeschätzt werden, sie erst hat die Chemie nach der Entdeckung der stöchiometrischen Gesetze zu einer exakten Wissenschaft gemacht, indem sie den vagen Begriff der „chemischen Affinität" der Stoffe zueinander als die Änderung einer Zustandsfunktion präzisierte und damit der quantitativen Messung zugänglich machte, und indem sie den fundamentalen Begriff des *chemischen Gleichgewichts* einführte. Sie ist dadurch die Grundlage der klassischen theoretischen Chemie geworden.

Für die Anwendung der Thermodynamik in der praktischen Chemie ist es von besonderer Bedeutung, daß es heute prinzipiell möglich ist, jedes chemische Gleichgewicht auf Grund relativ leicht zugänglicher thermischer Meßdaten für bestimmte Standardwerte der Temperatur, des Drucks bzw. der Konzentrationen der Reaktionsteilnehmer vorauszuberechnen, und daß es mittels geeigneter Näherungsformeln gelingt, die Lage der Gleichgewichte auch für beliebige andere Temperaturen und Drucke mit guter Näherung abzuschätzen. Damit ist der Chemiker in die Lage versetzt, vorauszusagen, ob eine Reaktion überhaupt möglich ist, den optimalen Druck- und Temperaturbereich für eine Reaktion zu ermitteln, ihre Ausbeute vorauszuberechnen und Aussagen über die Stabilität synthetischer Stoffe zu machen. Außer dieser wichtigsten Leistung hat die chemische Thermodynamik gerade in neuerer Zeit wertvollste Beiträge zu unseren Kenntnissen über den Zustand von Mischungen und Lösungen aller Art, über den

Zustand hochpolymerer Stoffe, der Kolloide und der Phasengrenzflächen geliefert und damit auch für die moderne Entwicklung ihre Stellung als einer der Grundpfeiler im Gebäude der theoretischen Chemie gewahrt.

In der wesentlichen Leistung der Thermodynamik, allgemeine Zusammenhänge zwischen beobachtbaren makroskopischen Eigenschaften der Materie zu liefern, liegt zugleich die Beschränkung ihrer Leistungsfähigkeit. Sie vermag grundsätzlich nichts auszusagen über den molekularen Aufbau der Materie. Zwar sind die makroskopischen Eigenschaften eines Stoffes, wie z. B. die Viskosität, der Dampfdruck, der Brechungsindex, die Kompressibilität usw. letzten Endes durch die Eigenschaften der einzelnen ihn aufbauenden Teilchen bedingt, und es müssen deshalb mehr oder weniger einfache Zusammenhänge zwischen dem makroskopischen Verhalten und den Molekeleigenschaften existieren. Da jedoch die Thermodynamik rein phänomenologisch die Beziehungen zwischen den makroskopischen Eigenschaften darstellt, jedoch nichts Konkretes über eine einzelne dieser Eigenschaften selbst auszusagen vermag, ist es auch grundsätzlich unmöglich, aus thermodynamischen Überlegungen irgendwelche Vorstellungen über den Aufbau der Materie aus ihren kleinsten Bausteinen, den Molekeln, zu gewinnen. Die thermodynamischen Gesetze würden deshalb auch gelten, wenn die Materie nicht aus molekularen Einzelteilchen bestände, sondern etwa kontinuierlich wäre. Alle auf der molekularen Struktur der Materie beruhenden Vorstellungen sind somit der Thermodynamik prinzipiell fremd und sind, soweit man sie trotzdem benutzt, nachträglich aus der Molekulartheorie übernommen.

Um den Zusammenhang zwischen der *phänomenologischen Thermodynamik* und der Molekulartheorie der Materie herzustellen, muß man versuchen, die makroskopischen Eigenschaften der Stoffe unmittelbar aus den Eigenschaften der molekularen Bausteine und den Gesetzen ihrer Wechselwirkung zu berechnen, die man als bekannt voraussetzt bzw. über die man bestimmte, z. B. der Mechanik entnommene Hypothesen einführt. Da sich nun die Molekeln eines Stoffes im allgemeinen keineswegs sämtlich im gleichen Zustand befinden (man denke etwa an die Geschwindigkeitsverteilung der Molekeln in einem Gas), muß man zur Berechnung der makroskopischen Eigenschaften untersuchen, wie sich die Molekeln über die verschiedenen möglichen Zustände verteilen. Die Ermittlung dieser Verteilungsfunktion ist die Aufgabe der *Statistik.* Ist die Verteilungsfunktion bekannt, so lassen sich die thermodynamischen Zustandsfunktionen unmittelbar aus den Eigenschaften der einzelnen Molekeln herleiten, wodurch der Zusammenhang zwischen Thermodynamik und Molekulartheorie hergestellt ist (vgl. Kap. VIII).

Schließlich ist noch darauf hinzuweisen, daß die klassische Thermodynamik, die sich mit den Gleichgewichtszuständen eines Systems beschäftigt, naturgemäß nicht in der Lage ist, etwas über den *zeitlichen Ablauf* von Veränderungen auszusagen, die sich in einem nicht im Gleichgewicht befindlichen System vollziehen. Die Thermodynamik vermag also zur Theorie der *Reaktionsgeschwindigkeit,* der *Diffusion,* der *Verdampfungsgeschwindigkeit* usw. keinen Beitrag zu leisten, diese sind vielmehr Gegenstand einer besonderen Theorie, der sog. *kinetischen Theorie der Materie,* die aufs engste mit der Molekulartheorie verknüpft ist.

Setzt man jedoch voraus, daß in einem System ein bestimmter Vorgang, wie z. B. eine chemische Reaktion oder ein Wärme- bzw. Stoffaustausch zwischen zwei Phasen, sehr langsam abläuft, so daß man Temperatur, Druck und Zusammensetzung jeder Phase bzw. jedes Volumenelements in jedem Augenblick als praktisch konstant annehmen kann, so lassen sich auch auf ein solches System die thermodynamischen Beziehungen für infinitesimale Zustandsänderungen im Gleichgewicht anwenden. Aus dieser Überlegung hat sich die *„Thermodynamik der* *irreversiblen Prozesse*“ entwickelt, deren Aussagen in manchen Fällen über die der klassischen Thermodynamik hinausgehen, auf die wir jedoch im Rahmen dieses Buches nicht eingehen wollen[1].

2 Thermodynamische Systeme, Phasen, extensive und intensive Eigenschaften

Der oben benutzte Begriff „*thermodynamisches System*“ bedarf einer näheren Definition. Wir verstehen darunter eine beliebige Menge Materie, deren Eigenschaften durch die Angabe bestimmter makroskopischer Variabler eindeutig und vollständig beschrieben werden kann, und die durch irgendwelche physikalischen oder auch nur gedachten Wände gegen ihre Umgebung abgegrenzt ist. Systeme in diesem Sinn, mit denen wir uns häufig beschäftigen werden, sind etwa ein in einem Zylinder mit beweglichem Stempel befindliches Gas, eine Flüssigkeit mit ihrem Dampf, eine gesättigte Lösung mit ihrem Bodenkörper, ein galvanisches Element, ein Reaktionsgemisch usw. Damit der Zustand eines solchen Systems eindeutig festgelegt ist, dürfen offenbar keine zeitlichen Veränderungen in ihm stattfinden, die seine makroskopischen Eigenschaften beeinflussen würden. Das System muß sich also in Ruhe, oder wie man es besser ausdrückt, in einem *Gleichgewichtszustand* befinden, der ohne äußere Einwirkungen beliebig lange erhalten bleibt, und in den das System nach einer vorübergehenden äußeren Störung immer wieder von selbst zurückkehrt. Der Ausdruck „Gleichgewichtszustand“ ist der Mechanik entnommen: wie eine ausbalancierte Waage nach einer momentanen Störung, z. B. durch Anstoßen einer Waagschale, in Schwingungen gerät, schließlich aber in den früheren Gleichgewichtszustand zurückkehrt, so muß auch ein thermodynamisches System nach einer kurzzeitigen Störung, z. B. durch vorübergehende Änderung des Volumens, wieder den alten Zustand einnehmen, wenn es sich vorher im Gleichgewicht befunden hatte.

Wir unterscheiden

a) *isolierte* oder *abgeschlossene Systeme,* die gegenüber ihrer Umgebung vollständig abgeschlossen sind, deren Begrenzungsflächen also sowohl für Energie in irgendeiner Form wie für Materie undurchlässig sind;

b) *geschlossene Systeme,* die mit ihrer Umgebung zwar Energie, aber keine Materie austauschen können;

c) *offene Systeme,* bei denen sowohl Energie wie Materie mit der Umgebung ausgetauscht werden kann.

Sind die makroskopischen Eigenschaften eines Systems in allen seinen Teilen gleich, so nennt man es *homogen*[2]. Ändern sich die Eigenschaften jedoch an bestimmten Grenzflächen sprunghaft, so hat man ein *heterogenes* System vor sich. Die homogenen Teile eines solchen Systems bezeichnet man als *Phasen,* die trennenden Grenzflächen als *Phasengrenzflächen.*

---

[1] Vgl. dazu *K. G. Denbigh,* Thermodynamics of the Steady State, London 1951; *S. R. de Groot,* Thermodynamics of Irreversible Processes, Amsterdam 1951/1966, Deutsche Übersetzung: Mannheim 1960; *S. R. de Groot, P. Mazur,* Non-Equilibrium Thermodynamics, Amsterdam 1969; *R. Haase,* Thermodynamik der irreversiblen Prozesse, Darmstadt 1963; *I. Prigogine,* Introduction to Thermodynamics of Irreversible Processes, New York 1968.

[2] Dabei sieht man im allgemeinen ab von Inhomogenitäten, die durch das Schwerefeld hervorgerufen werden. Ihre thermodynamische Beschreibung ist jedoch prinzipiell ebenfalls möglich, wenn man jedes Volumenelement als besondere Phase betrachtet.

Strenggenommen ändern sich die Eigenschaften des Systems an den Phasengrenzflächen nicht sprunghaft, sondern mehr oder weniger kontinuierlich über eine nur wenige Moleküldurchmesser dicke Schicht. In vielen Fällen kann man den Einfluß dieser Schicht auf die makroskopischen Eigenschaften des Gesamtsystems vernachlässigen, weil die Zahl der Molekeln in der Grenzschicht klein ist gegenüber der Zahl der Molekeln in den kompakten Phasen. Wird jedoch die Grenzfläche zwischen zwei Phasen sehr groß, wie es etwa bei Emulsionen oder kolloiden Lösungen der Fall ist, so müssen die Eigenschaften des Systems in steigendem Maße durch die Grenzschichten beeinflußt werden. In solchen Fällen bedürfen die Grenzflächen einer besonderen thermodynamischen Betrachtung (vgl. Kap. VII).

Die makroskopischen Eigenschaften einer Phase konstanter Zusammensetzung lassen sich in zwei Gruppen einteilen:

a) *Extensive Eigenschaften* hängen von der Masse der Gesamtphase ab. Wird etwa die Masse verdoppelt, so verdoppeln sich auch die extensiven Eigenschaften der Phase. Ein charakteristisches Beispiel einer extensiven Eigenschaft ist das Volumen. Daraus folgt weiter, daß eine extensive Eigenschaft eines aus mehreren Phasen bestehenden Systems sich *additiv* aus den entsprechenden extensiven Eigenschaften der einzelnen Phasen zusammensetzt.

b) *Intensive Eigenschaften* einer Phase sind unabhängig von der Masse der Phase. Beispiele sind etwa die Dichte, der Brechungsindex, die Viskosität, die spezifische Wärme. Sie sind nicht additiv für die verschiedenen Phasen eines heterogenen Systems.

3 Zustandsfunktionen und Zustandsvariable

Wie die Erfahrung zeigt, sind in der Regel alle *intensiven* Eigenschaften einer aus einem *reinen Stoff* bestehenden Phase eindeutig bestimmt, wenn man zwei der intensiven Eigenschaften festlegt. So besitzt z. B. eine reine Flüssigkeit wie Äther bei gegebenem Brechungsindex und gegebener Dichte eine bestimmte Temperatur, eine bestimmte Viskosität, einen bestimmten Druck usw. Man kann danach jede beliebige intensive Eigenschaft der Phase als *eindeutige* Funktion von zwei beliebigen anderen intensiven Eigenschaften (z. B. I_1 und I_2) darstellen

$$I_k = f(I_1, I_2); \qquad k = 3, 4, \dots, n. \tag{1}$$

Eine solche Funktion nennt man eine *Zustandsfunktion,* die willkürlich wählbaren Eigenschaften I_1 und I_2 die *Zustandsvariablen*. Es erweist sich meistens als zweckmäßig, Druck und Temperatur als unabhängige Variable zu wählen[1]; durch ihre Wahl sind dann alle übrigen intensiven Eigenschaften der Phase eindeutig bestimmt.

Um den Zustand einer *Mischphase* eindeutig zu bestimmen, bedarf es in der Regel der Angabe zusätzlicher Variabler, die die chemische Zusammensetzung der Mischung festlegen. So ist z. B. der Zustand einer binären flüssigen Mischung durch Angabe von Dichte und Temperatur nur dann eindeutig festgelegt, wenn die Dichte sich monoton mit der Zusammensetzung der Phase (Molenbruch) ändert. Geht sie in Abhängigkeit von der Zusammensetzung durch einen Extremwert, so gibt es zu einer Reihe von Dichtewerten jeweils zwei Mischungen verschiedener Zusammensetzung. Dies gilt für jede einzelne Phase eines heterogenen Systems.

---

[1] Die Definition der „Zustandsfunktion" und der „Zustandsvariablen" ist demnach weitgehend willkürlich.

Um eine *extensive Eigenschaft* E_i einer Phase konstanter Zusammensetzung, also z. B. einer reinen Phase als Zustandsfunktion darzustellen, muß man außer zwei Zustandsvariablen noch die Gesamtmasse G der Phase angeben, so daß man die Zustandsfunktion in der Form schreiben kann

$$E_i = G\, f(I_1, I_2); \qquad i = 3, 4, \ldots, n. \tag{2}$$

Da E_i als additive Größe der Masse der Phase proportional ist, muß E_i/G wieder von der Masse unabhängig und damit eine intensive Eigenschaft sein; man bezeichnet solche auf die Masseneinheit bezogenen Eigenschaften bekanntlich als spezifische Größen. Bezieht man nicht auf die Masse, sondern auf die Stoffmenge [Molzahl], so sind auch diese „molaren" Eigenschaften intensive Eigenschaften der betreffenden Phase.

In besonderen Fällen bedarf es allerdings der Angabe noch weiterer Zustandsvariabler, damit der Zustand einer Phase eindeutig gegeben ist. Tatsächlich liefert die Thermodynamik keine Aussage über die minimal notwenige Anzahl von Variablen, durch deren Angabe der Zustand einer Phase vollständig bestimmt ist. Auch der Zustand von reinen Stoffen, die wie etwa Wasser und einige Metallschmelzen einen Maximalwert in ihrer Dichte-Temperatur-Kurve besitzen, ist z. B. durch Angabe von Dichte und Druck nicht immer eindeutig bestimmt, denn in der Umgebung dieses Maximums gibt es jeweils zwei Zustände gleicher Dichte und gleichen Drucks aber mit verschiedenen anderen intensiven Eigenschaften wie Brechungsindex, Viskosität usw. Bei heterogenen Systemen spielt zuweilen die Größe der S. 3 erwähnten *Phasengrenzfläche* die Rolle einer Zustandsvariablen, denn es ist für eine Reihe von Eigenschaften einer Phase nicht gleichgültig, ob sie in kompakter Form oder aber in feiner Verteilung als Sol vorliegt. In heterogenen Systemen können ferner an den Phasengrenzen *elektrische Ladungen* auftreten, die zu Spannungsdifferenzen führen, deren Größe als Zustandsvariable des Systems einzuführen ist; ebenso kann eine *Magnetisierung* Zustandsveränderungen hervorrufen, jedoch sind dies spezielle Systeme, so daß wir uns im Rahmen dieses Buches nicht eingehender mit ihnen beschäftigen werden.

Von derartigen Sonderfällen abgesehen, können wir im allgemeinen den Zustand eines Systems durch Angabe von Druck, Temperatur und chemischer Zusammensetzung sämtlicher Phasen als vollständig bestimmt ansehen. Wir gehen deshalb zunächst auf die Definition dieser drei wichtigsten Zustandsvariablen ein.

Druck [1)]

Der Druck ist definiert als die senkrecht auf die Einheit der Fläche wirkende Kraftkomponente und hat deshalb die Dimension N m^{-2}. Da zur Umrechnung in Gewicht/Fläche die Schwerebeschleunigung g eingeht, die ihrerseits von der geographischen Breite abhängt, hat man als *Standardwert* für g definitionsgemäß den Betrag

$$g = 9{,}80665 \text{ m s}^{-2} \tag{3}$$

[1] Ausführliche Angaben über Druckmessung findet man z. B. bei: *J. Hengstenberg, B. Sturm, O. Winkler,* Messen und Regeln in der Chemischen Technik, 1. Aufl., Kap. 3, sowie 3. Aufl., Band 1, Berlin 1957 u. 1980; Ullmanns Encyclopädie der technischen Chemie, 3. Aufl., Band 2/1, München 1961 sowie 4. Aufl., Band 3 (1973) und 5 (1980); *Landolt-Börnstein, Zahlenwerte und Funktionen aus Naturwissenschaft und Technik,* 6. Aufl., Band II/1, S. 44ff., Berlin 1971.

eingeführt. Verschiedene Maßeinheiten des Drucks und ihre Umrechnungsfaktoren sind in Tabelle II (im hinteren Innendeckel) zusammengestellt.

Temperatur

Die Temperatur ist eine in der Mechanik unbekannte und für die Thermodynamik speziell eingeführte Zustandsvariable, die sich ursprünglich aus der Wärme- bzw. Kälteempfindlichkeit des Tastsinns ableitet. Zur Definition der Temperatur greifen wir auf den S. 3 erwähnten Begriff des Gleichgewichtszustandes eines Systems zurück. Vereinigt man zwei geschlossene Systeme A und B, deren jedes sich im Gleichgewicht befindet, zu einem Gesamtsystem A + B, indem man etwa zwei Begrenzungswände miteinander in Kontakt bringt (vgl. Abb. 1), so beobachtet man in der Regel, daß in beiden Teilsystemen Prozesse ablaufen, die sich z. B. in

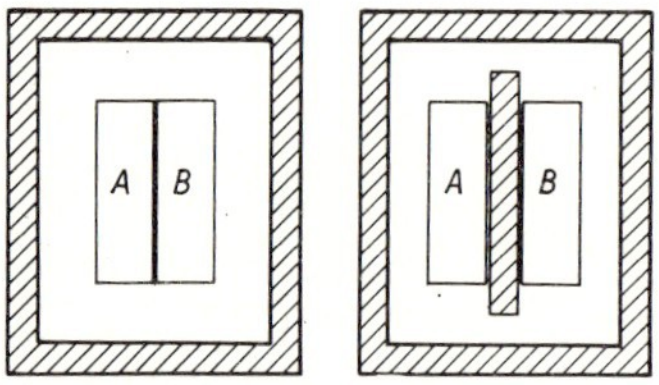

Abb. 1. Zur Ableitung des Nullten Hauptsatzes der Thermodynamik (Adiabatische Wände schraffiert).

einer Volumen- oder Druckänderung oder in einem chemischen Umsatz bemerkbar machen, bis sich (nach genügend langer Zeit) erneut ein gemeinsamer Gleichgewichtszustand des Gesamtsystems einstellt. Diesen bezeichnet man als *thermisches Gleichgewicht.* Wie die Erfahrung zeigt, stehen alle Systeme, die sich mit einem gegebenen System im thermischen Gleichgewicht befinden, auch untereinander im thermischen Gleichgewicht, d. h. es laufen keinerlei Prozesse ab, wenn man sie in der obengenannten Weise miteinander in Berührung bringt. Dieser Satz wird auch als *„Nullter Hauptsatz der Thermodynamik"* bezeichnet. Systeme, die sich miteinander im thermischen Gleichgewicht befinden, haben demnach eine gemeinsame (intensive) Eigenschaft, man sagt, sie besitzen gleiche *Temperatur.* Systeme, die nicht miteinander im thermischen Gleichgewicht stehen, besitzen entsprechend verschiedene Temperaturen.

Die Zeit, die zur Erreichung des thermischen Gleichgewichts zwischen zwei Systemen A und B notwendig ist, hängt außer von den Systemen selbst und ihrer Temperaturdifferenz noch von den Eigenschaften der in Kontakt gebrachten Trennwände ab. Prinzipiell sind alle materiellen Wände *diathermisch,* d. h. nach entsprechend langer Zeit wird sich stets thermisches Gleichgewicht einstellen, was bedeutet, daß die S. 3 definierten „isolierten" Systeme prinzipiell nicht existieren. Praktisch lassen sich jedoch Wände finden, durch die hindurch das thermische Gleichgewicht sich äußerst langsam einstellt, wie etwa die Wände eines Dewargefäßes. Für nicht zu lange Zeiten kann man solche Wände deshalb als *adiabatisch* betrachten. Entsprechend bezeichnet man Prozesse, die in einem von solchen Wänden eingeschlossenen, thermisch isolierten System ablaufen, als adiabatische Prozesse. Befindet sich umgekehrt das interessierende System A in gutem diathermischen Kontakt (z. B. Metallwände) mit einem (beliebig groß zu denkenden) System B (Thermostat), so daß sich stets sehr rasch thermisches Gleichgewicht einstellen kann, so bezeichnet man einen im System A ablaufenden Prozeß als isotherm.

Zur Aufstellung einer *empirischen Temperaturskala* bringt man ein geeignetes Bezugssystem (ein Thermometer) in thermischen Kontakt mit einer Reihe von Systemen verschiedener

Temperatur und läßt sich thermisches Gleichgewicht einstellen. Dazu ist offenbar notwendig, daß die Masse des Thermometers klein ist gegenüber der Masse des zu messenden Systems, damit die Einstellung des thermischen Gleichgewichts die Temperatur des zu messenden Systems praktisch nicht ändert. Man mißt dann jeweils eine geeignete Zustandsvariable x des Thermometers, etwa die Länge einer in eine Kapillare eingeschlossenen Flüssigkeitssäule (Hg) oder den elektrischen Widerstand eines Metalldrahts oder die Thermokraft eines Thermoelements oder das Volumen eines Gases, jeweils bei konstantem Druck, und macht zunächst die willkürliche Annahme, daß die Temperatur t eine lineare Funktion der gemessenen Zustandsvariablen ist:

$$t(x) = ax + b. \tag{4}$$

Zur Festlegung der Konstanten a und b ordnet man zwei leicht reproduzierbaren Fixpunkten der Temperatur bestimmte willkürliche Zahlenwerte zu. In der bisher gebräuchlichen *Celsius*-Skala[1] setzt man die Temperatur des mit Wasser unter 1 atm Druck im Gleichgewicht stehenden Eises als 0 Grad (0 °C) und die Temperatur des unter 1 atm Druck siedenden Wassers als 100 Grad (100 °C) fest, so daß nach (4)

$$ax_0 + b = 0\,°\mathrm{C} \quad \text{und} \quad ax_{100} + b = 100\,°\mathrm{C}. \tag{5}$$

Daraus folgt

$$a = \frac{100}{x_{100} - x_0}\,°\mathrm{C}; \qquad b = \frac{100}{1 - \dfrac{x_{100}}{x_0}}\,°\mathrm{C}, \tag{6}$$

was in (4) eingesetzt ergibt

$$t(x) = 100\,\frac{x - x_0}{x_{100} - x_0}\,°\mathrm{C}. \tag{7}$$

Die nach Gleichung (7) mit den verschiedenen oben erwähnten Thermometertypen und selbst mit verschiedenen Ausführungsformen des gleichen Thermometertyps ermittelten Temperaturen stimmen nicht überein, und die Abweichungen zwischen den einzelnen Werten hängen ihrerseits noch von der Temperatur ab. Das bedeutet, daß die lineare Beziehung (4) zwischen t und x im allgemeinen nicht erfüllt ist. Die geringsten Abweichungen beobachtet man für verschiedene Gasthermometer, bei denen man entweder das Volumen bei konstantem Druck oder den Druck bei konstantem Volumen als Funktion der Temperatur mißt:

$$t(V) = 100\,\frac{V - V_0}{V_{100} - V_0}\,°\mathrm{C}; \quad p = \text{const.} \tag{8}$$

$$t(p) = 100\,\frac{p - p_0}{p_{100} - p_0}\,°\mathrm{C}; \quad V = \text{const.} \tag{9}$$

---

[1] In der im englischen Sprachgebiet noch vielfach gebrauchten *Fahrenheit*-Skala werden die beiden Fixpunkte als 32 °F und 212 °F festgesetzt, so daß $t_F = 32 + \frac{9}{5} t_C$.

Erniedrigt man schrittweise den Druck des Gases und extrapoliert auf $p = 0$ bzw. $p_0 = 0$, so stimmen die nach (8) bzw. (9) ermittelten Temperaturen für alle Gase überein, d. h. die Temperaturmessung mit dem Gasthermometer wird von den Eigenschaften der Gase unabhängig[1]:

$$t = \lim_{p_0 \to 0} 100 \frac{p - p_0}{p_{100} - p_0} \,°\mathrm{C}; \quad V = \text{const.}$$

bzw. (10)

$$t = \lim_{p \to 0} 100 \frac{V - V_0}{V_{100} - V_0} \,°\mathrm{C}; \quad p = \text{const.}$$

Diese wichtige experimentelle Tatsache führte weiterhin zur Definition der sog. *Kelvin*-Skala. Trägt man nämlich z. B. die bei verschiedenen gewählten Drucken p_0 und konstantem Volumen gemessenen Werte von $100 \frac{p_0}{p_{100} - p_0}$ als Funktion von p_0 auf und extrapoliert auf $p_0 = 0$, so erhält man eine für alle Gase universelle Konstante

$$T_0 = \lim_{p_0 \to 0} 100 \frac{p_0}{p_{100} - p_0} \,\mathrm{K}; \quad V = \text{const.}, \tag{11}$$

die nach zahlreichen genauen Messungen den Wert von

$$T_0 = 273{,}15\,\mathrm{K} \tag{12}$$

besitzt und die Temperatur des Eispunktes in der *Kelvin*-Skala angibt. Diese ist also um den Betrag 273,15 im Nullpunkt gegenüber der Gas-*Celsius*-Skala verschoben:

$$T = t + T_0, \tag{13}$$

und es folgt aus (10) und (11) als Definition von T

$$T = \lim_{p_0 \to 0} 100 \frac{p}{p_{100} - p_0} \,\mathrm{K}; \quad V = \text{const.}$$

bzw. (14)

$$T = \lim_{p \to 0} 100 \frac{V}{V_{100} - V_0} \,\mathrm{K}; \quad p = \text{const.}$$

Der Anwendungsbereich der Gasthermometer wird nach unten durch die Kondensation der Gase, nach oben durch die Durchlässigkeit der Gefäßmaterialien begrenzt und reicht bei Verwendung von Helium von etwa −270 bis 1600 °C. Bei sehr niedrigen Temperaturen macht sich die durch die experimentelle Messung bedingte Unsicherheit der Konstanten T_0 nach (12) prozentual störend bemerkbar. Man hat deshalb vorgeschlagen[2], den Zahlenwert von T_0 definitionsgemäß auf 273,15 K festzusetzen (s. u.).

Wir werden später sehen (S. 142), daß man auch eine „thermodynamische Temperaturskala" definieren kann, die von den Eigenschaften irgendwelcher materieller Stoffe ganz unab-

---

1 Gasthermometer bei konstantem V sind einfacher zu handhaben und leichter zu korrigieren als Gasthermometer bei konstantem p, so daß sie praktisch ausschließlich benutzt werden.

2 *W. F. Giauque*, Nature [London] *143*, 623 (1939); vgl. auch S. 9[1].

hängig ist, und deren Zahlenwerte mit denen der Gastemperaturskala innerhalb der Meßgenauigkeit thermometrischer Methoden übereinstimmt.

Praktisch werden Gasthermometer wegen ihrer umständlichen Handhabung lediglich zur Eichung anderer Thermometer benutzt. Bei den *Quecksilberthermometern* wird die zwischen den Fixpunkten t_0 und t_{100} liegende Skala in der Regel gleichförmig in 100 Teile unterteilt, was wegen der Ungültigkeit der linearen Beziehung (4) physikalisch nicht begründet und deshalb willkürlich ist. Tatsächlich ist der für die beobachtete Fadenlänge maßgebende kubische Ausdehnungskoeffizient von Flüssigkeiten nicht konstant, sondern selbst eine Temperaturfunktion. Das bekannteste Beispiel ist das Wasser, dessen Ausdehnungskoeffizient im Bereich zwischen 0 °C und 4 °C negativ, oberhalb 4 °C positiv ist, also nicht nur seine Größe, sondern sogar sein Vorzeichen ändert. Bei langsamer Erwärmung von 0 °C ausgehend wird also ein Hg-Thermometer steigen, ein Wasserthermometer dagegen zunächst sinken und erst oberhalb 4 °C steigen. Ähnliches gilt für alle Flüssigkeitsthermometer, die infolgedessen bei gleichförmiger Unterteilung ihrer Skalen zwischen 0 °C und 100 °C sämtlich verschieden anzeigen würden. Man eicht deshalb alle Flüssigkeitsthermometer mit Hilfe des Hg-Thermometers, was zur Folge hat, daß die Skalen anderer Thermometer ungleichförmige Teilung besitzen.

Eine durch internationales Übereinkommen seit 1927 allgemein eingeführte praktische Gebrauchsskala wird in der neuesten Fassung von 1968 bzw. 1975 als *„Internationale Praktische Temperaturskala (IPTS)"* bezeichnet[1]. Sie schließt sich eng an die Gasskala an und ist durch eine Anzahl von Schmelz-und Siede- bzw. Tripelpunkten reiner Stoffe festgelegt, die ihrerseits mit Hilfe der Gasskala kontrolliert wurden. Im Gegensatz zur Celsius-Skala wird statt des Gefrierpunktes von Wasser der (um 0,01 Grad höher liegende) Tripelpunkt von Wasser als primärer Fixpunkt gewählt. Am Tripelpunkt (s. S. 233 ff.) steht das Wasser unter seinem eigenen Dampfdruck, während es am Gefrierpunkt unter einem äußeren Druck von 1 atm steht. Der Tripelpunkt des Wassers erhält nach der Internationalen Praktischen Temperaturskala definitionsgemäß den Wert von 273,16 K, d. h. 1 K wird als der 1/273,16te Teil dieses Wertes festgelegt.

In Tab. 1 sind die primären Fixpunkte der Internationalen Praktischen Temperaturskala zusammengestellt. Für die Schmelz- und Siedepunkte gilt, falls nicht anders angegeben, ein Druck von 1 atm = 1,01325 bar. Für die Umrechnung auf andere Drucke sind bestimmte Formeln vorgeschrieben[1].

Neben diesen primären Fixpunkten findet man in der Literatur noch eine Vielzahl von sekundären Fixpunkten, vgl.[1].

Zwischen den verschiedenen primären Fixpunkten wird nach bestimmten vorgeschriebenen Meßverfahren interpoliert[1,2]: Im Bereich von 13,81 K bis 903,89 K[3] verwendet man ein Platin-Widerstandsthermometer, dessen Ohmscher Widerstand R mit der Temperatur wächst. Zwischen den einzelnen primären Fixpunkten wird die Meßkurve $R(T)$ mit Hilfe von Interpolationspolynomen zweiten bis vierten Grades[4] dargestellt, deren Koeffizienten so gewählt sind, daß die Gesamtfunktion stetig differenzierbar ist.

Zwischen 903,89 K und 1337,58 K wird ein Thermoelement aus Platin und Platin-Rhodium (10% Rh) mit genau vorgeschriebener Spezifikation verwandt. Die Bezugslötstelle des Thermoelements wird auf

---

[1] The International Practical Temperature Scale of 1968, Metrologia *5,* 35 (1969); The International Practical Temperature Scale of 1968, Amended Edition of 1975, Metrologia *12,* 7 (1976).

[2] *L. Weichert* et al., Temperaturmessung in der Technik, Hrsg.: Technische Akademie Esslingen, Grafenau 1978; *J. Hengstenberg, B. Sturm, O. Winkler,* Messen, Steuern und Regeln in der Chemischen Technik, 3. Aufl., Berlin 1980, Band 1; *Landolt-Börnstein,* Zahlenwerte und Funktionen aus Naturwissenschaft und Technik, 6. Aufl., Band II/1, Berlin 1971, S. 15 ff.; Ullmanns Encyclopädie der Technischen Chemie, 4. Aufl., Bd. 5, Weinheim 1980, S. 809 ff.

[3] Der Erstarrungspunkt des Antimons bei 903,89 K wird nicht als primärer Fixpunkt benutzt, sondern dient nur zur Abgrenzung der vorgeschriebenen Meßgeräte.

[4] Genauere Angaben über die insgesamt 6 Interpolationspolynome für den Bereich von 13,81 – 1337,58 K, die zugehörigen Koeffizienten sowie Tabellen der Sollwerte $R(T)/R(273{,}15\ \mathrm{K})$ im Bereich von 13,81 – 273,15 K findet man bei[1].

Tabelle 1. Temperaturfixpunkte der Internationalen Praktischen Temperaturskala 1968.

Fixpunkt	T / K	t / °C
Tripelpunkt von Wasserstoff (Gleichgewichtsmischung von *o*- und *p*-H_2)	13,81	−259,34
Siedepunkt von Wasserstoff (bei 0,333306 bar = 25/76 atm)	17,042	−256,108
Siedepunkt von Wasserstoff	20,28	−252,87
Siedepunkt von Neon	27,102	−246,048
Tripelpunkt von Sauerstoff	54,361	−218,789
Tripelpunkt von Argon	83,798	−189,352
Siedepunkt von Sauerstoff	90,188	−182,962
Tripelpunkt von Wasser	273,16	0,01
Siedepunkt von Wasser	373,15	100
Erstarrungspunkt von Zinn	505,118	231,968
Erstarrungspunkt von Zink	692,73	419,58
Erstarrungspunkt von Antimon[1)]	(903,89)	(630,74)
Erstarrungspunkt von Silber	1235,08	961,93
Erstarrungspunkt von Gold	1337,58	1064,43

273,15 K gehalten, der Zusammenhang zwischen der elektromotorischen Kraft des Thermoelements und der Temperatur der zweiten Lötstelle wird durch ein Interpolationspolynom zweiten Grades[2)] dargestellt.

Oberhalb des Erstarrungspunkts von Gold (1337,58 K) benutzt man zur Extrapolation eine optische Methode: Man mißt das Verhältnis der Intensitäten Φ_T/Φ_{Au} eines schwarzen (Hohlraum-)Strahlers bei der Wellenlänge λ. Nach dem *Planck*schen Strahlungsgesetz gilt hierfür (mit $c_2 = 0{,}014388$ m K):

$$\frac{\Phi_T}{\Phi_{Au}} = \frac{\exp[c_2/(\lambda \cdot 1337{,}58)] - 1}{\exp[c_2/(\lambda \cdot T)] - 1} \tag{15}$$

Auch unterhalb 13,81 K liegen Empfehlungen für eine praktische Temperaturskala vor. Hierbei werden meist Dampfdruckmessungen von flüssigem Helium durchgeführt[3)].

Außer den angegebenen Meßverfahren werden in Laboratorium und Technik zahlreiche andere Methoden zur Temperaturmessung verwendet (Dampfdruckthermometer, Metallausdehnungsthermometer, Bimetallthermometer, Pyrometer usw.), für die auf die Spezialliteratur verwiesen sei[4)].

Chemische Zusammensetzung

Die *chemische Zusammensetzung* als Zustandsvariable von Mischsystemen läßt sich in verschiedener Weise definieren. Am einfachsten wäre es, für jede Phase des Systems die *Stoffmengen [Molzahlen]*[5)] $n_1, n_2, \ldots, n_k$ der verschiedenen Bestandteile der Mischung anzugeben. Statt dessen benutzt man zweckmäßiger die *Molenbrüche* ⟨Stoffmengenanteile⟩[5)]:

[1] s. S. 9[3)]; [2] s. S. 9[4)]; [3] s. S. 9[2)]; [4] s. S. 9[1,2)]

[5] Es werden weitgehend die Begriffe der SI- bzw. IUPAC-Nomenklatur benutzt. Ältere Begriffe werden in eckigen Klammern [ ] zum Vergleich angefügt, die Begriffe der neusten DIN-Nomenklatur (DIN 32625, Juli 1980) stehen in spitzen Klammern ⟨ ⟩, vgl. Vorwort und Symbolverzeichnis.

$$x_1 \equiv \frac{n_1}{n_1 + n_2 + \cdots + n_k} = \frac{n_1}{\sum_1^k n_i}; \quad x_2 \equiv \frac{n_2}{n_1 + n_2 + \cdots + n_k} = \frac{n_2}{\sum_1^k n_i} \text{ usw.} \tag{16}$$

Aus (16) folgt, daß die Summe aller Molenbrüche gleich 1 ist:

$$\sum_1^k x_i = 1\,. \tag{17}$$

Bei k verschiedenen Bestandteilen in einer Mischphase bedarf es also nur der Angabe von $k - 1$ Molenbrüchen, um die chemische Zusammensetzung vollständig anzugeben. Multipliziert man die Molenbrüche mit 100, so erhält man die Molprozente der einzelnen Bestandteile.

Mischungen, deren reine Komponenten bei der betreffenden Temperatur in verschiedenen Aggregatzuständen vorliegen, und in denen ein Bestandteil, das sog. *Lösungsmittel*, gewöhnlich stark überwiegt, nennt man *Lösungen* und kennzeichnet das Lösungsmittel durch den Index 1. Häufig gibt man nicht die Stoffmenge [Molzahl] n_1 des Lösungsmittels an, sondern rechnet mit einer bestimmten Masse m desselben, z. B. mit 1 kg und rechnet die Stoffmengen n_i der gelösten Stoffe auf diesen Bezugswert um. Auf diese Weise gelangt man zu den *Molalitäten* [Kilogramm-Molaritäten oder molaren Gewichtskonzentrationen] der gelösten Stoffe, die wir mit $m_2, m_3, \ldots$ bezeichnen (in mol/1 kg Lösungsmittel):

$$m_i = \frac{n_i 1000}{m} = \frac{n_i 1000}{n_1 M_1}, \tag{18}$$

worin $M_1 = m/n_1$ die *molare Masse* [Molmasse] des Lösungsmittels (in g/mol) bedeutet, vgl. S. 31.

Außerdem verwendet man noch die *Molaritäten*[1)] [Liter-Molaritäten oder molare Volumenkonzentrationen] (in mol/dm^3 Lösung):

$$c_i \equiv \frac{n_i 1000}{V}, \tag{19}$$

worin V das Gesamtvolumen in cm^3 bedeutet. Aus den Gleichungen (16) bis (19) und der durch

$$\varrho \equiv \frac{\sum n_i M_i}{V} \tag{20}$$

definierten *Dichte* der Lösung erhält man die in Tab. 2 zusammengestellten häufig benutzten Umrechnungsfaktoren für die drei Konzentrationsangaben.

Für *binäre* Lösungen erhält man entsprechend die in Tab. 2a aufgeführten Umrechnungsfaktoren[2)].

---

[1] Nach IUPAC, DIN neuerdings auch als *Stoffmengenkonzentration*, abgekürzt Konzentration, bezeichnet.

[2] Über ein numerisches und ein graphisches Verfahren zur Umrechnung von Molprozenten in Gewichtsprozente vgl. *F. E. Wittig*, Z. Metallkunde *41*, 395 (1950). Zahlreiche Nomogramme zur Umrechnung von Konzentrationseinheiten gibt *H. Mauser*, Ullmanns Encyclopädie der technischen Chemie, 3. Aufl., Band 2/1, München 1961.

Tabelle 2. Umrechnungsfaktoren verschiedener Konzentrationseinheiten.

$x_{i(i \neq 1)} =$	x_i	$\dfrac{m_i}{\dfrac{1000}{M_1} + \sum_2^k m_i}$	$\dfrac{M_1 c_i}{1000\varrho + \sum_2^k (M_1 - M_i) c_i}$
$x_1 =$		$\dfrac{1}{1 + \dfrac{M_1}{1000} \sum_2^k m_i}$	$\dfrac{1000\varrho - \sum_2^k M_i c_i}{1000\varrho + \sum_2^k (M_1 - M_i) c_i}$
$m_i =$	$\dfrac{1000 x_i}{M_1 x_1}$	m_i	$\dfrac{c_i}{\varrho - \sum_2^k \dfrac{M_i c_i}{1000}}$
$c_i =$	$\dfrac{1000\varrho x_i}{\sum_1^k x_i M_i}$	$\dfrac{\varrho m_i}{1 + \sum_2^k \dfrac{m_i M_i}{1000}}$	c_i

Tabelle 2a. Umrechnungsfaktoren verschiedener Konzentrationseinheiten binärer Mischphasen.

$x_2 =$	x_2	$\dfrac{M_1 m_2}{1000 + M_1 m_2}$	$\dfrac{M_1 c_2}{1000\varrho - c_2(M_2 - M_1)}$
$m_2 =$	$\dfrac{1000 x_2}{M_1(1 - x_2)}$	m_2	$\dfrac{c_2}{\varrho - \dfrac{M_2 c_2}{1000}}$
$c_2 =$	$\dfrac{1000\varrho x_2}{M_1 + x_2(M_2 - M_1)}$	$\dfrac{\varrho m_2}{1 + \dfrac{m_2 M_2}{1000}}$	c_2

In *hochverdünnten Lösungen* ist $\sum n_i M_i \approx n_1 M_1$, $\sum n_i \approx n_1$ und $\varrho \approx \varrho_1$, so daß

$$x_i \approx \frac{M_1}{1000} m_i; \quad x_i \approx \frac{M_1}{1000\varrho_1} c_i; \quad c_i \approx \varrho_1 m_i. \tag{21}$$

Die Konzentrationsangaben x_i und m_i besitzen gegenüber c_i den großen Vorteil, daß sie unabhängig von der Temperatur sind, weshalb man sie nach Möglichkeit vorzieht.

4 Arbeit

Geht ein System von einem Zustand unter Änderung einer oder mehrerer Zustandsvariabler in einen anderen Zustand über, so findet im allgemeinen ein Austausch von Arbeit oder Wärme oder beiden zwischen dem System und seiner Umgebung statt. Dieser Arbeits- und Wärmeaustausch spielt bei thermodynamischen Betrachtungen eine maßgebende Rolle, weswegen wir die Begriffe Arbeit und Wärme exakt definieren müssen. Vorher setzen wir noch ganz allgemein die Vorzeichen fest: Die dem *betrachteten System zugeführte Arbeit oder Wärme rechnen wir stets positiv, die vom System an seine Umgebung abgegebene Arbeit oder Wärme stets negativ*. Durch eine solche konsequent durchgeführte Vorzeichengebung werden späterhin manche Schwierigkeiten vermieden. Eine infinitesimale Arbeit dA wird in der Mechanik definiert durch das innere Vektorprodukt

$$\mathrm{d}A = -(\mathfrak{K}\,\mathrm{d}\mathfrak{s}) = -K\cos\varphi\,\mathrm{d}s \tag{22}$$

(vgl. Abb. 2). $\mathfrak{K}$ bedeutet die an jedem Punkt des Weges $\mathfrak{s}$ wirkende Kraft und φ den Winkel zwischen der Richtung von $\mathfrak{K}$ und d$\mathfrak{s}$; dA ist gleich der Fläche des Rechtecks aus den Seiten $K\cos\varphi$ und ds und eine ungerichtete (skalare) Größe. Eine dem System zugeführte Arbeit

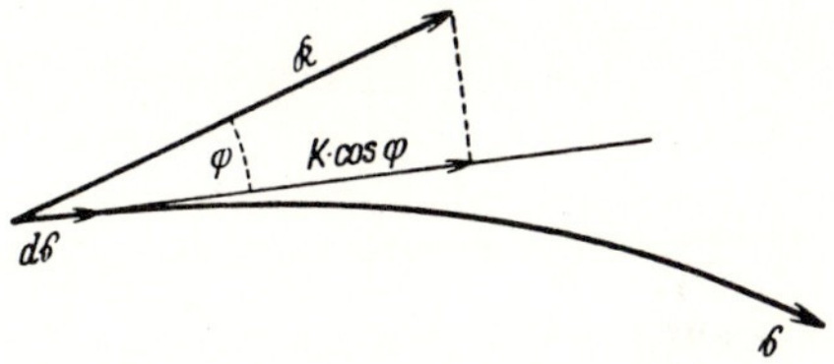

Abb. 2. Das skalare Vektorprodukt der Arbeit.

wird positiv, eine vom System abgegebene Arbeit negativ, wenn man als Richtung der Kraft die Richtung des Bewegungswiderstandes definiert. Da $\mathfrak{K}$ weder längs eines endlichen Weges $\mathfrak{s}$ konstant zu sein braucht, noch mit $\mathfrak{s}$ immer den gleichen Winkel φ einschließen wird, ergibt sich eine endliche Arbeit A durch Integration zu

$$A = -\int_0^s (\mathfrak{K}\,\mathrm{d}\mathfrak{s}) = -\int_0^s K\cos\varphi\,\mathrm{d}s\,. \tag{23}$$

Wir betrachten ein einfaches Beispiel: Das „System" sei ein Gewicht der Masse m, das gegen die Schwerkraft auf die Höhe h gehoben werde. In diesem Fall ist also $\mathfrak{K} = mg$ konstant, $\varphi = 180°$, und wir erhalten für die mechanische Hubarbeit

$$A = mg\int_0^h \mathrm{d}s = mgh\,. \tag{24}$$

Um diesen Betrag hat also der Arbeitsinhalt oder die Arbeitsfähigkeit unseres Systems zugenommen, denn das gehobene Gewicht vermag seinerseits Arbeit zu leisten. Man bezeichnet die durch Heben eines Gewichts oder Spannen einer Feder dem System zugeführte Arbeit deshalb auch als *potentielle Energie* und mißt sie in m kg.

Lassen wir das gehobene Gewicht frei fallen, so wird es durch die Schwerkraft beschleunigt, diese leistet also die Beschleunigungsarbeit $\mathrm{d}A = -(\mathfrak{K}\,\mathrm{d}\mathfrak{s}) = -mg\,\mathrm{d}s$, weil hier $\varphi = 0$. Setzt man für die Schwerebeschleunigung $g = \dfrac{\mathrm{d}v}{\mathrm{d}t}$ (Newtonsches Axiom) und für die jeweilige Geschwindigkeit des fallenden Gewichts $v = \dfrac{\mathrm{d}s}{\mathrm{d}t}$, so wird $\mathrm{d}A = -mv\,\mathrm{d}v$, und die Integration liefert

$$A = -\frac{m}{2}v^2\,. \tag{25}$$

Ist das Gewicht um die Höhe h gefallen, so ist die ihm vorher durch Hubarbeit zugeführte potentielle Energie vollständig in sog. *kinetische Energie* umgewandelt, die ihrerseits Arbeit zu leisten vermag. Bezeichnen wir die potentielle Energie mit E_{pot}, die kinetische Energie mit E_{kin}, so gilt, wie das Beispiel zeigt,

$$\begin{aligned} \mathrm{d}E_{\text{pot}} = -\mathrm{d}E_{\text{kin}} \quad \text{oder} \quad & \mathrm{d}E_{\text{pot}} + \mathrm{d}E_{\text{kin}} = 0 \\ \text{bzw.} \quad & E_{\text{pot}} + E_{\text{kin}} = \text{const} = E. \end{aligned} \tag{26}$$

Das ist der sog. *Energiesatz der Mechanik*: In einem abgeschlossenen System (unter Einbeziehung der Arbeitsquellen) ist die Summe von kinetischer und potentieller Energie konstant. Er gilt nur für sog. konservative Kräfte[1)], also z. B. nicht für Reibungskräfte, das bekannteste Beispiel ist eine reibungslose Pendelschwingung.

Bei dem betrachteten Beispiel bestand die Zustandsänderung lediglich in einer Änderung der Lage des Systems als Ganzem im Schwerefeld bzw. in einer Änderung seiner makroskopischen Geschwindigkeit. Orts- und Geschwindigkeitskoordinaten bilden hier die *äußeren* Zustandsvariablen. Man kann jedoch einem System auch Arbeit zuführen oder entziehen, und dabei den *inneren* Zustand des Systems verändern, während die äußeren Koordinaten konstant bleiben. Bei einem derartigen, für thermodynamische Betrachtungen allein wichtigen Arbeitsaustausch zwischen System und Umgebung ändern sich die inneren Zustandsvariablen (Druck, Temperatur, chemische Zusammensetzung, in speziellen Fällen Oberfläche, elektrische Ladung, Magnetisierung usw.) des Systems, und man spricht von Volumenarbeit, elektrischer Arbeit, Oberflächenarbeit, Magnetisierungsarbeit usw.

Als einfachstes Beispiel betrachten wir die Volumenarbeit der Kompression eines Gases, das sich in einem mit Stempel versehenen Zylinder befindet. Auch in diesem Fall gilt Gleichung (22); die wirkende Kraft ist definiert durch

$$\mathfrak{K} = pO, \tag{27}$$

wenn p den Druck des Gases und O die Oberfläche des Stempels bedeuten. Da ferner $\mathrm{d}\mathfrak{s} \perp O$, ergibt sich für die Volumenarbeit:

$$\begin{aligned} \mathrm{d}A &= -pO\,\mathrm{d}s = -p\,\mathrm{d}V, \\ A &= -\int_{V_1}^{V_2} p\,\mathrm{d}V. \end{aligned} \tag{28}$$

Die gebräuchlichen Einheiten sind $\mathrm{cm^3}$ bar oder l atm („Literatmosphäre").

Entnimmt man einer galvanischen Zelle einen Strom, so wird elektrische Arbeit vom System mit der Umgebung ausgetauscht. Auch für diese gilt Gleichung (22). Die Kraft ist hier nach dem *Coulomb*schen Gesetz gegeben durch Feldstärke × elektrische Ladung:

$$\mathfrak{K} = \mathfrak{E}e, \tag{29}$$

die Feldstärke $\mathfrak{E}$ ist definiert als Potentialabfall längs des Weges $\mathrm{d}\mathfrak{s}$:

---

[1] Bei der Wirkung konservativer Kräfte ist die Arbeit vom Weg unabhängig (vgl. S. 130ff.).

$$\mathfrak{E} = \frac{dU}{d\mathfrak{s}}. \tag{30}$$

Setzt man beides in (22) ein, so ergibt sich für die geleistete elektrische Arbeit

$$dA = -e(\mathfrak{E}\,d\mathfrak{s}) = -e\,dU$$

und durch Integration

$$A = -eU. \tag{31}$$

Mißt man e und U in den gebräuchlichen Einheiten Coulomb und Volt, so hat A die Einheit Joule oder Wattsekunden.

Ein weiteres Beispiel ist die auf S. 375 besprochene Grenzflächenarbeit, die zu leisten ist, um die Grenzfläche einer Flüssigkeitslamelle um einen bestimmten Betrag zu vergrößern. Alle diese Arbeitsformen und zahlreiche andere (z. B. Dehnung eines elastischen Drahtes, Magnetisierung eines paramagnetischen festen Stoffes usw.) sind quantitativ ineinander umwandelbar, d. h. jede dieser Arbeiten kann stets als mechanische Arbeit ausgedrückt werden, also etwa in der Hebung oder Senkung eines Gewichts.

Ein besonderer und für spätere Betrachtungen sehr wichtiger Fall des Arbeitsaustausches liegt dann vor, wenn dieser so langsam stattfindet, daß Kraft und Gegenkraft sich ständig angenähert kompensieren, daß also z. B. äußerer Druck und Gasdruck bei der Kompression eines Gases, Spannung und Gegenspannung bei der Stromlieferung einer galvanischen Zelle usw. sich nur um differentielle Beträge unterscheiden. Dadurch wird der Druck bzw. die Spannung zu einer Variablen des Systems, und den zugehörigen Arbeitsaustausch bezeichnet man als *reversibel.* Wir werden darauf später ausführlich zurückkommen.

Wie die Gleichungen (22), (28) und (31) zeigen, und wie sich analog für alle anderen Arbeitsformen beweisen läßt, setzt sich jeder Ausdruck für eine Arbeit aus dem Produkt eines Intensitätsparameters (p, U) und eines Extensitätsparameters (V, e) zusammen, wobei ersterer eine verallgemeinerte Kraft, letzterer eine verallgemeinerte Verschiebung darstellt. Die Umrechnungsfaktoren der verschiedenen gebräuchlichen Einheiten sind in Tab. III im Anhang (hinterer Innendeckel) zusammengestellt.

5 Wärme

Nach den berühmten Versuchen von *Joule*, auf die wir später zurückkommen, steigt die Temperatur einer von adiabatischen Wänden eingeschlossenen, d. h. thermisch isolierten Einstoffphase stets an, wenn man diesem System mechanische Arbeit in irgendeiner Form zuführt. Den gleichen Temperaturanstieg des Systems kann man auch durch den S. 6 beschriebenen Versuch erzielen, indem man das System über eine diathermische Wand mit einem zweiten System höherer Temperatur in Kontakt bringt. Offenbar muß dabei dem System eine der mechanischen Arbeit entsprechende Energieform zugeführt werden, die von mechanischer Arbeit irgendwelcher Form verschieden ist, und die man als *Wärme* bezeichnet.

Der Begriff „Wärme" ist schwer zu definieren[1], weil Wärme (im Gegensatz zur Temperatur) von unseren Sinnen nicht registriert wird, und auch nicht unmittelbar gemessen werden kann. Man nahm an, daß jedes System eine gewisse stoffliche Wärmemenge besitzt, die seiner Masse proportional ist, wobei der Proportionalitätsfaktor von der chemischen Beschaffenheit des Systems abhängt. Von dieser Auffassung her stammt noch der Ausdruck „Wärmefluß" beim Temperaturausgleich zweier Systeme durch eine diathermische Wand. Da sich herausstellte, daß der überströmende „Wärmestoff" unwägbar ist, mußte man die stoffliche Wärmetheorie fallenlassen. Die Erkenntnis, daß Wärme eine Energieform darstellt, wurde relativ spät gewonnen. Sie knüpft sich an die Namen Graf *Rumford* (1798), *Séguin* (1839) und *R. J. Mayer* (1842), ohne daß jedoch diese selbst Experimente über das mechanische Wärmeäquivalent angestellt haben (vgl. S. 61).

Man kann die einem geschlossenen System zugeführte Wärme Q unter bestimmten Voraussetzungen[2] indirekt dadurch ermitteln, daß man die Temperaturdifferenz mißt und unter gleichen Bedingungen von Druck und Temperatur dem gleichen System soviel (z. B. elektrische) Arbeit zuführt, bis man die gleiche Temperaturdifferenz erreicht hat[3]. Da die Wärme als Energieform sich wieder aus dem Produkt eines Intensitätsparameters T und eines Extensitätsparameters C zusammensetzt, muß gelten

$$Q = C \cdot \Delta T. \tag{32}$$

C wird als *Wärmekapazität* des Systems bezeichnet.

Die *Wärmekapazität* eines reinen Stoffes ist seiner Masse proportional

$$C = cm, \tag{33}$$

der Proportionalitätsfaktor c wird als *spezifische* Wärme des betreffenden Stoffes bezeichnet, sie hängt von der chemischen Zusammensetzung des Stoffes ab und ist außerdem eine Druck- und Temperaturfunktion. Bezieht man die spezifische Wärme auf ein Mol eines reinen Stoffes, so nennt man sie die *Molwärme* des betreffenden Stoffes[4]:

$$\boldsymbol{C} = cM. \tag{34}$$

Die *Einheit* der Wärme definierte man dadurch, daß man in der Gleichung

$$Q = \bar{C}\Delta T = \bar{c}m\Delta T \tag{35}$$

[1] *Hegel* gibt in seiner „Naturphilosophie" folgende Definition: Die Wärme ist das sich Wiederherstellen der Materie in ihre Formlosigkeit, ihre Flüssigkeit, der Triumph ihrer abstrakten Homogenität über die spezifischen Bestimmtheiten; ihre abstrakte, nur ansichseiende Kontinuität als Negation der Negation ist hier als Aktivität gesetzt. Formell, d. i. in Beziehung auf Raumbestimmung überhaupt, erscheint die Wärme daher ausdehnend, als aufhebend die Beschränkung, welche das Spezifizieren des gleichgültigen Einnehmens des Raumes ist.

[2] Es sollen dabei keine Phasenübergänge innerhalb des Systems stattfinden; vgl. die „latente Wärme" auf S. 99.

[3] Hieraus muß man bereits schließen, daß Wärme im Gegensatz zu Arbeit keine Grundgröße ist (vgl. S. 59).

[4] Wir benutzen für die molaren Größen *reiner* Stoffe fette Buchstaben.

für die spezifische Wärme irgendeines reinen Normalstoffes den Wert 1 festsetzte. Als Normalstoff hat man Wasser gewählt und nannte die Wärme, die notwendig ist, um 1 g H_2O bei konstantem Druck von 14,5 auf 15,5 °C zu erwärmen, eine Grammkalorie (cal). Als größere Einheit benutzte man daneben die kcal = 1000 cal. Diese Festsetzung bildete die Grundlage der *Kalorimetrie*[1]: Man mißt die von einem System abgegebene oder aufgenommene Wärme, indem man es in ein Wasserbad (Kalorimeter) bekannter Temperatur und bekannter Wärmekapazität bringt und nach Temperaturausgleich ΔT bestimmt. Durch die Einführung des *Internationalen Einheitensystems* (SI)[2] wurde die Kalorie als Wärmeeinheit abgeschafft und durch die Energieeinheit Joule ersetzt: 1 cal = 4,184 J (vgl. auch S. 61 sowie Tabelle III im hinteren Innendeckel). Die Einheit der Wärmekapazität ergibt sich damit nach (35) zu J K^{-1}, die der Molwärme zu J mol^{-1} K^{-1}.

Wegen der *Temperaturabhängigkeit* der Wärmekapazität bedeutet $\bar{C}$ in Gleichung (35) einen Mittelwert. Die *wahre Wärmekapazität* (und analog die *wahre* Molwärme bzw. spezifische Wärme) für eine gegebene Temperatur ist definiert durch

$$C_{\text{wahr}} = \frac{\mathrm{d}Q}{\mathrm{d}T}. \tag{36}$$

Die in einem größeren Temperaturintervall zwischen T_1 und T_2 von einem System mit seiner Umgebung ausgetauschte Wärme ergibt sich danach zu

$$Q = \int_{T_1}^{T_2} C_{\text{wahr}}\,\mathrm{d}T, \tag{37}$$

worin C_{wahr} als T-Funktion einzusetzen ist (vgl. Abb. 3). Schließlich hängt die Wärmekapazität auch noch vom *Druck* bzw. *Volumen* ab, worauf wir später zurückkommen werden (vgl. S. 71, 85, 94).

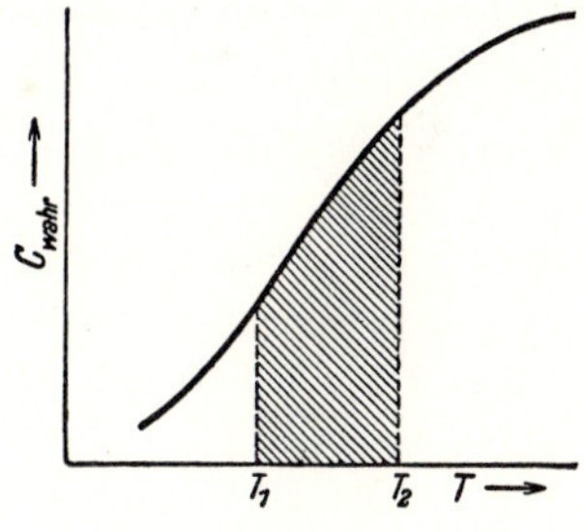

Abb. 3. Zwischen System und Umgebung ausgetauschte Wärme als Integral $\int_{T_1}^{T_2} C\,\mathrm{d}T$.

Wärmeaustausch eines Systems mit seiner Umgebung hat nicht in jedem Fall eine Temperaturänderung des Systems zur Folge, dies gilt vielmehr nur für homogene und damit einphasige Systeme. Bei mehrphasigen heterogenen Systemen kann der Wärmeaustausch dazu dienen, den betreffenden Stoff von der einen Phase in eine andere zu überführen, ohne daß sich die Temperatur ändert. In diesem Falle spricht man von *latenter* Wärme. Beispiele sind: Ver-

---

[1] Ausführlichere Angaben findet man z. B. in: *W. A. Roth, F. Becker,* Kalorimetrische Methoden, Braunschweig 1956; *W. Hemminger, G. Höhne,* Grundlagen der Kalorimetrie, Weinheim 1979.

[2] IUPAC, Handbuch der Symbole und der Terminologie physiko-chemischer Größen und Einheiten (1973), in: Internationale Regeln für die chemische Nomenklatur und Terminologie, Bd. 2, Gruppe 6, S. 24, Weinheim 1977; SI, Das Internationale Einheitensystem, S. 19 u. 26, Braunschweig 1977.

dampfungs- bzw. Kondensationswärme, Schmelz- bzw. Kristallisationswärme, Umwandlungswärme beim Übergang von einer kristallinen Modifikation in eine andere. Eine z. B. mit ihrer festen Phase im Gleichgewicht befindliche Flüssigkeit besitzt bei gegebenem Druck eine bestimmte unveränderliche Temperatur und kann deshalb als Temperaturfixpunkt benutzt werden (Thermometereichung!).

6 Allgemeine Eigenschaften von Zustandsfunktionen

Eine Zustandsfunktion sei durch den allgemeinen Ansatz

$$Z = f(x, y) \tag{38}$$

dargestellt. Da Z nur von dem jeweiligen Zustand des Systems, dagegen keineswegs davon abhängt, auf welchem Wege das System in diesen Zustand gelangt ist, kommt es bei einer Änderung der Zustandsvariablen nur auf die Beträge dieser Änderungen, dagegen nicht auf ihre Reihenfolge an. Geht also z. B. ein System vom Zustand 1 durch Druck- und Temperaturänderung in den Zustand 2 über, so ist es für die Änderung von Z gleichgültig, ob man erst die Temperatur oder erst den Druck oder beide gleichzeitig ändert. Allgemein muß deshalb gelten:

$$\Delta Z = Z_2 - Z_1 = f(x_2, y_2) - f(x_1, y_1). \tag{39}$$

Z sei etwa der Flächeninhalt eines Rechtecks, dann gilt

$$Z = xy. \tag{40}$$

Ändert man die Variablen x um dx bzw. y um dy, so wird

$$Z + \mathrm{d}Z = (x + \mathrm{d}x)(y + \mathrm{d}y) = xy + y\mathrm{d}x + x\mathrm{d}y + \mathrm{d}x\mathrm{d}y.$$

$\mathrm{d}x\mathrm{d}y$ ist eine „Größe zweiter Ordnung“, die bei genügend kleinem Zuwachs dx bzw. dy sehr viel rascher gegen Null geht als dx und dy selbst (vgl. Abb. 4), so daß man für die Änderung der Funktion Z schreiben kann:

$$\mathrm{d}Z = y\mathrm{d}x + x\mathrm{d}y. \tag{41}$$

Die Gesamtänderung von Z setzt sich also additiv aus den Teiländerungen zusammen, wenn man erst x um dx bei konstantem y, und dann y um dy bei konstantem x ändert oder umge-

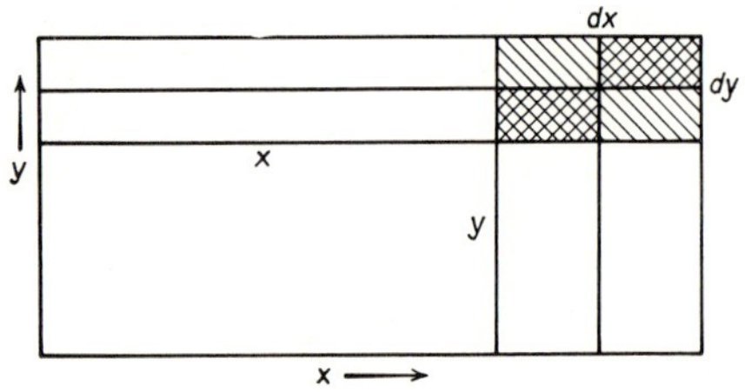

Abb. 4. Zur Definition des vollständigen Differentials.

kehrt. Man deutet diese *Partialänderungen* durch das Differentialzeichen ∂ an: $(\partial Z)_y = y\,\mathrm{d}x$ und $(\partial Z)_x = x\,\mathrm{d}y$, wobei der Index angibt, daß der betreffende Parameter konstant gehalten wird. In anderer Schreibweise nennt man

$$\left(\frac{\partial Z}{\partial x}\right)_y = y \quad \text{und} \quad \left(\frac{\partial Z}{\partial y}\right)_x = x \tag{42}$$

die *partiellen Differentialquotienten* der Zustandsfunktion Z nach den einzelnen Variablen. Setzt man dies in (41) ein, so wird

$$\mathrm{d}Z = \left(\frac{\partial Z}{\partial x}\right)_y \mathrm{d}x + \left(\frac{\partial Z}{\partial y}\right)_x \mathrm{d}y \equiv P\,\mathrm{d}x + Q\,\mathrm{d}y\,. \tag{43}$$

$\mathrm{d}Z$ nennt man ein *vollständiges Differential*, es setzt sich additiv aus den Partialänderungen zusammen, wobei die Koeffizienten $P \equiv (\partial Z/\partial x)_y$ und $Q \equiv (\partial Z/\partial y)_x$ entweder konstant oder selbst Funktionen der Zustandsvariablen x und y sein müssen[1]. Ändert man die Zustandsvariablen derart, daß die Zustandsfunktion insgesamt ungeändert bleibt, daß also $\mathrm{d}Z = 0$, so muß gelten

$$\mathrm{d}Z = \left(\frac{\partial Z}{\partial x}\right)_y \mathrm{d}x + \left(\frac{\partial Z}{\partial y}\right)_x \mathrm{d}y = 0$$

oder

$$\left(\frac{\partial y}{\partial x}\right)_Z = -\frac{\left(\dfrac{\partial Z}{\partial x}\right)_y}{\left(\dfrac{\partial Z}{\partial y}\right)_x} \tag{44}$$

---

[1] Unabhängig von dem gewählten speziellen Beispiel gilt allgemein nach Gleichung (39) für den Fall zweier Zustandsvariabler $Z = f(x, y)$:

$$Z + (\Delta Z)_y = f(x + \Delta x, y) \quad \text{und} \quad Z + (\Delta Z)_x = f(x, y + \Delta y)\,.$$

Daraus wird

$$(\Delta Z)_y = f(x + \Delta x, y) - f(x, y); \quad (\Delta Z)_x = f(x, y + \Delta y) - f(x, y)\,.$$

Erweitert man rechts mit $\dfrac{\Delta x}{\Delta x}$ bzw. $\dfrac{\Delta y}{\Delta y}$ und geht zur Grenze über, so wird

$$\lim_{\Delta x \to 0} (\Delta Z)_y \equiv (\partial Z)_y = \lim_{\Delta x \to 0} \frac{f(x + \Delta x, y) - f(x, y)}{\Delta x}\,\Delta x = \left(\frac{\partial f}{\partial x}\right)_y \mathrm{d}x\,,$$

$$\lim_{\Delta y \to 0} (\Delta Z)_x \equiv (\partial Z)_x = \lim_{\Delta y \to 0} \frac{f(x, y + \Delta y) - f(x, y)}{\Delta y}\,\Delta y = \left(\frac{\partial f}{\partial y}\right)_x \mathrm{d}y\,.$$

Für die Gesamtänderung von Z erhält man demnach

$$\mathrm{d}Z = (\partial Z)_y + (\partial Z)_x = \left(\frac{\partial f}{\partial x}\right)_y \mathrm{d}x + \left(\frac{\partial f}{\partial y}\right)_x \mathrm{d}y\,.$$

bzw.

$$\left(\frac{\partial x}{\partial Z}\right)_y \left(\frac{\partial Z}{\partial y}\right)_x \left(\frac{\partial y}{\partial x}\right)_Z = -1\,. \tag{45}$$

Sind α und β ebenfalls Zustandsgrößen, also auch Funktionen von x und y, so folgt nach (43) beispielsweise für den partiellen Differentialquotienten

$$\left(\frac{\partial Z}{\partial \alpha}\right)_\beta = \left(\frac{\partial Z}{\partial x}\right)_y \left(\frac{\partial x}{\partial \alpha}\right)_\beta + \left(\frac{\partial Z}{\partial y}\right)_x \left(\frac{\partial y}{\partial \alpha}\right)_\beta . \tag{46}$$

Von diesen allgemeinen Beziehungen zwischen den partiellen Differentialquotienten werden wir häufig Gebrauch machen.

Führen wir ein System von einem Zustand 1 in einen Zustand 3 über, so ist dies auf verschiedenen Wegen möglich (Abb. 5). Für eine Änderung auf dem Wege 1, 2, 3 gilt für hinreichend kleine Änderungen Δx und Δy:

$$Z(x + \Delta x, y + \Delta y) = Z(x, y) + P(x, y)\Delta x + Q(x + \Delta x, y)\Delta y\,. \tag{47}$$

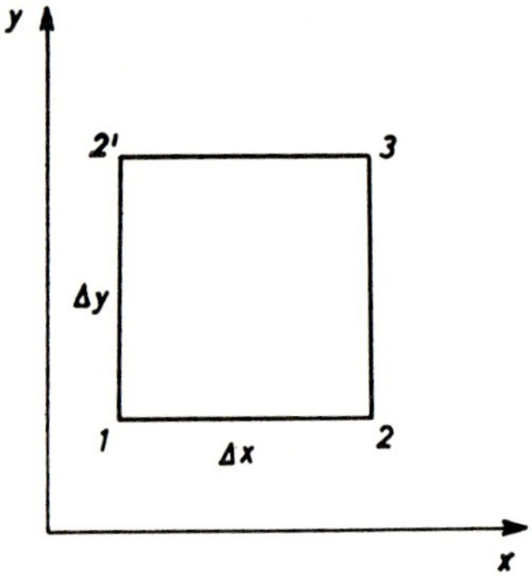

Abb. 5. Zur Wegunabhängigkeit von Zustandsfunktionen.

Auf dem Wege 1, 2′, 3 finden wir entsprechend

$$Z(x + \Delta x, y + \Delta y) = Z(x, y) + Q(x, y)\Delta y + P(x, y + \Delta y)\Delta x\,. \tag{48}$$

Da Z eine Zustandsfunktion ist, müssen (47) und (48) gleich sein, folglich ist

$$[P(x, y + \Delta y) - P(x, y)]\Delta x = [Q(x + \Delta x, y) - Q(x, y)]\Delta y$$

oder

$$\left[\frac{P(x, y + \Delta y) - P(x, y)}{\Delta y}\right]\Delta x \Delta y = \left[\frac{Q(x + \Delta x, y) - Q(x, y)}{\Delta x}\right]\Delta x \Delta y\,.$$

Dividiert man beide Seiten durch $\Delta x \Delta y$, geht zur Grenze $\Delta x \to 0$, $\Delta y \to 0$ über und berücksichtigt die Definition der partiellen Differentialquotienten (vgl. Anmerkung 1 S. 19), so folgt

$$\left(\frac{\partial P}{\partial y}\right)_x = \left(\frac{\partial Q}{\partial x}\right)_y \tag{49}$$

oder mit Rücksicht auf (43)

$$\left[\frac{\partial\left(\frac{\partial Z}{\partial x}\right)_y}{\partial y}\right]_x \equiv \frac{\partial^2 Z}{\partial x \partial y} = \left[\frac{\partial\left(\frac{\partial Z}{\partial y}\right)_x}{\partial x}\right]_y \equiv \frac{\partial^2 Z}{\partial y \partial x}. \tag{50}$$

Die Reihenfolge der Differentiationen ist vertauschbar. Die Beziehungen (49) bzw. (50), als *Satz von Schwarz* bekannt, gehören zu den wichtigsten Beziehungen der Thermodynamik. Da P, Q, x und y im allgemeinen thermodynamisch interessante Zustandsgrößen sind, gibt (49) einen Zusammenhang zwischen diesen Größen, der allein aus der Tatsache folgt, daß Z eine Zustandsfunktion, $\mathrm{d}Z$ also ein vollständiges Differential und deshalb integrierbar ist[1]. Die Form der Funktion (38) braucht dabei selbst nicht bekannt zu sein.

Man muß die Frage stellen, ob (49) der einzige Zusammenhang zwischen P, Q, x und y ist, der aus (38) folgt. Definiert man mit (38) und (43) die Funktionen:

$$U \equiv Z - Px, \quad V \equiv Z - Qy, \quad W \equiv Z - Px - Qy, \tag{51}$$

so sind U, V und W ebenfalls Zustandsfunktionen mit den vollständigen Differentialen:

$$\mathrm{d}U = P\mathrm{d}x + Q\mathrm{d}y - P\mathrm{d}x - x\mathrm{d}P = -x\mathrm{d}P + Q\mathrm{d}y, \tag{52}$$

$$\mathrm{d}V = P\mathrm{d}x + Q\mathrm{d}y - Q\mathrm{d}y - y\mathrm{d}Q = P\mathrm{d}x - y\mathrm{d}Q, \tag{53}$$

$$\mathrm{d}W = P\mathrm{d}x + Q\mathrm{d}y - P\mathrm{d}x - x\mathrm{d}P - Q\mathrm{d}y - y\mathrm{d}Q = -x\mathrm{d}P - y\mathrm{d}Q. \tag{54}$$

Wendet man auf diese Funktionen den Satz von *Schwarz* an, so folgt aus (52)

$$-\left(\frac{\partial x}{\partial y}\right)_P = \left(\frac{\partial Q}{\partial P}\right)_y, \tag{55}$$

aus (53)

$$\left(\frac{\partial P}{\partial Q}\right)_x = -\left(\frac{\partial y}{\partial x}\right)_Q \tag{56}$$

und schließlich aus (54)

$$\left(\frac{\partial x}{\partial Q}\right)_P = \left(\frac{\partial y}{\partial P}\right)_Q. \tag{57}$$

Es ist nützlich, die Beziehungen (49) und (55) bis (57), die alle eine unmittelbare Folge von (38) sind, stets zur Hand zu haben. Man kann sie auf folgende Weise reproduzieren[2]: Man bildet aus

[1] So ist z. B. $\mathrm{d}Z = y\,\mathrm{d}x - x\,\mathrm{d}y$ kein vollständiges Differential, denn die Bedingung (49) ist nicht erfüllt, da $\partial y/\partial y \neq \partial(-x)/\partial x$. Diese Gleichung läßt sich also nicht integrieren, d. h. Z ist keine Funktion von x und y, also keine Zustandsfunktion. Um noch ein Beispiel zu nennen: $\mathrm{d}Z = y^2\mathrm{d}x + 2xy\,\mathrm{d}y$ ist ein vollständiges Differential, denn es ist $\frac{\partial(y^2)}{\partial y} = \frac{\partial(2xy)}{\partial x}$. Dagegen ist $\mathrm{d}Z = y^2\mathrm{d}x + xy\,\mathrm{d}y$ kein vollständiges Differential.

[2] Vgl. *H. Mauser*, Z. Naturforschg. *15b*, 421, 536 (1960); Allgemeine Wärmetechnik *11*, 193 (1963).

$$\mathrm{d}Z = P\mathrm{d}x + Q\mathrm{d}y$$

das Symbol

$$\begin{matrix} P & Q \\ y & x \end{matrix} \tag{58}$$

nach der Vorschrift: Man schreibe die beiden Variablen des einen Termes beliebig in eine Diagonale und füge die beiden Variablen des anderen Termes so zu, daß bei gleichen Vorzeichen beider Terme die jeweiligen unabhängigen Variablen nebeneinander, bei ungleichen Vorzeichen beider Terme aber übereinander stehen.

Aus (58) kann man die Beziehung nach folgender Vorschrift ablesen: Bildet man aus dem Symbol einen partiellen Differentialquotienten in vertikaler Richtung, so ist dieser gleich dem aus den danebenstehenden Größen in gleicher Richtung gebildeten; die konstant zu haltenden Indizes sind dabei aus derselben *Zeile* des Symbols zu wählen. Bildet man einen partiellen Differentialquotienten in horizontaler Richtung, so ist dieser gleich dem negativen aus den beiden übrigen Größen in gleicher Richtung gebildeten; die konstant zu haltenden Indizes sind aus derselben *Spalte* des Symbols zu wählen.

Kapitel II

Das Volumen als Zustandsfunktion (Thermische Zustandsgleichung)

1 Kompressibilität, Ausdehnungskoeffizient und Spannungskoeffizient homogener Systeme

Bevor wir uns mit den eigentlichen, aus den Hauptsätzen abgeleiteten Zustandsfunktionen der Thermodynamik beschäftigen, wollen wir die Ergebnisse des vorigen Kapitels auf die einfachste bekannte Zustandsgröße, nämlich das *Volumen* eines homogenen Systems anwenden, denn das Volumen eines im Gleichgewicht befindlichen homogenen Systems kann außer von seiner Masse nur vom jeweiligen Zustand, dagegen nicht z. B. von seiner Vorgeschichte abhängen. Stellt man das Volumen als Funktion der Zustandsvariablen dar, so spricht man von der *„thermischen Zustandsgleichung"*, die bei *reinen homogenen* Phasen nach (I,2) die Form $V = G \cdot f(p, t)$, bei zusammengesetzten Phasen die Form $V = f(p, t, n_1, n_2, \ldots)$ annimmt. Wir betrachten als Beispiel das Ethanol. Sein Volumen ist nach neueren Messungen in Abb. 6 bei konstanter Temperatur (20 °C) in Abhängigkeit vom Druck (*Isotherme*) und in Abb. 7 bei

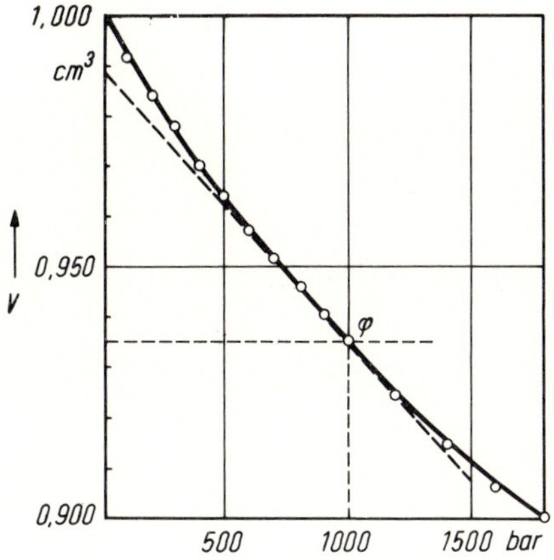

Abb. 6. Druckabhängigkeit des Volumens von flüssigem Ethanol bei 20 °C (Isotherme).

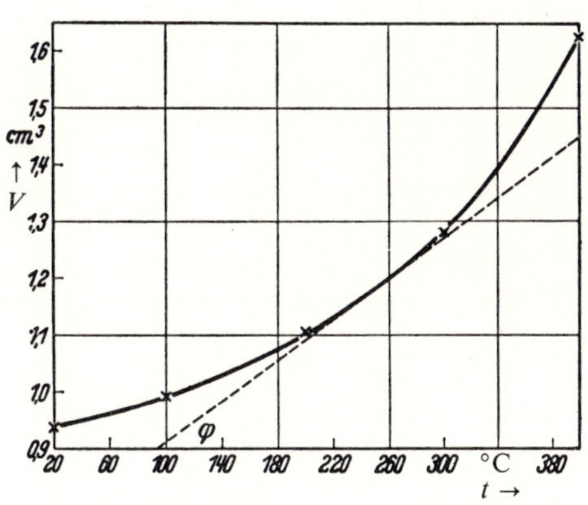

Abb. 7. Temperaturabhängigkeit des Volumens von flüssigem Ethanol bei 1000 bar Druck (Isobare).

konstantem Druck (1000 bar) in Abhängigkeit von der Temperatur (*Isobare*) dargestellt. Man sieht, daß V mit zunehmendem Druck bzw. mit abnehmender Temperatur kleiner wird. Die partiellen Differentialquotienten nach Gl. (I,42) $\left(\frac{\partial V}{\partial p}\right)_t$ bzw. $\left(\frac{\partial V}{\partial t}\right)_p$ sind gegeben durch die Neigungen der jeweiligen Tangenten an die Kurven und sind in diesem Fall selbst Funktionen des Drucks bzw. der Temperatur, weil sich die Neigungswinkel stetig ändern. Sie lassen sich graphisch ermitteln. So schneidet z. B. nach Abb. 6 die Tangente bei $p = 1000$ bar die Ordinate bei $V = 0{,}9885\ \text{cm}^3$; das Volumen bei $p = 1000$ bar beträgt $0{,}9353\ \text{cm}^3$, so daß man für die Neigung der Kurve in diesem Punkt erhält

$$\operatorname{tg}\varphi = \left(\frac{\partial V}{\partial p}\right)_{t,\,1000\,\text{bar}} = \frac{0{,}9353 - 0{,}9885}{1000}\ \text{cm}^3\,\text{bar}^{-1} = -5{,}3 \cdot 10^{-5}\ \text{cm}^3\,\text{bar}^{-1}.$$

$\left(\frac{\partial V}{\partial p}\right)_t$ ist also negativ, weil das Volumen mit steigendem Druck abnimmt[1]. Der kleine Wert von 0,0053% Volumenabnahme bei Steigerung des Drucks um 1 bar ist ein Maß für die geringe *Kompressibilität* des Ethanols wie aller kondensierten Phasen. Mit weiter zunehmendem Druck wird die Kurve flacher, die Kompressibilität nimmt also mit steigendem Druck ab.

Man definiert die Kompressibilität durch

$$\chi \equiv -\frac{1}{V}\left(\frac{\partial V}{\partial p}\right)_t, \tag{1}$$

d. h. man benutzt als Bezugswert das bei den betreffenden Bedingungen gerade vorhandene Volumen V.

In völlig analoger Weise läßt sich der partielle Differentialquotient $\left(\frac{\partial V}{\partial t}\right)_p$ aus Abb. 7 graphisch ermitteln, er ist hier positiv[2] und nimmt mit steigender Temperatur zu. Der Ausdruck

$$\alpha \equiv \frac{1}{V}\left(\frac{\partial V}{\partial t}\right)_p \tag{2}$$

ist der sog. *thermische Ausdehnungskoeffizient* des betreffenden Stoffes; er ist bezogen auf das jeweils vorliegende Volumen V.

Ändert man Druck und Temperatur gleichzeitig, so ist die Volumenänderung nach (I, 43) ein vollständiges Differential

$$\mathrm{d}V = \left(\frac{\partial V}{\partial t}\right)_p \mathrm{d}t + \left(\frac{\partial V}{\partial p}\right)_t \mathrm{d}p, \tag{3}$$

d. h. man kann sich die Änderung der beiden Zustandsvariablen nacheinander ausgeführt denken, und die Gesamtänderung $\mathrm{d}V$ ergibt sich als Summe der Partialänderungen, wenn man erst eine isobare und dann eine isotherme infinitesimale Zustandsänderung durchführen würde oder umgekehrt. Benutzt man die durch (1) und (2) definierten Ausdrücke, so kann man (3) auch in der Form schreiben

---

[1] Dies gilt ganz allgemein für alle Stoffe.

[2] α kann auch negativ sein, wie z. B. bei Wasser zwischen 0 °C und 4 °C.

$$\mathrm{d}V = V\alpha \mathrm{d}t - V\chi \mathrm{d}p\,. \tag{3a}$$

Aus der Regel (I, 50) von der Vertauschbarkeit der Differentiationsfolge $\dfrac{\partial^2 V}{\partial t\,\partial p} = \dfrac{\partial^2 V}{\partial p\,\partial t}$ erhält man schließlich eine Beziehung zwischen der Druckabhängigkeit des Ausdehnungskoeffizienten und der Temperaturabhängigkeit der Kompressibilität:

$$\left(\frac{\partial \alpha}{\partial p}\right)_t = -\left(\frac{\partial \chi}{\partial t}\right)_p. \tag{4}$$

Aus den beiden Differentialquotienten $\left(\dfrac{\partial V}{\partial t}\right)_p$ und $\left(\dfrac{\partial V}{\partial p}\right)_t$ erhält man mittels (I, 44) die Temperaturabhängigkeit des Drucks $\left(\dfrac{\partial p}{\partial t}\right)_V$ bei konstantem Volumen zu

$$\left(\frac{\partial p}{\partial t}\right)_V = -\frac{\left(\dfrac{\partial V}{\partial t}\right)_p}{\left(\dfrac{\partial V}{\partial p}\right)_t} = \frac{\alpha}{\chi} \tag{5}$$

und definiert mit seiner Hilfe den sog. *Spannungskoeffizienten* des betreffenden Stoffes:

$$\beta \equiv \frac{1}{p}\left(\frac{\partial p}{\partial t}\right)_V, \tag{6}$$

indem man auf den jeweils vorhandenen Druck p bezieht. Aus (5) und (6) folgt

$$\left(\frac{\partial p}{\partial t}\right)_V = \frac{\alpha}{\chi} = p\beta\,. \tag{7}$$

Gl. (7) kann man benutzen, um den Druck zu berechnen, unter dem eine von starren Wänden eingeschlossene homogene Phase steht, wenn man ihre Temperatur um einen endlichen Betrag erhöht. Durch Integration erhält man

$$\Delta p = p_2 - p_1 = \int_{t_1}^{t_2} \frac{\alpha}{\chi}\,\mathrm{d}t\,. \tag{8}$$

Die Integration läßt sich durchführen, wenn α und χ als Temperaturfunktionen bekannt sind. Für kleine Differenzen von t kann man beide in erster Näherung als konstant ansehen, wie schon aus Abb. 7 hervorgeht. So erhält man bei Zimmertemperatur für Hg mit $\chi = 3{,}91 \cdot 10^{-6}\,\mathrm{bar}^{-1}$ und $\alpha = 18{,}1 \cdot 10^{-5}\,\mathrm{K}^{-1}$ bei einer Temperaturerhöhung um 1 °C eine Druckdifferenz

$$\Delta p = \frac{18{,}1 \cdot 10^{-5}}{3{,}91 \cdot 10^{-6}} \approx 46{,}3\ \mathrm{bar} \cdot \mathrm{K}^{-1},$$

für Wasser wegen der wesentlich größeren Kompressibilität entsprechend nur

$$\Delta p = \frac{18{,}0 \cdot 10^{-5}}{49{,}1 \cdot 10^{-6}} \approx 3{,}7 \text{ bar} \cdot \text{K}^{-1}.$$

2 Thermische Zustandsgleichung des idealen Gases

2.1 Das Gay-Lussacsche Gesetz

Die Isothermen und Isobaren der Abb. 6 und 7 zeigen für verschiedene Flüssigkeiten jeweils einen anderen Verlauf und müssen jedesmal experimentell bestimmt werden. Daher sind auch die analytischen Ausdrücke für die Kurven jeweils andere. Wesentlich einfacher liegen die Verhältnisse bei verdünnten Gasen. Wir sahen bereits bei der Temperaturmessung mit Hilfe der Gasthermometer, daß bei genügend verdünnten Gasen das Volumen bei konstantem Druck bzw. der Druck bei konstantem Volumen annähernd lineare Funktionen der Temperatur sind (Gleichung I, 8 und 9). Dies wurde bereits von *Gay-Lussac* (1802) empirisch beobachtet, und das nach ihm benannte *Gay-Lussac*sche Gesetz lautet

$$V = V_0(1 + \alpha' t); \quad p = \text{const.} \tag{9}$$

Dabei ist V_0 das Volumen bei 0 °C und α' eine von t unabhängige Konstante. Aus (I, 8) ergibt sich analog

$$V = V_0\left(1 + \frac{1}{V_0}\left(\frac{\Delta V}{\Delta t}\right)_p t\right), \tag{10}$$

und der Vergleich zeigt, daß

$$\alpha' = \frac{1}{V_0}\left(\frac{\Delta V}{\Delta t}\right)_p = \frac{1}{V_0}\left(\frac{\partial V}{\partial t}\right)_p$$

analog zu Gl. (2) ein thermischer Ausdehnungskoeffizient des verdünnten Gases ist, der auf V_0 bezogen und in diesem Fall (bei genügend kleinem p) eine Konstante ist.

V in Abhängigkeit von t aufgetragen ergibt also eine Gerade (Abb. 8), deren Neigung $\operatorname{tg}\varphi = \left(\frac{\partial V}{\partial t}\right)_p = \frac{V - V_0}{\Delta t}$ für eine gegebene Gasmenge noch von V_0 und damit von p abhängt: Je

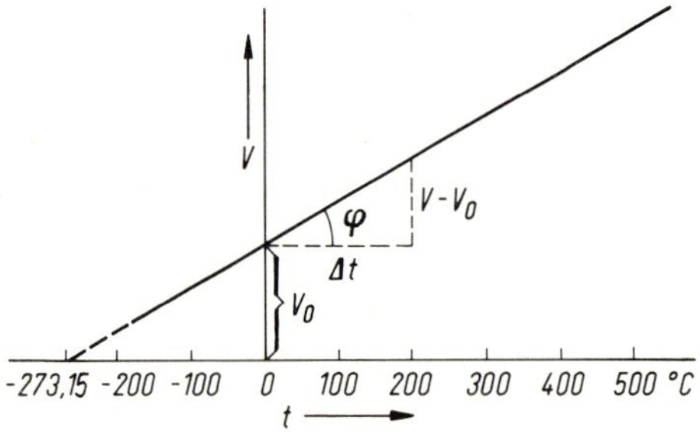

Abb. 8. Volumen des idealen Gases als Funktion der Temperatur (Isobare). *Gay-Lussac*sches Gesetz.

größer V_0, d. h. je kleiner der (konstante) Druck des Gases ist, um so steiler verläuft die Gerade. Extrapolieren wir diese Geraden bis zum Schnittpunkt mit der Abszisse, so erhalten wir den gemeinsamen Punkt $t = -273{,}15\,°C$, den wir als Nullpunkt der *Kelvin*-Temperaturskala definiert haben (S. 8). Wir können deshalb das *Gay-Lussac*sche Gesetz mit Hilfe von (I, 12 und 13) auch folgendermaßen formulieren:

$$V = V_0\left(1 + \frac{1}{273{,}15}\,t\right) = V_0\left(\frac{273{,}15 + t}{273{,}15}\right) = V_0\frac{T}{T_0} = \text{prop}\;T\,. \qquad (11)$$

Das *Volumen eines genügend verdünnten Gases ist der absoluten Temperatur T proportional.* Damit enthält das *Gay-Lussac*sche Gesetz gleichzeitig die Definition der *Kelvin*-Temperaturskala.

Ein völlig analoges Gesetz findet man für die Temperaturabhängigkeit des Drucks bei konstantem Volumen. Es gilt

$$p = p_0(1 + \beta' t) \quad \text{bzw.} \quad p = p_0\frac{T}{T_0}\,, \qquad (12)$$

wo p_0 den Druck bei 0 °C und β' analog zu Gleichung (6) einen auf p_0 bezogenen Spannungskoeffizienten bedeutet, der bei genügend kleinen Drucken ebenfalls den für alle Gase gültigen und weitgehend temperaturunabhängigen Wert $1/273{,}15 = 0{,}003661$ besitzt. Auch p gegen t aufgetragen ergibt eine Gerade, die man wegen des konstanten Volumens als *Isochore* bezeichnet.

Es wurde mehrmals betont, daß sowohl α' wie β' nur *angenähert* konstant sind. Beide Koeffizienten nähern sich dem gemeinsamen Wert 1/273,15 um so mehr, je kleiner der Druck und je höher die Temperatur des betreffenden Gases ist. Das *Gay-Lussac*sche Gesetz ist deshalb als ein *Grenzgesetz* für kleine Drucke und hohe Temperaturen aufzufassen. In Abb. 9 ist

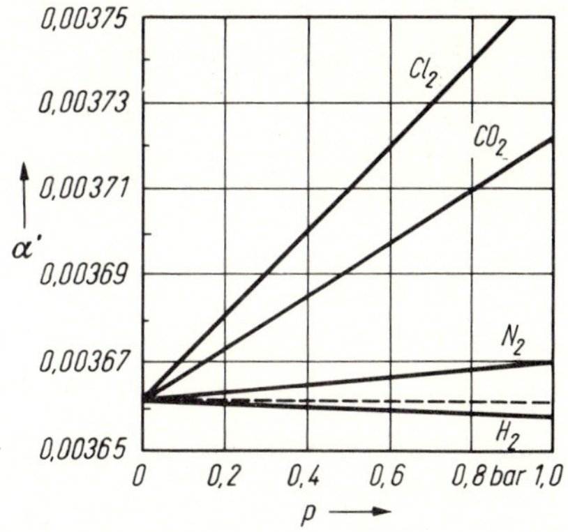

Abb. 9. Ausdehnungskoeffizient einiger Gase in Abhängigkeit vom Druck.

als Beispiel das experimentell bestimmte α' für einige Gase in Abhängigkeit vom Druck dargestellt. Man sieht, daß die Abweichungen bei manchen Gasen schon bei $p = 1\,\text{bar}$ 1 – 2% betragen, lediglich für H_2 ergibt sich ein von p nahezu unabhängiger Wert.

Es läßt sich mit Hilfe der kinetischen Theorie der Gase zeigen, daß diese Abweichungen des α' bzw. β' vom Grenzwert 1/273,15 einerseits darauf zurückzuführen sind, daß die Gasmolekeln *Anziehungskräfte* aufeinander ausüben, was bedeutet, daß die sog. Wirkungsquerschnitte und damit auch die Stoßzahlen vergrößert werden, und andrerseits darauf, daß das *Eigenvolumen* der Molekeln im Verhältnis zu dem ihnen zur Verfügung stehenden Raum nicht mehr als verschwindend klein angenommen werden kann, was identisch ist mit der Berücksichtigung von Abstoßungskräften. Ein hypothetisches Gas, dessen Molekeln keine Wechselwirkung untereinander zeigen und ein verschwindend kleines Eigenvolumen besitzen, nennt man ein *„ideales Gas"*; für ein solches würden die Koeffizienten α' und β' genau den Wert 1/273,15 besitzen und streng druck- und temperaturunabhängig sein. Wir werden den Betrachtungen dieses Abschnitts immer ein solches ideales Gas zugrunde legen.

2.2 Das Boyle-Mariottesche Gesetz

Die *Isotherme* des idealen Gases $(V)_t = f(p)$ ist gegeben durch das von *Boyle* (1664) und *Mariotte* (1676) unabhängig voneinander entdeckte Gesetz

$$(V)_t = \frac{\text{const.}}{p}. \tag{13}$$

V gegen p im gleichen Maßstab aufgetragen stellt eine gleichseitige Hyperbel dar (Abb. 10), die aus zusammengehörigen Werten von p und V gebildeten Rechtecke sind flächengleich. Da

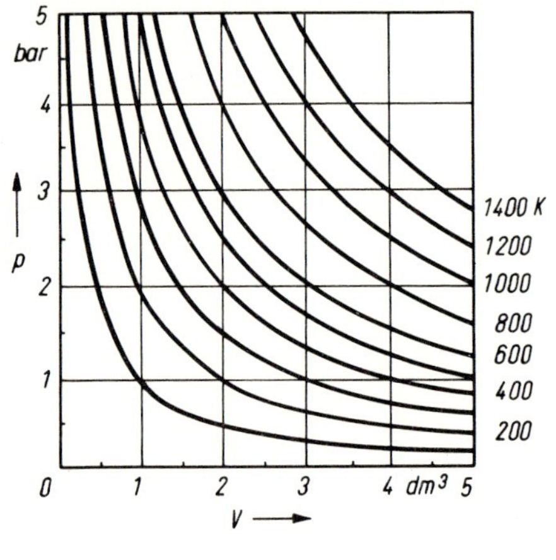

Abb. 10. Volumen des idealen Gases als Funktion des Drucks (Isothermen) (*Boyle-Mariotte*sches Gesetz).

das Produkt pV konstant ist, kann man das *Boyle-Mariotte*sche Gesetz auch in der Differentialform

$$\mathrm{d}(pV)_t = 0 \quad \text{bzw.} \quad p\,\mathrm{d}V + V\mathrm{d}p = 0 \tag{14}$$

schreiben. In noch etwas anderer Schreibweise ist

$$\frac{dV}{V} = -\frac{dp}{p}. \tag{15}$$

Eine bestimmte *relative* Änderung des Druckes hat eine gleich große relative Änderung des Volumens mit entgegengesetztem Vorzeichen zur Folge. Erhöht man also z. B. den Druck um 1%, so sinkt das Volumen um 1% und umgekehrt.

Auch das *Boyle-Mariotte*sche Gesetz ist ein *Grenzgesetz* für kleine Drucke und hohe Temperaturen, es gilt streng nur für das ideale Gas. Für reale Gase ist das Produkt pV nicht mehr konstant, sondern eine Funktion des Druckes, worauf wir später zurückkommen werden (S. 34).

2.3 Das ideale Gasgesetz

*Boyle-Mariotte*sches und *Gay-Lussac*sches Gesetz entsprechen den *partiellen* Zustandsänderungen des Volumens. Durch Vereinigung der beiden Gesetze gelangt man zu der vollständigen thermischen Zustandsgleichung des idealen Gases $V = f(p, T)$. Ändert man gleichzeitig p und T, so kann man sich die zugehörigen Änderungen von V aus den Partialänderungen zusammengesetzt denken, weil es sich ja um eine Zustandsfunktion handelt. Wir führen demnach nacheinander eine isobare und eine isotherme Zustandsänderung durch. Der Ausgangszustand sei charakterisiert durch V_0, p_0, T_0, wo $p_0 = 1$ atm $= 1{,}01325$ bar, $T_0 = 273{,}15$ K und V_0 das zugehörige Volumen ist, der Endzustand durch p, V, T. Die isobare Ausdehnung des Gases durch Erwärmung auf die Temperatur T führt nach dem *Gay-Lussac*schen Gesetz (11) zu dem Volumen $V' = \frac{V_0 T}{T_0}$. Die nachfolgende isotherme Kompression auf den Druck p ergibt nach *Boyle-Mariotte* $p_0 V' = pV$ oder $V' = \frac{pV}{p_0}$. Eliminiert man V' aus den beiden Gleichungen, so wird

$$pV = \frac{p_0 V_0}{T_0} T = \text{const.}\ T. \tag{16}$$

Die Konstante $\frac{p_0 V_0}{T_0}$ erhält einen bestimmten Wert, wenn man sie auf eine bestimmte Menge des Gases bezieht. *Für 1 mol eines idealen Gases*[1] ergibt sich $\boldsymbol{V}_0 = 22413\ \text{cm}^3\ \text{mol}^{-1}$ bei $p = 1$ atm. Damit ergeben sich für die auf 1 mol bezogene Konstante

$$R \equiv \frac{p_0 \boldsymbol{V}_0}{T_0} \tag{17}$$

unter Benutzung verschiedener Einheiten folgende Zahlenwerte:

Einheiten	R
$\text{J K}^{-1}\ \text{mol}^{-1}$ (SI)	8,314
$\text{cal K}^{-1}\ \text{mol}^{-1}$	1,9872
$\text{cm}^3\ \text{atm K}^{-1}\ \text{mol}^{-1}$	82,06

Die Dimension von R ist demnach Energie/(Temperatur · Stoffmenge).

---

[1] Wir benutzen für die molaren Größen *reiner* Stoffe fette Buchstaben.

Auf 1 mol bezogen lautet somit die *Zustandsgleichung des idealen Gases*

$$\boldsymbol{V} = \frac{RT}{p}, \tag{18}$$

auf n Mole bezogen

$$V = \frac{nRT}{p} \quad \text{(ideales Gas)}\,. \tag{18a}$$

Auch dieses „ideale Gasgesetz" ist entsprechend seiner Herleitung aus den partiellen Zustandsänderungen ein *Grenzgesetz,* das für reale Gase um so besser gilt, je angenäherter die Bedingungen des idealen Gases (fehlende Anziehungskräfte und verschwindendes Eigenvolumen der Molekeln) erfüllt sind, je kleiner also der Druck und je höher die Temperatur ist.

Die graphische Darstellung des idealen Gasgesetzes ergibt eine gekrümmte Fläche, die in Abb. 11 wiedergegeben ist. Die partiellen Funktionen $(V)_T = f(p)$, $(V)_p = f(T)$ und $(p)_V = f(T)$ stellen Schnittkurven der Fläche mit den Ebenen dar, die parallel zu den jeweiligen Koordinaten liegen. So ist z. B. in Abb. 11 die Kurve CD eine Isotherme, AB eine Isobare und EF eine Isochore.

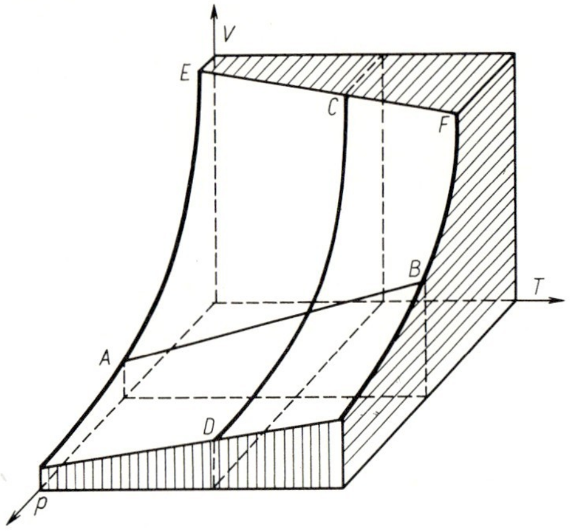

Abb. 11. Zustandsfläche $V = f(p, T)$ des idealen Gases.

Wir können nun auch den analytischen Ausdruck für das vollständige Differential $\mathrm{d}V$ hinschreiben[1]. Aus (18a) ergibt sich unmittelbar

$$\mathrm{d}V = \left(\frac{\partial V}{\partial T}\right)_p \mathrm{d}T + \left(\frac{\partial V}{\partial p}\right)_T \mathrm{d}p = \frac{nR}{p}\,\mathrm{d}T - \frac{nRT}{p^2}\,\mathrm{d}p\,. \tag{19}$$

[1] Daß $\mathrm{d}V$ ein vollständiges Differential ist, folgt nach (I, 47) aus

$$\frac{\partial(nR/p)}{\partial p} = \frac{\partial(-nRT/p^2)}{\partial T}.$$

Der Vergleich mit (3a) liefert für den thermischen Ausdehnungskoeffizienten des idealen Gases

$$\alpha = \frac{1}{V}\frac{nR}{p} = \frac{1}{T}, \tag{20}$$

für seine Kompressibilität

$$\chi = \frac{1}{V}\frac{nRT}{p^2} = \frac{1}{p}. \tag{21}$$

Der thermische Spannungskoeffizient des idealen Gases ergibt sich sowohl aus der Beziehung (5) wie unmittelbar aus (18a) zu

$$\beta \equiv \frac{1}{p}\left(\frac{\partial p}{\partial T}\right)_V = \frac{1}{p}\frac{nR}{V} = \frac{1}{T}. \tag{22}$$

2.4 Molekulargewichtsbestimmung mit Hilfe des idealen Gasgesetzes

Die ideale Gasgleichung bildet die Grundlage sämtlicher Methoden zur *Molekulargewichtsbestimmung* von Gasen und Dämpfen. Da eine Genauigkeit der Bestimmung von einigen Prozent stets ausreicht, um unter den möglichen, unter sich beträchtlich verschiedenen Molekulargewichten das richtige auszuwählen, kann man auch für reale Gase das ideale Gasgesetz als gültig annehmen. Für sehr genaue Bestimmungen, aus denen z. B. Atomgewichte abgeleitet werden sollen, führt man mehrere Messungen bei verschiedenen Drucken durch und extrapoliert die Ergebnisse auf $p = 0$. Wir schreiben (18a) in der Form

$$pV = nRT = \frac{m}{M}RT, \tag{23}$$

indem wir die Stoffmenge [Molzahl] durch den Quotienten aus Masse m (in g) und molarer Masse M (in g/mol) ersetzen, vgl. S. 11. Das *Molekulargewicht* M_r ⟨relative Molekülmasse⟩ hat denselben Zahlenwert wie die molare Masse M, ist jedoch dimensionslos. Es gibt das Verhältnis der Masse des betreffenden Moleküls zu 1/12 der Masse eines ^{12}C-Atoms an.

Die verschiedenen Methoden zur Molekulargewichtsbestimmung unterscheiden sich nun lediglich dadurch, welche der vier Variablen p, V, m, T durch die Versuchsbedingungen von vornherein festgelegt sind (unabhängige Variable) und welche durch den Versuch bzw. die Messung ermittelt werden (abhängige Variable). Danach erhält man folgende Übersicht:

Methode	Unabhängige Variable	Abhängige Variable
Regnault (für Gase) *Dumas* (für Dämpfe)	T, p, V	m
Gay-Lussac; Hofmann	T, m	p, V
Viktor Meyer	T, p, m	V
Blackmann; Menzies	T, V, m	p

Die einfachste Methode ist die von *V. Meyer* (1878) entwickelte Luftverdrängungsmethode: Die (feste oder flüssige) Substanz wird in einem geschlossenen, auf genügend hohe Temperatur geheizten Gefäß rasch verdampft und verdrängt eine äquivalente Menge Luft, die in einer Bürette aufgefangen wird. Ihr Volumen ist nach dem Gasgesetz gleich dem Volumen der untersuchten Substanz, wenn diese als Gas unter gleichem Druck und bei gleicher Temperatur existenzfähig wäre.

2.5 Ideales Gasgesetz und kinetische Gastheorie

Eine Interpretation der empirischen Gasgesetze liefert die kinetische Gastheorie. Unter den Annahmen, daß die Moleküle bzw. Atome des Gases klein sind gegenüber ihrem mittleren Abstand, daß ihre Translationsbewegung völlig regellos ist und daß ihre Zusammenstöße untereinander und mit den Wänden des Behälters streng elastisch nach den Gesetzen der klassischen Mechanik verlaufen, läßt sich der Druck des Gases auf die Gefäßwand aus dem in der Zeiteinheit von den Molekülen übertragenen Impuls ermitteln. Befinden sich N Molekeln in einem Behälter des Volumens V, so ergibt eine leichte Rechnung

$$p = \frac{1}{3}\frac{N}{V}m\overline{u^2}. \tag{24}$$

Dabei ist m die Masse der einzelnen Molekel und $\overline{u^2}$ das mittlere Geschwindigkeitsquadrat[1]. Die mittlere kinetische Translations-Energie $\bar{\varepsilon}$ einer Molekel mit dem mittleren Geschwindigkeitsquadrat $\overline{u^2}$ ist

$$\bar{\varepsilon} = \frac{1}{2}m\overline{u^2}, \tag{25}$$

so daß aus (24) und (25) folgt

$$pV = \frac{2}{3}N\bar{\varepsilon}. \tag{26}$$

Auf ein Mol umgerechnet ($N = n \cdot N_L$ und $\bar{\varepsilon} \cdot N_L = \bar{E}$) erhält man

$$p\mathbf{V} = \frac{2}{3}\bar{E}. \tag{27}$$

$\bar{E}$ ist die mittlere kinetische Translationsenergie von 1 mol Gas. Vergleicht man dies mit dem idealen Gasgesetz (18), so wird

---

1 Man darf nicht über die Geschwindigkeiten u selbst mitteln, denn $\bar{u}$ ist, gemittelt über sehr viele Molekeln, gleich Null. $\sqrt{\overline{u^2}}$ ist nicht gleich $|\bar{u}|$, sondern aus dem Geschwindigkeitsverteilungsgesetz ergibt sich

$$\sqrt{\overline{u^2}} : |\bar{u}| = 1 : 0{,}92.$$

$$\bar{E} = \frac{3}{2} R T. \tag{28}$$

Führt man zur Beschreibung molekularer Größen eine neue Konstante

$$k \equiv \frac{R}{N_L} = \frac{8{,}3144}{6{,}022 \cdot 10^{23}} \, \mathrm{J\,K^{-1}} = 1{,}3806 \cdot 10^{-23} \, \mathrm{J\,K^{-1}}, \tag{29}$$

die sog. *Boltzmann-Konstante* ein, so erhält man für die mittlere kinetische Translationsenergie einer Molekel

$$\bar{\varepsilon} = \frac{3}{2} k T, \tag{30}$$

sie ist von der Masse der Molekeln unabhängig und ausschließlich eine Funktion der Temperatur; dagegen zeigt ein Vergleich von (25) und (30), daß

$$\overline{u^2} = 3 \frac{kT}{m} \quad \text{bzw.} \quad \sqrt{\overline{u^2}} = \sqrt{\frac{3kT}{m}}, \tag{31}$$

das mittlere Geschwindigkeitsquadrat, umgekehrt proportional zur Masse der Molekel ist.

Da bei regelloser Translationsbewegung der Moleküle keine Raumrichtung bevorzugt sein kann, gilt ferner

$$\overline{u_x^2} = \overline{u_y^2} = \overline{u_z^2},$$

so daß auch

$$\bar{\varepsilon}_x = \bar{\varepsilon}_y = \bar{\varepsilon}_z = \frac{1}{2} k T. \tag{32}$$

Die Bewegungsmöglichkeiten in den drei Raumrichtungen werden als *Freiheitsgrade* bezeichnet, so daß Gl. (32) bedeutet: Die mittlere kinetische Translationsenergie einer Molekel besitzt pro Freiheitsgrad den Wert $\frac{1}{2} kT$. Das ist der sog. *Gleichverteilungssatz der Energie* (*Äquipartitionsprinzip*).

Bei einatomigen Gasen ist die Translationsenergie gleich der gesamten kinetischen Energie. Bei mehratomigen Gasen enthalten auch Schwingungen und Rotationen kinetische Energie. Eine aus N Atomen bestehende Molekel besitzt $3N$ Freiheitsgrade der Bewegung, denn zur Angabe der räumlichen Anordnung der N Massenpunkte im Raum braucht man $3N$ Koordinaten. Die Translationsbewegung der Molekel läßt sich durch die Bewegung des Massenschwerpunktes der N Atome beschreiben und entspricht 3 Freiheitsgraden. Die restlichen $3N - 3$ Koordinaten[1)] werden als *innere Freiheitsgrade* der Molekel bezeichnet, sie entsprechen den Rotations- und Schwingungsbewegungen der Molekel; wobei letztere außer kinetischer auch potentielle Energie aufnehmen können. Nach dem Äquipartitionsprinzip trägt auch jeder dieser Freiheitsgrade im Mittel $\frac{1}{2} kT$ zur gesamten mittleren Energie der Molekel bei, worauf wir später zurückkommen werden (vgl. S. 412).

---

[1] N Atome würden $3N$ Translationsfreiheitsgrade besitzen. Diese Zahl bleibt erhalten, wenn sich die Atome zur Molekel zusammenfügen.

3 Thermische Zustandsgleichung realer Gase [1)]

3.1 Die van der Waalssche Gleichung

Wie schon mehrmals betont wurde und wie auch schon aus Abb. 9 hervorging, ist das allgemeine ideale Gasgesetz ein Grenzgesetz, das von realen Gasen streng niemals und angenähert nur bei hohen Temperaturen und kleinen Drucken befolgt wird. $p\boldsymbol{V}$ bzw. der Quotient $p\boldsymbol{V}/RT$ ist also bei gegebener Temperatur in Wirklichkeit keine Konstante, sondern eine Funktion des Drucks. Für nicht zu hohe Drucke ($p \approx 1$ bar) ist diese Funktion *linear,* wie es in

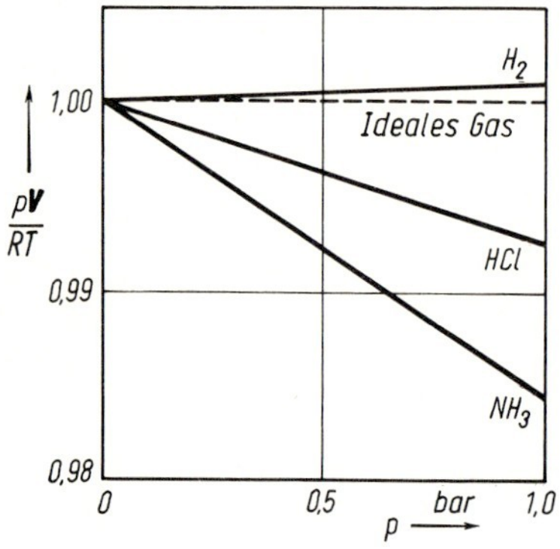

Abb. 12. $p\boldsymbol{V}/RT$ als Funktion von p für einige reale Gase bei kleinen Drucken und 0 °C.

Abb. 12 für einige Gase bei 0 °C dargestellt ist, für höhere Drucke zeigt sie je nach dem untersuchten Gas und der gewählten Temperatur einen komplizierteren Verlauf. Allgemein läßt sich eine solche Kurve analytisch als Funktion steigender Potenzen von p darstellen, es gilt also (bezogen auf 1 mol)

$$p\boldsymbol{V} = f(p) = RT + Bp + Cp^2 + Dp^3 + \cdots \,. \tag{33}$$

Die Konstanten *B, C, D* sind unabhängig vom Druck, dagegen Temperaturfunktionen; man nennt sie nach einem von *Clausius* zur kinetischen Ableitung der Zustandsgleichung eingeführten Rechenverfahren die *Virialkoeffizienten* des betreffenden Gases, was auf den Zusammenhang dieser Koeffizienten mit den zwischen den Molekeln auftretenden Kräften hinweist. Sie müssen experimentell bestimmt werden. Der zweite Virialkoeffizient B gibt die Neigung der Kurve in ihrem linearen Anfangsbereich an:

$$\lim_{p\to 0} \frac{\mathrm{d}(p\boldsymbol{V})}{\mathrm{d}p} = B\,. \tag{34}$$

---

[1] Ausführlichere Darstellungen und Daten über Zustandsgleichungen von Gasen und Flüssigkeiten, über Virialkoeffizienten und kritische Phänomene findet man z. B. in: *J. O. Hirschfelder, C. F. Curtis, R. B. Bird,* Molecular Theory of Gases and Liquids, New York 1964; *J. H. Dymond, E. B. Smith,* Virial Coefficients of Gases: A Critical Compilation, Oxford 1969, 2. Aufl., 1980; *H. E. Stanley,* Introduction to Phase Transitions and Critical Phenomena, New York 1971; *Landolt-Börnstein,* Zahlenwerte und Funktionen aus Naturwissenschaft und Technik, 6. Aufl., Bd. II/1, Berlin 1971 sowie Neue Serie, Bd. IV/4, Berlin 1980; *G. M. Schneider, E. Stahl, G. Wilke* (Eds.), Extraction with Supercritical Gases, Weinheim 1980; *W. Warowny, J. Stecky,* The Second Virial Coefficients of Gaseous Mixtures, Warschau 1979.

Je nach dem untersuchten Gas und der gewählten Temperatur kommt man zur Darstellung der gesamten Kurve mit mehr oder weniger Gliedern der Gleichung (33) aus; auch können einzelne Koeffizienten Null werden. So läßt sich z. B. das Produkt $p\boldsymbol{V}$ bei *Ethan* im Bereich $0 < p < 40$ bar und $173 < T < 423$ K darstellen durch

$$p\boldsymbol{V} = RT - \frac{2716p}{(T/100)^{2,4}} - \frac{930p^3}{(T/100)^9} \text{ (in cm}^3\text{ bar mol}^{-1}\text{)};$$

hier ist also $C = 0$. In Abb. 13 sind die $p\boldsymbol{V}$-p-Kurven von CO_2 für eine Reihe von Temperaturen als Parameter wiedergegeben. Sie durchlaufen ein Minimum, das sich mit zunehmendem T zuerst nach höheren und später wieder nach niedrigeren Drucken verschiebt, um bei einem bestimmten T-Wert (773 K) den Punkt $p = 0$ zu erreichen. Hier verschwindet das Minimum gerade, d. h. bei dieser Temperatur gilt das *Boyle-Mariotte*sche Gesetz in einem recht großen Bereich. Man bezeichnet deshalb diese Temperatur als *Boyle*-Temperatur. Sie liegt z. B. für Stickstoff bei 62 °C, für CO_2 bei 500 °C.

Die Neigung der Kurven ist gegeben durch

$$\frac{\mathrm{d}(pV)}{\mathrm{d}p} = V + p\frac{\mathrm{d}V}{\mathrm{d}p} = pV\left(\frac{1}{p} + \frac{1}{V}\frac{\mathrm{d}V}{\mathrm{d}p}\right). \tag{35}$$

Unter Benutzung der S. 24 definierten Kompressibilität $\chi = -\frac{1}{V}\left(\frac{\partial V}{\partial p}\right)_T$ läßt sich die Gleichung auch schreiben

$$\frac{\mathrm{d}(pV)}{\mathrm{d}p} = pV\left(\frac{1}{p} - \chi\right). \tag{36}$$

Da die Neigung links vom Minimum der Kurven negativ ist, gilt hier $\chi > \frac{1}{p}$, d. h. die Kompressibilität des realen Gases ist größer als die des idealen, bei dem nach (21) $\chi = \frac{1}{p}$; rechts vom Minimum ist $\chi < \frac{1}{p}$, die Kompressibilität also kleiner als die des idealen Gases. Da, wie wir sahen, die Abweichungen der realen Gase vom idealen Gasgesetz teils auf der gegenseitigen Anziehung der Molekeln, teils auf ihrem Eigenvolumen beruhen, folgt, daß bei kleinen Drucken der erste Einfluß, bei großen Drucken dagegen der zweite überwiegt, denn die Anziehungskräfte müssen die Kompressibilität vergrößern, die Abstoßungskräfte, ein anderer Ausdruck für ein starres Eigenvolumen, müssen sie herabsetzen. Das Auftreten eines Minimums in den $p\boldsymbol{V}$-p-Kurven ist demnach ein unmittelbarer Hinweis darauf, daß am idealen Gasgesetz Korrekturen anzubringen sind, die einander entgegenwirken und die beiden genannten Einflüsse berücksichtigen. Auf Grund solcher Überlegungen stellte *van der Waals* (1873) die nach ihm benannte *Zustandsgleichung realer Gase* auf, die das experimentelle Material in einem größeren Druck- und Temperaturbereich mit gewisser Näherung wiederzugeben vermag: Sie lautet (wieder auf 1 mol bezogen):

$$\left(p + \frac{a}{\boldsymbol{V}^2}\right)(\boldsymbol{V} - b) = RT. \tag{37}$$

Die Konstante a ist ein Maß für die Anziehungskräfte der Molekeln untereinander[1], die Konstante b ein Maß für ihr Eigenvolumen, beide Konstanten müssen für jedes Gas empirisch bestimmt werden (vgl. S. 42).

Die Gleichung vermag die Messungen bei nicht zu hohen Drucken befriedigend wiederzugeben, mit zunehmendem Druck werden jedoch die Abweichungen zwischen beobachteten und berechneten Werten immer größer, wie aus Tab. 3 hervorgeht.

Tabelle 3. Beobachtete und nach der van der Waalsschen Gleichung berechnete $p\boldsymbol{V}$-Werte von Kohlendioxid in cm^3 bar mol^{-1} bei 40 °C.

p in atm	1	10	25	50	80	100	200	500	1000
p in bar	1,01	10,13	25,3	50,7	81,1	101,3	202,7	506,6	1013,3
$p\boldsymbol{V}_{\text{beob.}}$	25913	24809	22798	19252	9626	7022	10639	22292	40530
$p\boldsymbol{V}_{\text{ber.}}$	25936	25040	23366	20012	10842	9008	14287	30094	54918

Danach kann die *van der Waals*sche Gleichung keineswegs als exakte Zustandsgleichung realer Gase angesehen werden, sondern sie stellt ebenfalls nur eine Näherungsgleichung für nicht zu hohe Drucke dar. Tatsächlich läßt sie sich leicht umformen[2] in

$$p\boldsymbol{V} = RT + Bp, \tag{38}$$

das ist aber nichts anderes als der Beginn der Reihenentwicklung von Gl. (33), die bereits nach dem zweiten Glied abgebrochen ist.

[1] Der Term $\frac{a}{\boldsymbol{V}^2}$ kommt aus folgender Überlegung: Die gegenseitige Anziehung der Molekeln kann man sich durch einen zusätzlichen äußeren Druck π ersetzt denken, so daß

$$(p + \pi)(\boldsymbol{V} - b) = RT.$$

Der Zusatzdruck π hängt ebenfalls vom Volumen ab und kann als Reihenentwicklung angesetzt werden

$$\pi = \frac{a_1}{\boldsymbol{V}} + \frac{a_2}{\boldsymbol{V}^2} + \frac{a_3}{\boldsymbol{V}^3} + \cdots,$$

da er bei sehr großem $\boldsymbol{V}$ verschwinden muß, weil für $\boldsymbol{V} \to \infty$ wieder das ideale Gasgesetz gelten muß. Aus demselben Grund muß aber auch $a_1 = 0$ sein, d. h. das erste Glied der Reihe verschwinden, weil nur dann

$$\lim \left[\left(p + \frac{a_1}{\boldsymbol{V}} + \frac{a_2}{\boldsymbol{V}^2} + \cdots\right)(\boldsymbol{V} - b) - p\boldsymbol{V}\right] = 0.$$

Vernachlässigt man die höheren Glieder der Reihe, so resultiert Gleichung (37).

[2] Löst man (37) nach p auf, so wird

$$p = \frac{RT}{\boldsymbol{V} - b} - \frac{a}{\boldsymbol{V}^2}. \tag{37a}$$

Wie schon aus Abb. 13 hervorgeht, ist der zweite Virialkoeffizient B bei tiefen Temperaturen negativ, wächst mit steigendem T an und wird schließlich positiv. Man mißt B gewöhnlich

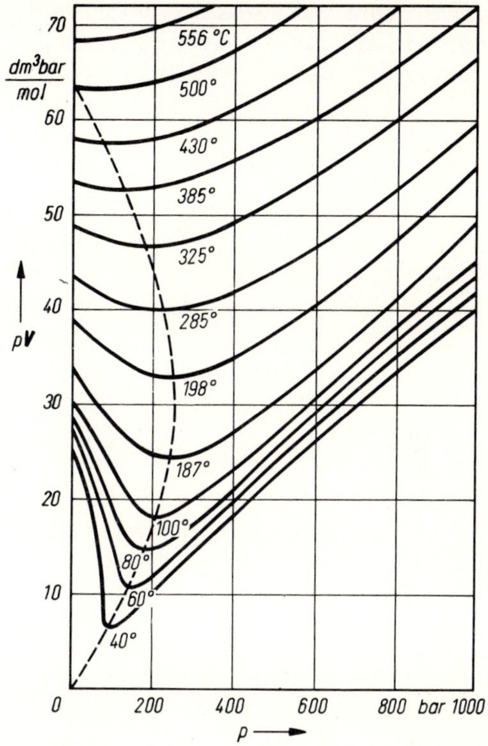

Abb. 13. pV-p-Isothermen des Kohlendioxids.

Mit $\boldsymbol{V}$ multipliziert ergibt sich

$$pV = \frac{RT}{1 - b/V} - \frac{a}{V} = RT\left(\frac{1}{1 - b/V} - \frac{a}{RTV}\right).$$

Für nicht zu hohe Drucke ist $V \gg b$, so daß man näherungsweise schreiben kann

$$\frac{1}{1 - b/V} \approx 1 + \frac{b}{V}.$$

Dann erhält man

$$pV \approx RT\left(1 + \frac{b}{V} - \frac{a}{RTV}\right) = RT\left[1 + \left(b - \frac{a}{RT}\right)\frac{1}{V}\right].$$

Setzt man zur Abkürzung

$$B \equiv b - \frac{a}{RT}. \tag{39}$$

So wird schließlich

$$pV \approx RT + Bp. \tag{38}$$

in sog. *Amagat-Einheiten* des betreffenden Gases. Das ist das Volumen von 1 mol Gas bei 0°C und 1 atm = 1,01325 bar Druck, es liegt nahe bei 22,4 dm^3/mol für alle Gase. Die T-Abhängigkeit von B nach (39), wie sie die *van der Waals*sche Gleichung fordert, wird experimentell nicht bestätigt, was ebenfalls auf den Näherungscharakter der Gleichung hinweist. In der Regel kann man die Messungen jedoch durch die empirische Gleichung

$$B = b - \frac{a}{T} - \frac{c}{T^2} \tag{40}$$

befriedigend darstellen, worin c eine weitere Konstante bedeutet. In einzelnen Fällen geht allerdings B für hohe Temperaturen nicht asymptotisch gegen b, sondern durchläuft ein flaches Maximum.

Die *van der Waals*sche Gleichung ist dritten Grades in bezug auf $\boldsymbol{V}$[1]:

$$\boldsymbol{V}^3 - \left(b + \frac{RT}{p}\right)\boldsymbol{V}^2 + \frac{a}{p}\boldsymbol{V} - \frac{ab}{p} = 0\,, \tag{41}$$

bei gegebener Temperatur gehören also zu *einem* Wert von p *drei* verschiedene Werte von $\boldsymbol{V}$ entsprechend den drei Wurzeln der Gleichung. Von diesen sind bei kleinen Drucken und hohen Temperaturen je zwei konjugiert komplex, haben also keine physikalische Bedeutung, denn unter diesen Bedingungen nähert sich die *van der Waals*sche Gleichung dem idealen Gasgesetz $\left(\frac{a}{\boldsymbol{V}^2} \ll p \text{ und } b \ll \boldsymbol{V}\right)$. Bei genügend tiefen Temperaturen werden alle drei Wurzeln reell, und die *berechneten* Isothermen besitzen einen S-förmigen Verlauf (Abb. 14)[2]. In diesem Gebiet ist also das Volumen nicht mehr eine eindeutige Funktion des Druckes.

Experimentell stellt man fest, daß die Isotherme beim Punkt C abreißt, wenn man das Gas von kleinen Drucken herkommend isotherm komprimiert, und in eine Parallele zur Abszisse

---

[1] Aus diesem Grunde ist der thermische Ausdehnungskoeffizient $\frac{1}{V}\left(\frac{\partial V}{\partial T}\right)_p$ nicht unmittelbar zu berechnen, weil man die Gleichung erst nach $\boldsymbol{V}$ auflösen müßte. Man erhält ihn jedoch sofort mit Hilfe von (5) zu

$$-\left(\frac{\partial V}{\partial T}\right)_p = \left(\frac{\partial p}{\partial T}\right)_V \Big/ \left(\frac{\partial p}{\partial V}\right)_T.$$

Es ist nach (37a)

$$\left(\frac{\partial p}{\partial T}\right)_V = \frac{R}{\boldsymbol{V} - b}\,; \quad \left(\frac{\partial p}{\partial V}\right)_T = -\frac{RT}{(\boldsymbol{V} - b)^2} + \frac{2a}{\boldsymbol{V}^3}\,. \tag{37b}$$

Damit erhält man

$$\alpha \equiv \frac{1}{V}\left(\frac{\partial V}{\partial T}\right)_p = \frac{1}{\boldsymbol{V}}\,\frac{R\boldsymbol{V}^3(\boldsymbol{V} - b)}{RT\boldsymbol{V}^3 - 2a(\boldsymbol{V} - b)^2}\,. \tag{42}$$

[2] Ein evtl. auftretender negativer Druck entspricht einem auf die Flüssigkeit ausgeübten Zug, ohne daß diese zerreißt.

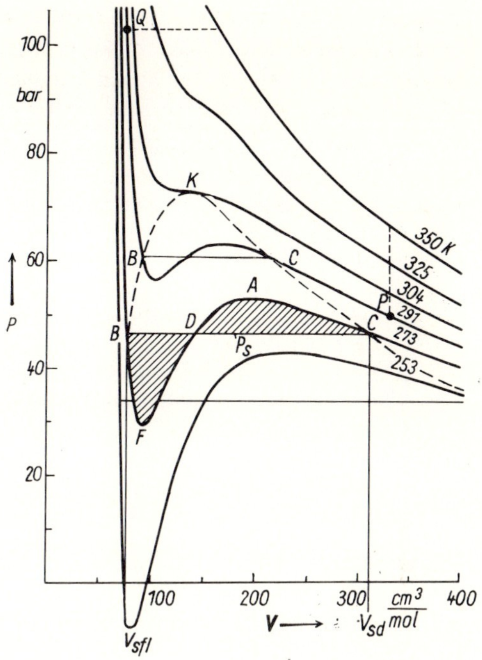

Abb. 14. *p-V*-Isothermen des Kohlendioxids nach *van der Waals.*

übergeht, wobei gleichzeitig eine teilweise *Verflüssigung* des Gases eintritt. Es entsteht also ein (inhomogenes) Zweiphasensystem einer Flüssigkeit im Gleichgewicht mit ihrem gesättigten Dampf. Komprimiert man weiter, so bleibt zunächst der Druck konstant, und es ändert sich lediglich das Mengenverhältnis von flüssiger und gasförmiger Phase; erst wenn aller Dampf kondensiert ist, steigt der Druck wieder längs der Isotherme oberhalb von *B* steil an, entsprechend der geringen Kompressibilität der Flüssigkeit.

Man kann bei vorsichtigem Experimentieren (Vermeidung von Erschütterungen und Staubkeimen) die theoretische Kurve über die Punkte *C* und *B* hinaus bis zum Maximum *A* bzw. Minimum *F* (Kondensations- bzw. Siedeverzug!) realisieren, doch befindet sich das System dann in einem sog. metastabilen Gleichgewicht (vgl. S. 214). Das Mittelstück der Kurve ist dagegen nicht realisierbar, denn hier würden wir ein Gebiet negativer Kompressibilität (zunehmendes Volumen mit zunehmendem Druck) vor uns haben (labiles Gleichgewicht). Es entsprechen also nur die Volumina *B* und *C* zwei Wurzeln der *van der Waals*schen Gleichung, während das der dritten Wurzel zugehörige Volumen *D* nicht realisiert werden kann (vgl. dazu auch S. 217ff.).

Verbindet man die Punkte *B* und *C* der verschiedenen Isothermen durch eine Kurve, so wird aus der *p* **V**-Ebene durch diese sog. *Grenzkurve* ein Gebiet herausgeschnitten, innerhalb dessen das System in zwei Phasen zerfällt. Im Maximum *K* der Grenzkurve fallen die Punkte *B* und *C* zusammen, hier sind also Dampf und Flüssigkeit nicht mehr unterscheidbar. Man nennt die Temperatur der zugehörigen Isotherme die *kritische Temperatur* T_k des Gases; die Isotherme besitzt an diesem kritischen Punkt einen Wendepunkt, hier fallen also die drei Wurzeln der *van der Waals*schen Gleichung zusammen, und oberhalb von T_k ist die Zustandsfunktion wieder eindeutig. Das zum kritischen Punkt gehörige Volumen bezeichnet man entsprechend als *kritisches Volumen* $\boldsymbol{V}_k$, den zugehörigen Druck als *kritischen Druck* p_k, alle drei Größen sind experimentell leicht zugänglich. Oberhalb seiner kritischen Temperatur kann ein Gas auch durch beliebig hohen Druck nicht verflüssigt werden.

Wenn auch die *van der Waals*sche Gleichung die Isothermen der Abb. 14 keineswegs in ihrem ganzen Verlauf wiederzugeben vermag, so wird doch der Gesamtcharakter der Zustandsgleichung $V = f(p, T)$ sowohl im Gas- wie im Flüssigkeitsgebiet richtig dargestellt. Daß die Isothermen unterhalb der Grenzkurve keinen S-förmigen Verlauf zeigen, wie die Gleichung verlangt, sondern horizontal sind, ist darauf zurückzuführen, daß in diesem Gebiet ja ein Zwei-Phasen-System vorliegt, während die thermische Zustandsgleichung ursprünglich nur das Verhalten einer einzigen Phase beschreiben soll. Wenn trotzdem die *van der Waals*sche Gleichung sowohl den flüssigen wie den gasförmigen Zustand umfaßt, so ist dies ein Hinweis darauf, daß zwischen diesen Zuständen kein prinzipieller Unterschied besteht. Tatsächlich kann man z. B. den Punkt Q in Abb. 14 auf zwei verschiedenen Wegen von Punkt P ausgehend erreichen: Einmal längs der Isotherme, d. h. über die Verflüssigung und das Zwei-Phasengebiet, zweitens auf dem gestrichelten Weg, indem man unter Umgehung des Zwei-Phasengebietes längs einer Isotherme im hyperkritischen Gebiet auf den gleichen Druck komprimiert und dann unter gleichzeitiger Temperaturerniedrigung und weiterer Kompression ebenfalls den Punkt Q erreicht, ohne daß ein Zerfall in zwei Phasen eintritt. Man kann danach den Punkt Q sowohl der Flüssigkeit wie dem Dampf zuordnen, beide Zustände sind prinzipiell nicht voneinander zu unterscheiden.

Während die *van der Waals*sche Gleichung die p-V-Isothermen im hyperkritischen Gebiet mit Hilfe passend gewählter a- und b-Werte, die ihrerseits T-abhängig sind, in nicht zu großen Druckbereichen angenähert quantitativ wiederzugeben vermag, versagt sie beim kritischen Punkt und im Zweiphasengebiet.

Da die Isotherme im kritischen Punkt eine horizontale Tangente und einen Wendepunkt besitzt, gelten die aus (37a) ableitbaren Beziehungen

$$\frac{\mathrm{d}p}{\mathrm{d}\boldsymbol{V}} = -\frac{RT_k}{(\boldsymbol{V}_k - b)^2} + \frac{2a}{\boldsymbol{V}_k^3} = 0 \tag{43}$$

und

$$\frac{\mathrm{d}^2p}{\mathrm{d}\boldsymbol{V}^2} = \frac{2RT_k}{(\boldsymbol{V}_k - b)^3} - \frac{6\,a}{\boldsymbol{V}_k^4} = 0\,. \tag{44}$$

Dividiert man (43) durch (44), so wird

$$b = \frac{\boldsymbol{V}_k}{3}. \tag{45}$$

Setzt man dies in (43) ein, so erhält man

$$a = \frac{9}{8}RT_k\boldsymbol{V}_k\,. \tag{46}$$

Damit ergibt sich die *van der Waals*sche Gleichung zu

$$\left(p + \frac{9}{8}\frac{RT_k\boldsymbol{V}_k}{\boldsymbol{V}^2}\right)\left(\boldsymbol{V} - \frac{1}{3}\boldsymbol{V}_k\right) = RT. \tag{47}$$

Speziell für den kritischen Punkt, also $\boldsymbol{V} = \boldsymbol{V}_k$ und $T = T_k$ wird

$$p_k = \frac{3}{8}\frac{RT_k}{\boldsymbol{V}_k} \tag{48}$$

oder

$$s \equiv \frac{p_k\boldsymbol{V}_k}{RT_k} = \frac{3}{8} = 0{,}375\,. \tag{49}$$

Dieser sog. *kritische Koeffizient* sollte danach für alle Gase gleich 0,375 sein. Experimentell findet man für einfache unpolare Gase Werte zwischen 0,25 und 0,30. Da die *van der Waals*sche Gleichung für den kritischen Koeffizienten einen falschen Wert liefert, sind deshalb auch die aus den experimentellen kritischen Daten ermittelten Konstanten a und b ganz verschieden, je nachdem man sie aus $\boldsymbol{V}_k$, T_k oder aus $\boldsymbol{V}_k$, p_k oder aus p_k, T_k berechnet[1)]. Die in Tabelle 4 angegebenen, aus den kritischen Daten p_k und T_k berechneten *van der Waals*schen Konstanten können deshalb nur zur rohen Ermittlung der Volumina bzw. Drucke von realen Gasen im hyperkritischen Gebiet benutzt werden[2)].

Bezieht man die *van der Waals*sche Gleichung nicht auf 1 mol, sondern auf n mol, so daß $\boldsymbol{V} = \dfrac{V}{n}$, so ist

---

[1] So erhält man z. B. aus den experimentellen Werten für N_2 ($T_k = 126{,}1$ K; $p_k = 33{,}9$ bar; $\boldsymbol{V}_k = 0{,}090$ dm^3/mol) folgende Wertepaare:

	b dm^3 mol^{-1}	a dm^6 bar mol^{-2}
Aus $\boldsymbol{V}_k$, T_k	0,030	1,063
$\boldsymbol{V}_k$, p_k	0,030	0,827
p_k, T_k	0,039	1,366

[2] Immerhin ist die Übereinstimmung gemessener und berechneter Werte im allgemeinen wesentlich besser, als wenn man die ideale Gasgleichung benutzt. So erhält man z. B. für den Druck von 1 mol CO_2, das sich bei 40 °C in einem Volumen von 0,38 dm^3 befindet, nach der idealen Gasgleichung 68,3 bar, nach der *van der Waals*schen Gleichung mit $a = 3{,}64$ dm^6 bar mol^{-2} und $b = 0{,}0427$ dm^3 mol^{-1} den Wert 51,8 bar, während experimentell 50,7 bar gefunden wurden.

Ist umgekehrt nach dem Volumen bei gegebenem Druck gefragt, so braucht man nicht die kubische Gleichung (41) zu lösen, sondern benutzt ein Näherungsverfahren: Man vernachlässigt zunächst $\dfrac{a}{\boldsymbol{V}^2}$ gegen p, so daß $p(\boldsymbol{V} - b) \approx RT$, und berechnet daraus einen ersten Näherungswert $\boldsymbol{V}_1$, der offenbar zu groß sein wird. Dieser in die *van der Waals*sche Gleichung eingesetzt liefert den zugehörigen (zu kleinen) Druck p_1. Entsprechend ergibt die ideale Gasgleichung ein zu kleines $\boldsymbol{V}_{id}$ und ein zu großes p_{id}. Man setzt nun verschiedene Werte zwischen $\boldsymbol{V}_1$ und $\boldsymbol{V}_{id}$ in die *van der Waals*sche Gleichung ein und berechnet p, bis sich der vorgegebene Druck ergibt.

Tabelle 4. Konstanten *a* und *b* der *van der Waals*schen Gleichung.

Stoff	p_k bar	t_k °C	a dm^6 bar mol^{-2}	b dm^3 mol^{-1}
He	2,29	−267,93	0,03457	0,02370
Ne	27,22	−228,7	0,2135	0,02709
Ar	48,64	−122,4	1,363	0,03219
H_2	12,97	−239,91	0,2476	0,02661
N_2	33,90	−147,17	1,408	0,03913
O_2	50,37	−118,82	1,378	0,03183
CO	36,96	−140,2	1,505	0,03985
CO_2	73,92	+ 31,1	3,640	0,04267
NH_3	113,79	+132,9	4,225	0,03707
Cl_2	94,74	+146	6,579	0,05622
HCl	82,63	+ 51,4	3,716	0,04081
CH_4	46,41	− 82,1	2,283	0,04278
C_2H_6	48,84	+ 32,3	5,562	0,0638
C_2H_4	51,27	+ 9,6	4,530	0,05714
C_6H_6	48,53	+288,5	18,240	0,1154
CH_3OH	80,96	+239,4	9,649	0,06702
$(CH_3)_2O$	52,69	+126,9	8,180	0,07246
$(C_2H_5)_2O$	36,48	+193,8	17,61	0,1344

$$\left(p + \frac{an^2}{V^2}\right)\left(\frac{V}{n} - b\right) = RT$$

oder

$$\left(p + \frac{an^2}{V^2}\right)(V - nb) = nRT, \tag{50}$$

worin V das Gesamtvolumen bedeutet.

Das Glied $\frac{a}{\boldsymbol{V}^2}$ muß dimensionsmäßig einen Druck darstellen. Da dieser stets positiv ist, wirkt er wie ein äußerer Druck, in Wirklichkeit stellt er jedoch einen *nach innen gerichteten, von den Anziehungskräften der Molekeln ausgeübten Zug* dar, weswegen er auch als *Kohäsionsdruck* bezeichnet wird. Die Volumenabhängigkeit dieses Kohäsionsdruckes, also der Ausdruck $a/\boldsymbol{V}^2$, wurde, wie erwähnt, auf Grund kinetischer Überlegungen abgeleitet; sie ist, wie besondere Messungen gezeigt haben, im Bereich nicht allzu hoher Drucke recht gut erfüllt. Wie aus den Zahlen der Tabelle 4 hervorgeht, ist der Kohäsionsdruck bei komprimierten Gasen recht erheblich. So beträgt z. B. der Kohäsionsdruck von CO_2 bei 40 °C und 100 bar äußerem Druck (nach Tabelle 3 und 4) $a/\boldsymbol{V}^2 = 3{,}640/(0{,}0693)^2$ bar $= 758$ bar, ist also wesentlich größer als der äußere Druck. Bei Flüssigkeiten erreicht er noch erheblich höhere Beträge (mehrere tausend bar) und bildet die Ursache für den Zusammenhalt der Molekeln in der flüssigen Phase.

Die Volumenkorrektur b ist ein Maß für das Eigenvolumen der Molekeln, die in erster Näherung als starr und inkompressibel angesehen werden. Nimmt man die Molekeln als kugelförmig an, so können sich die Mittelpunkte zweier starrer Molekeln höchstens auf den Abstand $2r$ nähern, ein Volumen $\frac{4\pi}{3}(2r)^3 = 8\frac{4\pi}{3}r^3$ ist also für die eine Molekel beim Zusammenstoß unzugänglich. Da das gleiche auch für die zweite Molekel gilt, ist b gleich dem 4fachen Eigenvolumen der Molekeln, wenn man lediglich Zweierstöße in Betracht zieht. Bezeichnet man die Zahl der Molekeln pro Mol, die sog. *Loschmidt*sche Zahl ⟨*Avogadro*-Konstante⟩, mit N_L, so gilt demnach für das sog. *Covolumen*

$$b = 4N_L \frac{4\pi}{3} r^3 . \tag{51}$$

Da die Molekeln tatsächlich weder kugelförmig noch starr sind, wie schon aus der Druck- und Temperaturabhängigkeit von b hervorgeht, gilt Gleichung (51) natürlich nur angenähert; mit ihrer Hilfe wurde von *Loschmidt* zum erstenmal die Konstante N_L bestimmt.

3.2 Andere Zustandsgleichungen

Um die *van der Waals*sche Gleichung auch für ein größeres Druck- und Temperaturgebiet anwendungsfähig zu machen, hat man versucht, die Größen a und b als empirische Druck- und Temperaturfunktionen in die Gleichung einzuführen. Betrachtet man sie zunächst noch als konstant, so folgt aus (37a)

$$\left(\frac{\partial p}{\partial T}\right)_V = \frac{R}{\boldsymbol{V} - b} \quad \text{oder} \quad b = \boldsymbol{V} - \frac{R}{(\partial p/\partial T)_V}\,^{1)} . \tag{52}$$

Setzt man dies in (37) ein, so wird

$$a = \boldsymbol{V}^2 \left[T \left(\frac{\partial p}{\partial T}\right)_V - p \right] . \tag{53}$$

Man ermittelt den Spannungskoeffizienten $(\partial p/\partial T)_V$ empirisch und berechnet aus (52) und (53) die Werte a und b für verschiedene Drucke und Temperaturen. Es zeigt sich, daß a und b mit wachsendem Druck beträchtlich abnehmen (im Bereich $1 < p < 100$ bar um mehr als 50%), woraus wieder folgt, daß die *van der Waals*sche Gleichung nur eine Näherungsgleichung ist.

Außer der *van der Waals*schen Gleichung sind zahlreiche andere, teils empirische, teils halbempirische Zustandsgleichungen aufgestellt worden[2], um die Abweichungen vom idealen Gasgesetz in einem größeren Temperatur- und Druckbereich mit möglichst guter Näherung darzustellen. Für nicht allzu hohe Drucke begnügt man sich stets mit zwei Gliedern der Reihenentwicklung (33) und versucht, den zweiten Virialkoeffizienten B als Temperaturfunktion auszudrücken. Von den vorgeschlagenen Gleichungen, die nur *zwei Konstanten* enthalten und sich in vielen Fällen praktisch bewährt haben, seien hier die folgenden erwähnt (jeweils auf 1 mol bezogen) und der *van der Waals*schen Gleichung gegenübergestellt:

---

1 Der Spannungskoeffizient des realen Gases $\beta \equiv \frac{1}{p}\frac{R}{\boldsymbol{V} - b}$ ist also größer als der des idealen Gases nach Gleichung (22).

2 Vgl. *J. Otto* in: Handbuch der Experimentalphysik (*W. Wien* und *F. Harms*, Hrsg.), Bd. VIII/2, Leipzig 1929, S. 79ff.; *J. A. Beattie*, Chem. Rev. *44*, 141 (1949); siehe auch S. 34[1].

Die Gleichung von *van der Waals*

$$pV = RT\left[\frac{1}{1-b/V} - \frac{a}{RTV}\right] \approx RT\left[1 + \left(b - \frac{a}{RT}\right)\frac{1}{V}\right]. \tag{38a}$$

Die Gleichung von *Dieterici* [1)]

$$pV = RT\left[\frac{pb}{RT} + \exp\left(-\frac{a}{RTV}\right)\right] \approx RT\left(1 + \left(b - \frac{a}{RT}\right)\frac{1}{V}\right). \tag{54}$$

Die Gleichung von *Berthelot* [2)]

$$pV = RT\left[1 + \frac{pb}{RT} - \frac{a}{RT^2V} + \frac{ab}{RT^2V^2}\right] \approx RT\left[1 + \frac{pb}{RT} - \frac{ap}{R^2T^3}\right]. \tag{55}$$

Die Gleichung von *Redlich* [3)]

$$pV = RT\left[\frac{1}{1-b/V} - \frac{a}{RT^{3/2}(V+b)}\right]. \tag{56}$$

Die rechts stehenden Näherungsausdrücke gelten für mäßige Drucke und ergeben sich durch geeignete Vereinfachungen[4)]. Der Vergleich mit (38) ergibt für den zweiten Virialkoeffizienten

$$B = b - \frac{a}{RT} \quad \text{nach \textit{van der Waals} und \textit{Dieterici},} \tag{57}$$

$$B = b - \frac{a}{RT^2} \quad \text{nach \textit{Berthelot},} \tag{58}$$

$$B = b - \frac{a}{RT^{3/2}} \quad \text{nach \textit{Redlich}.} \tag{59}$$

Die Konstanten a und b ermittelt man analog wie auf S. 40 aus den kritischen Bedingungen $(\partial p/\partial V)_{T_k} = 0$ und $(\partial^2 p/\partial V^2)_{T_k} = 0$. Benutzt man zur Berechnung die experimentell leichter zugänglichen Größen p_k und T_k, so erhält man
mittels (38a)

$$a = \frac{0{,}422\,R^2T_k^2}{p_k}; \qquad b = \frac{0{,}125\,RT_k}{p_k}; \qquad s \equiv \frac{p_k V_k}{RT_k} = 0{,}375\,, \tag{60}$$

---

1 *C. Dieterici*, Ann. Physik *69,* 685 (1899).

2 *D. Berthelot,* Arch. néerl. Sci. exact. natur. *5,* 417 (1900).

3 *O. Redlich* u. *J. N. S. Kwong,* Chem. Reviews *44,* 233 (1949).

4 Man setzt für $V \gg b$ analog wie auf S. 37:

$$\frac{1}{1-b/V} \approx 1 + \frac{b}{V}; \quad \exp(-a/RTV) \approx 1 - \frac{a}{RTV}; \quad \frac{ab}{RT^2V^2} \approx 0\,.$$

mittels (54)

$$a = \frac{0{,}5412\,R^2 T_k^2}{p_k}; \qquad b = \frac{0{,}1353\,R\,T_k}{p_k}; \qquad s = 0{,}271\,, \tag{61}$$

mittels (55)

$$a = \frac{0{,}4116\,R^2 T_k^3}{p_k}; \qquad b = \frac{0{,}0686\,R\,T_k}{p_k}; \qquad s = 0{,}281\,, \tag{62}$$

mittels (56)

$$a = \frac{0{,}4278\,R^2 T_k^{2,5}}{p_k}; \qquad b = \frac{0{,}0867\,R\,T_k}{p_k}; \qquad s = 0{,}3335\,. \tag{63}$$

Der kritische Koeffizient wird also durch die Zustandsgleichungen (54) bis (56) richtiger wiedergegeben als durch die *van der Waals*sche Gleichung. Die Leistungsfähigkeit dieser Gleichungen ist jedoch von Fall zu Fall verschieden. Stellt man sie durch den abgekürzten Ausdruck

$$p\boldsymbol{V} = \varkappa R T \tag{64}$$

dar, worin

$$\varkappa \equiv \frac{p\boldsymbol{V}}{R T} \tag{65}$$

als *Kompressibilitätsfaktor* (oder auch als *Realfaktor*) bezeichnet wird, so kann man die durch die verschiedenen Gleichungen gegebenen $\varkappa$-Werte mit den gemessenen Werten $p\boldsymbol{V}/RT$ in Abhängigkeit von p

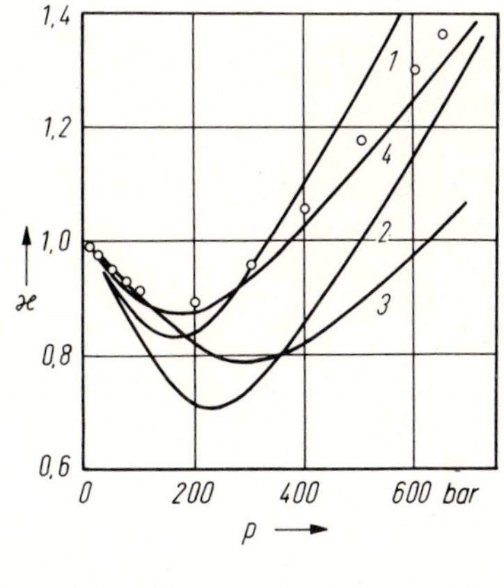

Abb. 15. Kompressibilitätsfaktor des Ethans bei 37,8 °C nach verschiedenen Zustandsgleichungen. 1. *van der Waals*, 2. *Dieterici*, 3. *Berthelot*, 4. *Redlich*; ○ experimentelle Werte.

vergleichen (siehe auch Abb. 12). In Abb. 15 ist dies für Ethan bei 37,8 °C geschehen. Offenbar vermag in diesem Fall die Gleichung (56) die Messungen am besten wiederzugeben.

Für größere Druckbereiche wird die von *Beattie* und *Bridgeman* [1] angegebene Zustandsgleichung mit fünf empirischen Konstanten [2] viel verwendet:

---

[1] *J. A. Beattie* u. *O. C. Bridgeman,* J. Am. chem. Soc. *49,* 1665 (1927); *50,* 3133, 3155 (1928); *52,* 6 (1930); *59,* 1587 (1937); *61,* 26 (1939); *64,* 548 (1942); Z. Physik *62,* 95 (1930).

[2] Bei Benutzung von mehr als dreiparametrigen Zustandsgleichungen kann man die Konstanten nicht mehr aus den kritischen Daten ermitteln, sondern muß sie empirisch bestimmen.

$$pV = RT\left[\frac{(1-C)(V+B')}{V} - \frac{A}{RTV}\right] \tag{66}$$

mit

$$A = A_0\left(1 - \frac{a'}{V}\right); \quad B' = B_0'\left(1 - \frac{b'}{V}\right); \quad C = \frac{c}{T^3}.$$

Die Konstanten sind für eine Reihe von Gasen tabelliert[1]. Der zweite Virialkoeffizient ergibt sich aus (66) zu

$$B = B_0' - \frac{A_0}{RT} - \frac{c}{T^3}. \tag{67}$$

Beobachtete und nach dieser Gleichung berechnete Werte stimmen im allgemeinen auf wenige Promille überein, solange das Volumen wenigstens doppelt so groß ist wie das kritische Volumen. Dagegen reicht auch diese Gleichung bei Gasen, die bei höheren Drucken zur Assoziation neigen (H_2O, NH_3 usw.), nicht aus, insbesondere dann nicht, wenn man nicht die Zustandsgrößen p und V selbst, sondern ihre ersten oder zweiten Differentialquotienten benötigt, die, wie wir später sehen werden, z. B. zur Berechnung der Druck- und Volumenabhängigkeit der Molwärmen gebraucht werden.

In solchen Fällen greift man auf die Gleichung (33) zurück, die, wie erwähnt, sich auch kinetisch begründen läßt und deren Koeffizienten selbst in verschiedener Weise von der Temperatur abhängen (vgl. die Zustandsgleichung des Ethans auf S. 35). Je nach dem untersuchten Gas muß man mehr oder weniger Glieder der Potenzreihe hinzunehmen und kann auf diese Weise die Beobachtungen sehr genau wiedergeben, so daß sich derartige Gleichungen zur sicheren Interpolation zwischen den Meßwerten benutzen lassen.

Zustandsgleichungen, die im Sinne des *van der Waals*schen Kontinuitätsprinzips sowohl den gasförmigen wie den flüssigen Zustand zu beschreiben vermögen, sind ebenfalls mehrfach aufgestellt worden[2]. Sie enthalten in der Regel eine wesentlich größere Zahl von Konstanten und sind deshalb nur für spezielle Aufgaben wertvoll. Während sich die Gase bei hohen Temperaturen und kleinen Drucken dem Zustand des idealen Gases nähern, gehen *feste Stoffe* umgekehrt bei hohen Drucken und tiefen Temperaturen in einen idealen Grenzzustand über, der als *„idealer fester Körper"* bezeichnet wird[3]. In diesem Grenzzustand, den man am einfachsten durch Abkühlung bis in die Nähe des absoluten Nullpunktes annähert, sind die thermischen Eigenschaften der festen Stoffe von der Temperatur unabhängig, also ist z. B. $(\partial V/\partial T)_p$, $(\partial p/\partial T)_V$, $(\partial \chi/\partial T)_p$ usw. gleich Null (vgl. S. 345 ff.). Dieser ideale Grenzzustand ist vom molekularkinetischen Standpunkt aus dadurch charakterisiert, daß die Bausteine des Kristallgitters keine Schwingungen mehr gegeneinander ausführen[4]. Bei höheren Temperaturen bedingen die einsetzenden Gitterschwingungen die thermischen Eigenschaften der festen Stoffe und damit auch die Zustandsgleichung.

3.3 Virialkoeffizienten von Gasgemischen

Häufig stellt sich in der Praxis die Aufgabe, den *mittleren Virialkoeffizienten* $\bar{B}$ einer Gasmischung mit Hilfe der B-Werte der Komponenten und der Molenbrüche auszudrücken. Schon

---

1 s. S. 45[1].

2 Vgl. z. B. *M. Benedict, G. B. Webb* u. *L. C. Rubin,* J. chem. Physics *8,* 334 (1940).

3 Man kann auch vom molekularstatistischen Standpunkt aus das ideale Gas als Zustand größter „Unordnung", den idealen Festkörper als Zustand stärkster gegenseitiger Beeinflussung der Teilchen und damit extremer „Ordnung" definieren. Vgl. S. 141 sowie Kap. VI und VIII.

4 Abgesehen von der nach der Quantentheorie vorhandenen sog. Nullpunktsschwingung.

bei binären Gemischen treten entsprechend den drei verschiedenen Wechselwirkungskräften zwischen Molekelpaaren 11, 22 und 12 auch drei verschiedene Virialkoeffizienten B_{11}, B_{22} und B_{12} auf, deren Zusammenwirken den mittleren Koeffizienten $\bar{B}$ liefern wird. Der Einfluß der einzelnen B-Werte ist offenbar der Häufigkeit der gerade in Wechselwirkung stehenden Molekelpaare proportional. Bezeichnen wir den Molenbruch der Komponente 2 einer binären Mischung mit x, so ergibt sich die relative Häufigkeit für ein Molekelpaar 11 zu $(1 - x)(1 - x)$, für ein Molekelpaar 22 zu xx, für ein Molekelpaar 12 aber zu $2x(1 - x)$, da kein Unterschied zwischen den Paaren 12 und 21 besteht. Damit erhalten wir für den mittleren Virialkoeffizienten bei gegebener Temperatur unmittelbar

$$\begin{aligned}\bar{B} &= (1 - x)^2 B_{11} + 2x(1 - x)B_{12} + x^2 B_{22} \\ &= B_{11}(1 - x) + B_{22}x + (2B_{12} - B_{11} - B_{22})x(1 - x) \\ &= B_{11} + 2(B_{12} - B_{11})x - (2B_{12} - B_{11} - B_{22})x^2.\end{aligned} \tag{68}$$

$\bar{B}$ gegen x aufgetragen ergibt also eine Parabel. Ermittelt man $\bar{B}$ experimentell aus der Zustandsgleichung der Mischung, B_{11} und B_{22} aus den Zustandsgleichungen der reinen Komponenten, so kann B_{12} aus (68) berechnet und zur Berechnung von $\bar{B}$ für andere Zusammensetzungen x der Mischung benutzt werden. Für Näherungsrechnungen setzt man häufig[1)]

$$B_{12} = \frac{B_{11} + B_{22}}{2}, \tag{69}$$

so daß das letzte Glied in (68) wegfällt, und man einfacher hat

$$\bar{B} = B_{11}(1 - x) + B_{22}x. \tag{70}$$

Stehen keine Messungen an Gasgemischen zur Verfügung oder will man $\bar{B}$ auf andere Temperaturen umrechnen, so muß man eine der Gln. (57) bis (59) heranziehen. Benutzt man z. B. die *van der Waals*sche Näherung, so ergibt sich aus (68)

$$\begin{aligned}\bar{B} = \bar{b} - \frac{\bar{a}}{RT} &= [(1 - x)^2 b_{11} + 2x(1 - x)b_{12} + x^2 b_{22}] \\ &\quad - \frac{1}{RT}[(1 - x)^2 a_{11} + 2x(1 - x)a_{12} + x^2 a_{22}].\end{aligned} \tag{71}$$

Nach (51) sind die Konstanten b gleich dem vierfachen Eigenvolumen der Molekeln und damit der dritten Potenz des Molekeldurchmessers d proportional, so daß mit $d_{12} = \frac{1}{2}(d_{11} + d_{22})$

$$b_{12} = \tfrac{1}{8}\left(\sqrt[3]{b_{11}} + \sqrt[3]{b_{22}}\right)^3, \tag{72}$$

das in (71) einzusetzen ist. Bei hohen Drucken kann man auch einfacher b als lineare Funktion der Molenbrüche ansetzen, analog zu (70):

---

[1] Dieser Ansatz wird allerdings nur von wenigen Gasgemischen befolgt (vgl. P. G. Francis u. *M. L. McGlashan*, Trans. Farad. Soc. *51*, 593 (1955)).

$$\bar{b} = (1 - x)b_1 + xb_2 . \tag{73}$$

Für die Konstante a_{12} sind verschiedene Ansätze gemacht worden, in der Regel kommt man mit dem einfachen Ansatz

$$a_{12} = \sqrt{a_{11}a_{22}} \tag{74}$$

aus, da die Zustandsgleichungen ohnehin nur Näherungsgleichungen sind[1]. Damit erhält man für den zweiten Term der Gleichung (71)

$$\bar{a} = [(1 - x)\sqrt{a_{11}} + x\sqrt{a_{22}}]^2 , \tag{75}$$

so daß alle Daten zur Berechnung von $\bar{B}$ gegeben sind. Aus der Gleichung (59) von *Redlich* erhält man mit Hilfe von (73) und (75) die Gleichung

$$\bar{B} = (1 - x)b_1 + xb_2 - \frac{1}{RT^{3/2}}[(1 - x)\sqrt{a_{11}} + x\sqrt{a_{22}}]^2 \tag{76}$$

und für das Volumen pro Mol Mischung die Gleichung

$$\bar{V} = \frac{RT}{p} + \bar{B} , \tag{77}$$

die sich für binäre Mischungen gut zu bewähren scheint.

4 Das Theorem der übereinstimmenden Zustände

Setzt man die aus den kritischen Daten nach (45), (46) und (48) berechneten Werte für *b*, *a* und *R* in die *van der Waals*sche Gleichung (37) ein, so erhält man

$$\left(\frac{p}{p_k} + 3\frac{\boldsymbol{V}_k^2}{\boldsymbol{V}^2}\right)\left(3\frac{\boldsymbol{V}}{\boldsymbol{V}_k} - 1\right) = 8\frac{T}{T_k} . \tag{78}$$

Setzt man nun

$$\frac{p}{p_k} \equiv \pi ; \quad \frac{\boldsymbol{V}}{\boldsymbol{V}_k} \equiv \varphi ; \quad \frac{T}{T_k} \equiv \vartheta , \tag{79}$$

d. h. mißt man p, $\boldsymbol{V}$ und T in Einheiten der entsprechenden kritischen Größen (*reduzierte Zustandsvariable*), so wird

$$\left(\pi + \frac{3}{\varphi^2}\right)(3\varphi - 1) = 8\vartheta . \tag{78a}$$

---

1 Vgl. dazu *G. Scatchard* u. *L. B. Ticknor*, J. Amer. chem. Soc. *74*, 3724 (1952).

Das ist die „reduzierte *van der Waals*sche Gleichung". Analog kann man z. B. die Gleichung (54) von *Dieterici* in der Form schreiben

$$\pi\left(\varphi-\frac{1}{2}\right)=\frac{1}{2}\exp\left[2\left(1-\frac{1}{\vartheta\varphi}\right)\right]. \tag{80}$$

Diese Gleichungen enthalten keine individuellen Konstanten mehr, sollten also für alle Stoffe gültig sein. Die Forderung, daß eine universelle, für sämtliche Stoffe gültige thermische Zustandsfunktion

$$\varphi=f(\pi,\vartheta) \tag{81}$$

existieren müßte, wird als das „Theorem der übereinstimmenden Zustände" bezeichnet. Würde sie zutreffen, so würde es genügen, diese Funktion für eine einzige Substanz genau zu ermitteln, um den thermischen Zustand jedes anderen Gases bei Kenntnis seiner kritischen Daten sofort angeben zu können.

Wie die Erfahrung zeigt, genügen die Gln. (78a) und (80) und ebenso alle übrigen bisher vorgeschlagenen Zustandsgleichungen dieser Forderung nicht, d. h. es ist bisher nicht gelungen, der Funktion (81) eine einfache analytische Gestalt zu geben. Trotzdem wird das Theorem der übereinstimmenden Zustände von einer ganzen Reihe von Stoffen wie Ne, Ar, Kr, Xe, N_2, O_2, CO, CH_4 mit bemerkenswerter Genauigkeit befolgt[1)]. Assoziierende Molekeln mit größeren Dipolmomenten oder Partialmomenten bzw. mit der Fähigkeit zur H-Brückenbildung zeigen dagegen mehr oder minder große Abweichungen, ebenso leichte Molekeln wie He oder H_2 (auf Grund von Quanteneffekten) und Molekeln, die stark von der kugelförmigen Gestalt abweichen wie etwa die höheren Alkane.

Experimentell geht die Gültigkeit des Theorems der übereinstimmenden Zustände für die oben genannten acht „Normalstoffe" aus folgenden Beobachtungen hervor: Der durch Gl. (49) definierte kritische Koeffizient s besitzt für diese Stoffe innerhalb von etwa $\pm 1\%$ den gleichen Wert 0,29. Die „reduzierten zweiten Virialkoeffizienten" $B/\boldsymbol{V}_{\mathrm{k}}$ dieser Stoffe, gegen ϑ aufgetragen, fallen auf die gleiche Kurve. Die reduzierten *Boyle*-Temperaturen (vgl. S. 35) $T_{\mathrm{B}}/T_{\mathrm{k}}$ liegen für alle Stoffe zwischen 2,6 und 2,7. Der reduzierte Gleichgewichtsdampfdruck p_{s} der Flüssigkeiten genügend unterhalb der kritischen Temperatur hängt nach einer universellen Funktion von ϑ ab (vgl. S. 229):

$$\ln\frac{p_{\mathrm{s}}}{p_{\mathrm{k}}}=A-B/\vartheta. \tag{82}$$

Auf weitere aus der Gültigkeit dieses Theorems für eine Anzahl von Normalstoffen folgende Zusammenhänge werden wir später zurückkommen (vgl. S. 104). Auch für die festen Edelgase Ne, Ar, Kr, Xe gilt das Theorem der übereinstimmenden Zustände mit hoher Genauigkeit, wie z. B. daraus hervorgeht, daß die reduzierten Tripelpunkt-Temperaturen (vgl. S. 233) $T_{\mathrm{tr}}/T_{\mathrm{k}}$ sämtlich nahe dem Wert 0,555 liegen.

---

[1] Vgl. *E. A. Guggenheim,* J. chem. Physics *13,* 253 (1945).

Die Tatsache, daß außer den oben genannten Normalstoffen auch zahlreiche andere unpolare Stoffe dem Theorem der übereinstimmenden Zustände gehorchen, wenn auch nicht mit der gleichen hohen Genauigkeit, läßt sich dazu benutzen, ein universelles Diagramm in reduzierten Koordinaten zu konstruieren, aus dem man die thermischen Zustandsgrößen dieser Stoffe mit einer Genauigkeit von einigen Prozent ablesen kann. Dazu benutzt man entweder ein $\pi\varphi$-π-Diagramm oder ein $\varkappa$-π-Diagramm, jeweils für verschiedene ϑ als Parameter. $\varkappa$, der durch Gleichung (65) definierte *Kompressibilitätsfaktor*, läßt sich mit Hilfe der Gleichung (79) umformen in

$$\varkappa = \frac{p\boldsymbol{V}}{RT} = \frac{p_k \boldsymbol{V}_k}{RT_k} \frac{\pi\varphi}{\vartheta} \equiv s\frac{\pi\varphi}{\vartheta}, \tag{83}$$

worin s den kritischen Koeffizienten bedeutet, der für alle derartigen Stoffe eine Konstante (ca. 0,29) ist. Trägt man also $\varkappa$ oder $\pi\varphi$ bei gegebenem ϑ als Funktion von π auf, so muß die resultierende Kurve für alle Gase gelten, die dem Theorem der übereinstimmenden Zustände gehorchen. In Abb. 16 sind diese reduzierten $\varkappa$-π-Kurven für verschiedene ϑ als Parameter

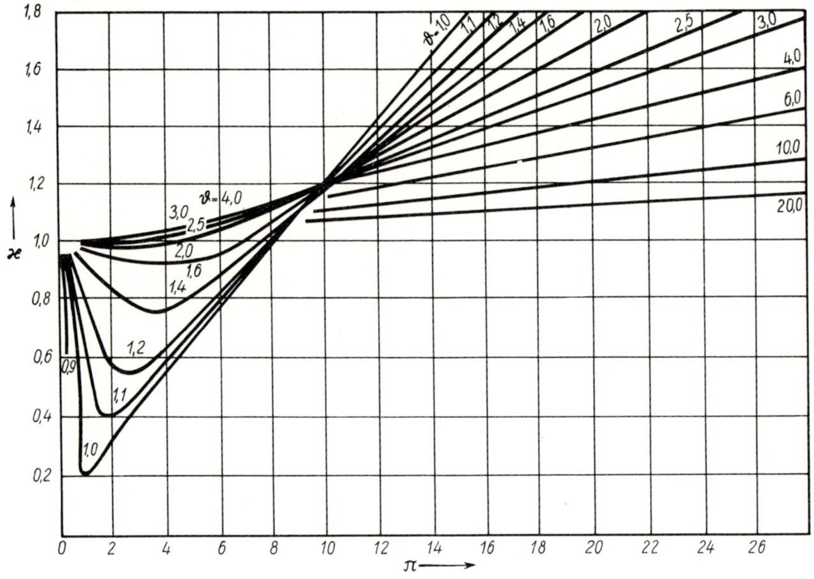

Abb. 16. Verallgemeinerte Kompressibilitätskurven $\varkappa = f(\pi)$ für verschiedene ϑ als Parameter.

wiedergegeben. Aus dem Diagramm kann man das Volumen unmittelbar ermitteln, wenn Druck und Temperatur des Gases gegeben sind. Man berechnet zu diesem Zweck den reduzierten Druck und die reduzierte Temperatur und sucht den zugehörigen Punkt auf einer der $\varkappa$-Kurven. Dann ergibt sich aus (83) $\boldsymbol{V} = \dfrac{\varkappa RT}{p}$.

5 Thermische Zustandsgleichung kondensierter Stoffe

Kondensierte Phasen, d. h. flüssige und feste Stoffe unterscheiden sich dadurch in charakteristischer Weise von den Gasen[1)], daß ihre Kompressibilität sehr klein und vom Druck weitgehend unabhängig ist, während die der Gase nach Gleichung (21) dem Druck etwa umgekehrt proportional ist. Die thermische Zustandsgleichung kondensierter Phasen gewinnt man deshalb am besten ausgehend von Gleichung (1) durch Integration zwischen den Grenzen p^+ und p, wobei p^+ ein willkürlich wählbarer Standarddruck ist, indem man χ konstant setzt. Damit wird aus $\int_{p^+}^{p} \frac{\mathrm{d}V}{V} = - \int_{p^+}^{p} \chi \mathrm{d}p$

$$\ln \frac{V}{V^+} = - \chi(p - p^+) . \tag{84}$$

Für verschwindenden Standarddruck ($p^+ \to 0$) wird

$$V = V^+ e^{-\chi p} . \tag{84a}$$

Da in dem verfügbaren Druckbereich $\chi p \ll 1$[2)], kann man durch Reihenentwicklung und Abbrechen nach dem zweiten Glied auch einfacher schreiben

$$V = V^+(1 - \chi p) . \tag{84b}$$

V^+ ist das Volumen bei verschwindendem Druck und ist ausschließlich von der Temperatur abhängig.

6 Volumina von Mischphasen

6.1 Das Gesetz von *Dalton*

Wir haben bisher ausschließlich das Volumen reiner Stoffe als Funktion von Druck und Temperatur betrachtet und wollen jetzt das Gesamtvolumen von Mischsystemen bei konstantem Druck und konstanter Temperatur in Abhängigkeit von der chemischen Zusammensetzung untersuchen. Der denkbar einfachste Fall (z. B. bei der mechanischen Mischung heterogener Stoffe) liegt dann vor, wenn bei der Vermischung keine Volumenänderung eintritt, wenn also die Volumina der Bestandteile der Mischung sich *additiv* verhalten[3)]. In diesem Fall muß also gelten

---

1 Eine Ausnahme bilden Flüssigkeiten bzw. Gase in der Nähe des kritischen Punktes, wo ihre Eigenschaften gleich werden.

2 χ ist nach den Beispielen auf S. 25f. von der Größenordnung 10^{-4} bis 10^{-6} bar^{-1}.

3 Das bedeutet nicht, daß auch die *Dichten* ϱ_i additiv sind, denn diese entsprechen ja den Kehrwerten der Volumina: $\varrho_i = M_i/\boldsymbol{V}_i$. Deshalb läßt sich die Dichte einer homogenen Mischung auch im idealen Fall nicht nach der Mischungsregel berechnen.

$$\boldsymbol{V} = n_1\boldsymbol{V}_1 + n_2\boldsymbol{V}_2 + \cdots + n_k\boldsymbol{V}_k = \sum_1^k n_i\boldsymbol{V}_i, \tag{85}$$

wenn man unter $\boldsymbol{V}_1$, $\boldsymbol{V}_2$, ..., $\boldsymbol{V}_k$ wieder die Molvolumina der *reinen* Stoffe versteht. Er ist praktisch weitgehend verwirklicht bei *verdünnten Gasen*, die sich angenähert ideal verhalten. Man formuliert diese Beobachtung gewöhnlich in der Form des *Daltonschen Gesetzes* (1801): *Die Summe der Partialdrucke verdünnter Gase ist gleich dem gemessenen Gesamtdruck der Mischung.* Dabei versteht man unter Partialdruck den Druck des betreffenden Gases, den man messen würde, wenn es allein in dem Gesamtvolumen vorhanden wäre. Da nach dem idealen Gasgesetz $p_i = \dfrac{n_iRT}{V}$ bzw. $\boldsymbol{V}_i = \dfrac{RT}{p}$, folgt unmittelbar aus (85) $V = \sum_1^k n_i\boldsymbol{V}_i = \sum_1^k n_i \dfrac{RT}{p}$, oder nach p aufgelöst

$$p = \sum_1^k \frac{n_iRT}{V} = \sum_1^k p_i. \tag{86}$$

Ferner ergibt sich unter Benutzung von (I, 16)

$$\frac{p_i}{p} = \frac{n_iRT/V}{\sum_1^k n_iRT/V} = \frac{n_i}{\sum_1^k n_i} = x_i. \tag{87}$$

Der Molenbruch eines Gases der (idealen) Mischung ist gleich dem Verhältnis seines Partialdrucks zum Gesamtdruck.

Außer bei verdünnten Gasen behält Gleichung (85) auch bei einer Reihe von flüssigen und festen Mischphasen ihre Gültigkeit, die man infolgedessen als *ideale Mischungen* bzw. *Lösungen* bezeichnet (vgl. S. 105, 184).

6.2 Partielle Molvolumina

Von den letztgenannten speziellen Fällen abgesehen setzt sich das Volumen einer homogenen Mischung oder Lösung keineswegs additiv aus den Volumina der Bestandteile zusammen, d. h. Gleichung (85) ist in der Regel nicht gültig. Das kann so weit gehen, daß das Gesamtvolumen z. B. einer binären Lösung nicht nur kleiner ist als die Summe der Volumina ihrer reinen Komponenten, sondern sogar kleiner als das Volumen des reinen Lösungsmittels allein. Um nun auch für derartige Fälle das Gesamtvolumen als Funktion der chemischen Zusammensetzung, d. h. als Funktion der Stoffmengen [Molzahlen] der Bestandteile, zu erhalten, stellen wir dV als vollständiges Differential der Variablen n_1, $n_2, \ldots, n_k$ dar:

$$\mathrm{d}V = \left(\frac{\partial V}{\partial n_1}\right)_{n_2\ldots n_k}\mathrm{d}n_1 + \left(\frac{\partial V}{\partial n_2}\right)_{n_1,n_3\ldots n_k}\mathrm{d}n_2 + \cdots + \left(\frac{\partial V}{\partial n_k}\right)_{n_1\ldots n_{k-1}}\mathrm{d}n_k \tag{88}$$

(p, T const.).

Denken wir uns nun die Mischung in der Weise hergestellt, daß wir jeweils infinitesimale Mengen der Stoffe in dem Stoffmengenverhältnis zusammengeben, wie es in der fertigen Mischung vorliegt, so bleibt die *Zusammensetzung* der Mischung während des ganzen Vorganges konstant, d. h. auch die partiellen Differentialquotienten in (88) sind sämtlich konstant. Damit ergibt sich das Gesamtvolumen der Mischung durch Integration zu

$$\begin{aligned} V &= n_1 \left(\frac{\partial V}{\partial n_1}\right)_{n_2, n_3 \ldots} + n_2 \left(\frac{\partial V}{\partial n_2}\right)_{n_1, n_3 \ldots} + \cdots + n_\mathrm{k} \left(\frac{\partial V}{\partial n_\mathrm{k}}\right)_{n_1 \ldots n_{\mathrm{k}-1}} \\ &\equiv n_1 V_1 + n_2 V_2 + \cdots + n_\mathrm{k} V_\mathrm{k} = \sum_1^\mathrm{k} n_i V_i , \end{aligned} \tag{89}$$

wenn wir mit

$$V_i \equiv \left(\frac{\partial V}{\partial n_i}\right)_{p, T, n_{j \neq i}} \tag{90}$$

das partielle Molvolumen des Stoffes i bezeichnen, das demnach nur für konstante Zusammensetzung der Mischung einen bestimmten Wert hat und im übrigen von den Stoffmengen [Molzahlen] bzw. Konzentrationen aller Mischungskomponenten abhängig ist. Man könnte es experimentell bestimmen, indem man die Änderung des Gesamtvolumens mißt, wenn man entweder 1 mol des Stoffes i zu einer so großen Menge der Mischung hinzugibt, daß sich die Konzentrationen sämtlicher Bestandteile praktisch nicht ändern, oder wenn man eine sehr kleine Menge des Stoffes i zugibt und auf 1 mol umrechnet. Im folgenden wollen wir unter V_1, $V_2, \ldots, V_i$ stets diese partiellen Molvolumina verstehen, sofern es sich um Mischsysteme handelt. Da nun V als Zustandsfunktion von der Art der Herstellung der Mischung unabhängig sein muß, gilt Gl. (89) allgemein, d. h. das Gesamtvolumen setzt sich stets additiv aus den *partiellen* Molvolumina der Komponenten zusammen, die jedoch ihrerseits für jede Zusammensetzung der Mischphase andere Werte annehmen und jeweils experimentell bestimmt werden müssen.

Die Abhängigkeit des partiellen Molvolumens von NaCl in wässeriger Lösung bei 20 °C von der Konzentration m_NaCl ist in Abb. 17 dargestellt. Das Molvolumen $\boldsymbol{V}_\mathrm{NaCl}$ des festen Salzes beträgt 26,9 cm³. Man sieht, daß das partielle Molvolumen in der Lösung wesentlich kleiner ist und mit steigender Konzen-

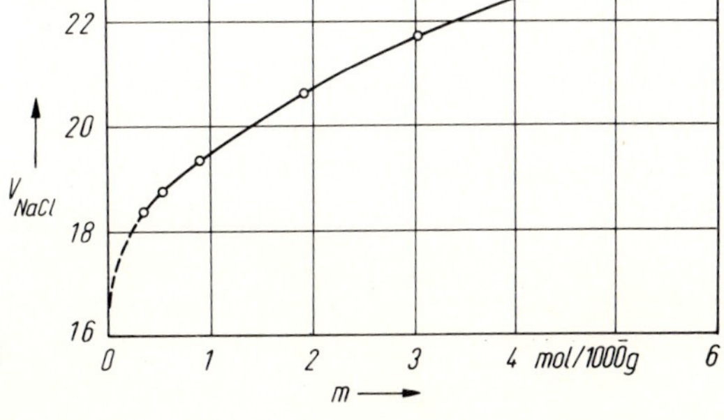

Abb. 17. Partielles Molvolumen von NaCl in wässeriger Lösung bei 20 °C.

tration zunimmt. Extrapoliert man auf die Konzentration Null, so beträgt es nur 16,28 cm^3. Die Abweichung von der Additivität der Volumina rührt in diesem Fall daher, daß die Wassermolekeln in der Hydrathülle der Ionen enger gepackt sind als im reinen Wasser. Gibt man deshalb das Salz zu einer Lösung, die bereits NaCl enthält, so findet man ein größeres partielles Molvolumen von NaCl, weil die Wassermolekeln schon vorher dichter gepackt waren als im reinenWasser. Die Abhängigkeit des partiellen Molvolumens V_{NaCl} von der Zusammensetzung der wässerigen Lösung ist also hier praktisch ausschließlich auf die Packungsdichte des *Wassers* zurückzuführen und hat mit dem tatsächlichen Volumen des NaCl bzw. der Na^+- und Cl^--Ionen in der Lösung nichts zu tun. Es gibt sogar Fälle, in denen das Volumen einer verdünnten Lösung kleiner ist als das Volumen des reinen Lösungsmittels, wie z. B. bei sehr verdünnten wässerigen Lösungen von $MgSO_4$. In solchen Fällen ist demnach $(\partial V/\partial n_2)$ *negativ*. Aus diesen Tatsachen geht hervor, daß die partiellen Molvolumina eine recht komplexe physikalische Bedeutung besitzen und (thermodynamisch betrachtet) als reine Rechengrößen aufzufassen sind, mit deren Hilfe sich das Volumen von Mischphasen formal als Funktion der Molzahlen der Mischungskomponenten darstellen läßt (Gleichung (89)). Ganz allgemein sind die Abweichungen des Volumens von Mischphasen von der Additivität der Volumina der reinen Komponenten auf die Wechselwirkungskräfte zwischen den verschiedenen Molekeln zurückzuführen. Die wahren Molvolumina der Komponenten in der Mischphase sind nicht definiert und für thermodynamische Betrachtungen ohne jede Bedeutung.

Zur *experimentellen Ermittlung* des partiellen Molvolumens V_i benutzt man zuweilen das der Messung leicht zugängliche *scheinbare Molvolumen* φ_i. Im einfachsten Fall einer binären Lösung (n_1 mol Lösungsmittel, n_2 mol gelöster Stoff) ist z. B. das scheinbare Molvolumen des gelösten Stoffes definiert durch

$$\varphi_2 \equiv \frac{V - n_1 \boldsymbol{V}_1}{n_2}; \tag{91}$$

zur Ermittlung von φ_2 muß man also lediglich mittels einfacher Dichtemessungen das Gesamtvolumen der Lösung und das Molvolumen $\boldsymbol{V}_1$ des reinen Lösungsmittels bestimmen. Den Zusammenhang zwischen V_2 und φ_2 einer binären Lösung erhält man unmittelbar, wenn man Gleichung (91) nach n_2 differenziert. Dann wird

$$\frac{\partial \varphi_2}{\partial n_2} = \frac{1}{n_2}\left(\frac{\partial V}{\partial n_2}\right) - \frac{V - n_1 \boldsymbol{V}_1}{n_2^2} = \frac{1}{n_2} V_2 - \frac{\varphi_2}{n_2}. \tag{92}$$

Daraus folgt

$$V_2 = \varphi_2 + n_2 \frac{\partial \varphi_2}{\partial n_2}. \tag{93}$$

Für verschwindende Konzentration der Lösung ($n_2 \to 0$) werden also partielles und scheinbares Molvolumen identisch. Trägt man das für konstantes n_1 und verschiedene Werte von n_2 gemessene Gesamtvolumen V bzw. das aus (91) ermittelte scheinbare Molvolumen φ_2 gegen n_2 auf, so ergibt die Neigung der Kurve an jedem Punkt das partielle Molvolumen V_2 bzw. die Größe $\partial\varphi_2/\partial n_2$, die in (93) eingesetzt ebenfalls zu V_2 führt. Auf eine weitere Methode zur Bestimmung partieller Molvolumina kommen wir auf S. 57 zurück.

Nach den Regeln der Differentiation folgt für eine beliebige infinitesimale Volumenänderung aus Gleichung (89)

$$\mathrm{d}V = n_1 \mathrm{d}V_1 + V_1 \mathrm{d}n_1 + n_2 \mathrm{d}V_2 + V_2 \mathrm{d}n_2 + \cdots + n_k \mathrm{d}V_k + V_k \mathrm{d}n_k . \quad (94)$$

Andererseits fanden wir nach Gleichung (88) und (90)

$$\mathrm{d}V = V_1 \mathrm{d}n_1 + V_2 \mathrm{d}n_2 + \cdots + V_k \mathrm{d}n_k ,$$

wenn wir die Mischung so herstellten, daß die Zusammensetzung dabei immer konstant blieb. Da nun V als Zustandsgröße von der Art der Herstellung der Mischung unabhängig sein muß, folgt aus den beiden letzten Gleichungen, daß für eine beliebige infinitesimale Änderung der Zusammensetzung gelten muß

$$n_1 \mathrm{d}V_1 + n_2 \mathrm{d}V_2 + \cdots + n_k \mathrm{d}V_k = \sum_1^k n_i \mathrm{d}V_i = 0 . \quad (95)$$

Eine analoge Ableitung gilt für jede beliebige *extensive* Eigenschaft E einer Mischphase. Man kann deshalb diese sog. *Gibbs-Duhemsche Gleichung bei konstantem Druck* und *konstanter Temperatur* in der allgemeinen Form schreiben

$$n_1 \mathrm{d}E_1 + n_2 \mathrm{d}E_2 + \cdots + n_k \mathrm{d}E_k = \sum_1^k n_i \mathrm{d}E_i = 0 , \quad (p, T \text{ const.}), \quad (96)$$

wobei $E_1, E_2, \ldots, E_k$ die partiellen Molgrößen der extensiven Eigenschaft E sind. Unter Einführung der Molenbrüche nach (I, 16) läßt sich (96) in der Form schreiben

$$x_1 \frac{\partial E_1}{\partial x_j} + x_2 \frac{\partial E_2}{\partial x_j} + \cdots + x_k \frac{\partial E_k}{\partial x_j} = 0 , \quad (p, T \text{ const.}), \quad (97)$$

wobei noch anzugeben ist, auf Kosten welchen Bestandteils der Mischung die Änderung von x_j gehen soll. Bei Zweistoffsystemen ist dies natürlich immer die andere Komponente. Für solche gilt danach

$$x_1 \frac{\partial E_1}{\partial x_2} = - x_2 \frac{\partial E_2}{\partial x_2} , \quad (p, T \text{ const.}) . \quad (98)$$

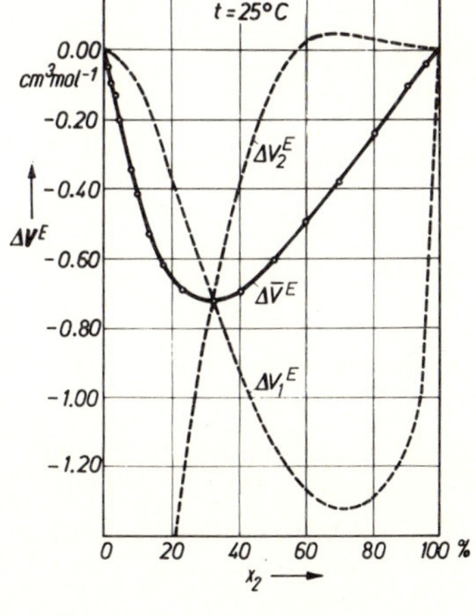

Abb. 18. Änderung der partiellen Molvolumina und des mittleren Molvolumens im System Dioxan (1) – Wasser (2).

Trägt man demnach E_1 und E_2 gegen x_2 auf, so müssen die Steigungen der beiden Kurven stets entgegengesetztes Vorzeichen haben, d. h. E_1 und E_2 ändern sich in entgegengesetzter Richtung. In Abb. 18 ist dies am Beispiel des Volumens von Dioxan – Wasser-Mischungen dargestellt. Die Kurven geben nicht das mittlere Molvolumen $\bar{V}$ und die partiellen Molvolumina V_1 und V_2 selbst, sondern die sog. Zusatzfunktionen[1] $\Delta \bar{V}^{\mathrm{E}}$, ΔV_1^{E} und ΔV_2^{E} wieder (s. u.). Man sieht, daß die Steigungen der beiden Kurven stets entgegengesetztes Vorzeichen haben, und daß dem Maximum der einen ein Minimum der anderen entspricht; bei $x_1 = x_2$ sind die Neigungen nach (98) entgegengesetzt gleich.

6.3 Mittlere Molvolumina

Die durchgezogene Kurve[2] in Abb. 18 entspricht der *Volumenänderung pro Mol Mischung* (*Zusatzvolumen* oder *Exzessvolumen*[1])

$$\begin{aligned}\Delta \bar{V}^{\mathrm{E}} \equiv \frac{\Delta V}{n_1 + n_2} &= \frac{n_1}{n_1 + n_2}(V_1 - \boldsymbol{V}_1) + \frac{n_2}{n_1 + n_2}(V_2 - \boldsymbol{V}_2) \\ &= x_1(V_1 - \boldsymbol{V}_1) + x_2(V_2 - \boldsymbol{V}_2) \equiv x_1 \Delta V_1^{\mathrm{E}} + x_2 \Delta V_2^{\mathrm{E}},\end{aligned} \tag{99}$$

die beim Mischen von x_1 Molen des Stoffes 1 mit x_2 Molen des Stoffes 2 auftritt. Das auf ein Mol der Mischphase bezogene *mittlere Molvolumen* selbst (angedeutet durch einen Querstrich) ergibt sich aus Gleichung (89), indem man durch $\sum n_i$ dividiert:

$$\bar{V} = \frac{V}{\sum n_i} = x_1 V_1 + x_2 V_2 + \cdots + x_{\mathrm{k}} V_{\mathrm{k}} = \sum_1^{\mathrm{k}} x_i V_i. \tag{100}$$

Analoge Gleichungen gelten wieder für jede *extensive* Eigenschaft der Mischung. Diese *mittleren molaren Zustandsgrößen* sind danach, wie die molaren Größen auch, *intensive* Größen (vgl. S. 5). Mit ihrer Hilfe lassen sich ebenfalls die partiellen molaren Größen ermitteln. So gilt z. B. für ein binäres System mit

$$\bar{V} = (1 - x_2) V_1 + x_2 V_2, \tag{101}$$

$$\begin{aligned}\frac{\partial \bar{V}}{\partial x_2} &= V_2 + x_2 \frac{\partial V_2}{\partial x_2} + \frac{\partial V_1}{\partial x_2} - V_1 - x_2 \frac{\partial V_1}{\partial x_2} \\ &= V_2 - V_1 + x_2 \frac{\partial V_2}{\partial x_2} + (1 - x_2) \frac{\partial V_1}{\partial x_2}.\end{aligned} \tag{102}$$

Die beiden letzten Glieder sind nach (98) zusammen gleich Null, so daß einfacher

---

[1] Index E vom englischen Begriff excess function = Zusatzfunktion (vgl. auch S. 115 ff., 186 f.).

[2] Die drei Kurven schneiden sich in einem Punkt, denn nach (99) ist für $(V_1 - \boldsymbol{V}_1) = (V_2 - \boldsymbol{V}_2)$ auch $\Delta \bar{V}^{\mathrm{E}} = (V_1 - \boldsymbol{V}_1)$, weil $x_1 + x_2 = 1$.

$$\frac{\partial \bar{V}}{\partial x_2} = V_2 - V_1. \tag{102a}$$

Führt man dies in (101) ein, so wird

$$\bar{V} = V_1 + x_2 \frac{\partial \bar{V}}{\partial x_2} = V_2 - (1 - x_2) \frac{\partial \bar{V}}{\partial x_2}. \tag{103}$$

Trägt man das mittlere Molvolumen $\bar{V}$ als Funktion von x_2 auf (vgl. Abb. 19) und zieht an einem beliebigen Punkt P der Kurve die Tangente und die Parallele zur Abszisse, so ist $\partial \bar{V}/\partial x_2$ = CE/EP und damit nach (103) CE $= x_2 \frac{\partial \bar{V}}{\partial x_2} = \bar{V} - V_1$. Da AE $= \bar{V}$ an der

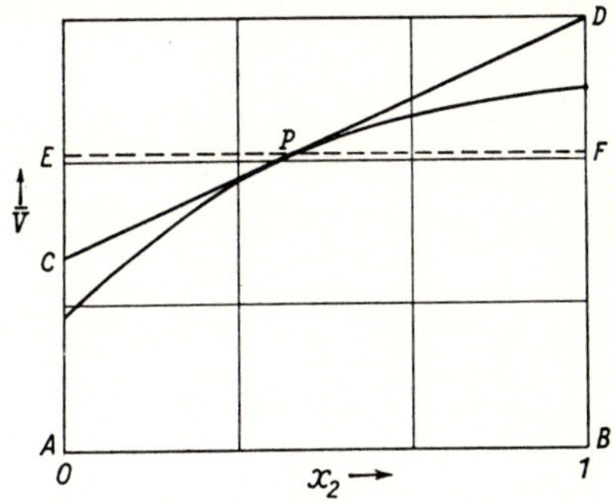

Abb. 19. Beziehung zwischen mittleren und partiellen molaren Größen.

Stelle P, folgt, daß der Ordinatenabschnitt CA der Tangente unmittelbar die partielle molare Größe V_1 für die Mischphase des Punktes P darstellt. In analoger Weise ergibt sich BD = V_2 für den gleichen Punkt P. Selbstverständlich kann man auch $\Delta \bar{V}^E$ gegen x_2 auftragen (durchgezogene Kurve in Abb. 18). Dann stellen die Ordinatenabschnitte der Tangenten an jedem Punkt die *partiellen Zusatz-Molvolumina* $\Delta V_1^E \equiv V_1 - \boldsymbol{V}_1$ und $\Delta V_2^E \equiv V_2 - \boldsymbol{V}_2$ dar (gestrichelte Kurven in Abb. 18).

Bei realen binären Gasgemischen kann man die partiellen Molvolumina auch aus den früher betrachteten thermischen Zustandsgleichungen ableiten. So ergibt sich z. B. aus (77) und (76) mit Hilfe der Gleichungen (103):

$$\left.\begin{aligned} V_1 &= \frac{RT}{p} + b_1 - \frac{1}{RT^{3/2}} [a_{11} - x_2^2 (\sqrt{a_{11}} - \sqrt{a_{22}})^2], \\ V_2 &= \frac{RT}{p} + b_2 - \frac{1}{RT^{3/2}} [a_{22} - (1 - x_2)^2 (\sqrt{a_{11}} - \sqrt{a_{22}})^2]. \end{aligned}\right\} \tag{104}$$

Allgemein gilt für ein Mehrstoffsystem anstelle von (103), wenn man die einzelnen Molenbrüche jeweils auf Kosten von x_j ändert:

$$\bar{V} = V_j + \sum_{\substack{i=1 \\ i \neq j}}^{i=k} x_i \frac{\partial \bar{V}}{\partial x_i}, \tag{105}$$

wie man analog ableitet. Z. B. ergibt sich für ein ternäres System

$$\left.\begin{aligned} V_1 &= \bar{V} - x_2 \frac{\partial \bar{V}}{\partial x_2} - x_3 \frac{\partial \bar{V}}{\partial x_3}, \\ V_2 &= \bar{V} - x_1 \frac{\partial \bar{V}}{\partial x_1} - x_3 \frac{\partial \bar{V}}{\partial x_3}, \\ V_3 &= \bar{V} - x_1 \frac{\partial \bar{V}}{\partial x_1} - x_2 \frac{\partial \bar{V}}{\partial x_3}. \end{aligned}\right\} \tag{106}$$

Dabei bedeutet (z. B. für die erste dieser Gleichungen) $\partial \bar{V}/\partial x_2$, daß x_2 sich auf Kosten von x_1 ändern soll bei konstantem x_3, und entsprechend $\partial \bar{V}/\partial x_3$, daß x_3 sich ebenfalls auf Kosten von x_1 ändern soll bei konstantem x_2 usw.

Bei ternären Systemen benutzt man zur graphischen Darstellung der Zusammensetzung in der Regel die von *Gibbs* eingeführten Dreieckskoordinaten (vgl. Abb. 20). Man trägt die Molenbrüche der drei binären Systeme auf den Seiten des Dreiecks auf. Die Zusammensetzung jeder beliebigen ternären Mischung ist

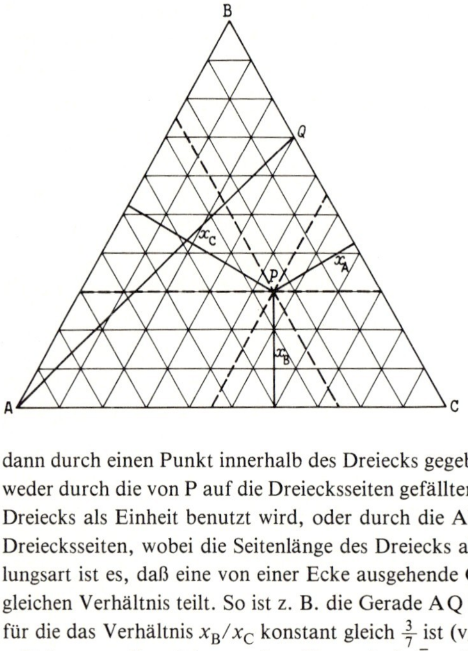

Abb. 20. *Gibbs*sche Dreieckskoordinaten zur Darstellung der Zusammensetzung ternärer Systeme.

dann durch einen Punkt innerhalb des Dreiecks gegeben. Die zugehörigen drei Molenbrüche werden entweder durch die von P auf die Dreiecksseiten gefällten Lote dargestellt, wobei die Höhe des gleichseitigen Dreiecks als Einheit benutzt wird, oder durch die Abschnitte der durch P gezogenen Parallelen zu den Dreiecksseiten, wobei die Seitenlänge des Dreiecks als Einheit dient. Charakteristisch für diese Darstellungsart ist es, daß eine von einer Ecke ausgehende Gerade die Gegenseite und alle Parallelen zu ihr im gleichen Verhältnis teilt. So ist z. B. die Gerade AQ in Abb. 20 der geometrische Ort für alle Gemische, für die das Verhältnis x_B/x_C konstant gleich $\frac{3}{7}$ ist (vgl. auch Abb. 107, S. 301).

Trägt man die mittlere molare Eigenschaft $\bar{E}$ senkrecht zur Ebene der Dreieckskoordinaten für jede Zusammensetzung der Mischung auf, so erhält man eine Fläche, die $\bar{E}$ als Funktion der Zusammensetzung der ternären Phase darstellt. Eine an einen Punkt P dieser Fläche gelegte Tangentialebene erzeugt dann auf den in A, B und C errichteten Loten drei Ordinatenabschnitte, die wiederum die partiellen molaren Eigenschaften E_1, E_2, E_3 für den Punkt P angeben.

Kapitel III

Der Energiesatz (I. Hauptsatz der Thermodynamik)

1 Wärme als Energieform

Der auf S. 14 abgeleitete Energiesatz der Mechanik, nach welchem die Summe von äußerer kinetischer und potentieller Energie eines abgeschlossenen Systems konstant ist, gilt nur unter der Voraussetzung, daß ausschließlich sog. konservative Kräfte, insbesondere keine Reibungskräfte wirksam sind. Sind solche vorhanden, so nimmt die kinetische Energie ab, ohne daß eine äquivalente Menge potentieller Energie auftritt, wie wiederum sehr anschaulich das Beispiel eines unter Reibung schwingenden Pendels demonstriert. Auch wenn man den inneren Zustand eines geschlossenen Systems durch Zuführung von Arbeit ändert, stellt man häufig fest, daß diese Arbeit nicht vollständig in eine andere Arbeitsform zurückverwandelt werden kann, d. h. daß *Arbeitsverluste* auftreten. Gleichzeitig damit beobachtet man eine Temperaturerhöhung des Systems. Es erhebt sich deshalb sofort die Frage, ob es noch eine andere Energieform gibt, in der die hineingesteckte Arbeit gespeichert sein könnte. Diese Frage wurde durch die berühmten Experimente von *Joule* [1] geklärt: Führt man einer bestimmten, *von adiabatischen Wänden eingeschlossenen* Menge Wasser mechanische bzw. ihr äquivalente elektrische oder Volumenarbeit zu [2] in der Weise, daß das System jedesmal von einem (durch Druck bzw. Volumen und Temperatur festgelegten) Zustand I in einen zweiten (ebenfalls durch p bzw. V und T gekennzeichneten) Zustand II übergeht, so ergibt sich, daß dafür stets die gleiche (z. B. in mkg oder J ausgedrückte) Arbeit notwendig ist, unabhängig davon, in welcher Form diese Arbeit in das System hineingesteckt wurde. Bei *adiabatischen Systemen* ist also offenbar die zugeführte Arbeit die Änderung einer Zustandsfunktion im Sinne von S. 18, da sie nicht vom Weg, sondern ausschließlich von der Wahl des Anfangs- und Endzustandes des Systems abhängt. Nennt man diese Zustandsfunktion U, so gilt

$$U_{II} - U_{I} \equiv \Delta U \equiv A_{\text{adiab.}} . \tag{1}$$

In Worten: *Bei adiabatischen Prozessen ist die einem System zugeführte oder von einem System abgegebene Arbeit gleich der Änderung einer Funktion U, die ausschließlich vom Zustand des Systems abhängt.*

U wird als *„Innere Energie"* bezeichnet, da sie nur vom inneren Zustand des Systems abhängt, also z. B. von der Lage des Systems im Schwerefeld unabhängig ist. Änderungen von U

---

[1] *J. P. Joule,* Philos. Mag. I. Sci. *23,* 435 (1843); *26,* 369 (1845); *31,* 173 (1847); *35,* 533 (1849).

[2] Mechanische Arbeit wurde von *Joule* durch ein fallendes Gewicht über ein Schaufelrad oder über zwei aneinander reibende Metallstücke, elektrische Arbeit über einen Heizdraht, Volumenarbeit über einen in das Wasser tauchenden Gaszylinder mit Kolben durch Kompression des Gases zugeführt.

kann man demnach messen, indem man das System mit adiabatischen Wänden umgibt und die ihm zugeführte oder ihm entnommene Arbeit bestimmt. U selbst ist nur bis auf eine additative Konstante bestimmt, da man nur Differenzen von U messen kann. Man kann deshalb U für einen bestimmten, willkürlich wählbaren Zustand gleich Null setzen und alle Differenzen gegenüber diesem Bezugszustand durch Messung der adiabatischen Arbeit bestimmen.

Gl. (1) ist bereits der eigentlich physikalische Inhalt des *Energiesatzes* bzw. des *ersten Hauptsatzes der Thermodynamik.* Er geht über die reine Erfahrung hinaus, denn er fordert, daß beim Verschwinden einer Energieform stets eine äquivalente Menge anderer Energie auftritt, auch wenn diese nicht unmittelbar nachgewiesen werden kann (etwa in Form von chemischer Energie). Obwohl demnach das Energieprinzip nicht streng bewiesen werden kann, muß man seine Allgemeingültigkeit auf Grund der bekannten Erfahrungstatsache anerkennen, daß ein sog. *Perpetuum mobile* (erster Art) unmöglich ist, d.h. daß es keine Maschine gibt, die dauernd Arbeit zu leisten vermag, ohne daß man die gelieferte Energie von außen her in irgendeiner Form wieder ersetzt.

Zur allgemeineren, nicht auf adiabatische Zustandsänderungen beschränkten Formulierung des Energiesatzes führen wir mit einem geschlossenen System zwei verschiedene Prozesse durch, die das System jedesmal vom Zustand I in den Zustand II überführen. Der erste Prozeß sei wieder adiabatisch, so daß Gl. (1) gültig ist, d.h. die Änderung der Inneren Energie ist durch die mit dem System ausgetauschte Arbeit gegeben. Der zweite Prozeß sei beliebig, aber nicht vollständig adiabatisch, so daß bei gleicher Änderung der Inneren Energie

$$U_{II} - U_{I} \equiv \Delta U \neq A .$$

Der Energiesatz verlangt, daß in diesem Fall eine weitere Energieform Q zwischen System und Umgebung ausgetauscht worden sein muß, so daß

$$Q = \Delta U - A . \tag{2}$$

Q wird als Wärme bezeichnet, sie stellt die Differenz zwischen der Änderung der Inneren Energie eines Systems und der zwischen System und Umgebung ausgetauschten Arbeit bei beliebigen Prozessen dar[1]. Durch diese Definition wird die Wärme auf schon bekannte Größen zurückgeführt, sie ist nichts anderes als eine Energieform.

Wird bei einem Prozeß dem System keine Wärme zugeführt, ist also $Q = 0$, so gilt wieder Gl. (1), d.h. es muß ein adiabatischer Prozeß stattgefunden haben. Ein solcher ist also dadurch charakterisiert, daß keine Wärme die Systemgrenze passiert. Dies wird durch das Wort „adiabatisch", d.h. „für Wärme undurchdringlich", ausgedrückt. Einem adiabatischen System kann deshalb von außen nur Arbeit zugeführt bzw. entnommen werden.

Werden zwei Teilsysteme A und B, die verschiedene Temperaturen besitzen, durch eine diathermische Wand in Kontakt gebracht (Abb. 1), so stellt sich thermisches Gleichgewicht ein, d.h. es findet ein Wärmeübergang zwischen A und B statt. Dann gilt offenbar

$$Q_{(A)} = \Delta U_{(A)} \quad \text{und} \quad Q_{(B)} = \Delta U_{(B)},$$

---

[1] *C. Carathéodory*, Math. Ann. *67*, 355 (1909).

da keine Arbeit ausgetauscht wird. Auch das adiabatische Gesamtsystem tauscht keine Arbeit mit der Umgebung aus, so daß

$$\varDelta U_{(A+B)} = 0\,.$$

Daraus folgt

$$Q_{(A)} = -Q_{(B)}\,,$$

d.h. die von einem Teilsystem abgegebene Wärme ist gleich der vom anderen Teilsystem aufgenommenen Wärme. Die Innere Energie des einen Teilsystems wird um den Betrag Q erniedrigt, die des anderen um den Betrag Q erhöht. Ein Wärmeübergang zwischen zwei Systemen tritt stets nur bei Temperaturunterschieden zwischen ihnen auf.

Die Definition der Wärme durch Gl. (2) hat gegenüber der früheren Auffassung (S. 16) den Vorteil, daß Q keine Grundgröße mehr ist, sondern auf die Begriffe der Inneren Energie und der Arbeit zurückgeführt wird. Deshalb ist es auch nicht mehr notwendig, ein *„mechanisches Wärmeäquivalent"*

$$J \equiv -\frac{A}{Q}$$

zu definieren, das zuerst von *J. R. Mayer* und später von *Joule* mit Hilfe der oben beschriebenen Versuche zu 4,15 Joule/cal ermittelt wurde, da Wärme als Grundgröße in der besonderen Einheit cal gemessen wurde. Heute gibt man deshalb auch die Wärme als aus $\varDelta U$ und A abgeleitete Größe in Arbeitseinheiten, gewöhnlich in Joule an und setzt die sog. „thermische Calorie" definitionsmäßig auf 1 cal_{th} = 4,184 Joule fest. Diese ist also unabhängig von der Genauigkeit, mit der das sog. mechanische Wärmeäquivalent bestimmt ist.

2 Innere Energie und Enthalpie (Kalorische Zustandsgleichung)

Führen wir einem geschlossenen System von außen Arbeit und Wärme zu, so wächst seine *Gesamtenergie E* um

$$E_{\text{II}} - E_{\text{I}} = A + Q\,. \tag{3}$$

Die Arbeit A denken wir uns in zwei Teile zerlegt: A_1 sei der Teil der zugeführten Arbeit, die zu einer Vergrößerung der kinetischen Energie E_{kin} und der *äußeren* potentiellen Energie E_{pot} des Gesamtsystems führt. Unter letzterer verstehen wir also z.B. die potentielle Energie der Lage im Schwerefeld. A_2 sei die Summe aller übrigen Formen von Arbeit (Volumenarbeit, elektrische Arbeit, Oberflächenarbeit usw.), die die *Innere Energie* des Systems vergrößern. Dann können wir das Energieprinzip auch in der Form schreiben

$$E_{\text{II}} - E_{\text{I}} = A_1 + A_2 + Q\,. \tag{3a}$$

Setzen wir nun nach den obigen Definitionen

$$A_1 = (E_{kin} + E_{pot})_{II} - (E_{kin} + E_{pot})_{I}$$

in die Gleichung ein, so wird

$$E_{II} - E_{I} = (E_{kin} + E_{pot})_{II} - (E_{kin} + E_{pot})_{I} + A_2 + Q,$$

oder anders geordnet

$$(E - E_{kin} - E_{pot})_{II} - (E - E_{kin} - E_{pot})_{I} = A_2 + Q. \tag{4}$$

$$E - E_{kin} - E_{pot} \equiv U \tag{5}$$

stellt den Teil der Gesamtenergie E dar, der nur vom *inneren Zustand* des Systems abhängt, und den man, wie schon erwähnt, als *Innere Energie* des Systems bezeichnet. A_2 ist die insgesamt zugeführte *innere* Arbeit, die wir jetzt einfacher mit A bezeichnen wollen. Dann lautet der Energiesatz

$$U_{II} - U_{I} \equiv \Delta U = A + Q, \tag{6}$$

was mit (2) identisch ist. Das ist die allgemeine Form des Energieprinzips für thermodynamische Betrachtungen: *Die vom System mit seiner Umgebung ausgetauschte Summe von Arbeit und Wärme ist gleich der Änderung der Inneren Energie des Systems.*

Da die Innere Energie eines Systems nur von seinem Zustand und nicht von seiner Vorgeschichte abhängt, ist U eine Zustandsfunktion. Wäre dies nicht der Fall, sondern würde ΔU noch vom Wege abhängen, auf dem man von einem gegebenen Anfangszustand in einen gegebenen Endzustand gelangt, so wäre das Energieprinzip verletzt. Man könnte nämlich, indem man einen dieser Wege als „Hinweg", einen anderen als „Rückweg" benutzt, einen beliebig of wiederholbaren Kreisprozeß mit dem System durchführen, bei dem jedesmal Energie gewonnen würde, ohne daß ein äquivalenter Arbeits- oder Wärmeaufwand nötig wäre (Perpetuum mobile!). Der Satz *„Die Innere Energie ist eine Zustandsfunktion"* stellt damit eine andere prägnante Formulierung des Energieprinzips dar.

Im Gegensatz zu ΔU sind A und Q jedes für sich keine Änderungen einer Zustandsfunktion, sondern hängen vom Wege ab, auf dem die Zustandsänderung ΔU stattfindet. Schreiben wir deshalb Gl. (6) für infinitesimale Zustandsänderungen, so wird

$$\mathrm{d}U = \delta A + \delta Q. \tag{7}$$

$\mathrm{d}U$ ist ein vollständiges Differential, dagegen sind δA und δQ keine vollständigen Differentiale[1], denn bei einem Übergang des Systems vom Zustand I in den Zustand II ist zwar die *Summe* $(A + Q)$ eindeutig festgelegt, dagegen kann das *Verhältnis* Q/A jeden beliebigen Wert zwischen 0 und ∞ annehmen.

Wir betrachten dazu das spezielle Beispiel der Chlorknallgasreaktion. Wir gehen aus von 1 mol H_2 und 1 mol Cl_2 bei 20°C und 1 atm Druck sowie 100 dm³ 1-norm. HCl; das ist der Anfangszustand unseres

[1] Dies wird im folgenden durch das Zeichen δ angedeutet.

Systems. Wir führen es in einen Endzustand über, der gegeben ist durch 100 dm^3 einer 1,02-norm. HCl unter gleichem Druck und bei gleicher Temperatur. Die Zustandsänderung soll auf zwei verschiedenen Wegen durchgeführt werden, wobei jedesmal die mit der Umgebung ausgetauschte Wärme und Arbeit gemessen werden.

I. Wir mischen die beiden Gase, zünden das in einem Zylinder mit beweglichem Stempel befindliche Chlorknallgasgemisch photochemisch durch Belichtung und lassen die Reaktion bei konstantem Druck ablaufen. Das entstehende HCl-Gas wird durch die 1-norm. HCl-Lösung absorbiert, wobei das Volumen des Systems abnimmt, der Stempel des Zylinders also vom äußeren Atmosphärendruck hineingetrieben und dem System Volumenarbeit zugeführt wird. Die Änderung der Inneren Energie setzt sich aus folgenden Beträgen zusammen:

$$H_{2\,\text{Gas}} + Cl_{2\,\text{Gas}} \rightarrow 2\,HCl_{\text{Gas}}; \qquad Q_1 = -183{,}26\ \text{kJ}$$

$$2\,HCl_{\text{Gas}} + \text{Lösung} \rightarrow 2\,(H_3O^+)_{aq} + 2\,(Cl^-)_{aq}; \qquad A_2 = +\ \ 5{,}02\ \text{kJ}$$

$$Q_2 = -143{,}93\ \text{kJ}$$

$$\Delta U = \sum(A+Q) = (\underbrace{-183{,}26 - 143{,}93}_{Q} \underbrace{+5{,}02}_{A})\ \text{kJ} \qquad = -322{,}17\ \text{kJ}$$

Bei der Zustandsänderung wird also bis auf die kleine Volumenarbeit nur Wärme mit der Umgebung ausgetauscht.

II. Wir lassen die Reaktion in einer galvanischen Zelle, der sog. Chlorknallgaskette, ablaufen. Die EMK der Zelle in 1-norm. HCl beträgt 1,36 Volt, bei Umsatz von 1 mol H_2 und 1 mol Cl_2 werden 2 · 96500 Coulomb geliefert, es wird also eine elektrische Arbeit A_2' vom System abgegeben, außerdem eine Wärme Q_1'; endlich wird auch hier infolge der Verkleinerung des Volumens dem System die Volumenarbeit A_1' zugeführt. Die auf diesem Wege umgesetzten Arbeits- und Wärmebeträge sind:

$$-[H_{2\,\text{Gas}} + Cl_{2\,\text{Gas}}]_{\text{Galvan. Element}} \rightarrow 2\,(H_3O^+)_{aq} + 2\,(Cl^-)_{aq},$$

$$A_1' = -262{,}48\ \text{kJ}$$

$$Q_1' = -\ \ 65{,}69\ \text{kJ}$$

$$A_2' = +\ \ 5{,}02\ \text{kJ}$$

$$\Delta U = \sum(A+Q) = (\underbrace{-262{,}48 + 5{,}02}_{A} \underbrace{-65{,}69}_{Q})\ \text{kJ} \qquad = -323{,}15\ \text{kJ}$$

Die Änderung der Inneren Energie des Systems ist innerhalb der Meßfehler die gleiche wie auf dem ersten Wege, d. h. ΔU hängt nur von Anfangs- und Endzustand ab. Dagegen besteht hier der weitaus größere Teil der mit der Umgebung ausgetauschten Energie aus nutzbarer Arbeit und nur etwa $\frac{1}{5}$ derselben aus Wärme. A und Q hängen also einzeln von der Führung des Prozesses, d. h. vom Wege der Zustandsänderung ab, δA und δQ sind keine vollständigen Differentiale.

Da der Zustand eines Systems (von Sonderfällen abgesehen) durch die früher genannten Zustandsvariablen (Druck, Temperatur, chemische Zusammensetzung) eindeutig festgelegt ist, muß sich U als Funktion dieser Zustandsvariablen darstellen lassen. Aus später ersichtlichen Gründen benutzen wir an Stelle des Drucks hier das Volumen als unabhängige Variable, die ja beide über die thermische Zustandsgleichung zusammenhängen. Wir können also schreiben

$$U = f(V, T, n_1, n_2, \ldots, n_k). \tag{8}$$

Diese Gleichung nennt man zur Unterscheidung von $V = f(p, T, n_1, n_2, \ldots, n_k)$ die *kalorische Zustandsgleichung*. Für jede Phase des Systems gilt eine solche Gleichung. Da U wie V eine *extensive* Zustandsfunktion ist, ergibt sich die Innere Energie des Gesamtsystems durch Summierung über alle vorhandenen Phasen. An Stelle von (8) können wir auch unter Benutzung der S. 56 eingeführten *mittleren molaren Zustandsfunktion* schreiben

$$\bar{U} = f(V, T, x_1, x_2, \ldots, x_{k-1}), \tag{8a}$$

wobei die x_i wieder die Molenbrüche bedeuten.

Wie schon aus dem oben besprochenen Beispiel der Chlorknallgasreaktion hervorgeht, wird in der Regel bei irgendwelchen Zustandsänderungen eines Systems Kompressions- oder Dilatationsarbeit mit der Umgebung ausgetauscht, die durch Volumenänderungen der verschiedenen Phasen des Systems bedingt ist. Diese reversible Volumenarbeit (vgl. S. 14) ist nach (I, 28) für jede Phase durch das Integral $-\int_{V_1}^{V_2} p\,\mathrm{d}V$ gegeben. Wird außer Volumenarbeit keine andere Arbeit mit der Umgebung ausgetauscht, so gilt nach (7)

$$\mathrm{d}U = \delta Q - \sum p\,\mathrm{d}V, \tag{9}$$

wobei das Summenzeichen sich auf die Summierung über alle Phasen bezieht. Für die einzelne Phase $'$ gilt entsprechend

$$\mathrm{d}U' = \delta Q' - p\,\mathrm{d}V'. \tag{9a}$$

Verläuft die Zustandsänderung *isochor* ($\mathrm{d}V = 0$), so wird

$$(\mathrm{d}U)_V = \mathrm{d}Q \quad \text{bzw.} \quad (\Delta U)_V = Q. \tag{10}$$

Für *isobare* Zustandsänderungen erhält man dagegen durch Integration von (9a)

$$(\Delta U)_p = Q - p(V_{\mathrm{II}} - V_{\mathrm{I}})$$

oder in anderer Form

$$Q = (U_{\mathrm{II}} + pV_{\mathrm{II}}) - (U_{\mathrm{I}} + pV_{\mathrm{I}}) \equiv H_{\mathrm{II}} - H_{\mathrm{I}}. \tag{11}$$

Für isobare Zustandsänderungen wird demnach

$$(\Delta H)_p = Q \quad \text{bzw.} \quad (\mathrm{d}H)_p = \mathrm{d}Q. \tag{12}$$

Zur Beschreibung isobarer Zustandsänderungen, bei denen mit der Umgebung nur Volumenarbeit ausgetauscht wird, eignet sich deshalb die extensive Zustandsfunktion

Def

$$H \equiv U + pV \tag{13}$$

besonders, da ihre Änderung in solchen Fällen einfach gleich der mit der Umgebung ausgetauschten Wärme ist, analog wie die Änderung von U bei isochoren Zustandsänderungen. H wird als *Enthalpie* bezeichnet. Da sowohl U wie V von den Zustandsvariablen abhängen, muß dies auch für H gelten, d.h. die Verwendung von H als Zustandsfunktion ist ebenso wie diejenige von U identisch mit der Anwendung des Energieprinzips, was in der Konstanz der Summe $(Q + A)$ bei einer gegebenen Zustandsänderung zum Ausdruck kommt.

Bei der Enthalpie benutzt man den Druck an Stelle des Volumens als unabhängige Variable, so daß man die kalorische Zustandsgleichung auch in der Form schreiben kann

$$H = f(p, T, n_1, n_2, \ldots, n_k) \tag{14}$$

bzw.

$$\bar{H} = f(p, T, x_1, x_2, \ldots, x_{k-1})\,. \tag{14a}$$

Sind U und H Zustandsfunktionen, so können wir $\mathrm{d}U$ und $\mathrm{d}H$ als vollständige Differentiale in ihre Partialänderungen zerlegen, die sich additiv zu der Gesamtänderung zusammensetzen:

$$\begin{aligned}\mathrm{d}U = {} & \left(\frac{\partial U}{\partial V}\right)_{T,n} \mathrm{d}V + \left(\frac{\partial U}{\partial T}\right)_{V,n} \mathrm{d}T + \left(\frac{\partial U}{\partial n_1}\right)_{V,T,n_2\ldots n_k} \mathrm{d}n_1 \\ & + \left(\frac{\partial U}{\partial n_2}\right)_{V,T,n_1,n_3\ldots n_k} \mathrm{d}n_2 + \cdots + \left(\frac{\partial U}{\partial n_k}\right)_{V,T,n_1\ldots n_{k-1}} \mathrm{d}n_k\,,\end{aligned} \tag{15}$$

$$\begin{aligned}\mathrm{d}H = {} & \left(\frac{\partial H}{\partial p}\right)_{T,n} \mathrm{d}p + \left(\frac{\partial H}{\partial T}\right)_{p,n} \mathrm{d}T + \left(\frac{\partial H}{\partial n_1}\right)_{p,T,n_2\ldots n_k} \mathrm{d}n_1 \\ & + \left(\frac{\partial H}{\partial n_2}\right)_{p,T,n_1,n_3\ldots n_k} \mathrm{d}n_2 + \cdots + \left(\frac{\partial H}{\partial n_k}\right)_{p,T,n_1\ldots n_{k-1}} \mathrm{d}n_k\,.\end{aligned} \tag{16}$$

Die partiellen Differentialquotienten besitzen auch hier ebenso wie bei der thermischen Zustandsgleichung eine bestimmte Bedeutung, wie sich bei der Betrachtung spezieller Systeme ergeben wird. Sie müssen ebenfalls experimentell bestimmt werden. Auf der Tatsache, daß $\mathrm{d}U$ und $\mathrm{d}H$ vollständige Differentiale sind, beruht die rechnerisch analytische Anwendungsfähigkeit des ersten Hauptsatzes.

3 Anwendung des ersten Hauptsatzes auf reine Phasen

3.1 Die Bedeutung der partiellen Ableitungen von *U* und *H* nach den Zustandsvariablen *V*, *T* und *p*

Die kalorische Zustandsgleichung reiner Phasen vereinfacht sich gegenüber (8) und (14) insofern, als chemische Zusammensetzung (und in den meisten Fällen auch andere spezielle Zustandsvariable) keine Bedeutung haben, so daß wir schreiben können

$$U = f(V, T) \quad \text{bzw.} \quad H = f(p, T)\,. \tag{17}$$

Die graphische Darstellung von U bzw. H ergibt wie im Fall der thermischen Zustandsgleichung $V = f(p, T)$ (Abb. 11; S. 30) räumliche Flächen[1]. Die Schnittkurven dieser Flächen mit Ebenen parallel zu je zwei Koordinaten stellen die Partialänderungen von U und H dar: $(U)_T = f(V)$ und $(H)_T = f(p)$ die Isothermen, $(U)_V = f(T)$ die Isochoren, $(H)_p = f(T)$ die Isobaren der kalorischen Zustandsgleichung. Kurven, die durch eine Schnittebene senkrecht zur U- bzw. H-Achse entstehen, verbinden Zustände gleicher Innerer Energie bzw. Enthalpie. Im letzteren Fall bezeichnet man sie auch als „Isenthalpen". Weiter ist zu berücksichtigen, daß ein reversibler Arbeitsaustausch eines reinen homogenen Stoffes mit seiner Umgebung in der Regel[2] nur in Form von Volumenarbeit möglich ist, für die nach Gl. (I, 28) gilt $\mathrm{d}A = -p\,\mathrm{d}V$. Die Zerlegung von $\mathrm{d}U$ in seine Partialänderungen nach (15) ergibt demnach

$$\mathrm{d}U = \delta Q + \delta A = \delta Q - p\,\mathrm{d}V = \left(\frac{\partial U}{\partial T}\right)_V \mathrm{d}T + \left(\frac{\partial U}{\partial V}\right)_T \mathrm{d}V\,. \tag{18}$$

Entsprechend erhalten wir für eine infinitesimale Änderung der Enthalpie unter Berücksichtigung der Definitionsgleichung (13)

$$\begin{aligned} \mathrm{d}H &= \mathrm{d}(U + pV) = \mathrm{d}U + p\,\mathrm{d}V + V\mathrm{d}p = \delta Q + V\mathrm{d}p \\ &= \left(\frac{\partial H}{\partial T}\right)_p \mathrm{d}T + \left(\frac{\partial H}{\partial p}\right)_T \mathrm{d}p\,. \end{aligned} \tag{19}$$

Das sind die allgemeinen Beziehungen, von denen wir in diesem Abschnitt immer wieder ausgehen werden.

Um die physikalische Bedeutung der partiellen Differentialquotienten kennenzulernen, führen wir dem System eine kleine Wärme δQ zu. Für diese gilt nach (18) bzw. (19)

$$\delta Q = \mathrm{d}U + p\,\mathrm{d}V = \left(\frac{\partial U}{\partial T}\right)_V \mathrm{d}T + \left[\left(\frac{\partial U}{\partial V}\right)_T + p\right]\mathrm{d}V\,. \tag{20}$$

$$\delta Q = \mathrm{d}H - V\mathrm{d}p = \left(\frac{\partial H}{\partial T}\right)_p \mathrm{d}T + \left[\left(\frac{\partial H}{\partial p}\right)_T - V\right]\mathrm{d}p\,. \tag{21}$$

Die Wärme δQ dient also teils zur Erhöhung der Inneren Energie bzw. der Enthalpie des Systems, teils zu einer nach außen abgegebenen Arbeitsleistung $p\,\mathrm{d}V$ bzw. $-V\mathrm{d}p$, weil sich das System bei der Erwärmung gegen den äußeren Druck ausdehnt. Indem man nun für die Wärmezufuhr besondere Bedingungen wählt, werden die Gln. (20) bzw. (21) wesentlich vereinfacht. Erwärmt man bei konstantem Volumen, indem man das System in starre Wände einschließt[3], so ist $\mathrm{d}V = 0$ und damit auch $\delta A = 0$, aus (20) wird also

---

[1] Die Absolutwerte von U und H sind im Gegensatz zu V nicht bekannt, da stets nur Differenzen ΔU bzw. ΔH gemessen werden können. Man setzt deshalb zur graphischen Darstellung U bzw. H bei einem willkürlich gewählten Wert von T und V bzw. p gleich Null.

[2] Abgesehen z. B. von Oberflächenarbeit u. ä.

[3] Praktisch läßt sich dies nur bei Gasen verwirklichen.

$$\mathrm{d}Q = \left(\frac{\partial U}{\partial T}\right)_V \mathrm{d}T \quad \text{bzw.} \quad \left(\frac{\partial U}{\partial T}\right)_V = \left(\frac{\mathrm{d}Q}{\mathrm{d}T}\right)_V \equiv C_V. \tag{22}$$

Die pro Grad Temperaturerhöhung zuzuführende Wärme $\frac{\mathrm{d}Q}{\mathrm{d}T}$ hatten wir die Wärmekapazität des Systems genannt (S. 17), Gl. (22) sagt also aus: *Die Temperaturabhängigkeit der Inneren Energie eines reinen homogenen Stoffes ist gleich seiner Wärmekapazität bei konstantem Volumen.* Beziehen wir auf 1 mol des Stoffes, setzen also $C_V = n\boldsymbol{C}_V$, wo $\boldsymbol{C}_V$ die *Molwärme* des Stoffes bedeutet, so gilt entsprechend

$$\left(\frac{\partial \boldsymbol{U}}{\partial T}\right)_V = \boldsymbol{C}_V. \tag{22a}$$

Man sieht ferner aus dieser Entwicklung, daß sich die Innere Energie U besonders zur Darstellung *isochorer* Vorgänge eignet, weil die Gleichungen für konstantes Volumen ($\mathrm{d}V = 0$) besonders einfach werden. Umgekehrt ist bei *isobaren* Prozessen die Benutzung der Enthalpie als kalorische Zustandsfunktion vorzuziehen. Führt man nämlich die Wärme δQ bei konstantem Druck zu, so ist $\mathrm{d}p = 0$, und aus (21) wird

$$\mathrm{d}Q = \left(\frac{\partial H}{\partial T}\right)_p \mathrm{d}T \quad \text{bzw.} \quad \left(\frac{\partial H}{\partial T}\right)_p = \left(\frac{\mathrm{d}Q}{\mathrm{d}T}\right)_p \equiv C_p. \tag{23}$$

Die Temperaturabhängigkeit der Enthalpie ist gleich der Wärmekapazität des Systems bei konstantem Druck.

Entsprechend gilt für die *Molwärme* bei konstantem Druck

$$\left(\frac{\partial \boldsymbol{H}}{\partial T}\right)_p = \boldsymbol{C}_p. \tag{23a}$$

Aus (22a) und (23a) erhält man durch Integration zwischen den Grenzen 0 und T die Innere Energie U bzw. die Enthalpie H einer reinen Phase pro Mol zu

$$\boldsymbol{U} = \boldsymbol{U}_0 + \int_0^T \boldsymbol{C}_V \mathrm{d}T; \tag{24}$$

$$\boldsymbol{H} = \boldsymbol{H}_0 + \int_0^T \boldsymbol{C}_p \mathrm{d}T. \tag{25}$$

Über die Integrationskonstanten $\boldsymbol{U}_0$ und $\boldsymbol{H}_0$, die molare Innere Energie bzw. Enthalpie des Stoffes bei $T = 0$, läßt sich vom thermodynamischen Standpunkt aus nichts aussagen. Tatsächlich interessieren in der Thermodynamik die Absolutwerte der kalorischen Zustandsfunktion nicht, da immer nur Zustands*änderungen*, d. h. die ΔU- bzw. ΔH-Werte der Messung zugänglich sind. Man setzt häufig willkürlich für alle chemischen Elemente $\boldsymbol{H}_0 = 0$; für chemische Verbindungen ergibt sich dann $\boldsymbol{H}_0$ aus den sog. Bildungswärmen bei $T = 0$ (vgl. S. 110ff., 339ff.).

Die Integrale sind gleich der Wärme, die nötig ist, um 1 mol des Stoffes bei konstantem Volumen bzw. konstantem Druck von $T = 0$ auf die Versuchstemperatur zu erwärmen; man bezeichnet sie deshalb häufig als *thermische Innere Energie* $\boldsymbol{U}_{\text{th}}$ bzw. *thermische Enthalpie* $\boldsymbol{H}_{\text{th}}$. Zu ihrer Berechnung müssen $\boldsymbol{C}_V$ bzw. $\boldsymbol{C}_p$ als Temperaturfunktionen bekannt sein.

Die thermischen Enthalpiewerte besitzen große wirtschaftliche Bedeutung, denn von ihnen hängen die Kosten sämtlicher chemischer und technischer Prozesse ab, die bei hohen Temperaturen durchgeführt werden, ebenso die Wärmeverluste in den Abgasen von Feuerungen usw.

Die Molwärmen bei konstantem Druck sind experimentell[1] leichter zugänglich als die Molwärmen bei konstantem Volumen. Bei der Bestimmung von C_V fester und flüssiger Stoffe treten hohe Drucke auf, während bei Gasen die Molwärmen klein sind, so daß meistens die Wärmekapazität des Behälters größer ist als die des untersuchten Gases; die Korrekturen werden also größer als die Meßgrößen selbst, wodurch die Ergebnisse ungenau werden. Bei Gasen läßt sich auch C_p sehr genau messen, wenn man die Gase mit bekannter Geschwindigkeit $\mathrm{d}n/\mathrm{d}t$ durch ein Rohr strömen läßt, wo man ihnen eine bestimmte elektrische Arbeit $\mathrm{d}A/\mathrm{d}t = \mathrm{d}Q/\mathrm{d}t$ pro Sekunde zuführt, und die Temperaturdifferenzen ΔT des ein- und ausströmenden Gases bestimmt[2]. Dann gilt

$$\frac{\mathrm{d}Q}{\mathrm{d}t} = \frac{\mathrm{d}n}{\mathrm{d}t}\boldsymbol{C}_p\Delta T, \tag{26}$$

sofern man den Temperaturbereich ΔT genügend klein macht, so daß $\boldsymbol{C}_p$ innerhalb desselben als konstant angesehen werden kann[2].

Aus diesen Gründen bestimmt man praktisch ausschließlich C_p und sucht C_V entweder indirekt zu messen (z.B. durch Messung des Quotienten $C_p/C_V \equiv \varkappa$) oder aus C_p und anderen leichter zugänglichen Meßgrößen zu berechnen. Den Zusammenhang zwischen C_p und C_V erhält man auf folgende Weise:

Man geht aus von Gl. (19)

$$\mathrm{d}H = \mathrm{d}U + p\mathrm{d}V + V\mathrm{d}p$$

und setzt für $\mathrm{d}U$ den Ausdruck (18) ein. Dann erhält man unter Benutzung von (22)

$$\mathrm{d}H = C_V\mathrm{d}T + \left[\left(\frac{\partial U}{\partial V}\right)_T + p\right]\mathrm{d}V + V\mathrm{d}p. \tag{27}$$

Daraus erhält man durch Ableitung nach T bei konstantem Druck ($\mathrm{d}p = 0$):

$$\left(\frac{\partial H}{\partial T}\right)_p \equiv C_p = C_V + \left[\left(\frac{\partial U}{\partial V}\right)_T + p\right]\left(\frac{\partial V}{\partial T}\right)_p \tag{28}$$

---

1 Ausführliche Angaben über experimentelle Bestimmungsmethoden von Molwärmen findet man bei: *A. Eucken* in: *W. Wien, F. Harms,* Handbuch der Experimentalphysik, Bd. VIII/1, Leipzig 1929, Kap. IV ff.; *A. Eucken,* Lehrbuch der chem. Physik, Bd. II/1, Leipzig 1943, S. 278 ff. (speziell über Gase); *F. Becker, A. Magnus* in: Houben/Weyl/Müller, Methoden der organischen Chemie, 4. Aufl., Bd. III/1, Stuttgart 1955, Kap. 9.

2 Vgl. z.B. *G. Waddington* u. Mitarb. J. Amer. chem. Soc. *69,* 22 (1947).

oder

$$C_p - C_V = \left[\left(\frac{\partial U}{\partial V}\right)_T + p\right]\left(\frac{\partial V}{\partial T}\right)_p. \tag{29}$$

Analog ergibt sich aus (19) und (23)

$$\mathrm{d}U = C_p \mathrm{d}T + \left[\left(\frac{\partial H}{\partial p}\right)_T - V\right]\mathrm{d}p - p\,\mathrm{d}V, \tag{30}$$

und durch Differentiation nach T bei konstantem Volumen ($\mathrm{d}V = 0$):

$$\left(\frac{\partial U}{\partial T}\right)_V \equiv C_V = C_p + \left[\left(\frac{\partial H}{\partial p}\right)_T - V\right]\left(\frac{\partial p}{\partial T}\right)_V \tag{31}$$

oder

$$C_p - C_V = \left[V - \left(\frac{\partial H}{\partial p}\right)_T\right]\left(\frac{\partial p}{\partial T}\right)_V. \tag{32}$$

Um die Gln. (29) und (32) auswerten zu können, bedürfen wir noch der Kenntnis der partiellen Differentialquotienten $(\partial U/\partial V)_T$ und $(\partial H/\partial p)_T$ und ihrer physikalischen Bedeutung.

Wie schon aus (20) und (21) unmittelbar hervorgeht, besitzen $(\partial U/\partial V)_T$ und $(\partial H/\partial p)_T$ die Dimension eines Drucks bzw. eines Volumens. Da dort $p\,\mathrm{d}V$ die vom System gegen den äußeren Druck geleistete Arbeit bedeutet, hat man $\left(\frac{\partial U}{\partial V}\right)_T \mathrm{d}V$ als *„innere Arbeit"* und $\left(\frac{\partial U}{\partial V}\right)_T \equiv \Pi$ selbst als *„inneren Druck"* bezeichnet[1]. Π steht also offenbar in Beziehung zu dem S. 42 behandelten Kohäsionsdruck bei realen Gasen und Flüssigkeiten und verdankt seine Existenz ebenfalls den Wechselwirkungskräften zwischen den Molekeln, ist jedoch mit dem Kohäsionsdruck nicht identisch (vgl. S. 94).

Der innere Druck läßt sich prinzipiell bestimmen, indem man den untersuchten Stoff ohne Arbeitsleistung adiabatisch expandieren läßt und die auftretende Temperaturänderung $\mathrm{d}T$ mißt. Unter diesen Bedingungen sind δA und δQ gleich Null, also muß nach dem Energiesatz auch gelten $\mathrm{d}U = 0$, so daß man aus (18) erhält

$$\left(\frac{\partial U}{\partial V}\right)_T = -\left(\frac{\partial U}{\partial T}\right)_V\left(\frac{\partial T}{\partial V}\right)_U = -C_V\left(\frac{\partial T}{\partial V}\right)_U. \tag{33}$$

$\left(\frac{\partial H}{\partial p}\right)_T \equiv \varepsilon$ bezeichnet man als *„isothermen Drosseleffekt"*[2], er kann für den Fall, daß ε negativ ist, die Enthalpie also mit zunehmendem Druck abnimmt, durch Expansion eines

---

1 Tatsächlich hat $\left(\frac{\partial U}{\partial T}\right)_T \mathrm{d}V$ nichts mit dem früher eingeführten Begriff „Arbeit" zu tun.

2 Zur Unterscheidung von dem später zu besprechenden nichtisothermen Drosseleffekt, dem sog. *Joule-Thomson*-Effekt.

Gases durch ein Drosselventil gemessen werden, indem man die bei der Druckabnahme $-\Delta p$ auftretende Abkühlung durch Zufuhr elektrischer Arbeit A_{el} gerade kompensiert. Dann gilt bei genügend kleinem Δp, so daß man den Differenzenquotienten durch den Differentialquotienten ersetzen kann, nach Gl. (19):

$$V - \frac{A_{\mathrm{el}}}{\Delta p} \approx \left(\frac{\partial H}{\partial p}\right)_T \equiv \varepsilon\,. \tag{34}$$

Beide Meßverfahren sind experimentell schwierig und deshalb nicht sehr genau. Es gibt jedoch eine Möglichkeit, sowohl Π wie ε aus rein thermischen und deshalb leicht zugänglichen Meßdaten zu gewinnen mit Hilfe zweier wichtiger Beziehungen, die aus dem zweiten Hauptsatz folgen und die hier vorweggenommen werden sollen:

$$\left(\frac{\partial U}{\partial V}\right)_T = T\left(\frac{\partial p}{\partial T}\right)_V - p \tag{35}$$

und

$$\left(\frac{\partial H}{\partial p}\right)_T = V - T\left(\frac{\partial V}{\partial T}\right)_p. \tag{36}$$

Die Volumen- bzw. Druckabhängigkeit der kalorischen Zustandsfunktionen wird auf diese Weise mit dem leicht bestimmbaren Spannungs- bzw. Ausdehnungskoeffizienten verknüpft. Setzt man dies in (29) bzw. (32) ein, so erhält man

$$C_p - C_V = T\left(\frac{\partial p}{\partial T}\right)_V\left(\frac{\partial V}{\partial T}\right)_p$$

oder unter Berücksichtigung von (II, 5)

$$C_p - C_V = -T\,\frac{\left(\frac{\partial V}{\partial T}\right)_p^2}{\left(\frac{\partial V}{\partial p}\right)_T}. \tag{37}$$

Führt man schließlich noch den Ausdehnungskoeffizienten und die Kompressibilität nach Gl. (II, 1 und 2) ein, so folgt

$$C_p - C_V = T\,\frac{V\alpha^2}{\chi}, \tag{37a}$$

eine Beziehung, die auch die gewünschte Differenz $C_p - C_V$ unmittelbar aus bekannten Meßdaten zu berechnen erlaubt. Setzt man die Ausdrücke (22), (23), (35) und (36) in die allgemeinen Beziehungen (18) bzw. (19) ein, so erhält man die vollständigen Differentiale $\mathrm{d}U$ und $\mathrm{d}H$ in der Form

$$dU = C_V dT + \left[T\left(\frac{\partial p}{\partial T}\right)_V - p\right] dV, \tag{18a}$$

$$dH = C_p dT + \left[V - T\left(\frac{\partial V}{\partial T}\right)_p\right] dp. \tag{19a}$$

Aus dem Satz von der Vertauschbarkeit der Differentiationsfolge

$$\frac{\partial^2 U}{\partial T\,\partial V} = \frac{\partial^2 U}{\partial V\,\partial T} \quad \text{bzw.} \quad \frac{\partial^2 H}{\partial T\,\partial p} = \frac{\partial^2 H}{\partial p\,\partial T}$$

ergeben sich schließlich noch unter Benutzung der Gln. (35) und (36) folgende Beziehungen für die *Volumenabhängigkeit* von C_V bzw. die *Druckabhängigkeit* von C_p:

$$\left(\frac{\partial C_V}{\partial V}\right)_T = T\left(\frac{\partial^2 p}{\partial T^2}\right)_V \tag{38}$$

und

$$\left(\frac{\partial C_p}{\partial p}\right)_T = -T\left(\frac{\partial^2 V}{\partial T^2}\right)_p. \tag{39}$$

Die Integration dieser Gleichungen läßt sich nur dann ausführen, wenn die thermische Zustandsgleichung des untersuchten Stoffes sehr genau bekannt ist, worauf schon S. 46 hingewiesen wurde.

Wenn die partiellen Differentialquotienten $\left(\frac{\partial U}{\partial T}\right)_V = C_V$, $\left(\frac{\partial U}{\partial V}\right)_T = \Pi$, $\left(\frac{\partial H}{\partial T}\right)_p = C_p$ und $\left(\frac{\partial H}{\partial p}\right)_T = \varepsilon$ in einem genügend großen Zustandsbereich ermittelt sind, lassen sich durch Integration auch die Zustandsfunktionen selbst in Abhängigkeit von den Variablen V und T bzw. p darstellen, wie wir dies schon bei der thermischen Zustandsfunktion $V = f(p, T)$ sahen (vgl. Abb. 11, S. 30). Statt der räumlichen Darstellung wählt man auch hier häufig die Darstellung in einer Ebene, indem man z. B. eine Reihe von Isobaren, Isothermen oder Isenthalpen auf die H-T-, H-p- oder p-T-Ebene projiziert, wie dies auch in Abb. 14 zur Darstellung der *van der Waals*schen Gleichung geschehen ist. In Abb. 21 sind die Isobaren des *Methans* in der Umgebung des kritischen Punktes in der H-T-Ebene auf diese Weise wiedergegeben (vgl. auch Abb. 30). Man erkennt auch hier wie in Abb. 14 das Gebiet des Zerfalls in zwei Phasen, in denen Verflüssigung bzw. Verdampfung stattfindet. Innerhalb dieses Gebietes zeigen die Isobaren eine Unstetigkeit, die der Enthalpiezunahme durch die Verdampfungswärme entspricht. Die Isobare beim kritischen Punkt besitzt auch hier einen Wendepunkt, oberhalb desselben steigen die Isobaren mit zunehmender Temperatur stetig an.

3.2 Molwärmen idealer Gase; *Gay-Lussac*scher Versuch

Wir spezialisieren die Anwendung des Energiesatzes auf reine Phasen noch weiter, indem wir die kalorischen Zustandsfunktionen der „idealen Gase“ näher untersuchen. Zu diesem Zweck

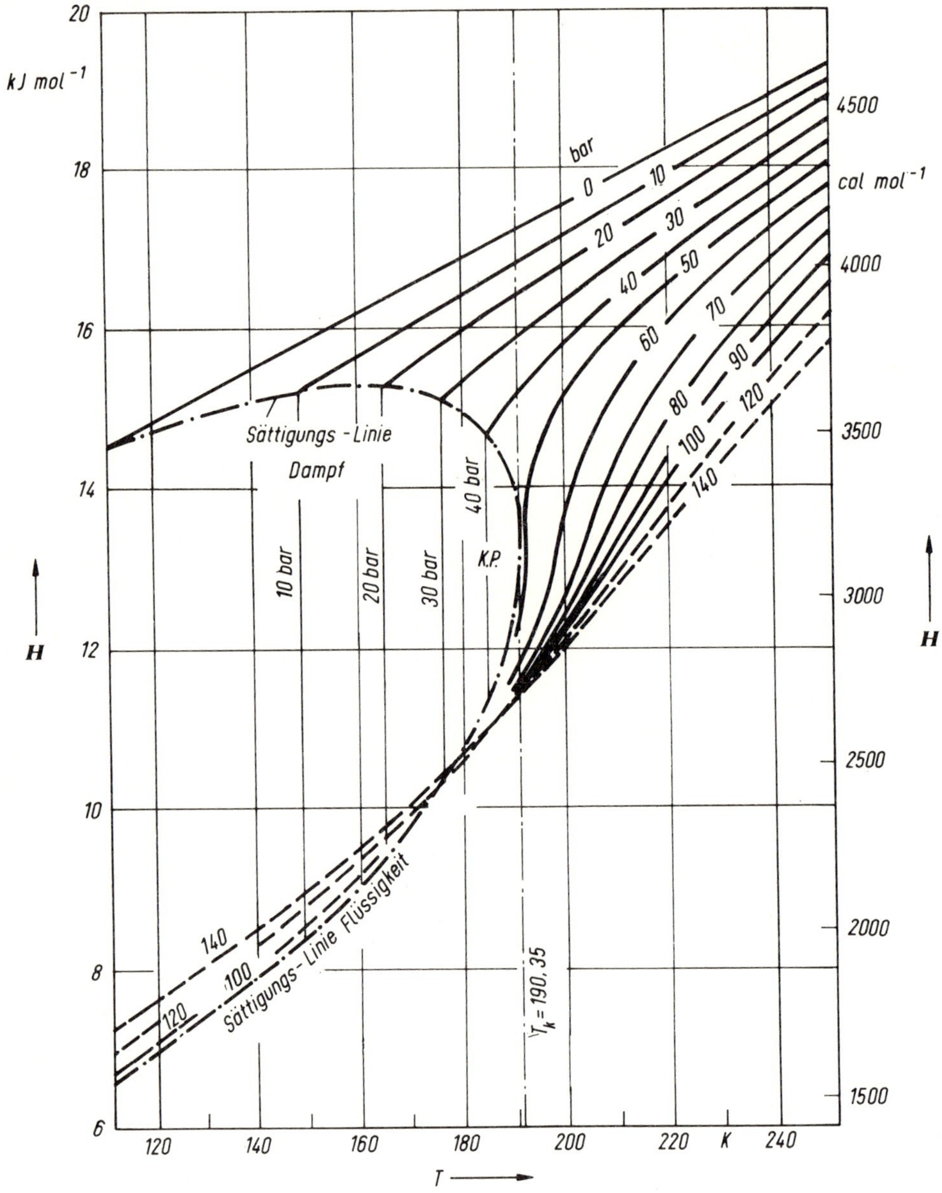

Abb. 21. Enthalpie des Methans; ***H*** als Funktion der Temperatur.

extrapoliert man die gewöhnlich bei Atmosphärendruck gemessenen $\boldsymbol{C}_p$- und $\boldsymbol{C}_V$-Werte auf $p = 0$ und reduziert so die Molwärmen auf den idealen Gaszustand. Einige so ermittelte $\boldsymbol{C}_{V\infty}$-Werte verschiedener Gase sind in Abb. 22 in Abhängigkeit von der Temperatur dargestellt. Man sieht aus dieser Figur folgendes:

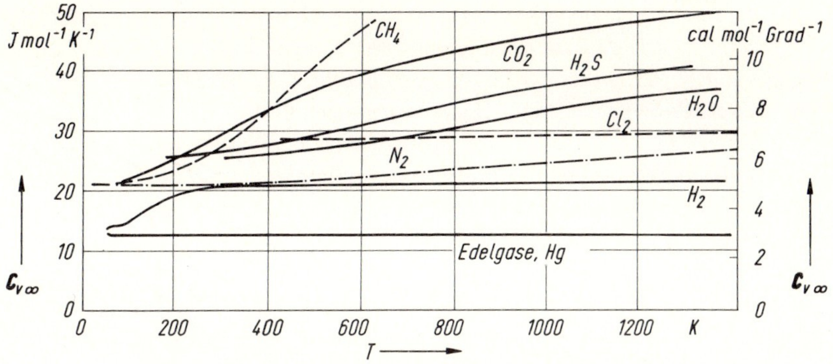

Abb. 22. Auf $p = 0$ extrapolierte Molwärmen $\boldsymbol{C}_V$ verschiedener Gase als Funktion von T.

Die Molwärmen $\boldsymbol{C}_{V\infty}$ *einatomiger* Gase betragen rund 12,5 J K^{-1} mol^{-1} ($\approx$ 3 cal K^{-1} mol^{-1}) und sind von der Temperatur unabhängig.

Die $\boldsymbol{C}_{V\infty}$-Werte *zweiatomiger* Gase liegen in der Nähe von 21 J K^{-1} mol^{-1} ($\approx$ 5 cal K^{-1} mol^{-1}) und zeigen einen geringen Temperaturkoeffizienten. H_2 bildet eine Ausnahme, indem $\boldsymbol{C}_{V\infty}$ unterhalb von 300 K ebenfalls auf den Wert 12,5 J K^{-1} mol^{-1} absinkt. Bei *drei-* und *mehratomigen* Gasen konvergieren die $\boldsymbol{C}_{V\infty}$-Werte bei tiefen Temperaturen teils auf 21, teils auf 25 J K^{-1} mol^{-1}, bei höheren Temperaturen nehmen sie stark zu, wobei sowohl die Werte selbst wie ihre Temperaturkoeffizienten um so größer sind, je höher die Atomzahl des Gases ist.

Diese zunächst rein empirischen Ergebnisse haben sich durch die molekularkinetische Theorie zusammen mit der Quantentheorie vollständig deuten lassen, so daß es umgekehrt sogar möglich ist, die Molwärmen einfacher Gase und ihre Temperaturabhängigkeit mit Hilfe der Quantenstatistik vorauszuberechnen (vgl. Kap. VIII).

Die im vorangehenden Abschnitt aus dem Energiesatz abgeleiteten thermodynamischen Beziehungen nehmen für ideale Gase sehr einfache Gestalt an, weil nach einem von *Gay-Lussac* angestellten Versuch die Innere Energie solcher Gase vom Volumen unabhängig ist. *Gay-Lussac* ließ ein verdünntes Gas sich in ein zweites evakuiertes Gefäß expandieren und stellte fest, daß dabei keine Temperaturdifferenzen auftreten[1]. Nach Gl. (33) gilt also für ideale Gase

$$\left(\frac{\partial U}{\partial V}\right)_T = 0\,. \tag{40}$$

Dieses experimentelle Ergebnis, das sich allerdings nicht sehr exakt nachprüfen läßt, wie schon S. 70 erwähnt wurde, kann auch mit Hilfe der aus dem zweiten Hauptsatz abzuleitenden Gl. (35) als unmittelbare Folge des idealen Gasgesetzes hergeleitet werden: Setzt man nämlich $\left(\frac{\partial p}{\partial T}\right)_V = \frac{n_i R}{V}$, so folgt aus (35) sofort $\left(\frac{\partial U}{\partial V}\right)_T = 0$.

[1] Tatsächlich kühlt sich das Gas im ersten Gefäß ab und erwärmt sich im zweiten; läßt man jedoch die Temperaturen sich ausgleichen (bei völliger Wärmeisolation nach außen), so findet man die gleiche Temperatur wie vor dem Versuch.

Daß die Innere Energie idealer Gase von Volumen unabhängig, der innere Druck also Null ist, entspricht der Definition des idealen Gases, dessen Molekeln ja keine Kräfte aufeinander ausüben sollen. Wenn dies der Fall ist, so kann die Vergrößerung ihres Abstandes ohne Leistung äußerer Arbeit auch keinen Energieaustausch mit der Umgebung hervorrufen. Die Innere Energie des idealen Gases ist also ausschließlich eine Funktion der Temperatur. Bei realen Gasen findet man stets Abweichungen vom *Gay-Lussac*schen Versuch, die um so größer werden, je höher der Druck und je niedriger die Temperatur ist, je mehr man sich also vom idealen Zustand entfernt. Auf diesen sog. *Joule-Thomson-Effekt* werden wir später zurückkommen.

Wie die Innere Energie idealer Gase vom Volumen, so ist ihre Enthalpie vom Druck unabhängig:

$$\left(\frac{\partial H}{\partial p}\right)_T = 0\,. \tag{41}$$

Dieses Ergebnis folgt in analoger Weise unter Benutzung von Gl. (36) aus dem idealen Gasgesetz wie Gl. (40).

Mit (40) vereinfacht sich die Gl. (29) für die Differenz $C_p - C_V$ zu

$$C_p - C_V = p\left(\frac{\partial V}{\partial T}\right)_p,$$

woraus sich mit $\left(\frac{\partial V}{\partial T}\right)_p = \frac{n_i R}{p}$ ergibt

$$C_p - C_V = n_i R \quad \text{oder} \quad \boldsymbol{C}_p - \boldsymbol{C}_V = R \quad \text{(ideales Gas)}\,. \tag{42}$$

Diese Gleichung besitzt insofern auch historisches Interesse, als *R. J. Mayer,* der Entdecker des Energieprinzips, mit ihrer Hilfe die erste Berechnung des mechanischen Wärmeäquivalents J durchführte, indem er die Differenz $\boldsymbol{C}_p - \boldsymbol{C}_V$ (in cal K^{-1} mol^{-1}) bestimmte, während $R \equiv \frac{p_0 \boldsymbol{V}_0}{T_0}$ definitionsgemäß in mechanischen Einheiten (z. B. atm dm^3 K^{-1} mol^{-1}) gegeben war.

Da p sowohl wie V beim idealen Gas *lineare* Funktionen der Temperatur sind, folgt schließlich, daß C_p und C_V vom Druck bzw. Volumen unabhängig sind, da die zweiten Differentialquotienten nach T verschwinden. An Stelle von (38) und (39) erhalten wir also

$$\left(\frac{\partial C_V}{\partial V}\right)_T = \left(\frac{\partial C_p}{\partial p}\right)_T = 0 \quad \text{(ideales Gas)}\,. \tag{43}$$

Auch dies ist natürlich ein Grenzgesetz, das bei realen Gasen nur bei kleinen Drucken und hohen Temperaturen näherungsweise erfüllt ist.

Wie wir später sehen werden, werden die Molwärmen und ihre Temperaturabhängigkeit für zahlreiche thermodynamische Rechnungen, insbesondere für die Berechnung von Gleichgewichten, immer wieder gebraucht. In den letzten Jahren hat die Zahl zuverlässiger thermischer Daten, teils durch die Fortschritte der kalorimetrischen Methoden, teils durch die Möglichkeit, sie aus spektroskopischen Messungen unter Anwendung der Quantenstatistik zu berechnen, sehr zugenommen. In der Tabelle IV des Anhangs sind neuere $\boldsymbol{C}_p$-Werte für die wichtigsten Gase und einige feste Stoffe angegeben, wobei die Temperaturabhängigkeit in Form einer – nach der Methode der kleinsten Quadrate aus den Meßdaten berechneten – Potenzreihe von T dargestellt ist, was für thermodynamische Rechnungen besondere Vorteile bietet. Je nach der verlangten Genauigkeit braucht man zur Wiedergabe der $\boldsymbol{C}_p$-T-Kurve mehr oder weniger Glieder der Reihe, in vielen Fällen genügt eine Gleichung von der einfachen Form $\boldsymbol{C}_p = a + bT + cT^2$ den üblichen Ansprüchen bei der überschlagsmäßigen Vorausberechnung von Gleichgewichten, häufig sogar eine zweigliedrige Formel. Die Werte gelten bei Gasen für den Temperaturbereich zwischen 300 und 1500 K und niedrige Drucke, sind also $\boldsymbol{C}_{p_0}$-Werte im Sinne der idealen Gasgleichung, bei festen Stoffen zwischen 0 °C und dem Schmelzpunkt bzw. 1000 °C, wenn letzterer höher liegt.

3.3 Kompression und Expansion des idealen Gases

Um die kalorischen Effekte bei der Kompression oder Expansion einer reinen Phase zu übersehen, gehen wir wieder von der allgemeingültigen Grundgleichung (18) aus

$$\mathrm{d}U = \delta Q - p\,\mathrm{d}V = C_V \mathrm{d}T + \left(\frac{\partial U}{\partial V}\right)_T \mathrm{d}V. \tag{18}$$

Je nach dem untersuchten Stoff und den gewählten Versuchsbedingungen erhalten wir daraus verschiedene Beziehungen: Für die *isotherme Kompression eines beliebigen Stoffes,* bei der man also in einem Thermostaten arbeitet, ist $\mathrm{d}T = 0$, so daß sich aus (18) ergibt

$$-\left[p + \left(\frac{\partial U}{\partial V}\right)_T\right]\mathrm{d}V = -\,dQ. \tag{44}$$

Die dem System zugeführte äußere und sog. innere Kompressionsarbeit ist gleich der vom System an den Thermostaten abgegebenen Wärme [1]. Läßt man umgekehrt den Stoff isotherm expandieren, so ist die geleistete Arbeit gleich der aus dem Thermostaten aufgenommenen Wärme.

Für den speziellen Fall des idealen Gases ist $\left(\frac{\partial U}{\partial V}\right)_T = 0$, so daß sich (44) weiter vereinfacht zu

[1] Ist $(\partial U/\partial V)_T$, der innere Druck, negativ, so hat die innere Kompressionsarbeit entgegengesetztes Vorzeichen wie die äußere, d. h. sie wird vom System abgegeben. Bei sehr hohen Drucken kehrt sich das Vorzeichen von $(\partial U/\partial V)_T$ um (vgl. dazu S. 95).

$$-p\,\mathrm{d}V = -\mathrm{d}Q \quad \text{und} \quad \mathrm{d}U = 0 \quad \text{(ideales Gas)}\,. \tag{45}$$

Wir haben also bei der isothermen Kompression bzw. Expansion eine quantitative Umwandlung von Volumenarbeit in Wärme und umgekehrt, die Innere Energie des idealen Gases ändert sich dabei nicht, da sie ja ausschließlich eine Temperaturfunktion ist[1].

Damit die Kompression tatsächlich isotherm verläuft, muß sie „unendlich langsam" durchgeführt werden (vgl. S. 15), andernfalls wird das Gas durch den hineingetriebenen Stempel beschleunigt, und die übertragene kinetische Energie führt infolge der inneren Reibung des Gases zu einer Temperaturerhöhung. Solche „unendlich langsamen" Vorgänge sind, wie schon erwähnt, dadurch ausgezeichnet, daß sie jederzeit auch in umgekehrter Richtung verlaufen können, da sich das System dauernd im *Gleichgewicht* befindet, man bezeichnet sie deshalb auch als *reversible Prozesse.* Im vorliegenden Fall erreicht man dies dadurch, daß man den äußeren Stempeldruck immer gleich dem thermischen Druck des Gases macht, wie es in Abb. 23 schematisch angedeutet ist: Je größer der Druck des Gases p wird, um so länger wird der Hebelarm, an dem die Kraft des Gewichts G angreift, so daß beide bei jeder Stellung des Stempels im Gleichgewicht sind. Durch eine infinitesimale Vergrößerung oder Verkleinerung des Gewichts kann dann der Vorgang in der einen oder anderen Richtung ablaufen. Bei reversibler Führung des Vorgangs läßt sich

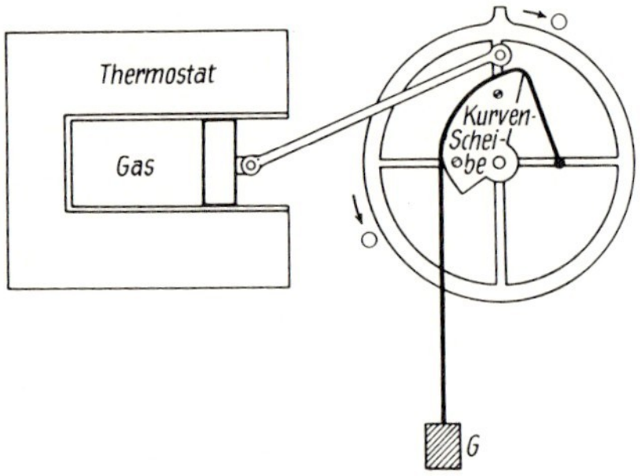

Abb. 23. Schema der reversiblen isothermen Kompression bzw. Expansion eines Gases.

eine aufgewendete Kompressionsarbeit quantitativ zurückgewinnen, indem man das Gas sich reversibel wieder bis zum Ausgangszustand expandieren läßt, wobei es die äquivalente Wärme aus dem Thermostaten aufnimmt. Bei nicht reversibler Führung der Kompression erreicht man mit der gleichen aufgewendeten Kompressionsarbeit nicht denselben Enddruck des Gases, weil ein Teil der Arbeit in Form von Reibungswärme durch direkte Leitung an den Thermostaten abgegeben wird. Bei der nachfolgenden Expansion kann deshalb die aufgewendete Kompressionsarbeit nicht vollständig zurückgewonnen werden, auch wenn die Expansion jetzt reversibel geleitet wird. Die Wichtigkeit reversibler Prozesse tritt uns an diesem Beispiel zum erstenmal entgegen.

Zur Berechnung endlicher Kompressions- bzw. Expansionsarbeiten des idealen Gases muß man (45) integrieren und erhält

$$A = -Q = -\int_{V_1}^{V_2} p\,\mathrm{d}V\,. \tag{46}$$

---

[1] Ein komprimiertes Gas läßt sich also nicht mit einer gespannten Feder vergleichen, denn die bei der Entspannung geleistete Arbeit wird nicht, wie bei der Feder, dem Energieinhalt des Systems, sondern der Inneren Energie der Umgebung entnommen.

Drückt man p mit Hilfe des idealen Gasgesetzes als Funktion des Volumens aus, so kann man die Integration ausführen, da für isotherme Vorgänge T konstant ist:

$$A = -nRT \int_{V_1}^{V_2} \frac{\mathrm{d}V}{V} = -nRT \ln \frac{V_2}{V_1} = nRT \ln \frac{V_1}{V_2}. \tag{47}$$

Bei der Kompression ist $V_1 > V_2$, also A positiv, bei der Expansion ist umgekehrt $V_2 > V_1$, also A negativ, wie es der Festsetzung von S. 13 entspricht. Ersetzt man mit Hilfe der idealen Gasgleichung die Volumina durch die Drucke, so kann man (47) auch schreiben

$$A = nRT \ln \frac{p_2}{p_1} \quad \text{(ideales Gas)}. \tag{47a}$$

Für die isotherme Kompressions- bzw. Expansionsarbeit des idealen Gases ist es charakteristisch, daß sie nicht von den absoluten Drucken bzw. Volumina abhängt, sondern nur von ihrem Verhältnis im Anfangs- und Endzustand; so wird z. B. bei der Expansion eines Mols von 1 auf $\frac{1}{10}$ bar die gleiche Arbeit geleistet wie bei der Expansion von $\frac{1}{10}$ auf $\frac{1}{100}$ bar. Im ersten Fall ist eben der Intensitätsparameter (p) der Arbeit groß und der Extensitätsparameter (V) klein, im zweiten Fall ist es umgekehrt (vgl. S. 15).

Will man A im kalorischen Maß berechnen, wie es in der Chemie noch häufig üblich ist, so ist $R = 1{,}987\ \mathrm{cal\,K^{-1}\,mol^{-1}} = 8{,}314\ \mathrm{J\,K^{-1}\,mol^{-1}}$ zu setzen, und man erhält unter Umrechnung auf dekadische Logarithmen

$$\begin{aligned} A &= n \cdot 1{,}987\, T \cdot 2{,}3026 \log \frac{p_2}{p_1}\ \mathrm{cal\,K^{-1}\,mol^{-1}} = n \cdot 4{,}575\, T \log \frac{p_2}{p_1}\ \mathrm{cal\,K^{-1}\,mol^{-1}} \\ &= n \cdot 19{,}142\, T \log \frac{p_2}{p_1}\ \mathrm{J\,K^{-1}\,mol^{-1}} \quad \text{(ideales Gas)}. \end{aligned} \tag{47b}$$

Die graphische Darstellung ergibt $A = -\int_{V_1}^{V_2} p\,\mathrm{d}V$ als (schräg schraffierte) Fläche unter der Isotherme (vgl. Abb. 24). Bei Gültigkeit des idealen Gasgesetzes gilt nach Gl. (II, 14) $-\int_{V_1}^{V_2} p\,\mathrm{d}V = \int_{p_1}^{p_2} V\,\mathrm{d}p$. Das letzte Integral wird häufig als *„technische Arbeit"* bezeichnet, es ist durch die senkrecht schraffierte Fläche neben der Isotherme gegeben. Wie aus der Figur hervorgeht, ist $-\int_{V_1}^{V_2} p\,\mathrm{d}V + p_1 V_1 - p_2 V_2 = \int_{p_1}^{p_2} V\,\mathrm{d}p$, d. h. beide Arbeiten sind gleich, was jedoch nur für ideale Gase zutrifft.

Setzt man in Gl. (18) nicht $\mathrm{d}T = 0$, sondern $\delta Q = 0$, d. h. verhindert man den Wärmeaustausch des Systems mit der Umgebung, so ist die *Kompression* bzw. *Expansion adiabatisch*. Für diese gilt also $\mathrm{d}U = \mathrm{d}A = -p\,\mathrm{d}V$, d. h. die Kompressionsarbeit wird vollständig als Innere Energie des Systems gespeichert, die Expansionsarbeit umgekehrt auf Kosten der Inneren Energie geliefert. Für ideale Gase gilt speziell mit $\left(\frac{\partial U}{\partial V}\right)_T = 0,\ p = \frac{nRT}{V}$:

$$C_V \mathrm{d}T = -p\,\mathrm{d}V = -nRT\frac{\mathrm{d}V}{V}. \tag{48}$$

Dividiert man zur Trennung der Variablen durch T, setzt nach (42) $R = \dfrac{C_p - C_V}{n}$ und zur Abkürzung $\dfrac{\boldsymbol{C}_p}{\boldsymbol{C}_V} \equiv \varkappa$, so wird

$$\mathrm{d}\ln T = -\frac{C_p - C_V}{C_V}\mathrm{d}\ln V = -(\varkappa - 1)\,\mathrm{d}\ln V. \tag{48a}$$

Die Integration liefert $\ln T + (\varkappa - 1)\ln V = \text{const.}$ oder

$$TV^{\varkappa-1} = \text{const.} \tag{49}$$

Dabei ist vorausgesetzt, daß C_p und C_V in dem in Frage kommenden Temperaturbereich als praktisch konstant gelten können. Ersetzt man schließlich T durch $\dfrac{pV}{nR}$, so erhält man das dem *Boyle-Mariotte*schen Gesetz analoge *Poissonsche Gesetz* (1822)

$$pV^{\varkappa} = \text{const.} \quad \text{(ideales Gas)}. \tag{50}$$

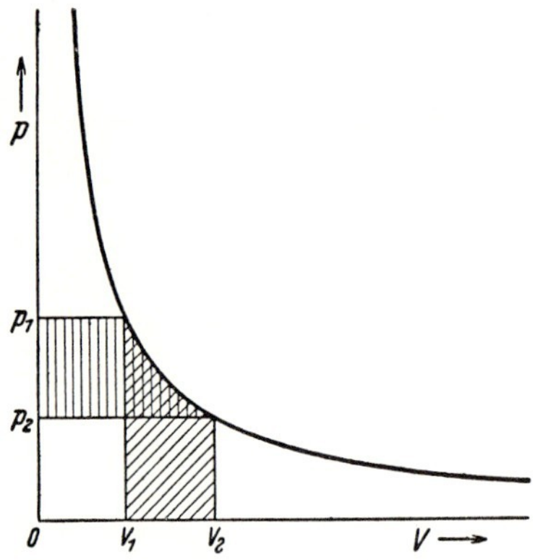

Abb. 24. Isotherme Volumenarbeit des idealen Gases im p-V-Diagramm.

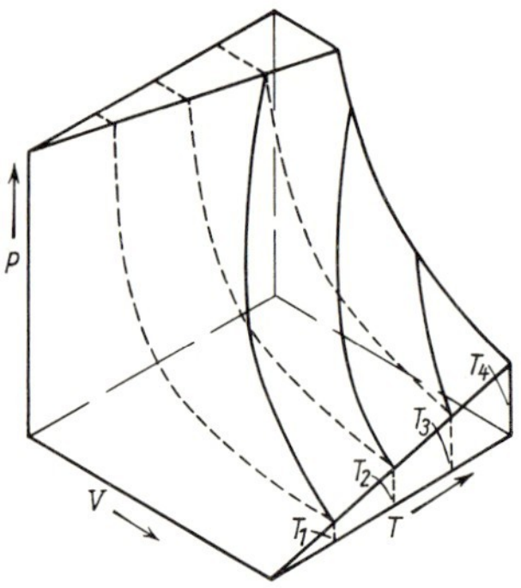

Abb. 25. Isothermen und Adiabaten in der Zustandsfläche des idealen Gases.

Da stets $\boldsymbol{C}_p/\boldsymbol{C}_V \equiv \varkappa > 1$, steigt der Druck bei reversibler adiabatischer Kompression auf das gleiche Endvolumen rascher an als bei reversibler isothermer Kompression. Für die Neigung der Isotherme im p-V-Diagramm ergibt sich nach Gl. (II, 15)

$$\left(\frac{\partial p}{\partial V}\right)_T = -\frac{p}{V}, \tag{51}$$

für die Neigung der Adiabate nach (50)

$$\left(\frac{\partial p}{\partial V}\right)_{Q=0} = -\varkappa \cdot \text{const.}\ V^{-\varkappa-1} = -\varkappa\frac{p}{V}. \tag{52}$$

Die Adiabate ist also $\varkappa$-mal steiler als die Isotherme im gleichen Punkt des p-V-Diagramms. In der Zustandsfläche des idealen Gases $V = f(p, T)$ schneiden die Adiabaten die Isothermen, wie es in Abb. 25 schematisch dargestellt ist.

Da, wie wir sahen, die $\boldsymbol{C}_{V\infty}$-Werte ein-, zwei- und mehratomiger idealer Gase bei niedriger Temperatur 12,5 bzw. 21 und 25 J K^{-1} mol^{-1} betragen, die $\boldsymbol{C}_{p_0}$-Werte wegen $\boldsymbol{C}_p - \boldsymbol{C}_V = R$ um je 8,3 J K^{-1} mol^{-1} höher liegen, nimmt der Faktor $\varkappa$ die Werte 1,67 für einatomige, 1,40 für zweiatomige und 1,33 für höheratomige Gase an. Wegen der Temperaturabhängigkeit der $\boldsymbol{C}_V$-Werte bei mehratomigen Gasen ist natürlich auch $\varkappa$ in solchen Fällen eine Temperaturfunktion.

Die älteste und einfachste Methode zur Messung von $\varkappa$ ist diejenige von *Clément* und *Désormes* (1812)[1)]. Das zu untersuchende Gas befindet sich in einem mit Hahn versehenen Gefäß vom Volumen V_1 bei Zimmertemperatur T_1 und einem Druck p_1, der etwas höher ist als der äußere Atmosphärendruck p_2. Man läßt das Gas sich rasch, d. h. weitgehend adiabatisch entspannen auf p_2 und schließt den Hahn sofort wieder. Dabei kühlt es sich ab auf T_2. Nachträglich erwärmt es sich wieder auf die Anfangstemperatur, wobei der Druck auf p_3 steigt. Für die adiabatische Expansion gilt nach (50) pro Mol des Gases

$$p_1 \boldsymbol{V}_1^{\varkappa} = p_2 \boldsymbol{V}_2^{\varkappa}.$$

Hat das Gas die ursprüngliche Temperatur wieder angenommen, so ist nach (II, 13)

$$p_1 \boldsymbol{V}_1 = p_3 \boldsymbol{V}_2,$$

da ja das Volumen $\boldsymbol{V}_2$ konstant geblieben ist. Eliminiert man $\boldsymbol{V}_1$ und $\boldsymbol{V}_2$ aus den beiden Gleichungen, so wird

$$p_1^{\varkappa-1} = \frac{p_3^{\varkappa}}{p_2}.$$

Indem man die Gleichung logarithmiert, erhält man

$$\varkappa = \frac{\log p_1 - \log p_2}{\log p_1 - \log p_3}. \tag{53}$$

$\varkappa$ ergibt sich so aus den drei gemessenen Drucken. Bei dieser Ableitung ist vorausgesetzt, daß sich das Gas praktisch ideal verhält.

Bei einer Reihe moderner Methoden[2)] zur Messung von $\varkappa$ wird in dem Gas eine periodische Schwingung erzeugt, wodurch das Gas in raschem Wechsel adiabatisch komprimiert und expandiert wird. Man bestimmt entweder die Resonanzfrequenz der Schwingung oder bei gegebener Frequenz die Wellenlänge der sich in einem verschlossenen Gefäß ausbildenden stehenden Wellen und kann daraus $\varkappa$ berechnen. Durch Anbringung von Korrekturen für die auftretende Reibung und die Abweichungen von exakt adiabatischen Bedingungen lassen sich so sehr genaue $\varkappa$-Werte ermitteln, die auf $p = 0$ extrapoliert die $\varkappa$-Werte des idealen Gases liefern.

---

[1] Vgl. *A. Eucken* in: *W. Wien, F. Harms,* Handbuch der Experimentalphysik, Band VIII/1, Leipzig 1929, S. 401 ff.

[2] Vgl. [1)] sowie die Zusammenstellung bei *M. W. Zemansky,* Heat and Thermodynamics, 5. Aufl., New York 1968, S. 122 ff.

Die ausgetauschte Arbeit bei der adiabatischen Kompression bzw. Expansion eines idealen Gases ergibt sich aus (48) durch Integration zu

$$A = \int_{T_1}^{T_1} C_V \mathrm{d}T = C_V(T_2 - T_1)\,, \tag{54}$$

wenn wieder C_V in dem Bereich ΔT als annähernd temperaturunabhängig angesehen werden kann. Setzt man die Arbeit in der üblichen Form

$$A = -\int_{V_1}^{V_2} p\,\mathrm{d}V = -R\int_{V_1}^{V_2} T\frac{\mathrm{d}V}{V}$$

an, so muß man V durch T ausdrücken. Nach (49) ist

$$\ln T + (\varkappa - 1)\ln V = \ln C\,.$$

Differenziert ergibt dies $\dfrac{\mathrm{d}T}{T} = -(\varkappa - 1)\dfrac{\mathrm{d}V}{V}$, was in die Gleichung für A eingesetzt ergibt

$$A = \frac{nR}{\varkappa - 1}\int_{T_1}^{T_2} \mathrm{d}T = \frac{nR}{\varkappa - 1}(T_2 - T_1) \quad \text{(ideales Gas)}\,, \tag{54a}$$

was natürlich mit (54) identisch ist.

Praktisch läßt sich weder die isotherme noch die adiabatische Zustandsänderung verwirklichen, denn man kann weder einen vollkommenen Wärmeaustausch noch eine vollkommene Wärmeisolierung erreichen. Man benutzt deshalb häufig für praktische Berechnungen die sog. *polytrope Zustandsgleichung*

$$pV^m = \text{const.}\,, \tag{55}$$

worin m eine Zahl zwischen 1 und $\varkappa$ bedeutet. Für die Polytrope, die im p-V-Diagramm zwischen der Isotherme und der Adiabate liegt, gelten die gleichen Formeln wie für die Adiabate, wenn man in ihnen $\varkappa$ durch m ersetzt. So ist z. B. die Arbeit bei der polytropen Kompression oder Expansion des idealen Gases analog zu (54a) gegeben durch

$$A = \frac{nR}{m - 1}(T_2 - T_1)\,. \tag{56}$$

Wir berechnen schließlich noch den Arbeits- und Wärmeaustausch bei der *isobaren Zustandsänderung* eines idealen Gases[1)] und gehen dabei zweckmäßig von Gl. (9) aus, die sich für isobare Vorgänge vereinfacht zu:

$$\mathrm{d}H = \mathrm{d}U + p\,\mathrm{d}V = \mathrm{d}Q = \left(\frac{\partial H}{\partial T}\right)_p \mathrm{d}T = C_p\,\mathrm{d}T\,.$$

---

1 Diese wird im p-V-Diagramm durch eine Parallele zur Abszisse dargestellt.

Führen wir dem Gas eine endliche Wärme Q zu, so gilt für annähernd konstantes C_p

$$Q = \int_{T_1}^{T_2} C_p \mathrm{d}T = C_p(T_2 - T_1) = n\mathbf{C}_p(T_2 - T_1)\,. \tag{57}$$

Die Wärme wird teils zur Erhöhung der Inneren Energie des Gases, teils zur Leistung äußerer Arbeit gegen den konstanten Druck p verbraucht. Letztere ist gegeben durch

$$A = -\int_{V_1}^{V_2} p\,\mathrm{d}V = -p(V_2 - V_1) = -nR(T_2 - T_1)\,, \tag{58}$$

die Zunahme der Inneren Energie also durch

$$\Delta U = Q + A = (C_p - nR)\,\Delta T = n\mathbf{C}_V(T_2 - T_1)\,. \tag{59}$$

Der Bruchteil der in Arbeit umgesetzten Wärme ist

$$\frac{A}{Q} = -\frac{R}{\mathbf{C}_p} = -\frac{\mathbf{C}_p - \mathbf{C}_V}{\mathbf{C}_p} = -\frac{\varkappa - 1}{\varkappa}\,, \tag{60}$$

er hängt also ebenfalls von der Atomzahl des Gases ab. Mit den oben genannten $\varkappa$-Werten ergeben sich für $\frac{A}{Q}$ folgende Werte: $-0{,}40$ für einatomige, $-0{,}29$ für zweiatomige, $-0{,}25$ für mehratomige Gase. Das Minuszeichen bedeutet, daß Wärme zugeführt und Arbeit abgegeben wird oder umgekehrt.

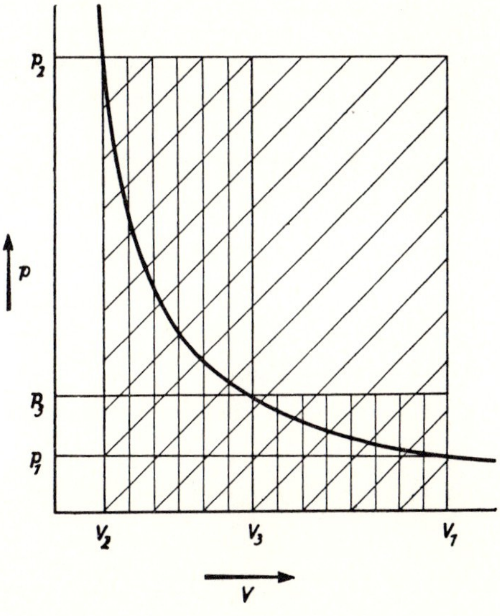

Abb. 26. Zur Veranschaulichung von reversibler und irreversibler Volumenarbeit.

Komprimiert man ein ideales Gas vom Volumen V_1 isobar und isotherm unter einem äußeren Druck p_2, der sehr viel größer ist als der Eigendruck p_1 des Gases, so beträgt die zugeführte Arbeit

$$A_{\substack{\text{isobar}\\1\to2}} = p_2(V_1 - V_2)\,. \tag{61}$$

Sie ist in Abb. 26 durch die schräg schraffierte Fläche gegeben. Macht man den Vorgang in zwei Schritten, indem man zunächst isobar und isotherm unter dem Druck p_3 von V_1 auf V_3 und dann unter dem Druck p_2 von V_3 auf V_2 komprimiert, so ist der Arbeitsaufwand durch die doppelt schraffierten Flächen gegeben, er ist also wesentlich kleiner:

$$A_{\substack{\text{isobar}\\1\to3\\3\to2}} = p_3(V_1 - V_3) + p_2(V_3 - V_2)\,. \tag{62}$$

Macht man schließlich den Vorgang reversibel und isotherm, indem man den äußeren Druck nur jeweils um ein Differential dp größer macht als den Druck des Gases, so ist die zugeführte Arbeit nach Gl. (47) $RT \ln \frac{V_1}{V_2}$, das entspricht der Fläche unter der Isotherme von V_1 bis V_2. Nur diese Arbeit kann bei nachfolgender isothermer Expansion vollständig zurückgewonnen werden, d.h. es tritt ein um so größerer Arbeitsverlust ein, je mehr sich äußerer Druck und Eigendruck des Gases bei der isobaren Kompression unterscheiden.

3.4 Der *Carnot*sche Kreisprozeß

Wir wenden die Ergebnisse des letzten Abschnitts auf einen von *Carnot* 1824 eingeführten Kreisprozeß an, der für die weitere Entwicklung der Wärmelehre von grundlegender Bedeutung geworden ist und auf den wir bei der Behandlung des zweiten Hauptsatzes zurückkommen werden. Als „System" wählen wir ein ideales Gas in einem mit beweglichem Stempel versehenen Zylinder, als „Umgebung" zwei Wärmebehälter (Thermostaten) großer Kapazität von den Temperaturen T bzw. $T + \Delta T$ und einen Arbeitsspeicher in Gestalt eines Gewichts,

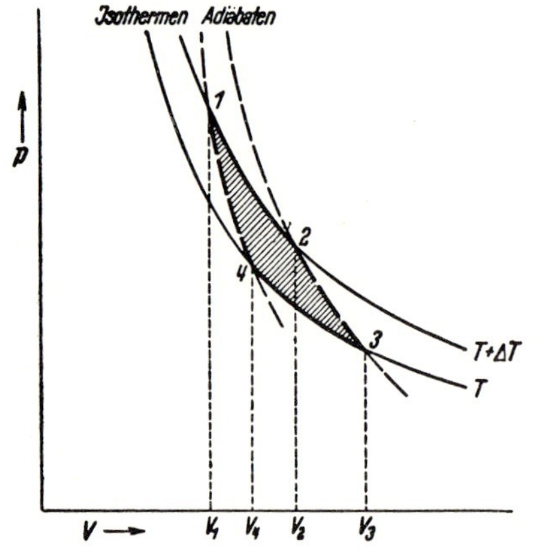

Abb. 27. Graphische Darstellung des *Carnot*schen Kreisprozesses im p-V-Diagramm.

das bei Kompression oder Expansion des Gases gehoben oder gesenkt wird (vgl. Abb. 23). Wir führen den Kreisprozeß in vier aufeinanderfolgenden Schritten durch, wobei alle Zustandsänderungen *reversibel* in dem S. 76 genannten Sinne sein sollen (Abb. 27):

I. *Isotherme Expansion* des Gases bei der Temperatur $T + \Delta T$ vom Volumen V_1 auf V_2. Nach Gl. (47) ist die abgegebene Arbeit $(A)_{T+\Delta T} = -nR(T + \Delta T)\ln\frac{V_2}{V_1}$. Eine äquivalente Wärme $(Q)_{T+\Delta T}$ wird aus dem Wärmebehälter aufgenommen.

II. *Adiabatische Expansion* vom Volumen V_2 auf V_3. Dabei wird V_3 so gewählt, daß das Gas sich auf die Temperatur T des zweiten Wärmebehälters abkühlt. Die Expansionsarbeit ist nach (54) $A_{\mathrm{II}} = -C_V \Delta T$.

III. *Isotherme Kompression* bei der Temperatur T vom Volumen V_3 auf V_4. Die dem System zugeführte Arbeit ist $(A)_T = nRT\ln\frac{V_3}{V_4}$, es gibt dafür eine gleich große Wärme $-(Q)_T$ an den Wärmebehälter der Temperatur T ab.

IV. *Adiabatische Kompression.* Das Volumen V_4 war so gewählt worden, daß bei adiabatischer Kompression auf V_1 das Gas wieder die ursprüngliche Temperatur $T + \Delta T$ annimmt. Die zugeführte Arbeit beträgt $A_{\mathrm{IV}} = C_V \Delta T$. Die verschiedenen Arbeitsbeträge werden durch die Flächen unter den Isothermen bzw. Adiabaten in Abb. 27 unmittelbar veranschaulicht.

Das *„System“* befindet sich danach wieder im Anfangszustand, hat also einen vollständigen reversiblen *Kreisprozeß* durchlaufen. Dagegen sind in der *„Umgebung“* des Systems Veränderungen zurückgeblieben, und zwar ist

1. dem Wärmebehälter der Temperatur $T + \Delta T$ eine Wärme $(Q)_{T+\Delta T}$ entzogen worden,

2. dem Wärmebehälter der Temperatur T eine Wärme $(Q)_T$ zugeführt worden,

3. im Arbeitsspeicher eine Arbeit von $A = (A)_{T+\Delta T} + (A)_T = -nR(T + \Delta T)\ln\frac{V_2}{V_1} + nRT\ln\frac{V_3}{V_4}$ in Form nutzbarer potentieller Energie gewonnen worden, da die Arbeiten $A_{\mathrm{II}} + A_{\mathrm{IV}}$ zusammen gleich Null sind.

Nun gilt nach Gl. (49) für die beiden adiabatischen Teilvorgänge $(T + \Delta T)V_2^{\varkappa-1} = TV_3^{\varkappa-1}$ bzw. $TV_4^{\varkappa-1} = (T + \Delta T)V_1^{\varkappa-1}$, was sich umformen läßt in

$$\left(\frac{V_2}{V_3}\right)^{\varkappa-1} = \frac{T}{T + \Delta T} = \left(\frac{V_1}{V_4}\right)^{\varkappa-1}. \tag{63}$$

Darauf folgt

$$\frac{V_2}{V_1} = \frac{V_3}{V_4},$$

so daß sich die gespeicherte Arbeit ergibt zu

$$|\Delta A| = nR\Delta T\ln\frac{V_2}{V_1}. \tag{64}$$

Die in der Umgebung des Systems zurückgebliebenen Veränderungen bestehen also darin, daß eine nutzbare Arbeit ΔA gewonnen wird auf Kosten der Inneren Energie des Thermostaten höherer Temperatur, während gleichzeitig eine Wärme $(Q)_T$ vom heißeren zum kälteren Behälter übertragen wird, und zwar nicht durch Wärmeleitung, sondern über die reversiblen Zustandsänderungen des idealen Gases. Das Verhältnis der gewonnen Arbeit zur insgesamt umgesetzten Wärme ergibt sich zu

$$\frac{\Delta A}{|Q_{T+\Delta T}|} = \frac{\Delta T}{T + \Delta T}. \tag{65}$$

Man übersieht leicht, daß man den Kreisprozeß auch in umgekehrter Richtung hätte durchführen können, da ja alle seine Phasen reversibel sind. In diesem Fall hätte man die Arbeit ΔA aufwenden müssen, und es wäre die Wärme $(Q)_T$ von der tieferen auf die höhere Temperatur transportiert worden.

Hierauf beruht die Bedeutung des *Carnot*schen Prozesses für die *Kältetechnik*: Die Wärme $|Q|$ wird einem Körper entzogen, dessen Temperatur T unterhalb der Temperatur $T + \Delta T$ der Umgebung liegt, während an die Umgebung eine Wärme $|Q| + |\Delta A|$ abgegeben wird.

Ferner kann man den umgekehrten *Carnot*schen Prozeß zur *reversiblen Heizung* benutzen[1]. Entzieht man etwa der Umgebung der Temperatur $T = 273$ K eine Wärme Q, die an einen Heizkörper der Temperatur $T + \Delta T = 373$ K abgegeben wird, so ist dafür nach Gl. (65) ein Arbeitsaufwand von $|\Delta A| = |Q + \Delta A| \frac{100}{373}$ notwendig. An den Heizkörper wird also die Wärme $|Q + \Delta A| = 3{,}73 \cdot \Delta A$, abgegeben, d. h. das 3,73fache dessen, was man etwa durch elektrische Heizung erzeugen könnte. Dieses Prinzip der sog. *Wärmepumpe*[1] gewinnt neuerdings für die Raumheizung zunehmend an Bedeutung. Die reversible Heizung läßt sich auch mit Vorteil für die Destillation von Flüssigkeiten (z. B. Herstellung von D_2O!) verwenden.

3.5 Molwärmen realer Gase

Um den Energiesatz auf reale Gase anzuwenden, müssen wir auf die allgemeinen Gleichungen des Abschnitts 3.1 zurückgreifen, weil wir den inneren Druck $(\partial U/\partial V)_T$ und den isothermen Drosseleffekt $(\partial H/\partial p)_T$ nicht mehr gleich Null setzen können. Aus diesem Grund werden zunächst die *Molwärmen* $\boldsymbol{C}_p$ und $\boldsymbol{C}_V$ außer von der Temperatur auch noch vom Druck abhängig. Sie steigen mit zunehmendem Druck an, und zwar $\boldsymbol{C}_p$ wesentlich stärker als $\boldsymbol{C}_V$, außerdem ist der Druckkoeffizient bei tiefen Temperaturen größer als bei höheren Temperaturen. Daher kommt es, daß die Molwärmen realer Gase bei konstantem Druck mit abnehmender Temperatur ansteigen, wenn sie im idealen Zustand (d. h. bei sehr kleinen Drucken) von T unabhängig sind (z. B. einatomige Gase); haben sie im idealen Zustand einen positiven Temperaturkoeffizienten, wie es meistens der Fall ist (vgl. Abb. 22, S. 73), so bleibt dieser im realen Zustandsgebiet nur bei hohen Temperaturen positiv und wird bei tiefen Temperaturen negativ. Die Isobaren bzw. Isochoren der Molwärmen durchlaufen also in diesem Fall ein Minimum, das sich mit zunehmendem Druck nach höheren Temperaturen verschiebt, wie es in Abb. 28 am

[1] Vgl. *M. Egli*, Schweiz. Bau-Ztg. *116*, 59 (1940); Ullmanns Encyklopädie der technischen Chemie, 3. Aufl., Band 1, München 1951, S. 279 ff. sowie 4. Aufl., Band 2, S. 662 und Band 3, S. 194, Weinheim 1972 u. 1973.

Beispiel des Ammoniaks dargestellt ist. Auch die Differenz $\boldsymbol{C}_p - \boldsymbol{C}_V$ nimmt im realen Zustandsgebiet mit steigendem Druck und abnehmender Temperatur stark zu, was ebenfalls aus Abb. 28 abzulesen ist.

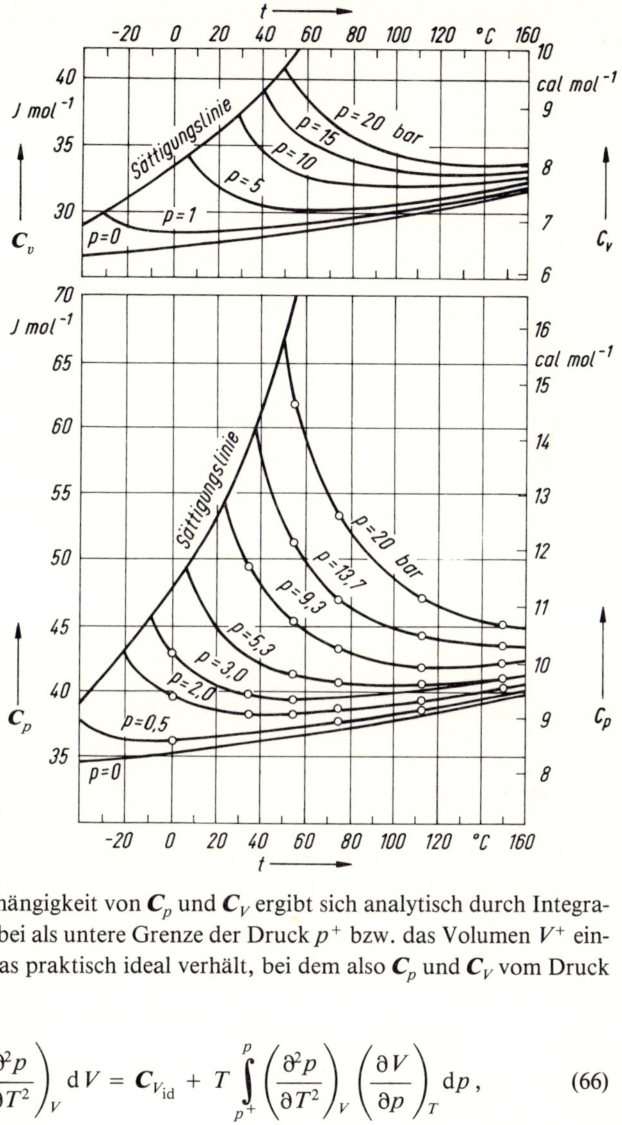

Abb. 28. Druck- und Temperaturabhängigkeit der Molwärme $\boldsymbol{C}_p$ und $\boldsymbol{C}_V$ von Ammoniak.

Die Druck- bzw. Volumenabhängigkeit von $\boldsymbol{C}_p$ und $\boldsymbol{C}_V$ ergibt sich analytisch durch Integration der Gln. (38) bzw. (39), wobei als untere Grenze der Druck p^+ bzw. das Volumen V^+ einzusetzen ist, bei dem sich das Gas praktisch ideal verhält, bei dem also $\boldsymbol{C}_p$ und $\boldsymbol{C}_V$ vom Druck unabhängig werden.

$$\boldsymbol{C}_V = \boldsymbol{C}_{V_{\mathrm{id}}} + T \int\limits_{V^+}^{V} \left(\frac{\partial^2 p}{\partial T^2}\right)_V \mathrm{d}V = \boldsymbol{C}_{V_{\mathrm{id}}} + T \int\limits_{p^+}^{p} \left(\frac{\partial^2 p}{\partial T^2}\right)_V \left(\frac{\partial V}{\partial p}\right)_T \mathrm{d}p\,, \tag{66}$$

$$\boldsymbol{C}_p = \boldsymbol{C}_{p_{\mathrm{id}}} - T \int\limits_{p^+}^{p} \left(\frac{\partial^2 V}{\partial T^2}\right)_p \mathrm{d}p\,. \tag{67}$$

Da hier die zweiten Ableitungen von p bzw. V nach T eingehen, müssen sehr genaue p-V-T-Messungen zur Verfügung stehen, damit man die Druck- bzw. Volumenabhängigkeit der Molwärmen mit einiger Zuverlässigkeit ermitteln kann.

Benutzt man im Bereich relativ kleiner Drucke als thermische Zustandsgleichung die nach dem 2. Glied abgebrochene Reihenentwicklung (II, 38): $p\boldsymbol{V} = RT + Bp$, so erhält man für die in (66) und (67) auftretenden Differentialquotienten

$$\left(\frac{\partial \boldsymbol{V}}{\partial T}\right)_p = \frac{R}{p} + \frac{\mathrm{d}B}{\mathrm{d}T}; \quad \left(\frac{\partial^2 \boldsymbol{V}}{\partial T^2}\right)_p = \frac{\mathrm{d}^2B}{\mathrm{d}T^2},$$

$$\left(\frac{\partial \boldsymbol{V}}{\partial p}\right)_T = -\frac{RT}{p^2} = -\frac{(\boldsymbol{V} - B)^2}{RT},$$

$$\left(\frac{\partial p}{\partial T}\right)_V = \frac{R}{\boldsymbol{V} - B} + \frac{RT}{(\boldsymbol{V} - B)^2}\frac{\mathrm{d}B}{\mathrm{d}T} = \frac{R}{\boldsymbol{V} - B}\left[1 + \frac{T}{\boldsymbol{V} - B}\frac{\mathrm{d}B}{\mathrm{d}T}\right],$$

$$\left(\frac{\partial^2 p}{\partial T^2}\right)_V = \frac{R}{(\boldsymbol{V} - B)^2}\frac{\mathrm{d}B}{\mathrm{d}T} + \frac{R}{(\boldsymbol{V} - B)^2}\frac{\mathrm{d}B}{\mathrm{d}T} + \frac{RT}{(\boldsymbol{V} - B)^2}\frac{\mathrm{d}^2B}{\mathrm{d}T^2} + \frac{2RT}{(\boldsymbol{V} - B)^3}\left(\frac{\mathrm{d}B}{\mathrm{d}T}\right)^2.$$

Setzt man dies ein, wobei man das letzte Glied, das wegen des Faktors $(\boldsymbol{V} - B)^{-3}$ sehr klein wird, vernachlässigen kann, so wird

$$\boldsymbol{C}_V = \boldsymbol{C}_{V_{\mathrm{id}}} - T\int_{p^+}^{p}\left(\frac{2}{T}\frac{\mathrm{d}B}{\mathrm{d}T} + \frac{\mathrm{d}^2B}{\mathrm{d}T^2}\right)\mathrm{d}p = \boldsymbol{C}_{V_{\mathrm{id}}} - \left(2\frac{\mathrm{d}B}{\mathrm{d}T} + T\frac{\mathrm{d}^2B}{\mathrm{d}T^2}\right)p, \tag{68}$$

$$\boldsymbol{C}_p = \boldsymbol{C}_{p_{\mathrm{id}}} - T\int_{p^+}^{p}\frac{\mathrm{d}^2B}{\mathrm{d}T^2}\mathrm{d}p = \boldsymbol{C}_{p_{\mathrm{id}}} - T\frac{\mathrm{d}^2B}{\mathrm{d}T^2}p. \tag{69}$$

Um die Druckabhängigkeit der Molwärmen berechnen zu können, braucht man also den zweiten Differentialquotienten der Größe B, was voraussetzt, daß die thermischen Zustandsdaten $V = f(p, T)$ sehr genau gemessen sind. Man benutzt deshalb praktisch an Stelle von Gl. (II, 38) in der Regel empirische Gleichungen, wie z. B. die Gleichung von *Beattie-Bridgeman*.

Würde man für B den *van der Waals*schen Ausdruck (II, 39) $B = b - \dfrac{a}{RT}$ einführen, so würde $2\dfrac{\mathrm{d}B}{\mathrm{d}T} = -T\dfrac{\mathrm{d}^2B}{\mathrm{d}T^2}$ und damit nach (68) $\boldsymbol{C}_V = \boldsymbol{C}_{V_{\mathrm{id}}}$. Auch die vollständige *van der Waals*sche Gleichung verlangt, daß $\boldsymbol{C}_V$ vom Volumen und damit auch vom Druck unabhängig ist, was der Erfahrung widerspricht und so erneut auf die Unzulänglichkeit der *van der Waals*schen Gleichung hinweist. Immerhin ist die Druckabhängigkeit von $\boldsymbol{C}_V$ realer Gase relativ gering und kann in vielen Fällen, insbesondere bei höheren Temperaturen, vernachlässigt werden. Für die Druckabhängigkeit von $\boldsymbol{C}_p$ erhält man aus (69) mit der *van der Waals*schen Näherung für B:

$$\boldsymbol{C}_p = \boldsymbol{C}_{p_{\mathrm{id}}} + \frac{2a}{RT^2}p. \tag{70}$$

$\boldsymbol{C}_p$ sollte also linear mit p zunehmen, und zwar bei tiefen Temperaturen stärker als bei hohen, was die Erfahrung jedenfalls qualitativ bestätigt. Für die Differenz $\boldsymbol{C}_p - \boldsymbol{C}_V$ ergibt sich aus (68) und (69)

$$\boldsymbol{C}_p - \boldsymbol{C}_V = (\boldsymbol{C}_{p_{\mathrm{id}}} - \boldsymbol{C}_{V_{\mathrm{id}}}) + 2\frac{\mathrm{d}B}{\mathrm{d}T}p = R + 2\frac{\mathrm{d}B}{\mathrm{d}T}p = R + \frac{2a}{RT^2}p, \tag{71}$$

wenn man wieder die *van der Waals*sche Näherung benutzt. Die Abweichung vom idealen Verhalten ist demnach die gleiche wie in Gl. (70) und entspricht auch hier qualitativ der Erfahrung.

3.6 Der *Joule-Thomson*-Effekt

Die Druckabhängigkeit der Inneren Energie und der Enthalpie realer Gase macht sich weiter darin bemerkbar, daß bei der Expansion ohne äußere Arbeitsleistung im Gegensatz zum Ergebnis des *Gay-Lussac*schen Versuchs eine Abkühlung oder Erwärmung des Gases eintritt, die nach ihren Entdeckern als *Joule-Thomson*-Effekt (1853) bezeichnet wird. Da die Versuchsanordnung von *Gay-Lussac* nicht empfindlich genug war, um kleine Temperaturänderungen zu messen, ließen *Joule* und *Thomson* das Gas in einem gut wärmeisolierten Rohr durch ein poröses Diaphragma (Drossel) hindurch von höherem auf niedrigeren Druck expandieren (vgl. Abb. 29). Dabei war der Widerstand des Diaphragmas genügend groß, daß auf beiden Seiten praktisch konstanter Druck herrschte[1]. Bei diesem Versuch beobachteten sie eine Abkühlung oder Erwärmung des Gases, die zum kleineren Teil auf der äußeren Arbeit[2] $A = p_1 V_1 - p_2 V_2$, im wesentlichen aber darauf beruht, daß wegen $(\partial U/\partial V)_T \neq 0$ bzw. $(\partial H/\partial p)_T \neq 0$ eine zusätzliche „innere Arbeit" auftritt, die entweder positiv oder negativ ist, je nach dem Druck- und Temperaturbereich, in dem der Versuch durchgeführt wird.

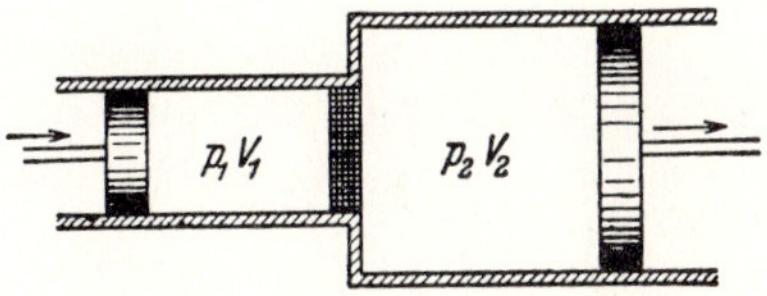

Abb. 29. Versuch nach *Joule-Thomson*.

Die Anwendung des ersten Hauptsatzes auf den *Joule-Thomson*-Effekt ergibt

$$\Delta U = A = p_1 V_1 - p_2 V_2, \tag{72}$$

denn der Vorgang verläuft adiabatisch ($Q = 0$), so daß die Änderung der Inneren Energie gleich der mit der Umgebung ausgetauschten Arbeit sein muß. In etwas anderer Schreibweise ist

$$U_2 + p_2 V_2 = U_1 + p_1 V_1 \quad \text{oder} \quad H_2 = H_1, \tag{73}$$

d. h. die *Enthalpie* des Gases bleibt bei der Entspannung konstant, so daß man auch schreiben kann

---

1 Bei der praktischen Anwendung des *Joule-Thomson*-Effektes zur Gasverflüssigung arbeitet man mit strömendem Gas, und p_1 ist der konstante vom Kompressor gelieferte Druck, p_2 gewöhnlich der äußere Atmosphärendruck (vgl. S. 91).

2 Diese wäre bei idealen Gasen natürlich Null, kann aber bei realen Gasen merklich von Null verschieden sein.

$$\mathrm{d}H = \left(\frac{\partial H}{\partial T}\right)_p \mathrm{d}T + \left(\frac{\partial H}{\partial p}\right)_T \mathrm{d}p = 0. \tag{74}$$

Das ist der allgemeine analytische Ausdruck für den *Joule-Thomson*-Effekt, den man deshalb auch als den „isenthalpischen Drosseleffekt" bezeichnet. Aus (74) folgt

$$\left(\frac{\partial T}{\partial p}\right)_H \equiv \delta = -\frac{\left(\frac{\partial H}{\partial p}\right)_T}{\left(\frac{\partial H}{\partial T}\right)_p} = -\frac{\varepsilon}{C_p}. \tag{75}$$

δ wird als *differentieller Joule-Thomson-Koeffizient* bezeichnet. Ersetzt man ε durch den Ausdruck (36), so wird

$$\delta = \frac{T\left(\frac{\partial V}{\partial T}\right)_p - V}{C_p} = \frac{V(\alpha T - 1)}{C_p}, \tag{76}$$

indem man noch den Ausdehnungskoeffizienten nach Gl. (II, 2) einführt[1]. Für ideale Gase ist stets $\alpha T = 1$, so daß allgemein $\delta = 0$. Für reale Gase muß es nach dieser Gleichung bei gegebenem Druck ebenfalls eine bestimmte Temperatur T_i geben, bei der $\alpha T_i = 1$ und damit $\delta = 0$ wird. Bei dieser sog. *Inversionstemperatur* muß sich demnach das Vorzeichen von δ umkehren, unterhalb dieser Temperatur muß δ positiv, oberhalb derselben negativ sein. Da positives δ nach (75) bedeutet, daß mit abnehmendem Druck (dp negativ) auch die Temperatur abnimmt, muß sich das Gas bei der Entspannung abkühlen, bei negativem δ muß es sich erwärmen.

Das Vorzeichen von δ wird nach (75) allein durch das Vorzeichen von $(\partial H/\partial p)_T$ bestimmt, da C_p stets positiv ist. δ wird danach positiv, das Gas kühlt sich bei der Entspannung ab, wenn $(\partial H/\partial p)_T$ negativ ist, wenn also die Enthalpie mit abnehmendem Druck wächst[2]. Das bedeutet, das Gas muß Arbeit leisten, um die Anziehungskräfte der Molekeln zu überwinden, wenn man sie voneinander entfernt. Ist umgekehrt δ negativ, $(\partial H/\partial p)_T$ also positiv, so wird bei der Abstandsvergrößerung der Molekeln Arbeit geleistet, d.h. die Abstoßungskräfte überwiegen. Unterhalb der Inversionstemperatur liegt der erste, oberhalb der zweite Fall vor.

Ob bei einem realen Gas die Anziehungs- oder die Abstoßungskräfte überwiegen, hängt nach Abb. 13 außer von der Temperatur auch noch vom Druck ab. δ muß deshalb auch eine Funktion des Drucks sein. Man übersieht dies am einfachsten, wenn man eine Schar der auf S. 66 erwähnten *Isenthalpen* eines Gases in der p-T-Ebene betrachtet. Darunter verstanden

[1] Gl. (76) kann benutzt werden, um den Nullpunkt der *Kelvin*-Temperaturskala aus den übrigen Meßgrößen δ, V, α und C_p zu ermitteln (vgl. dazu *M. W. Zemansky*, Heat and Thermodynamics, 5. Aufl., New York 1968, S. 338ff., 470ff.). Als Mittelwert zahlreicher Einzelbestimmungen ergab sich der Wert $-273{,}17 \pm 0{,}02\,°\mathrm{C}$ in guter Übereinstimmung mit dem gasthermometrisch bestimmten Wert.

[2] Diese Enthalpiezunahme wird durch die Enthalpieabnahme infolge der sinkenden Temperatur gerade kompensiert, da ja insgesamt d$H = 0$.

wir Zustandskurven $T = f(p)$ mit konstantem H als Parameter. Man erhält sie, indem man beim *Joule-Thomson*-Versuch jedesmal von einem bestimmten Anfangsdruck p_1 und einer Anfangstemperatur T_1 ausgehend auf verschiedene Enddrucke p_2 entspannt und die zugehörige Endtemperatur T_2 mißt. Trägt man die zusammengehörigen p, T-Werte graphisch im p-T-Diagramm auf und verbindet sie durch eine Kurve, so erhält man eine Isenthalpe, da nach (73) die Enthalpie bei einer solchen Versuchsreihe stets konstant bleibt. Indem man die Versuchsreihe mit einer anderen Anfangstemperatur T_1 wiederholt, erhält man eine zweite Isenthalpe usw. und gewinnt auf diese Weise eine Schar von Isenthalpen, wie sie in Abb. 30 für Stickstoff wiedergegeben sind.

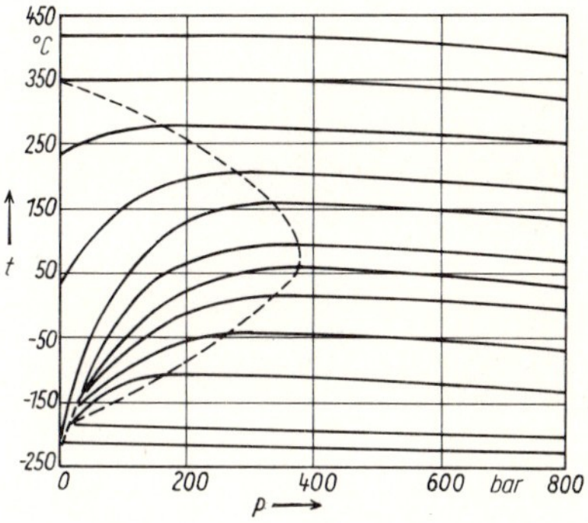

Abb. 30. Isenthalpen und Inversionskurve des *Joule-Thomson*-Effekts für Stickstoff.

Die Neigung der Tangente in jedem Punkt einer Isenthalpe gibt nach (75) unmittelbar den zugehörigen *Joule-Thomson*-Koeffizienten δ an, der auf diese Weise experimentell bestimmt wird. Verbindet man die Maxima der Isenthalpen, für die $\delta = 0$, durch eine Kurve, so erhält man die sog. *Inversionskurve* des betreffenden Gases (gestrichelt). Links dieser Kurve ist δ überall positiv, das Gas kühlt sich bei der Entspannung ab, rechts der Kurve ist δ überall negativ, das Gas erwärmt sich bei der Entspannung. Für einen gegebenen Druck gibt es demnach im allgemeinen *zwei* Inversionstemperaturen, oberhalb des dem Maximum der Inversionskurve entsprechenden Drucks (bei N_2 381 bar) gibt es jedoch keine Inversionstemperatur mehr, es findet bei der Expansion stets eine Erwärmung statt. Das gleiche gilt für N_2 bei allen Temperaturen oberhalb von 350 °C.

Sind die Isenthalpen eines Gases nicht bekannt, so benutzt man zur Berechnung von δ nach Gl. (76) eine geeignete thermische Zustandsfunktion, mittels deren man V und $T\left(\frac{\partial V}{\partial T}\right)_p$ als Funktion von p und T ausdrückt. Mit der vereinfachten *van der Waals*schen Gleichung (II, 38)

$$p\boldsymbol{V} = RT + Bp = RT + \left(b - \frac{a}{RT}\right)p \quad \text{wird} \quad T\left(\frac{\partial \boldsymbol{V}}{\partial T}\right)_p = \frac{RT}{p} + \frac{a}{RT},$$

so daß nach (76)

$$\delta = \frac{1}{\boldsymbol{C}_p}\left(\frac{2a}{RT} - b\right). \tag{77}$$

Für die Inversionstemperatur erhält man daraus

$$T_i = \frac{2a}{Rb}. \tag{78}$$

Man kann so die Inversionstemperatur beliebiger Gase aus den *van der Waals*schen Konstanten der Tabelle 4 berechnen. Man erhält z. B. für He und H_2 die Werte $T_i = 35$ K bzw. $T_i = 224$ K; tatsächlich zeigen diese beiden Gase (im Gegensatz zu allen übrigen) bei Zimmertemperatur ein negatives δ, erwärmen sich also bei der Entspannung, und erst bei genügend tiefer Vorkühlung kehrt sich bei ihnen der Effekt um. Bei genügend kleinen Drucken, bei denen die Näherungsgleichung (II, 38) noch zulässig ist, vermag die *van der Waals*sche Gleichung die Beobachtungen jedenfalls qualitativ richtig wiederzugeben. Bei höherem Druck muß sie naturgemäß versagen, doch erhält man auch dann eine qualitativ richtige Wiedergabe der Beobachtungen, wenn man eine etwas bessere Näherung benutzt. Schreibt man die Gleichung (II, 37) in der Form

$$\boldsymbol{V} = \frac{RT}{p} - \frac{a}{p\boldsymbol{V}} + b + \frac{ab}{p\boldsymbol{V}^2}$$

und ersetzt in den Korrekturtermen $a/p\boldsymbol{V}$ und $ab/p\boldsymbol{V}^2$ das $\boldsymbol{V}$ näherungsweise durch RT/p, so wird

$$\boldsymbol{V} = \frac{RT}{p} - \frac{a}{RT} + b + \frac{abp}{R^2T^2}. \tag{79}$$

Daraus erhält man

$$\left(\frac{\partial \boldsymbol{V}}{\partial T}\right)_p = \frac{R}{p} + \frac{a}{RT^2} - \frac{2abp}{R^2T^3}. \tag{80}$$

Löst man weiter Gl. (79) nach $\frac{R}{p}$ auf und eliminiert dieses aus den beiden Gleichungen, so wird

$$\left(\frac{\partial \boldsymbol{V}}{\partial T}\right)_p = \frac{\boldsymbol{V} - b}{T} + \frac{2a}{RT^2} - \frac{3abp}{R^2T^3}. \tag{81}$$

Setzt man dies in (76) ein, so erhält man für den *Joule-Thomson*-Koeffizienten

$$\delta = \frac{1}{\boldsymbol{C}_p}\left(\frac{2a}{RT} - b - \frac{3abp}{R^2T^2}\right), \tag{82}$$

was für kleine Drucke unter Vernachlässigung des letzten Terms wieder in (77) übergeht.

Die Brauchbarkeit der Näherungsgleichungen (77) und (82) im Vergleich zu der thermodynamisch exakten Gl. (76) sei an einem Zahlenbeispiel gezeigt: Für N_2 bei 293 K und $p = 100$ atm ergibt sich für δ aus gemessenen Werten für $\boldsymbol{V}$, α und $\boldsymbol{C}_p$ nach Gl. (76) $\delta = 0{,}142$ K/atm in Übereinstimmung mit dem unmittelbar gemessenen Wert 0,143 K/atm. Nach (77) erhält man, mit dem gleichen Wert für $\boldsymbol{C}_p$, $\delta = 0{,}25$ K/atm, nach (82) $\delta = 0{,}19$ K/atm. Eine bessere Übereinstimmung mit dem gemessenen Wert ist nicht zu erwarten, da die Zahlenwerte für *a* und *b* aus den kritischen Daten berechnet sind und eigentlich selbst von Druck und Temperatur abhängen (vgl. S. 42ff.).

Setzt man in Gl. (82) $\delta = 0$, so ergibt sich für die Inversionstemperatur eine quadratische Gleichung

$$T_i^2 - \frac{2a}{Rb} T_i + \frac{3ap}{R^2} = 0 . \qquad (83)$$

Man erhält also auch nach der *van der Waals*schen Gleichung für jeden Druck zwei Inversionstemperaturen. Man sieht, daß die *van der Waals*sche Gleichung die Verhältnisse qualitativ richtig wiedergibt.

Integriert man Gl. (75) über ein größeres Druckintervall, so erhält man

$$\int_{T_1}^{T_2} \mathrm{d}T = (T_2 - T_1)_H = \int_{p_1}^{p_2} \delta \mathrm{d}p . \qquad (84)$$

Das ist der *integrale Joule-Thomson-Effekt,* den man erhält, wenn man über große Druckbereiche entspannen läßt, wie es praktisch stets der Fall ist. Ist δ als Funktion von p bekannt, so läßt er sich aus (84) vorausberechnen, da er jedoch leicht meßbar ist, benutzt man ihn umgekehrt zur Ermittlung der kalorischen Zustandsfunktion $H = f(p, T)$. Ist z. B. eine einzige Enthalpieisobare $H = f(T)$, wie sie in Abb. 21 dargestellt sind, aus Messungen bekannt, so findet man, von dieser ausgehend, die isenthalpischen Punkte auf anderen Isobaren, indem man das gemessene $(T_2 - T_1)_H$ bei einer Reihe von Anfangstemperaturen und für bestimmte Druckdifferenzen Δp in horizontaler Richtung abträgt.

Der *Joule-Thomson*-Effekt wird in großtechnischen Verfahren zur *Gasverflüssigung*[1)] benutzt. Damit das Gas sich bei der Entspannung abkühlt, muß seine Anfangstemperatur unterhalb der maximalen Inversionstemperatur liegen. Bei Zimmertemperatur trifft dies für alle Gase zu mit Ausnahme von Wasserstoff und Helium, deren maximale Inversionstemperaturen bei 202 bzw. etwa 30 K liegen. Diese Gase müssen also vorher mit flüssiger Luft bzw. flüssigem Wasserstoff vorgekühlt werden, damit sie sich bei der Entspannung weiter abkühlen und schließlich verflüssigen. Wie aus Abb. 30 unmittelbar hervorgeht, erhält man die stärkste Abkühlung, wenn der Ausgangsdruck einem Punkt der Inversionskurve entspricht und bis auf Normaldruck entspannt wird. Bei N_2 von Zimmertemperatur sind dies etwa 355 bar. Da eine einmalige Entspannung nicht zur teilweisen Verflüssigung genügt, arbeitet man im *Linde-Verfahren* nach dem Gegenstromprinzip, indem man das komprimierte Gas in einem Gegenströmer durch das bereits entspannte und abgekühlte Gas vorkühlt, so daß die weitere Abkühlung infolge des mit abnehmendem T wachsenden δ (vgl. Abb. 30) immer rascher vor sich geht, bis schließlich teilweise Verflüssigung eintritt. Im stationären Zustand wird von jedem Mol zugeführten Gases ein bestimmter Bruchteil y verflüssigt, der Bruchteil $1 - y$ kehrt nach dem Wärmeaustausch zum Kompressor zurück. Unter der adiabatischen Bedingung des *Joule-Thomson*-Versuchs sollte die molare Enthalpie $\boldsymbol{H}_a$ des eintretenden Gases gleich sein der Enthalpie $y\,\boldsymbol{H}_{\mathrm{fl}}$ des verflüssigten Anteils und der Enthalpie $(1 - y)\,\boldsymbol{H}_e$ des austretenden Gases:

[1] Vgl. *K. Winnacker, E. Weingaertner* (Hrsg.), Chemische Technologie, Band 1, München 1950, S. 209ff. sowie 3. Aufl., Band 2, 1970, S. 409ff.; Ullmanns Encyklopädie der technischen Chemie, 3. Aufl., Band 1, München 1951, S. 297ff. sowie Band 12, 1960, S. 54ff.; 4. Aufl., Band 3, Weinheim 1973, S. 219ff.

$$\boldsymbol{H}_a = y\,\boldsymbol{H}_{\text{fl}} + (1 - y)\,\boldsymbol{H}_e$$

oder

$$y = \frac{\boldsymbol{H}_e - \boldsymbol{H}_a}{\boldsymbol{H}_e - \boldsymbol{H}_{\text{fl}}}. \tag{85}$$

$\boldsymbol{H}_{\text{fl}}$ ist konstant; $\boldsymbol{H}_e$ hängt vom Druckabfall des Gases im Gegenströmer und der Temperatur beim Austritt aus diesem ab und ist deshalb im stationären Zustand ebenfalls konstant. $\boldsymbol{H}_a$ ist durch die festgelegte Anfangstemperatur und durch den beliebig wählbaren Anfangsdruck gegeben. Man kann y, d. h. die Ausbeute an verflüssigtem Gas, deshalb nur durch Variation des Anfangsdruckes vergrößern. y nimmt seinen maximalen Wert an, wenn $\boldsymbol{H}_a$ ein Minimum wird, d. h. wenn $(\partial \boldsymbol{H}_a/\partial p)_{T_a} = 0$. Nach Gl. (75) ist

$$\left(\frac{\partial \boldsymbol{H}}{\partial p}\right)_T = -\boldsymbol{C}_p \delta. \tag{86}$$

Damit y ein Maximum wird, muß demnach $\delta = 0$ bei $T = T_a$ sein, d. h. der Ausgangsdruck muß auf der Inversionskurve liegen.

3.7 Reversible Kompression und Expansion realer Gase

Der Einfluß der Druckabhängigkeit von H und U macht sich schließlich auch bei der reversiblen Kompression und Expansion realer Gase bemerkbar. Für *isotherme* Vorgänge gilt nach Gl. (44)

$$-\mathrm{d}Q = -\left[p + \left(\frac{\partial U}{\partial V}\right)_T\right]\mathrm{d}V = -(p + \Pi)\,\mathrm{d}V, \tag{87}$$

d. h. die mit der Umgebung ausgetauschte Wärme ist gleich der äußeren und inneren Arbeit.

Für *adiabatische* Vorgänge erhält man aus den Grundgleichungen (18) und (19) mit $\delta Q = 0$

$$C_V \mathrm{d}T = -p\,\mathrm{d}V - \left(\frac{\partial U}{\partial V}\right)_T \mathrm{d}V = -(p + \Pi)\,\mathrm{d}V, \tag{88}$$

$$C_p \mathrm{d}T = V\mathrm{d}p - \left(\frac{\partial H}{\partial p}\right)_T \mathrm{d}p = (V - \varepsilon)\,\mathrm{d}p. \tag{89}$$

Führt man für die partiellen Differentialquotienten wieder die aus dem zweiten Hauptsatz abzuleitenden Beziehungen (35) und (36) ein, so wird

$$C_V \mathrm{d}T = -T\left(\frac{\partial p}{\partial T}\right)_V \mathrm{d}V, \tag{88a}$$

$$C_p \mathrm{d}T = T \left(\frac{\partial V}{\partial T} \right)_p \mathrm{d}p \,. \tag{89a}$$

Wie aus der letzten Gleichung hervorgeht, ist $\frac{\mathrm{d}T}{\mathrm{d}p}$ bei der reversiblen adiabatischen Kompression oder Expansion eines realen Gases stets positiv. Mit abnehmendem Druck (Expansion, $\mathrm{d}p$ negativ) nimmt deshalb auch die Temperatur stets ab, da ja die Arbeit dem Energieinhalt des Gases entnommen wird. Dadurch unterscheidet sich die reversible adiabatische Expansion prinzipiell vom *Joule-Thomson*-Versuch (vgl. auch S. 88).

Danach ist es prinzipiell möglich, diese adiabatische Expansion unter Arbeitsleistung gegen einen Stempel oder gegen die Schaufeln einer Turbine ebenfalls zur Verflüssigung von Gasen auszunutzen, ohne daß es notwendig ist, Gase wie Helium oder Wasserstoff vorzukühlen. Allerdings besitzt dieses Verfahren gegenüber dem *Linde-Verfahren* zwei Nachteile: es erfordert maschinell bewegte Teile, deren Schmierung bei sehr tiefen Temperaturen Schwierigkeiten macht, und die bei der adiabatischen Expansion auftretende Temperaturdifferenz nimmt mit fallender Temperatur nicht zu wie beim *Joule-Thomson*-Versuch, sondern ab, wie ebenfalls aus Gl. (89a) abzulesen ist. Man verwendet deshalb in der Praxis zur Verflüssigung von H_2 und He häufig eine Kombination der beiden Verfahren, indem man durch reversible adiabatische Expansion die Temperatur bis unter die Inversionstemperatur senkt und dann mit Hilfe des *Joule-Thomson*-Effekts die Verflüssigung durchführt (*Collins-Verfahren*)[1)].

3.8 Flüssigkeiten

Für Flüssigkeiten gelten prinzipiell ähnliche Überlegungen wie für reale Gase, so daß wir uns auf einige Angaben über die experimentellen Ergebnisse beschränken können. Die *Molwärmen* $\boldsymbol{C}_{V\mathrm{fl}}$ sind durchweg erheblich größer als die des entsprechenden Dampfes bei gleicher Temperatur (z. B. ist für Wasser bei 373 K $\boldsymbol{C}_V \approx 75\ \mathrm{J\ mol^{-1}\ K^{-1}}$, für Wasserdampf $\boldsymbol{C}_V \approx 33{,}5\ \mathrm{J\ mol^{-1}\ K^{-1}}$; auch bei einatomigen Stoffen (Edelgase, Metalle) ist $\boldsymbol{C}_{V\mathrm{fl}}$ etwa doppelt so groß wie $\boldsymbol{C}_{V\mathrm{Gas}}$). Das ist im wesentlichen darauf zurückzuführen, daß die Molekeln sich infolge der dichten Packung dauernd im Bereich der gegenseitigen Anziehungskräfte befinden, so daß die „Zusammenstöße" im Gas hier in periodische Schwingungen der einzelnen Molekeln gegeneinander übergehen. Diese intermolekularen Schwingungen nehmen zusätzlich Energie auf, was sich im Anwachsen von $\boldsymbol{C}_V$ bemerkbar macht. Daß diese Auffassung richtig ist, geht vor allem daraus hervor, daß die Molwärmen des festen und flüssigen Stoffes in der Nähe des Schmelzpunktes fast zusammenfallen[2)]. Da man die Molwärme der festen Stoffe aus der

---

[1] Vgl. auch *R. Hilsch,* Die Expansion von Gasen im Zentrifugalfeld als Kälteprozeß. Z. Naturforsch. *1,* 208 (1946); Ullmanns Encyklopädie der technischen Chemie, 3. Aufl., Band 1, München 1951, S. 297 ff.; *K. Winnacker, E. Weingaertner* (Hrsg.), Chemische Technologie, Band 1, München 1950, S. 218 ff. sowie 3. Aufl., Band 2, 1970.

[2] Ausnahmen bilden nur H_2 und H_2O. Die extrem hohe Molwärme des flüssigen Wassers gegenüber der des Eises (ca. 38 $\mathrm{J\ mol^{-1}\ K^{-1}}$) hängt nach neueren Anschauungen mit der raumgitterähnlichen Struktur des flüssigen Wassers (sog. Clusterbildung) zusammen, die sich röntgenographisch nachweisen läßt und auch die Ursache für die zahlreichen anderen Anomalien des Wassers gegenüber verwandten Stoffen (z. B. Methanol) darstellt. Mit zunehmender Temperatur wird diese lockere tetraedrische Struktur mehr und mehr zugunsten einer dichteren Kugelpackung aufgelöst, wozu Energie notwendig ist, die als hohe Molwärme in Erscheinung tritt und als eine Art Restschmelzwärme aufgefaßt werden kann.

kinetisch-statistischen Theorie richtig berechnen kann unter der Annahme, daß die Gitterbausteine Schwingungen um ihre Ruhelagen ausführen, muß man schließen, daß die Flüssigkeiten den festen Stoffen hinsichtlich ihrer Molekularbewegung jedenfalls sehr nahe stehen.

Die *Temperaturabhängigkeit* der Molwärmen ist von Flüssigkeit zu Flüssigkeit verschieden. $\boldsymbol{C}_V$ einatomiger Flüssigkeiten (Edelgase, Metalle) nimmt wie bei den realen Gasen mit steigender Temperatur ab, bei vielatomigen Molekeln besitzt $\boldsymbol{C}_V$ in der Regel einen positiven Temperaturkoeffizienten; in manchen Fällen treten auch hier wie bei realen Gasen Minima in der $\boldsymbol{C}_V$-T-Kurve auf. Ganz allgemein ist die Krümmung der Kurve gegen die T-Achse konvex (vgl. Abb. 31, in der die „durchschnittlichen Atomwärmen", d. h. die Größen $\dfrac{\text{Molwärme}}{\text{Atomzahl}}$ aufgetragen sind).

Man mißt auch bei Flüssigkeiten fast ausschließlich $\boldsymbol{C}_p$ und berechnet $\boldsymbol{C}_V$ aus der Differenz ($\boldsymbol{C}_p - \boldsymbol{C}_V$) nach Gl. (37a) mit Hilfe des Ausdehnungskoeffizienten und der Kompressibilität (vgl. S. 68[1)]). Die Differenz ($\boldsymbol{C}_p - \boldsymbol{C}_V$) wächst in der Regel mit zunehmender Temperatur stark an und wird in der Nähe des kritischen Punktes häufig sehr groß.

Die Druckabhängigkeit der Molwärmen ist durch (38) bzw. (39) gegeben. Ersetzt man $(\partial V/\partial T)_p$ nach (II, 2) durch αV, so erhält man

$$\left(\frac{\partial C_p}{\partial p}\right)_T = -TV\left(\frac{\partial \alpha}{\partial T} + \alpha^2\right) \approx -TV\frac{\partial \alpha}{\partial T}, \tag{90}$$

weil α^2 gegenüber $\partial\alpha/\partial T$ vernachlässigt werden kann. Da $\partial\alpha/\partial T$ stets positiv ist, nimmt C_p mit steigendem Druck ab, doch wird diese Abnahme mit zunehmender Temperatur immer geringer, weil $\partial\alpha/\partial T$ schneller abfällt als T wächst.

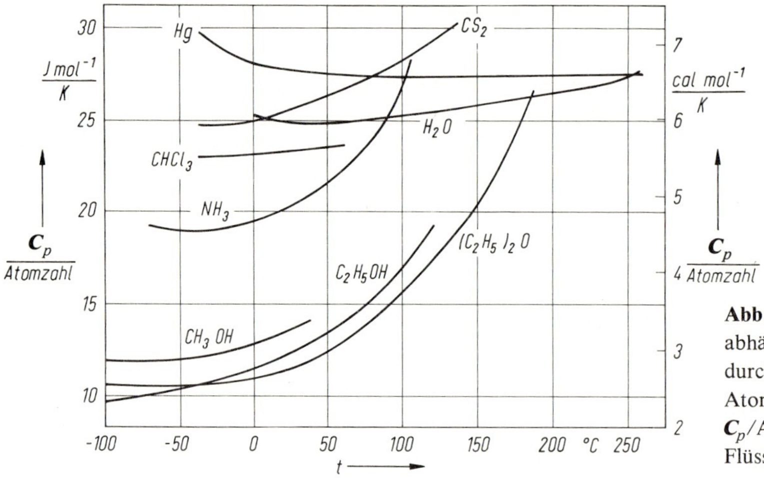

Abb. 31. Temperaturabhängigkeit der durchschnittlichen Atomwärme $\boldsymbol{C}_p$/Atomzahl von Flüssigkeiten.

Der *innere Druck* $(\partial U/\partial V)_T \equiv \Pi$ beruht, wie schon mehrfach erwähnt wurde, auf den Wechselwirkungskräften der Molekeln, er fällt im Gebiet der Gültigkeit der *van der Waals*schen Gleichung mit dem „Kohäsionsdruck" $a/\boldsymbol{V}^2$ zusammen. Führt man nämlich in Gl. (35) für $(\partial p/\partial T)_V$ den aus der *van der Waals*schen Gleichung folgenden Ausdruck $\dfrac{R}{\boldsymbol{V} - b}$ ein, so wird

$$\left(\frac{\partial U}{\partial V}\right)_T = T\left(\frac{\partial p}{\partial T}\right)_V - p = \frac{RT}{\boldsymbol{V} - b} - \frac{RT}{\boldsymbol{V} - b} + \frac{a}{\boldsymbol{V}^2} = \frac{a}{\boldsymbol{V}^2}. \tag{91}$$

Bei Flüssigkeiten erreicht der innere Druck, der stets nach (35) aus dem Spannungskoeffizienten bzw. nach (II, 7) aus Kompressibilität und Ausdehnungskoeffizient zugänglich ist[1], außerordentlich hohe Werte, wie aus Tab. 5 hervorgeht, in die auch der innere Druck für zwei komprimierte Gase mitaufgenommen ist. Π und $\frac{a}{\boldsymbol{V}^2}$ stimmen bis zu einem äußeren Druck von etwa 1000 bar ungefähr überein, bei höheren Drucken sind beide Größen nicht nur zahlenmäßig völlig verschieden, sondern nehmen auch entgegengesetztes Vorzeichen an.

Tabelle 5. Innerer Druck Π von Flüssigkeiten und komprimierten Gasen bei 25 °C in bar [nach Gl. (35)].

Äußerer Druck in atm	Äußerer Druck in bar	Diethylether	Ethylalkohol	Stickstoff	Wasserstoff
200	202,7	2827	2938	100	9,1
400	405,3	2898	2938	303	16,2
800	810,6	2878	2888	465	−8,1
1500	1520	2705	2817	475	−145
2000	2027	2564	2710	388	−288
2800	2837	2310	2432	101	−586
5320	5391	2057	1692	–	–
7260	7356	40,5	1429	–	–
9190	9312	−1611	−308	–	–
11134	11282	−4438	−2300	–	–

Daß Π bei sehr hohen Drucken stark abfällt und schließlich sein Vorzeichen wechselt, beruht wieder darauf, daß bei der sehr dichten Packung der Molekeln die Abstoßungskräfte gegenüber den Attraktionskräften überwiegen, denn Π ist im Gegensatz zu dem Kohäsionsdruck $\frac{a}{\boldsymbol{V}^2}$ ein Maß für die Wirkung sämtlicher zwischenmolekularer Kräfte, während $\frac{a}{\boldsymbol{V}^2}$ ausschließlich die Anziehungskräfte – und zwar nur näherungsweise – wiedergibt. Wie *Eucken* gezeigt hat, läßt sich der innere Druck durch die Differenz zweier Glieder darstellen, von denen das eine durch die Anziehungskräfte, das andere durch die Abstoßungskräfte der Molekeln bedingt ist:

$$\Pi = \frac{A}{V^n} - \frac{B}{V^m}. \tag{93}$$

---

[1] Ersetzt man in Gl. (35) für den inneren Druck $(\partial p/\partial T)_V$ durch den Ausdruck (II, 7), so wird

$$\Pi = \frac{1}{\chi}(T\alpha - p\chi) \approx \frac{T\alpha}{\chi}, \tag{92}$$

wenn man das zweite Glied der Klammer als klein gegenüber dem ersten vernachlässigt, wie es für kondensierte Stoffe fast immer möglich ist (vgl. S. 25).

Die in Tabelle 5 angegebenen inneren Drucke des Diethylethers werden z. B. angenähert wiedergegeben durch die Gleichung

$$\Pi = 5644 \left(\frac{V_0}{V}\right)^3 \text{bar} - 2584 \left(\frac{V_0}{V}\right)^6 \text{bar},$$

wenn V_0 das Volumen bei 0°C und 1 atm = 1,01325 bar bedeutet.

3.9 Feste Stoffe

Nach einer von *Dulong* und *Petit* (1819) aufgefundenen Regel ist die *Atomwärme* $\boldsymbol{C}_p$ zahlreicher fester Elemente bei Zimmertemperatur konstant und hat etwa den Wert 26 J K^{-1} mol^{-1}. Die Regel ist für Metalle recht gut erfüllt, bei Nichtmetallen findet man gewöhnlich Ausnahmen (Graphit $\boldsymbol{C}_p = 8{,}4$; Diamant $\boldsymbol{C}_p = 6{,}3$; Silicium $\boldsymbol{C}_p = 19{,}7$; Bor $\boldsymbol{C}_p = 11{,}7$; Beryllium $\boldsymbol{C}_p = 18$ J K^{-1} mol^{-1}), doch nimmt deren Atomwärme mit der Temperatur stark zu, so daß sie sich schließlich auch dem Wert 26 J K^{-1} mol^{-1} nähert. Allerdings besitzen auch manche Metalle bei höheren Temperaturen größere Atomwärmen als 26 J K^{-1} mol^{-1}, so daß die *Dulong-Petitsche Regel* auch nicht als allgemeingültiges Grenzgesetz für hohe Temperaturen angesehen werden kann. Für das mit Hilfe von Gl. (37a) berechnete $\boldsymbol{C}_V$ findet man zwar bei hohen Temperaturen eine bessere Konstanz der Werte, doch bleibt stets ein (geringer) Temperaturkoeffizient von $\boldsymbol{C}_V$ bestehen, der bei Metallen gewöhnlich positiv, bei Metalloiden negativ ist.

Zur Ermittlung der vollständigen $\boldsymbol{C}_V$-T-Kurve muß nach Gl. (37a) die Temperaturabhängigkeit von $\boldsymbol{C}_p$, $\boldsymbol{V}$, α und χ bekannt sein. Dies ist in der Regel nicht der Fall; man erhält jedoch eine recht gute Näherung für die T-Abhängigkeit von $\boldsymbol{C}_V$, wenn man Gl. (37a) in der Form schreibt (*Nernst-Lindemann*sche Gleichung):

$$\boldsymbol{C}_p - \boldsymbol{C}_V = \frac{\boldsymbol{V}\alpha^2}{\chi \boldsymbol{C}_p^2} \boldsymbol{C}_p^2 T \equiv A \boldsymbol{C}_p^2 T, \tag{94}$$

denn $A \equiv \dfrac{\boldsymbol{V}\alpha^2}{\chi \boldsymbol{C}_p^2}$ erweist sich experimentell als weitgehend temperaturunabhängig, so daß man es aus jeweils *einer* Messung von $\boldsymbol{V}$, α, χ und $\boldsymbol{C}_p$ berechnen kann.

Nach einer weiteren, von *Neumann* und *Kopp* (1831) formulierten Regel setzen sich die *Molwärmen* $\boldsymbol{C}_p$ *fester Verbindungen* additiv aus den Atomwärmen ihrer Elemente zusammen. Dabei ist für die Elemente, die der *Dulong-Petit*schen Regel gehorchen, der Wert $\boldsymbol{C}_p = 26$ J K^{-1} mol^{-1} einzusetzen, die Atomwärmen der übrigen Elemente müssen empirisch aus gemessenen Molwärmen ermittelt werden. Man benutzt als Mittelwerte die folgenden Zahlen:

Element	O	H	F	Cl	C	Si	S	P	B	
$\boldsymbol{C}_p$	16,7	10,0	20,9	27,2	7,5	15,9	22,6	22,6	11,7	J K^{-1} mol^{-1}

Mit Hilfe dieser Zahlen lassen sich die Molwärmen bzw. spezifischen Wärmen der meisten chemischen Verbindungen zwischen 18 und 100 °C rasch angenähert richtig (innerhalb einiger Prozente) berechnen. Dies gilt auch für organische Stoffe.

Nach tiefen Temperaturen hin fällt die Atomwärme fester Stoffe mehr oder weniger steil ab und nähert sich schon bei der Temperatur des flüssigen Wasserstoffes häufig dem Wert Null (vgl. Abb. 32). In diesem Gebiet haben wir den idealen Grenzzustand fester Stoffe vor uns, in

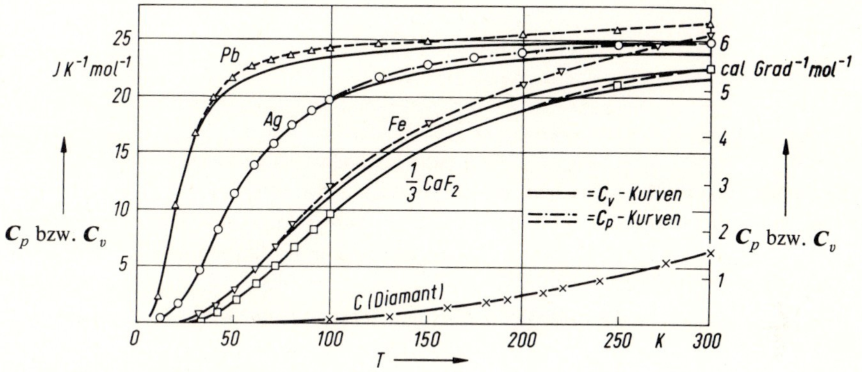

Abb. 32. Atomwärmen fester Stoffe bei tiefen Temperaturen.

dem nach S. 46 ihre thermischen und kalorischen Eigenschaften von der Temperatur unabhängig werden, so daß hier auch $(\partial U/\partial T)_V \equiv C_V = 0$ wird. Die $\boldsymbol{C}_V$-T-Kurven lassen sich im Bereich niedriger Temperaturen durch ein sehr einfaches, zuerst von *Debye* statistisch abgeleitetes Gesetz darstellen (s. S. 461):

$$\boldsymbol{C}_V = a T^3 , \tag{95}$$

in dem a eine spezifische Stoffkonstante ist (vgl. Kap. VIII). Daraus ergibt sich für die thermische Innere Energie nach Gl. (24)

$$\boldsymbol{U}_{\text{th}} = a \int_0^T T^3 \mathrm{d} T = \frac{a}{4} T^4 . \tag{96}$$

Bei einer Reihe sog. „einfacher fester Stoffe", die sich durch reguläre Kristallsysteme mit ähnlichen Atomabständen auszeichnen, kann man ferner durch geeignete Änderung des Temperaturmaßstabes die $\boldsymbol{C}_V$-T-Kurven in ihrem gesamten Verlauf fast völlig zur Deckung bringen. Dann gehen die Gln. (95) und (96) über in

$$\boldsymbol{C}_V = a' \left(\frac{T}{\Theta}\right)^3 ; \tag{95a}$$

$$\boldsymbol{U}_{\text{th}} = \frac{a' \cdot \Theta}{4} \left(\frac{T}{\Theta}\right)^4 . \tag{96a}$$

Θ ist eine für jeden Stoff „charakteristische Temperatur", die jedoch in geringem Maße noch vom Volumen bzw. Druck abhängt, während a' eine universelle Konstante darstellt, die den

Wert 1,943 kJ K^{-1} mol^{-1} besitzt. Komplizierter gebaute feste Stoffe fügen sich diesem Gesetz nicht, ihre $\boldsymbol{C}_V$-T-Kurven verlaufen im allgemeinen flacher als die der genannten „einfachen" festen Stoffe, doch nähern auch sie sich sämtlich bei hinreichend tiefer Temperatur dem Wert Null.

Diese auffallenden Regelmäßigkeiten der Atom- bzw. Molwärmen fester Stoffe haben sich, ebenso wie die Molwärmen der Gase, mit Hilfe der Quantenstatistik weitgehend deuten lassen (vgl. Kap. VIII).

Der nach Gl. (35) zu berechnende *innere Druck* fester Stoffe ist im idealen Grenzzustand (vgl. S. 46) und bei verschwindendem äußeren Druck gleich Null, weil wegen der Temperaturunabhängigkeit aller thermischen Eigenschaften auch $(\partial p/\partial T)_V$ den Wert Null annimmt. Das bedeutet, daß sich abstoßende und anziehende Kräfte der Gitterbausteine, die sich ja in ihrer Ruhelage befinden, gerade kompensieren. Bei höheren Temperaturen bewirkt die unsymmetrische Schwingungsbewegung der Gitterbausteine, daß die Anziehungskräfte, die weiterreichend sind, die Abstoßungskräfte wieder stark überwiegen, so daß hohe innere Drucke auftreten, die wie bei Flüssigkeiten Tausende von Atmosphären betragen können.

4 Anwendung des ersten Hauptsatzes auf Phasenumwandlungen reiner Stoffe

Bei reinen homogenen Stoffen ist die molare Innere Energie ausschließlich eine Funktion von V und T, sofern wir zunächst ihre Abhängigkeit von der Oberfläche, die vor allem bei Flüssigkeiten eine Rolle spielt, unberücksichtigt lassen (vgl. dazu Kap. VII); entsprechend ist die molare Enthalpie reiner homogener Stoffe allein eine Funktion von p und T. Liegt jedoch der Stoff in mehreren Phasen vor, handelt es sich also um ein heterogenes geschlossenes System, so muß der Energiegehalt des Gesamtsystems noch von der Verteilung des Stoffes auf die verschiedenen Phasen abhängig werden, da bei dem Übergang des Stoffes von einer Phase in die andere stets ein Energieaustausch mit der Umgebung stattfindet. Wir drücken das in *abgekürzter Form*[1] so aus

---

[1] Exakt müßte man schreiben $U = f(V, T, n', n'')$ bzw. $H = f(p, T, n', n'')$, wo n' und n'' die Molzahlen in den beiden Phasen bedeuten. Entsprechend wäre die Änderung von U bzw. H beim Übergang von dn Mol des Stoffes von der Phase $'$ in die Phase $''$ an Stelle von (98) und (99) streng so zu formulieren:

$$\mathrm{d}U = \delta Q - p\mathrm{d}V = \left(\frac{\partial U}{\partial T}\right)_{V,n',n''} \mathrm{d}T + \left(\frac{\partial U}{\partial V}\right)_{T,n',n''} \mathrm{d}V + \left(\frac{\partial U}{\partial n'}\right)_{V,T,n''} \mathrm{d}n' + \left(\frac{\partial U}{\partial n''}\right)_{V,T,n'} \mathrm{d}n'' , \tag{98a}$$

$$\mathrm{d}H = \delta Q + V\mathrm{d}p = \left(\frac{\partial H}{\partial T}\right)_{p,n',n''} \mathrm{d}T + \left(\frac{\partial H}{\partial p}\right)_{T,n',n''} \mathrm{d}p + \left(\frac{\partial H}{\partial n'}\right)_{p,T,n''} \mathrm{d}n' + \left(\frac{\partial H}{\partial n''}\right)_{p,T,n'} \mathrm{d}n'' , \tag{99a}$$

wobei zu beachten ist, daß $\mathrm{d}n' = -\mathrm{d}n''$.

$$U = f(V, T, n) \quad \text{bzw.} \quad H = f(p, T, n), \tag{97}$$

d. h. Innere Energie und Enthalpie werden noch eine Funktion der Molzahlen des Stoffes in den verschiedenen Phasen.

Die bei Phasenumwandlungen mit der Umgebung ausgetauschte Arbeit besteht, von Spezialfällen abgesehen[1], wieder ausschließlich in Volumenarbeit, so daß wir $\mathrm{d}U$ bzw. $\mathrm{d}H$ in der Form ansetzen können

$$\mathrm{d}U = \delta Q - p\mathrm{d}V = \left(\frac{\partial U}{\partial T}\right)_{V,n} \mathrm{d}T + \left(\frac{\partial U}{\partial V}\right)_{T,n} \mathrm{d}V + \left(\frac{\partial U}{\partial n}\right)_{V,T} \mathrm{d}n, \tag{98}$$

$$\mathrm{d}H = \delta Q + V\mathrm{d}p = \left(\frac{\partial H}{\partial T}\right)_{p,n} \mathrm{d}T + \left(\frac{\partial H}{\partial p}\right)_{T,n} \mathrm{d}p + \left(\frac{\partial H}{\partial n}\right)_{p,T} \mathrm{d}n. \tag{99}$$

Da Phasenumwandlungen in der Praxis meistens bei konstantem Druck vor sich gehen[2], verwenden wir ausschließlich Gl. (99).

Für einen isothermen ($\mathrm{d}T = 0$) und isobaren ($\mathrm{d}p = 0$) Phasenübergang gilt $\mathrm{d}H = \mathrm{d}Q = \left(\frac{\partial H}{\partial n}\right)_{p,T} \mathrm{d}n$ oder

$$\left(\frac{\partial H}{\partial n}\right)_{p,T} = \frac{\mathrm{d}Q}{\mathrm{d}n} \equiv \Delta \boldsymbol{H}_{\mathrm{Um.}}. \tag{100}$$

Die Enthalpieänderung $(\partial H/\partial n)$ *des Systems pro Mol des in die andere Phase übergehenden reinen Stoffes ist gleich der dabei umgesetzten sog. latenten Wärme* (vgl. S. 17) *bei konstantem Druck und konstanter Temperatur.* $\Delta \boldsymbol{H}_{\mathrm{Um.}}$ ist erfahrungsgemäß stets positiv, d. h. die Enthalpie nimmt zu, wenn der Stoff von der bei tieferer Temperatur beständigen Phase in eine bei höherer Temperatur beständige Phase übergeht. Je nach dem betrachteten Vorgang sprechen wir dann von *Schmelzwärme, Verdampfungswärme* oder *Sublimationswärme,* während umgekehrt *Erstarrungswärme* bzw. *Kondensationswärme* stets negativ sind, also eine Enthalpieabnahme des Systems bedeuten. Analoges gilt auch für die gegenseitige Umwandlung *verschiedener fester Modifikationen* eines Stoffes *(Umwandlungswärmen).*

Bei der Phasenumwandlung flüssig → dampfförmig bezeichnet man $\Delta \boldsymbol{H}_{\mathrm{Verd.}}$ als die *äußere molare Verdampfungswärme.* Sie setzt sich nach (99) aus der Zunahme der Inneren Energie und der vom System bei der Verdampfung abgegebenen äußeren Arbeit zusammen: $\delta Q = \mathrm{d}H - V\mathrm{d}p = \mathrm{d}U + p\mathrm{d}V$. Wenn die Verdampfung isobar, d. h. unter dem konstanten Sättigungsdruck p_s stattfindet, gilt für die äußere Arbeit pro Mol:

---

[1] Beim Übergang fester metallischer Phasen von einer Modifikation in eine andere (z. B. graues Zinn ⇄ weißes Zinn) kann mit Hilfe eines galvanischen Elementes auch elektrische Arbeit umgesetzt werden.

[2] Beim Übergang flüssig ⇄ dampfförmig oder fest ⇄ dampfförmig bezeichnet man diesen konstanten Druck als *Sättigungsdruck,* beim Übergang fest ⇄ flüssig als Schmelzdruck. U eignet sich zur Beschreibung von Phasenumwandlungen im allgemeinen nicht, weil sich das Volumen meistens nicht konstant halten läßt.

$$A = -p_s \int_{V_{\mathrm{fl}}}^{V_D} \mathrm{d}V = -p_s(\boldsymbol{V}_D - \boldsymbol{V}_{\mathrm{fl}}) \equiv -p_s \Delta \boldsymbol{V}. \tag{101}$$

Häufig kann man das Flüssigkeitsvolumen gegenüber dem Dampfvolumen vernachlässigen, besonders bei geringen Dampfdrucken[1)], und den Dampf als ideales Gas behandeln, so daß man näherungsweise schreiben kann

$$A \approx -p_s \boldsymbol{V}_D = -RT. \tag{101a}$$

Für Stoffe, die bei Zimmertemperatur sieden, ist $\Delta\boldsymbol{H}_{\mathrm{Verd.}} \approx 25$ kJ mol^{-1} (vgl. S. 104), $A \approx$ 2,5 kJ mol^{-1}, es werden also etwa 10% der zugeführten Wärme in äußere Arbeit umgesetzt. Der Restbetrag dient zur Erhöhung der Inneren Energie des Systems, man bezeichnet ihn deshalb als *innere Verdampfungswärme* $\Delta\boldsymbol{U}_{\mathrm{Verd.}}$. Zwischen äußerer und innerer molarer Verdampfungswärme besteht also die Beziehung

$$\Delta\boldsymbol{H}_{\mathrm{Verd.}} = \Delta\boldsymbol{U}_{\mathrm{Verd.}} - A \approx \Delta\boldsymbol{U}_{\mathrm{Verd.}} + RT. \tag{102}$$

Die innere Verdampfungswärme, die experimentell nicht unmittelbar zugänglich ist, stellt ein Maß für die molekularen Anziehungskräfte in der Flüssigkeit dar, die bei der Verdampfung überwunden werden müssen[2)].

Die Verdampfungswärme hängt eindeutig von Druck und Temperatur ab, d. h. $\mathrm{d}\Delta\boldsymbol{H}_{\mathrm{Verd.}}$ muß ein vollständiges Differential sein:

$$\mathrm{d}\Delta\boldsymbol{H}_{\mathrm{Verd.}} = \left(\frac{\partial \Delta\boldsymbol{H}_{\mathrm{Verd.}}}{\partial T}\right)_p \mathrm{d}T + \left(\frac{\partial \Delta\boldsymbol{H}_{\mathrm{Verd.}}}{\partial p}\right)_T \mathrm{d}p. \tag{104}$$

---

1 So ist z. B. bei siedendem Wasser $\boldsymbol{V}_D \approx 30$ dm^3, $\boldsymbol{V}_{\mathrm{fl}} \approx 18$ cm^3, so daß selbst bei 1 atm Druck $\boldsymbol{V}_{\mathrm{fl}}$ nur etwa $\frac{1}{2}$ ‰ von $\boldsymbol{V}_D$ beträgt.

2 Dies geht auch aus folgender Überlegung hervor: Bei der Verdampfung ändert sich mit der umgesetzten Stoffmenge [Molzahl] n auch das Volumen des Systems in eindeutiger Weise, so daß man statt n auch V als unabhängige Variable verwenden kann. Dann ergibt sich

$$\Delta\boldsymbol{U}_{\mathrm{Verd.}} = (\boldsymbol{U}_D - \boldsymbol{U}_{\mathrm{fl}}) = \int_{V_{\mathrm{fl}}}^{V_D} \left(\frac{\partial \boldsymbol{U}}{\partial V}\right)_T \mathrm{d}V.$$

Setzt man z. B. für $\left(\frac{\partial \boldsymbol{U}}{\partial V}\right)_T$ nach Gleichung (91) den aus der *van der Waals*schen Gleichung folgenden Ausdruck $\frac{a}{\boldsymbol{V}^2}$ ein, so wird

$$\Delta\boldsymbol{U}_{\mathrm{Verd.}} = \frac{a}{\boldsymbol{V}_{\mathrm{fl}}} - \frac{a}{\boldsymbol{V}_D}. \tag{103}$$

Da $a/\boldsymbol{V}^2$ der „Kohäsionsdruck" der Molekeln ist, gibt (103) die bei der Verdampfung zu leistende „innere Arbeit" [Druck × Volumen] an.

Unter Benutzung von (23a) und (36) läßt sich dies in der Form schreiben

$$\mathrm{d}\Delta \boldsymbol{H}_{\text{Verd.}} = (\boldsymbol{C}_{p_D} - \boldsymbol{C}_{p_{\text{fl}}})\,\mathrm{d}T + \left[\boldsymbol{V}_D - T\left(\frac{\partial \boldsymbol{V}_D}{\partial T}\right)_p - \boldsymbol{V}_{\text{fl}} + T\left(\frac{\partial \boldsymbol{V}_{\text{fl}}}{\partial T}\right)_p\right]\mathrm{d}p$$

$$\equiv \Delta \boldsymbol{C}_p \mathrm{d}T + \left[\Delta \boldsymbol{V} - T\left(\frac{\partial \Delta \boldsymbol{V}}{\partial T}\right)_p\right]\mathrm{d}p. \quad (105)$$

Nun sind Variationen von Temperatur und Druck in diesem Fall nicht unabhängig voneinander möglich, wie sich später auf Grund der Phasenregel ergeben wird (vgl. S. 220). Vielmehr gehört zu einer gegebenen Temperaturänderung $\mathrm{d}T$ auch eine ganz bestimmte Druckänderung $\mathrm{d}p_s$, solange beide Phasen nebeneinander beständig *(koexistent)* sind, p_s also den oben erwähnten *Sättigungsdruck* bedeutet. Die Beziehung zwischen $\mathrm{d}p$ und $\mathrm{d}T$ werden wir später als die sog. *Clausius-Clapeyron*sche *Gleichung* kennenlernen (vgl. S. 226). Danach können wir Gleichung (105) auch in der Form schreiben

$$\left(\frac{\mathrm{d}\Delta \boldsymbol{H}_{\text{Verd.}}}{\mathrm{d}T}\right)_{\text{koex}} = \Delta \boldsymbol{C}_p + \left[\Delta \boldsymbol{V} - T\left(\frac{\partial \Delta \boldsymbol{V}}{\partial T}\right)_p\right]\frac{\mathrm{d}p_s}{\mathrm{d}T}, \quad (106)$$

worin $\left(\frac{\mathrm{d}\Delta \boldsymbol{H}_{\text{Verd.}}}{\mathrm{d}T}\right)_{\text{koex}}$ die Änderung der Verdampfungswärme in Richtung der Gleichgewichtskurve (Koexistenzkurve) angibt (vgl. S. 225). Die Integration liefert die Verdampfungswärme $\Delta \boldsymbol{H}_{\text{Verd.}}$ als Funktion der Temperatur.

Bei nicht zu hohen Temperaturen, d. h. bei genügender Entfernung vom kritischen Punkt kann man das Molvolumen der Flüssigkeit gegen das Molvolumen des Dampfes vernachlässigen[1)], ferner für den Dampf das ideale Gasgesetz als gültig annehmen. Dann ist

$$\left(\frac{\partial \Delta \boldsymbol{V}}{\partial T}\right)_p = \left(\frac{\partial \boldsymbol{V}_D}{\partial T}\right)_p = \frac{R}{p}$$

und

$$T\left(\frac{\partial \Delta \boldsymbol{V}}{\partial T}\right)_p = \frac{RT}{p} = \boldsymbol{V}_D,$$

so daß der Ausdruck in der eckigen Klammer in Gl. (106) verschwindet, und

$$\left(\frac{\mathrm{d}\Delta \boldsymbol{H}_{\text{Verd.}}}{\mathrm{d}T}\right)_{\text{koex}} = \Delta \boldsymbol{C}_p \equiv \boldsymbol{C}_{p_D} - \boldsymbol{C}_{p_{\text{fl}}}. \quad (107)$$

---

[1] Vgl. Anm. S. 100[1)].

Wie wir S. 93 sahen, ist $\boldsymbol{C}_{p_{\text{fl}}}$ in der Regel beträchtlich größer als $\boldsymbol{C}_{p_{\text{D}}}$, so daß $\mathrm{d}\Delta\boldsymbol{H}_{\text{Verd.}}/\mathrm{d}T$ negativ wird, die Verdampfungswärme nimmt also mit zunehmender Temperatur ab. Das ist verständlich, weil flüssiger und dampfförmiger Zustand sich bei Annäherung an den kritischen Punkt immer ähnlicher werden. Bei sehr tiefen Temperaturen geht jedoch $\boldsymbol{C}_{p_{\text{D}}}$ gegen einen endlichen Grenzwert (vgl. Abb. 22), während $\boldsymbol{C}_{p_{\text{fl}}}$ sich ähnlich wie $\boldsymbol{C}_{p_{\text{fest}}}$ dem Wert Null nähert (vgl. Abb. 32), so daß sich das Vorzeichen von $\mathrm{d}\Delta\boldsymbol{H}_{\text{Verd.}}/\mathrm{d}T$ umkehren kann. Tatsächlich hat man bei H_2 und He ein Maximum in der $\Delta\boldsymbol{H}_{\text{Verd.}}$-$T$-Kurve gefunden; meistens liegt es jedoch bei so tiefen Temperaturen bzw. so kleinen Drucken, daß es experimentell schwer zugänglich ist.

Für die meisten praktischen Fälle kommt man mit der vereinfachten Gl. (107) aus, solange die Dampfdrucke unter 0,5 bar bleiben. Die Integration liefert die Beziehung

$$\Delta\boldsymbol{H}_{T_2} = \Delta\boldsymbol{H}_{T_1} + \int_{T_1}^{T_2} \Delta\boldsymbol{C}_p \mathrm{d}T, \tag{108}$$

mit der man Verdampfungswärmen auf verschiedene Temperaturen umrechnen kann, wenn die T-Abhängigkeit der Molwärmen von Dampf und Flüssigkeit bekannt ist. In Abb. 33 ist die Verdampfungswärme des Wassers in Abhängigkeit von T nach neueren Messungen wiedergegeben. Bei höheren Temperaturen, d. h. bei Annäherung an den kritischen Punkt ist die Näherungsgleichung (107) natürlich nicht mehr zulässig und muß durch die exakte Gl. (106) ersetzt werden. Beim kritischen Punkt selbst werden beide Phasen identisch, so daß $\Delta\boldsymbol{H}_{\text{Verd.}} = 0$,

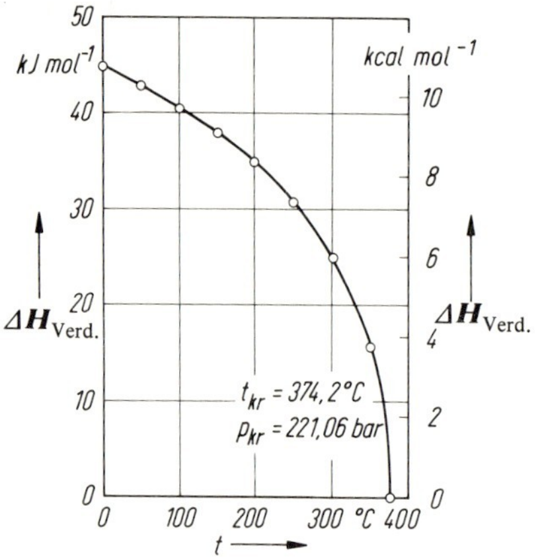

Abb. 33. Verdampfungswärme des Wassers $\Delta\boldsymbol{H}_{\text{Verd.}}$ als Funktion der Temperatur.

$\Delta\boldsymbol{V} = 0$, $\Delta\boldsymbol{C}_p = 0$. Hier führt Gl. (106) zu einem unbestimmten Ausdruck für die Neigung $\mathrm{d}\Delta\boldsymbol{H}_{\text{Verd.}}/\mathrm{d}T$. Man erhält sie, wenn man die S. 101 erwähnte und später abzuleitende *Clausius-Clapeyron*sche Gleichung für die Temperaturabhängigkeit des Sättigungsdrucks

$$\left(\frac{\mathrm{d}p_{\text{s}}}{\mathrm{d}T}\right)_{\text{koex}} = \frac{\Delta\boldsymbol{H}_{\text{Verd.}}}{T\Delta\boldsymbol{V}} \tag{109}$$

mitheranzieht. Differenziert man nach T, so wird

$$\left(\frac{\mathrm{d}\Delta \boldsymbol{H}_{\text{Verd.}}}{\mathrm{d}T}\right)_{\text{koex}} = \Delta \boldsymbol{V}\frac{\mathrm{d}p_{\text{s}}}{\mathrm{d}T} + T\Delta \boldsymbol{V}\frac{\mathrm{d}^2 p_{\text{s}}}{\mathrm{d}T^2} + T\frac{\mathrm{d}p_{\text{s}}}{\mathrm{d}T}\left(\frac{\mathrm{d}\Delta \boldsymbol{V}}{\mathrm{d}T}\right)_{\text{koex}}. \tag{110}$$

$\frac{\mathrm{d}p_{\text{s}}}{\mathrm{d}T}$ und $\frac{\mathrm{d}^2 p_{\text{s}}}{\mathrm{d}T^2}$, Neigung und Krümmung der Dampfdruckkurve, sind erfahrungsgemäß beim kritischen Punkt stets positiv und endlich, so daß die beiden ersten Glieder mit $\Delta \boldsymbol{V} = 0$ verschwinden. Die Neigung der $\Delta \boldsymbol{H}_{\text{Verd.}}$-$T$-Kurve beim kritischen Punkt ist deshalb allein durch den Ausdruck

$$\left(\frac{\mathrm{d}\Delta \boldsymbol{V}}{\mathrm{d}T}\right)_{\text{koex}} = \left(\frac{\mathrm{d}\boldsymbol{V}_D}{\mathrm{d}T} - \frac{\mathrm{d}\boldsymbol{V}_{\text{fl}}}{\mathrm{d}T}\right)_{\text{koex}}$$

gegeben. Aus Abb. 34, die den Verlauf der koexistenten Molvolumina in der Nähe des kritischen Punktes schematisch wiedergibt, folgt

$$\frac{\mathrm{d}\boldsymbol{V}_D}{\mathrm{d}T} = -\infty; \quad \frac{\mathrm{d}\boldsymbol{V}_{\text{fl}}}{\mathrm{d}T} = +\infty \quad (T = T_{\text{kr}}), \tag{111}$$

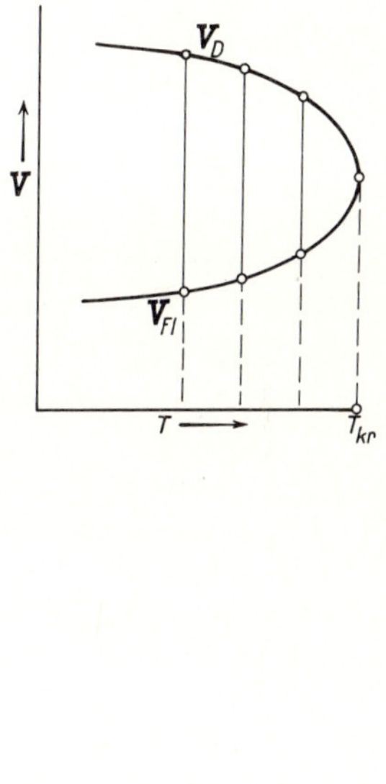

Abb. 34. Molvolumina von Dampf und Flüssigkeit in der Nähe des kritischen Punktes. Die senkrechten Geraden (Konnoden) verbinden Molvolumina koexistenter Phasen.

so daß

$$\left(\frac{\mathrm{d}\Delta \boldsymbol{H}_{\text{Verd.}}}{\mathrm{d}T}\right)_{\text{koex}} = -\infty,$$

wie es die Erfahrung bestätigt (vgl. Abb. 33).

Eliminiert man $\frac{\mathrm{d}p_{\text{s}}}{\mathrm{d}T}$ aus den beiden Gln. (106) und (109), so erhält man für die Temperaturabhängigkeit der Verdampfungswärme die *Planck*sche *Gleichung*[1)]

$$\left(\frac{\mathrm{d}\Delta \boldsymbol{H}_{\text{Verd.}}}{\mathrm{d}T}\right)_{\text{koex}} = \Delta \boldsymbol{C}_p + \frac{\Delta \boldsymbol{H}_{\text{Verd.}}}{T} - \Delta \boldsymbol{H}_{\text{Verd.}}\left(\frac{\partial \ln \Delta \boldsymbol{V}}{\partial T}\right)_p. \tag{106a}$$

[1] *M. Planck,* Ann. Physik *30,* 574 (1887).

Analoge Gleichungen gelten für den Sublimations- und den Schmelzvorgang, doch ist für den letzteren die zur Gl. (107) führende Vereinfachung natürlich nicht zulässig, da die Molvolumina von fester und flüssiger Phase stets von vergleichbarer Größe sind. Dagegen kann man in Gl. (106a) den letzten Term in der Regel vernachlässigen, während die beiden ersten Terme ähnliche Größe besitzen. Zwischen den drei latenten Wärmen besteht auf Grund des Energiesatzes beim Schmelzpunkt die Beziehung

$$\Delta \boldsymbol{H}_{\text{Subl.}} = \Delta \boldsymbol{H}_{\text{Schm.}} + \Delta \boldsymbol{H}_{\text{Verd.}}, \tag{112}$$

denn die Summe $A + Q$ muß davon unabhängig sein, ob man einen festen Stoff direkt oder auf dem Umweg über die Flüssigkeit in den Dampf überführt.

Will man die Verdampfungswärmen verschiedener Stoffe miteinander vergleichen, so hat dies wegen der großen Temperaturabhängigkeit von $\Delta \boldsymbol{H}_{\text{Verd.}}$ offenbar nur dann Sinn, wenn die Flüssigkeiten sich in vergleichbaren Zuständen befinden. Dies ist für eine Reihe sog. „normaler Flüssigkeiten", die weder in kondensierter noch in Gasphase merklich assoziiert sind, beim *Siedepunkt unter Atmosphärendruck* angenähert der Fall, denn nach einer von *Guldberg* angegebenen Regel beträgt bei ihnen die Siedetemperatur T_S rund $\frac{2}{3}$ der kritischen Temperatur T_k, bei der ja die Flüssigkeitszustände sicherlich vergleichbar sind. Die Siedetemperatur kann deshalb bei solchen Stoffen als eine „reduzierte" Temperatur im Sinn des Theorems der übereinstimmenden Zustände (vgl. S. 48) aufgefaßt werden. Tatsächlich ist für derartige Stoffe das Verhältnis

$$\frac{\Delta \boldsymbol{H}_s}{T_s} \approx \text{const.} \tag{113}$$

(*Pictet-Trouton*sche Regel), wobei die Konstante im Durchschnitt den Wert 87,9 J K^{-1} mol^{-1} besitzt.

Eine etwas bessere Übereinstimmung mit der Erfahrung ergibt die *Hildebrand*sche Regel[1], nach der der Quotient $\Delta \boldsymbol{H}_{\text{Verd.}}/T$ nicht bei gleichem Dampfdruck (1 atm), sondern bei gleichem Dampfvolumen $\boldsymbol{V}_D$ zu vergleichen ist:

$$\left(\frac{\Delta \boldsymbol{H}_{\text{Verd.}}}{T}\right)_{\boldsymbol{V}_D = \text{const.}} \approx \text{const.} \tag{114}$$

Bei $\boldsymbol{V}_D = 49{,}5\ \text{dm}^3/\text{mol}$ besitzt die Konstante etwa den Wert 84,1 J K^{-1} mol^{-1}. Auch die Gültigkeit dieser Regel ist auf nichtassoziierte Stoffe beschränkt.

Für die S. 49 erwähnten acht Normalstoffe, die das Theorem der übereinstimmenden Zustände mit großer Genauigkeit befolgen, gilt die von *Guggenheim*[2] hervorgehobene Regel, daß der Quotient $\Delta \boldsymbol{H}_{\text{Verd.}}/T$ bei korrespondierenden Temperaturen denselben Wert besitzt, d. h. bei Temperaturen, die den gleichen Bruchteil der kritischen Temperatur (z. B. $\frac{1}{50}$ von T_k) betragen. Auf diese Weise wird die Unsicherheit der oben erwähnten *Guldberg*schen Regel eliminiert.

Eine der *Pictet-Trouton*schen Regel analoge Gesetzmäßigkeit findet man bei den *Schmelzwärmen* einatomiger Elemente, für die nach *Richards* die Beziehung gilt

$$\frac{\Delta \boldsymbol{H}_{\text{Schm.}}}{T_{\text{Schm.}}} = k,$$

---

[1] Vgl. *J. H. Hildebrand* u. *R. L. Scott,* The Solubility of Nonelectrolytes, 3. Aufl. New York 1950, S. 77.

[2] *E. A. Guggenheim,* J. chem. Physics *13,* 253 (1945).

wobei k zwischen 6,7 und 14,2 J K^{-1} mol^{-1} liegt. Für mehratomige Stoffe versagt die Regel und k wird im allgemeinen um so größer, je höher die Atomzahl der Molekel ist[1)].

5 Anwendung des ersten Hauptsatzes auf Reaktionen zwischen reinen Phasen und in idealen Mischungen

5.1 Die Reaktionswärmen ΔU und ΔH

Wenn wir jetzt zur Anwendung des ersten Hauptsatzes auf *zusammengesetzte Systeme* übergehen, so wollen wir analog wie bei der Besprechung der Volumina von Mischsystemen zwei Fälle unterscheiden:

a) Die Innere Energie U bzw. die Enthalpie H des Gesamtsystems setzt sich additiv aus den molaren Inneren Energien bzw. Enthalpien der reinen Bestandteile des Systems zusammen.

b) Die molaren Inneren Energien bzw. Enthalpien der Komponenten der Mischung sind nicht additiv, sondern beim Mischen unter konstantem Druck und bei konstanter Temperatur tritt bereits eine Änderung von U bzw. H auf (sog. Mischungswärmen).

Im ersten Fall, den wir in diesem Abschnitt behandeln wollen, gilt analog zur Gl. (II, 85), wobei wir auch hier wieder die molaren Zustandsgrößen reiner Stoffe durch Fettdruck hervorheben:

$$U = n_1\boldsymbol{U}_1 + n_2\boldsymbol{U}_2 + \cdots + n_k\boldsymbol{U}_k = \sum_1^k n_i\boldsymbol{U}_i, \tag{115}$$

$$H = n_1\boldsymbol{H}_1 + n_2\boldsymbol{H}_2 + \cdots + n_k\boldsymbol{H}_k = \sum_1^k n_i\boldsymbol{H}_i, \tag{116}$$

$$C_p = n_1\boldsymbol{C}_{p_1} + n_2\boldsymbol{C}_{p_2} + \cdots + n_k\boldsymbol{C}_{p_k} = \sum_1^k n_i\boldsymbol{C}_{p_i}. \tag{117}$$

Dieser Fall ist verwirklicht bei *heterogenen Systemen,* bei denen nur eine grobmechanische (keine molekulardisperse) Mischung eintritt, bei sehr *verdünnten (idealen)* Gasen, in denen keine merkliche Wechselwirkung zwischen den Molekeln existiert, und bei den S. 52 erwähnten *idealen Mischungen,* bei denen die Wechselwirkung zwischen verschiedenen Molekeln gleich dem arithmetischen Mittel der Wechselwirkungen zwischen gleichartigen Molekeln ist:

$$E_{\mathrm{pot}_{ik}} = \tfrac{1}{2}(E_{\mathrm{pot}_{ii}} + E_{\mathrm{pot}_{kk}}).$$

---

1 Bei manchen organischen Stoffen, deren Molekeln annähernd kugelförmig gebaut sind, wie z. B. beim Kampfer, sind die Schmelzwärmen ungewöhnlich klein; deswegen besitzen diese Stoffe eine sehr hohe molare Gefrierpunktserniedrigung (vgl. S. 244) und eignen sich besonders als Lösungsmittel zur kryoskopischen Bestimmung von Molgewichten (vgl. dazu *J. Pirsch,* Angew. Chem. *51,* 73 (1938); ferner *A. Eucken,* ibid. *55,* 163 (1942), *A. Lüttringhaus,* ibid. *59,* 228 (1947); *J. W. Breitenbach, H. Gabler* in: Ullmanns Encyklopädie der technischen Chemie, 3. Aufl., Band 2/1, München 1961, S. 796ff.; *K. Rast* in: Houben/Weyl, Methoden der organischen Chemie, 4. Aufl., Band III/1, Stuttgart 1955, S. 344ff., 362ff.).

Läuft in einem derartigen geschlossenen System eine chemische Reaktion ab unter konstanten äußeren Bedingungen (p bzw. V und T konstant), so ändern sich auch U und H. In vielen Fällen sind allerdings thermische Gleichgewichtszustände, mit denen wir uns ausschließlich beschäftigen, durch Druck und Temperatur bereits eindeutig festgelegt, d. h. es herrscht auch *chemisches Gleichgewicht,* und chemische Veränderungen sind nur möglich, wenn man Druck oder Temperatur oder beide variiert. Will man deshalb den Grad des chemischen Umsatzes als *unabhängige* Variable benutzen, so muß man den Begriff der *Hemmung* einführen. Eine Reaktionshemmung läßt sich z. B. bei einer in einem galvanischen Element ablaufenden Reaktion dadurch jederzeit verwirklichen, daß man eine gleich große Gegenspannung an die Elektroden anlegt (Kompensationsschaltung). Dann befindet sich das Gesamtsystem „Element + Gegenspannungsquelle" wieder im Gleichgewicht, und man kann durch infinitesimale Erniedrigung der Gegenspannung, d. h. durch Aufheben der Hemmung, die Reaktion bei konstantem Druck und konstanter Temperatur unter Gleichgewichtsbedingungen „unendlich langsam" oder „quasistatisch" (vgl. S. 76) ablaufen lassen. Aber auch spontan ablaufende Reaktionen kann man sich jederzeit durch Hinzufügung oder Wegnahme eines „Katalysators" beliebig gesteuert denken, so daß prinzipiell nichts im Wege steht, den Grad des chemischen Umsatzes als unabhängige Variable unter Konstanthaltung der übrigen Zustandsvariablen zu verwenden.

Um die Energie- bzw. Enthalpieänderung des Gesamtsystems in Abhängigkeit vom chemischen Umsatz zu formulieren, betrachten wir das allgemeine Reaktionsschema

$$\nu_A A + \nu_B B + \cdots \rightarrow \nu_C C + \nu_D D + \cdots \tag{118}$$

ν_A, ν_B, ν_C, ν_D, ... sind die *stöchiometrischen Äquivalenzzahlen*[1]. Sie sind für die bei der Reaktion entstehenden Stoffe positiv, für die bei der Reaktion verschwindenden Stoffe negativ zu rechnen. Da nun nach unserer Voraussetzung U bzw. H sich additiv aus den molaren Inneren Energien bzw. Enthalpien der reinen Komponenten der Mischung zusammensetzt, ergibt sich die Änderung von U bzw. H bei einem *Formelumsatz* der Reaktion zu

$$\Delta \boldsymbol{U} = -\nu_A \boldsymbol{U}_A - \nu_B \boldsymbol{U}_B - \cdots + \nu_C \boldsymbol{U}_C + \nu_D \boldsymbol{U}_D + \cdots = \sum_1^k \nu_i \boldsymbol{U}_i \tag{119}$$

bei konstantem Volumen und konstanter Temperatur, zu

$$\Delta \boldsymbol{H} = -\nu_A \boldsymbol{H}_A - \nu_B \boldsymbol{H}_B - \cdots + \nu_C \boldsymbol{H}_C + \nu_D \boldsymbol{H}_D + \cdots = \sum_1^k \nu_i \boldsymbol{H}_i \tag{120}$$

bei konstantem Druck und konstanter Temperatur.

Bei einem infinitesimalen chemischen Umsatz, bei dem sich die Molzahlen der Reaktionsteilnehmer um die wieder in *stöchiometrischem Verhältnis* stehenden Beträge $-\mathrm{d}n_A$, $-\mathrm{d}n_B$, ..., $+\mathrm{d}n_C$, $+\mathrm{d}n_D$, ... ändern, ergibt sich demnach für das Differential von U (bei konstantem V und T):

---

[1] Nach IUPAC auch als *stöchiometrische Faktoren* bezeichnet.

$$\mathrm{d}U = -\left(\frac{\partial U}{\partial n_\mathrm{A}}\right)_{V,T,n_\mathrm{B}\dots} \mathrm{d}n_\mathrm{A} - \left(\frac{\partial U}{\partial n_\mathrm{B}}\right)_{V,T,n_\mathrm{A}\dots} \mathrm{d}n_\mathrm{B} - \dots + \left(\frac{\partial U}{\partial n_\mathrm{C}}\right)_{V,T,n_\mathrm{A}\dots} \mathrm{d}n_\mathrm{C}$$

$$+ \left(\frac{\partial U}{\partial n_\mathrm{D}}\right)_{V,T,n_\mathrm{A}\dots} \mathrm{d}n_\mathrm{D} + \dots = \sum_1^k \left(\frac{\partial U}{\partial n_i}\right)_{V,T} \mathrm{d}n_i = \sum_1^k \boldsymbol{U}_i \mathrm{d}n_i \tag{121}$$

und entsprechend für das Differential von H (bei konstantem p und T):

$$\mathrm{d}H = \sum_1^k \left(\frac{\partial H}{\partial n_i}\right)_{p,T} \mathrm{d}n_i = \sum_1^k \boldsymbol{H}_i \mathrm{d}n_i\,. \tag{122}$$

Da die $\mathrm{d}n_i$ in stöchiometrischem Verhältnis stehen, benutzt man die sog. *Reaktionslaufzahl* ξ als unabhängige Variable, die angibt, wieviel Formelumsätze stattgefunden haben. Ein Formelumsatz bedeutet also eine Änderung von ξ um eine Einheit. Zwischen der Änderung von ξ und der Änderung der einzelnen Stoffmengen [Molzahlen] besteht die leicht einzusehende Beziehung

$$\mathrm{d}n_i = \nu_i \mathrm{d}\xi\,, \tag{123}$$

so daß sich aus (121) und (122) ergibt

$$\mathrm{d}U = \sum_1^k \nu_i \boldsymbol{U}_i \mathrm{d}\xi \quad \text{oder} \quad \left(\frac{\partial U}{\partial \xi}\right)_{V,T} = \sum_1^k \nu_i \boldsymbol{U}_i\,, \tag{121a}$$

$$\mathrm{d}H = \sum_1^k \nu_i \boldsymbol{H}_i \mathrm{d}\xi \quad \text{oder} \quad \left(\frac{\partial H}{\partial \xi}\right)_{p,T} = \sum_1^k \nu_i \boldsymbol{H}_i\,, \tag{122a}$$

was mit (119) und (120) identisch ist.

Damit erhalten wir für das vollständige Differential der Inneren Energie bzw. der Enthalpie eines geschlossenen zusammengesetzten Systems, in dem eine bestimmte Reaktion abzulaufen vermag

$$\mathrm{d}U = \delta Q + \delta A = \left(\frac{\partial U}{\partial T}\right)_{V,\xi} \mathrm{d}T + \left(\frac{\partial U}{\partial V}\right)_{T,\xi} \mathrm{d}V + \left(\frac{\partial U}{\partial \xi}\right)_{V,T} \mathrm{d}\xi\,, \tag{124}$$

$$\mathrm{d}H = \mathrm{d}U + \mathrm{d}(pV) = \left(\frac{\partial H}{\partial T}\right)_{p,\xi} \mathrm{d}T + \left(\frac{\partial H}{\partial p}\right)_{T,\xi} \mathrm{d}p + \left(\frac{\partial H}{\partial \xi}\right)_{p,T} \mathrm{d}\xi\,. \tag{125}$$

Die physikalische Bedeutung der neu hinzugekommenen partiellen Differentialquotienten $\left(\frac{\partial U}{\partial \xi}\right)_{V,T}$ und $\left(\frac{\partial H}{\partial \xi}\right)_{p,T}$ ergibt sich folgendermaßen: Sorgen wir dafür, daß außer Volumenarbeit keine Arbeit mit der Umgebung ausgetauscht werden kann ($\delta A = -p\mathrm{d}V$), so wird für isothermen ($\mathrm{d}T = 0$) und isochoren ($\mathrm{d}V = 0$) Reaktionsablauf:

$$\mathrm{d}U = \mathrm{d}Q = \left(\frac{\partial U}{\partial \xi}\right)_{V,T} \mathrm{d}\xi \quad \text{oder} \quad \left(\frac{\partial U}{\partial \xi}\right)_{V,T} \equiv \boldsymbol{\Delta U} = \left(\frac{\mathrm{d}Q}{\mathrm{d}\xi}\right)_{V,T}. \tag{126}$$

$\left(\frac{\partial U}{\partial \xi}\right)_{V,T} \equiv \boldsymbol{\Delta U}$ ist also gleich der Wärme $Q_{(\Delta\xi=1)}$, die man ableiten oder zuführen muß, damit sich die Temperatur des Systems bei einem Formelumsatz unter konstantem Volumen nicht ändert. Entsprechend gilt für isothermen und isobaren Umsatz:

$$\mathrm{d}H = \mathrm{d}Q = \left(\frac{\partial H}{\partial \xi}\right)_{p,T} \mathrm{d}\xi \quad \text{oder} \quad \left(\frac{\partial H}{\partial \xi}\right)_{p,T} \equiv \boldsymbol{\Delta H} = \left(\frac{\mathrm{d}Q}{\mathrm{d}\xi}\right)_{p,T}. \tag{127}$$

Man bezeichnet $\boldsymbol{\Delta U}$ als *Reaktionswärme bei konstantem Volumen,* $\boldsymbol{\Delta H}$ als *Reaktionswärme bei konstantem Druck* oder auch als *Reaktionsenthalpie.* Sind $\boldsymbol{\Delta U}$ bzw. $\boldsymbol{\Delta H}$ *positiv,* muß man also Wärme aus der Umgebung zuführen, damit T konstant bleibt, so nennen wir die betreffende Reaktion *endotherm,* sind $\boldsymbol{\Delta U}$ bzw. $\boldsymbol{\Delta H}$ *negativ,* wird also Wärme an die Umgebung abgegeben, so nennen wir sie *exotherm* [1)].

$\boldsymbol{\Delta U}$ läßt sich im Gegensatz zur inneren Verdampfungswärme $\boldsymbol{\Delta U}_{\mathrm{Verd.}}$ in Gl. (102) unmittelbar experimentell ermitteln (Kalorimeterbombe!), in der Regel bestimmt man jedoch auch hier $\boldsymbol{\Delta H}$, besonders bei kondensierten Systemen, um das Entstehen hoher Drucke zu vermeiden. Die Differenz $\boldsymbol{\Delta H} - \boldsymbol{\Delta U}$ erhält man durch eine analoge Betrachtung wie die Differenz $C_p - C_V$ (S. 69) auf folgende Weise:

Man geht wieder von Gl. (19) aus

$$\mathrm{d}H = \mathrm{d}U + p\mathrm{d}V + V\mathrm{d}p,$$

ersetzt $\mathrm{d}U$ für eine isotherm verlaufende Reaktion nach Gl. (124) durch

$$\mathrm{d}U = \left(\frac{\partial U}{\mathrm{d}\xi}\right)_{V,T} \mathrm{d}\xi + \left(\frac{\partial U}{\partial V}\right)_{T,\xi} \mathrm{d}V \tag{128}$$

und erhält

$$\mathrm{d}H = \left(\frac{\partial U}{\partial \xi}\right)_{V,T} \mathrm{d}\xi + \left[\left(\frac{\partial U}{\partial V}\right)_{T,\xi} + p\right] \mathrm{d}V + V\mathrm{d}p. \tag{129}$$

Durch Ableitung nach ξ bei konstantem Druck ($\mathrm{d}p = 0$) ergibt sich dann

$$\left(\frac{\partial H}{\partial \xi}\right)_{p,T} = \left(\frac{\partial U}{\partial \xi}\right)_{V,T} + \left[\left(\frac{\partial U}{\partial V}\right)_{\xi,T} + p\right]\left(\frac{\partial V}{\partial \xi}\right)_{p,T} \tag{130}$$

---

1 Die Existenz spontan verlaufender endothermer Reaktionen widerspricht dem von *Thomson* und *Berthelot* aufgestellten Prinzip, daß die Reaktionswärme ein Maß für die sog. *„Affinität“* einer Reaktion bildet.

oder mit (126) und (127)

$$\Delta \boldsymbol{H} - \Delta \boldsymbol{U} = \left[\left(\frac{\partial U}{\partial V}\right)_{\xi, T} + p\right] \Delta \boldsymbol{V}, \tag{131}$$

wenn man mit

$$\left(\frac{\partial V}{\partial \xi}\right)_{p, T} \equiv \Delta \boldsymbol{V} \tag{132}$$

die Volumenänderung pro Formelumsatz bei konstantem p und T bezeichnet. Die Differenz $\Delta \boldsymbol{H} - \Delta \boldsymbol{U}$ ist also gleich der gesamten (äußeren und inneren) Volumenarbeit, die von der Reaktion bei konstantem Druck und konstanter Temperatur geleistet bzw. aufgenommen wird, je nachdem $\Delta \boldsymbol{V}$ positiv oder negativ ist.

Bei Reaktionen zwischen reinen kondensierten Stoffen und in idealen kondensierten Mischphasen ist $\Delta \boldsymbol{V}$ sehr klein, so daß $\Delta \boldsymbol{H} \approx \Delta \boldsymbol{U}$ wird. Bei Reaktionen in idealen Gasen ist $\left(\frac{\partial U}{\partial V}\right)_{\xi, T} = 0$ nach dem *Gay-Lussac*schen Versuch bzw. Gl. (40), so daß wir erhalten

$$\Delta \boldsymbol{H} - \Delta \boldsymbol{U} = p \Delta \boldsymbol{V} = \sum \nu_{\mathrm{Gas}} R T, \tag{133}$$

wenn man $\Delta \boldsymbol{V} = \sum \nu_{\mathrm{Gas}} \boldsymbol{V}_{\mathrm{Gas}} = \sum \nu_{\mathrm{Gas}} R T/p$ setzt. So wäre z. B. für die Ammoniaksynthese $N_2 + 3\,H_2 \rightarrow 2\,NH_3$ unter der Bedingung einer idealen Gasmischung mit $\sum \nu_{\mathrm{gas}} = -1 - 3 + 2 = -2$ die Differenz $\Delta \boldsymbol{H} - \Delta \boldsymbol{U} = -2RT$. In diesem Fall wird vom äußeren Druck Volumenarbeit geleistet, da das Gesamtvolumen bei der Reaktion abnimmt. Da $\sum \nu_{\mathrm{Gas}}$ bei den meisten Reaktionen höchstens 2 – 3 Einheiten beträgt, ist der Unterschied zwischen $\Delta \boldsymbol{H}$ und $\Delta \boldsymbol{U}$ bei Zimmertemperatur in der Größenordnung von 4 kJ mol^{-1}. Bei $T = 0$ werden $\Delta \boldsymbol{H}$ und $\Delta \boldsymbol{U}$ nach Gl. (133) gleich.

5.2 Der Heßsche Satz

Da U und H Zustandsfunktionen sind, hängt auch $\Delta \boldsymbol{U}$ und $\Delta \boldsymbol{H}$ nur von Anfangs- und Endzustand des Systems, dagegen nicht vom Reaktionsweg ab. Läßt man also ein System einmal direkt und einmal über verschiedene Zwischenreaktionen vom Zustand I in den Zustand II übergehen, so sind die Reaktionswärmen auf beiden Wegen gleich groß. Man kann diesen schon vor der Formulierung des ersten Hauptsatzes von *Heß* 1840 aufgestellten Satz dazu benutzen, Reaktionswärmen zu berechnen, die nicht unmittelbar meßbar sind.

Das bekannteste Beispiel ist die Verbrennung des Kohlenstoffes:

I. $C_{\mathrm{fest}} + O_2 \rightarrow CO_2$;	meßbar (– 393,17 kJ mol^{-1})
II. $CO + \frac{1}{2} O_2 \rightarrow CO_2$;	meßbar (– 282,63 kJ mol^{-1})
III. $C_{\mathrm{fest}} + \frac{1}{2} O_2 \rightarrow CO$;	nicht meßbar

Nach Gl. (120) gilt für konstanten Druck, konstante Temperatur und ideales Gasverhalten

$$\Delta \boldsymbol{H}_{\mathrm{I}} = -\boldsymbol{H}_{\mathrm{C_{fest}}} - \boldsymbol{H}_{\mathrm{O_2}} + \boldsymbol{H}_{\mathrm{CO_2}},$$
$$\Delta \boldsymbol{H}_{\mathrm{II}} = -\boldsymbol{H}_{\mathrm{CO}} - \tfrac{1}{2}\boldsymbol{H}_{\mathrm{O_2}} + \boldsymbol{H}_{\mathrm{CO_2}},$$
$$\Delta \boldsymbol{H}_{\mathrm{III}} = -\boldsymbol{H}_{\mathrm{C_{fest}}} - \tfrac{1}{2}\boldsymbol{H}_{\mathrm{O_2}} + \boldsymbol{H}_{\mathrm{CO}}.$$

Daraus folgt sofort $\Delta \boldsymbol{H}_{\mathrm{I}} = \Delta \boldsymbol{H}_{\mathrm{II}} + \Delta \boldsymbol{H}_{\mathrm{III}}$, so daß man $\Delta \boldsymbol{H}_{\mathrm{III}}$ berechnen kann ($-110{,}54$ kJ mol^{-1}).

Als weiteres Beispiel möge die ebenfalls nicht direkt meßbare Umwandlungswärme von cis-Dekalin in trans-Dekalin berechnet werden:

I: Cis-$C_{10}H_{18} + 14\tfrac{1}{2}\,O_2 \rightarrow 10\,CO_2 + 9\,H_2O$;	$\Delta \boldsymbol{H}_{\mathrm{I}}$ meßbar ($-6275{,}58$ kJ mol^{-1})
II. Trans-$C_{10}H_{18} + 14\tfrac{1}{2}\,O_2 \rightarrow 10\,CO_2 + 9\,H_2O$;	$\Delta \boldsymbol{H}_{\mathrm{II}}$ meßbar ($-6255{,}92$ kJ mol^{-1})
III. Cis-$C_{10}H_{18}$ → Trans-$C_{10}H_{18}$;	$\Delta \boldsymbol{H}_{\mathrm{III}}$ nicht meßbar.

Nach Gl. (120) gilt für die auf konstanten Druck umgerechneten Reaktionen:

$$\Delta \boldsymbol{H}_{\mathrm{I}} = -\boldsymbol{H}_{\mathrm{Cis}} - 14\tfrac{1}{2}\boldsymbol{H}_{\mathrm{O_2}} + 10\boldsymbol{H}_{\mathrm{CO_2}} + 9\boldsymbol{H}_{\mathrm{H_2O}},$$
$$\Delta \boldsymbol{H}_{\mathrm{II}} = -\boldsymbol{H}_{\mathrm{Trans}} - 14\tfrac{1}{2}\boldsymbol{H}_{\mathrm{O_2}} + 10\boldsymbol{H}_{\mathrm{CO_2}} + 9\boldsymbol{H}_{\mathrm{H_2O}},$$
$$\Delta \boldsymbol{H}_{\mathrm{III}} = -\boldsymbol{H}_{\mathrm{Cis}} + \boldsymbol{H}_{\mathrm{Trans}}.$$

Es folgt $\Delta \boldsymbol{H}_{\mathrm{III}} = \Delta \boldsymbol{H}_{\mathrm{I}} - \Delta \boldsymbol{H}_{\mathrm{II}} = -19{,}66$ kJ mol^{-1}.

$\Delta \boldsymbol{H}_{\mathrm{III}}$ ist gleich dem Enthalpieunterschied der beiden isomeren Stoffe. Solche Enthalpiedifferenzen organischer Stoffe lassen sich ganz allgemein durch *Verbrennungsreaktionen* ermitteln, doch erfordern sie sehr genaue Messungen, da sie stets als Differenz zweier großer Zahlen erscheinen[1)].

5.3 Bildungs-Enthalpien chemischer Verbindungen

Man kann noch einen Schritt weiter gehen und mit Hilfe von Verbrennungswärmen und des *Heß*schen Satzes die Reaktionswärmen berechnen, die bei der – praktisch sehr selten durchführbaren – Bildung einer chemischen Verbindung aus ihren Elementen auftreten würden. Diese sog. *Bildungswärmen* oder *Bildungsenthalpien* chemischer Verbindungen haben nicht nur theoretisches, sondern auch erhebliches praktisches Interesse, denn mit ihrer Hilfe lassen sich – wiederum auf Grund des *Heß*schen Satzes – die Reaktionswärmen beliebiger Reaktionen sofort angeben.

Da, wie oben erwähnt, bei Reaktionen zwischen reinen kondensierten Stoffen und in kondensierten Mischphasen $\Delta \boldsymbol{V}$ sehr klein ist, ist $\Delta \boldsymbol{H}$ praktisch druckunabhängig, außer wenn man außerordentlich große Druckänderungen in Betracht zieht. Bei Reaktionen in idealen Gasmischungen ist $\Delta \boldsymbol{H}$ nach (134) streng druckunabhängig, dagegen kann bei Reaktionen in realen Gasmischungen eine merkliche Druckabhängigkeit beobachtet werden, die darauf beruht, daß das ideale Gasgesetz nicht mehr gültig ist. Zur einheitlichen Definition der Bildungsenthalpien setzt man deshalb fest, daß alle an der Bildungsreaktion teilnehmenden Stoffe in bestimmten *Standardzuständen* vorliegen sollen. *Als solche wählt man bei Gasen den idealen*

---

1 Im obigen Beispiel würde einem Meßfehler von 1% in $\Delta \boldsymbol{H}_{\mathrm{I}}$ oder $\Delta \boldsymbol{H}_{\mathrm{II}}$ ein Unterschied von mehr als 300% in $\Delta \boldsymbol{H}_{\mathrm{III}}$ entsprechen!

Zustand, bei festen und flüssigen Stoffen den Zustand der reinen Phase bei einem Druck von 1 atm = 1,01325 bar[1]. Da die $\Delta\boldsymbol{H}$-Werte auch von der Temperatur abhängen (vgl. S. 113), rechnet man sie außerdem auf eine bestimmte Temperatur um, die man in der Regel auf 298 K festsetzt. Wir bezeichnen diese *Standard-Bildungsenthalpien* mit $\Delta\boldsymbol{H}_{298}^{\mathrm{B}}$. Die Aussage $\Delta\boldsymbol{H}_{298}^{\mathrm{B}}$ von NO_2 = 33,47 kJ mol^{-1} bedeutet also, daß bei der Bildung von 1 mol gasförmigem NO_2 von 1 atm Druck aus N_2 und O_2 von je 1 atm Druck bei 298 K eine endotherme Reaktionsenthalpie von 33,47 kJ auftreten würde. Die Aussage $\Delta\boldsymbol{H}_{298}^{\mathrm{B}}$ von H_2O_{fl} = −285,98 kJ mol^{-1} bedeutet, daß bei der Bildung von 1 mol flüssigen Wassers[2] unter 1 atm Druck aus H_2 und O_2 von je 1 atm Druck bei 298 K eine exotherme Reaktionsenthalpie von 285,98 kJ auftritt. $\Delta\boldsymbol{H}_{298}^{\mathrm{B}}$ enthält in diesem Fall auch die Kondensationswärme des ursprünglich in Gasform entstehenden Wassers. Kann man die Bildungsreaktionen bzw. die Verbrennungsreaktionen, die zur Berechnung der Bildungsenthalpie nach dem *Heß*schen Satz nötig sind, nicht unter Standardbedingungen durchführen, wie es in der Regel der Fall ist (z. B. finden Verbrennungen in der kalorimetrischen Bombe stets unter hohem O_2-Druck statt), so muß man die Meßwerte auf Standardbedingungen umrechnen[3].

Man benutzt dazu die der Gl. (105) entsprechende Beziehung bei konstantem T:

$$\Delta\boldsymbol{H}_2 - \Delta\boldsymbol{H}_1 = \int_{p_1}^{p_2} \left[\Delta\boldsymbol{V} - T\left(\frac{\partial \Delta\boldsymbol{V}}{\partial T}\right)_p\right] \mathrm{d}p\,. \tag{134}$$

Das Integral läßt sich graphisch lösen, wenn $p, \boldsymbol{V}, T$-Daten des betr. Gases bzw. seine thermische Zustandsgleichung bekannt sind. Da es sich nur um eine Korrekturgröße handelt, genügt es fast stets, das Volumen und seinen Temperaturkoeffizienten aus den reduzierten $\varkappa$-π-Kurven der Abb. 16 zu entnehmen, die für alle Gase gültig sind, die dem Theorem der übereinstimmenden Zustände angenähert gehorchen (vgl. S. 50). Mit $\Delta\boldsymbol{V} = \sum \nu_{\mathrm{Gas}}\boldsymbol{V}$ und der Definition Gl. (II, 56) für den Kompressibilitätsfaktor $\boldsymbol{V} = \varkappa RT/p$ erhält man aus (134)

$$\Delta\boldsymbol{H}_2 - \Delta\boldsymbol{H}_1 = -\sum \nu_{\mathrm{Gas}} R T^2 \int_{p_1}^{p_2} \left(\frac{\partial \varkappa}{\partial T}\right)_p \frac{\mathrm{d}p}{p}\,. \tag{134a}$$

Dividiert man die ganze Gleichung durch T, setzt auf der rechten Seite nach Gl. (70) $T = \vartheta T_{\mathrm{k}}$ und $p = \pi p_{\mathrm{k}}$ und erstreckt das Integral bis zu einem so niedrigen Standarddruck p^+ bzw. π^+, daß $\Delta\boldsymbol{H}_2 = \Delta\boldsymbol{H}_{\mathrm{id}}$, so wird

---

1 Dabei wird vorausgesetzt, daß die Gase sich bei 1 atm Druck ideal verhalten, was in den meisten Fällen innerhalb der Fehlergrenze thermochemischer Messungen zulässig ist. Strenggenommen entspricht der Standardzustand von Gasen der Fugazität 1 (vgl. S. 175).

2 Feste und flüssige Standardzustände werden als solche gekennzeichnet; gasförmige Standardzustände bleiben ohne Index.

3 Vgl. dazu z. B. *E. W. Washburn,* J. Res. nat. Bur. Standards *10,* 525 (1933); *Watson* u. *Nelson,* Ind. Engng. Chem. *25,* 880 (1933); *Gilliland* u. *Lukes,* ibid. *32,* 957 (1940); vgl. auch *Landolt-Börnstein,* 6. A. Band II/4, Berlin 1961, sowie JANAF Thermochemical Tables, 2nd ed., Natl. Bureau of Standards (*D. R. Stull* and *H. Prophet*, edts.), Washington 1971, NSRDS-NBS 37, S. 3ff.

$$\frac{\Delta \boldsymbol{H}_{\text{id}} - \Delta \boldsymbol{H}}{T} = \sum \nu_{\text{Gas}} R\vartheta \int_{\pi^+}^{\pi} \left(\frac{\partial \varkappa}{\partial \vartheta}\right)_{\pi} \frac{\mathrm{d}\pi}{\pi}. \tag{135}$$

Die Werte für $(\partial\varkappa/\partial\vartheta)_\pi$ lassen sich aus der Abb. 16 ableiten, so daß das Integral graphisch ausgewertet werden kann; es hat für alle Gase (angenähert) den gleichen Wert. In Abb. 35 ist $(\Delta \boldsymbol{H}_{\text{id}} - \Delta \boldsymbol{H})/T$ für $\sum \nu = 1$ in Abhängigkeit von π für verschiedene ϑ als Parameter wiedergegeben. Für O_2 ist z.B. $T_k = 154{,}3$ K und $p_k = 50{,}4$ bar. Benutzt man für eine Verbrennung bei der Standardtemperatur 298 K Sauerstoff von 150 atm = 152 bar Druck, so daß $\pi \approx 3$ und $\vartheta \approx 1{,}9$, so entnimmt man der Figur $(\Delta \boldsymbol{H}_{\text{id}} - \Delta \boldsymbol{H})/T \approx 1$, d.h. $\Delta \boldsymbol{H}_{\text{id}} - \Delta \boldsymbol{H} \simeq 1{,}247$ kJ mol^{-1}. Um diesen Betrag ist danach die gemessene Reaktionsenthalpie pro Mol verbrauchten Sauerstoffs zu erhöhen, um $\Delta \boldsymbol{H}_{\text{id}}$, d.h. den Standardwert zu erhalten.

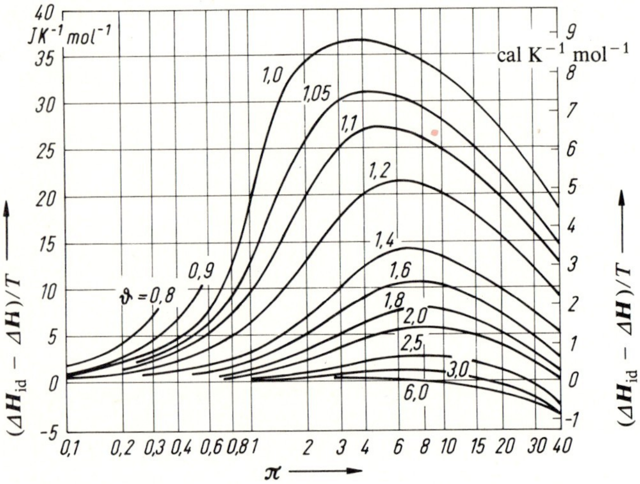

Abb. 35. Verallgemeinertes $\Delta\boldsymbol{H}$-π-Diagramm zur Druckkorrektur von Reaktionsenthalpien auf Standardbedingungen.

Als Beispiel berechnen wir die Bildungsenthalpie der Benzoesäure aus den Elementen C, H_2 und O_2 nach der Gleichung

I. $7\,C_{(\text{Graphit})} + 3\,H_2 + O_2 \rightarrow C_6H_5COOH_{\text{fest}}$; $\Delta \boldsymbol{H}^{\text{B}}_{298}$

Verbrennung der Elemente:
II. $7\,C_{(\text{Graphit})} + 7\,O_2 \rightarrow 7\,CO_2$; $\Delta \boldsymbol{H}_{\text{II}} = -2752{,}2$ kJ mol^{-1}
III. $3\,H_2 + \frac{3}{2}O_2 \rightarrow 3\,H_2O_{\text{fl}}$; $\Delta \boldsymbol{H}_{\text{III}} = -857{,}3$ kJ mol^{-1}

Verbrennung der Verbindung:
IV. $C_7H_6O_2 + 7\frac{1}{2}O_2 \rightarrow 7\,CO_2 + 3\,H_2O_{\text{fl}}$; $\Delta \boldsymbol{H}_{\text{IV}} = -3230{,}9$ kJ mol^{-1}.

Wie man sich leicht überzeugt, gilt für die Reaktionsgleichungen I = II + III − IV und nach dem *Heß*schen Satz für die Bildungsenthalpie der Benzoesäure unter Standardbedingungen

$$\Delta \boldsymbol{H}^{\text{B}}_{298} = \Delta \boldsymbol{H}_{\text{II}} + \Delta \boldsymbol{H}_{\text{III}} - \Delta \boldsymbol{H}_{\text{IV}} = (-2752{,}2 - 857{,}3 + 3230{,}9)\ \text{kJ mol}^{-1} = -378{,}6\ \text{kJ mol}^{-1}.$$

Die Standard-Bildungsenthalpien $\Delta \boldsymbol{H}^{\text{B}}_{298}$ sind für eine Reihe von Stoffen in Tabelle V des Anhangs angegeben[1]. Aus ihnen lassen sich die Standard-Reaktionsenthalpien beliebiger

[1] Zahlreiche weitere Werte im *Landolt-Börnstein* 6. Aufl. Bd. II/4 (1961); ferner bei *F. D. Rossini,* Selected Values of Chemical Thermodynamic Properties, Nat. Bur. Standards Circ. 500 (1952); Chemicals Engineers Handbook, New York 1950; *H. Zeise,* Thermodynamik Bd. III, 1, Leipzig 1954; JANAF Thermochemical Tables, 2nd ed., Natl. Bureau of Standards (*D. R. Stull* and *H. Prophet*, edts.), Washington (1971), NSRDS-NBS 37.

Reaktionen additiv berechnen. Die Bildungsenthalpien der Elemente in ihrer stabilen Form werden definitionsgemäß gleich Null gesetzt. Das bedeutet natürlich nicht, daß die Enthalpien der Elemente tatsächlich gleich Null sind, sondern sie werden nur als Bezugswerte benutzt. Da stets nur Enthalpie*differenzen* gemessen werden können, ist die Wahl der Bezugswerte willkürlich.

5.4 Temperaturabhängigkeit der Reaktionswärme

Bei chemischen Reaktionen kann man unter Benützung des S. 106 eingeführten Begriffs der Reaktionshemmung Temperatur, Druck bzw. Volumen und Reaktionsverlauf unabhängig voneinander variieren, im Gegensatz zu den S. 98 ff. betrachteten Phasenumwandlungen. Die Temperaturabhängigkeit der Reaktionswärme ergibt sich deshalb unmittelbar aus dem Satz von *Schwarz*

$$\left(\frac{\partial^2 U}{\partial \xi \partial T}\right)_V = \left(\frac{\partial^2 U}{\partial T \partial \xi}\right)_V \quad \text{bzw.} \quad \left(\frac{\partial^2 H}{\partial \xi \partial T}\right)_p = \left(\frac{\partial^2 H}{\partial T \partial \xi}\right)_p$$

zu

$$\left(\frac{\partial \Delta \boldsymbol{U}}{\partial T}\right)_V = \left(\frac{\partial C_V}{\partial \xi}\right)_{T,V} \equiv \Delta \boldsymbol{C}_V \tag{136}$$

und

$$\left(\frac{\partial \Delta \boldsymbol{H}}{\partial T}\right)_p = \left(\frac{\partial C_p}{\partial \xi}\right)_{T,p} \equiv \Delta \boldsymbol{C}_p \,. \tag{137}$$

$\Delta \boldsymbol{C}_V$ bzw. $\Delta \boldsymbol{C}_p$ bedeuten die Änderung der Wärmekapazität des Systems pro Formelumsatz bei konstantem Volmen bzw. konstantem Druck. Mit Hilfe dieses von *Kirchhoff* (1858) gefundenen Satzes lassen sich Reaktionswärmen von einer Temperatur auf eine andere umrechnen:

$$\Delta \boldsymbol{U}_{T_2} = \Delta \boldsymbol{U}_{T_1} + \int_{T_1}^{T_2} \Delta \boldsymbol{C}_V \mathrm{d}T, \tag{138}$$

$$\Delta \boldsymbol{H}_{T_2} = \Delta \boldsymbol{H}_{T_1} + \int_{T_1}^{T_2} \Delta \boldsymbol{C}_p \mathrm{d}T. \tag{139}$$

Zur Auswertung dieser Gleichungen müssen die Molwärmen innerhalb des in Frage kommenden Temperaturbereichs als Funktionen von T bekannt sein. Setzt man als untere Grenze des Integrals den Wert Null, so kann man auf diese Weise auch die Reaktionswärme bei $T = 0$ ermitteln. In diesem Fall müssen natürlich auch die Molwärmen aller Reaktionsteilnehmer bis zu sehr tiefen Temperaturen hinab bekannt sein.

Für die in diesem Abschnitt betrachteten Reaktionen zwischen reinen Phasen bzw. in idealen Mischungen setzt sich die Änderung der Wärmekapazität bei Formelumsatz ebenfalls additiv aus den Molwärmen der *reinen*, an der Reaktion teilnehmenden Stoffe zusammen, d.h. es gilt für das allgemeine Reaktionsschema (118)

$$\Delta \boldsymbol{C}_p = -\nu_A \boldsymbol{C}_{p_A} - \nu_B \boldsymbol{C}_{p_B} - \cdots + \nu_C \boldsymbol{C}_{p_C} + \nu_D \boldsymbol{C}_{p_D} + \cdots = \sum_1^k \nu_i \boldsymbol{C}_{p_i}, \tag{140}$$

wie sich unmittelbar durch Differentiation von Gl. (120) nach T ergibt.

Bei idealen Gasen ist die Molwärme $\boldsymbol{C}_p$ häufig in Form einer Potenzreihe in T angegeben (vgl. S. 75 und Tabelle IV im Anhang):

$$\boldsymbol{C}_p = a + bT + cT^2 + \cdots . \tag{141}$$

Damit ergibt sich aus (137) und (140)

$$\left(\frac{\partial \Delta \boldsymbol{H}}{\partial T}\right)_p = \sum \nu_i(a_i + b_i T + c_i T^2 + \cdots) \tag{142}$$

und

$$\Delta \boldsymbol{H} = \Delta \boldsymbol{H}_{T=0} + \sum \nu_i\left(a_i T + \frac{b_i}{2}T^2 + \frac{c_i}{3}T^3 + \cdots\right) \tag{143}$$

bzw.

$$\Delta \boldsymbol{H}_{T_2} - \Delta \boldsymbol{H}_{T_1} = \sum \nu_i\left[a_i(T_2 - T_1) + \frac{b_i}{2}(T_2^2 - T_1^2) + \frac{c_i}{3}(T_2^3 - T_1^3) + \cdots\right]. \tag{144}$$

Mit Hilfe dieser Gleichung lassen sich Reaktionswärmen leicht von einer Temperatur auf eine andere umrechnen.

6 Anwendung des ersten Hauptsatzes auf reale Mischphasen

6.1 Mischungs-, Lösungs- und Verdünnungswärmen

Ganz analog wie sich das Volumen einer homogenen molekulardispersen Mischung im allgemeinen nicht additiv aus den Volumina der reinen Bestandteile zusammensetzt (S. 53), verhalten sich auch alle kalorischen Zustandsgrößen reiner Stoffe bei homogener Mischung nicht mehr additiv, wenn man von den speziellen Fällen der idealen Gase und der idealen Mischungen absieht. Das bedeutet, daß die Gln. (115) und (116) nur dann ihre Gültigkeit behalten, wenn man unter $U_1, U_2, \ldots, U_i$ bzw. $H_1, H_2, \ldots, H_i$ nicht mehr die molare Innere Energie bzw. Enthalpie der *reinen* Komponenten der Mischung versteht, sondern – wieder analog zum Volumen – die entsprechenden *partiellen molaren Größen*, die von den Konzentrationen sämtlicher Bestandteile der Mischung abhängig sind. Wir definieren also analog zum partiellen Molvolumen in Gl. (II, 90) z.B. die partielle molare Enthalpie des Stoffes i in einer homogenen Mischung durch

$$H_i \equiv \left(\frac{\partial H}{\partial n_i}\right)_{p,T,n_1,n_2\ldots} \tag{145}$$

und verstehen darunter die Änderung der Gesamtenthalpie des Systems, wenn man ihm 1 mol des Stoffes i unter Konstanthaltung aller Zustandsvariablen einschließlich der Konzentration sämtlicher vorhandenen Stoffe hinzufügt. Damit wird aus (116)[1)]

---

[1] Die Innere Energie hängt außer von den Molzahlen noch vom Volumen des Systems ab. Da sich dieses bei der Herstellung einer Mischung im Gegensatz zum Druck zwangsläufig ändert, lautet die entsprechende Gleichung

$$U = n_1 U_1 + n_2 U_2 + \cdots + n_k U_k + V\left(\frac{\partial U}{\partial V}\right)_n = \sum_1^k n_i U_i + V\left(\frac{\partial U}{\partial V}\right)_n . \tag{115a}$$

$$H = n_1 H_1 + n_2 H_2 + \cdots + n_k H_k = \sum_1^k n_i H_i \tag{116a}$$

bzw.

$$\frac{H}{\sum n_i} \equiv \bar{H} = x_1 H_1 + x_2 H_2 + \cdots + x_k H_k = \sum_1^k x_i H_i \,. \tag{116b}$$

Da man Mischungen kondensierter Stoffe ausschließlich bei konstantem Druck herstellt, können wir uns im folgenden auf die Betrachtung der Enthalpie beschränken.

H_i ist im Gegensatz zu V_i nicht meßbar, weil keine Absolutwerte der Enthalpie, sondern stets nur Enthalpie*differenzen* gemessen werden können. Man bezieht deshalb die partiellen molaren Enthalpien auf einen willkürlich wählbaren *Standardzustand.* Als solchen wählt man entweder den *betreffenden reinen Stoff im gleichen Aggregatzustand*[1] oder den *Zustand bei „unendlicher Verdünnung“* bei gleicher Temperatur und gleichem Druck, indem man die Meßwerte auf die Konzentration Null extrapoliert. Man rechnet also mit den Differenzen $(H_i - \boldsymbol{H}_i)$ oder $(H_i - \boldsymbol{H}_{0i})$, wenn man mit $\boldsymbol{H}_{0i}$ die partielle molare Enthalpie bei verschwindender Konzentration bezeichnet.

Wir wollen ferner wieder zwischen *Mischungen* und *Lösungen* unterscheiden und verstehen unter letzteren Mischungen, bei denen der Bestandteil 1 (das Lösungsmittel) sich gewöhnlich in großem Überschuß befindet, und die übrigen Komponenten bei der betreffenden Temperatur in reinem Zustand in einem anderen Aggregatzustand vorliegen[2]. Zunächst werden wir uns zur Vereinfachung nur mit *binären* Mischungen oder Lösungen beschäftigen, da die abzuleitenden Beziehungen sich ohne weiteres auf Systeme mit mehr Komponenten übertragen lassen.

Die Enthalpieänderung bei der homogenen *Mischung* zweier reiner Komponenten ergibt sich aus

$$H_{\text{vor}} = n_1 \boldsymbol{H}_1 + n_2 \boldsymbol{H}_2$$

und

$$H_{\text{nach}} = n_1 H_1 + n_2 H_2$$

zu

$$\Delta H = n_1 (H_1 - \boldsymbol{H}_1) + n_2 (H_2 - \boldsymbol{H}_2) \,. \tag{146}$$

Bezieht man die Enthalpieänderung wieder auf 1 mol der Mischung, dividiert also durch $n_1 + n_2$, so wird aus (146) analog zu (II, 90)

$$\frac{\Delta H}{n_1 + n_2} = x_1 (H_1 - \boldsymbol{H}_1) + x_2 (H_2 - \boldsymbol{H}_2) \equiv \Delta \bar{H}^E \,. \tag{147}$$

Man bezeichnet $\Delta \bar{H}^E$ als *mittlere molare Mischungswärme*, sie stellt den Überschuß (excess) der Enthalpie der Mischphase über die Enthalpien der reinen Komponenten, bezogen auf

---

1 Ein solcher Standardzustand braucht keineswegs immer realisierbar zu sein. Dies gilt für alle Stoffe, die bei der betr. Temperatur im reinen Zustand fest oder gasförmig sind, aber mit einem zweiten flüssigen Stoff eine flüssige Mischung bilden, d.h. für alle „gelösten Stoffe“. Man kann statt dessen auch den Zustand bei Sättigungskonzentration als Standardzustand wählen (vgl. *H. Mauser* und *G. Kortüm,* Z. Naturforsch. *10a,* 42 [1955]).

2 Es handelt sich also hauptsächlich um Lösungen von festen oder gasförmigen Stoffen in Flüssigkeiten.

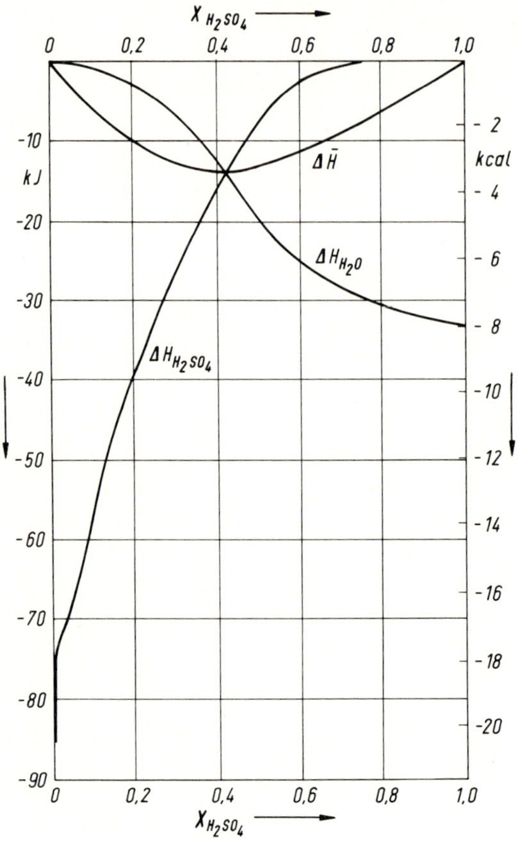

Abb. 36. Mittlere molare und partielle molare Mischungswärmen von H_2O und H_2SO_4 bei 18 °C als Funktion des Molenbruchs.

insgesamt ein Mol, dar und wird deshalb auch als *mittlere molare Zusatzenthalpie* (Index E) bezeichnet. Sie wird kalorimetrisch gemessen. In Abb. 36 ist die mittlere molare Mischungswärme von H_2O und H_2SO_4 in Abhängigkeit vom Molenbruch dargestellt, sie geht bei $x_{H_2SO_4} \approx 0{,}425$ durch ein Minimum.

Die partielle Differentiation von (146) nach n_1 bzw. n_2 liefert[1)]

$$\left(\frac{\partial \Delta H}{\partial n_1}\right)_{n_2} = H_1 - \boldsymbol{H}_1 \equiv H_1^E$$

und

[1] Da $\boldsymbol{H}_1$ und $\boldsymbol{H}_2$ Konstanten sind, gilt

$$\left(\frac{\partial \Delta H}{\partial n_1}\right)_{n_2} = (H_1 - \boldsymbol{H}_1) + n_1\left(\frac{\partial H_1}{\partial n_1}\right)_{n_2} + n_2\left(\frac{\partial H_2}{\partial n_1}\right)_{n_2}.$$

Die letzten beiden Glieder ergeben in Analogie zu Gl. (II, 102) zusammen Null, so daß unmittelbar (148) folgt.

$$\left(\frac{\partial \Delta H}{\partial n_2}\right)_{n_1} = H_2 - \boldsymbol{H}_2 \equiv H_2^E . \tag{148}$$

H_1^E und H_2^E werden als *partielle molare Mischungswärmen* oder auch als *partielle molare Zusatz-Enthalpien* bezeichnet, sie sind für das System $H_2O - H_2SO_4$ ebenfalls in Abb. 36 eingetragen. Die drei Kurven schneiden sich wieder in einem Punkt, die Abb. 36 entspricht also vollkommen der Abb. 18. Man könnte die partiellen molaren Mischungswärmen bestimmen, indem man einer sehr *großen Menge* der Mischung von der Zusammensetzung $n_1 + n_2$ noch ein Mol des Stoffes 1 oder 2 hinzufügt, so daß der Molenbruch praktisch konstant bleibt. Praktisch geht man so vor, daß man die bei konstantem n_1 oder n_2 gemessenen Mischungswärmen ΔH gegen n_1 bzw. n_2 aufträgt und die Neigung der Kurven an jedem einzelnen Punkt graphisch ermittelt. Statt dessen kann man auch (analog wie in Abb. 19) die mittlere molare Mischungswärme gegen x_2 auftragen und erhält die partiellen molaren Mischungswärmen als Ordinatenabschnitte der Tangente an jedem Punkt der Kurve. Es gilt (durch partielle Differentiation von (147) z. B. nach x_2) analog zu (II, 102a)

$$\left(\frac{\partial \Delta \bar{H}^E}{\partial x_2}\right)_{p,T} = H_2^E - H_1^E , \tag{149}$$

und durch Vereinigung von (149) und (147) analog zu (II, 103)

$$\Delta \bar{H}^E = H_1^E + x_2 \left(\frac{\partial \Delta \bar{H}^E}{\partial x_2}\right)_{p,T} - H_2^E - (1 - x_2)\left(\frac{\partial \bar{H}^E}{\partial x_2}\right)_{p,T} . \tag{150}$$

Ebenso lassen sich für Dreistoffsysteme die zu (II, 106) analogen Gleichungen ableiten, indem man $\bar{V}$ durch $\Delta \bar{H}^E$ und V_i durch H_i^E ersetzt.

Bei der *Lösung* eines (festen oder gasförmigen) Stoffes 2 in einem flüssigen Lösungsmittel 1 kann man an Stelle von (146) schreiben

$$\begin{aligned} \Delta H &= n_1(H_1 - \boldsymbol{H}_1) + n_2(H_2 - \boldsymbol{H}_{2_{\mathrm{fl}}}) + n_2(\boldsymbol{H}_{2_{\mathrm{fl}}} - \boldsymbol{H}_2') \\ &= n_1 H_1^E + n_2 H_2^E + n_2 \Delta \boldsymbol{H}_{2\,\mathrm{Schm.}} , \end{aligned} \tag{151}$$

worin

$$(\boldsymbol{H}_{2_{\mathrm{fl}}} - \boldsymbol{H}_2') \equiv \Delta \boldsymbol{H}_{2\,\mathrm{Schm.}} \tag{152}$$

die molare *Schmelzwärme* bzw. die molare *Kondensationswärme* des reinen Stoffes 2 und $\boldsymbol{H}_2'$ die molare Enthalpie des reinen (festen oder gasförmigen) Stoffes 2 bedeutet. Bezieht man wieder auf 1 mol Mischung, so wird mit (147) und (148)

$$\frac{\Delta H}{n_1 + n_2} = x_1 H_1^E + x_2 H_2^E + x_2 \Delta \boldsymbol{H}_{2\,\mathrm{Schm.}} = \Delta \bar{H}^E + x_2 \Delta \boldsymbol{H}_{2\,\mathrm{Schm.}} \equiv \Delta \bar{H} . \tag{153}$$

$\Delta \bar{H}$ wird als *integrale Mischungswärme* bezeichnet, sie enthält also außer der mittleren molaren Mischungswärme noch einen Anteil der latenten Wärme, die dem Übergang des Stoffes 2 in den flüssigen Zustand entspricht. Die partielle Differentiation von (151) nach n_1 bzw. n_2 liefert analog zu (148)

$$\left(\frac{\partial \Delta H}{\partial n_1}\right)_{n_2} = H_1^E, \tag{154}$$

die *differentielle Verdünnungswärme*, und mit (152)

$$\left(\frac{\partial \Delta H}{\partial n_2}\right)_{n_1} = H_2^E + \Delta \boldsymbol{H}_{2\,\text{Schm.}} = H_2 - \boldsymbol{H}_2', \tag{155}$$

die *differentielle Lösungswärme*. Erstere ist danach identisch mit der partiellen molaren Mischungswärme des Lösungsmittels, letztere enthält außer der partiellen molaren Mischungswärme des gelösten Stoffes noch die molare Schmelz- bzw. Kondensationswärme und stellt den Unterschied zwischen der partiellen molaren Enthalpie des Stoffes 2 in der Lösung und der molaren Enthalpie des (festen oder gasförmigen) reinen Stoffes 2 dar. Ist die Lösung an dem Stoff 2 *gesättigt* (Index s), so wird die differentielle Lösungswärme

$$\left(\frac{\partial \Delta H}{\partial n_2}\right)_{n_1} = H_{2\text{s}} - \boldsymbol{H}_2' \qquad (n_2 = n_\text{s}) \tag{155a}$$

auch als *letzte Lösungswärme* bezeichnet.

Häufig bezieht man ΔH nicht auf 1 mol der Mischung, sondern auf 1 mol des gelösten Stoffes, d.h. man dividiert (151) durch n_2 und erhält mit (155)

$$\begin{aligned}\frac{\Delta H}{n_2} &= \frac{n_1}{n_2} H_1^E + H_2^E + \Delta \boldsymbol{H}_{2\,\text{Schm.}} = \frac{n_1}{n_2} H_1^E + (H_2 - \boldsymbol{H}_2') \\ &= \frac{n_1}{n_2}\left(\frac{\partial \Delta H}{\partial n_1}\right)_{n_2} + \left(\frac{\partial \Delta H}{\partial n_2}\right)_{n_1}.\end{aligned} \tag{156}$$

$\Delta H/n_2$ wird als *integrale Lösungswärme* bezeichnet, und (156) gibt den Zusammenhang zwischen integraler Lösungswärme, differentieller Lösungswärme und differentieller Verdünnungswärme an. Alle drei Größen lassen sich aus der gleichen graphischen Darstellung ablesen, wenn man die gemessenen integralen Lösungswärmen $\Delta H/n_2$ gegen das Verhältnis $\frac{n_1}{n_2}$ aufträgt. Dann ist die Neigung der Kurve in jedem Punkt die differentielle Verdünnungswärme, der zugehörige Ordinatenabschnitt der Tangente die differentielle Lösungswärme.

In Abb. 37 ist dies am Beispiel des Systems KI-H_2O bei 25 °C dargestellt. Die Kurve setzt bei dem kleinstmöglichen Verhältnis $\frac{n_1}{n_2} = 6{,}20$ ein, das der gesättigten Lösung entspricht[1]. Den zugehörigen

[1] Bei lückenloser Mischbarkeit der beiden Stoffe (z. B. H_2SO_4-H_2O) würde sie im Nullpunkt beginnen.

Wert für die integrale Lösungswärme bezeichnet man häufig auch als *ganze Lösungswärme*, sie beträgt in diesem Fall 13807 J mol^{-1}. Die Tangente an dem beliebig herausgegriffenen Punkt $\frac{n_1}{n_2} = 27{,}8$ ($m_2 = 2$ mol/1000 g H_2O) schneidet die Ordinate bei 16527 J mol^{-1}; das ist demnach die differentielle Lösungswärme von KI in einer 2 molalen KI-Lösung. Der Neigungswinkel ergibt sich zu tg $\varphi = \frac{18619 - 16527}{27{,}8}$ J mol^{-1} = 75,3 J mol^{-1}; das ist die differentielle Verdünnungswärme einer 2 molalen KI-Lösung

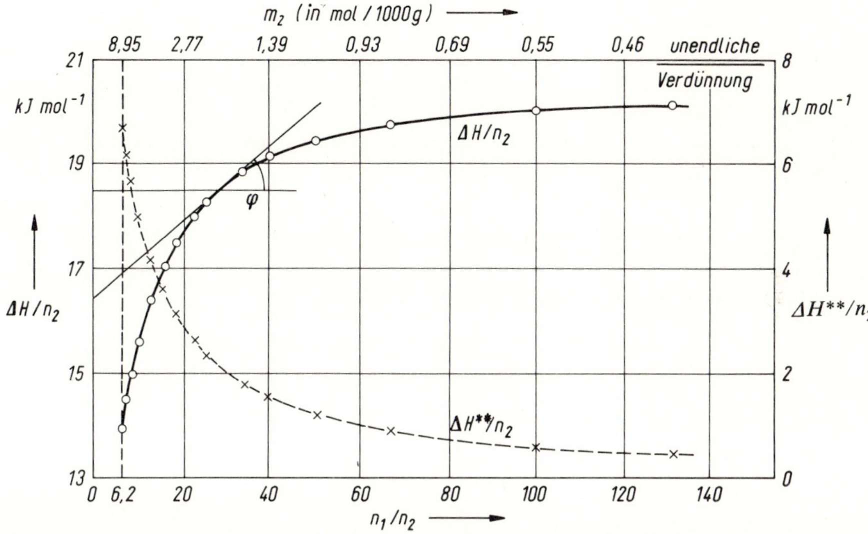

Abb. 37. Integrale Lösungswärme und integrale Verdünnungswärme im System KI – H_2O bei 25 °C als Funktion von n_1/n_2.

Da die Kurve $\Delta H/n_2 = f(n_1/n_2)$ mit zunehmender Verdünnung immer flacher wird[1)], nimmt die differentielle Lösungswärme mit wachsendem n_1/n_2 zu und nähert sich einem maximalen Grenzwert, die differentielle Verdünnungswärme nimmt ab und nähert sich dem Grenzwert Null:

$$\lim_{\frac{n_2}{n_1} \to 0} \left(\frac{\partial \Delta H}{\partial n_1} \right)_{n_2} = 0 \,. \tag{157}$$

Der Grenzwert der integralen und gleichzeitig der differentiellen Lösungswärme ergibt sich mit Gl. (155) und (156) zu

[1] Dies ist nicht immer der Fall, z. B. besitzt die Kurve beim System H_2O-NaCl einen Wendepunkt, so daß die differentielle Lösungswärme durch ein Minimum, die differentielle Verdünngswärme durch ein Maximum geht. Bei genügend großer Verdünnung werden jedoch stets die Grenzwerte $\boldsymbol{H}_{02} - \boldsymbol{H}_2'$ bzw. Null erreicht.

$$\lim_{\frac{n_2}{n_1} \to 0} \frac{\Delta H}{n_2} = \lim_{\frac{n_2}{n_1} \to 0} \left(\frac{\partial \Delta H}{\partial n_2} \right)_{n_1} \equiv \boldsymbol{H}_{02} - \boldsymbol{H}_2', \tag{158}$$

er heißt *erste Lösungswärme* und ist gleich der Differenz der partiellen molaren Enthalpie des Stoffes 2 bei verschwindender Konzentration und der molaren Enthalpie des (festen oder gasförmigen) reinen Stoffes 2.

Die erste Lösungswärme wird ermittelt, indem man die für verschiedene Werte n_2 gemessenen integralen Lösungswärmen oder die für verschiedene x_2 gemessenen integralen Mischungswärmen[1] gegen n_2 bzw. x_2 aufträgt und auf $n_2 = 0$ bzw. $x_2 = 0$ extrapoliert. Man erhält sie auch noch auf einem anderen Wege: Verdünnt man eine Lösung der Konzentration x_2^{I} auf die Konzentration x_2^{II}, so muß die dabei auftretende und experimentell leichter zugängliche *intermediäre Verdünnungswärme* $\Delta H^*/n_2$ offenbar gleich der Differenz zweier integraler Lösungswärmen sein:

$$\frac{\Delta H^*}{n_2} = \left(\frac{\Delta H}{n_2} \right)_{x_2^{\mathrm{II}}} - \left(\frac{\Delta H}{n_2} \right)_{x_2^{\mathrm{I}}}. \tag{160}$$

Variiert man bei konstantem x_2^{I} die zugegebene Menge des Lösungsmittels und damit x_2^{II} und extrapoliert auf $x_2^{\mathrm{II}} = 0$, so erhält man den Grenzwert

$$\lim_{x_2^{\mathrm{II}} \to 0} \frac{\Delta H^*}{n_2} \equiv \frac{\Delta H^{**}}{n_2}, \tag{161}$$

den man die *integrale Verdünnungswärme* nennt. Diese – noch von der Ausgangskonzentration x_2^{I} abhängige – Enthalpieänderung ist offenbar gleich der Differenz zwischen der Enthalpie der „unendlich verdünnten“ Lösung und der Enthalpie von Ausgangslösung + zugesetztem Lösungsmittel oder, anders ausgedrückt, gleich der Differenz zwischen erster Lösungswärme und integraler Lösungswärme zur Konzentration x_2^{I}:

$$\left(\frac{\Delta H^{**}}{n_2} \right)_{x_2^{\mathrm{I}}} = (\boldsymbol{H}_{02} - \boldsymbol{H}_2') - \left(\frac{\Delta H}{n_2} \right)_{x_2^{\mathrm{I}}}. \tag{162}$$

In Abb. 37 ist auch die integrale Verdünnungswärme von wässerigen KI-Lösungen in Abhängigkeit von $\frac{n_1}{n_2}$ aufgetragen, sie geht für verschwindende Konzentration gegen Null, wie aus (162) unter Berücksichtigung von (156) und (157) hervorgeht:

$$\lim_{\frac{n_2}{n_1} \to 0} \frac{\Delta H^{**}}{n_2} = (\boldsymbol{H}_{02} - \boldsymbol{H}_2') - \lim_{\frac{n_2}{n_1} \to 0} \left(\frac{\partial \Delta H}{\partial n_1} \right)_{n_2} - \lim_{\frac{n_2}{n_1} \to 0} (H_2 - \boldsymbol{H}_2') = 0. \tag{163}$$

---

[1] Mit (153) erhält man

$$\frac{\Delta H}{n_2} = \frac{n_1 + n_2}{n_2} \frac{\Delta H}{n_1 + n_2} = \frac{1}{x_2} \frac{\Delta H}{n_1 + n_2} = \frac{1}{x_2} \Delta \bar{H}^E + \Delta \boldsymbol{H}_{2\,\mathrm{Schm.}} = \frac{\Delta \bar{H}}{x_2}. \tag{159}$$

Ferner ist es mit Hilfe der *Gibbs-Duhem*schen Gleichung ganz allgemein möglich, die partiellen molaren Größen des Lösungsmittels zu berechnen, wenn die des gelösten Stoffes bekannt sind, und umgekehrt. In der Grundgleichung (146) bedeuten ja $H_1 - \boldsymbol{H}_1 \equiv H_1^E$ und $H_1 - \boldsymbol{H}_2 \equiv H_2^E$ die auf einen Standardzustand bezogenen (also relativen) partiellen molaren Enthalpien der beiden Mischungskomponenten. Aus $\Delta H = n_1 H_1^E + n_2 H_2^E$ folgt also auf Grund der gleichen Überlegungen wie S. 55 analog zu Gleichung (II, 96)

$$n_1 \mathrm{d}H_1^E + n_2 \mathrm{d}H_2^E = 0\,. \tag{164}$$

Die Integration liefert

$$\int \mathrm{d}H_1^E = -\int \frac{n_2}{n_1} \mathrm{d}H_2^E\,. \tag{165}$$

Trägt man also $\frac{n_2}{n_1}$ gegen H_2^E als Abszisse auf, so ergibt die Fläche unter der Kurve zwischen 0 und H_2^E unmittelbar den Wert für $-H_1^E$ bei dem zugehörigen H_2^E.

Wählt man als Standardzustand des gelösten (festen oder gasförmigen) Stoffes den Zustand bei „unendlicher Verdünnung“ (vgl. S. 115, 190), wie es häufig zweckmäßig ist, so erhält man an Stelle von (151)

$$\begin{aligned} \Delta H &= n_1(H_1 - \boldsymbol{H}_1) + n_2(H_2 - \boldsymbol{H}_{02}) + n_2(\boldsymbol{H}_{02} - \boldsymbol{H}_2') \\ &\equiv n_1 H_1^E + n_2 H_{02}^E + n_2(\boldsymbol{H}_{02} - \boldsymbol{H}_2')\,. \end{aligned} \tag{151a}$$

Hier geht also statt der molaren Schmelzwärme bzw. der molaren Kondensationswärme die erste Lösungswärme ein. Entsprechend wird die integrale Mischungswärme an Stelle von (153)

$$\Delta \bar{H} = x_1 H_1^E + x_2 H_{02}^E + x_2(\boldsymbol{H}_{02} - \boldsymbol{H}_2')\,. \tag{153a}$$

Die differentielle Verdünnungswärme und die differentielle Lösungswärme nach (154) bzw. (155) bleiben von der Wahl des anderen Standardzustandes natürlich unberührt, wie man sich leicht durch partielle Differentiation von (151a) nach n_1 bzw. n_2 überzeugt. Das gleiche gilt für die integrale Lösungswärme nach (156) und die erste Lösungswärme nach (158).

Die in den Lösungs-, Mischungs- und Verdünnungswärmen zum Ausdruck kommende Nichtadditivität der molaren Enthalpie der Mischungskomponenten muß ebenso wie die Nichtadditivität der Volumina auf die Wechselwirkungskräfte zwischen den Molekeln und ihre Veränderlichkeit mit der Konzentration zurückgeführt werden. In manchen Fällen vermag die Molekulartheorie Näheres über die bei der Mischung der Komponenten ablaufenden Teilvorgänge auszusagen. So muß z. B. bei der Auflösung eines Salzes in Wasser die im wesentlichen auf der *Coulomb*schen Wechselwirkung beruhende Gitterenergie von der gleichen Größenordnung sein wie die Hydratationsenergie der Ionen, damit sich das Salz lösen kann. Beide Energien sind sehr groß, so daß die Lösungswärme als die Differenz zweier hoher Energiebeträge bald positiv, bald negativ ausfällt, je nachdem die Gitter- oder die Hydratationsenergie überwiegt[1)].

---

[1] Damit hängt es zusammen, daß die integralen Lösungswärmen von Salzen mit zunehmendem Kristallwassergehalt positiver (endothermer) werden. So ergeben sich z. B. für das Dinatriumhydrogenphosphat folgende Werte:

Da ferner die Hydratation selbst (wie überhaupt alle Solvatationsvorgänge) sehr komplexer Natur ist, da an ihr die verschiedenartigsten Kräfte beteiligt sind (Dipol-, Induktions-, Dispersionskräfte), ist es verständlich, daß es nur geringer Änderungen der bei diesen Teilvorgängen umgesetzten Energiebeträge bedarf, damit schon recht merkliche prozentuale Änderungen in den beobachteten Differenzeffekten der Lösungs- und Verdünnungswärmen auftreten. Daher kommt es, daß diese – selbst bei chemisch ähnlichen Stoffen – häufig recht große Unterschiede zeigen, und zwar sowohl in ihren Absolutwerten wie in ihrer Konzentrationsabhängigkeit. Als Beispiel sind in Abb. 38 die integralen und differentiellen Lösungswärmen sowie die

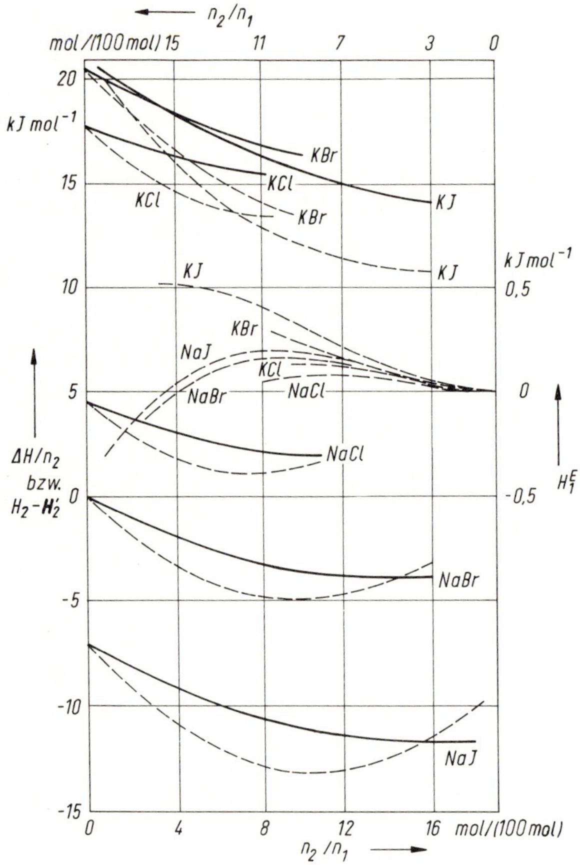

Abb. 38. Integrale (ausgezogen) und differentielle (gestrichelt) Lösungswärme sowie differentielle Verdünnungswärme (obere Abszisse, Werte von rechts nach links aufgetragen) einiger Alkalihalogenide in Wasser bei 25 °C in Abhängigkeit von der Konzentration.

Salz	Na_2HPO_4	$Na_2HPO_4 \cdot 2H_2O$	$Na_2HPO_4 \cdot 7H_2O$	$Na_2HPO_4 \cdot 12H_2O$
$\Delta H/n_2$	$-23{,}4$ kJ mol^{-1}	$+1{,}7$ kJ mol^{-1}	$+47{,}3$ kJ mol^{-1}	$+124{,}3$ kJ mol^{-1}

Wenn die Ionen bereits im Kristallgitter teilweise hydratisiert vorliegen, überwiegt die Gitterenergie beim Lösungsvorgang um so stärker, je höher der Kristallwassergehalt ist, weil die Hydratationsenergie immer kleiner wird. Vgl. dazu *G. Kortüm,* Lehrb. der Elektrochemie, 5. Aufl. Weinheim 1972, S. 113ff.

differentiellen Verdünnungswärmen einiger Alkalihalogenide in Wasser bei 25 °C in Abhängigkeit von der Konzentration $\frac{\text{mol Salz}}{100 \text{ mol } H_2O}$ dargestellt.

6.2 Molwärmen

Die Wärmekapazität einer homogenen Mischung ergibt sich durch Differentiation von Gl. (116a) nach T zu

$$C_p = n_1 \left(\frac{\partial H_1}{\partial T}\right)_{p,n} + n_2 \left(\frac{\partial H_2}{\partial T}\right)_{p,n} + \cdots + n_k \left(\frac{\partial H_k}{\partial T}\right)_{p,n} \equiv \sum_1^k n_i \left(\frac{\partial H_i}{\partial T}\right)_{p,n}. \tag{166}$$

Dabei verstehen wir unter

$$\left(\frac{\partial H_i}{\partial T}\right)_{p,n} \equiv C_{p_i} \tag{167}$$

jetzt – im Gegensatz zur Molwärme des Stoffes i in idealen Mischungen – die *partielle Molwärme* des Stoffes i bei konstantem Druck. Sie ist ebenso wie H_i eine intensive Zustandsgröße und kann auch als Änderung der Wärmekapazität des Systems bei Zusatz des Stoffes i unter Konstanthaltung der Zusammensetzung definiert werden, da mit

$$\frac{\partial^2 H}{\partial T\, \partial n_i} = \frac{\partial^2 H}{\partial n_i\, \partial T}$$

$$\left(\frac{\partial C_p}{\partial n_i}\right)_{p,T,n_j} \equiv C_{p_i}. \tag{167a}$$

Für eine binäre Mischung ist $C_p = n_1 C_{p_1} + n_2 C_{p_2}$. Beziehen wir auf ein Mol der Mischung, so ist die *mittlere Molwärme*

$$\bar{C}_p \equiv \frac{C_p}{n_1 + n_2} = x_1 C_{p_1} + x_2 C_{p_2} \tag{168}$$

und – analog zu (147) –

$$x_1(C_{p_1} - \boldsymbol{C}_{p_1}) + x_2(C_{p_2} - \boldsymbol{C}_{p_2}) \equiv \Delta \bar{C}_p^E \tag{169}$$

die *mittlere Zusatzmolwärme*. Entsprechend werden – analog zu (148) –

$$C_{p_1} - \boldsymbol{C}_{p_1} \equiv C_{p_1}^E \quad \text{und} \quad C_{p_2} - \boldsymbol{C}_{p_2} \equiv C_{p_2}^E \tag{170}$$

als *partielle Zusatzmolwärmen* bezeichnet.

Zuweilen benutzt man an Stelle der partiellen Molwärmen auch die *scheinbaren Molwärmen* $C^*_{p_i}$, insbesondere für gelöste Stoffe, die analog zu den scheinbaren Volumina (S. 54) für binäre Systeme durch die Gleichung definiert sind:

$$C_p = n_1 \boldsymbol{C}_{p_1} + n_2 C^*_{p_2}. \tag{171}$$

Man zieht also die Wärmekapazität des reinen Lösungsmittels von derjenigen der Lösung ab und dividiert durch die Molzahl des gelösten Stoffes. Zwischen C_{p_2} und $C^*_{p_2}$ besteht die zu (II, 93) analoge und auf die gleiche Weise ableitbare Beziehung

$$C_{p_2} = C^*_{p_2} + n_2 \frac{\partial C^*_{p_2}}{\partial n_2}. \tag{172}$$

Zur Ermittlung der partiellen Molwärmen eines binären Systems mißt man die Gesamtwärmekapazität bei konstantem n_1 und verschiedenen Werten von n_2 und trägt C_p gegen n_2 auf. Die Neigung der Kurve liefert in jedem Punkt das zugehörige C_{p_2}. Statt dessen kann man – analog wie in Abb. 19 – die mittlere Molwärme $\bar{C}_p$ gegen x_2 auftragen und erhält die partiellen Molwärmen als Ordinatenabschnitte der Tangente an jedem Punkt der Kurve. Ebenso kann man auch mittels Gl. (172) die partielle Molwärme des gelösten Stoffes aus der scheinbaren Molwärme und der Neigung der $C^*_{p_2}$-n_2-Kurve gewinnen. Aus $C_p = n_1 C_{p_1} + n_2 C_{p_2}$ ergibt sich dann für jedes C_{p_2} auch das zugehörige C_{p_1}.

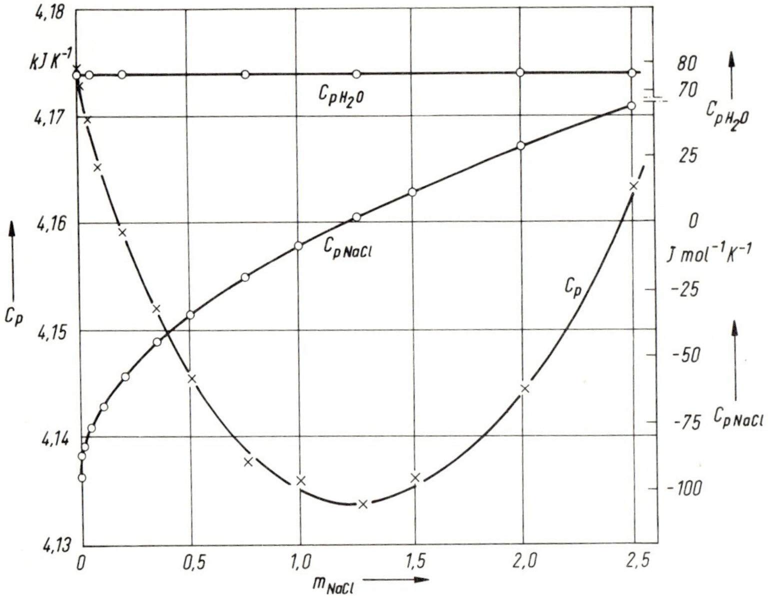

Abb. 39. Gesamtwärmekapazität und partielle Molwärmen des Systems 1000 g H_2O + n_2 mol NaCl in Abhängigkeit von der Konzentration m_{NaCl} (in mol/1000 g H_2O).

Bei starker Wechselwirkung der Mischungskomponenten, insbesondere also bei wässerigen Salzlösungen, sind die partiellen Molwärmen des gelösten Salzes stark konzentrationsabhängig und können sogar – wieder wie beim partiellen Molvolumen – negative Werte annehmen. In Abb. 39 ist dies am Beispiel des Systems H_2O-NaCl gezeigt. Es sind sowohl die gemessene Wärmekapazität der Lösung, bestehend aus 1000 g H_2O und n_2 mol Salz, wie die partiellen Molwärmen des Wassers und des gelösten Salzes in Abhängigkeit von m_2 (mol/kg H_2O) aufgetragen. Während sich C_{p_1} kaum mit der Salzkonzentration ändert, wächst C_{p_2} mit zunehmendem m_2 stark an. Die negativen Werte in verdünnten Lösungen zeigen auch hier wieder, daß den partiellen molaren Größen nur indirekt eine physikalische Bedeutung zukommt und daß sie als formale Rechengrößen zur Darstellung der Konzentrationsabhängigkeit der kalorischen bzw. thermischen Zustandsgrößen betrachtet werden müssen. Molekulartheoretisch lassen sich die negativen C_{p_2}-Werte folgendermaßen deuten: Die von den Ionen auf die Wasserdipole ausgeübten Kräfte (Richt- und Polarisationseffekte) bewirken eine Fixierung der Wassermolekeln als Hydratwasser und dadurch eine Verminderung der Zahl der kinetischen Freiheitsgrade (intermolekulare Schwingungen, vgl. S. 93, wodurch die Wärmekapazität des Wassers sinkt. Ist diese Erniedrigung stärker als die Wärmekapazität des zugesetzten Salzes selbst, so muß die partielle Molwärme des Salzes negativ werden. Dies tritt bei Salzen in genügend verdünnten wässerigen Lösungen stets ein. Die partielle Molwärme ist also – ebenso wie alle übrigen partiellen molaren Größen – nicht eine Eigenschaft des betreffenden Stoffes allein, sondern nur als ein Maß für den Gesamtzustand der Lösung anzusehen.

6.3 Reaktionswärmen in realen Mischphasen

Für eine in einer Mischphase ablaufende Reaktion

$$\nu_A A + \nu_B B + \cdots \rightarrow \nu_C C + \nu_D D + \cdots$$

können alle im Abschn. 5 abgeleiteten Gleichungen unverändert übernommen werden, wenn man die für reine Stoffe gültigen molaren Größen durch die entsprechenden partiellen molaren Größen ersetzt. An Stelle von (126) und (127) bzw. (119) und (120) können wir also schreiben[1)]

$$\left(\frac{\partial U}{\partial \xi}\right)_{V,T} = \sum_1^k \nu_i U_i \equiv \Delta U \tag{173}$$

und

$$\left(\frac{\partial H}{\partial \xi}\right)_{p,T} = \sum_1^k \nu_i H_i \equiv \Delta H. \tag{174}$$

Zur Ermittlung einer definierten Reaktionswärme darf sich demnach die Zusammensetzung der Mischung durch die Reaktion nicht ändern, d.h. es darf nur ein differentieller Umsatz stattfinden, dessen Reaktionswärme auf molaren Umsatz umzurechnen ist, weil die partiellen molaren Größen U_i und H_i selbst konzentrationsabhängig sind. Das bedeutet also, daß auch ΔU und ΔH in Mischungen verschiedener Zusammensetzung verschiedene Werte annehmen, und ist der Grund dafür, daß man zum Vergleich verschiedener Reaktionswärmen diese stets auf bestimmte Standardzustände umrechnet. Als Beispiel für die Konzentrationsabhängigkeit der Reaktionswärmen sind in Tab. 6 die Neutralisationswärmen von Salzsäure- mit Natron-

1 Ganz analog gilt für die Volumenänderung pro Formelumsatz in einer nicht idealen Mischphase an Stelle von (132) die Gleichung

$$\Delta V = \sum_1^k \nu_i V_i, \tag{175}$$

wo V_i das partielle Molvolumen bedeutet.

laugelösungen angegeben[1]. Die Extrapolation auf verschwindende Konzentration ergibt ΔH-Werte, die von der Art der Säure bzw. Lauge unabhängig sind; aus diesem Grund benutzt man diesen Zustand für gelöste Stoffe in der Regel als Bezugszustand (vgl. S. 115).

Tabelle 6. Neutralisationswärmen von HCl- und NaOH-Lösungen bei 25 °C.

m mol/1000 g H_2O	ΔH kJ mol^{-1}	m mol/1000 g H_2O	ΔH kJ mol^{-1}
extrap. 0	55,731	10	71,672
3	59,601	11	73,869
4	60,898	12	76,128
5	62,404	13	78,387
6	64,015	14	80,584
7	65,752	15	82,948
8	67,593	16	85,416
9	69,580		

Für die *Temperaturabhängigkeit der Reaktionswärme* in Mischungen und Lösungen ergibt sich analog zu (136) und (137)

$$\left(\frac{\partial \Delta U}{\partial T}\right)_{V,\xi} = \Delta C_V = \sum_1^k \nu_i C_{V_i} \tag{176}$$

und

$$\left(\frac{\partial \Delta H}{\partial T}\right)_{p,\xi} = \Delta C_p = \sum_1^k \nu_i C_{p_i}, \tag{177}$$

wobei ΔC_V bzw. ΔC_p sich aus den partiellen Molwärmen der Reaktionsteilnehmer zusammensetzt und ebenfalls konzentrationsabhängig ist. Praktisch untersucht man wieder ausschließlich Reaktionen bei konstantem Druck. Nun läßt sich Gl. (177) unmittelbar prüfen, indem man den Temperaturkoeffizienten der Reaktionswärme mißt und mit $\sum_1^k \nu_i C_{p_i}$ vergleicht, sofern die partiellen Molwärmen der Reaktionsteilnehmer in den betreffenden Lösungen bekannt sind. Es ergibt sich z.B. für den Temperaturkoeffizienten der Neutralisationswärme von sehr verdünnten HCl-Lösungen mit sehr verdünnten NaOH-Lösungen im Temperaturbereich zwischen 18 und 32 °C im Mittel +221,8 J K^{-1} mol^{-1}, während sich aus den partiellen Molwärmen der Reaktionsteilnehmer bei verschwindender Konzentration ΔC_p-Werte zwischen +221,8 und 225,9 J K^{-1} mol^{-1} berechnen.

Bei *heterogenen Reaktionen* zwischen Lösungen und reinen Stoffen bzw. verdünnten Gasen sind in ΔC_p für die letzteren die Werte $\boldsymbol{C}_{p_i}$, für die Lösungskomponenten die partiellen Molwärmen C_{p_i} einzusetzen. So erhält man z.B. im einfachsten Fall der Temperaturabhängigkeit der differentiellen Lösungswärme nach Gl. (155)

[1] Nach *P. Bender* und *W. J. Biermann*, J. Amer. chem. Soc. *74*, 322 (1952).

$$\left(\frac{\partial(H_2 - \boldsymbol{H}_2')}{\partial T}\right)_{p,n_i} = C_{p_2} - \boldsymbol{C}_{p_2}'. \tag{178}$$

Auch diese Gleichung wurde an einigen Salzen mit Hilfe sehr sorgfältiger Präzisionsmessungen geprüft und innerhalb der Meßgenauigkeit bestätigt.

Die Temperaturabhängigkeit der *integralen Lösungswärme* ergibt sich aus (156) unter Benutzung von (170) zu

$$\frac{1}{n_2}\left(\frac{\partial \Delta H}{\partial T}\right)_{n_i} = \frac{n_1}{n_2} C_{p_1}^E + C_{p_2} - \boldsymbol{C}_{p_2}' = \left(\frac{n_1}{n_2} C_{p_1} + C_{p_2}\right) - \frac{n_1}{n_2}\boldsymbol{C}_{p_1} - \boldsymbol{C}_{p_2}'. \tag{179}$$

Der Ausdruck in der Klammer ist gleich $\frac{C_p}{n_2}$ (Wärmekapazität der entstehenden Lösung pro Mol gelösten Stoffes), da ja nach (166)

$$C_p = n_1 C_{p_1} + n_2 C_{p_2}.$$

Ersetzt man dies nach (171) durch $\frac{C_p}{n_2} = \frac{n_1}{n_2}\boldsymbol{C}_{p_1} + C_{p_2}^*$, so erhält man

$$\frac{1}{n_2}\left(\frac{\partial \Delta H}{\partial T}\right)_{n_i} = \frac{n_1}{n_2}\boldsymbol{C}_{p_1} + C_{p_2}^* - \frac{n_1}{n_2}\boldsymbol{C}_{p_1} - \boldsymbol{C}_{p_2}' = C_{p_2}^* - \boldsymbol{C}_{p_2}'. \tag{179a}$$

Dabei bedeutet $C_{p_2}^*$ die leicht bestimmbare *scheinbare* Molwärme des gelösten Stoffes. In Tabelle 7 sind einige Messungen an KCl in Wasser wiedergegeben, aus denen die Übereinstimmung des gemessenen Temperaturkoeffizienten der integralen Lösungswärmen mit der Differenz $C_{p_2}^* - \boldsymbol{C}_{p_2}'$ hervorgeht. Die Molwärme des reinen Salzes $\boldsymbol{C}_{p_2}'$ beträgt 50,2 J K^{-1} mol^{-1}.

Tabelle 7. Temperaturabhängigkeit der integralen Lösungswärme von KCl in Wasser (18,75 °C).

c mol/dm^3	$\Delta H/n_2$ kJ mol^{-1} (12,5 °C)	$\Delta H/n_2$ kJ mol^{-1} (25 °C)	$\frac{1}{n_2}\frac{\partial \Delta H}{\partial T}$ J K^{-1} mol^{-1}	$C_{p_2}^*$ J K^{-1} mol^{-1}	$C_{p_2}^* - \boldsymbol{C}_{p_2}'$ J K^{-1} mol^{-1}
0	+19,456	+17,234	−177,8	−127,6	−177,8
$4{,}0 \cdot 10^{-4}$	+19,481	+17,263	−177,0	−125,9	−177,0
$3{,}6 \cdot 10^{-3}$	+19,615	+17,330	−176,2	−125,5	−175,7
$2{,}0 \cdot 10^{-2}$	+19,606	+17,439	−173,2	−123,0	−173,2
$4{,}8 \cdot 10^{-2}$	+19,640	+17,506	−170,7	−120,5	−170,7
$9{,}0 \cdot 10^{-2}$	+19,644	+17,548	−167,8	−117,2	−167,4
$1{,}8 \cdot 10^{-1}$	+19,602	+17,569	−162,3	−112,1	−162,3
$3{,}4 \cdot 10^{-1}$	+19,468	+17,527	−155,2	−105,0	−155,2

Die Gl. (179a) ist insofern wichtig, als sie die Temperaturabhängigkeit der Reaktionswärme eines Vorganges angibt, bei dem es sich nicht um eine differentielle, sondern um eine integrale

Zustandsänderung des Systems handelt, bei der sich also die Zusammensetzung dauernd ändert, wie dies z. B. bei den oben angegebenen Neutralisationsreaktionen der Fall ist. Für die Neutralisation einer 1 molaren wässerigen HCl-Lösung mit einer 1 molaren wässerigen NaOH-Lösung nach der Reaktion $HCl + NaOH \rightarrow NaCl + H_2O$ gilt

$$\Delta H = H_{NaCl} + (n' + n'' + 1)\, H_{H_2O} - (H_{HCl} + n' H'_{H_2O}) - (H_{NaOH} + n'' H''_{H_2O}) .$$

Dabei sind n' bzw. n'' die Stoffmengen [Molzahlen], H'_{H_2O} bzw. H''_{H_2O} die partiellen molaren Enthalpien des Wassers in der HCl- bzw. NaOH-Lösung vor der Reaktion. Die Ableitung nach T ergibt

$$\left(\frac{\partial \Delta H}{\partial T}\right)_p = C_{p_{NaCl}} + (n' + n'' + 1)\, C_{p_{H_2O}} - (C_{p_{HCl}} + n' C'_{p_{H_2O}}) - (C_{p_{NaOH}} + n'' C''_{p_{H_2O}}) . \tag{180}$$

Die scheinbaren Molwärmen ergeben sich aus (171) zu

$$\begin{aligned} C^*_{p_{NaCl}} &= C_p - (n' + n'' + 1)\, \boldsymbol{C}_{p_{H_2O}} = C_{p_{NaCl}} + (n' + n'' + 1)\,(C_{p_{H_2O}} - \boldsymbol{C}_{p_{H_2O}}) \\ C^*_{p_{HCl}} &= C_{p_{HCl}} + n'(C'_{p_{H_2O}} - \boldsymbol{C}_{p_{H_2O}}) \\ C^*_{p_{NaOH}} &= C_{p_{NaOH}} + n''(C''_{p_{H_2O}} - \boldsymbol{C}_{p_{H_2O}}) , \end{aligned}$$

oder nach den partiellen Molwärmen aufgelöst

$$\left.\begin{aligned} C_{p_{NaCl}} &= C^*_{p_{NaCl}} - (n' + n'' + 1)\, C_{p_{H_2O}} + (n' + n'' + 1)\, \boldsymbol{C}_{p_{H_2O}} \\ C_{p_{HCl}} &= C^*_{p_{HCl}} - n' C'_{p_{H_2O}} + n' \boldsymbol{C}_{p_{H_2O}} \\ C_{p_{NaOH}} &= C^*_{p_{NaOH}} - n'' C''_{p_{H_2O}} + n'' \boldsymbol{C}_{p_{H_2O}} \end{aligned}\right\} \tag{181}$$

Setzt man (181) in (180) ein, so wird

$$\left(\frac{\partial \Delta H}{\partial T}\right)_p = C^*_{p_{NaCl}} - \boldsymbol{C}_{p_{H_2O}} - C^*_{p_{HCl}} - C^*_{p_{NaOH}} . \tag{182}$$

Für das Lösungsmittel, das in diesem Fall an der Reaktion beteiligt ist, muß analog zu (171) die Molwärme im reinen Zustand eingesetzt werden. Für eine Fällungsreaktion in Lösung wie etwa

$$BaCl_2 + H_2SO_4 \rightarrow [BaSO_4]_{fest} + 2\,HCl$$

wäre entsprechend zu schreiben

$$\left(\frac{\partial \Delta H}{\partial T}\right)_p = \boldsymbol{C}_{p_{BaSO_4}} + 2\,C^*_{p_{HCl}} - C^*_{p_{BaCl_2}} - C^*_{p_{H_2SO_4}} . \tag{183}$$

Auch Gl. (182) konnte in einigen Fällen aus direkten Messungen der T-Abhängigkeit der Neutalisationswärme und aus Messungen der scheinbaren Molwärmen in den entsprechenden gleichkonzentrierten Lösungen bestätigt werden.

Kapitel IV

Der Entropiesatz (II. Hauptsatz der Thermodynamik)

1 Allgemeine Grundlagen

1.1 Irreversible und reversible Prozesse

Die Aussage der ersten Hauptsatzes, daß Energie weder vernichtet noch aus dem Nichts erzeugt werden kann, daß also die Energie des Universums konstant ist, entspricht dem allgemeinen menschlichen Kontinuitätsbedürfnis. Der erste Hauptsatz fand deshalb auch sehr bald allgemeine Anerkennung. Der zweite Hauptsatz, das Gesetz, daß „die Entropie des Universums einem Maximum zustrebt", wurde etwa gleichzeitig durch die Arbeiten von *Carnot, Clausius* und *Thomson* entwickelt. Damit wurde eine neuer, den üblichen Überlegungen fremder und nicht ohne weiteres einleuchtender Begriff geschaffen, so daß es relativ lange gedauert hat, bis er sich endgültig durchsetzen konnte. Trotzdem ist auch der zweite Hauptsatz ein reiner Erfahrungssatz, er kann ebensowenig streng bewiesen werden wie das Energieprinzip, aber alle Versuche, Ausnahmen zu diesem Satz aufzufinden, haben sich als vergeblich erwiesen, so daß er ebenso wie das Energieprinzip als eines der Grundgesetze alles Naturgeschehens angesehen werden muß.

Als Ausgangspunkt der Entwicklung, die uns zur Aufstellung des Entropiesatzes führen soll, wählen wir die überall zu machende Beobachtung, daß alle in der Natur spontan, d.h. von selbst, stattfindenden Prozesse stets in einer bestimmten Richtung ablaufen, wobei das betreffende System aus einem definierten Anfangszustand in einen definierten Endzustand übergeht, die beide durch die makroskopischen Zustandsvariablen eindeutig gekennzeichnet werden können. Solche Vorgänge bezeichnet man als *natürliche Prozesse.* Diese natürlichen Prozesse kann man in zwei Gruppen einteilen:

a) *Ausgleichsvorgänge*, bei denen das betreffende System sich nicht im thermischen bzw. chemischen Gleichgewicht befindet und nach Aufhebung einer „Hemmung" (vgl. S. 106) ins Gleichgewicht zu gelangen sucht. Hierher gehören alle Vorgänge, die auf einem Druck-, Temperatur- oder Konzentrationsausgleich beruhen, wie z.B. der S. 73 beschriebene *Gay-Lussac*sche Versuch, der Temperaturausgleich zwischen zwei in diathermische Berührung gebrachten Teilsystemen verschiedener Temperatur, die Diffusion von Gasen ineinander, die Mischungs- und Lösungsvorgänge, der Stoffaustausch zwischen zwei Phasen, chemische Reaktionen u.a.

b) *Dissipative Vorgänge*, bei denen eine dem System von außen zugeführte Arbeit eine Temperaturerhöhung und damit eine Vergrößerung der inneren Energie des Systems hervorruft. Hierher gehören alle Reibungsvorgänge, die Erzeugung innerer Energie durch elektrische Arbeit, die plastische Verformung fester Körper, Hysteresiserscheinungen bei der Magnetisierung eines Stoffes u.a. Nicht hierher gehört die „unendlich langsame" isotherme oder adiabatische Kompression eines Gases (vgl. S. 77), soweit sie ohne Reibung verläuft, denn hierbei handelt es sich nicht um einen „spontanen" Vorgang, sondern um einen Vorgang, der über lauter Gleichgewichtszustände verläuft und beliebig in die eine oder die andere Richtung dirigiert werden kann.

Die zuletzt erwähnte „unendlich langsame" isotherme Gaskompression bezeichneten wir als einen *reversiblen* Prozeß, da das System wieder in seinen Anfangszustand gebracht werden konnte, *ohne daß irgendwelche Zustandsänderungen in seiner Umgebung zurückblieben.* Ein solcher reversibler Vorgang läßt sich zwar niemals exakt verwirklichen, weil es niemals gelingt, Reibungsvorgänge oder andere dissipative Effekte quantitativ auszuschalten, aber er läßt sich doch beliebig approximieren, so daß wir reversible Vorgänge als ideale Grenzfälle betrachten können. In diesem Sinn sind alle rein mechanischen Vorgänge reversibel, wie z. B. die S. 14 erwähnte Pendelschwingung, wenn man von der Reibung im Lager und an den Gasmolekeln absieht, die man beide durch geeignete Maßnahmen (Kugellager, Vakuum) sehr klein machen kann. Ein weiteres Beispiel eines reversiblen Vorgangs ist die in einem galvanischen Element isotherm ablaufende chemische Reaktion, wenn man die elektromotorische Kraft des Elements durch eine gleichgroße Gegenspannung kompensiert. Durch infinitesimale Erhöhung oder Erniedrigung dieser Gegenspannung kann man erreichen, daß die Reaktion „unendlich langsam" in der einen oder der anderen Richtung abläuft, und zwar wiederum über lauter Gleichgewichtszustände. Auch in diesem Fall läßt sich dies wegen der dabei auftretenden Stromwärme nicht exakt, aber mit beliebiger Annäherung verwirklichen.

Es erhebt sich nun die Frage, sind die oben erwähnten spontanen, d. h. natürlichen Prozesse (im Gegensatz zu diesen idealen Grenzfällen reversibler Prozesse) *irreversibel*? Das würde nach der obigen Definition bedeuten, daß man sie zwar rückgängig machen kann, daß dabei aber stets irgendwelche Zustandsänderungen in der Umgebung des betreffenden Systems zurückbleiben, so daß man sie prinzipiell nicht spurlos aus der Welt schaffen kann. Die Erfahrung zeigt, daß dies tatsächlich stets der Fall ist.

Wir betrachten als Beispiel den *Gay-Lussac*schen Versuch (S. 73), d. h. die Expansion eines idealen Gases in ein Vakuum. Für diesen spontanen Vorgang fanden wir, daß $\delta A = 0$, $\delta Q = 0$ und damit $\mathrm{d}U = 0$. Um den Ausgangszustand des Systems wiederherzustellen, können wir das Gas *isotherm* wieder auf das Ausgangsvolumen komprimieren. Dabei gilt für das System nach Gl. (III, 45) ebenfalls $\mathrm{d}U = 0$, dagegen bleiben in der Umgebung Veränderungen zurück, und zwar sinkt ein Gewicht um eine gewisse Höhe h und leistet dabei eine Arbeit A, die durch Gl. (III, 47) gegeben ist, und gleichzeitig wird eine äquivalente Wärme Q an den Thermostaten konstanter Temperatur abgeführt. Um auch diese Änderungen gegenüber dem Ausgangszustand von System + Umgebung rückgängig zu machen, müßte man eine Vorrichtung besitzen, die auf Kosten der Inneren Energie des Thermostaten das Gewicht wieder um die Höhe h hebt, d. h. die bei konstanter Temperatur Wärme in Arbeit verwandelt, ohne daß dabei sonstige Veränderungen in der Natur zurückbleiben. Die Erfahrung zeigt, daß es eine solche Vorrichtung nicht gibt[1)]. Nach *Planck* bezeichnet man eine solche hypothetische „periodisch funktionierende Maschine, die weiter nichts bewirkt als Hebung einer Last und Abkühlung eines Wärmereservoirs" als ein *Perpetuum mobile zweiter Art.*

Analoge Betrachtungen lassen sich für alle oben erwähnten spontanen Ausgleichs- und dissipativen Vorgänge anstellen. Die Möglichkeit, daß ein solcher Vorgang reversibel im oben ge-

1 Bei der isothermen Ausdehnung des idealen Gases wird zwar Wärme bei konstanter Temperatur wieder quantitativ in Arbeit umgewandelt, aber dabei bleibt eine Veränderung, nämlich die Volumenvergrößerung des Gases, zurück.

nannten Sinn sein könnte, hängt stets davon ab, ob es ein Perpetuum mobile zweiter Art gibt oder nicht. Da die Erfahrung zeigt, daß ein solches trotz vieler Bemühungen nicht realisiert werden konnte, muß man daraus den Schluß ziehen: *Alle natürlichen Prozesse sind irreversibel.*

Das von *Planck* und *Thomson* aufgestellte „Prinzip von der Unmöglichkeit eines Perpetuum mobile zweiter Art" ist der historische Ausgangspunkt für die Aufstellung des zweiten Hauptsatzes der Thermodynamik gewesen. Inzwischen gibt es eine Reihe axiomatischer Begründungen des zweiten Hauptsatzes, die von verschiedenartigen Formulierungen der oben beschriebenen Erfahrungstatsache ausgehen[1)], doch wollen wir uns im folgenden im wesentlichen an den klassischen Weg halten, der besonders anschaulich und überzeugend ist.

Die Einseitigkeit allen Naturgeschehens läßt nun die Frage entstehen, ob es eine Zustandsfunktion gibt, die etwas über die Richtung eines natürlichen Prozesses auszusagen vermag, die also bei spontan verlaufenden Vorgängen z. B. immer zunimmt, und deren Änderung als quantitatives Maß für die Irreversibilität des Vorganges dienen kann. Die Innere Energie U bzw. die Enthalpie H ist offenbar dafür nicht geeignet, denn bei den obengenannten spontan verlaufenden Vorgängen, z. B. der Gasexpansion ins Vakuum oder der Diffusion, ändert sich ja die Innere Energie des Systems nicht. Außerdem sahen wir, daß bei spontan ablaufenden chemischen Reaktionen U sowohl abnehmen wie zunehmen kann (exotherme und endotherme Reaktionswärme), so daß U als Kriterium für die Richtung irreversibler Vorgänge nicht in Frage kommen kann.

Um zu der gewünschten Zustandsfunktion zu gelangen, gehen wir von folgender Überlegung aus: Das gemeinsame Merkmal aller sonst so verschiedenartigen irreversiblen Prozesse besteht offenbar darin, daß das Gesamtsystem von einem *instabileren* in einen *stabileren* Zustand übergeht. Bei rein mechanischen Systemen ist der stabilere Zustand stets derjenige geringster potentieller Energie, in den daher das sich selbst überlassene System spontan übergeht (fallendes Gewicht, sich entspannende Feder usw.), bei thermischen Systemen ist der stabilste Zustand derjenige des schon S. 6 und 76 besprochenen *thermischen Gleichgewichts.* Ist dieser erreicht, so können offenbar keine spontanen Vorgänge mehr ablaufen, die als *Kriterium der Irreversibilität dienende Zustandsfunktion muß deshalb im Gleichgewichtszustand des abgeschlossenen Gesamtsystems einen Extremwert besitzen.*

Wir sahen früher (S. 3), daß der thermische Gleichgewichtszustand dadurch charakterisiert ist, daß sich das System bei einer geringen (differentiellen) äußeren Störung verändert (Verschiebung des Gleichgewichts), daß es aber nach Aufhebung dieser Störung wieder in den alten Zustand zurückkehrt. Dies entspricht völlig der Einstellung einer Waage beim Auflegen und Wiederwegnehmen eines kleinen Übergewichtes. Wir sahen weiter, daß man durch dauernde Aufrechterhaltung der differentiellen Störung (infinitesimale Vergrößerung oder Verkleinerung des Gewichts in Abb. 23) einen „unendlich langsamen" Vorgang in dem System ablaufen lassen kann, dessen Richtung jederzeit umgekehrt werden kann, und bezeichneten derartige, über lauter Gleichgewichtszustände verlaufende Prozesse im Gegensatz zu den oben betrachteten spontan ablaufenden Vorgängen als *reversible Prozesse.* Das thermische Gleichgewicht kann deshalb ganz allgemein auch durch folgenden Satz charakterisiert werden: *Ein geschlossenes System befindet sich dann im thermischen Gleichgewicht, wenn die infinitesimale Änderung einer der unabhängigen Zustandsvariablen eine reversible Zustandsänderung hervorruft.*

---

[1] Vgl. z. B. *A. Landé,* Handb. Physik *9* (1926); *A. Sommerfeld,* Thermodynamik und Statistik, 2. Aufl., Leipzig 1962, § 6; *H. Stumpf, A. Rieckers,* Thermodynamik, Bd. 1, Wiesbaden 1976, S. 80 ff., 153 ff.

Auf Grund dieser Feststellung muß die gewünschte Zustandsfunktion, deren Änderung uns als Maß für die Irreversibilität spontan verlaufender Vorgänge dienen soll, eine weitere Forderung erfüllen: *Bei reversiblen Zustandsänderungen muß die als Stabilitätsmaß eines geschlossenen Gesamtsystems dienende Zustandsfunktion konstant sein.* Dies folgt eben daraus, daß bei reversiblen Zustandsänderungen dauernd Gleichgewicht herrscht, die Stabilitätsfunktion also einen Extremwert besitzt. Diese notwendige Eigenschaft der aufzustellenden Zustandsfunktion wird sich als Kriterium für die Brauchbarkeit einer solchen Funktion als wichtig erweisen. Wenn wir daher im folgenden immer wieder reversible Vorgänge in unsere Betrachtungen einbeziehen, obwohl es sich um die Aufstellung einer Zustandsfunktion zur Charakterisierung irreversibler Prozesse handelt, so geschieht dies deshalb, weil nur bei reversiblen Vorgängen der Wärme- und Arbeitsaustausch zwischen System und Umgebung eindeutig angegeben und damit auf Grund des erwähnten Kriteriums über die Brauchbarkeit der aufzustellenden Zustandsfunktionen entschieden werden kann.

1.2 Die maximale Arbeit reversibler Prozesse

Alle irreversiblen Vorgänge sind mit einem *Arbeitsverlust* verbunden, wie daraus hervorgeht, daß man sie nur unter Aufwendung von Arbeit rückgängig machen kann. Dies leuchtet unmittelbar ein für alle dissipativen Vorgänge, gilt aber ebenso für alle Ausgleichsvorgänge. Wir sahen dies schon bei der S.76 besprochenen isothermen Kompression des idealen Gases: nur bei reversibler Führung des Kompressionsvorganges erhielten wir den maximal möglichen Enddruck des Gases und konnten die aufgewendete Arbeit bei der nachfolgenden Expansion quantitativ zurückgewinnen; jeder irreversible Teilvorgang führte zu einem Arbeitsverlust (vgl. Abb. 26). Vollständig irreversible Vorgänge wie etwa die Ausdehnung eines Gases ins Vakuum haben auch den vollständigen Verlust der Arbeit zur Folge, die bei reversibler Führung der Expansion hätte gewonnen werden können und die sich nach Gl. (III, 45) berechnen läßt. Ebenso läßt sich der bei der spontanen Diffusion zweier Gase eintretende Arbeitsverlust leicht angeben, da man ihn ebenfalls durch einen reversiblen Vorgang mit Hilfe zweier sog. „halbdurchlässiger Wände“ unter bestimmtem Arbeitsaufwand rückgängig machen kann (vgl. S.152).

Auch der Wärmeübergang zwischen zwei Körpern verschiedener Temperatur durch unmittelbare Wärmeleitung bedeutet einen Arbeitsverlust, denn wie der S. 82ff. ausführlich besprochene *Carnot*sche Kreisprozeß lehrt, kann dieser Wärmetransport auf reversiblem Wege unter Gewinn nutzbarer Arbeit durchgeführt werden. Die Bilanz dieses Kreisprozesses bestand ja darin, daß eine Wärme Q_T von der höheren Temperatur $T + \Delta T$ auf die niedrigere Temperatur T absank, gleichzeitig aber eine nutzbare Arbeit ΔA auf Kosten des Wärmeinhalts des Thermostaten der Temperatur $T + \Delta T$ gewonnen und gespeichert werden konnte. Während also bei direkter Wärmeleitung die Wärme $Q_{T+\Delta T} = Q_T + \Delta A$ absinken würde (irreversibler Vorgang), kann bei reversibler Führung des Prozesses über den Arbeitsstoff des idealen Gases der Teil ΔA dieser Wärme in Form nutzbarer Arbeit gewonnen werden. Der durch Gl. (III, 65) definierte *thermische Nutzeffekt* des *Carnot*schen Kreisprozesses

$$\eta \equiv \frac{\Delta A}{|Q_{T+\Delta T}|} = \frac{\Delta T}{T + \Delta T} \tag{1}$$

muß von dem benutzten Arbeitsstoff und der benutzten Vorrichtung unabhängig sein, denn wäre dies nicht der Fall und könnte man mit Hilfe eines anderen Arbeitsstoffes einen höheren

Nutzeffekt erzielen, so wäre das Prinzip von der Unmöglichkeit des Perpetuum mobile zweiter Art verletzt. Man brauchte nur die beiden Kreisprozesse in entgegengesetzter Richtung laufen zu lassen, so daß die beim ersten Kreisprozeß nach unten transportierte Wärme Q_T vom zweiten Kreisprozeß unter Arbeitsaufwand wieder auf die höhere Temperatur $T + \Delta T$ hinauftransportiert wird. Dabei würde jedesmal ein Arbeitsüberschuß $\Delta(\Delta A)$ übrigbleiben, und zwar auf Kosten des gleichmäßig temperierten Wärmebehälters $(T + \Delta T)$, d.h. man könnte durch die beiden immer wiederholten Kreisprozesse dauernd Arbeit aus Wärme gewinnen. Das Ergebnis dieser Überlegung, daß der thermische Nutzeffekt des *reversiblen Carnot*schen Kreisprozesses vom Arbeitsstoff und von der benutzten Vorrichtung unabhängig ist, bedeutet gleichzeitig, daß *reversible Kreisprozesse ein Maximum an nutzbarer Arbeit zu liefern vermögen,* denn jeder geringste irreversible Teilvorgang des Kreisprozesses würde ja einen Arbeitsverlust bedeuten.

Gl. (1) ist infolgedessen auch der maximale thermische Nutzeffekt jeder Wärmekraftmaschine. Sein Wert hängt ausschließlich von den beiden Temperaturen T und $T + \Delta T$ ab, zwischen denen der periodische Kreisprozeß des benutzten Systems abläuft. Eine Dampfmaschine, die mit überhitztem Dampf von 430 K arbeitet, während die Temperatur des Kondenswassers 300 K beträgt, arbeitet also mit einem maximalen Nutzeffekt von $\frac{130}{430} \approx 30\%$. Praktisch wird dieser Wert natürlich wegen der teilweisen Irreversibilität der Vorgänge (Reibung, Wärmeleitung) niemals erreicht. Wegen der Abhängigkeit des thermischen Nutzeffektes von ΔT hat man bei der Weiterentwicklung der Dampfmaschine die Überhitzung des Dampfes immer weiter getrieben, was natürlich auch entsprechend höhere Drucke zur Folge hat. Auch Quecksilber ist aus diesem Grund schon als Arbeitsstoff der Dampfmaschine verwendet worden. Bei Verbrennungskraftmaschinen erreicht man wegen der hohen Explosionstemperatur der Luft-Gas-Gemische höhere Nutzeffekte als bei Dampfmaschinen.

Der Nachweis, daß alle irreversiblen Vorgänge mit einem Arbeitsverlust verbunden sind, legt den Gedanken nahe, die Fähigkeit eines Systems, nutzbare Arbeit zu leisten, als Zustandsfunktion zu verwenden, die die Stabilität des Systems charakterisieren könnte. Diese Zustandsfunktion würde einerseits die Bedingung erfüllen, daß sie sich bei irreversiblen Vorgängen stets in der gleichen Richtung ändert, da ja die Arbeitsfähigkeit immer abnimmt, andererseits hätte man in der maximalen Arbeit, die bei reversibler Führung des Prozesses zu gewinnen wäre, ein quantitatives, der Messung zugängliches Maß für die Änderung dieser Zustandsfunktion.

Wenn man sich auf die Betrachtung *isothermer Vorgänge* beschränkt, so trifft diese Überlegung tatsächlich zu. Wir zeigen dies am Beispiel der isothermen Expansion des idealen Gases. Die maximale Arbeit bei der reversiblen Expansion ist nach Gl. (III, 45) gegeben durch $A = n_i R T \ln \frac{V_1}{V_2}$, sie hängt also bei konstanter Temperatur ausschließlich von V_1 und V_2, d.h. von Anfangs- und Endzustand ab, ist also offenbar die Änderung einer Zustandsfunktion, die wir später als „Freie Energie" bzw. „Freie Enthalpie" kennenlernen werden, und die gerade in der chemischen Thermodynamik, wo man sich vielfach auf die Betrachtung isothermer Vorgänge beschränken kann, eine wichtige Rolle spielt.

Dagegen ist bei *nichtisothermen Vorgängen* die maximale Arbeit keine eindeutige Funktion von Anfangs- und Endzustand des Systems, sondern sie hängt noch vom Wege ab, auch wenn der Vorgang in allen Teilen reversibel geführt wird. Man erkennt dies sofort bei Betrachtung des *Carnot*schen Kreisprozesses (Abb. 27): Läßt man das Gas, ausgehend vom Zustand

$(T + \Delta T)$, V_1 zunächst isotherm reversibel auf V_2, dann adiabatisch reversibel auf V_3 expandieren, so ist die maximale Arbeit nach S. 83

$$A_{T+\Delta T} + A_{\mathrm{II}} = -nR(T + \Delta T) \ln \frac{V_2}{V_1} - C_V \Delta T.$$

Läßt man, ausgehend vom gleichen Anfangszustand, das Gas erst adiabatisch auf V_4, dann isotherm auf V_3 expandieren, so gelangt man zum gleichen Endzustand und erhält die maximale Arbeit

$$A_{\mathrm{IV}} + A_T = -C_V \Delta T - nRT \ln \frac{V_2}{V_1},$$

da ja, wie S. 83 gezeigt wurde, $\dfrac{V_2}{V_1} = \dfrac{V_3}{V_4}$. Die beiden maximalen Arbeiten unterscheiden sich um den Betrag

$$\Delta A = -nR\Delta T \ln \frac{V_2}{V_1},$$

sie hängen also vom Wege ab, und können deshalb nicht mehr als Änderung einer Zustandsfunktion angesehen werden. Das ist der Grund, weshalb wir δA und natürlich auch δQ nicht als vollständige Differentiale behandeln können, auch nicht für reversibel verlaufende Vorgänge.

1.3 Reduzierte Wärme und Entropie

Während die maximale Arbeit nicht als Änderung einer die Stabilität eines Systems charakterisierenden Zustandsfunktion angesehen werden kann, läßt sich – wieder aus dem *Carnot*schen Kreisprozeß – eine andere Größe ableiten, für die dies tatsächlich zutrifft. Bilden wir den Quotienten aus den beiden bei $T + \Delta T$ bzw. T mit den Wärmebehältern ausgetauschten Wärmen, so gilt für dieses sog. *Wärmeverhältnis* des *Carnot*schen Kreisprozesses nach den S. 83 f. abgeleiteten Gleichungen:

$$\varphi \equiv -\frac{Q_{T+\Delta T}}{Q_T} = +\frac{T + \Delta T}{T}. \tag{2}$$

Auch dieses ist ebenso wie der durch (1) gegebene thermische Nutzeffekt η ausschließlich eine Funktion der beiden Temperaturen des Kreisprozesses. Bezeichnen wir nun zur Vereinfachung die ausgetauschten Wärmemengen mit Q_1 und Q_2 und die zugehörigen Austauschtemperaturen mit T_1 und T_2, so können wir Gl. (2) in der Form schreiben

$$\frac{Q_1}{Q_2} = -\frac{T_1}{T_2} \quad \text{oder} \quad \frac{Q_1}{T_1} + \frac{Q_2}{T_2} = \sum_{\substack{\mathrm{rev} \\ \circ}} \frac{Q}{T} = 0. \tag{3}$$

Man nennt die Größe $\frac{Q}{T}$, die wie eine Wärmekapazität die Dimension J K^{-1} besitzt, eine *reduzierte Wärme*, und das gewonnene Resultat läßt sich folgendermaßen formulieren: *Bei einem reversiblen Carnot*schen *Kreisprozeß ist die Summe der umgesetzten reduzierten Wärmen gleich Null.*

Wir fragen nun zunächst, was läßt sich über $\sum \frac{Q}{T}$ bei einem teilweise irreversiblen (*Carnot*schen) Kreisprozeß aussagen? Da bei diesem immer ein Arbeitsverlust eintritt, ist die bei der tieferen Temperatur T_2 abgegebene Wärme Q_2 dem Betrag nach größer, dem Vorzeichen nach also negativer als im reversiblen Fall; $\sum \frac{Q}{T}$ muß also negativ werden, d. h. es gilt

$$\left(\frac{Q_1}{T_1} + \frac{Q_2}{T_2}\right)_{\text{irrev}} = \sum_{\substack{\text{irrev} \\ \circ}} \frac{Q}{T} < 0 . \tag{4}$$

Würde man z. B. den *Carnot*schen Kreisprozeß in der Weise durchführen, daß man für den Übergang von der einen Isotherme zur anderen nicht eine reversible adiabatische Expansion bzw. Kompression des Gases benutzt, sondern das Gas einfach bei konstantem Volumen durch direkte Wärmeleitung abkühlt bzw. erwärmt (in Abb. 27 würde das bedeuten, daß man vom Volumen V_1 und V_2 senkrecht nach unten geht, so daß $V_3 = V_2$ und $V_4 = V_1$ wird), so würden vom Gas folgende reduzierten Wärmen ausgetauscht:

Bei der isothermen Expansion

$$+ nR \ln \frac{V_2}{V_1} .$$

Bei der Abkühlung

$$- \frac{C_V |\Delta T|}{T_2} .$$

Bei der isothermen Kompression

$$- nR \ln \frac{V_2}{V_1} .$$

Bei der Erwägung

$$+ \frac{C_V |\Delta T|}{T_1} .$$

Insgesamt ergibt sich also für $\sum \frac{Q}{T}$

$$\sum \frac{Q}{T} = - \frac{C_V \Delta T}{T_2} + \frac{C_V \Delta T}{T_1} = C_V \Delta T \left(\frac{1}{T_1} - \frac{1}{T_2}\right) .$$

Das ist aber negativ, da $T_1 > T_2$, d.h. es wird

$$\sum_{\text{irrev}} \frac{Q}{T} < 0 .$$

Die Summe der reduzierten Wärmen läßt sich danach nicht nur als Kriterium für die Reversibilität oder Irreversibilität eines *Carnot*schen Kreisprozesses benutzen, sondern sie kann auch als quantitatives Maß der Irreversibilität dienen: Je negativer $\sum \frac{Q}{T}$, um so irreversibler ist der betreffende Kreisprozeß.

Man kann dieses Ergebnis leicht auf beliebige Kreisprozesse erweitern, bei denen der Wärmeaustausch bei vielen und eventuell auch stetig veränderlichen Temperaturen stattfindet, indem man sich die übergehenden Wärmen in viele differentielle Beträge $\mathrm{d}Q$ zerlegt denkt, die praktisch bei konstanter Temperatur zwischen Arbeitsstoff und Umgebung ausgetauscht werden. Auf diese Weise läßt sich jeder beliebige Kreisprozeß in eine große Anzahl infinitesimaler *Carnot*scher Kreisprozesse zerlegen, deren jeder die Bedingung (3) oder (4) erfüllt, je nachdem er reversibel oder irreversibel abläuft. Stellt man einen derartigen Kreisprozeß statt im pV-Diagramm in einem Diagramm verallgemeinerter Arbeitskoordinaten[1] dar, so ergibt sich eine geschlossene Kurve (Abb. 40), die man – durch Zerlegung des Vorgangs in eine beliebig große Zahl *Carnot*scher Kreisprozesse – durch eine Zickzackkurve ersetzt denken kann, so daß die Fläche unter der wirklichen Kurve gleich der Fläche unter der Zickzackkurve wird. Dann gilt nach (3) und (4)

$$\sum_{\text{rev}} \frac{\mathrm{d}Q_i}{T_i} = 0 \quad \text{bzw.} \quad \sum_{\text{irrev}} \frac{\mathrm{d}Q_i}{T} < 0 .$$

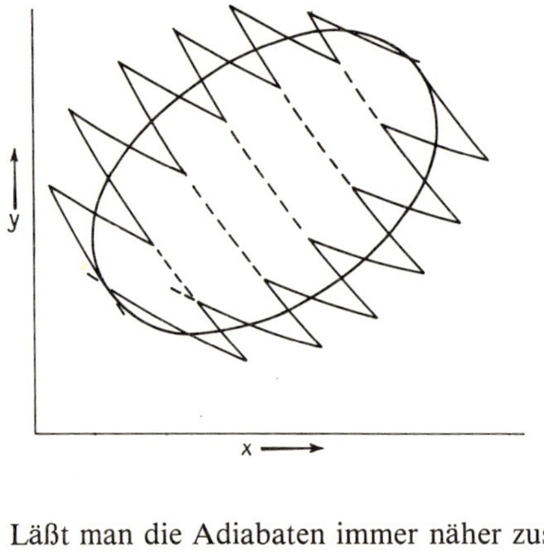

Abb. 40. Zerlegung eines beliebigen Kreisprozesses in infinitesimale *Carnot*sche Kreisprozesse.

Läßt man die Adiabaten immer näher zusammenrücken, so erhält man in der Grenze

$$\oint_{\text{rev}} \frac{\mathrm{d}Q}{T} = 0 , \tag{5}$$

---

[1] Diese sind dadurch definiert, daß ihr Produkt ebenso wie pV eine Arbeit darstellt; ein Beispiel ist das Produkt σf, Grenzflächenspannung × Oberfläche (vgl. S. 375).

$$\oint_{\text{irrev}} \frac{\mathrm{d}Q}{T} < 0\,, \tag{6}$$

indem man die Summe durch ein Integral ersetzt. Die ausgetauschte Arbeit und die ausgetauschte Wärme wird dann die gleiche für den Weg entlang der Kurve bzw. entlang der Zickzackkurve.

Wir untersuchen weiter, wie sich die Summe der reduzierten Wärmen bei einer *reversiblen Zustandsänderung* des Systems verhält. Wir betrachten dazu nochmals den Übergang des idealen Gases im *Carnot*schen Kreisprozeß vom Anfangszustand $(T + \Delta T)$, V_1 in den Endzustand T, V_3 auf den reversiblen Wegen über V_2 bzw. V_4. Dann wird nach den S. 83 abgeleiteten Beziehungen:

$$\sum_{\substack{\text{rev}\\ 1\to 2\to 3}} \frac{Q}{T} = \frac{R(T + \Delta T)\ln \frac{V_2}{V_1}}{T + \Delta T} \quad \text{und} \quad \sum_{\substack{\text{rev}\\ 1\to 4\to 3}} \frac{Q}{T} = \frac{RT\ln \frac{V_2}{V_1}}{T}\,,$$

d.h. $\sum_{\text{rev}} \frac{Q}{T}$ ist *unabhängig vom Weg*, im Gegensatz zu der S. 134 betrachteten maximalen Arbeit, die auf beiden Wegen verschieden groß war. $\sum_{1,\,\text{rev}}^{2} \frac{Q}{T}$ kann also als die *Änderung einer Zustandsfunktion S aufgefaßt werden, deren Wert nur von Anfangs- und Endzustand des Systems abhängt,* d.h. wir können schreiben

$$\sum_{1,\,\text{rev}}^{2} \frac{Q}{T} = S_2 - S_1 = \Delta S\,, \tag{7}$$

oder – wieder in Erweiterung auf beliebige reversible Zustandsänderungen

$$\int_{1,\,\text{rev}}^{2} \frac{\mathrm{d}Q}{T} = S_2 - S_1 = \Delta S \quad \text{bzw.} \quad \frac{\mathrm{d}Q_{\text{rev}}}{T} = \mathrm{d}S\,. \tag{8}$$

S, die von *R. Clausius* (1850) eingeführte *Entropie*, stellt die gesuchte Zustandsfunktion dar, deren Änderungen vom Wege unabhängig sind[1)].

---

[1] $\mathrm{d}S = \mathrm{d}Q_{\text{rev}}/T$ ist im Gegensatz zu δQ ein vollständiges Differential. Führt man einer reinen Phase reversibel die Wärme δQ zu, so gilt nach (III, 20)

$$\delta Q = \left(\frac{\partial U}{\partial T}\right)_V \mathrm{d}T + \left[\left(\frac{\partial U}{\partial V}\right)_T + p\right]\mathrm{d}V\,;$$

Sie erfüllt ferner die S. 132 erwähnte Bedingung, daß sie bei reversiblen Zustandsänderungen *in einem abgeschlossenen System* konstant bleiben muß, weil sie wegen des dauernd vorhanden thermischen Gleichgewichtes einen Maximalwert besitzt. So nimmt beispielsweise bei der isothermen reversiblen Gasexpansion die Entropie des Gases zwar um den Betrag

$$\frac{Q}{T} = nR \ln \frac{V_2}{V_1}$$

zu, die des Wärmebehälters aber um den gleichen Betrag ab, so daß die *Gesamtentropie* des abgeschlossenen Systems ungeändert bleibt[2)].

Es ist weiter zu zeigen, daß die gewonnene Zustandsfunktion auch die andere Bedingung erfüllt, daß sie sich bei allen spontan ablaufenden, d. h. irreversiblen Vorgängen stets in der gleichen Richtung ändert, also tatsächlich ein *Maß für die Stabilität eines Systems* ist. Wir betrachten dazu eine irreversible Zustandsänderung in einem abgeschlossenen System und nennen die dabei umgesetzte reduzierte Wärme $\int\limits_{\substack{1\\ \text{irrev}}}^{2} \frac{\mathrm{d}Q}{T}$. Denken wir uns jetzt die Zustandsänderung auf reversiblem Wege rückgängig gemacht, wobei nach Gl. (8) die reduzierte Wärme

$$\int\limits_{\substack{2\\ \text{rev}}}^{1} \frac{\mathrm{d}Q}{T} = -\Delta S$$

δQ ist nach dem Kriterium (I, 50) kein vollständiges Differential, denn

$$\frac{\partial^2 U}{\partial T\,\partial V} \neq \frac{\partial^2 U}{\partial V\,\partial T} + \frac{\partial p}{\partial T}.$$

$\frac{\mathrm{d}Q}{T}$ ist aber als Folge des II. HS. ein vollständiges Differential. Aus

$$\frac{\mathrm{d}Q}{T} = \frac{1}{T}\left(\frac{\partial U}{\partial T}\right)_V \mathrm{d}T + \frac{1}{T}\left[\left(\frac{\partial U}{\partial T}\right)_T + p\right]\mathrm{d}V$$

folgt

$$\left(\frac{\partial U}{\partial V}\right)_T = T\left(\frac{\partial p}{\partial T}\right)_V - p\,.$$

Dies ist die auf S. 70 vorweggenommene Beziehung (III, 35). Man nennt den Faktor $\frac{1}{T}$, der aus δQ ein vollständiges Differential macht, den „integrierenden Faktor".

[2] Das gleiche gilt auch für das Gesamtsystem des *Carnot*schen Kreisprozesses (Arbeitsstoff + Wärmebehälter), der ja, wie schon S. 83 f. betont wurde, nur in bezug auf den Arbeitsstoff ein vollständiger Kreisprozeß ist, während in den Wärmebehältern Veränderungen zurückbleiben, für die jedoch ebenfalls gilt $\sum \frac{Q}{T} = 0$, während dies für den Arbeitsstoff allein nach Gl. (3) ohnehin der Fall ist.

umgesetzt wird, so hat das System einen vollständigen, insgesamt natürlich auch irreversiblen Kreisprozeß durchlaufen, für den nach Gl. (6)

$$\oint_{\text{irrev}} \frac{\mathrm{d}Q}{T} < 0 .$$

Es gilt also die Beziehung

$$\oint_{\text{irrev}} \frac{\mathrm{d}Q}{T} = \int_{1 \atop \text{irrev}}^{2} \frac{\mathrm{d}Q}{T} - \Delta S < 0$$

oder durch Addition von ΔS auf beiden Seiten der Ungleichung

$$\int_1^2 \frac{\mathrm{d}Q_{\text{irrev}}}{T} < \Delta S . \tag{9}$$

Das bedeutet, $\int_1^2 \frac{\mathrm{d}Q}{T}$ ist bei irreversiblen Zustandsänderungen kein Maß mehr für die Entropieänderung des Systems, diese läßt sich also nicht mehr aus der umgesetzten reduzierten Wärme berechnen[1].

Gl. (9) ist das Analogon zu Gl. (6), ihr Vergleich mit (8) besagt: Während für reversible Zustandsänderungen die Summe der reduzierten Wärmen *gleich* der Entropieänderung ist, wird sie für irreversible Zustandsänderungen negativer als diese, d. h. die Entropie nimmt stärker

---

[1] Ein Beispiel bietet etwa die Expansion eines idealen Gases ins Vakuum, die ja der Typ eines irreversiblen Vorgangs ist. Hierfür gilt nach dem *Gay-Lussac*schen Versuch $\mathrm{d}Q = 0$, d.h. das Integral $\int_1^2 \frac{\mathrm{d}Q_{\text{irrev}}}{T}$ vermag über die Entropieänderung tatsächlich nichts auszusagen. Letztere läßt sich mit den bisher verwendeten Begriffen nur dann angeben, wenn man den betr. Vorgang auch auf reversiblem Wege durchführen kann, denn für diesen Fall gilt wieder Gl. (8). Bei der Expansion ins Vakuum kann man den gleichen Endzustand auch durch eine reversible isotherme Expansion erreichen. Für diese gilt $\mathrm{d}Q_{\text{rev}} = p\,\mathrm{d}V = nRT\frac{\mathrm{d}V}{V}$, so daß wir aus (8) erhalten

$$\Delta S = nR \int_{V_1}^{V_2} \frac{\mathrm{d}V}{V} = nR \ln \frac{V_2}{V_1} .$$

Die gleiche Entropiezunahme findet auch bei der irreversiblen Expansion statt, da ja die Entropie eine Zustandsfunktion ist. Zur Berechnung von Entropieänderungen aus den umgesetzten reduzierten Wärmen muß jedoch stets eine *reversible* Zustandsänderung vorausgesetzt werden. Wie wir später sehen werden, kann man jedoch Entropieänderungen auch auf andere Weise berechnen (vgl. S. 164).

zu, als das Integral $\int_1^2 \frac{dQ_{irrev}}{T}$ angibt. Die Entropie des Gesamtsystems ist durch die irreversible Zustandsänderung um ΔS gewachsen. Dies geht unmittelbar aus (9) hervor, denn bezogen auf das abgeschlossene Gesamtsystem ist die Summe der umgesetzten reduzierten Wärmen natürlich gleich Null, d.h. es wird

$$\underset{\text{irrev}}{\Delta S} > 0 \,. \tag{10}$$

In Worten heißt das: *Bei allen irreversiblen Vorgängen nimmt die Gesamtentropie eines abgeschlossenen Systems stets zu.* Die Entropie besitzt also die verlangte Eigenschaft, sich bei allen spontan verlaufenden Vorgängen immer in der gleichen Richtung zu ändern, was ja die Voraussetzung dafür ist, daß sie als Stabilitätsmaß dienen kann. Da letzten Endes alle in der Natur ablaufenden Vorgänge irreversibel sind, kann man dieses Ergebnis nach *Clausius* auch in der Form ausdrücken: *Die Entropie der Welt strebt einem Maximum zu.*

Es ist vielleicht nicht überflüssig, diese Überlegungen noch an einem speziellen Beispiel zu wiederholen. Das abgeschlossene System bestehe aus einem Wärmebehälter und einem mit idealem Gas gefüllten Zylinder mit beweglichem Stempel. Wir lassen das Gas sich isotherm und reversibel expandieren, speichern jedoch die abgegebene Arbeit nicht, wie in Abb. 23, durch ein gehobenes Gewicht, sondern führen sie dem Wärmebehälter mittels einer Rührvorrichtung wieder in Form von Innerer Energie zu (vgl. die schematische Abb. 41). Dann ändert sich der Zustand des Wärmebehälters offenbar überhaupt nicht, seine Entropie bleibt also konstant. Dagegen hat das Gas die Wärme $Q = RT \ln \frac{V_2}{V_1}$ aufgenommen, seine Entropie ist also um $\Delta S = R \ln \frac{V_2}{V_1}$ gewachsen, um den gleichen Betrag in diesem speziellen Fall auch die Entropie des Gesamtsystems. Der Grund ist die irreversible Umwandlung der mechanischen Expansionsarbeit in Reibungswärme.

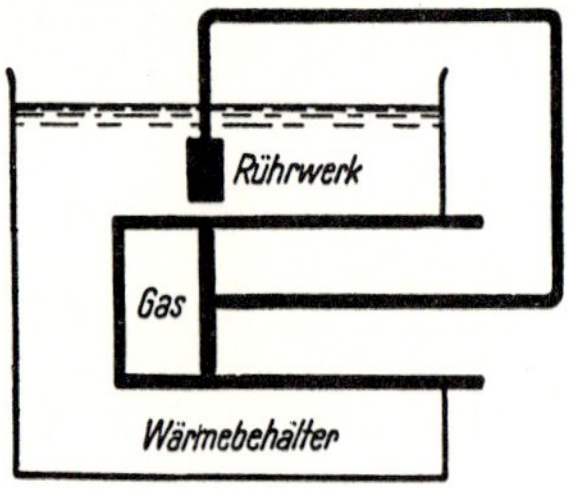

Abb. 41. Schema eines irreversiblen Prozesses unter Zunahme der Gesamtentropie.

Das Ergebnis dieser Überlegungen läßt sich natürlich auf jeden differentiellen Schritt eines Vorganges übertragen, d.h. für ein *abgeschlossenes System* gilt allgemein

$$dS \underset{\text{rev.}}{\overset{\text{irrev.}}{\geqq}} 0 \,. \tag{11}$$

Unterscheidet man innerhalb des abgeschlossenen Systems nochmals zwischen „System" und „Umgebung", so gilt für *irreversible* Prozesse:

$$dS_{Syst.} + dS_{Umg.} = d\sigma . \tag{12}$$

$d\sigma$ bezeichnet man als die bei dem Prozeß *erzeugte Entropie*, sie ist stets positiv. Besteht die „Umgebung" etwa in einem Wärmebehälter der Temperatur T_0, der bei dem Prozeß die Wärme δQ abgibt, so ist

$$dS_{Syst.} - \frac{\delta Q}{T_0} = d\sigma . \tag{13}$$

Für reversible Prozesse ist $d\sigma = 0$ und deshalb wieder

$$dS_{Syst.} = \frac{dQ_{rev.}}{T_0} . \tag{14}$$

Der zunächst nicht sehr anschauliche Begriff der Entropie hat ebenso wie die Begriffe Temperatur, Innere Energie usw. erst durch die Molekularstatistik eine anschauliche physikalische Bedeutung bekommen. Wie die Statistik zeigt (vgl. S. 409), ist der Zustand maximaler Stabilität, den jedes abgeschlossene System einzunehmen bestrebt ist, identisch mit dem *Zustand größter Wahrscheinlichkeit*, der seinerseits aufs engste mit dem „Unordnungsgrad" eines Systems zusammenhängt[1]. Aus diesem Grund diffundieren z. B. zwei reine Gase „von selbst" so lange ineinander, bis eine vollständig gleichmäßige Verteilung erreicht ist; diese entspricht dem Zustand größter Unordnung, größter Wahrscheinlichkeit und damit maximaler Entropie. Aus dem gleichen Grund verteilt sich die Wärme gleichmäßig über das ganze System, d. h. es findet so lange ein Temperaturausgleich statt, bis überall gleiche Temperatur herrscht. Aus demselben Grund geht schließlich auch jede mechanische Energie durch Reibung in Innere Energie über, denn mechanische kinetische Energie bedeutet gerichtete Bewegung zahlreicher Molekeln und deshalb gegenüber der regellosen „Wärmebewegung" einen höheren Ordnungszustand; deshalb kommt also z. B. eine Strömung in einer Flüssigkeit „von selbst" zur Ruhe, während umgekehrt niemals beobachtet wird, daß in einer ruhenden Flüssigkeit unter spontaner Abkühlung eine Strömung auftritt. Bei allen auf S. 129 f. genannten irreversiblen Vorgängen geht also das Gesamtsystem aus einem unwahrscheinlicheren in einen wahrscheinlicheren oder – gleichbedeutend damit – aus einem geordneteren in einen ungeordneteren Zustand über[2].

---

1 Im Sinne der statistischen Informationstheorie kann man den Zustand maximaler Entropie – d. h. größter Unordnung – auch als Zustand größter Unbestimmtheit oder maximalen „Nichtwissens" auffassen, den Zustand minimaler Entropie ($S = 0$) dagegen als Zustand geringster Unbestimmtheit, geringsten „Nichtwissens" oder maximaler Information (vgl. Kap. VI und VIII sowie *H. Stumpf* und *A. Rieckers*, Thermodynamik, Bd. 1, Wiesbaden 1976, Kap. 1.3 und 2.2).

2 Bei allen derartigen Überlegungen ist es wichtig, sich daran zu erinnern, daß alle diese Aussagen sich stets auf ein *abgeschlossenenes System* beziehen, und daß auch bei spontan ablaufenden Vorgängen sehr wohl die Entropie eines Teilsystems, dagegen niemals die Entropie des Gesamtsystems abnehmen kann. So nimmt z. B. bei der spontanen Kristallisation einer unterkühlten Schmelze der Unordnungszustand und damit die Entropie des kristallisierenden Stoffes offenbar ab, dem steht aber eine stärkere Entropiezunahme der „Umgebung" infolge der freiwerdenden Kristallisationswärme gegenüber, so daß die Gesamtentropie doch anwächst.

Wie diese Überlegungen zeigen, kann man die Entropie mit gleicher Berechtigung als Maß der Stabilität, der Wahrscheinlichkeit oder des Unordnungszustandes betrachten. Gerade diese letztere Betrachtungsweise erweist sich in der chemischen Thermodynamik häufig als sehr anschaulich und nützlich, wie wir später an einzelnen Beispielen zeigen werden. Die Unordnung nimmt in abgeschlossenen Systemen bei irreversiblen Vorgängen stets zu durch Umwandlung von Arbeit in Innere Energie. Das entspricht dem S. 133 erwähnten „Arbeitsverlust". Bei *reversiblen* Zustandsänderungen tritt kein Arbeitsverlust auf; nimmt daher die Unordnung bzw. Entropie eines Systems bei einer solchen Zustandsänderung zu, so kann dies nur durch Zuführung von Wärme als solcher geschehen. Das ist der Grund, weswegen man bei reversiblen Vorgängen die Entropieänderung des Systems durch Messung der ausgetauschten reduzierten Wärmen bestimmen kann, während bei irreversiblen Vorgängen noch eine Erhöhung der Unordnung durch Arbeitsverlust hinzukommt, so daß die Entropiezunahme größer ist, als der umgesetzten reduzierten Wärme entspricht [Gl. (9)], und infolgedessen aus ihr nicht abgelesen werden kann.

1.4 Die thermodynamische Temperaturskala

Das durch Gl. (2) definierte Wärmeverhältnis eines *Carnot*schen Kreisprozesses

$$\varphi \equiv -\frac{Q_1}{Q_2} = \frac{T_1}{T_2}$$

hängt ausschließlich von den beiden Temperaturen ab, zwischen denen der Kreisprozeß abläuft, man kann deshalb umgekehrt dieses Wärmeverhältnis zur Definition einer Temperaturskala verwenden, die gegenüber den früher (S. 6ff.) besprochenen Skalen den Vorteil besitzt, von den Eigenschaften irgendwelcher Stoffe völlig unabhängig zu sein. Das folgt daraus, daß φ sowohl wie η auf Grund des Prinzips von der Unmöglichkeit einer Perpetuum mobile zweiter Art unabhängig vom Arbeitsstoff und der benutzten Maschine sein muß. Man kann also jeder Temperatur eine Zahl zuordnen in der Weise, daß der Quotient zweier solcher Zahlen das Wärmeverhältnis eines zwischen den betreffenden Temperaturen ablaufenden reversiblen *Carnot*schen Kreisprozesses darstellt, und gewinnt so eine Temperaturskala, die ausschließlich auf dem zweiten Hauptsatz beruht, während alle bisher benutzten Skalen einschließlich der Skala des idealen Gasthermometers auf die thermische Ausdehnung eines willkürlich gewählten Stoffes zurückgehen.

Allerdings kann man durch eine solche Zuordnung zunächst beliebig viele Zahlenreihen aufstellen, die sämtlich der gestellten Forderung genügen. So ergibt z. B. die Kombination je zweier Zahlen in den Reihen 1, 3, 5, 8 oder 5, 15, 25, 40 oder 20, 60, 100, 160 immer das gleiche Wärmeverhältnis. Man ist übereingekommen, diejenige Reihe zu wählen, deren Differenz zwischen Gefrierpunkt[1)] und Siedepunkt des Wassers unter Normalbedingungen den Wert 100 besitzt, d. h. man behält die der Celsiusskala zugrunde liegenden Fixpunkte bei und legt dadurch gleichzeitig die Einheit der neuen Temperaturskala fest. Die so ermittelte Zahlenreihe wird nach Lord *Kelvin* die *absolute* oder *thermodynamische Temperaturskala* genannt.

---

[1] Die Auswahl des Tripelpunktes von Wasser (0,01 °C = 273,16 K) als primärer Fixpunkt der IPTS 1968 ändert hieran nichts, vgl. S. 9 sowie Tab. 1.

Für den unmittelbaren praktischen Gebrauch eignet sich diese Skala allerdings nicht, denn man müßte für jede Temperaturmessung einen – ohnehin nicht exakt realisierbaren – reversiblen Wärmeübergang zwischen der zu messenden Temperatur und einem der gewählten Fixpunkte durchführen. Es läßt sich jedoch zeigen, daß die thermodynamische Temperaturskala mit der idealen Gasskala zusammenfällt, so daß man die letztere für die praktische Temperaturmessung und Thermometereichung beibehalten kann.

Zum Beweis gehen wir von der schon mehrfach benutzten Gl. (III, 35) aus, die, wie im nächsten Abschnitt zu zeigen sein wird, unmittelbar aus dem zweiten Hauptsatz hervorgeht, so daß wir in ihr die absolute (thermodynamische) Temperatur benutzen können, die wir zur Unterscheidung von der Temperatur der Gasskala zunächst mit ϑ bezeichnen wollen. Es gilt also

$$p = \vartheta \left(\frac{\partial p}{\partial \vartheta}\right)_V - \left(\frac{\partial U}{\partial V}\right)_\vartheta .$$

Wenden wir die Gleichung auf ein ideales Gas an, so ist nach dem *Gay-Lussac*schen Versuch $\left(\frac{\partial U}{\partial V}\right)_\vartheta = 0$, d.h. es wird

$$p = \vartheta \left(\frac{\partial p}{\partial \vartheta}\right)_V .$$

Für konstantes Volumen gilt demnach $\frac{\mathrm{d}p}{p} = \frac{\mathrm{d}\vartheta}{\vartheta}$, und es folgt durch Integration

$$\ln p = \ln \vartheta + \text{const.} \quad \text{oder} \quad p = C\vartheta .$$

Der Druck des idealen Gases ist der thermodynamischen Temperatur proportional. Da dies nach der Definitionsgleichung (II, 12) auch für die Temperatur T der idealen Gasskala gilt, muß auch ϑ proportional zu T sein. Wählt man demnach für beide Skalen die gleiche Einheit, wie dies tatsächlich geschehen ist, so müssen beide Skalen zusammenfallen, d.h. es gilt

$$\vartheta = T .$$

2 Die Entropie als Funktion der Zustandsvariablen

2.1 Reine Phasen

Die Aussage des zweiten Hauptsatzes, daß die Entropie eine Zustandsfunktion ist, bedeutet, daß S sich als eindeutige Funktion der Zustandsvariablen darstellen läßt. Da ferner S wie U, H und V eine extensive Zustandsfunktion ist, können wir – wieder unter Weglassung spezieller Zustandsvariabler – analog zu (III, 8 und 8a) *für jede Phase* schreiben

$$S = f(V, T, n_1, n_2, \ldots, n_k) , \tag{15}$$

$$\bar{S} = f(\bar{V}, T, x_1, x_2, \ldots, x_{k-1}) \,. \tag{15a}$$

Benutzt man den Druck an Stelle des Volumens als unabhängige Variable, so gilt entsprechend

$$S = f(p, T, n_1, n_2, \ldots, n_k) \,, \tag{16}$$

$$\bar{S} = f(p, T, x_1, x_2, \ldots, x_{k-1}) \,. \tag{16a}$$

$\mathrm{d}S$ ist wie $\mathrm{d}U$ und $\mathrm{d}H$ ein vollständiges Differential und setzt sich analog zu (III, 15) bzw. (III, 16) additiv aus den Partialänderungen zusammen, wenn man wieder jeweils alle Variablen bis auf eine konstant hält. Bei *reinen (homogenen) Phasen*, deren Zustand durch V und T bzw. p und T vollständig bestimmt ist, wird danach

$$\mathrm{d}S = \frac{\mathrm{d}Q_{\mathrm{rev}}}{T} = \left(\frac{\partial S}{\partial V}\right)_T \mathrm{d}V + \left(\frac{\partial S}{\partial T}\right)_V \mathrm{d}T \tag{17}$$

bzw.

$$\mathrm{d}S = \frac{\mathrm{d}Q_{\mathrm{rev}}}{T} = \left(\frac{\partial S}{\partial p}\right)_T \mathrm{d}p + \left(\frac{\partial S}{\partial T}\right)_p \mathrm{d}T \,. \tag{18}$$

Um den Zusammenhang mit den kalorischen Zustandsfunktionen U und H herzustellen, setzen wir nach (III, 20) bzw. (III, 21)

$$\mathrm{d}S = \frac{\mathrm{d}Q_{\mathrm{rev}}}{T} = \frac{\mathrm{d}U + p\,\mathrm{d}V}{T} = \frac{1}{T}\left[\left(\frac{\partial U}{\partial T}\right)_V \mathrm{d}T + \left(\frac{\partial U}{\partial V}\right)_T \mathrm{d}V + p\,\mathrm{d}V\right] \tag{19}$$

bzw.

$$\mathrm{d}S = \frac{\mathrm{d}Q_{\mathrm{rev}}}{T} = \frac{\mathrm{d}H - V\mathrm{d}p}{T} = \frac{1}{T}\left[\left(\frac{\partial H}{\partial T}\right)_p \mathrm{d}T + \left(\frac{\partial H}{\partial p}\right)_T \mathrm{d}p - V\mathrm{d}p\right]. \tag{20}$$

Indem man noch für $(\partial U/\partial T)_V$ bzw. $(\partial H/\partial T)_p$ die Wärmekapazitäten nach (III, 22) bzw. (III, 23) einführt, erhält man

$$\mathrm{d}S = \frac{C_V \mathrm{d}T}{T} + \frac{1}{T}\left[\left(\frac{\partial U}{\partial V}\right)_T + p\right]\mathrm{d}V \tag{21}$$

bzw.

$$\mathrm{d}S = \frac{C_p \mathrm{d}T}{T} + \frac{1}{T}\left[\left(\frac{\partial H}{\partial p}\right)_T - V\right]\mathrm{d}p \,. \tag{22}$$

Spezialisiert man diese für reine Phasen allgemein gültigen Gleichungen auf *ideale Gase*, so wird nach dem *Gay-Lussac*schen Versuch $(\partial U/\partial V)_T = (\partial H/\partial p)_T = 0$, und man erhält

$$\mathrm{d}S = \frac{C_V \mathrm{d}T}{T} + \frac{p\,\mathrm{d}V}{T} \quad \text{(ideales Gas)}\,, \tag{21a}$$

$$dS = \frac{C_p dT}{T} - \frac{V dp}{T} \quad \text{(ideales Gas)}. \tag{22a}$$

Ersetzt man schließlich $C_V = n\boldsymbol{C}_V$; $C_p = n\boldsymbol{C}_p$ und nach dem idealen Gasgesetz

$$\frac{p}{T} = \frac{nR}{V}; \quad \frac{V}{T} = \frac{nR}{p},$$

so ergibt sich

$$dS = n\boldsymbol{C}_V d \ln T + nR d \ln V \quad \text{(ideales Gas)}, \tag{21b}$$

$$dS = n\boldsymbol{C}_p d \ln T - nR d \ln p \quad \text{(ideales Gas)}. \tag{22b}$$

Diese Gleichungen geben die Entropie des idealen Gases als Funktion von Temperatur und Volumen bzw. Druck wieder. Sie zeigen, ebenso wie schon die Definitionsgleichung der Entropie, daß man stets nur Entropie*differenzen* zwischen verschiedenen Zuständen erhält, während die Absolutwerte der Entropie ebenso wie die der Inneren Energie und der Enthalpie nicht bekannt sind. Durch Integration und Division durch n erhält man die Entropieänderung pro Mol des ideales Gases für eine beliebige Zustandsänderung zu

$$\Delta\boldsymbol{S} = \boldsymbol{C}_V \ln \frac{T_2}{T_1} + R \ln \frac{\boldsymbol{V}_2}{\boldsymbol{V}_1}, \tag{23}$$

$$\Delta\boldsymbol{S} = \boldsymbol{C}_p \ln \frac{T_2}{T_1} - R \ln \frac{p_2}{p_1}. \tag{24}$$

$(\Delta\boldsymbol{S})_V$ und $(\Delta\boldsymbol{S})_p$ unterscheiden sich nach (III, 42) um

$$(\Delta\boldsymbol{S})_p - (\Delta\boldsymbol{S})_V = (\boldsymbol{C}_p - \boldsymbol{C}_V) \ln \frac{T_2}{T_1} = R \ln \frac{T_2}{T_1}. \tag{25}$$

Dabei ist vorausgesetzt, daß in dem betreffenden Temperaturintervall die Molwärmen noch als praktisch temperaturunabhängig angesehen werden können. Ist dies nicht der Fall, so müssen $\boldsymbol{C}_V$ bzw. $\boldsymbol{C}_p$ als Temperaturfunktionen in das Integral einbezogen werden.

Wie die abgeleiteten Gleichungen zeigen, nimmt die Entropie des idealen Gases mit wachsendem Volumen bzw. abnehmendem Druck zu, die Vergrößerung des Volumens bedeutet also eine Zunahme des Unordnungszustandes und damit der Stabilität. Das gleiche gilt für die Erhöhung der Temperatur. Man sieht dies leicht auf folgende Weise ein: Gegeben seien zwei Mole desselben Gases bei gleichem Volumen, aber verschiedener Temperatur. Bringt man das wärmere Gas durch reversible adiabatische Ausdehnung auf die Temperatur des kälteren, so ändert sich seine Entropie nicht, da ja kein Wärmeaustausch mit der Umgebung stattfindet. Dagegen ist jetzt sein Volumen größer als das des kälteren, der Entropieunterschied muß also der gleiche sein wie im Zustand gleichen Volumens und höherer Temperatur.

Aus der Tatsache, daß die Entropie eines idealen Gases bei reversiblen adiabatischen Zustandsänderungen konstant bleibt[1], läßt sich unmittelbar das *Poisson*sche Gesetz (S. 78) ableiten. Nach Gl. (23) gilt mit $\Delta \boldsymbol{S} = 0$ und unter Benutzung von Gl. (III, 42)

$$\boldsymbol{C}_V \ln \frac{T_2}{T_1} = -R \ln \frac{\boldsymbol{V}_2}{\boldsymbol{V}_1} = (\boldsymbol{C}_p - \boldsymbol{C}_V) \ln \frac{\boldsymbol{V}_1}{\boldsymbol{V}_2}.$$

Daraus folgt

$$\ln \frac{T_2}{T_1} = \ln \left(\frac{\boldsymbol{V}_1}{\boldsymbol{V}_2}\right)^{\varkappa - 1} \quad \text{oder} \quad T_1 \boldsymbol{V}_1^{\varkappa - 1} = T_2 \boldsymbol{V}_2^{\varkappa - 1} = \text{const.}$$

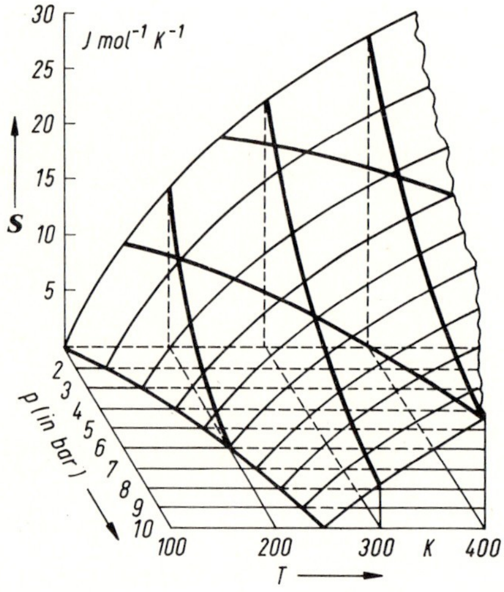

Abb. 42. Die Entropie des idealen Gases als Funktion von Temperatur und Druck.

In Abb. 42 ist die Entropie des idealen Gases als Funktion von Temperatur und Druck dargestellt. Man erhält wie bei $V = f(p, T)$ eine gekrümmte Fläche im Raum, deren Schnittkurven mit Ebenen parallel zu je zwei Achsen die partiellen Funktionen $(S)_T = f(p)$, $(S)_p = f(T)$ und $(p)_S = f(T)$ darstellen (Isothermen, Isobaren und Isentropen). Da die Absolutwerte der Entropie nicht bekannt sind, wurde die Entropie bei $p = 1$ bar und $T = 100$ K willkürlich gleich Null gesetzt.

Die Bedeutung der partiellen Differentialquotienten von S nach T, V und p in Gl. (17) und (18) ergibt sich unmittelbar durch Koeffizientenvergleich mit (21a) und (22a) zu

$$\left(\frac{\partial S}{\partial T}\right)_V = \frac{C_V}{T}; \left(\frac{\partial S}{\partial V}\right)_T = \frac{p}{T}; \left(\frac{\partial S}{\partial T}\right)_p = \frac{C_p}{T}; \left(\frac{\partial S}{\partial p}\right)_T = -\frac{V}{T} \quad \text{(ideales Gas)}. \tag{26}$$

Die beiden letzten sind gegeben durch die jeweiligen Tangenten an den entsprechenden Schnittkurven in Abb. 42.

---

1 Adiabatische reversible Prozesse werden deshalb auch als *isentropische* Prozesse bezeichnet.

Zur Darstellung der *Entropie realer Gase* als Funktion von T und V bzw. p muß man auf die allgemeinen Gln. (21) und (22) zurückgehen, da $(\partial U/\partial V)_T$ und $(\partial H/\partial p)_T$ nicht mehr gleich Null gesetzt werden können. Der Vergleich der Koeffizienten mit Gl. (17) und (18) ergibt die neuen Beziehungen

$$\left(\frac{\partial S}{\partial V}\right)_T = \frac{1}{T}\left[\left(\frac{\partial U}{\partial V}\right)_T + p\right]; \tag{27}$$

$$\left(\frac{\partial S}{\partial p}\right)_T = \frac{1}{T}\left[\left(\frac{\partial H}{\partial p}\right)_T - V\right]. \tag{28}$$

Man kann die experimentell schwer zugänglichen Größen $(\partial U/\partial V)_T$ und $(\partial H/\partial p)_T$ (vgl. S. 70) unter Anwendung des *Schwarz*schen Satzes durch rein thermische Meßgrößen ersetzen. Dazu geht man von den Gln. (19) und (20) aus und bildet aus den vollständigen Differentialen

$$\mathrm{d}U = T\mathrm{d}S - p\mathrm{d}V$$

bzw.

$$\mathrm{d}H = T\mathrm{d}S + V\mathrm{d}p$$

das Symbol nach (I, 58)

$$\begin{matrix} T & V \\ p & S. \end{matrix}$$

Dann ergibt sich unmittelbar nach der S. 21 f. gegebenen Vorschrift

$$\left(\frac{\partial S}{\partial V}\right)_T = \left(\frac{\partial p}{\partial T}\right)_V \tag{29}$$

bzw.

$$\left(\frac{\partial S}{\partial p}\right)_T = -\left(\frac{\partial V}{\partial T}\right)_p. \tag{30}$$

Durch diese sog. *Maxwellschen Beziehungen* wird die Volumen- und Druckabhängigkeit der Entropie reiner Stoffe auf die experimentell leicht zugänglichen Größen $(\partial p/\partial T)_V = \alpha/\chi$ (Gl. II, 7) und $-(\partial V/\partial T)_p = -\alpha V$ (Gl. II, 2) zurückgeführt, und man erhält an Stelle von (17) und (18)

$$\mathrm{d}S = \frac{C_V \mathrm{d}T}{T} + \left(\frac{\partial p}{\partial T}\right)_V \mathrm{d}V \tag{31}$$

bzw.

$$\mathrm{d}S = \frac{C_p \mathrm{d}T}{T} - \left(\frac{\partial V}{\partial T}\right)_p \mathrm{d}p. \tag{32}$$

Der Vergleich von (29) bzw. (30) mit (27) bzw. (28) liefert weiter

$$\frac{1}{T}\left[\left(\frac{\partial U}{\partial V}\right)_T + p\right] = \left(\frac{\partial p}{\partial T}\right)_V \quad \text{bzw.} \quad \frac{1}{T}\left[\left(\frac{\partial H}{\partial p}\right)_T - V\right] = -\left(\frac{\partial V}{\partial T}\right)_p$$

oder anders geschrieben

$$\left(\frac{\partial U}{\partial V}\right)_T = T\left(\frac{\partial p}{\partial T}\right)_V - p \tag{33}$$

$$\left(\frac{\partial H}{\partial p}\right)_T = V - T\left(\frac{\partial V}{\partial T}\right)_p. \tag{34}$$

Dies sind die schon S. 70 vorweggenommenen Gleichungen, mit deren Hilfe sich die Volumenabhängigkeit von U und die Druckabhängigkeit von H ebenfalls durch rein thermische Meßgrößen ausdrücken lassen. Sie sind eine unmittelbare Folge des zweiten Hauptsatzes.

Der Vergleich von (31) und (32) mit (21a) und (22a) zeigt, daß bei realen Gasen ebenso wie bei idealen Gasen die Steigungen der p-T- bzw. V-T-Kurve als Koeffizienten auftreten, die allerdings nicht mehr wie bei idealen Gasen konstant sind. Sind p und V sowie C_V und C_p als Temperaturfunktionen bekannt, so lassen sich die Entropieänderungen realer Gase bei beliebigen Zustandsänderungen sofort angeben; die Auswertung der gewonnenen Ausdrücke setzt also wieder eine möglichst genaue Kenntnis der thermischen Zustandsgleichungen und der Temperaturabhängigkeit der Molwärmen voraus.

Benutzt man als thermische Zustandsgleichung etwa die *van der Waals*sche Gleichung (bezogen auf 1 mol) $p = \frac{RT}{\mathbf{V} - b} - \frac{a}{\mathbf{V}^2}$, so wird $\left(\frac{\partial p}{\partial T}\right)_V = \frac{R}{\mathbf{V} - b}$, und man erhält die Gleichung

$$\mathrm{d}S = \frac{\mathbf{C}_V \mathrm{d}T}{T} + \frac{R}{\mathbf{V} - b}\mathrm{d}V, \tag{35}$$

die sich von der entsprechenden für ideale Gase nur durch das Auftreten der Größe b unterscheidet. Aus (35) ergibt sich mit $\mathrm{d}S = 0$, d.h. für eine isentropische Zustandsänderung und für konstantes $\mathbf{C}_V$, eine dem *Poisson*schen Gesetz analoge Beziehung

$$T_2(\mathbf{V}_2 - b)^{R/\mathbf{C}_V} = T_1(\mathbf{V}_1 - b)^{R/\mathbf{C}_V} = \text{const.} \tag{36}$$

Beide Gleichungen sind natürlich nur im Geltungsbereich der *van der Waals*schen Gleichung verwendbar.

Allgemein ergibt sich aus (32) für isentropische Zustandsänderungen die schon S. 93 benutzte Gleichung

$$\frac{C_p \mathrm{d}T}{T} = \left(\frac{\partial V}{\partial T}\right)_p \mathrm{d}p. \tag{37}$$

Bei der isentropischen Kompression oder Expansion eines Gases wird demnach

$$\left(\frac{\partial T}{\partial p}\right)_S = \frac{T}{C_p}\left(\frac{\partial V}{\partial T}\right)_p. \tag{38}$$

$(\partial T/\partial p)_S$ unterscheidet sich von den durch Gl. (III, 75 und 76) definierten *Joule-Thomson*-Koeffizienten durch das Fehlen des Gliedes $-\dfrac{V}{C_p}$. Dieser Unterschied beruht darauf, daß die Entspannung des Gases beim *Joule-Thomson*-Effekt irreversibel verläuft, für irreversible adiabatische Vorgänge aber kann man dS nicht gleich Null setzen, da bei irreversiblen Vorgängen die mit der Umgebung ausgetauschte reduzierte Wärme kein Maß für die Entropieänderung darstellt. Das Vorzeichen von $(\partial T/\partial p)_S$ hängt ausschließlich vom Vorzeichen von $(\partial V/\partial T)_p$ ab; da der Ausdehnungskoeffizient von Gasen stets positiv ist, muß bei der isentropischen adiabatischen Kompression stets eine Erwärmung, bei der Expansion stets eine Abkühlung eintreten, eine Vorzeichenumkehr wie beim *Joule-Thomson*-Koeffizienten ist nicht möglich.

Für reine *flüssige oder feste Phasen* gelten ebenfalls die allgemeinen Gln. (21) und (22) bzw. (31) und (32), praktisch benutzt man wieder ausschließlich p und T als unabhängige Variable. In den meisten Fällen kann man die Druckabhängigkeit der Entropie vernachlässigen, wenn man sich auf das Gebiet kleiner Drucke beschränkt, so daß man an Stelle von (32) einfacher schreiben kann

$$dS_{\text{kond}} = \frac{C_p dT}{T}. \tag{39}$$

Die Integration liefert

$$S_{\text{kond}} = S_{\text{kond}(T=0)} + \int_0^T \frac{C_p}{T} dT. \tag{40}$$

Über die Entropiekonstante $S_{\text{kond}(T=0)}$ vermag der zweite Hauptsatz, wie schon erwähnt wurde, nichts auszusagen, so daß die Berechnung von sog. „Absolutwerten" der Entropie zunächst nicht möglich ist. Erst der *Nernstsche Wärmesatz* liefert eine Aussage über $S_{\text{kond}(T=0)}$, worauf wir später zurückkommen werden (vgl. Kap. VI).

Für große Druckbereiche kann man das zweite Glied der Gl. (32) nicht mehr vernachlässigen und muß das Volumen des kondensierten Stoffes als Temperaturfunktion einführen. In vielen Fällen genügt es, eine dem *Gay-Lussac*schen Gesetz für ideale Gase analoge Näherungsgleichung

$$V = V_0(1 + \alpha(T - T_0)) \tag{41}$$

zu verwenden, in der der kubische Ausdehnungskoeffizient α in nicht allzu großen Temperaturbereichen als konstant angesehen werden kann. Damit ergibt sich

$$\left(\frac{\partial V}{\partial T}\right)_p = \alpha V_0 \tag{42}$$

und wir erhalten aus (32)

$$\mathrm{d}S = \frac{C_p \mathrm{d}T}{T} - \alpha V_0 \mathrm{d}p\,. \tag{43}$$

Die Integration bei konstantem C_p und konstantem α liefert die Entropieänderung in Abhängigkeit von Temperatur und Druck zu

$$\varDelta S = C_p \ln \frac{T_2}{T_1} - \alpha V_0 (p_2 - p_1)\,, \tag{44}$$

was der Gl. (24) für ideale Gase entspricht[1].

2.2 Phasenumwandlungen

Da beim Übergang eines reinen Stoffes von einer Phase in eine andere ebenfalls Arbeit nur in Form von Volumenarbeit mit der Umgebung ausgetauscht werden kann, können wir – analog zu Gl. (III, 99) – für die Entropieänderung schreiben (in abgekürzter Form, vgl. S. 98f.):

$$\mathrm{d}S = \frac{\mathrm{d}H - V\mathrm{d}p}{T} = \left(\frac{\partial S}{\partial T}\right)_{p,n} \mathrm{d}T + \left(\frac{\partial S}{\partial p}\right)_{T,n} \mathrm{d}p + \left(\frac{\partial S}{\partial n}\right)_{p,T} \mathrm{d}n\,. \tag{46}$$

Für eine *isotherme* und *isobare* Phasenumwandlung gilt demnach

$$\frac{\mathrm{d}H}{T} = \left(\frac{\partial S}{\partial n}\right)_{p,T} \mathrm{d}n \quad \text{oder} \quad \left(\frac{\partial S}{\partial n}\right)_{p,T} = \frac{1}{T}\left(\frac{\partial H}{\partial n}\right)_{p,T} = \frac{\varDelta \boldsymbol{H}_{\mathrm{Umw.}}}{T}\,, \tag{47}$$

wenn wir für die Enthalpieänderung pro Mol übergehenden Stoffes nach (III, 100) wieder die latente Umwandlungswärme $\varDelta \boldsymbol{H}_{\mathrm{Umw.}}$ einführen. $\varDelta \boldsymbol{H}_{\mathrm{Umw.}}/T$ ist die Verdampfungs-,

---

[1] So ergibt sich z. B. für Quecksilber bei Zimmertemperatur mit $\alpha = 1{,}84 \cdot 10^{-4}\ \mathrm{K}^{-1}$ und $\boldsymbol{V}_0 = 14{,}74\ \mathrm{cm}^3\ \mathrm{mol}^{-1}$ eine Entropieabnahme pro Mol von $2{,}7\ \mathrm{cm}^3\ \mathrm{bar}\ \mathrm{K}^{-1} = 0{,}27\ \mathrm{J\ K}^{-1}$ für eine Druckaufnahme von 1000 bar. Man sieht daraus, daß die Druckabhängigkeit der Entropie kondensierter Stoffe infolge der geringen thermischen Ausdehnung sehr klein und deshalb meistens zu vernachlässigen ist.

Für reversible adiabatische Zustandsänderungen kondensierter Stoffe ergibt sich aus (43) mit $\mathrm{d}S = 0$

$$\left(\frac{\partial T}{\partial p}\right)_S = \frac{\alpha V_0 T}{C_p}\,. \tag{45}$$

Da α bei kondensierten Stoffen sein Vorzeichen wechseln kann (Beispiel: Wasser bei 4 °C), gilt dies auch für $(\partial T/\partial p)_S$. Bei der reversiblen adiabatischen Kompression des Wassers tritt unterhalb von 4 °C Abkühlung, oberhalb von 4 °C Erwärmung ein, bei 4 °C ändert sich die Temperatur nicht.

Sublimations- oder Schmelzentropie, bei allotropen Umwandlungen kristallisierter Stoffe die Umwandlungsentropie pro Mol des Stoffes.

Die *Pictet-Trouton*sche bzw. *Hildebrand*sche Regel (vgl. S. 104), nach welcher die Verdampfungsentropie beim Siedepunkt unter Atmosphärendruck bzw. bei gleichem Dampfvolumen für eine Reihe sog. „Normalstoffe“ konstant ist, bedeutet demnach, daß der Unordnungsgrad bei der Verdampfung jeweils um den gleichen Betrag zunimmt, was durchaus verständlich ist, wenn sich die Flüssigkeiten unter den genannten Bedingungen in vergleichbaren Zuständen befinden. Sind Molekeln in der Flüssigkeit stark assoziiert, wie dies etwa beim Wasser der Fall ist, während der Dampf im wesentlichen monomolekular ist, so ist die Verdampfungsentropie größer (bei Wasser 108,8 J K^{-1} mol^{-1}), entsprechend der weiteren Zunahme der kinetischen Freiheitsgrade infolge der Aufspaltung der assoziierten Molekeln zu Einzelmolekeln.

2.3 Mischungsentropien

Wir gehen jetzt zur Betrachtung der *Entropie zusammengesetzter Systeme* über und wollen zunächst wieder die Frage stellen, in welchen Fällen setzt sich die Entropie des Gesamtsystems additiv aus den Entropien der Komponenten zusammen, und in welchen Fällen treten Abweichungen von der Additivität auf? Der erste Fall liegt sicher dann vor, wenn jede der Komponenten eine getrennte Phase bildet, also bei heterogenen grobmechanischen Mischungen, bei denen sich ja auch die Volumina und die kalorischen Eigenschaften (U, H, C_p) usw. additiv verhalten. In diesem Fall gilt also

$$S = n_1\boldsymbol{S}_1 + n_2\boldsymbol{S}_2 + \cdots + n_k\boldsymbol{S}_k = \sum_1^k n_i\boldsymbol{S}_i, \tag{48}$$

worin die $\boldsymbol{S}_i$ die molaren Entropien der reinen Stoffe bedeuten. Aber schon bei der Mischung *idealer Gase*, bei der sich V, U, H usw. ebenfalls additiv verhalten, hört die Analogie auf, denn die Diffusion der Gase ineinander ist ein freiwillig verlaufender, also irreversibler Vorgang, bei dem die Gesamtentropie zunehmen muß. Da bei der Diffusion kein Wärmeaustausch mit der Umgebung stattfindet, kann nur die Entropie des Systems selbst anwachsen, d.h. die Entropie der Gasmischung ist stets größer als die Entropiesumme ihrer Komponenten unter sonst gleichen Bedingungen von Druck und Temperatur.

Zur Berechnung der Mischungsentropie idealer Gase *gleichen Drucks* bei konstantem Gesamtvolumen gehen wir aus von n_1 Molen des Gases 1 im Volumen V_1 und n_2 Molen des Gases 2 im Volumen V_2. Nach vollständiger Diffusion besitzt das Gemisch das Volumen $V_1 + V_2 = V$. Dann beträgt die Entropiezunahme der einzelnen Gase nach Gl. (23), da Druck und Temperatur konstant bleiben,

$$(\Delta S)_1 = n_1 R \ln \frac{V_1 + V_2}{V_1} \quad \text{und} \quad (\Delta S)_2 = n_2 R \ln \frac{V_1 + V_2}{V_2}. \tag{49}$$

Beziehen wir auf 1 mol der Mischung, d.h. dividieren wir durch $n_1 + n_2$ und beachten, daß nach dem *Dalton*schen Gesetz

Flüssigkeiten sind „entartete“ Gase

$$V_1 = \frac{n_1}{n_1 + n_2} V = x_1 V \quad \text{und} \quad V_2 = \frac{n_2}{n_1 + n_2} V = x_2 V, \tag{50}$$

so wird

$$\Delta \bar{S}_{\text{id}} \equiv \frac{\Delta S}{n_1 + n_2} = x_1 R \ln \frac{V}{x_1 V} + x_2 R \ln \frac{V}{x_2 V} = -x_1 R \ln x_1 - x_2 R \ln x_2 . \tag{51}$$

Allgemein gilt für die *mittlere molare Mischungsentropie* beliebig vieler idealer Gase bei konstantem Druck und konstanter Temperatur

$$\Delta \bar{S}_{\text{id}} = -R \sum_1^k x_i \ln x_i \quad \text{(ideale Mischungen)}. \tag{52}$$

Da die Molenbrüche sämtlich echte Brüche sind, ist $\Delta \bar{S}$ stets positiv.

Schreiben wir nach unseren Festsetzungen von S. 56 über die mittleren molaren Zustandsgrößen Gl. (51) in der z.B. zu (II, 99) analogen Form

$$\Delta \bar{S}_{\text{id}} = x_1(S_1 - \boldsymbol{S}_1) + x_2(S_2 - \boldsymbol{S}_2) = x_1 \Delta S_1 + x_2 \Delta S_2, \tag{53}$$

so zeigt diese Gegenüberstellung unmittelbar, daß die *partiellen molaren Entropien*

$$S_i \equiv \left(\frac{\partial S}{\partial n_i} \right)_{p, T, n_j} \tag{54}$$

auch in idealen Mischungen nicht mit den molaren Entropien $\boldsymbol{S}_i$ der reinen Stoffe identisch sind, sondern sich um den Betrag

$$\Delta S_i = -R \ln x_i \tag{55}$$

unterscheiden. Während also $\Delta \bar{V}$, $\Delta \bar{U}$ und $\Delta \bar{H}$ für ideale Mischungen gleich Null sind, ist $\Delta \bar{S}$ für ideale Mischungen stets positiv entsprechend dem irreversiblen Mischungsprozeß.

Wie die Ableitung zeigt, ist die Mischungsentropie idealer Gase lediglich eine Folge der *Volumenvergrößerung* für jede Komponente der Mischung. Daraus folgt, daß bei der Vermischung der Gase unter Konstanthaltung ihrer Partialdrucke, d.h. unter Verringerung des Gesamtvolumens, keine Entropieänderung eintreten wird. Ein solcher Vorgang wäre unter Verwendung sog. „halbdurchlässiger Wände" unmittelbar zu realisieren, wie aus der schematischen Abb. 43 hervorgeht. Bei der Kompression wird auch keine Arbeit geleistet, weil die Partialdrucke wegen der halbdurchlässigen Wände auf beiden Seiten der beweglichen Stempel stets konstant bleiben.

Die Gln. (49) bis (53) gelten auch für *ideale* flüssige und feste Mischungen. Dagegen tritt bei *realen* Gasen und bei *nichtidealen kondensierten Mischungen und Lösungen* außer der Entropiezunahme durch Volumenvergrößerung noch eine zusätzliche Entropieänderung auf, wie schon aus den bei der Mischung beobachteten Wärmeeffekten hervorgeht. Während es sich auch hierbei – bezogen auf ein abgeschlossenes System – um eine Entropiezunahme

Abb. 43. Vermischung zweier idealer Gase unter Konstanthaltung ihrer Partialdrucke mit Hilfe halbdurchlässiger Wände.

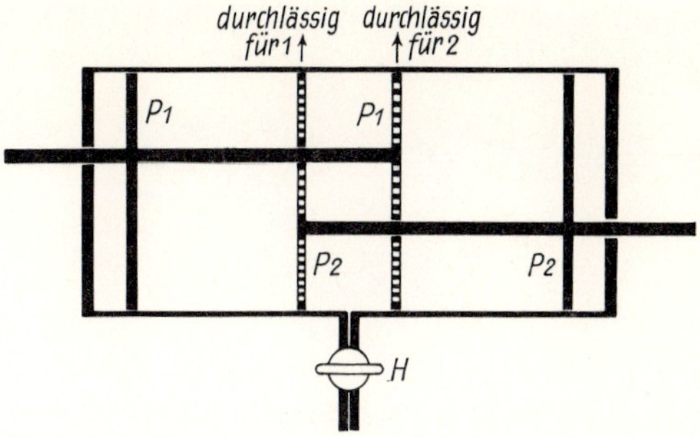

handelt, da ja der Mischungsvorgang freiwillig verläuft, kann die Entropie der Mischung selbst gegenüber der Summe der Entropien der reinen Stoffe sowohl zunehmen wie abnehmen. Das bedeutet, daß die oben definierte mittlere molare Mischungsentropie $\Delta \bar{S}_{\text{real}}$ sowohl positiv wie negativ werden kann, wenn auch der letztere Fall relativ selten und an die Bedingung geknüpft ist, daß die mittlere molare Mischungswärme $\Delta \bar{H}^E$ negativ (exotherm) ist[1]. Die Differenz zwischen der beobachteten mittleren molaren Mischungsentropie $\Delta \bar{S}$ und der idealen mittleren molaren Mischungsentropie $\Delta \bar{S}_{\text{id}}$ nach Gl. (51) bezeichnen wir analog wie bei den S. 14ff. besprochenen Mischungseffekten als *mittlere molare Zusatzentropie*

$$\Delta \bar{S}^E = \Delta \bar{S} - \Delta \bar{S}_{\text{id}}. \tag{56}$$

Diese zusätzliche Entropieänderung ist wie $\Delta \bar{H}^E$ auf die Veränderung der zwischenmolekularen Wechselwirkungen zurückzuführen und muß stets experimentell ermittelt werden (vgl. S. 197ff.).

2.4 Reaktionsentropien

Schreibt man für eine Mischphase $\mathrm{d}S$ als vollständiges Differential, so erhält man analog zu (III, 16)

$$\begin{aligned} \mathrm{d}S = {} & \left(\frac{\partial S}{\partial T}\right)_{p,n} \mathrm{d}T + \left(\frac{\partial S}{\partial p}\right)_{T,n} \mathrm{d}p \\ & + \left(\frac{\partial S}{\partial n_1}\right)_{p,T,n_2\ldots} \mathrm{d}n_1 + \cdots + \left(\frac{\partial S}{\partial n_k}\right)_{p,T,n_1\ldots} \mathrm{d}n_k . \end{aligned} \tag{57}$$

Läuft in der geschlossenen Mischphase eine chemische Reaktion ab nach dem Schema (III, 118)

$$\nu_A A + \nu_B B + \cdots \rightarrow \nu_C C + \nu_D D + \cdots,$$

---

[1] Beispiele für Systeme mit negativer Mischungsentropie sind Mischungen von Wasser mit organischen Aminen oder manche Metallegierungen wie Mg-Bi oder Mg-Sb. Vgl. dazu auch *R. Haase* und *G. Rehage*, Z. Elektrochem. Ber. Bunsenges. physik. Chem. *59*, 994 (1955); *R. Haase*, Thermodynamik der Mischphasen, Berlin 1956, § 78 und 81.

so gilt für einen infinitesimalen Umsatz bei konstanter Temperatur und konstantem Druck analog zu (III, 122)

$$dS = \sum_1^k \left(\frac{\partial S}{\partial n_i}\right)_{p,T} dn_i = \sum_1^k (S_i)_p \, dn_i, \tag{58}$$

worin nach (54) die S_i die partiellen molaren Entropien der Reaktionsteilnehmer bedeuten, die auch in idealen Mischungen von den molaren Entropien der reinen Stoffe verschieden sind. Unter Einführung der Reaktionslaufzahl mittels (III, 123) erhält man

$$dS = \sum_1^k \nu_i (S_i)_p d\xi \quad \text{oder} \quad \left(\frac{\partial S}{\partial \xi}\right)_{p,T} = \sum_1^k \nu_i (S_i)_p \equiv (\Delta S)_p, \tag{59a}$$

und analog für konstante Temperatur und konstantes Volumen

$$dS = \sum_1^k \nu_i (S_i)_V d\xi \quad \text{oder} \quad \left(\frac{\partial S}{\partial \xi}\right)_{V,T} = \sum_1^k \nu_i (S_i)_V \equiv (\Delta S)_V. \tag{59b}$$

$(\Delta S)_p$ bzw. $(\Delta S)_V$ werden als *Reaktionsentropie* pro Formelumsatz bei konstantem Druck bzw. konstantem Volumen bezeichnet, sie können positiv oder negativ sein, während die *Gesamtentropie* eines abgeschlossenen Systems bei einer spontan ablaufenden chemischen Reaktion natürlich stets zunehmen muß. Der Satz von der Vertauschbarkeit der Differentiationsfolge liefert nach $\dfrac{\partial^2 S}{\partial \xi \, \partial T} = \dfrac{\partial^2 S}{\partial T \, \partial \xi}$ mit (34)

$$\left(\frac{\partial (\Delta S)}{\partial T}\right)_{p,\xi} = \frac{\Delta C_p}{T} \quad \text{bzw.} \quad \left(\frac{\partial \Delta S}{\partial T}\right)_{V,\xi} = \frac{\Delta C_V}{T} \tag{60}$$

und verknüpft den Temperaturkoeffizienten der Reaktionsentropie mit der Änderung der Wärmekapazität pro Formelumsatz.

Die Reaktionsentropie läßt sich nach den eingangs dieses Kapitels angestellten Überlegungen nur dann durch die mit der Umgebung ausgetauschte reduzierte Wärme messen, wenn die Reaktion *reversibel* geleitet wird. Praktisch läßt sich dies bei galvanischen Elementen weitgehend verwirklichen, indem man die EMK des Elements durch eine Gegenspannung kompensiert, worauf schon hingewiesen wurde (vgl. S. 106). Dann besteht die mit der Umgebung ausgetauschte reversible Arbeit nicht nur, wie bei den bisher betrachteten Systemen, aus Volumenarbeit, sondern in erster Linie aus *elektrischer Arbeit* (s. S. 163f.). An Stelle von Gl. (19) bzw. (20) ist also zu schreiben

$$dS = \frac{dQ_{rev}}{T} = \frac{dU - dA_{rev}}{T} = \frac{dH - p\,dV - V\,dp - dA_{rev}}{T}. \tag{61}$$

Dann erhält man für *isothermen* ($dT = 0$) und *isochoren* ($dV = 0$) Reaktionsablauf

$$dS = \frac{dU - dA_{rev}}{T} = \left(\frac{\partial S}{\partial \xi}\right)_{V,T} d\xi$$

oder mit Gl. (59b)

$$(\Delta S)_V = \frac{1}{T}\left[\left(\frac{\partial U}{\partial \xi}\right)_{V,T} - \left(\frac{\partial A_{rev}}{\partial \xi}\right)_{V,T}\right], \tag{62}$$

für *isothermen* und *isobaren* Reaktionsverlauf entsprechend

$$(\Delta S)_p = \frac{1}{T}\left[\left(\frac{\partial H}{\partial \xi}\right)_{p,T} - p\left(\frac{\partial V}{\partial \xi}\right)_{p,T} - \left(\frac{\partial A_{rev}}{\partial \xi}\right)_{p,T}\right]. \tag{63}$$

Wir bezeichnen die pro Formelumsatz *bei konstantem Volumen* und konstanter Temperatur mit der Umgebung ausgetauschte *reversible* (elektrische) Arbeit

$$\left(\frac{\partial A_{rev}}{\partial \xi}\right)_{V,T} \equiv \Delta A_{rev} \tag{64}$$

als *Reaktionsarbeit*. Da ferner nach (III, 173) bzw. (III, 174) $\left(\frac{\partial U}{\partial \xi}\right)_{V,T} \equiv \Delta U$ bzw. $\left(\frac{\partial H}{\partial \xi}\right)_{p,T} \equiv \Delta H$ die Reaktionswärme, $\left(\frac{\partial V}{\partial \xi}\right)_{p,T} \equiv \Delta V$ die Volumenänderung pro Formelsatz bedeutet, wird

$$\left(\frac{\partial A_{rev}}{\partial \xi}\right)_{p,T} = \left(\frac{\partial A_{rev}}{\partial \xi}\right)_{V,T} - p\left(\frac{\partial V}{\partial \xi}\right)_{p,T} = \Delta A_{rev} - p\Delta V, \tag{65}$$

so daß wir die Gln. (62) und (63) auch in der Form schreiben können

$$\Delta U = \Delta A_{rev} + T(\Delta S)_V; \tag{66}$$

$$\Delta H = \Delta A_{rev} + T(\Delta S)_p. \tag{67}$$

Diese als *Gibbs-Helmholtz*sche *Gleichungen* bekannten Beziehungen stellen den Zusammenhang zwischen den sog. *Reaktionseffekten*, d.h. zwischen *Reaktionswärme*, *Reaktionsarbeit* und *Reaktionsentropie* her, sie sind die Grundgleichungen des zweiten Hauptsatzes für isotherme chemische Reaktionen. Sie besagen, daß die bei irreversiblem Ablauf einer Reaktion auftretende Reaktionswärme sich bei reversibler Führung in zwei Anteile aufspaltet, von denen der eine in Form nutzbarer (z.B. elektrischer) Arbeit gewonnen wird, während der andere stets in Form von Wärme mit der Umgebung ausgetauscht wird. ΔA_{rev} ist damit ein Maß für die S. 108[1)] erwähnte *„Affinität“* einer Reaktion. Je negativer ΔA_{rev} ist, um so mehr nutzbare Arbeit kann bei der Reaktion gewonnen werden; der günstigste Fall liegt offenbar dann vor, wenn ΔU bzw. ΔH stark negativ sind (exotherme Reaktion) und wenn $(\Delta S)_V$ bzw. $(\Delta S)_p$ möglichst positiv sind, wenn also die Entropie des Systems bei der Reaktion zunimmt. In diesem Fall wird nicht nur die gesamte Reaktionswärme in Form nutzbarer Arbeit abgegeben, sondern es wird auch noch Wärme der Umgebung in Arbeit umgewandelt. Solche Fälle sind etwa verwirklicht bei galvanischen Elementen, die sich bei reversibler Stromlieferung abkühlen. Sie spielen ferner eine Rolle bei hohen Temperaturen, wo solche Reaktionen begünstigt sind, bei denen der „Unordnungszustand" und damit die Entropie des Systems anwächst, etwa durch Zunahme der Zahl selbständiger gasförmiger Teilchen durch Verdampfen, Dissoziation, Ionisierung usw. Bei hohen Temperaturen vermag deshalb das Glied $T\Delta S$ für das Vorzeichen und den Zahlenwert von ΔA_{rev} den Ausschlag zu geben. Bei niedrigen Temperaturen überwiegt allerdings meistens das Glied ΔU bzw. ΔH, und ΔA_{rev} wird um so negativer, je stärker exotherm die Reaktionswärme ist.

Auch die in diesem Abschnitt neu eingeführten *Reaktionseffekte* ΔA_{rev}, $(\Delta S)_V$ und $(\Delta S)_p$ setzen sich analog wie ΔV, ΔU, ΔH und ΔC_p aus den zugehörigen *partiellen* molaren Größen der Reaktionsteilnehmer zusammen, wenn die Reaktion in einer Mischphase stattfindet. Es muß also die Bedingung erfüllt sein, daß sich die Zusammensetzung der Mischphase durch die Reaktion nicht ändert, damit die Reaktionseffekte eindeutig gegeben sind, d. h. es darf nur eine infinitesimale Umsetzung stattfinden, die auf Formelumsatz umzurechnen ist. Bei *Reaktionen zwischen reinen Phasen* sind natürlich diese Reaktionseffekte konzentrationsunabhängig[1], wie dies schon für die Reaktionswärme im einzelnen dargelegt wurde, dagegen hängen ΔA_{rev}, $(\Delta S)_V$ und $(\Delta S)_p$ auch in idealen Mischungen im Gegensatz zu ΔV, ΔU, ΔH und ΔC_p noch von der Zusammensetzung der Mischung ab, weil nach (55) die partiellen molaren Entropien auch in idealen Mischungen nicht mit den molaren Entropien der reinen Stoffe identisch sind.

3 Freie Energie und Freie Enthalpie

3.1 Charakteristische Funktionen

Wie schon S. 4f. betont wurde, ist nach (I, 2) der Zustand eines Systems – von Sonderfällen abgesehen – durch Angabe der chemischen Zusammensetzung und zweier unabhängiger Variabler eindeutig festgelegt. Wir haben als unabhängige Variable bisher ausschließlich V bzw. p und T benutzt. So ließ sich z. B. für eine reine (homogene) Phase eine infinitesimale Zustandsänderung nach dem ersten Hauptsatz durch (III, 18a) bzw. (III, 19a)

$$\mathrm{d}U = C_V \mathrm{d}T + \left[T\left(\frac{\partial p}{\partial T}\right)_V - p\right]\mathrm{d}V$$

bzw.

$$\mathrm{d}H = C_p \mathrm{d}T + \left[V - T\left(\frac{\partial V}{\partial T}\right)_p\right]\mathrm{d}p,$$

[1] Bei Reaktionen zwischen reinen Phasen setzen sich deshalb $\Delta \boldsymbol{A}_{\text{rev}}$, $(\Delta \boldsymbol{S})_V$ und $(\Delta \boldsymbol{S})_p$ aus den entsprechenden molaren Größen der *reinen* Reaktionsteilnehmer zusammen analog zu (III, 126 und 127).

nach dem zweiten Hauptsatz durch (31) bzw. (32)

$$\mathrm{d}S = \frac{C_V}{T}\,\mathrm{d}T + \left(\frac{\partial p}{\partial T}\right)_V \mathrm{d}V$$

bzw.

$$\mathrm{d}S = \frac{C_p}{T}\,\mathrm{d}T - \left(\frac{\partial V}{\partial T}\right)_p \mathrm{d}p$$

darstellen. Indem wir $\mathrm{d}T$ aus der ersten und dritten bzw. aus der zweiten und vierten Gleichung eliminieren, erhalten wir die schon S. 147 benutzten Beziehungen

$$\mathrm{d}U = T\mathrm{d}S - p\mathrm{d}V \tag{68}$$

$$\mathrm{d}H = T\mathrm{d}S + V\mathrm{d}p\,, \tag{69}$$

die somit eine infinitesimale Zustandsänderung unter Zusammenfassung des ersten und zweiten Hauptsatzes darstellen. Auch in dieser Formulierung besitzt die Phase zwei sog. *Freiheitsgrade*, d.h. ihr Zustand ist durch Angabe der unabhängigen Variablen S und V bzw. S und p eindeutig festgelegt.

Prinzipiell beherrscht man mit Hilfe dieser beiden Gleichungen sämtliche möglichen Zustandsänderungen einer solchen Phase. Da jedoch S nicht ohne weiteres meßbar variiert werden kann, hat man weitere Zustandsfunktionen eingeführt, die eindeutig von den leicht meßbaren Zustandsvariablen V bzw. p und T abhängen und ebenfalls aus einer Zusammenfassung des ersten und zweiten Hauptsatzes hervorgehen. Es sind dies die *Freie Energie* nach *Helmholtz*[1)]

$$F \equiv U - TS \tag{70}$$

und die *Freie Enthalpie* nach *Gibbs*

$$G \equiv H - TS = U + pV - TS = F + pV\,. \tag{71}$$

Ihre vollständigen Differentiale lauten unter Benutzung von (68) und (69) und unter Berücksichtigung, daß $\mathrm{d}(TS) = T\mathrm{d}S + S\mathrm{d}T$:

$$\mathrm{d}F = -S\mathrm{d}T - p\mathrm{d}V\,, \tag{72}$$

$$\mathrm{d}G = -S\mathrm{d}T + V\mathrm{d}p\,. \tag{73}$$

Man bezeichnet $U = f(S, V)$, $H = f(S, p)$, $F = f(T, V)$ und $G = f(T, p)$ als *charakteristische Funktionen* der zugehörigen *charakteristischen Variablen*, ihr Zusammenhang läßt sich durch das Schema

---

[1] Nach IUPAC im englisch-sprachigen Raum mit A bezeichnet; die Arbeit wird dann mit W bezeichnet.

$$\begin{matrix} S & U & V \\ H & & F \\ p & G & T \end{matrix} \tag{74}$$

leicht merken und übersehen. Aus den Gln. (68) bis (73) lassen sich zahlreiche thermodynamische Beziehungen ableiten. Durch Koeffizientenvergleich folgt unmittelbar

$$\begin{gathered} \left(\frac{\partial U}{\partial S}\right)_V = \left(\frac{\partial H}{\partial S}\right)_p = T; \quad \left(\frac{\partial U}{\partial V}\right)_S = \left(\frac{\partial F}{\partial V}\right)_T = -p; \\ \left(\frac{\partial H}{\partial p}\right)_S = \left(\frac{\partial G}{\partial p}\right)_T = V; \quad \left(\frac{\partial F}{\partial T}\right)_V = \left(\frac{\partial G}{\partial T}\right)_p = -S. \end{gathered} \tag{75}$$

Die Anwendung des *Schwarz*schen Satzes liefert die *Maxwellschen Beziehungen* (29) und (30):

$$\begin{gathered} \left(\frac{\partial S}{\partial V}\right)_T = \left(\frac{\partial p}{\partial T}\right)_V; \quad \left(\frac{\partial S}{\partial p}\right)_T = -\left(\frac{\partial V}{\partial T}\right)_p; \\ \left(\frac{\partial V}{\partial S}\right)_T = \left(\frac{\partial T}{\partial p}\right)_V; \quad \left(\frac{\partial p}{\partial S}\right)_T = -\left(\frac{\partial T}{\partial V}\right)_p. \end{gathered} \tag{76}$$

Setzt man die Beziehungen (75) in die Definitionsgleichungen (III, 13), (70) und (71) der Zustandsfunktionen U, H, F und G ein, so erhält man z. B.

$$U = G - T\left(\frac{\partial G}{\partial T}\right)_p - p\left(\frac{\partial G}{\partial p}\right)_T, \tag{77}$$

$$H = G - T\left(\frac{\partial G}{\partial T}\right)_p, \tag{78}$$

$$F = G - p\left(\frac{\partial G}{\partial p}\right)_T. \tag{79}$$

Auf diese Weise lassen sich alle thermodynamischen Funktionen durch *eine* der charakteristischen Funktionen und ihre Ableitungen nach den zugehörigen Variablen ausdrücken. Man könnte also ebenso auch H, F und G durch U und seine Ableitungen nach S und V ausdrücken usw. Weitere Beziehungen zwischen den partiellen Ableitungen erhält man mit Hilfe der allgemein gültigen Gl. (I, 44). Zwischen den acht thermodynamischen Größen des Schemas (74) existieren insgesamt $8 \times 7 \times 6 = 336$ partielle erste Ableitungen. Jede derselben läßt sich mit Hilfe der allgemeinen Regeln für das Rechnen mit Zustandsfunktionen durch die meistens leicht experimentell zugänglichen Größen $(\partial V/\partial T)_p$, $(\partial V/\partial p)_T$ und $(\partial H/\partial T)_p$ ausdrücken.

Obwohl die charakteristischen Funktionen U, H, F, G für alle thermodynamischen Erfordernisse ausreichen, benutzt man zuweilen noch die folgenden charakteristischen Funktionen:

Massieusche Funktion

$$J \equiv -\frac{F}{T} = S - \frac{U}{T}, \tag{80}$$

Plancksche Funktion

$$Y \equiv -\frac{G}{T} = S - \frac{H}{T}. \tag{81}$$

Die Differentiale

$$\mathrm{d}J = \mathrm{d}S - \frac{\mathrm{d}U}{T} + \frac{U\mathrm{d}T}{T^2} \quad \text{und} \quad \mathrm{d}Y = \mathrm{d}S - \frac{\mathrm{d}H}{T} + \frac{H\mathrm{d}T}{T^2}$$

lassen sich mittels (68) bzw. (69) umformen in

$$\mathrm{d}J = \frac{U}{T^2}\mathrm{d}T + \frac{p}{T}\mathrm{d}V, \tag{82}$$

$$\mathrm{d}Y = \frac{H}{T^2}\mathrm{d}T - \frac{V}{T}\mathrm{d}p. \tag{83}$$

J ist demnach wie F eine charakteristische Funktion der unabhängigen Variablen T und V, Y wie G eine charakteristische Funktion der unabhängigen Variablen T und p. (82) und (83) liefern die Beziehungen

$$\left(\frac{\partial J}{\partial T}\right)_V = \frac{U}{T^2}; \quad \left(\frac{\partial J}{\partial V}\right)_T = \frac{p}{T}; \quad \left(\frac{\partial Y}{\partial T}\right)_p = \frac{H}{T^2}; \quad \left(\frac{\partial Y}{\partial p}\right)_T = -\frac{V}{T}; \tag{84}$$

die Differentiation von J bzw. Y nach T führt demnach direkt zur Inneren Energie bzw. Enthalpie, wovon wir häufig Gebrauch machen werden.

Alle in diesem Abschnitt abgeleiteten Beziehungen gelten auch für geschlossene homogene Mischphasen, wenn man chemische Reaktionen zwischen den Komponenten ausschließt. Man hat in diesem Fall nur die extensiven Zustandsfunktionen durch die entsprechenden *mittleren molaren Größen* zu ersetzen. Danach gilt z.B.

$$\bar{F} = \bar{U} - T\bar{S}, \tag{70a}$$

$$\bar{G} = \bar{H} - T\bar{S}, \tag{71a}$$

$$\left(\frac{\partial \bar{G}}{\partial p}\right)_T = \bar{V}; \quad \left(\frac{\partial \bar{G}}{\partial T}\right)_p = -\bar{S}, \tag{75a}$$

$$\bar{H} = \bar{G} - T\left(\frac{\partial \bar{G}}{\partial T}\right)_p \tag{78a}$$

usw.

3.2 Gibbssche Fundamentalgleichungen

Die Betrachtungen des vorangehenden Abschnitts waren auf reine Phasen bzw. auf geschlossene Mischphasen unter Ausschluß chemischer Reaktionen beschränkt. Um die Abhängigkeit der charakteristischen Funktionen von der chemischen Zusammensetzung in einem *offenen* oder einem *reaktionsfähigen* System zu formulieren, muß man, wie früher schon erwähnt wurde, jede Phase des Systems gesondert betrachten. Die folgenden Ableitungen gelten für eine einzelne Mischphase.

Stellt man das vollständige Differential $\mathrm{d}U$ als Funktion der charakteristischen Variablen S und V und der Stoffmengen [Molzahlen] n_i der Komponenten der Phase dar, so erhält man an Stelle von (III, 15)

$$\begin{aligned}\mathrm{d}U = \left(\frac{\partial U}{\partial S}\right)_{V,n} \mathrm{d}S + \left(\frac{\partial U}{\partial V}\right)_{S,n} \mathrm{d}V \\ + \left(\frac{\partial U}{\partial n_1}\right)_{V,S,n_2\ldots} \mathrm{d}n_1 + \cdots + \left(\frac{\partial U}{\partial n_k}\right)_{V,S,n_1\ldots} \mathrm{d}n_k .\end{aligned} \tag{85}$$

Setzt man zur Abkürzung

$$\left(\frac{\partial U}{\partial n_i}\right)_{V,S,n_j} \equiv \mu_i , \tag{86}$$

so hat man unter Berücksichtigung von (68)

$$\mathrm{d}U = T\mathrm{d}S - p\mathrm{d}V + \sum_1^k \mu_i \mathrm{d}n_i . \tag{87}$$

Die analogen Beziehungen für $\mathrm{d}H$, $\mathrm{d}F$, $\mathrm{d}G$, $\mathrm{d}J$ und $\mathrm{d}Y$ lauten unter Benutzung von (69), (72), (73), (82) und (83)

$$\mathrm{d}H = T\mathrm{d}S + V\mathrm{d}p + \sum_1^k \mu_i \mathrm{d}n_i , \tag{88}$$

$$\mathrm{d}F = -S\mathrm{d}T - p\mathrm{d}V + \sum_1^k \mu_i \mathrm{d}n_i , \tag{89}$$

$$\mathrm{d}G = -S\mathrm{d}T + V\mathrm{d}p + \sum_1^k \mu_i \mathrm{d}n_i , \tag{90}$$

$$\mathrm{d}J = \frac{U}{T^2}\mathrm{d}T + \frac{p}{T}\mathrm{d}V - \frac{1}{T}\sum_1^k \mu_i \mathrm{d}n_i , \tag{91}$$

$$\mathrm{d}Y = \frac{H}{T^2}\mathrm{d}T - \frac{V}{T}\mathrm{d}p - \frac{1}{T}\sum_1^k \mu_i \mathrm{d}n_i . \tag{92}$$

Die durch (86) bzw. entsprechende Ableitung von *H, F* und *G* nach n_i definierte Größe

$$\mu_i \equiv \left(\frac{\partial U}{\partial n_i}\right)_{V,S,n_j} = \left(\frac{\partial H}{\partial n_i}\right)_{p,S,n_j} = \left(\frac{\partial F}{\partial n_i}\right)_{T,V,n_j} = \left(\frac{\partial G}{\partial n_i}\right)_{T,p,n_j} \tag{93}$$

bezeichnet man als *chemisches Potential* des Stoffes *i.* Die Definition als $(\partial U/\partial n_i)_{V,S,n_j}$ bzw. $(\partial H/\partial n_i)_{p,S,n_j}$ ist abstrakt, denn eine Änderung der Zusammensetzung einer Phase unter Konstanthaltung ihrer Entropie entspricht keinem einfachen physikalischen Vorgang. Dagegen ist μ_i in der Form $(\partial F/\partial n_i)_{V,T,n_j}$ bzw. $(\partial G/\partial n_i)_{p,T,n_j}$ eine sehr wichtige und experimentell zugängliche Größe, die in der chemischen Thermodynamik eine entscheidende Rolle spielt, worauf wir später eingehend zurückkommen.

Die Gln. (87) bis (92) bezeichnet man nach *Gibbs* als *Fundamentalgleichungen.*

Läuft in einer geschlossenen Phase eine chemische Reaktion ab, so können wir die Fundamentalgleichungen unter Einführung der Reaktionslaufzahl nach Gl. (III, 123) in der Form schreiben

$$\mathrm{d}U = T\,\mathrm{d}S - p\mathrm{d}V + \sum \nu_i\mu_i\mathrm{d}\xi, \tag{94}$$

$$\mathrm{d}H = T\mathrm{d}S + V\mathrm{d}p + \sum \nu_i\mu_i\mathrm{d}\xi, \tag{95}$$

$$\mathrm{d}F = -S\mathrm{d}T - p\mathrm{d}V + \sum \nu_i\mu_i\mathrm{d}\xi, \tag{96}$$

$$\mathrm{d}G = -S\mathrm{d}T + V\mathrm{d}p + \sum \nu_i\mu_i\mathrm{d}\xi, \tag{97}$$

$$\mathrm{d}J = \frac{U}{T^2}\mathrm{d}T + \frac{p}{T}\mathrm{d}V - \frac{1}{T}\sum \nu_i\mu_i\mathrm{d}\xi, \tag{98}$$

$$\mathrm{d}Y = \frac{H}{T^2}\mathrm{d}T - \frac{V}{T}\mathrm{d}p - \frac{1}{T}\sum \nu_i\mu_i\mathrm{d}\xi. \tag{99}$$

Daraus folgt

$$\begin{aligned}\sum \nu_i\mu_i &= \left(\frac{\partial U}{\partial \xi}\right)_{S,V} = \left(\frac{\partial H}{\partial \xi}\right)_{S,p} = \left(\frac{\partial F}{\partial \xi}\right)_{T,V} = \left(\frac{\partial G}{\partial \xi}\right)_{T,p} \\ &= -T\left(\frac{\partial J}{\partial \xi}\right)_{T,V} = -T\left(\frac{\partial Y}{\partial \xi}\right)_{T,p}.\end{aligned} \tag{100}$$

Die Ausdrücke $(\partial U/\partial \xi)_{S,V}$ und $(\partial H/\partial \xi)_{S,p}$ entsprechen wiederum keinem einfachen physikalischen Vorgang, dagegen lassen sich die übrigen Ausdrücke für $\sum \nu_i\mu_i$ leicht mit einem früher schon benutzten Begriff in Zusammenhang bringen. Differenziert man die Definitionsgleichungen (70), (71), (80) und (81) für F, G, J und Y nach ξ, so erhält man mit (59), (60), (III, 173) und (III, 174)

$$\left(\frac{\partial F}{\partial \xi}\right)_{V,T} = \left(\frac{\partial U}{\partial \xi}\right)_{V,T} - T\left(\frac{\partial S}{\partial \xi}\right)_{V,T} = \Delta U - T(\Delta S)_V, \tag{101}$$

$$\left(\frac{\partial G}{\partial \xi}\right)_{p,T} = \left(\frac{\partial H}{\partial \xi}\right)_{p,T} - T\left(\frac{\partial S}{\partial \xi}\right)_{p,T} = \Delta H - T(\Delta S)_p, \tag{102}$$

$$\left(\frac{\partial J}{\partial \xi}\right)_{V,T} = \left(\frac{\partial S}{\partial \xi}\right)_{V,T} - \frac{1}{T}\left(\frac{\partial U}{\partial \xi}\right)_{V,T} = (\Delta S)_V - \frac{1}{T}\Delta U, \tag{103}$$

$$\left(\frac{\partial Y}{\partial \xi}\right)_{p,T} = \left(\frac{\partial S}{\partial \xi}\right)_{p,T} - \frac{1}{T}\left(\frac{\partial H}{\partial \xi}\right)_{p,T} = (\Delta S)_p - \frac{1}{T}\Delta H. \tag{104}$$

Der Vergleich mit (66) und (67) liefert dann

$$\sum \nu_i \mu_i = \left(\frac{\partial F}{\partial \xi}\right)_{V,T} = \left(\frac{\partial G}{\partial \xi}\right)_{p,T} = -T\left(\frac{\partial J}{\partial \xi}\right)_{V,T} = -T\left(\frac{\partial Y}{\partial \xi}\right)_{p,T} = \Delta A_{\text{rev}}. \tag{105}$$

Die Ableitung der charakteristischen Funktionen nach ξ unter Konstanthaltung der jeweiligen übrigen charakteristischen Variablen liefert also die nutzbare reversible Reaktionsarbeit.

3.3 Gibbs-Helmholtzsche Gleichungen

Führen wir für die Änderung der charakteristischen Zustandsfunktionen F, G, J und Y pro Formelumsatz einer chemischen Reaktion unter Konstanthaltung der jeweiligen charakteristischen Variablen V und T bzw. p und T wieder das Zeichen Δ ein, so daß

$$\Delta A_{\text{rev}} = (\Delta F)_{V,T} = (\Delta G)_{p,T} = -T(\Delta J)_{V,T} = -T(\Delta Y)_{p,T} = \sum \nu_i \mu_i, \tag{106}$$

so können wie die *Gibbs-Helmholtz*schen Gleichungen (66) und (67) auch in den häufig benutzten Formen schreiben

$$\left.\begin{aligned} \Delta U &= \Delta F + T(\Delta S)_V; & \Delta H &= \Delta G + T(\Delta S)_p, \\ \Delta U &= -T\Delta J + T(\Delta S)_V; & \Delta H &= -T\Delta Y + T(\Delta S)_p. \end{aligned}\right\} \tag{107}$$

Eine dritte Möglichkeit zur Formulierung der *Gibbs-Helmholtz*schen Gleichungen ergibt sich, wenn man den Temperaturkoeffizienten der Reaktionsarbeit einführt. Diesen erhält man nach dem *Schwarz*schen Satz z. B. aus $(\partial^2 G/\partial\xi\,\partial T)_p = (\partial^2 G/\partial T\,\partial\xi)_p$ unter Berücksichtigung von (75) und (59) zu

$$\left(\frac{\partial(\Delta G)}{\partial T}\right)_{p,\xi} = -\left(\frac{\partial S}{\partial \xi}\right)_{p,T} = -(\Delta S)_{p,T}. \tag{108}$$

Setzt man dies in die entsprechende Gl. (107) ein, so wird

$$\Delta H = \Delta G - T\left(\frac{\partial(\Delta G)}{\partial T}\right)_{p,\xi}. \tag{109}$$

Eine entsprechende Rechnung führt von F ausgehend zu

$$\Delta U = \Delta F - T\left(\frac{\partial(\Delta F)}{\partial T}\right)_{V,\xi}. \tag{110}$$

Aus $(\partial^2 Y/\partial\xi\partial T)_p = (\partial^2 Y/\partial T\partial\xi)_p$ folgt $\left(\frac{\partial(\Delta Y)}{\partial T}\right)_{p,\xi} = \frac{1}{T^2}\left(\frac{\partial H}{\partial \xi}\right)_{p,T}$ oder mit (III, 174) und (81)

$$\left(\frac{\partial(\Delta Y)}{\partial T}\right)_{p,\xi} = -\left(\frac{\partial(\Delta G/T)}{\partial T}\right)_{p,\xi} = \frac{\Delta H}{T^2}. \tag{111}$$

Analog erhält man von J ausgehend mit (III, 173) und (80)

$$\left(\frac{\partial(\Delta J)}{\partial T}\right)_{V,\xi} = -\left(\frac{\partial(\Delta F/T)}{\partial T}\right)_{V,\xi} = \frac{\Delta U}{T^2}. \tag{112}$$

Die beiden letzten Gleichungen lassen sich auch leicht umformen in

$$\left(\frac{\partial(\Delta Y)}{\partial(1/T)}\right)_{p,\xi} = -\left(\frac{\partial(\Delta G/T)}{\partial(1/T)}\right)_{p,\xi} = -\Delta H, \tag{113}$$

$$\left(\frac{\partial(\Delta J)}{\partial(1/T)}\right)_{V,\xi} = -\left(\frac{\partial(\Delta F/T)}{\partial(1/T)}\right)_{V,\xi} = -\Delta U. \tag{114}$$

Die Beziehungen (107) und (109) bis (114) sind nur verschiedene Formen der *Gibbs-Helmholtz*schen Gleichung; je nach dem vorliegenden Fall erweist sich die eine oder die andere Form für die Rechnung als vorteilhafter.

Die *Gibbs-Helmholtz*schen Gleichungen sind einer unmittelbaren *experimentellen Prüfung* zugänglich mit Hilfe reversibel arbeitender galvanischer Zellen. Legt man an eine solche Zelle eine Gegenspannung, die gleich der elektromotorischen Kraft E der Zelle ist, so kann in der Zelle keine chemische Reaktion ablaufen. Indem man die Gegenspannung um einen differentiellen Betrag erhöht oder erniedrigt, kann man erreichen, daß ein Stromfluß und damit die zugehörige Zellreaktion in der einen oder anderen Richtung stattfindet. Deshalb entspricht E dem Grenzfall der reversiblen Reaktion, und die mit der Umgebung ausgetauschte isotherme Arbeit ist gleich ΔA_{rev} pro Formelumsatz. Diese *elektrische Arbeit* ist gegeben durch

$$\Delta A_{rev} = -E n_e F, \tag{115}$$

worin F = 96484 Coulomb mol^{-1} das sog. *elektrochemische Äquivalent (Faraday-Konstante),* d. h. die Ladungsmenge von einem Mol einwertiger Ionen, und n_e die Zahl der Äquivalente darstellt, die bei der betreffenden Zellreaktion umgesetzt wird. Der Vergleich mit (106) liefert

$$\Delta G = -E n_e F, \tag{116}$$

und die Einführung dieses Ausdrucks in (109)

$$\Delta H = -E n_e F + T n_e F \left(\frac{\partial E}{\partial T}\right)_p \quad \text{(in Joule)}, \tag{117}$$

wenn man E in Volt und F in Coulomb angibt. Mit Hilfe von E und ihrem Temperaturkoeffizienten läßt sich demnach die Reaktionswärme ΔH berechnen und mit dem unmittelbar kalorimetrisch gemessenen Wert vergleichen.

So läuft z. B. in der Zelle

$$\text{Ag} \left| \begin{matrix} \text{KI-Lösung} \\ \text{gesätt. mit Ag I} \end{matrix} \right| I_2/\text{Pt}/\text{Ag} \tag{118}$$

die Reaktion Ag + $\frac{1}{2}I_2 \rightarrow AgI_{fest}$ ab. Bei 25 °C ist E = 685,8 ± 0,2 mVolt; $(\partial E/\partial T)_p$ = 0,146 ± 0,004 mV K^{-1}. Daraus ergibt sich nach (116)

$$\Delta G = -66{,}17 \cdot 10^3 \text{ J mol}^{-1},$$

nach (109)

$$\Delta S = -(\partial(\Delta G)/\partial T)_p = F \left(\frac{\partial E}{\partial T}\right)_p = 14{,}06 \text{ J K}^{-1} \text{ mol}^{-1},$$

nach (117)

$$\Delta H = -61{,}95 \cdot 10^3 \text{ J mol}^{-1} = -14{,}81 \text{ kcal mol}^{-1},$$

während kalorimetrisch −14,97 kcal/mol bei gleicher Temperatur gemessen wurden. Hier liegt der S. 156 diskutierte Fall vor, daß bei negativer (exothermer) Reaktionswärme und positiver Reaktionsentropie noch Wärme der Umgebung in nutzbare Arbeit umgewandelt wird, d. h. die Zelle kühlt sich bei reversibler Stromlieferung ab.

Die Ermittlung von Reaktionsentropien und Reaktionswärmen nach (108) und (109) aus dem Temperaturkoeffizienten der Reaktionsarbeit ist, wie die Formeln zeigen, an die Bedingung geknüpft, daß man ΔG bei mehreren Temperaturen messen kann, während ξ konstant bleibt. Dies gelingt stets bei der Bestimmung von ΔG aus elektromotorischen Kräften bzw. dann, wenn man durch Benutzung eines Katalysators ξ als unabhängige Variable ansehen kann (vgl. S. 106 f.). Ist dies nicht der Fall, wie z. B. bei Reaktionen, deren Gleichgewicht sich stets sehr rasch einstellt, und muß man ΔG aus den Gleichgewichtskonstanten ermitteln (vgl. S. 310), so wird sich bei Änderung von T auch stets das neue Gleichgewicht einstellen, so daß ξ nicht konstant gehalten werden kann. In solchen Fällen ist $d(\Delta G)$ als vollständiges Differential der Variablen T und ξ darzustellen, und die abgeleiteten Beziehungen gelten nur näherungsweise[1].

Die Druckabhängigkeit der Reaktionsarbeit ergibt sich analog wie die Temperaturabhängigkeit aus $(\partial^2 G/\partial\xi\,\partial p)_T = (\partial^2 G/\partial p\,\partial\xi)_T$ mit (75) zu

$$\left(\frac{\partial(\Delta G)}{\partial p}\right)_{T,\xi} = \left(\frac{\partial V}{\partial \xi}\right)_{T,p} = \Delta V, \tag{119}$$

sie ist nur dann merklich, wenn die Reaktion mit einer größeren Volumenänderung verknüpft ist, also praktisch nur bei Gasreaktionen unter Änderung der Stoffmengen [Molzahlen]. Bei Gültigkeit des idealen Gasgesetzes ist nach (III, 133) $\Delta \boldsymbol{V} = \frac{1}{p} \sum \nu_i R T$, was in (119) eingesetzt ergibt

$$\Delta G_{(p_2)} = \Delta G_{(p_1)} + \sum \nu_i R T \int\limits_{p_1}^{p_2} \frac{dp}{p} = \Delta G_{(p_1)} + \sum \nu_i R T \ln \frac{p_2}{p_1}. \tag{120}$$

So ist z.B. für die Ammoniaksynthese $N_2 + 3H_2 \rightarrow 2NH_3$ $\sum \nu_i = -2$, so daß man erhält

$$\Delta G_{(p_2)} - \Delta G_{(p_1)} = -2RT \cdot 2{,}303 \cdot \log \frac{p_2}{p_1} = -38{,}29\, T \log \frac{p_2}{p_1}\ \text{J mol}^{-1}\,\text{K}^{-1}.$$

In diesem Fall wird also die Reaktionsarbeit mit steigendem Druck negativer.

4 Das chemische Potential

Das durch die Gl. (93) definierte *chemische Potential* μ_i ist, wie schon erwähnt, am anschaulichsten als partielle molare Freie Enthalpie des Stoffes i in einer Mischphase bei konstantem p und T aufzufassen. Es hat mit dn_i multipliziert die Dimension einer Energie, ist demnach eine *intensive* Eigenschaft und charakterisiert die Zunahme der Fähigkeit, nutzbare Arbeit zu leisten, wenn man einer sehr großen Menge der Phase ein Mol des Stoffes i hinzufügt, bzw. wenn man eine infinitesimale Menge zugibt und auf 1 mol umrechnet.

Der Name „chemisches Potential" erklärt sich auf folgende Weise: Damit in einem abgeschlossenen System spontane (irreversible) Vorgänge ablaufen können, müssen gewisse „Potentialunterschiede" vorhanden sein, die sich bei dem betreffenden Vorgang ausgleichen. So kann Wärme nur von einem Teil des Systems zum anderen übergehen, wenn beide verschiedene Temperatur besitzen; ein elektrischer Strom kann nur fließen, wenn in dem Leitersystem Potentialdifferenzen existieren; ein Gas oder eine Flüssigkeit kann nur strömen, wenn in der Leitung Druckunterschiede auftreten; allgemein ausgedrückt müssen Unterschiede in einem „Intensitätsparameter" einer Energieform (vgl. S. 15) vorhanden sein. Dieses von *Lewis* als „Entweichungstendenz" bezeichnete Bestreben thermischer oder elektrischer Energie,

---

[1] Vgl. dazu *H. Mauser,* Z. Naturforsch. *11a,* 123 (1956).

sich gleichmäßig über das ganze System zu verteilen[1], kann man sinngemäß auch auf materielle Stoffe ausdehnen und diesen in jeder Phase ein „chemisches Potential" zuschreiben, das sie veranlaßt, so lange in andere Phasen überzugehen, bis das chemische Potential überall gleich geworden ist. Ist dies erreicht, so herrscht Gleichgewicht, und wir werden später (S. 213) die Gleichheit des chemischen Potentials als notwendige Gleichgewichtsbedingung für die Koexistenz verschiedener Phasen desselben Stoffes kennenlernen. So geht beispielsweise eine Flüssigkeit so lange in Dampf über, bis die chemischen Potentiale in beiden Phasen gleich geworden sind, bis also der Sättigungsdruck erreicht ist. Ein Stoff verteilt sich in der Weise auf zwei verschiedene Lösungsmittel, daß sein chemisches Potential in beiden Lösungen dasselbe ist: Verteilungsgleichgewicht usw.

Die Analogie ist auch insofern vorhanden, als Hemmungserscheinungen den „Potentialausgleich" verzögern oder ganz verhindern können, ebenso wie der Temperatur- oder Spannungsausgleich durch geringe Wärmeleitfähigkeit (Dewargefäße) oder hohe Widerstände (Isolatoren) gehemmt werden kann. So besitzt z. B. eine unter den Erstarrungspunkt unterkühlte Flüssigkeit ein größeres chemisches Potential als die zugehörige feste Phase, und bei Aufhebung der Hemmung (Impfen) geht sie spontan in die feste Phase über. Diese Überlegungen lassen sich auf beliebig komplizierte Systeme übertragen.

4.1 Zusammenhang mit anderen partiellen molaren Größen

Zwischen μ_i und den übrigen partiellen molaren Größen bestehen die gleichen Beziehungen wie zwischen den Zustandsfunktionen selbst. Wählen wir, wie meistens üblich, Druck und Temperatur als unabhängige Variable, so folgt aus (71) und (78)

$$\mu_i = H_i - TS_i = H_i + T\left(\frac{\partial \mu_i}{\partial T}\right)_p. \tag{121}$$

Aus

$$\frac{\partial^2 G}{\partial n_i \partial T} = \frac{\partial^2 G}{\partial T \partial n_i} \quad \text{bzw.} \quad \frac{\partial^2 G}{\partial n_i \partial p} = \frac{\partial^2 G}{\partial p \partial n_i}$$

folgt analog zu (75)

$$\left(\frac{\partial \mu_i}{\partial T}\right)_{p,n_i} = -S_i, \tag{122}$$

$$\left(\frac{\partial \mu_i}{\partial p}\right)_{T,n_i} = V_i, \tag{123}$$

aus $\dfrac{\partial^2 Y}{\partial n_i \partial T} = \dfrac{\partial^2 Y}{\partial T \partial n_i}$ mit (81) und (84)

---

[1] Dies ist nur ein anderer Ausdruck dafür, daß die Gesamtentropie des Systems einem Maximum zustrebt.

$$\left(\frac{\partial(\mu_i/T)}{\partial T}\right)_{p,n_i} = -\frac{H_i}{T^2}. \tag{124}$$

(121) und (124) entsprechen der *Gibbs-Helmholtz*schen Gleichung. Differenziert man (121) nochmals nach T, so wird

$$\left(\frac{\partial H_i}{\partial T}\right)_p \equiv C_{p_i} = -T\left(\frac{\partial^2 \mu_i}{\partial T^2}\right)_p, \tag{125}$$

eine Gleichung, die vom chemischen Potential unmittelbar zur partiellen Molwärme führt.

Analoge Beziehungen erhält man ausgehend von U, F und J, d.h. wenn man V und T als unabhängige Variable wählt. Auch hier ist es natürlich möglich, jede beliebige partielle Größe durch μ_i und seine Ableitungen nach den charakteristischen Variablen p und T auszudrücken. Es gilt also z. B. analog zu (77)

$$U_i = \mu_i - T\left(\frac{\partial \mu_i}{\partial T}\right)_p - p\left(\frac{\partial \mu_i}{\partial p}\right)_T. \tag{126}$$

4.2 Gibbs-Duhemsche Gleichungen

Wie schon S. 53 am Beispiel der Molvolumina von Mischphasen gezeigt wurde, ist die Abhängigkeit der partiellen molaren Größen von der Konzentration *eines* Bestandteils der Mischung thermodynamisch verknüpft mit ihrer Abhängigkeit von der Konzentration *aller übrigen* Bestandteile, so daß der Umfang der experimentellen Bestimmungen, die zur Kenntnis der Eigenschaften einer Mischung in Abhängigkeit von ihrer Zusammensetzung notwendig sind, stark eingeschränkt wird. Die Thermodynamik vermag also auch in diesem Fall zwar nicht die makroskopischen Eigenschaften der Mischphase vorauszusagen, dagegen liefert sie eine Reihe von Beziehungen zwischen diesen Eigenschaften, so daß es genügt, einen Teil dieser Eigenschaften experimentell zu ermitteln, um die übrigen auf Grund dieser Beziehungen vorausberechnen zu können. Z. B. ergibt sich für eine binäre Mischung aus $\frac{\partial^2 G}{\partial n_1 \partial n_2} = \frac{\partial^2 G}{\partial n_2 \partial n_1}$

$$\left(\frac{\partial \mu_1}{\partial n_2}\right)_{p,T,n_1} = \left(\frac{\partial \mu_2}{\partial n_1}\right)_{p,T,n_2}. \tag{127}$$

Ist demnach die Änderung des chemischen Potentials des Stoffes 1 durch Zugabe einer differentiellen Menge des Stoffes 2 zur Mischung bekannt, so ist damit auch gegeben, wie sich das chemische Potential des Stoffes 2 durch Zugabe einer differentiellen Menge des Stoffes 1 ändert, ohne daß dafür neue Messungen notwendig sind. Bei Anwesenheit weiterer Stoffe läßt sich (127) sinngemäß erweitern, es gilt also z. B. $\frac{\partial \mu_1}{\partial n_3} = \frac{\partial \mu_3}{\partial n_1}$ usw.

Einen allgemeinen Ausdruck für die gegenseitige Abhängigkeit der chemischen Potentiale in einer Mischung bei gegebener Temperatur und gegebenem Druck erhält man aus der Fundamentalgleichung (90)

$$(\mathrm{d}G)_{p,T} = \mu_1 \mathrm{d}n_1 + \mu_2 \mathrm{d}n_2 + \cdots + \mu_k \mathrm{d}n_k = \sum_1^k \mu_i \mathrm{d}n_i . \tag{128}$$

Wir denken uns (analog wie S. 53) die Mischphase in der Weise hergestellt, daß man die reinen Stoffe in infinitesimalen Mengen derart zusammengibt, daß die Zusammensetzung der Mischung und damit auch die chemischen Potentiale während des ganzen Vorganges konstant bleiben. Dann können wir Gl. (128) integrieren bei konstanten μ_i, d.h. wir erhalten für die Freie Enthalpie der Mischung (abgesehen von der lediglich den Absolutwert von G bestimmenden Integrationskonstanten):

$$(G)_{pT} = n_1 \mu_1 + n_2 \mu_2 + \cdots + n_k \mu_k = \sum_1^k n_i \mu_i . \tag{129}$$

Da man durch Differentiation von G bzw. G/T auch alle übrigen Zustandsfunktionen gewinnen kann, bedeutet dies, daß der Zustand der Mischphase durch Stoffmengen [Molzahlen] und chemische Potentiale eindeutig festgelegt ist, denn der Zustand des Systems muß ja von dem speziellen Weg seiner Herstellung unabhängig sein. (129) entspricht vollkommen der schon S. 53 auf analoge Weise gewonnenen Gl. (II, 89) für das Volumen einer Mischphase. Für einen *reinen Stoff* ist nach (129) einfach

$$\frac{G}{n} = \boldsymbol{\mu} , \tag{130}$$

indem wir nach der Festsetzung von S. 16, 29 für die molaren Eigenschaften reiner Stoffe fette Buchstaben verwenden.

Eine beliebige differentielle Änderung in der stofflichen Zusammensetzung der Mischung bei konstantem p und T führt durch Differentiation von (129) zu

$$(\mathrm{d}G)_{p,T} = n_1 \mathrm{d}\mu_1 + \mu_1 \mathrm{d}n_1 + n_2 \mathrm{d}\mu_2 + \mu_2 \mathrm{d}n_2 + \cdots + n_k \mathrm{d}\mu_k + \mu_k \mathrm{d}n_k . \tag{131}$$

Nun ist jedoch nach Gleichung (128) $(\mathrm{d}G)_{p,T} = \sum_1^k \mu_i \mathrm{d}n_i$ allein, was bedeutet, daß

$$n_1 \mathrm{d}\mu_1 + n_2 \mathrm{d}\mu_2 + \cdots + n_k \mathrm{d}\mu_k = \sum_1^k n_i \mathrm{d}\mu_i = 0 . \tag{132}$$

Diese *Gibbs-Duhem*sche Beziehung zwischen den Änderungen der chemischen Potentiale einer Mischphase bei Änderung ihrer Zusammensetzung gilt analog für alle partiellen molaren Größen einer Mischphase, wie schon S. 55 am Beispiel des Volumens gezeigt wurde. Gl. (132) und Gl. (II, 95) sind deshalb einander völlig analog.

Ändert man außer der Zusammensetzung auch Druck und Temperatur der Mischphase, so gilt für den neuen Zustand nach Gl. (129)

$$(G + \mathrm{d}G)_{p+\mathrm{d}p,\,T+\mathrm{d}T} = (n_1 + \mathrm{d}n_1)(\mu_1 + \mathrm{d}\mu_1) + (n_2 + \mathrm{d}n_2)(\mu_2 + \mathrm{d}\mu_2) + \cdots + (n_k + \mathrm{d}n_k)(\mu_k + \mathrm{d}\mu_k)\,, \tag{133}$$

und entsprechend für $\mathrm{d}G$ unter Vernachlässigung der Glieder höherer Ordnung ($\mathrm{d}n_i\,\mathrm{d}\mu_i$)

$$\mathrm{d}G = n_1\mathrm{d}\mu_1 + n_2\mathrm{d}\mu_2 + \cdots + n_k\mathrm{d}\mu_k + \mu_1\mathrm{d}n_1 + \mu_2\mathrm{d}n_2 + \cdots + \mu_k\mathrm{d}n_k = \sum_1^k n_i\mathrm{d}\mu_i + \sum_1^k \mu_i\mathrm{d}n_i\,, \tag{134}$$

wobei in den $\mathrm{d}\mu_i$ auch die Änderungen der μ_i mit p und T enthalten sind. Wie der Vergleich mit (90) zeigt, sind die Änderungen der Intensitätsvariablen p, T, μ_i der Mischphasen durch die *allgemeine Gibbs-Duhem*sche Gleichung miteinander verknüpft

$$\sum_1^k n_i\mathrm{d}\mu_i - V\mathrm{d}p + S\mathrm{d}T = 0\,, \tag{135}$$

die für konstantes p und T in (132) übergeht. Dividiert man durch $\sum n_i$, d.h. führt man *mittlere molare* Größen ein (vgl. S. 56), so wird entsprechend

$$\sum_1^k x_i\mathrm{d}\mu_i - \bar{V}\mathrm{d}p + \bar{S}\mathrm{d}T = 0\,, \tag{136}$$

und bei konstantem p und T

$$x_1\mathrm{d}\mu_1 + x_2\mathrm{d}\mu_2 + \cdots + x_k\mathrm{d}\mu_k = \sum_1^k x_i\mathrm{d}\mu_i = 0\,. \tag{137}$$

Wählt man in einer *binären* Mischphase z.B. x_1 als unabhängige Variable, so ist, unter Berücksichtigung, daß $x_1 + x_2 = 1$, nach (137) analog zu (II, 98)

$$x_1\left(\frac{\partial\mu_1}{\partial x_1}\right)_{p,T} + (1 - x_1)\left(\frac{\partial\mu_2}{\partial x_1}\right)_{p,T} = 0\,, \tag{138a}$$

und für x_2 als unabhängige Variable

$$(1 - x_2)\left(\frac{\partial\mu_1}{\partial x_2}\right)_{p,T} + x_2\left(\frac{\partial\mu_2}{\partial x_2}\right)_{p,T} = 0\,. \tag{138b}$$

Diese *„spezielle Gibbs-Duhem*sche *Gleichung"* besagt, daß die Steigungen der beiden gegen x_1 oder x_2 aufgetragenen μ-Kurven entgegengesetztes Vorzeichen besitzen und bei $x_1 = x_2 = 0{,}5$ entgegengesetzt gleich sind, wie wir es schon beim partiellen Molvolumen fanden (Abb. 18). Von besonderem Interesse für spätere Überlegungen ist der Verlauf der partiellen molaren Größen z_1 und z_2 in einer binären Mischphase in Abhängigkeit von x_2 an den Grenzen $x_2 \to 0$ bzw. $x_2 \to 1$. Praktisch kommen nach (138) zwei Möglichkeiten vor (bei Nichtelektrolyten):

$$\left.\begin{aligned} &\text{a)}\quad \lim_{x_2\to 0}\left(\frac{\partial z_1}{\partial x_2}\right) = 0 \quad\text{und}\quad \lim_{x_2\to 0}\left(\frac{\partial z_2}{\partial x_2}\right) = a \\ &\text{bzw.} \\ &\lim_{x_2\to 1}\left(\frac{\partial z_1}{\partial x_2}\right) = a \quad\text{und}\quad \lim_{x_2\to 1}\left(\frac{\partial z_2}{\partial x_2}\right) = 0\,. \end{aligned}\right\} \tag{139a}$$

$$\left.\begin{aligned} &\text{b)}\quad \lim_{x_2\to 0}\left(\frac{\partial z_1}{\partial x_2}\right) = a \quad\text{und}\quad \lim_{x_2\to 0}\left(\frac{\partial z_2}{\partial x_2}\right) = \infty \\ &\text{bzw.} \\ &\lim_{x_2\to 1}\left(\frac{\partial z_1}{\partial x_2}\right) = \infty \quad\text{und}\quad \lim_{x_2\to 1}\left(\frac{\partial z_2}{\partial x_2}\right) = a\,. \end{aligned}\right\} \tag{139b}$$

Wie wir später sehen werden (vgl. S. 174), gehören die μ_i-Kurven stets zum zweiten Typ, bei dem eine der beiden Kurven (bei $x_2 = 0$ oder bei $x_1 = 0$) eine Tangente mit unendlicher Steigung besitzt, während die andere unter endlichem Winkel auf die Ordinate trifft. Dagegen gehören die V_i-Kurven zum ersten Typ, d.h. die eine Kurve besitzt ebenfalls eine endliche Tangente, während die andere mit der Tangente Null die Ordinate erreicht, wie man aus Abb. 18 entnimmt. Letzteres bedeutet, daß in sehr verdünnten Lösungen das partielle Molvolumen des Lösungsmittels konstant und gleich dem Molvolumen des reinen Lösungsmittels wird, wie es bei idealen Mischungen über den gesamten Konzentrationsbereich $0 \leqq x \leqq 1$ der Fall ist.

Die *mittlere molare Freie Enthalpie* ergibt sich aus (129) durch Division durch $\sum n_i$ zu

$$(\bar{G})_{p,T} = x_1\mu_1 + x_2\mu_2 + \cdots + x_k\mu_k = \sum_1^k x_i\mu_i\,. \tag{140}$$

Durch Differentiation nach x_1 bzw. x_2 erhält man unter Berücksichtigung von (137) für eine binäre Mischphase analog zu (II, 102a) und (II, 103) die Beziehungen

$$\left(\frac{\partial \bar{G}}{\partial x_1}\right)_{p,T} = \mu_1 - \mu_2\,, \tag{141a}$$

$$\left(\frac{\partial \bar{G}}{\partial x_2}\right)_{p,T} = \mu_2 - \mu_1\,, \tag{141b}$$

$$\bar{G} = \mu_1 + x_2\left(\frac{\partial \bar{G}}{\partial x_2}\right)_{p,T} = \mu_2 - (1 - x_2)\left(\frac{\partial \bar{G}}{\partial x_2}\right)_{p,T}, \tag{142}$$

die sich entsprechend (II, 106) auch auf ternäre Mischungen erweitern lassen. Die beiden letzten Gleichungen kann man analog zu Abb. 19 dazu benutzen, μ_1 und μ_2 graphisch in Abhängigkeit von x_2 zu ermitteln, worauf wir später nochmals zurückkommen werden.

4.3 Das chemische Potential des idealen Gases

Wie schon mehrfach erwähnt wurde, sind die Absolutwerte der Zustandsfunktionen *U, H, S, F, G* nicht bekannt, da stets nur ihre *Differenzen* bei einer Zustandsänderung gemessen werden können. Das gleiche gilt für ihre partiellen Ableitungen nach n_i, im speziellen also auch für das chemische Potential μ_i. Man bezieht deshalb auch μ_i auf einen willkürlich gewählten *Standardzustand* (vgl. S. 115) und bestimmt jeweils die Änderung von μ_i beim Übergang von dem zu untersuchenden Zustand in den Standardzustand oder umgekehrt.

Für ein *reines ideales Gas* gilt nach (130) $G = n\boldsymbol{\mu}$ und nach (123) $\left(\frac{\partial \mu}{\partial p}\right)_T = \boldsymbol{V}$. Daraus erhalten wir durch Integration zwischen den Grenzen p_1 und p_2 unter Benutzung des idealen Gasgesetzes

$$\boldsymbol{\mu}_{(p_2)} - \boldsymbol{\mu}_{(p_1)} = \int_{p_1}^{p_2} \boldsymbol{V}\,\mathrm{d}p = RT\int_{p_1}^{p_2} \frac{\mathrm{d}p}{p} = RT\ln\frac{p_2}{p_1}. \tag{143}$$

Bezogen auf $\boldsymbol{\mu}$ bei einem willkürlich gewählten *Standarddruck* p^+ gilt danach

$$\boldsymbol{\mu}_{\mathrm{id}} = \boldsymbol{\mu}^+ + RT\ln\frac{p}{p^+}. \tag{144}$$

Dieses Standardpotential $\boldsymbol{\mu}^+$ hängt nur noch von der Temperatur ab. Aus (144) erhalten wir mittels der S. 166 abgeleiteten Beziehungen zwischen den partiellen molaren Größen

$$\boldsymbol{S} = -\left(\frac{\partial \mu}{\partial T}\right)_p = -\frac{\mathrm{d}\boldsymbol{\mu}^+}{\mathrm{d}T} - R\ln\frac{p}{p^+}, \tag{145}$$

$$\boldsymbol{H} = \mu - T\left(\frac{\partial \mu}{\partial T}\right)_p = \mu^+ - T\frac{\mathrm{d}\mu^+}{\mathrm{d}T}, \tag{146}$$

$$\boldsymbol{V} = \left(\frac{\partial \mu}{\partial p}\right)_T = \frac{RT}{p}, \tag{147}$$

$$\boldsymbol{C}_p = \left(\frac{\partial \boldsymbol{H}}{\partial T}\right)_p = -T\frac{\mathrm{d}^2\boldsymbol{\mu}^+}{\mathrm{d}T^2}, \tag{148}$$

$$\boldsymbol{U} = \mu - T\left(\frac{\partial \mu}{\partial T}\right)_p - p\left(\frac{\partial \mu}{\partial p}\right)_T = \mu^+ - T\frac{\mathrm{d}\mu^+}{\mathrm{d}T} - RT = \boldsymbol{H} - RT, \tag{149}$$

$$\boldsymbol{C}_V = \left(\frac{\partial \boldsymbol{U}}{\partial T}\right)_V = -T\frac{\mathrm{d}^2\boldsymbol{\mu}^+}{\mathrm{d}T^2} - R = \boldsymbol{C}_p - R, \tag{150}$$

$$\left(\frac{\partial \boldsymbol{S}}{\partial T}\right)_p = -\frac{\mathrm{d}^2\boldsymbol{\mu}^+}{\mathrm{d}T^2} = \frac{\boldsymbol{C}_p}{T}. \tag{151}$$

Die molare Enthalpie, die molare Innere Energie und die Molwärmen des idealen Gases sind danach unabhängig vom Druck, wie schon aus (III, 40) bis (III, 43) hervorging. Aus (145) folgt in Übereinstimmung mit Gl. (24)

$$\boldsymbol{S} - \boldsymbol{S}^{+} \equiv (\Delta \boldsymbol{S})_T = -R \ln \frac{p}{p^{+}},$$

aus (151) ergibt sich durch Integration zwischen den Temperaturen T_1 und T_2 bei konstantem Druck

$$\boldsymbol{S}_{(T_2)} - \boldsymbol{S}_{(T_1)} \equiv (\Delta \boldsymbol{S})_p = \boldsymbol{C}_p \int_{T_1}^{T_2} \frac{\mathrm{d}T}{T} = \boldsymbol{C}_p \ln \frac{T_2}{T_1},$$

wie ebenfalls schon abgeleitet wurde. Wie diese Gleichungen zeigen, lassen sich sämtliche thermodynamischen Funktionen aus dem chemischen Potential herleiten, was die Wichtigkeit dieses Begriffes unterstreicht.

Um das chemische Potential eines idealen Gases μ_i in einer *idealen Mischphase* in Abhängigkeit von deren Zusammensetzung, d.h. vom Molenbruch x_i, zu ermitteln, gehen wir davon aus, daß das chemische Potential $\boldsymbol{\mu}_i$ des reinen Gases und das chemische Potential μ_i des gleichen Gases in der Mischphase bei *gleicher Temperatur* und *gleichem Gesamtdruck* verschieden sein müssen. Die Änderung der Freien Enthalpie $\mathrm{d}G = (\mu_i - \boldsymbol{\mu}_i)\mathrm{d}n_i$ ist nach den früher gegebenen Definitionen offenbar gleich der maximalen nutzbaren Arbeit, die man gewinnen kann, wenn man $\mathrm{d}n_i$ Mole des reinen Gases *reversibel* aus der reinen Phase in die Mischphase überführt bei konstanter Temperatur, konstantem Druck und konstanter Zusammensetzung der Mischphase. Um das Gas in die Mischung überführen zu können, benutzen wir eine sog. „halbdurchlässige" Membran, die allein für das Gas i durchlässig ist, und durch die wir das Gas hindurchtreten lassen[1]. Damit dieser Übergang reversibel ist, muß der Druck des reinen Gases gleich dem Partialdruck p_i des Gases in der Mischphase sein, da andernfalls ein spontaner, d.h. irreversibler, Druckausgleich durch die Membran hindurch eintreten würde. Das bedeutet, daß man das reine Gas zunächst vom Druck p auf den Druck p_i reversibel und isotherm expandieren muß. Dabei nimmt sein chemisches Potential nach (143) ab um

$$\boldsymbol{\mu}_{i(p_i)} - \boldsymbol{\mu}_{i(p)} = RT \ln \frac{p_i}{p}. \tag{152}$$

Unter dem Druck p_i steht aber das reine Gas über die semipermeable Membran im (osmotischen) Gleichgewicht mit der Gasmischung, was bedeutet, daß die chemischen Potentiale des Gases i gleich sein müssen (vgl. S. 213), d.h.

$$\boldsymbol{\mu}_{i(p_i)} = \mu_{i(p)}\,. \tag{153}$$

---

[1] Derartige *„semipermeablen" Membranen* lassen sich in manchen Fällen realisieren. So ist z.B. Pd bei hohen Temperaturen für H_2 durchlässig, für andere Gase dagegen nicht.

Aus (152) und (153) folgt unter Berücksichtigung von (II, 87)

$$\mu_{i(p)} = \boldsymbol{\mu}_{i(p)} + RT\ln\frac{p_i}{p} = \boldsymbol{\mu}_{i(p)} + RT\ln x_i\,, \tag{154}$$

indem man für $\frac{p_i}{p}$ den Molenbruch x_i einführt. Da stets $x_i < 1$, ist auch $\mu_i < \boldsymbol{\mu}_i$, d.h. beim Übergang eines idealen Gases vom reinen Zustand in eine ideale Mischung gleichen Gesamtdrucks nimmt sein chemisches Potential stets ab. Führen wir für $\boldsymbol{\mu}_{i(p)}$ noch den Ausdruck (144) in (154) ein, so wird

$$\mu_i = \boldsymbol{\mu}_i^+ + RT\ln\frac{p}{p^+} + RT\ln x_i = \boldsymbol{\mu}_i^+ + RT\ln\frac{p_i}{p^+}\,, \tag{155}$$

worin $\boldsymbol{\mu}_i^+$ nur noch eine Temperaturfunktion ist, und $p_i = px_i$ den Partialdruck des Gases i bedeutet.

Da die Molenbrüche von Temperatur und Druck unabhängig sind, ergeben sich aus (154) mit Hilfe der früher abgeleiteten Beziehungen (122) bis (125) zwischen den partiellen molaren Größen die folgenden Gleichungen für ideale Gasgemische, die sich auch auf ideale kondensierte Mischphasen übertragen lassen (vgl. S. 183 ff.):

$$\left(\frac{\partial \mu_i}{\partial p}\right)_{T,x} = V_i = \left(\frac{\partial \boldsymbol{\mu}_i}{\partial p}\right)_{T,x} = \boldsymbol{V}_i \quad \text{oder} \quad V_i - \boldsymbol{V}_i = 0\,, \tag{156}$$

$$\left(\frac{\partial \mu_i}{\partial T}\right)_{p,x} = -S_i = \left(\frac{\partial \boldsymbol{\mu}_i}{\partial T}\right)_{p,x} + R\ln x_i = -\boldsymbol{S}_i + R\ln x_i \quad \text{oder} \quad S_i - \boldsymbol{S}_i = -R\ln x_i\,, \tag{157}$$

$$-T^2\left(\frac{\partial(\mu/T)}{\partial T}\right)_{p,x} = H_i = -T^2\left(\frac{\partial(\boldsymbol{\mu}_i/T)}{\partial T}\right)_{p,x} = \boldsymbol{H}_i \quad \text{oder} \quad H_i - \boldsymbol{H}_i = 0\,, \tag{158}$$

$$\left(\frac{\partial H_i}{\partial T}\right)_{p,x} = C_{p_i} = \left(\frac{\partial \boldsymbol{H}_i}{\partial T}\right)_{p,x} = \boldsymbol{C}_{p_i} \quad \text{oder} \quad C_{p_i} - \boldsymbol{C}_{p_i} = 0\,. \tag{159}$$

Aus (156), (158) und (159) sieht man, daß partielles Molvolumen, partielle molare Enthalpie und partielle Molwärme jeder Komponente mit den entsprechenden molaren Größen des reinen Stoffes identisch sind, diese Größen sind also konzentrationsunabhängig und verhalten sich additiv, wie wir schon S. 51 f. und 105 feststellten. Deshalb treten bei der Mischung idealer Gase unter konstantem Druck und konstanter Temperatur weder Volumenänderungen noch Mischungswärmen noch Änderungen der Wärmekapazität auf:

$$(\Delta\bar{V})_{p,T} = (\Delta\bar{H})_{p,T} = (\Delta\bar{C}_p)_T = 0 \quad \text{(ideale Gase)}\,. \tag{160}$$

Das Ergebnis für die Mischungsentropie

$$\Delta S_i = -R \ln x_i$$

bzw.

$$(\Delta \bar{S})_{p,T} = -R \sum x_i \ln x_i \tag{161}$$

stimmt mit den früher auf andere Weise abgeleiteten Gln. (55) und (52) überein. Analog erhält man aus (154) für die mittlere molare Freie Enthalpie der idealen Gasmischung

$$(\bar{G})_{p,T} = \sum x_i \mu_i = \sum x_i \boldsymbol{\mu}_i + RT \sum x_i \ln x_i$$

bzw.

$$(\Delta \bar{G})_{p,T} = RT \sum x_i \ln x_i\,. \tag{162}$$

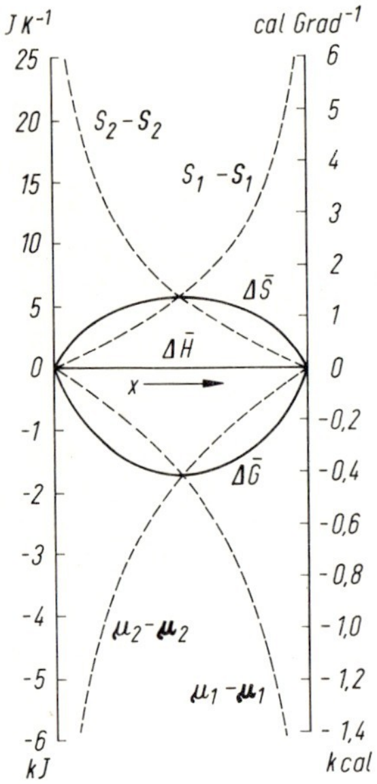

Abb. 44. Thermodynamische Mischungseffekte eines idealen binären Systems.

$\Delta \bar{G}$ ist stets negativ, da $0 < x_i < 1$. In Abb. 44 sind die thermodynamischen Mischungseffekte des binären idealen Systems sowie die Differenzen $S_1 - \boldsymbol{S}_1$, $S_2 - \boldsymbol{S}_2$, $\mu_1 - \boldsymbol{\mu}_1$ und $\mu_2 - \boldsymbol{\mu}_2$ als Funktion von x wiedergegeben. Die Kurven verlaufen spiegelsymmetrisch zur Ordinate bei $x = 0{,}5$ und schneiden sich dort in einem Punkt, wie auch aus den obigen Gleichungen abzulesen ist. Der Verlauf der Kurven für ΔS_1, ΔS_2, $\Delta \mu_1$ und $\Delta \mu_2$ an den Grenzen $x \to 0$ bzw. $x \to 1$ entspricht dem Typ (139b), worauf schon S. 170 hingewiesen wurde.

4.4 Das chemische Potential realer Gase

Um einen Ausdruck für das chemische Potential eines *reinen realen Gases* zu gewinnen, können wir wieder von $(\partial \boldsymbol{\mu}/\partial p)_T = \boldsymbol{V}$ ausgehen und erhalten analog zu (143) $\boldsymbol{\mu}_{(p_2)} - \boldsymbol{\mu}_{(p_1)} = \int_{p_1}^{p_2} \boldsymbol{V}\,\mathrm{d}p$. Das Molvolumen $\boldsymbol{V}$ eines realen Gases können wir durch die allgemeine Reihenentwicklung (II, 33) darstellen, in der die Virialkoeffizienten *B, C, ...* empirische Temperaturfunktionen sind. Brechen wir nach dem zweiten Glied ab, so erhalten wir, wiederum bezogen auf einen willkürlich wählbaren Standarddruck p^+,

$$\mu_{\text{real}} = \mu^+ + RT \ln \frac{p}{p^+} + B(p - p^+), \tag{163}$$

wobei der zweite Virialkoeffizient mit Hilfe einer speziellen Zustandsgleichung (z. B. II, 57 bis 59) aus den kritischen Daten des betreffenden Gases berechnet wird. Wählen wir den Standarddruck p^+ so niedrig, daß bei ihm das ideale Gasgesetz als gültig betrachtet werden kann, daß also $Bp^+ \to 0$, so können wir (163) auch in der Form schreiben

$$\mu_{\text{real}} = \mu^+ + RT \ln \frac{p}{p^+} + Bp. \tag{164}$$

Der Vergleich mit (144) ergibt den Unterschied zwischen dem chemischen Potential eines realen und eines idealen reinen Gases bei gleicher Temperatur und gleichem Druck zu

$$\mu_{\text{real}} - \mu_{\text{id}} = \int_{p^+}^{p} \left(\boldsymbol{V} - \frac{RT}{p} \right) \mathrm{d}p = Bp. \tag{165}$$

Aus (164) kann man analog zu (145) bis (151) sämtliche thermodynamischen Funktionen des realen Gases ableiten. Da jedoch der Geltungsbereich dieser Gleichungen von Fall zu Fall verschieden ist und von der benutzten Zustandsgleichung abhängt, zieht man es in der Regel vor, die Form (144) der Gleichung für ideale Gase beizubehalten und an Stelle des Drucks einen *korrigierten Druck* p^* einzuführen, den man nach *Lewis* als *Fugazität* bezeichnet. Man erhält also an Stelle von Gl. (164)

$$\mu_{\text{real}} = \mu^+ + RT \ln \frac{p^*}{p^+}, \tag{166}$$

was in der Form mit (144) übereinstimmt, und bezeichnet das Verhältnis

$$\frac{p^*}{p} \equiv \varphi_0 \tag{167}$$

als den *Fugazitätskoeffizienten* des realen Gases. Führt man diesen in (166) ein, so wird mit (144)

$$\mu_{\text{real}} = \mu^+ + RT \ln \frac{p}{p^+} + RT \ln \varphi_0 = \mu_{\text{id}} + RT \ln \varphi_0. \tag{168}$$

Danach gilt für alle Temperaturen

$$\lim_{p \to 0} \varphi_0 = \lim_{p \to 0} \frac{p^*}{p} = 1, \tag{169}$$

d.h. die Fugazität wird mit den Druck identisch, wenn p genügend klein wird, so daß sich das Gas ideal verhält. Der Vergleich von (168) mit (164) liefert

$$RT \ln \varphi_0 = Bp \quad \text{oder} \quad \ln p^* = \ln p + \frac{Bp}{RT}. \tag{170}$$

Die Fugazität läßt sich somit aus dem zweiten Virialkoeffizienten für jeden Druck berechnen, für den die betreffende Zustandsgleichung mit genügender Genauigkeit gilt. Für höhere Drucke muß man weitere Glieder der Reihenentwicklung (II, 33) heranziehen.

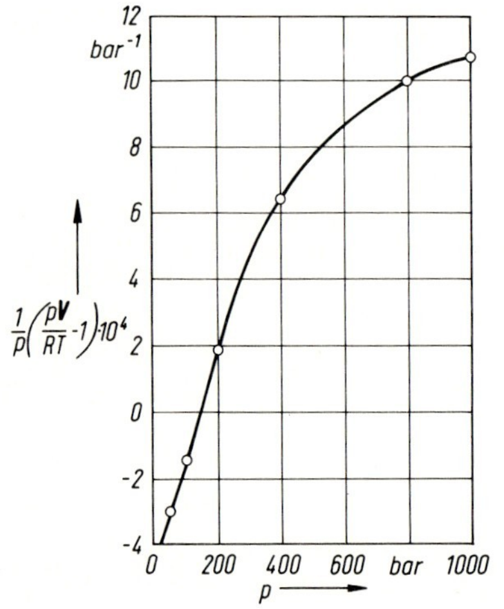

Abb. 45. Graphische Ermittlung des Fugazitätskoeffizienten von Stickstoff bei 0°C.

Zur graphischen Ermittlung des Fugazitätskoeffizienten eines realen Gases aus Meßdaten des Molvolumens geht man von (165) aus und erhält durch Kombination mit (170)

$$\ln \varphi_0 = \frac{1}{RT} \int_0^p \left(\mathbf{V} - \frac{RT}{p} \right) \mathrm{d}p = \int_0^p \frac{1}{p} \left(\frac{p\mathbf{V}}{RT} - 1 \right) \mathrm{d}p, \tag{171}$$

indem man das Integral statt von p^+ bis p von 0 bis p erstreckt, was zulässig ist, weil p^+ so niedrig gewählt sein sollte, daß das ideale Gasgesetz als gültig betrachtet werden kann. Trägt man den aus den Messungen bekannten Ausdruck $\frac{1}{p}\left(\frac{p\mathbf{V}}{RT} - 1\right)$ gegen p auf, so erhält man eine Kurve, wie sie in Abb. 45 für Stickstoff bei 0°C im Druckbereich bis 1000 bar wiedergegeben ist. Die graphische Integration liefert folgende Werte (siehe Tabelle 8).

Schreibt man Gl. (171) unter Einführung des durch (II, 64) definierten Kompressibilitätsfaktors $\varkappa$ in der Form

$$\ln \varphi_0 = \int_0^\pi \frac{\varkappa - 1}{\pi} \mathrm{d}\pi, \tag{172}$$

Tabelle 8. Fugazitätskoeffizienten des Stickstoffs bei 0°C in Abhängigkeit vom Druck.

p bar	$\frac{1}{p}\left(\frac{pV}{RT} - 1\right)$ bar^{-1}	$\int_0^p$	$\varphi_0 = \frac{p^*}{p}$	p^* bar
50,7	$-\ 3{,}04 \cdot 10^{-4}$	$-0{,}0206$	0,979	49,6
101,3	$-\ 1{,}52 \cdot 10^{-4}$	$-0{,}0320$	0,967	98,0
202,7	$+\ 1{,}80 \cdot 10^{-4}$	$-0{,}0288$	0,971	196,8
405,3	$+\ 6{,}31 \cdot 10^{-4}$	$+0{,}0596$	1,061	430,0
810,6	$+\ 9{,}82 \cdot 10^{-4}$	$+0{,}3980$	1,489	1206,8
1013,3	$+10{,}50 \cdot 10^{-4}$	$+0{,}6060$	1,834	1858,3

indem man außerdem den Druck durch den reduzierten Druck $\pi = \frac{p}{p_k}$ ersetzt, und trägt $\frac{\varkappa - 1}{\pi}$ gegen π auf, so erhält man eine Kurve, die nach S. 50 innerhalb weniger Prozente für alle Gase gültig sein sollte, die dem Theorem der übereinstimmenden Zustände angenähert gehorchen. Die aus (172) durch graphische Integration ermittelten Werte von φ_0 werden als Funktion von π für eine Reihe verschiedener reduzierter Temperaturen ϑ als Parameter aufgetragen und liefern so eine Kurvenschar, aus der sich der Fugazitätskoeffizient eines Gases für gegebene Bedingungen (ϑ und π) unmittelbar ablesen bzw. interpolieren läßt, sofern dieses nicht allzustark vom Theorem der übereinstimmenden Zustände abweicht. In Abb. 46 sind derartige verallgemeinerte Fugazitätskurven wiedergegeben.

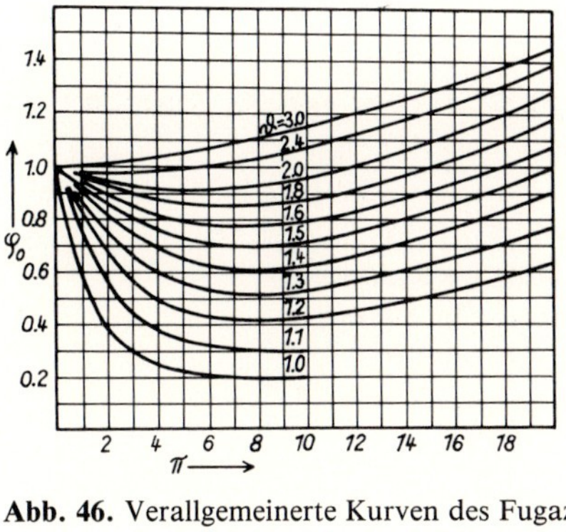

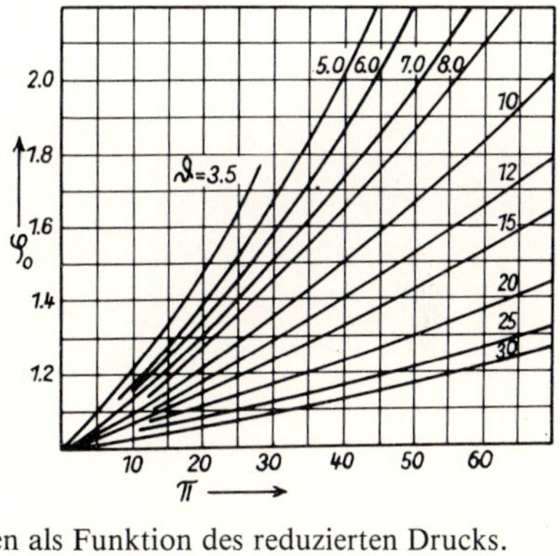

Abb. 46. Verallgemeinerte Kurven des Fugazitätskoeffizienten als Funktion des reduzierten Drucks.

Um den Fugazitätskoeffizienten eines Gases *für mäßige Drucke*, bei denen er nicht sehr von 1 abweicht, näherungsweise zu berechnen, kann man Gl. (170) umformen in

$$\frac{Bp}{RT} \equiv \ln \varphi_0 = \ln(1 + (\varphi_0 - 1)) \approx \varphi_0 - 1 = \left(\boldsymbol{V} - \frac{RT}{p}\right)\frac{p}{RT}$$

oder (173)

$$\varphi_0 \approx \frac{p\boldsymbol{V}}{RT} = \frac{p}{p_{id}},$$

wobei p_{id} der Druck ist, den ein ideales Gas ausüben würde, wenn es sich im gleichen Volumen $\boldsymbol{V}$ befinden würde, und der aus dem idealen Gasgesetz berechnet werden kann. Die Gleichung bewährt sich z. B. bei O_2 bis zu einem Druck von 100 bar, bei CO_2 beträgt die Abweichung von dem experimentell aus (171) ermittelten φ_0 bei 25 bar etwa 1%.

Aus (164) bzw. (166) oder (168) erhält man durch Differentiation nach p und T wiederum alle übrigen thermodynamischen Funktionen, wie sie in (145) bis (151) für das ideale Gas abgeleitet wurden, wobei zu beachten ist, daß $\boldsymbol{\mu}^+$ und B ausschließlich von T abhängen[1]:

$$\begin{aligned} \boldsymbol{S}_{\text{real}} &= -\frac{\mathrm{d}\boldsymbol{\mu}^+}{\mathrm{d}T} - R\ln\frac{p^*}{p^+} - RT\left(\frac{\partial \ln p^*}{\partial T}\right)_p \\ &= -\frac{\mathrm{d}\boldsymbol{\mu}^+}{\mathrm{d}T} - R\ln\frac{p}{p^+} - p\frac{\mathrm{d}B}{\mathrm{d}T} = \boldsymbol{S}_{\text{id}} - p\frac{\mathrm{d}B}{\mathrm{d}T}, \end{aligned} \tag{174}$$

$$\begin{aligned} \boldsymbol{H}_{\text{real}} &= \boldsymbol{\mu}^+ - T\frac{\mathrm{d}\boldsymbol{\mu}^+}{\mathrm{d}T} - RT^2\left(\frac{\partial \ln p^*}{\partial T}\right)_p = \boldsymbol{H}_{\text{id}} - RT^2\left(\frac{\partial \ln p^*}{\partial T}\right)_p \\ &= \boldsymbol{\mu}^+ - T\frac{\mathrm{d}\boldsymbol{\mu}^+}{\mathrm{d}T} + \left(B - T\frac{\mathrm{d}B}{\mathrm{d}T}\right)p = \boldsymbol{H}_{\text{id}} + \left(B - T\frac{\mathrm{d}B}{\mathrm{d}T}\right)p, \end{aligned} \tag{175}$$

$$\boldsymbol{V}_{\text{real}} = RT\left(\frac{\partial \ln p^*}{\partial p}\right)_T = \frac{RT}{p} + B = \boldsymbol{V}_{\text{id}} + B, \tag{176}$$

$$\begin{aligned} \boldsymbol{C}_{p_{\text{real}}} &= -T\frac{\mathrm{d}^2\boldsymbol{\mu}^+}{\mathrm{d}T^2} - 2RT\left(\frac{\partial \ln p^*}{\partial T}\right)_p - RT^2\left(\frac{\partial^2 \ln p^*}{\partial T^2}\right)_p \\ &= -T\frac{\mathrm{d}^2\boldsymbol{\mu}^+}{\mathrm{d}T^2} - T\frac{\mathrm{d}^2 B}{\mathrm{d}T^2}p = \boldsymbol{C}_{p_{\text{id}}} - T\frac{\mathrm{d}^2 B}{\mathrm{d}T^2}p. \end{aligned} \tag{177}$$

Die letzte Gleichung stimmt mit (III, 69) überein. Die Gln. (175) und (176) liefern gleichzeitig die *Temperatur- bzw. Druckabhängigkeit der Fugazität.*

Um einen Ausdruck für das chemische Potential μ_i eines Gases in einer *realen Mischung* zu gewinnen, können wir unmittelbar von Gl. (165) ausgehen und schreiben

$$\mu_{i_{\text{real}}} - \mu_{i_{\text{id}}} = \int_0^p \left(V_i - \frac{RT}{p}\right)\mathrm{d}p, \tag{178}$$

worin V_i das *partielle* Molvolumen des Gases i in der Mischphase bedeutet. Um die Integration ausführen zu können, muß man also die Abhängigkeit des partiellen Molvolumens vom Druck und von der Zusammensetzung der Mischphase bei der gegebenen Temperatur kennen. Da diese Daten nur selten bekannt sind, beschränken wir unsere Betrachtungen auf den einfachsten Fall einer *binären* Mischung bei mäßigen Drucken, für die die Gl. (II, 77) $\bar{V} = \frac{RT}{p} + \bar{B}$ ausreichend ist. Für den mittleren Virialkoeffizienten $\bar{B}$ gilt dann die Gl. (II, 68). Mit dieser Näherung ergibt sich das partielle Molvolumen der beiden Komponenten aus (II, 103) und (II, 77) zu

---

[1] Da in p^* die zwischenmolekularen Wechselwirkungen stecken, kann sich die Fugazität auch bei konstantem Druck mit Temperatur und Zusammensetzung ändern.

$$V_1 = \bar{V} - x_2 \frac{\partial \bar{V}}{\partial x_2} = \frac{RT}{p} + B_{11} + (2B_{12} - B_{11} - B_{22})x_2^2, \tag{179a}$$

$$V_2 = \bar{V} + x_1 \frac{\partial \bar{V}}{\partial x_2} = \frac{RT}{p} + B_{22} + (2B_{12} - B_{11} - B_{22})x_1^2. \tag{179b}$$

Setzt man dies in (178) ein und gleichzeitig für $\mu_{i_{\text{id}}}$ den Ausdruck (155), so erhält man

$$\mu_1 = \mu_1^+ + RT\ln\frac{p}{p^+} + RT\ln x_1 + [B_{11} + (2B_{12} - B_{11} - B_{22})\, x_2^2]\,p, \tag{180a}$$

$$\mu_2 = \mu_2^+ + RT\ln\frac{p}{p^+} + RT\ln x_2 + [B_{22} + (2B_{12} - B_{11} - B_{22})\, x_1^2]\,p. \tag{180b}$$

Für $x_1 = 1$ bzw. $x_2 = 1$ gehen diese Gleichungen wieder in die Gl. (164) für ein reines reales Gas über.

Definiert man wieder analog zu (167) einen *Fugazitätskoeffizienten* φ_i der Komponente i durch

$$\varphi_i \equiv \frac{p_i^*}{p_i} = \frac{p_i^*}{p x_i}, \tag{181}$$

so kann man die chemischen Potentiale der beiden Komponenten auch ausdrücken durch

$$\begin{aligned} \mu_{i_{\text{real}}} &= \mu_i^+ + RT\ln\frac{p_i^*}{p^+} = \mu_i^+ + RT\ln\frac{p_i}{p^+} + RT\ln\varphi_i \\ &= \mu_i^+ + RT\ln\frac{p}{p^+} + RT\ln x_i + RT\ln\varphi_i = \mu_{i_{\text{id}}} + RT\ln\varphi_i. \end{aligned} \tag{182}$$

Für den speziellen Fall, daß $p^+ = 1$, erhält man

$$\mu_{i_{\text{real}}} = {}^1\mu_i + RT\ln p_i\varphi_i = {}^1\mu_i + RT\ln p_i^*. \tag{182a}$$

Der Vergleich mit (180) liefert für die Fugazitätskoeffizienten der beiden Komponenten

$$RT\ln\frac{p_1^*}{p_1} \equiv RT\ln\varphi_1 = [B_{11} + (2B_{12} - B_{11} - B_{22})x_2^2]\,p, \tag{183a}$$

$$RT\ln\frac{p_2^*}{p_2} \equiv RT\ln\varphi_2 = [B_{22} + (2B_{12} - B_{11} - B_{22})x_1^2]\,p. \tag{183b}$$

Aus (180) und (182) erhalten wir wieder in der üblichen Weise alle thermodynamischen Funktionen der beiden Komponenten der realen Gasmischung:

$$S_1 = -\frac{\mathrm{d}\mu_1^+}{\mathrm{d}T} - R\ln\frac{p_1^*}{p^+} - RT\left(\frac{\partial \ln p_1^*}{\partial T}\right)_{p,n}$$

$$= -\frac{\mathrm{d}\mu_1^+}{\mathrm{d}T} - R\ln\frac{p}{p^+} - R\ln x_1 - \left[\frac{\mathrm{d}B_{11}}{\mathrm{d}T} + \frac{\mathrm{d}}{\mathrm{d}T}(2B_{12} - B_{11} - B_{22})x_2^2\right]p, \tag{184a}$$

$$S_2 = -\frac{\mathrm{d}\mu_2^+}{\mathrm{d}T} - R\ln\frac{p_2^*}{p^+} - RT\left(\frac{\partial \ln p_2^*}{\partial T}\right)_{p,n}$$

$$= -\frac{\mathrm{d}\mu_2^+}{\mathrm{d}T} - R\ln\frac{p}{p^+} - R\ln x_2 - \left[\frac{\mathrm{d}B_{12}}{\mathrm{d}T} + \frac{\mathrm{d}}{\mathrm{d}T}(2B_{12} - B_{11} - B_{22})x_1^2\right]p, \tag{184b}$$

$$H_1 = \mu_1^+ - T\frac{\mathrm{d}\mu_1^+}{\mathrm{d}T} - RT^2\left(\frac{\partial \ln p_1^*}{\partial T}\right)_{p,n}$$

$$= \mu_1^+ - T\frac{\mathrm{d}\mu_1^+}{\mathrm{d}T} + \left[B_{11} - T\frac{\mathrm{d}B_{11}}{\mathrm{d}T} + (2B_{12} - B_{11} - B_{22})x_2^2\right.$$

$$\left. - T\frac{\mathrm{d}}{\mathrm{d}T}(2B_{12} - B_{11} - B_{22})x_2^2\right]p, \tag{185a}$$

$$H_2 = \mu_2^+ - T\frac{\mathrm{d}\mu_2^+}{\mathrm{d}T} - RT^2\left(\frac{\partial \ln p_2^*}{\partial T}\right)_{p,n}$$

$$= \mu_2^+ - T\frac{\mathrm{d}\mu_2^+}{\mathrm{d}T} + \left[B_{22} - T\frac{\mathrm{d}B_{22}}{\mathrm{d}T} + (2B_{12} - B_{11} - B_{22})x_1^2\right.$$

$$\left. - T\frac{\mathrm{d}}{\mathrm{d}T}(2B_{12} - B_{11} - B_{22})x_1^2\right]p, \tag{185b}$$

$$V_1 = RT\left(\frac{\partial \ln p_1^*}{\partial p}\right)_{T,n} = \frac{RT}{p} + B_{11} + (2B_{12} - B_{11} - B_{22})x_2^2, \tag{186a}$$

$$V_2 = RT\left(\frac{\partial \ln p_2^*}{\partial p}\right)_{T,n} = \frac{RT}{p} + B_{22} + (2B_{12} - B_{11} - B_{22})x_1^2, \tag{186b}$$

$$C_{p_1} = -T\frac{d^2\boldsymbol{\mu}_1^+}{dT^2} - 2RT\left(\frac{\partial \ln p_1^*}{\partial T}\right)_{p,n} - RT^2\left(\frac{\partial^2 \ln p_1^*}{\partial T^2}\right)_{p,n}$$
$$= -T\frac{d^2\boldsymbol{\mu}_1^+}{dT^2} - Tp\left[\frac{d^2B_{11}}{dT^2} + \frac{d^2}{dT^2}(2B_{12} - B_{11} - B_{22})x_2^2\right], \tag{187a}$$

$$C_{p_2} = -T\frac{d^2\boldsymbol{\mu}_2^+}{dT^2} - 2RT\left(\frac{\partial \ln p_2^*}{\partial T}\right)_{p,n} - RT^2\left(\frac{\partial^2 \ln p_2^*}{\partial T^2}\right)_{p,n}$$
$$= -T\frac{d^2\boldsymbol{\mu}_2^+}{dT^2} - Tp\left[\frac{d^2B_{22}}{dT^2} + \frac{d^2}{dT^2}(2B_{12} - B_{11} - B_{22})x_1^2\right]. \tag{187b}$$

Der Vergleich dieser partiellen molaren Größen mit den entsprechenden molaren Größen der reinen Komponenten bei gleichem Gesamtdruck und gleicher Temperatur liefert die *differentiellen Mischungseffekte* der realen Gase. So folgt aus (180) und (164)

$$\mu_1 - \boldsymbol{\mu}_1 \equiv \Delta\mu_1 = RT\ln x_1 + (2B_{12} - B_{11} - B_{22})x_2^2 p, \tag{188a}$$

$$\mu_2 - \boldsymbol{\mu}_2 \equiv \Delta\mu_2 = RT\ln x_2 + (2B_{12} - B_{11} - B_{22})x_1^2 p, \tag{188b}$$

aus (184) und (174)

$$S_1 - \boldsymbol{S}_1 \equiv \Delta S_1 = -R\ln x_1 - \frac{d}{dT}(2B_{12} - B_{11} - B_{22})x_2^2 p, \tag{189a}$$

$$S_2 - \boldsymbol{S}_2 \equiv \Delta S_2 = -R\ln x_2 - \frac{d}{dT}(2B_{12} - B_{11} - B_{22})x_1^2 p, \tag{189b}$$

aus (185) und (175)

$$H_1 - \boldsymbol{H}_1 \equiv \Delta H_1 = \left[(2B_{12} - B_{11} - B_{22}) - T\frac{d}{dT}(2B_{12} - B_{11} - B_{22})\right] x_2^2 p, \tag{190a}$$

$$H_2 - \boldsymbol{H}_2 \equiv \Delta H_2 = \left[(2B_{12} - B_{11} - B_{22}) - T\frac{d}{dT}(2B_{12} - B_{11} - B_{22})\right] x_1^2 p, \tag{190b}$$

aus (186) und (176)

$$V_1 - \boldsymbol{V}_1 \equiv \Delta V_1 = (2B_{12} - B_{11} - B_{22})x_2^2, \tag{191a}$$

$$V_2 - \boldsymbol{V}_2 \equiv \Delta V_2 = (2B_{12} - B_{11} - B_{22})x_1^2, \tag{191b}$$

aus (187) und (177)

$$C_{p_1} - \boldsymbol{C}_{p_1} \equiv \Delta C_{p_1} = -T\frac{d^2}{dT^2}(2B_{12} - B_{11} - B_{22})x_2^2 p, \tag{192a}$$

$$C_{p_2} - \boldsymbol{C}_{p_2} \equiv \Delta C_{p_2} = -T\frac{d^2}{dT^2}(2B_{12} - B_{11} - B_{22})x_1^2 p. \tag{192b}$$

Auf analoge Weise kann man die *mittleren molaren Zustandsfunktionen* $\bar{G} = \sum x_i \mu_i$, $\bar{S} = \sum x_i S_i$, $\bar{H} = \sum x_i H_i$, $\bar{V} = \sum x_i V_i$, $\bar{C}_p = \sum x_i C_{p_i}$ sowie die *molaren Mischungseffekte* $\Delta \bar{G}$, $\Delta \bar{S}$, $\Delta \bar{H}$, $\Delta \bar{V}$, $\Delta \bar{C}_p$ realer Gase aus den Beziehungen (180) bis (187) und dem Vergleich mit (164) und (174) bis (177) durch einfache Addition und Subtraktion berechnen. Man sieht unmittelbar, daß bei realen Gasen die Mischungseffekte $\Delta \bar{V}$, $\Delta \bar{H}$ und $\Delta \bar{C}_p$ nicht mehr gleich Null sind, wie bei idealen Gasen, und daß $\Delta \bar{G}$ und $\Delta \bar{S}$ von den für ideale Gase geltenden Ausdrücken (161) und (162) abweichen.

Mit Hilfe der durch (183) gegebenen Fugazitätskoeffizienten läßt sich das chemische Potential jeder Komponente i in der binären Mischung statt durch (188) auch darstellen durch

$$\mu_i = \boldsymbol{\mu}_i + RT \ln x_i + RT \ln \varphi_i - B_i p . \tag{193}$$

Da ferner nach (170) der Fugazitätskoeffizient des reinen Gases i bei gleichem Druck und gleicher Temperatur

$$RT \ln \varphi_{0i} = B_i p ,$$

kann man (193) auch in der Form schreiben

$$\mu_i = \boldsymbol{\mu}_i + RT \ln x_i + RT \ln \frac{\varphi_i}{\varphi_{0i}} \equiv \boldsymbol{\mu}_i + RT \ln x_i + RT \ln f_i = \boldsymbol{\mu}_i + RT \ln a_i . \tag{194}$$

Die neueingeführte Größe

$$f_i \equiv \frac{\varphi_i}{\varphi_{0i}} \tag{195}$$

wird nach *Lewis* als *Aktivitätskoeffizient,*

$$a_i = x_i f_i = x_i \frac{\varphi_i}{\varphi_{0i}} = \frac{p_i^*}{p^*} \tag{196}$$

als *Aktivität* der Komponente i in der Mischphase bezeichnet, bezogen auf das reale reine Gas unter dem Druck und bei der Temperatur der Mischphase. Für $x_i = 1$ wird $\varphi_i = \varphi_{0i}$, so daß

$$\lim_{x_i \to 1} f_i = 1; \quad \lim_{x_i \to 1} \mu_i = \boldsymbol{\mu}_i . \tag{197}$$

Der durch (178) bzw. (182) gegebene chemische Potential-Unterschied eines Gases in einer realen und einer idealen Mischphase

$$\mu_{i\,\mathrm{real}} - \mu_{i\,\mathrm{id}} = RT \ln \varphi_i = RT \ln \frac{p_i^*}{p_i} = \int_0^p \left(V_i - \frac{RT}{p} \right) \mathrm{d}p \tag{198}$$

spielt bei Dampfdruckmessungen als sog. *„Realgaskorrektur“* häufig eine Rolle. Da insbesondere bei Mehrstoffgemischen die partiellen Molvolumina als Funktion des Druckes nicht gemessen sind, und auch die Virialkoeffizienten der verschiedenen Komponenten nicht immer bekannt sind, begnügt man sich häufig damit, das partielle Molvolumen V_i durch das Molvolumen $\boldsymbol{V}_i$ der reinen Komponente zu ersetzen. Das bedeutet nach (171), daß man $\varphi_i = \varphi_{0i}$ d. h. $f_i = 1$ setzt, und man erhält an Stelle von (196)

$$p_i^* \approx x_i p^* . \tag{199}$$

Diese sog. *„Fugazitätsregel"* von *Lewis* bedeutet für Zweistoffsysteme nichts anderes, als daß man zur Berechnung von B_{12} die Näherung (II, 69) benutzt, so daß in allen oben abgeleiteten Gleichungen der Faktor $(2B_{12} - B_{11} - B_{22}) = 0$ wird.

4.5 Das chemische Potential reiner kondensierter Stoffe

Das chemische Potential eines reinen kondensierten (flüssigen oder festen) Stoffes erhalten wir aus (123), indem wir für $\boldsymbol{V}$ die Beziehung (II, 84b) einführen, zu

$$\mu = \mu^+ + \int_0^p \boldsymbol{V}^+ (1 - \chi p)\,\mathrm{d}p = \mu^+ + p\boldsymbol{V}^+ \left(1 - \frac{\chi}{2} p\right). \tag{200}$$

μ^+ ist der Grenzwert des chemischen Potentials bei verschwindendem Druck, $\boldsymbol{V}^+$ das zugehörige Volumen, χ die Kompressibilität, bezogen auf das jeweilige $\boldsymbol{V}$. Aus (200) erhalten wir analog zu (174) bis (177) die thermodynamischen Funktionen

$$\boldsymbol{S} = -\frac{\mathrm{d}\mu^+}{\mathrm{d}T} - p\frac{\mathrm{d}\boldsymbol{V}^+}{\mathrm{d}T}\left(1 - \frac{\chi}{2}p\right), \tag{201}$$

wobei die geringe Temperaturabhängigkeit von χ vernachlässigt ist,

$$\boldsymbol{H} = \mu^+ - T\frac{\mathrm{d}\mu^+}{\mathrm{d}T} + p\left(\boldsymbol{V}^+ - T\frac{\mathrm{d}\boldsymbol{V}^+}{\mathrm{d}T}\right)\left(1 - \frac{\chi}{2}p\right), \tag{202}$$

$$\boldsymbol{V} = \boldsymbol{V}^+ (1 - \chi p), \tag{203}$$

$$\boldsymbol{C}_p = -T\frac{\mathrm{d}^2\mu^+}{\mathrm{d}T^2} - pT\frac{\mathrm{d}^2\boldsymbol{V}^+}{\mathrm{d}T^2}\left(1 - \frac{\chi}{2}p\right). \tag{204}$$

Für nicht allzu hohe Drucke ist wegen der Kleinheit von χ der Ausdruck $\chi p/2$ häufig gegenüber 1 vernachlässigbar, so daß der Faktor $\left(1 - \frac{\chi}{2}p\right)$ in allen Gleichungen wegfällt und $\boldsymbol{V}^+$ einfach durch $\boldsymbol{V}$ bei Atmosphärendruck ersetzt werden kann.

4.6 Das chemische Potential in kondensierten idealen Mischungen

Die mehrfach erwähnten idealen kondensierten Mischungen zeichnen sich nach (II, 85) und (III, 115 bis 117) dadurch aus, daß in ihnen die partiellen molaren Größen V_i, U_i, H_i, C_{p_i}

konzentrationsunabhängig und gleich den entsprechenden molaren Größen $\boldsymbol{V}_i$, $\boldsymbol{U}_i$, $\boldsymbol{H}_i$, $\boldsymbol{C}_{p_i}$ der reinen Komponenten sind. Das bedeutet, daß auch die Mischungseffekte $(\Delta \bar{U})_{V,T}$, $(\Delta \bar{H})_{p,T}$, $(\Delta \bar{V})_{p,T}$, $(\Delta \bar{C}_p)_T$ analog zu (160) wie bei den idealen Gasgemischen gleich Null sind, sofern man chemische Reaktionen zunächst ausschließt. Man kann also vermuten, daß auch für das chemische Potential jeder Komponente i in einer solchen idealen kondensierten Mischphase die gleiche Beziehung gilt wie in einer idealen Gasmischung, d. h. daß man analog zu (154) ansetzen kann

$$\mu_i = \boldsymbol{\mu}_i + RT \ln x_i . \tag{205}$$

Daß dies berechtigt ist, haben *Planck* bzw. *Schottky*[1] durch das folgende Gedankenexperiment gezeigt, das sich prinzipiell verwirklichen ließe. Führt man eine ideale Gasmischung, für die Gl. (154) gültig ist, unter Umgehung des Zweiphasengebietes (d.h. auf dem gestrichelten Wege von P nach Q in Abb. 14) in eine ideale kondensierte Mischung über, so geht $\mu_{i\text{Gas}}$ kontinuierlich, d.h. ohne Phasensprung, in das chemische Potential $\mu_{i\text{kond}}$ des kondensierten Zustandes über. Da für diesen Vorgang nur Druck- und Temperaturänderungen notwendig sind, unterscheiden sich $\mu_{i\text{Gas}}$ und $\mu_{i\text{kond}}$ nach Gl. (123) und (124) lediglich um Glieder von der Form

$$\int \frac{\partial}{\partial T}\left(\frac{\mu_i}{T}\right)_p \mathrm{d}T = -\int \frac{H_i}{T^2}\mathrm{d}T \quad \text{und} \quad \int \left(\frac{\partial \mu_i}{\partial p}\right)_T \mathrm{d}p = \int V_i \mathrm{d}p .$$

Da aber H_i und V_i in allen Mischungen konzentrationsunabhängig sind und da bei dem geschilderten Übergang vom idealen Gas zur idealen kondensierten Mischung keine Phasensprünge auftreten, kommen keine weiteren konzentrationsabhängigen Glieder (wie etwa Kondensationswärmen) hinzu, d.h. die Konzentrationsabhängigkeit von $\mu_{i\text{kond}}$ muß sich analog wie die von $\mu_{i\text{Gas}}$ durch eine Gleichung der Form (205) darstellen lassen, worin $\boldsymbol{\mu}_i$ das chemische Potential der reinen kondensierten Komponente bei gleichem Druck und gleicher Temperatur bedeutet. Dabei ist weiter zu fordern, daß (205) über einen *größeren Temperatur- und Druckbereich* gültig bleibt, da sich bei bestimmten Einzelwerten von T und p auch nichtideale Mischungen innerhalb der Meßgenauigkeit ideal verhalten können, indem sich die Mischungseffekte $\Delta \bar{G}$ und $T\Delta \bar{S}$ gerade zufällig kompensieren, so daß nach (109) $\Delta \bar{H} = \Delta \bar{G} + T\Delta \bar{S} = 0$ wird, während bei anderen Temperaturen und Drucken mehr oder weniger große Mischungswärmen auftreten.

Die Gültigkeit des Ansatzes (205) für kondensierte ideale Mischungen bedeutet, daß auch die übrigen für ideale Gasgemische abgeleiteten thermodynamischen Beziehungen (156) bis (162) für kondensierte ideale Mischphasen gültig bleiben, daß also auch die Mischungseffekte durch die Abb. 44 wiederzugeben sind.

Vom Standpunkt der statistischen Mechanik aus gesehen können nur solche kondensierten Mischungen sich ideal verhalten, bei denen die Komponenten ähnliche Größe und Gestalt besitzen, und bei denen die Wechselwirkungsenergie zwischen zwei verschiedenen Komponenten gleich dem arithmetischen Mittel der Wechselwirkungsenergien zwischen zwei gleichen Komponenten ist (vgl. S. 105). Nach den bisherigen Erfahrungen[2] sind diese Bedingungen bei folgenden binären flüssigen Systemen[3] teils exakt, teils

[1] Vgl. auch *H. Mauser* und *G. Kortüm,* Z. Naturforsch. *10a,* 317 (1955).

[2] Vgl. dazu *L. Ebert* und *H. Tschamler,* Mh. Chem. *80,* 473 (1949); *R. Haase,* Thermodynamik der Mischphasen, Berlin 1956, § 74.

[3] Auch ideale Mischkristalle, für die Gl. (205) gültig ist, sind beobachtet worden. Beispiele: Chlorbenzol-Brombenzol; *d*-Champher-*l*-Champher.

mit recht guter Näherung innerhalb der Meßgenauigkeit der verfügbaren Methoden erfüllt:

I. Gemische von optischen Antipoden[1].

II. Gemische von Molekülen mit isotopen Atomen (Beispiele: H_2O-D_2O; CH_3COCH_3-CD_3COCD_3.

III. Gemische von Stereoisomeren (Beispiele: Fumarsäure-Maleinsäure).

IV. Gemische von Strukturisomeren (Beispiel: *o*-Xylol-*p*-Xylol).

V. Gemische von Nachbarn in homologen Reihen (Beispiele: Methylacetat-Ethylacetat, *n*-Heptan-*n*-Hexan).

VI. Gemische, deren Komponenten sich in einem (ähnlichen) Substituenten unterscheiden (Beispiel: C_6H_5Br-C_6H_5Cl).

Wie sich zeigen läßt[2], ist jede einzelne der Aussagen (156) bis (159) für kondensierte Mischphasen, nämlich $\Delta V_i = 0$, $\Delta H_i = 0$, $\Delta C_{p_i} = 0$ und $\Delta S_i = -R \ln x_i$, eine *hinreichende Bedingung für ideales Verhalten*, sofern diese Aussage für ein größeres Druck- und Temperaturgebiet zutrifft. Das bedeutet, daß z.B. die Bedingungen $\Delta S_i = -R \ln x_i$ und $\Delta H_i \neq 0$ (sog. „reguläre" Mischungen) oder die Bedingungen $\Delta H_i = 0$, $\Delta V_i \neq 0$, $\Delta S_i \neq -R \ln x_i$ (sog. „athermische" Mischungen) nicht gleichzeitig erfüllt sein können, sondern daß sich die Mischungseffekte gegenseitig bedingen. Ist also in einem größeren Bereich von p und T $\Delta H_i \neq 0$, so muß auch zwangsläufig $\Delta V_i \neq 0$, $\Delta C_{p_i} \neq 0$ und $\Delta S_i \neq -R \ln x_i$, d.h. aber auch $\Delta \mu_i \neq RT \ln x_i$ sein, d.h. die betreffende Mischung verhält sich nicht ideal.

4.7 Das chemische Potential in kondensierten realen Mischungen

Um einen Ausdruck für das chemische Potential einer Komponente i in einer realen kondensierten Mischphase zu erhalten, können wir analog wie bei realen Gasgemischen die *Form* (205) des Ansatzes für eine ideale Mischphase beibehalten und nach *Lewis* an Stelle des Molenbruchs x_i einen „korrigierten" Molenbruch a_i, genannt *Aktivität*, einführen, der so gewählt wird, daß der Ansatz dem Experiment genügt. Wir schreiben also analog zu (194)

$$\mu_i = \mu_i + RT \ln a_i = \mu_i + RT \ln x_i + RT \ln f_i \qquad (206)$$

und bezeichnen f_i als den *Aktivitätskoeffizienten* der Komponente *i*. Dabei ist μ_i das chemische Potential der reinen Komponente im gleichen Aggregatzustand und bei gleichem Druck und gleicher Temperatur[3] und ist deshalb nur von p und T abhängig, während f_i außer von p und T auch noch von den Molenbrüchen sämtlicher Komponenten der Mischung, d.h. von ihrer Zusammensetzung abhängt. Für den Grenzfall einer idealen Mischung wird $f_i = 1$ und (206) geht in (205) über.

Aus (206) erhalten wir durch Differentiation nach p und T mit Hilfe der Beziehungen (122) bis (125) die übrigen thermodynamischen Funktionen und gleichzeitig die *differentiellen*

---

[1] Vgl. dazu *H. Mauser,* Chem. Ber. *90,* 299 (1957).

[2] *H. Mauser* und *G. Kortüm,* Z. Naturforsch. *10a,* 317 (1955).

[3] Bei den S. 11, 115 definierten „Lösungen" ist dieser Zustand nicht immer realisierbar, weil die gelösten Stoffe im reinen Zustand bei dem gewählten Wert von p und T in einem anderen Aggregatzustand vorliegen können.

Mischungseffekte analog denen der realen Gase in den Gln. (188) bis (192). Aus der differentiellen Freien Mischungsenthalpie

$$\mu_i - \boldsymbol{\mu}_i \equiv \Delta\mu_i = RT\ln x_i f_i = RT\ln a_i$$

ergibt sich mittels (122)

$$S_i - \boldsymbol{S}_i \equiv \Delta S_i = -R\ln x_i f_i - RT\left(\frac{\partial \ln f_i}{\partial T}\right)_{p,x}, \tag{207}$$

mittels (121) bzw. (124)

$$H_i - \boldsymbol{H}_i \equiv \Delta H_i = -RT^2\left(\frac{\partial \ln f_i}{\partial T}\right)_{p,x}, \tag{208}$$

mittels (123)

$$V_i - \boldsymbol{V}_i \equiv \Delta V_i = RT\left(\frac{\partial \ln f_i}{\partial p}\right)_{T,x}, \tag{209}$$

mittels (125)

$$C_{p_i} - \boldsymbol{C}_{p_i} \equiv \Delta C_{p_i} = -2RT\left(\frac{\partial \ln f_i}{\partial T}\right)_{p,x} - RT^2\left(\frac{\partial^2 \ln f_i}{\partial T^2}\right)_{p,x}. \tag{210}$$

Die beiden Gln. (208) und (209) geben gleichzeitig die *Druck-* bzw. *Temperaturabhängigkeit des Aktivitätskoeffizienten* an. Ferner lassen sich aus diesen Gleichungen die molaren Mischungseffekte

$$\begin{aligned} \Delta\bar{G} &= \sum x_i \Delta\mu_i, \quad \Delta\bar{S} = \sum x_i \Delta S_i, \\ \Delta\bar{H} &= \sum x_i \Delta H_i \quad \text{und} \quad \Delta\bar{V} = \sum x_i \Delta V_i \end{aligned} \tag{210a}$$

ermitteln. Da $\Delta\bar{H}$ aus kalorimetrischen, $\Delta\bar{V}$ aus Dichtemessungen unmittelbar zugänglich ist, hat man eine zusätzliche Kontrolle für die aus der T- bzw. p-Abhängigkeit von $\ln f_i$ ermittelten Werte.

Die Differenz zwischen einer thermodynamischen Funktion für eine *reale* kondensierte Mischphase und der gleichen Funktion für eine *ideale* kondensierte Mischphase gleicher Zusammensetzung und bei gleichen Werten von p und T wird häufig als *Zusatzfunktion* (Index E von excess function) bezeichnet[1)], wovon wir schon S. 56f. und S. 115ff. Gebrauch gemacht haben. Danach ist mit (154) und (206)

$$\mu_i^E \equiv \mu_i - \mu_{i_{\text{id}}} = RT\ln f_i \tag{211}$$

das *chemische Zusatzpotential*, aus dem sich wieder alle übrigen Zusatzfunktionen in üblicher Weise ableiten lassen:

[1] *G. Scatchard* und *C. L. Raymond*, J. Amer. chem. Soc. *60*, 1278 (1938).

Das partielle molare Zusatzvolumen

$$\left(\frac{\partial \mu_i^E}{\partial p}\right)_{T,x} = V_i^E = RT\left(\frac{\partial \ln f_i}{\partial p}\right)_{T,x} = \Delta V_i, \tag{212}$$

die partielle molare Zusatzentropie

$$\left(\frac{\partial \mu_i^E}{\partial T}\right)_{p,x} = -S_i^E = -R\ln f_i - RT\left(\frac{\partial \ln f_i}{\partial T}\right)_{p,x}, \tag{213}$$

die partielle molare Zusatzenthalpie

$$-T^2\left(\frac{\partial(\mu_i^E/T)}{\partial T}\right)_{p,x} = H_i^E = -RT^2\left(\frac{\partial \ln f_i}{\partial T}\right)_{p,x} = \Delta H_i, \tag{214}$$

die partielle Zusatzmolwärme

$$\left(\frac{\partial H_i^E}{\partial T}\right)_{p,x} = C_{p_i}^E = -2RT\left(\frac{\partial \ln f_i}{\partial T}\right)_{p,x} - RT^2\left(\frac{\partial^2 \ln f_i}{\partial T^2}\right)_{p,x} = \Delta C_{p_i}. \tag{215}$$

Daraus ergeben sich weiterhin die *Zusatzmischungseffekte*

$$\begin{aligned} &\Delta \bar{G}^E = \sum x_i \mu_i^E, \quad \Delta \bar{S}^E = \sum x_i S_i^E, \quad \Delta \bar{H}^E = \sum x_i H_i^E \\ &\Delta \bar{V}^E = \sum x_i V_i^E, \quad \Delta \bar{C}_p^E = \sum x_i C_{p_i}^E, \end{aligned} \tag{215a}$$

die wir zum Teil ebenfalls schon früher benutzt haben. Für diese Zusatzeffekte gelten die gleichen Beziehungen wie für die Zustandsfunktionen selbst, insbesondere also auch die *Gibbs-Helmholtz*sche Gleichung

$$\Delta \bar{H}^E = \Delta \bar{G}^E - T\left(\frac{\partial(\Delta \bar{G}^E)}{\partial T}\right)_{p,x} = \Delta \bar{G}^E + T\Delta \bar{S}^E. \tag{216}$$

Eine *Beziehung zwischen den verschiedenen Aktivitätskoeffizienten* der Komponenten einer Mischung liefert die *Gibbs-Duhem*sche Gl. (137) für konstantes p und T. Setzt man den Ausdruck (206) ein und bedenkt, daß μ_i von der Zusammensetzung der Mischung unabhängig ist, so erhält man

$$\sum_1^k x_i \mathrm{d}\ln a_i = \sum_1^k x_i \mathrm{d}\ln x_i + \sum_1^k x_i \mathrm{d}\ln f_i = 0. \tag{217}$$

Für den speziellen Fall einer binären Mischung wird analog zu (138b)

$$\mathrm{d}\ln a_1 = -\frac{x_2}{1-x_2}\mathrm{d}\ln a_2. \tag{218}$$

Integriert man zwischen den Grenzen $x_2 = 0$ und x_2 bzw. $x_1 = a_1 = 1$ und a_1, so erhält man

$$\int_1^{a_1} \mathrm{d} \ln a_1 = \ln a_1 = -\int_0^{a_2} \frac{x_2}{1 - x_2} \frac{\mathrm{d} \ln a_2}{\mathrm{d}x_2} \mathrm{d}x_2 . \tag{219}$$

Verhält sich z. B. die Komponente 2 im gesamten Mischungsbereich ideal, so daß stets $a_2 = x_2$, so wird

$$\ln a_1 = -\int_0^{x_2} \frac{\mathrm{d}x_2}{1 - x_2} = \ln(1 - x_2) = \ln x_1 \quad \text{oder} \quad a_1 = x_1 .$$

In diesem Fall verlangt also die *Gibbs-Duhem*sche Gleichung, daß sich auch die Komponente 1 ideal verhält. Mit $a_i = x_i f_i$ folgt aus (218)

$$\frac{\mathrm{d} \ln f_1}{\mathrm{d}x_2} + \frac{\mathrm{d} \ln (1 - x_2)}{\mathrm{d}x_2} = -\frac{x_2}{1 - x_2} \frac{\mathrm{d} \ln f_2}{\mathrm{d}x_2} - \frac{x_2}{1 - x_2} \frac{\mathrm{d} \ln x_2}{\mathrm{d}x_2} .$$

Da der zweite und der letzte Term identisch sind, bleibt

$$\mathrm{d} \ln f_1 = -\frac{x_2}{1 - x_2} \mathrm{d} \ln f_2 . \tag{220}$$

Die Integration zwischen den Grenzen $x_2 = 0$ und x_2 bzw. $x_1 = 1$ oder $f_1 = 1$ und f_1 liefert, indem man gleichzeitig auf dekadische Logarithmen umrechnet:

$$\log f_1 = -\int_0^{x_2} \frac{x_2}{1 - x_2} \mathrm{d} \log f_2 \tag{221a}$$

und analog

$$\log f_2 = -\int_0^{x_1} \frac{x_1}{1 - x_1} \mathrm{d} \log f_1 . \tag{221b}$$

Sind also z. B. die Aktivitätskoeffizienten der Komponente 2 in Abhängigkeit von x_2 bekannt, so kann man die der Komponente 1 durch graphische Integration ermitteln, indem man x_2/x_1 als Ordinate gegen $\log f_2$ aufträgt; die Fläche unter der Kurve gibt dann den Wert $-\log f_1$ für jedes Verhältnis x_2/x_1 an. Ein Beispiel für diese Methode ist in Abb. 47 für das binäre Gemisch Toluol-Methylethylketon wiedergegeben. Aus den experimentellen ($\log f$)-Werten des Toluols[1)] wurde mittels (221a) die ($\log f$)-Kurve des Methylethylketons berechnet (ausgezogene Kurve), die zugehörigen ebenfalls experimentell ermittelten Punkte fallen mit dieser

[1] Über die experimentellen Methoden zur Ermittlung von Aktivitätskoeffizienten vgl. S. 235ff.

Abb. 47. $\log f, x$-Kurven im binären System Toluol-Methylethylketon nach Siedepunktsmessungen. Prüfung der Meßwerte auf thermodynamische Konsistenz mittels der *Gibbs-Duhem*schen Gleichung.

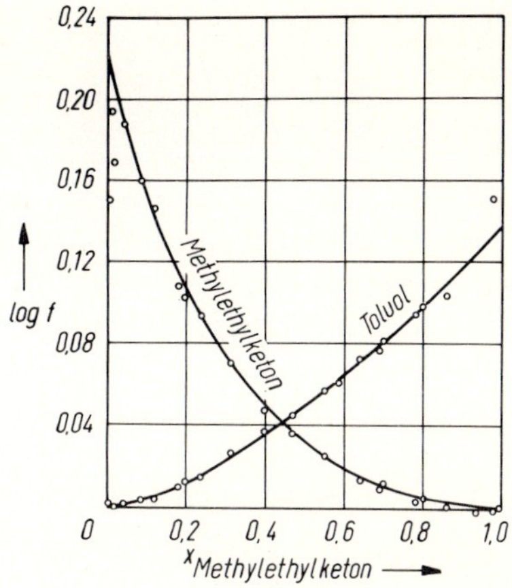

Kurve innerhalb der Meßgenauigkeit zusammen, was bedeutet, daß die Messungen thermodynamisch konsistent sind, da die *Gibbs-Duhem*sche Gleichung erfüllt ist. Allgemein müssen zwei derartige ($\log f, x$)-Kurven auf Grund der Gl. (220) folgenden Forderungen genügen: Steigt die eine Kurve monoton, so muß die andere monoton fallen mit wachsendem x_2. Findet man für eine der Kurven einen Extremwert, so muß auch die andere Kurve bei gleichem x einen Extremwert besitzen. Die Neigung der beiden Kurven muß bei $x_2 = 0{,}5$ entgegengesetzt gleich sein. Für die Grenzwerte ergibt sich erfahrungsgemäß[1]

$$\left.\begin{aligned} &\lim_{x_2\to 0}\frac{\partial \ln f_1}{\partial x_2} = 0; \quad \lim_{x_2\to 0}\frac{\partial \ln f_2}{\partial x_2} = a \\ &\lim_{x_2\to 1}\frac{\partial \ln f_1}{\partial x_2} = b; \quad \lim_{x_2\to 1}\frac{\partial \ln f_2}{\partial x_2} = 0. \end{aligned}\right\} \qquad (222)$$

Dies steht mit der *Gibbs-Duhem*schen Gleichung in Übereinstimmung und läßt sich unmittelbar aus Abb. 47 ablesen. Die ($\ln f, x$)-Kurven gehören danach zum Typ (139a), analog wie die $V_{i,x}$-Kurven in Abb. 18 (vgl. S. 55f. sowie S. 203).

4.8 Das chemische Potential in ideal verdünnten Lösungen

Wie die Abb. 47 zeigt und wie auch aus Gl. (222) hervorgeht, nähert sich der Aktivitätskoeffizient des *Lösungsmittels* (Komponente im großen Überschuß) in einer binären Lösung mit zunehmender Verdünnung der Lösung dem Wert 1 bzw. $\log f$ dem Wert 0, und zwar mit verschwindender Steigung. Bezeichnen wir wie früher das Lösungsmittel mit dem Index 1, den gelösten Stoff mit dem Index 2, so gilt allgemein

$$\lim_{x_2\to 0}\log f_1 = 0 \quad \text{und} \quad \lim_{x_2\to 0}\frac{\partial \log f_1}{\partial x_2} = 0. \qquad (223)$$

---

[1] Das gilt nicht für Systeme mit einer stark assoziierten Komponente. Vgl. *H. Mauser*, Z. Elektrochem. *62*, 895 (1958).

Für das Lösungsmittel gilt also das asymptotische Gesetz

$$\lim_{x_2 \to 0} \mu_1 = \boldsymbol{\mu}_1 + RT \ln x_1 , \tag{224}$$

wie es in idealen Mischungen im gesamten Mischungsbereich gültig ist.

Der Aktivitätskoeffizient f_2 des *gelösten Stoffes* nähert sich dagegen nach Abb. 47 mit zunehmender Verdünnung einem bestimmten endlichen Wert, und die Gl. (206) bleibt auch im Grenzgebiet beliebig hoher Verdünnung gültig. Entwickelt man die Aktivität a_2 des gelösten Stoffes unter der Voraussetzung, daß dieser in der Lösung weder dissoziiert noch polymerisiert ist, in eine Potenzreihe nach x_2

$$a_2 = \alpha_2 x_2 + \beta_2 x_2^2 + \gamma_2 x_2^3 + \cdots , \tag{225}$$

(analog wie etwa in Gl. (II, 33) das Produkt pV eines realen Gases in eine Potenzreihe nach p), so erhält man aus (206) und (225)

$$\begin{aligned} \mu_2 &= \boldsymbol{\mu}_2 + RT \ln \alpha_2 + RT \ln x_2 + RT \ln \left(1 + \frac{\beta_2}{\alpha_2} x_2 + \cdots\right) \\ &\equiv \boldsymbol{\mu}_{02} + RT \ln x_2 + RT \ln \left(1 + \frac{\beta_2}{\alpha_2} x_2 + \cdots\right). \end{aligned} \tag{226}$$

Daraus ergibt sich das asymptotische Gesetz

$$\lim_{x_2 \to 0} (\mu_2 - RT \ln x_2) = \boldsymbol{\mu}_{02} , \tag{227}$$

worin

$$\boldsymbol{\mu}_{02} \equiv \boldsymbol{\mu}_2 + RT \ln \alpha_2 \tag{228}$$

eine neue Standardgröße darstellt, die ebenso wie das chemische Potential $\boldsymbol{\mu}_2$ des reinen Stoffes 2 konzentrationsunabhängig ist, dagegen im Gegensatz zu $\boldsymbol{\mu}_2$ noch von der Art des Lösungsmittels abhängt. Nach (224) und (227) gilt also bei verschwindender Konzentration des Stoffes 2 bzw. bei *„unendlicher Verdünnung"* für Lösungsmittel und gelösten Stoff die gleiche *Form* der asymptotischen Abhängigkeit des chemischen Potentials vom Molenbruch, dagegen ist das Bezugspotential in beiden Fällen verschieden. Praktisch wird es nun stets einen mehr oder weniger großen Bereich genügend hoher Verdünnung geben, in dem die Ansätze

$$\mu_1 = \boldsymbol{\mu}_1 + RT \ln x_1 \quad \text{und} \quad \mu_2 = \boldsymbol{\mu}_{02} + RT \ln x_2 \tag{229}$$

innerhalb der erreichbaren Meßgenauigkeit mit hinreichender Näherung gültig bleiben. Wie groß dieser Bereich ist, hängt offenbar von der Größe der Koeffizienten α_2, β_2, ... ab und wird von Fall zu Fall verschieden sein. In diesem Bereich bezeichnet man die Lösung als *ideal verdünnt*. Bei Nichtelektrolyten, bei denen die Wechselwirkungskräfte sehr rasch (mit r^{-6}) mit ihrem gegenseitigen Abstand r abfallen, zeigen häufig schon Lösungen mit $x_2 \approx 10^{-2}$ ausreichend ideales Verhalten, während man z. B. bei Lösungen starker Elektrolyte infolge der weitreichenden *Coulomb*schen Wechselwirkung der Ionen das Gebiet der ideal verdünnten Lösungen überhaupt nicht erreicht, wenn man die Genauigkeit der verfügbaren Meßmethoden voll ausnutzt.

Aus Gl. (226) erhalten wir die übrigen partiellen molaren Funktionen des gelösten Stoffes mit Hilfe der Beziehungen (122) bis (125) zu

$$V_2 = \boldsymbol{V}_{02} + RT \frac{x_2 \dfrac{\partial}{\partial p}\left(\dfrac{\beta_2}{\alpha_2}\right) + \cdots}{1 + \dfrac{\beta_2}{\alpha_2} x_2 + \cdots}, \tag{230}$$

$$S_2 = \boldsymbol{S}_{02} - R \ln x_2 - RT \frac{x_2 \dfrac{\partial}{\partial T}\left(\dfrac{\beta_2}{\alpha_2}\right) - \cdots}{1 + \dfrac{\beta_2}{\alpha_2} x_2 + \cdots}, \tag{231}$$

$$H_2 = \boldsymbol{H}_{02} - RT^2 \frac{x_2 \dfrac{\partial}{\partial T}\left(\dfrac{\beta_2}{\alpha_2}\right) + \cdots}{1 + \dfrac{\beta_2}{\alpha_2} x_2 + \cdots}, \tag{232}$$

$$C_{p_2} = \boldsymbol{C}_{p02} - 2RT \frac{x_2 \dfrac{\partial}{\partial T}\left(\dfrac{\beta_2}{\alpha_2}\right) + \cdots}{1 + \dfrac{\beta_2}{\alpha_2} x_2 + \cdots} - RT^2 \frac{\partial}{\partial T} \frac{x_2 \dfrac{\partial}{\partial T}\left(\dfrac{\beta_2}{\alpha_2}\right) + \cdots}{1 + \dfrac{\beta_2}{\alpha_2} x_2 + \cdots}. \tag{233}$$

Es ergeben sich also die zu (227) analogen asymptotischen Gesetze

$$\begin{aligned} &\lim_{x_2 \to 0} V_2 = \boldsymbol{V}_{02}; \quad \lim_{x_2 \to 0} (S_2 + R \ln x_2) = \boldsymbol{S}_{02}; \\ &\lim_{x_2 \to 0} H_2 = \boldsymbol{H}_{02}; \quad \lim_{x_2 \to 0} C_{p_2} = \boldsymbol{C}_{p02}. \end{aligned} \tag{234}$$

$\boldsymbol{V}_{02}, \boldsymbol{S}_{02}, \boldsymbol{H}_{02}, \boldsymbol{C}_{p02}$ sind die partiellen molaren Größen bei verschwindender Konzentration, wie sie schon S. 121 benutzt wurden. Praktisch wird man auch in einem endlichen Verdünnungsbereich, eben in dem oben definierten Bereich der „ideal verdünnten Lösungen“ innerhalb der erreichbaren Meßgenauigkeit mit hinreichender Näherung schreiben können

$$V_2 = \boldsymbol{V}_{02}; \quad S_2 = \boldsymbol{S}_{02} - R \ln x_2; \quad H_2 = \boldsymbol{H}_{02}; \quad C_{p_2} = \boldsymbol{C}_{p02}, \quad \text{(id. verd. Lsg.)} \tag{235}$$

ohne daß dies jedoch bedeutet, daß diese Größen mit verschwindender Tangente in die Grenzwerte $\boldsymbol{V}_{02}$ usw. übergehen, wie dies nach (223) für die partiellen molaren Größen des *Lösungsmittels* der Fall ist.

4.9 Die Normierung der Aktivitätskoeffizienten

Der Aktivitätskoeffizient einer Komponente i in einer beliebigen realen Mischphase war durch die Gln. (194) bzw. (206) und (197) definiert:

$$\left.\begin{aligned} &\mu_i = \boldsymbol{\mu}_i + RT\ln x_i + RT\ln f_i \\ &\lim_{x_i\to 1} f_i = 1\,. \end{aligned}\right\} \tag{236}$$

Danach bedeutet $\boldsymbol{\mu}_i$ das chemische Potential der reinen Komponente i im gleichen Aggregatzustand und bei Temperatur und Druck der Mischphase. Man bezeichnet deshalb den Zustand des reinen Stoffes als *Standardzustand* der Komponente i und die ideale Mischung, für die $f_i = 1$ über den ganzen Molenbruch, als *Bezugszustand* der Mischphase. Man wählt also die Aktivitätskoeffizienten so, daß f_i für den reinen Stoff gleich 1 wird, d.h. man *normiert* den Aktivitätskoeffizienten auf den Zustand des reinen Stoffes als Standardzustand.

Wie schon S. 185[3)] erwähnt, ist dieser Standardzustand häufig nicht realisierbar[1)], nämlich immer dann nicht, wenn der betreffende reine Stoff bei Temperatur und Druck der Mischphase in einem anderen Aggregatzustand vorliegt, d.h. bei allen in einem flüssigen Lösungsmittel „gelösten" festen oder gasförmigen Stoffen (vgl. S. 115).

Das hindert natürlich nicht, diesen hypothetischen Zustand als Standard zu benutzen. In manchen Fällen, in denen eine gelöste Komponente dissoziationsfähig ist, wie etwa bei Elektrolyten oder bei Molekülverbindungen, erweist es sich jedoch als notwendig, an Stelle der idealen Mischung die im vorangehenden Abschnitt definierte „ideal verdünnte Lösung" als Bezugsstandard zu benutzen, d.h. für die gelösten Komponenten i allgemein nach (229) zu schreiben

$$\mu_i - RT\ln x_i = \boldsymbol{\mu}_{0i} \quad \text{(ideal verd. Lösung)}\,.$$

Das Standardpotential $\boldsymbol{\mu}_{0i}$ ist eine formale Rechengröße, die man physikalisch nicht anschaulich machen kann. Die Abweichungen des chemischen Potentials eines gelösten Stoffes i außerhalb des Bereiches der ideal verdünnten Lösung von dem durch (229) gegebenen Wert kann man dann wieder durch ein Zusatzglied $RT\ln f_{0i}$ beschreiben, bei dem der Aktivitätskoeffizient f_{0i} so gewählt wird, daß er bei unendlicher Verdünnung gleich 1 wird. Dieser sog. *rationelle Aktivitätskoeffizient* ist demnach durch die zu (236) analogen Gleichungen definiert

$$\left.\begin{aligned} &\mu_i = \boldsymbol{\mu}_{0i} + RT\ln x_i + RT\ln f_{0i} = \boldsymbol{\mu}_{0i} + RT\ln a_{0i}\,, \\ &\lim_{\substack{x_i\to 0\\ x_1\to 1}} f_{0i} = 1\,. \end{aligned}\right\} \tag{237}$$

Die Einführung dieses neuen Standardszustandes für gelöste Stoffe hat trotz seiner Unanschaulichkeit den Vorteil, daß es in speziellen Fällen (bei Elektrolytlösungen) möglich ist, die so definierten Aktivitätskoeffizienten f_{0i} in verdünnten Lösungen theoretisch zu berechnen,

---

[1] Immerhin ist er mit Hilfe der Schmelzwärmen und der Molwärmen in vielen Fällen mit guter Näherung zu berechnen (vgl. S. 258f.).

so daß es nicht nötig ist, sie experimentell zu bestimmen. Für Nichtelektrolytlösungen zieht man es jedoch in den meisten Fällen vor, den Standardzustand des realen reinen Stoffes und die darauf normierten Aktivitätskoeffizienten nach (236) zu verwenden.

Man kann sich die verschiedenen Möglichkeiten der Normierung von Aktivitätskoeffizienten gelöster Stoffe sehr leicht an Hand der schematischen Abb. 48 anschaulich machen, die der Abb. 47 entspricht. Man trägt auf der Abszisse den Molenbruch x_i, auf der Ordinate den aus (237) gebildeten Ausdruck

$$\mu_i - RT\ln x_i = \mu_{0i} + RT\ln f_{0i} \tag{238a}$$

auf. Wählt man den Zustand des reinen realen Stoffes (in fester oder gasförmiger Phase) als Standardzustand, so sei dieser mit μ_i^s und der zugehörige Aktivitätskoeffizient mit f_i^s bezeichnet, wählt man den reinen Stoff im hypothetischen flüssigen Aggregatzustand als Standard, so seien die entsprechenden Bezeichnungen μ_i^l bzw. f_i^l, so daß man unter Benutzung von Gl. (236) das chemische Potential des gelösten Stoffes i noch in den beiden Formen schreiben kann

$$\mu_i - RT\ln x_i = \mu_i^s + RT\ln f_i^s \tag{238b}$$

bzw.

$$\mu_i - RT\ln x_i = \mu_i^l + RT\ln f_i^l. \tag{238c}$$

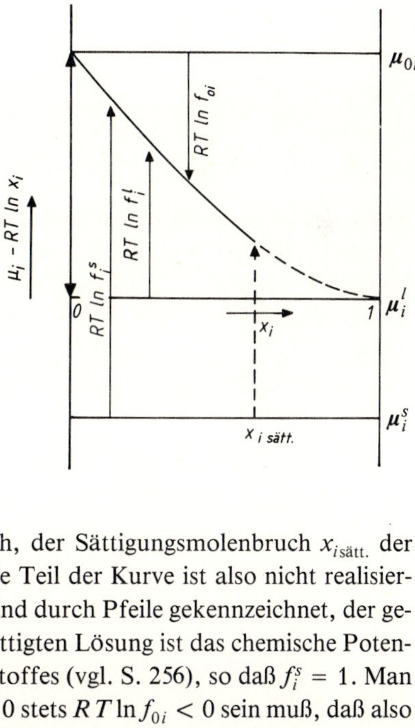

Abb. 48. Zur Normierung der Aktivitätskoeffizienten.

Die durchgezogene Kurve entspricht dem Meßbereich, der Sättigungsmolenbruch $x_{i\text{sätt.}}$ der Löslichkeitsgrenze der Komponente i. Der gestrichelte Teil der Kurve ist also nicht realisierbar. Die Ausdrücke $RT\ln f_i^l$, $RT\ln f_i^s$ und $RT\ln f_{0i}$ sind durch Pfeile gekennzeichnet, der gestrichelte Pfeil entspricht $RT\ln x_{i\text{sätt.}}$, denn in der gesättigten Lösung ist das chemische Potential des gelösten Stoffes gleich dem des reinen festen Stoffes (vgl. S. 256), so daß $f_i^s = 1$. Man sieht, daß für $RT\ln f_i^s \geqq 0$ und ebenso für $RT\ln f_i^l \geqq 0$ stets $RT\ln f_{0i} < 0$ sein muß, daß also der Zahlenwert des Aktivitätskoeffizienten vom gewählten Standardzustand abhängt.

Eine Beziehung zwischen den meistens benutzten Aktivitätskoeffizienten f_i^l und f_{0i} erhält man auf folgende Weise: Schreibt man (238c) in der Form[1]

$$\mu_I = \mu_i^l + RT\ln f^l_{i(x_i=0)} - RT\ln f^l_{i(x_i=0)} + RT\ln x_i + RT\ln f^l_i,$$

so sind die beiden ersten Glieder der rechten Seite zusammengefaßt gleich $\boldsymbol{\mu}_{0i}$, wie aus Abb. 48 abzulesen ist, d.h. man kann das chemische Potential ausdrücken durch

$$\mu_i = \boldsymbol{\mu}_{0i} + RT\ln x_i + RT\ln \frac{f^l_i}{f^l_{i(x_i=0)}}.$$

Der Vergleich mit (238a) liefert sofort

$$f_{0i} = \frac{f^l_i}{f^l_{i(x_i=0)}}. \tag{239}$$

Auch für die nach Gl. (237) normierten Aktivitätskoeffizienten bleiben die Gln. (207) bis (210) gültig, nur muß man die Standardwerte $\boldsymbol{V}_i$, $\boldsymbol{S}_i$, $\boldsymbol{H}_i$, $\boldsymbol{C}_{p_i}$ durch die entsprechenden Standardwerte $\boldsymbol{V}_{0i}$, $\boldsymbol{S}_{0i}$, $\boldsymbol{H}_{0i}$, $\boldsymbol{C}_{p_{0i}}$ bei unendlicher Verdünnung ersetzen. So erhält man an Stelle von (208)

$$\left(\frac{\partial \ln f_{0i}}{\partial T}\right)_{p,x} = -\frac{H_i - \boldsymbol{H}_{0i}}{RT^2}, \tag{240}$$

an Stelle von (209)

$$\left(\frac{\partial \ln f_{0i}}{\partial p}\right)_{T,x} = \frac{V_i - \boldsymbol{V}_{0i}}{RT} \tag{241}$$

für die *Temperatur-* bzw. *Druckabhängigkeit des rationellen Aktivitätskoeffizienten.*

Ist der Aktivitätskoeffizient f_{02} des gelösten Stoffes als Funktion von x_2 bekannt, so kann man mittels der *Gibbs-Duhem*schen Gleichung den Aktivitätskoeffizienten des Lösungsmittels, den man auf das reale reine Lösungsmittel als Standard normiert, berechnen. Da definitionsgemäß für $x_2 = 0$ der Aktivitätskoeffizient $f_{02} = 1$ und $\log f_{02} = 0$, ferner $f_1 = 1$ und $\log f_1 = 0$, ergibt sich analog zu (221a)

$$\log f_1 = -\int_0^{x_2} \frac{x_2}{x_1}\, \mathrm{d}\log f_{02}. \tag{242}$$

Die $\log f_{02} - \frac{x_2}{x_1}$-Kurve beginnt im Koordinatenursprung, und die von da aus gemessene Fläche unter der Kurve gibt unmittelbar den Wert $-\log f_1$ für jedes Verhältnis $\frac{x_2}{x_1}$ an. In Abb. 49a ist eine solche graphische Integration am Beispiel einer Lösung von Thallium (2) in Quecksilber (1) dargestellt. Die schraffierte Fläche zwischen $\frac{x_2}{x_1} = 0$ und $\frac{x_2}{x_1} = 0{,}333$ (entsprechend

[1] $RT\ln f^l_{i(x_i=0)}$ ist eine Konstante und entspricht in Abb. 48 dem Doppelpfeil.

$x_2 = 0{,}25$) umfaßt etwa acht Einheiten der Größe $0{,}1 \times 0{,}1$, so daß $\log f_1 = -0{,}08$ bzw. $f_1 = 0{,}83$ für $x_2 = 0{,}25$ bzw. $x_1 = 0{,}75$. Die Aktivitätskoeffizienten des Thalliums sind hier aus EMK-Messungen direkt zugänglich.

In vielen Fällen sind die Aktivitätskoeffizienten f_1 des Lösungsmittels leichter experimentell zugänglich, so daß das umgekehrte Problem auftritt, die Aktivitätskoeffizienten f_{02} des gelösten Stoffes in verdünnten Lösungen aus denen des Lösungsmittels zu berechnen. In diesem Fall muß das Integral in (221b) von 1 bis x_1 statt von 0 bis x_1 erstreckt werden, d.h. es ist

$$\log f_{02} = -\int_1^{x_1} \frac{x_1}{x_2}\, \mathrm{d} \log f_1 . \tag{243}$$

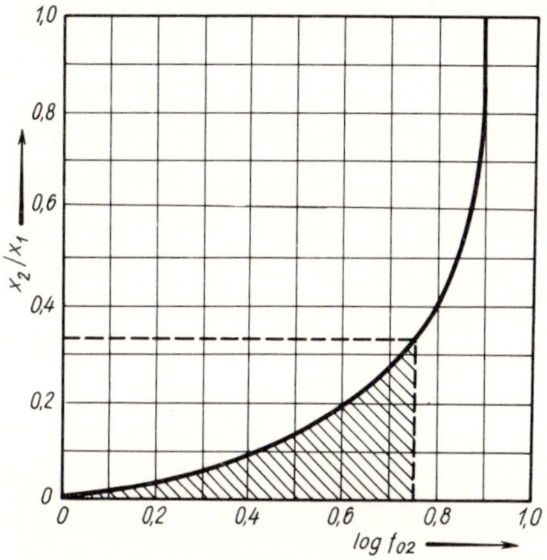

Abb. 49a. Graphische Methode zur Bestimmung von Aktivitätskoeffizienten des Lösungsmittels (Hg) aus denen des gelösten Stoffes (Tl).

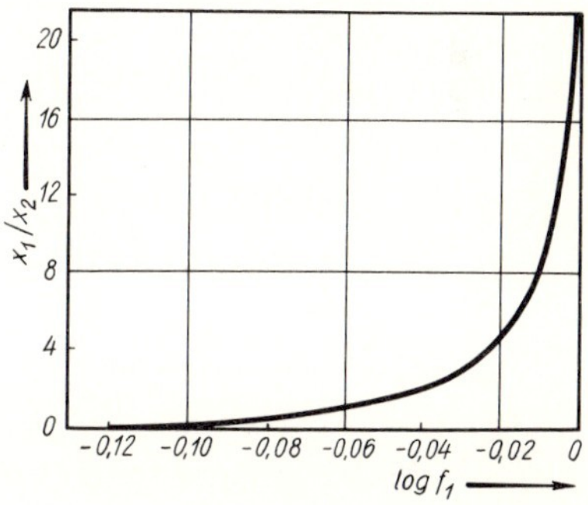

Abb. 49b. Zur Bestimung von Aktivitätskoeffizienten des gelösten Stoffes aus denen des Lösungsmittels.

Trägt man wieder $\log f_1$ gegen $\frac{x_1}{x_2}$ auf, so erhält man die Abb. 49b. Der unendlich verdünnten Lösung mit $x_2 = 0$, $\log f_{02} = 0$ und $\log f_1 = 0$ entspricht die Ordinate $\frac{x_1}{x_2} = \infty$, so daß die Kurve asymptotisch zur Ordinate wird und die Fläche unter der Kurve sich nicht mehr ausmessen läßt. In solchen Fällen lassen sich andere graphische Methoden verwenden, auf die hier nicht eingegangen werden soll[1].

Wie schon S. 11 erwähnt wurde, gibt man bei verdünnten Lösungen die Konzentrationen der gelösten Stoffe statt in Molenbrüchen häufig in Molaritäten oder Molalitäten an. In solchen Fällen wählt man als Standardzustände für die Normierung der Aktivitätskoeffizienten der gelösten Stoffe wiederum μ_{0i} mit dem Index (m) bzw. (c), das auch hier nur eine formale Rechengröße darstellt. Damit definieren wir die zugehörigen *praktischen Aktivitätskoeffizienten* gelöster Stoffe durch die (237) entsprechenden Gleichungen

[1] Vgl. *G. Kortüm*, Lehrbuch der Elektrochemie, 5. Aufl. Weinheim (1972), S. 158ff.

$$\left.\begin{aligned} &\mu_i = \mu_{0i(m)} + RT\ln m_i + RT\ln f_{0i(m)}\,,\\ &\lim_{m_i\to 0} f_{0i(m)} = 1\,, \end{aligned}\right\} \tag{244}$$

bzw.

$$\left.\begin{aligned} &\mu_i = \mu_{0i(c)} + RT\ln c_i + RT\ln f_{0i(c)}\,,\\ &\lim_{c_i\to 0} f_{0i(c)} = 1\,. \end{aligned}\right\} \tag{245}$$

Die Beziehung zwischen den drei Aktivitätskoeffizienten f_{02}, $f_{02(m)}$ und $f_{02(c)}$ für den gelösten Stoff 2 in einer binären Lösung ergibt sich auf folgende Weise: Die Differenz des chemischen Potentials in zwei Lösungen der Konzentration x_2, m_2, c_2 bzw. x_2', m_2', c_2' ist unabhängig von dem gewählten Standardzustand gegeben durch

$$\mu_2 - \mu_2' = RT\ln\frac{x_2 f_{02}}{x_2' f_{02}'} = RT\ln\frac{m_2 f_{02(m)}}{m_2' f_{02(m)}'} = RT\ln\frac{c_2 f_{02(c)}}{c_2' f_{02(c)}'}\,. \tag{246}$$

Wählt man die Konzentration x_2', m_2', c_2' so klein, daß die Aktivitätskoeffizienten in jedem Fall gleich 1 werden, so ist

$$\frac{x_2 f_{02}}{x_2'} = \frac{m_2 f_{02(m)}}{m_2'} = \frac{c_2 f_{02(c)}}{c_2'}\,. \tag{247}$$

Für die hochverdünnten Lösungen gilt ferner nach Gl. (I, 21)

$$x_2' = \frac{m_2' M_1}{1000} = \frac{c_2' M_1}{1000\,\varrho_1}\,. \tag{248}$$

Aus Gl. (247), (248) und Tabelle 2a erhält man

$$f_{02} = f_{02(m)}(1 + 0{,}001\, M_1 m_2) = f_{02(c)}\frac{\varrho - 0{,}001\, c_2(M_2 - M_1)}{\varrho_1}\,. \tag{249}$$

Man sieht, daß für genügend verdünnte Lösungen (z.B. $m_2 \approx c_2 < 0{,}1$) angenähert gilt

$$f_{02} \approx f_{02(m)} \approx f_{02(c)}\,. \tag{250}$$

Für genügend kleine Konzentrationen kann man die drei Aktivitätskoeffizienten gleichsetzen, ohne daß der dadurch begangene Fehler im allgemeinen die Meßgenauigkeit der üblichen Bestimmungsmethoden für die f-Werte beeinträchtigt. Man läßt deshalb häufig die Indizes der f-Werte weg und berücksichtigt die Gl. (249) nur dann, wenn die Bedingung genügend kleiner Konzentrationen nicht mehr erfüllt ist.

Eine analoge Rechnung liefert die Beziehungen

$$\left.\begin{aligned} &f_{02(m)} = f_{02(c)}\frac{\varrho - 0{,}001\, c_2 M_2}{\varrho_1}\\ \text{bzw.}\quad &f_{02(c)} = f_{02(m)}(1 + 0{,}001\, m_2 M_2)\frac{\varrho_1}{\varrho}\,, \end{aligned}\right\} \tag{251}$$

die zur bequemen Umrechnung von $f_{02(m)}$ in $f_{02(c)}$ oder umgekehrt dienen.

Die Druck- und Temperaturabhängigkeit von $f_{0i(m)}$ ist die gleiche wie die von f_{0i} und deshalb durch Gl. (240) und (241) gegeben. Da sich jedoch das Volumen einer Lösung und damit auch die Molarität c mit der Temperatur ändert, geht diese Änderung auch in den Temperaturkoeffizienten von $f_{02(c)}$ ein, d. h. man erhält auf Grund von Gl. (251) an Stelle von Gl. (240)

$$\left(\frac{\partial \ln f_{0i(c)}}{\partial T}\right)_{p,c} = -\frac{H_i - \boldsymbol{H}_{0i}}{RT^2} + \left(\frac{\partial \ln (\varrho_1/\varrho)}{\partial T}\right)_{p,c}. \tag{252}$$

5 Die thermodynamischen Mischungseffekte binärer Systeme[1)]

5.1 Zur Systematik der Mischphasen

Da die thermodynamischen Mischungseffekte $\Delta \bar{V}$, $\Delta \bar{H}$, $\Delta \bar{C}_p$, $\Delta \bar{S}$ und $\Delta \bar{G}$ idealer Gase und idealer kondensierter Mischungen durch die Gln. (160) bis (162) festgelegt sind (vgl. Abb. 44), charakterisiert man reale Mischungen durch die *Abweichungen* von diesen idealen Mischungseffekten, die wir auf S. 187 als *Zusatzmischungseffekte* $\Delta \bar{V}^E$, $\Delta \bar{H}^E$, $\Delta \bar{C}_p^E$, $\Delta \bar{S}^E$, $\Delta \bar{G}^E$ bezeichnet haben. Im allgemeinen beschränkt man sich darauf, die Größen $\Delta \bar{H}^E$, $\Delta \bar{G}^E$ und $\Delta \bar{S}^E$ als Funktion des Molenbruchs zu ermitteln, die nach (216) natürlich stets die *Helmholtz-Gibbs*sche Gleichung erfüllen müssen. Wie die Erfahrung zeigt, erhält man bereits bei binären Mischungen von Nichtelektrolyten eine große Mannigfaltigkeit von Kurventypen. Um dieses ebenso umfangreiche wie verwickelte Gebiet der flüssigen binären Gemische einigermaßen übersehen und ordnen zu können, hat man versucht, *Grenztypen* von Mischungen festzulegen, die zwar keine idealen Mischungen mehr sind, sich aber doch durch besonders einfaches Verhalten auszeichnen, und denen die realen Mischungen mehr oder weniger nahekommen sollen. Ein solcher Grenztyp sind die von *Hildebrand*[2)] definierten sog. „regulären Mischungen", bei denen für alle Molenbrüche in einem größeren Temperaturbereich $\Delta \bar{S}^E = 0$, aber $\Delta \bar{H}^E \neq 0$ sein soll. Ein anderer Grenztyp sind die von *Guggenheim*[3)] definierten sog. „athermischen Mischungen", bei denen $\Delta \bar{H}^E = 0$, aber $\Delta \bar{S}^E \neq 0$ ebenfalls in einem größeren Temperaturbereich für alle Zusammensetzungen gelten soll. Da sich aber zeigen läßt[4)], daß sich die Mischungseffekte gegenseitig bedingen, kann es derartig definierte Grenztypen von Mischungen prinzipiell nicht geben, sondern die Voraussetzung $\Delta \bar{H}^E = 0$ in einem größeren Temperaturbereich bedeutet stets, daß auch $\Delta \bar{S}^E = 0$ und vice versa, so daß die erwähnten Grenztypen nicht realisierbar sind und deshalb auch nicht als Einteilungsprinzip für eine Systematik der Mischphasen herangezogen werden können.

Um trotzdem zu einer Art von Klassifizierung der realen Mischphasen zu gelangen, hat man versucht, die mittlere molare freie Zusatzenthalpie $\Delta \bar{G}^E$ binärer Gemische durch eine Potenzreihenentwicklung nach dem Molenbruch x darzustellen. Je nach der Zahl der Glieder, die zur Wiedergabe der experimentellen Kurve $\Delta \bar{G}^E = f(x)$ notwendig sind, erhält man auf diese Weise eine Klassifizierung der Mischungen, die zwar rein empirischer Natur ist, sich aber für Vergleichszwecke hinreichend bewährt.

---

1 Vgl. *R. Haase,* Thermodynamik der Mischphasen, Berlin 1956, Kap. 6.

2 *H. Hildebrand,* J. Amer. chem. Soc. *51,* 66 (1929); Nature *168,* 868 (1951); *H. Hildebrand,* Regular and Related Solutions: Solubility of Gases, Liquids and Solids, Wokingham 1970.

3 *E. A. Guggenheim,* Proc. Roy. Soc. [London], Ser. A *183,* 203, 213 (1944); Mixtures, Oxford 1952.

4 *H. Mauser* und *G. Kortüm,* Z. Naturforsch. *10a,* 317 (1955).

5.2 Reihenentwicklungen für die mittleren und partiellen molaren Zusatzmischungseffekte

Es wäre prinzipiell möglich, $\Delta\bar{G}^E$ als Potenzreihe mit ganzzahligen Exponenten des Molenbruchs x anzusetzen, analog wie in (225) die Aktivität einer Komponente. Aber ein derartiger Ansatz würde der Tatsache nicht Rechnung tragen, daß $\Delta\bar{G}^E$ in mehr oder weniger symmetrischer Weise von den Molenbrüchen *beider* Komponenten der Mischung abhängt. Da für $x = 0$ und $x = 1$ $\Delta\bar{G}^E$ verschwindet, muß jeder Term der Reihe den Faktor $x(1-x)$ enthalten. Entwickelt man die Reihe ferner nach dem Argument $x - (1 - x) = 2x - 1$, das bei Vertauschung der Komponenten lediglich sein Vorzeichen umkehrt, so erhält man folgenden Ausdruck, der sich praktisch besonders bewährt hat[1]:

$$\Delta\bar{G}^E = x(1-x)[A + B(2x-1) + C(2x-1)^2 + D(2x-1)^3 + \cdots]. \tag{253}$$

Die empirischen Koeffizienten $A, B, C, \ldots$ sind Funktionen der Temperatur und (in geringerem Maß) des Drucks. Da nach (211)

$$\Delta\bar{G}^E = \sum x_i\mu_i^E = (1-x)RT\ln f_1 + xRT\ln f_2 \tag{254}$$

und analog zu (II, 103)

$$\left.\begin{aligned} \mu_1^E &= RT\ln f_1 = \Delta\bar{G}^E - x\frac{\partial\Delta\bar{G}^E}{\partial x}, \\ \mu_2^E &= RT\ln f_2 = \Delta\bar{G}^E + (1-x)\frac{\partial\Delta\bar{G}^E}{\partial x}, \end{aligned}\right\} \tag{255}$$

erhält man entsprechende Reihenentwicklungen für die Aktivitätskoeffizienten:

$$\left.\begin{aligned} \mu_1^E &= RT\ln f_1 = x^2[A + B(4x-3) + C(2x-1)(6x-5) + \cdots], \\ \mu_2^E &= RT\ln f_2 \\ &= (1-x)^2[A + B(4x-1) + C(2x-1)(6x-1) + \cdots]. \end{aligned}\right\} \tag{256}$$

Analog zu (II, 102a) ist

$$\frac{\partial\Delta\bar{G}^E}{\partial x} = \mu_2^E - \mu_1^E = RT\ln\frac{f_2}{f_1}, \tag{257}$$

so daß

$$RT\ln\frac{f_2}{f_1} = A(1-2x) + B[6x(1-x) - 1] + C(1-2x)[1 - 8x(1-x)] + \cdots. \tag{258}$$

Aus (254) und (256) erhalten wir durch Ableitung nach p und T die übrigen mittleren bzw. partiellen molaren Zusatzfunktionen, wie sie durch die Gln. (212) bis (215) definiert sind, ebenfalls in Form von Potenzreihen, also z. B.

---

[1] *E. A. Guggenheim*, Trans. Faraday Soc. *33*, 151 (1937); *O. Redlich* und *A. T. Kister*, Ind. Engng. Chem. *40*, 345 (1948).

$$\Delta \bar{S}^E = -\left(\frac{\partial \Delta \bar{G}^E}{\partial T}\right)_{p,x}$$
$$= -x(1-x)\left[\frac{\partial A}{\partial T} + \frac{\partial B}{\partial T}(2x-1) + \left(\frac{\partial C}{\partial T}\right)(2x-1)^2 + \cdots\right], \tag{259}$$

$$\Delta \bar{H}^E = \Delta \bar{G}^E + T\Delta \bar{S}^E = x(1-x)\left[A - T\frac{\partial A}{\partial T} + \left(B - T\frac{\partial B}{\partial T}\right)(2x-1) + \left(C - T\frac{\partial C}{\partial T}\right)(2x-1)^2 + \cdots\right], \tag{260}$$

$$\Delta \bar{V}^E = \left(\frac{\partial \Delta \bar{G}^E}{\partial p}\right)_{T,x} = x(1-x)\left[\frac{\partial A}{\partial p} + \frac{\partial B}{\partial p}(2x-1) + \frac{\partial C}{\partial p}(2x-1)^2 + \cdots\right]. \tag{261}$$

Je nach der Zahl der Terme, die zur Darstellung der experimentellen Mischungseffekte sich als notwendig erweisen, kann man die Mischungen verschiedenen Typen zuordnen. Danach erhält man folgende Klassifizierung:

1. Sind alle Koeffizienten $A, B, C, \ldots$ gleich Null, so verschwinden sämtliche Zusatzmischungseffekte, es liegt eine *ideale Mischung* vor.

2. Sind alle Koeffizienten $B, C, D, \ldots$ und ihre Ableitungen nach p und T gegenüber A und seinen Ableitungen zu vernachlässigen, also

$$B = 0, C = 0, \ldots \frac{\partial B}{\partial T} = 0, \quad \frac{\partial C}{\partial T} = 0, \ldots \frac{\partial B}{\partial p} = 0, \quad \frac{\partial C}{\partial p} = 0, \ldots,$$

so hat man den nächsteinfachen Typ von Mischungen vor sich, der als *einfache* oder *symmetrische* Mischung bezeichnet wird.

3. Sind zwei oder mehrere Terme zur Wiedergabe der Mischungseffekte notwendig, d.h. ist z.B. $A \neq 0$ und $B \neq 0$, so erhält man einen mehr oder weniger unsymmetrischen Verlauf der $\Delta \bar{G}^E$-, $\Delta \bar{S}^E$-, $\Delta \bar{H}^E$- und $\Delta \bar{V}^E$-Kurven als Funktion von x (vgl. Abb. 53 bis 55). Man bezeichnet deshalb solche Mischungen als *unsymmetrisch.* Dies tritt z.B. ein, wenn $A = B$ und $C = 0$, $D = 0, \ldots$ Für diesen Fall erhält man aus (253)

$$\Delta \bar{G}^E = 2Ax^2(1-x), \tag{262}$$

und aus (256) und (258)

$$\left.\begin{aligned} RT\ln f_1 &= 2Ax^2(2x-1), \\ RT\ln f_2 &= 4Ax(1-x)^2. \end{aligned}\right\} \tag{263}$$

Man sieht, daß in diesem Fall $\ln f_2$ für alle Werte von x das gleiche Vorzeichen besitzt, während $\ln f_1$ bei $x = \frac{1}{2}$ sein Vorzeichen umkehrt. In vielen Fällen, in denen größere Abweichungen vom idealen Verhalten beobachtet werden, bedarf es dreier oder mehr Terme, um die experimentellen Ergebnisse darzustellen.

Die abgeleiteten Zusammenhänge kann man schließlich mit Erfolg heranziehen, um Meßwerte auf ihre thermodynamische Konsistenz zu prüfen, d. h. zu untersuchen, ob sie thermodynamisch widerspruchsfrei sind. Dies geschieht mit Hilfe der Gln. (221) durch graphische Integration, wie es in Abb. 47 angegeben wurde. Statt dessen kann man folgendermaßen vorgehen[1]: Aus Gl. (257) folgt

$$\int_{x_2=a}^{x_2=b} (\mu_2^E - \mu_1^E)\,\mathrm{d}x = RT \int_{x_2=a}^{x_2=b} \ln\frac{f_2}{f_1}\,\mathrm{d}x = \Delta\bar{G}^E_{(b)} - \Delta\bar{G}^E_{(a)}\,. \tag{257a}$$

Setzt man $a = 0$ und $b = 1$, so wird das Integral gleich Null, weil $\Delta\bar{G}^E$ sowohl für $x = 0$ wie für $x = 1$ verschwindet. Für diesen Fall ist deshalb

$$\int_0^1 \ln\frac{f_2}{f_1}\,\mathrm{d}x = 0\,. \tag{257b}$$

Trägt man also $\log\frac{f_2}{f_1}$ gegen x auf, so muß die Fläche unter der Gesamtkurve gleich Null sein. Nun sind aber die Werte $\ln f_1$ bei $x_1 \to 0$ und $\ln f_2$ bei $x_2 \to 0$ stets sehr ungenau (vgl. die Streuung der Meßpunkte in Abb. 47), so daß auch diese Fläche sich nicht ohne Willkür bestimmen läßt. Wählt man statt dessen für a und b Molenbrüche an zwei Stellen, bei denen $\ln f_1$ und $\ln f_2$ mit größerer Sicherheit gemessen werden können, so ist dort auch $\Delta\bar{G}^E_{(a)}$ und $\Delta\bar{G}^E_{(b)}$ bekannt, und die Gl. (257a) verlangt, daß die Flächen I und II in der Abb. 50 einander gleich sind. Letztere ist mit Abb. 47 identisch, nur ist außerdem $\Delta\bar{G}^E$ als Funktion von x mit eingetragen.

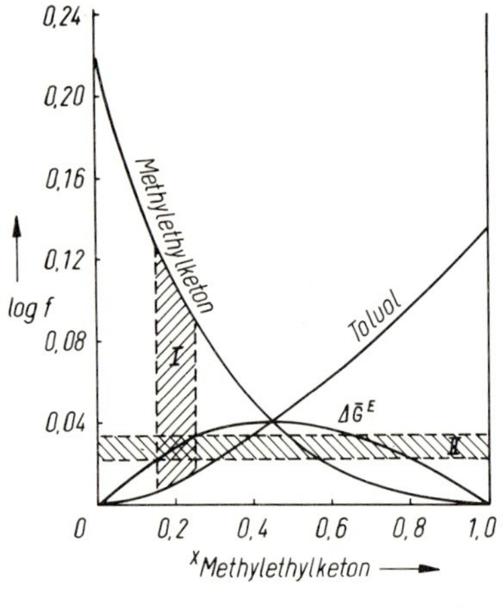

Abb. 50. $\bar{G}^E$, $\log f_1$ und $\log f_2$ als Funktion des Molenbruchs im System Toluol(1)-Methylethylketon(2). Prüfung der Meßwerte auf thermodynamische Konsistenz.

---

1 *O. Redlich* und *A. T. Kister,* Ind. Engng. Chem. *40,* 345 (1948); *H. Mauser,* Z. Elektrochem., Ber. Bunsenges. physik. Chem. *62,* 895 (1958).

5.3 Einfache oder symmetrische Mischungen

Für den nächst der idealen Mischung einfachsten Mischungstyp der symmetrischen Mischung folgt aus (253), (259) bis (261), (256) und (258)

$$\Delta \bar{G}^E = Ax(1-x), \tag{264}$$

$$\Delta \bar{S}^E = -\left(\frac{\partial A}{\partial T}\right) x(1-x), \tag{265}$$

$$\Delta \bar{H}^E = \left(A - T\frac{\partial A}{\partial T}\right) x(1-x), \tag{266}$$

$$\Delta \bar{V}^E = \left(\frac{\partial A}{\partial p}\right) x(1-x), \tag{267}$$

$$\mu_1^E = RT\ln f_1 = Ax^2; \quad \mu_2^E = RT\ln f_2 = A(1-x)^2, \tag{268}$$

$$RT\ln\frac{f_2}{f_1} = A(1-2x). \tag{269}$$

Aus (268) lassen sich die übrigen partiellen molaren Zusatzeffekte in üblicher Weise ableiten. Dieser sog. *Porterscher Ansatz*[1] läßt sich zur Beschreibung zahlreicher Systeme mit geringen Abweichungen vom idealen Verhalten innerhalb der Meßgenauigkeit der Methoden verwenden. Beispiele sind die Mischungen Benzol-CCl_4, Cyclohexan-CCl_4, Benzol-CS_2, Benzol-Cyclohexan; letzteres ist in Abb. 51 wiedergegeben. Für alle diese Systeme ist A und $(\partial A/\partial p)_{T,x}$ positiv, $(\partial A/\partial T)_{p,x}$ dagegen negativ. Die Temperaturabhängigkeit von A läßt sich häufig durch einen Ansatz der Form

$$A = a - bT - cT\ln T \tag{270}$$

darstellen[2], woraus folgt, daß

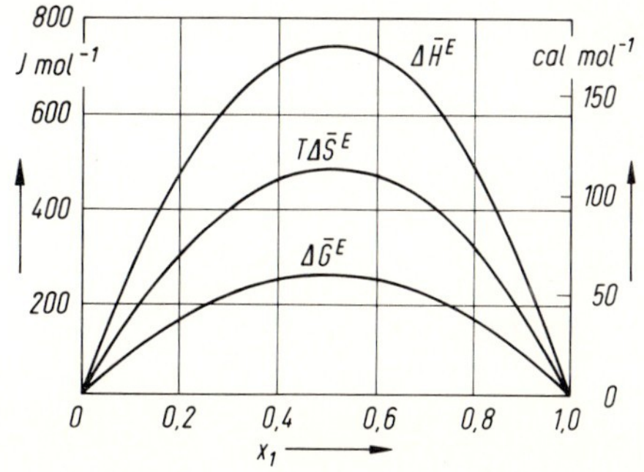

Abb. 51. Mittlere molare Zusatzmischungseffekte des symmetrischen Systems Benzol(1)-Cyclohexan(2) bei 70°C.

[1] *A. W. Porter,* Trans. Faraday Soc. *16,* 336 (1920).

[2] *D. S. Adcock* und *M. L. McGlashan,* Proc. Roy. Soc. [London], Ser. A *226,* 266 (1954).

$$\left(\frac{\partial A}{\partial T}\right)_{p,x} = -(b + c + c \ln T) \quad \text{und} \quad \left(A - T\frac{\partial A}{\partial T}\right)_{p,x} = a + cT. \tag{271}$$

Die Druckabhängigkeit von A ist bisher kaum untersucht worden. Das Charakteristische dieses Mischungstyps ist, daß sämtliche molaren und partiellen Mischungseffekte symmetrisch in bezug auf die Parallele zur Ordinate bei $x = 0{,}5$ verlaufen.

Der Grenzfall, daß A temperatur- und druckunabhängig ist, daß also

$$\Delta \bar{G}^E = \Delta \bar{H}^E = \text{const.}\, x(1 - x); \quad \Delta \bar{S}^E = 0; \quad \Delta \bar{V}^E = 0, \tag{272}$$

läßt sich statistisch aus dem sog. „quasi-Gittermodell" der Flüssigkeiten ableiten[1] und entspricht den oben erwähnten „regulären" Mischungen, die es prinzipiell nicht geben kann (vgl. S. 197).

5.4 Unsymmetrische Mischungen

Erweisen sich wenigstens zwei Terme der Gl. (253) zur Wiedergabe der Messungen als notwendig, so daß

$$\Delta \bar{G}^E = x(1 - x)[A + B(2x - 1)],$$

so gilt für die chemischen Zusatzpotentiale nach (256)

$$\left.\begin{aligned} RT \ln f_1 &= x^2[(A + B) - 4B(1 - x)] \\ RT \ln f_2 &= (1 - x)^2[(A - B) + 4Bx], \end{aligned}\right\} \tag{273}$$

was sich mit der Identität $A + B \equiv \alpha$ und $A - B \equiv \beta$ auch in der Form schreiben läßt

$$\left.\begin{aligned} RT \ln f_1 &= x^2[\alpha + 2(\beta - \alpha)(1 - x)] \\ RT \ln f_2 &= (1 - x)^2[\beta + 2(\alpha - \beta)x]. \end{aligned}\right\} \tag{273a}$$

Das sind die zuerst von *Margules*[2] aufgestellten und später in symmetrische Form gebrachten[3] Gleichungen, die sich zur Darstellung der Messungen an zahlreichen Zweistoffsystemen bewährt haben[4]. Die Endwerte der $\log f, x$-Kurven (vgl. Abb. 47) liefern in solchen Fällen unmittelbar die Konstanten α und β, denn es ist

---

1 *K. F. Herzfeld* und *W. Heitler,* Z. Elektrochem., Ber. Bunsenges. physik. Chem. *31,* 536 (1925).

2 *M. Margules,* S.-B. Akad. Wiss. Wien, math.-naturwiss. Kl. *104,* 1243 (1895).

3 *H. C. Carlson* und *A. P. Colburn,* Ind. Engng. Chem. *39,* 695 (1947).

4 *J. v. Zawidzki,* Z. physik. Chem. *25,* Abt. A 129 (1900); *D. F. Othmer* und Mitarb., Ind. Engng. Chem. *42,* 120, 1607 (1950).

Auch für die Mischkristalle des Systems Ag-Zn und Cu-Zn (α-Messing) hat sich die Gl. (273) mit zwei Konstanten bewährt, wie Dampfdruckmessungen gezeigt haben. Vgl. dazu *G. Scatchard* und *R. A. Westlund,* J. Amer. chem. Soc. *75,* 4189 (1953).

$$\lim_{x\to 1} RT\ln f_1 = \alpha; \quad \lim_{x\to 0} RT\ln f_2 = \beta. \tag{274}$$

Mit $\alpha = \beta$ bzw. $B = 0$ erhält man wieder die Gleichungen für symmetrische Mischungen zurück. Bemerkenswert ist ferner, daß für $x = 0{,}5$ unabhängig von den Werten von A und B stets

$$RT\ln f_{1(x=0,5)} = \frac{A-B}{4} = \frac{\beta}{4}; \quad RT\ln f_{2(x=0,5)} = \frac{A+B}{4} = \frac{\alpha}{4} \tag{275}$$

sein muß. Das bedeutet, daß die $\ln f$-Kurve mit dem höheren Endwert bei $x = 0{,}5$ unterhalb der $\ln f$-Kurve mit dem niedrigeren Endwert liegen muß, falls der *Margules*sche Ansatz die Messungen wiedergeben soll (vgl. Abb. 47). Diese Bedingung kann deshalb als erstes Kriterium für die Anwendbarkeit dieser Gleichungen gelten. Als Beispiel für die Leistungsfähigkeit der *Margules*schen Gleichungen sind in Abb. 52 die aus Partialdruckmessungen bei 65,5 °C ermittelten Aktivitätskoeffizienten des 1-Butens im System 1-Buten(1)-Furfurol(2) als Funktion von x_1 dargestellt. Die Extrapolation der Meßwerte auf $x_1 = 0$ ergibt $\lim_{x_1\to 0} f_1 = 5{,}80$, so daß nach (274) $\alpha = RT \cdot \ln 5{,}80$. Aus α und einem Meßpunkt ergibt sich mit Hilfe von (273a) die Konstante β zu $RT \cdot \ln 8{,}93$: Die mit diesen Konstanten berechnete Kurve ist in Abb. 52 ausgezogen.

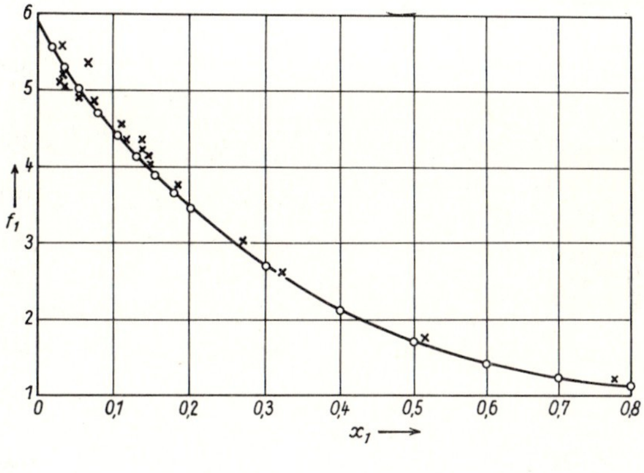

Abb. 52. Prüfung der *Margules*schen Gleichung mit zwei Termen am System 1-Buten(1)-Furfurol(2). × Meßwerte, ○ berechnete Werte.

Auch die Anwendbarkeit der zweikonstantigen *Margules*schen Gln. (273a) ist in der Regel auf solche Mischungen beschränkt, bei denen beide Komponenten sich in ihrer Assoziation ähnlich verhalten. Treten auf Grund spezifischer Wechselwirkungskräfte (Dipolkräfte, Wasserstoffbrücken) starke Assoziationen auf, so braucht man zur Darstellung der Meßergebnisse drei, vier oder auch mehr Terme der Gln. (253) und (260) bis (261), wobei auch gelegentlich eine der Konstanten den Wert Null annehmen kann. So gilt z. B. für das System Benzol(1)-Methanol(2) die Gleichung[1)]

$$\Delta\bar{G}_E = x(1-x)[A + B(2x-1) + C(2x-1)^2 + D(2x-1)^3 + E(2x-1)^4], \tag{276}$$

[1] *G. Scatchard* und *L. B. Ticknor*, J. Amer. chem. Soc. *74*, 3724 (1952).

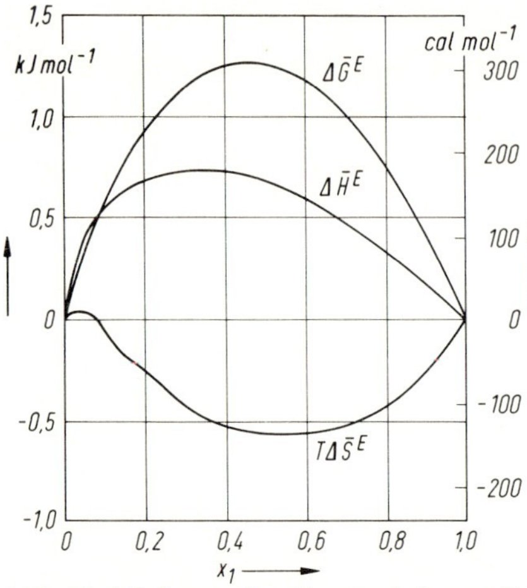

Abb. 53. Mittlere molare Zusatzmischungseffekte des Systems Methanol(1)-Benzol(2) bei 35 °C.

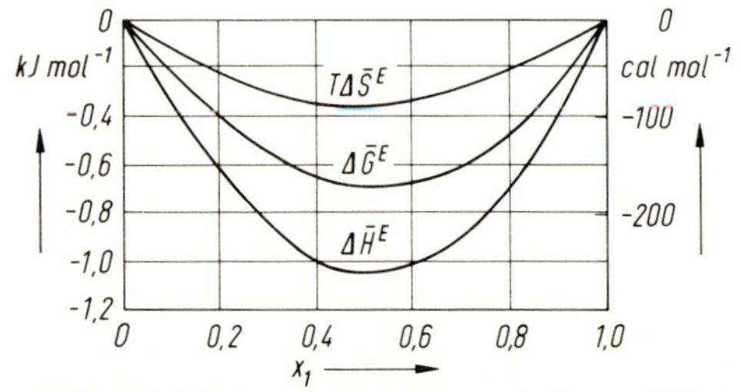

Abb. 54. Mittlere molare Zusatzmischungseffekte des Systems Wasser(1)-Wasserstoffperoxid(2) bei 75 °C.

und entsprechende durch Ableitung nach T für $\Delta\bar{S}^E$ und $\Delta\bar{H}^E$. In solchen Fällen ist ein zweikonstantiger Ansatz mit einem logarithmischen Glied vorzuziehen[1]. Die Zusatzeffekte dieses Systems sind in Abb. 53, diejenigen einiger anderer Systeme[2] in Abb. 54 und 55 wiedergegeben. Danach können $\Delta\bar{G}^E$, $\Delta\bar{H}^E$ und $\Delta\bar{S}^E$ sowohl positiv wie negativ sein, und es kommen alle möglichen Vorzeichenkombinationen vor. $\Delta\bar{H}^E$ und $\Delta\bar{S}^E$ verlaufen häufig unter Vorzeichenwechsel S-förmig. Ähnliches findet man auch für $\Delta\bar{V}^E$. Dagegen zeigt $\Delta\bar{G}^E$ stets einen wesentlich symmetrischeren Verlauf als $\Delta\bar{H}^E$ und $\Delta\bar{S}^E$ und läßt sich häufig noch durch den einfachen Ansatz (264) mit guter Näherung darstellen, wenn die entsprechenden Gln. (265) bis (267) bereits völlig unzureichend sind. Daher kommt es, daß sich isotherme Dampfdruckdiagramme binärer Gemische in der Regel recht gut durch eine aus (264) folgende Gleichung wiedergeben lassen (vgl. S. 268).

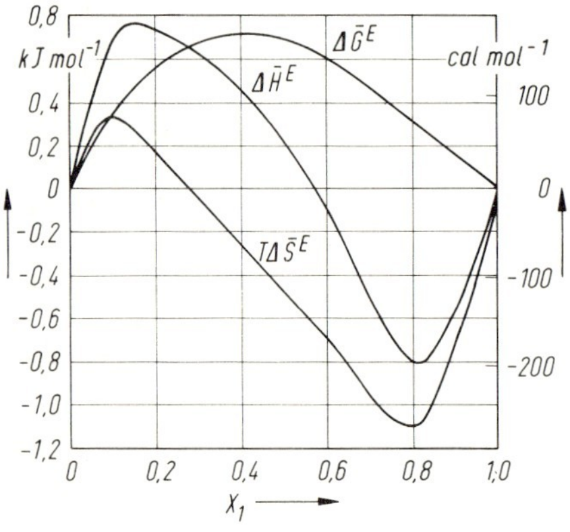

Abb. 55. Mittlere molare Zusatzmischungseffekte des Systems Ethanol(1)-Chloroform(2) bei 45 °C.

---

[1] Vgl. *H. Mauser,* Z. Elektrochem., Ber. Bunsenges. physik. Chem. *62,* 895 (1958).

[2] *G. Scatchard, G. M. Kavanagh* und *L. B. Ticknor,* ibid. *74,* 3715 (1952); *G. Scatchard* und *C. L. Raymond,* ibid. *60,* 1278 (1938).

Es ist besonders interessant, daß die molare Zusatzentropie $\Delta \bar{S}^E$ in manchen Fällen sehr hoch ist, und ihr Absolutwert zuweilen den der (stets positiven) idealen Mischungsentropie $\Delta \bar{S}_{id}$ nach Gl. (51) übertrifft, so daß

$$|\Delta \bar{S}^E| > \Delta \bar{S}_{id} .$$

In solchen Fällen kann die gesamte Mischungsentropie $\Delta \bar{S} = \Delta \bar{S}_{id} + \Delta \bar{S}^E$ je nach dem Vorzeichen von $\Delta \bar{S}^E$ entweder die ideale Mischungsentropie um das Doppelte übertreffen oder negativ werden[1]:

$$\Delta \bar{S} > 2\Delta \bar{S}_{id} \quad \text{bzw.} \quad \Delta \bar{S} < 0 .$$

Beide Fälle sind beobachtet worden. Der erste liegt z. B. beim System Methanol-Cyclohexan vor, der zweite bei Mischungen von Alkylaminen (Diethylamin, Triethylamin) mit Wasser[2] und bei einigen metallischen Mischungen. Beim Methanol-Cyclohexan verursacht die Kettenassoziation der Molekeln im reinen Methanol auf Grund von Wasserstoffbrücken einen höheren Ordnungszustand, der beim Mischen mit Cyclohexan mehr oder weniger aufgehoben wird (Sprengung der Assoziate) und so die hohe Zusatzmischungsentropie bedingt. Bei dem Alkylamin-Wasser-System wird umgekehrt der Ordnungszustand durch Bildung starker Wasserstoffbrücken zwischen den beiden Komponenten vergrößert, so daß die Zusatzmischungsentropie stark negativ wird und in ihrem Absolutbetrag die ideale Mischungsentropie sogar übertrifft.

Ein ähnlicher Fall liegt beim System Wasser-1,4-Dioxan vor[3], doch beruht hier die große negative Zusatz-Mischungsentropie im gesamten Molenbruchbereich (vgl. Abb. 56) nicht auf der Bildung neuer Wasserstoffbrücken zwischen den beiden Komponenten. Die Wasserstoffbrückenbindung zwischen Ether-Sauerstoff und Wasser ist nämlich relativ schwach, wie aus der im allgemeinen geringen Löslichkeit von Ethern in Wasser hervorgeht. Wir haben es vielmehr mit einer sog. „hydrophoben Hydratation“ der Dioxanmolekeln, die der Entstehung fester Hydrate analog ist, zu tun. Dabei werden die Hohlräume der tridymitähnlichen Cluster-Struktur des Wassers durch Dioxanmolekeln besetzt (sog. Clathrate). Für diese Deutung der beobachteten Mischungseffekte spricht auch das negative Zusatz-Molvolumen $\Delta \bar{V}^E$ im gesamten Mischungsbereich (vgl. Abb. 18, S. 55) und die exotherme mittlere molare Zusatzmischungsenthalpie $\Delta \bar{H}^E$ im Bereich $0 < x_2 < 0{,}4$. Auch in diesem Fall zeigt $\Delta \bar{G}^E$ einen recht symmetrischen Verlauf, der sich durch den Ansatz (264) gut darstellen läßt.

Besonders aufschlußreich sind hier die *partiellen* molaren Zusatz-Mischungseffekte, die nach dem Verfahren von Abb. 19 aus den Ordinatenabschnitten der Kurventangenten in Abb. 56 graphisch abgeleitet wurden und in Abb. 57 dargestellt sind. Die partielle molare Mischungsenthalpie des Wassers ΔH_1^E ist im Bereich $0 < x_2 < 0{,}65$ negativ und im Bereich $0{,}2 < x_2 < 0{,}5$ sogar konstant, was ebenso wie das negative ΔS_1^E und ΔS_2^E durch die hydrophobe Hydratation des Dioxans bedingt ist. Das negative ΔS_2^E im Bereich $0 < x_2 < 0{,}7$ wird

[1] Negative Mischungsentropie bedeutet natürlich nicht, daß die Gesamtentropie beim Mischungsvorgang, der ja spontan verläuft, negativ wäre. Deshalb kann negative Mischungsentropie stets nur gleichzeitig mit exothermer Mischungswärme vorkommen, so daß die Gesamtentropie zunimmt.

[2] *J. L. Copp* und *D. H. Everett*, Discuss. Faraday Soc. *15*, 174 (1953); *F. Kohler*, Mh. Chemie *82*, 913 (1951).

[3] *G. Kortüm* und *V. Valent*, Ber. Bunsenges. *81*, 752 (1977).

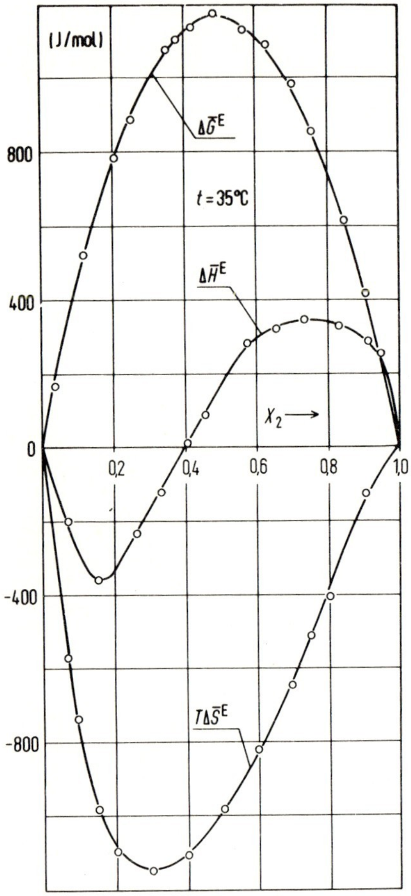

Abb. 56. Mittlere molare Zusatz-Mischungseffekte im System Wasser(1)-1,4-Dioxan(2) in Abhängigkeit vom Molenbruch x_2 der flüssigen Phase bei 35 °C.

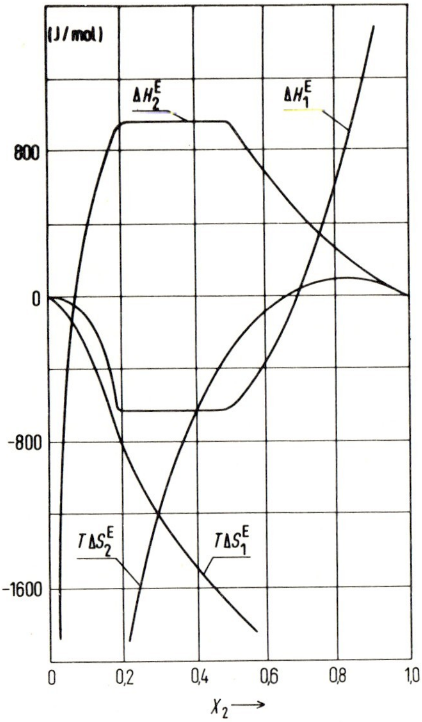

Abb. 57. Partielle molare Zusatz-Mischungseffekte des Systems Wasser(1)-1,4-Dioxan(2) in Abhängigkeit vom Molenbruch x_2 der flüssigen Phase bei 35 °C.

als „Strukturvermehrung" interpretiert und dürfte durch Einfrieren von Rotations- und Translationsfreiheitsgraden der Dioxanmoleküle in ihren „Wasserkäfigen" zustande kommen.

Bemerkenswert ist das vollständig andere Mischungsverhalten der beiden Komponenten im System Methanol-1,4-Dioxan[1)], die symmetrische Mischungen analog zu Abb. 51 bilden. Bei ihnen lassen sich die Zusatzmischungseffekte durch den einfachen *Porter*schen Ansatz wiedergeben, obwohl die Wechselwirkungskräfte zwischen Wasser und 1,4-Dioxan bzw. Methanol und 1,4-Dioxan sehr ähnlich sein sollten (ähnliche Dipolmomente, ähnliche Dispersionswechselwirkung, analoge H-Brückenbildung). Die außerordentlich krassen Unterschiede in den Zusatzmischungseffekten der beiden Systeme können nur auf die verschiedenen Flüssigkeits-

---

1 s. S. 205[3)].

strukturen der tridymitartigen Cluster des Wassers einerseits und der Ketten-Assoziation des Methanols andererseits zurückgeführt werden. Nur die Cluster ermöglichen die „hydrophobe Hydratation“ der Dioxanmoleküle und sind der Grund für die „Strukturvermehrung“ der Flüssigkeit durch das zugesetzte Dioxan, während die positiven Werte von $\Delta \bar{H}^E$, $T\Delta \bar{S}^E$, ΔH_1^E und ΔH_2^E im System Methanol-1,4-Dioxan durch die Sprengung der Eigenassoziate der reinen Komponenten bei der Vermischung bedingt sein dürften.

5.5 Mischungen von Komponenten verschiedener Molekülgröße

Wie schon S. 184 erwähnt wurde, können kondensierte Mischungen sich nur dann ideal verhalten, wenn beide Komponenten aus Molekeln gleicher Größe und Gestalt bestehen. Wie die Statistik zeigt, müssen bei Mischungen aus Molekeln, die sich in Größe und Form stark unterscheiden, positive Abweichungen von der idealen Mischungsentropie auftreten, die darauf beruhen, daß die Zahl der rein geometrisch unterscheidbaren Anordnungsmöglichkeiten der Molekeln in der Mischung größer ist als bei Mischungspartnern gleicher Größe und Form. Diese von den Wechselwirkungsenergien ganz unabhängige Zusatzmischungsentropie bei Komponenten verschiedener Molekelgrößen läßt sich statistisch berechnen für den einfachen Fall, daß der gelöste Stoff 2 ein Polymeres des Lösungsmittels 1 ist, wie es etwa beim System Benzol-Diphenyl oder Toluol-Polystyrol angenähert der Fall ist. Führt man den „Polymerisationsgrad“ r ein, der näherungsweise auch gleich dem Verhältnis der Molvolumina der reinen Komponenten gesetzt wird

$$r \equiv \frac{\boldsymbol{V}_2}{\boldsymbol{V}_1}, \tag{277}$$

und definiert die den Molenbrüchen analogen „Volumenbrüche“ der beiden Komponenten durch

$$\left.\begin{aligned} \varphi &\equiv \frac{n_2 \boldsymbol{V}_2}{n_1 \boldsymbol{V}_1 + n_2 \boldsymbol{V}_2} = \frac{rx}{1 + (r-1)x}, \\ 1 - \varphi &\equiv \frac{n_1 \boldsymbol{V}_1}{n_1 \boldsymbol{V}_1 + n_2 \boldsymbol{V}_2} = \frac{1 - x}{1 + (r-1)x}, \end{aligned}\right\} \tag{278}$$

so läßt sich auf Grund statistischer Überlegungen für die mittlere molare Freie Mischungsenthalpie schreiben

$$\Delta \bar{G} = RT(1 - x)\ln(1 - \varphi) + RTx\ln\varphi. \tag{279}$$

Daraus lassen sich alle übrigen mittleren und partiellen molaren Mischungseffekte in üblicher Weise ableiten. Man erhält für die chemischen Zusatzpotentiale

$$\left.\begin{aligned} \mu_1^E &= RT\ln f_1 = RT\left[\ln\frac{1}{1 + (r-1)x} + 1 - \frac{1}{1 + (r-1)x}\right], \\ \mu_2^E &= RT\ln f_2 = RT\left[\ln\frac{r}{1 + (r-1)x} + 1 - \frac{r}{1 + (r-1)x}\right] \end{aligned}\right\} \tag{280}$$

und für die mittleren molaren Zusatz-Mischungseffekte

$$\Delta \bar{G}^E = RT\left[(1-x)\ln\frac{1-\varphi}{1-x} + x\ln\frac{\varphi}{x}\right] = RT[x\ln r - \ln(1+(r-1)x)]\,, \tag{281}$$

$$\Delta \bar{S}^E = -R[x\ln r - \ln(1+(r-1)x)]\,, \tag{282}$$

$$\Delta \bar{H}^E = 0\,, \quad \Delta \bar{V}^E = 0\,. \tag{283}$$

$\Delta \bar{S}^E/R$ ist in Abb. 58 für verschiedene Werte von r in Abhängigkeit von x dargestellt, man sieht, daß es tatsächlich stets positiv ist und mit wachsendem r stark zunimmt. Da $\Delta \bar{H}^E = 0$ und $\Delta \bar{S}^E \neq 0$, handelt es sich hier um die S. 197 erwähnten „athermischen" Mischungen, die prinzipiell nicht vorkommen können, da $\Delta \bar{H}^E = 0$ in einem größeren Temperaturbereich stets bedeutet, daß die Mischung ideal ist. Daraus folgt, daß die statistisch berechnete Zusatzentropie der Gl. (282) nicht für sich allein auftreten kann, sondern stets mit energetischen Effekten gekoppelt ist, die sich in einer endlichen Mischungswärme und einer damit zusammenhängenden weiteren Zusatzentropie bemerkbar machen müssen. Tatsächlich hat man in allen praktischen Fällen stets auch endliche Werte von $\Delta \bar{H}^E$ und damit auch mehr oder minder große Abweichungen von der theoretischen Gl. (282) beobachtet[1)], und deshalb folgerichtig die statistische Theorie auch auf derartige Mischungen ausgedehnt[2)], indem man von vornherein endliche Unterschiede der Wechselwirkungsenergie berücksichtigte. Bei manchen Lösungen von Hochpolymeren findet man jedoch, daß die Abweichungen von der Theorie so gering sind, daß $\Delta \bar{S}^E$ angenähert den für „athermische" Mischungen berechneten Wert annimmt.

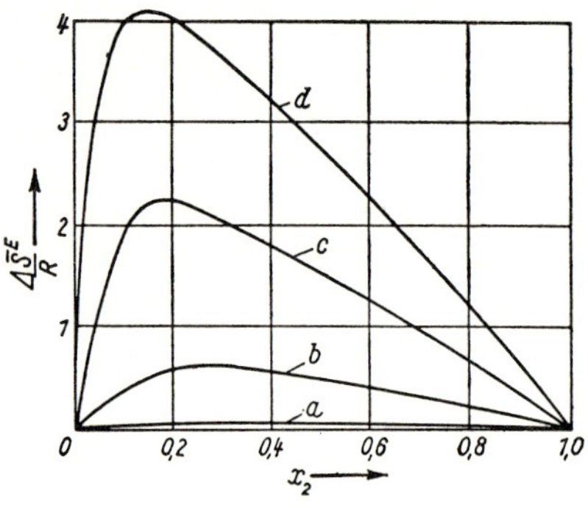

Abb. 58. Mittlere molare Zusatz-Mischungsentropie von binären „idealen" Mischungen verschiedener Molekülgröße. a) $r = 2$; b) $r = 10$; c) $r = 100$; d) $r = 1000$.

6 Die thermodynamischen Reaktionseffekte

Die Zusammensetzung der sog. „Reaktionseffekte" aus den partiellen molaren Eigenschaften der Reaktionsteilnehmer, wie sie z.B. in den Gln. (III, 174, 175, 177) und (IV, 59, 106) zum

---

[1] Vgl. z.B. *G. Kortüm* und *W. Vogel,* Z. Elektrochem., Ber. Bunsenges. physik. Chem. *62,* 40 (1958); *G. Kortüm* und *H. Schreiber,* Z. Naturforsch. *20a,* 1030 (1965) und die dort angegebene Literatur.

[2] Vgl. *E. A. Guggenheim,* Mixtures, Oxford 1952; *I. Prigogine,* The Molecular Theory of Solutions, Amsterdam 1957; *R. Haase,* Thermodynamik der Mischphasen, Berlin 1956, § 83; *J. O. Hirschfelder, C. F. Curtiss, R. B. Bird,* Molecular Theory of Gases and Liquids, New York 1964.

Ausdruck kommt, und die Zerlegung der partiellen molaren Eigenschaften in einen *Standardwert* und einen sog. *„Restwert“*, wie sie durch die Gln. (154, 205, 206, 229, 237, 244, 245) gegeben ist, ermöglicht es weiterhin, auch die chemischen Reaktionen in eine *Standardreaktion* und eine *Restreaktion* zerlegt zu denken, von denen die erstere zwischen den Reaktionsteilnehmern in ihren Standardzuständen abläuft und deshalb nur von Druck und Temperatur abhängt, während letztere darin besteht, daß die an der Reaktion beteiligten Stoffe aus ihren Standardzuständen in die Mischphase gegebener Zusammensetzung überführt werden oder umgekehrt. Die Restreaktion enthält also sämtliche Konzentrationseinflüsse und die Abweichungen realer Mischphasen von den Eigenschaften der Standardzustände. So besteht z. B. bei der Reaktion $N_2 + 3H_2 \rightarrow 2NH_3$ die Standardreaktion in dem hypothetischen Vorgang, bei dem reiner Stickstoff und reiner Wasserstoff reines Ammoniak bilden, wobei alle diese reinen Gase Druck und Temperatur des tatsächlichen Reaktionsgemisches besitzen. Die Restreaktion besteht in der Überführung des Stickstoffs und des Wasserstoffs aus der realen Mischphase in die Standardzustände gleichen Drucks und gleicher Temperatur und in der Überführung des in der Standardreaktion entstandenen reinen Ammoniaks in die Mischphase. Damit sich die Zusammensetzung der Mischphase durch das Entnehmen und Zufügen der Reaktionsteilnehmer nicht ändert, ist wieder nur ein differentieller Umsatz zuzulassen, dessen Effekte auf molaren Umsatz umzurechnen sind. Bei Reaktionen zwischen reinen Phasen (z. B. $CaCO_3$-Zersetzung) hat man natürlich ausschließlich eine Standardreaktion vor sich.

Danach erhält man für die *Reaktionsarbeit* $\Delta G = \sum \nu_i \mu_i$ in idealen Gasen bzw. in idealen kondensierten Mischungen mittels (154) bzw. (205)

$$\Delta G = \sum \nu_i \boldsymbol{\mu}_i + RT \sum \nu_i \ln x_l \equiv \Delta \boldsymbol{G} + RT \sum \nu_i \ln x_i, \tag{284}$$

in ideal verdünnten Lösungen mittels (227)

$$\Delta G = \sum \nu_i \boldsymbol{\mu}_{0i} + RT \sum \nu_i \ln x_i \equiv \Delta \boldsymbol{G}_0 + RT \sum \nu_i \ln x_i, \tag{285}$$

in realen Mischungen mittels (206)

$$\Delta G = \sum \nu_i \boldsymbol{\mu}_i + RT \sum \nu_i \ln x_i f_i \equiv \Delta \boldsymbol{G} + RT \sum \nu_i \ln x_i f_i, \tag{286}$$

in realen verdünnten Lösungen mittels (237)

$$\Delta G = \sum \nu_i \boldsymbol{\mu}_{0i} + RT \sum \nu_i \ln x_i f_{0i} \equiv \Delta \boldsymbol{G}_0 + RT \sum \nu_i \ln x_i f_{0i}, \tag{287}$$

bzw. mittels (244) oder (245)

$$\Delta G = \sum \nu_i \boldsymbol{\mu}_{0i(m)} + RT \sum \nu_i \ln m_i f_{0i(m)} \equiv \Delta \boldsymbol{G}_{0(m)} + RT \sum \nu_i \ln m_i f_{0i(m)}, \tag{288}$$

$$\Delta G = \sum \nu_i \boldsymbol{\mu}_{0i(c)} + RT \sum \nu_i \ln c_i f_{0i(c)} \equiv \Delta \boldsymbol{G}_{0(c)} + RT \sum \nu_i \ln c_i f_{0i(c)}. \tag{289}$$

$\Delta \boldsymbol{G}$ bzw. $\Delta \boldsymbol{G}_0$ ist jeweils die Standardreaktionsarbeit, $-\Delta G$ ein Maß für die sog. *Affinität* der Reaktion (vgl. S. 108, 155, 340). Durch Ableitung dieser Gleichungen nach p und T erhalten wir die übrigen Reaktionseffekte, ebenfalls in einen Standardwert und in einen Restwert zerlegt. Auf diese Weise ergeben sich z. B. aus (286) folgende Beziehungen:

Mittels (207)

$$\Delta S = -\left(\frac{\partial \Delta G}{\partial T}\right)_p = \Delta \boldsymbol{S} - R \sum \nu_i \ln x_i f_i - RT \sum \nu_i \left(\frac{\partial \ln f_i}{\partial T}\right)_p$$
$$= \Delta \boldsymbol{S} - R \sum \nu_i \ln x_i f_i + \frac{1}{T} \sum \nu_i \Delta H_i, \tag{290}$$

mittels (71)

$$\Delta H = \Delta G + T\Delta S = \Delta \boldsymbol{H} + \sum \nu_i \Delta H_i, \tag{291}$$

mittels (209)

$$\Delta V = \left(\frac{\partial \Delta G}{\partial p}\right)_T = \Delta \boldsymbol{V} + RT \sum \nu_i \left(\frac{\partial \ln f_i}{\partial p}\right)_T = \Delta \boldsymbol{V} + \sum \nu_i \Delta V_i, \tag{292}$$

mittels (210)

$$\Delta C_p = \left(\frac{\partial \Delta H}{\partial T}\right)_p = \Delta \boldsymbol{C}_p - 2RT \sum \nu_i \left(\frac{\partial \ln f_i}{\partial T}\right)_p - RT^2 \sum \nu_i \left(\frac{\partial^2 \ln f_i}{\partial T^2}\right)_p$$
$$= \Delta \boldsymbol{C}_p + \sum \nu_i \Delta C_{p_i}. \tag{293}$$

Bei Reaktionen in idealen Gasen und idealen Mischungen ist, wie schon mehrfach festgestellt wurde, $\sum \nu_i \Delta V_i = \sum \nu_i \Delta H_i = \sum \nu_i \Delta C_{p_i} = 0$, so daß die entsprechenden Reaktionseffekte ΔV, ΔH und ΔC_p gleich den Standardreaktionseffekten $\Delta \boldsymbol{V}$, $\Delta \boldsymbol{H}$ und $\Delta \boldsymbol{C}_p$ werden. Deshalb wurden derartige Reaktionen zusammen mit den Reaktionen zwischen reinen Phasen schon im Kap. III in einem gesonderten Abschnitt behandelt. Dagegen gelten die Beziehungen $\Delta S = \Delta \boldsymbol{S}$ und $\Delta G = \Delta \boldsymbol{G}$ ausschließlich für Reaktionen zwischen reinen, festen und flüssigen Phasen, wie etwa die Reaktion $Pb + I_2 \rightarrow PbI_2$.

Besonders sei noch betont, daß die schon S. 111 erwähnten und in den Tabellenwerken zusammengestellten „*Standardreaktionseffekte*" sich auf den Standardzustand der $\boldsymbol{\mu}_{0i(m)}$ bei 25 °C und 1 atm Druck bzw. der Fugazität 1 beziehen, sofern es sich um Reaktionen in Mischphasen handelt, vgl. Kap. VI und Tab. V im Anhang.

Kapitel V

Das thermische Gleichgewicht

1 Gleichgewichtsbedingungen

Die in den letzten Kapiteln eingeführten Zustandsfunktionen U, H, S, F, G, J und Y können auch zur Beschreibung von *Gleichgewichtszuständen* dienen, die durch die äußeren, willkürlich wählbaren Zustandsvariablen eindeutig festgelegt sind. Es wurde auch schon darauf hingewiesen, daß durch Druck und Temperatur, also die *thermischen* Zustandsvariablen, streng genommen auch die *chemische* Zusammensetzung eines Systems vollständig bestimmt ist, daß demnach thermisches Gleichgewicht in der Regel auch chemisches Gleichgewicht bedingt.

Es kommt jedoch häufig vor, daß eine bestimmte Reaktion unter den gewählten Bedingungen so stark gehemmt ist, daß sich das chemische Gleichgewicht nicht einstellen kann. Beispiele sind etwa ein Knallgasgemisch bei Zimmertemperatur und 1 atm Druck oder zahlreiche organische Stoffe unter gleichen Bedingungen, deren Freie Bildungsenthalpien $\Delta \boldsymbol{G}^{B}_{298}$ positiv sind, so daß sie eigentlich „von selbst" in die Elemente zerfallen sollten (vgl. Tab. V im Anhang). In solchen Fällen ist also anzugeben, ob nur thermisches Gleichgewicht oder auch Gleichgewicht in bezug auf eine bestimmte mögliche Reaktion herrschen soll. Wir nehmen im folgenden an, daß sich auch chemisches Gleichgewicht einstellen kann.

Das thermische Gleichgewicht ist nach den zu Anfang des vorigen Kapitels angestellten Überlegungen dadurch charakterisiert, daß es bei reversiblen Zustandsänderungen dauernd erhalten bleibt und daß die als Stabilitätsmaß eines *abgeschlossenen* Systems dienende Gesamtentropie einen Maximalwert besitzt. Die allgemeinste Formulierung der thermischen Gleichgewichtsbedingung lautet demnach[1)]

$$\mathrm{d}S = 0\,. \tag{1}$$

Dies bedeutet, daß in allen Teilen eines abgeschlossenen Systems bei thermischem Gleichgewicht die *gleiche Temperatur* und der *gleiche Druck* herrschen muß. Bei einem infinitesimalen Wärmeübergang zwischen verschiedenen Teilen des Systems müßte nämlich die Entropie des einen Teils um $\mathrm{d}S' = \delta Q/T'$ zunehmen, die des anderen Teils um $\mathrm{d}S'' = -\delta Q/T''$ abnehmen. Die Änderung der Gesamtentropie wäre demnach

$$\mathrm{d}S = \mathrm{d}S' + \mathrm{d}S'' = \delta Q\left(\frac{1}{T'} - \frac{1}{T''}\right).$$

---

[1] Bei Reaktionen zwischen reinen festen Stoffen, bei denen eine Komponente schließlich verbraucht wird (vgl. S. 312f.), kann sich das Gleichgewicht nicht von beiden Seiten her einstellen, d. h. S nimmt zwar einen Höchstwert an, ohne daß aber die Formulierung (1) möglich ist.

Da aber $\mathrm{d}S = 0$ sein soll, folgt zwangsläufig, daß $\left(\frac{1}{T'} - \frac{1}{T''}\right) = 0$ oder

$$T' = T''. \tag{2}$$

Analog müßte bei Druckunterschieden innerhalb eines abgeschlossenen Systems ein spontan eintretender Druckausgleich zu irreversiblen Zustandsänderungen und damit zu einer Entropievermehrung führen, die ja im Gleichgewicht gerade ausgeschlossen sein soll, so daß bei thermischem Gleichgewicht in einem abgeschlossenen System auch

$$p' = p''. \tag{3}$$

Dabei ist vorausgesetzt, daß sich im System keine adiabatischen bzw. starren oder halbdurchlässigen Wände befinden, die einen Temperatur- bzw. Druckausgleich verhindern (vgl. S. 246).

Um zu einer – für praktische Zwecke wichtigeren – Gleichgewichtsbedingung für *nicht abgeschlossene* Systeme zu gelangen, gehen wir davon aus, daß nach S. 132 *ein System sich dann im thermischen Gleichgewicht befindet, wenn jede infinitesimale Zustandsänderung reversibel verläuft.* Schließen wir zunächst chemische Reaktionen aus, so gilt für eine solche Zustandsänderung eines geschlossenen Systems nach Gl. (III, 7), (IV, 8) und (I, 28) bzw. (IV, 68)

$$\mathrm{d}U = \delta Q + \delta A = T\mathrm{d}S - p\mathrm{d}V, \tag{4}$$

oder unter Einführung der Enthalpie mittels (III, 13)

$$\mathrm{d}H = T\mathrm{d}S + V\mathrm{d}p. \tag{5}$$

Danach lautet die Gleichgewichtsbedingung für *adiabatische* ($\delta Q = 0$) und *isochore* ($\mathrm{d}V = 0$) infinitesimale Zustandsänderungen

$$(\mathrm{d}U)_{V,S} = 0, \tag{6}$$

für *adiabatische* ($\delta Q = 0$) und *isobare* ($\mathrm{d}p = 0$) Zustandsänderungen

$$(\mathrm{d}H)_{p,S} = 0. \tag{7}$$

Entsprechend erhält man aus (IV, 72) und (IV, 82) für *isotherme* ($\mathrm{d}T = 0$) und *isochore* ($\mathrm{d}V = 0$) infinitesimale Zustandsänderungen die Gleichgewichtsbedingung

$$(\mathrm{d}F)_{T,V} = 0; \quad (\mathrm{d}J)_{T,V} = 0, \tag{8}$$

aus (IV, 73) und (IV, 83) für *isotherme* ($\mathrm{d}T = 0$) und *isobare* ($\mathrm{d}p = 0$) Zustandsänderungen

$$(\mathrm{d}G)_{T,p} = 0; \quad (\mathrm{d}Y)_{T,p} = 0. \tag{9}$$

Die Gleichgewichtsbedingungen bedeuten, daß die Funktionen U, H, F, G, J und Y – ebenso wie die Gesamtentropie in einem abgeschlossenen System – im Gleichgewicht für gegebene

Werte der charakteristischen Variablen (vgl. S. 157) einen Extremwert besitzen müssen. Da vom Gleichgewichtszustand aus endlich benachbarte Zustände nur durch Arbeitsaufwand erreicht werden können, müssen U, H, F und G entsprechend der potentiellen Energie bei rein mechanischen Systemen ein Minimum besitzen. Entsprechend nehmen die Funktionen J und Y im Gleichgewicht einen Maximalwert an. Praktisch wichtig sind wieder nur die Gleichgewichtsbedingungen (8) und (9), da T eine bequemere unabhängige Variable ist als S.

Im einfachsten Fall eines aus zwei Phasen bestehenden geschlossenen Einstoffsystems, dessen Phasen durch die Indizes $'$ und $''$ unterschieden werden mögen, lautet die Bedingung (9) für das *Phasengleichgewicht* nach (IV, 90) und in Analogie zu (III, 99a)

$$(\mathrm{d}G)_{p,T} = \mu'\mathrm{d}n' + \mu''\mathrm{d}n'' = 0\,. \tag{10}$$

Da für den Übergang des Stoffes aus der einen Phase in die andere $\mathrm{d}n' = -\mathrm{d}n''$, ergibt sich aus (10)

$$(\mu' - \mu'')\,\mathrm{d}n'' = 0\,, \tag{10a}$$

was nur erfüllt sein kann, wenn

$$\mu'' = \mu'. \tag{11}$$

Gleichgewicht zwischen den beiden Phasen ist nur dann vorhanden, wenn das chemische Potential des Stoffes in ihnen gleich groß ist. Dieses Ergebnis, das wir schon S. 166 zur Deutung des Begriffs „chemisches Potential“ vorweggenommen hatten, läßt sich ohne weiteres für den Fall des Vorhandenseins mehrerer Phasen und auch mehrerer Stoffe verallgemeinern, d. h. die allgemeine Gleichgewichtsbedingung für Phasenübergänge lautet bei gegebenem p und T:

$$\mu_i' = \mu_i'' = \mu_i''' = \cdots\,. \tag{12}$$

Kann in einer einzelnen geschlossenen Mischphase eine chemische Reaktion ablaufen, so folgt aus den allgemeinen Gleichgewichtsbedingungen (6) bis (9) unmittelbar mit Hilfe der *Gibbs*schen Fundamentalgleichungen (IV, 94 bis 99) die *Bedingung des chemischen Gleichgewichts*

$$\begin{aligned}(\mathrm{d}U)_{S,V} = (\mathrm{d}H)_{S,p} = (\mathrm{d}F)_{T,V} = (\mathrm{d}G)_{p,T} = -T(\mathrm{d}J)_{T,V} = -T(\mathrm{d}Y)_{T,p}\\ = \sum \nu_i\mu_i\,\mathrm{d}\xi = 0\,.\end{aligned} \tag{13}$$

Für das allgemeine Reaktionsschema (III, 118)

$$\nu_\mathrm{A}\mathrm{A} + \nu_\mathrm{B}\mathrm{B} + \cdots \rightarrow \nu_\mathrm{C}\mathrm{C} + \nu_\mathrm{D}\mathrm{D} + \cdots$$

lautet demnach die Bedingung, daß chemisches Gleichgewicht herrscht

$$\nu_\mathrm{C}\mu_\mathrm{C} + \nu_\mathrm{D}\mu_\mathrm{D} + \cdots - \nu_\mathrm{A}\mu_\mathrm{A} - \nu_\mathrm{B}\mu_\mathrm{B} \cdots = 0$$

oder

$$\nu_\mathrm{A}\mu_\mathrm{A} + \nu_\mathrm{B}\mu_\mathrm{B} + \cdots = \nu_\mathrm{C}\mu_\mathrm{C} + \nu_\mathrm{D}\mu_\mathrm{D} + \cdots\,. \tag{14}$$

Man erhält demnach die Gleichgewichtsbedingung direkt aus der chemischen Reaktionsgleichung, wenn man die chemischen Symbole durch die chemischen Potentiale der Reaktionsteilnehmer ersetzt. Sind an der Reaktion mehrere Phasen eines Systems beteiligt, so ist Gl. (13) über sämtliche Phasen zu summieren.

2 Stabilitätsbedingungen

Man kann die Analogie zwischen dem thermischen Gleichgewichtszustand eines thermodynamischen Systems und dem Zustand minimaler potentieller Energie eines rein mechanischen Systems noch weiter treiben. In Abb. 59 sind drei verschiedene Stellungen eines gleichseitigen Prismas auf einer Unterlage gezeichnet. In den Stellungen *a* und *c* liegt der Schwerpunkt *P* tiefer als in jeder anderen unendlich benachbarten Stellung, deshalb sind diese Stellungen *stabil*, die potentielle Energie ist ein Minimum. Entfernt man das Prisma unendlich wenig aus einer

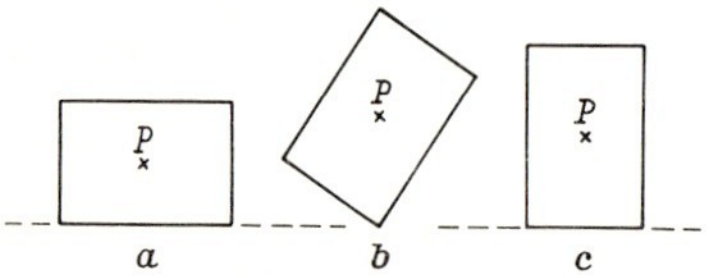

Abb. 59. Zur Ableitung der Begriffe stabiles (*a*), instabiles (*b*) und metastabiles (*c*) Gleichgewicht.

dieser Stellungen (etwa durch Kippen um eine Kante), so kehrt es stets in die frühere Stellung zurück. In der Stellung *b* liegt der Schwerpunkt höher als in jeder anderen beliebig benachbarten Stellung, die potentielle Energie besitzt ein Maximum; diese Stellung ist *instabil*, denn die geringfügigste Störung bringt das Prisma zum Umkippen in die Stellung *a* oder *c*.

Während die Stellungen *a* und *c* beide stabil sind gegenüber unendlich benachbarten Zuständen, ist doch *c* instabil im Vergleich zu *a*, da der Schwerpunkt bei *c* höher liegt als bei *a*. Solche Zustände, die zwar stabil sind in bezug auf unendlich benachbarte Zustände, dagegen instabil im Vergleich zu einem anderen Zustand, der sich endlich von dem gegebenen Zustand unterscheidet, bezeichnet man als *metastabil.*

Stabile und metastabile Zustände sind sowohl in der Mechanik wie bei thermodynamischen Systemen realisierbar, instabile Zustände dagegen nicht, weil sich geringfügige Störungen (z. B. Druck- oder Temperaturschwankungen) niemals vollständig ausschließen lassen. Die im letzten Abschnitt abgeleiteten sog. *Gleichgewichtsbedingungen erster Ordnung* gelten sowohl für stabile wie für metastabile Zustände. Letztere werden sehr häufig beobachtet. Ein Beispiel ist etwa eine unterkühlte wässerige Lösung von Essigsäure. Diese befindet sich bei gegebener Temperatur im stabilen Gleichgewicht mit der Dampfphase, ferner im stabilen Gleichgewicht in bezug auf die Dissoziation der Essigsäure, d. h. sie ist stabil in bezug auf unendlich benachbarte Zustände, die durch infinitesimale Änderungen von Druck oder Temperatur entstehen können. Dagegen ist sie instabil gegenüber der festen Eisphase im Gleichgewicht mit der Lösung bei gleichem p und T, und kann durch „Impfen“ in diesen Zustand übergehen.

Vom thermodynamischen Zustand aus ist deshalb die Frage zu stellen: Welche über die Gleichgewichtsbedingungen hinausgehenden Kriterien muß ein System besitzen, damit es unter den gegebenen äußeren Bedingungen (Druck, Temperatur, Zusammensetzung) dauernd existenzfähig ist, d. h. unter welchen Bedingungen befindet es sich im *stabilen* Gleichgewicht?

Wir untersuchen zunächst die *Stabilitätsbedingungen* oder *Gleichgewichtsbedingungen zweiter Ordnung* für reine (homogene) Phasen gegenüber Änderungen von Druck und Temperatur, d. h. die Bedingung dafür, daß die betreffende Phase bei gegebenem T und p stabil ist und nicht etwa (wie eine unterkühlte Flüssigkeit) spontan in zwei koexistente Phasen zerfallen kann.

Innere Energie, Entropie und Volumen der Phase sei durch U, S und V dargestellt. Wir denken uns die Zustandsänderung in der Weise durchgeführt, daß die eine Hälfte der Phase die Entropie $\frac{1}{2}(S + \delta S)$ und das Volumen $\frac{1}{2}V$, die andere Hälfte die Entropie $\frac{1}{2}(S - \delta S)$ und das Volumen $\frac{1}{2}V$ annimmt, Gesamtentropie und Volumen sollen also ungeändert bleiben. Dann ist die Innere Energie der beiden Hälften, wenn man sie nach *Taylor* in einer Reihe entwickelt und Glieder höherer Ordnung vernachlässigt, gegeben durch

$$\frac{1}{2}\left[U + \frac{\partial U}{\partial S}\delta S + \frac{1}{2}\frac{\partial^2 U}{\partial S^2}(\delta S)^2\right]$$

bzw.

$$\frac{1}{2}\left[U - \frac{\partial U}{\partial S}\delta S + \frac{1}{2}\frac{\partial^2 U}{\partial S^2}(\delta S)^2\right].$$

Die Innere Energie der Gesamtphase hat sich demnach geändert um

$$\frac{1}{2}\left(\frac{\partial^2 U}{\partial S^2}\right)_V (\delta S)^2. \tag{15}$$

Da nun im ungehemmten stabilen Gleichgewicht nach (6) für gegebene Werte von S und V die Innere Energie ein Minimum besitzt, muß die betrachtete Änderung eine Zunahme der Inneren Energie verursacht haben, d. h. der Ausdruck (15) muß positiv sein. Wir erhalten demnach als notwendige Bedingung für ein stabiles Gleichgewicht

$$\left(\frac{\partial^2 U}{\partial S^2}\right)_V > 0. \tag{16}$$

Da ferner nach Gl. (4) für reine homogene Phasen $\mathrm{d}U = -p\,\mathrm{d}V + T\,\mathrm{d}S$, also $(\partial U/\partial S)_V = T$ ist, kann man (16) auch in der Form schreiben

$$\left(\frac{\partial S}{\partial T}\right)_V > 0. \tag{17}$$

Eine vollkommen analoge Überlegung führt ausgehend von den Zustandsgrößen H, S und p zu der Stabilitätsbedingung

$$\left(\frac{\partial S}{\partial T}\right)_p > 0. \tag{18}$$

Physikalisch bedeuten diese Bedingungen, daß die Entropie einer reinen stabilen Phase durch Temperaturerhöhung stets zunimmt, daß es also keine negative Wärmekapazität gibt. Unter Berücksichtigung von Gl. (IV, 75), wonach $(\partial F/\partial T)_V = -S_V$ und $(\partial G/\partial T)_p = -S_p$, lassen sich diese Bedingungen auch in der meist gebräuchlichen Form schreiben

$$\left(\frac{\partial^2 F}{\partial T^2}\right)_V < 0, \tag{17a}$$

$$\left(\frac{\partial^2 G}{\partial T^2}\right)_p < 0. \tag{18a}$$

Um die Bedingungen der Stabilität einer Phase gegenüber infinitesimalen Druckänderungen zu finden, denken wir uns die Zustandsänderung der Phase so ausgeführt, daß die eine Hälfte der Phase das Volumen $\frac{1}{2}(V + \delta V)$, die andere Hälfte das Volumen $\frac{1}{2}(V - \delta V)$ annimmt, während die Temperatur konstant gehalten wird. Dann ändert sich die Freie Energie F des Gesamtsystems auf Grund einer analogen Entwicklung um die Größe zweiter Ordnung

$$\frac{1}{2}\left(\frac{\partial^2 F}{\partial V^2}\right)_T (\delta V)^2, \tag{19}$$

während Gesamtvolumen und Temperatur ungeändert bleiben. Da die stabile Phase nach (8) bei gegebenem V und T ein Minimum der Freien Energie besitzt, muß diese durch die Zustandsänderung angewachsen sein, d. h. der Ausdruck (19) ist positiv, und die Stabilitätsbedingung lautet

$$\left(\frac{\partial^2 F}{\partial V^2}\right)_T > 0, \tag{20}$$

was man wegen $(\partial F/\partial V)_T = -p$ auch in der Form schreiben kann

$$\left(\frac{\partial p}{\partial V}\right)_T < 0. \tag{21}$$

Das bedeutet, daß der Druck mit steigendem Volumen bzw. das Volumen mit steigendem Druck stets abnehmen muß, wenn die Phase stabil sein soll, daß es also keine negative Kompressibilität geben kann. Da ferner $(\partial G/\partial p)_T = V$, kann man Gl. (21) auch ausdrücken durch.

$$\left(\frac{\partial^2 G}{\partial p^2}\right)_T < 0. \tag{21a}$$

Die Bedingungen (18a) und (21a) bedeuten geometrisch, daß die *Krümmung* jeder G-T-Kurve bei konstantem p und jeder G-p-Kurve bei konstantem T konkav gegenüber der T- bzw. p-Koordinate ist, wenn man G als Funktion von T und p aufträgt. Sie sind notwendige, aber nicht immer ausreichende Bedingungen für die Stabilität einer reinen Phase. Variiert man nämlich gleichzeitig Druck und Temperatur, so kommt noch eine weitere Bedingung hinzu, die besagt, daß jeder beliebige vertikale Schnitt durch die G-Fläche eine Kurve mit konkaver Krümmung gegen die p-T-Ebene ergeben muß, wenn die Phase stabil sein soll. Analytisch bedeutet dies, daß

$$\left(\frac{\partial^2 G}{\partial T^2}\right)_p \left(\frac{\partial^2 G}{\partial p^2}\right)_T - \left(\frac{\partial^2 G}{\partial T \partial p}\right)^2 > 0 . \tag{22}$$

Diese Zusammenhänge wurden schon S. 39 bei der Besprechung der pV-Isotherme des Kohlendioxids (Abb. 14) gestreift. Das Mittelstück der *van der Waals*schen Kurve, in dem $(\partial p/\partial V)_T > 0$ und damit auch $(\partial^2 G/\partial p^2)_T > 0$, ist nicht realisierbar, d. h. die Phase ist *instabil*. Dagegen lassen sich die Kurvenstücke zwischen B und dem Minimum und zwischen C und dem Maximum (überhitzte Flüssigkeit bzw. übersättigter Dampf) prinzipiell realisieren, doch handelt es sich hier um *metastabile* Phasen im oben definierten Sinn, die instabil sind im Vergleich zu dem stabilen Zweiphasensystem. Auch für diese metastabilen Phasen gilt Gl. (21), d. h. ihre Kompressibilität ist positiv. Die Gln. (22) und (21a) bzw. die Gln. (22) und (18a) genügen allein, um die Stabilität des Systems zu kennzeichnen[1)].

Obwohl alle Zustände längs der *van der Waals*schen Kurve zwischen B und C entweder metastabil oder labil sind, kann man sie trotzdem als Gleichgewichtszustände betrachten. Beim Übergang vom flüssigen Zustand B über alle diese Zwischenzustände zum gasförmigen Zustand C ändert sich demnach das chemische Potential nach (IV, 143) um

$$\mu'' - \mu' = \int_B^C \left(\frac{\partial \mu}{\partial p}\right)_T \mathrm{d}p = \int_B^C \boldsymbol{V}\,\mathrm{d}p . \tag{23}$$

Da aber die Zustände B und C sich im Phasengleichgewicht befinden, so daß nach (11) $\mu'' = \mu'$, folgt, daß

$$\int_B^C \boldsymbol{V}\,\mathrm{d}p = 0 . \tag{24}$$

Das bedeutet, daß die beiden schraffierten Flächen in Abb. 14 einander gleich sein müssen.

Bei *Mischphasen* muß nicht nur die thermische und hydrostatische Stabilitätsbedingung erfüllt sein, sondern auch die Bedingung, daß die Phase nicht bei konstantem p und T in zwei Phasen verschiedener Zusammensetzung zerfällt, daß also nicht spontane Entmischung auftritt. Zur Ableitung dieser Stabilitätsbedingung stellen wir die durch (IV, 140) definierte mittlere molare Freie Enthalpie einer binären Phase $(\bar{G})_{p,T} = (1 - x)\mu_1 + x\mu_2$ in Abhängigkeit von x dar. Zerlegt man nach (IV, 206) in Standard- und Restpotential, so wird

$$\bar{G} = (1 - x)\boldsymbol{\mu}_1 + x\boldsymbol{\mu}_2 + (1 - x)RT\ln a_1 + xRT\ln a_2 . \tag{25}$$

Für $x = 0$ wird $\bar{G} = \boldsymbol{\mu}_1$, für $x = 1$ wird $\bar{G} = \boldsymbol{\mu}_2$, die Kurve setzt bei den chemischen Potentialen der beiden reinen Komponenten ein (vgl. Abb. 60). Die $\boldsymbol{\mu}_1$ und $\boldsymbol{\mu}_2$ verbindende gestrichelte Gerade stellt den jeweiligen Beitrag der Standardpotentiale zu $\bar{G}$, d. h. den Beitrag der beiden ersten Glieder von (25) dar. Da im ganzen Mischungsbereich für beide Aktivitäten stets $1 > a > 0$, ist der Beitrag der beiden letzten Glieder stets negativ, d. h. die $\bar{G}$-Kurve muß *unterhalb* dieser Geraden liegen. Ihre Tangente in jedem Punkt ist nach (IV, 141b) gegeben durch

$$\left(\frac{\partial \bar{G}}{\partial x}\right)_{p,T} = \mu_2 - \mu_1 = \boldsymbol{\mu}_2 - \boldsymbol{\mu}_1 + RT\ln\frac{a_2}{a_1} = \boldsymbol{\mu}_2 - \boldsymbol{\mu}_1 + RT\ln\frac{x}{1-x} + RT\ln\frac{f_2}{f_1} . \tag{26}$$

[1] Näheres siehe z. B. bei *G. Kortüm* und *H. Buchholz-Meisenheimer*, Destillation und Extraktion von Flüssigkeiten, Berlin 1952, Kap. II.

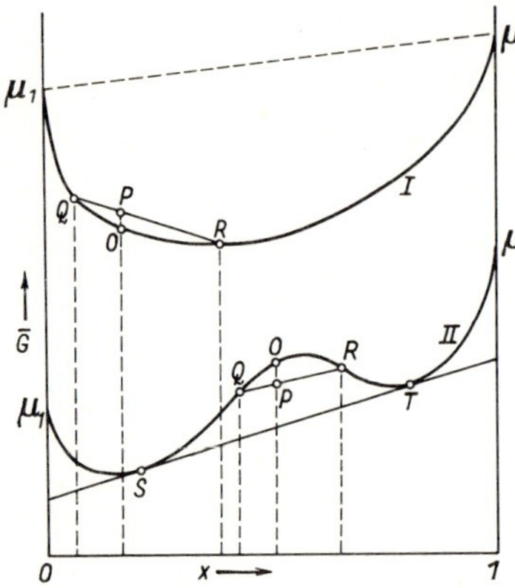

Abb. 60. Zur Ableitung der Stabilitätsbedingung für eine binäre Mischphase bei konstantem p und T.

Da die Grenzwerte von $\ln f_2$ und $\ln f_1$ für $x \to 0$ bzw. $x \to 1$ endlich bzw. Null sind (vgl. z. B. Abb. 47), erhält man für die Grenzneigungen

$$\lim_{x\to 0} \left(\frac{\partial \bar{G}}{\partial x}\right)_{p,T} = -\infty; \qquad \lim_{x\to 1} \left(\frac{\partial \bar{G}}{\partial x}\right)_{p,T} = +\infty. \tag{27}$$

Die Kurve muß also mit unendlicher Neigung in die beiden Werte μ_1 bzw. μ_2 einmünden, wie es in Abb. 60 dargestellt ist.

Für den Verlauf der Kurve im mittleren x-Bereich betrachten wir die beiden Fälle I und II. Nehmen wir an, daß die homogene Phase der Zusammensetzung O instabil sei und in die koexistenten Phasen der Zusammensetzung Q und R zerfalle. Dann wird die mittlere Freie Enthalpie der beiden Phasen durch den Punkt P dargestellt. P liegt oberhalb oder unterhalb von O, je nachdem die $\bar{G}$-Kurve bei O konvex oder konkav gegen die x-Achse ist. Da nun nach der Gleichgewichtsbedingung (9) die Freie Enthalpie ein Minimum besitzen soll, wird ein Zerfall in zwei Phasen nur dann eintreten, wenn P unterhalb von O liegt, d. h. wenn die $\bar{G}$-Kurve konkav gegen die x-Achse ist (Fall II). Für eine im ganzen Mischungsbereich homogene stabile Phase muß danach die *Krümmung* der $\bar{G}$-x-Kurve überall konvex gegen die x-Achse sein (Fall I), was analytisch bedeutet

$$\left(\frac{\partial^2 \bar{G}}{\partial x^2}\right)_{p,T} > 0\,. \tag{28}$$

Diese notwendige Stabilitätsbedingung für eine homogene Phase bedeutet, daß im Fall II das Gemisch im konkaven Teil der Kurve instabil ist und in zwei koexistente Phasen zerfällt, deren Zusammensetzung durch die Berührungspunkte S und T der *gemeinsamen Tangente* gegeben ist. Für diese koexistenten Phasen gilt nämlich nach (12) die Gleichgewichtsbedingung $\mu_1' = \mu_1''$ und $\mu_2' = \mu_2''$. Daraus folgt unter Einführung der mittleren Freien Enthalpie mittels (IV, 142)

$$\left.\begin{aligned} \left(\bar{G} + (1-x)\frac{\partial \bar{G}}{\partial x}\right)_{p,T}' &= \left(\bar{G} + (1-x)\frac{\partial \bar{G}}{\partial x}\right)_{p,T}'', \\ \left(\bar{G} - x\frac{\partial \bar{G}}{\partial x}\right)_{p,T}' &= \left(\bar{G} - x\frac{\partial \bar{G}}{\partial x}\right)_{p,T}'', \end{aligned}\right\} \tag{29}$$

was sich durch Subtraktion der beiden Gleichungen auch in der einfacheren Form schreiben läßt

$$\left(\frac{\partial \bar{G}}{\partial x}\right)'_{p,T} = \left(\frac{\partial \bar{G}}{\partial x}\right)''_{p,T}. \tag{30}$$

Gl. (30) bedeutet gleiche Neigung der Tangenten in den Punkten S und T, Gl. (29) gleiche Ordinatenabschnitte dieser Tangenten. Die beiden Punkte S und T mit gemeinsamer Tangente entsprechen demnach den koexistenten Phasen. Der Übergang zwischen konvex und konkav und damit zwischen stabil und instabil findet an den Wendepunkten Q und R der Kurve II statt, wo $(\partial^2 \bar{G}/\partial x^2) = 0$ wird. Zwischen Q und R ist demnach die homogene Phase nicht existenzfähig (instabil). Zwischen S und Q bzw. R und T ist (28) erfüllt, trotzdem ist in diesen Gebieten die homogene Phase zwar existenzfähig, jedoch in bezug auf den Zerfall in die Phasen S und T *metastabil*, da eine hier gezogene Tangente nicht *überall* unterhalb der Kurve liegt. Die Bedingung (28) ist danach, analog wie oben die Bedingung (21a), für die Stabilität einer homogenen Phase zwar notwendig, aber nicht in jedem Fall ausreichend.

Um zwischen stabilen und instabilen Zuständen einer Mischphase unterscheiden zu können, bedarf es auch hier der zusätzlichen, zur Gl. (22) analogen Stabilitätsbedingung

$$\left(\frac{\partial^2 \bar{F}}{\partial x^2}\right)_{\bar{V}} \left(\frac{\partial^2 \bar{F}}{\partial \bar{V}^2}\right)_x - \left(\frac{\partial^2 \bar{F}}{\partial x\, \partial \bar{V}}\right)^2 > 0. \tag{31}$$

Aus ihr folgt zunächst, daß analog zu (28) auch

$$\left(\frac{\partial^2 \bar{F}}{\partial x^2}\right)_{\bar{V},T} > 0. \tag{32}$$

Trägt man die mittlere Freie Energie $\bar{F}$ in einem rechtwinkligen Koordinatensystem als Funktion von x und $\bar{V}$ auf, so erhält man eine Fläche. (20) und (32) bedeuten, daß sowohl jede $\bar{F}$-x-Kurve (Schnitt senkrecht zur $\bar{V}$-Achse) wie jede $\bar{F}$-$\bar{V}$-Kurve (Schnitt senkrecht zur x-Achse) für eine homogene stabile binäre Phase *konvex* gegen die x- bzw. $\bar{V}$-Achse gekrümmt ist. Darüber hinaus bedeutet Gl. (31) geometrisch, daß auch jeder andere beliebige vertikale Schnitt durch die $\bar{F}$-Fläche eine Kurve mit konvexer Krümmung gegen die $x\,\bar{V}$-Ebene ergibt. Diese drei Gleichungen stellen demnach die *ausreichende* Bedingung für die Stabilität der homogenen Phase dar, wobei die Gültigkeit von (31) und einer der beiden Bedingungen (20) oder (32) auch jeweils die der dritten bedeutet. Eine Berührungsebene der $\bar{F}$-Fläche liegt dann stets *ganz* unterhalb der Fläche.

3 Die Gibbssche Phasenregel [1)]

Mit Hilfe der gewonnenen thermodynamischen Gleichgewichtsbedingungen läßt sich ein weiteres allgemein gültiges Gesetz ableiten, die sog. *Gibbs*sche Phasenregel, die eine Beziehung herstellt zwischen der (minimalen) Anzahl K der voneinander unabhängigen chemischen Bestandteile, die zum Aufbau des Gleichgewichtssystems unbedingt erforderlich sind (sog. *Komponenten*), der Anzahl P der *Phasen* und der Anzahl F der Zustandsvariablen, die man unab-

[1] Vgl. *A. Findlay*, Die Phasenregel und ihre Anwendungen, 9. Aufl., Weinheim 1958.

hängig voneinander variieren kann (sog. *Freiheiten*), ohne daß eine der Phasen verschwindet. Man spricht in solchen Fällen von Änderungen „bei währendem Gleichgewicht".

Wir schließen zunächst chemische Reaktionen zwischen den Komponenten des Systems aus und nehmen an, daß jede Komponente in jeder Phase in endlicher, wenn auch u. U. sehr geringer Menge vorhanden ist. Der Zustand jeder Phase ist nach S. 4f. durch Druck, Temperatur und chemische Zusammensetzung, d. h. durch die Intensitätsvariablen $p, T, x_1, x_2, \ldots, x_K$ vollständig bestimmt[1], sofern wir von speziellen Zustandsvariablen wie Oberfläche, elektrische Ladung usw. absehen können. Für jede Phase gilt ferner nach (I, 17) $\sum_1^K x_i = 1$, d. h. es müssen nur jeweils $K - 1$ Molenbrüche angegeben werden, damit die Zusammensetzung eindeutig festgelegt ist. Für jede Phase haben wir deshalb einschließlich Druck und Temperatur $K - 1 + 2 = K + 1$ Variable. Für das Gesamtsystem mit P Phasen demnach

$$\text{Gesamtzahl der Variablen} = P(K + 1)\,. \tag{33}$$

Befindet sich das System im Gleichgewicht, so sind diese Variablen wegen der Gleichgewichtsbedingungen (2), (3) und (12) nicht voneinander unabhängig, sondern es gilt

$$\left.\begin{aligned} T' &= T'' = T''' = \cdots (P - 1 \text{ Gleichungen}),\\ p' &= p'' = p''' = \cdots (P - 1 \text{ Gleichungen}),\\ \mu_1' &= \mu_1'' = \mu_1''' = \cdots (P - 1 \text{ Gleichungen}),\\ \mu_2' &= \mu_2'' = \mu_2''' = \cdots (P - 1 \text{ Gleichungen}),\\ \mu_K' &= \mu_K'' = \mu_K''' = \cdots (P - 1 \text{ Gleichungen}). \end{aligned}\right\} \tag{34}$$

Insgesamt ergibt sich:

$$\text{Gesamtzahl der Gleichgewichtsbedingungen} = (K + 2)(P - 1)\,. \tag{35}$$

Die Differenz zwischen der Gesamtzahl der Variablen und der Zahl der zwischen ihnen bestehenden Beziehungen gibt offenbar die Zahl der frei verfügbaren Variablen, d. h. die Zahl der oben definierten Freiheiten an, so daß aus (33) und (34) folgt

$$F = P(K + 1) - (K + 2)(P - 1) = K - P + 2\,. \tag{36}$$

Das ist die ***Gibbssche Phasenregel.*** Sie beschränkt die Zahl der in einem System unter gegebenen Bedingungen von Druck, Temperatur und chemischer Zusammensetzung im Gleichgewicht koexistenten Phasen und stellt auf Grund ihrer Ableitung aus den Gleichgewichtsbedingungen und damit letzten Endes aus dem zweiten Hauptsatz ein allgemein gültiges Prinzip dar. Ist $F = 0$, so nennt man das Gleichgewicht invariant, bei $F = 1$ univariant, bei $F = 2$ divariant usw. $F = 0$ bedeutet, daß Druck, Temperatur und sämtliche Molenbrüche der Komponenten in allen Phasen eindeutig festliegen, daß man also keine dieser Größen ändern kann, ohne daß eine der Phasen verschwindet.

---

[1] Die Mengen der Phase, d. h. die extensiven Größen sind für Gleichgewichtsbetrachtungen dieser Art ohne Interesse.

Geht man (wie *Gibbs*) nicht von den Molenbrüchen, sondern von den chemischen Potentialen als unabhängigen Intensitätsvariablen aus, so ist bei K Komponenten der Zustand jeder Phase durch p, T, μ_1, $\ldots$, μ_K, d. h. durch $K + 2$ Variable bestimmt. Im Gleichgewicht hat jede dieser Variablen in allen Phasen denselben Wert, d. h. auch das Gesamtsystem ist durch $K + 2$ Variable festgelegt. In jeder Phase sind jedoch die möglichen Änderungen dieser Variablen miteinander durch die *Gibbs-Duhem*sche Gleichung (IV, 135) verknüpft, d. h. für jede Phase gilt

$$S\,\mathrm{d}T - V\,\mathrm{d}p + \sum_1^K n_i\,\mathrm{d}\mu_i = 0\,.$$

Bei P Phasen gibt es P derartige Gleichungen, die Zahl der frei verfügbaren Variablen, d. h. der Freiheiten ergibt sich also wieder zu $F = K + 2 - P$.

Bei der Ableitung der Phasenregel hatten wir vorausgesetzt, daß jede Komponente in jeder Phase vorhanden ist. Dies ist immer dann nicht der Fall, wenn reine *kristallisierte* Komponenten im System vorhanden sind[1)]. Besteht z. B. die Phase $'$ aus der reinen kristallisierten Komponente 1, so ist diese Phase nicht durch $K + 1$ Variable, sondern bereits durch zwei Variable, nämlich Druck und Temperatur eindeutig bestimmt. Die Gesamtzahl der Variablen vermindert sich also um $K - 1$. Andererseits reduziert sich aber auch die Zahl der Gleichgewichtsbedingungen um $K - 1$, denn es gilt nun an Stelle von (34)

$$\left.\begin{aligned} T' = T'' &= T''' = \cdots,\\ p' = p'' &= p''' = \cdots,\\ \mu_1' = \mu_1'' &= \mu_1''' = \cdots,\\ \mu_2'' &= \mu_2''' = \cdots,\\ \mu_K'' &= \mu_K''' = \cdots. \end{aligned}\right\} \tag{37}$$

Die Differenz zwischen der Gesamtzahl der Variablen und der Zahl der Gleichgewichtsbeziehungen bleibt also ungeändert, und damit auch die Zahl der Freiheiten.

Wir wiederholen jetzt die angestellten Betrachtungen für den Fall, daß chemische Reaktionen zwischen den Bestandteilen des Systems möglich sind. Dadurch entstehen neue Stoffe, und im Gleichgewicht seien insgesamt N verschiedene Stoffe vorhanden, von denen einige sich miteinander im chemischen Gleichgewicht befinden. Die Gesamtzahl der Variablen des Systems beträgt jetzt an Stelle von (33)

$$\text{Zahl der Variablen} = P(N + 1)\,. \tag{33a}$$

Die Zahl der Gleichgewichtsbedingungen in bezug auf Druck, Temperatur und Phasenübergänge der N Stoffe beträgt analog zu (35) $(N + 2)(P - 1)$; hinzu kommen jedoch außerdem die Gleichgewichtsbedingungen (14) für jede der unabhängigen Reaktionen, die im System

---

1 Ein Beispiel ist etwa das Zweikomponentensystem Wasser-Diethylether. Nach (36) ist die maximal mögliche Zahl der Phasen 4 (keine Freiheit). Die vier Phasen Eis, etherhaltiges Wasser, wasserhaltiger Ether, Dampf stehen bei $-3{,}83\,°\mathrm{C}$ und 210,67 mbar Druck miteinander im Gleichgewicht. Die beiden flüssigen Phasen und die Dampfphase enthalten beide Komponenten, die feste Phase dagegen nur die Komponente Wasser. Auch auf manche flüssige Phasen läßt sich diese Überlegung u. U. ausdehnen, etwa auf die beiden Phasen Quecksilber und Benzol.

abgelaufen sind. Bezeichnen wir die Zahl dieser Reaktionen mit R, so gilt an Stelle von (35) nunmehr[1)]

$$\text{Gesamtzahl der Gleichgewichtsbedingungen} = (N + 2)(P - 1) + R. \qquad (35a)$$

Die Differenz muß auch hier wieder die Zahl der verfügbaren Variablen, d. h. die Zahl der Freiheiten angeben:

$$F = (N - R) - P + 2. \qquad (36a)$$

Der Vergleich mit (36) zeigt, daß

$$K = N - R. \qquad (38)$$

Das bedeutet: Können in einem System chemische Reaktionen stattfinden, so ist die in die Phasenregel einzusetzende *Zahl der Komponenten gleich der Zahl der insgesamt vorhandenen Stoffe vermindert um die Zahl der voneinander unabhängigen Reaktionsgleichungen zwischen ihnen.*

Die Anwendung der Phasenregel auf Systeme mit mehreren reaktionsfähigen Molekelarten erfordert demnach die Kenntnis der Zahl R der voneinander unabhängigen Reaktionsgleichungen. In einfacheren Fällen läßt sich diese unmittelbar angeben. Befinden sich z. B. ein einem homogenen Gleichgewichtsgemisch nebeneinander die Molekeln H_2, Br_2, I_2, HBr, HI und BrI, so haben wir die unabhängigen Reaktionsgleichungen $H_2 + Br_2 = 2HBr$, $H_2 + I_2 = 2HI$, $Br_2 + I_2 = 2BrI$, aus deren Kombination sich weitere (nicht mehr unabhängige) Gleichungen ableiten lassen, z. B. $HBr + HI = H_2 + BrI$, $I_2 + 2HBr = 2HI + Br_2$ usw. Demnach ist $N = 6$, $R = 3$ und damit $K = 3$. Liegt dagegen etwa ein homogenes Gleichgewichtsgemisch von H_2, CO, CO_2, H_2O, CH_4 und CH_3OH vor, so übersieht man nicht ohne weiteres die Zahl der möglichen unabhängigen Reaktionsgleichungen. Eine einfache Methode, diese zu ermitteln, besteht darin, daß man zunächst die Bildungsreaktionen sämtlicher vorhandenen Molekeln aus ihren Atomen hinschreibt. Diese sind im genannten Beispiel

1. $2H = H_2$,	4. $2H + O = H_2O$,
2. $C + O = CO$,	5. $C + 4H = CH_4$
3. $C + 2O = CO_2$,	6. $C + 4H + O = CH_3OH$.

Unter der Voraussetzung, daß freie Atome im Gleichgewicht nicht vorhanden sind, benutzt man die erste Gleichung, um H aus den letzten drei zu eliminieren, und erhält

2. $C + O = CO$	4a) $H_2 + O = H_2O$,
3. $C + 2O = CO_2$,	5a) $C + 2H_2 = CH_4$,
	6a) $C + 2H_2 + O = CH_3OH$.

In gleicher Weise wird 2. benutzt, um O aus 3., 4a) und 6a) zu eliminieren:

---

[1] Befindet sich eine Reaktion in einer Phase im Gleichgewicht, so gilt dies notwendig auch von allen anderen Phasen. Man spricht in solchen Fällen von *simultanen Gleichgewichten* (vgl. S. 335). Aus diesem Grund existieren nur R chemische Gleichgewichtsbedingungen und nicht etwa PR.

3a) $2CO = C + CO_2$, 5a) $C + 2H_2 = CH_4$,

4b) $H_2 + CO = C + H_2O$, 6b) $2H_2 + CO = CH_3OH$.

Schließlich benutzt man 3a), um C aus 4b) und 5a) zu eliminieren, und erhält so

4c) $H_2 + CO_2 = H_2O + CO$,

5b) $2CO + 2H_2 = CH_4 + CO_2$,

6b) $2H_2 + CO = CH_3OH$.

Es gibt danach die drei unabhängigen Reaktionsgleichungen 4c, 5b und 6b, aus deren Kombinationen sich wieder weitere (nicht unabhängige) Gleichungen ableiten lassen. Es ist deshalb auch hier $N = 6$, $R = 3$ und $K = 3$, d. h. die Gleichgewichtsmischung der sechs Stoffe kann prinzipiell z. B. ausgehend von den drei Komponenten H_2, CO und CO_2 hergestellt werden.

Nach dieser Regel kann die Anzahl der unabhängigen Komponenten bestimmt werden, sofern diese nicht im stöchiometrischen Verhältnis zusammengegeben werden. Betrachten wir noch einmal das System der Stoffe Br_2, I_2, IBr mit der einen unabhängigen Reaktionsgleichung

$$I_2 + Br_2 \rightleftarrows 2IBr,$$

so kann dieses nach dem Vorhergehenden aus beliebigen Mengen der unabhängigen Komponenten I_2 und Br_2 aufgebaut werden. Setzt man aber das System aus stöchiometrischen Mengen I_2 und Br_2 zusammen, so kann man es auch ebensogut aus der einen unabhängigen Komponente IBr alleine aufbauen, d. h. man hat dann nur ein Einkomponentensystem. Dies bedeutet aber letzten Endes nichts anderes, als daß man auf die Freiheit, die Zusammensetzung zu variieren, verzichtet.

Die Phasenregel wurde aus den Gln. (34) bzw. (37) abgeleitet. Nach (12) bestehen diese Beziehungen nur dann, wenn alle Stoffe *unabhängig* voneinander durch die verschiedenen Phasengrenzen treten können. Ist diese Bedingung erfüllt, so gilt auch die Phasenregel streng. Ist diese Bedingung jedoch, wie bei heterogenen chemischen Gleichgewichten, nicht erfüllt, so *kann* die Phasenregel versagen, denn für diesen Fall wurde sie ja nicht abgeleitet.

Wir betrachten als Beispiel die Zersetzung von $CaCO_3$ nach der Reaktionsgleichung

$$CaCO_3 \rightleftarrows CaO + CO_2.$$

Hier sind die Phasen $CaCO_3$ ($'$), CaO ($''$) und CO_2 ($'''$) miteinander im Gleichgewicht. Das System läßt sich aus der einen Komponente $CaCO_3$ aufbauen, denn eine zusätzliche Beimengung von CaO oder CO_2 ändert nur die Mengen, nicht aber die intensiven Zustandsgrößen der Phasen. Wendet man hier – unerlaubterweise – die Phasenregel an, so findet man im Gegensatz zur Erfahrung für dieses System keinen Freiheitsgrad. Tatsächlich gelten aber hier anstelle der Bedingungen (34) bzw. (37) auf Grund von (14) die Beziehungen

$$\begin{aligned} T' &= T'' = T''' \\ p' &= p'' = p''' \\ \mu'_{CaCO_3} &= \mu''_{CaO} + \mu'''_{CO_2}. \end{aligned} \qquad (37a)$$

Da auch die Gasphase praktisch eine reine Phase ist, sind die chemischen Potentiale nur Funktionen von p und T, so daß aus (37a) folgt

$$\mu'_{CaCO_3}(p, T) - \mu''_{CaO}(p, T) - \mu'''_{CO_2}(p, T) = 0 .$$

Dies ist aber eine implizite Funktion zwischen den Variablen p und T, d. h. p ist eine Funktion von T, das System hat also einen Freiheitsgrad.

Als weiteres Beispiel betrachten wir ein Gemisch zweier Salze wie etwa KCl und NaBr, welches wir bis nahe zum Schmelzpunkt erwärmen. Dann stellt sich im Dampf ein Gleichgewicht ein nach

$$\mathrm{KCl + NaBr \rightleftarrows KBr + NaCl}$$

(doppelte Umsetzung). Liegen neben der Gasphase ($'''''$) alle vier festen Salze (($'$) bis ($''''$)) als reine Phasen vor, so lauten die Gleichgewichtsbedingungen

$$\begin{aligned} &\mu'_{KCl} + \mu''_{NaBr} - \mu'''_{KBr} - \mu''''_{NaCl} = 0 \\ &\mu'_{KCl} = \mu'''''_{KCl}, \qquad \mu'''_{KBr} = \mu'''''_{KBr} \\ &\mu''_{NaBr} = \mu'''''_{NaBr}, \qquad \mu''''_{NaCl} = \mu'''''_{NaCl} . \end{aligned} \tag{37b}$$

Die fünf Variablen $x_1''''', x_2''''', x_3'''''$, p, T sind somit durch fünf Gleichungen verbunden, das System hat damit keine Freiheit. Diese fünf Phasen können deshalb nur bei einer ganz bestimmten Temperatur und einem ganz bestimmten Druck nebeneinander bestehen. Verzichtet man auf die Gasphase, so entfallen die vier letzten Gleichungen, und die erste Gleichung gibt einen Zusammenhang zwischen den beiden unabhängigen Variablen p und T, d. h. für jede Temperatur existiert ein bestimmter Druck, bei welchem die vier reinen festen Phasen miteinander im Gleichgewicht stehen. Behalten wir schließlich die Gasphase bei und verzichten auf eine der festen Phasen, so entfällt z. B. die letzte der Gln. (37b). Dann bestehen zwischen den fünf Variablen vier Gleichungen, und das System hat wieder eine Freiheit. Das bedeutet aber, daß bei Anwesenheit der Gasphase, d. h. wenn das System unter dem eigenen Dampfdruck steht, bei der Einstellung des Gleichgewichtes eine der festen Phasen vollständig verbraucht wird.

Bei der traditionellen Darstellung der Phasenregel versucht man, diese auch auf heterogene chemische Gleichgewichte anzuwenden. Dies geschieht aber nicht, indem man folgerichtig die Gleichgewichtsbedingungen verallgemeinert, sondern indem man den Begriff der unabhängigen Komponente umdefiniert. Indessen ist es kaum möglich, eine solche Definition zu finden, welche zugleich einfach, eindeutig und für alle Fälle ausreichend ist. Vor allem aber entbehrt ein solches Vorgehen jeder Beweiskraft[1)].

4 Phasengleichgewichte reiner Stoffe

Wir wenden im folgenden die gewonnenen Gleichgewichtsbedingungen zunächst auf Phasengleichgewichte an. Dabei werden wir uns nicht darauf beschränken, in jedem einzelnen Fall

[1] Vgl. *A. Findlay,* Die Phasenregel und ihre Anwendungen, 9. Aufl., Weinheim 1958, Kap. I; *H. Mauser* in: Ullmanns Encyklopädie der technischen Chemie, 3. Aufl., Bd. 2/1, München 1961, S. 638ff.

die spezielle Form der Gleichgewichtsbedingung aufzustellen, sondern wir werden auch untersuchen, wie das Gleichgewicht von den äußeren Zustandsvariablen Druck bzw. Volumen, Temperatur und Zusammensetzung abhängt, und welche Bedingung eingehalten werden muß, damit das Gleichgewicht bei Änderung der Zustandsvariablen erhalten bleibt.

Für das Gleichgewicht zwischen zwei koexistenten Phasen eines reinen Stoffes gilt Gl. (11). Soll dieses Gleichgewicht bestehen bleiben, wenn man die unabhängigen Variablen Druck oder Temperatur ändert, so muß offenbar auch gelten

$$d\mu' = d\mu'', \tag{39}$$

denn nur unter dieser Bedingung bleibt (11) erhalten. Für mehrere Phasen und mehrere Stoffe gilt allgemein

$$d\mu' = d\mu'' = d\mu''' = \cdots, \tag{40}$$

wobei außer Druck und Temperatur auch die Zusammensetzung der Phasen als unabhängige Variable auftreten kann. Diese Bedingungen werden häufig auch als „Koexistenzgleichungen für währendes Gleichgewicht" bezeichnet.

4.1 Dampfdruck reiner Flüssigkeiten

Es wurde schon bei der Ableitung der Temperaturabhängigkeit der Verdampfungswärme (S. 101) darauf hingewiesen, daß der für das Gleichgewicht zwischen Flüssigkeiten und ihrem Dampf charakteristische *Sättigungsdruck* p_s mit der Temperatur zwangsläufig zunimmt, daß es also nicht möglich ist, bei konstantem Druck die Temperatur allein oder bei konstanter Temperatur den Druck allein zu ändern, ohne daß schließlich eine der beiden Phasen vollständig verschwindet. Erhöht man z. B. bei konstanter Temperatur den äußeren Druck über den Sättigungsdruck, so kondensiert sich die Dampfphase vollständig, erniedrigt man umgekehrt den Druck unter den Sättigungsdruck, so verdampft die flüssige Phase vollständig[1], das Gleichgewicht zwischen beiden Phasen bleibt nur erhalten, wenn gleichzeitig Temperatur und äußerer Druck in der durch die T-Abhängigkeit des Sättigungsdampfdrucks vorgeschriebenen Weise variiert werden. Diese Temperaturabhängigkeit des Dampfdrucks ergibt sich unmittelbar aus Gl. (39), wenn man für beide Phasen $d\mu$ als vollständiges Differential hinschreibt:

$$d\mu = \left(\frac{\partial\mu}{\partial p}\right)_T dp + \left(\frac{\partial\mu}{\partial T}\right)_p dT. \tag{41}$$

Unter Berücksichtigung der Temperatur- und Druckabhängigkeit von μ nach (IV, 122 und 123) erhält man[2]

$$d\mu'' = \boldsymbol{V}''dp_s - \boldsymbol{S}''dT = d\mu' = \boldsymbol{V}'dp_s - \boldsymbol{S}'dT$$

---

[1] Dies ist nur ein anderer Ausdruck dafür, daß in einem Einkomponentensystem mit zwei Phasen nach der Phasenregel (36) nur eine Freiheit zur Verfügung steht.

[2] Wir bezeichnen im folgenden stets mit '' die unter Wärmeaufnahme entstehende (endotherme), mit ' die unter Wärmeabgabe entstehende (exotherme) Phase.

oder

$$\left(\frac{\mathrm{d}p_\mathrm{s}}{\mathrm{d}T}\right)_\mathrm{koex} = \frac{\boldsymbol{S}'' - \boldsymbol{S}'}{\boldsymbol{V}'' - \boldsymbol{V}'}. \tag{42}$$

$\boldsymbol{V}'' - \boldsymbol{V}'$ ist die Volumenänderung pro Mol verdampfender Flüssigkeit, $\boldsymbol{S}'' - \boldsymbol{S}'$ ist die molare Entropiedifferenz von Dampf und Flüssigkeit, die nach (IV, 47) als Verdampfungsentropie $\Delta \boldsymbol{H}_\mathrm{Verd.}/T$ bezeichnet wurde[1]. Setzt man dies ein, so erhält man die zuerst von *Clapeyron* (1834), später exakter von *Clausius* abgeleitete Gleichung

$$\left(\frac{\mathrm{d}p_\mathrm{s}}{\mathrm{d}T}\right)_\mathrm{koex} = \frac{\Delta \boldsymbol{H}_\mathrm{Verd.}}{T(\boldsymbol{V}'' - \boldsymbol{V}')}, \tag{43}$$

die die Temperaturabhängigkeit des Sättigungsdampfdrucks angibt. Da rechts nur positive Größen stehen, nimmt der Dampfdruck mit steigender Temperatur stets zu.

Man benutzt die *Clausius-Clapeyronsche Gleichung* häufig dazu, aus der Neigung der Dampfdruckkurve und den Molvolumina von Dampf und Flüssigkeit die äußere Verdampfungswärme $\Delta \boldsymbol{H}_\mathrm{Verd.}$ zu berechnen, besonders im Gebiet hoher Drucke, wo die kalorimetrische Messung von $\Delta \boldsymbol{H}_\mathrm{Verd.}$ schwierig ist. Als Beispiel seien die Zahlenwerte für Wasser bei 100 °C angegeben. Bei 99,9 °C ist $p_\mathrm{s} = 1009{,}72$ mbar, bei 100,1 °C ist $p_\mathrm{s} = 1016{,}96$ mbar. Daraus folgt angenähert

$$\frac{\mathrm{d}p_\mathrm{s}}{\mathrm{d}T} = \frac{1016{,}96 - 1009{,}72}{0{,}2}\,\mathrm{mbar\,K^{-1}} = 36{,}2\,\mathrm{mbar\,K^{-1}} = 0{,}0358\,\mathrm{atm\,K^{-1}}.$$

Ferner ist bei 373,15 K $\boldsymbol{V}'' = 18{,}02 \cdot 1{,}671\,\mathrm{dm^3}$, $\boldsymbol{V}' = 18{,}02 \cdot 0{,}0010\,\mathrm{dm^3}$. Damit ergibt sich aus (43)

$$\begin{aligned}\Delta \boldsymbol{H}_\mathrm{Verd.} &= 373{,}15 \cdot 0{,}0362 \cdot 18{,}02 \cdot 1{,}670\,\mathrm{dm^3\,bar\,mol^{-1}} = 406{,}6\,\mathrm{dm^3\,bar\,mol^{-1}}\\ &= 40{,}61\,\mathrm{kJ\,mol^{-1}}.\end{aligned}$$

während die direkte kalorimetrische Messung im Mittel 40,64 kJ $\mathrm{mol^{-1}}$ liefert.

Man kann die Gleichung vereinfachen, wenn man sich auf das *Gebiet kleiner Dampfdrucke* beschränkt und die Annahme macht, daß das Molvolumen $\boldsymbol{V}'$ der Flüssigkeit gegenüber dem Molvolumen $\boldsymbol{V}''$ des Dampfes vernachlässigt werden kann[2] und daß der Dampf dem idealen Gasgesetz gehorcht, so daß $\boldsymbol{V}'' = \dfrac{RT}{p_\mathrm{s}}$. Damit geht Gl. (43) über in[3]

$$\frac{1}{p_\mathrm{s}}\frac{\mathrm{d}p_\mathrm{s}}{\mathrm{d}T} \equiv \frac{\mathrm{d}\ln p_\mathrm{s}}{\mathrm{d}T} = \frac{\Delta \boldsymbol{H}_\mathrm{Verd.}}{RT^2}, \tag{44}$$

[1] Weil beim Phasenübergang $\Delta G = 0$, wird $\Delta H = T \cdot \Delta S$.

[2] Dies bedingt selbst bei Atmosphärendruck einen relativ kleinen Fehler. Nach dem obigen Zahlenbeispiel gilt für Wasser $\boldsymbol{V}'' = 30110\,\mathrm{cm^3}$, $\boldsymbol{V}' = 18\,\mathrm{cm^3}$, so daß die Vernachlässigung von $\boldsymbol{V}'$ gegen $\boldsymbol{V}''$ nur rund 0,06% ausmacht. Bei kleinen Drucken wird der Fehler natürlich noch wesentlich geringer.

[3] Integriert liefert (44) $\ln p_\mathrm{s} = -\dfrac{\Delta \boldsymbol{H}_\mathrm{Verd.}}{RT} + \mathrm{Const.}$ Da der Logarithmus eine dimensionslose Zahl ist, müßte man strenger schreiben: $\ln \dfrac{p_\mathrm{s}}{\overset{*}{p}} = -\dfrac{\Delta \boldsymbol{H}_\mathrm{Verd.}}{RT} + \mathrm{Const}$, wobei $\overset{*}{p} = 1$ atm.

oder in anderer Form geschrieben

$$\left(\frac{\mathrm{d}\ln p_\mathrm{s}}{\mathrm{d}(1/T)}\right)_\mathrm{koex} = -\frac{\Delta \boldsymbol{H}_\mathrm{Verd.}}{R}. \tag{44a}$$

Trägt man demnach $\ln p_\mathrm{s}$ gegen $1/T$ auf, so erhält man eine abfallende Kurve, deren Neigung in jedem Punkt die Verdampfungswärme liefert. Wie aus Abb. 61 hervorgeht, erhält man in vielen Fällen mit guter Näherung eine Gerade, was bedeutet, daß $\Delta \boldsymbol{H}_\mathrm{Verd.}$ in dem betreffenden

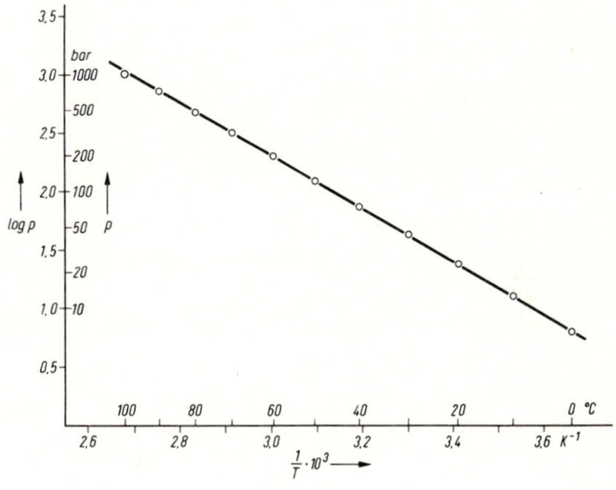

Abb. 61. Dampfdruckkurve des Wassers in logarithmischer Darstellung.

Bereich noch weitgehend von T unabhängig ist. Daß man bei Wasser sogar bis 160 °C angenähert eine Gerade erhält, ist darauf zurückzuführen, daß die in (44) steckenden Vereinfachungen die T-Abhängigkeit von $\Delta \boldsymbol{H}_\mathrm{Verd.}$ teilweise kompensieren.

Mit Hilfe der *Clausius-Clapeyron*schen Gleichung kann man andere Koexistenzgleichungen für das Zweiphasengleichgewicht zwischen Flüssigkeit und Dampf ableiten, indem man andere Variable zur Darstellung der Zustandsänderung benutzt, die natürlich ebenso wie $\mathrm{d}p_\mathrm{s}$ und $\mathrm{d}T$ voneinander abhängen. So erhält man z. B. für den Zusammenhang zwischen molarer Entropie der beiden koexistenten Phasen und Temperatur aus

$$\mathrm{d}\boldsymbol{S}'' = \left(\frac{\partial \boldsymbol{S}''}{\partial T}\right)_p \mathrm{d}T + \left(\frac{\partial \boldsymbol{S}''}{\partial p}\right)_T \mathrm{d}p = \left(\frac{\partial \boldsymbol{S}''}{\partial T}\right)_p \mathrm{d}T + \left(\frac{\partial \boldsymbol{S}''}{\partial p}\right)_T \frac{\mathrm{d}p_\mathrm{s}}{\mathrm{d}T}\mathrm{d}T,$$

$$\mathrm{d}\boldsymbol{S}' = \left(\frac{\partial \boldsymbol{S}'}{\partial T}\right)_p \mathrm{d}T + \left(\frac{\partial \boldsymbol{S}'}{\partial p}\right)_T \mathrm{d}p = \left(\frac{\partial \boldsymbol{S}'}{\partial T}\right)_p \mathrm{d}T + \left(\frac{\partial \boldsymbol{S}'}{\partial p}\right)_T \frac{\mathrm{d}p_\mathrm{s}}{\mathrm{d}T}\mathrm{d}T,$$

indem man für $\mathrm{d}p_\mathrm{s}/\mathrm{d}T$ den Wert aus (43) einsetzt und $(\partial \boldsymbol{S}/\partial p)_T$ nach der *Maxwell*schen Beziehung (IV, 30) durch $-(\partial \boldsymbol{V}/\partial T)_p$ ersetzt

$$\left(\frac{\mathrm{d}\boldsymbol{S}''}{\mathrm{d}T}\right)_\mathrm{koex} = \left(\frac{\partial \boldsymbol{S}''}{\partial T}\right)_p - \frac{\Delta \boldsymbol{H}_\mathrm{Verd.}}{T(\boldsymbol{V}'' - \boldsymbol{V}')}\left(\frac{\partial \boldsymbol{V}''}{\partial T}\right)_p. \tag{45}$$

Eine entsprechende Gleichung gilt für $(\mathrm{d}\boldsymbol{S}'/\mathrm{d}T)_{\text{koex}}$. Bei der flüssigen Phase kann man das letzte Glied der Gleichung wieder vernachlässigen wegen des geringen Ausdehnungskoeffizienten von Flüssigkeiten, so daß $(\mathrm{d}\boldsymbol{S}'/\mathrm{d}T)_{\text{koex}} \approx (\partial\boldsymbol{S}'/\partial T)_p$. Bei der koexistenten Gasphase sind beide Glieder der rechten Seite positiv und von gleicher Größenordnung, so daß $(\mathrm{d}\boldsymbol{S}''/\mathrm{d}T)_{\text{koex}}$ sowohl positiv wie negativ werden kann. Dieses zunächst überraschende Resultat, daß die molare Entropie des koexistierenden Dampfes mit steigendem T auch abnehmen kann, erklärt sich daraus, daß durch die gleichzeitige Drucksteigerung die Entropie stärker abnimmt, als der Entropiezunahme durch das wachsende T entspricht.

Da ferner nach (IV, 26) $\mathrm{d}\boldsymbol{S}/\mathrm{d}T = \boldsymbol{C}/T$ die Molwärme des Stoffes unter den gewählten Bedingungen angibt, kann man (45) auch in der Form schreiben

$$\boldsymbol{C}''_{\text{koex}} = T\left(\frac{\mathrm{d}\boldsymbol{S}''}{\mathrm{d}T}\right)_{\text{koex}} = \boldsymbol{C}''_p - \frac{\Delta\boldsymbol{H}_{\text{Verd.}}}{\boldsymbol{V}'' - \boldsymbol{V}'}\left(\frac{\partial\boldsymbol{V}''}{\partial T}\right)_p . \tag{46}$$

Danach kann auch $\boldsymbol{C}''_{\text{koex}}$ negative Werte annehmen, wenn durch die Kompression des Dampfes mehr Wärme frei wird, als die Erwärmung bei konstantem Druck verbrauchen würde.

So wird z. B. für gesättigten Wasserdampf bei 25 °C unter Annahme idealen Gasverhaltens und Vernachlässigung von $\boldsymbol{V}'$ gegenüber $\boldsymbol{V}''$ mit den empirischen Werten $\boldsymbol{C}''_p = 33{,}5\ \mathrm{J\,K^{-1}}$ und $\Delta\boldsymbol{H}_{\text{Verd.}} = 43{,}9\ \mathrm{kJ\,mol^{-1}}$

$$\boldsymbol{C}''_{\text{koex}} = \boldsymbol{C}''_p - \frac{\Delta\boldsymbol{H}_{\text{Verd.}}}{T} = (33{,}5 - 147{,}2)\ \mathrm{J\,K^{-1}\,mol^{-1}} = -113{,}7\ \mathrm{J\,K^{-1}\,mol^{-1}} .$$

Eine analoge Gleichung gilt für die koexistente flüssige Phase, wobei wieder das letzte Glied der Gleichung vernachlässigt werden kann, so daß in erster Näherung

$$\boldsymbol{C}'_{\text{koex}} \approx \boldsymbol{C}'_p . \tag{47}$$

In analoger Weise kann man z. B. den Zusammenhang zwischen den Molvolumina der koexistenten Phasen und der Temperatur berechnen und findet, daß auch $(\mathrm{d}\boldsymbol{V}''/\mathrm{d}T)_{\text{koex}}$ negativ wird und dem Betrag nach sehr viel größer als $(\partial\boldsymbol{V}''/\partial T)_p$. Die Dichte des Dampfes nimmt also mit steigender Temperatur zu.

Die *Integration* der vereinfachten *Clausius-Clapeyron*schen Gl. (44) bzw. (44a) ergibt für kleine Temperaturbereiche, innerhalb deren man $\Delta\boldsymbol{H}_{\text{Verd.}}$ als praktisch konstant betrachten kann bzw. durch einen konstanten Mittelwert $\overline{\Delta\boldsymbol{H}}_{\text{Verd.}}$ ersetzt,

$$\ln p_{\mathrm{s}} = -\frac{\overline{\Delta\boldsymbol{H}}_{\text{Verd.}}}{RT} + J', \tag{48}$$

oder auf dekadische Logarithmen umgerechnet und mit $R = 8{,}314\ \mathrm{J\,K^{-1}\,mol^{-1}}$ die zuerst von *August* (1828) benutzte Formel

$$\log p_{\mathrm{s}} = -\frac{\overline{\Delta\boldsymbol{H}}_{\text{Verd.}}}{19{,}14\,T} + J . \tag{48a}$$

In größeren T-Bereichen ist dieses Verfahren nicht zulässig, und Gleichung (48a) eignet sich z. B. nicht für die häufig erwünschte Extrapolation empirischer Dampfdruckmessungen, wie sie für zahlreiche Flüssigkeiten mit recht hoher Genauigkeit vorliegen.

Bessere Ergebnisse erhält man, wenn man in (48) den reduzierten Druck $\pi \equiv p_s/p_k$ und die reduzierte Temperatur $\vartheta \equiv T/T_k$ einführt, so daß die integrierte Form lautet (vgl. (II, 82)):

$$\ln\frac{p_s}{p_k} = A - B\frac{T_k}{T} \quad \text{bzw.} \quad \ln\pi = A - \frac{B}{\vartheta}, \tag{49}$$

wobei $B \equiv \Delta \boldsymbol{H}_{\text{Verd.}}/R\,T_k$ gesetzt ist. Für alle sog. Normalstoffe, die dem Theorem der übereinstimmenden Zustände gehorchen (vgl. S. 48), sollte der Ordinatenabschnitt A und die Neigung B der $(\ln\pi)$, $\frac{1}{\vartheta}$-Geraden identisch sein. Dies ist tatsächlich mit guter Näherung der Fall, wobei $A \approx B$, was bedeutet, daß Gl. (49) sogar bis in die Nähe der kritischen Temperatur verwendet werden kann, für die $A = B$ sein müßte. Dies hängt offenbar damit zusammen, daß die Abweichungen des Dampfes vom idealen Gasgesetz und die Abnahme von $\Delta \boldsymbol{H}_{\text{Verd.}}$ mit zunehmender Temperatur sich weitgehend gegenseitig kompensieren.

Ein anderes graphisches Verfahren[1] zur Extrapolation von Dampfdruckmessungen mit Hilfe der vereinfachten *Clausius-Clapeyron*schen Gleichung beruht darauf, daß der Logarithmus des Dampfdruckes einer Flüssigkeit eine lineare Funktion des Logarithmus des Dampfdruckes einer zweiten Flüssigkeit bei jeweils gleicher Temperatur sein sollte, wobei die Neigung dieser Geraden durch das *Verhältnis* der beiden molaren Verdampfungswärmen gegeben ist, das in einem wesentlich größeren Temperaturintervall als konstant betrachtet werden kann als die einzelnen $\Delta \boldsymbol{H}_{\text{Verd.}}$-Werte (*Dühring*sche Regel):

$$\log p_{2s} = \frac{\Delta \boldsymbol{H}_2}{\Delta \boldsymbol{H}_1}\log p_{1s} + \text{const}. \tag{50}$$

Wie gut diese Gleichung insbesondere bei verwandten Stoffen, bei denen die Temperaturkoeffizienten der Verdampfungswärmen ähnlich sind, bis zu relativ hohen Temperaturen und Drucken erfüllt ist, zeigt Abb. 62, in der die Dampfdrucke verschiedener Kohlenwasserstoffe gegen den Dampfdruck von Hexan in doppelt logarithmischen Koordinaten aufgetragen sind, wobei für die flüchtigen Stoffe (bis C_4) ein Ordinatenmaßstab 10:1 verwendet ist.

Für $p_s = 1$, d. h. für den Siedepunkt unter Atmosphärendruck, erhält man aus (48a) die Integrationskonstante

$$J = \frac{\overline{\Delta \boldsymbol{H}}_{\text{Verd.}}}{19{,}14\,T_s}. \tag{51}$$

Setzt man $\overline{\Delta \boldsymbol{H}}_{\text{Verd.}}$ gleich der Verdampfungswärme $\Delta \boldsymbol{H}_S$ beim Siedepunkt, so sollte nach der *Pictet-Trouton*schen Regel (III, 113) J eine universelle Konstante sein, d. h. die auf $1/T = 0$ extrapolierten logarithmischen Dampfdruckgeraden sollten die Ordinate an der gleichen Stelle schneiden. Diese Forderung kann man zur Prüfung der *Pictet-Trouton*schen Regel benutzen.

[1] *D. F. Othmer* u. Mitarb., Ind. Engng. Chem. *32,* 841 (1940); *36,* 858 (1944); *37,* 299 (1945).

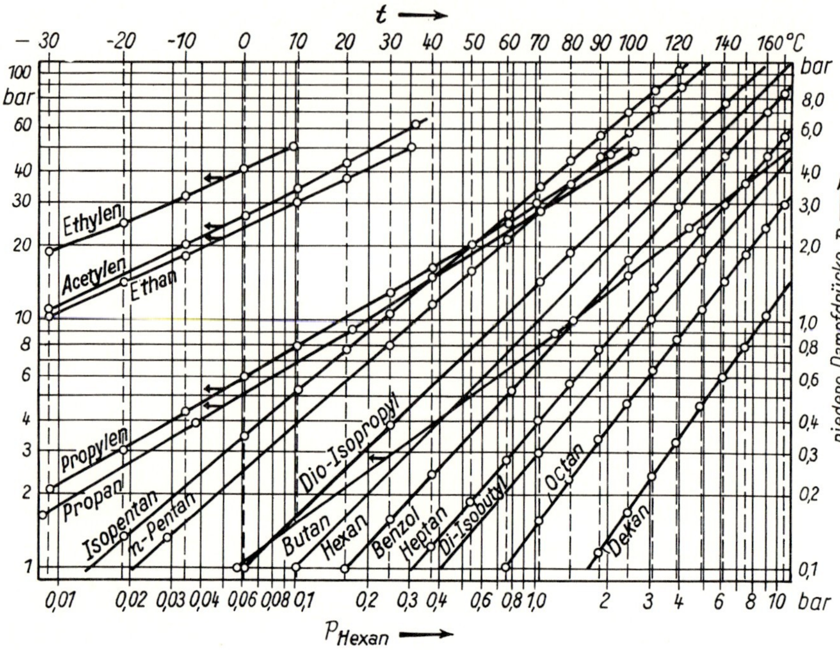

Abb. 62. Relative logarithmische Dampfdruckgeraden nach der vereinfachten *Clausius-Clapeyron*schen Gleichung mit *n*-Hexan als Bezugssubstanz.

Will man die Dampfdruckformel über einen größeren Temperaturbereich verwenden, so muß man in erster Linie die T-Abhängigkeit der Verdampfungswärme berücksichtigen, da die beiden anderen Vereinfachungen bei nicht zu hohen Temperaturen keine wesentliche Fehlerquelle bilden. Wir benutzen die einfache Gl. (III, 107), für die die gleichen Vereinfachungen gelten wie für (44), und erhalten durch Integration zwischen den Grenzen 0 und T

$$\Delta \boldsymbol{H}_T = \Delta \boldsymbol{H}_{(T=0)} + \int_0^T (\boldsymbol{C}_p'' - \boldsymbol{C}_p')\,\mathrm{d}T. \tag{52}$$

Setzt man dies in (44) ein, so erhält man an Stelle von (48)

$$\ln p_s = -\frac{\Delta \boldsymbol{H}_{(T=0)}}{RT} + \int \frac{\int_0^T (\boldsymbol{C}_p'' - \boldsymbol{C}_p')\,\mathrm{d}T}{RT^2}\,\mathrm{d}T + i'. \tag{53}$$

$\Delta \boldsymbol{H}_{(T=0)}$ stellt die auf $T = 0$ extrapolierte Verdampfungswärme der Flüssigkeit dar. Nimmt man nun $(\boldsymbol{C}_p'' - \boldsymbol{C}_p')$ als praktisch temperaturunabhängig an, so erhält man als zweite Näherung unter gleichzeitiger Umrechnung auf dekadische Logarithmen

$$\log p_s = \frac{-\Delta \boldsymbol{H}_0}{19{,}14\,T} + \frac{\boldsymbol{C}_p'' - \boldsymbol{C}_p'}{8{,}314} \log T + i, \tag{54}$$

eine Gleichung, in der $\Delta \boldsymbol{H}_0$ allerdings nicht mehr als der wahre Wert der Verdampfungswärme bei $T = 0$ interpretiert werden kann, sondern eine halbempirische Konstante darstellt. Diese *Rankine-Duprésche* Gleichung der allgemeinen Form

$$\log p_s = A - \frac{B}{T} + C \log T \tag{55}$$

hat sich in zahlreichen Fällen auch über Temperaturbereiche von 100 °C und mehr sehr gut bewährt[1].

Um schließlich eine Dampfdruckformel für das gesamte Temperaturgebiet zu gewinnen, für das die Differentialgleichung (44) gültig ist, insbesondere also eine Formel für *tiefe Temperaturen*, muß man auch die Temperaturabhängigkeit von $\boldsymbol{C}_p''$ und $\boldsymbol{C}_p'$ berücksichtigen. Man zerlegt zu diesem Zweck die Molwärmen des Dampfes in einen temperaturunabhängigen $\boldsymbol{C}_{p_0}''$ und einen temperaturabhängigen Anteil $\boldsymbol{C}_v''$ (vgl. Abb. 22), d. h. man macht den Ansatz[2]

$$\boldsymbol{C}_p'' = \boldsymbol{C}_{p_0}'' + \boldsymbol{C}_v''. \tag{56}$$

Damit erhält man aus (53) als dritte Näherung

$$\ln p_s = -\frac{\Delta \boldsymbol{H}_{(T=0)}}{RT} + \frac{\boldsymbol{C}_{p0}''}{R} \ln T + \int \frac{\int_0^T (\boldsymbol{C}_v'' - \boldsymbol{C}_p')\,\mathrm{d}T}{RT^2}\,\mathrm{d}T + i. \tag{57}$$

Integriert man zwischen den Grenzen T_S und T, wobei T_S die Siedetemperatur bedeutet, bei der $p_s = 1$ atm und $\ln p_s = 0$ wird, so erhält man

$$\ln p_s = -\frac{\Delta \boldsymbol{H}_{(T=0)}}{R}\left(\frac{1}{T} - \frac{1}{T_S}\right) + \frac{\boldsymbol{C}_{p0}''}{R}(\ln T - \ln T_S) + \frac{1}{R}\int_{T_S}^{T} \frac{\mathrm{d}T}{T^2} \int_0^T (\boldsymbol{C}_v'' - \boldsymbol{C}_p')\,\mathrm{d}T \tag{58}$$

oder in anderer Anordnung

$$\begin{aligned} \ln p_s = {} & -\frac{\Delta \boldsymbol{H}_{(T=0)}}{RT} + \frac{\boldsymbol{C}_{p0}''}{R} \ln T + \frac{1}{R}\int_0^T \frac{\mathrm{d}T}{T^2} \int_0^T (\boldsymbol{C}_v'' - \boldsymbol{C}_p')\,\mathrm{d}T \\ & - \left[-\frac{\Delta \boldsymbol{H}_{(T=0)}}{RT_S} + \frac{\boldsymbol{C}_{p0}''}{R} \ln T_S + \frac{1}{R}\int_0^{T_S} \frac{\mathrm{d}T}{T^2} \int_0^T (\boldsymbol{C}_v'' - \boldsymbol{C}_p')\,\mathrm{d}T\right], \end{aligned} \tag{58a}$$

indem man in (58) das Integral $\int_{T_S}^{T}$ in die Differenz der beiden Integrale $\int_0^T - \int_0^{T_S}$ zerlegt. Da nun sowohl $\boldsymbol{C}_v''$ wie $\boldsymbol{C}_p'$ bei sehr tiefen Temperaturen gegen Null konvergieren (vgl. Abb. 32), muß das Integral $\int_0^{T_S} \frac{\mathrm{d}T}{T^2} \int_0^T (\boldsymbol{C}_v'' - \boldsymbol{C}_p')\,\mathrm{d}T$ bei der unteren Grenze $T = 0$ verschwinden, so daß der gesamte Ausdruck in der eckigen Klammer einen bestimmten Wert besitzt, der mit j_p bezeichnet werden möge. Dann ergibt sich aus (58a)

$$\ln p_s = -\frac{\Delta \boldsymbol{H}_{(T=0)}}{RT} + \frac{\boldsymbol{C}_{p0}''}{R} \ln T + \frac{1}{R}\int_0^T \frac{\mathrm{d}T}{T^2} \int_0^T (\boldsymbol{C}_v'' - \boldsymbol{C}_p')\,\mathrm{d}T + j_p, \tag{59a}$$

---

[1] Diese Gleichung läßt sich, ebenso wie Gl. (49), mit Hilfe des Lochfehlstellen-Modells von einfachen Flüssigkeiten verständlich machen. Vgl. dazu *W. Luck,* Angew. Chem. *91,* 408 (1979).

[2] $\boldsymbol{C}_{p_0}''$ ist der aus der klassischen kinetischen Theorie der Wärme, $\boldsymbol{C}_v''$ der aus der Quantentheorie berechnete, mit der Temperatur wachsende Anteil der Molwärme, vgl. Kap. VIII.

oder unter Umrechnung auf dekadische Logarithmen und mit $R = 8{,}314\ \mathrm{J\,K^{-1}\,mol^{-1}}$

$$\log p_s = -\frac{\Delta \boldsymbol{H}_{(T=0)}}{19{,}14\ T} + \frac{\boldsymbol{C}''_{p0}}{8{,}314} \log T + \frac{1}{19{,}14} \int\limits_0^T \frac{\mathrm{d}T}{T^2} \int\limits_0^T (\boldsymbol{C}''_v - \boldsymbol{C}'_p)\,\mathrm{d}T + \frac{j_p}{2{,}3026} \qquad (59\mathrm{b})^{1)}$$

j_p wird als *thermodynamische Dampfdruckkonstante* bezeichnet, sie muß ebenso wie $\Delta \boldsymbol{H}_{(T=0)}$ aus den Dampfdruckmessungen selbst ermittelt werden. Ferner müssen $\boldsymbol{C}''_{p0}$ sowie $\boldsymbol{C}''_v$ und $\boldsymbol{C}'_p$ als Temperaturfunktionen bis zu möglichst tiefen Temperaturen hinab bekannt sein, damit sich das Doppelintegral auswerten läßt, was in der Regel am besten graphisch geschieht[2]. Gl. (59b) hat sich zur Darstellung der Dampfdrucke (z. B. von H_2O im Temperaturgebiet $187 < T < 323$ K) ausgezeichnet bewährt und wird deshalb häufig verwendet. Die Dampfdruckkonstanten j_p sind für zahlreiche Stoffe empirisch ermittelt worden und stimmen mit den statistisch berechneten Werten in der Regel gut überein (vgl. S. 358).

Bei *hohen Temperaturen*, in der Nähe des kritischen Punktes, versagen natürlich alle die abgeleiteten Näherungen, da dann das Volumen $\boldsymbol{V}'$ der Flüssigkeit nicht mehr gegen das Volumen $\boldsymbol{V}''$ des Dampfes vernachlässigt werden darf und der Dampf dem idealen Gasgesetz nicht mehr gehorcht, so daß bereits die Differentialgleichung (44) ungültig wird. In solchen Fällen muß die exakte Gl. (43) verwendet werden, d. h. es müssen sowohl $\Delta \boldsymbol{H}_{\mathrm{Verd.}}$ wie $\boldsymbol{V}'$ und $\boldsymbol{V}''$ als Temperaturfunktionen empirisch ermittelt werden. Beim kritischen Punkt wird natürlich die Verdampfungsenthalpie einer Flüssigkeit gleich Null.

4.2 Sublimationsdruck-, Schmelzdruck- und Umwandlungsdruckkurve; Tripelpunkte

Alle abgeleiteten Beziehungen des vorangehenden Abschnitts lassen sich ohne Änderung auf den Phasenübergang fest ⇄ dampfförmig, d. h. auf den *Sublimationsvorgang* übertragen, insbesondere gilt auch hier die *Clausius-Clapeyron*sche Gleichung in ihrer exakten Form (43), wobei $\boldsymbol{V}''$ wieder das Molvolumen des Dampfes und $\boldsymbol{V}'$ das Molvolumen des festen Stoffes bedeutet, während $\Delta \boldsymbol{H}$ die äußere Sublimationswärme darstellt. Im Gebiet kleiner Sättigungsdrucke bleiben auch die drei Näherungsgleichungen (48), (54) und (59) gültig, da man auch hier die Vereinfachungen $\boldsymbol{V}' \ll \boldsymbol{V}''$, $\boldsymbol{V}'' = RT/p_s$ und $\overline{\Delta \boldsymbol{H}}_{\mathrm{Subl.}}$ temperaturunabhängig einführen kann. Dampfdruckkurve und Sublimationsdruckkurve schneiden sich im *Schmelzpunkt.* Wie aus Gl. (43) hervorgeht, muß die Neigung $\mathrm{d}p_s/\mathrm{d}T$ der Sublimationskurve größer sein als die der Dampfdruckkurve, denn die Sublimationswärme ist nach (III, 112) um die Schmelzwärme größer als die Verdampfungswärme, während $\boldsymbol{V}'' - \boldsymbol{V}'$ in beiden Fällen praktisch gleich groß ist. Daß die Sublimationskurve steiler verläuft als die Dampfdruckkurve, geht auch aus der folgenden allgemeinen Überlegung hervor: Eine unter ihren Gefrierpunkt unterkühlte Flüssigkeit ist metastabil in bezug auf die feste Phase bei gleicher Temperatur. Sie kann sich in die stabile feste Phase nicht nur durch spontane Kristallisation, sondern auch über den Dampf (isotherme Destillation) umwandeln, sie muß also einen höheren Sättigungsdruck besitzen als die feste Phase. Das bedeutet, daß die Verlängerung der Dampfdruckkurve unter den Gefrierpunkt herab oberhalb der Sublimationsdruckkurve und somit flacher verlaufen muß als letztere (vgl. Abb. 63). Umgekehrt muß die Verlängerung der Sublimationsdruckkurve über den Schmelzpunkt hinaus aus dem gleichen Grund oberhalb der Dampfdruckkurve verlaufen, da oberhalb des Schmelzpunktes die feste Phase die metastabile ist. Praktisch ist al-

---

[1] Der 1., 2. und 3. Term wären noch mit der Einheit der reziproken Gaskonstante zu multiplizieren, damit alle Terme dimensionslos werden, doch wurden diese Einheiten der besseren Lesbarkeit halber weggelassen.

[2] Vgl. dazu S. 352.

lerdings eine Überhitzung der festen Phase im Gegensatz zur Unterkühlung der flüssigen Phase kaum zu realisieren.

Im Schmelzpunkt sind nach der Phasenregel drei Phasen eines reinen Stoffes nebeneinander stabil und damit ist die Zahl der Freiheiten Null. Dieses dreiphasige Gleichgewicht eines reinen Stoffes ist deshalb nur bei einem ganz bestimmten Druck, dem gemeinsamen Sättigungsdruck der beiden kondensierten Phasen, und einer ganz bestimmten Temperatur, der Schmelztemperatur, möglich. Man bezeichnet den durch die Phasenregel festgelegten Punkt, bei dem drei Phasen eines reinen Stoffes sich miteinander im Gleichgewicht befinden, als *Tripelpunkt* des Systems. Von diesem nonvarianten Punkt muß auch die dritte Umwandlungskurve der beiden Phasen fest-flüssig ausgehen, die als *Schmelzdruckkurve* bezeichnet wird. Diese Kurve bedeutet, daß das Gleichgewicht zwischen fester und flüssiger Phase bei gegebener Temperatur nur unter ganz bestimmtem Druck, dem sog. Schmelzdruck, möglich ist, und daß bei Änderung dieses Druckes wieder eine der beiden Phasen verschwinden muß. Ändert man jedoch Druck *und* Temperatur in der durch die Schmelzdruckkurve vorgeschriebenen Weise, so bleibt auch hier das Gleichgewicht erhalten.

Für die Temperaturabhängigkeit des Schmelzdrucks gilt ebenfalls die *Clausius-Clapeyron*sche Gl. (43). Dabei bedeutet $\Delta \boldsymbol{H}$ die molare Schmelzwärme und $\boldsymbol{V}'' - \boldsymbol{V}'$ die Differenz der Molvolumina von flüssiger und fester Phase. Diese Differenz ist nicht nur sehr klein, was bedeutet, daß die Neigung der Schmelzdruckkurve $\mathrm{d}p_s/\mathrm{d}T$ sehr viel größer wird als bei Sublimations- und Dampfdruckkurve, sondern sie kann auch *negativ* werden, was bedeutet, daß in solchen Fällen der Schmelzdruck mit steigender Temperatur abnimmt. Dieser Fall liegt z. B. beim Wasser vor, dessen Zustandsdiagramm in Abb. 63 schematisch wiedergegeben ist, denn das Volumen des Eises ist größer als das des flüssigen Wassers[1)]. Allerdings

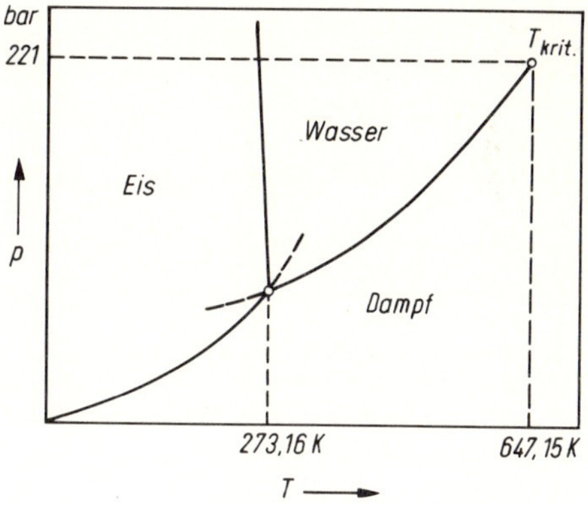

Abb. 63. Zustandsdiagramm des Wassers (schematisch).

überwiegen bei weitem die Stoffe, bei denen die Neigung der Schmelzdruckkurve positiv ist, doch verläuft die Kurve stets sehr steil, einer Temperatursteigerung von 1 °C entspricht größenordnungsmäßig eine Änderung der Schmelzdrucke von 100 bar. Die aus der *Clausius-Cla-*

[1] Bei 0 °C ist $\boldsymbol{V}'' - \boldsymbol{V}' = -1{,}64\ \mathrm{cm}^3$, $\Delta \boldsymbol{H}_{\mathrm{Schm.}} = 6{,}0082\ \mathrm{kJ\ mol}^{-1} = 60{,}055\ \mathrm{dm}^3\ \mathrm{bar\ mol}^{-1}$. Daraus ergibt sich $\mathrm{d}p_s/\mathrm{d}T = -133{,}8\ \mathrm{bar\ K}^{-1}$. Da der Temperaturfixpunkt 0 °C durch den Gefrierpunkt des Wassers unter einer Atmosphäre Druck (im offenen Gefäß) definiert ist, folgt, daß Wasser unter dem eigenen Dampfdruck (6,133 mbar) bei +0,0074 °C gefriert (Tripelpunkt des Systems H_2O). Die Sättigung mit Luft von 1 atm Druck erniedrigt die Temperatur des Gleichgewichts Eis ⇄ Wasser um 0,0024 °C, so daß die wahre Temperatur des Tripelpunktes bei 0,01 °C = 273,16 K liegt (vgl. S. 9f.).

*peyron*schen Gleichung abgeleiteten Näherungsformeln sind natürlich für das Gleichgewicht fest-flüssig nicht anwendbar, da die zur Ableitung dieser Formeln eingeführten Vereinfachungen $\boldsymbol{V}' \ll \boldsymbol{V}''$ und $\boldsymbol{V}'' = RT/p_s$ für den Schmelzvorgang nicht mehr zutreffen.

Während Beginn und Ende von Sublimationsdruck- und Dampfdruckkurve durch absoluten Nullpunkt und Schmelzpunkt bzw. durch Schmelzpunkt und kritischen Punkt festgelegt sind, konnte die Schmelzdruckkurve bei einer Reihe von Stoffen bis zu sehr hohen Drucken (ca. 100000 bar) hinaus verfolgt werden[1)], ohne daß sich ein Ende feststellen ließ. Die Frage, ob auch die Schmelzdruckkurve in einem kritischen Punkt ihr Ende findet, wo die Eigenschaften der festen und der flüssigen Phase identisch werden, und die Schmelzwärme den Wert Null annimmt, ist bis heute nicht entschieden. Zwar werden die Unterschiede der meisten physikalischen Eigenschaften zwischen beiden Phasen, wie z. B. der Dichteunterschied, mit zunehmendem Druck immer geringer, jedoch nähern sich diese Differenzen, im Gegensatz etwa zur Verdampfungswärme (vgl. Abb. 34), anscheinend asymptotisch dem Wert Null, so daß die beiden Phasen bei sehr hohen Drucken schließlich miteinander identisch werden könnten, ohne daß ein bestimmter kritischer Punkt zu existieren braucht, oberhalb dessen erst völlige Gleichheit der Eigenschaften eintritt. Dafür spricht auch die schon mehrfach erwähnte Tatsache, daß Flüssigkeiten auch bei gewöhnlichem Druck teilweise kristallinische Struktur besitzen; es ist deshalb leicht einzusehen, daß diese kristallinischen Bezirke bei wachsendem Druck mehr und mehr an Ausdehnung zunehmen, so daß die Eigenschaften der flüssigen Phase kontinuierlich in die der festen Phase übergehen.

Kann ein Stoff in *verschiedenen festen Modifikationen* auftreten (Allotropie, Polymorphie), so gilt für deren gegenseitige Umwandlung prinzipiell das gleiche wie für den Phasenübergang fest $\rightleftarrows$ flüssig: Die Temperaturabhängigkeit des Umwandlungsdruckes ist nach Gleichung (43) durch die Umwandlungswärme $\Delta\boldsymbol{H}_{\mathrm{Umw.}}$ und die Volumendifferenz $\boldsymbol{V}'' - \boldsymbol{V}'$ der beiden festen Phasen gegeben. In solchen Fällen treten im Zustandsdiagramm mehrere Tripelpunkte auf, deren jeder die Koexistenz dreier verschiedener Phasen des Stoffes anzeigt, und in denen sich jeweils drei Kurven schneiden, längs deren je zwei Phasen miteinander im Gleichgewicht sind.

Ein Beispiel ist das Zustandsdiagramm des Wassers bei hohen Drucken[2)]. Außer dem gewöhnlichen Eis I gibt es weitere fünf verschiedene Eisarten, die als Eis II, Eis III, Eis V, Eis VI und Eis VII unterschieden werden[3)]. Es treten Tripelpunkte auf, bei denen zwei feste Phasen

Tabelle 9. Tripelpunkte des Wassers.

System	t °C	p bar
Eis I, Eis III, Wasser	−22,0	2074
Eis I, Eis II, Eis III	−34,7	2128
Eis III, Eis V, Wasser	−17,0	3462
Eis II, Eis III, Eis V	−24,3	3442
Eis V, Eis VI, Wasser	+0,16	6257
Eis VI, Eis VII, Wasser	+81,6	21967

[1] Vgl. *P. W. Bridgman,* The Physics of High Pressure, New York 1950.

[2] *G. Tammann,* Z. physik. Chem. *84,* 257 (1913); *88,* 57 (1914); *P. Bridgman,* Z. physik. Chem. Abt. A *86,* 513 (1914); J. chem. Physics *5,* 964 (1937).

[3] Die von *Tammann* gefundene Eisart IV wurde von *Bridgman* nicht bestätigt. Zum $p\boldsymbol{V}T$-Diagramm des Wassers vgl. *D. Eisenberg* und *W. Kauzmann,* The structure and properties of water, Oxford Univ. Press 1969.

und die flüssige Phase sich im Gleichgewicht befinden, und Tripelpunkte, bei denen drei feste Phasen koexistent sind. Die Kurven, die diese Tripelpunkte verbinden bzw. von ihnen ausgehen, entsprechen univarianten Gleichgewichten zwischen einer festen und einer flüssigen bzw. zwischen zwei festen Phasen. Die Tripelpunkte sind in Tab. 9 zusammengestellt.

5 Gleichgewichte zwischen Lösungen und reinen Phasen des Lösungsmittels

Wir wenden uns jetzt den *Phasengleichgewichten in Zweikomponenten-Systemen* zu und schließen chemische Reaktionen zwischen den beiden Komponenten vorerst aus. Wir beschränken uns ferner zunächst auf Mischphasen, in denen die Komponente 1 stark überwiegt, d. h. nach der auf S. 115 gegebenen Definition auf *Lösungen.* Bei derartigen Phasengleichgewichten kann man zwei Gruppen unterscheiden:

Erstens Gleichgewichte zwischen der Lösung und einer reinen (festen, flüssigen oder gasförmigen) Phase des *Lösungsmittels.* Zu dieser Gruppe gehören die sog. *„kolligativen Eigenschaften“* (vgl. S. 248) Dampfdruckerniedrigung, Siedepunktserhöhung, Gefrierpunktserniedrigung, osmotischer Druck.

Zweitens Gleichgewichte zwischen der Lösung und einer reinen (festen, flüssigen oder gasförmigen) Phase des *gelösten Stoffes.* Hierher gehört das Dampfdruckgleichgewicht unter dem Einfluß eines indifferenten, in der kondensierten Phase praktisch unlöslichen Fremdgases, wobei die Gasphase als Mischphase und der Dampf als gelöster Stoff aufzufassen ist; ferner die Absorption von Gasen in schwerflüchtigen Flüssigkeiten und die Löslichkeitsgleichgewichte fester Stoffe. Diese Fälle behandeln wir im Abschnitt **6**.

Wir setzen dabei voraus, daß entweder das Lösungsmittel 1 oder der gelöste Stoff 2 in dem Phasengleichgewicht als reiner Stoff vorliegt. Wie auf S. 211 erwähnt wurde, ist dies strenggenommen nur der Fall bei festen kristallisierten Stoffen. Wird jedoch in einer reinen flüssigen oder gasförmigen Phase die zweite Komponente des Systems nur in so geringer Menge aufgenommen, daß sie entweder überhaupt nicht nachweisbar ist, oder daß ihre Anwesenheit die Eigenschaften der Phase nicht meßbar ändert, so kann man praktisch allgemein von Gleichgewichten zwischen reinen Phasen und Mischphasen sprechen.

5.1 Raoultsches Gesetz der Dampfdruckerniedrigung[1]

Löst man eine Komponente 2 in einem Lösungsmittel 1 auf, so wird das chemische Potential des Lösungsmittels, wie stets bei Mischungsvorgängen, erniedrigt, und damit auch sein Sättigungsdampfdruck im Gleichgewicht mit der Dampfphase. Setzen wir voraus, daß die gelöste Komponente keinen meßbaren Dampfdruck besitzt, wie es etwa bei Salzen der Fall ist, so ist der Stoffaustausch zwischen beiden Phasen auf die Komponente 1 beschränkt, es liegt ein Gleichgewicht zwischen der reinen Dampfphase $''$ und der flüssigen Mischphase $'$ vor. Die Gleichgewichtsbedingung (12) lautet unter Benutzung von (IV, 206)

$$\mu_1'' = \mu_1' = \boldsymbol{\mu}_1' + RT \ln a_1 . \tag{60}$$

[1] Vgl. *K. Rast* in: Houben-Weyl, Methoden der organischen Chemie, 4. Aufl., Bd. III/1, Stuttgart 1955, Kap. 6; *H.-J. Cantow* in: Ullmanns Encyklopädie der technischen Chemie, 3. Aufl., Bd. 2/1, München 1961, S. 790ff.; 4. Aufl., Bd. 15, Weinheim 1978, S. 383.

Ein solches Zweiphasensystem mit zwei Komponenten ist nach der Phasenregel (36) divariant, unabhängig wählbare Zustandsvariable sind z. B. Temperatur und Molenbruch der Mischphase, d. h. Konzentration und damit Aktivität des Lösungsmittels, während der Druck damit eindeutig festgelegt ist. Die Bedingung (39) für „währendes Gleichgewicht" lautet

$$\mathrm{d}\mu_1'' = \mathrm{d}\mu_1' = \mathrm{d}\boldsymbol{\mu}_1' + \mathrm{d}(RT\ln a_1)\,. \tag{61}$$

Halten wir die Temperatur konstant und variieren lediglich die Konzentration und damit die Aktivität des Lösungsmittels, von der die Standardpotentiale $\boldsymbol{\mu}$ unabhängig sind, so brauchen wir nur die Druckabhängigkeit von $\boldsymbol{\mu}_1''$ und $\boldsymbol{\mu}_1'$ zu berücksichtigen und erhalten

$$\left(\frac{\partial\boldsymbol{\mu}_1''}{\partial p}\right)_T \mathrm{d}p = \left(\frac{\partial\boldsymbol{\mu}_1'}{\partial p}\right)_T \mathrm{d}p + RT\,\mathrm{d}\ln a_1\,. \tag{62}$$

Daraus ergibt sich mit (IV, 123)

$$(\boldsymbol{V}_1'' - \boldsymbol{V}_1')\,\mathrm{d}p = RT\,\mathrm{d}\ln a_1 \quad \text{oder} \quad \left(\frac{\partial p}{\partial \ln a_1}\right)_T = \frac{RT}{\boldsymbol{V}_1'' - \boldsymbol{V}_1'}\,. \tag{63}$$

Die gewonnene Beziehung gibt die Abhängigkeit des Sättigungsdampfdruckes des Lösungsmittels von seiner Aktivität in der Mischphase an. Führen wir die gleichen Vereinfachungen ein wie bei der *Clausius-Clapeyron*schen Gleichung, indem wir $\boldsymbol{V}_1'$ gegenüber $\boldsymbol{V}_1''$ vernachlässigen und für den Dampf das ideale Gasgesetz als gültig ansehen, so daß $\boldsymbol{V}_1'' = RT/p$, so wird

$$\frac{\mathrm{d}p}{p} = \mathrm{d}\ln a_1\,. \tag{64}$$

Integrieren wir die linke Seite zwischen den Grenzen p_{01}, dem Dampfdruck des reinen Lösungsmittels, und p_1, dem Dampfdruck der Lösung, die rechte Seite entsprechend von $a_1 = 1$, der Aktivität des reinen Lösungsmittels, bis a_1, der Aktivität des Lösungsmittels in der Mischphase, so erhalten wir

$$\int_{p_{01}}^{p_1} \mathrm{d}\ln p = \int_1^{a_1} \mathrm{d}\ln a_1 \quad \text{oder} \quad \ln\frac{p_1}{p_{01}} = \ln a_1\,, \tag{65}$$

wofür wir auch schreiben können

$$\frac{p_1}{p_{01}} = a_1\,. \tag{66}$$

Die Gleichung liefert uns die Möglichkeit, die Aktivität des Lösungsmittels in der Mischphase mit Hilfe einfacher Dampfdruckmessungen zu ermitteln.

Gelten außerdem die Gesetze der ideal verdünnten Lösungen, so daß $a_1 = x_1$ [1], so folgt aus (66)

---

[1] Da Gl. (66) unter Annahme der Gültigkeit des idealen Gasgesetzes für den Dampf abgeleitet wurde, muß zur Berechnung des Molenbruches x_1 in der Mischphase das gleiche Molekulargewicht verwendet werden, wie es der Dampf besitzt, unabhängig davon, ob z. B. in der Flüssigkeit eine Assoziation der Molekeln stattfindet.

$$\frac{p_1}{p_{01}} = x_1 = 1 - x_2 \quad \text{oder} \quad x_2 \equiv \frac{n_2}{n_1 + n_2} = \frac{p_{01} - p_1}{p_{01}} = \frac{\Delta p}{p_{01}}. \tag{67}$$

Das ist das von *Raoult* (1890) empirisch gefundene Gesetz: *Die relative Dampfdruckerniedrigung ist gleich dem Molenbruch des gelösten Stoffes und von dessen Natur unabhängig.* In Tab. 10 sind die relativen Dampfdruckerniedrigungen einer Reihe von Lösungsmitteln nach Angaben von *Raoult* zusammengestellt, die bei relativ kleinen Konzentrationen ($n_2 = 4$ bis 5, $n_1 = 100$ mol) ganz verschiedener gelöster Stoffe beobachtet und auf den Molenbruch

Tabelle 10. Relative Dampfdruckerniedrigung verschiedener Lösungsmittel durch 1 mol gelösten Stoffes auf 100 mol Lösungsmittel.

Lösungsmittel	Molekulargewicht	$\frac{\Delta p}{p_{01}}$
Wasser	18	0,0102
Phosphortrichlorid	137,5	0,0108
Schwefelkohlenstoff	76	0,0105
Tetrachlorkohlenstoff	154	0,0105
Chloroform	119,5	0,0109
2-Methylbuten-(2)	70	0,0106
Benzol	78	0,0106
Methyliodid	142	0,0105
Ethylbromid	109	0,0109
Ether	74	0,0096
Aceton	58	0,0101
Methanol	32	0,0103

$x_2 = \dfrac{1}{100 + 1} = 0{,}0099$ umgerechnet wurden. Die gefundenen Werte liegen meistens etwas zu hoch, was teils auf die noch zu hohen Konzentrationen der Lösungen, teils auf die unentwickelte Meßmethodik zurückzuführen ist.

In Abb. 64 ist die relative Dampfdruckerniedrigung wässeriger Rohrzuckerlösungen gegen den Molenbruch des Rohrzuckers nach neueren Messungen aufgetragen. Man sieht, daß das

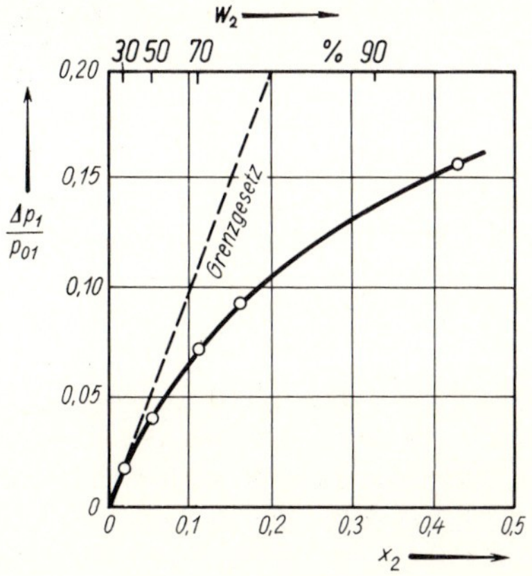

Abb. 64. Relative Dampfdruckerniedrigung wässeriger Rohrzuckerlösungen bei 40 °C. Die obere Skala auf der Abszisse gibt die Konzentration w_2 des Rohrzuckers in Gewichtsprozent ⟨Massenanteil⟩ an.

*Raoult*sche Gesetz ein *Grenzgesetz* für kleine Konzentrationen ist, denn die theoretische Gerade ist die Grenztangente an die experimentelle Kurve.

Aus der Tatsache, daß die relative Dampfdruckerniedrigung von der chemischen Natur des gelösten Stoffes im Geltungsbereich des *Raoult*schen Gesetzes unabhängig ist, geht hervor, daß es nur auf die *Teilchenzahl* des gelösten Stoffes ankommt. Deshalb ist bei dissoziierenden Stoffen, also z. B. allen Salzen, für die Berechnung des Molenbruchs die tatsächliche Teilchenzahl unter Berücksichtigung des Dissoziationsgrades zugrunde zu legen. Danach muß man z. B. bei binären Salzen wie NaCl, die praktisch vollständig in Ionen zerfallen sind, den *doppelten* Molenbruch gegen $\Delta p/p_{01}$ auftragen, um das *Raoult*sche Gesetz zu prüfen. Umgekehrt kann man das *Raoult*sche Gesetz benutzen, um den Molenbruch und damit das Molekulargewicht unbekannter Stoffe aus der Messung der relativen Dampfdruckerniedrigung in einem beliebigen Lösungsmittel zu ermitteln.

Zeigt die Dampfphase merkliche Abweichungen vom idealen Gasgesetz $\left(\boldsymbol{V}_1'' \neq \dfrac{RT}{p}\right)$, so muß man den Druck p durch die durch (IV, 170) definierte *Fugazität* p^* ersetzen. Aus der Druckabhängigkeit der Fugazität nach (IV, 176) folgt

$$\boldsymbol{V}_1'' = RT\left(\frac{\partial \ln p^*}{\partial p}\right)_T = \frac{RT}{p} + B. \tag{68}$$

Setzt man dies in (63) ein und vernachlässigt wieder $\boldsymbol{V}_1'$ gegenüber $\boldsymbol{V}_1''$, so wird

$$\mathrm{d}\ln p^* = \mathrm{d}\ln a_1, \tag{69}$$

und man erhält durch Integration an Stelle von (66)

$$\frac{p_1^*}{p_{01}^*} = a_1. \tag{66a}$$

Für ideal verdünnte Lösungen gilt dann analog zu (67)

$$p_1^* = p_{01}^* x_1 \quad \text{und} \quad \frac{p_{01}^* - p_1^*}{p_{01}^*} \equiv \frac{\Delta p^*}{p_{01}^*} = x_2. \tag{67a}$$

Kann man bei hohen Dampfdrucken auch $\boldsymbol{V}_1'$ nicht mehr gegenüber $\boldsymbol{V}_1''$ vernachlässigen, so wird aus (63), indem man für $\boldsymbol{V}_1''$ die Näherung $\dfrac{RT}{p} + B$ einsetzt:

$$RT\int_{p_{01}}^{p_1} \frac{\mathrm{d}p}{p} + \int_{p_{01}}^{p_1} (B - \boldsymbol{V}_1')\,\mathrm{d}p = RT\int_1^{a_1} \mathrm{d}\ln a_1$$

oder

$$\ln\frac{p_1}{p_{01}} + \frac{(B - \boldsymbol{V}_1')(p_1 - p_{01})}{RT} = \ln a_1, \tag{70}$$

indem man außer B auch $\boldsymbol{V}_1'$ als unabhängig vom Druck ansieht, was wegen der geringen Kompressibilität kondensierter Phasen zulässig ist. Damit erhält man an Stelle von (66)

$$\frac{p_1}{p_{01}} = a_1 \exp\left[-\frac{(B - \boldsymbol{V}_1')(p_1 - p_{01})}{RT}\right], \tag{66b}$$

eine Gleichung, die sehr häufig benutzt wird, um die sog. *„Realgaskorrektur"* bei Dampfdruckmessungen zu berücksichtigen (vgl. S. 182).

5.2 Siedepunktserhöhung[1]

Wählt man als unabhängige Variable nicht Temperatur und Konzentration der Mischphase, wie im vorangehenden Abschnitt, sondern Druck und Konzentration, so ist wegen der Divarianz des Gleichgewichts die Temperatur eindeutig festgelegt. Der Dampfdruckerniedrigung des Lösungsmittels durch den gelösten Stoff entspricht eine Siedepunktserhöhung, wie anschaulich daraus hervorgeht, daß die p_s-T-Kurve der Lösung stets unterhalb der p_s-T-Kurve des reinen Lösungsmittels verläuft und deshalb den gewählten Druck (z. B. 1 atm) erst bei höherer Temperatur erreicht (vgl. Abb. 65).

Setzen wir wieder voraus, daß der gelöste Stoff keinen meßbaren Dampfdruck besitzt, so können wir die Gleichgewichtsbedingung (12) auch in der Form schreiben

$$\frac{\mu_1''}{T} = \frac{\mu_1'}{T}, \tag{71}$$

indem wir von der allgemeinen Bedingung (9) $\mathrm{d}Y = 0$ ausgehen. Die Bedingung für währendes Gleichgewicht bei Änderung der unabhängigen Variablen p und x lautet dann analog zu (39)

$$\mathrm{d}\left(\frac{\mu_1''}{T}\right) = \mathrm{d}\left(\frac{\mu_1'}{T}\right) = \mathrm{d}\left(\frac{\boldsymbol{\mu}_1'}{T}\right) = R\,\mathrm{d}\ln a_1\,. \tag{72}$$

Halten wir den Druck konstant und variieren nur die Konzentration bzw. Aktivität des Lösungsmittels, so müssen wir lediglich die Temperaturabhängigkeit der Standardpotentiale berücksichtigen und erhalten mit (IV, 124)

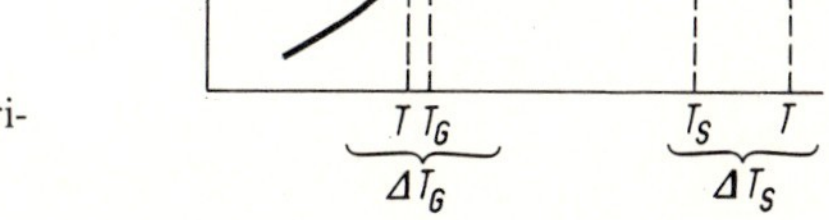

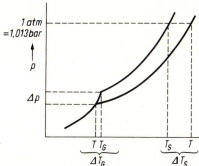

Abb. 65. Siedepunktserhöhung und Gefrierpunktserniedrigung verdünnter Lösungen (schematisch).

[1] Vgl. *K. Rast* in: Houben-Weyl, Methoden der organischen Chemie, 4. Aufl., Bd. III/1, Stuttgart 1955, Kap. 6; *G. L. Beyer* et al. in: *A. Weissberger*, Technique of Organic Chemistry, 3. Aufl., Bd. I/1, New York 1959, Kap. V, VIII; *J. W. Breitenbach* et al. in: Ullmanns Encyclopädie der technischen Chemie, 3. Aufl., Bd. 2/1, München 1961, S. 790ff., 799ff.

$$\frac{-\boldsymbol{H}_1''}{T^2}\,\mathrm{d}T = \frac{-\boldsymbol{H}_1'}{T^2}\,\mathrm{d}T + R(\mathrm{d}\ln a_1)_p \tag{73}$$

oder
$$\left(\frac{\partial T}{\partial \ln a_1}\right)_p = \frac{RT^2}{\boldsymbol{H}_1' - \boldsymbol{H}_1''} = -\frac{RT^2}{\Delta \boldsymbol{H}_{\mathrm{Verd.}}}.$$

Die Gleichung gibt den Siedepunkt der Lösung in Abhängigkeit von der Aktivität des Lösungsmittels an. $\boldsymbol{H}_1' - \boldsymbol{H}_1''$ ist die Differenz der molaren Enthalpie der reinen flüssigen bzw. dampfförmigen Komponente 1 und damit nach (III, 100) gleich der negativen molaren äußeren Verdampfungswärme $\Delta \boldsymbol{H}_{\mathrm{Verd.}}$.

Gl. (73) hat dieselbe Form wie die vereinfachte *Clausius-Clapeyron*sche Gl. (44), ohne jedoch Vereinfachungen zu enthalten; diese führt man erst ein, um sie zu integrieren, und erhält dabei analog wie aus (44) verschiedene Näherungsgleichungen. Betrachtet man zunächst $\Delta \boldsymbol{H}_{\mathrm{Verd.}}$ und den in a_1 steckenden Aktivitätskoeffizienten f_1 als praktisch temperaturunabhängig, so ergibt die Integration zwischen den Grenzen T_{S} und T (Siedepunkt des reinen Lösungsmittels und Siedepunkt der Lösung) bzw. den Grenzen $a_1 = 1$ und a_1

$$-\int_{T_{\mathrm{S}}}^{T} \frac{\Delta \boldsymbol{H}_{\mathrm{Verd.}}}{RT^2}\,\mathrm{d}T = \int_1^{a_1} \mathrm{d}\ln a_1$$

oder
$$-\frac{\Delta \boldsymbol{H}_{\mathrm{Verd.}}}{R}\left(\frac{1}{T_{\mathrm{S}}} - \frac{1}{T}\right) = -\frac{\Delta \boldsymbol{H}_{\mathrm{Verd.}}}{R}\left(\frac{T - T_{\mathrm{S}}}{T T_{\mathrm{S}}}\right) = \ln a_1 . \tag{74}$$

Man sieht, daß die Differenz $\Delta T \equiv T - T_{\mathrm{S}}$ positiv sein muß, daß es sich also tatsächlich um eine Siedepunktserhöhung handelt, denn $\Delta \boldsymbol{H}_{\mathrm{Verd.}}$ ist positiv und $a_1 < 1$, so daß $\ln a_1$ negativ wird.

Für *ideal verdünnte binäre Lösungen* ist $a_1 = x_1 = 1 - x_2$. Ferner kann man näherungsweise (durch Abbruch der Reihenentwicklung nach dem ersten Glied) setzen $\ln(1 - x_2) \approx -x_2$ und $T T_{\mathrm{S}} \approx T_{\mathrm{S}}^2$. Damit geht (74) über in

$$\Delta T = x_2 \frac{R T_{\mathrm{S}}^2}{\Delta \boldsymbol{H}_{\mathrm{Verd.}}} \quad \text{oder} \quad \frac{\Delta T}{T_{\mathrm{S}}} = x_2 \frac{R T_{\mathrm{S}}}{\Delta \boldsymbol{H}_{\mathrm{Verd.}}}. \tag{75}$$

Das ist das von *van't Hoff* abgeleitete Gesetz der Siedepunktserhöhung ideal verdünnter Lösungen: *Die relative Siedepunktserhöhung ist dem Molenbruch des gelösten Stoffes proportional und von dessen Natur unabhängig.*

Die Messung der Siedepunktserhöhung ist eine der gebräuchlichsten Methoden zur Bestimmung des Molekulargewichts M_r ⟨relative Molekülmasse⟩ (vgl. auch S. 31). Gewöhnlich benutzt man Gl. (75) in der auf Molalitäten umgerechneten Form. Nach Tabelle 2a ist $x_2 = \frac{M_1 m_2}{1000 + M_1 m_2}$, für genügend verdünnte Lösungen ($M_1 m_2 \ll 1000$) sind x_2 und m_2 nach (I, 21) einander angenähert proportional: $x_2 \approx \frac{M_1 m_2}{1000}$. Ersetzt man ferner die molare Verdampfungswärme $\Delta \boldsymbol{H}_{\mathrm{Verd.}}$ durch das Produkt $M_1 \Delta h$, indem man mit Δh die *spezifische Verdampfungswärme* bezeichnet, so wird aus (75)

$$\Delta T = m_2 \frac{R T_S^2}{1000 \, \Delta h}. \tag{75a}$$

Für $m_2 = 1$ wird $\Delta T = \dfrac{R T^2}{1000 \, \Delta h} \equiv E_S$. Man bezeichnet deshalb die Konstante E_S als *molare Siedepunktserhöhung* des betreffenden Lösungsmittels (in K kg mol^{-1}).

In Tab. 11 ist die nach (75a) berechnete molare Siedepunktserhöhung für einige Lösungsmittel angegeben. Man sieht aus den Zahlen wie auch aus Gleichung (75a), daß E_S um so größer wird, je kleiner die spezifische Verdampfungswärme ist. Da andererseits nach der *Pictet-Trouton*schen Regel (S. 104) für Lösungsmittel, deren Siedetemperaturen annähernd gleich sind, auch die molaren Verdampfungswärmen nicht sehr verschieden sind, beruhen die großen Unterschiede der E_S-Werte hauptsächlich auf den Unterschieden der Molekulargewichte. Tatsächlich steigt die molare Siedepunktserhöhung (von Ausnahmen abgesehen) etwa parallel mit dem Molekulargewicht des Lösungsmittels an.

Tabelle 11. Molare Siedepunktserhöhung E_S verschiedener Lösungsmittel (p = 1 atm = 1,01325 bar.)

Lösungsmittel	T_S °C	Δh J g^{-1}	$E_{S\,ber}$ K kg mol^{-1}	ΔE_S pro 1 mbar Differenz gegen 1 bar	M_{r_1}
Wasser	100	2257,7	0,512	$\pm 0,8 \cdot 10^{-4}$	18,016
Methanol	64,67	1099,6	0,83	1,5	32,04
Ethanol	78,26	853,5	1,22	2,3	46,07
Benzol	80,15	394,6	2,53	5,3	78,11
Cyclohexan	80,88	358,2	2,79	5,3	84,16
Chloroform	61,19	246,9	3,63	6,8	119,39
Nitrobenzol	210,85	331,0	5,24	9,8	123,11
Tetrachlorkohlenstoff	76,50	194,1	5,34	9,8	153,84
Diphenyl	254,9	328,1	7,08	13,5	154,20
$SnCl_4$	114,1	126,8	9,43	18,0	260,53

Gl. (75) bzw. (75a) ist ihrer Ableitung nach ebenso ein Grenzgesetz für ideal verdünnte Lösungen wie das *Raoult*sche Gesetz. Bei Salzen ist auch in diesem Fall die (annähernd vollständige) Dissoziation zu berücksichtigen, da es unabhängig von der Natur des gelösten Stoffes nur auf die Teilchenzahl ankommt. Deshalb ist bei binären Salzen die Steigung der Grenzgeraden doppelt so groß. Außerdem beginnen die Abweichungen vom Grenzgesetz hier schon bei sehr kleinen Konzentrationen, da Elektrolytlösungen sich wegen der *Coulomb*schen Ionenwechselwirkung auch bei großer Verdünnung noch nicht innerhalb der Meßgenauigkeit der Methode wie ideal verdünnte Lösungen verhalten. Für genauere Molgewichtsbestimmungen müssen deshalb Messungen bei verschiedenen Konzentrationen ausgeführt und auf $m_2 = 0$ extrapoliert werden.

Zur Ermittlung von *Aktivitätskoeffizienten des Lösungsmittels* aus Siedepunktsmessungen reicht die Näherungsgleichung (74) nicht aus. Als zweite Näherung führen wir die Temperaturabhängigkeit von $\Delta \boldsymbol{H}_{\text{Verd.}}$ ein und benutzen wieder die einfache Gl. (III, 107). Nehmen wir $\Delta \boldsymbol{C}_p$ im Bereich der Siedepunktsdifferenzen als konstant an, so wird

$$\Delta \boldsymbol{H}_{(T)} = \Delta \boldsymbol{H}_{(T_S)} + \int_{T_S}^{T} \Delta \boldsymbol{C}_p \, dT = \Delta \boldsymbol{H}_{(T_S)} + \Delta \boldsymbol{C}_p (T - T_S) . \tag{76}$$

Führt man das in (73) ein, so erhält man

$$\int_1^{a_1} d \ln a_1 = - \frac{\Delta \boldsymbol{H}_{(T_S)}}{R} \int_{T_S}^{T} \frac{dT}{T^2} - \frac{\Delta \boldsymbol{C}_p}{R} \int_{T_S}^{T} \frac{dT}{T} + \frac{\Delta \boldsymbol{C}_p T_S}{R} \int_{T_S}^{T} \frac{dT}{T^2}$$

oder

$$\ln a_1 = - \frac{(\Delta \boldsymbol{H}_{(T_S)} - \Delta \boldsymbol{C}_p T_S)}{R} \left(\frac{1}{T_S} - \frac{1}{T} \right) - \frac{\Delta \boldsymbol{C}_p}{R} \ln \frac{T}{T_S} . \tag{77}$$

Um schließlich die Temperaturabhängigkeit des Aktivitätskoeffizienten zu berücksichtigen, benutzen wir in dritter Näherung Gl. (IV, 208 bzw. 214)

$$\left(\frac{\partial \ln a_1}{\partial T} \right)_{p,x} = - \frac{H_1^E}{R T^2} ,$$

worin H_1^E die differentielle Verdünnungswärme des Lösungsmittels bedeutet. Da diese gegenüber $\Delta \boldsymbol{H}_{\text{Verd.}}$ immer nur ein Korrekturglied darstellt (größenordnungsmäßig beträgt H_1^E bis zu Konzentrationen von 1 molar etwa 0,1% von $\Delta \boldsymbol{H}_{\text{Verd.}}$), können wir sie als praktisch temperaturunabhängig ansehen und erhalten durch Integration zwischen den Grenzen T_S und T

$$\ln a_{1(T)} = \ln a_{1(T_S)} - \frac{H_1^E}{R} \left(\frac{1}{T_S} - \frac{1}{T} \right) . \tag{78}$$

Aus (77) und (78) ergibt sich schließlich

$$\ln a_{1(T_S)} = \frac{H_1^E - \Delta \boldsymbol{H}_{(T_S)} + \Delta \boldsymbol{C}_p T_S}{R} \left(\frac{1}{T_S} - \frac{1}{T} \right) - \frac{\Delta \boldsymbol{C}_p}{R} \ln \frac{T}{T_S} , \tag{79}$$

eine Gleichung, mit deren Hilfe sich die Aktivität des Lösungsmittels auch in konzentrierten Lösungen aus Siedepunktsmessungen mit guter Näherung berechnen läßt.

5.3 Gefrierpunktserniedrigung [1)]

Der Gefrierpunkt T_G eines reinen Stoffes ist nach S. 239 durch den Schnittpunkt von Sublimations- und Dampfdruckkurve gegeben. Da nun die Dampfdruckkurve einer Lösung unterhalb der Dampfdruckkurve des Lösungsmittels verläuft, schneidet sie die Sublimationskurve bei der tieferen Temperatur T und dem um Δp kleineren Sättigungsdruck, der Gefrierpunkt der Lösung ist also gegenüber dem des reinen Lösungsmittels erniedrigt (vgl. Abb. 65). Da es sich hier um ein dreiphasiges Gleichgewicht eines Zweikomponentensystems handelt (feste Phase der Komponente 1, Lösung und Dampf), ist das Gleichgewicht univariant, d. h. durch die Wahl der Konzentration der Lösung ist sowohl Temperatur wie Druck eindeutig festgelegt. Arbeitet man im offenen Gefäß, wie es meistens der Fall ist, d. h. unter äußerem

---

[1] Vgl. s. 239 [1)].

Atmosphärendruck, so ändert sich an dieser Überlegung nichts, da wir dann ein Dreikomponentensystem vor uns haben (Luft als dritte Komponente), und deshalb über zwei Freiheiten (Druck und Konzentration der Lösung) verfügen können. Bezeichnen wir die feste Phase des reinen Lösungsmittels mit ′, die flüssige Mischphase mit ″, so gilt analog zu (71) die Bedingung des währenden Gleichgewichts

$$\mathrm{d}\left(\frac{\boldsymbol{\mu}_1'}{T}\right) = \mathrm{d}\left(\frac{\mu_1''}{T}\right) = \mathrm{d}\left(\frac{\boldsymbol{\mu}_1''}{T}\right) + R\,\mathrm{d}\ln a_1 . \tag{80}$$

Halten wir den Druck konstant (offenes Gefäß), so brauchen wir bei Variation der Konzentration bzw. Aktivität des Lösungsmittels in der Mischphase wieder nur die T-Abhängigkeit der Standardpotentiale zu berücksichtigen und erhalten mit (IV, 124)

$$\left(\frac{\partial T}{\partial \ln a_1}\right)_p = \frac{RT^2}{\boldsymbol{H}_1'' - \boldsymbol{H}_1'} = \frac{RT^2}{\Delta \boldsymbol{H}_{\text{Schm.}}}, \tag{81}$$

was mit (73) bis auf das Vorzeichen identisch ist und die Abhängigkeit des Gefrierpunktes von der Aktivität des Lösungsmittels in der Mischphase angibt.

Die weiteren Überlegungen sind denen des vorangehenden Abschnitts völlig analog. Die Integration von (81) zwischen den Grenzen T_G (Gefrierpunkt des reinen Lösungsmittels) und T (Gefrierpunkt der Lösung) bzw. den Grenzen $a_1 = 1$ und a_1 ergibt

$$\frac{\Delta \boldsymbol{H}_{\text{Schm.}}}{R}\left(\frac{1}{T_G} - \frac{1}{T}\right) = \frac{\Delta \boldsymbol{H}_{\text{Schm.}}}{R}\left(\frac{T - T_G}{T T_G}\right) = \ln a_1 , \tag{82}$$

wenn man in erster Näherung wieder $\Delta \boldsymbol{H}_{\text{Schm.}}$ und f_1 als temperaturunabhängig betrachtet. Daraus geht hervor, daß $T - T_G$ negativ sein muß, daß es sich also tatsächlich um eine Erniedrigung des Gefrierpunktes der Komponente 1 durch den gelösten Stoff 2 handelt.

Dieselben Vereinfachungen wie früher führen zu dem mit (75) bzw. (75a) übereinstimmenden *van't Hoff*schen Gesetz der Gefrierpunktserniedrigung für ideal verdünnte Lösungen[1)]

$$\frac{\Delta T}{T_G} = x_2 \frac{R T_G}{\Delta \boldsymbol{H}_{\text{Schm.}}} \quad \text{bzw.} \quad \Delta T = m_2 \frac{R T_G^2}{1000\,\Delta h} \equiv E_G m_2 , \tag{83}$$

wobei E_G als *molare Gefrierpunktserniedrigung* des betreffenden Lösungsmittels bezeichnet wird. Δh ist die *spezifische Schmelzwärme* je Gramm des Lösungsmittels.

Tab. 12 gibt die E_G-Werte einer Anzahl von Lösungsmitteln wieder.

Auch in diesem Fall wird E_G um so größer, je kleiner die spezifische Schmelzwärme Δh ist, doch ist hier die in Tab. 11 zum Ausdruck kommende Parallelität mit Molekulargewicht des Lösungsmittels nicht vorhanden, da für die Schmelzwärmen vielatomiger Molekeln eine der *Pictet-Trouton*schen Regel analoge Gesetzmäßigkeit nicht existiert (vgl. S. 104).

Für *Molekulargewichtsbestimmungen* ist die Gefrierpunktsmethode der Siedepunktsmethode an Genauigkeit überlegen, teils aus meßtechnischen Gründen, teils wegen der größeren Konstanten E_G. Cam-

---

[1] Wir setzen in diesem Fall $\Delta T \equiv T_G - T$.

Tabelle 12. Molare Gefrierpunktserniedrigung E_G verschiedener Lösungsmittel ($p = 1$ atm).

Lösungsmittel	T_G °C	Δh J g^{-1}	E_G K kg mol^{-1}
Ammoniak	−77,7	346,0	0,92
Wasser	0	333,3	1,859
Eisessig	+16,6	182,8	3,9
Benzol	+5,5	125,9	5,12
Nitrobenzol	+5,7	94,0	8,1
Cyclohexan	+6,5	31,0	20,0
$AlBr_3$	+97,5	43,8	26,8
Cyclohexanol	+25,54	17,9	38,2
Campher	+178,4	35,2	40,0
2,6-Dibromcamphan	+170	20,2	80,9

pher hat sich wegen seiner hohen Konstanten und wegen seines guten Lösungsvermögens für die meisten organischen Stoffe als besonders geeignetes Lösungsmittel erwiesen (*Rastsche Mikromethode*)[1]. Allerdings muß man darauf achten, daß beim Gefrieren das reine Lösungsmittel auskristallisiert, daß sich also z. B. keine Mischkristalle aus Lösungsmitteln und gelöstem Stoff bilden, da dann die Voraussetzungen für die Gültigkeit von (83) nicht mehr gegeben sind[2].

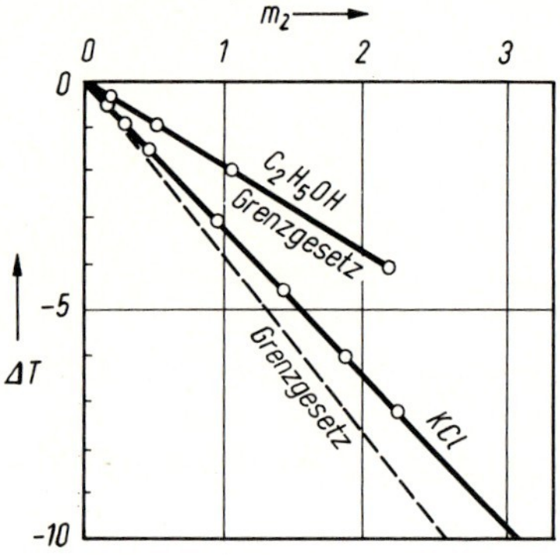

Abb. 66. Gefrierpunktserniedrigung wässeriger Lösungen von Ethanol bzw. KCl, aufgetragen gegen die Molalität m (in mol/1000 g H_2O).

Der Geltungsbereich des Grenzgesetzes (83) für Elektrolyte und Nichtelektrolyte kommt in Abb. 66 zum Ausdruck. Die Neigung E_G' der Grenzgeraden ist bei Salzen wieder infolge der Dissoziation größer und durch die Teilchenzahl des gelösten Stoffes festgelegt. Bezeichnen wir den Dissoziationsgrad (d. h. den Bruchteil der in Ionen zerfallenen Molekeln) mit α, so ist für einen binären Elektrolyten

$$E_G' = [2\alpha + (1 - \alpha)]E_G = (1 + \alpha)E_G. \tag{84}$$

[1] Vgl. S. 239 [1].

[2] Im Fall, daß die Lösung mit Mischkristallen im Gleichgewicht steht, kann man an Stelle von (83) die Formel

$$\frac{\Delta T}{T_G} = \frac{RT_G}{\Delta \boldsymbol{H}_{\text{Schm.}}}\left[\left(\frac{n_2}{n_1}\right)'' - \left(\frac{n_2}{n_1}\right)'\right] \tag{83a}$$

verwenden, wobei $(n_2/n_1)''$ die Zusammensetzung der Lösung, $(n_2/n_1)'$ die Zusammensetzung der Mischkristalle angibt.

Da für Salze $\alpha \approx 1$ gesetzt werden kann, wird $E'_G = 2E_G$, d. h. die Neigung der Grenzgeraden wird für binäre Salze doppelt so groß. Die Abweichungen von der Grenzgeraden in Abb. 66 sind wieder auf die elektrostatische Wechselwirkung der Ionen zurückzuführen, d. h. sie beruhen darauf, daß Elektrolytlösungen auch bei hoher Verdünnung nicht mehr als ideal verdünnte Lösungen betrachtet werden können.

Will man die *Aktivitätskoeffizienten des Lösungsmittels* aus Gefrierpunktsmessungen ermitteln, eine Methode, die neben Dampfdruckmessungen am gebräuchlichsten ist, so muß man die zu (77) und (79) analogen höheren Näherungen verwenden, die durch Berücksichtigung der T-Abhängigkeit von $\Delta \boldsymbol{H}_{\mathrm{Schm.}}$ und f_1 gewonnen werden und in der Form mit (77) bzw. (79) bis auf das Vorzeichen übereinstimmen. Es gilt

$$\ln a_1 = \frac{-(\Delta \boldsymbol{H}_{(T_G)} - \Delta \boldsymbol{C}_p T_G)}{R}\left(\frac{1}{T} - \frac{1}{T_G}\right) - \frac{\Delta \boldsymbol{C}_p}{R}\ln\frac{T_G}{T} \tag{85}$$

bzw.

$$\ln a_{1(T_G)} = \frac{H_1^E - \Delta \boldsymbol{H}_{(T_G)} + \Delta \boldsymbol{C}_p T_G}{R}\left(\frac{1}{T} - \frac{1}{T_G}\right) - \frac{\Delta \boldsymbol{C}_p}{R}\ln\frac{T_G}{T}. \tag{86}$$

$\Delta \boldsymbol{C}_p \equiv \boldsymbol{C}''_{p_1} - \boldsymbol{C}'_{p_1}$ ist in diesem Fall die innerhalb ΔT als T-unabhängig betrachtete Differenz der Molwärmen der reinen flüssigen und festen Komponente 1.

5.4 Osmotischer Druck [1]

Bei den unter 5.1 bis 5.3 besprochenen Gleichgewichten zwischen einer binären flüssigen Lösung und der reinen Phase des Lösungsmittels lag letztere entweder als Dampf oder als feste Phase vor. Gleichgewicht zwischen Lösung und reinem Lösungsmittel ist aber auch dann möglich, wenn letztere in flüssiger Phase vorliegt, nur bedarf es zur Trennung der beiden flüssigen Phasen einer sog. *„semipermeablen Membran"*, die für das Lösungsmittel durchlässig, für den gelösten Stoff dagegen undurchlässig ist. Derartige Membranen lassen sich für wässerige und nichtwässerige Lösungen realisieren[1].

In der in Abb. 67 skizzierten Versuchsanordnung befindet sich die Lösung in der mit Steigrohr und Manometer versehenen Zelle Z, die mit einer halbdurchlässigen Membran verschlossen ist, das reine Lösungsmittel befindet sich in dem äußeren Gefäß und steht unter Druck P (gewöhnlich Atmosphärendruck). Herrscht zunächst innen und außen der gleiche Druck, so beobachtet man, daß das Lösungsmittel ins Innere der Zelle einströmt, wodurch dort ein ständig zunehmender hydrostatischer Überdruck entsteht, der dem weiteren Eindringen des Lösungsmittels entgegenwirkt. Schließlich stellt sich ein Gleichgewichtszustand ein, der zugehörige hydrostatische Überdruck Π wird als *osmotischer Druck*[2] bezeichnet (*Pfeffer,* 1877).

Man sieht unmittelbar ein, daß die aus der allgemeinen Gleichgewichtsbedingung $\mathrm{d}S = 0$ für ein abgeschlossenes System folgende Bedingung (2) $T' = T''$ auch in diesem Fall gelten

---

1 Vgl. *G. V. Schulz,* Osmotischer Druck, in: *H. A. Stuart,* Die Physik der Hochpolymeren, 1953, Bd. II, Berlin 1953, Kap. 7; *G. V. Schulz* in: Houben-Weyl, Methoden der organischen Chemie, 4. Aufl., Bd. III/1, Stuttgart 1955, Kap. 7; *G. L. Beyer* et al. in: *A. Weissberger,* Technique of Organic Chemistry, 3. Aufl., Bd. I/1, New York 1959, Kap. V, XV; *H.-J. Cantow* in: Ullmanns Encyklopädie der technischen Chemie, 3. Aufl., Bd. 2/1, München 1961, S. 799 ff.

2 Unter „Osmose" verstand man ursprünglich die partielle Diffusion einzelner Komponenten von Flüssigkeitsgemischen durch poröse Wände.

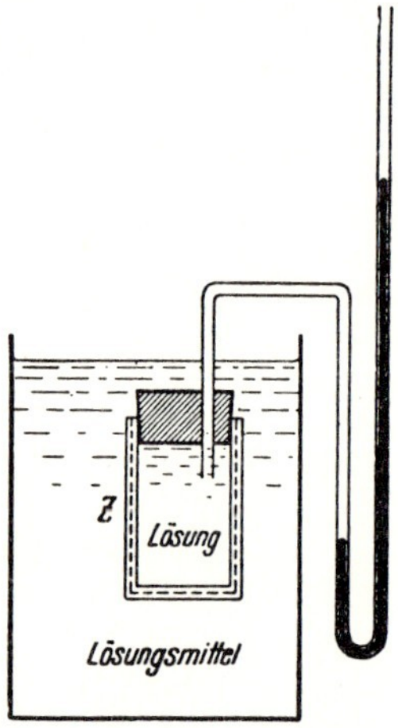

Abb. 67. *Pfeffer*sche Zelle zur Messung des osmotischen Drucks.

muß, daß dagegen die Bedingung (3) $p' = p''$ offenbar nicht mehr erfüllt ist, weil die Starrheit und Halbdurchlässigkeit der Membran einen spontanen Druckausgleich verhindert. Die Gleichgewichtsbedingung (12) ist wie früher auf die Komponente 1 beschränkt, da nur diese am Stoffaustausch zwischen den beiden flüssigen Phasen beteiligt sein kann. Bezeichnen wir die reine Phase mit dem Index ′, die Mischphase mit dem Index ″, so lautet demnach die Bedingung für das osmotische Gleichgewicht bei gegebener Temperatur

$$\mu'_{1(P)} = \mu''_{1(P+\Pi),x} = \mu''_{1(P+\Pi)} + RT\ln a_{1(P+\Pi)}. \tag{87}$$

Unter Berücksichtigung der Druckabhängigkeit des chemischen Potentials nach (IV, 123) kann man dies in der Form schreiben

$$\mu'_{1(P)} = \mu''_{1(P)} + RT\ln a_{1(P)} + \int_P^{P+\Pi} V_1''\mathrm{d}p + RT\int_P^{P+\Pi} \frac{\partial \ln f_1}{\partial p}\,\mathrm{d}p. \tag{88}$$

Daraus folgt mit (IV, 209)

$$-RT\ln a_{1(P)} = \int_P^{P+\Pi} V_1''\mathrm{d}p, \tag{89}$$

worin V_1'' das partielle Molvolumen des Lösungsmittels in der Lösung bedeutet. Nimmt man dieses als druckunabhängig an, d. h. vernachlässigt man die (geringe) Kompressibilität der kondensierten Phase, so folgt

$$-RT\ln a_{1(P)} = V_1''\,\Pi. \tag{90}$$

Gl. (90) bietet wiederum die Möglichkeit, die Aktivität und damit den Aktivitätskoeffizienten des Lösungsmittels aus direkten Meßgrößen zu ermitteln. Häufig benutzt man an Stelle des Aktivitätskoeffizienten f_1 den sog. *„osmotischen Koeffizienten"* f_o, der ebenfalls ein Maß für die Abweichungen von einer ideal verdünnten Lösung ist. Er ist definiert durch das Verhältnis des gemessenen osmotischen Drucks Π zu dem osmotischen Druck Π_0 in einer ideal verdünnten Lösung gleicher Teilchenzahl

$$f_o \equiv \frac{\Pi_{\text{real}}}{\Pi_{0_{\text{id}}}}. \tag{91}$$

Für letztere gilt nach (90)

$$\Pi_{0_{\text{id}}} = -\frac{RT}{\boldsymbol{V}_1''} \ln x_1 , \tag{92}$$

so daß

$$f_o = \frac{\boldsymbol{V}_1'' \ln a_1}{V_1'' \ln x_1} \approx \frac{\ln a_1}{\ln x_1} = 1 + \frac{\ln f_1}{\ln x_1}, \tag{93}$$

wenn man in genügend verdünnten Lösungen $\boldsymbol{V}_1'' = V_1''$ setzen kann. Der osmotische Koeffizient f_o läßt sich also auch durch den Aktivitätskoeffizienten des Lösungsmittels ausdrücken und ist deshalb eigentlich entbehrlich; da er jedoch stärker variiert als f_1, ist er ein empfindlicheres Maß für die Abweichungen von den Gesetzen der ideal verdünnten Lösungen als f_1. So gelten z. B. für wässerige Rohrzuckerlösungen bei 0 °C folgende Zahlenwerte:

	Π (in bar)	f_1	f_o
$x_2 = 0{,}01$	14,4	0,999	1,064
$x_2 = 0{,}07$	136,6	0,964	1,508

Vereinfacht man Gl. (92) für ideal verdünnte Lösungen weiter durch

$$\ln x_1 = \ln(1 - x_2) \approx -x_2 ,$$

so erhält man

$$\Pi_{0_{\text{id}}} = \frac{RT}{\boldsymbol{V}_1} x_2 . \tag{94}$$

Der osmotische Druck ideal verdünnter Lösungen wächst proportional dem Molenbruch des gelösten Stoffes und ist von der chemischen Natur desselben unabhängig. Auch der osmotische Druck hängt demnach nur von der Teilchenzahl des gelösten Stoffes ab, wie dies schon für die Gefrierpunktserniedrigung und Siedepunktserhöhung ideal verdünnter Lösungen galt. Auch (94) ist auf Grund der eingeführten Vereinfachungen ein *Grenzgesetz* für verdünnte Lösungen, d. h. der Proportionalitätsfaktor $RT/\boldsymbol{V}_1$ bildet die Grenztangente an die Π-x_2-Kurve, und die Abweichungen von dieser Geraden beginnen um so früher, je stärker die Lösung von einer ideal verdünnten Lösung abweicht.

Für Wasser von 25 °C wird (mit $\boldsymbol{V}_1 = 18{,}07 \cdot 10^{-3}\ \text{dm}^3$)

$$\frac{RT}{\boldsymbol{V}_1} = \frac{83{,}14 \cdot 298{,}15}{18{,}07}\ \text{bar} = 1372\ \text{bar}, \tag{95}$$

bei $x_2 = \dfrac{1}{55{,}5 + 1}$ oder $m_2 = 1$ ergibt sich $\Pi \approx 24$ bar. Eine 1 molale Lösung besitzt also schon einen sehr beträchtlichen osmotischen Druck. Vergleicht man diesen Wert mit der molaren Siedepunktserhöhung bzw. Gefrierpunktserniedrigung in Wasser (Tab. 11 und 12), so sieht man, daß osmotische Messungen sich speziell zur Bestimmung großer Molekulargewichte eignen, denn in Lösungen hochmolekularer Stoffe ist die experimentell erreichbare Konzentration, d. h. die für die Meßeffekte maßgebende Zahl der Teilchen so klein, daß nur die osmotische Methode genügend genaue Werte liefert. Sie hat deshalb für die Molekulargewichtebestimmung hochpolymerer Stoffe in den letzten Jahren ständig an Bedeutung gewonnen.

Schreibt man das Grenzgesetz (94) in der Form

$$\boldsymbol{V}_1(n_1 + n_2)\Pi = n_2 RT$$

und vernachlässigt für hoch verdünnte Lösungen n_2 gegenüber n_1, so wird im Grenzfall

$$\Pi n_1 \boldsymbol{V}_1 \approx \Pi V = n_2 RT, \qquad (96)$$

indem man das Volumen $n_1 \boldsymbol{V}_1$ des reinen Lösungsmittels gleich dem Gesamtvolumen der Lösung setzt. Das ist das *van't Hoffsche Gesetz des osmotischen Drucks ideal verdünnter Lösungen,* das in der Form dem idealen Gasgesetz gleicht.

Im Grenzfall sehr kleiner Konzentrationen verhält sich demnach der gelöste Stoff wie ein ideales Gas, wenn man den Gasdruck durch den osmotischen Druck ersetzt, wobei sowohl die Natur des gelösten Stoffes wie die Natur des Lösungsmittels ohne Bedeutung sind.

Die Gln. (66) bis (66b), (77) und (79), (85) und (86) sowie (90) bilden die Grundlage der Bestimmung von Aktivitätskoeffizienten des Lösungsmittels mit Hilfe von Messungen des Dampfdrucks, der Siedepunktserhöhung, der Gefrierpunktserniedrigung und des osmotischen Drucks binärer Lösungen. Man bezeichnet diese Eigenschaften häufig als *kolligative Eigenschaften*, sie hängen in ideal verdünnten Lösungen nur von der Zahl der gelösten Teilchen, aber nicht von der chemischen Natur des gelösten Stoffes ab. Dampfdruckmessungen und osmotische Messungen besitzen gegenüber den beiden anderen Methoden den Vorteil, daß man sie bei jeder beliebigen Temperatur machen kann, sie werden deshalb zur experimentellen Ermittlung der thermodynamischen Eigenschaften einer Lösung meistens vorgezogen. Aus den Aktivitäten des Lösungsmittels kann man mittels der *Gibbs-Duhem*schen Gleichung (IV, 220) die Aktivitätskoeffizienten des gelösten Stoffes ermitteln. Aus der Temperaturabhängigkeit des Dampfdrucks bzw. des osmotischen Drucks ergeben sich nach (IV, 207 und 208) auch die differentiellen Mischungs- bzw. Zusatzeffekte.

6 Gleichgewichte zwischen Lösungen und reinen Phasen des gelösten Stoffes

6.1 Einfluß von Fremdgasen auf den Dampfdruck flüssiger und fester Stoffe

Wird auf eine reine flüssige oder feste Phase ′ durch ein indifferentes, in ihr praktisch unlösliches Gas ein äußerer Druck ausgeübt, so ändert sich das chemische Potential μ' der kondensierten Phase, das ja druckabhängig ist, und damit auch ihr Dampfdruck p_s, da ja im Gleichgewicht die chemischen Potentiale von Dampf und kondensierter Phase gleich sein müssen. Da sich Dampf und Fremdgas mischen, die Gasphase ″ also eine Mischphase ist, gilt die Gleichgewichtsbedingung[1]

[1] Der Dampf wird also als im indifferenten Fremdgas 1 gelöster Stoff aufgefaßt.

$$\mu_2' = \mu_2'', \tag{97}$$

und die Bedingung des währenden Gleichgewichts bei Änderung des Gesamtdrucks P bzw. der Temperatur T lautet

$$d\mu_2' = d\mu_2''. \tag{98}$$

Da ein Zweiphasensystem mit zwei Komponenten nach der Phasenregel divariant ist, kann man Druck und Temperatur unabhängig voneinander variieren. Die Mischphase ist in diesem Fall eine Gasphase, man benutzt also zur Zerlegung von μ_2'' in Standard- und Restpotential zweckmäßigerweise Gl. (IV, 182) für reale Gasgemische, so daß (97) lautet

$$\mu_2' = \mu_{2_{\text{id}}}'' + RT\ln\varphi_2 = \mu_{2_{\text{id}}}'' + RT\ln\frac{p_2^*}{p_2}, \tag{99}$$

worin $\varphi_2 \equiv \dfrac{p_2^*}{p_2}$ der Fugazitätskoeffizient des Dampfes ist. Da ferner nach (IV, 154)

$$\mu_{2_{\text{id}}}'' = \mu_{2_{\text{id}}}'' + RT\ln x_2 = \mu_{2_{\text{id}}}'' + RT\ln\frac{p_2}{P}, \tag{100}$$

kann man die Gleichgewichtsbedingung auch in der Form schreiben

$$\mu_2' = \mu_{2_{\text{id}}}'' + RT\ln\frac{p_2^*}{P}, \tag{101}$$

worin p_2^* die Fugazität des Dampfes bedeutet. Mittels (IV, 122 und 123) erhält man dann aus (98)

$$\boldsymbol{V}_2'\,dP - \boldsymbol{S}_2'\,dT = \boldsymbol{V}_{2_{\text{id}}}''\,dP - \boldsymbol{S}_{2_{\text{id}}}''\,dT + d\left(RT\ln\frac{p_2^*}{P}\right). \tag{102}$$

Hält man die Temperatur konstant und variiert lediglich den Gesamtdruck mit Hilfe des Fremdgases, so erhält man die zu (63) analoge Beziehung

$$\left(\frac{\partial\ln\dfrac{p_2^*}{P}}{\partial P}\right)_T = \frac{\boldsymbol{V}_2' - \boldsymbol{V}_{2_{\text{id}}}''}{RT}, \tag{103}$$

die sich wegen $\boldsymbol{V}_{2_{\text{id}}}'' = \dfrac{RT}{P}$ vereinfachen läßt in

$$\left(\frac{\partial\ln p_2^*}{\partial P}\right)_T = \frac{\boldsymbol{V}_2'}{RT}. \tag{104}$$

Die Gleichung gibt die Abhängigkeit der Sättigungsfugazität der kondensierten Phase vom Gesamtdruck P an. Können wir die Gasphase als ideal ansehen, so wird entsprechend

$$\left(\frac{\partial \ln p_s}{\partial P}\right)_T = \frac{\boldsymbol{V}_2'}{RT}, \tag{104a}$$

worin p_s den Sättigungsdampfdruck bedeutet. Bezeichnet man den Dampfdruck ohne Fremdgaseinfluß mit p_{0s}, den Dampfdruck bei Fremdgaszusatz mit p_s, so ergibt die Integration zwischen den Grenzen p_{0s} und p_s bzw. p_{0s} und P

$$\ln \frac{p_s}{p_{0s}} = \frac{\boldsymbol{V}'}{RT}(P - p_{0s}), \tag{105}$$

wobei die Kompressibilität des Volumens $\boldsymbol{V}'$ der kondensierten Phase vernachlässigt ist.

Der Dampfdruck nimmt mit dem äußeren Druck zu und hängt im übrigen außer von der Temperatur nur vom Molvolumen der kondensierten Phase, dagegen nicht von der chemischen Natur des Fremdgases ab. Aus (105) errechnet sich z. B. der Dampfdruck des Wassers bei 0°C und $P = 1$ atm $= 1{,}01325$ bar zu

$$\log p_s = \log p_{0s} + \frac{\boldsymbol{V}'(P - p_{0s})}{RT \cdot 2{,}303} \approx \log \frac{6{,}099}{1013{,}3} + \frac{0{,}018 \cdot 1}{22{,}4 \cdot 2{,}303}$$

oder $p_s = 6{,}110$ mbar gegenüber $p_{0s} = 6{,}105$ mbar im Vakuum. Der Unterschied beträgt also nur etwa 0,1%. Man kann deshalb Gl. (105) noch etwas vereinfachen, indem man $\ln \frac{p_s}{p_{0s}}$ durch $\ln\left(1 + \frac{p_s - p_{0s}}{p_{0s}}\right) \approx \frac{p_s - p_{0s}}{p_{0s}}$ (Abbruch der Reihenentwicklung nach dem ersten Glied) ersetzt. Dann ergibt sich

$$p_s = p_{0s} + p_{0s}\frac{\boldsymbol{V}'(P - p_{0s})}{RT}. \tag{105a}$$

Danach steigt der Sättigungsdruck proportional zum äußeren Druck P an.

In Abb. 68 ist die Sättigungskonzentration c_s in mg/dm^3 des Wasserdampfes als Funktion des Gesamtdrucks P bei Zusatz von Luft, Wasserstoff und Kohlendioxid aufgetragen. Die gestrichelte Kurve gibt die nach (105) berechneten Werte wieder. Man sieht, daß nur bei H_2 berechnete und beobachtete Werte einigermaßen übereinstimmen. In den anderen Fällen treten starke zusätzliche Effekte durch die Attraktionskräfte zwischen H_2O-Dampf und Fremdgasmolekeln auf, die als Löslichkeit der kondensierten Phase interpretiert werden können und von der Natur des zugesetzten Gases abhängen. In solchen Fällen muß man auf Gl. (104) zurückgreifen, d. h. die Fugazität an Stelle des Dampfdrucks benutzen. Man hat außerordentlich hohe Löslichkeiten fester Stoffe in Gasen hohen Drucks (z. B. von Naphthalin in Ethylen oder von Salzen in Wasserdampf oberhalb des kritischen Punktes) beobachtet[1], die auf spezifische Wechselwirkung zwischen den Fremdgas- und den Dampfmolekeln zurückgeführt werden müssen.

---

[1] Vgl. z. B. *E. U. Franck,* Z. physik. Chem. N. F. *8*, 92, 107 (1956); *Booth* und *Bidwell,* Chem. Rev. *44,* 477 (1949).

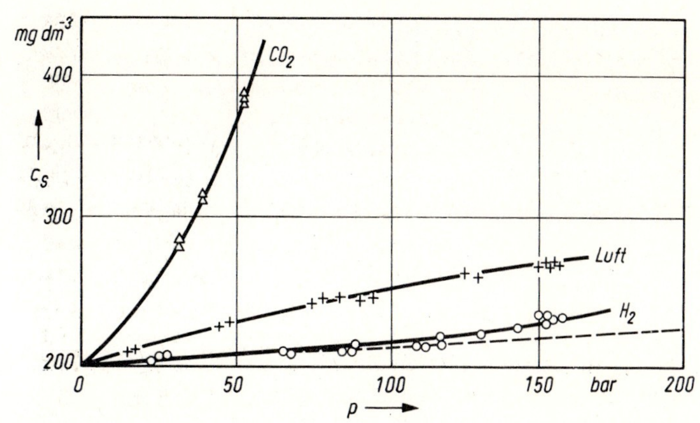

Abb. 68. Sättigungskonzentration des Wasserdampfes (in mg/dm^3) bei Zusatz verschiedener Fremdgase und konstanter Temperatur als Funktion des Gesamtdrucks.

6.2 Das Henry-Daltonsche Gesetz

Wir untersuchen jetzt den der Dampfdruckerniedrigung einer kondensierten Phase durch einen nichtflüchtigen gelösten Stoff (vgl. S. 235) entgegengesetzten Fall, daß ein Gas 2 sich in einer schwerflüchtigen kondensierten Phase 1 löst, deren Dampfdruck man vernachlässigen kann, so daß der Stoffaustausch zwischen beiden Phasen sich auf die Komponente 2 beschränkt. Dann lautet die Gleichgewichtsbedingung (12) unter Benutzung von (IV, 238)

$$\mu_2'' = \mu_2' = \mu_{02}' + RT \ln a_{02}, \tag{106}$$

wobei also nach S. 192 die ideal verdünnte Lösung des Gases als Bezugszustand und das physikalisch nicht definierbare μ_{02}' als Standardzustand gewählt ist, weil der Bezugszustand des realen reinen Stoffes bei Druck und Temperatur der Mischphase nicht realisierbar ist. In anderer Schreibweise lautet die Gleichgewichtsbedingung

$$\ln a_{02} = \frac{\mu_2'' - \mu_{02}'}{RT} \quad \text{oder} \quad a_{02} = \exp\left[\frac{\mu_2'' - \mu_{02}'}{RT}\right] = \text{const}. \tag{107}$$

Da μ_2'' und μ_{02}' nur von Druck und Temperatur abhängen, bedeutet dies, daß die Aktivität des gelösten Gases bei gegebenem p und T eindeutig festgelegt, d. h. konstant ist. Chemisch indifferente Zusätze zu der Lösung haben im allgemeinen nur einen geringen Einfluß auf die Sättigungs*aktivität* a_{02}. Dies gilt jedoch keineswegs für den Sättigungs*molenbruch* $x_2 = a_{02}/f_{02}$, da solche Zusatzstoffe den Aktivitätskoeffizienten f_{02} verändern. Im allgemeinen wird f_{02} gelöster Gase durch andere Zusatzstoffe wie z. B. Salze erhöht. Das bedeutet, daß x_2 abnehmen muß, damit a_{02} sich nicht wesentlich ändert. Man spricht in solchen Fällen von einem *„Aussalzeffekt"*, weil die Löslichkeit des Gases abnimmt. Auch der umgekehrte Effekt, Erniedrigung von f_{02}, Erhöhung von x_2, d. h. Zunahme der Löslichkeit durch Zusatzstoffe (sog. *„Einsalzeffekt"*) kommt vor.

Um die auch in diesem Fall besonders interessierende *Druckabhängigkeit* des Gleichgewichts zu erhalten, gehen wir wieder von der Koexistenzgleichung (40) für währendes Gleichgewicht aus, die hier lautet

$$d\boldsymbol{\mu}_2'' = d\mu_2' = d\boldsymbol{\mu}_{02}' + d(RT \ln a_{02}). \tag{108}$$

Mittels (IV, 123) erhalten wir analog zu (63) für konstante Temperatur die Beziehung

$$\left(\frac{\partial \ln a_{02}}{\partial p}\right)_T = \frac{\boldsymbol{V}_2'' - \boldsymbol{V}_{02}'}{RT}, \tag{109}$$

die die Abhängigkeit der Aktivität des gelösten Gases vom Druck der Gasphase angibt, jedoch keine große praktische Bedeutung besitzt.

Um die Abhängigkeit der *Konzentration* des gelösten Gases vom Druck der Gasphase zu erhalten, muß man das vollständige Differential $d\ln a_{02}$ in (108) außer nach p noch nach x entwickeln:

$$d\ln a_{02} = \left(\frac{\partial \ln a_{02}}{\partial p}\right)_{T,x_2} dp + \left(\frac{\partial \ln a_{02}}{\partial x_2}\right)_{T,p} dx_2 = \left[\left(\frac{\partial \ln a_{02}}{\partial p}\right)_{T,x_2} + \left(\frac{\partial \ln a_{02}}{\partial x_2}\right)_{T,p} \frac{dx_2}{dp}\right] dp. \tag{110}$$

Dabei sind dp und dx_2 auf Grund der Phasenregel wiederum nicht unabhängig voneinander. Damit erhält man aus (108)

$$\boldsymbol{V}_2'' dp = \boldsymbol{V}_{02}' dp + RT \left[\left(\frac{\partial \ln a_{02}}{\partial p}\right)_{T,x_2} + \left(\frac{\partial \ln a_{02}}{\partial x_2}\right)_{T,p} \frac{dx_2}{dp}\right] dp. \tag{111}$$

Da ferner nach (IV, 241)

$$\left(\frac{\partial \ln a_{02}}{\partial p}\right)_{T,x_2} = \left(\frac{\partial \ln f_{02}}{\partial p}\right)_{T,x_2} = \frac{V_2' - \boldsymbol{V}_{02}'}{RT},$$

erhält man schließlich

$$\left(\frac{\partial x_2}{\partial p}\right)_T = \frac{\boldsymbol{V}_2'' - V_2'}{RT \left(\frac{\partial \ln a_{02}}{\partial x_2}\right)_{T,p}}. \tag{112}$$

Dabei bedeutet V_2' das *partielle* Molvolumen des gelösten Gases in der kondensierten Phase, das ebenso wie $(\partial \ln a_{02}/\partial x_2)_{T,p}$ gesondert ermittelt werden muß.

Zur Integration von (109) führen wir die gleichen Vereinfachungen ein wie zur Integration der *Clausius-Clapeyron*schen Gleichung, indem wir $\boldsymbol{V}_{02}'$ als sehr klein gegenüber $\boldsymbol{V}_2''$ vernachlässigen und für das Gas die Gültigkeit des idealen Gasgesetzes annehmen, also $\boldsymbol{V}_2'' = \frac{RT}{p}$ setzen. Integrieren wir zwischen den Grenzen $p = 1$ und p, so wird

$$\int_1^p d\ln a_{02} = \frac{1}{RT}\int_1^p \boldsymbol{V}_2'' dp = \int_1^p d\ln p \tag{113}$$

$$\text{oder} \quad \ln a_{02(p)} - \ln a_{02(p=1)} = \ln p.$$

Nun ist $\ln a_{02(p=1)}$ nach (107) eine (nur von T abhängige) Konstante, so daß wir auch schreiben können

$$p = k a_{02}. \tag{114}$$

Für reale Gase ist der Druck wie früher durch die Fugazität zu ersetzen, d. h. allgemeiner gilt

$$p^* = k a_{02}. \tag{115}$$

Für ideales Gasverhalten und außerdem ideal verdünnte Lösung ($f_{02} = 1$) gilt an Stelle von (114)

$$p = k x_2. \tag{116}$$

Das ist das von *Henry* (1803) empirisch gefundene Gesetz: *Ein Gas löst sich in einer Flüssigkeit proportional seinem Druck.*

Wie *Dalton* (1807) zeigte, gilt der *Henry*sche Satz auch für *ideale Gasmischungen,* wenn man an Stelle des Gesamtdrucks p die Partialdrucke p_i der einzelnen Gase einführt, d. h. es gilt allgemein

$$p_i = k_i x_i. \tag{117}$$

Der Partialdruck eines gelösten Gases über der Lösung ist seinem Molenbruch in der Lösung proportional.

Das *Henry-Dalton*sche Gesetz in der Form (116) ist ein *Grenzgesetz* für kleine Drucke, denn nur für diesen Fall ist die Gültigkeit des idealen Gasgesetzes bzw. der Gesetze der ideal verdünnten Lösungen genügend gewährleistet. In Abb. 69 ist die Löslichkeit von Sauerstoff und

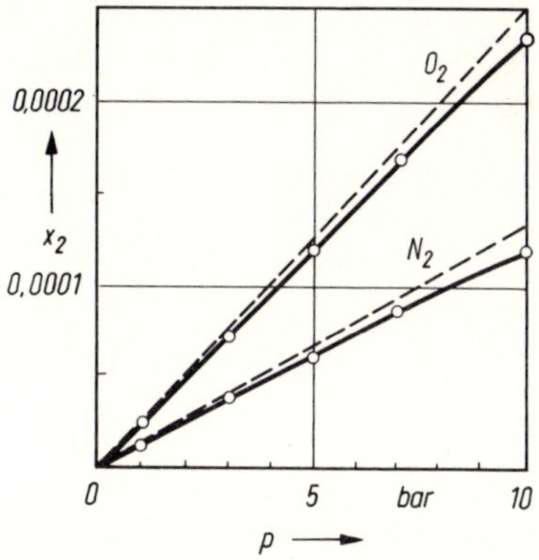

Abb. 69. Löslichkeit von O_2 und N_2 in Wasser bei 20 °C.

Stickstoff in Wasser bei 20 °C in Abhängigkeit vom Partialdruck dargestellt. Die Abbildung zeigt die – biologisch wichtige – Tatsache, daß die Löslichkeit von O_2 angenähert doppelt so groß ist wie die von N_2. Die Abweichungen von den das *Henry-Dalton*sche Gesetz darstellenden Grenztangenten sind hier selbst bei Drucken von etwa 10 bar noch verhältnismäßig gering. Aus diesen Abweichungen lassen sich nach der Beziehung $a_{02} = x_2 f_{02}$ die Aktivitätskoeffizienten des gelösten Stoffes berechnen, wenn es gelingt, die Messungen bis zu genügend kleinen Drucken bzw. hohen Verdünnungen der Lösung zu treiben, so daß die Konstante k noch nach (116) berechnet, oder ihr Wert wenigstens mit Sicherheit aus den Messungen bei großer Verdünnung extrapoliert werden kann, wie es in Abb. 69 der Fall ist. *Löslichkeitsmessungen stellen demnach ein einfaches Mittel zur Bestimmung von Aktivitäten bzw. Aktivitätskoeffizienten gelöster Stoffe dar.*

Man kann im Geltungsbereich der Gl. (I, 21) an Stelle des Molenbruchs auch die Konzentrationseinheiten m_2 oder c_2 benutzen. Dann ändern sich nach den Überlegungen auf S. 196 lediglich die Standardzustände und damit der Wert der Konstanten k, denn nach (107) und (113) ist

$$\ln\frac{1}{k} = \ln a_{02_{(p=1)}} = \frac{\mu''_{2(p=1)} - \mu'_{02}}{RT}. \tag{118}$$

Die Form der Gln. (116) und (117) bleibt also unverändert erhalten, d. h. es gilt an Stelle von (116)

$$p = k_{(m)} m_2 \quad \text{bzw.} \quad p = k_{(c)} c_2. \tag{116a}$$

Sehr starke Abweichungen vom *Henry-Dalton*schen Gesetz, die sich nicht durch die Aktivitäts- bzw. Fugazitätskoeffizienten erklären lassen, bedeuten, daß das Gas beim Übergang in die Lösung konzentrationsabhängige Veränderungen erleidet, daß also in den beiden Phasen nicht mehr der gleiche Stoff vorliegt. In diesem Sinn wirken starke Solvation (NH_3 oder CO_2 in Wasser) oder elektrolytische Dissoziation (HCl in Wasser). Auch ein Assoziationsgleichgewicht in der Gasphase ($N_2O_4 \rightleftarrows 2NO_2$; $(CH_3COOH)_2 \rightleftarrows 2CH_3COOH$) macht sich in der Ungültigkeit des *Henry*schen Gesetzes schon bei geringen Drucken bemerkbar.

Gilt Gl. (116) über den gesamten Molenbruch, so ist die Konstante k offenbar mit p_{02}, dem Dampfdruck des reinen verflüssigten Gases identisch, wie der Vergleich mit (67) zeigt, d. h. für diesen Fall ist das *Henry*sche Gesetz das gleiche wie das *Raoult*sche Gesetz. Ist also p_{02} des kondensierten Gases bekannt, so kann man seine Löslichkeit für jeden Druck vorausberechnen. So ist z. B. p_{02} des flüssigen CO_2 bei 20 °C 57,0 bar, so daß der Molenbruch der gesättigten Lösung bei einem Partialdruck von 1 bar nach (67) $x = \dfrac{1}{p_{02}} = 0{,}0175$ betragen sollte. Da ideale Mischung vorausgesetzt ist, sollte dieser Wert unabhängig vom Lösungsmittel sein, und er wird deshalb als *ideale Löslichkeit* des Gases bei Atmosphärendruck bezeichnet. Praktisch findet man in einer Reihe inerter Lösungsmittel Werte, die in der richtigen Größenordnung liegen, was bedeutet, daß die Annahme idealer Lösungen angenähert gerechtfertigt ist, so daß man Gl. (67) jedenfall zur Abschätzung der Löslichkeit von Gasen verwenden kann. Ist der Dampfdruck des reinen verflüssigten Gases bei der betreffenden Temperatur nicht meßbar, weil letztere oberhalb der kritischen Temperatur liegt, so kann man p_{02} durch Extrapolation mit Hilfe der *Clausius-Clapeyron*schen Gleichung abschätzen und so ebenfalls die ideale Löslichkeit bei der gewünschten Temperatur berechnen.

Gilt Gl. (116) bzw. (67) über den ganzen Molenbruch, so ergibt p als Funktion von x_2 aufgetragen eine Gerade mit der Neigung p_{02}, die man als *Raoult*sche Gerade bezeichnet, und die dann auch mit der *Henry*schen Geraden zusammenfällt. Treten jedoch Abweichungen vom *Raoult*schen bzw. *Henry*schen Gesetz auf, so ergibt p als Funktion von x_2 eine Kurve, wie sie etwa in Abb. 70 wiedergegeben ist, und für die nach (66) und (IV, 222) gilt

Abb. 70. *Raoult*sches und *Henry*sches Gesetz als Grenzgesetze.

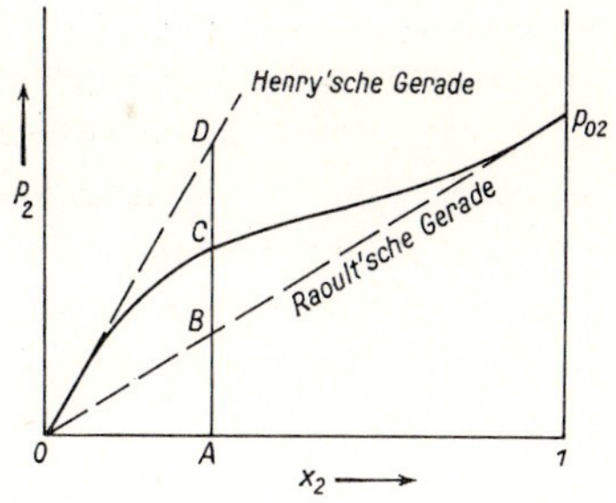

$$p_2 = p_{02}x_2 f_2 \quad \text{und} \quad \lim_{x_2 \to 1} \left(\frac{\partial p}{\partial x_2}\right)_T = \lim_{x_2 \to 1} p_{02} \left(\frac{\partial f_2}{\partial x_2}\right)_T = p_{02}, \tag{119}$$

weil die Aktivität auf den reinen Stoff als Standardzustand normiert ist, bei Annäherung an diesen also der Aktivitätskoeffizient $f_2 \to 1$ gehen muß[1]. Die Kurve muß also für $x_2 \to 1$ asymptotisch in die *Raoult*sche Gerade übergehen. Umgekehrt muß es für $x_2 \to 0$ stets ein mehr oder weniger ausgedehntes Konzentrationsgebiet geben, in dem die Lösung als ideal verdünnte Lösung angesehen werden kann, in dem also das *Henry*sche Gesetz (116) gültig ist. Die *Henry*sche Gerade ist also die Grenztangente an die experimentelle p-x_2-Kurve für $x_2 \to 0$ und fällt natürlich nicht mehr mit der *Raoult*schen Geraden zusammen (vgl. Abb. 70). Nach (114) gilt

$$p_2 = kx_2 f_{02}, \left(\frac{\partial p}{\partial x_2}\right)_T = kf_{02} + kx_2 \left(\frac{\partial f_{02}}{\partial x_2}\right)_T \quad \text{und deshalb} \quad \lim_{x_2 \to 0} \left(\frac{\partial p}{\partial x_2}\right)_T = k, \tag{120}$$

denn die Aktivität ist hier auf den Standardzustand μ_{02} normiert (vgl. S. 192), was bedeutet, daß f_{02} für $x_2 \to 0$ gegen 1 gehen muß.

Mit Hilfe von Abb. 70 lassen sich ebenso wie mittels Abb. 48 die beiden auf verschiedene Standardzustände normierten Aktivitätskoeffizienten f_2 und f_{02} unmittelbar anschaulich machen. Für eine Lösung der Zusammensetzung A gibt der Punkt C den beobachteten, der Punkt B den nach dem *Raoult*schen Gesetz berechneten Druck des Dampfes an, d. h. den Wert $p_{02}x_2$. Der Aktivitätskoeffizient f_2 wird deshalb nach (119) durch das Verhältnis der Strecken AC und AB dargestellt.

$$f_2 = \frac{p}{p_{02}x_2} = \frac{AC}{AB},$$

und es ist $f_2 > 1$. Der Punkt D gibt den nach dem *Henry*schen Gesetz berechneten Druck des Gases an, d. h. den Wert kx_2. Der Aktivitätskoeffizient f_{02}, auf die ideal verdünnte Lösung normiert, ist also nach (120) durch das Verhältnis der Strecken AC und AD gegeben

$$f_{02} = \frac{p}{kx_2} = \frac{AC}{AD},$$

[1] Dabei wird also vorausgesetzt, daß sich der Aktivitätskoeffizient nach den *Margules*schen Gleichungen darstellen läßt (vgl. S. 202f.).

und es ist $f_{02} < 1$. Dieses Beispiel zeigt wieder sehr anschaulich, wie der Zahlenwert des Aktivitätskoeffizienten von dem gewählten Standardzustand abhängt.

6.3 Löslichkeit fester Stoffe

Auch beim Löslichkeitsgleichgewicht fester Stoffe handelt es sich um einen Phasenübergang des gelösten Stoffes 2 aus der reinen festen Phase in die flüssige Mischphase und umgekehrt. Wir können deshalb die Gleichgewichtsbedingung (106) des vorangehenden Abschnittes ohne weiteres übernehmen, wenn wir unter der Phase $''$ jetzt die reine *feste* Phase verstehen, und gelangen so wieder zu der für konstante Temperatur und konstanten Druck gültigen, (107) analogen Beziehung

$$\ln a_{02} = \frac{\mu_2'' - \mu_{02}'}{RT} \quad \text{oder} \quad a_{02} = \exp\left[\frac{\mu_2'' - \mu_{02}'}{RT}\right] = \text{const}. \tag{121}$$

Die Sättigungsaktivität des gelösten Stoffes ist konstant, insbesondere also unabhängig vom Mengenverhältnis der beiden Phasen, solange die feste Phase überhaupt vorhanden ist, oder anders ausgedrückt, durch die Gegenwart des festen „Bodenkörpers" ist auch das chemische Potential des gelösten Stoffes und damit seine Aktivität eindeutig festgelegt. Dies gilt mit einer gewissen Näherung auch dann, wenn man der Mischphase einen weiteren Stoff zufügt, sofern dieser keine chemischen Reaktionen hervorruft. Während also die Sättigungs*aktivität* a_{02} des gelösten Stoffes von chemisch indifferenten Zusätzen in der Regel nur wenig beeinflußt wird, gilt dies für die Sättigungs*konzentration* x_2 keineswegs, sondern nach der Beziehung $a_{02} = x_2 f_{02}$ ist lediglich das Produkt von Konzentration und Aktivitätskoeffizient näherungsweise konstant, während die einzelnen Faktoren durch den Zusatz weiterer Stoffe beeinflußt werden können. Wird also beispielsweise der Aktivitätskoeffizient f_{02} des gelösten Stoffes durch Zufügen eines dritten Stoffes erniedrigt, so muß x_2 zunehmen, damit a_{02} sich nicht wesentlich ändert. Diese sog. *„Löslichkeitsbeeinflussung"* spielt z. B. bei Elektrolyten eine wesentliche Rolle, da der Aktivitätskoeffizient eines gelösten Salzes durch Zusatz anderer Salze stets erniedrigt wird, so daß seine *Löslichkeit* l zunimmt (sog. *Einsalzeffekt*). Umgekehrt wird die Löslichkeit von Nichtelektrolyten durch Zusatz von Salzen in der Regel herabgesetzt (*Aussalzeffekt*), wovon man in der organischen präparativen Chemie häufig Gebrauch macht, doch kommen auch in solchen Fällen Löslichkeitserhöhungen vor, so daß der gleiche Stoff durch Zusatz verschiedener Salze entweder ausgesalzen oder eingesalzen werden kann. In allen diesen Fällen handelt es sich um eine Beeinflussung der Aktivitätskoeffizienten des gelösten Stoffes, der je nach den Wechselwirkungskräften mit den Molekeln oder Ionen des Zusatzstoffes erhöht oder erniedrigt werden kann, was eine entsprechende Erniedrigung oder Erhöhung der Löslichkeit l zur Folge hat. In Abb. 71 ist dies für das undissoziierte 2,4-Dinitrophenol dargestellt[1].

Auch das Löslichkeitsgleichgewicht ist nach der Phasenregel ein divariantes Gleichgewicht, man kann also Temperatur und Druck unabhängig voneinander variieren. Aus der Koexistenzbedingung

---

[1] Vgl. *H. v. Halban, G. Kortüm* und *M. Seiler,* Z. physik. Chem. Abt. A *173,* 449 (1935).

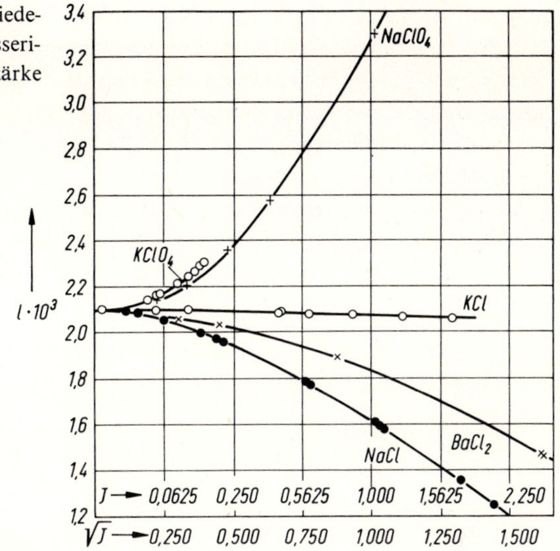

Abb. 71. Einsalz- und Aussalzeffekt verschiedener Salze auf das 2,4-Dinitrophenol in wässeriger Lösung in Abhängigkeit von der Ionenstärke J.

$$d\left(\frac{\mu_2''}{T}\right) = d\left(\frac{\mu_2'}{T}\right) = d\left(\frac{\mu_{02}'}{T}\right) + R\, d\ln a_{02} \tag{122}$$

ergibt sich mit (IV, 124) für die *Temperaturabhängigkeit* der *Sättigungsaktivität* bei konstantem Druck

$$\frac{-\boldsymbol{H}_2''}{T^2}\, dT = \frac{-\boldsymbol{H}_{02}'}{T^2}\, dT + R\, d\ln a_{02}$$

oder

$$\left(\frac{\partial \ln a_{02}}{\partial T}\right)_p = \frac{\boldsymbol{H}_{02}' - \boldsymbol{H}_2''}{RT^2}. \tag{123}$$

$\boldsymbol{H}_{02}'$ ist die molare Enthalpie des Stoffes 2 in ideal verdünnter Lösung, $\boldsymbol{H}_2''$ die molare Enthalpie des reinen festen Stoffes 2 und $\boldsymbol{H}_{02}' - \boldsymbol{H}_2''$ deshalb nach (III, 158) die *erste Lösungswärme*.

Gl. (123) hat wiederum die gleiche Form wie die vereinfachte *Clausius-Clapeyron*sche Gl. (44), besitzt jedoch ebenso wie (109) keine große praktische Bedeutung. Nehmen wir, um die Integration zu vereinfachen, wieder an, daß in dem benutzten Temperaturbereich sowohl die erste Lösungswärme wie der in a_{02} steckende Aktivitätskoeffizient praktisch temperturunabhängig sind, so ergibt die Integration

$$\ln a_{02} = -\frac{\boldsymbol{H}_{02}' - \boldsymbol{H}_2''}{RT} + C \quad \text{oder} \quad a_{02} = \exp\left[\frac{-(\boldsymbol{H}_{02}' - \boldsymbol{H}_2'')}{RT}\right] + C. \tag{124}$$

$\ln a_{02}$ gegen $1/T$ aufgetragen ergibt also in erster Näherung eine Gerade, aus deren Neigung man die erste Lösungswärme eines Stoffes in analoger Weise ermitteln kann wie aus Gl. (48) die Verdampfungswärme eines reinen Stoffes. Im Gegensatz zur Verdampfungswärme $\Delta\boldsymbol{H}_{\text{Verd.}}$ kann $(\boldsymbol{H}_{02}' - \boldsymbol{H}_2'')$ auch negativ sein (exotherme Lösungswärme), dann nimmt nach

(123) die Sättigungsaktivität mit steigender Temperatur ab, während in dem häufigeren Fall, daß $(\boldsymbol{H}'_{02} - \boldsymbol{H}''_2)$ positiv ist (endotherme Lösungswärme), die Sättigungsaktivität wie der Dampfdruck mit steigender Temperatur zunimmt. In vielen Fällen, insbesondere bei der Löslichkeit von Elektrolyten in Wasser, reicht allerdings diese erste Näherung nicht aus, sondern man muß die T-Abhängigkeit von $\boldsymbol{H}'_{02} - \boldsymbol{H}''_2$ und von f_{02} in ähnlicher Weise berücksichtigen, wie dies S. 242 beschrieben wurde.

Die praktisch wichtigere *Temperaturabhängigkeit des Sättigungsmolenbruchs,* d. h. der *Löslichkeit* des festen Stoffes erhält man, indem man das vollständige Differential $\mathrm{d}\ln a_{02}$ in (123) außer nach T noch nach x entwickelt. Man erhält analog zu (110)

$$\begin{aligned}\mathrm{d}\ln a_{02} &= \left(\frac{\partial \ln a_{02}}{\partial T}\right)_{p,x_2} \mathrm{d}T + \left(\frac{\partial \ln a_{02}}{\partial x_2}\right)_{T,p} \mathrm{d}x_2 \\ &= \left[\left(\frac{\partial \ln a_{02}}{\partial T}\right)_{p,x_2} + \left(\frac{\partial \ln a_{02}}{\partial x_2}\right)_{T,p} \frac{\mathrm{d}x_2}{\mathrm{d}T}\right] \mathrm{d}T.\end{aligned} \tag{125}$$

Nach (IV, 240) ist die T-Abhängigkeit der Aktivität gegeben durch

$$\left(\frac{\partial \ln a_{02}}{\partial T}\right)_{p,x_2} = \left(\frac{\partial \ln f_{02}}{\partial T}\right)_{p,x_2} = -\frac{H'_2 - \boldsymbol{H}'_{02}}{RT^2}, \tag{126}$$

worin H'_2 die *partielle* molare Enthalpie des Stoffes 2 in der gesättigten Lösung bedeutet. Setzt man beides in (123) ein, so erhält man

$$\left(\frac{\partial \ln a_{02}}{\partial x_2}\right)_{T,p} \frac{\mathrm{d}x_2}{\mathrm{d}T} = \frac{\boldsymbol{H}'_{02} - \boldsymbol{H}''_2}{RT^2} + \frac{H'_2 - \boldsymbol{H}'_{02}}{RT^2} = \frac{H'_2 - \boldsymbol{H}''_2}{RT^2}$$

oder

$$\left(\frac{\partial x_2}{\partial T}\right)_p = \frac{H'_2 - \boldsymbol{H}''_2}{RT^2(\partial \ln a_{02}/\partial x_2)_{T,p}}. \tag{127}$$

$(H'_2 - \boldsymbol{H}''_2)$ ist nach (III, 155) [im Gegensatz zu $(\boldsymbol{H}'_{02} - \boldsymbol{H}''_2)$ in Gl. (123)] die *differentielle Lösungswärme* bei Sättigungskonzentration, die man auch als *letzte Lösungswärme* bezeichnet (vgl. S. 118). Um Gl. (127) integrieren zu können, muß deshalb $(\partial \ln a_{02}/\partial x_2)_{p,T}$, d. h. die Neigung der a_{02}-x_2-Kurve am Sättigungspunkt gesondert experimentell bestimmt werden.

Es gibt Fälle, bei denen erste und letzte Lösungswärme eines Stoffes nicht nur verschiedene Zahlenwerte, sondern sogar verschiedenes Vorzeichen besitzen. Ein Beispiel ist die Lösungswärme von $CaSO_4 \cdot 2H_2O$ in Wasser bei 25 °C: Es ist die erste Lösungwärme $\boldsymbol{H}'_{02} - \boldsymbol{H}''_2 = -1142\ \mathrm{J\ mol^{-1}}$, die letzte Lösungswärme $H'_2 - \boldsymbol{H}''_2 = +2602\ \mathrm{J\ mol^{-1}}$, also die für die T-Abhängigkeit von f_{02} nach (126) maßgebende Differenz zwischen letzter und erster Lösungswärme $H'_2 - \boldsymbol{H}'_{02} = +3745\ \mathrm{J\ mol^{-1}}$; f_{02} hat demnach in diesem Fall einen stark negativen Temperaturkoeffizienten. Das hat zur Folge, daß zwar nach (127) die *Löslichkeit* mit steigender Temperatur zunimmt (denn $H'_2 - \boldsymbol{H}''_2$ ist positiv und die Aktivität a_{02} muß mit x_2 stets zunehmen, so daß auch $(\partial \ln a_{02}/\partial x_2)_{p,T}$ positiv ist), daß aber nach (123) die Sättigungsaktivität mit steigender Temperatur abnimmt, weil der stark negative T-Koeffizient von f_{02} den positiven T-Koeffizienten von x_2 überkompensiert.

Für den speziellen Fall, daß sich die Lösung des festen Stoffes im gesamten Bereich bis zur Sättigung ideal verhält, wie dies etwa im System Naphthalin-Benzol angenähert der Fall ist, werden die partiellen molaren Mischungswärmen gleich Null, d. h. nach (III, 151) bzw. (III, 151a) werden erste und letzte Lösungswärme identisch und gleich der *molaren Schmelzwärme* $\Delta \boldsymbol{H}_{\text{Schm.}}$ des festen Stoffes. Dann erhält man sowohl aus (123) wie aus (127)[1]

$$\left(\frac{\partial \ln x_2}{\partial T}\right)_p = \frac{\Delta \boldsymbol{H}_{\text{Schm.}}}{R T^2}, \tag{128}$$

und durch Integration innerhalb eines Temperaturbereiches, in dem man $\Delta \boldsymbol{H}_{\text{Schm.}}$ als praktisch T-unabhängig betrachten bzw. durch einen konstanten Mittelwert $\overline{\Delta \boldsymbol{H}}_{\text{Schm.}}$ ersetzen darf

$$\ln x_2 = -\frac{\overline{\Delta \boldsymbol{H}}_{\text{Schm.}}}{R T} + C. \tag{129}$$

Der Sättigungsmolenbruch, d. h. die Löslichkeit wird vom Lösungsmittel unabhängig, und man spricht in diesem Fall analog wie bei idealen Lösungen eines Gases (vgl. S. 254) von *idealer Löslichkeit*. Integriert man zwischen den Grenzen x_2 und $x_2 = 1$ bzw. T und T_G, worin T_G die Schmelztemperatur des reinen Stoffes 2 bedeutet, so wird

$$\ln x_2 = \frac{\overline{\Delta \boldsymbol{H}}_{\text{Schm.}}}{R}\left(\frac{1}{T_G} - \frac{1}{T}\right), \tag{130}$$

d. h. man kann die ideale Löslichkeit aus Schmelzwärme und Schmelzpunkt des reinen Stoffes 2 berechnen. So ergibt sich z. B. für die ideale Löslichkeit des Naphthalins mit $T_G = 353{,}4$ K und $\overline{\Delta \boldsymbol{H}}_{\text{Schm.}} = 18{,}995$ kJ mol^{-1} nach (130) der Wert $x_2 = 0{,}266$ bei 20 °C, während experimentell gefunden wurde $x_2 = 0{,}241$ in Benzol, $x_2 = 0{,}224$ in Toluol, $x_2 = 0{,}256$ in Chlorbenzol und $x_2 = 0{,}018$ in Methanol bei gleicher Temperatur. Die Lösungen in Benzol, Chlorbenzol und Toluol verhalten sich demnach angenähert, die in Methanol dagegen keineswegs ideal.

Für ideale Lösungen lautet die Gleichung für die Gefrierpunktserniedrigung des Lösungsmittels durch den gelösten Stoff nach (82)

$$\ln x_1 = \frac{\Delta \boldsymbol{H}_{\text{Schm.}}}{R}\left(\frac{1}{T_G} - \frac{1}{T}\right), \tag{131}$$

worin T_G den Gefrierpunkt des reinen Lösungsmittels bedeutet. Die beiden Gln. (130) und (131) sind einander völlig äquivalent, und es besteht prinzipiell keine Notwendigkeit, zwischen Lösungsmittel und gelöstem Stoff zu unterscheiden, d. h. die ideale Löslichkeitskurve und die ideale Gefrierpunktskurve haben die gleiche Bedeutung. Trägt man T gegen x_2 auf, so erhält man zwei Kurven, wie sie schematisch in Abb. 72 dargestellt sind. Kühlt man eine Lösung der Zusammensetzung a ab, so beginnt am Punkt P das reine Lösungsmittel auszukristallisieren, kühlt man eine Lösung der Zusammensetzung b ab, so fällt beim Punkt Q der gelöste Stoff aus. Die Kurve $T_{G_1}R$ ist die Gefrierpunktskurve des Lösungsmittels, die Kurve QR die Löslichkeitskurve des gelösten Stoffes. Bei R sind die *beiden* reinen festen Phasen im Gleichgewicht mit der Lösung; einschließlich der Dampfphase haben wir also vier Phasen bei zwei Komponenten, d. h. der Punkt R ist nach der Phasenregel ein invarianter Punkt (vgl. S. 220).

---

[1] Für diesen Fall ist $(\partial \ln a_{02}/\partial x_2) = (\partial \ln x_2/\partial x_2) = 1/x_2$ und $H_2' = \boldsymbol{H}_{02}'$.

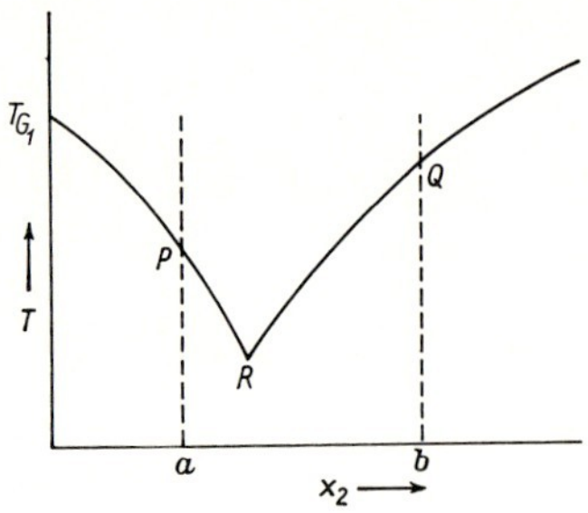

Abb. 72. Gefrierpunktskurve des Lösungsmittels und Löslichkeitskurve des gelösten Stoffes bei einer idealen Lösung (schematisch).

Die (weniger wichtige) *Druckabhängigkeit der Sättigungsaktivität* fester Stoffe in einem Lösungsmittel können wir aus den Betrachtungen des vorangehenden Abschnittes unverändert übernehmen, d. h. es gilt wieder analog zu Gl. (109)

$$\left(\frac{\partial \ln a_{02}}{\partial p}\right)_T = \frac{\boldsymbol{V}_2'' - \boldsymbol{V}_{02}'}{RT}. \tag{132}$$

$\boldsymbol{V}_2'' - \boldsymbol{V}_{02}'$ ist die Differenz zwischen dem Molvolumen des festen Stoffes und seinem partiellen Molvolumen in ideal verdünnter Lösung. Je nachdem diese Differenz positiv oder negativ ist, nimmt die Sättigungsaktivität bzw. bei idealen Lösungen die Löslichkeit mit steigendem Druck zu oder ab. Für nichtideale Lösungen wird die Druckabhängigkeit durch Gl. (112) wiedergegeben.

Ändert man *Druck* und *Temperatur gleichzeitig,* so gilt, da $\mathrm{d}\ln a_{02}$ ebenso wie $\mathrm{d}\mu_2$ ein vollständiges Differential ist:

$$\mathrm{d}\ln a_{02} = \left(\frac{\partial \ln a_{02}}{\partial p}\right)_T \mathrm{d}p + \left(\frac{\partial \ln a_{02}}{\partial T}\right)_p \mathrm{d}T. \tag{133}$$

Soll die Sättigungsaktivität konstant, also $\mathrm{d}\ln a_2 = 0$ bleiben, so muß Druck und Temperatur nach (133) in der Weise geändert werden, daß

$$\left(\frac{\mathrm{d}p}{\mathrm{d}T}\right)_{a_{02}} = -\frac{\left(\frac{\partial \ln a_{02}}{\partial T}\right)_p}{\left(\frac{\partial \ln a_{02}}{\partial p}\right)_T} = -\frac{\boldsymbol{H}_{02}' - \boldsymbol{H}_2''}{T(\boldsymbol{V}_2'' - \boldsymbol{V}_{02}')}. \tag{134}$$

Gl. (134) entspricht in der Form der *Clausius-Clapeyron*schen Gl. (43), nur daß hier eine Druckerhöhung $\mathrm{d}p$ je nach den Vorzeichen von $\boldsymbol{H}_{02}' - \boldsymbol{H}_2''$ bzw. $\boldsymbol{V}_2'' - \boldsymbol{V}_{02}'$ durch eine Temperaturerhöhung oder durch eine Temperaturerniedrigung kompensiert werden muß, wenn die Sättigungsaktivität erhalten bleiben soll.

Die Gleichungen (132) und (134) besitzen wiederum wie (109) und (123) nur formale Bedeutung. Soll die Sättigungs*konzentration* bei gleichzeitiger Änderung von p und T konstant bleiben, so gilt

$$\mathrm{d}x_2 = \left(\frac{\partial x_2}{\partial T}\right)_p \mathrm{d}T + \left(\frac{\partial x_2}{\partial p}\right)_T \mathrm{d}p = 0,$$

oder

$$\left(\frac{\mathrm{d}p}{\mathrm{d}T}\right)_{x_2} = -\frac{\left(\frac{\partial x_2}{\partial T}\right)_p}{\left(\frac{\partial x_2}{\partial p}\right)_T}.$$

Setzt man die Ausdrücke von (112) und (127) ein, so erhält man die einfache Beziehung

$$\left(\frac{\mathrm{d}T}{\mathrm{d}p}\right)_{x_2} = -\left(\frac{H_2' - \boldsymbol{H}_2''}{T(\boldsymbol{V}_2'' - V_2')}\right), \tag{134a}$$

die sich auch praktisch auswerten läßt.

Gl. (112) diente als Ausgangspunkt für das von *Le Chatelier* und *Braun* etwa gleichzeitig (1887) ausgesprochene und nach ihnen benannte sog. *„Prinzip des kleinsten Zwanges"*: Übt man auf ein im Gleichgewicht befindliches System durch Änderung einer der äußeren Zustandsvariablen T oder p einen Zwang aus, so ändern sich die übrigen Zustandsparameter in dem Sinne, daß dieser Zwang vermindert wird. Die Gleichgewichtsverschiebung schwächt also die Wirkung des äußeren Zwanges ab, d. h. das *Le-Chatelier-Braun*sche Prinzip bestimmt qualitativ die Richtung, in der sich ein Gleichgewicht unter dem Einfluß eines äußeren Zwanges verschiebt.

Die Anwendung des Prinzips auf die Druckabhängigkeit der Löslichkeit besagt: Erhöht man den Druck, so verschiebt sich das Gleichgewicht in der Richtung, die eine Volumenverkleinerung und damit eine Abschwächung des äußeren Zwanges bedeutet. Ist also das Molvolumen der festen Phase größer als das partielle Molvolumen des gelösten Stoffes, so wird die Löslichkeit mit steigendem Druck begünstigt und umgekehrt. Ganz analog wird sich beim Schmelzpunkt eines reinen Stoffes, wo feste und flüssige Phase im Gleichgewicht miteinander stehen, durch Druckerhöhung die spezifisch leichtere Phase in die spezifisch schwerere umwandeln. Da in der Regel die feste Phase die größere Dichte besitzt, kann man die flüssige Phase durch Druckerhöhung bei konstanter Temperatur zum Erstarren bringen. Beim Wasser, das sich beim Gefrieren ausdehnt, ist es umgekehrt, man kann Eis bei konstanter Temperatur durch Druckerhöhung zum Schmelzen bringen. Führt man den Prozeß adiabatisch durch, so verursacht die verbrauchte Schmelzwärme eine Temperaturerniedrigung, d. h. der Schmelzpunkt des Wassers sinkt mit steigendem Druck, wie es in Abb. 63 auf Grund der *Clausius-Clapeyron*schen Gleichung dargestellt ist.

Auf die Temperaturabhängigkeit der Löslichkeit angewendet, sagt das Prinzip des kleinsten Zwanges aus: Temperaturerhöhung bewirkt eine Zunahme der Löslichkeit, wenn beim Lösungsvorgang Wärme verbraucht wird, d. h. wenn nach (127) die letzte Lösungswärme positiv ist, dagegen eine Abnahme der Löslichkeit, wenn bei der Auflösung Wärme abgegeben wird, d. h. die letzte Lösungswärme negativ ist[1)].

7 Flüssigkeit-Dampf-Gleichgewichte in beliebigen Zweistoffsystemen ohne Mischungslücke

Wir wenden uns jetzt der Betrachtung von Phasenübergängen in beliebigen Zweistoffsystemen zu, wobei je nach dem vorliegenden Fall mehrere Mischphasen oder mehrere reine Phasen am Gleichgewicht beteiligt sein können. Es liegt auf der Hand, daß hier wesentlich vielseitigere und verwickeltere Erscheinungen auftreten können, so daß nur die typischen und für

[1] Wie schon erwähnt, können „letzte" und „erste" Lösungswärme gelegentlich verschiedenes Vorzeichen haben. Das gleiche gilt auch für die „ganze" und die „letzte" Lösungswärme (vgl. S. 119). Die verallgemeinerte Aussage „Exotherme Lösungswärme bedeutet Abnahme der Löslichkeit mit zunehmender Temperatur" trifft also keineswegs zu.

die Praxis wichtigeren Fälle berücksichtigt werden sollen[1]. Häufig fehlt es noch an einer systematischen Auswertung der thermodynamisch ableitbaren Gesetzmäßigkeiten, und man muß sich mit einer – meist graphischen – Darstellung des vorliegenden empirischen Beobachtungsmaterials begnügen.

Zur graphischen Darstellung des Gleichgewichts zwischen zwei koexistenten Phasen eines binären Systems benutzen wir wie bisher die intensiven Zustandsvariablen p, T und x, die im Gleichgewicht in eindeutiger Weise voneinander abhängen[2]. Man kann sie deshalb in einem räumlichen Zustandsdiagramm graphisch darstellen (vgl. Abb. 82, S. 273), analog wie in Abb. 11 das pVT-Zustandsdiagramm eines Einstoffsystems. Man zieht es der besseren Anschaulichkeit wegen jedoch meistens wieder vor, die Abhängigkeit zweier Variabler voneinander unter Konstanthaltung der dritten in der Ebene darzustellen. Die Kurven entsprechen also dem Schnitt der Zustandsfläche mit einer Ebene, die senkrecht auf einer der Koordinaten steht, d. h. es gibt drei verschiedene Darstellungsweisen: p-x-Diagramm (T konstant), T-x-Diagramm (p konstant) und p-T-Diagramm (x konstant). Indem man die konstante Größe als Parameter variiert, erhält man jeweils eine Kurvenschar, wie wir sie schon bei Einstoffsystemen kennengelernt haben (vgl. Abb. 10, 14). Jede dieser Kurven entspricht nach der Phasenregel einem divarianten Gleichgewicht zwischen zwei koexistenten Phasen. Dabei ist noch folgendes zu beachten: Druck und Temperatur sind nach (2) und (3) im Gleichgewicht für alle Phasen gleich, dagegen sind die Molenbrüche in den einzelnen Phasen im allgemeinen voneinander verschieden. Wenn also x als Variable benutzt wird, so erhält man zwei Kurven, je nachdem man p bzw. T als Funktion der Zusammensetzung x' der flüssigen oder der Zusammensetzung x'' der dampfförmigen Phase aufträgt. Schließlich kann man auch noch die Molenbrüche der beiden Phasen gegeneinander auftragen (sog. *Gleichgewichtsdiagramm*), so daß sich das Dampf-Flüssigkeits-Gleichgewicht eines binären Systems insgesamt durch sechs verschiedene Kurven wiedergeben läßt, die sämtlich praktisch verwendet werden, wenn sie auch nicht von gleicher Wichtigkeit sind.

7.1 *p*-*x*-Isothermen

Wir betrachten als erstes die gewöhnlich kurz als „Dampfdruckdiagramm“ bezeichneten p-x-Isothermen einer binären vollständig mischbaren Flüssigkeit. Wir gehen wieder von der Koexistenzbedingung (40) aus, die in diesem Fall lautet:

$$\mathrm{d}\mu_1'' = \mathrm{d}\mu_1'; \quad \mathrm{d}\mu_2'' = \mathrm{d}\mu_2'. \tag{135}$$

Wir benutzen die realen reinen Komponenten als Standardzustände und erhalten mit (IV, 206)

---

[1] Vgl. *A. Findlay,* Die Phasenregel und ihre Anwendungen, 9. Aufl., Weinheim 1958; *J. Zernike*, Chemical Phase Theory, 1955; Ullmanns Encyklopädie der technischen Chemie, 3. Aufl., Bd. 1 (1951) Kap. IV/B; 3. Aufl., Bd. 2/1 (1961), S. 638 ff.; 4. Aufl., Bd. 2 (1972), S. 491 f.; 4. Aufl., Bd. 5 (1980), S. 86 f.; *G. Kortüm, H. Buchholz-Meisenheimer,* Destillation und Extraktion von Flüssigkeiten, Berlin 1955; *A. Weissberger* (Ed.), Technique of Organic Chemistry, 2. Aufl., Vol. IV, New York 1951; Houben-Weyl, Methoden der organischen Chemie, 4. Aufl., Bd. I/1 (1958), S. 777 ff.; DECHEMA Chemistry Data Series, Vol. I, V, VI, Weinheim.

[2] Zuweilen zieht man als weitere intensive Zustandsvariable das durch (II, 100) definierte mittlere Molvolumen $\bar{V}$ einzelner Phasen heran, d. h. man untersucht z. B. $\bar{V}$ als Funktion von T und x (p konstant) oder von p und x (T konstant).

und unter Berücksichtigung der Druckabhängigkeit der Standardpotentiale nach (IV, 123) z. B. für die Komponente 1

$$\boldsymbol{V}_1''\mathrm{d}p + RT\,\mathrm{d}\ln a_1'' = \boldsymbol{V}_1'\mathrm{d}p + RT\,\mathrm{d}\ln a_1'$$

oder

$$\left(\frac{\partial \ln (a_1''/a_1')}{\partial p}\right)_T = -\frac{\boldsymbol{V}_1'' - \boldsymbol{V}_1'}{RT}; \quad \left(\frac{\partial \ln (a_2''/a_2')}{\partial p}\right)_T = -\frac{\boldsymbol{V}_2'' - \boldsymbol{V}_2'}{RT}. \tag{136}$$

Die $\boldsymbol{V}$ bedeuten die Molvolumina der realen reinen Komponenten in den beiden Phasen. Die Integration zwischen den Grenzen $a_1 = 1$ (reine Komponente 1) bis a_1 bzw. den zugehörigen Drucken p_{01} (Dampfdruck der reinen Komponente 1) und dem Gesamtdruck p ergibt

$$\left.\begin{aligned} \int_1^{a_1} \mathrm{d}\ln \frac{a_1''}{a_1'} &= -\frac{1}{RT}\int_{p_{01}}^{p} (\boldsymbol{V}_1'' - \boldsymbol{V}_1')\,\mathrm{d}p \\ \text{bzw.} \quad \int_1^{a_2} \mathrm{d}\ln \frac{a_2''}{a_2'} &= -\frac{1}{RT}\int_{p_{02}}^{p} (\boldsymbol{V}_2'' - \boldsymbol{V}_2')\,\mathrm{d}p. \end{aligned}\right\} \tag{137}$$

Die Gleichungen geben den Zusammenhang zwischen Druck und Aktivitätsverhältnis der beiden Komponenten in den beiden Phasen an. Sie lassen sich auswerten, wenn die $\boldsymbol{V}$ als Funktionen des Drucks bekannt sind, d. h. wenn die thermischen Zustandsgleichungen der reinen Stoffe experimentell gegeben sind, was in der Regel nicht der Fall ist.

Wählt man die Temperatur und damit den Dampfdruck genügend klein, so daß man in der Gasphase das ideale Gasgesetz und das *Dalton*sche Gesetz der additiven Partialdrucke als gültig ansehen kann $\left(\boldsymbol{V}_1'' = \frac{RT}{p} \text{ und } \boldsymbol{V}_2'' = \frac{RT}{p}\right)$, und vernachlässigt man das Molvolumen der flüssigen Phase ($\boldsymbol{V}_1' \ll \boldsymbol{V}_1''$ und $\boldsymbol{V}_2' \ll \boldsymbol{V}_2''$), so läßt sich die Integration in (137) leicht ausführen, und man erhält

$$\ln \frac{a_1''}{a_1'} = \ln \frac{p_{01}}{p} \quad \text{und} \quad \ln \frac{a_2''}{a_2'} = \ln \frac{p_{02}}{p}. \tag{138}$$

Berücksichtigt man weiter, daß bei Gültigkeit der idealen Gesetze in der Gasphase

$$a_1'' = x_1'' = \frac{p_1}{p}; \quad a_2'' = x_2'' = \frac{p_2}{p} \tag{139}$$

und $p = p_1 + p_2$, so wird aus (138)

$$p_1 = p_{01} a_1' \quad \text{und} \quad p_2 = p_{02} a_2'. \tag{140}$$

Die erste dieser Gleichungen ist mit (66) identisch, doch bedeutet p_1 hier den Partialdruck des Stoffes 1 in der Gasphase, während dort angenommen war, daß die Komponente 2 keinen meßbaren Druck besitzt. Die zweite dieser Gleichungen ist identisch mit (114), nur war dort die Aktivität a_{02} auf den Standardzustand $\boldsymbol{\mu}_{02}$ bei unendlicher Verdünnung normiert, während wir hier, wie es bei vollständig mischbaren Flüssigkeiten die Regel ist, den realen reinen Zustand bei beiden Komponenten als Standardzustand benutzen. Kann man den Dampf nicht mehr als ideales Gas ansehen, so sind die Drucke wieder analog zu (66a) durch die Fugazitäten zu ersetzen. Ist ferner $\boldsymbol{V}_i'$ nicht mehr gegenüber $\boldsymbol{V}_i''$ vernachlässigbar, so kann man eine Näherung analog zu (66b) benutzen.

Ist auch die flüssige Phase $'$ eine ideale Mischung, so wird Gl. (140) identisch mit (67)

$$p_1 = p_{01} x_1' \quad \text{und} \quad p_2 = p_{02} x_2', \tag{141}$$

was sich mittels (139) auch umformen läßt in

$$\frac{x_1''}{x_1'} = \frac{p_{01}}{p} \quad \text{und} \quad \frac{x_2''}{x_2'} = \frac{p_{02}}{p}. \tag{142}$$

Der Verteilungskoeffizient jeder Komponente auf die beiden Phasen ist gleich dem Verhältnis vom Dampfdruck der reinen Komponente zum Dampfdruck der Mischung, d. h. er ist von 1 verschieden: Die beiden Phasen haben verschiedene Zusammensetzung. Für den Gesamtdruck p ergibt sich mittels (141)

$$p = p_1 + p_2 = p_{01} x_1' + p_{02} x_2' = p_{01} x_1' + p_{02}(1 - x_1')$$

oder

$$p = p_{02} + (p_{01} - p_{02}) x_1' \equiv A + B x_1'. \quad \text{(ideale Mischung)} \tag{143}$$

Der Gesamtdruck ist ebenso wie die Partialdrucke eine lineare Funktion des Molenbruchs der *flüssigen Mischphase*. Ersetzt man x_1' mittels (142) durch x_1'', so wird

$$p = p_{02} + \left(1 - \frac{p_{02}}{p_{01}}\right) p x_1'' \equiv A + C p x_1''$$

oder

$$p = \frac{A}{1 - C x_1''}. \tag{144}$$

Der Gesamtdruck in Abhängigkeit von der Zusammensetzung der *Dampfphase* ist also keine lineare Funktion mehr. In Abb. 73 ist dies schematisch dargestellt. Die ausgezogenen Geraden geben die Partialdrucke[1)] und den Gesamtdruck als Funktion von x_2, die punktierte Kurve den Gesamtdruck als Funktion von x_2'' nach Gl. (144) wieder. Man sieht, daß bei gegebenem Gesamtdruck der Dampf stets an der leichter flüchtigen Komponente 1 angereichert ist.

Die Differenz $x'' - x'$ ist für die Trennung solcher Mischungen durch fraktionierte Destillation wichtig und hängt von dem Verhältnis der Dampfdrucke der reinen Komponenten

$$\frac{p_{02}}{p_{01}} \equiv \alpha_0 \tag{145}$$

ab, denn für $\alpha_0 = 1$ wird $p = p_{01} = p_{02}$, und die px'- und die px''-Kurven fallen in eine Parallele zur Abszisse zusammen[2)]. α_0 bezeichnet man als die *relative Flüchtigkeit* einer idealen Mischung. Mit Hilfe

[1] Die Partialdrucke sind keine streng linearen Funktionen von x, weil der Gesamtdruck sich im Bereich $0 < x < 1$ ändert (vgl. S. 249). Dieser Effekt ist jedoch praktisch fast immer zu vernachlässigen.

[2] Dies trifft für das Gemisch zweier optischer Antipoden zu, die sich deshalb durch Rektifikation nicht trennen lassen.

Abb. 73. Gesamtdruck und Partialdruck binärer idealer Gemische als Funktion des Molenbruchs (*Raoult*sches Gesetz).

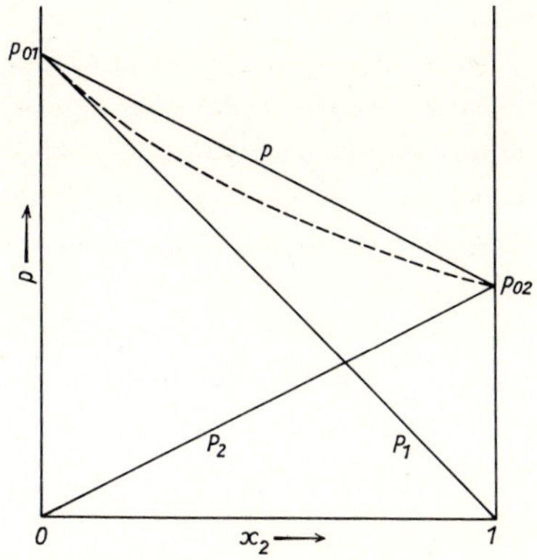

des idealen Gasgesetzes $p_1 = px_1'' = p(1 - x_2'')$ und $p_2 = px_2''$ und der Gl. (141) kann man α_0 auch ausdrücken durch

$$\alpha_0 = \frac{x''/(1 - x'')}{x'/(1 - x')}. \tag{145a}$$

Eliminiert man daraus x'', so wird

$$x'' = \frac{\alpha_0 x'}{1 + (\alpha_0 - 1)x'} \tag{146}$$

und, indem man x' auf beiden Seiten subtrahiert,

$$x'' - x' = \frac{x'(1 - x')(\alpha_0 - 1)}{1 + (\alpha_0 - 1)x'}. \tag{147}$$

Der Unterschied zwischen der Zusammensetzung des Dampfes und der Flüssigkeit hängt bei gegebenem Molenbruch x' der Flüssigkeit ausschließlich von der relativen Flüchtigkeit α_0 ab, ist also von den Absolutwerten p_{01} und p_{02} unabhängig. Den Maximalwert von $x'' - x'$ erhält man durch Ableitung von (147) nach x' zu

$$(x'' - x')_{\max} = \frac{\sqrt{\alpha_0} - 1}{\sqrt{\alpha_0} + 1}, \tag{148}$$

er ist also um so größer, je größer α_0 ist. Dieses Ergebnis bleibt auch für nichtideale Mischungen gültig, wenn man α_0 durch $\alpha \equiv \dfrac{p_{02}f_2}{p_{01}f_1}$ ersetzt.

Da eine ganze Reihe von flüssigen Gemischen sich angenähert ideal verhält (vgl. S. 185), ist auch dieser denkbar einfachste Fall der Gültigkeit des *Raoult*schen Gesetzes über den ganzen Mischungsbereich bei diesen Mischungen weitgehend erfüllt. Bei der großen Mehrzahl flüssiger Gemische treten dagegen mehr oder weniger große Abweichungen vom *Raoult*schen Gesetz auf, d. h. man muß auf die Gln. (140) zurückgreifen, die wir in der Form

$$p_1 = p_{01}x_1'f_1' \quad \text{und} \quad p_2 = p_{02}x_2'f_2' \tag{149}$$

schreiben können. Je nachdem das betreffende binäre System positive ($f_i' > 1$) oder negative ($f_i' < 1$) Abweichungen vom *Raoult*schen Gesetz zeigt, weicht die px'-Kurve nach oben oder nach unten von der *Raoult*schen Geraden nach (143) ab. Die Form der Dampfdruckkurven hängt außerdem noch vom Unterschied der Dampfdrucke p_{01} und p_{02} der reinen Komponenten ab. Ist z. B. $p_{01} \approx p_{02}$, so genügen offenbar schon geringe positive oder negative Abweichungen vom *Raoult*schen Gesetz, um ein Dampfdruckmaximum oder -minimum hervorzurufen, während man für $p_{01} \gg p_{02}$ Diagramme erhält, die auch bei größeren Abweichungen vom *Raoult*schen Gesetz keine Extremwerte zeigen.

Als charakteristische Beispiele für Systeme mit positiven bzw. negativen Abweichungen vom *Raoult*schen Gesetz sind in Abb. 74 die Gesamtdruckkurven des Systems $(CH_3)_2CO - CS_2$ bei 35,2 °C, in Abb. 75 die des Systems $(CH_3)_2CO - CHCl_3$ bei 35,17 °C wie-

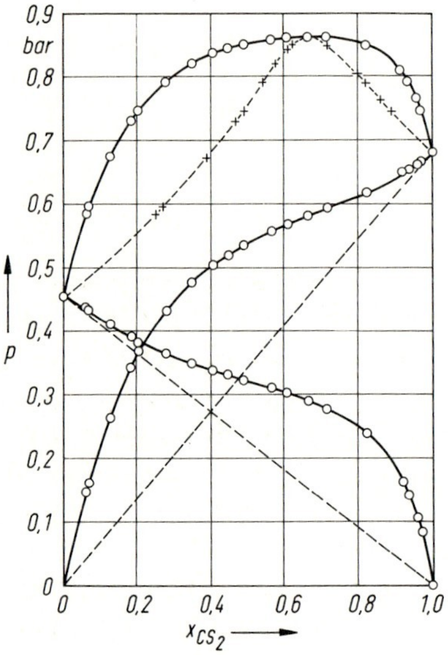

Abb. 74. Dampfdruckdiagramm des Systems $(CH_3)_2CO - CS_2$ bei 35,2 °C.

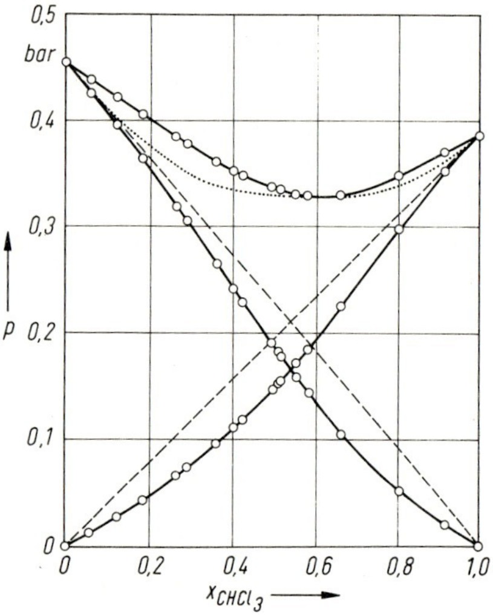

Abb. 75. Dampfdruckdiagramm des Systems $(CH_3)_2CO - CHCl_3$ bei 35,17 °C.

dergegeben[1)]. Man erkennt, daß sich die Partialdruckkurven für $x_2 \to 1$ bzw. $x_1 \to 1$ asymptotisch den *Raoult*schen Geraden nähern, während sie für $x_2 \to 0$ bzw. $x_1 \to 0$ asymptotisch in die *Henry*sche Gerade übergehen, wie dies bereits an Hand der Abb. 70 diskutiert wurde.

Die Form jeder dieser Kurven ist durch die Form der jeweils anderen auf Grund der *Gibbs-Duhem*schen Gleichung eindeutig bestimmt. Aus (IV, 218) und (140) folgt unmittelbar

$$(1 - x')\frac{\partial \ln p_1}{\partial x'} = -x'\frac{\partial \ln p_2}{\partial x'}. \tag{150}$$

So besitzen die logarithmisch gegen x' aufgetragenen Partialdruckkurven z. B. bei $x' = 0{,}5$ entgegengesetzt gleiche Neigung, wie wir dies S. 55 f. schon für die partiellen Molvolumina ge-

[1] *J. v. Zawidzky*, Z. physik. Chem. Abt. A *35*, 129 (1900).

funden hatten. Entsprechendes gilt nach (IV, 220) für die aus den Partialdruckkurven entnommenen Aktivitätskoeffizienten (vgl. Abb. 70), was schon in Abb. 47 dargestellt wurde.

Eine weitere häufig verwendete graphische Auswertung von Dampfdruckmessungen besteht darin, daß man die aus (140) entnommenen Aktivitäten a' der beiden Komponenten gegen die zugehörigen Molenbrüche x' aufträgt. Man erhält Kurven, wie sie in Abb. 76 und 77 für die Systeme $(CH_3)_2CO - CS_2$ und $(CH_3)_2CO - CHCl_3$ (berechnet aus den Messungen der Abb. 74 bzw. 75) dargestellt sind. Für ideale

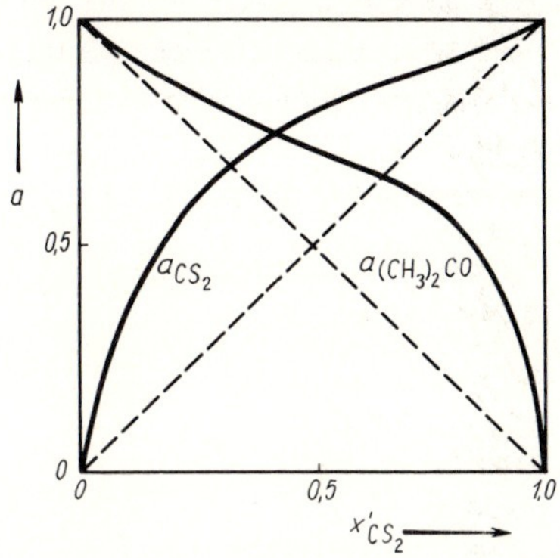

Abb. 76. Aktivitäts-Molenbruch-Kurven des Systems $(CH_3)_2CO - CS_2$ nach den Messungen von Abb. 74.

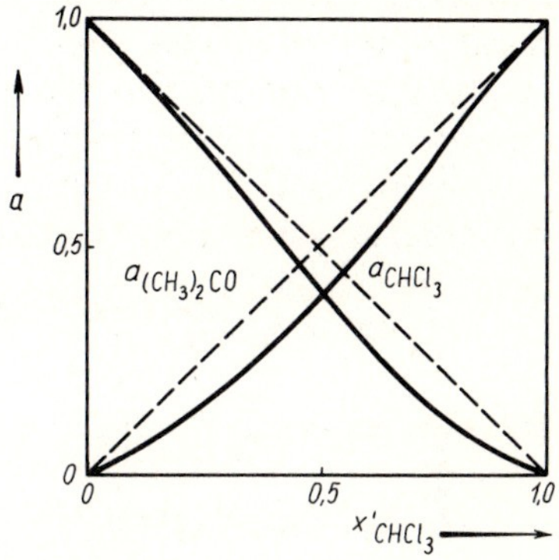

Abb. 77. Aktivitäts-Molenbruch-Kurven des Systems $(CH_3)_2CO - CHCl_3$ nach den Messungen von Abb. 75.

Mischungen würde diese Darstellung zwei unter 45° ansteigende bzw. abfallende Geraden ergeben (in den Figuren gestrichelt), da stets $a' = x'$ ist. Bei nichtidealen Mischungen muß die Anfangsneigung der a_1'-Kurve bei $x_1' = 1$ und die der a_2'-Kurve bei $x_2' = 1$ nach der *Duhem-Margules*schen Gleichung ebenfalls 45° betragen. Auch für die hochverdünnten Lösungen $x_1' \to 0$ und $x_2' \to 0$ müssen die Kurven zunächst linear mit x' ansteigen, solange die Lösungen als ideal verdünnt gelten können, jedoch nicht mehr unter 45°, wie aus folgender Überlegung hervorgeht: Liegt z. B. der Stoff 2 in großer Verdünnung vor ($x_2' \approx 0$, $x_1 \approx 1$), so gilt

$$\mu_2 = \mu_2 + RT\ln a_2 ,$$

wenn man auf den *realen* reinen Zustand normiert, dagegen

$$\mu_2 = \mu_{02} + RT\ln x_2' ,$$

wenn man auf den Zustand der ideal verdünnten Lösung normiert, wie es bei gelösten Stoffen üblich ist (vgl. S. 192). Daraus ergibt sich der Zusammenhang zwischen a_2 und x_2' zu

$$a_2 = x_2'\exp[(\mu_{02} - \mu_2)/RT] \equiv Ax_2' . \tag{151}$$

a_2 ist also im Grenzgebiet der ideal verdünnten Lösung eine lineare Funktion von x_2', und der Winkel, unter dem die Gerade ansteigt, ist größer oder kleiner als 45°, je nachdem A größer oder kleiner als 1 ist, d. h. je nachdem μ_{02} größer oder kleiner ist als μ_2. Analoges gilt für die a_1-Kurve.

Auch in den Abb. 74 und 75 ist ebenso wie in Abb. 73 der Gesamtdruck als Funktion der Zusammensetzung x'' der *Dampfphase* in Form der punktierten Kurven wiedergegeben. Im Maximum bzw. Minimum der Kurve gilt die Beziehung

$$x_i' = x_i'', \tag{152}$$

d. h. in diesen Punkten haben flüssige Phase und Dampfphase die gleiche Zusammensetzung. Einen solchen Punkt bezeichnet man als *azeotropen Punkt*[1], und die zugehörige Mischung als *azeotropisches Gemisch*. Es ist dadurch ausgezeichnet, daß es sich beim Verdampfen wie ein reiner Stoff verhält, es läßt sich demnach durch Rektifikation nicht in die Komponenten zerlegen. Das Gebiet oberhalb der p-x'-Kurve, der sog. *Siedekurve*, ist die Zustandsfläche der Flüssigkeit, das Gebiet unterhalb der p-x''-Kurve, der sog. *Kondensationskurve*, die Zustandsfläche des Dampfes, das Gebiet zwischen p-x'- und p-x''-Kurve das heterogene Gebiet des Zerfalls in zwei koexistente Phasen. Eine zur Abszisse parallele Gerade, die ein Paar koexistenter Phasen verbindet, wird deshalb als *Konnode* bezeichnet.

Setzen wir wieder voraus, daß der Dampf dem idealen Gasgesetz gehorcht, so daß für beide Komponenten gilt $p_i = px_i''$, so folgt aus Gl. (149)

$$px_i'' = p_{0i}x_i'f_i'. \tag{153}$$

Für einen azeotropen Punkt (M) ergibt sich deshalb aus (152) und (153)

$$p_{(M)} = p_{01}f'_{1(M)} = p_{02}f'_{2(M)}$$

oder

$$\frac{f'_{2(M)}}{f'_{1(M)}} = \frac{p_{01}}{p_{02}}. \tag{154}$$

Benutzen wir zur Darstellung des Verhältnisses $\frac{f_2'}{f_1'}$ den *Porter*schen Ansatz (IV, 268)

$$RT\ln f_1 = Ax^2; \quad RT\ln f_2 = A(1-x)^2; RT\ln\frac{f_2}{f_1} = A(1-2x), \tag{155}$$

der sich nach S. 204 zur Wiedergabe von $\Delta\bar{G}^E$ auch dann noch eignet, wenn $\Delta\bar{H}^E$ und $\Delta\bar{S}^E$ bereits einen stark unsymmetrischen Verlauf zeigen, so erhalten wir

$$x'_{(M)} = \frac{1}{2} - \frac{RT}{2A}\ln\frac{p_{01}}{p_{02}}. \tag{156}$$

Das ist die *Bedingung für die Existenz eines azeotropen Punktes*. Ergibt sich nämlich für $x'_{(M)}$ ein Wert zwischen 0 und 1, so existiert ein azeotroper Punkt, der somit aus der Konstanten A des *Porter*schen Ansatzes vorausgesagt werden kann. Zu dem gleichen Ergebnis gelangt man über die Einführung der durch (145a) definierten relativen Flüchtigkeit α (auch *„Trennfaktor"* genannt). Aus (149) und (156) ergibt sich

---

[1] Ändert man die Temperatur, die ja von vornherein festgelegt ist, so verschiebt sich gewöhnlich auch der azeotrope Punkt, d. h. es gibt eine *azeotrope Kurve* als Funktion von T. Man kann deshalb häufig durch Erhöhung oder Erniedrigung von T den azeotropen Punkt zum Verschwinden bringen und dann das Gemisch durch Rektifikation trennen. Die Verschiebung des azeotropen Punktes mit der Temperatur beweist gleichzeitig, daß hier keine stöchiometrische chemische Verbindung der Komponenten vorliegen kann.

$$\alpha \equiv \frac{x''/(1-x'')}{x'/(1-x')} = \frac{p_{02}f_2'}{p_{01}f_1'} = \frac{p_{02}}{p_{01}} \exp\left[\frac{A(1-2x')}{RT}\right]. \tag{157}$$

Im azeotropen Punkt ist $\alpha = 1$, so daß für diesen gilt (identisch mit (156))

$$\frac{p_{02}}{p_{01}} \exp\left[\frac{A(1-2x'_{(\mathrm{M})})}{RT}\right] = 1 \quad \text{oder} \quad x'_{(\mathrm{M})} = \frac{1}{2} + \frac{RT}{2A} \ln \frac{p_{02}}{p_{01}}. \tag{158}$$

Da ferner positive Abweichungen vom *Raoult*schen Gesetz nach Abb. 70 bedeuten, daß $f_i > 1$ und deshalb nach (155) $A > 0$ sein muß, entsprechen positive Werte der Konstanten A in (158) einem Dampfdruckmaximum und entsprechend negative Werte von A einem Dampfdruckminimum.

Besondere Verhältnisse findet man im *kritischen Gebiet.* Während die px'-Isothermen sich unterhalb der kritischen Temperatur der beiden Komponenten über den ganzen Mischungsbereich erstrecken, lösen sie sich beim Erreichen der (niedrigeren) kritischen Temperatur der einen Komponente von der p-Achse ab und bilden eine geschlossene Schlinge, die sich bei weiterer Temperaturerhöhung immer mehr zusammenzieht und bei der (höheren) kritischen Temperatur der zweiten Komponente vollständig verschwindet (vgl. Abb. 78). Dies hat zur Folge, daß die isotherme Verdampfung bzw. die isotherme Kondensation einer Mischung in der Nähe des kritischen Punktes völlig verschieden ist vom normalen Verlauf dieser Vorgänge. Dies ist bei der mittleren Isotherme der Abb. 78a schematisch dargestellt. Der Höchstdruck wird beim Punkt C erreicht, hier haben Dampf und Flüssigkeit die gleiche Zusammensetzung, bei noch höheren Drucken verschwindet die Dampfphase vollständig. Der Extremwert von x', bei dem beide Phasen koexistieren können, liegt bei C' und fällt nicht mit dem kritischen Punkt zusammen, er wird gewöhnlich als ***kritischer Punkt 2. Ordnung*** bezeichnet. Verfolgt man nun den Kondensationsvorgang längs der Parallelen PA zur Ordinate, so sieht man an Hand der eingezeichneten Konnoden, daß zwischen P und Q die Flüssigkeitsmenge zunächst zunimmt, dann jedoch von Q bis R wieder abnimmt, obwohl der Druck ständig steigt, bis bei R wieder alles dampfförmig ist. Diese Erscheinung bezeichnet man als *„retrograde Kondensation",* sie tritt bei allen Mischungen auf, deren Zusammensetzung zwischen C und C' liegt.

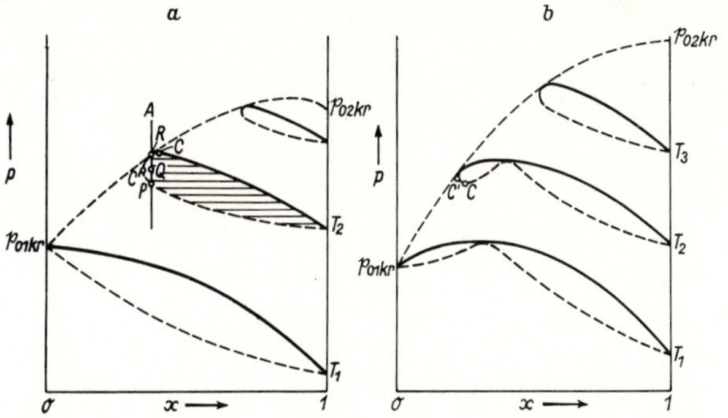

Abb. 78 (a und b). Dampfdruckisothermen binärer Gemische im kritischen Gebiet.

Bei azeotropen Gemischen mit Dampfdruckextremum können die Verhältnisse ganz analog liegen. Bei der kritischen Temperatur der einen Komponente löst sich die Isotherme von der p-Achse ab. Der kritische Punkt C ist dann ein Punkt minimalen Drucks (Abb. 78b). Hier tritt bei allen Mischungen zwischen C und C' *„retrograde Verdampfung"* auf. Beim Eintritt in das Zweiphasengebiet bildet sich zunächst mit steigendem Druck eine Phase geringer Dichte, die bei weiter ansteigendem Druck wieder vollständig verschwindet.

7.2 *T-x*-Isobaren

Legt man an Stelle von T von vornherein den Gesamtdruck p fest, so ergibt die noch verfügbare Freiheit des Systems die *Siedepunkte der Mischung in Abhängigkeit von ihrer Zusammensetzung,* das sog. *Siedediagramm*, wobei wieder die T-x'-Kurve die Siedekurve, die T-x''-Kurve die Kondensationskurve ist. Wir gehen hier am besten analog zu (72) von der Koexistenzbedingung

$$\mathrm{d}\left(\frac{\mu_1''}{T}\right) = \mathrm{d}\left(\frac{\mu_1'}{T}\right) \quad \text{und} \quad \mathrm{d}\left(\frac{\mu_2''}{T}\right) = \mathrm{d}\left(\frac{\mu_2'}{T}\right) \tag{159}$$

aus und erhalten mittels (IV, 124)

$$-\frac{\boldsymbol{H}_1''}{T^2}\mathrm{d}T + R\,\mathrm{d}\ln a_1'' = -\frac{\boldsymbol{H}_1'}{T^2}\mathrm{d}T + R\,\mathrm{d}\ln a_1'$$

oder

$$\left(\frac{\partial \ln(a_1''/a_1')}{\partial T}\right)_p = \frac{\boldsymbol{H}_1'' - \boldsymbol{H}_1'}{RT^2} \quad \text{bzw.} \quad \left(\frac{\partial \ln(a_2''/a_2')}{\partial T}\right)_p = \frac{\boldsymbol{H}_2'' - \boldsymbol{H}_2'}{RT^2}. \tag{160}$$

$\boldsymbol{H}_i'' - \boldsymbol{H}_i'$ sind die äußeren molaren Verdampfungswärmen $\Delta\boldsymbol{H}_{\mathrm{Verd.}}$ der reinen Komponenten. Durch Integration zwischen T_{0i}, dem Siedepunkt der reinen Komponente i und T ergibt sich, sofern man $\Delta\boldsymbol{H}_{\mathrm{Verd.}}$ als genügend temperaturunabhängig in diesem Bereich ansehen kann,

$$\left.\begin{aligned} \int_1^{a_1} \mathrm{d}\ln\frac{a_1''}{a_1'} &= \frac{\Delta\boldsymbol{H}_1}{R}\int_{T_{01}}^{T}\frac{\mathrm{d}T}{T^2} \quad \text{oder} \quad \ln\frac{a_1''}{a_1'} = \frac{\Delta\boldsymbol{H}_1}{R}\left(\frac{T - T_{01}}{TT_{01}}\right), \\ \int_1^{a_2} \mathrm{d}\ln\frac{a_2''}{a_2'} &= \frac{\Delta\boldsymbol{H}_2}{R}\int_{T_{02}}^{T}\frac{\mathrm{d}T}{T^2} \quad \text{oder} \quad \ln\frac{a_2''}{a_2'} = \frac{\Delta\boldsymbol{H}_2}{R}\left(\frac{T - T_{02}}{TT_{02}}\right). \end{aligned}\right\} \tag{161}$$

Gl. (161) entspricht vollkommen der Gl. (74) für die Siedepunktserhöhung eines Lösungsmittels durch einen nichtflüchtigen gelösten Stoff. Ein Unterschied besteht nur insofern, als hier auch Siedepunktserniedrigungen vorkommen können, da die Differenz $T - T_{01}$ bzw. $T - T_{02}$ auch negativ sein kann (vgl. Abb. 79). Für größere Genauigkeitsansprüche ist auch hier die T-Abhängigkeit der $\Delta\boldsymbol{H}_{\mathrm{Verd.}}$-Werte bzw. der Aktivitätskoeffizienten in Analogie zu (77) und (79) zu berücksichtigen.

Für ideale Mischungen kann man (161) in der Form schreiben

$$\ln\frac{x''}{x'} = \frac{\Delta\boldsymbol{H}_2}{R}\left(\frac{T - T_{01}}{TT_{02}}\right) \quad \text{und} \quad \ln\frac{1 - x''}{1 - x'} = \frac{\Delta\boldsymbol{H}_1}{R}\left(\frac{T - T_{01}}{TT_{01}}\right). \tag{162}$$

Sind die Siedetemperaturen T_{02} und T_{01} der reinen Komponenten beim Druck p bekannt und ermittelt man die Verdampfungswärmen nach der *Clausius-Clapeyron*schen Formel (44a) aus den Neigungen der gegen $1/T$ aufgetragenen $\log p_0$-Werte, so kann man das Siedediagramm der idealen Mischung aus (162) vorausberechnen. Als Beispiel ist in Abb. 79 das Siededia-

Abb. 79. Aus Siedepunkten und Verdampfungswärmen bzw. aus Dampfdrucken der reinen Komponenten berechnetes Siedediagramm des Systems $CCl_4 - SnCl_4$.

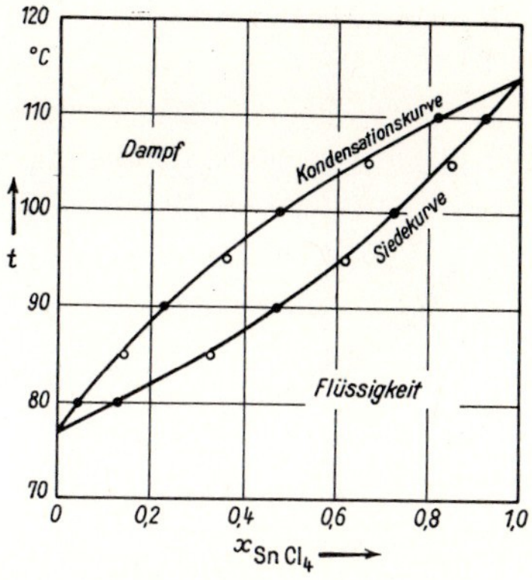

gramm des angenähert idealen Systems $CCl_4 - SnCl_4$ bei 1013 mbar Druck wiedergegeben[1]. Die durch Kreise eingetragenen Werte sind mit $\Delta \boldsymbol{H}_{CCl_4} = 30{,}71$ kJ mol^{-1} und $\Delta \boldsymbol{H}_{SnCl_4} = 35{,}94$ kJ mol^{-1}, $T_{01} = 350$ K und $T_{02} = 387$ K berechnet und fallen mit der experimentellen Kurve gut zusammen.

Auch aus den in einem gewissen Temperaturbereich gemessenen Dampfdrucken der reinen Komponenten läßt sich das Siedediagramm einer idealen Mischung vorausberechnen. Aus (143) ergibt sich für den Molenbruch der flüssigen Phase beim Siedepunkt

$$x' = \frac{p - p_{02}}{p_{01} - p_{02}}, \tag{163}$$

so daß man aus den bekannten Werten von p_{01} und p_{02} bei den verschiedenen Temperaturen die T-x'-Kurve berechnen kann. Die zugehörige T-x''-Kurve erhält man aus (142). In Abb. 79 sind die so berechneten Werte des Siedediagramms durch Punkte angegeben.

Bei *nichtidealen Systemen,* aber idealer Gasphase ($a'' = x''$), kann man Gl. (161) ebenso wie Gl. (140) dazu benutzen, die Aktivitätskoeffizienten der beiden Komponenten in der flüssigen Phase zu ermitteln, wobei allerdings meistens die T-Abhängigkeit der $\Delta \boldsymbol{H}_{Verd.}$-Werte nach (76) berücksichtigt werden muß. Eine exakte thermodynamische Methode, um Siedediagramme aus isothermen Dampfdruckmessungen auch nichtidealer Mischungen zu berechnen, hat *Scatchard*[2] angegeben.

Bei nichtidealen Mischungen entspricht einem Maximum der isothermen Dampfdruckkurve (Abb. 74) ein Minimum des Siedepunktes, einem Minimum der Dampfdruckkurve (Abb. 75) ein Maximum des Siedepunktes, wie leicht einzusehen ist. Im Maximum bzw. Minimum fallen Siedekurve und Kondensationskurve in einem Punkt zusammen, wie dies auch bei den isothermen Dampfdruckdiagrammen für die p-x''- und p-x'-Kurven der Fall war. Hier besitzen beide Phasen wieder die gleiche Zusammensetzung, d. h. die Mischung verhält sich an diesem Punkt wie ein einheitlicher Stoff, es liegt also wieder ein *azeotroper* Punkt vor. In Abb. 80 und 81 sind die den Dampfdruckdiagrammen von Abb. 74 und 75 entsprechenden Siededia-

---

1 *J. H. Hildebrand* und *R. L. Scott*, Solubility of Non-Electrolytes, 3. Aufl. 1950; vgl. auch *J. H. Hildebrand,* Regular and Related Solutions: Solubility of Gases, Liquids and Solids, London (1970).

2 *G. Scatchard,* J. Amer. chem. Soc. *62,* 2426 (1940); vgl. auch *S. E. Wood,* Ind. Engng. Chem. *42,* 660 (1950).

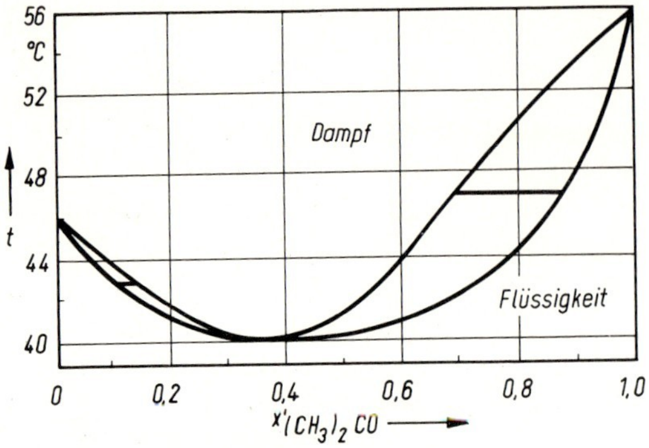

Abb. 80. Siedediagramm des Systems $CS_2-(CH_3)_2CO$ bei 1 atm Druck.

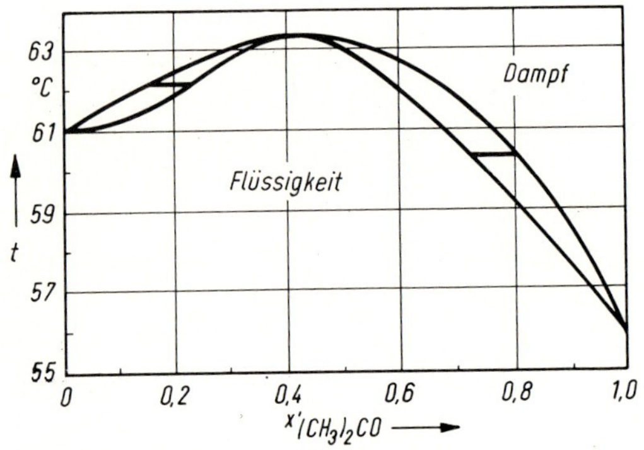

Abb. 81. Siedediagramm des Systems $CHCl_3-(CH_3)_2CO$ bei 1 atm Druck.

gramme bei $p = 1$ atm wiedergegeben. Zwischen der T-x'- und der T-x''-Kurve tritt hier isothermer Zerfall in zwei koexistente Phasen verschiedener Zusammensetzung ein, die durch die Schnittpunkte mit den Konnoden parallel zur Abszisse gegeben sind.

Die verschiedenen Typen der Siedediagramme sind für die praktisch wichtige *Trennung flüssiger Gemische durch Destillation* von großer Bedeutung. Entfernt man den jeweiligen Gleichgewichtsdampf einer siedenden flüssigen Mischphase kontinuierlich, ohne daß durch partielle Kondensation ein Rückfluß stattfindet, so spricht man von *„einfacher Destillation“*. Dies bewirkt bereits eine teilweise Trennung der Komponenten, da Dampf und Flüssigkeit außer in azeotropen Punkten verschiedene Zusammensetzung haben, die tiefer siedende Komponente also im Dampf angereichert ist. Wenn man den Gleichgewichtsdampf portionsweise kondensiert und in getrennten Teilen (Fraktionen) auffängt, spricht man von *„fraktionierter Destillation“*.

Um eine möglichst weitgehende oder vollständige Trennung der Komponenten in einem Arbeitsgang zu erzielen, hat man die Rektifiziertechnik entwickelt. Die *„Rektifikation“* besteht grundsätzlich darin, daß der von der siedenden Flüssigkeit aufsteigende Dampf teilweise kondensiert und als sog. „Rücklauf“ in einer Kolonne dem neu nachströmenden Dampf entgegengeführt wird (s. S. 276ff.). Da aufsteigender Dampf und herabfließender Rücklauf nicht im Gleichgewicht sind, findet längs der Kolonne ein ständiger Stoff- und Wärmeaustausch statt, der um so intensiver ist, je inniger die gegenseitige Durchdringung der beiden Phasen ist. Um die Berührungsoberfläche der beiden Phasen zu vergrößern, benutzt man verschiedene Einrichtungen (Austauschböden, Füllkörper, Drehbänder usw.). Auf die Rektifiziertechnik und die Einzelheiten dieses Wärme- und Stoffaustausches gehen wir nicht ein und verweisen auf ausführliche Darstellungen dieses Gebietes[1)].

Man übersieht leicht an Hand der Abb. 80 und 81, daß bei Mischungen mit Siedepunktsmaximum oder -minimum eine vollständige Trennung der beiden Komponenten durch Rektifikation nicht mehr möglich ist, sondern daß man stets nur eine Zerlegung in eine reine Komponente und ein konstant siedendes Gemisch von der Zusammensetzung des Maximums bzw. Minimums erreichen kann. Aus diesem Grund läßt sich durch Rektifikation z. B. aus verdünntem wässerigen Ethanol kein reines Ethanol gewinnen, sondern nur das azeotrope Gemisch von 95,5 Gewichtsprozent ⟨Massenanteil, %⟩ Ethanol bei 1 atm Druck. Erniedrigt man den Druck, so verschiebt sich die Zusammensetzung des azeotropen Gemisches; so enthält z. B. bei 133,3 mbar das konstant siedende Gemisch (34,2 °C) bereits 99,7 Gewichtsprozent ⟨Massenanteil, %⟩ Ethanol.

7.3 *p*-*T*-Diagramme

In Abb. 82 sind die px'- und px''-Kurven einer binären Mischung bei verschiedenen (konstanten) Temperaturen in einem räumlichen Diagramm schematisch dargestellt. Die Kurven $C_1 - C_4$ und $D_1 - D_5$ sind die Dampfdruck-(p-T)-Kurven der beiden reinen Komponenten A und B, in ihnen schneiden sich die beiden räumlichen pTx'- und pTx''-Flächen. Diese werden

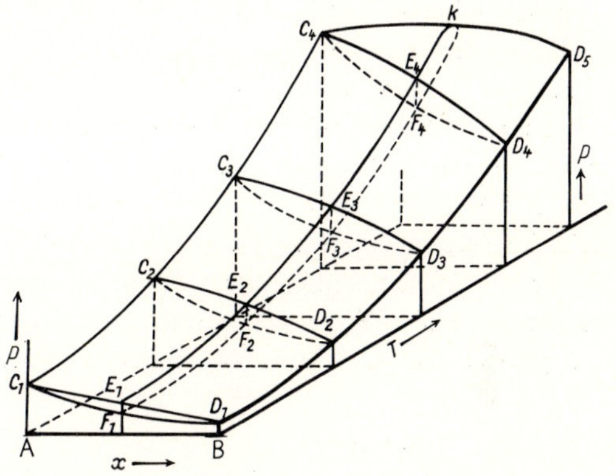

Abb. 82. p-T-Diagramm einer binären Mischung ohne Mischungslücke (schematisch).

von einer Ebene parallel zur pT-Ebene in *zwei* Kurven geschnitten, die mit einer Schleife ineinander übergehen ($E_1 - E_4 - k - F_4 - F_1$). Wie ja schon aus Abb. 73 hervorgeht, besitzen Gemische außer in azeotropen Punkten bei gegebener Temperatur *zwei* extreme Dampfdrucke, nämlich den Druck, bei dem sich der Dampf mit einer Spur von Flüssigkeit im Gleichgewicht befindet (Kondensationsdruck), und den Druck, bei dem das gleiche Gemisch in flüssigem Zustand mit einer Spur Dampf koexistiert (Siededruck). Projiziert man eine Reihe solcher p-T-Kurven für verschiedene x als Parameter auf die p-T-Ebene, so erhält man ein p-T-Diagramm, wie es in Abb. 83 für das System Ethan-n-Heptan im kritischen Gebiet wiedergegeben ist[2)].

---

1 Vgl. z. B. *Bošnjaković,* Technische Thermodynamik, 2. Aufl. Dresden und Leipzig 1951; *H. Röck,* Destillation im Laboratorium, Darmstadt 1960; *E. Kirschbaum,* Destillier- und Rektifiziertechnik, 4. Aufl. Berlin-Heidelberg-New York 1969; DECHEMA-Monographie Bd. 65, Wärmeaustausch, Rektifikation, Extraktion, Weinheim 1971; *E. Krell,* Handbuch der Laboratoriumsdestillation, 3. Aufl. Heidelberg 1976; vgl. auch die auf S. 262[1)] zitierte Literatur.

2 *W. B. Kay,* Ind. Engng. Chem. *30,* 459 (1938).

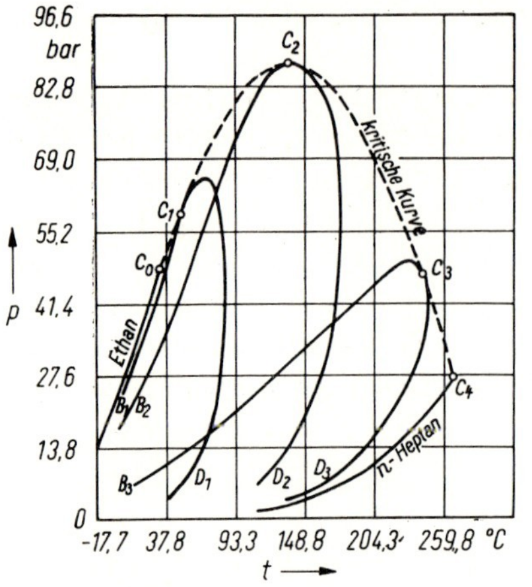

Abb. 83. Isosteren des Systems Ethan-*n*-Heptan im kritischen Gebiet.

Die einzelnen p-T-Kurven werden von einer kritischen Kurve $C_0 - C_4$ umhüllt. Die Kurven BC sind jeweils die Siedekurven, bei ihrem Überschreiten von oben her tritt die Dampfphase auf; DC sind die Kondensationskurven, bei ihrem Überschreiten von unten her tritt die flüssige Phase auf. Zwischen beiden Kurven liegt wieder das Gebiet des heterogenen Zerfalls in zwei Phasen. Überall dort, wo die Siedekurve oder die Kondensationskurve durch eine Isobare oder Isotherme zweimal geschnitten wird, treten die S. 269 besprochenen retrograden Erscheinungen auf. Z. B. bei der isosteren Kondensationskurve C_1D_1 liegt dieses Gebiet zwischen 56,9 und 60,4 bar bzw. zwischen 49 °C und 82 °C.

Besitzen die px'- bzw. px''-Kurven einen azeotropen Punkt, so müssen sich die beiden Äste der p-T-Kurven bei der betreffenden Temperatur berühren, da ja Dampf und Flüssigkeit die gleiche Zusammensetzung haben.

Für die Differentialgleichung der p-T-Kurve bei konstanter Zusammensetzung x' der Mischung erhält man in genügender Entfernung vom kritischen Punkt die zur *Clausius-Clapeyron*schen Gleichung (44) analoge und die gleichen Vereinfachungen enthaltende Beziehung

$$\left(\frac{\partial \ln p}{\partial T}\right)_{x'} = \frac{x''\Delta H_1 + (1 - x'')\Delta H_2}{RT^2}. \qquad (164)$$

Dabei sind ΔH_1 und ΔH_2 die *differentiellen* molaren Verdampfungswärmen der beiden Komponenten bei gegebener Zusammensetzung x' der Mischung.

7.4 Gleichgewichtsdiagramme

Wie schon S. 262 erwähnt wurde, stellt man binäre Dampf-Flüssigkeitsgleichgewichte häufig in einfacher Weise graphisch dar, indem man den Molenbruch einer Komponente im Dampf gegen den Molenbruch der gleichen Komponente in der Flüssigkeit aufträgt (x'',x'-Diagramme). Diese sog. *Gleichgewichtskurven* lassen sich natürlich sowohl aus den Dampfdruck- wie aus den Siedediagrammen konstruieren, man unterscheidet deshalb Gleichgewichtskurven für konstante Temperatur bzw. für konstanten Druck.

Die aus dem Dampfdruckdiagramm (Abb. 73) einer *idealen Mischung* entnommene Gleichgewichtskurve für konstante Temperatur ist in Abb. 84 als Kurve I wiedergegeben. Sie ist eine gleichseitige Hyperbel[1], bezogen auf einen Koordinatenursprung, der gegenüber dem Punkt $x'' = x' = 0$ um $\alpha_0/(\alpha_0 - 1)$ nach unten und um $1/(\alpha_0 - 1)$ nach rechts verschoben ist, wobei $\alpha_0 \equiv p_{02}/p_{01}$ die durch (145) definierte relative Flüchtigkeit bedeutet. Die Gleichung der Hyperbel lautet demnach

$$\left(\frac{\alpha_0}{\alpha_0 - 1} - x''\right)\left(\frac{1}{\alpha_0 - 1} + x'\right) = \text{const.}$$

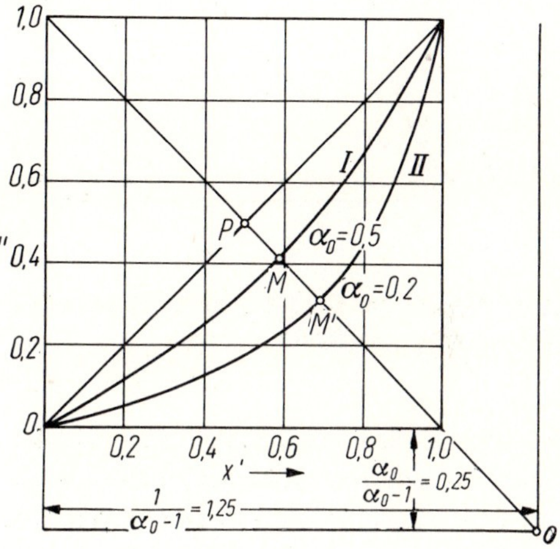

Abb. 84. Gleichgewichtsdiagramm idealer Gemische bei konstanter Temperatur.

Setzt man die Konstante gleich $\alpha_0/(\alpha_0 - 1)^2$, so wird dies mit Gleichung (146) identisch, letztere stellt demnach den analytischen Ausdruck für die Gleichgewichtskurve einer idealen Mischung dar:

$$x'' = \frac{\alpha_0 x'}{1 + (\alpha_0 - 1)x'}. \tag{165}$$

Die Differenz $x'' - x'$ und damit die Krümmung der Hyperbel hängt nach (147) bzw. (148) allein von der relativen Flüchtigkeit ab. Die Kurven I und II in Abb. 84 sind die Hyperbeln für $\alpha_0 = 0{,}5$ bzw. $\alpha_0 = 0{,}2$. Die Scheitelpunkte M bzw. M' entsprechen der maximalen Differenz mit $(x'' + x')_{max} = 1$. Sie liegen auf der Diagonalen des Quadrates.

Die in der Praxis gebräuchlichen Gleichgewichtskurven für konstanten Druck sind denen der Abb. 84 ähnlich, lassen sich jedoch nicht exakt durch eine Hyperbelgleichung wiedergeben, weil bei konstantem p die Siedetemperaturen der einzelnen Gemische verschieden sind, und die px-Kurven für verschiedene Temperatur ihre Form ändern.

Die isothermen Gleichgewichtskurven *nichtidealer Mischungen* können naturgemäß nicht durch die Gleichung einer gleichseitigen Hyperbel dargestellt werden, da in der zu (165) analogen Beziehung

$$x'' = \frac{\alpha x'}{1 + (\alpha - 1)x'} = \frac{\alpha_0 x'(f_2/f_1)}{1 + [\alpha_0(f_2/f_1) - 1]x'} \tag{166}$$

[1] *W. Matz*, Chemie-Ing.-Techn. *23*, 161 (1951).

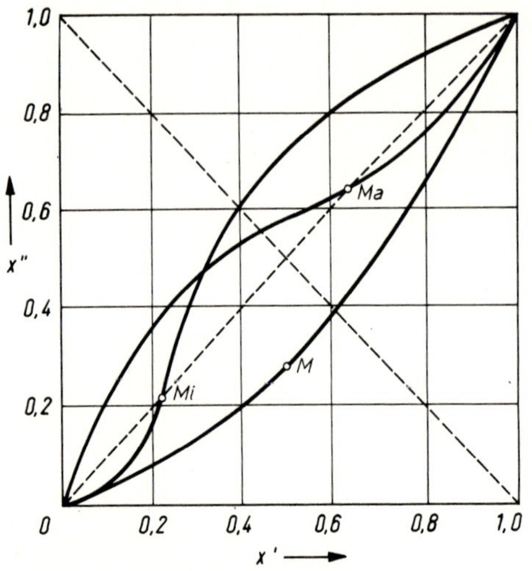

Abb. 85. Gleichgewichtsdiagramme nichtidealer Gemische bei konstanter Temperatur.

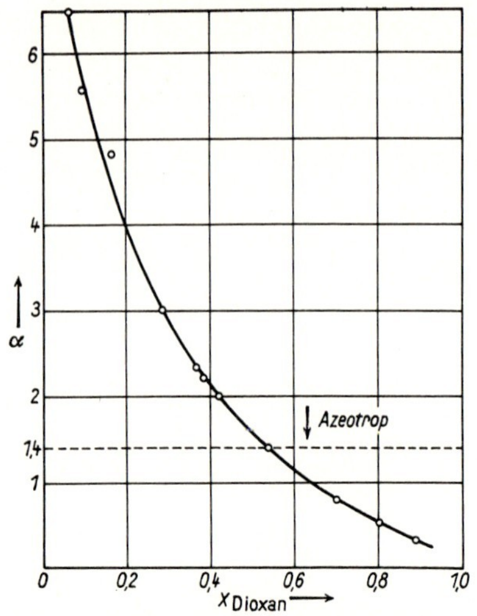

Abb. 86. Relative Flüchtigkeit α des Systems Wasser-Dioxan nach statischen Dampfdruckmessungen bei 35 °C.

die relative Flüchtigkeit α nicht mehr über den ganzen Mischungsbereich konstant ist, sondern noch von den Aktivitätskoeffizienten abhängt, die ihrerseits konzentrationsabhängig sind. Bei geringen Abweichungen vom *Raoult*schen Gesetz bleibt zwar die Form der Hyperbel noch ungefähr erhalten, jedoch liegt der Scheitel M im allgemeinen nicht mehr auf der Diagonale des Diagramms. Bei Extremwerten des Dampfdrucks, bei denen Flüssigkeit und Dampf die gleiche Zusammensetzung haben, muß die Gleichgewichtskurve die Diagonale schneiden. In Abb. 85 sind auch Gleichgewichtskurven miteingetragen, die Dampfdruckdiagrammen mit Maximum bzw. Minimum entsprechen.

Man trägt zuweilen auch statt der üblichen Gleichgewichtskurven die *relative Flüchtigkeit* α als Funktion des Molenbruchs auf. In Abb. 86 ist dies für das System Wasser-Dioxan nach isothermen Messungen[1] geschehen. Beim azeotropen Punkt geht α durch den Wert 1.

An Hand des Gleichgewichtsdiagramms lassen sich ferner die Grundlagen für das Verständnis des *Rektifiziervorganges* (vgl. S. 272) übersehen. Zunächst leiten wir die Beziehung ab, die zwischen den Konzentrationen des aufsteigenden Dampfes und denen des herabfließenden Rücklaufs in jedem Querschnitt der Kolonne besteht. Durch ein Querschnittselement mögen in der Zeiteinheit m'' Mole Dampf nach oben und m' Mole Rücklauf nach unten strömen. Nimmt man der Einfachheit halber in erster Näherung an, daß die mittlere molare Verdampfungswärme des Gemisches von der Zusammensetzung unabhängig ist, und daß die Kolonne adiabatisch arbeitet, d. h. daß längs der Kolonne kein Wärmeaustausch mit der Umgebung stattfindet, so wird im stationären Zustand bei dem erwähnten Stoffaustausch zwischen den beiden Phasen ebensoviel Dampf kondensiert wie Flüssigkeit verdampft, so daß für jedes Querschnittselement gilt

$$\mathrm{d}m' = \mathrm{d}m'' = 0\,. \tag{167}$$

Dampf- und Flüssigkeitsmenge bleiben demnach in der gesamten Kolonne konstant.

---

[1] *G. Kortüm, D. Moegling* und *F. Woerner,* Chemie-Ing.-Techn. *22,* 453 (1950).

Aus der Massenbilanz für jede einzelne Komponente i der Mischung folgt weiter

$$(m' + \mathrm{d}m')(x_i' + \mathrm{d}x_i') - m'x_i' = (m'' + \mathrm{d}m'')(x_i'' + \mathrm{d}x_i'') - m''x_i'',$$

oder durch Vernachlässigung von Größen zweiter Ordnung und mit Berücksichtigung von (167)

$$m''\mathrm{d}x_i'' - m'\mathrm{d}x_i' = (x_i' - x_i'')\mathrm{d}m' = 0$$

oder

$$m'\mathrm{d}x_i' = m''\mathrm{d}x_i''. \tag{168}$$

Das ist die allgemeine Differentialgleichung für den Stoffaustausch in jedem Querschnitt der Kolonne. Integriert man über einen endlichen Konzentrationsbereich, z. B. zwischen einem beliebigen Querschnitt und dem Kopf der Kolonne (Index $^{(0)}$), so erhält man

$$\frac{x_i'' - x_i'^{(0)}}{x_i' - x_i'^{(0)}} = \frac{m'}{m''} = \frac{v}{v+1}, \tag{169}$$

wenn man mit

$$v \equiv \frac{m'}{m'' - m'} \tag{170}$$

das *„Rücklaufverhältnis"* bezeichnet, das somit unter gegebenen Bedingungen im stationären Zustand eine Konstante darstellt. Am Kopf der Kolonne, wo der Dampf vollständig kondensiert wird, ist

$$x_i''^{(0)} = x_i'^{(0)},$$

so daß man Gl. (169) in der Form schreiben kann

$$x_i'' = \frac{v}{v+1}x_i' + \frac{1}{v+1}x_i'^{(0)}. \tag{171}$$

$x_i'^{(0)}$ ist die Konzentration des übergehenden Destillats an der Komponente i, ist also im stationären Zustand konstant, so daß Gl. (171) eine Gerade darstellt, die man als *„Austauschgerade"* bezeichnet. In Abb. 87 ist die Austauschgerade *AB* für ein binäres System ohne Extrempunkt in das Gleichgewichtsdiagramm eingezeichnet, wobei x den Molenbruch der flüchtigeren Komponente darstellt; $x'^{(0)}/(v + 1)$ ist der Ordinatenabschnitt, $v/(v + 1)$ die Neigung der Geraden. Sie schneidet die Diagonale des Diagramms

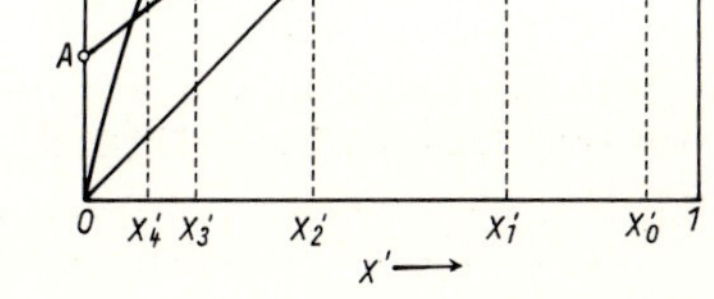

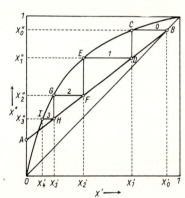

Abb. 87. „Austauschgerade" für ein binäres System ohne azeotropen Punkt.

($x'' = x'$), wenn $x' = x'^{(0)}$, d. h. der Schnittpunkt B der Austauschgeraden mit der Diagonalen gibt die Zusammensetzung des übergehenden Destillats an. Letztere hängt ebenso wie die Neigung der Geraden von dem Rücklaufverhältnis v ab. Läßt man das gesamte Kondensat in die Kolonne zurückfließen, so ist $m' = m''$ und $v = \infty$. Dann wird für jede Komponente i nach Gl. (171) $x_i'' = x_i'$, die Austauschgerade fällt mit der Diagonalen des Diagramms zusammen.

Bei Kolonnen mit einzelnen Sieb- und Glockenböden, bei denen nicht jedes Querschnittselement dem anderen gleichwertig ist, gilt Gl. (171) ebenfalls, wenn man unter x_i' den Molenbruch des zwischen zwei Böden herabfließenden Rücklaufs und unter x_i'' den diesem Rücklauf entgegenströmenden Dampf versteht, der von dem darunter liegenden Boden aufsteigt. Wäre der Wärme- und Stoffaustausch auf jedem Boden der Kolonne ideal (sog. *theoretischer Boden*), so würde die vom Boden abfließende Flüssigkeit mit dem vom gleichen Boden aufsteigenden Dampf im Gleichgewicht sein[1]. Man übersieht dies an Hand der Abb. 87 für ein binäres System. Der vom obersten Boden 0 aufsteigende Dampf, der im Kühler vollständig kondensiert wird, hat die Zusammensetzung x_0'' des Punktes B, die gleiche Zusammensetzung x_0' hat auch der auf den obersten Boden zurückfließende Rücklauf. Der vom obersten Boden abfließende Rücklauf steht mit dem übergehenden Dampf im Gleichgewicht, der zugehörige Punkt C liegt also auf der Gleichgewichtskurve, und die vom obersten Boden 0 abfließende Flüssigkeit hat die Zusammensetzung x_1'. Der ihr vom Boden 1 entgegenströmende Dampf entspricht wieder einem Punkt D auf der Austauschgeraden, seine Zusammensetzung ist nach Gl. (171) durch x_1'' gegeben. Dieser Dampf ist im Phasengleichgewicht mit dem vom Boden 1 abfließenden Rücklauf, dessen Zusammensetzung x_2' auf der Gleichgewichtskurve liegen muß (Punkt E) usw. Entspricht etwa x_4' der Zusammensetzung des Blaseninhaltes, so kann man die Anzahl n der theoretischen Böden ermitteln, indem man von B ausgehend eine Treppenkurve zwischen der Gleichgewichtskurve und der Austauschgeraden zeichnet, die sich bis zur Zusammensetzung x' des Blaseninhalts erstreckt.

Die Zahl n der notwendigen theoretischen Böden, um bei gegebener Blasenzusammensetzung und gegebenem Rücklaufverhältnis die maximal mögliche Trennwirkung zu erzielen, hängt offenbar von der Krümmung der Gleichgewichtskurve ab, denn je stärker diese ist, um so weniger Treppenstufen braucht man in der Abb. 87, um von B bis I zu gelangen. Die Krümmung der Gleichgewichtskurve hängt ihrerseits nach S. 264 von der relativen Flüchtigkeit ab, es besteht danach ein Zusammenhang zwischen Trennwirkung einer Kolonne, theoretischer Bodenzahl und relativer Flüchtigkeit, der für die Rektifikation maßgebend ist.

8 Mischungslücken in binären flüssigen Systemen[2]

8.1 Entmischungsbedingungen und Koexistenzkurven

Während Gase stets als vollständig, d. h. in molekularer Durchdringung, mischbar anzusehen sind, ist dies für Flüssigkeiten keineswegs der Fall, sondern man hat hier sämtliche Übergänge zwischen vollständiger und praktisch völlig fehlender Mischbarkeit vor sich. Selbst eine makroskopisch lückenlose Mischungsreihe zweier flüssiger Komponenten bedeutet nicht, daß eine statistisch molekulare Unordnung vorliegt, wie daraus hervorgeht, daß mit abnehmender (und zuweilen sogar mit zunehmender) Temperatur eine spontane Entmischung auftreten kann.

Thermodynamisch läßt sich dieses verschiedene Verhalten von Gasen und Flüssigkeiten auf Grund der *Gibbs-Helmholtz*schen Gleichung $\Delta \bar{G} = \Delta \bar{H} - T\Delta \bar{S}$ sofort verstehen. Ein spon-

---

1 Tatsächlich ist die Zahl der realen Böden stets größer als die der theoretischen. Bei Füllkörperkolonnen nennt man die Rohrlänge, die in ihrer Trennwirkung einem theoretischen Boden äquivalent ist, den *„Bodenwert"*.

2 Vgl. die auf S. 262[1] zitierte Literatur.

tan ablaufender Mischungsvorgang ist an die Bedingung geknüpft, daß die mittlere molare Freie Enthalpie des Systems abnimmt, daß also $\Delta\bar{G}$ negativ ist. Bei Gasen ist nun die Mischungswärme praktisch stets gleich Null oder nur wenig von Null verschieden, so daß hier gilt

$$\Delta\bar{G}_{\text{id}} = -T\Delta\bar{S}_{\text{id}}. \tag{172}$$

Da $\Delta\bar{S}_{\text{id}}$ stets positiv ist, wird $\Delta\bar{G}_{\text{id}}$ stets negativ, d. h. Gase mischen sich stets vollständig. Bei Flüssigkeiten kommen aber außerdem die thermodynamischen Zusatzeffekte (vgl. S. 186, 198f.) hinzu, für die nach (IV, 216) gilt

$$\Delta\bar{G}^E = \Delta\bar{H}^E - T\Delta\bar{S}^E. \tag{173}$$

Wird für einen gegebenen Molenbruch x die Summe $\Delta\bar{G}_{\text{id}} + \Delta\bar{G}^E$ positiv, so tritt Entmischung ein. Große positive Werte von $\Delta\bar{G}^E$ werden einerseits durch positive (endotherme) Mischungswärme $\Delta\bar{H}^E$, andererseits durch negative Zusatzentropie $\Delta\bar{S}^E$ begünstigt. In der Regel wird erstere überwiegen, so daß Entmischungserscheinungen fast immer mit endothermen Mischungswärmen verknüpft sind, prinzipiell wäre jedoch auch bei exothermer Mischungswärme noch eine Entmischung denkbar, wenn die Zusatzentropie $\Delta\bar{S}^E$ nur genügend stark negativ ist (vgl. S. 205). Aus diesen Überlegungen folgt aber gleichzeitig, daß eine absolute Nichtmischbarkeit von Flüssigkeiten thermodynamisch unwahrscheinlich ist und daß sich in der einen Phase ein, wenn auch u. U. sehr geringer Teil der anderen Phase lösen wird.

Einer Entmischung, d. h. dem Zerfall des binären Systems in zwei koexistente flüssige Phasen entspricht nach S. 218 im $\bar{G}x$-Diagramm (Abb. 60) der gegen die x-Achse konkav gekrümmte Teil der Kurve, in dem $\left(\frac{\partial^2\bar{G}}{\partial x^2}\right)_{p,T} < 0$. Die Wendepunkte Q und R stellen deshalb die *Stabilitätsgrenzen* der homogenen flüssigen Phase dar, für sie gilt

$$\left(\frac{\partial^2\bar{G}}{\partial x^2}\right)_{p,T} = 0. \tag{174}$$

Ändert man die Temperatur, so rücken die Punkte Q und R auseinander (zunehmende Mischungslücke) oder zusammen (abnehmende Mischungslücke). Bei der sog. *„kritischen Mischungstemperatur"* fallen sie in einem Punkt zusammen, für den deshalb die weitere Bedingung gilt

$$\left(\frac{\partial^3\bar{G}}{\partial x^3}\right)_{p,T} = 0. \tag{175}$$

Durch die beiden Gln. (174) und (175) ist bei vorgegebenem Druck die kritische Mischungstemperatur T_{kr} und der kritische Molenbruch x_{kr} festgelegt.

Zur graphischen Darstellung der Entmischungserscheinungen benutzt man gewöhnlich das isobare Tx-Diagramm, indem man die Zusammensetzung der beiden stabilen koexistenten flüssigen Phasen als Funktion der Temperatur aufträgt. Dabei beobachtet man die vier in Abb. 88 schematisch angegebenen Typen[1]:

a) Systeme mit oberem kritischen Entmischungspunkt (K_o). (Beispiel: Hexan-Anilin.)

b) Systeme mit unterem kritischen Entmischungspunkt (K_u). (Beispiel: Wasser-Diethylamin.)

c) Systeme mit geschlossener Mischungslücke und zwei kritischen Entmischungspunkten (K_o und K_u). (Beispiel: Wasser-2,4-Lutidin.)

d) Systeme mit zwei getrennten Entmischungsgebieten mit oberem bzw. unterem kritischen Entmischungspunkt. (Beispiel: Benzol-Schwefel.)

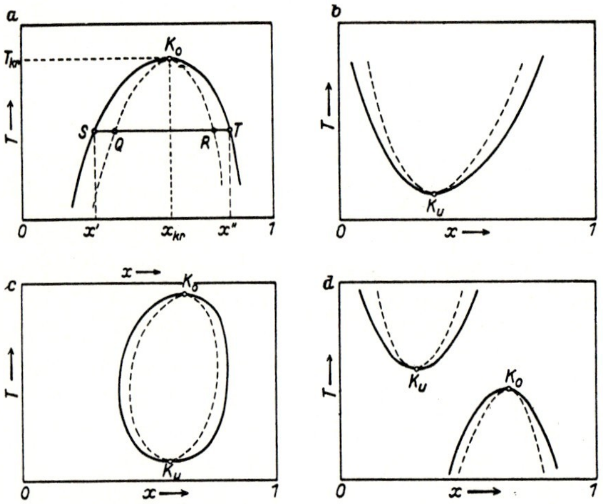

Abb. 88. Verschiedene Typen von *T-x*-Diagrammen (p = konst.) zur Darstellung der Entmischungserscheinungen.

Die ausgezogenen Kurven sind die stabilen Koexistenzkurven der beiden Phasen, die gestrichelten Kurven die Stabilitätsgrenzen, zwischen beiden liegt das *metastabile*, innerhalb der gestrichelten Kurven das *instabile* Gebiet (vgl. S. 217ff.). In Abb. 88a ist eine Konnode ST eingezeichnet, die zwei koexistente Phasen mit den Zusammensetzungen x' bzw. x'' verbindet. Die Punkte Q und R entsprechen den Wendepunkten in Abb. 60, d. h. den Stabilitätsgrenzen.

Um diese Bedingungen der kritischen Entmischung durch die chemischen Potentiale bzw. die Aktivitätskoeffizienten der beiden Komponenten auszudrücken, führen wir die *Gibbs*sche molare Zusatzfunktion $\Delta \bar{G}^E$ ein. Aus (IV, 140), (IV, 210a) und (IV, 215a) folgt für ein binäres System

$$\begin{aligned}\bar{G} &= (1-x)\mu_1 + x\mu_2 + RT(1-x)\ln(1-x) + RTx\ln x \\ &\quad + RT(1-x)\ln f_1 + RTx\ln f_2 \qquad (176)\\ &= (1-x)\mu_1 + x\mu_2 + RT(1-x)\ln(1-x) + RTx\ln x + \Delta\bar{G}^E .\end{aligned}$$

Differenzieren wir nach x, so wird

---

[1] Es kommt auch vor, daß man einen oberen kritischen Entmischungspunkt nicht erreicht, weil vorher die kritische Verdampfungstemperatur erreicht wird, oder daß man einen unteren kritischen Entmischungspunkt nicht erreicht, weil vorher eine feste Phase auskristallisiert. In solchen Fällen existiert überhaupt kein kritischer Entmischungspunkt. Bei festen Phasen (Mischkristalle mit Mischungslücke) kommt fast ausschließlich der Typ *a* vor.

$$\frac{\partial \bar{G}}{\partial x} = \frac{\partial \Delta \bar{G}^E}{\partial x} - \mu_1 + \mu_2 + RT \ln \frac{x}{1-x},$$

$$\frac{\partial^2 \bar{G}}{\partial x^2} = \frac{\partial^2 \Delta \bar{G}^E}{\partial x^2} + \frac{RT}{x(1-x)}, \tag{177}$$

$$\frac{\partial^3 \bar{G}}{\partial x^3} = \frac{\partial^3 \Delta \bar{G}^E}{\partial x^3} + \frac{RT(2x-1)}{x^2(1-x)^2}. \tag{178}$$

Aus (174) und (177) bzw. (175) und (178) erhalten wir die Bedingungen für die kritische Entmischung in der Form

$$\left(\frac{\partial^2 \Delta \bar{G}^E}{\partial x^2}\right)_{p,T} = -\frac{RT}{x(1-x)}, \tag{179}$$

$$\left(\frac{\partial^3 \Delta \bar{G}^E}{\partial x^3}\right)_{p,T} = -\frac{RT(2x-1)}{x^2(1-x)^2}. \tag{180}$$

Man gelangt zu experimentell prüfbaren Beziehungen, wenn man für $\Delta \bar{G}^E$ den einfachen *Porter*schen Ansatz (IV, 264) für sog. „symmetrische Mischungen“ einführt

$$\Delta \bar{G}^E = Ax(1-x). \tag{181}$$

Damit wird

$$\frac{\partial^2 \Delta G^E}{\partial x^2} = -2A; \quad \frac{\partial^3 \Delta \bar{G}^E}{\partial x^3} = 0, \tag{182}$$

so daß für diesen speziellen Fall die Bedingungen für die kritische Entmischung lauten:

$$\frac{RT}{x(1-x)} = 2A, \tag{183}$$

$$\frac{RT(2x-1)}{x^2(1-x)^2} = 0. \tag{184}$$

Aus (184) folgt

$$x_{\text{kr}} = \frac{1}{2}, \tag{185}$$

was in (183) eingesetzt liefert

$$\frac{A_{\text{kr}}}{RT_{\text{kr}}} = 2. \tag{186}$$

Dabei ist A_{kr} der Wert für A, wenn $T = T_{\text{kr}}$.

Man übersieht dieses Ergebnis am einfachsten, wenn man die Aktivität a_i als Funktion des Molenbruchs x_i aufträgt[1], wie dies schon in Abb. 76 und 77 geschehen ist. Aus (IV, 268) folgt die Aktivität z. B. der Komponente 2 in „symmetrischen Mischungen"

$$a_2 = x_2 f_2 = x_2 \exp\left[\frac{A}{RT}(1 - x_2)^2\right]. \tag{187}$$

Für verschiedene positive Werte[2] von $\frac{A}{RT}$ als Parameter erhält man die in Abb. 89 wiedergegebenen Kurven, die natürlich in symmetrischer Weise auch für die Komponente 1 gültig sind. Für $\frac{A}{RT} < 2$ steigt die Aktivität monoton mit x an; für $\frac{A}{RT} = 2$ besitzt die Kurve einen horizontalen Wendepunkt und für $\frac{A}{RT} > 2$ erhält man S-förmige Kurven, deren gestrichelter Teil metastabilen (bis zum Maximum) bzw. instabilen Zuständen des Systems entspricht (bei denen a mit x abnimmt). Das bedeutet, daß für $\frac{A}{RT} > 2$, d. h. für Temperaturen unterhalb der der kritischen Entmischung, ein Zerfall in zwei koexistente flüssige Phasen eintritt, sofern das betreffende System angenähert dem *Porter*schen Ansatz gehorcht. Es liegen hier also ähnliche Verhältnisse vor, wie bei der *van der Waals*schen Zustandsgleichung des realen Gases im Zweiphasengebiet (vgl. S. 217).

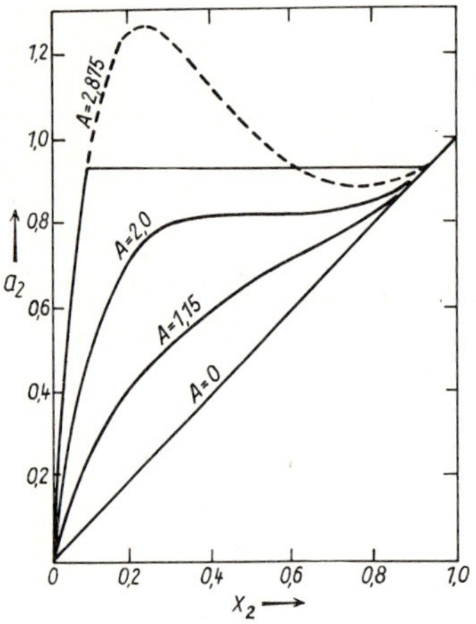

Abb. 89. Aktivität als Funktion des Molenbruchs bei sog. „einfachen Mischungen" mit verschiedenen Konstanten A als Parameter.

Für $A = 0$ wird $\Delta \bar{G}^E = 0$, d. h. die Mischung verhält sich ideal. Ideale Mischungen können deshalb keine Mischungslücken besitzen. Eine notwendige Bedingung für das Auftreten von Mischungslücken ist also

$$\Delta \bar{G}^E > 0, \tag{188}$$

---

1 Auf Grund der Gleichgewichtsbedingung $\mu_i' = \mu_i''$ ist natürlich auch die Aktivität jeder Komponente i in den koexistenten Phasen gleich.

2 Negative Werte von A entsprechen nach S. 269 negativen Abweichungen vom *Raoult*schen Gesetz. In diesem Fall ist demnach ein Zerfall in zwei flüssige Phasen unmöglich.

was mit den S. 279 angestellten allgemeinen Überlegungen übereinstimmt.

Mit Hilfe des *Porter*schen Ansatzes gewinnt man auch leicht eine *Gleichung für die isobare Koexistenzkurve* der beiden flüssigen Phasen. Aus der allgemeinen Gleichgewichtsbedingung $\mu_i' = \mu_i''$ folgt

$$\left.\begin{aligned} RT\ln x' + RT\ln f_2' &= RT\ln x'' + RT\ln f_2'' , \\ RT\ln(1 - x') + RT\ln f_1' &= RT\ln(1 - x'') + RT\ln f_1'' . \end{aligned}\right\} \tag{189}$$

Setzt man den *Porter*schen Ansatz (155) ein, so wird

$$\left.\begin{aligned} RT\ln x' + A(1 - x')^2 &= RT\ln x'' + A(1 - x'')^2 , \\ RT\ln(1 - x') + Ax'^2 &= RT\ln(1 - x'') + Ax''^2 . \end{aligned}\right\} \tag{190}$$

Da der *Porter*sche Ansatz für „symmetrische Mischungen" gilt, ist

$$x' + x'' = 1 , \tag{191}$$

d. h. auch die Koexistenzkurve verläuft symmetrisch zur Ordinate bei $x = \frac{1}{2}$. Damit erhält man aus den beiden Gln. (190)

$$RT\ln x + A(1 - x)^2 = RT\ln(1 - x) + Ax^2$$

oder mit (186)

$$T = 2T_{\mathrm{kr}} \frac{1 - 2x}{\ln \dfrac{1 - x}{x}} . \tag{192}$$

$T(x)$ ist eine zur x-Achse symmetrische Funktion, für $x = \frac{1}{2}$ wird $T = T_{\mathrm{kr}}$. Die Gleichung wird von einer Reihe von Gemischen, die sich durch den *Porter*schen Ansatz angenähert wiedergeben lassen, recht gut erfüllt, wie aus dem in Abb. 90 wiedergebenen Beispiel[1)] hervorgeht. Die zugehörige *Gleichung für die Stabilitätsgrenze* ist durch (183) gegeben

$$T = \frac{2A}{R} x(1 - x) . \tag{193}$$

Schließlich läßt sich mit Hilfe des *Porter*schen Ansatzes auch zwischen einem oberen und einem unteren kritischen Entmischungspunkt unterscheiden. Wie aus Abb. 88 hervorgeht, gelten folgende Bedingungen:

$$\left(\frac{\mathrm{d}^2 T}{\mathrm{d}x^2}\right)_K < 0 \tag{194a}$$

(oberer kritischer Entmischungspunkt),

---

[1] *J. A. Wilkinson, C. Neilson* und *H. M. M. Wylde*, J. Amer. chem. Soc. *42,* 377 (1920).

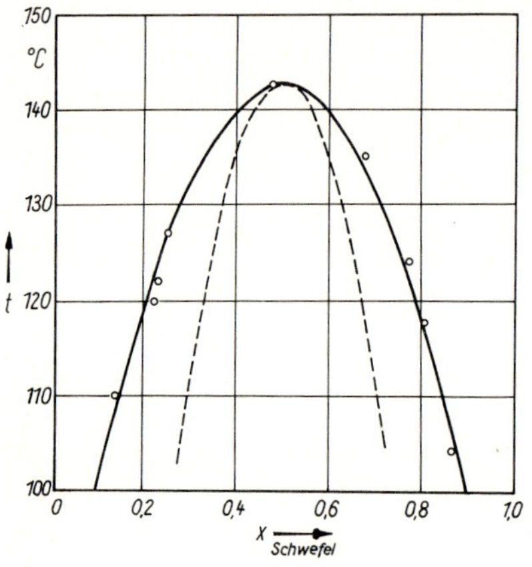

Abb. 90. Symmetrische Mischungslücke des Systems Schwefel-Dichlordiethylsulfid: ——— Koexistenzkurve berechnet nach Gl. (192); ○ Meßpunkte; --- Stabilitätskurve berechnet nach Gl. (193).

$$\left(\frac{\mathrm{d}^2 T}{\mathrm{d}x^2}\right)_K > 0 \quad \text{(unterer kritischer Entmischungspunkt).} \tag{194b}$$

Eine nähere Betrachtung über das Vorzeichen der Krümmung der Stabilitätsgrenzkurve in der Nähe des kritischen Punktes und die aus (174) und der *Helmholtz-Gibbs*schen Gleichung $\bar{G} = \bar{H} - T\bar{S}$ folgende Beziehung

$$\left(\frac{\partial^2 \bar{H}}{\partial x^2}\right)_K = T_{\mathrm{kr}} \left(\frac{\partial^2 \bar{S}}{\partial x^2}\right)_K \tag{195}$$

führen zu den allgemein gültigen Aussagen:

$$\left(\frac{\partial^2 \bar{S}}{\partial x^2}\right)_K < 0; \quad \left(\frac{\partial^2 \bar{H}}{\partial x^2}\right)_K < 0 \quad \text{(oberer kritischer Entmischungspunkt),} \tag{196a}$$

$$\left(\frac{\partial^2 \bar{S}}{\partial x^2}\right)_K > 0; \quad \left(\frac{\partial^2 \bar{H}}{\partial x^2}\right)_K > 0 \quad \text{(unterer kritischer Entmischungspunkt).} \tag{196b}$$

Zerlegen wir nach (III, 116b) und (III, 147)

$$\bar{H} = x_1 \boldsymbol{H}_1 + x_2 \boldsymbol{H}_2 + \Delta \bar{H}^E, \tag{197}$$

d. h. führen wir die mittlere molare Mischungswärme ein, so sieht man unmittelbar, daß auch gelten muß

$$\left(\frac{\partial^2 \Delta \bar{H}^E}{\partial x^2}\right)_K < 0 \quad \text{(oberer kritischer Entmischungspunkt),} \tag{198a}$$

$$\left(\frac{\partial^2 \Delta \bar{H}^E}{\partial x^2}\right)_K > 0 \quad \text{(unterer kritischer Entmischungspunkt).} \tag{198b}$$

$\Delta \bar{H}^E$ ergibt sich aus der *Gibbs-Helmholtz*schen Gl. (IV, 216) unter Benutzung des *Porter*schen Ansatzes nach (IV, 266) zu

$$\Delta \bar{H}^E = \left(A - T\frac{\partial A}{\partial T}\right) x(1 - x), \tag{199}$$

woraus folgt

$$\left(\frac{\partial^2 \Delta \bar{H}^E}{\partial x^2}\right)_K = 2\left[T_{kr}\left(\frac{\partial A}{\partial T}\right)_{kr} - A_{kr}\right]. \tag{200}$$

Damit ergeben sich aus (198) folgende Kriterien zur Unterscheidung zwischen oberem und unterem kritischen Entmischungspunkt bei „symmetrischen Mischungen“:

$$A_{kr} > 0; \quad A_{kr} > T_{kr}\left(\frac{\partial A}{\partial T}\right)_{kr} \quad \text{(oberer kritischer Entmischungspunkt)}, \tag{210a}$$

$$A_{kr} > 0; \quad A_{kr} < T_{kr}\left(\frac{\partial A}{\partial T}\right)_{kr} \quad \text{(unterer kritischer Entmischungspunkt)}. \tag{210b}$$

Für den weitaus häufigeren Fall, daß *„unsymmetrische Mischungen“* vorliegen (vgl. S. 202), muß man für $\Delta \bar{G}^E$ den allgemeineren Ausdruck (IV, 253) einführen und erhält entsprechend kompliziertere Ausdrücke für alle abgeleiteten Größen, die je nach dem vorliegenden Fall weitere Konstanten der Gl. (IV, 253) enthalten.

Nach einer empirischen Regel, die für Nichtelektrolyte niedrigen Molgewichts anscheinend allgemein gültig ist[1], besitzen am kritischen Entmischungspunkt der Wert einer molaren Zusatzfunktion $\bar{Z}^E$ und die Krümmung dieser Funktion $(\partial^2 \bar{Z}^E/\partial x^2)_K$ stets entgegengesetztes Vorzeichen. Wenn dies auch für Systeme mit geschlossener Mischungslücke zutreffen soll, so müßte z. B. $\Delta \bar{H}^E$ nach Gl. (198) beim oberen kritischen Entmischungspunkt positiv sein, mit abnehmender Temperatur abnehmen und über Null in einen negativen Wert beim unteren kritischen Entmischungspunkt übergehen. Dies wurde durch Messungen der integralen Mischungswärmen im System 2,4-Lutidin-Wasser bei verschiedenen Temperaturen bestätigt[2], wie aus Abb. 91 hervorgeht.

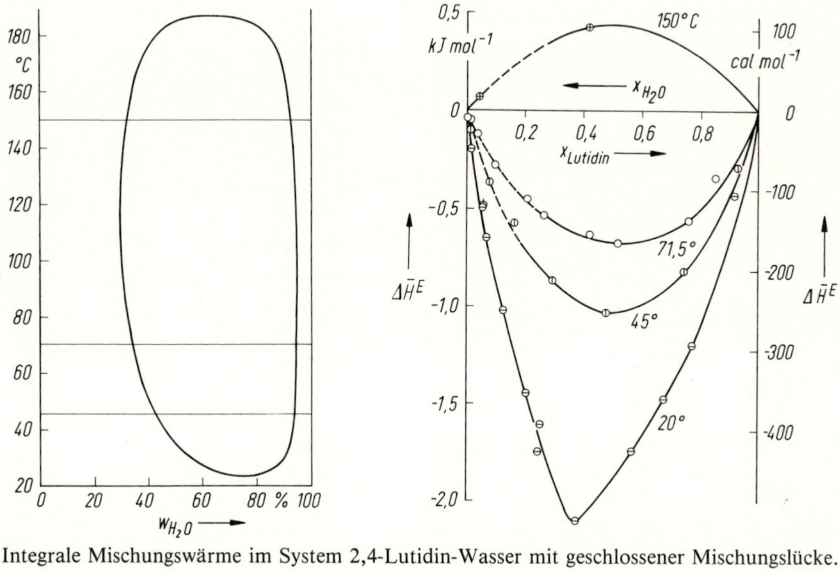

Abb. 91. Integrale Mischungswärme im System 2,4-Lutidin-Wasser mit geschlossener Mischungslücke. Die Lage der Lücke ist durch Strichelung der Kurven angedeutet. (Konzentration w_{H_2O} in Gewichtsprozent.)

[1] *G. Rehage*, Z. Naturforsch. *10a*, 316 (1955).

[2] *G. Kortüm* und *P. Haug*, Z. Elektrochem., Ber. Bunsenges. physik. Chem. *60*, 355 (1956).

8.2 Dampfdruckdiagramme

Setzt man den Druck nicht von vornherein fest, sondern läßt jeweils den Dampfdruck des Systems sich einstellen, so hat man im Entmischungsgebiet eines binären Systems nach der Phasenregel ein univariantes Dreiphasensystem vor sich. Gibt man die Temperatur vor, so ist damit Druck und Zusammensetzung des Dampfes eindeutig festgelegt. Die *p-x*-Isothermen im Dreiphasengebiet zeichnen sich also dadurch aus, daß sowohl Gesamtdruck wie Partialdrucke über die ganze Mischungslücke konstant bleiben und daß der Druck so lange konstante Zusammensetzung besitzt, bis eine der koexistenten flüssigen Phasen verschwindet. Dies folgt unmittelbar aus der allgemeinen Gleichgewichtsbedingung (12)

$$\mu_i'' = \mu_i' \quad \text{bzw.} \quad a_i'' = a_i' \quad \text{oder} \quad p_i'' = p_i'. \tag{202}$$

Dampfdruck und Zusammensetzung des Dampfes sind demnach von den relativen Mengen der flüssigen koexistenten Phasen unabhängig.

Die isothermen Dampfdruckdiagramme solcher Systeme unterscheiden sich nun in charakteristischer Weise, je nachdem die Zusammensetzung des Dampfes *zwischen* den Molenbrüchen der beiden flüssigen Phasen oder *außerhalb* derselben liegt. Die verschiedenen Möglichkeiten sind in Abb. 92 schematisch dargestellt. In Abb. 92a liegt x''' des Dampfes (P_3) zwischen x' (P_1) und x'' (P_2) der koexistenten flüssigen Phasen (Beispiel: Anilin-Wasser; bei 100 °C ist in der anilinreichen Phase $x'_{H_2O} = 0{,}284$, in der wasserreichen Phase $x''_{H_2O} = 0{,}988$ und $x'''_{H_2O} = 0{,}954$). Da nach Abb. 73 bis 75 die px'''-Kurve stets unterhalb der px'- bzw. px''-Kurve liegen muß, besitzt der (konstante) *Dreiphasendruck* notwendigerweise einen Maximalwert, der durch die Ordinate der Punkte P_1, P_2, P_3 gegeben ist. Erhöht man den Druck

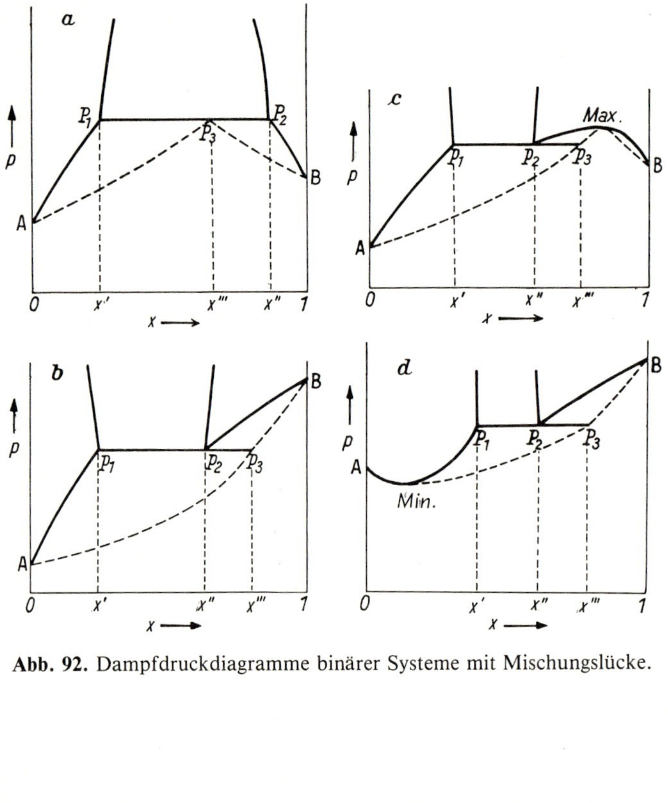

Abb. 92. Dampfdruckdiagramme binärer Systeme mit Mischungslücke.

über den Dreiphasendruck, so verschwindet die Dampfphase, und die von P_1 und P_2 ausgehenden Kurvenäste geben die Druckabhängigkeit der Zusammensetzung der beiden flüssigen Phasen an. In dem gezeichneten Fall verengt sich die Mischungslücke mit zunehmendem Druck, es kann aber auch umgekehrt sein, je nachdem das molare Zusatzvolumen $\Delta \bar{V}^E$ beim Mischen positiv oder negativ ist, d. h. sich die Flüssigkeit beim Mischen expandiert oder kontrahiert.

Setzt man der reinen Komponente A steigende Mengen der Komponente B zu, so entsteht zunächst eine homogene Mischung, deren px'-Kurve durch AP_1 dargestellt ist. Die zugehörige px'''-Kurve AP_3 gibt die Zusammensetzung der koexistenten Dampfphase an, der Dampf ist stets reicher an B als die Flüssigkeit. Ist der Dreiphasendruck erreicht, so tritt die zweite flüssige Phase der Zusammensetzung x'' auf, und bei weiterer Zugabe von B verschiebt sich lediglich das Mengenverhältnis der beiden flüssigen Phasen. Überschreitet schließlich die Zusammensetzung der Gesamtflüssigkeit den Wert x'', so verschwindet die erste flüssige Phase, die Mischung wird homogen, die zugehörigen px''- und px'''-Kurven sind durch BP_2 und BP_3 dargestellt. Hier ist also der Dampf reicher an A als die Flüssigkeit.

Liegt die Zusammensetzung des Dampfes x''' *außerhalb* der Werte x' und x'' der koexistenten flüssigen Phasen, so können drei verschiedene Formen des Dampfdruckdiagramms auftreten, die in Abb. 92b bis d schematisch wiedergegeben sind. In 92b liegt der Dreiphasendruck zwischen den Dampfdrucken der reinen Komponenten (Beispiel: Nicotin-Wasser), in 92c existiert außerhalb des Dreiphasendrucks noch ein Maximumdruck (Beispiel: Wasser-Phenol), in 92d entsprechend ein Minimumdruck (Beispiel: HCl-Wasser). Die letztgenannten Fälle sind sehr selten und deshalb von geringerer praktischer Bedeutung. Insgesamt entnimmt man der Abb. 92 das wichtige Ergebnis, daß der Dreiphasendruck nur dann der höchste aller bei gegebener Temperatur möglichen Dampfdrucke des binären Systems ist, wenn die Dampfzusammensetzung *zwischen* den Zusammensetzungen der koexistierenden flüssigen Phasen liegt. Entsprechend hat unter dieser Bedingung bei gegebenem Druck die Siedetemperatur im Dreiphasengebiet einen Minimalwert.

Die *Siede-(Tx)-Diagramme* binärer Gemische mit Mischungslücke ergeben sich auch hier durch einfache Umkehrung der Dampfdruckdiagramme. Solange die beiden flüssigen Phasen vorhanden sind, bleibt Siedetemperatur und Zusammensetzung des Dampfes konstant, und es ändert sich lediglich das Mengenverhältnis der beiden flüssigen Phasen.

Wir betrachten schließlich noch den Fall, daß die beiden Komponenten praktisch vollständig unmischbar sind (Beispiel: Quecksilber-Wasser). Wie schon bemerkt wurde, ist zwar eine vollständige Unmischbarkeit zweier Flüssigkeiten unwahrscheinlich, dagegen sind natürlich die Fälle häufig, daß die gegenseitige Löslichkeit so gering ist, daß man von einer *praktisch* vollständigen Unmischbarkeit sprechen kann. Das bedeutet, daß die im Gleichgewicht befindlichen flüssigen Phasen äußerst verdünnte, d. h. praktisch ideale Lösungen der jeweiligen anderen Komponente darstellen, in denen die Aktivität der gelösten Komponenten durch den Molenbruch ersetzt werden kann. Wir können deshalb bei idealem Verhalten des Dampfes und unter Vernachlässigung des Molvolumens der Flüssigkeit gegenüber dem des Dampfes an Stelle von (138) schreiben

$$\frac{x_2'''}{x_2''} = \frac{p_{02}}{p} \quad \text{und} \quad \frac{x_1'''}{x_1'} = \frac{p_{01}}{p}, \tag{203}$$

wenn wir wieder mit ''' die Dampfphase, mit ' bzw. '' die jeweiligen flüssigen Phasen bezeichnen. Für die an der Komponente 2 reiche flüssige Phase '' ergibt sich daraus

Mischungslücken treten nur bei nicht-idealen Systemen auf; diese haben einen azeotropen Punkt.

$$\lim_{x_2''\to 1} x_2''' = \frac{p_{02}}{p}, \tag{204}$$

und für die an der Komponente 1 reiche flüssige Phase $'$ entsprechend

$$\lim_{x_1'\to 1} x_1''' = \frac{p_{01}}{p}. \tag{205}$$

Das bedeutet, daß der Partialdruck px_2''' der Komponente 2 über der an 2 reichen flüssigen Phase gleich dem Dampfdruck p_{02} über der reinen Phase wird und entsprechend der Partialdruck px_1''' der Komponente 1 über der an 1 reichen flüssigen Phase gleich p_{01} über der reinen Phase wird.

Addition beider Gleichungen ergibt

$$p = p_{01} + p_{02}, \tag{206}$$

d. h. der Dreiphasendruck ist in diesem Fall gleich der Summe der Dampfdrucke der beiden reinen Komponenten.

Auf dieser Gleichung beruht die *„Wasserdampfdestillation"* organischer in Wasser unlöslicher Stoffe. So geht z. B. ein Benzol(2)-Wasser(1)-Gemisch bei einem äußeren Druck von 1020 mbar bei 69 °C über. Bei dieser Temperatur ist p_{01} = 300 mbar, p_{02} = 720 mbar, im Gleichgewichtsdampf befinden sich demnach nach (204) bzw. (205) x_2''' = 70 Molprozent ⟨Stoffmengenanteil, %⟩ Benzol und x_1''' = 30 Molprozent ⟨Stoffmengenanteil, %⟩ Wasser, oder auf Gewichtsprozent ⟨Massenanteil, %⟩ umgerechnet 91% Benzol und 9% Wasser.

9 Erstarrung binärer flüssiger Gemische[1)]

Das Gleichgewicht „flüssig-fest" binärer Systeme zeichnet sich gegenüber dem Gleichgewicht „dampfförmig-flüssig" durch eine noch wesentlich größere Mannigfaltigkeit aus, weswegen wir uns auf die Besprechung der wichtigsten Typen der sog. *Schmelzdiagramme* beschränken. Diese Vielseitigkeit der Erscheinungen beruht darauf, daß neben der (in der Regel einzigen) flüssigen Phase und der stets vorhandenen Gasphase noch zwei verschiedene feste Phasen koexistent sein können und daß diese festen Phasen als feste Mischungen (Mischkristalle), als reine Komponenten oder als stöchiometrische chemische Verbindungen bzw. singuläre Mischphasen aus der flüssigen Mischung auskristallisieren können. Praktisch interessiert hier, ebenso wie bei den zuletzt betrachteten Systemen mit zwei flüssigen Phasen, nur die Zusammensetzung der flüssigen und festen Phasen in Abhängigkeit von der Temperatur, so daß man wieder die Darstellung des Schmelzdiagramms in der T-x-Ebene benutzt und den Druck entweder gleich dem Dampfdruck des Systems oder einfach als konstant annimmt. Wegen der geringen Volumenänderung beim Lösen oder Schmelzen fester Stoffe ist die Druckabhängigkeit der Schmelzpunkte gering und deshalb fast immer zu vernachlässigen. Nach der Phasenregel werden zweiphasige (divariante) Systeme wieder durch eine Fläche, dreiphasige (univariante) durch eine Kurve, vierphasige (invariante) durch einen Punkt in der T-x-Ebene dargestellt.

[1] Vgl. *R. Haase,* Thermodynamik der Mischphasen, Berlin (1956), Kap. 5, 8; *A. Weissberger* (Ed.), Technique of Organic Chemistry, 2. Aufl., Vol. III, New York (1956), S. 395 ff.; Houben-Weyl, Methoden der organischen Chemie, 4. Aufl., Bd. I/1, S. 341 ff.; Ullmanns Encyklopädie der technischen Chemie, 3. Aufl., Bd. 2/1 (1961) S. 638 ff.; 4. Aufl., Bd. 2 (1972), S. 672 f.

Wir betrachten zunächst den einfachsten Fall, daß die beiden Komponenten in flüssiger und fester Phase vollständig miteinander mischbar sind, so daß aus der Schmelze eine lückenlose Reihe von *Mischkristallen* auskristallisieren kann, und bezeichnen die flüssige Phase mit '', die feste Phase mit '. Das zugehörige Schmelzdiagramm ist dem Siedediagramm der Abb. 79 vollkommen analog. Als Beispiel ist in Abb. 93 das Schmelzdiagramm des Systems Br_2-Cl_2 dargestellt, das sich wegen der Ähnlichkeit der zwischenmolekularen Wechselwirkungskräfte zwischen den verschiedenen Partnern angenähert ideal verhält. Die x''-T-Kurve wird hier als *Liquiduskurve,* die x'-T-Kurve als *Soliduskurve* bezeichnet. Die Schnittpunkte jeder isothermen Konnode mit den beiden Kurven geben die Zusammensetzung der im Gleichgewicht stehenden festen und flüssigen Phase an, die Fläche zwischen beiden Kurven stellt wieder das Gebiet des isothermen Zerfalls in zwei Phasen dar. Der Molenbruch der niedriger schmelzenden Komponente (Cl_2) ist im festen Mischkristall stets kleiner als in der Schmelze, so daß man die Kom-

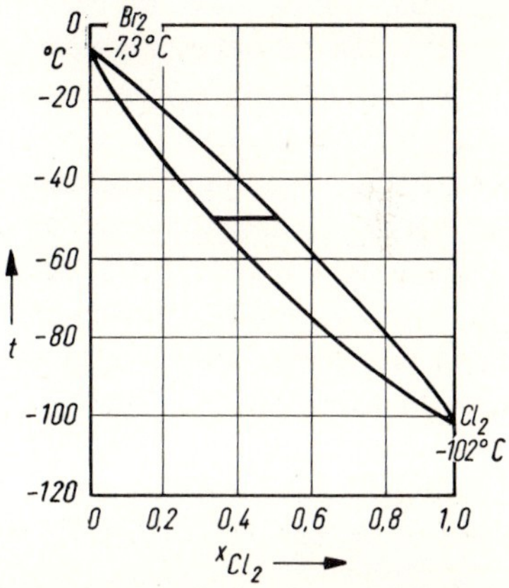

Abb. 93. Schmelzdiagramm des Systems Br_2-Cl_2.

ponenten durch häufig wiederholte fraktionierte Kristallisation weitgehend voneinander trennen kann. Da Mischkristalle als feste homogene Lösung aufzufassen sind[1)] und deshalb nur eine Phase darstellen, können in einem solchen System stets nur drei Phasen einschließlich des Dampfes koexistent sein, d. h. es existieren keine invarianten Punkte.

Zur thermodynamischen Beschreibung des Schmelzdiagramms können wir die in Abschnitt 7 entwickelten Beziehungen ohne weiteres übernehmen, wenn wir die in den Gleichungen auftretenden Größen sinngemäß abändern. So ist das Aktivitätsverhältnis jeder Komponente in den beiden Phasen durch Gl. (161) gegeben, wobei die ΔH hier die molaren Schmelzwärmen und T_{01} und T_{02} die Schmelzpunkte der reinen Komponenten bedeuten. Verhält sich das System in beiden Phasen ideal, so kann man wieder die Aktivitäten durch die Molenbrüche ersetzen und gelangt zu den Gln. (162) entsprechenden Beziehungen, die sich auf dieselbe Weise auswerten lassen, wie es am Beispiel des Siedediagramms von CCl_4-SnCl_4-Gemischen durchgeführt wurde. Stimmen schließlich die beiden Komponenten der idealen Mischung in den Schmelzpunkten und Schmelzwärmen überein, so folgt aus (162)

$$x'' = x' \quad \text{und} \quad 1 - x'' = 1 - x', \tag{207}$$

[1] In lückenlosen Mischkristallen können die Gitterpunkte des Kristalls beliebig durch die beiden Komponenten besetzt werden. Voraussetzung für völlige Mischbarkeit ist deshalb gleicher Gittertyp und angenähert gleiche Gitterkonstante in den reinen Komponenten, während ihre chemische Beschaffenheit keine wesentliche Rolle spielt. So bilden z. B. die auch bezüglich der Wertigkeit der Ionen ganz verschiedenen Salze $KMnO_4$ und $BaSO_4$ Ionenmischkristalle.

d. h. Liquidus- und Soliduskurve fallen in eine horizontale Gerade zusammen. Dies ist z. B. beim System der optischen Isomeren d-Campher und l-Campher der Fall[1].

Bei Systemen, die sich weder in der flüssigen noch in der festen Phase ideal verhalten, kann man versuchen, die Aktivitätskoeffizienten f_1', f_2' bzw. f_1'', f_2'' durch die Näherungsgleichungen (IV, 268) oder (IV, 273) darzustellen. Dabei kann bereits der einfache *Porter*sche Ansatz zu Schmelzpunktsminima bzw. -maxima oder selbst zu Entmischungserscheinungen führen, wie dies schon bei den flüssigen Mischphasen diskutiert wurde (vgl. S. 279). Wir beschränken uns darauf, die verschiedenen möglichen Typen der Schmelzdiagramme an Hand von speziellen Beispielen graphisch wiederzugeben.

Ist die Mischbarkeit in der festen Phase bei tieferen Temperaturen beschränkt, so daß die zunächst im Gleichgewicht mit der flüssigen Phase entstehenden Mischkristalle bei weiterer Abkühlung unbeständig werden und in zwei koexistente feste Phasen zerfallen, so biegen sich Liquidus- und Soliduskurve gewöhnlich in Richtung auf den oberen kritischen Entmischungspunkt durch, und es entsteht ein Schmelzpunktsminimum, in dem beide Kurven zusammenfallen, analog dem Siedepunktsminimum in Abb. 81. Als Beispiel ist in Abb. 94 das Schmelzdiagramm des Systems KCl – NaCl wiedergegeben. Im Schmelzpunktsminimum kristallisiert das Gemisch wie ein einheitlicher Stoff, doch ist die Zusammensetzung des Mischkristalls auch in diesem Fall vom Druck abhängig, so daß es sich nicht um eine chemische Verbindung handeln kann. Bei 398 °C tritt der Zerfall in zwei koexistente feste Phasen (Mischkristalle verschiedener Zusammensetzung) ein, dort liegt der kritische Entmischungspunkt. Kennzeichnend für dieses, auch bei Legierungen recht häufig beobachtete Diagramm (Co – Mn; Cu – Mn; Cu – Au; Ni – Au; Ni – Mn; Ni – Pd; Fe – V usw.) ist der Umstand, daß die Tendenz zur Vermischung in fester Phase geringer ist als in flüssiger, so daß im mittleren Mischungsgebiet die größere Stabilität der flüssigen Phase eine Erniedrigung des Schmelzpunktes hervorruft. Eine vollständige Trennung der beiden Komponenten durch fraktionierte Kristal-

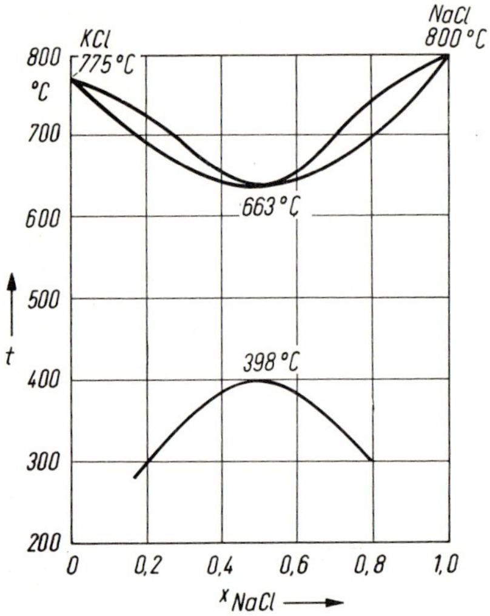

Abb. 94. Schmelzdiagramm des Systems KCl – NaCl.

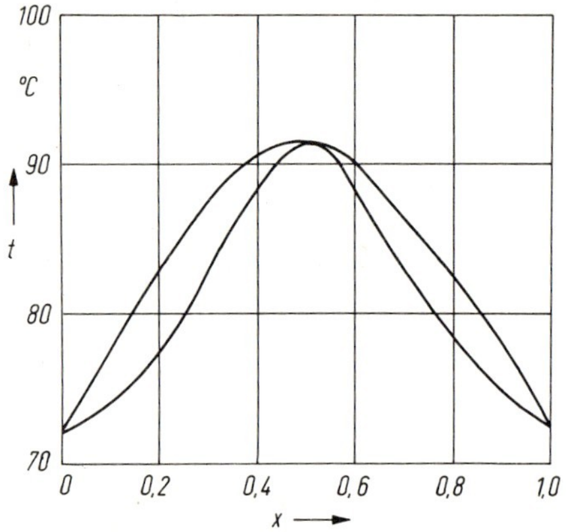

Abb. 95. Schmelzdiagramm des Systems d-Carvoxim-l-Carvoxim.

[1] *K. Schäfer* und *O. Frey,* Z. Elektrochem., Ber. Bunsenges. physik. Chem. *56,* 882 (1952).

lisation ist in solchen Fällen ebensowenig möglich wie eine Trennung durch Rektifikation bei Stoffen mit einem Minimum der Siedekurve.

Die Beispiele für lückenlose Mischkristalle mit Schmelzpunktsmaximum sind sehr selten[1]. Das bestbekannte ist das System d-Carvoxim-l-Carvoxim, dessen Schmelzdiagramm in Abb. 95 wiedergegeben ist. Während optische Isomere in flüssiger Phase den Prototyp einer idealen Mischung darstellen[2], bilden sie in fester Phase nur äußerst selten ideale Mischkristalle wie der oben erwähnte d- und l-Campher. Darauf kommen wir nochmals zurück (vgl. S. 294).

Verschiebt sich der kritische Entmischungspunkt der festen Phase nach höheren Temperaturen, so können sich die beiden Gebiete des Zerfalls in koexistente Phasen gegenseitig durchdringen. In Abb. 96 ist das Schmelzdiagramm vom Typ der Abb. 93, in Abb. 97 das Schmelzdiagramm vom Typ der Abb. 94 durch eine Mischungslücke unterbrochen.

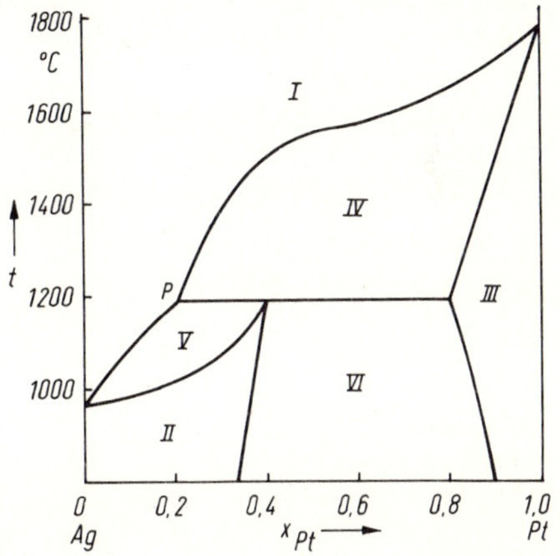

Abb. 96. Schmelzdiagramm des Systems Ag – Pt.

Im System Ag – Pt können bei Temperaturen oberhalb von 1185 °C nur Pt-reiche Mischkristalle ausfallen, deren Zusammensetzung durch den verbliebenen Ast der Soliduskurve gegeben ist. Bei 1185 °C setzt die Abscheidung einer zweiten, Pt-ärmeren Mischkristallart ein. Bei dieser sog. *peritektischen* Temperatur befinden sich demnach einschließlich der Dampfphase vier Phasen miteinander im Gleichgewicht, d. h. der Punkt *P* ist invariant. Hat die Schmelze von vornherein die Zusammensetzung des peritektischen Punktes (20 Molprozent Pt) oder liegt ihre Zusammensetzung links von *P*, so fallen beim Abkühlen nur noch Pt-arme Mischkristalle aus. In diesem Bereich verläuft das Erstarren genau wie bei dem einfachen Diagramm der Abb. 93.

Das System besitzt drei divariante stabile Zustandsflächen, nämlich I Schmelze-Dampf; II Ag-reiche Mischkristalle-Dampf; III Pt-reiche Mischkristalle-Dampf. Innerhalb der Zustandsflächen IV, V und VI tritt isothermer Zerfall in zwei koexistente kondensierte Phasen + Dampf ein, und zwar: IV Pt-reiche Mischkristalle, Schmelze und Dampf; V Ag-reiche Mischkristalle, Schmelze und Dampf; VI Ag-reiche Mischkristalle, Pt-reiche Mischkristalle und Dampf.

---

[1] Vgl. *J. E. Ch. Timmermans*, Nature [London] *154,* 24 (1944).

[2] Vgl. *H. Mauser,* Chem. Ber. *90,* 307 (1957).

Im System Cu – Ag kristallisieren aus der Schmelze bei Zusammensetzungen rechts von *P* Ag-reiche Mischkristalle, bei Zusammensetzungen links von *P* Cu-reiche Mischkristalle aus. Wird die Temperatur 778,5 °C erreicht, so setzt jeweils die Abscheidung der zweiten Mischkristallart ein. Bei dieser sog. *eutektischen* Temperatur befinden sich einschließlich des Dampfes vier Phasen miteinander im Gleichgewicht, *P* ist nach der Phasenregel ein invarianter Punkt, bei dem Druck, Temperatur und Zusammensetzung sämtlicher Phasen eindeutig festgelegt ist. Hat die Schmelze von vornherein die Zusammensetzung des eutektischen Punktes (72 Gewichtsprozent), so erstarrt sie bei konstanter Temperatur wie ein einheitlicher Stoff, jedoch unter Abscheidung eines Gemenges zweier Mischkristallarten mit 8,2 bzw. 92,1% Ag.

Auch dieses System besitzt drei divariante stabile Zustandsflächen, nämlich: I Schmelze-Dampf; II Cu-reiche Mischkristalle-Dampf; III Ag-reiche Mischkristalle-Dampf. Innerhalb der übrigen Flächen tritt Zerfall in (insgesamt) drei Phasen ein, und zwar: IV Cu-reiche Mischkristalle-Schmelze-Dampf; V Ag-reiche Mischkristalle-Schmelze-Dampf; VI Cu-reiche Mischkristalle-Eutektikum-Dampf; VII Ag-reiche Mischkristalle-Eutektikum-Dampf. Die Zusammensetzung der im Gleichgewicht befindlichen festen und flüssigen Phasen ist jeweils durch die Schnittpunkte der Isotherme (Konnode) mit den Begrenzungskurven der Flächen gegeben.

Bei tiefen Temperaturen wird die Mischungslücke gewöhnlich breiter, d. h. die in diesem Bereich primär ausgeschiedenen Mischkristalle zerfallen nachträglich nochmals in Mischkristalle anderer Zusammensetzung. Allerdings verläuft dieser Zerfall gewöhnlich sehr langsam, so daß er mit Hilfe der üblichen „*thermischen Analyse*" (Abkühlungskurven) meist nicht erfaßt werden kann[1]. Dieser Phasenzerfall spielt für die sog. „*Vergütung*" von Legierungen (Erhöhung von Härte, Zähigkeit usw.) eine wesentliche Rolle.

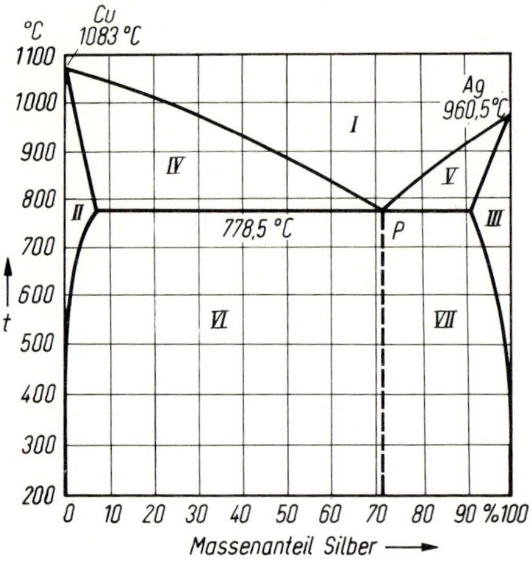

Abb. 97. Schmelzdiagramm des Systems Cu – Ag. (Konzentration an Ag in Gewichtsprozent ⟨Massenanteil, %⟩).

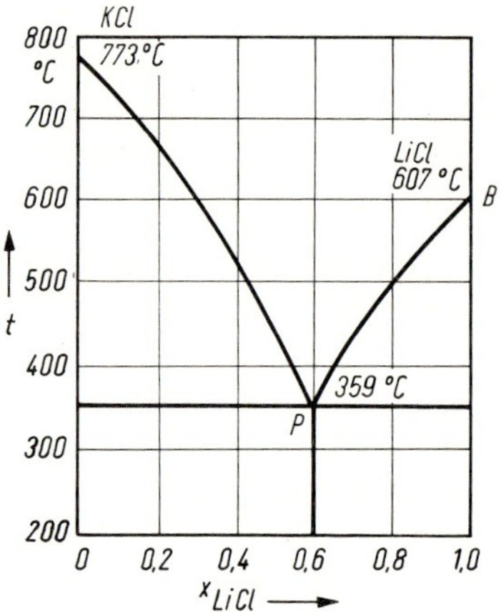

Abb. 98. Schmelzdiagramm des Systems KCl – LiCl.

[1] Vgl. *H. Mauser* in: Ullmanns Encyklopädie der technischen Chemie, 3. Aufl., Bd. 2/1 (1961), S. 653 ff.; *P. D. Garn,* Thermoanalytical Methods of Investigation, New York 1965; *A. Weissberger, B. W. Rossiter* (Eds.), Techniques of Chemistry, Vol. I (1971), S. 341 ff., 427 ff.; *D. Schultze,* Differentialthermoanalyse, 2. Aufl., Weinheim 1972; *W. Hemminger, G. Höhne,* Grundlagen der Kalorimetrie, Weinheim 1979; *H. G. Wiedemann, W. Hemminger* (Eds.), Thermal Analysis, Vol. 1, 2, Basel 1980; Ullmanns Encyklopädie der technischen Chemie, 4. Aufl., Bd. 5, Weinheim 1980, S. 791 ff.

Abb. 97 leitet zu den Schmelzdiagrammen ohne Mischkristallbildung über. Sind im gesamten Temperaturbereich nur die *reinen Komponenten* mit der Schmelze im Gleichgewicht, so erhält man ein Schmelzdiagramm, wie es in Abb. 98 am Beispiel des Systems KCl – LiCl dargestellt ist. Man kann sich diesen Typ aus dem der Abb. 97 entstanden denken, indem die Zustandsflächen II und III vollständig verschwinden, die Mischungslücke des festen Zustandes sich also bis zu den Ordinaten $x = 0$ und $x = 1$ ausdehnt. Bei der Abkühlung der Schmelze scheidet sich demnach eine der reinen Komponenten ab, bis die Temperatur des invarianten eutektischen Punktes (359 °C) erreicht ist, dann beginnt die Abscheidung der reinen anderen Komponente, so daß im eutektischen Punkt wieder vier Phasen einschließlich des Dampfes koexistent sind.

Da aus der Schmelze die reinen Komponenten auskristallisieren, kann man die Kurven AP und BP auch als die Gefrierpunktserniedrigungskurven oder als die Löslichkeitskurven von LiCl bzw. KCl auffassen, wobei jeweils die andere Komponente den „gelösten Stoff" oder das „Lösungsmittel" darstellt (vgl. S. 259f. und Abb. 72). Die Differentialgleichungen der beiden Äste der Liquiduskurve sind also durch (127) gegeben.

Sehr häufig findet man den Fall, daß zwei in fester Phase unmischbare Komponenten innerhalb der Mischungslücke doch eine oder auch mehrere Mischphasen *bestimmter stöchiometrischer Zusammensetzung* bilden können, die man deshalb als *„chemische Verbindungen"* auffassen muß. Die Mischungslücke ist also nicht mehr vollständig, dagegen sind die Konzentrationsbereiche der Mischbarkeit außerordentlich schmal, da sie ja einer scharf defi-

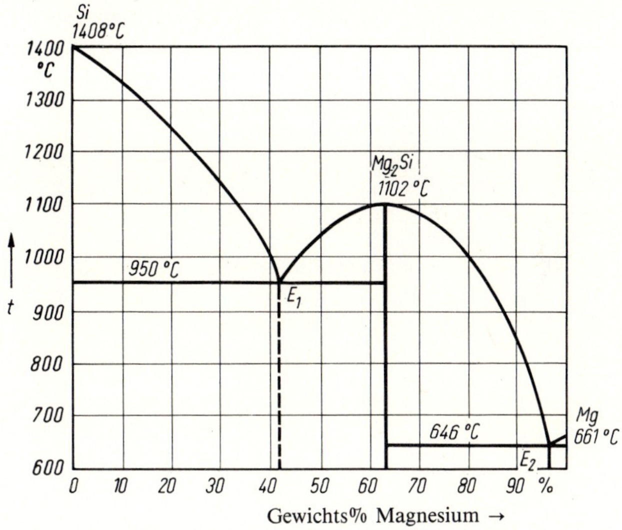

Abb. 99. Schmelzdiagramm des Systems Mg – Si. (Konzentration an Mg in Gewichtsprozent ⟨Massenanteil, %⟩).

nierten singulären Zusammensetzung entsprechen. Als Beispiel ist in Abb. 99 das Schmelzdiagramm des Systems Si – Mg dargestellt. Aus der homogenen Schmelze können sich nur Kristalle von reinem Mg oder reinem Si sowie Mischkristalle der stöchiometrischen Zusammensetzung Mg_2Si abscheiden, so daß letztere als chemische Verbindung charakterisiert werden können. Es liegt hier ein analoger Fall vor, wie beim Siedediagramm der Abb. 80, in dessen Maximum die beiden koexistenten Phasen ebenfalls die gleiche Zusammensetzung aufweisen. Es gilt für diesen Punkt also ebenfalls die Bedingung $\mathrm{d}T/\mathrm{d}x = 0$. Hier kann jedoch die feste Phase konstanter Zusammensetzung sich auch im Gleichgewicht mit einer Schmelze variabler

Zusammensetzung befinden, d. h. die Verbindung ist in der Schmelze mehr oder weniger in ihre Komponenten dissoziiert. Ein derartiges Schmelzpunktsmaximum bezeichnet man als *Dystektikum*. Man kann es auffassen als den Schmelzpunkt der Verbindung Mg_2Si, die jedoch in der Schmelze infolge der teilweisen Dissoziation durch Mg bzw. Si verunreinigt ist, wodurch der Schmelzpunkt natürlich erniedrigt wird. Durch Hinzugabe einer weiteren infinitesimalen Menge von Mg oder Si wird deshalb der Schmelzpunkt nicht weiter erniedrigt, d. h. die Tangente im Maximum verläuft horizontal, die Liquiduskurve ist kontinuierlich. Da die Verbindung Mg_2Si ihrerseits mit den reinen Komponenten keine Mischkristalle bildet (vollständige Mischungslücke), wiederholt sich in beiden Hälften des Diagramms der Typ der Abb. 98, d. h. es treten zwei Eutektika auf, bei denen sich ein Gemenge von Mg und Mg_2Si (bei 646 °C) bzw. von Si und Mg_2Si (bei 950 °C) aus der Schmelze ausscheidet.

Im Gegensatz zu diesem Schmelzdiagramm einer Verbindung, die in flüssiger Phase in ihre Komponenten dissoziiert, ist in Abb. 100 das Schmelzdiagramm eines Systems wiedergegeben, bei dem die Verbindung in der Schmelze nicht dissoziiert. Dieses zerfällt einfach in zwei getrennte Diagramme des Typs der Abb. 98, im Maximum ist $\mathrm{d}T/\mathrm{d}x \neq 0$ und die Tangenten an beiden Seiten des Maximums bilden einen Winkel miteinander. Ein ähnliches Diagramm zeigt das System Tellur-Iod mit der nicht dissoziierenden Verbindung TeI_4.

Ein Schmelzdiagramm mit Dystektikum findet man relativ häufig bei optischen Antipoden. Als Beispiel ist in Abb. 101 das Schmelzdiagramm von *d*- und *l*-Benzoesäure-α-Phenylethylamid wiedergegeben[1]. Das Dystektikum entspricht hier der Bildung eines festen *Racemats* mit der Zusammensetzung 1:1, im übrigen verläuft die Liquiduskurve natürlich symmetrisch zum Dystektikum. Man kann jedoch aus dem Dystektikum nicht auf die Existenz der Verbindung in der flüssigen Phase schließen. Tatsächlich läßt sich eine solche mit

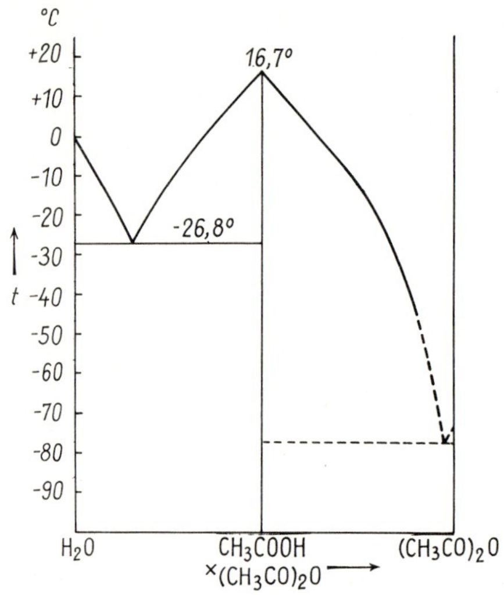

Abb. 100. Schmelzdiagramm des Systems $H_2O-(CH_3CO)_2O$. Essigsäure als nicht-dissoziierende Verbindung beider Komponenten.

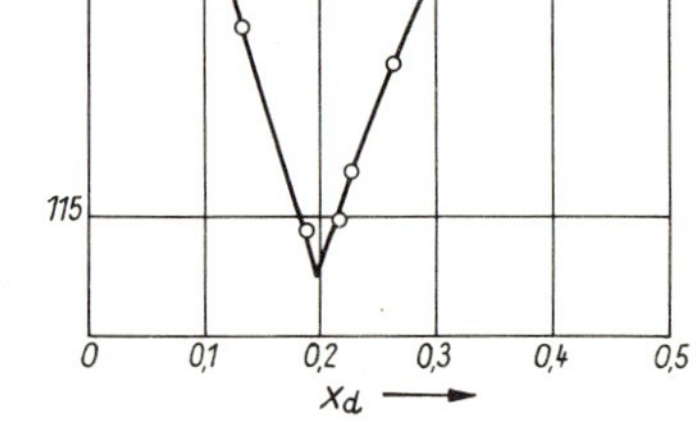

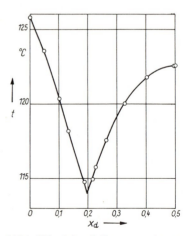

Abb. 101. Schmelzdiagramm des Systems *d*- und *l*-Benzoesäure-α-Phenylethylamid.

[1] Vgl. *H. Mauser,* Chem. Ber. *90,* 299, 307 (1957).

thermodynamischen Mitteln überhaupt nicht nachweisen; dies gilt nicht nur für Racemate, sondern ganz allgemein für beliebige Verbindungen[1].

Schließlich erhebt sich noch die Frage, ob das Dystektikum tatsächlich auf die Existenz einer chemischen Verbindung oder auf die Existenz einer Mischphase singulärer Zusammensetzung in der festen Phase schließen läßt. Im ersten Fall würde es sich um spezifische Bindungskräfte zwischen den beiden Komponenten, im zweiten Fall um geometrisch bevorzugte Anordnungsmöglichkeiten der beiden Komponenten im Kristall handeln. Auch diese Frage läßt sich thermodynamisch nicht entscheiden, da die Thermodynamik grundsätzlich nichts über Molekülarten auszusagen vermag (vgl. S. 2). Dagegen gelingt es häufig, mit nichtthermodynamischen (z. B. optischen) Methoden zwischen diesen beiden Möglichkeiten zu unterscheiden.

Aus der Koexistenzbedingung für das Phasengleichgewicht zwischen der Verbindung AB in der festen Phase $''$ und ihren dissoziierten Komponenten A und B in der flüssigen Phase $'$

$$\mathrm{d}\left(\frac{\boldsymbol{\mu}_{\mathrm{AB}}''}{T}\right) = \mathrm{d}\left(\frac{\boldsymbol{\mu}_{\mathrm{A}}'}{T}\right) + R\,\mathrm{d}\ln a_{\mathrm{A}} + \mathrm{d}\left(\frac{\boldsymbol{\mu}_{\mathrm{B}}'}{T}\right) + R\,\mathrm{d}\ln a_{\mathrm{B}} \tag{208}$$

erhält man mit (IV, 124) für konstanten Druck

$$-\frac{\boldsymbol{H}_{\mathrm{AB}}''}{T^2}\,\mathrm{d}T = -\frac{\boldsymbol{H}_{\mathrm{A}}' + \boldsymbol{H}_{\mathrm{B}}'}{T^2}\,\mathrm{d}T + R\,\mathrm{d}\ln a_{\mathrm{A}}a_{\mathrm{B}}$$

oder

$$\left(\frac{\partial \ln a_{\mathrm{A}}a_{\mathrm{B}}}{\partial T}\right)_p = \frac{(\boldsymbol{H}_{\mathrm{A}}' + \boldsymbol{H}_{\mathrm{B}}') - \boldsymbol{H}_{\mathrm{AB}}''}{RT^2}. \tag{209}$$

Die Gleichung entspricht Gl. (123) und gibt die Temperaturabhängigkeit der Sättigungsaktivitäten von A und B in der flüssigen Phase im Gleichgewicht mit dem festen Bodenkörper AB an.

Um auch für diesen Fall die Temperaturabhängigkeit des Sättigungs*molenbruchs*, d. h. der Löslichkeit der Verbindung in der flüssigen Phase zu erhalten, entwickeln wir analog wie S. 258 die vollständigen Differentiale $\mathrm{d}\ln a_{\mathrm{A}}$ und $\mathrm{d}\ln a_{\mathrm{B}}$ nach x und T und erhalten

$$\left.\begin{aligned}
\mathrm{d}\ln a_{\mathrm{A}} &= \left(\frac{\partial \ln a_{\mathrm{A}}}{\partial T}\right)_{x,p}\mathrm{d}T + \left(\frac{\partial \ln a_{\mathrm{A}}}{\partial x_{\mathrm{A}}}\right)_{p,T}\mathrm{d}x_{\mathrm{A}},\\
\mathrm{d}\ln a_{\mathrm{B}} &= \left(\frac{\partial \ln a_{\mathrm{B}}}{\partial T}\right)_{x,p}\mathrm{d}T + \left(\frac{\partial \ln a_{\mathrm{B}}}{\partial x_{\mathrm{B}}}\right)_{p,T}\mathrm{d}x_{\mathrm{B}}.
\end{aligned}\right\} \tag{210}$$

Aus (IV, 208) folgt

$$\left.\begin{aligned}
\left(\frac{\partial \ln a_{\mathrm{A}}}{\partial T}\right)_x &= \left(\frac{\partial \ln f_{\mathrm{A}}}{\partial T}\right)_x = -\frac{H_{\mathrm{A}}' - \boldsymbol{H}_{\mathrm{A}}'}{RT^2},\\
\left(\frac{\partial \ln a_{\mathrm{B}}}{\partial T}\right)_x &= \left(\frac{\partial \ln f_{\mathrm{B}}}{\partial T}\right)_x = -\frac{H_{\mathrm{B}}' - \boldsymbol{H}_{\mathrm{B}}'}{RT^2}.
\end{aligned}\right\} \tag{211}$$

[1] Vgl. *H. Mauser*, Chem. Ber. *90,* 307 (1957).

Setzt man beides in (208) ein, so wird

$$\left(\frac{\partial \ln a_A}{\partial x_A}\right)_T \mathrm{d}x_A + \left(\frac{\partial \ln a_B}{\partial x_B}\right)_T \mathrm{d}x_B = \frac{(H'_A + H'_B) - \boldsymbol{H}''_{AB}}{RT^2}\,\mathrm{d}T. \qquad (212)$$

Mit $a_A = x_A f_A$, $a_B = x_B f_B$ und $\mathrm{d}x_B = -\mathrm{d}x_A$ folgt

$$\left[\frac{1}{x_A} - \frac{1}{x_B} + \frac{\partial \ln f_A}{\partial x_A} + \frac{\partial \ln f_B}{\partial x_A}\right]\mathrm{d}x_A = \frac{(H'_A + H'_B) - \boldsymbol{H}''_{AB}}{RT^2}\,\mathrm{d}T. \qquad (213)$$

Da ferner nach der *Gibbs-Duhem*schen Gl. (IV, 220)

$$\frac{\partial \ln f_B}{\partial x_A} = -\frac{x_A}{x_B}\frac{\partial \ln f_A}{\partial x_A}, \qquad (214)$$

kann man (213) umformen in

$$\left[\frac{1}{x_A} - \frac{1}{x_B} + \frac{\partial \ln f_A}{\partial x_A}\left(1 - \frac{x_A}{x_B}\right)\right]\mathrm{d}x_A = \left[\left(\frac{1}{x_A} - \frac{1}{x_B}\right) + \frac{\partial \ln f_A}{\partial \ln x_A}\left(\frac{1}{x_A} - \frac{1}{x_B}\right)\right]\mathrm{d}x_A$$

$$= \left(1 + \frac{\partial \ln f_A}{\partial \ln x_A}\right)\left(\frac{\mathrm{d}x_A}{x_A} + \frac{\mathrm{d}x_B}{x_B}\right) = \left(1 + \frac{\partial \ln f_A}{\partial \ln x_A}\right)\mathrm{d}\ln x_A x_B$$

$$= \frac{(H'_A + H'_B) - \boldsymbol{H}''_{AB}}{RT^2}\,\mathrm{d}T$$

oder

$$\left(\frac{\partial \ln x_A x_B}{\partial T}\right)_p = \frac{(H'_A + H'_B) - \boldsymbol{H}''_{AB}}{RT^2\left[1 + \left(\frac{\partial \ln f_A}{\partial \ln x_A}\right)_T\right]}. \qquad (215)$$

Das entspricht Gl. (127) und ist die Differentialgleichung der Löslichkeitskurve der Verbindung, wie man die Liquiduskurve des Dystektikums ebenfalls nennen kann (vgl. 258 ff.), $(H'_A + H'_B) - \boldsymbol{H}''_{AB}$ bedeutet analog wie in (127) $H'_2 - \boldsymbol{H}''_2$ die *letzte Lösungswärme* der Verbindung.

Verhält sich die flüssige Phase ideal, wie dies z. B. bei optischen Isomeren der Fall ist, so ist $f_A = f_B = 1$, die partielle molare Mischungswärme ist Null, so daß die letzte Lösungswärme gleich der molaren Schmelzwärme der Verbindung wird, d. h. man erhält

$$\left(\frac{\partial \ln x_A x_B}{\partial T}\right)_p = \frac{(\boldsymbol{H}'_A + \boldsymbol{H}'_B) - \boldsymbol{H}''_{AB}}{RT^2} = \frac{\Delta \boldsymbol{H}_{\mathrm{Schm.AB}}}{RT^2}, \qquad (216)$$

wie auch unmittelbar aus (209) folgt, wenn man die Aktivitätskoeffizienten gleich 1 setzt.

Integriert man unter der Annahme, daß $\Delta \boldsymbol{H}_{\mathrm{Schm.AB}}$ praktisch temperaturunabhängig ist, zwischen dem Schmelzpunkt T_G der singulären Mischphase (Dystektischer Punkt), bei dem $x_A = x_B = \frac{1}{2}$ ist, und T, so wird

$$\ln \frac{x_A x_B}{0{,}25} = \frac{\Delta \boldsymbol{H}_{\text{Schm.}AB}}{R} \left(\frac{1}{T_G} - \frac{1}{T} \right). \tag{217}$$

$\log \frac{x_A x_B}{0{,}25}$ gegen $\frac{1}{T}$ aufgetragen sollte somit eine Gerade ergeben, aus deren Neigung man die Schmelzwärme der Verbindung ermitteln kann. Wie aus Abb. 102 hervorgeht, ist diese Forderung für das System der Abb. 101 zweier optischer Isomerer gut erfüllt; für die Schmelzwärme des Racemats ergibt sich 65,69 kJ mol^{-1}, während die Schmelzwärme der optisch aktiven Komponenten 22,97 kJ mol^{-1} beträgt, wie sich aus der Löslichkeitskurve derselben mittels Gl. (130) ergibt.

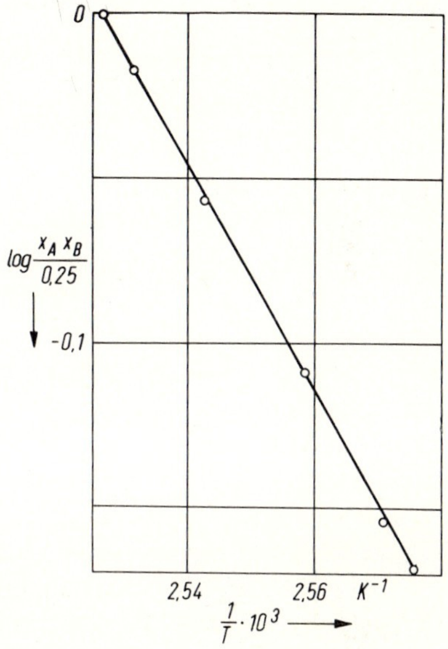

Abb. 102. Zur Ermittlung der molaren Schmelzwärme des Racemats von Benzoesäure-α-Phenylethylamid.

Fallen der dystektische Punkt und eines der zugehörigen Eutektika in das metastabile Gebiet (in Abb. 103 gestrichelt), d. h. zersetzt sich die Verbindung bereits unterhalb ihres Schmelzpunktes unter Ausscheidung einer anderen festen Phase, so erhält man ein Schmelzdiagramm vom Typ der Abb. 103. Die Verbindung ist hier nur stabil im Gleichgewicht mit Schmelzen, die einen Überschuß von A enthalten. Beim Punkt P zerfällt sie unter Ausscheidung von festem reinem B, und in der Liquiduskurve tritt ein Knickpunkt auf, der als *inkongruenter Schmelzpunkt* bezeichnet wird. Er entspricht vier koexistenten Phasen (einschließlich der Gasphase) und ist deshalb wieder ein invarianter Punkt.

Kühlt man z. B. eine Schmelze der Zusammensetzung a ab, so beginnt bei Q die Ausscheidung von reinem festem B; dadurch wird die Schmelze ärmer an B, ihre Zusammensetzung ändert sich längs der Kurve QP. Bei der Temperatur des Punktes P wird das zunächst ausgeschiedene reine B instabil, es nimmt aus der Schmelze A auf und wandelt sich in die Verbindung A_nB_m um, bis es vollständig verbraucht ist, wobei T konstant bleibt. Bei weiterer Abkühlung scheidet sich längs der Kurve PE_1 weitere Verbindung, nach Erreichen des eutektischen Punktes ein Eutektikum aus A und A_nB_m aus, bis alles erstarrt ist. Beispiele für diesen Typ sind das System Na – K mit der inkongruent schmelzenden Verbindung Na_2K oder das System $Na_2SO_4 - H_2O$ mit der inkongruent schmelzenden Verbindung $Na_2SO_4 \cdot 10\,H_2O$. Der zugehörige Punkt P liegt hier bei 32,4 °C, der auch als Thermometerfixpunkt dient.

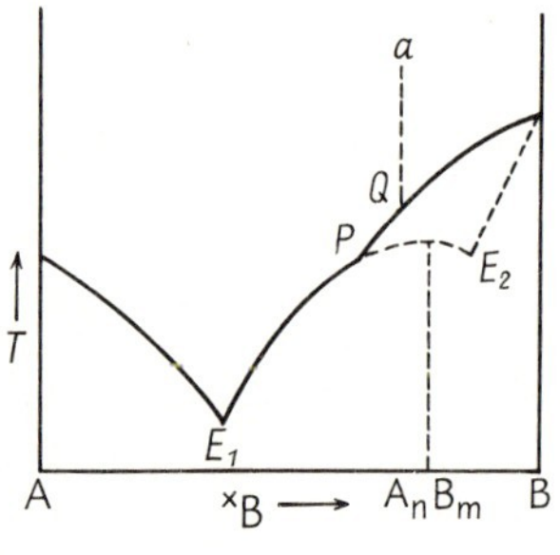

Abb. 103. Schmelzdiagramm einer inkongruent schmelzenden Verbindung.

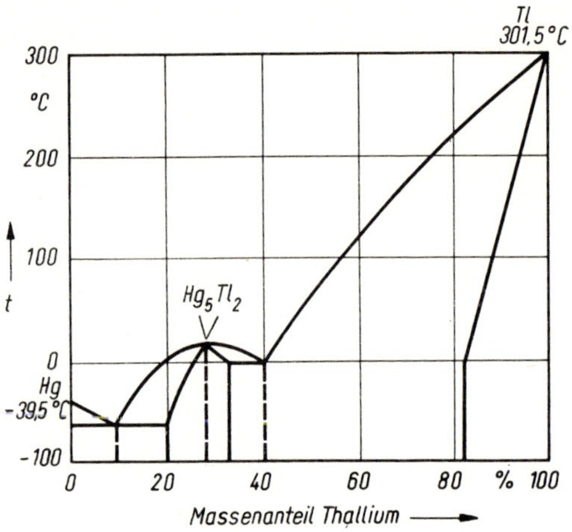

Abb. 104. Schmelzdiagramm des Systems Hg – Tl. (Thalliumkonzentration in Gewichtsprozent ⟨Massenanteil, %⟩).

Häufig vermag auch eine Verbindung beträchtliche Mengen der einen oder anderen Komponente in festem Zustand zu lösen, d. h. es besteht eine merkliche Mischbarkeit zwischen beiden, was bedeutet, daß die stöchiometrische Zusammensetzung der Verbindung verlorengeht. Ein Beispiel für eine derartige sog. *„geordnete Mischphase“* zeigt das Schmelzdiagramm Hg – Tl in Abb. 104. Hier stellt die feste „Verbindung“ Hg_5Tl_2 eine in einem ziemlich großen Konzentrationsbereich existenzfähige „geordnete Mischphase“ dar, d. h. sie vermag sowohl Tl wie Hg in beträchtlicher Menge zu lösen. Auch in der festen Tl-Phase ist Hg merklich löslich, während sich Hg praktisch rein aus der Schmelze ausscheidet. Die vom Dystektikum ausgehende gestrichelte Senkrechte unterteilt auch hier das Diagramm in zwei Teilstücke, die völlig dem Typ der Abb. 97 entsprechen.

Die hier betrachteten Schmelzdiagramme binärer Systeme sind die wichtigsten Typen, aus denen sich kompliziertere Diagramme durch Überlagerung der verschiedenen möglichen Fälle zusammensetzen, doch bieten derartige Diagramme nichts prinzipiell Neues, so daß wir nicht besonders darauf einzugehen brauchen.

10 Ternäre Systeme

Alle betrachteten Phasengleichgewichte lassen sich ohne weiteres auf Drei- bzw. Mehrkomponentensysteme übertragen. Dabei nimmt natürlich die Zahl der beobachtbaren Erscheinungen und die Mannigfaltigkeit der graphischen Darstellungen außerordentlich zu, so daß es nicht möglich ist, im Rahmen dieses Buches im einzelnen darauf einzugehen, es muß vielmehr auf spezielle Werke verwiesen werden[1)].

Wir werden uns im folgenden darauf beschränken, einige der einfacheren wichtigen Phasengleichgewichte in ternären Systemen herauszugreifen.

---

[1] Vgl. die S. 262 und 288 genannten Werke.

10.1 Dampfdruck- und Siedediagramme

Wir betrachten als einfachsten Fall eines Flüssigkeit-Dampf-Gleichgewichtes die p-x-Isothermen einer idealen Dreikomponenten-Mischung. Für diese gilt nach dem *Raoult*schen Gesetz analog zu Gl. (143)

$$\begin{aligned} p = p_1 + p_2 + p_3 &= p_{01}x_1' + p_{02}x_2' + p_{03}(1 - x_1' - x_2') \\ &= p_{03} + (p_{01} - p_{03})x_1' + (p_{02} - p_{03})x_2' \,, \end{aligned} \tag{218}$$

wenn wir den Molenbruch der Komponente 3 durch die der beiden anderen Komponenten ausdrücken. Das ist die Gleichung einer Ebene, wie daraus folgt, daß

$$\frac{\partial^2 p}{\partial x_1'^2} = 0; \quad \frac{\partial^2 p}{\partial x_2'^2} = 0; \quad \frac{\partial^2 p}{\partial x_1' \partial x_2'} = 0. \tag{219}$$

Ersetzen wir ferner mittels (142) die Molenbrüche x_1' und x_2' der flüssigen Phase durch x_1'' und x_2'' der Dampfphase, so wird

$$p = p_{03} + \left(\frac{p_{01} - p_{03}}{p_{01}}\right) p x_1'' + \left(\frac{p_{02} - p_{03}}{p_{02}}\right) p x_2''$$

oder umgeformt

$$p = \frac{p_{03}}{1 - \left(1 - \frac{p_{03}}{p_{01}}\right) x_1'' - \left(1 - \frac{p_{03}}{p_{02}}\right) x_2''}, \tag{220}$$

was der Gleichung (144) entspricht. Trägt man p senkrecht zum *Gibbs*schen Dreieck (Abb. 21) als Funktion der x' bzw. x'' auf, so erhält man die beiden Flächen der Abb. 105, die in den

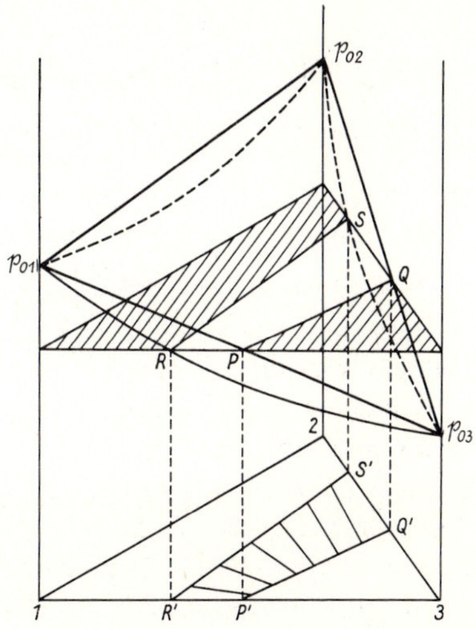

Abb. 105. Dampfdruckdiagramm einer ternären idealen Mischung.

Eckpunkten (reine Komponenten) natürlich zusammenfallen und von den Prismenseiten in den px'- bzw. px''-Kurven der drei zugehörigen binären Gemische (Abb. 73) geschnitten werden. Man bezeichnet sie als *isotherme Flüssigkeits-* bzw. *Dampffläche*. Eine isobare Ebene parallel zum *Gibbs*schen Dreieck schneidet die beiden Flächen in den Geraden PQ und RS, die auf das *Gibbs*sche Dreieck projiziert die Zusammensetzung der jeweiligen koexistenten Phasen angeben; die einander zugeordneten Punkte werden wieder durch Konnoden verbunden. Zur Vereinfachung der räumlichen graphischen Darstellung denkt man sich eine Reihe solcher isobarer Schnittebenen gelegt und ihre Schnittkurven mit Dampf- und Flüssigkeitsfläche auf das *Gibbs*sche Dreieck projiziert. Man erhält so eine Reihe zusammengehöriger Kurvenpaare, die als *Verdampfungs-* bzw. *Kondensationskurven* bezeichnet werden. Zwischen ihnen ist das System wiederum metastabil oder instabil und zerfällt in die beiden koexistenten Phasen.

Bei nichtidealen Mischungen ist auch die Flüssigkeitsfläche keine Ebene mehr, und die Verdampfungs- und Kondensationskurven sind gekrümmt. In Abb. 106 sind zwei Beispiele für derartige isotherme Verdampfungs- und Kondensationskurven bei verschiedenen Drucken als Parameter schematisch dargestellt. Abb. 106a stellt den einfachen Fall dar, wo in den binären Gemischen kein Extrem-Dampfdruck vorkommt, und wo $p_{0A} < p_{0B} < p_{0C}$. Der Streifen des heterogenen Gebietes wandert mit zunehmendem Druck von der Stelle des niedrigsten Drucks p_{0A} zur Stelle des höchsten Druckes p_{0C}. Unterhalb von p_{0A} ist das System vollkommen gasförmig, oberhalb von p_{0C} vollkommen flüssig. Für den jeweils gegebenen konstanten Druck ist die Fläche zwischen A und der Verdampfungskurve das Existenzgebiet homogener flüssiger, die Fläche zwischen der Kondensationskurve und C das Existenzgebiet gasförmiger Phasen, zwischen beiden Kurven ist das System metastabil bzw. instabil und zerfällt in zwei koexistente Phasen.

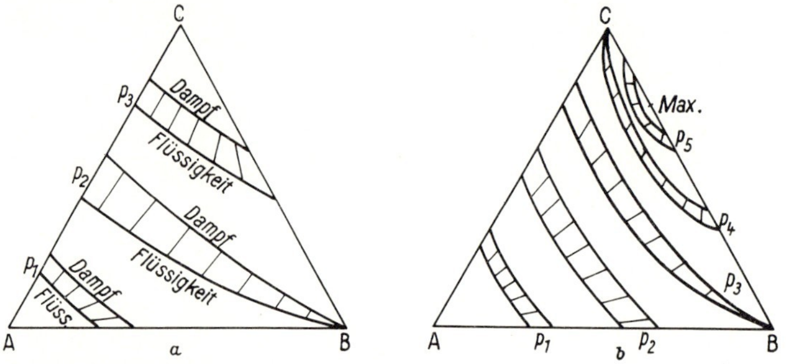

Abb. 106. Verdampfungs- und Kondensationskurven von homogenen Dreistoffsystemen bei konstantem T und verschiedenen Drucken als Parameter.

In Abb. 106b ist der Fall wiedergegeben, daß in dem binären System BC ein azeotropes Gemisch mit Maximumdampfdruck vorliegt und daß $p_{0A} < p_{0B} < p_{0C} < p_{az}$. Dann wandert in analoger Weise das heterogene Band zwischen Verdampfungs- und Kondensationskurve mit wachsendem p von der Stelle des kleinsten Drucks p_{0A} bis zur Stelle des größten Druckes p_{az}; bei noch höheren Drucken ist das System wieder vollkommen flüssig.

Es gibt zahlreiche weitere Typen derartiger Diagramme, wenn zwei oder drei azeotrope Maxima oder Minima in den binären Systemen vorliegen bzw. wenn das System einen ternären azeotropen Punkt besitzt. In diesen müssen sich Flüssigkeits- und Dampffläche jeweils berühren, da die koexistenten Phasen gleiche Zusammensetzung besitzen.

In analoger Weise konstruiert man *isobare Siedediagramme,* indem man die Siedetemperaturen für gegebenen Druck senkrecht zum *Gibbs*schen Dreieck aufträgt, und erhält zusammengehörige isobare Flüssigkeits- und Dampfflächen, deren Schnittkurven mit einer isothermen Schnittebene wieder zusammengehörige Verdampfungs- und Kondensationskurven darstellen.

10.2 Löslichkeitsdiagramme

Tritt in einem ternären Flüssigkeitsgemisch bei gegebener Temperatur und gegebenem Druck Zerfall in zwei Phasen ein, so hat man nach der Phasenregel noch eine Freiheit, was bedeutet, daß es nicht nur ein Paar koexistenter Phasen gibt, sondern eine kontinuierliche Reihe solcher Paare, deren Zusammensetzung eindeutig festgelegt ist. Bei der graphischen Darstellung im *Gibbs*schen Dreieck nach Abb. 21 erhält man demnach wieder zwei Löslichkeitskurven ähnlich wie in Abb. 88, jedoch bei konstanter Temperatur. Je nachdem, ob sich die beiden Äste der Löslichkeitskurve in einem kritischen Mischungspunkt zusammenschließen oder nicht, und je nachdem, ob unter den gegebenen Bedingungen von Druck und Temperatur eines oder mehrere der zugehörigen drei binären Systeme eine Mischungslücke besitzen, kann man vier verschiedene Typen von Löslichkeitsdiagrammen unterscheiden. Hinzu kommt noch der Fall, daß das System in *drei* koexistente flüssige Phasen zerfällt. Wir betrachten im folgenden den einfachsten Fall, daß nur eines der zugehörigen binären Systeme eine Mischungslücke besitzt, er ist in Abb. 107 dargestellt. Das binäre System AC (Wasser-Trichlorethan) besitzt eine sehr

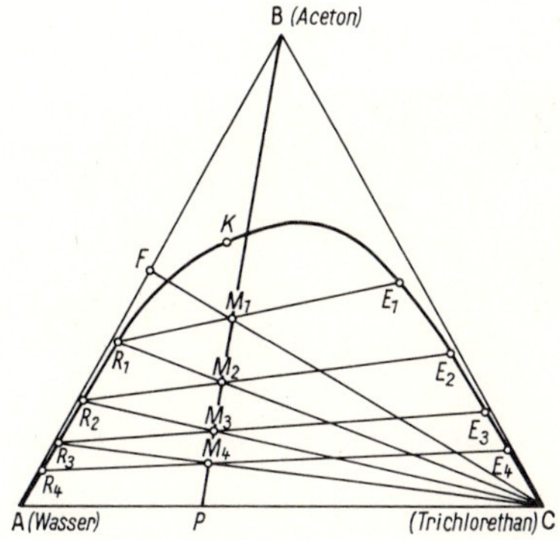

Abb. 107. Löslichkeitsdiagramm eines ternären Systems mit einer binären Mischungslücke. Mehrstufige Extraktion von Aceton (B) aus Wasser (A) mittels Trichlorethan (C).

große Mischungslücke; fügt man die Komponente B (Aceton) hinzu, so verteilt sie sich auf die beiden flüssigen Phasen, und die Mischungslücke wird zunächst langsam, dann schnell enger[1]. Von der Gesamtzusammensetzung *P* ausgehend durchläuft die Zusammensetzung der koexistenten Phasen mit zunehmendem Gehalt an B die beiden Kurven $R_4R_3R_2R_1$ bzw. $E_4E_3E_2E_1$, die schließlich in *K*, dem kritischen Mischungspunkt, zusammenfallen. Diese Grenzkurve zwischen dem homogenen und dem Zweiphasengebiet ist die *Löslichkeitskurve* bei gegebenem *p* und *T*. Die Verbindungslinien zwischen koexistenten Phasen (z. B. R_1E_1) sind die Konnoden, sie verlaufen nicht parallel zur Dreiecksseite, weil B in den beiden Phasen

---

[1] Es kommen jedoch auch Fälle vor, wo die gegenseitige Löslichkeit von A und C durch Zusatz von B abnimmt.

verschieden löslich ist. Ihre Neigung nimmt mit wachsendem Gehalt an B zu, bis sie zum kritischen Mischungspunkt K entarten, der deshalb in der Regel nicht im Maximum der Löslichkeitskurve liegt.

An Hand dieses Diagramms läßt sich leicht übersehen, wie man ein flüssiges homogenes Gemisch mit Hilfe eines in ihm nur wenig löslichen dritten Stoffes in seine Komponenten trennen kann, ein Verfahren, das man als *Extraktion* bezeichnet und das große praktische Bedeutung besitzt[1]. Man geht z. B. von dem äquimolaren Gemisch F von Aceton und Wasser aus, setzt Trichlorethan in solcher Menge zu, daß die Zusammensetzung des Gesamtsystems durch den Punkt M_1 gegeben ist, und schüttelt, bis sich das Löslichkeitsgleichgewicht eingestellt hat. Das System zerfällt dabei in zwei koexistente Phasen, deren Zusammensetzung R_1 bzw. E_1 durch die durch M_1 gehende Konnode festgelegt ist. Nach Trennung der Phasen wird der Phase R_1 erneut reines Trichlorethan zugesetzt (Gesamtzusammensetzung M_2), bei Einstellung des Gleichgewichts bilden sich die Phasen R_2 und E_2, die man wieder voneinander trennt. Nach diesem Prinzip wird die Extraktion unter Zusatz von immer neuem C so lange fortgesetzt, bis der gewünschte Extraktionsgrad erreicht ist. Die Extrakte E_1, E_2 usw. werden gewöhnlich gemeinsam (z. B. durch Rektifikation) aufgearbeitet. Je stärker die Konnoden gegen die Dreiecksseite AC geneigt sind, um so wirkungsvoller ist das Trennverfahren, denn um so ungleichmäßiger verteilt sich der zu extrahierende Stoff (Aceton) auf die beiden flüssigen Phasen.

Wir können, wie schon angedeutet wurde, das Löslichkeitsgleichgewicht der Abb. 107 auch als *Verteilungsgleichgewicht* des Stoffes B auf die beiden nur wenig mischbaren Lösungsmittel A und C auffassen. Bei konstantem Druck und konstanter Temperatur gilt nach der Gleichgewichtsbedingung (12), wenn wir die wasserreiche Phase mit $'$, die trichlorethanreiche Phase mit $''$ bezeichnen, und mit (IV, 237), d. h. mit den ideal verdünnten Lösungen als Bezugszuständen

$$\mu'_{0B} + RT \ln a'_{0B} = \mu''_{0B} + RT \ln a''_{0B} . \tag{221}$$

Daraus folgt

$$\ln \frac{a'_{0B}}{a''_{0B}} = -\frac{\mu'_{0B} - \mu''_{0B}}{RT}$$

oder

$$\frac{a'_{0B}}{a''_{0B}} = \exp\left[-\frac{\mu'_{0B} - \mu''_{0B}}{RT}\right] = \text{const}. \tag{222}$$

Handelt es sich um ideal verdünnte Lösungen des Stoffes B, so kann man die Aktivitäten durch die Molenbrüche ersetzen und erhält

$$\frac{x'_B}{x''_B} = C. \tag{223}$$

Das Aktivitätsverhältnis bzw. – bei idealen Lösungen – auch das Molenbruchverhältnis des Stoffes B in den beiden Phasen ist bei gegebenen äußeren Bedingungen konstant, insbesondere also unabhängig von der absoluten Menge des gelösten Stoffes. Die Konstante C wird als *„Verteilungskoeffizient"* des Stoffes bezeichnet (*Nernst*, 1891). Bei genügend verdünnten idealen Lösungen kann man auch die den Molenbrüchen proportionalen Größen m_2 bzw. c_2 benutzen, so daß man in solchen Fällen schreiben kann

---

[1] Vgl. die auf S. 262[1)] zitierte Literatur; ferner *G. M. Schneider, E. Stahl, G. Wilke* (Eds.), Extraction with Supercritical Gases, Weinheim (1980).

$$\frac{m'_{\rm B}}{m''_{\rm B}} = \frac{c'_{\rm B}}{c''_{\rm B}} = C. \tag{223a}$$

Abweichungen von diesem Gesetz kann man dazu benutzen, das Verhältnis f'_{02}/f''_{02} der Aktivitätskoeffizienten in den beiden Lösungen zu bestimmen. Größere Abweichungen treten wie im Fall des *Henry-Dalton*schen Gesetzes (S. 251) dann auf, wenn der molekulare Zustand des Stoffes B in den beiden Phasen nicht der gleiche ist, wenn also etwa Assoziationen oder Dissoziationen stattfinden. Ein bekanntes Beispiel ist die Verteilung von Benzoesäure zwischen Benzol und Wasser: In Benzol liegt sie hauptsächlich in Form von Doppelmolekeln, in Wasser z. T. in Form von Ionen vor. Ein konstanter Verteilungskoeffizient ist nur für die gleichen Molekelarten, also z. B. für die undissoziierten Einzelmolekeln zu erwarten, denn der Verteilungssatz gilt bei hinreichender Verdünnung für jeden vorhandenen Stoff. In solchen Fällen muß also das Assoziations- bzw. Dissoziationsgleichgewicht zur Berechnung der Konzentrationen der einzelnen Molekelarten berücksichtigt werden.

Wählt man als Standardzustand den reinen Stoff B, so gilt mit (IV, 206) an Stelle von (221)

$$\mu_{\rm B} + RT\ln a'_{\rm B} = \mu_{\rm B} + RT\ln a''_{\rm B}$$

oder

$$a'_{\rm B} = a''_{\rm B}. \tag{224}$$

Bei ideal verdünnten Lösungen gilt nach dem *Henry-Dalton*schen Gesetz (117) für den Dampfdruck des Stoffes B über den koexistenten Phasen

$$p_{\rm B} = k'_{\rm B}x'_{\rm B} = k''_{\rm B}x''_{\rm B}$$

oder

$$\frac{x'_{\rm B}}{x''_{\rm B}} = \frac{k''_{\rm B}}{k'_{\rm B}} = \text{const.}\,, \tag{225}$$

d. h. wir gelangen wiederum zum *Nernstschen Verteilungssatz*

Die *Temperaturabhängigkeit* des Verteilungskoeffizienten bei konstantem Druck folgt unmittelbar aus

$$\mathrm{d}\left(\frac{\mu'_{\rm B}}{T}\right) = \mathrm{d}\left(\frac{\mu''_{\rm B}}{T}\right)$$

mittels (IV, 237) und (IV, 124) zu

$$-\frac{\boldsymbol{H}'_{0\rm B}}{T^2}\mathrm{d}T + R\,\mathrm{d}\ln a'_{0\rm B} = -\frac{\boldsymbol{H}''_{0\rm B}}{T^2} + R\,\mathrm{d}\ln a''_{0\rm B}$$

oder

$$\left(\frac{\partial\ln(a'_{0\rm B}/a''_{0\rm B})}{\partial T}\right)_p = \frac{\boldsymbol{H}'_{0\rm B} - \boldsymbol{H}''_{0\rm B}}{RT^2}. \tag{226}$$

$\boldsymbol{H}'_{0\rm B} - \boldsymbol{H}''_{0\rm B}$ ist die Differenz der „ersten Lösungswärmen“ des Stoffes B in den beiden reinen Lösungsmitteln.

Die *Druckabhängigkeit* des Verteilungskoeffizienten bei konstanter Temperatur ergibt sich aus $d\mu_B' = d\mu_B''$ mit (IV, 237) und (IV, 123) in entsprechender Weise zu

$$\left(\frac{\partial \ln (a_{0B}'/a_{0B}'')}{\partial p}\right)_T = \frac{\boldsymbol{V}_{0B}'' - \boldsymbol{V}_{0B}'}{RT}, \tag{227}$$

worin $\boldsymbol{V}_{0B}'' - \boldsymbol{V}_{0B}'$ die Differenz der partiellen Molvolumina des Stoffes B in den beiden Lösungsmitteln bei verschwindender Konzentration darstellt. Sie ist praktisch stets zu vernachlässigen. Beide Gleichungen besitzen analog wie (109) und (123) keine praktische Bedeutung.

11 Umwandlungen zweiter Ordnung (Lambda-Übergänge)

Wir betrachten zum Abschluß dieses Kapitels ein Phänomen, das von den bisher behandelten Phasengleichgewichten bzw. Phasenübergängen in charakteristischer Weise abweicht insofern, als es teils die Kennzeichen einer Phasenumwandlung, teils die Kennzeichen einer kritischen Erscheinung besitzt. Um den Unterschied gegenüber einem gewöhnlichen Phasenübergang zu übersehen, stellen wir die thermodynamischen Funktionen eines reinen Stoffes als Funktion von Temperatur und Druck graphisch dar, wie es die schematische Abb. 108 zeigt.

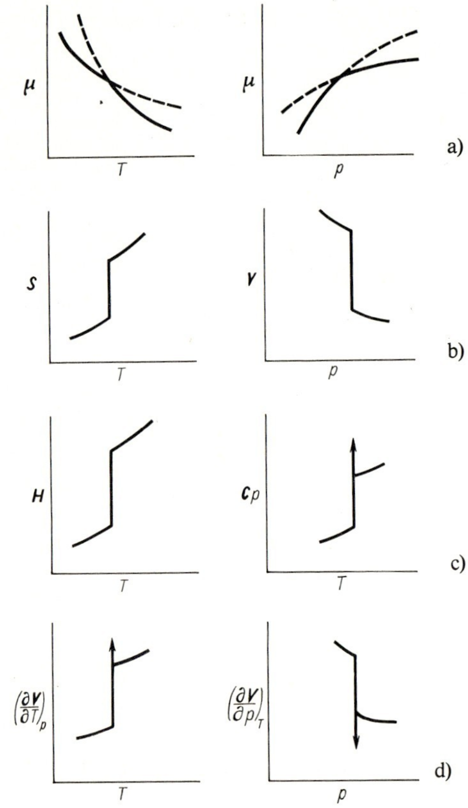

Abb. 108. Verlauf der thermodynamischen Funktionen bei einer echten Phasenumwandlung.

Die Freie Enthalpie und deshalb nach (IV, 130) auch das chemische Potential μ einer reinen Phase ist eine eindeutige Funktion von p und T, d. h. $\mu = f(p, T)$ stellt eine räumliche Fläche dar analog wie etwa die Zustandsfläche des idealen Gases in Abb. 11. Dies gilt für jede Phase des Stoffes. Herrscht Gleichgewicht zwischen zwei Phasen, so gelten die Gleichgewichtsbedingungen (2), (3) und (11), d. h. es ist $T' = T''$, $p' = p''$, $\mu' = \mu''$. Die letzte Bedingung bedeutet, daß sich die zugehörigen μ-Flächen in einer Kurve schneiden müssen, die zusammengehörigen Werte von p und T angibt, bei denen beide Phasen koexistent sind. Die in Abb. 108a dargestellten Kurven sind Schnittkurven einer isobaren bzw. einer isothermen Ebene mit den μ-Flächen der beiden Phasen, stellen also die partiellen Funktionen $(\mu)_p = f(T)$ bzw. $(\mu)_T = f(p)$ dar. Wo sie sich schneiden, sind die Phasen koexistent, der jeweilige gestrichelte Teil der Kurven entspricht metastabilen Zuständen.

Wie aus der Figur hervorgeht, zeigt die Kurve des chemischen Potentials am Phasenumwandlungspunkt eine Änderung der Neigung, aber keine Diskontinuität. Dagegen folgt aus den Gln. (IV, 121 bis 125), daß alle ersten und höheren Ableitungen von μ am Umwandlungspunkt unstetig verlaufen, d. h. einen Sprung aufweisen, wie es in Abb. 108b bis d schematisch dargestellt ist[1]. Für eine echte Phasenumwandlung ist demnach die folgende Zusammenstellung des jeweiligen Kurvenverlaufs am Umwandlungspunkt charakteristisch:

$$\left.\begin{array}{l}
\mu \text{ stetig;} \quad \left(\dfrac{\partial \mu}{\partial T}\right)_p = -\boldsymbol{S} \text{ unstetig;} \quad \left(\dfrac{\partial \mu}{\partial p}\right)_T = \boldsymbol{V} \text{ unstetig;} \\[2ex]
\mu - T\left(\dfrac{\partial \mu}{\partial T}\right)_p = \boldsymbol{H} \text{ unstetig;} \quad \left(\dfrac{\partial^2 \mu}{\partial T^2}\right)_p = -\left(\dfrac{\partial \boldsymbol{S}}{\partial T}\right)_p = -\dfrac{\boldsymbol{C}_p}{T} \text{ unstetig;} \\[2ex]
\left(\dfrac{\partial^2 \mu}{\partial p^2}\right)_T = \left(\dfrac{\partial \boldsymbol{V}}{\partial p}\right)_T = -\chi \boldsymbol{V} \text{ unstetig;} \quad \dfrac{\partial^2 \mu}{\partial p\, \partial T} = \left(\dfrac{\partial \boldsymbol{V}}{\partial T}\right)_p = \alpha \boldsymbol{V} \text{ unstetig.}
\end{array}\right\} \quad (228)$$

Die Größen $\boldsymbol{C}_p$, $(\partial \boldsymbol{V}/\partial p)_T$ und $(\partial \boldsymbol{V}/\partial T)_p$ werden im Umwandlungspunkt unendlich groß. Weiterhin ist für eine normale Phasenumwandlung die Tatsache von Bedeutung, daß in der Nähe des Umwandlungspunktes sowohl die Molwärme wie die Kompressibilität und der Ausdehnungskoeffizient der betreffenden Phase sich nur wenig ändern.

Im Gegensatz zu diesen *„Umwandlungen erster Ordnung“* beobachtet man Umwandlungspunkte, bei denen lediglich die Größen $\boldsymbol{C}_p$, $(\partial \boldsymbol{V}/\partial p)_T$ und $(\partial \boldsymbol{V}/\partial T)_p$ einen Sprung aufweisen, während z. B. die Enthalpie $\boldsymbol{H}$ und das Volumen $\boldsymbol{V}$ sich *stetig* ändern. Dies hat zu der Auffassung geführt, daß es *„Umwandlungen zweiter Ordnung“* gibt, bei denen erst die *zweiten Ableitungen* von μ nach p und T unstetig werden, und entsprechend eventuell auch *„Umwandlungen n'ter Ordnung“*, bei denen erst die *n*'ten Ableitungen von μ unstetig werden. Charakteristisch für die Umwandlungen zweiter Ordnung ist ferner die Beobachtung, daß die Molwärme sich in der Nähe des Umwandlungspunktes in ganz anderer Weise ändert, als dies bei Umwandlungen erster Ordnung der Fall ist. Man findet Kurven vom Typ der Abb. 109, in der die spezifische Wärme von flüssigem Helium in der Nähe des Umwandlungspunktes wie-

[1] Die Molwärme $\boldsymbol{C}_p$ kann beim Übergang von der bei tiefer Temperatur beständigen Phase zu der bei hoher Temperatur beständigen Phase auch abnehmen, wie es beim Übergang Flüssigkeit-Dampf der Fall ist (vgl. S. 102).

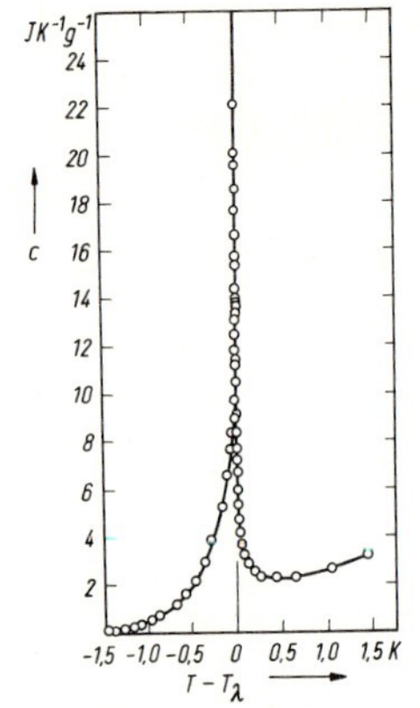

Abb. 109. Spezifische Wärme *c* von flüssigem Helium unter seinem eigenen Dampfdruck in der Umgebung des Lambdapunktes (T_λ = 2,17 K)[1)].

dergegeben ist. Danach steigt die spezifische Wärme bereits vor Erreichen des Umwandlungspunktes steil an, während die entsprechenden Änderungen bei Umwandlungen erster Ordnung sehr gering sind, und erst beim Umwandlungspunkt selbst der Sprung auftritt. Danach sieht es so aus, als ob schon vor Erreichen des Umwandlungspunktes Änderungen in der Phase stattfinden, die bei Annäherung an den Umwandlungspunkt ständig zunehmen. Wegen der Ähnlichkeit dieses Kurvenverlaufs mit einem großen griechischen Λ nennt man solche Umwandlungen auch *Lambda-Übergänge* und bezeichnet den zugehörigen Umwandlungspunkt mit T_λ. Man nimmt an, daß am Lambdapunkt zwei flüssige Phasen des Heliums nebeneinander koexistieren, eine normale und eine superfluide Flüssigkeit, die miteinander mischbar sind und verschiedene Dichte und Viskosität besitzen.

Außer beim flüssigen Helium findet man derartige Lambda-Übergänge bei einer Reihe verschiedener Vorgänge. Das bekannteste und älteste Beispiel für einen Lambda-Punkt ist der *Curie-Punkt,* unterhalb dessen Eisen und andere ferromagnetische Stoffe mit zunehmendem T aus einem magnetisierten Zustand mehr und mehr in einen unmagnetisierten Zustand übergehen. Beim Lambda-Punkt ist dieser Vorgang zu Ende. Lambda-Übergänge findet man ferner bei zahlreichen festen Stoffen, wie etwa bei Ammoniumsalzen oder bei festem Methan, die man in der Weise deutet, daß die NH_4-Ionen bzw. die CH_4-Molekeln, die bei tiefen Temperaturen Drehschwingungen um eine feste Achse ausführen, mit zunehmender Temperatur nach und nach frei zu rotieren beginnen, bzw. daß die Drehschwingungen um eine feste Achse nach und nach in Drehschwingungen um freie (bewegliche) Achsen übergehen. Auch dieser Prozeß ist bei Erreichen des Lambda-Punktes zu Ende. Weiterhin beobachtet man Lambda-Übergänge bei zahlreichen Legierungen. Dabei handelt es sich nicht um einen Wechsel des Kristallgittertyps (Allotropie), der einer Umwandlung erster Ordnung entspricht, sondern um einen Vorgang, den man am besten an Hand eines speziellen Beispiels versteht:

β-Messing mit der Zusammensetzung CuZn kristallisiert in einem kubischen raumzentrierten Gitter, das man sich als die Durchdringung zweier einfacher kubischer Gitter A und B vorstellen kann: eine Würfelecke des A-Gitters sitzt im Würfelmittelpunkt des B-Gitters. β-Messing besitzt einen Lambda-Punkt bei etwa 470 °C. Es gibt nun offenbar zwei Extremfälle

---

[1] Nach *M. J. Buckingham* und *W. M. Fairbank,* in: Progress in Low Temperature Physics, Vol. 3 (ed. *C. J. Gorter*), Amsterdam 1961, S. 80; vgl. auch *M. W. Zemansky,* Heat and Thermodynamics, 5. Aufl., New York 1968, S. 382 ff., 509 ff. und *H. E. Stanley,* Phase Transitions and Critical Phenomena, New York 1971, S. 18 ff.

der Besetzung der Gitterpunkte mit Cu- bzw. Zn-Atomen. Im Fall extremer Ordnung ist das A-Gitter ausschließlich mit Zn-Atomen besetzt, jedes Cu-Atom ist also von acht Zn-Atomen umgeben und vice versa. Im Fall extremer Unordnung sind beide Gitter statistisch ungeordnet mit Cu- bzw. Zn-Atomen besetzt (regellose Verteilung). Bei sehr tiefer Temperatur liegt der erste Fall vor, wie man röntgenographisch nachweisen kann, es treten zusätzliche Interferenzen auf, und man spricht von einer sog. „Überstruktur". Mit steigender Temperatur geht diese mehr und mehr verloren und verschwindet beim Lambda-Punkt vollständig.

Weitere Umwandlungen zweiter Ordnung findet man bei Hochpolymeren, wie z. B. Gummi, wobei der Lambda-Übergang darin bestehen könnte, daß die Segmente der Kohlenstoffkette bzw. einzelne Seitengruppen aus einem geordneten in einen weniger geordneten Zustand der Schwingung bzw. Rotation übergehen. Allen diesen betrachteten Vorgängen ist offenbar gemeinsam, daß das System innerhalb eines größeren Druck- und Temperaturbereiches *allmählich* von einem Zustand höherer Ordnung in einen Zustand geringerer Ordnung übergeht (im Gegensatz zu einer Umwandlung erster Ordnung, wo dies bei einer bestimmten Temperatur und einem bestimmten Druck stattfindet) und daß dieser Vorgang am Lambda-Punkt beendet ist. Dabei ist es charakteristisch, daß während dieses Überganges C_p ständig, und zwar beschleunigt zunimmt, bis der Lambda-Punkt erreicht ist. Das bedeutet offenbar, daß die für den Platzwechsel notwendige Energie davon abhängt, wieviel derartige Übergänge vorher schon stattgefunden haben. Ein derartiges sog. „kooperatives" Verhalten ist in diesem Fall dadurch bedingt, daß die Wechselwirkungsenergie zwischen einem Cu- und einem Zn-Atom größer ist als das arithmetische Mittel der Wechselwirkungsenergien zwischen je zwei Cu- bzw. Zn-Atomen. Die für einen Platzwechsel notwendige Energie muß daher vom „Ordnungsgrad" abhängig werden.

Man kann dies auf folgende Weise zeigen: Auf Grund statistischer Betrachtungen[1] kann man die thermodynamischen Eigenschaften eines solchen Systems angenähert wiedergeben, indem man für die mittlere molare Freie Enthalpie an Stelle von (IV, 162) den Ansatz macht:

$$\bar{G} = \bar{\boldsymbol{G}} + RTx\ln x + RT(1-x)\ln(1-x) + x(1-x)g. \tag{229}$$

Dabei ist angenommen, daß sich die Mischung ideal verhält. $\bar{\boldsymbol{G}}$ ist ein Standardwert für den Zustand des Systems, bei dem das A-Gitter ausschließlich mit Cu-Atomen, das B-Gitter ausschließlich mit Zn-Atomen besetzt ist, d. h. die mittlere molare Freie Enthalpie für den Zustand maximaler Ordnung ($x = 1$). g ist die (als T-unabhängig betrachtete) Änderung der Freien Enthalpie pro Mol, die notwendig ist für den Platzwechsel von A zu B. Da bei $x = 0{,}5$ völlig regellose Verteilung erreicht ist, kann x nur zwischen 1 und 0,5 variieren, d. h. der Lambda-Punkt entspricht $x = 0{,}5$. Indem man die ganze Gleichung durch T dividiert und nach T ableitet, erhält man mit (IV, 84)

$$\frac{\bar{H}}{T^2} = \frac{\bar{\boldsymbol{H}}}{T^2} + \frac{x(1-x)g}{T^2}$$

oder

$$\bar{H} = \bar{\boldsymbol{H}} + x(1-x)g. \tag{230}$$

Daraus ergibt sich mittels (II, 103) für die partiellen molaren Enthalpien

---

1 *W. L. Bragg* und *E. J. Williams*, Proc. Roy. Soc. [London], Ser. *A 145*, 699 (1934); *151*, 540 (1935).

$$H_A = \bar{\boldsymbol{H}} + gx^2; \quad H_B = \bar{\boldsymbol{H}} + g(1-x)^2 \tag{231}$$

und
$$H_B - H_A = g(1-2x)\,. \tag{232}$$

Die für den Platzwechsel notwendige Energie $H_B - H_A$ wird also von x abhängig, sie ist für $x = 1$ (maximale Ordnung) am größten und wird für $x = 0{,}5$ (statistische Unordnung) gleich Null. Das ist ein grundlegender Unterschied gegenüber einer echten Phasenumwandlung, bei der die Umwandlungswärme vom Umwandlungsgrad natürlich unabhängig ist.

Um den Gleichgewichtswert von x zu erhalten, leiten wir (229) nach x ab und setzen $\partial\bar{G}/\partial x = 0$. Dann wird

$$\frac{\partial \bar{G}}{\partial x} = -g(2x-1) + RT\ln\frac{x}{1-x} = 0$$

oder
$$\frac{x}{1-x} = \exp\left[\frac{(2x-1)g}{RT}\right]. \tag{233}$$

Die Gleichung ist erfüllt für $x = 0{,}5$, doch entspricht dies nur für kleine Werte von g/RT, d. h. für hohe Temperaturen, einem Minimum von $\bar{G}$ und damit einem Gleichgewicht. Wird $g/RT > 2$, so hat die Gleichung noch eine zweite Lösung (z. B. für $g/RT \approx 2{,}2$ wird $x = 0{,}75$), die einem Minimum von $\bar{G}$ entspricht, während für $x = 0{,}5$ $\bar{G}$ ein Maximum annimmt. Bei niedrigen Temperaturen liegt also der Gleichgewichtswert zwischen $x = 0{,}5$ und $x = 1$ und ist von T abhängig. Bei einer bestimmten Temperatur T_λ geht die Lösung $x = 0{,}5$ von einem Maximum in ein Minimum über, hier liegt also ein horizontaler Wendepunkt in der $\bar{G}$-x-Kurve vor, für den gilt

$$\frac{\partial^2 \bar{G}}{\partial x^2} = -2g + \frac{RT_\lambda}{x} + \frac{RT_\lambda}{1-x} = 0$$

oder
$$\frac{g}{RT_\lambda} = 2\,. \tag{234}$$

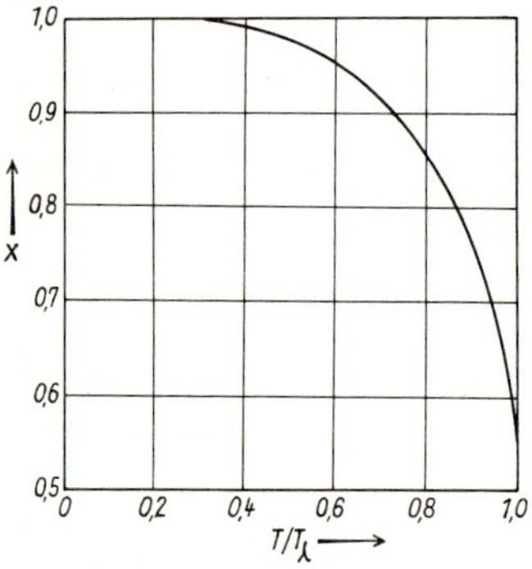

Abb. 110a. Abhängigkeit des Gleichgewichtswertes x bei einem Lambda-Übergang von der Temperatur.

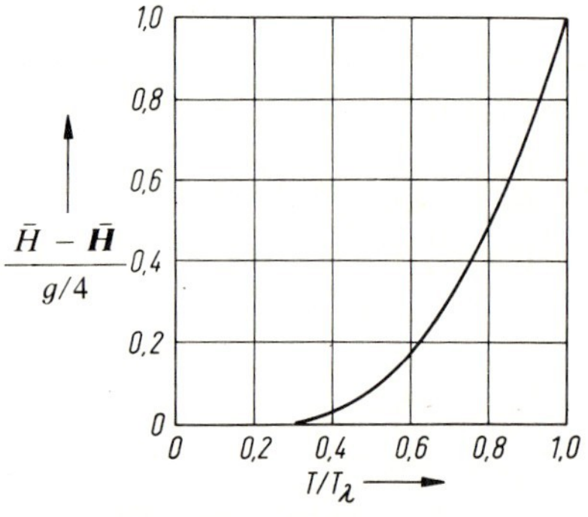

Abb. 110b. Abhängigkeit der mittleren molaren Enthalpie von der Temperatur bei einem Lambda-Übergang.

T_λ ist die Temperatur des Lambda-Punktes, bei der x den Gleichgewichtswert 0,5 erreicht, bei der also völlig regellose Verteilung eintritt. Berechnet man den Gleichgewichtswert von x mittels (233) und (234) als Funktion von T/T_λ, so erhält man die Kurve der Abb. 110a. Man sieht, daß bei $T = T_\lambda/2$ x schon nahezu den Wert 1 angenommen hat, d. h. x nimmt bei der Unterschreitung von T_λ sehr rasch zu, und entsprechend steil nimmt nach (230) der Enthalpieunterschied $\bar{H} - \bar{\boldsymbol{H}}$ ab, der maximal (für $x = 0{,}5$) den Wert $g/4$ besitzt (vgl. Abb. 110b, in der das Verhältnis $\dfrac{\bar{H} - \bar{\boldsymbol{H}}}{g/4}$ gegen T/T_λ aufgetragen ist). Bei $T = T_\lambda$ bleibt zwar $\bar{H}$ stetig, dagegen ändert sich ihr Temperaturkoeffizient sprunghaft, d. h. $\bar{C}_p$ zeigt eine Diskontinuität, wie sie schon in Abb. 109 dargestellt wurde, die zu der Bezeichnung „Lambda-Übergang" geführt hat.

12 Chemische Gleichgewichte

12.1 Das Massenwirkungsgesetz

Chemische Gleichgewichte unterscheiden sich von den bisher untersuchten Phasengleichgewichten, vom thermodynamischen Standpunkt aus gesehen, nur dadurch, daß die Zahl der Komponenten häufig größer ist als bei den einfachen nicht reaktionsfähigen Systemen. Dagegen bestehen prinzipielle Unterschiede nicht, wie schon daraus hervorgeht, daß es sich bei Phasenübergängen, wie etwa bei der Verdampfung, um die Überwindung der zwischenmolekularen Kräfte, bei chemischen Reaktionen um die Lösung und Knüpfung chemischer Bindungen handelt, daß es jedoch für thermodynamische Überlegungen gleichgültig sein muß, welcher Art die Kraftwirkungen zwischen den Molekeln sind, da ja die thermodynamischen Gesetze selbst von der Existenz oder Nichtexistenz von Molekeln unabhängig sind (vgl. S. 2). Es wird sich daher zeigen, daß in manchen Fällen die für Phasenübergänge gewonnenen Beziehungen sich auch auf bestimmte Typen chemischer Reaktionen unmittelbar übertragen lassen.

Die Gleichgewichtsbedingung für eine isotherm und isobar ablaufende chemische Reaktion lautet nach Gl. (13)

$$\Delta G = \sum \nu_i \mu_i = 0 . \tag{235}$$

Zerlegt man nach S. 209 in Standard- und Restreaktion, so erhält man für den *allgemeinsten Fall realer Mischungen* nach (IV, 286)

$$\Delta G = \Delta \boldsymbol{G} + RT \sum \nu_i \ln[a_i] = 0 , \tag{236}$$

worin $[a_i]$ die *Gleichgewichtsaktivitäten* bedeuten, die sich bei Erreichen des Gleichgewichtes einstellen. Daraus folgt

$$\sum \nu_i \ln[a_i] = -\frac{\Delta \boldsymbol{G}}{RT} = -\frac{\sum \nu_i \boldsymbol{\mu}_i}{RT} = \ln \boldsymbol{K} . \tag{237}$$

Da die Standardpotentiale nur von Druck und Temperatur abhängen, ist $\boldsymbol{K}$ ebenfalls eine nur von p und T abhängige, dagegen von der Zusammensetzung des Systems unabhängige Konstante, die man als *thermodynamische Gleichgewichtskonstante der Reaktion* bezeichnet. Für das allgemeine Reaktionsschema (III, 118)

$$\nu_A A + \nu_B B + \cdots \rightleftarrows \nu_C C + \nu_D D + \cdots$$

lautet Gl. (237)

$$-\nu_A \ln[a_A] - \nu_B \ln[a_B] - \cdots + \nu_C \ln[a_C] + \nu_D \ln[a_D] + \cdots = \ln \boldsymbol{K}$$

oder in anderer Schreibweise

$$\frac{[a_C]^{\nu_C}[a_D]^{\nu_D}\cdots}{[a_A]^{\nu_A}[a_B]^{\nu_B}\cdots} \equiv \Pi[a_i]^{\nu_i} = \boldsymbol{K}, \tag{238}$$

wobei der Operator Π Produktbildung über alle *i* bedeutet. Die stöchiometrischen Koeffizienten ν_i sind positiv für die entstehenden, negativ für die verschwindenden Stoffe zu setzen, $\boldsymbol{K}$ hat also nur dann eine definierte Bedeutung, wenn man die Reaktionsgleichung mitangibt[1].

Gl. (238) ist der von *Gibbs* stammende exakte thermodynamische Ausdruck für das 1867 von *Guldberg* und *Waage* auf Grund kinetischer Überlegungen aufgestellte *Massenwirkungsgesetz,* das somit eine unmittelbare Folge der Gleichgewichtsbedingung $\Delta G = 0$ darstellt. Es besagt, daß ein aus den Gleichgewichtsaktivitäten der Reaktionsteilnehmer gebildetes Produkt bei konstanten äußeren Bedingungen einen konstanten Wert besitzt. Das bedeutet, daß in *homogenen Systemen* eine Reaktion niemals vollständig „zu Ende“ verlaufen kann, sondern daß im Gleichgewicht sämtliche Reaktionsteilnehmer in endlichen – wenn auch unter Umständen unmeßbar kleinen – Mengen vorhanden sein müssen[2]. Schreibt man Gl. (237) in der Form

$$\sum \nu_i \boldsymbol{\mu}_i = \boldsymbol{\Delta G} = -RT \ln \boldsymbol{K}, \tag{239}$$

so sieht man, daß die Gleichgewichtskonstante auch ein Maß für die Standardreaktionsarbeit und damit für die *Affinität* der Reaktion darstellt, die somit durch eine experimentelle Bestimmung von $\boldsymbol{K}$ unmittelbar zugänglich wird. Die Reaktionsarbeit ergibt sich danach aus (IV, 286) und (239) zu

$$\Delta G = -RT \ln \boldsymbol{K} + RT \sum \nu_i \ln a_i \tag{240}$$

oder für das Reaktionsschema (III, 118) zu

$$\Delta G = -RT \ln \frac{[a_C]^{\nu_C}[a_D]^{\nu_D}\cdots}{[a_A]^{\nu_A}[a_B]^{\nu_B}\cdots} + RT \ln \frac{a_C^{\nu_C} a_D^{\nu_D}\cdots}{a_A^{\nu_A} a_B^{\nu_B}\cdots}, \tag{241}$$

eine Gleichung, die als *van't Hoffsche Reaktionsisotherme* bezeichnet wird. Ist $\boldsymbol{K} < 1$, so wird das erste Glied der Gleichung positiv; da nun nach den Überlegungen von S. 156 eine spontan ablaufende chemische Reaktion nur möglich ist, wenn ΔG negative Werte besitzt, kann in

1 So sind die Gleichgewichtskonstanten der Reaktionen $CO + \frac{1}{2}O_2 \rightleftarrows CO_2$; $2CO + O_2 \rightleftarrows 2CO_2$; $CO_2 \rightleftarrows CO + \frac{1}{2}O_2$; $2CO_2 \rightleftarrows 2CO + O_2$ alle verschieden, obwohl natürlich miteinander verknüpft.

2 Diese Bedingung des chemischen Gleichgewichts ist das Analogon zur Bedingung (12) des Phasengleichgewichts, nach der jeder Stoff in jeder flüssigen oder gasförmigen Phase in endlicher Menge vorkommen muß.

diesem Fall ein Umsatz in der gewünschten Richtung von links nach rechts nur erzwungen werden, wenn man die Aktivitäten im zweiten Glied der Gleichung so wählt, daß ΔG negativ bleibt. Dieses zweite Glied bedeutet nach S. 209 die reversible Restreaktionsarbeit, die bei der Überführung der Ausgangsstoffe aus der realen Mischphase in die Standardzustände und der Endstoffe aus den Standardzuständen in die reale Mischphase geleistet wird und die deshalb von der willkürlich wählbaren Zusammensetzung der realen Mischphase abhängt. Sind Standard- und Restreaktionsarbeit entgegengesetzt gleich, so ist $\Delta G = 0$, d. h. das System befand sich von vornherein im Gleichgewicht.

Sind am Gleichgewicht reine Phasen beteiligt, handelt es sich also um eine *heterogene Reaktion,* so ist zu berücksichtigen, daß für reine feste und flüssige Stoffe nach unseren früheren Festsetzungen der Standardzustand gleich dem realen Zustand, also $\mu_i = \boldsymbol{\mu}_i$ und infolgedessen $a_i = 1$ zu setzen ist. Da diese Stoffe auch im Gleichgewicht im selben Zustand vorliegen, ist natürlich auch $[a_i] = 1$, d. h. diese Stoffe werden in das Massenwirkungsprodukt nicht mitaufgenommen. Es ist also z. B. für die heterogene Reaktion

$$FeO + CO \rightleftarrows Fe + CO_2$$

$$\boldsymbol{K} = \frac{[a]_{CO_2}}{[a]_{CO}} \quad \text{und} \quad \Delta G = -RT\ln\boldsymbol{K} + RT\ln\frac{a_{CO_2}}{a_{CO}}. \tag{242}$$

Im Gleichgewicht ist das Aktivitätsverhältnis der beiden beteiligten Gase eine Konstante. Ist das Verhältnis a_{CO_2}/a_{CO} kleiner als $\boldsymbol{K}$, so wird ΔG negativ, und die Reaktion verläuft von links nach rechts, ist a_{CO_2}/a_{CO} größer als $\boldsymbol{K}$, so wird ΔG positiv, d. h. die Reaktion verläuft von rechts nach links.

Für die thermische Zersetzung des Calciumcarbonats

$$CaCO_3 \rightleftarrows CaO + CO_2$$

gilt analog

$$\boldsymbol{K} = [a_{CO_2}] \quad \text{und} \quad \Delta G = -RT\ln\boldsymbol{K} + RT\ln a_{CO_2}. \tag{243}$$

Hier entartet die Gleichgewichtskonstante zu der Gleichgewichtsaktivität der gasförmigen Komponente, die nach (IV, 144) bezogen auf den Standarddruck $p^+ = 1$ und bei idealem Gasverhalten mit dem Zersetzungsdruck $[p_{CO_2}]$ identisch ist. Letzterer ist also durch die Temperatur eindeutig festgelegt, wie wir schon auf Grund der Phasenregel feststellten (vgl. S. 223).

Man gelangt zu dem gleichen Ergebnis, wenn man berücksichtigt, daß sich gleichzeitig mit dem chemischen Gleichgewicht auch das Phasengleichgewicht einstellen muß, daß man also annehmen kann, daß sich auch in der Gasphase ein *homogenes* chemisches Gleichgewicht ausbildet, da nach der Gleichgewichtsbedingung (12) auch die beiden kondensierten Stoffe CaO und $CaCO_3$ in der Gasphase in endlicher, wenn auch sehr geringer Menge vorkommen müssen. Bezeichnen wir wie früher die Gasphase mit $''$, die reinen festen Phasen mit $'$ und die Sättigungsaktivitäten mit a_s, so gilt nach Gl. (12)

$$\mu'_{CaO} = \mu''_{CaO} + RT\ln a''_{sCaO} \quad \text{und} \quad \mu'_{CaCO_3} = \mu''_{CaCO_3} + RT\ln a''_{sCaCO_3},$$

da die Gasphase eine Mischphase ist. Daraus folgt für die Sättigungsaktivitäten der beiden festen Stoffe

$$\left.\begin{aligned} a''_{s\mathrm{CaO}} &= \exp[-(\mu''_{\mathrm{CaO}} - \mu'_{\mathrm{CaO}})/(RT)] \equiv \boldsymbol{C}_{\mathrm{CaO}}, \\ a''_{s\mathrm{CaCO_3}} &= \exp[-(\mu''_{\mathrm{CaO_3}} - \mu'_{\mathrm{CaCO_3}})/(RT)] \equiv \boldsymbol{C}_{\mathrm{CaCO_3}}, \end{aligned}\right\} \tag{244}$$

wobei die Konstanten $\boldsymbol{C}$ nur von der Temperatur abhängen. Diese Gleichung hätte auch unmittelbar aus Gl. (107) abgeleitet werden können. Damit ergibt sich für die Gleichgewichtskonstante der homogenen Gasreaktion

$$\boldsymbol{K}'' = \frac{a''_{s\mathrm{CaO}}[a''_{\mathrm{CO_2}}]}{a_{s\mathrm{CaCO_3}}} = \frac{\boldsymbol{C}_{\mathrm{CaO}}}{\boldsymbol{C}_{\mathrm{CaCO_3}}}[a_{\mathrm{CO_2}}] \quad \text{oder} \quad [a_{\mathrm{CO_2}}] = \boldsymbol{K}, \tag{245}$$

was mit (243) identisch ist.

Wir betrachten schließlich noch eine Reaktion, die ausschließlich zwischen reinen kondensierten Stoffen abläuft, und wählen als Beispiel[1])

$$\mathrm{Tl} + \mathrm{AgCl} \rightleftarrows \mathrm{Ag} + \mathrm{TlCl}. \tag{246}$$

Hier handelt es sich also um eine Standardreaktion, da alle Reaktionsteilnehmer in ihren Standardzuständen vorliegen, es gilt $\Delta G = \boldsymbol{\Delta G}$, die Reaktionsarbeit ist vom Mengenverhältnis der Stoffe unabhängig und ist ausschließlich eine Funktion der Temperatur. Dagegen treten hier Schwierigkeiten auf, wenn man versucht, die Gleichgewichtskonstante der Reaktion zu berechnen, denn wenn man alle $[a]$-Werte gleich 1 setzt, so wird $\boldsymbol{K} = 1$ und $\boldsymbol{\Delta G} = 0$, was nicht nur der Erfahrung widerspricht, sondern auch bedeuten würde, daß das gleiche Ergebnis für sämtliche Reaktionen zwischen reinen festen und flüssigen Phasen gelten müßte. Tatsächlich kann sich bei willkürlich gewählter Temperatur, wie wir schon S. 224 aus der Phasenregel ableiteten, in diesem Dreikomponentensystem ein Gleichgewicht nur einstellen, wenn eine der festen Phasen vollständig verschwindet, nur bei einem einzigen Temperaturfixpunkt können die vier festen Stoffe der Gl. (246) koexistent sein.

Die Bedeutung der Gleichgewichtskonstanten ergibt sich, wenn man sie auch in diesem Fall auf die mit den festen Stoffen im Phasengleichgewicht stehende Gasphase bezieht. Für die homogene Gasreaktion gilt nach (238)

$$\boldsymbol{K}'' = \frac{[a''_{\mathrm{TlCl}}][a''_{\mathrm{Ag}}]}{[a''_{\mathrm{Tl}}][a''_{\mathrm{AgCl}}]}. \tag{249}$$

In dem eben erwähnten fünfphasigen invarianten Punkt (vier feste Phasen und eine Gasphase)

---

[1] Die Reaktionsarbeit läßt sich unmittelbar messen mit Hilfe der galvanischen Zelle

$$\mathrm{Tl}/[\mathrm{TlCl}]_{\mathrm{gesätt}}\mathrm{KCl}/\mathrm{KCl}[\mathrm{AgCl}]_{\mathrm{gesätt}}/\mathrm{Ag}. \tag{247}$$

Geht Tl an der Anode als Tl^+ in Lösung, so fällt festes TlCl aus, da die Lösung bereits an TlCl gesättigt ist. An der Kathode scheidet sich festes Ag ab, und die Ag^+-Ionen werden aus dem als Bodenkörper vorhandenen festen AgCl nachgeliefert. Es gilt nach (IV, 116)

$$\Delta G = \boldsymbol{\Delta G} = -\boldsymbol{E} n_e F, \tag{248}$$

die EMK ist eine Standard-EMK und von der Art des Elektrolyten völlig unabhängig, wie man es auf Grund der Gl. (246) verlangen muß.

sind die Gleichgewichtsaktivitäten gerade gleich den Sättigungsaktivitäten a_s des Phasengleichgewichts, bei jeder anderen Temperatur ist dies nicht der Fall, und die Reaktion wird so lange ablaufen, bis eine der festen Phasen verbraucht ist, so daß sich die dem zugehörigen $\boldsymbol{K}''$-Wert entsprechende Aktivität in der Gasphase einstellen kann, während für die drei andern Stoffe natürlich die Sättigungsaktivitäten erhalten bleiben. Befindet sich z. B. das Thallium im Unterschuß, so gilt für die Gleichgewichtskonstante der zugehörigen homogenen Gasreaktion bei beliebiger Temperatur

$$\boldsymbol{K}'' = \frac{a_{s\,\mathrm{TlCl}}\,a_{s\,\mathrm{Ag}}}{[a'']_{\mathrm{Tl}}\,a_{s\,\mathrm{AgCl}}} = \frac{\boldsymbol{C}_{\mathrm{TlCl}}\boldsymbol{C}_{\mathrm{Ag}}}{[a_{\mathrm{Tl}}]\boldsymbol{C}_{\mathrm{AgCl}}}, \tag{250}$$

wenn wir wieder analog zu (244) die nur von T abhängigen Konstanten $\boldsymbol{C}$ benutzen.

Während die allgemeine *Form* der Gleichgewichtskonstanten stets durch Gl. (238) gegeben ist, hängt ihr *Zahlenwert* noch von der Wahl des Standardzustands ab, auf den die Aktivitäten $[a_i]$ bezogen sind. Wählen wir als Standardzustände die realen reinen Stoffe, wie sie unter den gegebenen Bedingungen von Druck und Temperatur vorliegen, so ist nach (IV, 206) $a_i = x_i f_i$, und wir erhalten[1)]

$$\boldsymbol{K}_{(x)} = \Pi[x_i f_i]^{\nu_i} \quad \text{und} \quad -RT\ln\boldsymbol{K}_{(x)} = \sum \nu_i \boldsymbol{\mu}_i. \tag{251}$$

Wählen wir als Standardzustände die μ_{0i} in ideal verdünnter Lösung, so ist nach (IV, 237) $a_i = x_i f_{0i}$, und wir finden

$$\boldsymbol{K}_{(0x)} = \Pi[x_i f_{0i}]^{\nu_i} \quad \text{und} \quad -RT\ln\boldsymbol{K}_{(0x)} = \sum \nu_i \boldsymbol{\mu}_{0i}. \tag{252}$$

Wählen wir als Standardzustände die μ_{0i} mit dem Index (m) oder (c), so ist nach (IV, 244) bzw. (IV, 245)

$$\boldsymbol{K}_{(m)} = \Pi[m_i f_{0i(m)}]^{\nu_i} \quad \text{und} \quad -RT\ln\boldsymbol{K}_{(m)} = \sum \nu_i \boldsymbol{\mu}_{0i(m)}, \tag{253}$$

$$\boldsymbol{K}_{(c)} = \Pi[c_i f_{0i(c)}]^{\nu_i} \quad \text{und} \quad -RT\ln\boldsymbol{K}_{(c)} = \sum \nu_i \boldsymbol{\mu}_{0i(c)}. \tag{254}$$

Wählen wir schließlich in einer homogenen Gasphase als Standardzustände die Partialdrucke 1 atm mit den Eigenschaften eines idealen Gases, so wird nach (IV, 182a)

$$\boldsymbol{K}_{(p^*)} = \Pi[p_i^*]^{\nu_i} \quad \text{und} \quad -RT\ln\boldsymbol{K}_{(p^*)} = \sum \nu_i^1 \boldsymbol{\mu}_i, \tag{255}$$

wobei die $[p_i^*]$ die Gleichgewichtsfugazitäten bedeuten. Die Konstanten $\boldsymbol{K}_{(0x)}$, $\boldsymbol{K}_{(m)}$ und $\boldsymbol{K}_{(c)}$ sind natürlich ebenso wie die μ_{0i} noch vom Lösungsmittel abhängig, in dem die Reaktion abläuft.

Es ist selbstverständlich möglich, für die einzelnen Reaktionsteilnehmer verschiedene Standardzustände zu wählen, wie sie für die betreffenden Stoffe am gebräuchlichsten sind. So wird man z. B. bei Reaktionen in verdünnter Lösung, an denen das Lösungsmittel selbst beteiligt

---

1 In Klammern gesetzte Indizes *x, p, m, c* bedeuten nicht, daß die betreffende Größe konstant ist, sondern daß die Zusammensetzung der Mischphase in Molenbrüchen, Partialdrucken, Molalitäten oder Molaritäten ausgedrückt ist.

ist, für das Lösungsmittel die reine reale Phase, für die gelösten Stoffe dagegen die ideal verdünnte Lösung als Bezugszustand wählen. Ist außerdem ein Gas an der Reaktion beteiligt, so wird man als Standardzustand zweckmäßig die Fugazität 1 wählen. So ergibt sich z. B. für die in der galvanischen Zelle K(Hg)/$KOH_{(m)}$/Pt(H_2) ablaufende Reaktion

$$KOH_{(\text{gelöst})} + \tfrac{1}{2}H_{2(\text{Gas})} \rightleftarrows K_{(\text{Amalgam})} + H_2O_{(\text{flüssig})}$$

die „gemischte" Gleichgewichtskonstante

$$\boldsymbol{K} = \frac{[m_K f_{0K(m)}][x_{H_2O} f_{H_2O}]}{[m_{KOH} f_{0KOH(m)}][p^*_{H_2}]^{1/2}}$$

und

$$-RT\ln\boldsymbol{K} = \mu_{0K(m)} + \mu_{H_2O} - \mu_{0KOH(m)} - \tfrac{1}{2}\,{}^1\mu_{H_2}\,. \tag{256}$$

Dieses Beispiel zeigt anschaulich, daß die Angabe einer Gleichgewichtskonstante ohne die benutzten Standardzustände ohne jeden Sinn ist.

Läuft die Reaktion in einer *idealen Misch-* bzw. *Gasphase* oder in *ideal verdünnter Lösung* ab, so kann man alle Aktivitäts- und Fugazitätskoeffizienten gleich 1 setzen und erhält an Stelle von (251) und (252)

$$K_{(x)} = \Pi[x_i]^{\nu_i}\,, \tag{257}$$

an Stelle von (253) und (254)

$$K_{(m)} = \Pi[m_i]^{\nu_i}\,, \tag{258}$$

$$K_{(c)} = \Pi[c_i]^{\nu_i}\,, \tag{259}$$

an Stelle von (255)

$$K_{(p)} = \Pi[p_i]^{\nu_i}. \tag{260}$$

Gibt man die Zusammensetzung eines *idealen Gasgemisches* statt in Partialdrucken in Molenbrüchen an ($x_i = p_i/p$), so kann man (260) auch in der Form schreiben

$$K_{(p)} = \Pi[px_i]^{\nu_i} = \Pi[x_i]^{\nu_i}\Pi p^{\nu_i} = K_{(x)}\Pi p^{\nu_i} = K_{(x)}p^{\Sigma\nu_i}\,, \tag{261}$$

wobei in $\sum \nu_i$ die Äquivalenzzahlen der entstehenden Stoffe positiv, der verschwindenden Stoffe negativ zu rechnen sind. Gibt man schließlich die Zusammensetzung der idealen Gasphase in Volumenkonzentrationen an $p_i = n_iRT/V = c_iRT$, so wird aus (260)

$$K_{(p)} = \Pi[c_iRT]^{\nu_i} = \Pi[c_i]^{\nu_i}\Pi(RT)^{\nu_i} = K_{(c)}(RT)^{\Sigma\nu_i}. \tag{262}$$

Aus (261) und (262) folgt weiter der Zusammenhang zwischen $K_{(x)}$ und $K_{(c)}$ zu

$$K_{(x)} = K_{(c)}\left(\frac{RT}{p}\right)^{\Sigma\nu_i}. \tag{263}$$

Ist $\sum \nu_i = 0$, ändert sich also die Molzahl bei der Reaktion nicht (Beispiel: $H_2 + I_2 \rightleftarrows 2HI$), so wird $K_{(x)} = K_{(p)} = K_{(c)}$. Bei Gasreaktionen, die unter Änderung der Molzahl verlaufen, besitzen jedoch die Konstanten $K_{(x)}$, $K_{(p)}$ und $K_{(c)}$ verschiedene Zahlenwerte. So ist z. B. für die Reaktion $CO + Cl_2 \rightleftarrows COCl_2$ $\sum \nu_i = -1$, so daß man aus (261) bis (263) erhält

$$K_{(x)} = \frac{[x_{COCl_2}]}{[x_{CO}][x_{Cl_2}]} = \frac{[p_{COCl_2}]}{[p_{CO}][p_{Cl_2}]} p = \frac{[c_{COCl_2}]}{[c_{CO}][c_{Cl_2}]} \frac{p}{RT}.$$

In *sehr verdünnten idealen Lösungen* ist nach (I, 21) der Molenbruch x der Molalität m bzw. der Molarität c proportional, so daß zwischen $K_{(x)}$, $K_{(m)}$ und $K_{(c)}$ folgende Beziehungen existieren:

$$K_{(x)} = K_{(m)} \Pi \left(\frac{M_1}{1000}\right)^{\nu_i} = K_{(m)} \left(\frac{M_1}{1000}\right)^{\Sigma \nu_i}, \tag{264}$$

$$K_{(x)} = K_{(c)} \Pi \left(\frac{M_1}{1000\,\varrho_1}\right)^{\nu_i} = K_{(c)} \left(\frac{M_1}{1000\,\varrho_1}\right)^{\Sigma \nu_i}, \tag{265}$$

$$K_{(c)} = K_{(m)} \varrho_1^{\Sigma \nu_i}. \tag{266}$$

Für $\sum \nu_i = 0$ wird wieder $K_{(x)} = K_{(m)} = K_{(c)}$. Diese Gleichungen gelten natürlich nur in dem Konzentrationsbereich, in dem die oben genannte Proportionalität innerhalb der Meßfehler als gültig angenommen werden kann. Während also $K_{(x)}$ bei idealen Mischungen über den gesamten möglichen Konzentrationsbereich konstant bleibt, gilt dies für $K_{(m)}$ und $K_{(c)}$ nur in sehr verdünnten Lösungen. Beginnende Abweichungen von der Konstanz bedeutet deshalb nur bei $K_{(x)}$ beginnende Abweichungen von den Gesetzen der ideal verdünnten Lösung.

Die *Messung von Gleichgewichtskonstanten* beruht auf der analytischen Bestimmung der Gleichgewichtszusammensetzung des Reaktionsgemisches. Geht man von bekannten oder stöchiometrischen Mengen der Ausgangsstoffe aus, so genügt es meistens, *einen* der Bestandteile des Gemisches im Gleichgewicht quantitativ zu ermitteln und daraus die Konzentration der übrigen Bestandteile zu berechnen. Wesentlich bei derartigen analytischen Bestimmungen ist lediglich, daß durch die Analyse das Gleichgewicht selbst nicht gestört bzw. verändert wird, was man auf zwei verschiedene Weisen erreichen kann:

1. Durch Anwendung geeigneter *physikalischer Analysenmethoden*, mit deren Hilfe sich die Konzentration bzw. der Partialdruck eines der Bestandteile *innerhalb des Gleichgewichtsgemisches* bestimmen läßt, so daß eine Störung des Gleichgewichts vollkommen vermieden wird.

2. Durch *Einfrieren des Gleichgewichts,* indem man das Reaktionsgemisch so rasch abkühlt, daß infolge der stark erniedrigten Reaktionsgeschwindigkeit praktisch kein Umsatz stattfinden kann. Die Gleichgewichtszusammensetzung bleibt auf diese Weise erhalten und kann mittels chemisch-analytischer Methoden ermittelt werden.

Welche physikalischen Analysenmethoden im einzelnen Fall in Frage kommen, richtet sich nach den spezifischen Eigenschaften der Reaktionsteilnehmer. Ist z. B. einer derselben farbig, so kann eine Messung der *Lichtabsorption* unmittelbar zu seiner Konzentrationsbestimmung dienen. Diese Methode hat sich zur Messung der Dissoziationskonstanten schwacher Säuren in wässeriger[1] und nichtwässeriger[2]

---

1 Vgl. z. B. *G. Kortüm* und *K.-W. Koch,* Ber. Bunsenges. *69,* 677 (1965).

2 *G. Kortüm* und *Han C. Shih,* Ber. Bunsenges. *81,* 44 (1977).

Lösung oder von Molekülverbindungen[1] besonders bewährt. Die *optische Drehung* der Ebene polarisierten Lichtes läßt sich z. B. zur Ermittlung der Gleichgewichtskonstanten bei der Mutrotation der Zucker verwenden. Bei Gasreaktionen, die unter Veränderung der Molzahl ablaufen, ist der *Gesamtdruck* des Reaktionsgemisches bei konstantem Volumen ein Maß für den im Gleichgewicht erreichten Umsatz. Gerade dieses letzte Verfahren wird wegen seiner Einfachheit sehr häufig verwendet. Bei Elektrolytgleichgewichten läßt sich die *elektrische Leitfähigkeit* der vorhandenen Ionen oder die EMK einer galvanischen Zelle zur Ermittlung von $\boldsymbol{K}$ heranziehen usw.

Das Einfrieren des Gleichgewichts durch rasche Abkühlung des Reaktionsgemisches und die nachträgliche chemische Analyse lassen sich ebenfalls in mancher Hinsicht modifizieren. Bei Gasen benutzt man gewöhnlich die *Durchströmungsmethode,* indem man das in einem Ofen befindliche Gasgemisch nach Einstellung des Gleichgewichts durch eine enge Kapillare so rasch ausströmen läßt, daß es in sehr kurzer Zeit auf Zimmertemperatur gelangt, wo die Reaktion bereits so langsam verläuft, daß sich die Zusammensetzung während der nachfolgenden Gasanalyse praktisch nicht mehr ändert. Dieses Verfahren kann man häufig noch dadurch verbessern, daß man zur Beschleunigung der Gleichgewichtseinstellung einen Katalysator benutzt, an dessen Oberfläche sich das Gleichgewicht der Reaktion rasch einstellt. So stellt sich das Gleichgewicht der Wassergasreaktion $CO + H_2O \rightleftarrows CO_2 + H_2$ an der Oberfläche eines glühenden Platindrahtes fast momentan ein. Läßt man daher das Gasgemisch durch ein glühendes Pt-Netz strömen, so erhält man die der Temperatur des Drahtes entsprechende Gleichgewichtszusammensetzung, da der Temperaturabfall in der Umgebung des Drahtes so steil ist, daß das Gleichgewicht sofort einfriert, wenn die Molekeln die Oberfläche des Drahtes verlassen. Das ortho-para-Wasserstoffgleichgewicht $o\mathrm{H}_2 \rightleftarrows p\mathrm{H}_2$ stellt sich bei der Temperatur des flüssigen Wasserstoffs an Kohle als Katalysator ein. Pumpt man das Gas von der Kohle ab, so kann man die Gleichgewichtszusammensetzung selbst bei Zimmertemperatur untersuchen, da die Umwandlungsgeschwindigkeit ohne den Katalysator außerordentlich gering ist, so daß das Gleichgewicht trotz der Temperaturerhöhung „einfriert".

12.2 Temperatur- und Druckabhängigkeit der Gleichgewichtskonstanten

Der durch Gl. (239) gegebene Zusammenhang zwischen der Gleichgewichtskonstanten $\boldsymbol{K}$ und der Standardreaktionsarbeit $\Delta\boldsymbol{G}$ führt unmittelbar zu den Formeln für die Temperatur- und Druckabhängigkeit dieser Konstanten, da für die Standardreaktionsarbeit die gleichen Zusammenhänge gelten wie für die Reaktionsarbeit selbst. Schreiben wir (239) in der Form

$$R \ln \boldsymbol{K} = -\sum \nu_i \frac{\mu_i}{T} = -\frac{\Delta \boldsymbol{G}}{T}, \tag{267}$$

so ergibt sich für das vollständige Differential von $\ln\boldsymbol{K}$

$$\begin{aligned} R\,\mathrm{d}\ln\boldsymbol{K} &= -\sum \nu_i \left[\left(\frac{\partial(\mu_i/T)}{\partial T}\right)_p \mathrm{d}T + \left(\frac{\partial(\mu_i/T)}{\partial p}\right)_T \mathrm{d}p\right] \\ &= -\left(\frac{\partial(\Delta\boldsymbol{G}/T)}{\partial T}\right)_p \mathrm{d}T - \frac{1}{T}\left(\frac{\partial \Delta\boldsymbol{G}}{\partial p}\right)_T \mathrm{d}p. \end{aligned} \tag{268}$$

Daraus folgt mit (IV, 111) für den Temperaturkoeffizienten der Gleichgewichtskonstanten

---

1 Vgl. z. B. *G. Kortüm* und *G. Weber*, Z. Elektrochem. *64,* 642 (1960).

$$\left(\frac{\partial \ln \boldsymbol{K}}{\partial T}\right)_p = \frac{\Delta \boldsymbol{H}}{RT^2}. \tag{269}$$

Diese als *van't Hoffsche Reaktionsisobare* bezeichnete Gleichung gilt streng nur für die thermodynamischen Gleichgewichtskonstanten $\boldsymbol{K}_{(x)}$, $\boldsymbol{K}_{(p^*)}$, $\boldsymbol{K}_{(m)}$ und $\boldsymbol{K}_{(0x)}$, wie sie durch die Gln. (251) bis (253) und (255) definiert sind[1], sie gilt dagegen nicht ohne weiteres für die durch (254) definierte Gleichgewichtskonstante $\boldsymbol{K}_{(c)}$, weshalb es zweckmäßig ist, Litermolaritäten in solchen Fällen zu vermeiden. Verwendet man $\boldsymbol{K}_{(x)}$ bzw. $\boldsymbol{K}_{(p^*)}$, so bedeutet $\Delta \boldsymbol{H}$ die Standard-Reaktionsenthalpie, bezogen auf die reinen realen Stoffe als Standardzustände, verwendet man $\boldsymbol{K}_{(0x)}$, so ist $\Delta \boldsymbol{H}$ zu ersetzen durch $\Delta \boldsymbol{H}_0 = \sum \nu_i \boldsymbol{H}_{0i}$, wobei die $\boldsymbol{H}_{0i}$ die partiellen molaren Enthalpien der Reaktionsteilnehmer bei verschwindender Konzentration bedeuten (vgl. S. 191).

Eine analoge Betrachtung ergibt für Reaktionen, die bei konstantem Volumen ablaufen, mit Gl. (IV, 112) die *van't Hoffsche Reaktionsisochore*

$$\left(\frac{\partial \ln \boldsymbol{K}}{\partial T}\right)_V = \frac{\Delta \boldsymbol{U}}{RT^2}. \tag{270}$$

Die Gleichungen besagen, daß $\boldsymbol{K}$ bei endothermen Reaktionen ($\Delta \boldsymbol{H}$ bzw. $\Delta \boldsymbol{U}$ positiv) mit steigender Temperatur zunimmt, bei exothermen Reaktionen ($\Delta \boldsymbol{H}$ bzw. $\Delta \boldsymbol{U}$ negativ) mit steigender Temperatur abnimmt; das Gleichgewicht verschiebt sich also bei Temperaturerhöhung in der Richtung eines Wärmeverbrauchs, was wieder ein Beispiel für das S. 261 erwähnte *Braun-Le Chatelier*sche Prinzip darstellt.

Gl. (269) hat dieselbe Form wie die vereinfachte *Clausius-Clapeyron*sche Gl. (44). Dies wird noch deutlicher, wenn man spezielle Reaktionen wie etwa die Zersetzung des $CaCO_3$ ins Auge faßt, bei der $\boldsymbol{K} = [a_{CO_2}] = [p^*_{CO_2}] \approx [p_{CO_2}]$, so daß einfach an die Stelle des Sättigungsdampfdrucks p_s der Flüssigkeit der Zersetzungsdruck des festen Calciumkarbonats tritt. Wir können deshalb die bei der Integration von (44) angestellten Überlegungen hier ohne weiteres sinngemäß übernehmen.

Sieht man für kleine Temperaturbereiche $\Delta \boldsymbol{H}$ als praktisch temperaturunabhängig an, so wird aus (269) durch Integration

$$\ln \boldsymbol{K} = -\frac{\Delta \boldsymbol{H}}{RT} + C, \tag{271}$$

d. h. $\ln \boldsymbol{K}$ ist ebenso wie $\ln p_s$ in *erster Näherung* eine lineare Funktion von $1/T$, was experimentell gut bestätigt wird. Als Beispiel ist in Abb. 111 $\log \boldsymbol{K}$ der Reaktion $N_2 + 3H_2 \rightleftarrows 2NH_3$ bei 10 bar in Abhängigkeit von $1/T$ im Bereich zwischen 375 °C und 500 °C dargestellt. Die Neigung der Geraden ist nach (271) gegeben durch $-\Delta \boldsymbol{H}/19{,}137$, wenn man R in J K^{-1} ausdrückt und den Umrechnungsfaktor auf dekadische Logarithmen berücksichtigt. Für kleine Temperaturintervalle kann man deshalb $\boldsymbol{K}$ von einer Temperatur T_1 auf eine andere T_2 umrechnen, indem man (269) zwischen den Grenzen T_1 und T_2 integriert:

[1] Vgl. dazu *H. Mauser*, Z. Naturforsch. *11a*, 123 (1956).

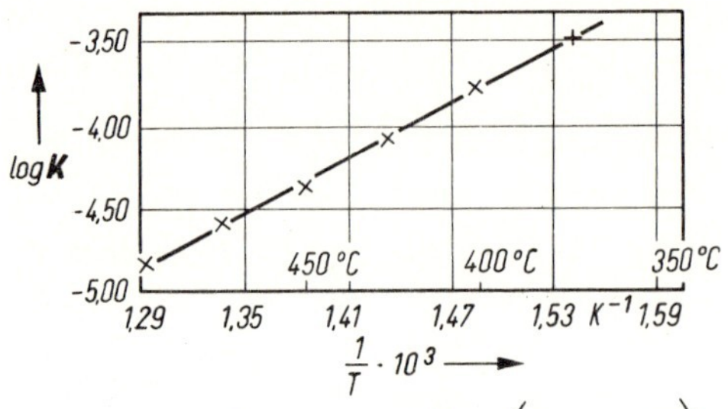

Abb. 111. Temperaturabhängigkeit der Gleichgewichtskonstanten $\boldsymbol{K}$ der Reaktion $N_2 + 3H_2 \rightleftarrows 2NH_3$ bei $p = 10$ bar.

$$\log \frac{\boldsymbol{K}_2}{\boldsymbol{K}_1} = -\frac{\Delta \boldsymbol{H}}{2{,}303\,R}\left(\frac{1}{T_2} - \frac{1}{T_1}\right) = \frac{\Delta \boldsymbol{H}}{19{,}137}\left(\frac{T_2 - T_1}{T_1 T_2}\right). \tag{272}$$

Umgekehrt kann man aus zwei gemessenen $\boldsymbol{K}$-Werten mit Hilfe von (272) die Reaktionsenthalpie $\Delta \boldsymbol{H}$ berechnen, was besonders bei hohen Temperaturen gegenüber der direkten kalorimetrischen Messung Vorteile bieten kann.

Um aus (269) eine für größere Temperaturbereiche gültige Gleichung zu gewinnen, muß man $\Delta \boldsymbol{H}$ nach der *Kirchhoff*schen Gl. (III, 139) als Temperaturfunktion einführen:

$$\Delta \boldsymbol{H} = \Delta \boldsymbol{H}_{(T=0)} + \int_0^T \Delta \boldsymbol{C}_p \mathrm{d}T = \Delta \boldsymbol{H}_{(T=0)} + \Delta \boldsymbol{C}_{p0} T + \int_0^T \Delta \boldsymbol{C}_s \mathrm{d}T, \tag{273}$$

indem man die Molwärmen der Reaktionsteilnehmer (analog wie S. 231 die Molwärme des Dampfes) in einen temperaturunabhängigen Anteil ($\boldsymbol{C}_{p0}$) und einen mit der Temperatur veränderlichen Anteil ($\boldsymbol{C}_v$) zerlegt[1]. Führt man dies in (269) ein, so ergibt eine analoge Rechnung wie auf S. 231 die der Dampfdruckformel (59) entsprechende Gleichung

$$\ln \boldsymbol{K} = -\frac{\Delta \boldsymbol{H}_{(T=0)}}{RT} + \frac{\Delta \boldsymbol{C}_{p0}}{R} \ln T + \frac{1}{R}\int \frac{\mathrm{d}T}{T^2} \int_0^T \Delta \boldsymbol{C}_v \mathrm{d}T + J' \tag{274}$$

oder mit $R = 8{,}314$ J K^{-1} und dekadischen Logarithmen

$$\log \boldsymbol{K} = -\frac{\Delta \boldsymbol{H}_{(T=0)}}{19{,}137\,T} + \frac{\Delta \boldsymbol{C}_{p0}}{8{,}314} \log T + \frac{1}{19{,}137}\int \frac{\mathrm{d}T}{T^2} \int_0^T \Delta \boldsymbol{C}_v \mathrm{d}T + J. \tag{274a}$$

Mit Hilfe dieser Gleichung läßt sich die Gleichgewichtskonstante einer Reaktion als Funktion von T in einem beliebig großen Temperaturbereich darstellen. Dabei sind die Reaktionsenthalpie $\Delta \boldsymbol{H}_{(T=0)}$, die Molwärmen $\boldsymbol{C}_{p0}$ und $\boldsymbol{C}_v$ der Reaktionsteilnehmer, letztere auch als Funktion der Temperatur, als bekannt vorauszusetzen, und ebenso muß die Integrationskonstante J empirisch aus einer oder besser mehreren Messungen von $\boldsymbol{K}$ bestimmt werden. Das bedeutet, daß es nicht möglich ist, $\boldsymbol{K}$ und damit die Standardreaktionsarbeit aus reinen Wärmemessungen zu ermitteln, solange man sich auf die beiden Hauptsätze der Thermodynamik beschränkt (vgl. Kap. VI).

---

[1] Diese Zerlegung ist nur für gasförmige Reaktionsteilnehmer sinnvoll, da die Molwärme kondensierter Stoffe bis $T = 0$ ständig abfällt (vgl. S. 97), so daß in dem Glied $\frac{\Delta \boldsymbol{C}_{p0}}{8{,}314} \log T$ der Gl. (274a) nur die gasförmigen Reaktionsteilnehmer zu berücksichtigen sind.

Bei *Gasreaktionen* kann man die Molwärmen $\boldsymbol{C}_{p_i}$ der Reaktionsteilnehmer in der Regel auch durch eine Potenzreihe der Form (III, 141) darstellen[1] und damit nach (III, 143) für die T-Abhängigkeit der Reaktionsenthalpie schreiben

$$\Delta \boldsymbol{H} = \Delta \boldsymbol{H}_{(T=0)} + \sum \nu_i \left(a_i T + \frac{b_i}{2} T^2 + \frac{c_i}{3} T^3 + \cdots \right). \tag{275}$$

Führt man dies in (269) ein, so wird (unter Beschränkung auf drei Glieder der Potenzreihe)

$$\frac{\mathrm{d} \ln \boldsymbol{K}_{(p^*)}}{\mathrm{d}T} = \frac{\Delta \boldsymbol{H}_{(T=0)}}{RT^2} + \frac{\sum \nu_i}{R} \left(\frac{a_i}{T} + \frac{b_i}{2} + \frac{c_i T}{3} \right). \tag{276}$$

Die Integration ergibt

$$\ln \boldsymbol{K}_{(p^*)} = -\frac{\Delta \boldsymbol{H}_{(T=0)}}{RT} + \frac{\sum \nu_i}{R} \left(a_i \ln T + \frac{b_i T}{2} + \frac{c_i T^2}{6} \right) + \frac{J}{R}, \tag{277}$$

oder in anderer Form geschrieben

$$R \ln \boldsymbol{K}_{(p^*)} - \sum \nu_i \left(a_i \ln T + \frac{b_i T}{2} + \frac{c_i T^2}{6} \right) = J - \frac{\Delta \boldsymbol{H}_{(T=0)}}{T}. \tag{277a}$$

Trägt man die aus Messungen bei mehreren Temperaturen bekannte linke Seite der Gleichung gegen $\frac{1}{T}$ auf, so sollte man eine Gerade erhalten, wenn die Meßdaten konsistent sind. Aus Neigung und Ordinatenabschnitt der Geraden lassen sich die beiden Konstanten J und $\Delta \boldsymbol{H}_{(T=0)}$ ermitteln, so daß damit $\ln \boldsymbol{K}_{(p^*)}$ in einem beliebigen Temperaturbereich berechnet werden kann, für den die Reihenentwicklung (III, 141) gültig ist.

Für die Temperaturabhängigkeit der durch (257) und (260) definierten Gleichgewichtskonstanten $K_{(x)}$ und $K_{(p)}$ in einer *idealen Gasphase* gilt ebenfalls Gl. (269), wie unmittelbar aus der Beziehung (261) hervorgeht. Für die T-Abhängigkeit von $K_{(c)}$ in einer idealen Gasphase folgt aus (262)

$$\frac{\mathrm{d} \ln K_{(c)}}{\mathrm{d}T} = \frac{\mathrm{d} \ln K_{(p)}}{\mathrm{d}T} - \frac{\sum \nu_i}{T} = \frac{\Delta \boldsymbol{H}}{RT^2} - \frac{\sum \nu_i}{T} = \frac{1}{RT^2} \sum \nu_i (\boldsymbol{H}_i - RT). \tag{278}$$

Mit $p\boldsymbol{V}_i = RT$ und $\boldsymbol{H}_i - p\boldsymbol{V}_i = \boldsymbol{U}_i$ nach (III, 13) folgt

$$\frac{\mathrm{d} \ln K_{(c)}}{\mathrm{d}T} = \frac{1}{RT^2} \sum \nu_i \boldsymbol{U}_i = \frac{\Delta \boldsymbol{U}}{RT^2}, \tag{279}$$

d. h. für die T-Abhängigkeit von $K_{(c)}$ in idealer Gasphase gilt Gl. (270).

---

[1] Da sich $\Delta \boldsymbol{H}$ auf den Standardzustand des idealen Gases bezieht, kann man für $\boldsymbol{C}_{p_i}$ die druckunabhängigen Molwärmen des idealen Gases einsetzen.

Bei Reaktionen in ideal verdünnter Lösung benutzt man, wie erwähnt, am besten die Gleichgewichtskonstante $K_{(x)}$, ihre T-Abhängigkeit ist ebenso wie die von $K_{(m)}$ durch (269) gegeben. Für die T-Abhängigkeit von $K_{(c)}$ erhält man aus (265)

$$\frac{\mathrm{d}\ln K_{(c)}}{\mathrm{d}T} = \frac{\mathrm{d}\ln K_{(x)}}{\mathrm{d}T} + \sum \nu_i \frac{\mathrm{d}\ln \varrho_1}{\mathrm{d}T}. \tag{280}$$

Das letzte Glied wird häufig vernachlässigt, was jedoch keineswegs immer zulässig ist.

Für die *Druckabhängigkeit* der Gleichgewichtskonstanten ergibt sich aus (268) unter Benutzung von (IV, 119)

$$\left(\frac{\partial \ln \boldsymbol{K}}{\partial p}\right)_T = -\frac{\Delta \boldsymbol{V}}{RT}, \tag{281}$$

worin $\Delta \boldsymbol{V}$ die Volumenänderung pro Formelumsatz der Reaktion unter Standardbedingungen bedeutet. Bei Reaktionen in kondensierten Phasen ist $\Delta \boldsymbol{V}$ sehr klein, so daß man den Druckeinfluß auf $\boldsymbol{K}$ nur dann zu berücksichtigen braucht, wenn sehr hohe Druckänderungen in Betracht gezogen werden.

Dagegen ist die Druckabhängigkeit von $\boldsymbol{K}$ stets zu berücksichtigen bei Reaktionen, an denen Gase beteiligt sind, insbesondere dann, wenn sich die Molzahl der Gase bei der Reaktion ändert. Ist bei einer Gasreaktion $\Delta \boldsymbol{V}$ positiv, nimmt also die Gasmolzahl zu (Beispiel: $N_2O_4 \rightleftarrows 2NO_2$), so nimmt $\boldsymbol{K}$ mit steigendem Druck ab, d. h. das Gleichgewicht verschiebt sich im Sinne einer Volumenverringerung von rechts nach links; ist $\Delta \boldsymbol{V}$ negativ (Beispiel: $3N_2 + H_2 \rightleftarrows 2NH_3$), so wächst $\boldsymbol{K}$ mit zunehmendem Druck, d. h. das Gleichgewicht verschiebt sich wieder im Sinne einer Volumenverringerung von links nach rechts. Auch dies ist ein Sonderfall des *Braun-Le Chatelier*schen Prinzips.

Bei Reaktionen in einer *idealen Gasphase* folgt aus (261) und (281)

$$\left(\frac{\partial \ln K_{(x)}}{\partial p}\right)_T = \left(\frac{\partial \ln K_{(p)}}{\partial p}\right)_T - \sum \nu_i \frac{\partial \ln p}{\partial p} = -\frac{\Delta \boldsymbol{V}}{RT}. \tag{282}$$

Da bei Gültigkeit des idealen Gasgesetzes nach (III, 133) $\Delta \boldsymbol{V} = \sum \frac{\nu_i RT}{p}$, erhält man aus (282)

$$\left(\frac{\partial \ln K_{(x)}}{\partial p}\right)_T = \left(\frac{\partial \ln K_{(p)}}{\partial p}\right)_T - \frac{\sum \nu_i}{p} = -\frac{\sum \nu_i}{p}$$

oder
$$\left(\frac{\partial \ln K_{(p)}}{\partial p}\right)_T = 0. \tag{283}$$

Eine analoge Rechnung führt, ausgehend von (263), zu

$$\left(\frac{\partial \ln K_{(c)}}{\partial p}\right)_T = 0. \tag{284}$$

$K_{(p)}$ und $K_{(c)}$ sind also im Gegensatz zu $K_{(x)}$ *druckunabhängig* und sind deshalb für Gasreaktionen vorzuziehen. Aus diesem Grund konnten wir in Gl. (276), (279) und (280) das vollständige an Stelle des partiellen Differentials schreiben.

12.3 Homogene Gasgleichgewichte

Wir besprechen im folgenden die Anwendung des Massenwirkungsgesetzes auf die verschiedenen Reaktionstypen und wählen jeweils einige bekannte gut untersuchte Beispiele aus.

Die praktische Bedeutung des Massenwirkungsgesetzes für Gasgleichgewichte beruht in folgendem: Ist der für bestimmte Bedingungen des Drucks und der Temperatur gültige Wert von $\boldsymbol{K}$ einmal bekannt, so läßt sich mit seiner Hilfe aus der anfänglichen Zusammensetzung eines Systems die Gleichgewichtszusammensetzung und damit die zu erwartende maximale *Ausbeute* der Reaktion an den gewünschten Endprodukten vorausberechnen. Dazu ist es allerdings notwendig, daß der Zusammenhang zwischen Fugazitäten und Partialdrucken, d. h. die Fugazitätskoeffizienten der Reaktionsteilnehmer ebenfalls in Abhängigkeit von der Zusammensetzung der Mischphase bekannt sind, was, wie wir sahen, nur auf Grund sehr umfangreicher und mühsamer Messungen erreicht werden kann. Deshalb beschränkt sich die Anwendung des Massenwirkungsgesetzes in der Regel auf solche Systeme, in denen man die Fugazitäten näherungsweise durch die Partialdrucke ersetzen kann, d. h. auf Reaktionen in angenähert idealen Gasen. Wie weit dies zulässig ist, ergibt sich ohne weiteres daraus, daß bei Ungültigwerden der idealen Gesetze die aus den Partialdrucken berechneten $K_{(p)}$-Werte nicht mehr druckunabhängig sind, so daß es umgekehrt sogar möglich ist, aus den Abweichungen von der Konstanz der $K_{(p)}$-Werte die Fugazitätskoeffizienten der Reaktionsteilnehmer zu berechnen (vgl. S. 327 ff.). In vielen Fällen lassen sich auch die Fugazitäten bzw. zweiten Virialkoeffizienten der Reaktionsteilnehmer aus Näherungsformeln unter Voraussetzung der annähernden Gültigkeit des Theorems der übereinstimmenden Zustände berechnen (vgl. S. 176), so daß man die $K_{(p)}$-Werte korrigieren kann.

Eines der bestuntersuchten Beispiele für eine homogene Gasreaktion ohne Änderung der Molzahl ist die *Iodwasserstoffbildung* bzw. *-zersetzung*[1], deren Gleichgewicht von beiden Seiten ausgehend erreicht und als übereinstimmend gefunden wurde:

$$H_2 + I_2 \rightleftarrows 2\,HI\,.$$

Da in diesem Fall die Gleichgewichtskonstante dimensionslos und von der Wahl der Konzentrationseinheiten unabhängig ist, können wir in das Massenwirkungsgesetz die Partialdrucke oder die Molenbrüche oder noch einfacher die Molzahlen selbst einsetzen:

$$\frac{[p_{HI}]^2}{[p_{H_2}][p_{I_2}]} = \frac{[x_{HI}]^2}{[x_{H_2}][x_{I_2}]} = \frac{[n_{HI}]^2}{[n_{H_2}][n_{I_2}]} = K\,. \tag{285}$$

Bei Kenntnis der Zusammensetzung des Ausgangsgemisches kann man die im Gleichgewicht auftretenden Variablen $[n_i]$ durch eine einzige Variable ausdrücken, die sich bei bekanntem K aus (285) berechnen läßt. Geht man z. B. von a mol H_2 und b mol I_2 aus, von denen sich im

---

[1] *M. Bodenstein,* Z. physik. Chem. Abt. A *29,* 295 (1899); *A. H. Taylor* und *R. H. Christ*, J. Amer. chem. Soc. *63,* 1377 (1941); *K. J. Laidler,* Reaktionskinetik I, BI-Taschenbuch Nr. 290/290a*, Mannheim 1970, S. 100 ff.

Gleichgewicht jeweils y mol umgesetzt haben mögen, so wird $[n_{HI}] = 2y$, $[n_{H_2}] = a - y$, $[n_{I_2}] = b - y$, und (285) läßt sich in der Form schreiben

$$K = \frac{4y^2}{(a-y)(b-y)}, \tag{286}$$

woraus bei bekanntem K die Größe y („Bildungsgrad" oder „Ausbeute") berechnet werden kann. Umgekehrt liefert das nach einer der erwähnten Methoden bestimmte y die Gleichgewichtskonstante K. Bei 490,6 °C ergab sich $K = 45{,}60 \pm 0{,}014$.

Wie sich leicht zeigen läßt, wird y ein Maximum, wenn man von *stöchiometrischen Mengen* der Ausgangsstoffe ausgeht, d. h. wenn $a = b$. Bezeichnen wir die konstante Gesamtmenge der Ausgangsstoffe $a + b$ mit c_0, so kann man (286) in der Form schreiben:

$$K = \frac{4y^2}{(c_0 - b - y)(b - y)}.$$

Die Lösung dieser quadratischen Gleichung ergibt:

$$y = \frac{Kc_0}{2(K-4)} \pm \frac{[K^2c_0^2 - (K-4)(4Kbc_0 - 4Kb^2)]^{1/2}}{2(K-4)}.$$

Differenziert man nun nach b und setzt $\frac{\mathrm{d}y}{\mathrm{d}b} = 0$, so wird

$$\frac{\mathrm{d}y}{\mathrm{d}b} = \frac{2Kb - Kc_0}{[K^2c_0^2 - (K-4)(4Kbc_0 - 4Kb^2)]^{1/2}} = 0.$$

Die Gleichung ist erfüllt, wenn $2b = c_0 = a + b$ oder $a = b$. Allgemein nimmt der „Bildungsgrad" einer Verbindung stets seinen maximalen Wert an, wenn die Ausgangsstoffe in stöchiometrischen Verhältnissen vorliegen. Dies gilt allerdings nur dann streng, wenn es sich um ideale Gasgemische handelt.

Geht man von äquimolaren Mengen von Iod und Wasserstoff aus, so erhält man für die Gleichgewichtskonstante anstelle von (286) die einfachere Beziehung

$$K = \frac{4y^2}{(1-y)^2}. \tag{286a}$$

Aus der Bestimmung der „Ausbeute" y läßt sich also die Gleichgewichtskonstante leicht ermitteln. Trägt man y gegen $\log K$ graphisch auf, so erhält man die charakteristische Kurve der Abb. 112, die für alle derartigen Reaktionen die gleiche Form behält: y ändert sich von angenähert 0 bis angenähert 1 in einem Bereich von wenigen Einheiten von $\log K$ beiderseits von $\log K = 0$.

Als Beispiel für eine unter Änderung der Stoffmenge [Molzahl] verlaufende homogene Gasreaktion betrachten wir zunächst den *Zerfall des Distickstofftetroxids*

$$N_2O_4 \rightleftarrows 2\,NO_2.$$

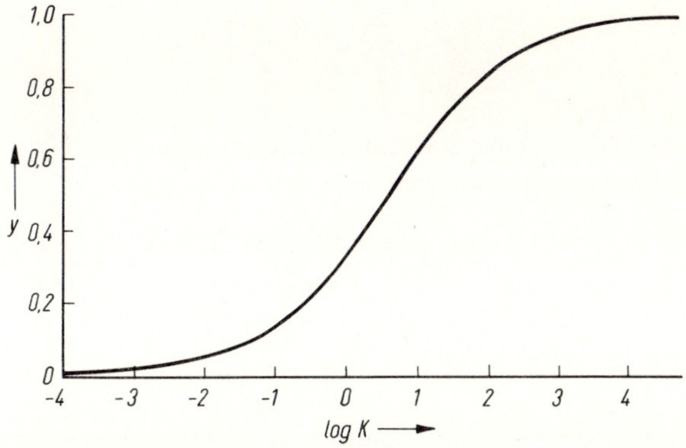

Abb. 112. Ermittlung der Gleichgewichtskonstante einer homogenen Gasreaktion ohne Änderung der Molzahl aus der „Ausbeute" y.

Man spricht bei derartigen Zerfallsreaktionen von *Dissoziation* und interessiert sich in erster Linie für den *Dissoziationsgrad* α, d. h. den Bruchteil der ursprünglich vorhandenen Molekeln, die im Gleichgewicht in ihre Bestandteile zerfallen sind. Geht man von n_0 mol N_2O_4 aus, so hat man im Gleichgewicht $[n_{N_2O_4}] = n_0(1 - \alpha)$ und $[n_{NO_2}] = 2n_0\alpha$. Die Gesamtzahl der vorhandenen Mole ist demnach

$$\sum [n] = n_0(1 - \alpha + 2\alpha) = n_0(1 + \alpha),$$

so daß sich die Gleichgewichtsmolenbrüche ergeben zu

$$[x_{N_2O_4}] = \frac{1 - \alpha}{1 + \alpha} \quad \text{und} \quad [x_{NO_2}] = \frac{2\alpha}{1 + \alpha}.$$

Damit lautet das Massenwirkungsgesetz unter Benutzung von (261) und (262):

$$K_{(x)} = \frac{[x_{NO_2}]^2}{[x_{N_2O_4}]} = \frac{4\alpha^2}{1 - \alpha^2} = K_{(p)}p^{-1} = K_{(c)}\frac{RT}{p}. \tag{287}$$

Bei gegebener Temperatur und gegebenem Druck sind also durch die experimentelle Ermittlung von α die Konstanten $K_{(x)}$, $K_{(p)}$ und $K_{(c)}$ vollständig bestimmt. Aus (287) folgt

$$K_{(p)} = p\frac{4\alpha^2}{1 - \alpha^2}. \tag{288}$$

Da, wie wir sahen, $K_{(p)}$ druckunabhängig ist, muß α mit steigendem Druck abnehmen, damit $K_{(p)}$ konstant bleibt; ein zum Teil dissoziiertes Gas ist demnach leichter komprimierbar als ein Gas, dessen Stoffmenge [Molzahl] konstant ist. Das ideale Gasgesetz lautet für diesen Fall

$$pV = \sum [n]RT = n_0(1 + \alpha)RT. \tag{289}$$

Eliminiert man α mit Hilfe der Gl. (288), so erhält man die *thermische Zustandsgleichung* des dissoziierenden Gases

$$V = n_0 \left(1 + \sqrt{\frac{K_{(p)}}{4p + K_{(p)}}}\right) \frac{RT}{p}, \tag{290}$$

die allerdings nur für konstante Temperatur gilt. Für andere Temperaturen ist auch die T-Abhängigkeit von K bzw. α zu berücksichtigen.

Setzt man den aus (289) folgenden Wert für $\frac{RT}{p}$ in (287) ein, so erhält man schließlich

$$K_{(c)} = K_{(x)} \frac{p}{RT} = \frac{4\alpha^2}{1 - \alpha^2} \frac{n_0(1 + \alpha)}{V} = c_0 \frac{4\alpha^2}{1 - \alpha}, \tag{291}$$

wenn man mit $n_0/V = c_0$ die ursprüngliche Konzentration des undissoziierten Gases bezeichnet. Die Zahlenwerte der Konstanten $K_{(p)}$ und $K_{(c)}$ hängen natürlich davon ab, in welchen Einheiten man p bzw. V angibt; gewöhnlich wird p in bar oder atm bzw. V in dm^3 angegeben.

Zur experimentellen Bestimmung von α benutzt man bei derartigen Zerfallsreaktionen am einfachsten Gl. (289), indem man bei bekanntem Volumen V und bekannter Ausgangsmenge n_0 den sich bei gegebener Temperatur einstellenden Druck p mißt, so daß α berechnet werden kann. Voraussetzung ist natürlich die Gültigkeit des idealen Gasgesetzes, andernfalls muß sich mit zunehmendem Druck ein systematischer Gang in den aus α berechneten K-Werten zeigen, der darauf hinweist, daß es sich nicht mehr um eine ideale Mischphase handelt.

Entstehen bei der Dissoziation keine gleichartigen, sondern verschiedene Bruchstücke, wie etwa bei der *Dissoziation des Ammoniumchlorids*

$$NH_4Cl \rightleftarrows NH_3 + HCl,$$

so liegen bei einer Ausgangsmenge von n_0 mol NH_4Cl im Gleichgewicht vor:

$$[n_{NH_4Cl}] = n_0(1 - \alpha); \quad [n_{NH_3}] = n_0\alpha; \quad [n_{HCl}] = n_0\alpha.$$

$$\sum [n] = (2\alpha + 1 - \alpha)n_0 = (1 + \alpha)n_0.$$

Daraus ergibt sich für die Gleichgewichtskonstante

$$K_{(x)} = \frac{\alpha^2}{1 - \alpha^2} = K_{(p)}p^{-1} = K_{(c)} \frac{RT}{p} \quad \text{bzw.} \quad K_{(c)} = c_0 \frac{\alpha^2}{1 - \alpha}, \tag{292}$$

eine Formel, die sich von (287) durch das Fehlen des Faktors 4 unterscheidet. Das bedeutet, daß – gleicher Wert von K vorausgesetzt – die Dissoziation bei einem Zerfall in gleiche Bruchstücke geringer ist als bei einem Zerfall in verschiedene Bruchstücke[1].

[1] Dies ist leicht einzusehen, wenn man bedenkt, daß das Gleichgewicht ein dynamisches ist insofern, als die Reaktionsgeschwindigkeiten von links nach rechts und von rechts nach links gleich groß sind. Unter sonst gleichen Bedingungen ist aber die Stoßzahl zwischen HCl und NH_3 nur halb so groß wie die Stoßzahl zwischen NO_2 und NO_2; da nun die Geschwindigkeit der Rückreaktion der Stoßzahl sowohl der HCl- wie der NH_3-Molekeln proportional ist, ergibt sich aus rein statistischen Gründen eine um den Faktor 4 geringere Geschwindigkeit der Rückreaktion und damit – bei gleichem K – ein entsprechend stärkerer Zerfall in die Dissoziationsprodukte.

Fügt man der aus n_0 mol NH_4Cl entstandenen Gasmischung eines der Dissoziationsprodukte im Überschuß zu, also z. B. b mol NH_3, so wird der Dissoziationsgrad geändert. Bezeichnen wir ihn jetzt mit β, so haben wir nach Einstellung des neuen Gleichgewichts folgende Molzahlen:

$$[n_{NH_4Cl}] = n_0(1 - \beta); \quad [n_{HCl}] = n_0\beta;$$

$$[n_{NH_3}] = n_0\beta + b \quad \text{und} \quad \sum [n] = n_0(1 + \beta) + b.$$

Daraus ergibt sich für die – natürlich unverändert gebliebene – Gleichgewichtskonstante

$$K_{(x)} = \frac{\beta^2}{1 - \beta^2} \frac{1 + \dfrac{b}{n_0\beta}}{1 + \dfrac{b}{n_0(1 + \beta)}} = \frac{\alpha^2}{1 - \alpha^2}. \tag{293}$$

Da der Faktor $\dfrac{1 + b/n_0\beta}{1 + b/[n_0(1 + \beta)]} > 1$, muß β kleiner sein als α, d. h. die *Dissoziation* wird *durch Zufügen eines der Dissoziationsprodukte stets zurückgedrängt.*

Als weiteres Beispiel für ein Dissoziationsgleichgewicht in homogener Gasphase betrachten wir die *Dissoziation des Wasserdampfes* bei hohen Temperaturen:

$$2\,H_2O \rightleftarrows 2\,H_2 + O_2.$$

Bezeichnen wir wieder den Dissoziationsgrad mit α und gehen von n_0 mol H_2O aus, so haben wir im Gleichgewicht

$$[n_{H_2O}] = n_0(1 - \alpha); \quad [n_{H_2}] = n_0\alpha;$$

$$[n_{O_2}] = n_0\frac{\alpha}{2} \quad \text{und} \quad \sum [n] = n_0\left(1 - \alpha + \alpha + \frac{\alpha}{2}\right) = n_0\left(1 + \frac{\alpha}{2}\right).$$

Damit erhalten wir

$$K_{(x)} = \frac{\alpha^2\left(\dfrac{\alpha}{2}\right)}{\left(1 + \dfrac{\alpha}{2}\right)(1 - \alpha)^2} = K_{(p)}p^{-1} = K_{(c)}\frac{RT}{p} \tag{294}$$

oder

$$K_{(p)} = \frac{\alpha^3 p}{(2 + \alpha)(1 - \alpha)^2} \quad \text{bzw.} \quad K_{(c)} = \frac{\alpha^3 c_0}{(2 + \alpha)(1 - \alpha)^2}. \tag{295}$$

$K_{(p)}$ und damit auch α ist bei nicht extrem hohen Temperaturen sehr klein (bei 2000 K ist $K_{(p)} = 7 \cdot 10^{-8}$ bar), so daß man häufig α gegenüber 1 bzw. 2 vernachlässigen kann. Dann vereinfacht sich Gl. (295) zu

$$K_{(p)} \approx \frac{p}{2}\alpha^3. \tag{296}$$

Mit dem angegebenen Wert von $K_{(p)}$ ergibt sich bei 1 atm Druck und 2000 K: $\alpha = 0{,}5\%$. Dieselben Gleichungen gelten natürlich für alle Dissoziationsvorgänge des gleichen Typs, also z. B. die Reaktionen

$$2\,CO_2 \rightleftarrows 2\,CO + O_2,$$

$$2\,NO_2 \rightleftarrows 2\,NO + O_2 \quad \text{usw.}$$

Bei der technisch wichtigen *Ammoniaksynthese* [1)]

$$3H_2 + N_2 \rightleftarrows 2NH_3$$

erhält man die maximale Ausbeute an Ammoniak, wenn das Ausgangsgemisch die stöchiometrische Zusammensetzung n_0 mol N_2 und $3n_0$ mol H_2 besitzt (vgl. S. 322). Bezeichnen wir den Bildungsgrad, d. h. den in NH_3 umgewandelten Bruchteil des Stickstoffes, wieder mit y, so sind im Gleichgewicht vorhanden

$$[n_{N_2}] = n_0(1 - y); \quad [n_{H_2}] = 3n_0(1 - y); \quad [n_{NH_3}] = 2n_0 y;$$

$$\sum [n] = n_0(2y + 1 - y + 3 - 3y) = n_0(4 - 2y).$$

Damit wird

$$K_{(x)} = \frac{[x_{NH_3}]^2}{[x_{N_2}][x_{H_2}]^3} = \frac{4y^2(4 - 2y)^2}{27(1 - y)^4} = K_{(p)}p^2. \tag{297}$$

Aus dieser Gleichung läßt sich die Ausbeute y bei gegebenem Druck p berechnen, wenn $K_{(p)}$ bekannt ist. Sind die Ausbeuten klein, also $y \ll 1$, so wird angenähert

$$K_{(p)} \approx \frac{1}{p^2}\frac{64}{27}y^2 \quad \text{oder} \quad y \approx p\sqrt{\frac{K_{(p)}}{2{,}37}}. \tag{298}$$

Bei kleinen Ausbeuten wächst y dem Druck proportional. Das bedeutet, daß man auch für sehr kleine Werte von $K_{(p)}$ noch brauchbare Ausbeuten an NH_3 erhält, wenn man bei genügend hohen Drucken arbeitet, weil die Molzahl bei der Reaktion von links nach rechts abnimmt.

Die gemessenen Molenbrüche, die mit 100 multipliziert nach dem idealen Gasgesetz gleichzeitig die Volumenprozente des im Gleichgewicht vorhandenen Ammoniaks angeben, sind in Abb. 113 in Abhängigkeit vom Druck bei verschiedenen Temperaturen wiedergegeben. Man sieht zunächst, daß die Ammoniakausbeute mit steigender Temperatur abnimmt, wie dies schon aus Abb. 111 hervorging, da $K_{(p)}$ wegen der negativen Reaktionswärme mit zunehmender Temperatur absinken muß. Es wäre deshalb am günstigsten, bei möglichst tiefer Temperatur zu arbeiten, doch sind hier die Reaktionshemmungen gewöhnlich so groß, daß sich die Gleichgewichte zu langsam einstellen. Man kann jedoch, wie aus Abb. 113 hervorgeht, die schlechtere Ausbeute bei höheren Temperaturen dadurch kompensieren, daß man bei hohen

---

[1] Vgl. *Larson* und *Dodge*, J. Amer. chem. Soc. *45,* 2918 (1923); *46,* 367 (1924); Ullmanns Encyklopädie der technischen Chemie, 3. Aufl., Bd. 3 (1953), S. 544 ff., 4. Auf., Bd. 7 (1973), S. 444 ff.; *Winnacker-Küchler,* Chemische Technologie, 3. Aufl. (1970), Bd. 1, S. 595 ff., 640 ff.

Drucken arbeitet, wodurch es überhaupt erst möglich war, das Verfahren technisch brauchbar zu machen. Man sieht ferner, daß die Neigung der $[x]$-p-Kurven mit zunehmendem Druck immer geringer wird, so daß es sich andererseits nicht lohnt, bei extrem hohen Drucken zu arbeiten.

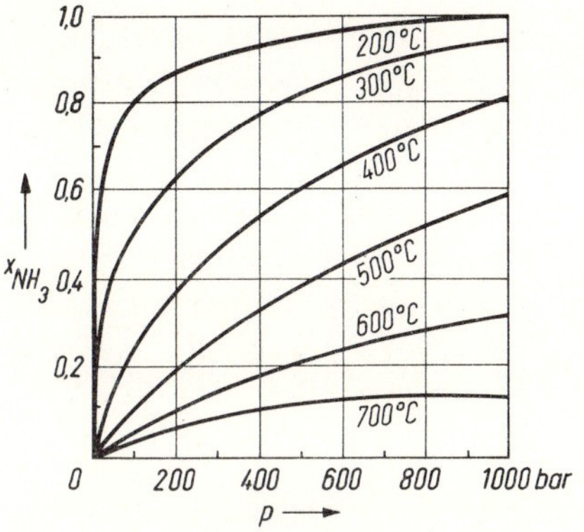

Abb. 113. Ammoniakausbeute der Reaktion $N_2 + 3H_2 \rightleftarrows 2NH_3$ in Abhängigkeit von Druck und Temperatur.

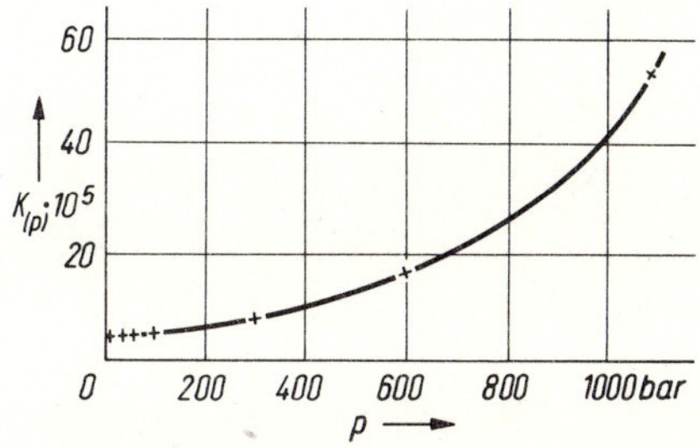

Abb. 114. Druckabhängigkeit der Gleichgewichtskonstanten $K_{(p)} = [p_{NH_3}]^2/[p_{N_2}][p_{H_2}]^3$ bei 450 °C.

Trägt man die bei konstanter Temperatur gemessenen $K_{(p)}$- bzw. $\log K_{(p)}$-Werte gegen p auf, so erhält man die Kurve in Abb. 114. Sie geht gegen einen konstanten Grenzwert $\boldsymbol{K}_{(p^*)}$, wenn $p \to 0$ geht, steigt jedoch mit zunehmendem Druck immer steiler an, was bedeutet, daß die Fugazitätskoeffizienten immer stärkeren Einfluß gewinnen. Die wahre Gleichgewichtskonstante ist nach (255) und (IV, 181) gegeben durch

$$\boldsymbol{K}_{(p^*)} = \frac{[p^*_{NH_3}]^2}{[p^*_{N_2}][p^*_{H_2}]^3} = \frac{[p_{NH_3}]^2}{[p_{N_2}][p_{H_2}]^3}\frac{\varphi^2_{NH_3}}{\varphi_{N_2}\varphi^3_{H_2}} = K_{(p)}\frac{\varphi^2_{NH_3}}{\varphi_{N_2}\varphi^3_{H_2}}, \tag{299}$$

d. h. es ist

$$\log \boldsymbol{K}_{(p^*)} = \log K_{(p)} + 2\log\varphi_{NH_3} - \log\varphi_{N_2} - 3\log\varphi_{H_2}. \tag{300}$$

Die Fugazitätskoeffizienten sind nach (IV, 178) und (IV, 182) gegeben durch

$$\log\varphi_i = \frac{1}{19{,}137\,T}\int_0^p \left(V_i - \frac{RT}{p}\right)\mathrm{d}p, \tag{301}$$

worin V_i das partielle Molvolumen des Gases i in der Mischphase darstellt. Man müßte also zur exakten Berechnung von $\boldsymbol{K}_{(p^*)}$ die partiellen Molvolumina von NH_3, N_2 und H_2 in Abhängigkeit vom Druck (und Temperatur) bestimmen, woraus hervorgeht, wie schwierig die Berechnung von Gleichgewichtskonstanten in nichtidealen Mischphasen ist.

Qualitativ übersieht man den Einfluß der Fugazitätskoeffizienten der einzelnen Gase, wenn man die partiellen Molvolumina näherungsweise durch die (z. B. nach der *van der Waals*schen Gleichung berechneten) Molvolumina der reinen Gase bei gleichem Druck ersetzt. Mit den aus

Tab. 4 entnommenen *van der Waals*schen Konstanten a und b erhält man z. B. für $p = 304$ bar und $t = 400\,°C$ an Stelle des idealen Molvolumens $\frac{RT}{p} = 184\ cm^3$ die Werte $V_{NH_3} = 152\ cm^3$, $V_{N_2} = 204{,}5\ cm^3$ und $V_{H_2} = 208\ cm^3$. Für NH_3 ist also $V_i < \frac{RT}{p}$, d. h. $\log \varphi_{NH_3}$ ist nach (301) negativ und $\varphi_{NH_3} < 1$, während es bei den anderen beiden Gasen umgekehrt ist. Nach Gl. (300) wirken also bei allen drei Gasen die Abweichungen vom idealen Verhalten im gleichen Sinne, indem sie $\log K_{(p)}$ gegenüber $\log \boldsymbol{K}_{(p^*)}$ vergrößern, wie dies in Abb. 113 zum Ausdruck kommt.

Zur quantitativen Ermittlung der Fugazitätskoeffizienten der *reinen Gase* benutzt man Gl. (IV, 171), sofern genügend Meßdaten über $\boldsymbol{V} = f(p)$ vorliegen, und integriert graphisch, wie es in Abb. 45 angegeben ist. Näherungsweise läßt sich φ_0 auch aus den verallgemeinerten Fugazitätskurven der Abb. 46 entnehmen. Man erhält so folgende Werte, z. B. für $p = 304$ bar und $t = 450\,°C$: $\varphi_{0H_2} = 1{,}09$; $\varphi_{0N_2} = 1{,}14$; $\varphi_{0NH_3} = 0{,}91$. Daraus folgt

$$\boldsymbol{K}_{(p^*)} = 7{,}62 \cdot 10^{-5} \frac{0{,}91^2}{1{,}14 \cdot 1{,}09^3} \text{bar}^{-2} = 4{,}65 \cdot 10^{-5}\,\text{bar}^{-2}.$$

Die aus den Messungen bei 450 °C berechneten $K_{(p)}$-Werte und die zugehörigen nach der Fugazitätsregel von *Lewis* (unter Gleichsetzung von φ_i und φ_0) berechneten $\boldsymbol{K}_{(p^*)}$-Werte sind in Tab. 13 für verschiedene Drucke zusammengestellt.

Tabelle 13. Gleichgewichtskonstanten $K_{(p)}$ und $\boldsymbol{K}_{(p^*)}$ (in bar^{-2}) der Reaktion $N_2 + 3H_2 \rightleftarrows 2NH_3$ bei 450 °C.

p (in atm)	10	30	50	100	300	600	1000
p (in bar)	10,1	30,4	50,7	101,3	304,0	608,0	1013
$K_{(p)} \cdot 10^5$	4,28	4,45	4,64	5,12	7,62	16,31	52,8
$\boldsymbol{K}_{(p^*)} \cdot 10^5$	4,13	4,18	4,21	4,19	4,65	5,36	10,37

Man sieht, daß $\boldsymbol{K}_{(p^*)}$ im Gegensatz zu $K_{(p)}$ bis zu etwa 300 atm Druck recht gut konstant ist, erst oberhalb von 300 atm versagt die *Lewis*sche Fugazitätsregel.

12.4 Homogene Lösungsgleichgewichte

Gut untersuchte Beispiele für Reaktionen, die in kondensierter idealer Mischphase oder in ideal verdünnter Lösung ablaufen, sind relativ selten, da die dafür notwendigen Bedingungen nur selten gegeben sind, und die S. 316 erwähnten chemischen Methoden der Gleichgewichtsmessung nicht anwendbar sind, da sich die Gleichgewichte in der Regel nicht „einfrieren" lassen. Es bleiben deshalb praktisch nur physikalische Meßmethoden, deren Anwendung jedoch häufig Komplikationen mit sich bringt und deshalb sehr große Kritik erfordert. Die zahlreichen in der Literatur angegebenen Gleichgewichtskonstanten homogener Lösungsreaktionen sind deshalb nur selten zuverlässig.

Als sehr geeignet für die Prüfung des Massenwirkungsgesetzes bei Lösungsgleichgewichten hat sich die Bildung bzw. der Zerfall *organischer Molekülverbindungen* erwiesen, der nach dem Schema

$$AB \rightleftarrows A + B$$

verläuft. Diese Molekülverbindungen sind häufig farbig, im Gegensatz zu ihren Zerfallsprodukten, so daß sich ihre Gleichgewichtskonzentration photometrisch genau messen läßt[1]. In genügend verdünnten Lösungen gilt dann analog zu (292)

$$K_{(c)} = \frac{[c_A][c_B]}{[c_{AB}]} = \frac{\alpha^2}{1-\alpha} c_0, \tag{302}$$

wenn man mit c_0 die ursprüngliche Konzentration der Verbindung und mit α den Dissoziationsgrad bezeichnet. Ein Beispiel, für das Gl. (302) sich im Konzentrationsbereich $0{,}015 < c_0 < 0{,}15 \text{ mol dm}^{-3}$ als streng gültig erwies, bietet der Zerfall der Verbindung s-Trinitrobenzol-Anthracen in Tetrachlorethanlösung[2]. Die Meßergebnisse sind in Abb. 115 dagestellt, in der $\log K_{(c)}$ gegen $\frac{1}{T}$ aufgetragen ist. Die Meßpunkte liegen auf einer Geraden entsprechend Gl. (279), ihre Neigung liefert die Dissoziationswärme der Molekülverbindung zu $\Delta U = 15{,}313$ kJ mol^{-1}.

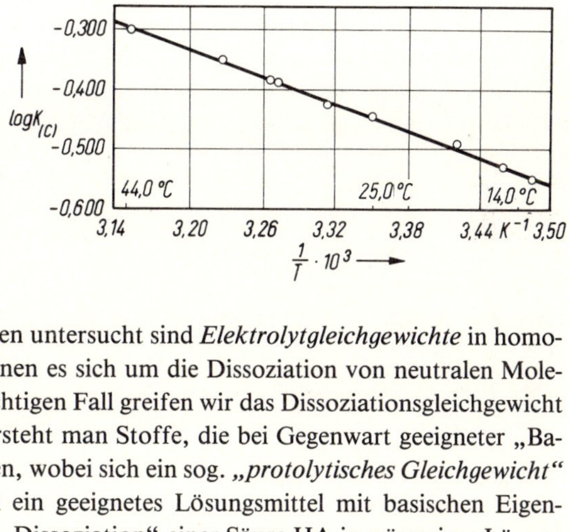

Abb. 115. Temperaturabhängigkeit der Dissoziationskonstanten der Molekülverbindung s-Trinitrobenzol-Anthracen in Tetrachlorethanlösung.

Wichtiger und an zahlreichen Beispielen untersucht sind *Elektrolytgleichgewichte* in homogener Lösung, d. h. Reaktionen, bei denen es sich um die Dissoziation von neutralen Molekeln in Ionen handelt. Als besonders wichtigen Fall greifen wir das Dissoziationsgleichgewicht von Säuren heraus. Unter „Säuren" versteht man Stoffe, die bei Gegenwart geeigneter „Basen" Protonen (H^+) abzugeben vermögen, wobei sich ein sog. *„protolytisches Gleichgewicht"* einstellt. Als Protonenempfänger kann ein geeignetes Lösungsmittel mit basischen Eigenschaften, z. B. Wasser, dienen, und die „Dissoziation" einer Säure HA in wässeriger Lösung verläuft nach dem allgemein gültigen Schema

---

1 Über die benutzten Methoden vgl. *G. Kortüm,* Kolorimetrie, Photometrie und Spektrometrie, 4. Aufl. Berlin 1962.

2 Eine sehr empfindliche Prüfung auf die Gültigkeit des Massenwirkungsgesetzes in der Form (302) ist dadurch möglich, daß man die Komponenten A und B in zwei verschiedenen, zueinander reziproken Verhältnissen mischt. Dann müssen sich gleiche Mengen der absorbierenden Verbindung AB bilden, was sich durch optische Messungen sehr genau festellen läßt.

$$HA + H_2O \rightleftarrows H_3O^+ + A^- .$$

In sehr verdünnten Lösungen (bei großem Überschuß des Lösungsmittels) kann man die Aktivität des Wassers als praktisch konstant ansehen, so daß man das Massenwirkungsgesetz unter Benutzung von Volumenkonzentrationen nach (254) und (282) in der Form ansetzen kann

$$\boldsymbol{K}_{(c)} = \frac{[c_{H_3O^+}][c_{A^-}]}{[c_{HA}]} \frac{f_{0H_3O^+} f_{0A^-}}{f_{0HA}} = K_{(c)} \frac{f_{0H_3O^+} f_{0A^-}}{f_{0HA}} = \frac{\alpha^2}{1-\alpha} c_0 \frac{f_{0H_3O^+} f_{0A^-}}{f_{0HA}}, \tag{303}$$

indem man auch hier den „Dissoziationsgrad" α einführt. Für die Messung elektrolytischer Gleichgewichtskonstanten kommen ausschließlich physikalische Methoden in Frage, da sich die Gleichgewichte praktisch momentan einstellen, so daß ein „Einfrieren" nicht möglich ist. Jedoch stehen hier weitere Methoden zur Verfügung, die bei Gasgleichgewichten nicht anwendbar sind (Gefrierpunktserniedrigung, elektrische Leitfähigkeit u. a.), so daß sich fast stets eine brauchbare Methode finden läßt. Als besonders zuverlässig haben sich auch hier optische Methoden erwiesen[1)].

Die aus optischen Präzisionsmessungen von α nach (303) berechneten sog. *„klassischen Dissoziationskonstanten"* $K_{(c)}$ des 2,4-Dinitrophenols in wässeriger Lösung sind für verschiedene Werte von c_0 in Abb. 116 dargestellt[2)]. $K_{(c)}$ erweist sich erwartungsgemäß keineswegs als konzentrationsunabhängig, sondern analog wie $K_{(p)}$ in Abb. 114 (außerhalb des Bereiches der idealen Gase) eine Funktion des Druckes ist, so ist hier $K_{(c)}$ eine Funktion der Konzentration. Ein Unterschied besteht nur insofern, als in diesem Fall das Gebiet der ideal verdünnten Lösung innerhalb der Meßgenauigkeit der Methode überhaupt nicht mehr erreicht wird, so daß $K_{(c)}$ schon in den verdünntesten Lösungen mit c_0 ansteigt. Das liegt daran, daß die *Coulomb*schen Wechselwirkungskräfte zwischen den Ionen sehr weitreichend sind, so daß die Voraussetzun-

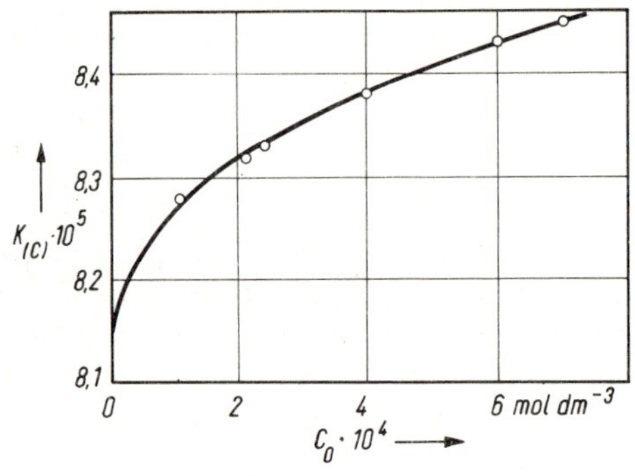

Abb. 116. „Klassische Dissoziationskonstante" des 2,4-Dinitrophenols in Wasser bei 25 °C in Abhängigkeit von c_0.

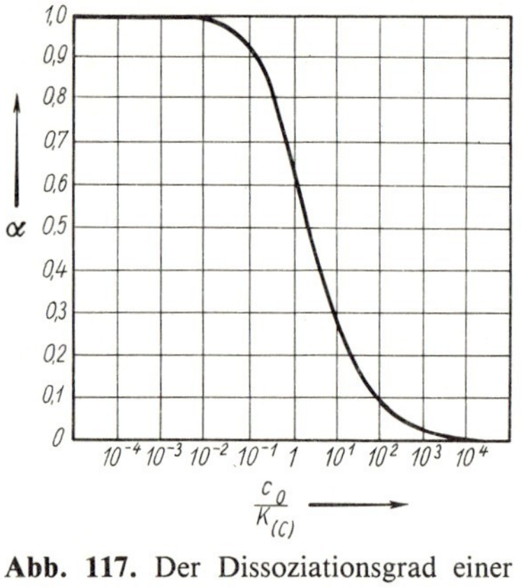

Abb. 117. Der Dissoziationsgrad einer einbasischen Säure als Funktion von $\log[c_0/K_{(c)}]$.

---

1 Vgl. dazu *G. Kortüm*, Lehrbuch der Elektrochemie, 5. Aufl. Weinheim 1972, S. 156ff.

2 *H. v. Halban* und *G. Kortüm*, Z. physik. Chem. Abt. A *170*, 351 (1934); vgl. auch *G. Kortüm* und *K.-W. Koch*, Ber. Bunsenges. *69*, 677 (1965); *G. Kortüm* und *Han C. Shih*, Ber. Bunsenges. *81*, 44 (1977).

gen für die Existenz einer ideal verdünnten Lösung (vgl. S. 190f.) nicht gegeben sind. Dies gilt ganz allgemein für Elektrolytgleichgewichte.

Die *thermodynamische Dissoziationskonstante,* d. h. der Grenzwert $\boldsymbol{K}_{(c)}$ bei verschwindender Konzentration, läßt sich ermitteln, indem man $K_{(c)}$ bei verschiedenen (kleinen) Konzentration c_0 mißt und die Kurve $K_{(c)} = f(c_0)$ auf $c_0 = 0$ extrapoliert. Diese Extrapolation kann man sehr exakt durchführen, weil nach der statistischen Theorie der verdünnten Elektrolytlösungen $\log K_{(c)}$ der Wurzel aus der sog. ionalen Konzentration proportional ist, die sich aus dem gemessenen Dissoziationsgrad α berechnen läßt. Aus den Abweichungen zwischen $K_{(c)}$ und $\boldsymbol{K}_{(c)}$ läßt sich dann nach (303) auch der Ausdruck $f_{0\,H_3O^+} f_{0\,A^-} / f_{0\,HA}$ berechnen. Zur näherungsweisen Berechnung von α in Lösungen genügend kleiner ionaler Konzentration kann man diesen Ausdruck gleich 1 setzen und $K_{(c)}$ als praktisch konstant annehmen. Trägt man das aus $K_{(c)}$ berechnete α als Funktion von $\frac{c_0}{K_{(c)}}$ (in logarithmischem Maßstab) auf, so erhält man die Kurve der Abb. 117, aus der sich α für gegebene Werte von c_0 und $K_{(c)}$ ablesen läßt. Der Dissoziationsgrad fällt mit steigender Konzentration, und zwar am steilsten, wenn $c_0 = K_{(c)}$ ist. Bei geringer Dissoziation ($\alpha \ll 1$) ist angenähert

$$\alpha \approx \sqrt{\frac{K_{(c)}}{c_0}}, \tag{304}$$

in diesem Fall ist der Dissoziationsgrad der Wurzel aus der Konzentration umgekehrt proportional. Umgekehrt ist bei starker Dissoziation $\alpha \approx 1$, so daß

$$1 - \alpha \approx \frac{c_0}{K_{(c)}}, \tag{305}$$

d. h. der undissoziierte Anteil der Säure ist der Gesamtkonzentration proportional. Diese Näherungsgleichungen sind zur raschen Abschätzung der „Acidität" von Lösungen schwacher Säuren ($c_{H_3O^+} = \alpha c_0$) nützlich.

12.5 Heterogene Gleichgewichte

Als Beispiel für Gasgleichgewichte unter Beteiligung reiner kondensierter Phasen betrachten wir zunächst die schon S. 311 erwähnten *Zersetzungsgleichgewichte,* bei denen es sich um die Reaktion eines reinen Gases mit einem oder mehreren festen Stoffen handelt, also etwa

$$CaCO_3 \rightleftarrows CaO + CO_2; \quad 2CuCl_2 \rightleftarrows 2CuCl + Cl_2;$$
$$ZnSO_4 \cdot 2NH_3 \rightleftarrows ZnSO_4 \cdot NH_3 + NH_3; \quad Ba(OH)_2 \rightleftarrows BaO + H_2O;$$
$$2HgO \rightleftarrows 2Hg + O_2; \quad CaH_2 \rightleftarrows Ca + H_2 \quad \text{usw.}$$

Von besonderem praktischen Interesse ist die Zersetzung fester Hydrate unter Abspaltung von Wasserdampf, also etwa die Reaktion

$$CaCl_2 \cdot H_2O \rightleftarrows CaCl_2 + H_2O_D.$$

Können wir für die Gasphase das ideale Gasgesetz als gültig annehmen, so wird die Gleichgewichtsfugazität des Wasserdampfes mit dem Zersetzungsdruck identisch, und es gilt nach (260)

$$K_{(p)} = [p_{H_2O}]\,. \tag{306}$$

Die Phasenregel läßt sich auf ein solches heterogenes Gleichgewicht nicht anwenden (vgl. S. 223), es ist univariant, und der Zersetzungsdruck ist durch Wahl der Temperatur eindeutig festgelegt, solange die beiden festen Phasen vorhanden sind, und zwar unabhängig von ihrem Mengenverhältnis, da ja ihre Aktivität gleich 1 zu setzen ist. Mit Hilfe derartiger Systeme läßt sich also ein ganz bestimmter, nur von T abhängiger Wasserdampfdruck einstellen, der gegenüber äußeren Störungen aufrechterhalten wird, weil das System (bei Vorhandensein eines genügend großen Vorrats der festen Phasen) beträchtliche Mengen von H_2O aufzunehmen oder abzugeben imstande ist (Prinzip der *Exsikkatortrocknung*).

In der folgenden Tabelle sind die Zersetzungsdrucke einiger Hydrate bei 25 °C zusammengestellt.

Tabelle 14. Zersetzungsdrucke [p] von Hydraten bei 25 °C in mbar.

Gleichgewicht		t °C	p mbar
$Na_2SO_4 \cdot 10H_2O$	$\rightleftarrows Na_2SO_4 + 10H_2O$	+25	25,60
$Na_2CO_3 \cdot 10H_2O$	$\rightleftarrows Na_2CO_3 \cdot 7H_2O + 3H_2O$	+25	24,01
$CuSO_4 \cdot 5H_2O$	$\rightleftarrows CuSO_4 \cdot 3H_2O + 2H_2O$	+35	21,86
$CuSO_4 \cdot 3H_2O$	$\rightleftarrows CuSO_4 \cdot H_2O + 2H_2O$	+35	14,40
$CuSO_4 \cdot H_2O$	$\rightleftarrows CuSO_4 + H_2O$	+35	0,24
$ZnSO_4 \cdot 7H_2O$	$\rightleftarrows ZnSO_4 \cdot 6H_2O + H_2O$	+25	20,45
$ZnSO_4 \cdot H_2O$	$\rightleftarrows ZnSO_4 + H_2O$	+25	0,01
$Na_2SO_3 \cdot 7H_2O$	$\rightleftarrows Na_2SO_3 + 7H_2O$	+20	17,07
$Na_2HPO_4 \cdot 2H_2O$	$\rightleftarrows Na_2HPO_4 + 2H_2O$	+25	11,87
$BaCl_2 \cdot 2H_2O$	$\rightleftarrows BaCl_2 \cdot H_2O + H_2O$	+25	3,33
$BaCl_2 \cdot H_2O$	$\rightleftarrows BaCl_2 + H_2O$	+25	3,33
$LiCl \cdot 2H_2O$	$\rightleftarrows LiCl \cdot H_2O + H_2O$	+12,5	2,67
$LiBr \cdot 2H_2O$	$\rightleftarrows LiBr \cdot H_2O + H_2O$	+25	0,76

Für die *Temperaturabhängigkeit* des Zersetzungsdruckes gilt die *Clausius-Clapeyron*sche Gl. (44), worauf ebenfalls schon hingewiesen wurde, die Kurve verläuft also ähnlich wie die Dampfdruckkurve des reinen Wassers. $\boldsymbol{\Delta H}$ bedeutet hier die molare Dissoziationswärme des betr. Hydrats.

Bildet ein Salz mehrere Hydrate, so findet eine stufenweise Zersetzung statt, wenn man bei konstanter Temperatur den Wasserdampf dauernd abpumpt. Geht man etwa vom 6-Hydrat des $CaCl_2$ aus, so stellt sich zunächst der dem Gleichgewicht

$$CaCl_2 \cdot 6H_2O \rightleftarrows CaCl_2 \cdot 4H_2O + 2H_2O$$

entsprechende Zersetzungsdruck ein. Bei dauernder Entfernung des Wasserdampfes wird die $CaCl_2 \cdot 6H_2O$-Phase schließlich völlig verbraucht, und der Zersetzungsdruck sinkt sprungweise auf einen Wert, der dem Gleichgewicht

$$CaCl_2 \cdot 4H_2O \rightleftarrows CaCl_2 \cdot 2H_2O + 2H_2O$$

entspricht. Dieser wiederholt sich noch zweimal, wenn die neuen Phasen $CaCl_2 \cdot H_2O$ und $CaCl_2$ entstehen, wobei jedem dreiphasigen Gleichgewicht ein anderer, durch T eindeutig festgelegter Wasserdampfdruck entspricht. Trägt man $[p_{H_2O}]$ gegen die Zusammensetzung des Systems auf, so erhält man einen treppenförmigen Kurvenzug, der als „*Abbau-Isotherme*" bezeichnet wird. In Abb. 118 ist die Abbau-Isotherme des Kupfersulfats bei 50°C wiedergege-

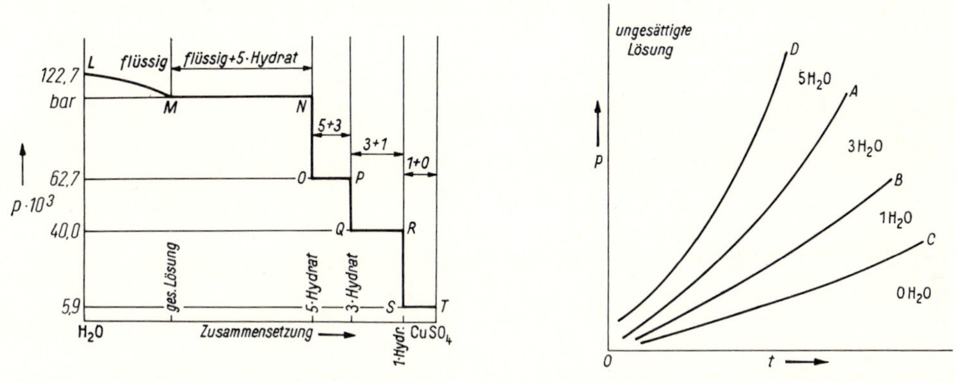

Abb. 118. Abbau-Isotherme des Kupfersulfats bei $t = 50\,°C$ sowie p-t-Kurven der verschiedenen Hydrate und der gesättigten wässerigen Lösung.

ben, zusammen mit den Dampfdruck-Temperatur-Kurven der verschiedenen Hydrate und der gesättigten wässerigen Lösung. Es bedeuten

Bereich MN; Kurve D:	gesättigte wässerige Lösung
Bereich OP; Kurve A:	$CuSO_4 \cdot 5H_2O \rightleftarrows CuSO_4 \cdot 3H_2O + 2H_2O$
Bereich QR; Kurve B:	$CuSO_4 \cdot 3H_2O \rightleftarrows CuSO_4 \cdot H_2O + 2H_2O$
Bereich ST; Kurve C:	$CuSO_4 \cdot H_2O \rightleftarrows CuSO_4 + H_2O$.

Als Beispiel für eine heterogene Gasreaktion, an der mehrere Gase beteiligt sind, betrachten wir die als Teilvorgang des Hochofenprozesses wichtige Reaktion[1)]

$$FeO + CO \rightleftarrows Fe + CO_2 .$$

Hier lautet das Massenwirkungsgesetz für ideale Gasphase nach (260)

$$K_{(p)} = \frac{[p_{CO_2}]}{[p_{CO}]} . \tag{307}$$

Das Verhältnis der Partialdrucke ist im Gleichgewicht konstant und unabhängig vom Mengenverhältnis der festen Phasen. Dabei ist Voraussetzung, daß Fe und FeO als reine Phasen

---

[1] Vgl. *Austin* und *Day,* Ind. Engng. Chem. *33,* 23 (1941).

vorliegen, d. h. keine Mischkristalle miteinander bilden. Hier liegt ein dreiphasiges divariantes Gleichgewicht vor, d. h. man kann z. B. Temperatur und Partialdruck von CO willkürlich wählen, dann ist aber der Partialdruck von CO_2 durch (307) eindeutig festgelegt. Geht man von reinem CO (n_0 mol) aus und bezeichnet den Bildungsgrad wieder mit y, so ist im Gleichgewicht $[n_{CO_2}] = n_0 y$, $[n_{CO}] = n_0(1 - y)$, und es wird

$$K_{(p)} = \frac{y}{1-y} \quad \text{oder} \quad y = \frac{K_{(p)}}{1 + K_{(p)}}. \tag{308}$$

Bei 500 °C ist $K_{(p)} \approx 1$, so daß $y = 0{,}5$ wird. Auf diese Weise lassen sich Gasmischungen bestimmter prozentualer Zusammensetzung herstellen, was auch für präparative Zwecke zuweilen von Bedeutung ist. Bei höheren Drucken sind natürlich auch hier die Partialdrucke durch die Fugazitäten zu ersetzen.

Grundsätzlich kann man die Gleichgewichtskonstanten heterogener Reaktionen nach den gleichen, S. 315 skizzierten Methoden bestimmen wie die homogener Gleichgewichte, jedoch beobachtet man häufig, daß sich die Gleichgewichte selbst bei hohen Temperaturen nur sehr langsam einstellen. Diese Hemmungserscheinungen beruhen gewöhnlich auf der Langsamkeit der Diffusion der Gase in den festen Phasen, wenn sich etwa bei dem zuletzt genannten Beispiel die FeO-Kristalle mit einer Schicht von Fe überziehen, so daß das Kohlenoxid nicht in die tieferen Schichten einzudringen vermag. Man verwendet deshalb die festen Stoffe in Form möglichst feiner Pulver mit großer Oberfläche und macht das Gasvolumen möglichst klein, damit das Gleichgewicht bald erreicht wird. Zur Kontrolle wird man nach Möglichkeit versuchen, das Gleichgewicht von beiden Seiten her zu erreichen, um sichere Ergebnisse zu erzielen.

12.6 Gekoppelte und simultane Gleichgewichte

Nimmt ein Stoff an zwei getrennten, im gleichen System ablaufenden Reaktionen teil, so geht seine Gleichgewichtsaktivität bzw. -fugazität in die beiden zugehörigen Gleichgewichtskonstanten ein. In einem Gemisch von H_2O und CO_2 spalten beide Gase bei hoher Temperatur Sauerstoff ab, und das Gleichgewicht der beiden Reaktionen

$$2H_2O \rightleftarrows 2H_2 + O_2 \quad \text{und} \quad 2CO_2 \rightleftarrows 2CO + O_2$$

muß sich gleichzeitig einstellen. Bei Gültigkeit des idealen Gasgesetzes ist demnach

$$[p_{O_2}] = \frac{K_{(p)H_2O}[p_{H_2O}]^2}{[p_{H_2}]^2} = \frac{K_{(p)CO_2}[p_{CO_2}]^2}{[p_{CO}]^2}. \tag{309}$$

Daraus folgt

$$\frac{[p_{CO_2}][p_{H_2}]}{[p_{CO}][p_{H_2O}]} = \sqrt{\frac{K_{(p)H_2O}}{K_{(p)CO_2}}} = K_{(p)}. \tag{310}$$

Die beiden Dissoziationsgleichgewichte sind über den Sauerstoffgleichgewichtsdruck „gekoppelt“, und $K_{(p)}$ ist die Gleichgewichtskonstante der sog. „*Wassergasreaktion*“ $CO + H_2O \rightleftarrows$

$CO_2 + H_2$, die sich somit aus den beiden Dissoziationskonstanten berechnen läßt. Direkte Messungen der drei Konstanten nach der „Strömungsmethode" bei derselben Temperatur haben dieses Ergebnis bestätigt.

In analoger Weise lassen sich manche andere Reaktionen in einfachere zerlegen. In solchen Fällen besteht zwischen den Gleichgewichtskonstanten stets ein einfacher, aus den Reaktionsgleichungen sich ergebender Zusammenhang, der dazu benutzt werden kann, *eine* der Konstanten aus den übrigen zu berechnen.

Als Beispiel für gekoppelte Reaktionen in homogener wässeriger Lösung betrachten wir die „Dissoziation" einer schwachen Säure und die „Eigendissoziation" des Wassers, deren Gleichgewicht sich in jeder wässerigen Säurelösung gleichzeitig einstellt. In beiden Fällen handelt es sich um *„protolytische Reaktionen"* in dem S. 329 erwähnten Sinn:

$$\mathrm{HA} + \mathrm{H_2O} \rightleftarrows \mathrm{H_3O^+} + \mathrm{A^-} \quad \text{und} \quad \mathrm{H_2O} + \mathrm{H_2O} \rightleftarrows \mathrm{H_3O^+} + \mathrm{OH^-}\,.$$

Da, wie wir sahen, in diesem Fall auch bei sehr kleiner Säurekonzentration keine ideal verdünnten Lösungen vorliegen, schreiben wir die Gleichgewichtskonstanten analog zu (303) in der Form

$$\begin{aligned} \boldsymbol{K}_{(c)\mathrm{HA}} &= \frac{[c_{\mathrm{H_3O^+}}][c_{\mathrm{A^-}}]}{[c_{\mathrm{HA}}]} \frac{f_{0\mathrm{H_3O^+}} f_{0\mathrm{A^-}}}{f_{0\mathrm{HA}}} \quad \text{und} \\ \boldsymbol{K}_{(c)\mathrm{H_2O}} &= [c_{\mathrm{H_3O^+}}][c_{\mathrm{OH^-}}] f_{0\mathrm{H_3O^+}} f_{0\mathrm{OH^-}}\,, \end{aligned} \tag{311}$$

indem wir die Aktivität des in großem Überschuß vorhandenen Lösungsmittels als konstant und gleich 1 setzen. Hier sind die beiden Konstanten über die Gleichgewichtsaktivität $[a_{\mathrm{H_3O^+}}] = [c_{\mathrm{H_3O^+}}] f_{0\mathrm{H_3O^+}}$ der Hydroxoniumionen miteinander gekoppelt, so daß wir (311) auch in der Form schreiben können

$$[a_{\mathrm{H_3O^+}}] = \frac{\boldsymbol{K}_{(c)\mathrm{HA}}[a_{\mathrm{HA}}]}{[a_{\mathrm{A^-}}]} = \frac{\boldsymbol{K}_{(c)\mathrm{H_2O}}}{[a_{\mathrm{OH^-}}]}$$

oder

$$\frac{[a_{\mathrm{HA}}][a_{\mathrm{OH^-}}]}{[a_{\mathrm{A^-}}]} = \frac{[c_{\mathrm{HA}}][c_{\mathrm{OH^-}}]}{[c_{\mathrm{A^-}}]} \frac{f_{0\mathrm{HA}} f_{0\mathrm{OH^-}}}{f_{0\mathrm{A^-}}} = \frac{\boldsymbol{K}_{(c)\mathrm{H_2O}}}{\boldsymbol{K}_{(c)\mathrm{HA}}} = \boldsymbol{K}_h\,. \tag{312}$$

$\boldsymbol{K}_h$ ist die Gleichgewichtskonstante der Reaktion

$$\mathrm{A^-} + \mathrm{H_2O} \rightleftarrows \mathrm{HA} + \mathrm{OH^-}\,,$$

die man als *Hydrolyse* des Anions A^- bezeichnet und die sich aus den beiden obigen „Dissoziationsreaktionen" zusammensetzt. Die Hydrolysenkonstante $\boldsymbol{K}_h$ des Salzes läßt sich somit aus der Dissoziationskonstante der Säure und der Dissoziationskonstante des Wassers berechnen.

Stellt sich ein homogenes chemisches Gleichgewicht in zwei homogenen Mischphasen ein, die ihrerseits im Phasengleichgewicht miteinander stehen, so spricht man von *simultanen Gleichgewichten.* Kennzeichnen wir das Gleichgewicht in der einen Phase $'$ nach (237) durch

$$\ln \boldsymbol{K}' = \sum \nu_i \ln [a'_{0i}]\,, \tag{313}$$

das Gleichgewicht in der anderen Phase $''$ entsprechend durch

$$\ln \boldsymbol{K}'' = \sum \nu_i \ln [a''_{0i}], \tag{314}$$

so muß offenbar zwischen beiden Konstanten eine Beziehung existieren, weil sich gleichzeitig auch das Verteilungsgleichgewicht der an der Reaktion beteiligten Stoffe auf die beiden Phasen einstellt. Für dieses Verteilungsgleichgewicht gilt analog zu Gl. (222), indem man auf die unendlich verdünnten Lösungen als Bezugszustände normiert:

$$\frac{[a''_{0i}]}{[a'_{0i}]} = \exp[-(\mu''_{0i} - \mu'_{0i})/RT] \equiv \boldsymbol{C}_i \quad \text{oder} \quad \ln[a''_{0i}] - \ln[a'_{0i}] = \ln \boldsymbol{C}_i, \tag{315}$$

die Verteilungskoeffizienten $\boldsymbol{C}_i$ hängen ausschließlich von Temperatur und Druck ab. Die Zusammenfassung dieser Gleichungen ergibt

$$\ln \frac{\boldsymbol{K}''}{\boldsymbol{K}'} = \sum \nu_i \ln \boldsymbol{C}_i, \tag{316}$$

oder für das allgemeine Reaktionsschema (III, 118)

$$\frac{\boldsymbol{K}''}{\boldsymbol{K}'} = \frac{\boldsymbol{C}_{\mathrm{C}}^{\nu_{\mathrm{C}}} \boldsymbol{C}_{\mathrm{D}}^{\nu_{\mathrm{D}}}}{\boldsymbol{C}_{\mathrm{A}}^{\nu_{\mathrm{A}}} \boldsymbol{C}_{\mathrm{B}}^{\nu_{\mathrm{B}}}}. \tag{317}$$

Ist somit die Gleichgewichtskonstante in der einen Phase gegeben, so läßt sich das Gleichgewicht in der anderen Phase berechnen, wenn die Verteilungskoeffizienten der Reaktionsteilnehmer auf die beiden Phasen als bekannt vorausgesetzt werden können. Hiervon wurde bereits S. 302 Gebrauch gemacht.

Gl. (315) läßt sich unmittelbar experimentell prüfen, wenn es sich bei beiden Phasen um ideale Mischphasen handelt, so daß man die Aktivitäten durch die analytisch bestimmbaren Molenbrüche ersetzen kann. Ein Beispiel bieten gewisse zweiphasige flüssige Systeme, die aus zwei Metallen und ihren Salzen bzw. Oxiden aufgebaut sind. So erhält man z. B. für das System Pb, Sn, $PbCl_2$ und $SnCl_2$ bei genügend hoher Temperatur eine flüssige metallische und eine flüssige Salzphase nebeneinander, in denen sich das Gleichgewicht

$$\mathrm{Pb} + \mathrm{SnCl_2} \rightleftarrows \mathrm{Sn} + \mathrm{PbCl_2}$$

einstellt. Die Konzentration der Metalle in der Salzphase und die der Salze in der Metallphase ist äußerst klein und deshalb analytisch nicht faßbar. Unter der Voraussetzung, daß es sich um angenähert ideale Mischphasen handelt, gilt z. B. für die Salzphase $''$

$$\frac{[x''_{\mathrm{Sn}}][x''_{\mathrm{PbCl_2}}]}{[x''_{\mathrm{Pb}}][x''_{\mathrm{SnCl_2}}]} = K''. \tag{318}$$

Ersetzt man nun die Molenbrüche der Metalle nach (315) durch $[x''_{\mathrm{Sn}}] = C_{\mathrm{Sn}}[x'_{\mathrm{Sn}}]$ und $[x''_{\mathrm{Pb}}] = C_{\mathrm{Pb}}[x'_{\mathrm{Pb}}]$, worin die Werte $[x']$ in der Metallphase wieder analytisch ermittelt werden können, so wird aus (318)

$$\frac{[x'_{\mathrm{Sn}}][x''_{\mathrm{PbCl_2}}]}{[x'_{\mathrm{Pb}}][x''_{\mathrm{SnCl_2}}]} = \left(\frac{[x'_{\mathrm{Sn}}]}{[1 - x'_{\mathrm{Sn}}]}\right)\left(\frac{[x''_{\mathrm{PbCl_2}}]}{[1 - x''_{\mathrm{PbCl_2}}]}\right) = K''\frac{C_{\mathrm{Pb}}}{C_{\mathrm{Sn}}} \equiv K. \tag{319}$$

Trägt man die beiden Klammerausdrücke gegeneinander auf, so sollte sich eine gleichseitige Hyperbel ergeben, wenn ein simultanes Gleichgewicht in den beiden als ideal angenommenen Misch-Phasen vorliegt. Dies ist mit guter Näherung der Fall, für K ergeben sich die Werte 3,5 bei 600 °C und 5,6 bei 500 °C, woraus hervorgeht, daß es sich tatsächlich um angenähert ideale Mischphasen handelt oder (wahrscheinlicher), daß sich die Aktivitätskoeffizienten weitgehend gegenseitig kompensieren, da es sich um eine symmetrische Reaktion zwischen chemisch ähnlichen Stoffen handelt, so daß $f_{\mathrm{Sn}} \approx f_{\mathrm{Pb}}$ und $f_{\mathrm{SnCl_2}} \approx f_{\mathrm{PbCl_2}}$ gesetzt werden kann[1)].

Übersichtlichere Verhältnisse hat man bei Reaktionen neutraler Stoffe in verschiedenen Lösungsmitteln, wobei die reagierenden Stoffe in kleinen Konzentrationen vorliegen, so daß man mit gewisser Berechtigung die Aktivitäten durch die Molenbrüche bzw. Konzentrationen ersetzen kann. Gut untersuchte Beispiele sind Gleichgewichte zwischen zwei isomeren oder tautomeren organischen Stoffen nach dem allgemeinen Schema A $\rightleftarrows$ B.

Für diesen Fall läßt sich Gl. (317) unter Einführung der Sättigungsaktivitäten der reagierenden Stoffe in eine zweckmäßigere Form bringen. Das Gleichgewicht in einem Lösungsmittel ′ sei nach (237) gegeben durch

$$\ln \boldsymbol{K}' = \sum \nu_i \ln [a'_{0i}] = -\frac{1}{RT}\sum \nu_i \mu'_{0i}, \tag{320}$$

indem wir wieder die ideal verdünnte Lösung als Bezugszustand wählen. Für das Löslichkeitsgleichgewicht jedes der Reaktionsteilnehmer in diesem Lösungsmittel gilt nach Gl. (121)

$$\ln a'_{i_s} = \frac{\mu_i - \mu'_{0i}}{RT}, \tag{321}$$

wenn man mit a'_{i_s} die Sättigungsaktivität und mit μ_i das chemische Potential der reinen festen Phase des Stoffes i bezeichnet. Daraus folgt

$$\mu'_{0i} = \mu_i - RT \ln a'_{i_s},$$

was in (320) eingesetzt ergibt

$$\ln \boldsymbol{K}' = \sum \nu_i \ln [a'_{0i}] = -\frac{1}{RT}\sum \nu_i \mu_i + \sum \nu_i \ln a'_{i_s}. \tag{322}$$

Für die oben genannte Umlagerungsreaktion A $\rightleftarrows$ B gilt demnach

$$\boldsymbol{K}' = \frac{[a'_{0\mathrm{B}}]}{[a'_{0\mathrm{A}}]} = \frac{a'_{\mathrm{B}_s}}{a'_{\mathrm{A}_s}}\boldsymbol{D}, \tag{323}$$

wenn

$$\boldsymbol{D} \equiv \exp[-(\mu_{\mathrm{B}} - \mu_{\mathrm{A}})/RT] \tag{324}$$

eine Konstante darstellt, die nur von den Reaktionsteilnehmern, dagegen nicht vom Lösungsmittel abhängt. Eine völlig analoge Rechnung ergibt für die Gleichgewichtskonstante derselben Reaktion in einem Lösungsmittel ″

---

[1] Tatsächlich treten bei analogen Reaktionen verschiedenwertiger Metalle wie etwa $\mathrm{Pb} + 2\,\mathrm{TlCl} \rightleftarrows \mathrm{PbCl_2} + 2\,\mathrm{Tl}$ recht merkliche Abweichungen von der Konstanz des K in (319) auf.

$$\boldsymbol{K}'' = \frac{[a''_{0\mathrm{B}}]}{[a''_{0\mathrm{A}}]} = \frac{a''_{\mathrm{B}_s}}{a''_{\mathrm{A}_s}} \boldsymbol{D} . \tag{323a}$$

Aus (323) und (323a) erhalten wir[1])

$$\boldsymbol{D} = \frac{[a''_{0\mathrm{B}}]\, a''_{\mathrm{A}_s}}{[a''_{0\mathrm{A}}]\, a''_{\mathrm{B}_s}} = \frac{[a'_{0\mathrm{B}}]\, a'_{\mathrm{A}_s}}{[a'_{0\mathrm{A}}]\, a'_{\mathrm{B}_s}} . \tag{325}$$

Sind die Löslichkeiten genügend klein, so daß man die Lösungen als ideal verdünnte Lösungen ansehen kann, so gilt entsprechend unter Benutzung beliebiger Konzentrationseinheiten

$$D = \frac{[c''_{\mathrm{B}}]\, c''_{\mathrm{A}_s}}{[c''_{\mathrm{A}}]\, c''_{\mathrm{B}_s}} = \frac{[c'_{\mathrm{B}}]\, c'_{\mathrm{A}_s}}{[c'_{\mathrm{A}}]\, c'_{\mathrm{B}_s}} . \tag{325a}$$

Ist demnach die Gleichgewichtskonstante $K_{(c)}$ in einem beliebigen Lösungsmittel bestimmt worden, so kann man sie durch Ermittlung der Löslichkeiten der Reaktionsteilnehmer für jedes andere Lösungsmittel berechnen. In der folgenden Tabelle ist das Keto-Enol-Gleichgewicht des Benzoylcamphers bei 0 °C in verschiedenen Lösungsmitteln zusammen mit den Löslichkeitsquotienten der beiden Formen wiedergegeben. Die daraus berechnete Konstante D ist innerhalb der Versuchsfehler konstant, wie es Gl. (325a) verlangt, woraus zu schließen ist, daß hier tatsächlich angenähert ideal verdünnte Lösungen vorliegen.

Tabelle 15. Keto-Enol-Gleichgewicht des Benzoylcamphers in verschiedenen Lösungsmitteln bei 0 °C.

Lösungsmittel	$\frac{[c_{\mathrm{Enol}}]}{[c_{\mathrm{Keto}}]}$	$\frac{c_{s\,\mathrm{Enol}}}{c_{s\,\mathrm{Keto}}}$	$D = \frac{[c_{\mathrm{Enol}}]\, c_{s\,\mathrm{Keto}}}{[c_{\mathrm{Keto}}]\, c_{s\,\mathrm{Enol}}}$
Ethylether	6,81	6,39	1,06
Essigsäureethylester	1,98	1,81	1,09
Ethanol	1,67	1,57	1,06
Methanol	0,87	0,75	1,15
Aceton	0,85	0,80	1,06

[1] Dividiert man beide Gleichungen, so erhält man die zu (317) analoge Beziehung.

Kapitel VI

Der Nernstsche Wärmesatz (III. Hauptsatz der Thermodynamik)

S=0 bei T=0 für sämtl. p u. V

1 Freie Standard-Bildungsenthalpien

In analoger Weise, wie man aus gemessenen Reaktionswärmen mit Hilfe des *Hess*schen Satzes die *Bildungsenthalpien* chemischer Verbindungen aus ihren Elementen ermitteln und unter Umrechnung auf Standardbedingungen in Form der *Standard-Bildungsenthalpien* $\Delta\boldsymbol{H}^{\mathrm{B}}$ tabellieren kann (vgl. S. 110f.), lassen sich auch die *Freien Bildungsenthalpien* chemischer Verbindungen aus ihren Elementen aus gemessenen Reaktionsarbeiten gewinnen. Wie die Bildungsenthalpien, so setzt man auch die Freien Bildungsenthalpien der Elemente in ihren Standardzuständen definitionsmäßig gleich Null, und wählt als solche wiederum die reinen Phasen bei 1 atm = 1,01325 bar Druck bzw. der Fugazität 1. Zur Tabellierung rechnet man meistens die Meßwerte auf 25 °C um und bezeichnet diese *Freien Standard-Bildungsenthalpien* mit $\Delta\boldsymbol{G}^{\mathrm{B}}_{298}$; sie sind für eine Reihe von Verbindungen zusammen mit den $\Delta\boldsymbol{H}^{\mathrm{B}}_{298}$-Werten in Tabelle V im Anhang angegeben[1)]. Die Aussage, daß für die Bildung von flüssigem Wasser aus den Elementen Wasserstoff und Sauerstoff

$$H_{2(\mathrm{Gas})} + \tfrac{1}{2}\,O_{2(\mathrm{Gas})} = H_2O_{\mathrm{fl}}; \quad \Delta\boldsymbol{G}^{\mathrm{B}}_{298(\mathrm{fl})} = -237{,}2\ \mathrm{kJ\ mol^{-1}},$$

bedeutet also, daß die Freie Enthalpie von 1 mol flüssigem Wasser bei 25 °C und 1 atm Druck um 237,2 kJ mol^{-1} kleiner ist als die Summe der Freien Enthalpien von 1 mol H_2 und $\frac{1}{2}$ mol O_2 unter gleichen Bedingungen, die man willkürlich gleich Null setzt. Um daraus die freie Bildungsenthalpie des Wasser*dampfes* unter Standardbedingungen, d. h. bei 25 °C und 1 atm Druck bzw. der Fugazität 1 (ein Zustand, der nicht realisierbar ist) zu gewinnen, muß man sich den Wasserdampf reversibel und isotherm vom Gleichgewichtsdruck (31,68 mbar) auf 1 atm komprimiert denken. Die dafür notwendige Arbeit ist nach (III, 47a) unter Vernachlässigung der Volumenarbeit der flüssigen Phase und ohne Berücksichtigung des Fugazitätskoeffizienten des Dampfes gegeben durch

$$\Delta G = RT \ln \frac{1013{,}3}{31{,}68} = 8{,}59\ \mathrm{kJ\ mol^{-1}},$$

so daß $\Delta\boldsymbol{G}^{\mathrm{B}}_{298(g)} = (-237{,}2 + 8{,}59)\ \mathrm{kJ\ mol^{-1}} = -228{,}6\ \mathrm{kJ\ mol^{-1}}$ wird.

---

1 Zahlreiche weitere Werte z. B. im *Landolt-Börnstein*, 6. Aufl. Bd. II/4, Berlin 1961; ferner bei *F. D. Rossini,* Selected Values of Chemical Thermodynamic Properties, Nat. Bur. Standards Circ. 500 (1952) sowie JANAF Thermochemical Tables, 2. A., Washington 1971, NSRDS-NBS 37 (vgl. auch S. 111).

Wählt man für Reaktionen in verdünnten Lösungen die ideal verdünnte Lösung als Bezugszustand und normiert die Aktivitätskoeffizienten auf $\mu_{0i(m)}$ bzw. $\mu_{0i(c)}$ als Standardzustände, so kann man aus gemessenen Reaktionsarbeiten die Freien Bildungsenthalpien $\Delta G^{\mathrm{B}}_{0\,298}$ von Verbindungen ermitteln, indem man die Meßwerte auf $m = 0$ bzw. $c = 0$ extrapoliert. Besonders bei wässerigen Elektrolytlösungen sind die $\Delta G^{\mathrm{B}}_{0\,298}$-Werte, normiert auf die $\mu_{0i(m)}$-Standardzustände, tabelliert worden[1]. In Tab. 16 sind einige Freie Standard-Bildungsenthalpien einfacher Molekeln bei 25 °C angegeben[2].

Tabelle 16. Freie Standardbildungsenthalpien einiger Stoffe in kJ mol^{-1} bei 25 °C.

Verbindung	$\Delta G^{\mathrm{B}}_{298}$	Verbindung	$\Delta G^{\mathrm{B}}_{0\,298}$
$HCl_{(Gas)}$	−95,27	$HCl_{(aq)}$	−131,17
$HBr_{(Gas)}$	−53,35	$HBr_{(aq)}$	−102,93
$HI_{(Gas)}$	+1,30	$HI_{(aq)}$	−51,67
$NaCl_{(fest)}$	−410,99	$NaCl_{(aq)}$	−393,04
$CO_{(Gas)}$	−137,28		
$CO_{2(Gas)}$	−393,51	$LiCl_{(aq)}$	−424,93
$NO_{(Gas)}$	+86,69	$KCl_{(aq)}$	−413,21
$NO_{2(Gas)}$	+51,84	$AgCl_{(aq)}$	−54,06
$H_2O_{(fl)}$	−237,19	$AgI_{(aq)}$	+25,44
$Ag_2S_{(fest)}$	−39,16	$Ag_2S_{(aq)}$	+237,90

Mit Hilfe solcher Werte lassen sich Reaktionsarbeiten anderer Reaktionen unter Standardbedingungen auf die gleiche Weise vorausberechnen wie Reaktionswärmen aus den Bildungsenthalpien. So ergibt sich zum Beispiel die Standard-Reaktionsarbeit der früher erwähnten *„Wassergas-Reaktion"*

$$CO_{(Gas)} + H_2O_{(Gas)} \rightarrow CO_{2(Gas)} + H_{2(Gas)}$$

bei 25 °C aus Tab. 16 zu $\Delta G_{298} = -27{,}61$ kJ mol^{-1}, wenn man die oben berechnete Korrektur für die Freie Bildungsenthalpie des Wasser*dampfes* von 8,59 kJ mol^{-1} berücksichtigt. Sie ist negativ, was bedeutet, daß die Reaktion unter Standardbedingungen spontan von links nach rechts verlaufen würde, da ja $-\Delta G$ ein Maß für die *Affinität* der Reaktion ist. Positive Werte der Freien Standard-Bildungsenthalpien wie bei NO oder HI bedeuten danach, daß die Verbindungen bei 25 °C und unter 1 atm Druck instabil sind gegenüber den Elementen N_2 und O_2 bzw. H_2 und I_2 unter gleichen Bedingungen. Daß sie nicht spontan in die Elemente zerfallen, beruht auf den schon häufig erwähnten Reaktionshemmungen, die kinetischer Natur sind.

Bei der Raktion $HCl_{(Gas)} \rightarrow HCl_{(aq)}$ unter Standardbedingungen beträgt nach Tab. 16 die Standardreaktionsarbeit $\Delta G^{\mathrm{B}}_{0\,298} - \Delta G^{\mathrm{B}}_{298} = -35{,}9$ kJ mol^{-1}. Die zugehörige Standard-Reaktionswärme ist die *erste* Lösungswärme $\Delta H_{0\,298}$ der gasförmigen Salzsäure (vgl. S. 120). Bei NaCl beträgt die Freie Lösungsenthalpie nur $-18{,}0$ kJ mol^{-1}, bei HI dagegen $-53{,}0$ kJ mol^{-1}.

---

1 Vgl. dazu *G. Kortüm,* Lehrb. der Elektrochemie, 5. Aufl., Weinheim 1972.

2 Weitere Werte in Tab. V im Anhang. „aq" bedeutet: Bezogen auf $\mu_{0i(m)}$ als Standardzustand.

Als weiteres Beispiel für die Auswertbarkeit der Tabelle berechnen wir die Gleichgewichtskonstante der Reaktion

$$2\,NO + O_2 \rightleftarrows 2\,NO_2$$

unter Standardbedingungen. Aus $\Delta \boldsymbol{G}_{298} = -69{,}71$ kJ mol^{-1} erhalten wir mit Gl. (V, 237) und $2{,}303 \cdot R = 19{,}14$ J K^{-1} mol^{-1} $\log \boldsymbol{K}_{(p^*)} = 69710/(19{,}14 \cdot 298{,}15) = 12{,}2$; $\boldsymbol{K}_{(p^*)} \approx 10^{12}$. Das Gleichgewicht liegt also weit zugunsten des NO_2, d. h. die Reaktion verläuft praktisch vollständig.

Zur *experimentellen Bestimmung* der Freien Standard-Bildungsenthalpien stehen zwei Wege zur Verfügung: Erstens die *Messung elektromotorischer Kräfte* geeigneter galvanischer Zellen, aus denen sich nach Gl. (IV, 116) ΔG unmittelbar berechnen läßt. Auf diese Weise kann man z. B. die oben erwähnte Freie Bildungsenthalpie $\Delta \boldsymbol{G}^{B}_{298}$ des flüssigen Wassers aus der EMK der sog. Knallgaszelle $(H_2)Pt/H_2O/Pt(O_2)$ oder die Freie Bildungsenthalpie von HCl $\Delta \boldsymbol{G}^{B}_{0298}$ in ideal verdünnter Lösung aus der EMK der sog. Chlorknallgaszelle $(H_2)Pt/HCl(m)/Pt(Cl_2)$ ermitteln, wobei E wie erwähnt auf verschwindende Konzentration der Salzsäure extrapoliert werden muß. Zweitens die *Messung von Gleichgewichtskonstanten* $\boldsymbol{K}$, aus denen sich nach Gl. (V, 237) die Standardreaktionsarbeiten berechnen lassen. Die so ermittelten Werte von $\Delta \boldsymbol{G}$ werden mit Hilfe von (V, 274) oder (V, 277) auf $T = 298{,}15$ K umgerechnet, wozu die T-Abhängigkeit der zugehörigen Standard-Bildungsenthalpien bekannt sein muß. Auf diese Weise erhält man z. B. aus der Gleichgewichtskonstanten $\boldsymbol{K}_{(p^*)}$ der Ammoniakbildung aus N_2 und H_2 in Tab. 13 die Freie Bildungsenthalpie des Ammoniaks bei 25 °C und 1 atm Druck zu $\Delta \boldsymbol{G}^{B}_{298} = -16{,}38$ kJ mol^{-1}.

Diese experimentellen Methoden stoßen bei zahlreichen Reaktionen auf sehr große und häufig unüberwindliche Schwierigkeiten, denn in den meisten Fällen lassen sich die Reaktionen überhaupt nicht elektromotorisch nutzbar machen (z. B. Reaktionen zwischen neutralen organischen Stoffen), und häufig sind die Gleichgewichtskonstanten sehr groß bzw. sehr klein, d. h. das Gleichgewicht liegt ganz zugunsten der End- bzw. der Ausgangsstoffe, so daß sie einer direkten Messung nicht zugänglich sind, weil die Gleichgewichtsaktivitäten bzw. -konzentrationen sich auch mit den feinsten analytischen oder physikalischen Methoden nicht mehr erfassen lassen. Das Problem, ob es möglich ist, Reaktionsarbeiten bzw. Gleichgewichtskonstanten aus rein *kalorischen Messungen* zu berechnen, ist deshalb für die Reaktionsthermodynamik von größter Bedeutung.

Wie schon S. 318 ausdrücklich hervorgehoben wurde, ist dieses Problem auf Grund des ersten und zweiten Hauptsatzes der Thermodynamik nicht lösbar, denn die Berechnung von Gleichgewichtskonstanten aus kalorischen Messungen nach Gl. (V, 274) scheitert grundsätzlich daran, daß die Integrationskonstante J von vornherein nicht bekannt und nur auf Grund einer experimentellen Bestimmung von $\boldsymbol{K}$ zu ermitteln ist, die zu vermeiden ja den Inhalt des aufgeworfenen Problems darstellt. Daß ΔG aus reinen Wärmemessungen nicht berechenbar ist, folgt auch unmittelbar aus den *Helmholtz-Gibbs*schen Gln. (IV, 109) und (IV, 110), denn diese sind ja ebenfalls Differentialgleichungen, und zu jeder ΔH- bzw. ΔU-T-Kurve gehören unendlich viele ΔG-T-Kurven, die die Bedingung $\Delta G = \Delta H + T\left(\frac{\partial \Delta G}{\partial T}\right)_p$ in jedem Punkt erfüllen. Tatsächlich sind ja auch die *Gibbs-Helmholtz*schen Gleichungen mit den als *van't-Hoff*sche Reaktionsisobare bzw. -isochore bezeichneten Gleichungen (V, 269) und (V, 270) identisch, denn sie lassen sich mit Hilfe von (V, 237) ohne weiteres ineinander umformen. Auf diese Weise erhält man aus (V, 274) durch Multiplikation mit $-RT$

$$\Delta \boldsymbol{G} = \Delta \boldsymbol{H}_{(T=0)} - \Delta \boldsymbol{C}_{p_0} T \ln T - T \int_0^T \frac{\mathrm{d}T}{T^2} \int_0^T \Delta \boldsymbol{C}_v \mathrm{d}T - RTJ' . \tag{1}$$

Dabei ist nach S. 318 $\Delta \boldsymbol{C}_{p_0}$ der temperaturunabhängige Anteil der Molwärmen gasförmiger Reaktionsteilnehmer und $\Delta \boldsymbol{C}_v$ der mit T veränderliche Anteil der Molwärme sämtlicher Reaktionsteilnehmer. Wie die Gleichung zeigt, läßt sich $\Delta \boldsymbol{G}$ nicht aus rein kalorischen Messungen ermitteln, da die unbekannte Integrationskonstante J' in die Gleichung eingeht.

2 Das Theorem von *Nernst*

Beschränken wir uns zunächst auf Reaktionen zwischen *reinen kondensierten Phasen,* so fällt das nur für Gase charakteristische Glied $\Delta \boldsymbol{C}_{p_0} T \ln T$ weg[1]. Ferner ist nach den Regeln der partiellen Integration[2]

$$-T \int_0^T \frac{\mathrm{d}T}{T^2} \int_0^T \Delta \boldsymbol{C}_p \mathrm{d}T = \int_0^T \Delta \boldsymbol{C}_p \mathrm{d}T - T \int_0^T \frac{\Delta \boldsymbol{C}_p \mathrm{d}T}{T}, \tag{2}$$

so daß wir (1) in der Form schreiben können

$$\Delta \boldsymbol{G}_{(\mathrm{kond})} = \Delta \boldsymbol{H}_{(T=0)} + \int_0^T \Delta \boldsymbol{C}_p \mathrm{d}T - T \int_0^T \frac{\Delta \boldsymbol{C}_p}{T} \mathrm{d}T - RTJ' . \tag{3}$$

Differenziert man nach T, so wird

$$\left(\frac{\partial (\Delta \boldsymbol{G})_{\mathrm{kond}}}{\partial T} \right)_p = - \int_0^T \frac{\Delta \boldsymbol{C}_p}{T} \mathrm{d}T - RJ' . \tag{4}$$

Wie nun *Nernst*[3] erkannte, gilt allgemein für Reaktionen zwischen reinen kondensierten Phasen die Grenzbedingung

---

1 Wir schreiben deshalb wieder $\Delta \boldsymbol{C}_p$ statt $\Delta \boldsymbol{C}_v$.

2 Setzt man in die bekannte Formel $uv = \int v\mathrm{d}u + \int u\mathrm{d}v$ folgende Ausdrücke ein: $u \equiv \int \Delta \boldsymbol{C}_p \mathrm{d}T$ und $v = 1/T$, so daß $\mathrm{d}u = \Delta \boldsymbol{C}_p \mathrm{d}T$ und $\mathrm{d}v = -\mathrm{d}T/T^2$, so erhält man

$$\frac{1}{T} \int \Delta \boldsymbol{C}_p \mathrm{d}T - \int \frac{\Delta \boldsymbol{C}_p}{T} \mathrm{d}T = - \int \frac{\mathrm{d}T}{T^2} \int \Delta \boldsymbol{C}_p \mathrm{d}T,$$

was mit (2) identisch ist.

3 *W. Nernst,* Nachr. Ges. Wiss. Göttingen, math.-physik. Kl. *1906,* 1; S.-B. preuß. Akad. Wiss., physik.-math. Kl., *1906,* 933; Die theoretischen und experimentellen Grundlagen des neuen Wärmesatzes, Halle 1918.

$$\lim_{T\to 0}\left(\frac{\partial(\Delta \boldsymbol{G})}{\partial T}\right)_{\text{kond}} = 0\,, \tag{5}$$

was bedeutet, daß für solche Reaktionen die Integrationskonstante

$$J'_{\text{kond}} = 0\,. \tag{6}$$

Dieser aus allgemeinen Betrachtungen über das S. 108 erwähnte *Berthelot*sche Prinzip bei tiefen Temperaturen gezogene Schluß war schon vorher durch Untersuchung des Temperaturverlaufs von $\Delta \boldsymbol{G}$ und $\Delta \boldsymbol{H}$ bei Reaktionen in kondensierten Systemen, insbesondere von galvanischen Zellen, experimentell bestätigt worden[1]. Danach ist also die Reaktionsarbeit für Reaktionen zwischen reinen kondensierten Phasen nach (3) und (6) gegeben durch

$$\begin{aligned}\Delta \boldsymbol{G}_{\text{kond}} &= \Delta \boldsymbol{H}_{(T=0)} + \int_0^T \Delta \boldsymbol{C}_p \,\mathrm{d}T - T\int_0^T \frac{\Delta \boldsymbol{C}_p}{T}\,\mathrm{d}T \\ &= \Delta \boldsymbol{H}_{(T=0)} - T\int_0^T \frac{\mathrm{d}T}{T^2}\int_0^T \Delta \boldsymbol{C}_p\,\mathrm{d}T\,.\end{aligned} \tag{7}$$

Da alle Größen der rechten Seite durch Messung der Molwärmen in Abhängigkeit von T experimentell zugänglich sind, ist durch diese Gleichung das Problem der Berechnung von Reaktionsarbeiten aus rein kalorischen Meßgrößen für Reaktionen zwischen reinen kondensierten Phasen prinzipiell gelöst.

Da nach (IV, 108) $\partial(\Delta \boldsymbol{G})/\partial T = -\Delta \boldsymbol{S}$, kann man die *Nernst*sche Aussage (5) auch in der Form schreiben

$$\lim_{T\to 0} \Delta \boldsymbol{S}_{\text{kond}} = 0\,. \tag{8}$$

Sie bedeutet, daß die auf $T = 0$ extrapolierte Reaktionsentropie bei Reaktionen zwischen reinen kondensierten Phasen verschwindet. Nun enthält die molare Entropie jedes reinen kondensierten Stoffes nach (IV, 40) eine additive Konstante $\boldsymbol{S}_{\text{kond}(T=0)}$, die bisher als vollkommen willkürlich betrachtet werden konnte, analog wie die molare innere Energie $\boldsymbol{U}_{(T=0)}$ oder die Enthalpie $\boldsymbol{H}_{(T=0)}$ eines reinen Stoffes. Die Gl. (8) verlangt nun aber, daß diese Konstante so festgelegt wird, daß $\Delta \boldsymbol{S}_{\text{kond}(T=0)}$ für beliebige Reaktionen und für jeden beliebigen Druck gleich Null wird. Dies ist offenbar nur dann möglich, wenn die Entropie $\boldsymbol{S}_i$ jedes reinen kondensierten Stoffes unabhängig von der Kristallmodifikation bei $T \to 0$ der stöchiometrischen Summe der Nullpunktsentropien der Elemente zustrebt:

$$\boldsymbol{S}_{0\text{A}_n\text{B}_m} = n\cdot \boldsymbol{S}_{0\text{A}} + m\cdot \boldsymbol{S}_{0\text{B}}\,. \tag{9}$$

---

1 *Th. W. Richards,* Z. physik. Chem. Abt. A *42,* 129 (1903).

Das ist die von *Planck* [1] formulierte Fassung der *Nernst*schen Aussage, die von ihm gleichzeitig statistisch begründet wurde (vgl. S. 349). Es liegt nun nahe, diese allgemeine und gleiche „*Nullpunktsentropie*" reiner kondensierter Stoffe willkürlich gleich Null zu setzen, analog wie auch die Enthalpie bzw. Innere Energie der Elemente bei $T = 0$ willkürlich gleich Null gesetzt wird:

$$\boldsymbol{S}_0 = 0 . \tag{10}$$

Das bedeutet jedoch keineswegs, daß die Nullpunktsentropie reiner kondensierter Stoffe tatsächlich gleich Null ist, worauf S. 349 nochmals zurückzukommen sein wird.

Das *Nernst*sche Theorem in der Fassung (5), (8) oder (9) hat auch für die übrigen Reaktionseffekte bzw. Eigenschaften reiner kondensierter Stoffe eine Reihe von Konsequenzen, auf die wir kurz eingehen wollen.

Zunächst folgt aus (5) zusammen mit (4), daß nicht nur $J'_{\text{kond}} = 0$, sondern daß auch

$$\lim_{T \to 0} \Delta \boldsymbol{C}_{p\,\text{kond}} = 0 , \tag{11}$$

was gleichzeitig bedeutet, daß nach (IV, 60)

$$\lim_{T \to 0} \left(\frac{\partial (\Delta \boldsymbol{S})_{\text{kond}}}{\partial T} \right)_p = 0 , \tag{12}$$

und nach (III, 137)

$$\lim_{T \to 0} \left(\frac{\partial (\Delta \boldsymbol{H})_{\text{kond}}}{\partial T} \right)_p = 0 . \tag{13}$$

Die Gln. (5), (12) und (13) sagen aus, daß die Reaktionseffekte $\Delta \boldsymbol{G}$, $\Delta \boldsymbol{H}$ und $\Delta \boldsymbol{S}$ bei Reaktionen zwischen reinen kondensierten Phasen, als Funktion von T aufgetragen, mit horizontaler Tangente gegen den Wert für $T = 0$ gehen. Aus (8) folgt mittels der *Gibbs-Helmholtz*schen Gleichung, daß

$$\lim_{T \to 0} \Delta \boldsymbol{G} = \lim_{T \to 0} \Delta \boldsymbol{H} . \tag{14}$$

$\Delta \boldsymbol{G}$ und $\Delta \boldsymbol{H}$ laufen danach in den gleichen Punkt der Ordinate ein, während $\Delta \boldsymbol{S}$ mit horizontaler Tangente gegen Null geht. Dies ist in Abb. 119 für die Umwandlungsreaktion $Sn_{\text{weiß}} \rightarrow Sn_{\text{grau}}$ dargestellt. Im Phasengleichgewicht bei 286,4 K ist natürlich $\Delta \boldsymbol{G} = 0$, unterhalb dieser Temperatur befindet sich das weiße Zinn, oberhalb das graue Zinn im metastabilen Zustand.

Die Aussage, daß $\boldsymbol{S}_0$ unabhängig vom Druck ist, führt mittels der *Maxwell*schen Beziehung (IV, 30) zu

$$\lim_{T \to 0} \left(\frac{\partial \boldsymbol{S}_{\text{kond}}}{\partial p} \right)_T = - \lim_{T \to 0} \left(\frac{\partial \boldsymbol{V}_{\text{kond}}}{\partial T} \right)_p = 0 \quad \text{oder} \quad \alpha_{(T=0)} = 0 , \tag{15}$$

[1] *M. Planck,* Thermodynamik, 3. Aufl., Leipzig 1911.

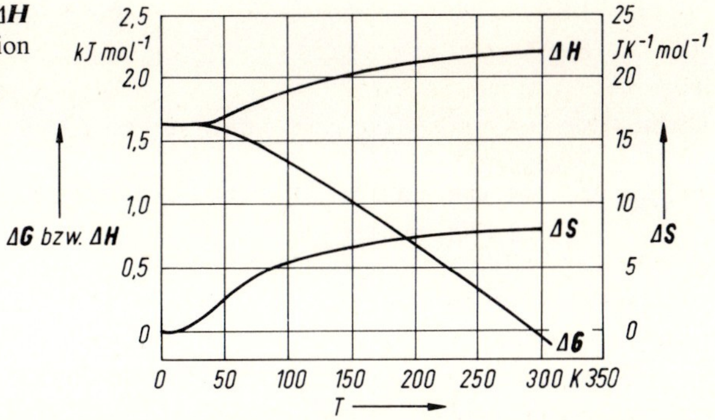

Abb. 119. Reaktionseffekte $\Delta\boldsymbol{G}$, $\Delta\boldsymbol{H}$ und $\Delta\boldsymbol{S}$ der Umwandlungsreaktion $Sn_{weiß} \rightleftarrows Sn_{grau}$ als Funktion von T.

d. h. auch der Ausdehnungskoeffizient reiner kondensierter Stoffe verschwindet beim absoluten Nullpunkt. Ferner folgt aus (9), daß nicht nur $\Delta\boldsymbol{C}_{p\,\text{kond}}$ beim absoluten Nullpunkt verschwindet, sondern daß dies auch für die Molwärme der einzelnen Reaktionsteilnehmer gilt, d. h. es ist auch

$$\lim_{T\to 0} \boldsymbol{C}_{p\,\text{kond}} = 0\,. \tag{16}$$

Dies steht in Übereinstimmung mit dem *Debye*schen T^3-Gesetz (III, 95) und der experimentellen Erfahrung (vgl. Abb. 32). Man kann deshalb Gl. (IV, 40) für die molare Entropie eines reinen kondensierten Stoffes in der Form schreiben

$$\boldsymbol{S}_{\text{kond}} = \boldsymbol{S}_0 + \int_0^T \frac{\boldsymbol{C}_p}{T}\,\mathrm{d}T \tag{17}$$

und die Konstante $\boldsymbol{S}_0$, wie erwähnt, willkürlich gleich Null setzen.

3 Prüfung des *Nernst*schen Theorems

Die Prüfung des Wärmesatzes an *chemischen Reaktionen* wurde schon von *Nernst* im einzelnen durchgeführt. Als Beispiel berechnen wir die Reaktionsarbeit der zwischen reinen kristallisierten Stoffen ablaufenden Reaktion $Pb + 2\,AgCl \rightarrow PbCl_2 + 2\,Ag$. Gegeben sei die Reaktionswärme bei 290 K zu $\Delta\boldsymbol{H} = -104{,}08\ \text{kJ mol}^{-1}$. Dann ist nach dem *Kirchhoff*schen Satz [Gl. (III, 139)]

$$\Delta\boldsymbol{H}_{(T=0)} = \Delta\boldsymbol{H} - \int_0^{290} \Delta\boldsymbol{C}_p\,\mathrm{d}T\,.$$

Zur Auswertung des Integrals trägt man die bis zu $T \approx 20$ K herunter gemessenen und eventuell mit Hilfe des *Debye*schen T^3-Gesetzes (III, 95) bis $T = 0$ extrapolierten $\boldsymbol{C}_p$-Werte der beteiligten Stoffe einzeln gegen T auf und bestimmt die Fläche unter der Kurve planimetrisch bis zur Ordinate $T = 290$ K. Es ergeben sich folgende Werte für das Integral

Pb	Ag	$PbCl_2$	AgCl
6,627	5,531	17,021	11,682 kJ mol^{-1}.

Damit wird

$$\Delta \boldsymbol{H}_{(T=0)} = -104{,}08 \text{ kJ mol}^{-1} - (17{,}021 + 2 \cdot 5{,}531 - 6{,}627 - 2 \cdot 11{,}682) \text{ kJ mol}^{-1}$$
$$= -102{,}17 \text{ kJ mol}^{-1}$$

und nach Gl. (7)

$$\Delta \boldsymbol{G} = -102{,}17 \text{ kJ mol}^{-1} - 290 \int_0^{290} \frac{\mathrm{d}T}{T^2} \int_0^{290} \Delta \boldsymbol{C}_p \mathrm{d}T \text{ kJ mol}^{-1}.$$

Auch das Doppelintegral läßt sich graphisch auswerten, indem man zunächst wie oben das Integral $\int_0^T \boldsymbol{C}_p \mathrm{d}T$ der einzelnen Stoffe für verschiedene Werte von T (z. B. alle 10 Grad) ermittelt, die gefundenen Zahlenwerte jeweils durch das zugehörige $\bar{T}^2$ dividiert, und diese Werte erneut gegen T aufträgt. Die graphische Integration liefert dann folgende Werte für das Doppelintegral:

Pb	Ag	$PbCl_2$	AgCl
41,25	22,55	81,09	55,81 J K^{-1}.

Einsetzen dieser Werte ergibt

$$\Delta \boldsymbol{G} = -102170 \text{ J mol}^{-1} - 290\,(81{,}09 + 2 \cdot 22{,}55 - 41{,}25 - 2 \cdot 55{,}81) \text{ J mol}^{-1}$$
$$= -94{,}43 \text{ kJ mol}^{-1}.$$

Es lassen sich demnach rund 90% der Reaktionswärme in Form nutzbarer (elektrischer) Arbeit gewinnen, wenn man die Reaktion reversibel in einer galvanischen Zelle ablaufen läßt. Aus der Messung der Standard-EMK bei 290 K (vgl. S. 312, Anm. 1) ergibt sich in guter Übereinstimmung $\Delta \boldsymbol{G} = -94{,}85$ kJ mol^{-1}.

Ein neueres Beispiel für die Anwendung und Bestätigung des *Nernst*schen Theorems ist der *Phasenübergang zwischen flüssigem und festem Helium,* der bei etwa 1 K durch geeignete Variation des Druckes untersucht werden konnte[1]. Nach der *Clausius-Clapeyron*schen Gl. (V, 42) ist

$$\left(\frac{\mathrm{d}p_s}{\mathrm{d}T}\right)_{\text{koex}} = \frac{\Delta \boldsymbol{S}}{\Delta \boldsymbol{V}}.$$

Es ergab sich experimentell, daß $(\mathrm{d}p_s/\mathrm{d}T)$ außerordentlich klein ist und sich durch die Beziehung

[1] *F. E. Simon* und *C. A. Swenson,* Nature [London] *165,* 829 (1950); vgl. auch *M. W. Zemansky,* Heat and Thermodynamics, 5. Aufl., New York 1968, S. 382ff., 509ff.; *H. E. Stanley,* Phase Transitions and Critical Phenomena, Oxford University Press, New York 1971.

$$\frac{\mathrm{d}p_\mathrm{s}}{\mathrm{d}T} = 0{,}425\,T^7 \tag{18}$$

wiedergeben läßt. Für Temperaturen unterhalb 1 K geht danach $\mathrm{d}p_\mathrm{s}/\mathrm{d}T$ sehr rasch gegen Null, was bedeutet, daß auch die Schmelzentropie für $T \to 0$ gegen Null konvergiert, wie es das *Nernst*sche Theorem verlangt. Flüssiges Helium ist allerdings die einzige Flüssigkeit, die bis in die Nähe von $T = 0$ im „inneren Gleichgewicht" (vgl. S. 350) existenzfähig ist.

Eine quantitative Prüfung des *Nernst*schen Theorems läßt sich ferner durch *Entropiemessungen an allotropen Modifikationen reiner fester Stoffe* ausführen, wie dies schon in Abb. 119 zum Ausdruck kam. Es sei T_g die Umwandlungstemperatur, α die bei höherer, β die bei tieferer Temperatur stabile Modifikation. Es ist dann in der Regel leicht möglich, die α-Phase durch rasche Abkühlung auch bei einer tiefen Temperatur T_x (z. B. 20 K) in metastabilem Zustand zu erhalten. Wir können dann die molare Entropie der α-Phase beim Umwandlungspunkt T_g nach (17) durch zwei verschiedene Gleichungen darstellen:

$$\boldsymbol{S}_{\alpha(T_\mathrm{g})} = \boldsymbol{S}_{0\alpha} + \int_0^{T_x} \frac{\boldsymbol{C}_{p\alpha}}{T}\,\mathrm{d}T + \int_{T_x}^{T_\mathrm{g}} \frac{\boldsymbol{C}_{p\alpha}}{T}\,\mathrm{d}T \equiv \boldsymbol{S}_{0\alpha} + \boldsymbol{S}_{\alpha(\mathrm{calor})}, \tag{19a}$$

$$\begin{aligned}\boldsymbol{S}_{\alpha(T_\mathrm{g})} &= \boldsymbol{S}_{0\beta} + \int_0^{T_x} \frac{\boldsymbol{C}_{p\beta}}{T}\,\mathrm{d}T + \int_{T_x}^{T_\mathrm{g}} \frac{\boldsymbol{C}_{p\beta}}{T}\,\mathrm{d}T + \frac{\Delta\boldsymbol{H}_{\mathrm{Umw.}}}{T_\mathrm{g}} \\ &\equiv \boldsymbol{S}_{0\beta} + \boldsymbol{S}_{\beta(\mathrm{calor})} + \frac{\Delta\boldsymbol{H}_{\mathrm{Umw.}}}{T_\mathrm{g}}.\end{aligned} \tag{19b}$$

Dabei ist $\Delta\boldsymbol{H}_{\mathrm{Umw.}}$ die Umwandlungswärme im Gleichgewicht und $\Delta\boldsymbol{H}_{\mathrm{Umw.}}/T_\mathrm{g}$ nach (IV, 47) die Umwandlungsentropie. Von der sog. *„kalorischen Entropie"*

$$\boldsymbol{S}_{(\mathrm{calor})} \equiv \int_0^{T_x} \frac{\boldsymbol{C}_p}{T}\,\mathrm{d}T + \int_{T_x}^{T_\mathrm{g}} \frac{\boldsymbol{C}_p}{T}\,\mathrm{d}T \tag{20}$$

wird das zweite Integral aus experimentellen Werten von $\boldsymbol{C}_p$ graphisch bestimmt, wie es S. 352 im einzelnen beschrieben wird, das erste Integral mit Hilfe des *Debeye*schen T^3-Gesetzes[1] (III, 95) ermittelt:

$$\int_0^{T_x} \frac{\boldsymbol{C}_p}{T}\,\mathrm{d}T = \int_0^{T_x} aT^2\,\mathrm{d}T = \frac{a}{3}T_x^3. \tag{21}$$

---

1 Die Differenz zwischen $\boldsymbol{C}_p$ und $\boldsymbol{C}_V$ kann in diesem Temperaturbereich stets vernachlässigt werden. Bei $T = 0$ werden $\boldsymbol{C}_p$ und $\boldsymbol{C}_V$ identisch.

Aus (19a) und (19b) folgt

$$\boldsymbol{S}_{0\alpha} - \boldsymbol{S}_{0\beta} = \boldsymbol{S}_{\beta(\text{calor})} - \boldsymbol{S}_{\alpha(\text{calor})} + \frac{\Delta \boldsymbol{H}_{\text{Umw.}}}{T_{\text{g}}}. \tag{22}$$

Da alle rechts stehenden Größen experimentell zugänglich sind, kann man prüfen, ob die Differenz $\boldsymbol{S}_{0\alpha} - \boldsymbol{S}_{0\beta}$ innerhalb der Meßfehler verschwindet, wie das *Nernst*sche Theorem es verlangt. Aus den Angaben der Tab. 17[1] geht hervor, daß dies tatsächlich der Fall ist.

Tabelle 17. Prüfung des *Nernst*schen Theorems an Phasenumwandlungen fester Stoffe.

Stoff	β-Phase	α-Phase	T_{g} K	$\boldsymbol{S}_{\beta(\text{calor})}$ J K^{-1}	$\boldsymbol{S}_{\alpha(\text{calor})}$ J K^{-1}	$\frac{\Delta \boldsymbol{H}_{\text{Umw.}}}{T_{\text{g}}}$ J K^{-1}	$\boldsymbol{S}_{0\alpha} - \boldsymbol{S}_{0\beta}$ J K^{-1}
Schwefel	rhombisch	monoclin	386,6	36,36	37,28	1,00	0,08
Zinn	grau	weiß	286,4	38,62	46,74	7,82	−0,29
Phosphorwasserstoff	β	α	49,4	18,33	34,02	15,73	0,04
Cyclohexanol	β	α	263,5	140,2	172,4	30,96	−1,26

Auch die aus dem *Nernst*schen Wärmesatz abgeleitete Forderung, daß nach Gl. (15) der Ausdehnungskoeffizient reiner kondensierter Stoffe bei $T = 0$ verschwinden sollte, konnte experimentell an einer Reihe von Metallen bestätigt werden.

4 Entropiekonstanten kondensierter Phasen

Die neuere Entwicklung der Quantenstatistik sowohl wie neue experimentelle Ergebnisse bei Tieftemperaturmessungen haben es notwendig gemacht, die *Nernst-Planck*sche Formulierung des Wärmesatzes zu verfeinern bzw. einzuschränken[2]. Um dies zu übersehen, gehen wir von der S. 141 erwähnten statistischen Deutung der Entropie als eines Maßes der Wahrscheinlichkeit eines Zustandes aus (s. auch Kapitel VIII). Danach ist der *Makrozustand* eines Systems um so wahrscheinlicher, d. h. seine Entropie um so größer, je größer der „Unordnungsgrad" des Systems ist, der statistisch durch die Zahl Ω der unterscheidbaren sog. „*Mikrozustände*" charakterisiert ist. Ω gibt an, auf wieviel verschiedene Arten man die Einzelteilchen (Atome bzw. Moleküle) auf die möglichen räumlichen Lagen und auf die möglichen (gequantelten) Energiezustände verteilen kann, und wird als „statistisches Gewicht" des betreffenden Zustandes bezeichnet (vgl. S. 399). Ω hängt deshalb von zwei Faktoren ab: 1. Ω ist für eine gegebene Zahl N von Molekeln um so größer, je größer das zur Verfügung stehende Volumen ist, da die Zahl der räumlichen Verteilungsmöglichkeiten der Molekeln mit dem Volumen wächst. Darauf beruht die Zunahme der Entropie bei der isothermen Ausdehnung eines Gases oder bei der isothermen Mischung idealer Gase bzw. Flüssigkeiten (vgl. S. 145, 152). 2. Ω ist um so größer, je größer die Zahl der erreichbaren Quantenzustände der Energie ist, in denen sich die Molekeln

---

1 *Kelly,* J. Amer. chem. Soc. *51,* 1400 (1929); *E. D. Eastman* und *W. C. McGavock,* ibid. *59,* 145 (1937); *C. C. Stephenson* und *W. F. Giauque,* J. chem. Physics *5,* 149 (1937).

2 Vgl. dazu *R. Haase* und *W. Jost,* 50 Jahre *Nernst*scher Wärmesatz, Naturwissenschaften *43,* 481 (1956); *J. Wilks,* Der dritte Hauptsatz der Thermodynamik, Braunschweig 1963.

aufhalten können, denn mit dieser Zahl wächst auch die Zahl der Verteilungsmöglichkeiten der verfügbaren Gesamtenergie auf die möglichen Energiezustände. Dieser Faktor bewirkt die Zunahme der Entropie mit der Temperatur und ist für kristallisierte feste Stoffe allein für die Größe von Ω bestimmend, da die Lage der Molekeln durch das Kristallgitter festgelegt ist.

Da nun einerseits nach der Statistik derjenige Makrozustand der wahrscheinlichste und damit der stabilste ist, bei dem Ω einen maximalen Wert annimmt, und da andererseits die Entropie als thermodynamisches Stabilitätsmaß eingeführt ist, muß zwischen Ω und S ein Zusammenhang existieren, der sich nach *Boltzmann* durch folgende Überlegung ableiten läßt: Gegeben seien zwei voneinander getrennte Systeme 1 und 2 gleichartiger Teilchen, die keine Kräfte aufeinander ausüben, also etwa je ein Mol des gleichen idealen Gases bei gleicher Temperatur und gleichem Druck. Vereinigt man die beiden Systeme zu einem Gesamtsystem 1,2, so verhalten sich ihre Entropien additiv, dagegen sind die statistischen Gewichte zu multiplizieren, denn jeder Mikrozustand des einen Systems setzt sich mit den Ω Mikrozuständen des anderen Systems zu einem neuen Mikrozustand des Gesamtsystems zusammen. Danach muß gelten $S_{1,2} = S_1 + S_2$ und $\Omega_{1,2} = \Omega_1 \Omega_2$ (vgl. Kap. VIII). Der Zusammenhang zwischen S und Ω muß demnach ein logarithmischer sein, d. h. es gilt

$$S = k \ln \Omega, \tag{23}$$

worin der Proportionalitätsfaktor k, die sog. *Boltzmann*sche Konstante, sich als R/N_L, Gaskonstante dividiert durch *Loschmidt*sche Zahl, ergibt.

In einem Kristall beim absoluten Nullpunkt befinden sich sämtliche Molekeln in ihrem Schwingungsgrundzustand, d. h. sie besetzen das gleiche Energieniveau, so daß es nur eine einzige Art der Energieverteilung gibt. Da die Molekeln außerdem voneinander nicht unterscheidbar sind, gibt es auch nur eine einzige räumliche Anordnung, die durch das Kristallgitter festgelegt ist. Deshalb ist $\Omega = 1$, und es wird nach (23)

$$\boldsymbol{S}_0 = k \ln \Omega = 0. \tag{24}$$

Das ist die von *Planck* gegebene statistische Begründung für Gl. (10), d. h. dafür, daß man die „Nullpunktsentropie" reiner kristallisierter Stoffe gleich Null setzen kann.

Tatsächlich ist jedoch diese Begründung nicht allgemein stichhaltig, denn erstens können Molekeln wie Atome unterscheidbar sein, falls *isotope Gemische* vorliegen oder falls *Unterschiede in den Kernspins* vorhanden sind, was häufig der Fall ist. Darüber hinaus ist auch über das statistische Gewicht des Atomkerns bisher nichts bekannt, da es verschiedene Verteilungsmöglichkeiten der Nukleonen über die räumlichen Lagen wie über die möglichen Energiezustände im Kern geben muß, wie unmittelbar aus dem radioaktiven Zerfall vieler Atome zu schließen ist. Das bedeutet, daß auch bei $T = 0$ das statistische Gewicht eines Kristalls nicht gleich 1 gesetzt werden kann, daß es also nicht statthaft ist, $\boldsymbol{S}_0 = 0$ zu setzen. Daraus folgt weiter, daß es offenbar unmöglich ist, *Absolutwerte* der Entropie nach Gl. (17) zu ermitteln.

Praktisch bedeutet dies jedoch keine Einschränkung der Anwendbarkeit des *Nernst-Planck*schen Theorems, da bei chemischen Reaktionen sowohl die Kernfiguration wie Kernspin und isotope Zusammensetzung ungeändert bleiben, wenn man von Kernreaktionen absieht. Es genügt deshalb, zur statistischen Berechnung von Ω die Beiträge von Lage (Konfiguration) und von Translations-, Rotations-, Schwingungs- und Elektronenenergie zu berücksichtigen. Da sich die Molekeln in einem Kristall bei $T = 0$ sämtlich in den Energiegrundzuständen befinden, und da ihre Lage durch das Kristallgitter festgelegt ist, ist man berechtigt, willkürlich $\boldsymbol{S}_0 = 0$ zu setzen, ohne daß dies die Ermittlung von Entropiedifferenzen bei chemischen Reaktionen beeinflußt. Die auf dieser Basis nach (17) aus der Temperaturabhängigkeit der Molwärmen berechneten Entropiewerte werden deshalb als *konventionelle Entropiewerte* bezeichnet und allgemein zur Berechnung von Reaktionsentropien benutzt.

Die Festsetzung, daß für kondensierte Phasen $\boldsymbol{S}_0 = 0$, gilt nach den angestellten Überlegungen offenbar nur für ungestörte *ideale Kristalle.* Während sich bei reinen Kristallen, deren Gitterpunkte mit Atomen oder einatomigen Ionen besetzt sind, bei Abkühlung auf $T = 0$ der ideale Ordnungszustand (entsprechend $\Omega_0 = 1$) leicht einstellen wird, findet man bei Molekelgittern häufig, daß der ideale Ordnungszustand nicht erreicht wird, weil zu diesem auch eine bestimmte Orientierung der Molekelachsen zum Koordinatensystem des Gitters notwendig ist, die bei höheren Temperaturen stark gestört sein kann (Rotation der Molekeln im Gitter (vgl. S. 306)) und sich bei der Abkühlung infolge der bei tiefer Temperatur wirksam werdenden Hemmungserscheinungen nicht vollständig einstellt, etwa weil das Umklappen der Molekeln eine zu hohe Aktivierungsenergie erfordert. Ein Beispiel dieser Art ist das Kohlenmonoxid CO, bei dem es zwei Orientierungsmöglichkeiten der Molekeln im Gitter gibt, nämlich eine, bei der alle Dipole parallel stehen (CO CO CO) und eine, bei der die Dipole statistisch regellos orientiert sind (CO OC CO ...). Es gibt also zwei verschiedene Lagen jeder Molekel im Gitter, und es ist deshalb auch bei $T = 0$

$$\boldsymbol{S}_0 = k \ln \Omega_0 = k \ln 2^{N_\mathrm{L}} = 5{,}77 \;\; \mathrm{J\,K^{-1}\,mol^{-1}}. \tag{25}$$

Die gleichen Überlegungen gelten z. B. für NO und N_2O, und tatsächlich findet man bei diesen Kristallen eine Nullpunktsentropie von etwa 4,6 $\mathrm{J\,K^{-1}\,mol^{-1}}$, worauf wir später zurückkommen werden (vgl. S. 452). Man bezeichnet derartige Phasen, die sich nicht im „inneren Gleichgewicht" befinden, als „eingefroren".

Derartige eingefrorene Phasen beobachtet man auch bei *kondensierten Mischphasen.* Während im inneren Gleichgewicht z. B. Mischkristalle bei $T = 0$ in die reinen Komponenten oder in „geordnete Mischphasen" mit Überstruktur (vgl. S. 298, 307) zerfallen sollten, kann bei der Abkühlung die bei höheren Temperaturen wahrscheinlichere Unordnung ebenfalls einfrieren, und man erhält wiederum eine zusätzliche Nullpunktsentropie. So entspricht z. B. bei einem Mischkristall der Zusammensetzung AB der völligen Fehlordnung, bei der sich die Hälfte aller Atome an falschen Gitterplätzen befinden, wieder die durch (25) gegebene Nullpunktsentropie.

Noch wesentlich größere Nullpunktsentropien sind natürlich bei eingefrorenen Flüssigkeiten, wie Glas oder glasartigen hochmolekularen Stoffen, zu erwarten, bei denen sich der stabile Zustand maximaler Ordnung niemals vollständig ausbildet. Nehmen derartige Stoffe an chemischen Reaktionen teil, bei denen sie „aufgetaut" werden, so gilt das *Nernst*sche Theorem (8) nicht mehr, sondern es wird $\lim\limits_{T\to 0} \Delta \boldsymbol{S} < 0$. Man trägt diesen Tatsachen dadurch Rechnung, daß man die *Planck*sche Formulierung (10) des *Nernst*schen Wärmesatzes in die präzisierte Form faßt

$$\boldsymbol{S}_{0\,\mathrm{Gl}} = 0\,, \tag{26}$$

wobei $\boldsymbol{S}_{0\,\mathrm{Gl}}$ die molare Nullpunktsentropie einer reinen kondensierten Phase bedeutet, die sich im *inneren Gleichgewicht* befindet.

5 Konventionelle Standard-Entropien

Auf Grund der *Nernst-Planck*schen Normierung $\boldsymbol{S}_{0\,\mathrm{Gl}} = 0$ der Entropie kondensierter Phasen im inneren Gleichgewicht lassen sich die konventionellen Entropien sämtlicher Stoffe in beliebigen Zuständen aus rein kalorischen Messungen ermitteln. Das bedeutet gleichzeitig, daß auch Reaktionsentropien und damit nach der *Helmholtz-Gibbs*schen Gleichung auch Reaktionsarbeiten aus kalorischen Messungen zugänglich werden, wie dies schon aus Gl. (7) für Reaktionen zwischen reinen kondensierten Phasen hervorgeht. Es eröffnet sich somit ein dritter Weg, zu den Freien Standard-Bildungsenthalpien zu gelangen, der nicht den S. 341 erwähnten Einschränkungen unterliegt wie die Messung elektromotorischer Kräfte galvanischer Zellen oder die Ermittlung von Gleichgewichtskonstanten, und der deshalb bei weitem der wichtigste geworden ist.

5.1 Reine kondensierte Phasen

Für *reine feste Phasen* im inneren Gleichgewicht erhält man die molare konventionelle Entropie durch Integration von (IV, 32) unter Berücksichtigung von (26) zu

$$\boldsymbol{S} = \int_0^T \frac{\boldsymbol{C}_p}{T}\,\mathrm{d}T - \int_0^p \left(\frac{\partial \boldsymbol{V}}{\partial T}\right)_p \mathrm{d}p\,. \tag{27}$$

Wie schon S. 149 erwähnt wurde, kann man bei kondensierten Phasen das letzte Glied in der Regel vernachlässigen, außer wenn es sich um sehr große Drucke handelt. Wählt man wie üblich als Standarddruck 1 atm, so kann es bei kondensierten Phasen stets unberücksichtigt bleiben, so daß sich (27) vereinfacht zu

$$\boldsymbol{S} = \int_0^T \frac{\boldsymbol{C}_p}{T}\,\mathrm{d}T. \tag{27a}$$

Die Ermittlung der konventionellen Entropie verlangt also ausschließlich die Kenntnis der Molwärme als Funktion der Temperatur bis in die Nähe des absoluten Nullpunktes. Da bei genügend tiefen Temperaturen das *Debeye*sche T^3-Gesetz (III, 95) gilt, genügt es meistens, die $\boldsymbol{C}_p$-Messungen bis in die Nähe dieses Gebietes (10 – 20 K) durchzuführen und dann mittels des T^3-Gesetzes bis $T = 0$ zu extrapolieren, da in diesem Gebiet $\boldsymbol{C}_p$ und $\boldsymbol{C}_V$ praktisch schon identisch sind (vgl. Abb. 32, S. 97). Liegen Messungen bis zur Temperatur T_x vor, so wird nach (III, 95)

$$\int_0^{T_x} \frac{\boldsymbol{C}_V}{T}\,\mathrm{d}T = \int_0^{T_x} a T^2\,\mathrm{d}T = \frac{a}{3} T_x^3 = \frac{1}{3}\,\boldsymbol{C}_{V(T_x)}\,, \tag{28}$$

eine Gleichung, die schon S. 347 benutzt wurde. Oberhalb des T^3-Gebietes integriert man am besten graphisch, indem man $\boldsymbol{C}_p/T$ gegen T aufträgt und die Fläche unter der Kurve bestimmt. Sehr geeignet ist auch das von *Lewis* und *Randall* angegebene Verfahren, daß man nicht $\boldsymbol{C}_p/T$ gegen T, sondern $\boldsymbol{C}_p$ gegen log T aufträgt. Dann folgt aus (27a) und (28)

$$\boldsymbol{S} = \frac{a}{3} T_x^3 + \int_{T_x}^{T} \frac{\boldsymbol{C}_p}{T} \mathrm{d}T \quad \text{bzw.} \quad \boldsymbol{S} = \frac{a}{3} T_x^3 + 2{,}303 \int_{\log T_x}^{\log T} \boldsymbol{C}_p \,\mathrm{d} \log T. \tag{29}$$

In Abb. 120a und b sind die beiden Integrationsverfahren am Beispiel des festen Silberchlorids[1] dargestellt. Für zahlreiche Stoffe sind die Integrale $\int_0^T \boldsymbol{C}_p \mathrm{d}T$ und $\int_0^T \frac{\mathrm{d}T}{T^2} \int_0^T \boldsymbol{C}_p \mathrm{d}T$ graphisch ausgewertet und tabelliert worden[2], aus denen sich nach Gl. (2) das Integral $\int_0^T \frac{\boldsymbol{C}_p}{T} \mathrm{d}T$ sofort ermitteln läßt.

Erleidet der feste Stoff innerhalb des interessierenden Temperaturgebietes eine Phasenumwandlung, etwa bei der Temperatur T_u, so findet dort ein Sprung der Molwärme statt, so daß das Integral (27a) in zwei Abschnitte zerfällt. Außerdem ist bei der Entropieberechnung die bei T_u aufgenommene reversible Umwandlungswärme $\Delta \boldsymbol{H}_{\text{Umw.}}$ zu berücksichtigen, so daß sich an Stelle von (27a) ergibt

$$\boldsymbol{S} = \int_0^{T_u} \frac{\boldsymbol{C}_p}{T} \mathrm{d}T + \frac{\Delta \boldsymbol{H}_{\text{Umw.}}}{T_u} + \int_{T_u}^{T} \frac{\boldsymbol{C}_p}{T} \mathrm{d}T. \tag{30}$$

Das gleiche Verfahren gilt natürlich, wenn mehrere Umwandlungen nacheinander stattfinden, sowie für den Schmelzvorgang, bei dem $\Delta \boldsymbol{H}_{\text{Umw.}}/T_u$ die Schmelzentropie bedeutet. Kennt man oberhalb der Schmelztemperatur auch die Molwärme der Flüssigkeit als Temperaturfunktion, so kann man auch die konventionelle Entropie flüssiger Stoffe auf diese Weise ermitteln.

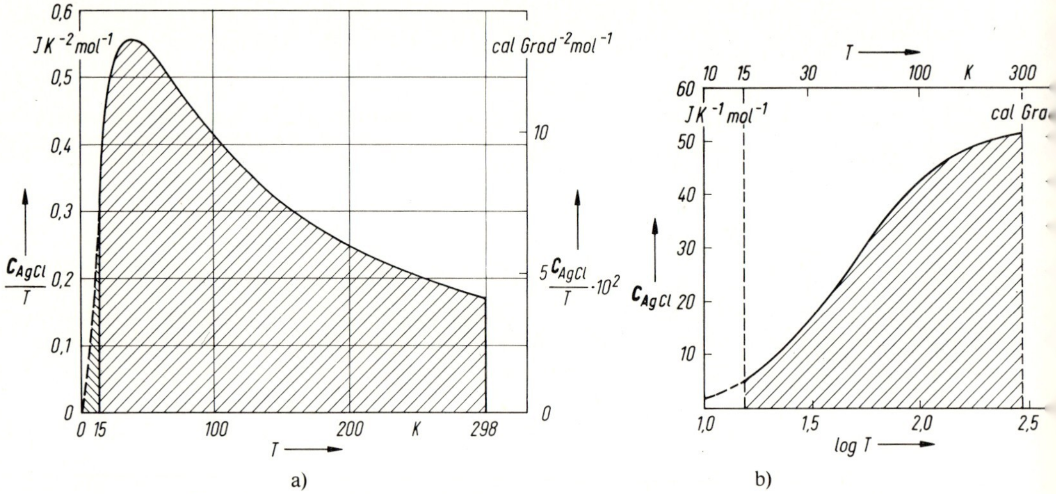

a) b)

Abb. 120. a) $\frac{\boldsymbol{C}_{\text{AgCl}}}{T}$ als Funktion von T; b) $\boldsymbol{C}_{\text{AgCl}}$ als Funktion von log T.

[1] Nach Messungen von *E. D. Eastman* und *R. T. Milner,* J. chem. Physics *1,* 444 (1933).

[2] *Miething*sche Tabellen, Halle 1920; *Landolt-Börnstein,* 5. Aufl. Eg. IIb (1931), 1233; Eg. IIIc (1936), 2334 u. 2852; 6. Aufl., Bd. II/4 (1961) S. 394ff.; JANAF, Thermochemical Tables, 2. Aufl., Washington 1971, NSRDS-NBS 37, S. 6ff.

Als Beispiel berechnen wir die Entropie des flüssigen Stickstoffs beim Siedepunkt unter 1 atm Druck[1]. Aus Messungen der Molwärme des festen Stickstoffs bei sehr tiefen Temperaturen (10 bis 20 K) ergab sich die „charakteristische Temperatur" Θ zu 68 K (vgl. S. 97 und Kap. VIII). Damit ließ sich $\boldsymbol{C}_V$ mittels Gleichung (III, 95a) bis $T = 0$ extrapolieren und lieferte nach (28) einen Beitrag zur Entropie von $\frac{1}{3}\boldsymbol{C}_{V(10\,\mathrm{K})} = 1{,}97\ \mathrm{J\,K^{-1}\,mol^{-1}}$. Die graphische Integration von 10 bis 35,61 K lieferte nach (29) mit empirischen $\boldsymbol{C}_p$-Werten einen Beitrag von $\int_{10}^{35,61} (\boldsymbol{C}_p/T)\,\mathrm{d}T = 25{,}23\ \mathrm{J\,K^{-1}\,mol^{-1}}$. Bei 35,61 K geht Stickstoff in eine allotrope Modifikation über, die Umwandlungswärme beträgt 228,9 J mol^{-1}, so daß die Umwandlungsentropie $\Delta\boldsymbol{H}_{\mathrm{Umw.}}/35{,}61 = 6{,}43\ \mathrm{J\,K^{-1}\,mol^{-1}}$. Graphische Integration mit empirischen $\boldsymbol{C}_p$-Werten von 35,61 K bis zum Schmelzpunkt bei 63,14 K ergibt $\int_{35,61}^{63,14} (\boldsymbol{C}_p/T)\,\mathrm{d}T = 23{,}39\ \mathrm{J\,K^{-1}\,mol^{-1}}$. Die Schmelzentropie ist $\frac{\Delta\boldsymbol{H}_{\mathrm{Schm}}}{T} = \frac{720{,}9}{63{,}14}\ \mathrm{J\,K^{-1}\,mol^{-1}} = 11{,}42\ \mathrm{J\,K^{-1}\,mol^{-1}}$. Graphische Integration mit Meßwerten von $\boldsymbol{C}_p$ bis zum Siedepunkt bei 1 atm Druck liefert $\int_{63,14}^{77,32} (\boldsymbol{C}_p/T)\,\mathrm{d}T = 11{,}42\ \mathrm{J\,K^{-1}\,mol^{-1}}$. Damit ergibt sich die konventionelle Entropie des flüssigen Stickstoffs beim Normal-Siedepunkt zu

$$\begin{aligned}\boldsymbol{S}_{\mathrm{fl}\,77,32} &= (1{,}97 + 25{,}23 + 6{,}43 + 23{,}39 + 11{,}42 + 11{,}42)\ \mathrm{J\,K^{-1}\,mol^{-1}}\\ &= 79{,}86\ \mathrm{J\,K^{-1}\,mol^{-1}}.\end{aligned}$$

5.2 Gase

Zur Ermittlung der konventionellen Entropiewerte von Gasen kann man ebenfalls Gl. (30) benutzen, denn ihr Wert unterscheidet sich von dem der Flüssigkeit, die mit dem Dampf im Gleichgewicht steht, nur um die Verdampfungsentropie:

$$\begin{aligned}\boldsymbol{S} = \int_0^{T_\mathrm{u}} \frac{\boldsymbol{C}_p}{T}\,\mathrm{d}T + \frac{\Delta\boldsymbol{H}_{\mathrm{Umw.}}}{T_\mathrm{u}} + \int_{T_\mathrm{u}}^{T_{\mathrm{Schm}}} \frac{\boldsymbol{C}_p}{T}\,\mathrm{d}T + \frac{\Delta\boldsymbol{H}_{\mathrm{Schm}}}{T_{\mathrm{Schm}}}\\ + \int_{T_{\mathrm{Schm}}}^{T_\mathrm{S}} \frac{\boldsymbol{C}_p}{T}\,\mathrm{d}T + \frac{\Delta\boldsymbol{H}_{\mathrm{Verd}}}{T_\mathrm{S}}.\end{aligned} \tag{31}$$

Die konventionelle molare Standardentropie des Stickstoffs bei 25 °C und 1 atm Druck bei idealem Gasverhalten ergibt sich demnach unter Berücksichtigung des im letzten Abschnitt ermittelten Wertes für flüssigen Stickstoff zu

$$\boldsymbol{S}_{\mathrm{Gas}(298)} = 79{,}86 + \frac{\Delta\boldsymbol{H}_{\mathrm{Verd.}}}{77{,}32} + \int_{77,32}^{298,15} \frac{\boldsymbol{C}_{p\mathrm{Gas}}}{T}\,\mathrm{d}T + \text{Korrektur für reales Verhalten} \tag{31a}$$

Mit $\Delta\boldsymbol{H}_{\mathrm{Verd.}} = 5{,}577\ \mathrm{kJ\,mol^{-1}}$ liefert das zweite Glied einen Entropiebeitrag von 72,13 J K^{-1} mol^{-1}; das Integral wird am besten analytisch mit Hilfe einer Potenzreihe von T für $\boldsymbol{C}_p$ gelöst (vgl. S. 75 und Tab. IV im Anhang) und ergibt 39,16 J K^{-1} mol^{-1}. Zur Korrektur auf ideales Gasverhalten benutzen wir Gl. (IV, 165) bzw. (IV, 170) oder (IV, 174)

---

[1] *W. F. Giauque* und *J. O. Clayton,* J. Amer. chem. Soc. *55,* 4875 (1933).

$$\boldsymbol{S}_{\mathrm{id}} = \boldsymbol{S}_{\mathrm{real}} + \int\limits_{p^+}^{1} \left[\left(\frac{\partial \boldsymbol{V}}{\partial T} \right)_p - \frac{R}{p} \right] \mathrm{d}p = \boldsymbol{S}_{\mathrm{real}} + R \ln \varphi_0 = \boldsymbol{S}_{\mathrm{real}} + p \frac{\mathrm{d}B}{\mathrm{d}T}. \qquad (32)$$

Ist φ_0 bzw. $\frac{\mathrm{d}B}{\mathrm{d}T}$ bei 25 °C nicht bekannt, so kann man es entweder näherungsweise mittels (IV, 173) aus dem gemessenen Molvolumen $\boldsymbol{V}$ berechnen, oder besser durch graphische Integration nach Abb. 45 gewinnen. Auf diese Weise erhält man eine Korrektur von 0,92 J K^{-1} mol^{-1}, so daß die konventionelle Standardentropie des Stickstoffs sich zu

$$\boldsymbol{S}_{\mathrm{Gas(298)}} = (79{,}86 + 72{,}13 + 39{,}16 + 0{,}92)\ \mathrm{J\,K^{-1}\,mol^{-1}} = 192{,}1\ \mathrm{J\,K^{-1}\,mol^{-1}}$$

ergibt. In Abb. 121 ist die konventionelle molare Standard-Entropie des Stickstoffs in Abhängigkeit von T nach den angegebenen Meßwerten graphisch dargestellt.

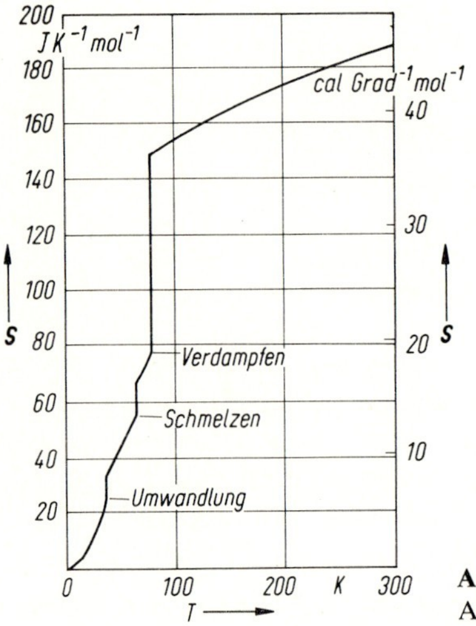

Abb. 121. Konventionelle Standard-Entropie des Stickstoffs in Abhängigkeit von der Temperatur.

In den Tabellen sind häufig auch die konventionellen Standard-Entropien bei 1 atm Druck (bzw. bei $p^* = 1$) von gasförmigen Stoffen bei 25 °C angegeben, obwohl diese Stoffe unter solchen Bedingungen noch flüssig oder fest sind. So beträgt z. B. die Standardentropie des Wasserdampfes $\boldsymbol{S}_{298} = 188{,}7$ J K^{-1} mol^{-1}, obgleich dieser Standardzustand nicht realisierbar ist (vgl. S. 192). Zur Ermittlung dieses Wertes muß man die Verdampfungswärme $\Delta\boldsymbol{H}_{\mathrm{Verd.}}$ unter Normalbedingungen mittels (III, 108) auf $T = 298{,}15$ umrechnen. Sie beträgt bei Wasser 43,93 kJ mol^{-1} statt 40,58 kJ mol^{-1} bei 373,15 K (Normalsiedepunkt). Der zugehörige Gleichgewichtsdruck beträgt 31,7 mbar. Zur Umrechnung auf 1 atm benutzt man das letzte Glied der Gleichung (27) und erhält mit dem idealen Gasgesetz, das ja für den Standardzustand definitionsgemäß vorausgesetzt wird, den Wert

$$-\int\limits_{23,8}^{760} \left(\frac{\partial \boldsymbol{V}}{\partial T} \right)_p \mathrm{d}p = -R \int\limits_{23,8}^{760} \frac{\mathrm{d}p}{p} = -R \ln \frac{1013{,}3}{31{,}7}$$
$$= -28{,}8\ \mathrm{J\,K^{-1}\,mol^{-1}},$$

um den der Wert der Entropie bei 25 °C unter Sättigungsdruck zu korrigieren ist.

Das beschriebene Verfahren zur Ermittlung der konventionellen Entropie von Gasen erfordert die graphische oder analytische Auswertung des Integrals $\int_{T_S}^{T} (\boldsymbol{C}_{p\,\mathrm{Gas}}/T)\,\mathrm{d}T$ zwischen dem Siedepunkt T_S der zugehörigen Flüssigkeit unter Normalbedingungen und der gewünschten Temperatur T, z. B. 298,15 K, wie es in (31a) benutzt wurde. Die dazu notwendigen Messungen der $\boldsymbol{C}_p$-Werte bis herunter zum Siedepunkt sind allerdings häufig nicht vorhanden und, sofern vorhanden, wegen der kleinen Molwärmen von Gasen nicht genügend genau[1]. Man zieht es deshalb in der Regel vor, bei tiefsiedenden Stoffen den Beitrag des obigen Integrals mit Hilfe der Molekülspektren aus der Quantenstatistik zu berechnen. Mit Hilfe der Statistik ist es sogar möglich, die konventionelle Entropie von Gasen unmittelbar zu gewinnen, ohne daß man die Entropie der zugehörigen kondensierten Phasen und ihre Umwandlungsentropien vorher bestimmt hat. Es steht hiermit ein zweiter unabhängiger Weg zur Verfügung, um zu den konventionellen Standard-Entropien von Gasen zu gelangen (vgl. S. 447ff.).

Wieder ausgehend von Gl. (IV, 32) erhalten wir durch Integration zwischen den Grenzen 1 und T[2] bzw. 1 und p, indem wir die Molwärme $\boldsymbol{C}_p$ des Gases wie auf S. 231 in einen temperaturunabhängigen Anteil $\boldsymbol{C}_{p_0}$ und einen temperaturabhängigen Anteil $\boldsymbol{C}_v$ zerlegen, für ein ideales Gas mit $(\partial \boldsymbol{V}/\partial T)_p = R/p$:

$$\boldsymbol{S}_{\mathrm{Gas}} = \boldsymbol{S}_{0,\,\mathrm{Gas}} + \boldsymbol{C}_{p_0} \ln T + \int_0^T \frac{\boldsymbol{C}_v}{T}\,\mathrm{d}T - R \ln p\,. \qquad (33)$$

Die Entropiekonstante $\boldsymbol{S}_{0,\,\mathrm{Gas}}$ ist wieder wie bei festen Stoffen prinzipiell willkürlich wählbar; setzt man aber nach dem *Nernst*schen Theorem die molare Nullpunktsentropie $\boldsymbol{S}_{0\,\mathrm{Gl}}$ des *gleichen Stoffes* in kondensierter Form unter Voraussetzung inneren Gleichgewichts (der Index Gl steht für Gleichgewicht) bei $T = 0$ nach (26) gleich Null, so muß auch $\boldsymbol{S}_{0,\,\mathrm{Gas}}$ offenbar einen bestimmten Wert annehmen, damit die Normierung $\boldsymbol{S}_{0\,\mathrm{Gl}} = 0$ auch für Gase gültig bleibt[3]. Die Differenz $\boldsymbol{S}_{0,\,\mathrm{Gas}} - \boldsymbol{S}_{0\,\mathrm{Gl}}$, d. h. nach der *Nernst-Planck*schen Festsetzung (26) auch $\boldsymbol{S}_{0,\,\mathrm{Gas}}$ selbst läßt sich auf zwei verschiedenen Wegen ermitteln, nämlich einmal experimentell aus *Dampfdruckmessungen* und zweitens aus spektroskopischen Messungen mit Hilfe der Quantenstatistik.

Wir besprechen zunächst die Bestimmung von $\boldsymbol{S}_{0,\,\mathrm{Gas}}$ aus Messungen des Sublimationsdrucks eines festen Stoffes. Für den Sublimationsvorgang im Gleichgewicht gilt wie für eine chemische Reaktion nach (IV, 284)

---

[1] Tatsächlich ist auch der oben angegebene Wert für das Integral in (31a) von 39,16 J K^{-1} mol^{-1} aus spektroskopischen Daten mit Hilfe der Statistik gewonnen worden.

[2] Die willkürliche Grenze 1 bedeutet, daß $\boldsymbol{S}_{0,\,\mathrm{Gas}}$ sich ändert. Da die Schwingungswärme $\boldsymbol{C}_v$ sowohl kondensierter wie gasförmiger Stoffe schon in der Nähe des absoluten Nullpunktes gleich Null wird (vgl. Abb. 23), kann man die untere Grenze des Integrals gleich Null setzen, ohne daß sich sein Wert ändert.

[3] Gl. (33) gilt nicht mehr in der Nähe von $T = 0$. Man muß vielmehr annehmen, daß auch die Molwärme bei Annäherung an $T = 0$ nicht mehr konstant gleich $\boldsymbol{C}_{p_0}$ bleibt, wie die kinetische Gastheorie es verlangt, sondern ebenso wie die Molwärme fester Stoffe verschwindet, da sonst nach Gl. (33) für $T = 0$ die Entropie $\boldsymbol{S}_{\mathrm{Gas}} = -\infty$ werden würde. Dieses von der klassischen kinetischen Gastheorie abweichende Verhalten der Gase wird als *Gasentartung* bezeichnet, es läßt sich auf Grund der Quantenstatistik deuten (vgl. S. 441 ff.). Aus dem gleichen Grunde ist die Entropiekonstante $\boldsymbol{S}_{0,\,\mathrm{Gas}}$ nicht die Nullpunktsentropie des Gases, diese wird vielmehr gleich der Nullpunktsentropie $\boldsymbol{S}_{0\,\mathrm{Gl}}$ der zugehörigen kondensierten Phase im inneren Gleichgewicht.

$$\Delta G = \Delta \boldsymbol{G} + RT \ln p_s = 0\,, \tag{34}$$

wobei ideales Verhalten des Dampfes vorausgesetzt ist. $\Delta \boldsymbol{G}$ ist die Freie Standard-Sublimationsenthalpie bei $p = 1$ atm und p_s der Sättigungssublimationsdruck bei der gewählten Temperatur. Nach der *Gibbs-Helmholtz*schen Gleichung ist

$$\Delta \boldsymbol{G} = \Delta \boldsymbol{H}_{\text{Subl.}} - T \Delta \boldsymbol{S}\,. \tag{35}$$

Nach der vereinfachten *Kirchhoff*schen Gl. (V, 52) gilt

$$\begin{aligned} \Delta \boldsymbol{H}_{\text{Subl.}} &= \Delta \boldsymbol{H}_{(T=0)} + \int_0^T (\boldsymbol{C}_{p\,\text{Gas}} - \boldsymbol{C}_{p_{\text{kond}}})\,\mathrm{d}T \\ &= \Delta \boldsymbol{H}_{(T=0)} + \boldsymbol{C}_{p_0\,\text{Gas}} T + \int_0^T (\boldsymbol{C}_{v\,\text{Gas}} - \boldsymbol{C}_{p_{\text{kond}}})\,\mathrm{d}T\,, \end{aligned} \tag{36}$$

wenn wir die Molwärme des Dampfes wieder in den T-unabhängigen Anteil $\boldsymbol{C}_{p_0\,\text{Gas}}$ und den T-abhängigen Anteil $\boldsymbol{C}_{v\,\text{Gas}}$ zerlegen. Die Standard-Sublimationsentropie $\Delta \boldsymbol{S}$ ergibt sich aus (17) und (33) zu

$$\begin{aligned} \Delta \boldsymbol{S} \equiv \boldsymbol{S}_{\text{Gas}} - \boldsymbol{S}_{\text{kond}} &= (\boldsymbol{S}_{0,\,\text{Gas}} - \boldsymbol{S}_{0\,\text{kond}}) + \boldsymbol{C}_{p_0\,\text{Gas}} \ln T \\ &+ \int_0^T (\boldsymbol{C}_{v\,\text{Gas}} - \boldsymbol{C}_{p_{\text{kond}}})\,\mathrm{d} \ln T - R \ln p\,. \end{aligned} \tag{37}$$

Setzt man (36) und (37) in (35) ein, so erhält man für die Freie Standard-Sublimationsenthalpie

$$\begin{aligned} \Delta \boldsymbol{G} &= \Delta \boldsymbol{H}_{(T=0)} + \boldsymbol{C}_{p_0\,\text{Gas}} T (1 - \ln T) + \int_0^T (\boldsymbol{C}_{v\,\text{Gas}} - \boldsymbol{C}_{p_{\text{kond}}})\,\mathrm{d}T \\ &- T \int_0^T (\boldsymbol{C}_{v\,\text{Gas}} - \boldsymbol{C}_{p_{\text{kond}}})\,\mathrm{d} \ln T - T (\boldsymbol{S}_{0,\,\text{Gas}} - \boldsymbol{S}_{0\,\text{kond}})\,. \end{aligned} \tag{38}$$

Aus (34) und (38) ergibt sich schließlich für den Gleichgewichts-Sublimationsdruck

$$\begin{aligned} \ln p_s = -\frac{\Delta \boldsymbol{G}}{RT} &= -\frac{\Delta \boldsymbol{H}_{(T=0)}}{RT} + \frac{\boldsymbol{C}_{p_0\,\text{Gas}}}{R} \ln T - \frac{1}{RT} \int_0^T (\boldsymbol{C}_{v\,\text{Gas}} - \boldsymbol{C}_{p\,\text{kond}})\,\mathrm{d}T \\ &+ \frac{1}{R} \int_0^T (\boldsymbol{C}_{v\,\text{Gas}} - \boldsymbol{C}_{p\,\text{kond}})\,\mathrm{d} \ln T + \frac{(\boldsymbol{S}_{0,\,\text{Gas}} - \boldsymbol{S}_{0\,\text{kond}})}{R} - \frac{\boldsymbol{C}_{p_0\,\text{Gas}}}{R}\,, \end{aligned} \tag{39a}$$

was sich mittels Gl. (2) auch umformen läßt in

$$\begin{aligned} \ln p_s = &- \frac{\Delta \boldsymbol{H}_{(T=0)}}{RT} + \frac{\boldsymbol{C}_{p_0\,\text{Gas}}}{R} \ln T + \frac{1}{R} \int_0^T \frac{\mathrm{d}T}{T^2} \int_0^T (\boldsymbol{C}_{v\,\text{Gas}} - \boldsymbol{C}_{p\,\text{kond}})\,\mathrm{d}T \\ &+ \frac{\boldsymbol{S}_{0,\,\text{Gas}} - \boldsymbol{S}_{0\,\text{kond}} - \boldsymbol{C}_{p_0\,\text{Gas}}}{R}\,. \end{aligned} \tag{39b}$$

Vergleicht man diesen Ausdruck mit der Dampfdruckgleichung (V, 59a) und setzt nach der *Nernst-Planck*schen Normierung $\boldsymbol{S}_{0\,\mathrm{kond}} = 0$, so sieht man, daß die aus Dampfdruck- bzw. Sublimationsdruckmessungen experimentell zugängliche *„thermodynamische Dampfdruckkonstante"*

$$j_p = \frac{\boldsymbol{S}_{0,\,\mathrm{Gas}} - \boldsymbol{C}_{p_0\,\mathrm{Gas}}}{R}. \tag{40}$$

D. h. die Entropiekonstante $\boldsymbol{S}_{0,\,\mathrm{Gas}}$ wird aus Dampfdruckmessungen zugänglich, da die $\boldsymbol{C}_{p_0}$-Werte idealer Gase aus der kinetischen Gastheorie bzw. aus statistischen Betrachtungen bekannt sind. Sie besitzen folgende Werte: einatomige Molekeln $\frac{5}{2}\,R$, zweiatomige Molekeln $\frac{7}{2}$ R, mehratomige nichtlineare Molekeln $4R$, und entsprechen den Anteilen der Molwärme, die durch die Translations- und Rotationsfreiheitsgrade bedingt sind. Mittels (33) und (40) kann man demnach die konventionellen Standard-Entropien von Gasen ($p\ =\ 1$ atm) und ebenso die konventionellen Entropien bei anderen Drucken berechnen, wobei lediglich die Temperaturabhängigkeit des T-abhängigen Schwingungsanteils $\boldsymbol{C}_v$ der Molwärme bekannt sein muß. Auch dieser läßt sich bei einfachen Molekeln, bei denen die spektroskopische Zuordnung der Schwingungsbanden zu den sog. „Normalschwingungen" möglich ist, quantenstatistisch berechnen, so daß die konventionellen Standardentropien zahlreicher Gase ebenfalls bekannt und tabelliert sind (vgl. Kap. VIII/8 und Tab. V im Anhang).

Die Gln. (39) für den Dampf- bzw. Sublimationsdruck einer kondensierten Phase sind aufschlußreich für die Faktoren, die für ihre *Flüchtigkeit* bestimmend sind. Maßgebend sind der erste und der letzte Term, d. h. die Größen $\Delta\boldsymbol{H}_{(T=0)}$ und $\boldsymbol{S}_{0,\,\mathrm{Gas}}$. Je größer $\boldsymbol{S}_{0,\,\mathrm{Gas}}$, d. h. je größer die Entropie des Dampfes ist gegenüber der Entropie der kondensierten Phase bei $T\ =\ 0$, um so flüchtiger ist der Stoff. Wie aus Tab. 18 hervorgeht, nimmt die Dampfdruckkonstante und damit nach (40) auch $\boldsymbol{S}_{0,\,\mathrm{Gas}}$ mit wachsender Masse der Molekel zu. Bei gegebener Temperatur bewirkt also der letzte Term in (39) mit zunehmender Masse auch zunehmende Flüchtigkeit. Andererseits hat zunehmende Masse auch zunehmende Verdampfungswärme zur Folge, d. h. auch $\Delta\boldsymbol{H}_{(T=0)}$ wächst mit der Masse der Molekel an und erniedrigt die Flüchtigkeit. Energieterm und Entropieterm wirken also einander entgegen, wie auch schon aus der *Gibbs-Helmholtz*schen Gleichung abzulesen ist (vgl. S. 155 ff.).

Der zweite Weg zur Ermittlung der Entropiekonstanten von Gasen beruht darauf, daß nicht nur $\boldsymbol{C}_{p_0}$ und $\boldsymbol{C}_v$, sondern auch $\boldsymbol{S}_{0,\,\mathrm{Gas}}$ mittels quantenstatistischer Betrachtungen aus den Bandenspektren der Molekeln berechnet werden kann, so daß sich auf diese Weise die konventionelle Entropie eines Gases unmittelbar aus Gl. (33) ergibt, ohne daß dazu irgendwelche kalorischen Messungen notwendig sind. Dabei wird also vorausgesetzt, daß man den Druck stets unterhalb des Sättigungsdampfdruckes der zugehörigen kondensierten Phase wählt, und ferner, daß sich das Gas ideal verhält. Auf die Einzelheiten der statistischen Methode gehen wir in Kap. VIII ausführlich ein. Die Differenz $\boldsymbol{S}_{0,\,\mathrm{Gas}} - \boldsymbol{S}_{0\,\mathrm{kond}}$ gegenüber der konventionellen Entropie der zugehörigen festen Phase bei $T\ =\ 0$ beruht darauf, daß die Gasmolekeln sich im Gegensatz zu den Molekeln der festen Phase in dem verfügbaren Volumen auf die verschiedenen möglichen Lagen und auf die verschiedenen möglichen Energiezustände von Translation und Rotation verteilen können, daß also ihr „statistisches Gewicht" Ω größer ist als das der kondensierten Molekeln (vgl. S. 348 sowie Kap. VIII).

Zum Abschluß dieser Betrachtungen sei ein Vergleich gezogen zwischen den aus Dampfdruckmessungen nach Gl. (40) ermittelten und den statistisch aus den Spektren berechneten Entropiekonstanten einiger Gase. In Tab. 18 sind die Werte für $j_p/2{,}3026$ angegeben, wobei p in bar gerechnet wurde:

Tabelle 18. Thermodynamische Dampfdruckkonstanten.

Gas	$j_p/2{,}3026$ berechnet	$j_p/2{,}3026$ beobachtet	Gas	$j_p/2{,}3026$ berechnet	$j_p/2{,}3026$ beobachtet	Gas	$j_p/2{,}3026$ berechnet	$j_p/2{,}3026$ beobachtet
He	−0,678	−0,68 ± 0,01	Mg	0,498	0,47 ± 0,24	N_2	−0,169	−0,16 ± 0,03
Ne	0,376	0,39 ± 0,04	Zn	1,142	1,21 ± 0,15	O_2	0,536	0,55 ± 0,02
Ar	0,820	0,81 ± 0,02	Cd	1,494	1,51 ± 0,06	CO	−0,154	−0,07 ± 0,05
Kr	1,303	1,29 ± 0,02	Hg	1,872	1,95 ± 0,06	HCl	−0,414	−0,40 ± 0,03
Xe	1,596	1,60 ± 0,02	Tl	2,186	2,37 ± 0,3	HI	0,626	0,65 ± 0,05

Die Übereinstimmung ist auch hier durchaus befriedigend und beweist sowohl die Zulässigkeit der gemachten Annahmen wie die Richtigkeit der tensimetrischen und spektroskopischen Messungen.

5.3 Gelöste Stoffe

Mit Hilfe der *Nernst-Planck*schen, auf kondensierte Phasen im inneren Gleichgewicht beschränkten Normierung (26) $\boldsymbol{S}_{0\,\mathrm{Gl}} = 0$ der Entropie reiner Stoffe und den in Kap. IV abgeleiteten Gleichungen für die Mischungsentropien lassen sich natürlich auch die *konventionellen partiellen molaren Entropien* der Komponenten z. B. einer *binären* Mischung gegebener Zusammensetzung zahlenmäßig angeben, während bisher immer nur die Differenzen gegenüber den Entropien der reinen Komponenten zugänglich waren. So gilt für ideale Mischungen nach (IV, 157)

$$S_i = \boldsymbol{S}_i - R \ln x_i , \tag{43}$$

für reale binäre Gasmischungen nach (IV, 189)

$$S_i = \boldsymbol{S}_i - R \ln x_i - \frac{\mathrm{d}}{\mathrm{d}T}(2B_{12} - B_{11} - B_{22})\,(1 - x_i)^2 p , \tag{44}$$

für kondensierte Mischungen nach (IV, 207)

$$S_i = \boldsymbol{S}_i - R \ln x_i f_i - R T \left(\frac{\partial \ln f_i}{\partial T}\right)_{p,x} . \tag{45}$$

Dabei ist für $\boldsymbol{S}_i$ jeweils die konventionelle Standard-Entropie der betreffenden Komponente in reiner Form bei gleicher Temperatur und 1 atm Druck (bzw. $p^* = 1$ atm) einzusetzen.

Da man es in der Regel vorzieht, in verdünnten Lösungen die partiellen molaren Größen auf die $\boldsymbol{\mu}_{0i(m)}$ als Standard zu normieren (vgl. S. 192 ff.), ist es erwünscht, auch diese konventionellen Standardentropien zu kennen. Dies gilt im speziellen für Elektrolyte, bei denen diese Normierung besondere Vorteile hat.

Zur Ermittlung der *konventionellen partiellen molaren Standardentropien gelöster Stoffe* stehen prinzipiell zwei Wege zur Verfügung, auf die wir kurz eingehen wollen. Der erste führt über die Bestimmung von *Löslichkeiten,* der zweite über die *Messung geeigneter galvanischer Zellen.*

Für den Lösungsvorgang eines Stoffes 2 in einem Lösungsmittel 1 gilt

$$\Delta S_2 = S_{2\,\text{gelöst}} - \boldsymbol{S}'_{2\,\text{rein}} \,. \tag{46}$$

Ist die Lösung gesättigt, befindet sich also der reine Stoff mit der Lösung im Gleichgewicht, so ist $\Delta G_2 = 0$ und deshalb

$$\Delta \boldsymbol{S}_{2\,\text{gesätt}} = \frac{\Delta H_{2\,\text{gesätt}}}{T} \,. \tag{47}$$

Dabei ist $\Delta H_{2\,\text{gesätt}} = H_{2\,\text{gesätt}} - \boldsymbol{H}'_{2\,\text{rein}}$ nach (III, 155a) die „letzte Lösungswärme". Aus (46) und (47) folgt

$$S_{2\,\text{gesätt}} = \boldsymbol{S}'_2 + \frac{\Delta H_{2\,\text{gesätt}}}{T} \,, \tag{48}$$

d. h. man erhält die partielle molare Entropie des gelösten Stoffes in gesättigter Lösung, wenn man für $\boldsymbol{S}'_2$ die konventionelle Standardentropie des reinen Stoffes bei der betreffenden Temperatur einsetzt.

Zur Umrechnung auf die partielle Standardentropie $\boldsymbol{S}_{02(m)}$ gehen wir aus von Gl. (IV, 244)

$$\mu_{2\,\text{gesätt}} = \boldsymbol{\mu}_{02(m)} + RT \ln (m_2 f_{02(m)})_{\text{gesätt}} \,. \tag{49}$$

Die Ableitung nach T liefert nach (IV, 122)

$$S_{2\,\text{gesätt}} = \boldsymbol{S}_{02(m)} - R \ln (m_2 f_{02(m)})_{\text{gesätt}} - RT \left(\frac{\partial \ln f_{02(m)\,\text{gesätt}}}{\partial T} \right)_p \,. \tag{50}$$

Daraus ergibt sich mit (IV, 240) die gewünschte *partielle molare Standardentropie* des gelösten Stoffes, normiert auf die ideal verdünnte Lösung als Bezugszustand zu

$$\boldsymbol{S}_{02(m)} = S_{2\,\text{gesätt}} + R \ln (m_2 f_{02(m)})_{\text{gesätt}} - \frac{H_{2\,\text{gesätt}} - \boldsymbol{H}_{02}}{T} \,. \tag{51}$$

Für diese Umrechnung sind also noch die Sättigungskonzentration, der Aktivitätskoeffizient $f_{02(m)\,\text{gesätt}}$ und sein Temperaturkoeffizient, d. h. die Differenz zwischen letzter und erster Lösungswärme erforderlich. Da diese Daten nur selten zur Verfügung stehen, ist dieses Verfahren praktisch auf schwerlösliche Stoffe beschränkt, bei denen man näherungsweise $f_{02} = 1$ und „erste" und „letzte" Lösungswärme innerhalb der Meßfehler gleich setzen kann. Man ermittelt sie nach (V, 123) aus der Temperaturabhängigkeit der Löslichkeit, indem man wieder $f_{02} = 1$ setzt. Dann vereinfacht sich Gl. (51) zu

$$\boldsymbol{S}_{02(m)} \approx S_{2\,\text{gesätt}} + R \ln m_{2\,\text{gesätt}} - RT \left(\frac{\partial \ln m_{2\,\text{gesätt}}}{\partial T} \right)_p \,. \tag{52}$$

Der zweite Weg zur Ermittlung der partiellen molaren Standardentropien gelöster Stoffe ist auf Elektrolyte beschränkt: Man überführt den betreffenden reinen Elektrolyten mit Hilfe einer galvanischen Zelle auf reversiblem Wege in eine Lösung desselben Elektrolyten bekannter Konzentration. Die zugehörige Reaktionsarbeit ergibt sich nach (IV, 116) aus der elektromotorischen Kraft der Zelle zu $\Delta G = -En_eF$, die Reaktionsarbeit unter Standardbedingungen durch Extrapolation der bei verschiedenen Konzentrationen des gelösten Elektrolyten gemessenen EMK auf verschwindende Konzentration[1]:

$$\Delta \boldsymbol{G}_{0(m)} = -\boldsymbol{E}_0 n_e F . \tag{53}$$

Daraus erhält man die zugehörige Standard-Reaktionsentropie nach (IV, 108)

$$\Delta \boldsymbol{S}_{0(m)} = -\frac{\partial \Delta \boldsymbol{G}_{0(m)}}{\partial T} = +n_e F \frac{\partial \boldsymbol{E}_0}{\partial T} \tag{54}$$

oder aus der *Gibbs-Helmholtz*schen Gleichung

$$\Delta \boldsymbol{S}_0 = \frac{\Delta \boldsymbol{H}_0 - \Delta \boldsymbol{G}_0}{T}. \tag{55}$$

Sind die konventionellen Standardentropien sämtlicher Reaktionsteilnehmer bis auf die des gelösten Elektrolyten bekannt, so läßt sich letztere berechnen.

Ein Beispiel möge dies verdeutlichen. In der galvanischen Zelle

$$\mathrm{Pt(H_2)/HCl}(m)\mathrm{[AgCl]_{gesätt}/Ag} \tag{56}$$

läuft die Reaktion $H_2 + 2\,AgCl_{fest} \rightarrow 2\,HCl + 2\,Ag$ ab. Die Standard-EMK der Zelle bei 25 °C beträgt $\boldsymbol{E}_0 = 0{,}2224$ Volt, ihr Temperaturkoeffizient $(\partial \boldsymbol{E}_0/\partial T)_p = -6{,}457 \cdot 10^{-4}$ Volt K^{-1}. Daraus ergibt sich die Standard-Reaktionsentropie nach (54) zu

$$\Delta \boldsymbol{S}_{0(m)} = -2 \cdot 96500 \cdot 6{,}457 \cdot 10^{-4}\ \mathrm{J\,K^{-1}} = -124{,}6\ \mathrm{J\,K^{-1}}.$$

Da

$$\Delta \boldsymbol{S}_0 = 2\boldsymbol{S}_{0(m)\mathrm{HCl}} + 2\boldsymbol{S}_{\mathrm{Ag}} - 2\boldsymbol{S}_{\mathrm{AgCl\,fest}} - \boldsymbol{S}_{\mathrm{H_2}}, \tag{57}$$

erhält man für die konventionelle partielle molare Standardentropie der in Wasser gelösten Salzsäure bei 25 °C (vgl. Tab. V im Anhang):

$$\boldsymbol{S}_{0(m)\mathrm{HCl}} = \frac{\Delta \boldsymbol{S}_{0(m)}}{2} - \boldsymbol{S}_{\mathrm{Ag}} + \boldsymbol{S}_{\mathrm{AgCl}} + \frac{\boldsymbol{S}_{\mathrm{H_2}}}{2}$$
$$= (-62{,}3 - 42{,}7 + 96{,}1 + 65{,}3)\ \mathrm{J\,K^{-1}\,mol^{-1}} = 56{,}4\ \mathrm{J\,K^{-1}\,mol^{-1}}.$$

Die konventionelle molare Entropie der gasförmigen Salzsäure bei der gleichen Temperatur beträgt 186,8 J K^{-1} mol^{-1}, ist also außerordentlich viel größer. Auf die Deutung dieses unerwarteten Ergebnisses werden wir gleich zurückkommen.

---

[1] Bez. Einzelheiten vgl. z. B. *G. Kortüm,* Lehrb. d. Elektrochemie, 5. Aufl., Weinheim 1972, S. 286 ff.

Da $\boldsymbol{S}_{0(m)}$ auf die ideal verdünnte Lösung normiert ist, die Elektrolyte im Standardzustand also als vollständig dissoziiert und ohne gegenseitige Wechselwirkung zu denken sind, muß sich die partielle molare Standardentropie eines Elektrolyten additiv aus den Einzelentropien der Ionen zusammensetzen. Da man diese Einzelwerte der Ionen thermodynamisch nicht bestimmen kann[1], setzt man willkürlich die Entropie (und ebenso die Enthalpie und die Freie Enthalpie) des H_3O^+-Ions unter Standardbedingungen gleich Null, so daß das oben berechnete $\boldsymbol{S}_{0(m)HCl}$ gleichzeitig die partielle molare Standardentropie des Cl^--Ions darstellt. Damit kann man aus den partiellen molaren Standardentropien der Elektrolyte die auf $\boldsymbol{S}_{0(m)H_3O^+}$ bezogenen Standardentropien der Einzelionen[2] berechnen. Sie sind ebenfalls in Tab. V des Anhangs angegeben (bezeichnet durch „aq").

Besonders auffällig sind die *negativen* partiellen molaren Standardentropien zahlreicher Ionen, was wie oben im Fall der HCl bedeutet, daß die Entropie der Elektrolyte beim Lösen stark abnimmt. Da negative Entropiewerte physikalisch ebenso sinnlos sind, wie negative Volumina oder negative Molwärmen, haben wir hier dieselbe Erscheinung vor uns, die schon S. 124f. diskutiert wurde: Die negativen partiellen molaren Ionenentropien sind als eine *Entropieabnahme des Lösungsmittels* zu deuten, die auf die Hydratation der Ionen und die dadurch hervorgerufene Ordnungszunahme des Systems zurückgeführt werden muß und mit der Volumenkontraktion und der Abnahme der Wärmekapazität ursächlich verknüpft ist. Dies ist wiederum ein Hinweis darauf, daß die partiellen molaren Größen keine einfache physikalische Bedeutung besitzen und vom thermodynamischen Standpunkt aus lediglich als Rechengrößen aufzufassen sind.

6 Berechnung von Reaktionsarbeiten aus Bildungswärmen und Standardentropien

6.1 Exakte Gleichungen

Wie schon S. 351 erwähnt wurde, eröffnet die Kenntnis der konventionellen molaren Standardentropien reiner Stoffe in beliebigen Aggregatzuständen einen weiteren allgemein gangbaren Weg zur Berechnung von Reaktionsarbeiten bzw. Freien Standardbildungsenthalpien aus rein kalorischen Messungen. Man benutzt dazu die *Gibbs-Helmholtz*sche Gleichung

$$\Delta \boldsymbol{G} = \Delta \boldsymbol{H} - T\Delta \boldsymbol{S}, \tag{58}$$

indem man die tabellierten molaren Bildungsenthalpien $\Delta \boldsymbol{H}^{B}$ und konventionellen molaren Entropien $\boldsymbol{S}$ unter Standardbedingungen der jeweiligen Reaktionsteilnehmer heranzieht. Dasselbe Verfahren ist natürlich nach Gl. (55) auch möglich für Reaktionen in Lösung, wobei die entsprechenden Größen lediglich auf einen andern Standardzustand normiert sind.

---

[1] Wegen der Neutralitätsbedingung können immer nur insgesamt neutrale Ionenkombinationen in die Lösung überführt werden.

[2] Diese sind also eigentlich die partiellen molaren Entropien neutraler Ionenkombinationen, an denen stets H_3O^+ beteiligt ist. So ist z. B. der Wert für SO_4^- in Wirklichkeit gleich $\boldsymbol{S}_{0(m)SO_4^{--}} + 2\boldsymbol{S}_{0(m)H_3O^+}$ oder der Wert für Ag^+ gleich $\boldsymbol{S}_{0(m)Ag^+} - \boldsymbol{S}_{0(m)H_3O^+}$. Bei der Berechnung von Standardentropien beliebiger neutraler Salze heben sich die $\boldsymbol{S}_{0(m)H_3O^+}$ natürlich stets heraus.

In neueren Tabellenwerken[1)] findet man in der Regel die Zahlenwerte der folgenden thermodynamischen Funktionen zahlreicher Stoffe unter Standardbedingungen ($p^* = 1$ atm) angegeben, und zwar teils von 0 K bis zu sehr hohen Temperaturen, teils für $T = 298{,}15$ K (25 °C) (vgl. auch Tab. IV, V im Anhang):.

1. $\boldsymbol{C}_p$, die Molwärmen;
2. $\boldsymbol{H}_T - \boldsymbol{H}_{(T=0)}$, die molaren Enthalpien, wobei $\boldsymbol{H}_{(T=0)}$ für die Elemente willkürlich gleich Null gesetzt wird;
3. $(\boldsymbol{H}_T - \boldsymbol{H}_{(T=0)})/T$, die sog. *„Enthalpie-Funktion“*;
4. $\boldsymbol{S}$, die konventionellen Entropien, bezogen auf $\boldsymbol{S}_{0\,\mathrm{Gl}} = 0$;
5. $(\boldsymbol{G}_T - \boldsymbol{G}_{(T=0)})/T \equiv (\boldsymbol{G}_T - \boldsymbol{H}_{(T=0)})/T$, die sog. *„Freie Enthalpie-Funktion“*;

Zwischen den letzten drei Größen besteht nach *Gibbs-Helmholtz* die Beziehung

$$\boldsymbol{S}_T = \left(\frac{\boldsymbol{H}_T - \boldsymbol{H}_{(T=0)}}{T}\right) - \left(\frac{\boldsymbol{G}_T - \boldsymbol{H}_{(T=0)}}{T}\right).$$

6. $\Delta \boldsymbol{H}^{\mathrm{B}}$, die Bildungsenthalpien aus den Elementen;
7. $\Delta \boldsymbol{G}^{\mathrm{B}}$, die freien Bildungsenthalpien aus den Elementen;
8. $\log \boldsymbol{K}^{\mathrm{B}}$, die dekadischen Logarithmen der Gleichgewichtskonstanten der Bildungsreaktionen aus den Elementen.

Wir besprechen die Ermittlung solcher Werte bzw. die Benutzung solcher Tabellen an Hand einiger einfacher Beispiele:

Gesucht sei die Freie Standardbildungsenthalpie $\Delta \boldsymbol{G}^{\mathrm{B}}$ der wässerigen Salzsäure bei 25 °C. Die Standardbildungsenthalpie der gasförmigen Salzsäure ergibt sich unmittelbar aus der gemessenen Reaktionswärme von

$$\tfrac{1}{2}\,\mathrm{H_2} + \tfrac{1}{2}\,\mathrm{Cl_2} \rightarrow \mathrm{HCl_{Gas}}; \quad \Delta \boldsymbol{H}^{\mathrm{B}}_{\mathrm{HCl\,Gas}} = -92{,}3\ \mathrm{kJ\,mol^{-1}} \tag{59}$$

bei 1 atm Druck. Die integrale Lösungswärme von gasförmiger HCl zu einer wässerigen Lösung von $m = 0{,}2775$ bei 25 °C ergab (Gleichung (III, 156)):

$$\mathrm{HCl_{Gas}} \rightarrow \mathrm{HCl_{gelöst}}\ (m = 0{,}2775); \quad \frac{\Delta H}{n_{\mathrm{HCl}}} = -74{,}22\ \mathrm{kJ\,mol^{-1}}. \tag{60}$$

Die integrale Verdünnungswärme einer 0,2775 molaren Lösung nach (III, 161) war

$$\mathrm{HCl_{gelöst}}_{(m=0{,}2775)} \rightarrow \mathrm{HCl_{gelöst}}_{(m=0)}; \quad \frac{\Delta H^{**}}{n_{\mathrm{HCl}}} = -0{,}96\ \mathrm{kJ\,mol^{-1}}. \tag{61}$$

Daraus erhält man mittels (III, 162) die „erste Lösungswärme“ der Salzsäure bei 25 °C zu

$$\mathrm{HCl_{Gas}} \rightarrow \mathrm{HCl_{gelöst}}_{(m=0)}; \quad \boldsymbol{H}_{0(m)\,\mathrm{gelöst}} - \boldsymbol{H}_{\mathrm{Gas}} = -75{,}19\ \mathrm{kJ\,mol^{-1}} \tag{62}$$

---

1 Selected Values of Properties of Hydrocarbons, Nat. Bur. Standards Circ. 461 (1947); Selected Values of Chemical Thermodynamic Properties, Nat. Bur. Standards Circ. 500 (1950); *Landolt-Börnstein,* 6. Aufl., Bd. II/4 (1961); International Critical Tables, 1926–1933; *W. M. Latimer,* The Oxidation States of the Elements and their Potentials in Aqueous Solutions, New York 1938; *F. D. Rossini,* Chemical Thermodynamics, New York 1950; *H. Zeise,* Thermodynamik Bd. III/1, Leipzig 1954; JANAF, Thermochemical Tables, 2. A., Washington 1971, NSRDS-NBS 37.

und aus (59) und (62) die Standard-Bildungsenthalpie der wässerigen Salzsäure bei 25 °C zu

$$\frac{1}{2}\,H_2 + \frac{1}{2}\,Cl_2 \rightarrow HCl_{\text{gelöst}(m=0)}; \quad \Delta \boldsymbol{H}^{\mathrm{B}}_{0(m)} = -167{,}44\ \mathrm{kJ\,mol^{-1}}. \tag{63}$$

Das ist nach der Festsetzung von S. 361 gleichzeitig die Standard-Bildungsenthalpie des Cl^--Ions in wässeriger Lösung. Die zugehörige konventionelle Standard-Bildungsentropie ergibt sich mit dem oben errechneten Wert $\boldsymbol{S}_{0(m)\mathrm{HCl}} = 56{,}4\ \mathrm{J\,K^{-1}\,mol^{-1}}$ und aus Tab. V zu

$$\Delta \boldsymbol{S}^{\mathrm{B}}_{0(m)298} = \boldsymbol{S}_{0(m)\mathrm{HCl}} - \frac{1}{2}\boldsymbol{S}_{\mathrm{H_2}} - \frac{1}{2}\boldsymbol{S}_{\mathrm{Cl_2}} = -120{,}2\ \mathrm{J\,K^{-1}\,mol^{-1}}.$$

Daraus erhält man schließlich nach (58)

$$\Delta \boldsymbol{G}^{\mathrm{B}} = \Delta \boldsymbol{H}^{\mathrm{B}} - T\Delta \boldsymbol{S}^{\mathrm{B}} = (-167{,}44 + 298{,}15 \cdot 0{,}1202)\ \mathrm{kJ\,mol^{-1}} = -131{,}60\ \mathrm{kJ\,mol^{-1}}. \tag{64}$$

Das ist die Freie Standard-Bildungsenthalpie der wässerigen Salzsäure bei 25 °C und gleichzeitig definitionsgemäß auch die des Cl^--Ions. Mittels (IV, 116) erhält man daraus auch die Standard-EMK der sog. Chlorknallgaszelle $\mathrm{Pt(H_2)/HCl_{(m)}/(Cl_2)Pt}$ bei 25 °C zu $\boldsymbol{E}_0 = \frac{131{,}60}{96\,500}$ Volt $= 1{,}36$ Volt, die ebenfalls definitionsgemäß als Standard-Bezugs-EMK der Chlorelektrode, bezogen auf die Wasserstoffelektrode, bezeichnet wird[1)].

Wir berechnen als weiteres Beispiel die Gleichgewichtskonstante der schon S. 334 untersuchten homogenen Wassergasreaktion

$$CO + H_2O \rightleftarrows CO_2 + H_2$$

aus den Angaben der Tab. V unter Standardbedingungen, wobei nochmals daran erinnert sei, daß letztere auch Gültigkeit des idealen Gasgesetzes voraussetzen. Es ist

$$\begin{aligned}\Delta \boldsymbol{H}_{298} &= (\Delta \boldsymbol{H}^{\mathrm{B}}_{\mathrm{CO_2}} + \Delta \boldsymbol{H}^{\mathrm{B}}_{\mathrm{H_2}} - \Delta \boldsymbol{H}^{\mathrm{B}}_{\mathrm{CO}} - \Delta \boldsymbol{H}^{\mathrm{B}}_{\mathrm{H_2O}})_{298}\\ &= (-393{,}5 + 0 + 110{,}5 + 241{,}8)\ \mathrm{kJ\,mol^{-1}} = -41{,}2\ \mathrm{kJ\,mol^{-1}},\end{aligned}$$

$$\begin{aligned}\Delta \boldsymbol{S}_{298} &= (\boldsymbol{S}_{\mathrm{CO_2}} + \boldsymbol{S}_{\mathrm{H_2}} - \boldsymbol{S}_{\mathrm{CO}} - \boldsymbol{S}_{\mathrm{H_2O}})_{298} = (213{,}7 + 130{,}6 - 197{,}5 - 188{,}7)\ \mathrm{J\,K^{-1}\,mol^{-1}}\\ &= -41{,}9\ \mathrm{J\,K^{-1}\,mol^{-1}},\end{aligned}$$

$$\Delta \boldsymbol{G}_{298} = (-41\,200 + 298{,}15 \cdot 41{,}9)\ \mathrm{J\,mol^{-1}} = -28{,}71\ \mathrm{kJ\,mol^{-1}}.$$

Da $\Delta \boldsymbol{G}$ negativ ist, würde die Reaktion unter Standardbedingungen von links nach rechts verlaufen, falls nicht die Reaktionshemmungen zu groß wären. Aus $\Delta \boldsymbol{G} = -RT\ln \boldsymbol{K} = -19{,}144 \cdot 298{,}15 \log \boldsymbol{K}\ \mathrm{J\,mol^{-1}}$ ergibt sich $\log \boldsymbol{K} = 5{,}03$ und $\boldsymbol{K} \approx 10^5$. Das Gleichgewicht liegt also weitgehend zugunsten von $CO_2 + H_2$.

Sind die Freien Bildungsenthalpien bzw. die daraus nach $\Delta \boldsymbol{G}^{\mathrm{B}} = -RT\ln \boldsymbol{K}^{\mathrm{B}}$ berechenbaren Gleichgewichtskonstanten der Bildungsreaktionen aus den Elementen für alle Reaktionsteilnehmer bekannt, so kann man aus ihnen sofort die Gleichgewichtskonstante der betreffenden Reaktion bei der gleichen Temperatur berechnen. Für das schon häufig benutzte Schema

$$\nu_{\mathrm{A}}\mathrm{A} + \nu_{\mathrm{B}}\mathrm{B} \rightleftarrows \nu_{\mathrm{C}}\mathrm{C} + \nu_{\mathrm{D}}\mathrm{D}$$

erhält man unmittelbar

1 Vgl. dazu z. B. G. *Kortüm*, Lehrb. der Elektrochemie, 5. Aufl., Weinheim 1972, S. 318.

$$\log \boldsymbol{K} = \sum \nu_i \log \boldsymbol{K}_i^{\mathrm{B}} = \nu_{\mathrm{C}} \log \boldsymbol{K}_{\mathrm{C}}^{\mathrm{B}} + \nu_{\mathrm{D}} \log \boldsymbol{K}_{\mathrm{D}}^{\mathrm{B}} - \nu_{\mathrm{A}} \log \boldsymbol{K}_{\mathrm{A}}^{\mathrm{B}} - \nu_{\mathrm{B}} \log \boldsymbol{K}_{\mathrm{B}}^{\mathrm{B}}. \tag{65}$$

Nehmen an der Reaktion Elemente teil, so ist das zugehörige log $\boldsymbol{K}^{\mathrm{B}}$ natürlich gleich Null entsprechend der Festsetzung $\boldsymbol{G}_{\mathrm{Element}}^{\mathrm{B}} \equiv 0$.

Sind die Bildungsenthalpien und konventionellen Entropien der Reaktionsteilnehmer nur für 25 °C tabelliert, und will man die daraus berechneten Standardreaktionsarbeiten auf andere Temperaturen umrechnen, so geht man von Gl. (IV, 108) aus:

$$\left(\frac{\partial \Delta \boldsymbol{G}}{\partial T}\right)_p = -\Delta \boldsymbol{S}_p. \tag{66}$$

Führt man $\Delta \boldsymbol{S}_p$ nach (IV, 60) als Temperaturfunktion ein

$$\Delta \boldsymbol{S}_T = \Delta \boldsymbol{S}_{298} + \int_{298}^{T} \frac{\Delta \boldsymbol{C}_p}{T} \mathrm{d}T, \tag{67}$$

und setzt dies in (66) ein, so wird

$$\begin{aligned} \Delta \boldsymbol{G}_T &= \Delta \boldsymbol{G}_{298} - \int_{298}^{T} \Delta \boldsymbol{S}_{298} \mathrm{d}T - \iint_{298}^{T} \Delta \boldsymbol{C}_p \mathrm{d} \ln T \mathrm{d}T \\ &= \Delta \boldsymbol{G}_{298} + 298{,}15 \cdot \Delta \boldsymbol{S}_{298} - T \Delta \boldsymbol{S}_{298} - \iint_{298}^{T} \Delta \boldsymbol{C}_p \mathrm{d} \ln T \mathrm{d}T. \end{aligned} \tag{68}$$

Faßt man die beiden ersten Glieder nach der *Gibbs-Helmholtz*schen Gleichung zu $\Delta \boldsymbol{H}_{298}$ zusammen, so erhält man

$$\Delta \boldsymbol{G}_T = \Delta \boldsymbol{H}_{298} - T \Delta \boldsymbol{S}_{298} - \iint_{298}^{T} \Delta \boldsymbol{C}_p \mathrm{d} \ln T \mathrm{d}T, \tag{69}$$

was sich mittels partieller Integration[1] auch umformen läßt in

$$\Delta \boldsymbol{G}_T = \Delta \boldsymbol{H}_{298} - T \Delta \boldsymbol{S}_{298} + \int_{298}^{T} \Delta \boldsymbol{C}_p \mathrm{d}T - T \int_{298}^{T} \frac{\Delta \boldsymbol{C}_p}{T} \mathrm{d}T. \tag{69a}$$

Sind die Molwärmen der Reaktionsteilnehmer zwischen 298,15 K und T bekannt, so lassen sich die beiden Integrale graphisch auswerten, so daß $\Delta \boldsymbol{G}_T$ leicht ermittelt werden kann. Stehen die notwendigen $\boldsymbol{C}_p$-Messungen nicht zur Verfügung, so kann man sich mit Näherungsrechnungen helfen, worauf wir gleich zurückkommen werden. Aus (69) erhält man für die Gleichgewichtskonstante

---

[1] Man setzt in der Gleichung $uv - \int v\,\mathrm{d}u = \int u\,\mathrm{d}v$; $v \equiv T$ und $\int_{298}^{T} \Delta \boldsymbol{C}_p \mathrm{d} \ln T \equiv u$.

$$\log \boldsymbol{K} = -\frac{\Delta \boldsymbol{H}_{298}}{19{,}144\,T} + \frac{\Delta \boldsymbol{S}_{298}}{19{,}144} + \frac{1}{19{,}144\,T}\iint_{298}^{T} \Delta \boldsymbol{C}_p \,\mathrm{d}\ln T \,\mathrm{d}T \tag{70}$$

bzw.

$$\log \boldsymbol{K} = -\frac{\Delta \boldsymbol{H}_{298}}{19{,}144\,T} + \frac{\Delta \boldsymbol{S}_{298}}{19{,}144} - \frac{1}{19{,}144\,T}\int_{298}^{T} \Delta \boldsymbol{C}_p \,\mathrm{d}T + \frac{1}{19{,}144}\int_{298}^{T} \frac{\Delta \boldsymbol{C}_p}{T}\,\mathrm{d}T. \tag{70a}$$

Beide Gleichungen gelten für $p = 1$ atm und ideales Gasverhalten entsprechend den Standardbedingungen. Beim Übergang zu anderen Drucken ist zu (69) nach Gl. (IV, 120) noch ein Glied

$$\int_1^p \Delta \boldsymbol{V} \mathrm{d}p = \sum \nu_{i_{\mathrm{Gas}}} RT \int_1^p \mathrm{d}\ln p = \sum \nu_{i_{\mathrm{Gas}}} RT \ln p \tag{71}$$

hinzuzufügen, wenn man den Beitrag der kondensierten Stoffe zu $\Delta \boldsymbol{V}$ wie üblich vernachlässigt und das ideale Gasgesetz für $\Delta \boldsymbol{V}$ einführt [Gl. (III, 133)]. Entsprechend wird aus (70)

$$\log \boldsymbol{K} = -\frac{\Delta \boldsymbol{H}_{298}}{19{,}144\,T} + \frac{\Delta \boldsymbol{S}_{298}}{19{,}144} + \frac{1}{19{,}144\,T}\iint_{298}^{T} \Delta \boldsymbol{C}_p \,\mathrm{d}\ln T \,\mathrm{d}T - \sum \nu_{i_{\mathrm{Gas}}} \log p. \tag{71a}$$

Gilt für die Gasphase das ideale Gasgesetz, so ist nach (V, 237)

$$\log \boldsymbol{K} = \sum \nu_{i_{\mathrm{Gas}}} \log [a_i] = \sum \nu_{i_{\mathrm{Gas}}} \log [x_i],$$

da die Aktivitäten bzw. Molenbrüche der kondensierten Stoffe nicht in die Gleichgewichtskonstante eingehen. Berücksichtigt man weiter, daß für die Gasphase $[x_i] = [p_i]/p$, wenn $[p_i]$ den Gleichgewichtspartialdruck bedeutet, so kann man (70a) mittels (V, 261) auch in der Form schreiben

$$\sum \nu_{i_{\mathrm{Gas}}} \log \frac{[p_i]}{p} \equiv \log \boldsymbol{K}_{(p)} = -\frac{\Delta \boldsymbol{H}_{298}}{19{,}144\,T} + \frac{\Delta \boldsymbol{S}_{298}}{19{,}144} + \frac{1}{19{,}144\,T}\iint_{298}^{T} \Delta \boldsymbol{C}_p \,\mathrm{d}\ln T \,\mathrm{d}T \tag{72}$$

bzw.

$$\log \boldsymbol{K}_{(p)} = -\frac{\Delta \boldsymbol{H}_{298}}{19{,}144\,T} + \frac{\Delta \boldsymbol{S}_{298}}{19{,}144} - \frac{1}{19{,}144\,T}\int_{298}^{T} \Delta \boldsymbol{C}_p \,\mathrm{d}T + \frac{1}{19{,}144}\int_{298}^{T} \frac{\Delta \boldsymbol{C}_p}{T}\,\mathrm{d}T, \tag{72a}$$

wobei $\boldsymbol{K}_{(p)}$ nach (V, 283) druckunabhängig ist, solange das ideale Gasgesetz als gültig angesehen werden kann.

6.2 Näherungsgleichungen

Mit der Herleitung der exakten Gln. (69) bis (72) ist das eingangs erwähnte Problem der Berechnung von Reaktionsarbeiten bzw. Gleichgewichten aus rein kalorischen Daten prinzipiell gelöst. Nun scheitert die praktische Anwendung dieser Gleichungen häufig daran, daß die für die Rechnung erforderlichen Meßdaten unvollständig sind, inbesondere fehlt es vielfach an genügend genauen Messungen der Temperaturabhängigkeit der Molwärmen, sowie an den für die Berechnung der Entropiekonstanten notwendigen optischen Daten, vor allem bei mehratomigen Molekeln.

Um die Berechnung trotzdem angenähert und mit einer für viele praktische Zwecke ausreichenden Genauigkeit durchführen zu können, kann man Näherungsformeln benutzen, wie sie schon von *Nernst* und später insbesondere von *Ulich* angegeben worden sind. Das von *Ulich*[1] benutzte (bessere) Verfahren läßt sich in drei Stufen durchführen, je nach der verlangten Genauigkeit bzw. den zur Verfügung stehenden Meßdaten, wobei natürlich mit höheren Ansprüchen an die Genauigkeit der berechneten Werte auch der Aufwand an Rechenarbeit wächst.

1. Näherung: Man geht aus von Gl. (69) und setzt für alle Temperaturen oberhalb von 298 K

$$\Delta \boldsymbol{C}_p = 0\,, \tag{73}$$

was nach (67) bedeutet, daß die Reaktionsentropie konstant und gleich der Standardreaktionsentropie bei 25 °C ist und daß nach dem *Kirchhoff*schen Satz auch die Reaktionswärme von T unabhängig und gleich der Standardreaktionswärme bei 25 °C wird. Dann folgt aus (69)

$$\Delta \boldsymbol{G}_T = \Delta \boldsymbol{H}_{298} - T\Delta \boldsymbol{S}_{298}\,. \tag{74}$$

2. Näherung: Man vernachlässigt die T-Abhängigkeit der Molwärmen oberhalb von 298 K, d. h. man setzt

$$\Delta \boldsymbol{C}_p = \text{konst.} = a\,. \tag{75}$$

Damit wird aus (69a)

$$\begin{aligned}\Delta \boldsymbol{G}_T &= \Delta \boldsymbol{H}_{298} - T\Delta \boldsymbol{S}_{298} + a(T - 298{,}15) - aT\ln\frac{T}{298{,}15} \\ &= \Delta \boldsymbol{H}_{298} - T\Delta \boldsymbol{S}_{298} - aT\left(\ln\frac{T}{298{,}15} + \frac{298{,}15}{T} - 1\right),\end{aligned} \tag{76}$$

und entsprechend aus (70a)

$$\log \boldsymbol{K} = -\frac{\Delta \boldsymbol{H}_{298}}{19{,}144\,T} + \frac{\Delta \boldsymbol{S}_{298}}{19{,}144} + \frac{a}{19{,}144}\left(\ln\frac{T}{298{,}15} + \frac{298{,}15}{T} - 1\right). \tag{77}$$

Die Werte des Klammerausdrucks sind für verschiedene Temperaturen in Tab. 19 angegeben. Man kann sie bis etwa 1600 K durch den einfachen Ausdruck 0,0007 T − 0,20 ersetzen, ohne daß der Fehler wenige Prozent überschreitet, so daß man (76) für diesen Fall auch schreiben kann

$$\Delta \boldsymbol{G}_T = \Delta \boldsymbol{H}_{298} - T\Delta \boldsymbol{S}_{298} - aT(0{,}0007\,T - 0{,}20)\,. \tag{78}$$

[1] Vgl. *H. Ulich,* Z. Elektrochem. *45*, 521 (1939); *H. Ulich, W. Jost,* Kurzes Lehrbuch der Physikalischen Chemie, 7. Aufl., Darmstadt 1954, § 11.

Tabelle 19. Werte der Funktionen $f\left(\frac{T}{298}\right) \equiv \left(\ln\frac{T}{298{,}15} + \frac{298{,}15}{T} - 1\right)$ und $Tf\left(\frac{T}{298}\right)$.

T (in K)	$f\left(\frac{T}{298}\right)$	$Tf\left(\frac{T}{298}\right)$	T (in K)	$f\left(\frac{T}{298}\right)$	$Tf\left(\frac{T}{298}\right)$
400	0,039	15,6	1400	0,760	1064
500	0,113	56,5	1500	0,814	1221
600	0,196	118	1600	0,866	1386
700	0,279	195	1700	0,916	1557
800	0,360	288	1800	0,964	1734
900	0,436	392	1900	1,009	1917
1000	0,508	508	2000	1,052	2104
1100	0,577	635	2500	1,246	3115
1200	0,641	769	3000	1,408	4224
1300	0,702	913	3500	1,548	5418

3. Näherung: Will man die Rechnung über größere Temperaturbereiche ausdehnen, innerhalb deren man $\Delta \boldsymbol{C}_p$ nicht mehr als konstant ansehen kann, so stellt man $\Delta \boldsymbol{C}_p$ als Potenzreihe von T dar, wie es in Tabelle IV (im Anhang) angegeben ist. Ist z. B. $\Delta \boldsymbol{C}_p = a + bT$, so wird aus (69a)

$$\begin{aligned}\Delta \boldsymbol{G}_T &= \Delta \boldsymbol{H}_{298} - T\Delta \boldsymbol{S}_{298} + a(T - 298{,}15) - aT\ln\frac{T}{298{,}15} \\ &\quad + \frac{b}{2}(T^2 - 298{,}15^2) - bT(T - 298{,}15) \\ &= \Delta \boldsymbol{H}_{298} - T\Delta \boldsymbol{S}_{298} - aT\left(\ln\frac{T}{298{,}15} + \frac{298{,}15}{T} - 1\right) \\ &\quad - b\left(\frac{T^2}{2} - 298{,}15\,T + \frac{298{,}15^2}{2}\right).\end{aligned} \tag{79}$$

Statt dessen kann man zur Ersparung von Rechenarbeit auch mit Mittelwerten von $\Delta \boldsymbol{C}_p$ rechnen, indem man den Wert a dem jeweils interessierenden Temperaturbereich anpaßt, wobei die $\boldsymbol{C}_p$-Werte bei tieferen Temperaturen etwas stärker ins Gewicht fallen, so daß a unterhalb des Mittels von $\boldsymbol{C}_{pT}$ und $\boldsymbol{C}_{p298}$ liegen soll.

Für den Fall, daß die $\boldsymbol{C}_p$-Werte der Reaktionsteilnehmer oberhalb 298 K nicht sämtlich stetig verlaufen, daß also z. B. bei dem Stoff i Phasenumwandlungen irgendwelcher Art eintreten, sind in den Gleichungen (76) und (79) an Stelle von $\Delta \boldsymbol{H}_{298}$ und $\Delta \boldsymbol{S}_{298}$ die Werte $\Delta \boldsymbol{H}_{298} + \sum \nu_i \Delta \boldsymbol{H}_{i\mathrm{Umw.}}$ und $\Delta \boldsymbol{S}_{298} + \sum \nu_i \Delta \boldsymbol{H}_{i\mathrm{Umw.}}/T$ einzusetzen [s. Gl. (30)], worin $\Delta \boldsymbol{H}_{i\mathrm{Umw.}}$ die reversible äußere Umwandlungswärme bedeutet. Die Gln. (76) bis (79) gelten für den Standarddruck $p = 1$ atm bzw. $p^* = 1$ atm, für andere Drucke ist ein druckabhängiges Glied entsprechend (71) bzw. (70a) anzufügen, dagegen kann man, wie S. 365 gezeigt, für $\log \boldsymbol{K}_{(p)}$ unabhängig vom Druck ebenfalls Gl. (77) verwenden.

Wir prüfen die Leistungsfähigkeit der gewonnenen Näherungen an einigen Beispielen und berechnen zunächst das schon S. 358 behandelte Dissoziationsgleichgewicht des Wasserdampfes: $2\,H_2O \rightleftarrows 2\,H_2 + O_2$. Nach Tab. V ist die Dissoziationswärme unter Standardbedingungen $\Delta \boldsymbol{H}_{298} = +483{,}66$ kJ mol^{-1}; $\Delta \boldsymbol{S}_{298} = (2 \cdot 130{,}6 + 205{,}0 - 2 \cdot 188{,}7)$ J K^{-1} mol^{-1} = 88,8 J K^{-1} mol^{-1}. Damit ergibt sich für die erste Näherung (74) umgerechnet auf $\log \boldsymbol{K}_{(p)}$

$$\log \boldsymbol{K}_{(p)} = \frac{-483660}{19{,}144\,T} + \frac{88{,}8}{19{,}144} = -\frac{25264}{T} + 4{,}64.$$

Für die zweite Näherung berechnen wir den Wert a mit Hilfe der Tab. IV bei 298,15 K zu

$$\Delta \boldsymbol{C}_{p298} = 2\boldsymbol{C}_{p298_{H_2}} + \boldsymbol{C}_{p298_{O_2}} - 2\boldsymbol{C}_{p298_{H_2O}} = 16{,}48 \text{ J K}^{-1}\text{ mol}^{-1}$$

und erhalten aus (77)

$$\log \boldsymbol{K}_{(p)} = -\frac{25264}{T} + 4{,}64 + \frac{16{,}48}{19{,}144}\left(\ln \frac{T}{298{,}15} + \frac{298{,}15}{T} - 1\right),$$

und entsprechend aus (78)

$$\log \boldsymbol{K}_{(p)} = -\frac{25264}{T} + 4{,}64 + \frac{16{,}48}{19{,}144}(0{,}0007\,T - 0{,}20)\,.$$

Die aus diesen drei Gleichungen berechneten Werte sind zusammen mit den nach verschiedenen Methoden[1] gemessenen Werten für einige Temperaturen in Tab. 20 zusammengestellt. Man sieht, daß, wie zu erwarten, Gl. (74) mit steigender Temperatur zunehmend schlechtere Werte liefert, da $\Delta \boldsymbol{C}_p$ in diesem Fall nicht mit genügender Näherung gleich Null gesetzt werden darf. Dagegen erreicht man schon mit konstantem $\Delta \boldsymbol{C}_p$ eine sehr befriedigende Übereinstimmung mit den Meßwerten, so daß man also die T-Abhängigkeit der Molwärmen oberhalb 298 K unberücksichtigt lassen und die dritte Näherung entbehren kann.

Tabelle 20. Gemessene und berechnete Gleichgewichtskonstanten der Wasserdampfdissoziation.

T (in K)	$\log \boldsymbol{K}_{(p)\text{beob}}$	$\log \boldsymbol{K}_{(p)\text{ berechnet}}$ nach (74)	nach (77)	nach (78)
290	−82,27	−82,61	−82,61	−82,61
1300	−14,01	−14,82	−14,22	−14,20
1500	−11,42	−12,23	−11,53	−11,50
1705	−9,28	−10,20	−9,41	−9,34
2155	−6,08	−7,10	−6,14	−5,95
2505	−4,31	−5,46	−4,39	−4,12

Die teilweise Dissoziation des Wasserdampfes bei hohen Temperaturen, an die sich noch ein bisher nicht berücksichtigter Zerfall der Molekeln H_2 und O_2 in die Atome anschließt, spielt eine wesentliche

[1] Der Wert bei 298 K läßt sich mit Hilfe der sog. Knallgaszelle ermitteln, die Werte bei höheren Temperaturen wurden teils nach der Strömungsmethode (erhitzter Katalysator), teils (in grober Näherung) durch direkte Messung des $[p_{H_2}]$-Drucks mit Hilfe eines nur für H_2 durchlässigen Pt-Manometers gemessen (vgl. S. 172).

Rolle für die bei der Knallgasverbrennung erreichbare *maximale Flammentemperatur,* da diese Dissoziationsvorgänge Wärme verbrauchen und deshalb die Verbrennungstemperatur herabsetzen. Man kann letztere auf folgende Weise ermitteln, wobei vorausgesetzt wird, daß die Verbrennung adiabatisch bei $p = 1$ atm vor sich geht:

Man berechnet mittels der angegebenen Näherungsmethoden für eine bestimmte Temperatur T (z. B. 3000 K) die Gleichgewichtskonstanten

$$\boldsymbol{K}_{(p)\mathrm{H_2O}} = \frac{[p_{\mathrm{H_2}}]^2[p_{\mathrm{O_2}}]}{[p_{\mathrm{H_2O}}]^2}, \quad \boldsymbol{K}_{(p)\mathrm{H_2}} = \frac{[p_{\mathrm{H}}]^2}{[p_{\mathrm{H_2}}]}, \quad \boldsymbol{K}_{(p)\mathrm{O_2}} = \frac{[p_{\mathrm{O}}]^2}{[p_{\mathrm{O_2}}]}.$$

Berücksichtigt man ferner, daß

$$[p_{\mathrm{H_2O}}] + [p_{\mathrm{H_2}}] + [p_{\mathrm{O_2}}] + [p_{\mathrm{H}}] + [p_{\mathrm{O}}] = 1,$$

und daß insgesamt doppelt soviel H wie O vorhanden sein müssen, daß also

$$\frac{[p_{\mathrm{H}}] + 2[p_{\mathrm{H_2}}] + 2[p_{\mathrm{H_2O}}]}{[p_{\mathrm{O}}] + 2[p_{\mathrm{O_2}}] + [p_{\mathrm{H_2O}}]} = 2 \quad \text{oder} \quad [p_{\mathrm{H}}] + 2[p_{\mathrm{H_2}}] = 2[p_{\mathrm{O}}] + 4[p_{\mathrm{O_2}}]$$

sein muß, weil die Partialdrucke den Molzahlen proportional sind, so kann man aus diesen fünf Gleichungen die fünf unbekannten Partialdrucke berechnen. Man erhält z. B. für 3000 K folgende Werte (in atm):

$$[p_{\mathrm{H_2O}}] = 0{,}704, \quad [p_{\mathrm{H_2}}] = 0{,}136, \quad [p_{\mathrm{O_2}}] = 0{,}068, \quad [p_{\mathrm{H}}] = 0{,}061, \quad [p_{\mathrm{O}}] = 0{,}031\,.$$

Es werden also nur rund 70% des Knallgases verbrannt, der Rest bleibt unvereinigt bzw. dissoziiert in die Atome.

Man kann sich nun den Gesamtvorgang in der Weise vorstellen, daß die Bildung des Wasserdampfes und die Dissoziation von H_2 und O_2 unter Standardbedingungen bei 298 K stattfindet und daß die dabei umgesetzte Wärme[1] nachträglich den Reaktionsprodukten zugeführt wird. Dann gilt nach dem Energiesatz

$$\begin{aligned}&(0{,}704\,\Delta\boldsymbol{H}^{\mathrm{B}}_{\mathrm{H_2O}} + 0{,}061\,\Delta\boldsymbol{H}^{\mathrm{B}}_{\mathrm{H}} + 0{,}031\,\Delta\boldsymbol{H}^{\mathrm{B}}_{\mathrm{O}})\\ &= \int_{298}^{3000} (0{,}704\,\boldsymbol{C}_{p\,\mathrm{H_2O}} + 0{,}136\,\boldsymbol{C}_{p\,\mathrm{H_2}} + 0{,}068\,\boldsymbol{C}_{p\,\mathrm{O_2}} + 0{,}061\,\boldsymbol{C}_{p\,\mathrm{H}} + 0{,}031\,\boldsymbol{C}_{p\,\mathrm{O}})\,\mathrm{d}T.\end{aligned}$$

Dabei sind die $\Delta\boldsymbol{H}^{\mathrm{B}}$ die aus Tab. V entnommenen Bildungswärmen, während man für die $\boldsymbol{C}_p$-Werte wieder geeignete Mittelwerte einsetzt. Die Gleichung kann nun deshalb nicht erfüllt sein, weil man eine beliebige Temperatur (hier 3000 K) herausgegriffen hat, während die durch die linke Seite der Gleichung gegebene Reaktionswärme die Reaktionsprodukte natürlich nur bis zu einer bestimmten, von vornherein nicht gegebenen Temperatur zu erwärmen vermag. Man muß deshalb beide Seiten der Gleichung für eine Reihe verschiedener Temperaturen berechnen und graphisch als Funktion von T auftragen. Für den Schnittpunkt der beiden sich ergebenden Kurven ist die Gleichung erfüllt, dieser stellt also die gesuchte maximale Flammentemperatur dar, wobei vorausgesetzt ist, daß sich die Gleichgewichte rasch genug einstellen, und innerhalb dieser Zeit keine merklichen Wärmeverluste eintreten. Im Fall der Verbrennung reinen Knallgases liegt die maximale Flammentemperatur bei etwa 2970 K, was durch die experimentelle (optische) Messung angenähert bestätigt wird. Analoge Rechnungen gelten natürlich für die Verbrennung von CO, Kohlenwasserstoffen usw.

---

[1] Die Dissoziationen sind endotherme Vorgänge, d. h. $\Delta\boldsymbol{H}^{\mathrm{B}}_{\mathrm{H}}$ und $\Delta\boldsymbol{H}^{\mathrm{B}}_{\mathrm{O}}$ sind positiv.

Es ist leicht einzusehen, daß bei der Verbrennung mit Luft statt mit reinem Sauerstoff die notwendige Erwärmung des Stickstoffballastes eine weitere beträchtliche Erniedrigung der Flammentemperatur bedeutet. Bei der Verbrennung von Wasserstoff macht dies etwa 1000 K aus. Für die Praxis ergibt sich hieraus, daß man mit Hilfe von Verbrennungsvorgängen keine höheren Temperaturen als 3000 K erreichen kann, da ja in Wirklichkeit diese Vorgänge nicht streng adiabatisch ablaufen. Verbessern kann man das Ergebnis noch durch Vorwärmung der Verbrennungsgase.

Als weiteres Beispiel berechnen wir das ebenfalls schon betrachtete Ammoniakgleichgewicht $N_2 + 3\,H_2 \rightleftarrows 2\,NH_3$. Bei dieser Reaktion ist $\sum \nu_i = -2$, die Molzahl nimmt ab, und deshalb ist nach den S. 156 angestellten Überlegungen sowohl die Reaktionsentropie wie ΔC_p stark negativ, letztere außerdem sehr temperaturempfindlich. Es ist danach für diese Reaktion von vornherein zu erwarten, daß die erste und zweite Näherung nicht genügen werden, sondern daß die T-Abhängigkeit der C_p-Werte berücksichtigt werden muß.

Die Standardbildungswärme beträgt nach Tab. V $\Delta \boldsymbol{H}_{298} = -2 \cdot 45900 \text{ J mol}^{-1}$, die Reaktionsentropie unter Standardbedingungen

$$\Delta \boldsymbol{S}_{298} = (2 \cdot 192{,}6 - 3 \cdot 130{,}6 - 191{,}5) \text{ J K}^{-1}\text{ mol}^{-1} = -198{,}1 \text{ J K}^{-1}\text{ mol}^{-1}.$$

Statt die $\boldsymbol{C}_p$-Werte der Reaktionsteilnehmer als Potenzreihe von T einzuführen, benutzen wir folgende empirische Mittelwerte von $\Delta \boldsymbol{C}_p$: Für $300 < T < 450$ K $a = -44{,}8 \text{ J K}^{-1}\text{ mol}^{-1}$, für $450 < T < 550$ K $a = -41{,}0 \text{ J K}^{-1}\text{ mol}^{-1}$, für $550 < T < 1100$ K $a = -37{,}2 \text{ J K}^{-1}\text{ mol}^{-1}$, und verwenden die zweite Näherung (76) bzw. (77). Damit erhalten wir die folgenden Zahlen (in kJ):

Tabelle 21. Ammoniakgleichgewicht $N_2 + 3\,H_2 \rightleftarrows 2\,NH_3$.

T (in K)	300	600	673 (400 °C)	723 (450 °C)	773 (500 °C)	873 (600 °C)	1000
$\Delta \boldsymbol{H}_{298}/T$	+306,0	+153,0	+136,4	+127,0	+118,8	+105,2	+91,8
$T\Delta \boldsymbol{S}_{298}$	−59,43	−118,86	−133,32	−143,23	−153,13	−172,94	−198,10
$aTf\left(\frac{298}{T}\right)$	0	−4,39	−6,44	−7,99	−9,75	−13,51	−18,91
$\Delta \boldsymbol{G}$	−32,30	+31,84	+48,45	+59,91	+71,67	+95,35	+126,02
$\log \boldsymbol{K}_{(p)}$	+5,67	−2,73	−3,72	−4,29	−4,80	−5,67	−6,54
$\log \boldsymbol{K}_{(p)\text{beob}}$			−3,74	−4,33	−4,83	−5,67	

Die Übereinstimmung zwischen berechneten und gemessenen Werten ist auch hier ausgezeichnet, was für die praktische Brauchbarkeit der Näherungsgleichungen spricht. Im übrigen bestätigt die Tabelle das schon S. 327 hervorgehobene Ergebnis, daß $\boldsymbol{K}_{(p)}$ mit wachsender Temperatur stark abnimmt, die Ammoniakausbeute also immer geringer wird.

Zum Abschluß sei an einigen Beispielen gezeigt, daß die Berechnung thermodynamischer Gleichgewichte nach den besprochenen Methoden sehr wertvolle Aufschlüsse liefert über die Möglichkeit, mit Hilfe von Spaltungs-, Kondensations-, Isomerisierungs-, Dehydrierungs- oder Hydrierungsreaktionen der Kohlenwasserstoffe zu bestimmten gewünschten Produkten zu gelangen, Methoden, die in der modernen aliphatischen und aromatischen Chemie eine hervorragende Rolle spielen und zu einer Reihe wichtiger technischer Prozesse geführt haben.

Zur Herstellung von *Toluol,* das aus der Teerdestillation nicht mehr in genügender Menge gewonnen werden kann, hat die Petroleumindustrie zwei neue Verfahren entwickelt. Das erste besteht darin, die im Petroleum enthaltenen Cycloparaffine wie Ethylcyclopentan oder

Dimethylcyclopentan zu Methylcyclohexan zu isomerisieren, das dann zu Toluol dehydriert wird:

A. $C_7H_{14\,g}$ (Ethylcyclopentan) ⇄ $C_7H_{14\,g}$ (Methylcyclohexan),
B. $C_7H_{14\,g}$ (Methylcyclohexan) ⇄ $C_7H_{8\,g}$ (Toluol) + 3 H_2.

Das zweite Verfahren beruht darauf, daß bei Crackprozessen bei hohen Temperaturen in Gegenwart von Wasserstoff die aromatischen Kohlenwasserstoffe stabiler sind als die Paraffine, Olefine und Cycloparaffine, daß also das Gleichgewicht von Reaktionen des Typs B mit zunehmender Temperatur nach rechts verschoben wird. Derartige Prozesse sind z. B.

C. $C_7H_{16\,g}$ (*n*-Heptan) ⇄ $C_7H_{8\,g}$ (Toluol) + 4 H_2,
D. $C_7H_{14\,g}$ (1-Hepten) ⇄ $C_7H_{8\,g}$ (Toluol) + 3 H_2.

In Abb. 122 sind die Logarithmen der thermodynamisch berechneten Gleichgewichtskonstanten dieser vier Reaktionen als Funktion der Temperatur wiedergegeben[1]. Die Kurve *A* zeigt, daß die Isomerisierung bei möglichst tiefer Temperatur die beste Ausbeute an dem gewünschten Methylcyclohexan liefert, während umgekehrt die Dehydrierung bei hohen Temperaturen

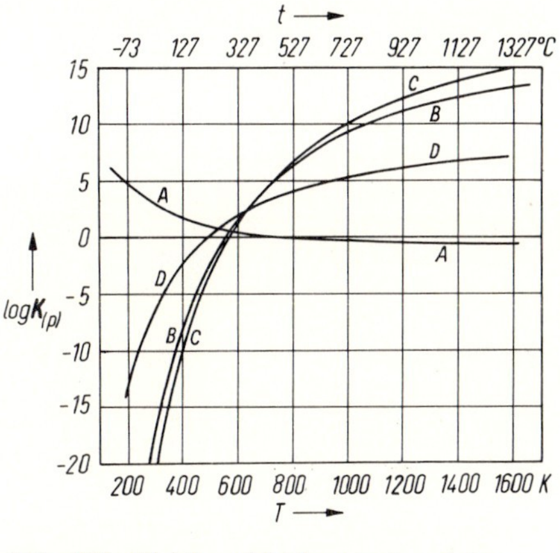

Abb. 122. Gleichgewichtskonstanten einiger Isomerisierungs- und Dehydrierungsreaktionen von Paraffinen und Cycloparaffinen zur Herstellung von Toluol als Funktion von *T*.

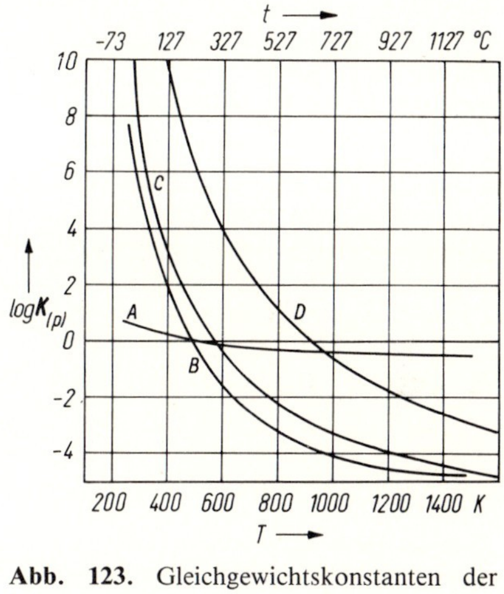

Abb. 123. Gleichgewichtskonstanten der Isooctan-Bildung nach verschiedenen Reaktionen in Abhängigkeit von *T*.

stattfinden muß. Da bei solchen Dehydrierungen die Reaktionsentropie stark positiv ist (Zunahme der Molzahl), wächst der Einfluß des Entropiegliedes in der *Gibbs-Helmholtz*schen Gleichung mit zunehmendem *T* steil an zugunsten einer negativen Reaktionsarbeit ΔG und damit einer großen Gleichgewichtskonstanten (vgl. S. 156).

Der große Bedarf an Benzin „hoher Octanzahl", d. h. mit hohem Gehalt an verzweigten Paraffinen, hat zur Entwicklung technischer Prozesse zur Herstellung von Isooctan aus nied-

[1] *F. D. Rossini,* J. Washington Acad. Sci. *39,* 249 (1949).

rigeren Kohlenwasserstoffen geführt, die im Erdgas oder bei Crackprozessen in großen Mengen anfallen. Es handelt sich z. B. um folgende Reaktionen:

A. $C_4H_{10\,g}$ (*n*-Butan) $\rightleftarrows$ $C_4H_{10\,g}$ (Isobutan),
B. $C_4H_{10\,g}$ (Isobutan) + $C_4H_{8\,g}$ (Isobuten) $\rightleftarrows$ $C_8H_{18\,g}$ (Isooctan),
C. $C_4H_{8\,g}$ (Isobuten) + $C_4H_{8\,g}$ (1-Buten) $\rightleftarrows$ $C_8H_{16\,g}$ (Isoocten),
D. $C_8H_{16\,g}$ (Isoocten) + H_2 $\rightleftarrows$ $C_8H_{18\,g}$ (Isooctan).

Die thermodynamisch berechneten Gleichgewichtskonstanten dieser Reaktionen sind in Abb. 123 als Funktion von T wiedergegeben[1]. Das Gleichgewicht der Isomerisierung A ist nur wenig temperaturabhängig, das der übrigen Reaktionen jedoch sehr stark. Eine technisch brauchbare Ausbeute an den gewünschten Produkten ist bei den beiden ersten Reaktionen nur bei tiefen Temperaturen (etwa Zimmertemperatur) zu erwarten, bei denen die Reaktionsgeschwindigkeit sehr klein ist, so daß die Verwertbarkeit dieser Reaktionen an die Auffindung eines geeigneten Katalysators gebunden war (H_2SO_4 bzw. H_2F_2). Aber auch die Gleichgewichtskonstanten der Reaktionen C und D nehmen mit abnehmender Temperatur stark zu entsprechend der negativen Reaktionsentropie, die mit abnehmender Temperatur ihren Einfluß mehr und mehr einbüßt (vgl. S. 156).

---

[1] *F. D. Rossini,* l.c.

Kapitel VII

Thermodynamik der Phasengrenzflächen[1)]

Es wurde schon bei den allgemeinen Betrachtungen über Zustandsfunktionen und Zustandsvariable darauf hingewiesen (vgl. S. 4), daß der Zustand eines Systems außer von Druck (bzw. Volumen), Temperatur und chemischer Zusammensetzung noch von anderen Zustandsvariablen abhängig werden kann, unter denen bei festen und flüssigen Systemen die *Oberfläche f* eine sehr bedeutsame Rolle zu spielen vermag. Der Grund hierfür liegt darin, daß die in der Oberfläche, oder exakter ausgedrückt, in der Grenzfläche einer festen oder flüssigen Phase gegen ihre Nachbarphase liegenden Molekeln anderen Wechselwirkungskräften ausgesetzt sind, als die im Innern der Phase befindlichen Molekeln. In dem (häufigsten) Fall, daß die benachbarte Phase gasförmig ist, wo die zwischenmolekulare Wechselwirkung gering ist, stehen deshalb die Molekeln der Grenzfläche unter der einseitigen Wirkung einer nach innen gerichteten Kraft, während die Molekeln des Phaseninnern nach allen Richtungen gleichmäßig beansprucht werden. In kompakten Phasen ist die Zahl der in der Grenzfläche befindlichen Molekeln im Vergleich zur Zahl der Innenmolekeln so klein, daß der thermodynamische Makrozustand der Phase praktisch allein von letzteren bestimmt wird. Wird jedoch die Oberfläche der kondensierten Phase mehr und mehr vergrößert, was man etwa durch feines Pulverisieren oder durch Erzeugung eines Flüssigkeitsnebels erreichen kann, so muß der Zustand des Systems durch die abweichenden Eigenschaften der Grenzflächenmolekeln in steigendem Maße beeinflußt werden, d. h. die Oberfläche gewinnt den Charakter einer neuen Zustandsvariablen. So besitzt z. B. 1 Gramm gepulvertes Kochsalz unter der Annahme, daß die Einzelkriställchen aus gleich großen Würfeln der Kantenlänge l bestehen, eine Gesamtoberfläche von

$$f = \frac{6\,l^2}{\varrho l^3} = \frac{6}{\varrho l}\,\mathrm{cm^2/g}, \tag{1}$$

wenn man mit $\varrho = 2{,}164\ \mathrm{g/cm^3}$ die Dichte bezeichnet. Daraus errechnet man folgende Zahlenwerte:

l (cm)	10^{-1}	10^{-2}	10^{-3}	10^{-4}	10^{-5}
f (cm²/g)	$2{,}77 \cdot 10^1$	$2{,}77 \cdot 10^2$	$2{,}77 \cdot 10^3$	$2{,}77 \cdot 10^4$	$2{,}77 \cdot 10^5$

[1] Vgl. *H. Freundlich,* Kapillarchemie, Bd. I, Leipzig 1930; *N. K. Adam,* Physics and Chemistry of Surfaces, 3. Aufl., Oxford 1941; *A. Eucken,* Lehrbuch der chemischen Physik, Bd. II/2, Leipzig 1949, Kap. VII; *H. G. Cassidy* in: *A. Weissberger* (Ed.), Technique of Organic Chemistry, Vol. V, New York 1951; *K. L. Wolf, R. Wolff* in Houben-Weyl, Methoden der organischen Chemie, 4. Aufl., Bd. III/1, Stuttgart 1955, S. 449ff.; *K. L. Wolf,* Physik und Chemie der Grenzflächen, Bd, I, II, Berlin 1957/59; *J. Stauff,* Kolloidchemie, Berlin 1960; Ullmanns Encyclopädie der technischen Chemie, 3. Aufl., Bd. 2/1, München 1961, S. 754ff., 770ff.; *G. Wedler,* Adsorption, Weinheim 1970; *K. Hauffe, S. R. Morrison,* Adsorption, Berlin 1974; *C. Weser,* GIT Fachz. Lab. *24,* 642, 734 (1980).

10^{-5} cm ist etwa die Grenze der durch mechanische Zerkleinerung erreichbaren kleinsten Kornabmessung, so daß 1 g NaCl eine maximale Oberfläche von rund 30 m^2 erreichen kann. Bei hochdispersen Systemen, wie sie bei Kolloiden vorliegen, liegt die Grenze noch etwa ein bis zwei Zehnerpotenzen höher, so daß hier die Grenzflächenvorgänge eine entscheidende Rolle spielen müssen.

1 Einstoffsysteme

1.1 Die Grenzflächenspannung reiner Flüssigkeiten

Wir betrachten zunächst die *ebene* Grenzfläche einer Flüssigkeit gegenüber ihrem gesättigten Dampf[1], wie sie etwa in einer Flüssigkeitslamelle vorliegt, die man in einem U-förmigen Drahtrahmen (z. B. mit Hilfe einer Seifenlösung) erzeugt, und die von dem beweglichen Bügel AB begrenzt ist (Abb. 124). Man kann durch ein angehängtes Gewicht G geeigneter Größe erreichen, daß sich das ganze System bei jeder beliebigen Stellung des Bügels im Gleichgewicht befindet. Das Gewicht G entspricht einer Kraft, die das Kontraktionsbestreben der Lamelle gerade kompensiert. Vergrößert man G nur wenig, so sinkt der Bügel dauernd, bis die Lamelle zerreißt, verringert man G, so schrumpft die Lamelle vollständig zusammen. Das bedeutet, daß auf die Lamelle eine bestimmte, *von der Größe der Oberfläche unabhängige* Kraft K_σ wirkt, die sie zu kontrahieren sucht und die an dem Bügel der Länge l angreift[2]. Die auf die Längeneinheit des Bügels bezogene Kraft

$$\frac{K_\sigma}{l} \equiv \sigma \tag{2}$$

bezeichnet man als die *Grenzflächenspannung* der Flüssigkeit, sie wird in Nm^{-1} gemessen.

Vergrößert man die Oberfläche im Gleichgewichtszustand des Systems, indem man den Bügel um die Strecke dx nach unten verschiebt, so muß man die *reversible* Arbeit

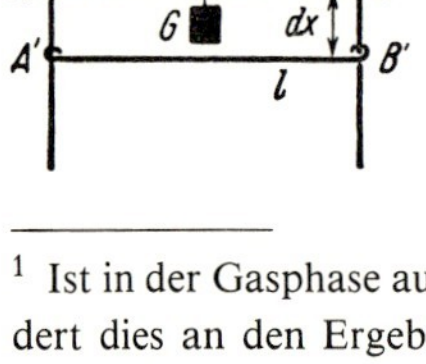

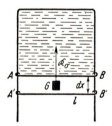

Abb. 124. Zur Ableitung des Begriffs Grenzflächenspannung.

[1] Ist in der Gasphase außer dem Dampf noch ein indifferentes Gas (in der Regel Luft) vorhanden, so ändert dies an den Ergebnissen wegen der Geringfügigkeit der vom Gas auf die Oberfläche ausgeübten Kräfte nur wenig, sofern das Gas nicht unter hohem Druck steht.

[2] Es besteht demnach ein charakteristischer Unterschied zwischen einer Flüssigkeitslamelle und etwa einer Gummihaut, für die es bei jeder Belastung einen Gleichgewichtszustand gibt. Eine Analogie besteht eher zwischen Oberflächenspannung und Dampfdruck, da erstere von der Oberfläche, letzterer vom Volumen der Flüssigkeit unabhängig ist.

$$dA_\sigma = K_\sigma dx = 2l\sigma dx = \sigma df \tag{3}$$

leisten, wobei $df = 2l dx$ die Zunahme der Oberfläche bei der Dehnung darstellt[1]. Diese Arbeit tritt an die Stelle der Volumenarbeit $-p dV$ bzw. $V dp$, wenn es sich um die Änderung der Grenzfläche einer Phase handelt statt um die Änderung des Volumens. Um eine Grenzfläche f zu erzeugen, muß man nach (3) die Arbeit

$$A_\sigma = \int_0^f \sigma df = \sigma f \tag{4}$$

aufwenden, die Grenzflächenspannung kann deshalb auch als reversible *spezifische Grenzflächenarbeit* zur Erzeugung von 1 cm² Grenzfläche definiert werden und in Jm^{-2} (= Nm^{-1}) angegeben werden.

Infolge der Grenzflächenspannung nehmen Flüssigkeiten, sofern keine anderen äußeren Kräfte wie etwa die Schwerkraft überwiegen, Kugelgestalt an (Hg-Tropfen), es entsteht auf diese Weise nicht eine ebene, sondern eine *gekrümmte* Grenzfläche. Innerhalb einer solchen Flüssigkeitskugel erzeugt die Grenzflächenspannung, die ja die Grenzfläche zu verkleinern sucht, einen nach innen gerichteten konstanten Druck p_σ, der offenbar vom Krümmungsradius der Grenzfläche abhängen muß, da bei ebenen Grenzflächen dieser Druck verschwindet. Analoges gilt für eine kleine Gasblase im Innern einer Flüssigkeit. Eine Beziehung zwischen der Grenzflächenspannung und diesem sog. *„Kapillardruck"* erhält man auf folgende Weise: Das Volumen der Gasblase werde um einen infinitesimalen Betrag dV vergrößert. Dazu ist die Volumenarbeit

$$dA_1 = p_\sigma dV = p_\sigma 4\pi r^2 dr \tag{5}$$

notwendig, wenn r den Radius der Kugel darstellt. Die Vergrößerung der Grenzfläche $df = 8\pi r dr$ erfordert andererseits die Grenzflächenarbeit

$$dA_2 = \sigma df = \sigma 8\pi r dr. \tag{6}$$

Da beide Arbeiten gleich sein müssen, folgt das *Young-Laplacesche Gesetz*

$$p_\sigma = \frac{2\sigma}{r}. \tag{7}$$

Für $r \to \infty$, d. h. für ebene Grenzflächen verschwindet der Kapillardruck, für sehr kleine r kann er außerordentlich groß werden. So wird z. B. für einen Hg-Tropfen an der Grenze der mikroskopischen Sichtbarkeit ($r \approx 10^{-5}$ cm) mit $\sigma = 0{,}480\ Nm^{-1}$, $p_\sigma \approx 100$ bar.

Man benutzt Gl. (7) zur *Messung der Grenzflächenspannung* mittels der sog. „Steighöhenmethode", die in Abb. 125 schematisch dargestellt ist. Eine benetzende Flüssigkeit (vgl. S. 379) steigt in einer Glaskapillare vom Radius r bis zu einer bestimmten Höhe $h = AB$ empor, ihre Grenzfläche in der Kapillare gegenüber der Dampfphase (bzw. Luft) ist gekrümmt und kann näherungsweise als Kugelsegment betrachtet werden. Der Winkel α ist gleich dem

---

[1] Entsprechend der vorderen und hinteren Fläche der Lamelle.

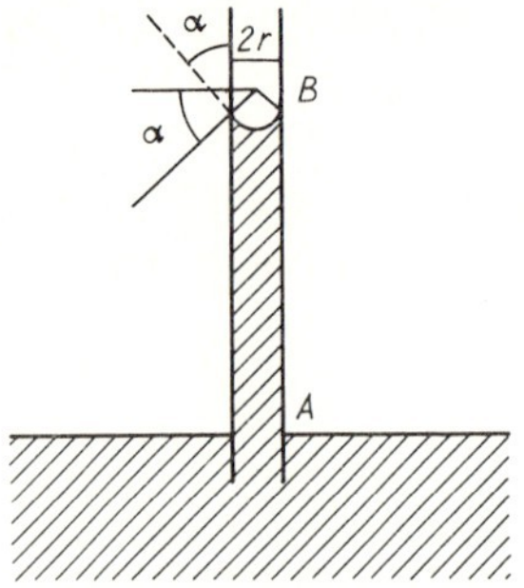

Abb. 125. Steighöhenmethode zur Messung der Grenzflächenspannung.

sog. „Randwinkel" der benetzenden Flüssigkeit (vgl. S. 379), der durch die Tangente an die Grenzfläche bei B und die vertikale Wand der Kapillare gebildet wird. Wie aus der Figur abzulesen ist, ist der Krümmungsradius der Grenzfläche $r/\cos\alpha$. Damit ergibt sich der Kapillardruck nach (7) zu

$$p_\sigma = \frac{2\sigma\cos\alpha}{r}. \tag{8}$$

Ihm entspricht eine nach oben gerichtete Kraft, die im Gleichgewicht durch die nach unten gerichtete Schwerkraft

$$\Delta p = gh(\varrho_{\text{fl}} - \varrho_{\text{d}}) \tag{9}$$

der Flüssigkeitssäule AB kompensiert wird (ϱ = Dichte, g = Schwerebeschleunigung). Aus den beiden Gleichungen folgt

$$\sigma = \frac{rgh(\varrho_{\text{fl}} - \varrho_{\text{d}})}{2\cos\alpha}, \tag{10}$$

so daß die Grenzflächenspannung durch Messung von Steighöhe h, Randwinkel α, Dichte ϱ_{fl} bzw. ϱ_{d} und Radius r der Kapillare zugänglich wird[1]. Näherungsweise kann man häufig ϱ_{d} gegenüber ϱ_{fl} vernachlässigen und $\cos\alpha \approx 1$ setzen, so daß einfacher

$$\sigma \approx \frac{rgh\varrho_{\text{fl}}}{2}. \tag{10a}$$

Bei nicht benetzenden Flüssigkeiten (z. B. Hg in Glas) ist die Grenzfläche nach oben konvex, d. h. ihr Krümmungsradius hat entgegengesetzte Richtung und der Kapillardruck ist nach unten gerichtet. In diesem Fall entsteht eine *Kapillardepression* um die Höhe $-h$.

Die Grenzflächenspannung von Flüssigkeiten tritt in mannigfaltiger Weise in Erscheinung, wir besprechen im folgenden einige für die Thermodynamik der Grenzflächen besonders interessante Fälle.

---

[1] Man könnte annehmen, daß das so gemessene σ vom Druck und damit vom Krümmungsradius des Meniskus in der Kapillare abhängig ist. Wie unten gezeigt wird (S. 384), fällt diese Druckabhängigkeit von σ stets in die Fehlergrenzen der Meßmethoden.

Nach Gl. (7) steht ein (kugelförmiger) Flüssigkeitstropfen im Vergleich zu der ebenen Grenzfläche einer kompakten Flüssigkeit bei gleichem äußeren Druck unter einem zusätzlichen Kapillardruck p_σ. Dieser Zusatzdruck hat den gleichen Effekt wie ein zusätzlicher Fremdgasdruck, d. h. die Sättigungsfugazität bzw. (bei idealem Gasverhalten) der Sättigungsdampfdruck des Tropfens muß größer sein als der der kompakten Flüssigkeit. Nach Gl. (V, 104) gilt

$$\left(\frac{\partial \ln p^*}{\partial P}\right)_T = \frac{\boldsymbol{V}}{RT}, \tag{11}$$

wenn man mit P den Gesamtdruck und mit $\boldsymbol{V}$ das Molvolumen der flüssigen Phase bezeichnet. Unter Vernachlässigung der Kompressibilität der kondensierten Phase ergibt die Integration analog zu (V, 105)

$$RT \ln \frac{p_r^*}{p_\infty^*} = \boldsymbol{V} p_\sigma = \frac{2\sigma \boldsymbol{V}}{r}, \tag{12}$$

wobei p_r^* die Fugazität des Tropfens mit dem Radius r, p_∞^* die Fugazität der kompakten Flüssigkeit bedeutet.

Man kann noch auf einem anderen Wege zu Gl. (12) gelangen. Da ein kleiner Flüssigkeitstropfen unter einem höheren Druck steht als eine kompakte Flüssigkeitsmenge unter gleichen äußeren Bedingungen, folgt unmittelbar, daß das chemische Potential, das ja druckabhängig ist, in dem Tropfen größer sein muß als das in der kompakten Flüssigkeit. Aus (V, 123) $(\partial\mu/\partial p)_T = \boldsymbol{V}$ folgt wieder unter Vernachlässigung der Kompressibilität der Flüssigkeit

$$\int_{p_s}^{p_s+p_\sigma} \mathrm{d}\mu = \int_{p_s}^{p_s+p_\sigma} \boldsymbol{V} \mathrm{d}p \quad \text{oder mit (7)} \quad \mu_r - \mu_\infty = \frac{2\sigma \boldsymbol{V}}{r}, \tag{12a}$$

wenn man mit μ_r das chemische Potential in dem Tropfen vom Radius r, mit μ_∞ das chemische Potential in der kompakten Flüssigkeit mit unendlich großem Krümmungsradius bezeichnet. Da dem höheren chemischen Potential die höhere Fugazität des Dampfes entspricht, sind (12) und (12a) identisch. Diese von *Thomson* abgeleitete Beziehung kann dazu benutzt werden, den Dampfdruck kleiner Tröpfchen von bekanntem Radius oder umgekehrt den Radius von Nebelteilchen zu berechnen, die mit übersättigtem Dampf vom Druck p_r im Gleichgewicht stehen. Schreibt man näherungsweise

$$\ln \frac{p_r}{p_\infty} = \ln \frac{p_\infty + \Delta p}{p_\infty} \approx \frac{\Delta p}{p_\infty} = \frac{2\sigma \boldsymbol{V}}{rRT}, \tag{12b}$$

so ergibt sich für Wassernebel (bei 300 K mit $\sigma = 72{,}8 \cdot 10^{-3}\ \mathrm{Nm^{-1}}$, $\boldsymbol{V} = 18\ \mathrm{ml\ mol^{-1}}$, $r \approx 10^{-7}$ m, $R = 8{,}31\ \mathrm{J\ K^{-1}\ mol^{-1}}$ und 1 J = 1 Nm)

$$\frac{\Delta p}{p_\infty} = \frac{2 \cdot 72{,}8 \cdot 10^{-3} \cdot 18 \cdot 10^{-6}}{10^{-7} \cdot 8{,}31 \cdot 300} \; \frac{\mathrm{Nm^{-1} \cdot m^3\, mol^{-1}}}{\mathrm{m \cdot Nm\, K^{-1}\, mol^{-1} \cdot K}} \approx 0{,}01,$$

d. h. die Dampfdruckerhöhung beträgt rund 1%. Kleine Tropfen sind also gegenüber einer kompakten Flüssigkeitsmenge metastabil und destillieren isotherm in sie über. Bei gegenseitiger Berührung werden Tropfen von der kompakten Flüssigkeit spontan aufgesogen.

Daß hochdisperse Stoffe wie Rauch, Nebel, Kolloide unter diesen Umständen überhaupt existenzfähig und zuweilen sogar recht stabil sind (Beispiel SO_3-Nebel in feuchter Luft), beruht darauf, daß der Tendenz zur Verkleinerung der Oberfläche, die zur Ausflockung führen sollte, die mit der Ausflockung verbundene Entropieabnahme entgegenwirkt. Hinzu kommen gleichnamige stabilisierende elektrische Ladungen, so daß sich gewisse stationäre Zustände einzustellen vermögen, in denen Teilchen verschiedener Größe längere Zeit nebeneinander beständig sind.

Umgekehrt führt die Tatsache, daß sehr kleine Flüssigkeitstropfen einen sehr hohen Dampfdruck besitzen, zu der Frage, wie es überhaupt bei der Unterkühlung einer gesättigten Dampfphase zur Kondensation von Flüssigkeitströpfchen kommen kann, da die ersten, nur wenige Å großen Tröpfchen sofort wieder verdampfen sollten. Offenbar sind zu einer solchen Kondensation zusätzliche Bedingungen notwendig, wie etwa die Anwesenheit von festen Aerosolen, die als Kondensationskeime dienen können. Tatsächlich läßt sich bekanntlich die Übersättigung, d. h. die Existenz metastabiler Phasen durch Ausschluß von Keimen außerordentlich weit treiben.

Analoge Überlegungen gelten für feste Phasen. Das durch die Grenzflächenspannung verursachte höhere chemische Potential in kleinen Kriställchen verglichen mit groben Kristallen bedingt nicht nur einen größeren Dampfdruck, sondern auch einen tieferen Schmelzpunkt und eine größere Löslichkeit. Letztere bewirkt z. B., daß feine Niederschläge sich bei längerem Stehen in der Mutterlauge vergröbern.

1.2 Benetzbarkeit fester Stoffe durch Flüssigkeiten

Die oben erwähnte und zur Messung der Grenzflächenspannung benutzte Erscheinung, daß die meisten Flüssigkeiten in Glaskapillaren emporsteigen, beruht auf der *Benetzung* des festen Körpers durch die Flüssigkeit. Sie kommt durch Anziehungskräfte zwischen den Molekeln der festen Grenzfläche und denen der Flüssigkeit zustande, sofern diese Kräfte im Vergleich zu den Anziehungskräften zwischen den Molekeln der Flüssigkeit selbst genügend groß sind. Je nach diesem Größenverhältnis unterscheidet man zwischen *vollständiger* und *unvollständiger* Benetzbarkeit des festen Stoffes.

Die *reversible* Arbeit $\mathrm{d}A_{\sigma f} = \sigma_f \,\mathrm{d}f$, die bei der Erzeugung der Grenzfläche $\mathrm{d}f$ fest-flüssig vom System mit der Umgebung ausgetauscht wird, ist bei vollständiger Benetzung stets negativ, sie wird also nach außen abgegeben, sie kann aber bei sehr unvollkommener Benetzung (Glas-Quecksilber) auch positiv werden; man bezeichnet σ_f als *Haftspannung*. Der Zusammenhang mit der Grenzflächenspannung σ der reinen Flüssigkeit gegenüber ihrem gesättigten Dampf bzw. Luft ergibt sich durch folgende Überlegung: Ist $|\sigma_f| > \sigma$, so tritt vollständige Benetzung ein, die Flüssigkeit breitet sich unter Vergrößerung der Grenzfläche Flüssigkeit-Gas auf der festen Oberfläche aus. Ist $|\sigma_f| < \sigma$, so ist die Benetzung unvollständig, es bildet sich zwischen Flüssigkeit und einer ebenen Fläche des festen Körpers ein *Randwinkel* φ aus, so daß σ_f und σ nicht mehr entgegengesetzte Richtung besitzen. Wie aus Abb. 126 hervorgeht, muß im Gleichgewichtszustand gelten

$$\sigma_f = -\sigma \cos \varphi . \tag{13}$$

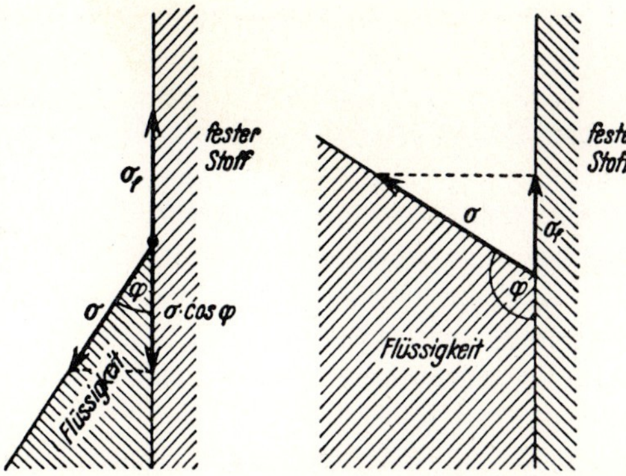

Abb. 126. Zusammenhang zwischen Haftspannung σ_f, Grenzflächenspannung σ und Randwinkel φ.

Erreicht φ gerade den Wert Null, so sind Haftspannung und Grenzflächenspannung genau entgegengesetzt gleich (Grenze der Benetzbarkeit), für $\varphi = 90°$ wird die Haftspannung Null, für noch größere Randwinkel nimmt sie positive Werte an. Bei unvollständiger Benetzung kann man auf Grund von (13) die Haftspannung leicht experimentell bestimmen, indem man bei bekannter Grenzflächenspannung den Randwinkel φ mißt.

Reines Glas wird von den meisten Flüssigkeiten vollkommen oder doch nahezu vollkommen benetzt, dagegen bilden sich gegenüber flüssigen Metallen beträchtliche Randwinkel aus, z. B. bei Hg ($\sigma = 0{,}480\ \mathrm{Nm}^{-1}$) ist $\varphi = 140°$ und damit $\sigma_f = 36{,}8 \cdot 10^{-2}\ \mathrm{Nm}^{-1}$. Wasser ($\sigma = 0{,}072\ \mathrm{Nm}^{-1}$) zeigt gegenüber festem Paraffin einen Randwinkel von $\varphi = 105°$, entsprechend einer positiven Haftspannung von $+1{,}9 \cdot 10^{-2}\ \mathrm{Nm}^{-1}$. An Stelle der Haftspannung gibt man zuweilen auch die sog. *Adhäsionsarbeit* an. Das ist die reversible Arbeit, die notwendig ist, um die Flüssigkeit von 1 cm^2 der festen Oberfläche abzuheben, d. h. um gleichzeitig 1 cm^2 Grenzfläche von Flüssigkeit und festem Stoff zu erzeugen. Sie ist definiert durch

$$A_\sigma - A_{\sigma f} \equiv A_f = \sigma - \sigma_f = \sigma(1 + \cos\varphi) \tag{14}$$

und ist stets positiv, d. h. muß dem System zugeführt werden.

Da $A_{\sigma f}$ als reversible äußere Arbeit bei konstantem Druck einer Freien Enthalpie entspricht, kann man mittels der *Gibbs-Helmholtz*schen Gleichung mit Hilfe ihres Temperaturkoeffizienten die *Benetzungswärme* ermitteln

$$H_{\sigma f} = A_{\sigma f} - T\left(\frac{\partial A_{\sigma f}}{\partial T}\right)_{p,f}. \tag{15}$$

Auf 1 cm^2 bezogen wird sie als *spezifische Benetzungswärme* $H^*_{\sigma f}$ bezeichnet. Man kann sie unmittelbar kalorimetrisch bestimmen, wenn der feste Stoff genügend große Oberfläche besitzt (z. B. in Form eines feinen Pulvers), und wenn man die wirksame Oberfläche pro Gramm des festen Stoffes kennt. Andererseits läßt sie sich aus (15) berechnen, wenn man annimmt, daß die T-Abhängigkeit der Haftspannung die gleiche ist wie die der Grenzflächenspannung. Die nach beiden Methoden ermittelten Benetzungswärmen verschiedener Flüssigkeiten an Silicagel zeigten befriedigende Übereinstimmung (Größenordnung 42 J g^{-1} Adsorbens), so daß man umgekehrt Messungen der Benetzungswärme zur Bestimmung der wirksamen Oberfläche von porösen Stoffen oder Pulvern heranziehen kann.

1.3 Molare Grenzflächenspannung und ihre Temperaturabhängigkeit

In Tab. 22 sind die Grenzflächenspannungen einiger reiner Flüssigkeiten gegenüber ihrem gesättigten Dampf bzw. gegenüber dem angegebenen Gas zusammengestellt. Flüssigkeiten mit räumlicher Vernetzung durch Wasserstoffbrücken (Wasser, Glycerin) besitzen eine ungewöhnlich hohe Grenzflächenspannung, die ja ein Maß ist für die Arbeit, ein Molekül aus dem Innern der Flüssigkeit an die Grenzfläche zu bringen. Flüssige Metalle besitzen sehr hohe Grenzflächenspannungen, die geschmolzener Salze liegt dazwischen. Um die Grenzflächenspannungen verschiedener Flüssigkeiten miteinander vergleichen zu können, muß man sie analog wie alle übrigen Zustandsgrößen mit dem Molbegriff verknüpfen, d. h. man muß sie nicht auf 1 cm², sondern auf eine Fläche beziehen, die immer die gleiche Anzahl von Molekeln enthält. Da im Molvolumen $\boldsymbol{V}$ insgesamt N_L Molekeln vorhanden sind, nimmt die einzelne Molekel einen (würfelförmig gedachten) Raum von $\boldsymbol{V}/N_L$ und eine Fläche von $(\boldsymbol{V}/N_L)^{2/3}$ ein.

Tabelle 22. Grenzflächenspannungen einiger Flüssigkeiten in 10^{-3} Nm^{-1}.

Benzol (Luft)	20 °C	28,9	Hg (Dampf)	0 °C	480,3
Benzol (Dampf)	20 °C	29,02	Zn (H_2)	477 °C	753
CCl_4 (Luft)	20 °C	26,8	Cu (H_2)	131 °C	1103
CCl_4 (Dampf)	20 °C	27,0	Ag (Luft)	970 °C	800
Ethylalkohol (Luft)	20 °C	22,27	Pt (Luft)	2000 °C	1819
Ethylalkohol (Dampf)	20 °C	22,75	Na (Dampf)	100 °C	222
Ethylether (Luft)	20 °C	17,0	NaF (N_2)	1010 °C	199,5
Glycerin (Luft)	20 °C	63,0	NaCl (N_2)	908 °C	106,4
Wasser (Dampf)	20 °C	72,75	NaBr (N_2)	942 °C	92,9
Wasserstoff (Dampf)	−255,1 °C	2,32	NaI (N_2)	861 °C	77,6

Auf 1 cm² kommen also $(N_L/\boldsymbol{V})^{2/3}$ Molekeln, so daß sich auf einer Fläche von $\boldsymbol{V}^{2/3}$ stets $N_L^{2/3}$ Molekeln befinden. Man bezieht deshalb die reversible Grenzflächenarbeit auf die Ausbildung einer Fläche von $\boldsymbol{V}^{2/3}$ und definiert

$$\boldsymbol{\sigma} \equiv \sigma \boldsymbol{V}^{2/3} \tag{16}$$

als die *molare Grenzflächenspannung*. Sie stellt die reversible Arbeit dar, um $N_L^{2/3}$ Molekeln aus dem Innern der Flüssigkeit an ihre Grenzfläche zu bringen. Die molare Grenzflächenspannung ist ebensowenig wie die molare Verdampfungswärme eine ohne weiteres vergleichbare Zustandsgröße verschiedener Flüssigkeiten, weil $\boldsymbol{\sigma}$ sowohl wie $\Delta \boldsymbol{H}_{\text{Verd.}}$ stark temperaturabhängig sind und beim kritischen Punkt Null werden (vgl. S. 102).

Um die Temperaturabhängigkeit der molaren Grenzflächenspannung wiederzugeben, sind verschiedene empirische Gleichungen aufgestellt worden. Für „normale", d. h. nicht assoziierende Flüssigkeiten, gilt mit guter Näherung die *Eötvös*sche Formel[1]

$$\boldsymbol{\sigma} = a\left(1 - \frac{T}{T_k}\right), \tag{17}$$

[1] Auch die *Eötvös*-Regel läßt sich aus dem Lochfehlstellen-Modell der Flüssigkeiten ableiten. Vgl. dazu *W. Luck*, Angew. Chem. *91,* 408 (1979).

worin T_k die kritische Temperatur bedeutet. Sie trägt der Forderung Rechnung, daß $\boldsymbol{\sigma}$ beim kritischen Punkt verschwinden muß. Noch besser vermag eine Gleichung von *Katayama*[1] die gemessene T-Abhängigkeit wiederzugeben, in der an die Stelle von $1/\boldsymbol{V}_{fl}$ die Differenz $y \equiv \dfrac{1}{\boldsymbol{V}_{fl}} - \dfrac{1}{\boldsymbol{V}_d}$ tritt, so daß

$$\sigma y^{-2/3} \sim \left(1 - \frac{T}{T_k}\right). \tag{18}$$

Da für Normalstoffe, die dem Theorem der übereinstimmenden Zustände (vgl. S. 49) gehorchen, auch die Beziehung

$$y \sim \left(1 - \frac{T}{T_k}\right)^{1/3} \tag{19}$$

als gültig befunden wurde, erhält man aus den beiden Gleichungen durch Eliminierung von T/T_k:

$$\sigma \approx y^{11/3}, \tag{20}$$

eine Beziehung, die näherungsweise (mit dem Exponenten 4 statt $3\frac{2}{3}$) von *Macleod*[2] aufgefunden wurde.

Aus (17) folgt, daß die *molare Grenzflächenentropie*

$$-\frac{d\boldsymbol{\sigma}}{dT} = \frac{a}{T_k} \equiv k_\sigma \tag{21}$$

annähernd eine Konstante sein sollte, sie hat für „Normalstoffe" etwa den Wert $2{,}1 \cdot 10^{-7}$ J K^{-1}. Starke Unterschreitungen dieses Wertes weisen auf Molekülassoziation hin, analog wie die Überschreitung der Verdampfungsentropie von Normalstoffen nach der *Pictet-Trouton*schen Regel (vgl. S. 104). Definiert man analog zu (15) die *spezifische Grenzflächenenthalpie* eines reinen Stoffes durch

$$H_\sigma^* = \sigma - T\left(\frac{\partial\sigma}{\partial T}\right)_{f,p}, \tag{22}$$

so erhält man die *molare Grenzflächenenthalpie* mittels (17) und (21) zu

$$H_\sigma^* \boldsymbol{V}^{2/3} \equiv \boldsymbol{H}_\sigma = a. \tag{23}$$

---

1 *Katayama,* Sci. Rep. Tôhoku Imp. Univ., Ser. I *4,* 373 (1916).

2 *Macleod,* Trans. Faraday Soc. *19,* 38 (1923).

$\boldsymbol{H}_\sigma$ sollte also ebenfalls von der Temperatur weitgehend unabhängig sein, wenigstens solange man vom kritischen Punkt genügend entfernt ist. Auch dies wurde durch die Messungen mit guter Näherung bestätigt.

Die Abhängigkeit der thermodynamischen Zustandsfunktionen kondensierter Phasen von der Oberfläche sind allerdings nur für Flüssigkeiten leicht zu ermitteln, da die Grenzflächenspannung nur bei Flüssigkeiten experimentell leicht zugänglich ist. Bei Kristallen verursacht die Ermittlung der reversiblen spezifischen Grenzflächenarbeit große Schwierigkeiten, weil die direkt meßbare Spaltungsarbeit eines Kristalls vom Querschnitt q, wobei eine Grenzflächenvergrößerung um $2q$ eintritt, beträchtliche irreversible Anteile enthält, die sich nicht exakt ermitteln lassen. Die gewonnenen Ergebnisse sind deshalb nicht zuverlässig. Bei Kenntnis der Gitterkräfte läßt sich die spezifische Grenzflächenarbeit aus der Trennungsarbeit zweier Gitterbausteine unter Berücksichtigung des Gittertyps theoretisch berechnen. Sie beträgt z. B. beim NaCl für die Würfelfläche $1{,}54 \cdot 10^{-5}$ J cm^{-2}, für die Rhombendodekaederfläche $4{,}08 \cdot 10^{-5}$ J cm^{-2} bei $T = 0$, wo Grenzflächenarbeit und Grenzflächenenthalpie zusammenfallen; sie ist von ähnlicher Größenordnung wie bei geschmolzenen Salzen.

2 Mehrstoffsysteme

2.1 Grenzflächenphasen

Zur thermodynamischen Behandlung der Grenzflächenerscheinungen von Mehrstoffsystemen betrachten wir das Zwischenphasengebiet zwischen zwei kompakten Phasen $'$ und $''$ etwas eingehender (vgl. Abb. 127). Legt man die Begrenzungsebenen $A'A'$ bzw. $A''A''$ der beiden kompakten Phasen so, daß die Eigenschaften des Zwischenphasengebietes bei $A'A'$ bzw.

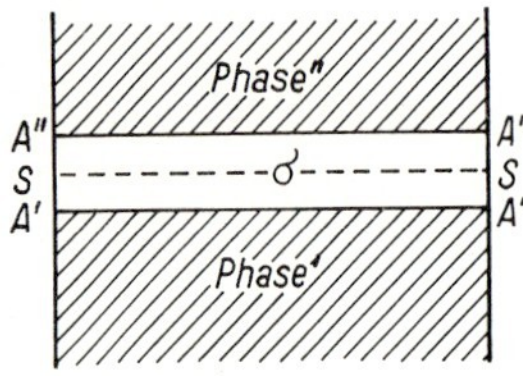

Abb. 127. Die fiktive Grenzfläche zwischen zwei kompakten Phasen $'$ und $''$ als eigene Phase.

$A''A''$ mit den Eigenschaften der kompakten Phasen identisch werden, so variieren die Eigenschaften des Zwischenphasengebietes offenbar kontinuierlich zwischen denen der Phasen $'$ und $''$. Der Abstand der Ebenen $A'A'$ und $A''A''$ liegt in der Größenordnung von 10^{-6} bis 10^{-7} cm [1]. Eine beliebige im Zwischengebiet parallel zu $A'A'$ und $A''A''$ gelegte Ebene SS nennt man eine *„Grenzflächenphase“* und bezeichnet ihre Eigenschaften mit dem Index σ. Sie ist eigentlich zweidimensional und deshalb keine echte Phase im thermodynamischen Sinn, aber man kann sie formal als Phase behandeln, was sich besonders bei Mehrstoffsystemen bewährt.

Um die chemische Zusammensetzung einer Grenzflächenphase definieren zu können, nimmt man an, daß die kompakten Phasen $'$ und $''$ sich ohne Änderung ihrer Eigenschaften bis an die Ebene SS erstrecken würden. Bezeichnet man die Gesamtmolzahl der Komponente i

[1] Vgl. *J. C. Henniker,* Rev. mod. Physics *21,* 322 (1949).

des ganzen Systems mit n_i, die der kompakten Phasen mit n_i' bzw. n_i'' und die der Grenzflächenphase mit $n_{i\sigma}$, so wird letztere definiert durch

$$n_{i\sigma} = n_i - (n_i' + n_i'') .$$

Danach kann $n_{i\sigma}$ positiv oder negativ sein, wobei $n_{i\sigma}$ natürlich noch davon abhängt, in welchem Abstand von $A'A'$ bzw. $A''A''$ man sich die Trennebene SS gelegt denkt. In der gleichen Weise kann man alle übrigen extensiven Eigenschaften der Grenzflächenphase definieren.

Die charakteristischen Zustandsfunktionen U, H, F, G eines solchen Systems (vgl. S. 156ff.) setzen sich als extensive Eigenschaften offenbar additiv aus den Zustandsfunktionen der so definierten drei Phasen zusammen, d. h. es gilt $\mathrm{d}U = \mathrm{d}U' + \mathrm{d}U'' + \mathrm{d}U_\sigma$ usw. $\mathrm{d}U$, $\mathrm{d}H$, $\mathrm{d}F$ und $\mathrm{d}G$ der kompakten Phasen sind durch die *Gibbs*schen Fundamentalgleichungen (IV, 87 bis 90) gegeben. Entsprechende Gleichungen gelten definitionsgemäß auch für die Grenzflächenphase, doch muß man berücksichtigen, daß zu der äußeren Arbeit $-p\mathrm{d}V$ bzw. $V\mathrm{d}p$ nach (3) noch die Grenzflächenarbeit $\sigma\mathrm{d}f$ bzw. $-f\mathrm{d}\sigma$ hinzu kommt. An Stelle der Gln. (IV, 87 bis 90) erhalten wir also im Gleichgewicht für die Grenzflächenphase die Fundamentalgleichungen

$$\mathrm{d}U_\sigma = T\mathrm{d}S_\sigma - p\mathrm{d}V_\sigma + \sigma\mathrm{d}f + \sum_1^k \mu_i\mathrm{d}n_{i\sigma}, \tag{24}$$

$$\mathrm{d}H_\sigma = T\mathrm{d}S_\sigma + V_\sigma\mathrm{d}p - f\mathrm{d}\sigma + \sum_1^k \mu_i\mathrm{d}n_{i\sigma}, \tag{25}$$

$$\mathrm{d}F_\sigma = -S_\sigma\mathrm{d}T - p\mathrm{d}V_\sigma + \sigma\mathrm{d}f + \sum_1^k \mu_i\mathrm{d}n_{i\sigma}, \tag{26}$$

$$\mathrm{d}G_\sigma = -S_\sigma\mathrm{d}T + V_\sigma\mathrm{d}p - f\mathrm{d}\sigma + \sum_1^k \mu_i\mathrm{d}n_{i\sigma}. \tag{27}$$

Wegen der Gleichgewichtsbedingungen (V, 2), (V, 3) und (V, 12) sind p, T und die μ_i in allen drei Phasen gleich und bedürfen deshalb keiner Indizes. Die Integration unter Konstanthaltung der Intensitätsvariablen Druck, Temperatur, Grenzflächenspannung und chemisches Potential liefert (vgl. S. 160)

$$U_\sigma = TS_\sigma - pV_\sigma + \sigma f + \sum_1^k \mu_i n_{i\sigma}, \tag{28}$$

$$H_\sigma = TS_\sigma + \sum_1^k \mu_i n_{i\sigma} \tag{29}$$

$$F_\sigma = -pV_\sigma + \sigma f + \sum_1^k \mu_i n_{i\sigma}, \tag{30}$$

$$G_\sigma = \sum_1^k \mu_i n_{i\sigma}, \tag{31}$$

und damit die Beziehungen zwischen den vier Zustandsfunktionen

$$\left.\begin{aligned} H_\sigma &= U_\sigma + pV_\sigma - \sigma f; \quad F_\sigma = U_\sigma - TS_\sigma; \\ G_\sigma &= F_\sigma + pV_\sigma - \sigma f; \quad G_\sigma = H_\sigma - TS_\sigma. \end{aligned}\right\} \tag{32}$$

Diese sind den Gln. (III, 13), (IV, 70) und (IV, 71) für kompakte Phasen äquivalent. Differenziert man Gl. (31), so wird

$$\mathrm{d}G_\sigma = \sum \mu_i \mathrm{d}n_{i\sigma} + \sum n_{i\sigma} \mathrm{d}\mu_{i\sigma}. \tag{33}$$

Der Vergleich mit (27) liefert die zu (IV, 135) analoge *Gibbs-Duhem*sche Gleichung für die Grenzflächenphase

$$S_\sigma \mathrm{d}T - V_\sigma \mathrm{d}p + f\mathrm{d}\sigma + \sum_1^k n_{i\sigma} \mathrm{d}\mu_i = 0. \tag{34}$$

Bezieht man auf die *Einheit der Grenzfläche,* d. h. dividiert man die ganze Gleichung durch f, so wird

$$\frac{S_\sigma}{f} \mathrm{d}T - \frac{V_\sigma}{f} \mathrm{d}p + \mathrm{d}\sigma + \sum \frac{n_{i\sigma}}{f} \mathrm{d}\mu_i = 0, \tag{35}$$

was für konstante Temperatur und konstanten Druck übergeht in

$$\mathrm{d}\sigma + \sum \Gamma_i \mathrm{d}\mu_i = 0 \quad (\textit{Gibbs}), \tag{36}$$

wenn man mit

$$\Gamma_i \equiv \frac{n_{i\sigma}}{f} \tag{37}$$

den Quotienten aus der Stoffmenge [Molzahl] des Stoffes i und der Grenzfläche f (in cm^2), d. h. die Grenzflächenkonzentration bezeichnet.

Aus Gl. (35) folgt zunächst die *Druckabhängigkeit* von σ bei konstantem T und konstantem μ_i zu

$$\mathrm{d}\sigma = \frac{V_\sigma}{f} \mathrm{d}p. \tag{38}$$

Aus der Gleichung sieht man, daß die Grenzflächenspannung davon praktisch unabhängig ist, ob man eine ebene oder eine gekrümmte Grenzfläche vor sich hat, denn die Integration zwischen den Grenzen p_s und $p_s + p_\sigma$ analog wie in (12a) führt auch für sehr große p_σ (z. B. 100 bar) zu einem vernachlässigbar kleinen Wert des Integrals, weil V_σ/f, die Dicke der Grenzflächenphase, höchstens von der Größenordnung eines Moleküldurchmessers ($\approx 10^{-7}$ cm) sein kann. Deshalb ist z. B. die mittels der Steighöhenmethode (S. 376) gemessene Grenzflächenspannung von der Dicke der Kapillare völlig unabhängig.

Zur Untersuchung der *Temperaturabhängigkeit* von σ gehen wir ebenfalls von Gl. (35) aus. Setzen wir die Grenzflächenentropie pro cm^2

$$\frac{S_\sigma}{f} \equiv S_\sigma^* \tag{39}$$

und die Dicke der Grenzflächenphase

$$\frac{V_\sigma}{f} \equiv \delta, \tag{40}$$

so lautet Gl. (35)

$$-\mathrm{d}\sigma = S_\sigma^* \mathrm{d}T - \delta \mathrm{d}p + \sum \Gamma_i \mathrm{d}\mu_i . \tag{41}$$

Wir wenden sie zunächst auf die Grenzfläche zwischen einer reinen Flüssigkeit und ihrem gesättigten Dampf, d. h. auf ein *Einstoffsystem* an:

$$-\mathrm{d}\sigma = S_\sigma^* \mathrm{d}T - \delta \mathrm{d}p_\mathrm{s} + \Gamma \mathrm{d}\boldsymbol{\mu} . \tag{42}$$

Dabei müssen wir berücksichtigen, daß es sich um ein univariantes System handelt; ändern wir also T, so ändert sich gleichzeitig p_s und $\boldsymbol{\mu}$. Für ein solches System gilt, da das chemische Potential in den beiden kompakten Phasen und in der Grenzflächenphase bei währendem Gleichgewicht stets gleich bleiben muß, nach (V, 42)

$$\mathrm{d}\boldsymbol{\mu} = \boldsymbol{V}'' \,\mathrm{d}p_\mathrm{s} - \boldsymbol{S}'' \,\mathrm{d}T = \boldsymbol{V}' \,\mathrm{d}p_\mathrm{s} - \boldsymbol{S}' \,\mathrm{d}T, \tag{43}$$

wenn man die Dampfphase mit $''$, die flüssige Phase mit $'$ bezeichnet. Eliminiert man $\mathrm{d}p_\mathrm{s}$ und $\mathrm{d}\boldsymbol{\mu}$ aus (42) und (43), so wird

$$-\frac{\mathrm{d}\sigma}{\mathrm{d}T} = (S_\sigma^* - \Gamma \boldsymbol{S}') - (\delta - \Gamma \boldsymbol{V}') \frac{\boldsymbol{S}'' - \boldsymbol{S}'}{\boldsymbol{V}'' - \boldsymbol{V}'} . \tag{44}$$

Das letzte Glied ist vernachlässigbar klein, da δ und $\Gamma \boldsymbol{V}'$ sehr klein und $\boldsymbol{V}''$ sehr groß ist, so daß (44) vereinfacht werden kann zu

$$\frac{\mathrm{d}\sigma}{\mathrm{d}T} = -(S_\sigma^* - \Gamma \boldsymbol{S}') . \tag{45}$$

Für eine *binäre flüssige Mischphase* im Gleichgewicht mit ihrem Dampf lautet Gl. (41)

$$-\mathrm{d}\sigma = S_\sigma^* \mathrm{d}T - \delta \mathrm{d}p_\mathrm{s} + \Gamma_1 \mathrm{d}\mu_1 + \Gamma_2 \mathrm{d}\mu_2 . \tag{46}$$

Ein solches System besitzt zwei Freiheitsgrade und damit zwei willkürlich veränderliche Variable. Wählen wir als solche die Temperatur und den Molenbruch und vernachlässigen analog wie oben die Druckabhängigkeit von σ, indem wir alle $\mathrm{d}p_\mathrm{s}$ enthaltenden Glieder weglassen, so sind die vollständigen Differentiale $\mathrm{d}\mu_1$ und $\mathrm{d}\mu_2$ gegeben durch

$$\mathrm{d}\mu_1 = -S_1' \,\mathrm{d}T + \frac{\partial \mu_1}{\partial x} \mathrm{d}x ; \quad \mathrm{d}\mu_2 = -S_2' \,\mathrm{d}T + \frac{\partial \mu_2}{\partial x} \mathrm{d}x , \tag{47}$$

und aus (46) und (47) folgt

$$-\mathrm{d}\sigma = (S_\sigma^* - \Gamma_1 S_1' - \Gamma_2 S_2')\,\mathrm{d}T + \left(\Gamma_1 \frac{\partial \mu_1}{\partial x} + \Gamma_2 \frac{\partial \mu_2}{\partial x}\right)\mathrm{d}x. \tag{48}$$

Damit erhält man für den Temperaturkoeffizienten der Grenzflächenspannung bei konstanter Zusammensetzung der flüssigen Mischphase ($\mathrm{d}x = 0$) analog zu (45)

$$\left(\frac{\partial \sigma}{\partial T}\right)_x = -(S_\sigma^* - \Gamma_1 S_1' - \Gamma_2 S_2'), \tag{49}$$

worin lediglich die molare Entropie $\boldsymbol{S}'$ durch die partiellen molaren Entropien S_1' und S_2' der flüssigen Phase ersetzt sind.

2.2 Adsorption an flüssigen Grenzflächen

Variiert man die Zusammensetzung einer binären flüssigen Mischphase, die sich im Gleichgewicht mit ihrem gesättigten Dampf befindet, bei konstanter Temperatur, so ergibt Gl. (48) für die Änderung der Grenzflächenspannung mit x:

$$-\left(\frac{\partial \sigma}{\partial x}\right)_T = \Gamma_1 \frac{\partial \mu_1}{\partial x} + \Gamma_2 \frac{\partial \mu_2}{\partial x}. \tag{50}$$

Zerlegt man μ nach (IV, 206) in Standard- und Restpotential

$$\mu_i = \boldsymbol{\mu}_i + RT \ln a_i,$$

und setzt nach (V, 66a)

$$a_1 = \frac{p_1^*}{p_{01}^*}; \quad a_2 = \frac{p_2^*}{p_{02}^*},$$

so wird

$$-\left(\frac{\partial \sigma}{\partial x}\right)_T = RT\left(\Gamma_1 \frac{\partial \ln a_1}{\partial x} + \Gamma_2 \frac{\partial \ln a_2}{\partial x}\right)_T = RT\left(\Gamma_1 \frac{\partial \ln p_1^*}{\partial x} + \Gamma_2 \frac{\partial \ln p_2^*}{\partial x}\right)_T \tag{51}$$

bzw. bei Gültigkeit des idealen Gasgesetzes für die Dampfphase

$$-\left(\frac{\partial \sigma}{\partial x}\right)_T = RT\left(\Gamma_1 \frac{\partial \ln p_1}{\partial x} + \Gamma_2 \frac{\partial \ln p_2}{\partial x}\right)_T. \tag{51a}$$

Unter Benutzung der *Gibbs-Duhem*schen Gl. (IV, 218)

$$d\ln a_1 = -\frac{x}{1-x} d\ln a_2$$

erhält man schließlich

$$-\frac{1}{RT}\left(\frac{\partial\sigma}{\partial x}\right)_T = [(1-x)\Gamma_2 - x\Gamma_1]\frac{1}{1-x}\left(\frac{\partial\ln p_2}{\partial x}\right)_T$$

$$= -[(1-x)\Gamma_2 - x\Gamma_1]\frac{1}{x}\left(\frac{\partial\ln p_1}{\partial x}\right)_T, \tag{52}$$

und für ideale Mischungen mit $p_2 = xp_{02}$ bzw. $p_1 = (1-x)p_{01}$ folgt

$$-\frac{1}{RT}\left(\frac{\partial\sigma}{\partial x}\right)_T = \frac{\Gamma_2}{x} - \frac{\Gamma_1}{1-x}. \tag{53}$$

Durch Messung von σ und den Partialdrucken über den ganzen Molenbruch kann man so die Größe

$$I \equiv (1-x)\Gamma_2 - x\Gamma_1 \tag{54}$$

für jeden Wert von x ermitteln. Dagegen ist es nicht möglich, die Einzelwerte Γ_1 und Γ_2 der Konzentrationen in der Grenzflächenphase anzugeben. Tatsächlich variieren diese ja zwischen den Ebenen $A'A'$ und $A''A''$ in Abb. 127 kontinuierlich von den Werten in der kompakten flüssigen bis zu den Werten in der kompakten dampfförmigen Phase. Lediglich die Grenzwerte

$$\lim_{x\to 1} I = \Gamma_1 \quad \text{bzw.} \quad \lim_{x\to 0} I = \Gamma_2 \tag{55}$$

besagen, daß für kleine Werte von x die Konzentration Γ_2 und für kleine Werte von $1 - x$ die Konzentration Γ_1 davon unabhängig ist, wo man die geometrische Trennebene SS zwischen $A'A'$ und $A''A''$ legt. Für dazwischen liegende Molenbrüche x hat dagegen I keine einfache physikalische Bedeutung.

Wählt man nun die Trennebene SS so, daß für die im Überschuß befindliche Komponente 1 (das „Lösungsmittel" nach S. 115) die Grenzflächenkonzentration $\Gamma_1 = 0$ ist, so kann $\Gamma_2 > 0$ oder $\Gamma_2 < 0$ sein. Im ersten Fall spricht man von *positiver Adsorption,* im zweiten Fall von *negativer Adsorption* an der Grenzfläche. Diese Festlegung der „Grenzflächenphase" ermöglicht es offenbar, eine Beziehung zwischen der Adsorption des gelösten Stoffes und der Grenzflächenspannung anzugeben, die sich experimentell unmittelbar prüfen läßt, denn mit dieser Festlegung folgt aus (51)

$$d\sigma = -RT\Gamma_2 d\ln a_2$$

oder

$$\Gamma_2 = -\frac{1}{RT}\left(\frac{\partial \sigma}{\partial \ln a_2}\right)_{p,T}. \tag{55}$$

Für ideal verdünnte Lösungen ($a_2 = x_2$ bzw. $a_2 \approx c_2$) gilt analog

$$\Gamma_2 = -\frac{1}{RT}\left(\frac{\partial \sigma}{\partial \ln x_2}\right)_{p,T} \quad \text{bzw.} \quad \Gamma_2 = -\frac{1}{RT}\left(\frac{\partial \sigma}{\partial \ln c_2}\right)_{p,T}. \tag{56}$$

Diese Gleichungen stellen verschiedene Formen der *Gibbs*schen *Adsorptionsisotherme* dar, sie verknüpfen die Anreicherung bzw. Verarmung der Grenzflächenphase an dem gelösten Stoff mit der Konzentrationsabhängigkeit der Grenzflächenspannung. Stellt man das gemessene σ als Funktion von $\ln a_2$ bzw. $\ln c_2$ dar, so gibt die Tangente an jedem Punkt der Kurve die Grenzflächenkonzentration des adsorbierten bzw. verdrängten Stoffes 2 an. Je nachdem ob die Kurve steigt oder fällt, wird der Stoff 2 in der Grenzflächenphase angereichert oder aus ihr verdrängt; im ersten Fall nennt man ihn auch *kapillaraktiv,* im zweiten Fall *kapillarinaktiv.*

Bei *wässerigen Lösungen* findet man, daß sich die meisten organischen gelösten Stoffe mehr oder weniger stark in der Grenzfläche anreichern; insbesondere gilt dies für solche mit Paraffinkettenresten (z. B. Fettsäuren), die als „hydrophob" zu bezeichnen sind und deshalb bevorzugt in die Grenzflächen übergehen. Ein Beispiel zeigt Abb. 128, in der der Verlauf der Grenzflächenspannung im System Wasser-Buttersäure bei 15 °C in Abhängigkeit von der Zusammensetzung der flüssigen Mischphase wiedergegeben ist: Während σ der Buttersäure durch

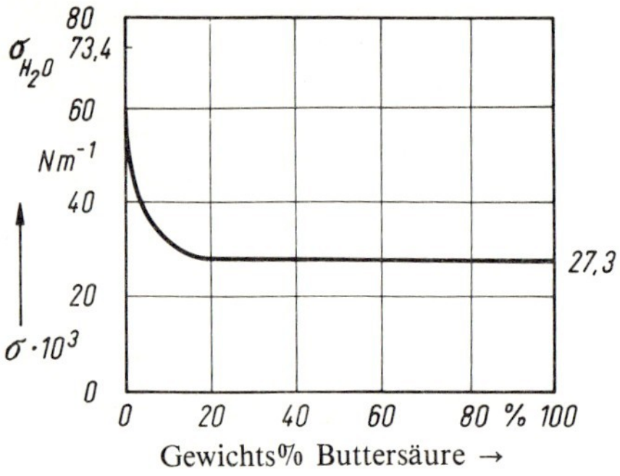

Abb. 128. Grenzflächenspannung des Systems Wasser-Buttersäure bei 15 °C in Abhängigkeit von der Buttersäurekonzentration (in Gewichtsprozent ⟨Massenanteil, %⟩).

Wasserzusatz nur wenig erhöht wird (Wasser ist hier ein kapillarinaktiver Stoff), erniedrigt schon ein sehr geringer Zusatz von Buttersäure zu reinem Wasser die Grenzflächenspannung sehr stark. Im Gegensatz zu organischen Stoffen sind anorganische Salze infolge ihrer starken Wechselwirkung mit dem Wasser (Hydratation der Ionen) fast immer kapillarinaktiv, sie werden aus der Grenzfläche verdrängt und erhöhen die Grenzflächenspannung.

Auf Grund empirischer Messungen läßt sich die Konzentrationsabhängigkeit der Grenzflächenspannung häufig mit guter Näherung durch die Beziehung

$$\sigma_0 - \sigma = a \log(1 + b c_2) \tag{57}$$

wiedergeben, worin σ_0 die Grenzflächenspannung des reinen Lösungsmittels und a und b individuelle Konstanten darstellen. Differenziert man nach c_2, so wird

$$\frac{\partial \sigma}{\partial c_2} = -\frac{ab}{2{,}303\,(1 + bc_2)}. \tag{58}$$

Führt man dies in (56) ein, so erhält man

$$\Gamma_2 = \frac{abc_2}{2{,}303\,RT(1 + bc_2)} \equiv \frac{Ac_2}{\frac{1}{b} + c_2}. \tag{59}$$

Diese Form der Adsorptionsisotherme findet man auch bei der Adsorption von Gasen an festen Oberflächen wieder (vgl. S. 393).

$$A \equiv \frac{a}{2{,}303\,RT} \tag{60}$$

stellt den Sättigungswert der Grenzflächenkonzentration dar, der bei hohen Konzentrationen c_2 in der Lösung $\left(\frac{1}{b} \ll x_2\right)$ asymptotisch erreicht wird.

2.3 Spreitungserscheinungen

Wie schon erwähnt wurde, gehen organische, insbesondere langkettige Molekeln aus der wässerigen Lösung besonders leicht in die Grenzfläche über, verhalten sich also stark kapillaraktiv. Der Grund liegt darin, daß zwischen den gelösten Teilchen und den Wassermolekeln geringere Anziehungskräfte wirksam sind als zwischen den arteigenen Molekeln. Vergleicht man etwa die Erniedrigung der Grenzflächenspannung von Wasser durch verschiedene homologe Fettsäuren unter sonst gleichen Bedingungen, so stellt man fest, daß σ um so stärker erniedrigt wird, je länger die Kette der Säure ist, und zwar wächst nach einer von *Traube* gefundenen Regel die Konstante b der Gl. (57) um den nahezu konstanten Faktor 3,4, wenn die Kettenlänge um eine CH_2-Gruppe zunimmt: $b_{n+1}/b_n \approx 3{,}4$. Oberhalb einer Kettenlänge von $n \approx 10$ sind die Fettsäuren im Phaseninnern praktisch unlöslich, trotzdem können sie sich infolge der hydrophilen Carboxylgruppe in der Grenzfläche lösen. Bringt man daher eine kleine Menge eines derartigen Stoffes, der eine oder auch mehrere polare Gruppen enthält, auf eine reine Wasseroberfläche, so breitet er sich zu einer monomolekularen Schicht auf der Oberfläche aus. Diesen Vorgang bezeichnet man als *Spreitung*[1]. Die Grenzflächenspannung des Wassers wird dabei nur wenig erniedrigt, bis eine gewisse kritische Menge der Säure erreicht ist, dann fällt sie plötzlich auf den Wert der reinen Säure ab. Diese kritische Menge entspricht offenbar

---

1 Einen zusammenfassenden Bericht über Filme an Grenzflächen gibt *H. J. Trurnit,* Fortschritte der Chemie, Bd. *4,* 347 (1944) sowie *J. Stauff,* Kolloidchemie, Berlin 1960, S. 312ff..

der vollständigen Bedeckung der Oberfläche mit Säuremolekeln, es entsteht ein lückenloser *monomolekularer Film* auf der Oberfläche.

Solange die Oberfläche nur teilweise bedeckt ist, verhalten sich die Molekeln des Spreitungsfilms analog wie ein zweidimensionales Gas: Sie bewegen sich frei auf der Oberfläche und üben einen tangential gerichteten Druck σ_t aus, den man mit Hilfe einer besonderen Meßanordnung, der sog. *Langmuir*schen Waage, unmittelbar messen kann[1]. Die zur Bewegung der Molekeln zur Verfügung stehende Oberfläche f stellt das Volumen des zweidimensionalen Gases dar. Ist sie genügend groß (z. B. 100mal größer als die von den Säuremolekeln bedeckte Oberfläche), so gilt eine dem idealen Gasgesetz analoge zweidimensionale *Zustandsgleichung.*

$$\sigma_t f = \text{konst.}\, T. \tag{61}$$

Die Isothermen $\sigma_t f$ sind wie die entsprechenden pV-Isothermen gleichseitige Hyperbeln. Mißt man σ_t in $\mathrm{Nm^{-1}}$ und f in $\mathrm{nm^2}$/Molekel, so ist die Konstante gleich $1{,}37 \cdot 10^{-5}$. Verkleinert man die Fläche f, so geht Gl. (61) in eine der *van der Waals*schen Gleichung entsprechende Zustandsgleichung über, d. h. die Isothermen unterhalb des „kritischen Punktes" besitzen ein horizontales Stück (analog wie in Abb. 14), das der „Kondensation" des Gases entspricht und auf eine Zusammenlagerung der gespreiteten Molekeln zu größeren Inseln zurückzuführen ist. In Abb. 129 ist eine Reihe derartiger Isothermen verschiedener höherer Fettsäuren wiedergegeben. Bei sehr kleinen f-Werten steigen die Kurven steil an, d. h. der Oberflächenfilm wird schwer kompressibel analog dem Volumen einer Flüssigkeit. Da starke Kompression bei Fettsäuren verschiedener Kettenlänge den gleichen Grenzwert der molekularen Oberfläche f von

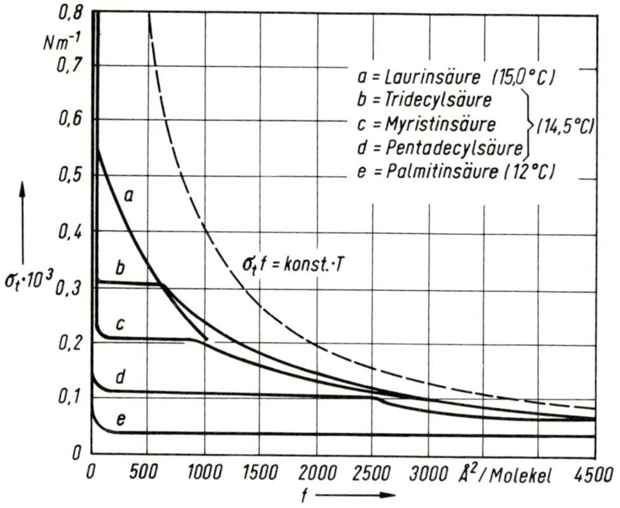

Abb. 129. σ_t-f-Isothermen auf Wasser gespreiteter Fettsäuren.

---

[1] σ_t ist gleich der in Gl. (57) auftretenden Differenz $\sigma_0 - \sigma$, d. h. gleich dem Unterschied der Grenzflächenspannung des reinen Wassers und des teilweise mit dem Film bedeckten Wassers. Beide Oberflächen sind durch einen an einen Torsionsdraht aufgehängten, auf der Oberfläche ruhenden Schwimmer getrennt. Die auf die Einheitslänge dieses Schwimmers ausgeübte, über den Torsionsdraht übertragene und auf einer Skala ablesbare Kraft entspricht σ_t.

0,20 nm^2/Molekel ergibt[1], muß man schließen, daß sich die Molekeln in dem steil ansteigenden Stück der Kurven nach und nach aufrichten und schließlich einen Film bilden, in dem sie einander parallel und senkrecht zur Wasseroberfläche orientiert sind. Tatsächlich ergibt sich auch aus den Kristalldimensionen der Fettsäuren ein Molekelquerschnitt senkrecht zur Längsachse von fast der gleichen Größe.

Gl. (61) gilt auch für den Fall, daß der kapillaraktive Stoff sich in Wasser löst, wie es bei den Fettsäuren niedriger Kettenlänge (z. B. Buttersäure) der Fall ist. Allerdings läßt sich in diesem Fall der Spreitungsdruck σ_t nicht messen, da aber solche Stoffe stark kapillaraktiv sind, bilden sie ebenfalls eine Art Film in der Grenzfläche. Eliminiert man aus Gl. (57), die ja für lösliche Stoffe gültig ist, und Gl. (59) die Konzentration c_2, so erhält man

$$\sigma_0 - \sigma = \sigma_t = a \log \frac{A}{A - \Gamma_2} = -a \log \left(1 - \frac{\Gamma_2}{A}\right). \tag{62}$$

Setzt man für kleine Werte von Γ_2 näherungsweise $\log \left(1 - \frac{\Gamma_2}{A}\right) \approx -\frac{\Gamma_2}{2{,}303\, A}$, so wird mit (60)

$$\sigma_t = \Gamma_2 R T, \tag{63}$$

und da nach (37) $\Gamma_2 = \frac{n_{2\sigma}}{f}$, erhält man identisch mit (61)

$$\sigma_t f = n_{2\sigma} R T = \text{konst.}\ T. \tag{64}$$

Spreitungsfilme und Filme, die durch positive Adsorption aus der Lösung entstehen, unterscheiden sich deshalb grundsätzlich nicht voneinander.

2.4 Adsorption an festen Grenzflächen

Während sich die Adsorption an flüssigen Grenzflächen nur indirekt aus der Konzentrationsabhängigkeit der Grenzflächenspannung ermitteln läßt, kann man die Grenzflächenkonzentration an festen Grenzflächen sowohl bei der Adsorption von Gasen wie von gelösten Stoffen unmittelbar aus der Druck- bzw. Konzentrationsabnahme des Sorbenden in der homogenen Phase bestimmen, wenn man die Größe der wirksamen Grenzfläche kennt. Handelt es sich um pulverförmige oder poröse Adsorbentien, bei denen die wirksame Grenzfläche nicht bekannt ist, so gibt man an Stelle der Grenzflächenkonzentration $n_\sigma / f = \Gamma$ die pro Gramm Adsorbens adsorbierte Molzahl des Sorbenden, die *„spezifische Belegungsdichte"*,

$$\frac{n_\sigma}{m} \equiv n_a \tag{65}$$

---

[1] *H. E. Ries,* Sci. Am. *244,* 152 (1961).

an. Diese ist der wirksamen Grenzfläche proportional und im übrigen eine Funktion von Temperatur und Druck bzw. Konzentration des Sorbenden, d. h. es gibt eine Zustandsfunktion

$$\Gamma = \varphi(p, T) \quad \text{bzw.} \quad n_a = \varphi(c, T), \tag{66}$$

die in jedem einzelnen Fall zu bestimmen ist. Den Grund für die Adsorption bildet auch hier die Unsymmetrie der Wechselwirkungskräfte an der Grenzfläche der festen Phase, wobei noch Fehlstellen in der Gitterstruktur für die wirksamen Anziehungskräfte eine besondere Rolle spielen (aktive Zentren der Adsorption). Die empirisch ermittelte Funktion (66) pflegt man wie bei der thermischen Zustandsgleichung von Gasen in Form einer Schar von *Adsorptionsisothermen* darzustellen, indem man Γ bzw. n_a bei konstanter Temperatur als Funktion des Druckes oder der Konzentration des Sorbenden in der homogenen Phase aufträgt. Dabei erhält man zwei *Grenztypen* von Kurven, die verschiedenen Formen der Adsorption zugeordnet werden:

Im ersten Fall der sog. *Physisorption* steigt die Kurve ständig an bis zu einem Druck, der dem Dampfdruck des flüssigen Sorbenden bei der betreffenden Temperatur entspricht, d. h. die Adsorption führt zu einer Kondensation des Gases an der Grenzfläche, und die Adsorptionskräfte sind im Prinzip die gleichen sog. *van der Waals*schen Kräfte, die auch den Zusammenhalt der Molekeln in einer Flüssigkeit bewirken. Infolgedessen sind die Adsorptionswärmen auch von der gleichen Größenordnung wie die Kondensationswärmen von Dämpfen, betragen also höchstens einige tausend Joule pro Mol. Die Adsorptionsschicht besteht in diesem Fall aus mehreren Molekülllagen[1)] übereinander, und der Adsorptionsvorgang selbst ist weitgehend reversibel, d. h. bei Erniedrigung des Druckes wird das Gas wieder entlang der Isothermen desorbiert.

Im Fall der *Chemisorption* steigt die Adsorptionsisotherme zunächst ebenfalls mit dem Druck des Gases an, biegt dann um und geht gegen einen von der Temperatur abhängigen Grenzwert, der auch bei sehr hohen Drucken nicht überschritten wird. Hier werden die adsorbierten Molekeln sehr viel fester gebunden, die Adsorptionswärmen sind beträchtlich größer und liegen in der Größenordnung von Reaktionswärmen. Das läßt darauf schließen, daß starke Wechselwirkungen zwischen der Grenzfläche des Adsorbens und dem Sorbenden auftreten, die den Charakter chemischer Bindungen besitzen. Dafür spricht ferner die Beobachtung, daß die Chemisorption nicht ohne weiteres reversibel verläuft, sondern daß es häufig wesentlich höherer Temperaturen bedarf, um die Molekeln wieder zu desorbieren. Zuweilen treten dabei chemische Veränderungen des Sorbenden auf; an Aktivkohle bei 100 °C adsorbierter Sauerstoff wird z. B. bei höherer Temperatur unter Vakuum als CO desorbiert.

Zwischen beiden Grenzformen der Adsorption gibt es natürlich alle möglichen Übergänge. So kann z. B. physikalische Adsorption bei tiefer Temperatur in Chemisorption bei hoher Temperatur übergehen. Zuweilen findet man auch beide Formen der Adsorption nebeneinander. So wird z. B. *p*-Dimethylaminoazobenzol an $BaSO_4$ teils physikalisch, teils chemisorbiert. Beide Adsorpte unterscheiden sich charakteristisch durch ihr Spektrum, so daß die Vorgänge in Abhängigkeit von der Konzentration nebeneinander verfolgt werden können[2)].

---

[1] Die Mehrschichten-Adsorption wurde zuerst von *S. Brunauer, P. H. Emmett* und *E. Teller,* J. Amer. chem. Soc. *60,* 309 (1938), quantitativ behandelt (sog. *BET-Isotherme*); vgl. auch die auf S. 373[1)] zitierte Literatur.

[2] *G. Kortüm, J. Vogel* und *W. Braun,* Angew. Chem. *70,* 651 (1958).

Abb. 130. Adsorptionsisothermen von CO an Glas.

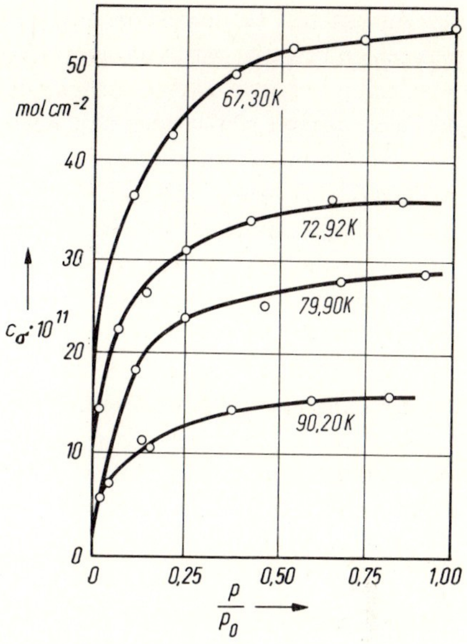

Ein Beispiel für den charakteristischen Verlauf einer Chemisorption zeigt Abb. 130 am Beispiel der Adsorption von CO an Glas. Daß ein Grenzwert der adsorbierbaren Menge auftritt, führte *Langmuir*[1] darauf zurück, daß maximal eine monomolekulare Schicht[2] des Sorbenden angelagert werden kann, bis die Grenzfläche vollständig bedeckt ist; dann hört die Adsorption auf, weil keine unmittelbare Wechselwirkung mit den Molekeln der Oberfläche mehr möglich ist. Eine die Isotherme wiedergebende Gleichung läßt sich leicht aus kinetischen Betrachtungen ableiten: Es sei Θ der von adsorbierten Molekeln bedeckte, $1 - \Theta$ der freie Anteil der Oberfläche. Dann ist die Desorptionsgeschwindigkeit gleich $k_1\Theta$, die Adsorptionsgeschwindigkeit gleich $k_2 p(1 - \Theta)$, wenn p den Gasdruck des Sorbenden bezeichnet. Im Gleichgewicht sind beide Geschwindigkeiten gleich, so daß

$$k_1\Theta = k_2 p(1 - \Theta). \tag{67}$$

Daraus folgt

$$\Theta = \frac{p}{\frac{k_1}{k_2} + p}, \tag{68}$$

und da die spezifische Belegungsdichte zu Θ proportional ist

$$n_a = \frac{Ap}{\frac{k_1}{k_2} + p}. \tag{69}$$

Bei sehr hohen Drucken $\left(p \gg \frac{k_1}{k_2}\right)$ wird $n_a = A$, A ist also der Grenzwert der spezifischen

---

1 *I. Langmuir, J. Amer. chem. Soc. 39*, 1848 (1917), *40*, 1361 (1918).

2 s. S. 392[1]

Belegungsdichte. Ist umgekehrt $p \ll \frac{k_1}{k_2}$, so steigt n_a dem Druck proportional an, wie es experimentell bestätigt wird.

Allerdings vermag diese Gleichung den empirischen Verlauf der Adsorptionsisotherme in der Regel nur in einem kleinen Druckbereich wiederzugeben, für größere Druckbereiche kann man die Messungen gewöhnlich mit einer von *Freundlich* angegebenen Exponentialformel[1)]

$$n_a = ap^{\beta} \tag{70}$$

besser darstellen; d. h. wenn man $\log n_a$ gegen $\log p$ aufträgt, erhält man in vielen Fällen eine Gerade:

$$\log n_a = \beta \log p + \text{konst.} \tag{70a}$$

Das wird so gedeutet, daß infolge der durch die Fehlstellen der Oberfläche bedingten inhomogenen Verteilung der aktiven Adsorptionszentren und ihrer verschiedenen Wirksamkeit die Konstanten A und $\frac{k_1}{k_2}$ der Gl. (69) nicht streng konstant sind, sondern für jede Art solcher Zentren einen eigenen Wert besitzen, so daß man an Stelle von (69) besser schreiben muß

$$n_a = \sum \frac{A_i p}{\left(\frac{k_1}{k_2}\right)_i + p}. \tag{71}$$

Die Überlagerung dieser verschiedenen *Langmuir*schen Kurven ergibt dann einen Gesamtverlauf der Isotherme, der sich mit der empirischen Darstellung durch (70) gut zur Deckung bringen läßt.

Für die Adsorption *gelöster Stoffe* an festen Oberflächen gelten prinzipiell die gleichen Überlegungen. Die Adsorptionsisothermen lassen sich ebenfalls durch Gl. (70) recht gut dar-

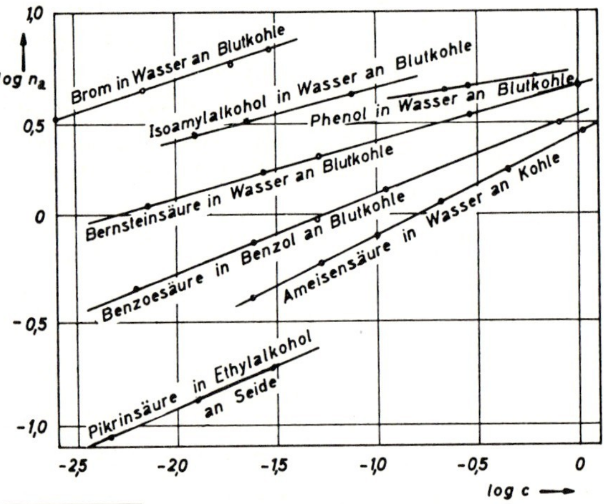

Abb. 131. Adsorptionsisothermen nach *Freundlich* von gelösten Stoffen an festen Oberflächen.

[1] Vgl. *H. Freundlich,* Kapillarchemie, Bd. I, 4. Aufl., Leipzig 1930.

stellen, wobei die Konstanten β in der Regel etwas kleiner sind als bei Gasen ($\beta \approx 0{,}3$). In Abb. 131 sind einige solcher Isothermen nach (70a) in doppelt logarithmischem Maßstab wiedergegeben, man erhält tatsächlich nahezu gerade Linien, wie es Gl. (70a) verlangt. Damit ein gelöster Stoff an der festen Grenzfläche adsorbiert werden kann, muß er die Lösungsmittelmolekeln, die ja ebenfalls von der Grenzfläche eine Anziehung erfahren (vgl. S. 378), verdrängen. Danach sollte für ein gegebenes Adsorbens und einen gegebenen Sorbenden die Adsorption aus der Lösung um so stärker sein, je geringer die durch Gl. (15) definierte Benetzungswärme des Lösungsmittels ist, die ja als Maß für die Wechselwirkungskräfte zwischen Grenzfläche und Lösungsmittelmolekeln anzusehen ist. Diese Forderung ist in der Regel gut erfüllt.

Die Gleichgewichtsbedingungen für das Phasengleichgewicht zwischen der (reinen) Gasphase und der Grenzflächenphase des Adsorbens lautet nach (V, 12)

$$\mu_\sigma = \boldsymbol{\mu}' , \tag{72}$$

da $\mathrm{d}n_\sigma = -\mathrm{d}n'$. Aus der Koexistenzgleichung (V, 39)

$$\mathrm{d}\left(\frac{\mu_\sigma}{T}\right) = \mathrm{d}\left(\frac{\boldsymbol{\mu}'}{T}\right) \tag{73}$$

folgt mit (IV, 103) und (IV, 124) bei konstanter Belegungsdichte Θ

$$\frac{V_\sigma}{T}\,\mathrm{d}p - \frac{H_\sigma}{T^2}\,\mathrm{d}T = \frac{\boldsymbol{V}'}{T}\,\mathrm{d}p - \frac{\boldsymbol{H}'}{T^2}\,\mathrm{d}T$$

oder

$$-\frac{H_\sigma - \boldsymbol{H}'}{T^2}\,\mathrm{d}T = \frac{\boldsymbol{V}' - V_\sigma}{T}\,\mathrm{d}p\,. \tag{74}$$

H_σ ist die *partielle molare Enthalpie* des adsorbierten Gases, die noch von der Belegungsdichte der festen Oberfläche abhängt, $H_\sigma - \boldsymbol{H}'$ die partielle molare Adsorptionswärme, die der partiellen molaren Lösungswärme in (III, 155) entspricht. Sie ist gleich der auf ein Mol umgerechneten Enthalpieänderung, wenn eine differentielle Menge des Gases bei konstantem p, T und Θ in den adsorbierten Zustand übergeht.

Vernachlässigt man V_σ gegenüber $\boldsymbol{V}'$, was bei genügend großem Abstand vom kritischen Punkt des Gases zulässig ist, und setzt für das Gas ideales Verhalten voraus, so ergibt sich aus (74)

$$\left(\frac{\partial \ln p}{\partial T}\right)_\Theta = -\frac{H_\sigma - \boldsymbol{H}'}{RT^2}. \tag{75}$$

Man erhält eine der *Clausius-Clapeyron*schen Gleichung analoge Beziehung zwischen der Temperaturabhängigkeit des Gleichgewichtsdrucks und der partiellen molaren Adsorptionswärme, mit deren Hilfe sich letztere aus den gemessenen Adsorptionsisothermen ermitteln läßt. Sie hängt von Θ ab und stellt für $\Theta \to 0$ die *erste,* für $\Theta \to 1$ die *letzte Adsorptionswärme* dar, analog der durch (III, 158) bzw. (III, 155a) definierten ersten bzw. letzten Lösungswärme.

Läßt man eine bestimmte Menge des Gases von der anfangs völlig unbelegten Oberfläche des Adsorbens 1 aufnehmen, so beträgt die auf 1 Mol des Sorbenden umgerechnete Enthalpieänderung analog zu Gl. (III, 156)

$$\frac{\Delta H}{n_a} = \frac{n_1}{n_a} \Delta H_1 + (H_\sigma - \boldsymbol{H}') . \tag{76}$$

Dabei ist ΔH_1 die Enthalpieänderung des Adsorbens durch die Adsorption. $\Delta H/n_a$ wird analog zu der gleichen Größe in (III, 156) als *integrale Adsorptionswärme* bezeichnet, sie läßt sich unmittelbar kalorimetrisch messen und ist ebenfalls von der Belegungsdichte abhängig. Trägt man ΔH gegen n_a auf, so gibt die Steigung der Kurve in jedem Punkt wieder die differentielle Adsorptionswärme an, d. h. es ist

$$\left(\frac{\partial \Delta H}{\partial n_a}\right)_f = H_\sigma - \boldsymbol{H}' . \tag{77}$$

Die integralen Adsorptionswärmen sind stets negativ (exotherm) und werden mit zunehmender Belegungdichte n_a der Oberfläche positiver, d. h. ihr Zahlenwert nimmt ab. Da nach (76) und (77)

$$H_\sigma - \boldsymbol{H}' = \frac{\Delta H}{n_a} + n_a \left(\frac{\partial(\Delta H/n_a)}{\partial n_a}\right)_f , \tag{78}$$

ist auch stets $|H_\sigma - \boldsymbol{H}'| < \left|\frac{\Delta H}{n_a}\right|$. In Abb. 132 ist als Beispiel die integrale und die differentielle Adsorptionswärme von CO_2 an Holzkohle bei 0 °C wiedergegeben. Daß die ersten Men-

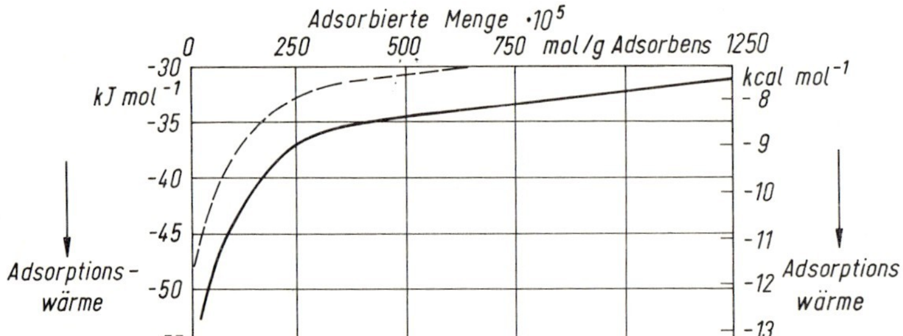

Abb. 132. Integrale und differentielle Adsorptionswärme von CO_2 an Holzkohle bei 0 °C.

gen des Gases unter erheblich größerer Enthalpieänderung adsorbiert werden als die späteren, d. h. daß die erste Adsorptionswärme stets negativer ist als die letzte, hängt mit der schon erwähnten Inhomogenität der Grenzflächenkräfte zusammen.

Kapitel VIII

Statistische Thermodynamik [1]

Obwohl die makroskopischen Eigenschaften der Materie letzten Endes durch die Struktur ihrer molekularen Bausteine und die Gesetze ihrer Wechselwirkung bedingt sein müssen, vermag die klassische, phänomenologische Thermodynamik nichts über die Absolutwerte dieser Eigenschaften auszusagen, da sie nur Beziehungen zwischen ihnen herstellt. Darauf wurde schon S. 2 hingewiesen. Um den Zusammenhang der phänomenologischen Thermodynamik mit der Molekulartheorie der Materie herzustellen, muß man deshalb versuchen, die Eigenschaften der molekularen Bausteine und ihre Wechselwirkung mit Hilfe von der Mechanik entnommenen Vorstellungen zu berechnen, wozu es der Hilfsmittel der mathematischen Statistik bedarf. Das leuchtet unmittelbar ein, denn die Zahl der Moleküle in einem makroskopischen System, z. B. in einem Mol eines Gases unter Normalbedingungen, ist derartig groß, daß es von vornherein als aussichtslos erscheinen muß, eine vollständige Information über Lage, Impuls, kinetische und potentielle Energie der einzelnen Moleküle in Abhängigkeit von der Zeit zu erhalten, aus der sich dann der thermodynamische Zustand des Systems, also Druck, Innere Energie, Entropie, Freie Enthalpie usw. unter Gleichgewichtsbedingungen nach den Gesetzen der Mechanik berechnen ließe[2]. Um den gewünschten Zusammenhang zwischen den makroskopischen thermodynamischen und den mikroskopischen mechanischen Eigenschaften herzustellen, bedarf es deshalb der Kenntnis von Durchschnittswerten der Zustandsgrößen sehr vieler Einzelmoleküle. Diese gewinnt man, indem man untersucht, wie sich die Moleküle über die verschiedenen möglichen Zustände verteilen. Die Ermittlung dieser *Verteilungsfunktion* ist die Aufgabe der Statistischen Thermodynamik; man erhält sie mit Hilfe von *Wahrscheinlichkeits-Betrachtungen.*

1 Wichtigste Sätze der Wahrscheinlichkeitsrechnung

Jede Wahrscheinlichkeitstheorie enthält drei wesentliche Elemente:

a) *eine Aussage über die Ausgangs- oder „a priori"-Wahrscheinlichkeit,*
b) *ein Abzählverfahren,*
c) *die Extrapolation auf sehr große Zahlen.*

---

[1] Allgemeine Literaturangaben zu diesem Kapitel findet man im Anhang (S. 463).

[2] Ein einfacher Zusammenhang zwischen Eigenschaften und Wechselwirkung der einzelnen Moleküle und den makroskopischen Eigenschaften der Materie ist offenbar nur dann zu erwarten, wenn sich alle Moleküle im gleichen Zustand befinden. Dann erhält man die makroskopischen Eigenschaften durch einfache Summation. Solche seltenen Fälle sind z. B. die Berechnung des Volumens oder der Gitterenergie eines Ionenkristalls bei $T = 0$ K (vgl. *G. Kortüm,* Lehrbuch der Elektrochemie, 5. Aufl., Weinheim 1972, S. 89ff.). Im allgemeinen befinden sich aber die molekularen Bausteine eines Systems in ganz verschiedenen Zuständen.

1. Beispiel: *Würfelspiel.*

Zu (a): Die „a priori"-Wahrscheinlichkeit ist nur angebbar, wenn Homogenität des Materials und Symmetrie des Würfels gewährleistet ist, die 6 Flächen des Würfels also *gleichwahrscheinlich* sind.

Zu (b): Die Wahrscheinlichkeit w, z. B. eine 5 zu würfeln, ist gegeben durch die Zahl der Flächen mit der Aufschrift 5, dividiert durch die Gesamtzahl der Flächen, also gleich 1/6. Nach *Laplace* gilt

$$w = \frac{\text{Zahl der günstigen Fälle}}{\text{Zahl der möglichen Fälle}}. \tag{1}$$

Zu (c): Bei je 6 Würfen nacheinander wird nun keineswegs immer einmal eine 5 erscheinen. Wird dagegen N-mal gewürfelt, so erhält man im zeitlichen Mittel $N/6$ mal die 5 mit um so größerer Wahrscheinlichkeit, je größer N ist. Allgemein ausgedrückt ist

$$\lim_{N \to \infty} \frac{N_i}{N} = w_i. \tag{2}$$

die *mathematische Wahrscheinlichkeit* für das Eintreten des Falles *i*. $w(i)$ ist stets ein echter Bruch. Für das Würfeln gilt offenbar

$$w_1 = w_2 = w_3 = w_4 = w_5 = w_6 = 1/6$$

und $\sum w_i = 1$. $w_i = 0$ bedeutet die Unmöglichkeit, $w_i = 1$ die Gewißheit des Eintretens eines Falles *i*. Mit wachsendem N wird diese Aussage $w_i = 1/6$ immer genauer, sie wird jedoch niemals exakt (vgl. S. 400ff.). Dies ist eine Folge der *Zufälligkeit* der Ereignisse, denn wären diese irgendwie gesetzmäßig, so würde N_i/N natürlich völlig andere Werte annehmen.

Wie groß ist die Wahrscheinlichkeit, mit einem Wurf entweder 1 oder 2 zu werfen? Es gilt

$$w_{1,2} = \lim_{N \to \infty} \frac{N_1 + N_2}{N} = \lim_{N \to \infty} \frac{N_1}{N} + \lim_{N \to \infty} \frac{N_2}{N} = w_1 + w_2 = \frac{1}{3}. \tag{3}$$

Dieser *Additionssatz* der Wahrscheinlichkeitsrechnung setzt voraus, daß die Fälle 1 und 2 sich gegenseitig ausschließen und daß die a priori-Wahrscheinlichkeiten alle gleich sind.

Wie groß ist die Wahrscheinlichkeit, mit *zwei* Würfeln gleichzeitig die Zahlen 1 und 2 zu werfen? Im limes $N \to \infty$ gilt nach (1) für den einen Würfel $w_1 = N_1/N$, für den andern Würfel $w_2 = N_2/N$. Die Zahl der für 1 günstigen Fälle ist also

$$N_1 = w_1 N \equiv x.$$

Da auf N mögliche Fälle N_2 für 2 günstige Fälle vorkommen, entfallen auf x mögliche Fälle

$$N_2 \cdot \frac{x}{N} = N_2 w_1$$

für 2 günstige Fälle, d. h. für das *gleichzeitige* Eintreten der Fälle 1 und 2 bei zwei Würfeln. Es ist also

$$w_{1,2} = \frac{N_2 w_1}{N} = w_1 w_2 \,. \tag{4}$$

Das ist der *Multiplikationssatz* der Wahrscheinlichkeitsrechnung; er gilt ebenfalls nur für unabhängige und unvereinbare Ereignisse. Im Fall von zwei Würfeln ist also allgemein $w_{i,j} = 1/36$, wobei auch $i = j$ sein kann. Ebenso ist die Wahrscheinlichkeit, mit einem Würfel und 2 Würfen *hintereinander* die gleiche Zahl i zu werfen, auch 1/36 (Scharmittel = Zeitmittel). Die Wahrscheinlichkeit, mit 6 Würfen hintereinander die *Zahlenfolge* 1 bis 6 zu werfen, ist $(1/6)^6 = 1/46656$, also außerordentlich gering. Verzichtet man jedoch auf die Festsetzung der Reihenfolge und fragt lediglich nach der Wahrscheinlichkeit, hintereinander die 6 verschiedenen Zahlen in *beliebiger* Reihenfolge zu werfen, so ergibt sich diese wegen der Vertauschungsmöglichkeiten der einzelnen Zahlen als größer.

2. Beispiel: *Münzenwerfen.*

Um die verschiedenen günstigen und möglichen Fälle unmittelbar abzählen zu können und damit die schon erwähnte *Verteilungsfunktion* zu gewinnen, benützen wir einen einfacheren Würfel mit nur 2 Flächen, d. h. eine Münze, die nicht mehr in sechs, sondern nur in zwei a priori gleich wahrscheinlichen *Elementarzuständen* vorkommen kann, die wir mit „Kopf" (K) bzw. „Schrift" (S) bezeichnen. Wir untersuchen, wie sich N solche Münzen, die unterscheidbar sein sollen (z. B. durch ihr Prägungsjahr), auf diese beiden Elementarzustände verteilen, wenn wir sie wie Würfel schütteln und nach jedem Wurf die Zahl der K- und S-Zustände abzählen. Wir setzen zur Probe $N = 4$ und erhalten die ersten 3 Kolonnen der folgenden Tabelle (Tab. 23).

Die Zahl der möglichen Fälle ist $2^4 = 16$ oder allgemein 2^N. Da die Münzen gleichartig sein sollen, kann man nur 5 verschiedene sog. *Makrozustände* unterscheiden, deren jeder sich durch eine Anzahl von *Mikrozuständen* realisieren läßt, die man aber wegen der Gleichheit der Münzen nicht einzeln beobachten kann. Jede *Zeile* in der Tabelle stellt einen solchen Mikrozustand dar. Die Zahl der jeweiligen Mikrozustände ist gleich der Zahl der für den betreffenden Makrozustand günstigen Fälle und wird mit Ω bezeichnet. Man nennt Ω das *statistische Gewicht* oder auch die *thermodynamische Wahrscheinlichkeit* des betreffenden Makrozustandes. Man erhält den Zahlenwert von Ω durch folgende Überlegung: Die Zahl der Vertauschungsmöglichkeiten (Permutationen) von N Münzen beträgt $N!$, in dem gewählten Beispiel also 24. Für die Verteilungsfunktion auf K und S zählen aber nur die Vertauschungen, bei denen wir ein K gegen ein S vertauschen, während Vertauschungen innerhalb der K- bzw. S-Gruppe für die Verteilung irrelevant sind. Die Zahl dieser Vertauschungen beträgt $N_K!$ bzw. $N_S!$, durch sie ist also $N!$ zu dividieren, um die Zahl der Realisierungsmöglichkeiten für jeden Makrozustand zu erhalten.

$$\Omega = \frac{N!}{N_K!\,N_S!} \,. \tag{5}$$

Allgemein gilt für das statistische Gewicht eines Makrozustandes

Tabelle 23. Mögliche Verteilungen von 4 Münzen auf die Elementarzustände K und S. ($\sum \Omega = 16$)

Makrozustand	K	S	$\Omega = \dfrac{N!}{N_K!N_S!}$	$w = \dfrac{\Omega}{\sum \Omega}$
I	–	1 2 3 4	$1 = \dfrac{4!}{0!4!}$	0,063
II	1 2 3 4	2 3 4 1 3 4 1 2 4 1 2 3	$4 = \dfrac{4!}{1!3!}$	0,250
III	1 2 1 3 1 4 2 3 2 4 3 4	3 4 2 4 2 3 1 4 1 3 1 2	$6 = \dfrac{4!}{2!2!}$	0,375
IV	1 2 3 1 2 4 1 3 4 2 3 4	4 3 2 1	$4 = \dfrac{4!}{3!1!}$	0,250
V	1 2 3 4	–	$1 = \dfrac{4!}{4!0!}$	0,063

$$\Omega = \frac{N!}{\Pi N_i!}, \tag{6}$$

wobei N_i die Zahl der Teilchen im i'ten Elementarzustand und Π den schon in Gl. (V, 238) benutzten Multiplikations-Operator bedeuten. Die Wahrscheinlichkeit jedes Makrozustandes ergibt sich nach (1) für unser Beispiel zu

$$w(N_K, N_S) = \frac{\Omega}{\sum \Omega} = \frac{1}{2^N} \frac{N!}{N_K!N_S!}, \tag{7}$$

sie ist in der letzten Spalte der Tab. 23 angegeben. Offenbar ist derjenige Zustand der wahrscheinlichste, der durch die meisten Mikrozustände realisiert werden kann, in Tab. 23 der Makrozustand III.

Wendet man die gleiche Abzählmethode auf 6 bzw. 8 Münzen an, so erhält man Tab. 24. Je größer die Zahl der Münzen ist, um so größer ist das statistische Gewicht des Makrozustandes, der der Gleichverteilung entspricht (IV bzw. V).

Definitionsgemäß ist

$$\sum w_{\text{makro}}(N_K, N_S) = 1\,. \tag{8}$$

Trägt man $w_{\text{makro}} = \Omega / \sum \Omega$ gegen N_K/N für verschiedene N so auf, daß die Bedingung (8) stets erhalten bleibt (Normierung auf $\sum w_{\text{makro}} = 1$), so erhält man für $N_K/N = 1/2$ ein um so schärferes Maximum, je größer N ist (vgl. auch Tab. 24). Für Werte von N in der Größen-

Tabelle 24. Mögliche Verteilungen von Münzen auf K- und S-Zustände.

6 Münzen				8 Münzen			
Makrozustand	Verteilung $N_K : N_S$	Ω	w	Makrozustand	Verteilung $N_K : N_S$	Ω	w
I	0:6	1	0,016	I	0:8	1	0,004
II	1:5	6	0,094	II	1:7	8	0,031
III	2:4	15	0,234	III	2:6	28	0,109
IV	3:3	20	0,313	IV	3:5	56	0,219
V	4:2	15	0,234	V	4:4	70	0,273
VI	5:1	6	0,094	VI	5:3	56	0,219
VII	6:0	1	0,016	VII	6:2	28	0,109
				VIII	7:1	8	0,031
				IX	8:0	1	0,004
	$\sum \Omega = 64$				$\sum \Omega = 256$		

ordnung der *Loschmidt*schen Zahl N_L bringt der Term $N_K = N_S = N/2$ den größten Beitrag zu 1 auf, aber auch die unmittelbar benachbarten Terme, bei denen N_K bzw. N_S nur wenig von $N/2$ abweicht, liefern noch merkliche Beiträge zu 1. Die Terme jedoch, bei denen N_K/N oder N_S/N meßbar von 1/2 abweichen, tragen auch zusammen praktisch nichts mehr zu 1 in Gl. (8) bei, so daß man sie stets vernachlässigen kann.

Man erkennt dies auch, wenn man die Gl. (6) in Form der (anschließend abzuleitenden) *Stirling*schen Näherung schreibt

$$\ln \Omega = \text{Const} - \sum N_i \ln N_i$$

und die Zahl N_i in der Nähe der Verteilung mit $\Omega_{\max}$ um einen kleinen Betrag δN_i variiert. Entwickelt man die Gleichung in eine *Taylor*sche Reihe

$$f(x + \delta x) = f(x) + f'(x)\,\delta x + \frac{1}{2!} f''(x)(\delta x)^2 + \cdots,$$

so wird

$$\ln \Omega = \ln \Omega_{\max} - \sum (\ln N_i + 1)\,\delta N_i - \frac{1}{2} \sum \frac{1}{N_i} (\delta N_i)^2 - \cdots$$

Dabei müssen die δN_i so gewählt werden, daß die Bedingung $\sum N_i = N$ bzw. $\sum \delta N_i = 0$ erfüllt bleibt. Damit fällt das zweite Glied weg, und es bleibt

$$\ln \Omega = \ln \Omega_{\max} - \frac{1}{2} \sum \left(\frac{\delta N_i}{\sqrt{N_i}} \right)^2$$

oder

$$\Omega = \Omega_{max} \cdot \exp\left[-\frac{1}{2}\sum\left(\frac{\delta N_i}{\sqrt{N_i}}\right)^2\right]. \tag{9}$$

Die *Einzelwahrscheinlichkeit,* eine um δN_i von der Gleichverteilung abweichende Besetzung zu erhalten, ist demnach

$$\frac{w(\delta N_i)}{w_{max}} = \frac{\Omega(\delta N_i)}{\Omega_{max}} = e^{-\frac{1}{2}N_i\left(\frac{\delta N_i}{N_i}\right)^2}. \tag{9a}$$

Man wird also mit merklicher Wahrscheinlichkeit nur solche Abweichungen von der Gleichverteilung beobachten, für die δN_i die Größenordnung $\sqrt{N_i}$ nicht wesentlich überschreitet.

Gl. (9a) ist gleichzeitig ein Hinweis darauf, daß (bei nicht allzu großen Teilchenzahlen N) solche Abweichungen vom wahrscheinlichsten Zustand sich auch experimentell als sog. *Schwankungserscheinungen* beobachten lassen. Am bekanntesten sind die *Dichteschwankungen* in einem Gas bei gegebenem Druck und gegebener Temperatur. Denkt man sich das Volumen in k gleich große Zellen eingeteilt, so ist die gleichmäßige Verteilung der Gasmolekeln auf die k Zellen offenbar die wahrscheinlichste (s. S. 426 ff.) Die Wahrscheinlichkeit, in jeder einzelnen dieser Zellen eine Abweichung um δN_i von der Gleichverteilung zu erhalten, ist dann durch Gl. (9a) gegeben. Führt man noch die *relative Schwankung* $\Delta \equiv \frac{\delta N_i}{N_i}$ ein, so erhält man statt (9a) für die Wahrscheinlichkeit einer relativen Schwankung im Bereich $\mathrm{d}\Delta$

$$w(\Delta)\,\mathrm{d}\Delta = N_i w_{max}\, e^{-\frac{1}{2}N_i\Delta^2}\,\mathrm{d}\Delta.$$

$N_i w_{max}$ ergibt sich aus der Bedingung, daß die Summe aller relativen Wahrscheinlichkeiten gleich 1 sein muß:

$$1 = \int_{-\infty}^{+\infty} w(\Delta)\,\mathrm{d}\Delta = N_i w_{max} \int_{-\infty}^{+\infty} e^{-\frac{1}{2}N_i\Delta^2}\,\mathrm{d}\Delta = N_i w_{max}\sqrt{\frac{2\pi}{N_i}}.$$

Daraus erhält man

$$N_i w_{max} = \sqrt{\frac{N_i}{2\pi}}, \quad \text{so daß} \quad w(\Delta)\,\mathrm{d}\Delta = \sqrt{\frac{N_i}{2\pi}}\, e^{-\frac{1}{2}N_i\Delta^2}\,\mathrm{d}\Delta. \tag{9b}$$

Das ist die Form der *Gaußschen Fehlerverteilungsfunktion:* Für den Mittelwert des *Absolutbetrages*[1] der Schwankungen ergibt sich

$$\left|\overline{\frac{\delta N_i}{N_i}}\right| = 2\sqrt{\frac{N_i}{2\pi}}\int_0^{\infty} \Delta e^{-\frac{1}{2}N_i\Delta^2}\,\mathrm{d}\Delta = 2\sqrt{\frac{N_i}{2\pi}}\,\frac{1}{N_i} = \sqrt{\frac{2}{\pi N_i}}. \tag{9c}$$

Je größer die Zahl N_i der Teilchen in der einzelnen Zelle ist, um so geringer ist die mittlere relative Schwankung. Beim Fehlerverteilungsgesetz tritt die Zahl der Einzelmessungen an die Stelle der Teilchenzahl.

---

[1] Der Mittelwert der Schwankungen ist Null, da gleich viel positive wie negative vorkommen.

Unter Standardbedingungen sind in einem cm^3 eines Gases $2{,}69 \cdot 10^{19}$ Molekeln vorhanden. Dann ist die mittlere relative Schwankung nach (9c) $\left|\frac{\overline{\delta N_i}}{N_i}\right| = 1{,}5 \cdot 10^{-10}$, also im Vergleich zu $N_i = 2{,}69 \cdot 10^{19}$ sehr klein. In einem Würfel der Kantenlänge 10^{-6} cm ist unter gleichen Bedingungen $N_i = 2{,}69 \cdot 10^2$ und damit $\left|\frac{\overline{\delta N_i}}{N_i}\right| = 4{,}9 \cdot 10^{-2}$. Die Dichteschwankung beträgt in diesem kleinen Volumen also schon Zehntel Promille. Man kann sie in der Nähe der kritischen Temperatur des Gases mit Hilfe der Opalescenz (kritischer Trübung infolge der Lichtbeugung) experimentell nachweisen. Ebenso beruht die blaue Farbe des Himmels auf der Streuung des Sonnenlichtes infolge der Dichteschwankungen in der Lufthülle der Erde.

2 Die Stirlingsche Formel

Wegen der Unhandlichkeit von Rechnungen mit Fakultäten von großen Zahlen muß man die Gl. (6) noch umformen. Die gebräuchlichste Näherung ist die *Stirling*sche Formel. Es ist

$$N! = N(N-1)!$$
$$\ln N! - \ln(N-1)! = \ln N \equiv f(N) - f(N-1)\,.$$

Ist N eine sehr große Zahl, gegenüber der 1 vernachlässigt werden kann, so kann man $f(N)$ in eine *Taylor*sche Reihe[1] entwickeln und diese nach dem ersten Glied abbrechen:

$$f(N) \cong f(N-1) + 1 \cdot f'(N-1) \cong f(N-1) + f'(N)\,.$$

Setzt man dies ein, so wird

$$f'(N) = \ln N,$$

oder integriert

$$f(N) = N \ln N - N.$$

Da $f(N) \equiv \ln N!$, erhält man schließlich für $N \gg 1$

$$\ln N! \cong N \ln N - N = \ln\left(\frac{N}{\mathrm{e}}\right)^N$$

bzw.

$$N! = \left(\frac{N}{\mathrm{e}}\right)^N. \tag{10}$$

Gl. (10) wird als *Stirling*sche Formel bezeichnet. Für mäßig großes N kann man die etwas genauere Näherung benutzen

$$N! = \left(\frac{N}{\mathrm{e}}\right)^N \sqrt{2\pi N}\left(1 + \frac{1}{12N} + \frac{1}{2}\left(\frac{1}{12N}\right)^2 + \cdots\right). \tag{10a}$$

---

[1] Mit $x \equiv N - 1$ und $h \equiv 1$ ist

$$f(x+h) = f(x) + hf'(x) + \frac{h^2}{2!}f''(x) + \cdots$$

Setzt man (10) in Gl. (6) ein, so erhält man für das statistische Gewicht

$$\Omega = \frac{N!}{\Pi N_i!} = \frac{N^N \Pi e^{N_i}}{e^N \Pi N_i^{N_i}} = \frac{N^N}{\Pi N_i^{N_i}},$$

oder $$\ln \Omega = N \ln N - \sum N_i \ln n_i = \text{Const} - \sum N_i \ln N_i . \tag{11}$$

3 Anwendung auf physikalische Systeme

Wir wenden uns nun der Anwendung der Wahrscheinlichkeitstheorie auf reale physikalische Systeme zu, die nach der phänomenologischen Thermodynamik durch die Zustandsfunktionen p, V, F, U, S, G usw. beschrieben werden. In manchen Fällen können wir die Ergebnisse der letzten Abschnitte unmittelbar übernehmen:

Bei der Synthese von Methyl-ethyl-propyl-ammoniumbromid aus Methyl-ethyl-propyl-amin und HBr wird entsprechend den a priori gleichwahrscheinlichen inversen Pyramiden-Formen des Amins ein äquimolares Gemisch der beiden optischen Isomeren entstehen, also das Racemat.

Bei zwei mit einem einheitlichen Gas gefüllten *gleich großen* und mit einem Hahn verbundenen Gefäßen kann man analog dem Münzbeispiel die „Elementarzustände" „rechts" und „links" unterscheiden, je nachdem sich ein Gasmolekül rechts oder links vom Hahn befindet. Da die beiden Elementarzustände wiederum a priori gleichwahrscheinlich sind[1)], ist bei großem N die Wahrscheinlichkeit des beobachteten Makrozustandes durch Gl. (7) gegeben, es herrscht Gleichverteilung $N_l/N = N_r/N = 1/2$, d. h. gleicher Druck in beiden Gefäßen.

Sind die beiden Volumina V_l und V_r nicht mehr gleich groß, so muß man die Annahme der a priori-Gleichwahrscheinlichkeit links und rechts durch die Annahme der Gleichwahrscheinlichkeit gleich großer Volumen*elemente* ersetzen. Die a priori-Wahrscheinlichkeit, ein Gasmolekül in V_l bzw. in V_r anzutreffen, ist der Größe des betr. Volumens proportional. Die Wahrscheinlichkeit, *gleichzeitig* N_l Moleküle in V_l und N_r Moleküle in V_r anzutreffen, ist danach proportional $V_l^{N_l}$ bzw. $V_r^{N_r}$. Damit erhält man für die Gesamt-Wahrscheinlichkeit eines Makrozustandes anstelle von Gl. (7)

$$w(N_l, N_r) = \frac{1}{2^N} \frac{N!}{N_l!\, N_r!} V_l^{N_l} V_r^{N_r} . \tag{7a}$$

Der verschiedenen Größe der Volumina wird später bei der Energieverteilung der verschieden große Entartungsgrad eines Elementarzustandes entsprechen (vgl. S. 419).

---

[1] Das ist keineswegs immer der Fall; z. B. besagt die Existenz von 26 Buchstaben im Alphabet nicht, daß jeder Buchstabe im Mittel mit der a priori-Wahrscheinlichkeit von 1/26 in einer sehr großen Zahl von Worten (z. B. in einem Konversationslexikon) vorkommt. Die a priori-Wahrscheinlichkeit muß vielmehr durch Abzählen ermittelt werden und hängt von der betreffenden Sprache ab. Die Häufigkeit der Buchstaben nimmt in einer für die Sprache charakteristischen Reihenfolge ab:

Deutsch	E	N	I	S	R	···
Französisch	A	R	I	N	T	···
Italienisch	I	E	A	O	N	···

Von solchen einfachen Sonderfällen abgesehen handelt es sich bei der statistischen Thermodynamik stets um die Verteilungsfunktion einer großen Anzahl von Molekülen oder Atomen auf die verschiedenen möglichen *Energiezustände*. Diese werden in der *klassischen Mechanik* für die Translationsbewegung durch die Angabe von drei verallgemeinerten Raumkoordinaten[1] q_1, q_2, q_3 und von drei Impulskoordinaten p_1, p_2, p_3 für jeden Zeitpunkt festgelegt. Da nach den quantenmechnischen Vorstellungen Ort und Impuls eines Teilchens nicht gleichzeitig mit beliebiger Genauigkeit festgestellt werden können (*Heisenberg*sche Unschärferelation)[2], unterteilt man den 6-dimensionalen sog. *Phasenraum* in Zellen der Größe h^3 (vgl. S. 427). *Quantenmechanisch* werden stationäre Energiezustände in jedem Zeitpunkt durch die Eigenwerte ε_i des *Hamilton*operators festgelegt. Haben g_i Zustände die gleiche Energie, so bezeichnet man den betr. Zustand als g_i-fach „entartet" (vgl. S. 419).

Wir betrachten ein geschlossenes thermodynamisches System, wie es S. 3 definiert wurde, bei gegebenem Volumen und gegebener Temperatur, das mit der Umgebung nur Energie austauschen kann, und fragen nach den verschiedenen Realisierungsmöglichkeiten, d. h. Mikrozuständen des makroskopisch vorgegebenen Systems. Dazu diskutieren wir die drei Wahrscheinlichkeitselemente von S. 397, die für die Theorie wesentlich sind:

Zu (a) A-priori-Wahrscheinlichkeit: Wir setzen voraus: Jeder Energiezustand eines Moleküls oder Atoms, der quantenmechanisch durch einen Eigenwert ε_i oder klassisch durch eine Zelle im Phasenraum der Größe h^3 charakterisiert wird, ist a priori *mit gleich großer Wahrscheinlichkeit besetzt*. Dies soll für jeden Freiheitsgrad der Bewegung (Rotation, Schwingung, Translation des Massenschwerpunktes, Elektronenbewegung im Grundzustand oder in Anregungszuständen) gelten, wobei Nebenbedingungen wie die Vorgabe einer bestimmten Gesamt-Energie ausgeschlossen sind, da diese die Gleichwahrscheinlichkeit wieder einschränken (vgl. S. 407). Dieses Postulat läßt sich nicht beweisen und ersetzt in der Statistik das Theorem des zweiten Hauptsatzes der phänomenologischen Thermodynamik.

Zu (c) Extrapolation auf große Zahlen: Das Problem der Verteilung von Molekeln über die möglichen Energiezustände eines Systems wurde zuerst von *Boltzmann* untersucht am Beispiel der Translationsbewegung eines idealen Gases. Hier wurde die besondere Voraussetzung gemacht, daß zwischen den einzelnen Teilchen eine vernachlässigbar geringe Wechselwirkungsenergie (durch Stöße) vorhanden ist, so daß jedes Teilchen seine eigene, gewissermaßen „private" Translationsenergie besitzt. Diese Vorstellung ist aber nicht allgemein auf physikalische Systeme anwendbar. So ist z. B. in einem festen Kristall oder auch in einer Flüssigkeit die Wechselwirkung zwischen benachbarten Teilchen so groß, daß man sich die Gesamtenergie des Systems nicht mehr als auf die einzelnen Moleküle bzw. Atome aufgeteilt vorstellen kann; man muß vielmehr das System als Ganzes, d. h. als eine Einheit betrachten. Um nun trotzdem zu einem Verteilungsgesetz zu gelangen, hat *Willard Gibbs* (1900)[3] als Denkmodell den Be-

[1] Im kartesischen Koordinatensystem x, y, z, im Polarkoordinatensystem r, ϑ, φ.

[2] Nach *Heisenberg* gilt

$$\Delta q_1 \Delta p_1 \approx \frac{h}{4\pi}. \tag{12}$$

Darin bedeuten Δq_1 und Δp_1 die Unbestimmtheiten von Ort und Impuls in einer Koordinate und h das *Planck*sche Wirkungsquantum. Die Gleichung besagt: Wird die Lage des Teilchens genau festgelegt ($\Delta q_1 \to 0$), so ist der zugehörige Impuls völlig unbestimmt und umgekehrt.

[3] Vgl. *W. J. Gibbs*, Elementare Grundlagen der statistischen Mechanik (übersetzt von *E. Zermelo*), Leipzig 1905.

griff der *Gesamtheit* von Systemen eingeführt, die aus einer großen Zahl $\mathbb{N}$ von Kopien des realen thermodynamischen Systems besteht. Zwischen ihnen liegt nur eine schwache Kopplung vor, so daß lediglich Wärmeaustausch besteht, während die Gesamtheit nach außen hin isoliert ist, also adiabatische Wände besitzt. Die Energie der Gesamtheit ist also konstant, doch kann die Energie zwischen den Einheiten dieser Gesamtheit fluktuieren. Statt mit N Teilchen eines realen Systems rechnet man also mit $\mathbb{N}$ identischen Systemen, wobei man entsprechend der Forderung der Statistik $\mathbb{N} \to \infty$ gehen läßt, um die wahrscheinlichste Verteilung der Energie auf die $\mathbb{N}$ Systeme zu erhalten. Gleichzeitig bilden die $\mathbb{N} - 1$ Kopien ein ideales Wärmebad der konstanten Temperatur T für das betrachtete $\mathbb{N}$-te System.

Dieser von *Gibbs* eingeführte Begriff der *Gesamtheit* wird als *kanonisches Ensemble* bezeichnet[1]; er läßt sich auf jedes physikalische System anwenden. Man setzt dabei voraus, daß die statistische Beschreibung der simultanen Energieverteilung über alle $\mathbb{N}$ Systeme auch für das ursprüngliche reale System allein gültig bleibt, wenn sich dieses in einem Wärmebad gegebener konstanter Temperatur T befindet.

Zu (b) Abzählverfahren: Wir beschäftigen uns schließlich noch mit der zu jeder statistischen Theorie gehörigen Abzählmethode und benutzen dazu die Vorstellungen der Quantenmechanik. Gefragt ist, wie verteilt sich eine vorgegebene Energie E auf die $\mathbb{N}$ Systeme der *Gibbs*schen Ensembles, deren Energie-Eigenwerte mit $\varepsilon_1, \varepsilon_2, \varepsilon_3 \ldots \varepsilon_i \ldots$ bezeichnet seien[2]. Wie im vorigen Abschnitt gezeigt wurde, gibt es viele Realisierungsmöglichkeiten für jede mögliche Verteilung. Bezeichnen wir die Zahl der Systeme im 1., 2., 3. ... Quantenzustand wieder mit $\mathbb{N}_1, \mathbb{N}_2, \mathbb{N}_3 \ldots$, so erhalten wir für die Anzahl der Realisierungsmöglichkeiten, d. h. für das statistische Gewicht einer bestimmten Verteilung nach Gl. (6)

$$\Omega_\mathrm{m} = \frac{\mathbb{N}!}{\prod \mathbb{N}_i!},$$

wobei wieder alle Vertauschungen von zwei Systemen, die sich in verschiedenen Quantenzuständen befinden, mitgezählt sind, Vertauschungen von zwei Systemen im gleichen Quantenzustand jedoch nicht mitgezählt werden. Der Index m bedeutet hier, daß es sich um einen bestimmten aus einer großen Zahl möglicher Makrozustände handelt. Wir fragen weiter, für welche Verteilung nimmt Ω_m seinen Maximalwert an, den wir wiederum der tatsächlich sich im Gleichgewicht einstellenden Verteilung für den Grenzfall $\mathbb{N} \to \infty$ gleichsetzen können, da alle übrigen Verteilungen praktisch gegenüber dieser wahrscheinlichsten vernachlässigt werden können.

---

1 Außer dem *kanonischen Ensemble* werden in der Statistik noch andere Typen von Gesamtheiten benutzt: Im sog. *mikrokanonischen Ensemble* ist die Bedingung konstanter Temperatur durch die Bedingung konstanter Energie für jedes Mitglied des Ensembles ersetzt, d. h. jedes Einzelsystem ist isoliert. Im *großen kanonischen (= makrokanonischen) Ensemble* ist das Volumen jedes Systems in der Gesamtheit das gleiche und in Kontakt mit einem Wärme-Reservoir der Temperatur T, aber außer Wärme soll auch Materie zwischen den Einheiten der Gesamtheit ausgetauscht werden können (offene Teilsysteme).

2 Streng genommen entspricht dies wieder klassischen Anschauungen, denn ein quantenmechnisches System muß sich nicht in einem Zustand befinden, der durch eine Folge vertauschbarer und vorher festgelegter Energiewerte beschrieben werden kann; es könnte sich ja statt in einem reinen Quantenzustand auch in einem Übergangszustand zwischen zwei Quantenzuständen befinden. Trotzdem nimmt man an, daß sich das System eines Ensembles mit großer Wahrscheinlichkeit stets in einem bestimmten Quantenzustand aufhält.

Im Unterschied zu den im vorigen Abschnitt betrachteten Beispielen ergibt sich jedoch hier auch für $\mathbb{N} \to \infty$ *keine Gleichverteilung* der verfügbaren Energie auf die verschiedenen a priori als gleichwahrscheinlich angenommenen Energieeigenwerte, eben weil die verfügbare Energie von vornherein gegeben und deshalb begrenzt ist. Es kommen also noch *Nebenbedingungen* hinzu, die durch die Anzahl $\mathbb{N}$ der Systeme im Ensemble und die Größe E der zur Verfügung stehenden, durch die Temperatur festgelegten Gesamtenergie gegeben sind. Danach muß offenbar gelten

$$\sum_1^k \mathbb{N}_i = \mathbb{N}\,, \tag{13}$$

$$\sum_1^k \mathbb{N}_i \varepsilon_i = E = \text{Const}\,. \tag{14}$$

Den Maximalwert $\Omega_{\max}$ erhält man unter Berücksichtigung dieser Nebenbedingungen mit Hilfe der von *Lagrange* angegeben sog. *Multiplikator-Methode*: Das Maximum Ω_m liegt dann vor, wenn eine kleine Variation $\delta\Omega_\mathrm{m}$ in der Verteilung der Systeme $\mathbb{N}_1, \mathbb{N}_2 \ldots \mathbb{N}_k$ die Funktion Ω nicht ändert. Unter Benutzung der *Stirling*schen Gleichung (11) lautet also die Maximumsbedingung[1)]

$$-\delta \ln \Omega_\mathrm{m} = \delta \sum \mathbb{N}_i \ln \mathbb{N}_i = \sum \delta \mathbb{N}_i + \sum \ln \mathbb{N}_i \,\delta \mathbb{N}_i = 0\,. \tag{15}$$

Diese Bedingung bedeutet nicht, daß etwa die einzelnen Glieder der Summe alle gleich Null werden, also z. B. $\delta\mathbb{N}_1 + \ln \mathbb{N}_1 \delta \mathbb{N}_1 = 0$, $\delta\mathbb{N}_2 + \ln \mathbb{N}_2 \delta \mathbb{N}_2 = 0$ usw.; denn die $\delta\mathbb{N}_i$ sind nicht unabhängig voneinander, weil bei der Variation $\sum \delta \mathbb{N}_i = 0$ bleiben muß und weil $\ln \mathbb{N}_i > 0$. Im Maximum von Ω_m gilt ferner für die Nebenbedingungen (13) und (14)

$$\delta\mathbb{N} = \sum \delta \mathbb{N}_i = 0\,,$$

$$\delta E = \sum \varepsilon_i \,\delta \mathbb{N}_i = 0\,.$$

Multipliziert man diese Gleichungen mit den zunächst unbekannten *Lagrange-Faktoren* λ bzw. μ und addiert sie zu (15), so lautet die Maximumsbedingung für Ω_m

$$\sum \delta \mathbb{N}_i (1 + \ln \mathbb{N}_i + \lambda + \mu \varepsilon_i) = 0\,.$$

Da die Größe der einzelnen Variationen $\delta\,\mathbb{N}_i$ weitgehend willkürlich ist (abgesehen von der Bedingung $\sum \delta \mathbb{N}_i = 0$), müssen sämtliche Klammerausdrücke *einzeln* verschwinden[2)], d. h. man muß λ und μ so wählen, daß dies erfüllt ist. Es gilt demnach für *jedes* $\mathbb{N}_i$ und ε_i

---

[1] Nach der Regel der Differentiation eines Produkts ist $\delta(u \cdot v) = v \cdot \delta u + u \cdot \delta v$.

[2] Die Forderung, daß $(1 + \ln \mathbb{N}_i + \lambda + \mu\varepsilon_i)$ für konstantes λ und μ und beliebige i verschwinden muß, bedeutet, daß zwischen $\mathbb{N}_i$ und ε_i eine Beziehung besteht, die diese Forderung möglich macht.

$$1 + \ln \mathbb{N}_i + \lambda + \mu \varepsilon_i = 0$$

oder $$\mathbb{N}_i = \exp - (1 + \lambda + \mu \varepsilon_i). \tag{16}$$

Die Konstanten λ und μ erhält man aus den Nebenbedingungen (13) und (14):

$$\mathbb{N} = \sum \mathbb{N}_i = e^{-(1+\lambda)} \cdot \sum e^{-\mu \varepsilon_i} \tag{17}$$

oder $$e^{-(1+\lambda)} = \frac{\mathbb{N}}{\sum e^{-\mu \varepsilon_i}}$$

und $$\frac{E}{\mathbb{N}} = \frac{\sum \varepsilon_i e^{-\mu \varepsilon_i}}{\sum e^{-\mu \varepsilon_i}} \equiv \bar{\varepsilon}. \tag{18}$$

$\bar{\varepsilon}$ ist der *Mittelwert der Energie* eines Einzelsystems. Die wahrscheinlichste Verteilung der $\mathbb{N}$ Systeme auf die möglichen Energieniveaus ist nach (16) und (17) gegeben durch die folgende, als *Boltzmannscher e-Satz* bekannte Beziehung:

$$\mathbb{N}_i = \frac{\mathbb{N} e^{-\mu \varepsilon_i}}{\sum e^{-\mu \varepsilon_i}}. \tag{19}$$

Die Größe

$$\sum e^{-\mu \varepsilon_i} \equiv Z \tag{20}$$

bezeichnet man als *Zustandssumme* (partition function) des kanonischen Ensembles. Interpretiert man die gewonnene Beziehung (19) auch als die Besetzungswahrscheinlichkeit der möglichen Quantenzustände bei dem ursprünglichen realen System, das sich in einem Wärmebad der Temperatur T befindet, so sieht man, daß die a priori angenommene Gleichwahrscheinlichkeit infolge der Nebenbedingungen durch eine exponentielle Verteilung ersetzt wird. Je größer das Energieniveau ε_i ist, um so geringer ist die Besetzungszahl $\mathbb{N}_i$. Man sieht ferner aus (18), daß der Zähler des Bruches die negative Ableitung des Nenners nach μ ist, daß also

$$-\frac{\partial Z}{\partial \mu} \cdot \frac{1}{Z} = -\frac{\partial \ln Z}{\partial \mu} = \bar{\varepsilon}. \tag{21}$$

Die mittlere Energie des Systems läßt sich demnach aus der Zustandssumme ermitteln. Den noch unbekannten *Lagrange*-Faktor μ kann man prinzipiell aus Gl. (18), d. h. aus der mittleren Energie $\bar{\varepsilon}$ berechnen, wenn man für ein bestimmtes System die Energie-Eigenwerte kennt. So erhält man z. B. für den speziellen Fall des harmonischen Oscillators (vgl. S. 412ff.) das Ergebnis

$$\mu = \frac{1}{kT}, \tag{22}$$

worin k die *Boltzmann*sche Konstante und T die absolute Temperatur bedeutet. Tatsächlich geht jedoch das Ergebnis (22) über diesen speziellen Fall weit hinaus und beansprucht allgemeine Gültigkeit, wie im nächsten Abschnitt gezeigt wird.

4 Statistische Größen und thermodynamische Funktionen

Der durch Gl. (18) definierte Mittelwert der Energie einer kanonischen Gesamtheit bei gegebenem V und T kann unter Benutzung von (21) und (22) der Inneren Energie des Ensembles gleichgesetzt werden:

$$\mathbb{N}\bar{\varepsilon} = U = -\mathbb{N}\frac{\partial \ln Z}{\partial(1/kT)} = \mathbb{N}kT^2\frac{\partial \ln Z}{\partial T}. \tag{23}$$

Dadurch ergibt sich eine Beziehung zwischen der Zustandssumme bzw. ihrer T-Abhängigkeit und dem ersten Hauptsatz der phänomenologischen Thermodynamik.

Um auch einen entsprechenden Zusammenhang zwischen Zustandssumme und zweitem Hauptsatz herzustellen, gehen wir von der schon S. 140f. angestellten Überlegung aus, daß sich in der Natur stets derjenige Zustand von selbst einstellt, der einem Maximum des statistischen Gewichts Ω oder einem Maximum der Entropie S entspricht. Es wurde dort bereits der funktionelle Zusammenhang zwischen den beiden Größen

$$S = k \ln \Omega_{\max} \tag{24}$$

vorweggenommen. Setzt man für $\Omega_{\max}$ die *Stirling*sche Formel (11) ein, so wird

$$S = k(\mathbb{N}\ln\mathbb{N} - \sum \mathbb{N}_i \ln \mathbb{N}_i),$$

und mit dem *Boltzmann*schen e-Satz erhalten wir unter Benutzung der Abkürzung (20) und mit

$$\ln \mathbb{N}_i = \ln \mathbb{N} - \ln Z - \mu\varepsilon_i$$

die Beziehung

$$S = k\mathbb{N}\left(\ln\mathbb{N} - \frac{\sum \mathrm{e}^{-\mu\varepsilon_i}}{Z}\ln\mathbb{N}_i\right) = k\mathbb{N}\left(\ln Z + \frac{1}{Z}\cdot\sum \mu\varepsilon_i\cdot \mathrm{e}^{-\mu\varepsilon_i}\right).$$

Unter Einführung der mittleren Energie $\bar{\varepsilon}$ nach (18) erhält man schließlich

$$S = k\mathbb{N}(\ln \sum \mathrm{e}^{-\mu\varepsilon_i} + \mu\bar{\varepsilon}). \tag{25}$$

Zum Beweis, daß *allgemein* $\mu = 1/kT$, benutzen wir die thermodynamische Beziehung (IV, 75) zwischen Entropie und Innerer Energie

$$\left(\frac{\partial S}{\partial U}\right)_V = \frac{1}{T} \quad \text{oder} \quad \left(\frac{\partial S}{\partial \mu}\right)\Big/\left(\frac{\partial U}{\partial \mu}\right)_V = \frac{1}{T}. \tag{26}$$

Es ist

$$\left(\frac{\partial S}{\partial \mu}\right)_V = -k\mathbb{N}\cdot\frac{\sum \varepsilon_i \mathrm{e}^{-\mu\varepsilon_i}}{\sum \mathrm{e}^{-\mu\varepsilon_i}} + k\mathbb{N}\bar{\varepsilon} + k\mathbb{N}\mu\left(\frac{\partial\bar{\varepsilon}}{\partial\mu}\right)_V.$$

Die beiden ersten Glieder der rechten Seiten heben sich nach (18) gegenseitig auf, so daß übrig bleibt

$$\left(\frac{\partial S}{\partial \mu}\right)_V = k\mathbb{N}\mu\left(\frac{\partial \bar{\varepsilon}}{\partial \mu}\right)_V = k\mu\left(\frac{\partial U}{\partial \mu}\right)_V.$$

Daraus folgt mit (26)

$$\mu = \frac{1}{kT}. \tag{22}$$

Dies gilt also unabhängig von einem bestimmten Fall der Verteilung über spezielle Energiewerte ε_i, d. h. es muß allgemein gelten, so daß man k als identisch mit der *Boltzmann*schen Konstante ansehen darf. Damit erhalten wir an Stelle der Gleichungen (17) bis (21) für den Mittelwert der Energie

$$\bar{\varepsilon} = \frac{\sum \varepsilon_i e^{-\varepsilon_i/kT}}{\sum e^{-\varepsilon_i/kT}} = \frac{\partial \ln Z}{\partial(1/kT)} = kT^2 \frac{\partial \ln Z}{\partial T}, \tag{27}$$

für den *Boltzmann*schen e-Satz

$$\mathbb{N}_i = \frac{\mathbb{N} e^{-\varepsilon_i/kT}}{\sum e^{-\varepsilon_i/kT}}, \tag{28}$$

für die Zustandssumme

$$Z = \sum e^{-\varepsilon_i/kT}, \tag{29}$$

für die Innere Energie

$$U = \mathbb{N}\bar{\varepsilon} = -\mathbb{N}\frac{\partial \ln Z}{\partial(1/kT)} = \mathbb{N}kT^2 \frac{\partial \ln Z}{\partial T}. \tag{30}$$

Für die Entropie bei konstantem V und T ergibt sich aus (25) und (23)

$$S_V = k\mathbb{N}(\ln Z + \bar{\varepsilon}/kT) = k\mathbb{N}\ln Z + \frac{U}{T}, \tag{31}$$

für die *Helmholtz*sche Freie Energie nach (IV, 70)

$$F = U - TS = -\mathbb{N}kT\ln Z. \tag{32}$$

Aus F kann man durch Differentiationen sämtliche kalorischen und thermischen Funktionen gewinnen (vgl. S. 157ff.). So ist z. B.

$$p = -\left(\frac{\partial F}{\partial V}\right)_T = \mathbb{N}kT\left(\frac{\partial \ln Z}{\partial V}\right)_T, \tag{33}$$

$$C_V = \left(\frac{\partial U}{\partial T}\right)_V = \mathbb{N} k T^2 \frac{\partial^2 \ln Z}{\partial T^2} + 2\mathbb{N} k T \cdot \frac{\partial \ln Z}{\partial T}. \tag{34}$$

Die statistische Berechnung aller dieser Größen ist möglich, wenn es gelingt, im einzelnen Fall die Zustandssumme Z zu ermitteln. Dies erweist sich demnach als die zentrale Aufgabe der Statistischen Thermodynamik; sie läßt sich im allgemeinen nur für einfache Fälle exakt lösen, wofür im nächsten Abschnitt einige Beispiele gegeben werden sollen.

Mit Hilfe von Gl. (31) erhält man schließlich auch einen statistischen Ausdruck für die „Nullpunktsentropie" reiner kristalliner Stoffe, die nach der von *Planck* gegebenen Begründung gleich Null gesetzt werden kann (*Nernst*scher Wärmesatz, vgl. S. 342ff.). In ausführlicher Form lautet sie nach (25) und (18)

$$S = k \mathbb{N} \ln \sum e^{-\varepsilon_i/kT} + \frac{\mathbb{N}}{T} \frac{\sum \varepsilon_i e^{-\varepsilon_i/kT}}{\sum e^{-\varepsilon_i/kT}}. \tag{35}$$

Im limes $T \to 0$ kann nur der Zustand mit dem kleinsten Energieeigenwert ε_0, der sog. Grundzustand, besetzt werden, d. h. es wird

$$\lim_{T \to 0} S = \frac{-\mathbb{N}\varepsilon_0}{T} + \frac{\mathbb{N}\varepsilon_0}{T} = 0 = S_0. \tag{36}$$

Dabei ist vorausgesetzt, daß dieser Grundzustand nicht entartet ist. Ist er g_0-fach entartet (vgl. S. 419), so erhält man statt dessen

$$S_0 = k \mathbb{N} \ln g_0. \tag{37}$$

Die Entropie bei $T = 0$ hängt danach von der Entartung des Grundzustandes ab. In einem idealen Kristall gibt es nur Schwingungsbewegungen der Kristallbausteine gegeneinander; da diese nicht entartet sind, ist seine Nullpunktsentropie gleich Null, wie es die Formulierung von *Planck* forderte.

5 Berechnung der Zustandssumme für interne Freiheitsgrade unabhängiger Molekeln

Die bisherigen Betrachtungen bezogen sich auf ein Ensemble von beliebigen Systemen, ohne daß irgendwelche Aussagen über die Bewegungen der in den Systemen vorhandenen Molekeln und ihre Wechselwirkung gemacht wurden. Wir spezialisieren uns nun auf die Betrachtung von Systemen aus *unabhängigen* Teilchen mit vernachlässigbar geringer (Stoß-)Wechselwirkung, die lediglich zur Aufrechterhaltung des Gleichgewichtszustandes dient, und zwar auf die Schwingungs-, Rotations- und Elektronenbewegung einzelner Molekeln. Nur in diesem Fall ist eine *einfache* Berechnung der Zustandssumme Z (V, T, N) möglich. Dann ist nämlich die Energie des Systems einfach gleich der Summe der Energien der einzelnen Molekeln im

Sinne der *Boltzmann*schen Vorstellung[1], d. h. wir können auf den Begriff des *Gibbs*schen Ensembles verzichten.

Wie schon früher erwähnt wurde (vgl. S. 33), entspricht die Translation des Massenschwerpunktes einer Molekel drei Freiheitsgraden der Bewegung. Die restlichen $3N - 3$ Freiheitsgrade einer N-atomigen Molekel, die sog. *internen Freiheitsgrade,* entsprechen der Schwingungs (v)-, Rotations (r)- und evtl. Elektronenbewegung (e) der Molekel. Ihre Energie setzt sich demnach in erster Näherung[2] additiv zusammen aus Translations- und interner Energie:

$$\varepsilon = \varepsilon_{\text{trans}} + \varepsilon_{\text{int.}} = \varepsilon_{\text{trans}} + \varepsilon_{\text{v}} + \varepsilon_{\text{r}} + \varepsilon_{\text{e}}\,. \tag{38}$$

Für die zugehörigen Zustandssummen[3] ergibt sich aus (29) nach dem Multiplikationssatz der Wahrscheinlichkeit (S. 399)

$$Z = Z_{\text{trans}} \cdot Z_{\text{int.}} = Z_{\text{trans}} \cdot Z_{\text{v}} \cdot Z_{\text{r}} \cdot Z_{\text{e}}\,. \tag{39}$$

Man kann demnach in diesem einfachen Fall die Zustandssummen für die verschiedenen Bewegungsarten der Molekel gesondert ermitteln, wenn man die entsprechenden Energie-Eigenwerte kennt[4].

5.1 Zustandssumme des harmonischen Oscillators

Für die Energie-Eigenwerte eines schwingenden 2-atomigen Moleküls liefert die *Schrödinger*-Gleichung die Beziehung

$$\varepsilon_{\text{v}} = h\nu_0 \left(v + \frac{1}{2}\right); \quad v = 0, 1, 2, 3, \ldots\,. \tag{40}$$

Das Energieschema zeigt Abb. 133. v ist die Schwingungsquantenzahl. Die Formel zeigt, daß auch für die Quantenzahl $v = 0$ noch eine Schwingungsenergie $\varepsilon = h\nu_0/2$ vorhanden ist, die

---

[1] Man bezeichnet solche Systeme aus isolierten Teilchen, die als unabhängig voneinander anzusehen sind und bei denen es auf ihre Lage im Raum nicht ankommt, als *lokalisierte Systeme.* Die Zahl der Teilchen ist dabei groß gegenüber der Zahl der möglichen Energiezustände.

[2] Abgesehen von einer Koppelung von Schwingungs- und Rotationsbewegung, die aber in den meisten Fällen als Größe zweiter Ordnung vernachlässigt werden kann.

[3] Diese werden häufig als *„molekulare Zustandssummen"* bezeichnet im Gegensatz zu den *„kanonischen Zustandssummen"* eines Ensembles.

[4] In der Quantentheorie entspricht die Unabhängigkeit der Freiheitsgrade voneinander und die zugehörige Additivität der Energien einem Produktansatz für die Gesamt-Eigenfunktion

$$\psi_{\text{gesamt}} = \psi_{\text{v}} \cdot \psi_{\text{r}} \cdot \psi_{\text{e}}$$

(sog. *Born-Oppenheimer*sche Näherung), wodurch die *Schrödinger*-Gleichung in gesonderte Gleichungen für die einzelnen Bewegungsformen (Freiheitsgrade) separiert werden kann. Diese liefern dann die jeweiligen Eigenwerte von Gl. (38).

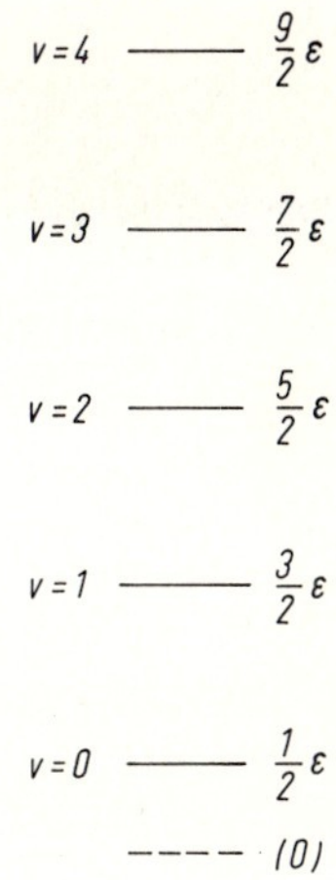

Abb. 133. Termschema des harmonischen Oscillators.

sog. *Nullpunktsenergie* der Schwingung, die wegen der *Heisenberg*schen Unschärfe-Relation vom Molekül nicht abgegeben werden kann; sie entspricht der Energie des Oscillators bei $T = 0$. Für die Zustandssumme folgt aus (29) und (40)

$$Z_v = \sum_0^\infty e^{-(h\nu_0 v/kT + h\nu_0/2kT)} = e^{-h\nu_0/2kT} \sum_0^\infty e^{-h\nu_0 v/kT}. \tag{41}$$

Setzt man $e^{-h\nu_0 v/kT} \equiv q$, so steht unter dem Summenzeichen eine geometrische Reihe $1 + q + q^2 + \cdots + q^\infty$. Nach der Summenformel für eine geometrische Reihe $S_n = \dfrac{1 - q^{n+1}}{1 - q}$ erhält man[1] $\sum_0^\infty e^{-h\nu_0 v/kT} = \dfrac{1 - 0}{1 - e^{-h\nu_0/kT}}$ bzw.

$$Z_v = \frac{e^{-h\nu_0/2kT}}{1 - e^{-h\nu_0/kT}}. \tag{42}$$

Da die Nullpunktsenergie der Schwingung vom Molekül nicht abgegeben werden kann, kann man die T-abhängigen Schwingungsenergien von dieser Nullpunktsenergie aus zählen, d. h. in der Gl. (42) den konstanten Faktor $e^{-h\nu_0/2kT}$ in Z_v gleich 1 setzen. Dann ergibt sich für die Zustandssumme

$$Z_v = \frac{1}{1 - e^{-h\nu_0/kT}}. \tag{42a}$$

Für die Verteilungsfunktion folgt nach (28) und (42)

---

[1] Da die Zahl der diskreten Schwingungszustände begrenzt ist, weil bei großem v Dissoziation eintritt, darf man streng genommen nicht von 0 bis ∞ summieren. Summiert man von 0 bis $r - 1$, so ist

$$\sum_0^{r-1} e^{-h\nu_0 v/kT} = \frac{1 - e^{-h\nu_0 r/kT}}{1 - e^{-h\nu_0/kT}}.$$

Für $r \approx 20$, was etwa der Wirklichkeit entspricht, kann man $e^{-h\nu_0 r/kT}$ gegenüber 1 vernachlässigen. Bei nicht zu niedrigen Temperaturen, wenn genügend viele Schwingungsniveaus erreicht werden, kann man deshalb die Zustandssumme einfach in der Form (42a) schreiben.

$$\frac{N_v}{N} = \frac{e^{-\varepsilon_v/kT}}{Z_v} = \frac{e^{-\varepsilon_v/kT} \cdot (1 - e^{-h\nu_0/kT})}{e^{-h\nu_0/2kT}}. \tag{43}$$

Die mittlere Schwingungsenergie wird nach (27)

$$\bar{\varepsilon} = \frac{h\nu_0}{2} + \frac{h\nu_0 e^{-h\nu_0/kT}}{1 - e^{-h\nu_0/kT}} = \frac{h\nu_0}{2} + \frac{h\nu_0}{e^{+h\nu_0/kT} - 1}, \tag{44}$$

eine Gleichung, die zuerst von *Planck* abgeleitet wurde.

Da nach dem klassischen Modell des harmonischen Oscillators dieser zwei Freiheitsgrade der Bewegung besitzt entsprechend dem Anteil an kinetischer und potentieller Energie, sollte nach dem Äquipartitionsgesetz (II, 32)

$$\bar{\varepsilon}_{\text{klass.}} = kT \tag{44a}$$

sein. Dieser klassische Grenzfall wird erreicht, wenn man $h\nu_0$ gegen Null gehen läßt, da dann die diskreten Energiewerte in kontinuierliche übergehen, wie man klassisch angenommen hatte. Entwickelt man in Gl. (44) die e-Potenz in eine Reihe und bricht nach dem zweiten Glied ab, so daß $e^{-h\nu_0/kT} \approx 1 + \frac{h\nu_0}{kT}$, so wird tatsächlich $\lim_{h\nu_0 \to 0} \bar{\varepsilon} = kT$.

Als Beispiel berechnen wir die Verteilungsfunktion der Schwingungen des Ioddampfes bei 298 K. Aus dem Ramanspektrum findet man die Wellenzahl der Eigenschwingung zu $\tilde{\nu}_0 = 21\,460\ [\text{m}^{-1}]$. Daraus ergibt sich die zugehörige Frequenz zu

$$\nu_0 = \frac{c}{\lambda_0} = c \cdot \tilde{\nu}_0 = 2{,}998 \cdot 10^8 \cdot 21460\ \text{s}^{-1} = 6{,}434 \cdot 10^{12}\ \text{s}^{-1}$$

und
$$\frac{h\nu_0}{kT} = \frac{6{,}626 \cdot 10^{-34} \cdot 6{,}434 \cdot 10^{12}}{1{,}381 \cdot 10^{-23} \cdot 298} = 1{,}035\,.$$

Aus (42) erhält man für die Zustandssumme

$$Z_v = \frac{1}{1 - e^{-1{,}035}} = \frac{1}{1 - 0{,}355} = 1{,}55\,.$$

Für den nullten Schwingungszustand ergibt sich nach (43)

$$\frac{N_0}{N} = 1 - e^{-h\nu_0/kT} = 0{,}645\,,$$

für den ersten Schwingungszustand

$$\frac{N_1}{N} = e^{-h\nu_0/kT} \cdot (1 - e^{-h\nu_0/kT}) = 0{,}229\,,$$

für den zweiten Schwingungszustand

$$\frac{N_2}{N} = e^{-2h\nu_0/kT} \cdot (1 - e^{-h\nu_0/kT}) = 0{,}081\,,$$

für den dritten Schwingungszustand

$$\frac{N_3}{N} = e^{-3h\nu_0/kT} \cdot (1 - e^{-h\nu_0/kT}) = 0{,}029\,,$$

usw. Die berechnete Verteilung gibt unmittelbar die Besetzungszahlen (Population) der einzelnen Energieniveaus an. Man sieht, daß bei 298 K diese Besetzungszahlen mit zunehmendem v rasch abfallen, obwohl die Schwingungsquanten bei den schweren I-Atomen und der schwachen Bindung besonders klein sind. Bei sehr niedrigen Temperaturen nähert sich Z_v dem Wert 1, d. h. praktisch alle Moleküle befinden sich im Schwingungsgrundzustand.

Für die mittlere Schwingungsenergie pro mol erhält man aus (23) und (44)

$$\boldsymbol{U}_v = N_L \bar{\varepsilon} = \frac{N_L h\nu_0}{2} + \frac{N_L h\nu_0}{e^{h\nu_0/kT} - 1} = \boldsymbol{U}_{0,v} + \frac{N_L h\nu_0}{e^{h\nu_0/kT} - 1}, \tag{45}$$

was sich auch unmittelbar aus (30) ergibt.

$\boldsymbol{U}_{0,v}$ ist die molare Nullpunktsenergie der Schwingung. Aus (45) erhält man weiter den Schwingungsanteil der Molwärme. Da das erste Glied T-unabhängig ist, wird

$$\left(\frac{\partial \boldsymbol{U}_v}{\partial T}\right)_V = \boldsymbol{C}_{v,V} = R\left(\frac{h\nu_0}{kT}\right)^2 \frac{e^{h\nu_0/kT}}{(e^{h\nu_0/kT} - 1)^2}. \tag{46}$$

$\boldsymbol{C}_{v,V}$ ergibt sich für Ioddampf bei 298 K zu 0,93 R. Das ist eine Absolutberechnung einer thermodynamischen Größe aus der Zustandssumme. Obwohl von Gleichverteilung nach dem Äquipartitionsprinzip unter den gewählten Bedingungen noch keine Rede sein kann, kommt $\boldsymbol{C}_{v,V}$ schon nahe an den klassischen Wert R heran, da die Schwingungsquanten beim I_2 relativ klein sind. Bei Cl_2 unter gleichen Bedingungen wird $\boldsymbol{C}_{v,V} = 0{,}56\,R$. Vorausgesetzt ist bei der Rechnung, daß sich die Molekeln wie harmonische Oscillatoren verhalten, was bei höheren Quantenzahlen nicht mehr streng zutrifft; doch ist die Korrektur für die Anharmonizität der Schwingung nicht sehr groß und kann durch genauere Rechnungen berücksichtigt werden.

Für den Schwingungsanteil der Freien (Helmholtz-) Energie ergibt sich aus (32) und (42) pro mol

$$\boldsymbol{F}_v = -RT\ln Z_v = RT\ln(1 - e^{-h\nu_0/kT}) + \frac{R \cdot h\nu_0}{2k} \tag{47}$$

und für den Schwingungsanteil der Entropie aus (31) und (42)

$$\boldsymbol{S}_v = -\left(\frac{\partial \boldsymbol{F}_v}{\partial T}\right)_V = R\frac{h\nu_0}{kT}\frac{1}{e^{h\nu_0/kT} - 1} - R\ln(1 - e^{-h\nu_0/kT}). \tag{48}$$

Setzt man zur Vereinfachung $h\nu_0/kT \equiv x$, so kann man (48) auch in der Form schreiben

$$\boldsymbol{S}_v = R\left[\frac{x}{e^x - 1} - \ln(1 - e^{-x})\right]. \tag{48a}$$

Entsprechend lautet dann Gl. (45)

$$\frac{\boldsymbol{U}_\text{v} - \boldsymbol{U}_{0,\text{v}}}{T} = \frac{Rx}{\text{e}^x - 1}. \tag{45a}$$

Einen analogen Ausdruck kann man bilden, indem man $\boldsymbol{F}$ durch $\boldsymbol{G}$ ersetzt; denn da Z_v nicht vom Volumen abhängt, ist nach (33) $p = 0$ und deshalb nach (IV, 71) $G = F + pV = F$. Bildet man deshalb den Ausdruck

$$\frac{\boldsymbol{G}_\text{v} - \boldsymbol{U}_{0,\text{v}}}{T}$$

und zieht ihn von (45a) ab, so erhält man den Beitrag der Schwingung zur Entropie pro mol:

$$\boldsymbol{S}_\text{v} = \frac{\boldsymbol{U}_\text{v} - \boldsymbol{U}_{0,\text{v}}}{T} - \frac{\boldsymbol{G}_\text{v} - \boldsymbol{U}_{0,\text{v}}}{T}. \tag{49}$$

Die leicht interpolierbaren Funktionen $(\boldsymbol{U}_\text{v} - \boldsymbol{U}_{0,\text{v}})/T$ und $(\boldsymbol{G}_\text{v} - \boldsymbol{U}_{0,\text{v}})/T$ sind neben $\boldsymbol{C}_{\text{v},V}$ in Abhängigkeit von x tabelliert worden[1] und können zur bequemen Berechnung des Beitrages eines harmonischen Oscillators zu den thermodynamischen molaren Größen $\boldsymbol{U}_\text{v}$, $\boldsymbol{F}_\text{v}$ und $\boldsymbol{S}_\text{v}$ benutzt werden[2].

Eine bequeme graphische Darstellung der Schwingungsmolwärme erhält man dadurch, daß man eine *charakteristische Temperatur* Θ_v einführt, die definiert ist durch

$$\Theta_\text{v} \equiv \frac{h\nu_0}{k} \quad \left(\text{mit der Einheit } \frac{\text{J s} \cdot (1/\text{s})}{\text{J K}^{-1}} = \text{K}\right) \tag{50}$$

und die gewissermaßen die Frequenz, gemessen in K, angibt. Unter Umrechnung auf Wellenzahlen (in m^{-1}) ist

$$\Theta_\text{v} = \frac{hc}{k}\tilde{\nu}_0 = 0{,}01438\,\tilde{\nu}_0\,\text{m} \cdot \text{K}.$$

Die $\tilde{\nu}_0$ sind in den bandenspektroskopischen Tabellen angegeben. Man trägt dann $\boldsymbol{C}_\text{v}$ als Funktion von Θ_v/T auf (Abb. 134) und erhält eine Kurve, die für alle möglichen harmonischen Oscillatoren gültig ist und für kalorische Berechnungen in der Regel ausreicht, ohne daß man Korrekturen für die Anharmonizität berücksichtigen muß, die erst bei hohen Temperaturen merklich werden.

Mehratomige Moleküle besitzen $3N - 6$ bzw. $3N - 5$ Freiheitsgrade der Schwingung, je nachdem die N Atome nichtlinear oder linear angeordnet sind. Die recht komplizierte Schwin-

---

1 *J. G. Aston* in: Treatise on Physical Chemistry, (*H. S. Taylor* und *S. Glasstone,* Eds.), 3. ed., Vol. 1. New York 1947; *H. Zeise*, Thermodynamik, Bd. III/1, Leipzig 1954; *Landolt-Börnstein*, 6. Aufl., Bd. II/4, Berlin 1961, Kap. 242; *I. N. Godnew,* Berechnung thermodynamischer Funktionen aus Moleküldaten, Berlin 1963, S. 300ff.

2 So entnimmt man z. B. der Tabelle für den oben erwähnten Ioddampf mit $x \simeq 1{,}0$ den Beitrag der Schwingung zur molaren Entropie $\boldsymbol{S}_\text{v} = (4{,}84 + 3{,}82)\ \text{J K}^{-1}\,\text{mol}^{-1} = 8{,}66\ \text{J K}^{-1}\,\text{mol}^{-1}$.

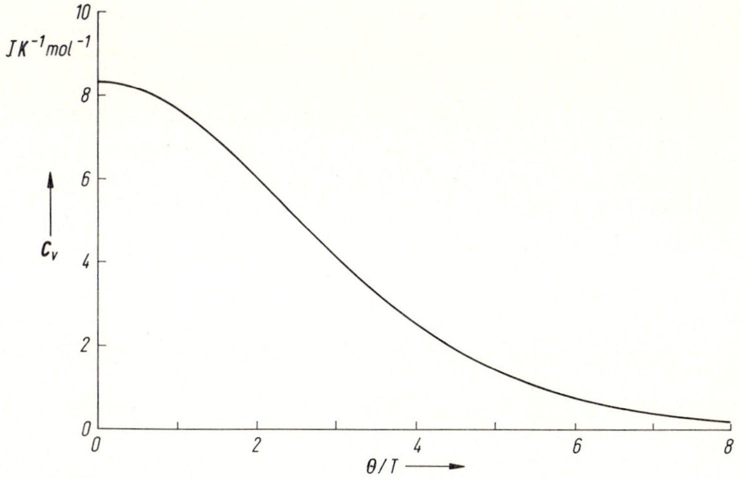

Abb. 134. Schwingungsmolwärme des harmonischen Oscillators als Funktion von Θ_v/T.

gungsbewegung läßt sich mit Hilfe einer Koordinaten-Transformation durch sog. *Normalschwingungen* beschreiben, bei denen je zwei Atome mit derselben Frequenz in bestimmten Richtungen schwingen[1]. Für das geknickte H_2O-Molekül sind die drei Normalschwingungen in Abb. 135 dargestellt. Jede dieser Normalschwingungen trägt einen Faktor der Form (42) zur Gesamt-Zustandssumme bei; d. h. letztere ergibt sich als Produkt aller dieser Beiträge. Die verschiedenen $\tilde{\nu}_0$-Werte lassen sich bei nicht zu großen Molekeln aus dem Schwingungsspektrum ermitteln, wobei infolge einer evtl. gegebenen Molekel-Symmetrie einzelne derselben zusammenfallen können (*Entartung*).

Abb. 135. Normalschwingungen des H_2O-Moleküls (Schematisch; alle Schwingungen in der Papierebene).

Wasserdampf (bei 500 K) hat nach dem Modell der Abb. 135 drei Normalschwingungen mit den Wellenzahlen ($\tilde{\nu}_0$ in m^{-1})

$\tilde{\nu}_0 =$	165 400	382 500	393 500
$h\nu_0/kT =$	4,76	11,00	11,32
$\boldsymbol{C}_v =$	0,198 R	0,0020 R	0,00155 R

Der Schwingungsanteil der Molwärme beträgt danach rund $0{,}20\ R = 1{,}66\ J\ K^{-1}\ mol^{-1}$, während der klassische Grenzwert nach dem Äquipartitionsprinzip $3\ R = 24{,}94\ J\ K^{-1}\ mol^{-1}$ betragen würde. Die höherfrequenten Schwingungen sind auch bei 500 K noch weitgehend „eingefroren".

Bei hohen Anregungen (großen v-Werten) ist die Schwingungsbewegung nicht mehr harmonisch, d. h. die potentielle Energie gehorcht nicht mehr dem einfachen parabolischen Gesetz

[1] Vgl. dazu *G. Herzberg,* Molecular Spectra and Molecular Structure, New York 1945.

$$E_{\text{pot.}} = -\frac{1}{2}kx^2,$$

wobei k die Kraftkonstante und x die Ablenkung aus der Ruhelage bedeutet, sondern sie läßt sich am einfachsten durch das sog. *Morse*-Potential annähern

$$E_{\text{pot.}} = D_e(1 - e^{-\beta x})^2,$$

worin D_e die Dissoziationsenergie und β eine aus D_e empirisch ermittelte Konstante bedeutet. Mit diesem Ansatz für $E_{\text{pot.}}$ läßt sich die Schrödinger-Gleichung exakt lösen, und man erhält für die Eigenwerte der Schwingungsenergie anstelle von (40)

$$\varepsilon_v = h\nu_0\left(v + \frac{1}{2}\right) - x_e\left(v + \frac{1}{2}\right)^2, \tag{40a}$$

worin $x_e = \dfrac{\bar{\nu}}{4D_e}$ wiederum empirisch ermittelt wird. Für die Zustandssumme ergibt sich damit anstelle von (41)

$$Z_{v,\text{anh.}} = \sum_0^{v_m} \exp\left(-\frac{h\nu_0}{kT}\right)\left[\left(v + \frac{1}{2}\right) - x_e\left(v + \frac{1}{2}\right)^2\right], \tag{41a}$$

wobei v_m der Quantenzahl bei der Dissoziationsenergie entspricht. In diesem Fall kann man natürlich, ebenso wie bei niedrigen Temperaturen, d. h. geringer Anregung, die Summe nicht bis $v = \infty$ erstrecken, sondern muß die Glieder der Summe einzeln bis v_m ausrechnen, wobei $v_m \approx \dfrac{1}{2x_e} - \dfrac{1}{2}$ gesetzt werden kann.

5.2 Zustandssumme des starren Rotators (heteronucleare zweiatomige Molekeln)

Das Modell des starren räumlichen Rotators entspricht der Rotation eines zweiatomigen Moleküls mit freier Achse und festem Abstand der Atome. Die Energie-Eigenwerte ergeben sich aus der Quantentheorie zu

$$\varepsilon_r = \frac{h^2}{8\pi^2 I}J(J+1) \equiv BJ(J+1); \quad J = 1, 2, 3, \ldots \tag{51}$$

Dabei ist $I = \mu r^2$ das Trägheitsmoment um die jeweilige Drehachse, $\mu \equiv \dfrac{m_1 m_2}{m_1 + m_2}$ die reduzierte Masse und r der Abstand der Atome, J die Rotationsquantenzahl. Das Termschema ist in Abb. 136 dargestellt. Bei zweiatomigen (und linearen mehratomigen) Molekeln gibt es nur zwei (statt drei) Rotationsfreiheitsgrade um die senkrecht aufeinanderstehenden Hauptachsen; die dritte an sich mögliche Rotation um die Atomverbindungslinie fällt aus, da das Trägheitsmoment um diese Achse wegen der geringen Ausdehnung der Atomkerne außerordentlich klein ist und damit die Rotationsenergiequanten sehr groß werden. Diese Rotation wird also überhaupt nicht angeregt.

Abb. 136. Termschema des starren räumlichen Rotators (2-atomiges Molekül).

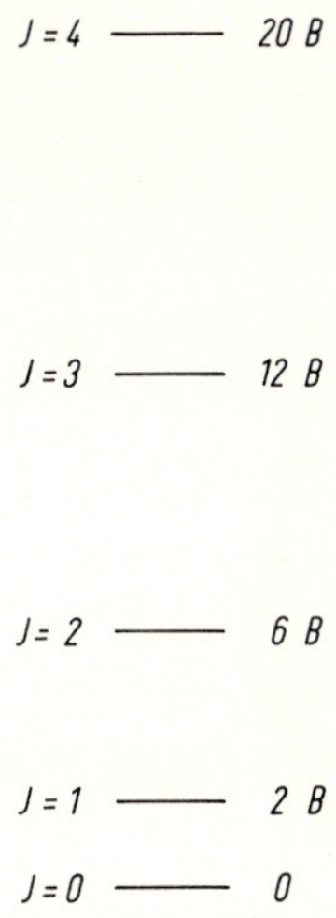

Jeder der durch (51) gegebenen Energiezustände wird in einem äußeren Feld in $2J + 1$ verschiedene Zustände aufgespalten, die sich nur wenig in ihrer Energie unterscheiden (Raumquantelung des Drehimpulses), die aber diskrete Energiezustände darstellen. Ohne äußeres Feld fallen sie zusammen, d. h. die ε_r-Zustände sind $(2J + 1)$-fach *entartet*. Das statistische Gewicht jedes Elementarzustandes ist $(2J + 1)$-fach zu zählen; die Energiezustände sind also hier nicht mehr a priori gleichwahrscheinlich. Damit muß sich auch der Ausdruck für das statistische Gewicht Ω ändern. Bezeichnen wir den Entartungsgrad mit g_i, so kann man jedes der zugehörigen N_i Moleküle auf g_i verschiedene Arten verteilen, insgesamt hat man also $g_i^{N_i}$ verschiedene Möglichkeiten, um die N_i Moleküle auf die g_i Zustände der Energie ε_i zu verteilen. Damit erhält man anstelle von (6) für das statistische Gewicht eines Makrozustandes

$$\Omega_{\text{makro}} = g_1^{N_1} g_2^{N_2} \dots g_i^{N_i} \frac{N!}{\Pi N_i!} \tag{52}$$

und mit Hilfe der *Stirling*schen Formel anstelle von (11)

$$\ln \Omega = N \ln N - \sum N_i \ln N_i + \sum N_i \ln g_i . \tag{53}$$

Mit den gleichen Nebenbedingungen (13) und (14)

$$\sum N_i = N \quad \text{und} \quad \sum \varepsilon_i N_i = U_r$$

erhält man mit Hilfe des *Lagrange*-Verfahrens die Maximumsbedingung für Ω_m zu

$$1 + \ln N_i + \lambda + \mu \varepsilon_i - \ln g_i = 0$$

und mit $\mu = 1/kT$ die Verteilungsfunktion

$$N_i = \frac{N g_i e^{-\varepsilon_i/kT}}{\sum g_i e^{-\varepsilon_i/kT}} \tag{54}$$

und die Zustandssumme

$$Z_r = \sum g_i e^{-\varepsilon_i/kT}, \tag{55}$$

die allgemein für entartete Systeme gilt.

Für den speziellen Fall des Rotators ist für ε_i die Gl. (51) einzusetzen. Die Energieniveaus des zweiatomigen Rotators liegen nun so nahe beieinander, daß die Energiedifferenz zwischen benachbarten Zuständen selbst bei niedrigen Temperaturen viel kleiner sind als kT, so daß man die Summe durch ein Integral ersetzen kann, außer bei den Molekeln H_2, HD und D_2, bei denen das Trägheitsmoment I sehr klein ist und deshalb die ε_r-Werte relativ groß sind. Dann erhält man für die Zustandssumme

$$\begin{aligned} Z_r &= \int_0^\infty (2J+1)\cdot \exp\left(-\frac{h^2}{8\pi^2 IkT}\right) J(J+1)\,\mathrm{d}J \\ &= -\frac{8\pi^2 IkT}{h^2}\cdot \exp\left(-\frac{h^2}{8\pi^2 IkT}\right) J(J+1)\Bigg|_{J=0}^{J=\infty} \\ &= \frac{8\pi^2 IkT}{h^2} \equiv \frac{kT}{B} \quad \left(\text{mit } B \equiv \frac{h^2}{8\pi^2 I}\right). \end{aligned} \tag{56}$$

Führt man auch hier zur Abkürzung die *charakteristische Temperatur* ein durch Definitionsgleichungen entsprechend Gl. (50) und (56)

$$\frac{h^2}{8\pi^2 Ik} = \frac{B}{k} \equiv \Theta_r,$$

$$Z_r = \sum_0^\infty (2J+1)\,e^{-J(J+1)\Theta_r/T}, \tag{56a}$$

so wird für *genügend hohe Temperaturen,* bei denen die Summe in (55) durch das Integral (56) ersetzt werden kann,

$$Z_r = \frac{T}{\Theta_r} \tag{56b}$$

und die Verteilungsfunktion

$$\frac{N_i}{N} = \frac{g_i e^{-J(J+1)\Theta_r/T}}{Z_r}. \tag{54a}$$

Wir berechnen als Beispiel die Verteilung von HCl-Molekeln bei 298 K auf die verschiedenen Rotationsniveaus. Es ist gegeben $I = 2{,}61 \cdot 10^{-47}$ kg m^2 und damit

$$B = \frac{h^2}{8\pi^2 I} = \frac{(6{,}626\cdot 10^{-34}\ \mathrm{J\,s})^2}{8\pi^2(2{,}61\cdot 10^{-47}\ \mathrm{kg\,m^2})} = 2{,}13\cdot 10^{-22}\ \mathrm{J};$$

$$\frac{\Theta_r}{T} = \frac{1}{Z_r} = \frac{B}{kT} = 0{,}0518;$$

$$e^{-\Theta_r/T} = e^{-0{,}0518} = 0{,}9495; \quad Z_r = 19{,}3\,.$$

Damit ergibt sich folgende Tabelle:

Tabelle 25. Verteilung von HCl-Molekeln auf die ersten 10 Rotationszustände bei 298,15 K.

J	0	1	2	3	4	5	6	7	8	9	10
$2J + 1$	1	3	5	7	9	11	13	15	17	19	21
$J(J + 1)$	0	2	6	12	20	30	42	56	72	90	110
$e^{-J(J+1)\Theta_r/T}$	1	0,902	0,733	0,537	0,355	0,211	0,114	0,055	0,024	0,009	0,003
N_i/N	0,05	0,14	0,19	0,19	0,17	0,12	0,08	0,04	0,02	0,01	0,00

Die durch (56a) gegebene Zustandssumme der ersten 10 Niveaus ergibt 19,2 in guter Übereinstimmung mit dem Wert des Integrals von Gl. (56) mit 19,3. Höhere Niveaus sind praktisch nicht mehr besetzt, denn die Summe der Besetzungszahlen $\sum_{0}^{10} N_i/N \approx 1$. Die Besetzungszahl nimmt hier nicht monoton ab mit steigender Quantenzahl, wie bei den Oscillatoren, sondern durchläuft ein Maximum, das bei um so größerem J liegt, je größer I bzw. je kleiner Θ_r ist. Es kommt dadurch zustande, daß der Faktor $2J + 1$ mit J steigt, während die e-Funktion steil abfällt (Abb. 137).

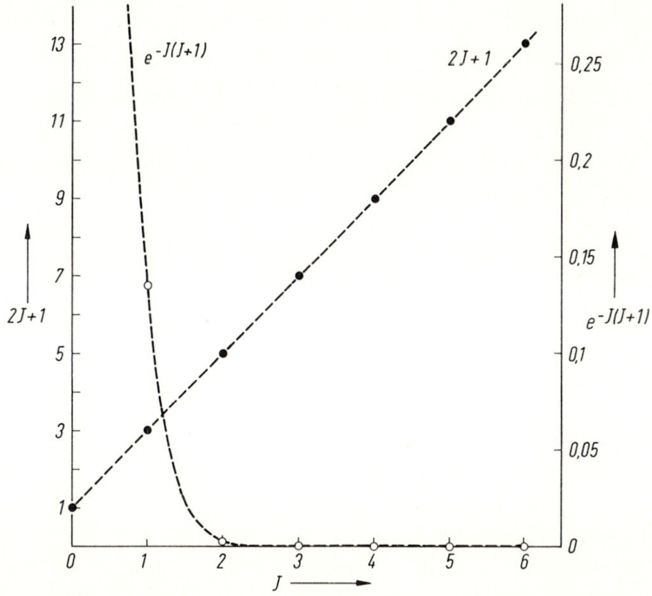

Abb. 137. $(2J + 1)$ und $e^{-J(J+1)}$ als Funktion von J.

Für die molare Rotationsenergie ergibt sich aus (30)

$$\boldsymbol{U}_\mathrm{r} = RT^2 \frac{\partial \ln Z_\mathrm{r}}{\partial T} = RT, \tag{57}$$

für den zugehörigen Anteil der Molwärme nach (34)

$$\boldsymbol{C}_\mathrm{r} = R \tag{58}$$

entsprechend den beiden Freiheitsgraden der Rotation nach dem Äquipartitionsprinzip, für den Anteil an molarer Freier Energie

$$\boldsymbol{F}_\mathrm{r} = -RT \ln Z_\mathrm{r} = -RT \ln \frac{T}{\Theta_\mathrm{r}}, \tag{59}$$

für den Anteil an molarer Entropie

$$\boldsymbol{S}_\mathrm{r} = -\left(\frac{\partial \boldsymbol{F}_\mathrm{r}}{\partial T}\right)_V = R \ln T + R - R \ln \Theta_\mathrm{r}. \tag{60}$$

Die abgeleiteten Beziehungen gelten nur für zweiatomige Molekeln mit *verschiedenen Atomkernen (heteronucleare Molekeln).* Bei Molekeln mit gleichen Atomkernen *(homonucleare Molekeln)* tritt noch eine zusätzliche *Kernspin-Entartung* auf, die in die Zustandssumme des Rotators eingeht, vgl. S. 443 ff. Da (klassisch gesehen) bereits eine halbe Rotation das Molekül in eine Stellung bringt, die von der Anfangsstellung nicht unterscheidbar ist, zählt man also jede unterscheidbare Lage zweimal, was bedeutet, daß man das Resultat der Rechnung noch durch 2, die sog. *Symmetriezahl* σ dividieren muß. σ kann bei mehratomigen Molekeln je nach deren Symmetrie auch andere Werte annehmen, z. B. für NH_3 den Wert 3, für CH_4 den Wert 12. Darauf kommen wir später noch zurück (S. 446).

Anstelle von (56b) erhält man also allgemeiner

$$Z_\mathrm{r} = \frac{T}{\sigma \Theta_\mathrm{r}}. \tag{56c}$$

Entsprechend ist die molare Freie Energie

$$\boldsymbol{F}_\mathrm{r} = -RT \ln \frac{T}{\Theta_\mathrm{r}} + RT \ln \sigma, \tag{59a}$$

die molare Entropie

$$\boldsymbol{S}_\mathrm{r} = R \ln T + R - R \ln \Theta_\mathrm{r} - R \ln \sigma, \tag{60a}$$

während $\boldsymbol{U}_\mathrm{r}$ und $\boldsymbol{C}_{\mathrm{r},V}$ sich nicht ändern.

Bei *sehr tiefen Temperaturen* muß man, wie schon erwähnt wurde, die einzelnen Glieder der Summe (56a) ausrechnen, insbesondere bei Molekeln, bei denen das Trägheitsmoment I sehr klein ist, also bei den Wasserstoffisotopen. Hier beobachtet man experimentell, daß die Molwärmen von 0 K an zunächst normal ansteigen, dann aber durch ein Maximum gehen und sich von oben her dem Grenzwert R nach (58) nähern, was sich klassisch nicht erklären ließ. Es muß sich also um einen Quanteneffekt handeln, der darin besteht, daß der Entartungsfaktor $(2J + 1)$ bei den untersten Niveaus in der Reihenfolge 1, 3, 5, 7 ... sprunghaft ansteigt, während die Exponentialglieder[1] der Zustandssumme in Gleichung (34)

$$\boldsymbol{C}_{\mathrm{r},V} = RT^2 \frac{\partial^2 \ln Z_\mathrm{r}}{\partial T^2} + 2RT \frac{\partial \ln Z_\mathrm{r}}{\partial T}$$

stetig abfallen. Dabei ist die Zustandssumme schon durch wenige Glieder genügend genau berechenbar, d. h. es werden nur wenige Rotationsniveaus angeregt. Dies gilt im Prinzip auch für schwere Gase, doch liegt die Temperatur des Maximums von $\boldsymbol{C}_{\mathrm{r},V}$ wegen der größeren Trägheitsmomente noch tiefer, so daß man es wegen des für die Messung nicht mehr ausreichenden Dampfdrucks nicht beobachten kann. Bei allen Gasen außer den Wasserstoffisotopen ist die Rotation auch bei tiefen Temperaturen bereits voll angeregt, so daß man die Zustandssumme stets durch das Integral (56) ersetzen kann.

5.3 Zustandssumme für die Rotation nichtlinearer mehratomiger Molekeln

Bei mehratomigen Molekeln ist das Trägheitsmoment um eine Achse gegeben durch

$$I = \sum m_i r_i^2, \tag{61}$$

wobei m_i die Masse und r_i der Abstand der einzelnen Atome von der Drehachse bedeutet. Nichtlineare Molekeln stellen einen asymmetrischen Kreisel dar und besitzen drei verschiedene Trägheitsmomente um drei aufeinander senkrecht stehende Achsen. Das Modell eines starren Rotators ist eine Näherung, da bei der Rotation die Bindungsabstände der Atome durch Zentrifugalkräfte gestreckt werden, so daß die Trägheitsmomente mit steigendem J anwachsen. Sieht man von dieser (geringen) Korrektur ab, so kann man für den *starren mehratomigen Rotator* mit drei Trägheitsmomenten I_A, I_B, I_C die angenäherte Zustandssumme[2]

$$Z_\mathrm{r} = \frac{\pi^{1/2}}{\sigma} \left[\left(\frac{8\pi^2 I_\mathrm{A} kT}{h^2} \right) \left(\frac{8\pi^2 I_\mathrm{B} kT}{h^2} \right) \left(\frac{8\pi^2 I_\mathrm{C} kT}{h^2} \right) \right]^{1/2} \tag{62}$$

verwenden. Setzt man zur Abkürzung $I_\mathrm{A} \cdot I_\mathrm{B} \cdot I_\mathrm{C} \equiv \bar{I}^3$, so kann man dies umformen in

$$Z_\mathrm{r} = \frac{1}{\sigma} \left[\frac{\pi^7 (8\bar{I}kT)^3}{h^6} \right]^{1/2}. \tag{62a}$$

---

[1] Der zweite Differentialquotient von Z nach T erfordert sehr hohe Genauigkeit in der Zahlenangabe von Z.

[2] Die Trägheitsmomente erhält man z. B. aus den „Rotationskonstanten“ A_0, B_0, C_0 der Rotationsspektren (vgl. *G. Herzberg,* Molecular Spectra and Molecular Structure, New York 1945).

Damit erhält man für die *Helmholtz*-Energie pro mol

$$\boldsymbol{F}_{\mathrm{r}} = -RT\ln Z_{\mathrm{r}} = -\frac{3RT}{2}\cdot\ln\frac{8\pi^{7/3}\bar{I}kT}{h^6} + RT\ln\sigma \tag{63}$$

und für den molaren Entropieanteil

$$\boldsymbol{S}_{\mathrm{r}} = -\left(\frac{\partial \boldsymbol{F}_{\mathrm{r}}}{\partial T}\right)_V = \frac{3}{2}R\cdot\ln\frac{8\pi^{7/3}\bar{I}k}{h^6} + \frac{3}{2}R + \frac{3}{2}R\ln T - R\ln\sigma, \tag{64}$$

für die Molwärme entsprechend der klassischen Theorie

$$\boldsymbol{C}_{\mathrm{r},V} = \frac{3R}{2}, \tag{65}$$

für die Innere Energie

$$\boldsymbol{U}_{\mathrm{r}} = \frac{3}{2}RT. \tag{66}$$

Führt man auch hier analog zu (56a) eine *charakteristische Temperatur* $\Theta_{\mathrm{r}} \equiv \frac{h^2}{8\pi^2\bar{I}k}$ ein, so lautet der Ausdruck für die Zustandssumme

$$Z_{\mathrm{r}} = \frac{\pi^{1/2}}{\sigma}\left(\frac{T}{\Theta_{\mathrm{r}}}\right)^{3/2}. \tag{62b}$$

5.4 Zustandssumme der Elektronenbewegung

Manche Molekeln wie NO und NO_2 besitzen als Elektronengrundzustand einen Multiplett-Zustand ($l \neq 0$), bei dem die Abstände vom tiefstliegenden Term in der Größenordnung von kT sind, so daß schon bei Zimmertemperatur Übergänge in höhere Terme stattfinden können; und zwar Übergänge durch Stoßwechselwirkung, die nicht wie optische Übergänge verboten sind. Da die Multiplett-Abstände gewöhnlich klein sind, kann man ein einziges Energie-Niveau mit einem Entartungsgrad g_{e} annehmen. Bei sehr hohen Temperaturen können evtl. noch andere angeregte Elektronenzustände hinzukommen, die bei Multiplett-Aufspaltung ebenfalls als entartet betrachtet werden. Für die Energieverteilung gilt nach dem *Boltzmann*schen e-Satz

$$\frac{N_i}{N_0 + N_1 + \cdots + N_k} \equiv \frac{N_i}{\sum N_i} = \frac{g_{\mathrm{e}i}\,\mathrm{e}^{-\Delta E_i/kT}}{g_{\mathrm{e}0} + g_{\mathrm{e}1}\,\mathrm{e}^{-\Delta E_1/kT} + \cdots}, \tag{67}$$

worin die $g_{\mathrm{e}i}$ die Entartungsgrade der verschiedenen Elektronenzustände bedeuten und die ΔE_i die jeweiligen Energie-Differenzen gegenüber dem Grundzustand.

Das Quanten-Gewicht g_{e} des einzelnen Terms ist gegeben durch

$$g_{\mathrm{e}} = 2j + 1, \tag{68}$$

wobei j die Quantenzahl des Gesamt-Drehimpulses der Elektronen darstellt, wie aus der Theorie der Atomzustände hervorgeht[1]. Für die zugehörige Zustandssumme folgt demnach

$$Z_e = g_{e0} + g_{e1}\,e^{-\Delta E_1/kT} + \cdots + g_{ek}\,e^{-\Delta E_k/kT} = \sum (2j_i + 1)\,e^{-\Delta E_i/kT}. \qquad (69)$$

Ist der Elektronen-Grundzustand ein Singulett-Zustand (Edelgase, Hg), so daß $j_0 = 0$, so wird $Z_e = 1$, wenn keine angeregten Zustände erreicht werden, was nur bei sehr hohen Temperaturen der Fall ist. Für die *Freie Energie* pro mol ergibt sich allgemein

$$\boldsymbol{F}_e = -RT\ln Z_e = -RT\ln \sum (2j_i + 1)\,e^{-\Delta E_i/kT}. \qquad (70)$$

Muß nur *ein* angeregter Elektronenzustand berücksichtigt werden, so gilt
bei tiefen Temperaturen ($\Delta E_1 \gg kT$)

$$\boldsymbol{F}_e = -RT\ln g_{e0},$$

bei hohen Temperaturen ($\Delta E_1 \ll kT$)

$$\boldsymbol{F}_e = -RT\ln(g_{e0} + g_{e1}),$$

bei mittleren Temperaturen ($\Delta E_1 \approx kT$)

$$\boldsymbol{F}_e = -RT\ln(g_{e0} + g_{e1}\,e^{-\Delta E_1/kT}).$$

Da die Entartungsgrade g_e temperatur-unabhängig sind, erhält man für den molaren *Entropieanteil* bei mittlerer Temperatur

$$\boldsymbol{S}_e = -\left(\frac{\partial \boldsymbol{F}_e}{\partial T}\right)_V = R\ln(g_{e0} + g_{e1}\,e^{-\Delta E_1/kT}) + \frac{R g_{01}\,e^{-\Delta E_1/kT}}{g_{e0} + g_{e1}\,e^{-\Delta E_1/kT}}\,\frac{\Delta E_1}{kT}, \qquad (71)$$

für den Anteil an *Innerer Energie* pro mol

$$\boldsymbol{U}_e = RT^2\,\frac{\partial \ln Z_e}{\partial T} = \frac{R g_{e1}\cdot e^{-\Delta E_1/kT}}{g_{e0} + g_{e1}\cdot e^{-\Delta E_1/kT}}\cdot\frac{\Delta E_1}{k} = \frac{R\Delta E_1}{k\left(\dfrac{g_{e0}}{g_{e1}}\cdot e^{-\Delta E_1/kT} + 1\right)}, \qquad (72)$$

für den Anteil der *Molwärme* ebenfalls bei mittleren Temperaturen

$$\boldsymbol{C}_{e,V} = \left(\frac{\partial \boldsymbol{U}_e}{\partial T}\right)_V = \frac{R\Delta E_1}{k\left(\dfrac{g_{e0}}{g_{e1}}\cdot e^{-\Delta E_1/kT} + 1\right)^2}\;\frac{g_{e0}}{g_{e1}}\cdot e^{-\Delta E_1/kT}\,\frac{\Delta E_1}{kT^2}$$

oder

[1] Vgl. z. B. *G. Herzberg,* Molecular Spectra and Molecular Structure, New York 1945; *C. E. Moore,* Atomic Energy States, Natl. Bur. Standards Circ. *1* (1949), *2* (1952); *I. N. Godnew*, Berechnung thermodynamischer Funktionen aus Moleküldaten, Berlin 1963, S. 60ff.

$$\boldsymbol{C}_{e,V} = \frac{\frac{g_{e0}}{g_{e1}} R\, e^{-\Delta E_1/kT}}{\left(\frac{g_{e0}}{g_{e1}} e^{-\Delta E_1/kT} + 1\right)^2} \left(\frac{\Delta E_1}{kT}\right)^2. \tag{73}$$

Ein gut untersuchtes Beispiel ist das NO, bei dem nach spektroskopischen Messungen

$$g_{e0}/g_{e1} = 1/2 \quad \text{und} \quad \frac{\Delta E_1}{k} \equiv \Theta_e = 172\,\text{K}$$

anzusetzen ist. $\boldsymbol{C}_{e,V}$ durchläuft bei $\Delta E_1/kT \approx 2{,}2$ ein Maximum, weil in der Nähe dieser Temperatur zahlreiche Übergänge vom tiefsten Term in den angeregten Term stattfinden (vgl. S. 423).

Einen Elektronenanteil der kalorischen Zustandsfunktionen findet man auch beim O_2 wegen der direkt übereinanderliegenden Terme des $^3\Sigma$-Grundzustandes und des $^2\Delta$-Zustandes.

6 Das Viel-Teilchen-Problem

Bei den bisher besprochenen internen Bewegungs-Freiheitsgraden der Molekeln konnten wir uns die einzelnen Molekeln als vollständig unabhängig voneinander (trotz geringer Stoß-Wechselwirkung zur Aufrechterhaltung des Temperatur-Gleichgewichtes), also gewissermaßen als „lokalisiert" vorstellen, wobei der Zustand der einzelnen Teilchen durch ihre Energie-Eigenwerte eindeutig festgelegt war. Bei der jetzt zu besprechenden Translationsbewegung von Gasmolekülen sind jedoch zwei zusätzliche Voraussetzungen zu berücksichtigen:

1. die Teilchen sind nicht mehr unabhängig voneinander,
2. die Teilchen sind, weil gleichartig, voneinander ununterscheidbar.

Diese Voraussetzungen führen zu einer ganz anderen Zustandssumme für das Gas als Ganzes. Bevor wir dies im einzelnen darlegen, wollen wir die Translationsbewegung eines einatomigen idealen Gases nach der halb-klassischen *Boltzmann*-Statistik behandeln und zeigen, daß man dabei in Widersprüche mit der Erfahrung gerät.

6.1 Die *Maxwell-Boltzmann*sche Geschwindigkeitsverteilung der Translation

Wir betrachten ein einatomiges ideales Gas im 6-dimensionalen Phasenraum mit den Ortskoordinaten x, y, z und den Impulskoordinaten p_x, p_y, p_z. Die Koordinaten x, y, z sind durch das zur Verfügung stehende Volumen des Gases begrenzt, die Impulskoordinaten können prinzipiell von $-\infty$ bis $+\infty$ variieren. Die Wahrscheinlichkeit eines Zustandes x, y, z, p_x, p_y, p_z ist definiert als die Wahrscheinlichkeit, daß ein Teilchen sich in einem Volumenelement

$$\mathrm{d}\tau \equiv \mathrm{d}x\,\mathrm{d}y\,\mathrm{d}z\,\mathrm{d}p_x\,\mathrm{d}p_y\,\mathrm{d}p_z = h^3 \tag{74}$$

des 6-dimensionalen Phasenraumes aufhält, wobei wir, wie schon S. 405 erwähnt, den Phasenraum in Zellen der Größe h^3 unterteilen, da h die Dimension Weg × Impuls = Wirkung besitzt. Die kinetische Energie des einzelnen Moleküls ist gegeben durch

$$E_i = \frac{1}{2m}(p_x^2 + p_y^2 + p_z^2). \tag{75}$$

Man rechnet nun in der Weise, daß man die Energie E_i nicht durch eine Reihe dicht benachbarter Energieniveaus beschreibt, sondern durch eine Zahl n gleicher Energieniveaus, die man jeweils als Entartungszustände eines einzigen Energiezustandes E_i auffaßt. Man ersetzt also die kontinuierlich veränderliche Reihe der Energiezustände durch eine Reihe bestimmter Zustände E_i, die n_i-fach entartet sind (vgl. Abb. 138).

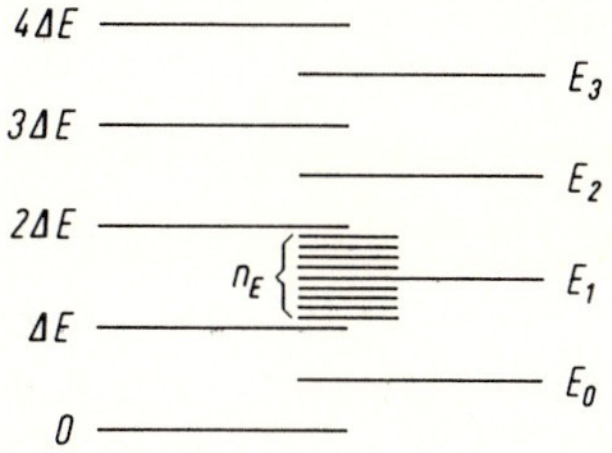

Abb. 138. Energieschema zur Einteilung des Phasenraums.

n_i ist dadurch definiert, daß das Integral

$$\iiiiiint\limits_{E}^{E+\Delta E} \mathrm{d}x\,\mathrm{d}y\,\mathrm{d}z\,\mathrm{d}p_x\,\mathrm{d}p_y\,\mathrm{d}p_z = n_i h^3 \tag{76}$$

zu setzen ist.

Da die Energiewerte kontinuierlich wachsen, kann man an Stelle der Zustandssumme (55) ein Integral ansetzen

$$\begin{aligned} Z = \int\limits_0^\infty n_i \mathrm{e}^{-E_i/kT}\mathrm{d}\tau &= \iiint\limits_0^{xyz} \mathrm{d}x\,\mathrm{d}y\,\mathrm{d}z \cdot \frac{1}{h^3}\iiint\limits_{-\infty}^{+\infty} \exp\left(-\frac{p_x^2+p_y^2+p_z^2}{2mkT}\right)\mathrm{d}p_x\,\mathrm{d}p_y\,\mathrm{d}p_z \\ &= V\cdot\frac{1}{h^3}\iiint\limits_{-\infty}^{+\infty}\exp\left(-\frac{p_x^2+p_y^2+p_z^2}{2mkT}\right)\mathrm{d}p_x\,\mathrm{d}p_y\,\mathrm{d}p_z. \end{aligned} \tag{77}$$

Mittels der Transformationen $p_x^2 \equiv x^2$; $2mkT \equiv \alpha^2$ wird das Integral

$$\int\limits_{-\infty}^{+\infty} \mathrm{e}^{-x^2/\alpha^2}\mathrm{d}x = \alpha\sqrt{\pi}.$$

Da keine der Koordinaten bevorzugt ist, erhält man schließlich für das Zustandsintegral

$$\iiint\limits_{-\infty}^{+\infty}\exp\left(-\frac{p_x^2+p_y^2+p_z^2}{2mkT}\right)\mathrm{d}p_x\,\mathrm{d}p_y\,\mathrm{d}p_z = \alpha^3\pi^{3/2} = (2\pi mkT)^{3/2}$$

und $$Z = \frac{1}{h^3} V (2\pi m k T)^{3/2}. \tag{78}$$

Nach (30) wird, bezogen auf 1 mol,

$$\boldsymbol{U}_{\mathrm{trans},V} = \frac{3}{2} R T \tag{79}$$

und die Molwärme der Translationsbewegung

$$\boldsymbol{C}_{\mathrm{tr},V} = \frac{3}{2} R, \tag{80}$$

wie es zu erwarten war.

Die Verteilungsfunktion ergibt sich aus (54) und (75) zu

$$\frac{N_i}{N} = \frac{n_i \mathrm{e}^{-E_i/kT}}{Z} = \frac{\Delta V \iiint\limits_{E_i}^{E_i+\Delta E} \mathrm{e}^{-E_i/kT} \mathrm{d}p_x \mathrm{d}p_y \mathrm{d}p_z}{V (2\pi m k T)^{3/2}}. \tag{81}$$

Für die Integration des Zählers ist zu berücksichtigen, daß E_i als konstant vorausgesetzt war.

Ersetzt man die Impuls-Komponenten durch die Geschwindigkeitskomponenten, also $\mathrm{d}p_x \mathrm{d}p_y \mathrm{d}p_z = m^3 \mathrm{d}u_x \mathrm{d}u_y \mathrm{d}u_z$, und rechnet auf Polarkoordinaten um (vgl. Abb. 139): $\mathrm{d}u_x \mathrm{d}u_y \mathrm{d}u_z = u^2 \mathrm{d}u \sin\vartheta \, \mathrm{d}\vartheta \, \mathrm{d}\varphi$, wobei die Zenitdistanz ϑ von 0 bis π, das Azimut φ von 0 bis 2π zu integrieren ist[1)], so wird

$$\iiint\limits_{E}^{E+\Delta E} \mathrm{d}u_x \mathrm{d}u_y \mathrm{d}u_z = 4\pi u^2 \Delta u.$$

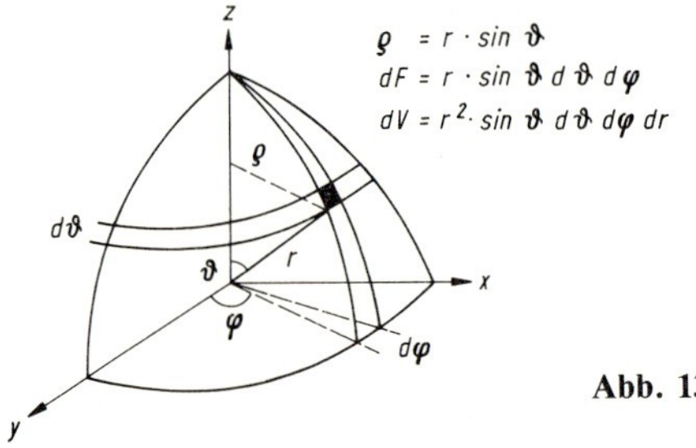

Abb. 139. Flächenelement in Polarkoordinaten.

Das ist der Inhalt einer Kugelschale der Dicke Δu. Damit ergibt sich für die Verteilungsfunktion

$$\frac{N_i}{N} = \frac{\Delta V}{V} 4\pi u^2 \left(\frac{m}{2\pi k T}\right)^{3/2} \cdot \mathrm{e}^{-mu^2/2kT} \Delta u. \tag{82}$$

[1] Es ist

$$\int_0^{2\pi} \mathrm{d}\varphi = 2\pi; \int_0^{\pi} \sin\vartheta \, \mathrm{d}\vartheta = -\cos\vartheta \Big|_0^{\pi} = 2; \int_{E_i}^{E_i+\Delta E} \mathrm{d}u = \Delta u.$$

Das ist das bekannte *Maxwellsche Geschwindigkeits-Verteilungsgesetz,* es gibt den Bruchteil der Atome an, die in den Geschwindigkeitsbereich zwischen u und $u + \Delta u$ fallen.

Zur Berechnung von Z aus (78) drückt man am besten alle Größen in SI-Einheiten aus. So wird z. B. für O_2 unter Standardbedingungen, bezogen auf 1 mol $\left(p^* = 1 \text{ atm} = 1{,}0135 \cdot 10^5 \text{ Nm}^{-2};\ T = 298{,}15 \text{ K};\ \boldsymbol{V} = \frac{RT}{p^*}\right)$

$$Z = \left[\frac{2\pi(5{,}314 \cdot 10^{-26}\text{ kg}) \cdot (1{,}381 \cdot 10^{-23}\text{ J K}^{-1})(298{,}15\text{ K})}{(6{,}626 \cdot 10^{-34}\text{ Js})^2}\right]^{3/2}$$

$$\cdot \frac{(8{,}314\text{ J K}^{-1}\text{ mol}^{-1})(298{,}15\text{ K})}{(1{,}0135 \cdot 10^5\text{ Nm}^{-2})} = 4{,}286 \cdot 10^{30}.$$

Es sind also etwa 10^{30} Energieniveaus unter den gewählten Bedingungen thermisch zugänglich. Das bestätigt die früher (S. 412 [1)]) gemachte Bemerkung, daß hier die Zahl der Energiezustände groß ist gegenüber der Zahl der Teilchen (nicht lokalisierte Systeme!).

Besitzen die Molekeln nicht nur kinetische Energie, sondern auch potentielle Energie, wie es ja tatsächlich infolge des äußeren Schwerefeldes in Richtung z der Fall ist, so ist die Gesamtenergie

$$E_i = \frac{mu^2}{2} + mgz_i = \frac{mu^2 + 2mgz_i}{2}. \tag{83}$$

Damit ergibt sich die Verteilungsfunktion analog zu (81) in zwei verschiedenen Höhen z_1 und z_2 zu

$$\frac{N_i}{N}(z_1) = \frac{n_i \exp - (mu^2 + 2mgz_1)/2kT}{Z}$$

$$\frac{N_i}{N}(z_2) = \frac{n_i \exp - (mu^2 + 2mgz_2)/2kT}{Z}.$$

Für das *Verhältnis* $N_i(z_1)/N_i(z_2)$ erhält man so, ohne daß man Z ausrechnen muß, die *Barometrische Höhenformel*

$$\frac{N_i(z_1)}{N_i(z_2)} = \mathrm{e}^{-mg\Delta z/kT}. \tag{84}$$

Die Verteilung hängt außer von T nur von der Masse m und von g ab, das man (z. B. in einem Zentrifugalfeld) variieren kann.

Für den molaren Entropieanteil der Translationsbewegung erhält man nach (31)

$$\boldsymbol{S}_{\text{trans}} = R \ln Z + \frac{\boldsymbol{U}}{T} = R\left[\frac{3}{2}\ln T + \ln \boldsymbol{V} + \frac{3}{2}\ln(2\pi mk) + \frac{3}{2}\right]. \tag{85}$$

Diese Gleichung widerspricht jedoch der Forderung, daß beim Zusammengeben von 2 mol des gleichen Gases bei gleicher Temperatur und gleichem Druck die Entropie sich additiv verhalten muß. Statt dessen würde man erhalten

$$\boldsymbol{S}_1 + \boldsymbol{S}_2 = 2R\left[\frac{3}{2}\ln T + \ln 2\boldsymbol{V} + \frac{3}{2}\ln(2\pi mk) + \frac{3}{2}\right], \tag{86}$$

also keine Additivität, was der Erfahrung widerspricht. Das bedeutet offenbar, daß es zur Berechnung von S nicht zulässig ist, die *Boltzmann*-Statistik auf dieses Problem anzuwenden. Man darf sich offenbar ein Gas nicht so vorstellen, als ob es aus N identischen Teilchen mit bestimmten Energieniveaus ε_i bestünde. Ein Energiezustand $\varepsilon_i(1) + \varepsilon_k(2)$ ist nicht von einem andern durch Vertauschung entstandenen Zustand $\varepsilon_k(1) + \varepsilon_i(2)$ zu unterscheiden, wie es das *Boltzmann*sche Abzählverfahren verlangt.

6.2 Allgemeine Begründung für die Notwendigkeit der Wellenstatistik

Bisher wurde vorausgesetzt, daß man den Elementarzustand jedes einzelnen Teilchens in einem aus N Teilchen bestehenden System durch einen bestimmten Eigenwert der Energie kennzeichnen kann. Aber schon die Notwendigkeit, den Begriff der Entartung einzuführen, wonach zum gleichen Energiewert auch verschiedene Zustände gehören können, zeigt, daß der Energie-Eigenwert nicht immer zur Beschreibung des Zustandes eines Teilchens ausreicht. Tatsächlich muß man allgemein die Eigenfunktion selbst zur Kennzeichnung eines Zustandes heranziehen.

Wir betrachten dazu ein sehr einfaches Beispiel mit nur zwei Teilchen, den beiden Elektronen des He-Atoms $^4_2$He. Das Elektron 1 besitze die Eigenfunktion $\psi_i(1)$, das Elektron 2 die Eigenfunktion $\psi_k(2)$. Wir betrachten die beiden Elektronen zunächst als ungekoppelt, also als unabhängig voneinander. Die Eigenfunktion des Gesamtsystems ist dann durch das Produkt der beiden Eigenfunktionen, seine Energie durch die Summe der zugehörigen Eigenwerte gegeben.

$$\psi(1, 2) = \psi_i(1) \cdot \psi_k(2) \tag{87}$$

Die Energie ist offenbar entartet, da der Austausch der beiden Elektronen keinen neuen Energiezustand bewirken kann *(Austauschentartung)*

$$\varepsilon(1, 2) = \varepsilon(2, 1)\,. \tag{88}$$

Dagegen ist die durch den Austausch entstehende Eigenfunktion

$$\psi(2, 1) = \psi_i(2) \cdot \psi_k(1) \tag{89}$$

von $\psi(1, 2)$ verschieden[1]. Infolge der Austauschentartung besitzt also die das Gesamtsystem beschreibende *Schrödinger*-Gleichung für den gleichen Energiewert zwei verschiedene Lösungen. Nach der Theorie der Differentialgleichungen sind aber nicht nur (87) und (89) Lösungen der *Schrödinger*-Gleichung, sondern auch alle Linearkombinationen von (87) und (89)

---

[1] Ist z. B. $\psi_i = \sin x$ und $\psi_k = \cos x$, wobei Elektron 1 die Koordinate 0, Elektron 2 die Koordinate $\pi/2$ besitzen möge, so ist $\psi(1, 2) = 0$, aber $\psi(2, 1) = 1$.

$$\psi = \alpha \cdot \psi(1,2) + \beta \cdot \psi(2,1)\,, \tag{90}$$

worin α und β *beliebige* Konstanten bedeuten. Physikalisch aber ist es einleuchtend, daß durch den Austausch der beiden Elektronen kein anderer Zustand des Gesamtsystems entstehen kann.

Da die mittlere Ladungsverteilung und damit auch das Wahrscheinlichkeitsverhalten des Systems durch das Quadrat der den Zustand beschreibenden Eigenfunktion gegeben ist, so lautet die Bedingung dafür, daß es sich um *einen* physikalisch definierten Zustand handelt:

$$[\alpha\psi(1,2) + \beta\psi(2,1)]^2 = [\alpha\psi(2,1) + \beta\psi(1,2)]^2\,. \tag{91}$$

Das ist offenbar nur erfüllt, wenn $\alpha = \pm\beta$ für jedes der beiden Quadrate. Von der Gesamtzahl der möglichen Lösungen (90) sind deshalb nur zwei als physikalisch sinnvolle Eigenfunktionen anzusehen, nämlich

$$\begin{aligned} \psi_s &= \text{konst}\,[\psi(1,2) + \psi(2,1)]\,, \\ \psi_a &= \text{konst}\,[\psi(1,2) - \psi(2,1)]\,. \end{aligned} \tag{92}$$

Alle übrigen prinzipiell möglichen Lösungen der *Schrödinger*-Gleichung haben physikalisch keinen Sinn. Die Eigenfunktion ψ_s wird als *symmetrisch* bezeichnet, weil sie bei der Vertauschung der Elektronen sich nicht ändert, ψ_a als *antisymmetrisch,* weil sie bei Vertauschung der Elektronen ihr Vorzeichen umkehrt.

Berücksichtigt man nun durch einen Produktansatz auch noch die zwei Spin-Eigenfunktionen der beiden Elektronen, so erhält man insgesamt 4 symmetrische und 4 antisymmetrische Eigenfunktionen des Zweielektronensystems: Die Spins können nur entweder parallel ↑↑ oder antiparallel ↑↓ zum resultierenden Bahndrehimpuls bzw. zu einem äußeren Feld stehen. Die Spinkoordinate kann nur die Werte $\pm 1/2$ annehmen, so daß folgende vier Spin-Eigenfunktionen in Frage kommen:

$$\begin{aligned} \chi_A &= \overset{\uparrow}{\chi_1}(+\tfrac{1}{2})\overset{\downarrow}{\chi_2}(-\tfrac{1}{2})\,; \quad \chi_B = \overset{\downarrow}{\chi_1}(-\tfrac{1}{2})\overset{\uparrow}{\chi_2}(+\tfrac{1}{2}) \\ \chi_C &= \overset{\uparrow}{\chi_1}(+\tfrac{1}{2})\overset{\uparrow}{\chi_2}(+\tfrac{1}{2})\,; \quad \chi_D = \overset{\downarrow}{\chi_1}(-\tfrac{1}{2})\overset{\downarrow}{\chi_2}(-\tfrac{1}{2})\,. \end{aligned} \tag{93}$$

χ_A und χ_B zeigen Austauschentartung und entsprechen gleicher Energie, so daß dieser Zustand wieder durch die Summe bzw. Differenz der beiden Einstellmöglichkeiten zu beschreiben ist. Es gibt nur *eine* antisymmetrische Gesamtspin-Eigenfunktion $\chi_A - \chi_B$, aber drei symmetrische

$$\chi_A + \chi_B; \quad \chi_C; \quad \chi_D\,.$$

Für die *Gesamt*-Zustände des He-Atoms gibt es demnach grundsätzlich folgende acht Gesamt-Eigenfunktionen:

I		II		
$\psi_s(\chi_A + \chi_B)$	(94)	$\psi_a(\chi_A + \chi_B)$	(95)	Ortho-Helium, Triplett
$\psi_s\chi_C$		$\psi_a\chi_C$		
$\psi_s\chi_D$		$\psi_a\chi_D$		
$\psi_a(\chi_A - \chi_B)$		$\psi_s(\chi_A - \chi_B)$		Para-Helium, Singulett

Die Funktionen der Gruppe I bleiben bei Vertauschung der beiden Elektronen unverändert, sind also symmetrisch, die der Gruppe II ändern bei Vertauschung der beiden Elektronen ihr Vorzeichen, sind also antisymmetrisch. Wie die Spektroskopie zeigt, läßt sich der *Grundzustand* des He-Atoms durch die Eigenfunktion $\psi_s(\chi_A - \chi_B)$ beschreiben: antisymmetrische Spins des *Para-Heliums* und *Singulettsystem.* Die oberen drei Zustände der Gruppe II stellen zusammen ein *Triplettsystem* dar *(Ortho-Helium)*. Nur die antisymmetrische Gesamteigenfunktion (Gruppe II) gibt das Verhalten des Zweielektronensystems ${}^4_2$He richtig wieder (*Pauli-Prinzip*); die Bedingung der Antisymmetrie gegenüber der Vertauschung der Elektronen wählt unter den möglichen Eigenfunktionen die richtige aus.

Nach diesen Überlegungen wird also der Grundzustand des ${}^4_2$He-Atoms nur durch eine einzige Eigenfunktion beschrieben, obwohl sich die beiden Elektronen in verschiedenen Spin-Zuständen befinden. Das ist letzten Endes eine Folge der *Ununterscheidbarkeit* der Elektronen. Das Ergebnis bleibt auch erhalten für Elektronen, die sich in einem Metall oder im freien Raum bewegen. Ihre Wechselwirkung (z. B. bei einem Stoß) bewirkt, daß man sie nicht unterscheiden kann. Hat man N freie Elektronen, so bleibt von $N!$ (nach dem Produktsatz gebildeten) ψ-Funktionen nur *eine* antisymmetrische (unter Berücksichtigung der Spins) übrig, die den Zustand des Gesamtsystems zu beschreiben vermag.

6.3 Sackur-Tetrode-Gleichung

Da man keine Möglichkeit hat, die einzelnen Teilchen eines nichtlokalisierten Systems zu unterscheiden, ist es offenbar auch sinnlos, sie zu permutieren, wie man es in der *Boltzmann*-Statistik getan hat, um das statistische Gewicht eines Makrozustandes zu ermitteln. Da die Teilchen außerdem nicht voneinander unabhängig sind, muß man das ganze System quantenmechnisch als eine Einheit auffassen.

Daraus folgt sofort, daß man auch die Zustandssumme eines Gases nicht nach der halbklassischen Methode berechnen darf und daß die für die Entropie der Translationsbewegung abgeleitete Gleichung (85) der Erfahrung widerspricht[1]. Man kann nun ohne strenge Rechnung den Fehler, der durch Nichtberücksichtigung der Ununterscheidbarkeit der Teilchen begangen wurde, beseitigen, indem man das einatomige Gas als eine Einheit mit 3 N_L Freiheitsgraden der Bewegung betrachtet anstatt als ein aus N_L unabhängigen Teilchen bestehendes System. Das bedeutet, daß man das Gas wieder als eine Einheit in einem kanonischen Ensemble (vgl. S. 406) betrachtet, in der die Teilchen nicht unabhängig voneinander sind. Dann erhält man anstelle von (78) für die Zustandssumme, bezogen auf 1 mol,

$$\overset{*}{Z} = \left[\left(\frac{2\pi m k T}{h^2}\right)^{3/2}\right]^{N_L} \boldsymbol{V}^{N_L}. \tag{96}$$

Dabei sind aber alle Zustände mitgezählt, die lediglich in einer Vertauschung der Einzelteilchen bestehen, die man aber wegen ihrer Ununterscheidbarkeit nicht als abzählbare Zustände

[1] Daß die *Boltzmann*-Statistik die richtigen Werte für $\boldsymbol{U}_{trans}$ und $\boldsymbol{C}_{trans,V}$ lieferte, beruht darauf, daß in die Berechnung nur die Ableitung $\partial \ln Z/\partial T$ einging, nicht $\ln Z$ selbst.

ansehen darf. Man kann dies in erster Näherung[1] dadurch korrigieren, daß man $\overset{*}{Z}$ durch die Zahl $N_L!$ der Vertauschungsmöglichkeiten dividiert. Dann wird mit der *Stirling*schen Näherung

$$\overset{**}{Z} = \overset{*}{Z}/N_L! = \overset{*}{Z}\frac{e^{N_L}}{N_L^{N_L}} = e^{N_L}\left(\frac{2\pi mkT}{h^2}\right)^{3N_L/2}\left(\frac{\boldsymbol{V}}{N_L}\right)^{N_L} \tag{97}$$

oder

$$\ln\overset{**}{Z} = N_L\left[\ln e + \ln\left(\frac{2\pi mkT}{h^2}\right)^{3/2} + \ln\frac{\boldsymbol{V}}{N_L}\right]. \tag{98}$$

Die Innere Energie pro mol ergibt sich analog zu (79) zu $\boldsymbol{U}_{\text{trans}} = \frac{3}{2}RT$, sie wird durch die Division durch $N_L!$ nicht verändert. Zur Berechnung des Entropieanteils nach (31) ist zu berücksichtigen, daß man $\mathbb{N} = 1$ setzen muß, da ja das ganze System als eine Einheit mit $3\,N_L$ Freiheitsgraden betrachtet wird:

$$\boldsymbol{S}_{\text{trans}} = k\ln\overset{**}{Z} + \frac{\boldsymbol{U}_{\text{trans}}}{T} = R\left[\frac{3}{2}\ln T + \frac{3}{2}\ln\left(\frac{2\pi mk}{h^2}\right) + \ln\frac{\boldsymbol{V}}{N_L} + \frac{5}{2}\right]. \tag{99}$$

Diese Gleichung von *Sackur* und *Tetrode*[2] entspricht im Gegensatz zu (85) der Forderung der Additivität der Entropie für 2 mol [s. Gl. (86)].

Die Berücksichtigung der Ununterscheidbarkeit der Teilchen durch Division durch $N_L!$ führt hier allerdings nur deshalb zum richtigen Ergebnis, weil es sich um ein System mit vielen entarteten Energiezuständen handelt[1]. Die Division durch $N_L!$ ist deshalb nur als provisorische Lösung des Problems zu betrachten (vgl. S. 443). Die Freie Energie pro mol ergibt sich nach (32) mit $\mathbb{N} = 1$ zu $\boldsymbol{F}_{\text{trans}} = -kT\ln Z$ oder

$$\boldsymbol{F}_{\text{trans}} = -RT\ln\frac{\boldsymbol{V}}{N_L} - RT\ln\left(\frac{2\pi mkT}{h^2}\right)^{3/2} - RT. \tag{100}$$

Da alle Größen des 2. Gliedes von $\boldsymbol{V}$ unabhängig sind, findet man

$$-\left(\frac{\partial \boldsymbol{F}}{\partial V}\right)_T = p = \frac{RT}{\boldsymbol{V}}. \tag{101}$$

---

[1] In einem System unterscheidbarer Teilchen (Indices a, b, c ...) wäre die Zustandssumme

$$Z = (\sum e^{-\varepsilon_{ai}/kT})(\sum e^{-\varepsilon_{bi}/kT})(\sum e^{-\varepsilon_{ci}/kT}).$$

Da die Teilchen auf $N!$ Arten ausgetauscht werden können, kommen in der Zustandssumme Terme der Art $e^{-(\varepsilon_{ai}+\varepsilon_{bk}+\varepsilon_{cl})/kT}$ mit $i \neq k \neq l$ vor, die bei ununterscheidbaren Teilchen zusammenfallen. Wenn man also die Zustandssumme durch $N!$ dividiert, fallen diese Terme weg. Es gibt aber außerdem Terme der Form $e^{-(\varepsilon_{ai}+\varepsilon_{bi}+\varepsilon_{ci})/kT}$, was bedeutet, daß mehrere Teilchen sich auf demselben Energie-Niveau i befinden können. Bei Gasen bei nicht allzu tiefer Temperatur gibt es jedoch so viele Translationszustände (vgl. S. 429), daß es nicht sehr wahrscheinlich ist, daß ein Zustand von mehreren Teilchen besetzt wird, so daß derartige Terme gewöhnlich vernachlässigt werden können.

[2] *O. Sackur,* Ann. Phys. *36*, 958 (1911); *40*, 67, 87 (1913); *H. Tetrode,* ibid. *38*, 434 (1912); *39*, 255 (1912).

Das ist die statistische Ableitung des idealen Gasgesetzes, für dessen phänomenologische Ableitung das *Gay-Lussac*sche und das *Boyle-Mariotte*sche Gesetz notwendig war (vgl. S. 29).

Zur Berechnung der Absolutentropien 1-atomiger idealer Gase bzw. des Translationsanteils von Gasen überhaupt ersetzt man $\boldsymbol{V}$ durch $RT/\overset{*}{p}$ und erhält so für die *Sackur-Tetrode*-Gleichung unter Standardbedingungen ($\overset{*}{p} = 1$ atm $= 1{,}0135 \cdot 10^5$ N/m²)

$$\boldsymbol{S}_{\text{trans}} = R \cdot \ln\left[e^{5/2}\left(\frac{2\pi mkT}{h^2}\right)^{3/2} \cdot \frac{kT}{\overset{*}{p}}\right] \tag{102}$$

oder unter Abtrennung der allgemeinen Konstanten von den für das betr. Gas charakteristischen Konstanten

$$\boldsymbol{S}_{\text{trans}} = R \cdot \ln\left[e^{5/2}\left(\frac{2\pi}{h^2}\right)^{3/2} k^{5/2}T^{5/2}m^{3/2}\overset{*}{p}^{-1}\right]. \tag{102a}$$

Als Beispiel sei der Translationsanteil der molaren Entropie des Ioddampfes unter Standardbedingungen ($\overset{*}{p} = 1{,}0135 \cdot 10^5$ N/m² und 298,15 K) berechnet:
Gegeben ist

$$m_{I_2} = \frac{2 \cdot 126{,}9 \cdot 10^{-3}}{6{,}022 \cdot 10^{23}}\,\text{kg} = 4{,}214 \cdot 10^{-25}\,\text{kg},$$

$$\frac{2\pi mkT}{h^2} = \frac{2\pi(4{,}214 \cdot 10^{-25}\,\text{kg})(1{,}381 \cdot 10^{-23}\,\text{J K}^{-1})(298{,}15\,\text{K})}{(6{,}626 \cdot 10^{-34}\,\text{J s})^2} = 2{,}482 \cdot 10^{22}\,\text{m}^{-2},$$

$$\begin{aligned}\boldsymbol{S}_{\text{trans}} &= (8{,}314\,\text{J K}^{-1}\,\text{mol}^{-1}) \cdot \ln[e^{5/2}(2{,}482 \cdot 10^{22}\,\text{m}^{-2})^{3/2} \\ &\quad \cdot (1{,}381 \cdot 10^{-23}\,\text{J K}^{-1})(298{,}15\,\text{K})/1{,}0135 \cdot 10^5\,\text{Nm}^{-2}] \\ &= (8{,}314\,\text{J K}^{-1}\,\text{mol}^{-1}) \ln[1{,}934 \cdot 10^9] = 177{,}8\ \text{J K}^{-1}\,\text{mol}^{-1}.\end{aligned}$$

6.4 Statistische Berechnung der Mischungsentropie idealer Gase

Die Notwendigkeit, bei der Translationsbewegung von Molekülen ihre Ununterscheidbarkeit durch Einführung des Faktors $1/N! = \dfrac{e^N}{N^N}$ in die Zustandssumme zu berücksichtigen [vgl. Gln. (96) bis (98)], ergibt sich sofort bei der statistischen Berechnung der Mischungsentropie. Man berechnet die Entropie der getrennten Gase (Anfangszustand A), danach die Entropie der gemischten Gase (Endzustand E) und daraus die Differenz $S_E - S_A$. Für S_A ergibt sich aus (96) bis (98) und (31)

$$S_A = \sum_1^n S_j = \sum_1^n \frac{U_j}{T} + k\sum_1^n N_j \ln \overset{*}{Z}_j - k\sum_1^n N_j \ln N_j + k\sum N_j \ln e. \tag{103}$$

Da die Innere Energie der verschiedenen Komponenten j der Mischung bei idealen Gasen sich beim Mischen additiv verhält, gilt für die *Mischung*

$$\frac{U}{T} = \sum_1^n \frac{U_j}{T}. \tag{104}$$

Die Zustandssumme der *Mischung* ist das Produkt der Zustandssummen der Komponenten

$$\overset{*}{Z} = \Pi \overset{*}{Z}_j$$

und deshalb

$$\ln \overset{*}{Z} = \sum_1^n N_j \ln \overset{*}{Z}_j. \tag{105}$$

Für die beiden letzten Terme der Gl. (103) gilt, da $\sum_1^n N_j = N$, im Endzustand der Mischung $-kN(\ln N - 1)$, so daß

$$S_E = \sum_1^n \frac{U_j}{T} + k \sum_1^n N_j \ln \overset{*}{Z}_j - kN(\ln N - 1). \tag{106}$$

Damit erhält man für den Mischungsentropiebeitrag

$$S_E - S_A = -kN(\ln N - 1) + k \sum_1^n N_j(\ln N_j - 1) \tag{107}$$

$$= -kN \ln N + kN + k \sum_1^n N_j \ln N_j - k \sum_1^n N_j = kN \sum_1^n \frac{N_j}{N} \ln \frac{N_j}{N}.$$

Da $N_j/N = x_j$, erhält man, auf molare Größen umgerechnet ($N \equiv N_L$),

$$\Delta S_{\text{Mischung}} = -R \sum_1^n x_j \ln x_j, \tag{108}$$

was mit Gl. (IV, 52) identisch ist. Die Mischungsentropie ergibt sich demnach nur durch Berücksichtigung der Ununterscheidbarkeit der Molekeln der einzelnen Komponenten, andernfalls würden die beiden letzten Terme in Gl. (103) wegfallen und die Mischungsentropie wäre Null.

7. Fermi-Dirac- und Bose-Einstein-Statistik

Die bisher entwickelten Gleichungen zur Berechnung von Zustandssummen genügen in den meisten Fällen zur Berechnung thermodynamischer Zustandsgrößen. Sie bleiben jedoch nur richtig für den meistens verwirklichten Grenzfall einer sehr dünnen Besetzung des Phasenraums, d. h. bei genügend hohen Temperaturen. Andernfalls müssen sie durch strengere Rechnungen ersetzt werden, und man braucht andere Arten der Statistik, je nachdem ob bei dem betrachteten System symmetrische oder antisymmetrische Eigenfunktionen realisiert sind. In jedem Fall ist der Grund dafür die *Ununterscheidbarkeit* der Teilchen bei nichtlokalisierten Systemen wie Gasen und die Abhängigkeit der Teilchen voneinander infolge ihrer Wechselwirkung, die in der gemeinsamen Eigenfunktion und z. B. auch in den Interferenz-Erscheinungen zum Ausdruck kommt, die nicht nur bei Photonen, sondern auch bei Elektronen, Atomen und Molekülen beobachtet werden. Daß die *Boltzmann*-Statistik bei Gasen trotzdem verwendbar bleibt (unter der angegebenen Korrektur für die Ununterscheidbarkeit der Teilchen), liegt nur daran, daß die Quanten-Statistiken nur bei sehr tiefen Temperaturen und in besonderen Ausnahmefällen Abweichungen von der klassischen Statistik ergeben, die außerhalb der Fehlergrenzen der Meßmethoden liegen. Streng genommen müßte man deshalb bei Gasen stets mit der Quanten-Statistik rechnen, sobald es sich um die Translation bei „nicht lokalisierten" Systemen handelt.

Bei den *Elementarteilchen* der Materie, den Elektronen, Protonen, Positronen, Neutronen, Neutrinos und den schweren Mesonen ist das *Pauli-Prinzip* gültig, d. h. diese Systeme werden durch antisymmetrische Wellenfunktionen beschrieben. Die zugehörige Statistik wurde von *Fermi* entwickelt, weswegen man solche Teilchen als *Fermionen* bezeichnet. *Zusammengesetzte Teilchen*, die aus einer *ungeraden* Zahl von Elementarteilchen bestehen – wie z. B. das $^3_2$He-Isotop oder das D-Atom –, gehorchen ebenfalls der *Fermi*-Statistik, denn ihre Gesamt-Eigenfunktionen sind antisymmetrisch. Zusammengesetzte Teilchen aus einer *geraden* Zahl von Elementarteilchen wie das $^4_2$He gehorchen der von *Bose* entwickelten Statistik, sie werden als *Bosonen* bezeichnet. Hierher gehören z. B. auch H-Atome, H_2- und D_2-Moleküle.

7.1 Symmetrische Wellenstatistik (Bose-Einstein-Statistik)

Anwendungsgebiet der neuen Statistiken sind die Translationszustände, deren Energien praktisch ein Kontinuum bilden. Man hat es hier mit stark entarteten Systemen zu tun und muß deshalb von Gl. (52) ausgehen, die das statistische Gewicht für ein entartetes System angibt. Dabei sind die Ausdrücke $N!$ bzw. $N_i!$ wegen der Ununterscheidbarkeit der Teilchen alle gleich 1 zu setzen, so daß nur das Produkt $\Pi g_i^{N_i}$ übrig bleibt. Dieser Faktor gibt an, auf wie viele Arten man N_i Teilchen auf g_i Zustände verteilen kann, sofern man die Teilchen als ununterscheidbar ansieht.

Beispiel: Auf wieviel verschiedene Arten kann man 2 Teilchen auf 3 Zustände verteilen? $N_i = 2$; $g_i = 3$; $g_i^{N_i} = 9$. Wir bezeichnen die Teilchen mit 1 und 2, die Zustände mit I, II, III. Nach dem *Boltzmann*schen Abzählverfahren von S. 400ff. erhält man die in Tab. 26 aufgeführten Verteilungen.

Tabelle 26. Verteilung von 2 Teilchen auf 3 Zustände nach *Boltzmann*.

	I	II	III	Eigenfunktionen	
(a)	1, 2	–	–	$\psi_a = \psi_I(1)\,\psi_I(2)$	
(b)	–	1, 2	–	$\psi_b = \psi_{II}(1)\,\psi_{II}(2)$	
(c)	–	–	1, 2	$\psi_c = \psi_{III}(1)\,\psi_{III}(2)$	
(d)	1	2	–	$\psi_d = \psi_I(1)\,\psi_{II}(2)$	$\psi_{d,e} = C(\psi_d + \psi_e)$
(e)	2	1	–	$\psi_e = \psi_I(2)\,\psi_{II}(1)$	
(f)	1	–	2	$\psi_f = \psi_I(1)\,\psi_{III}(2)$	$\psi_{f,g} = C(\psi_f + \psi_g)$
(g)	2	–	1	$\psi_g = \psi_I(2)\,\psi_{III}(1)$	
(h)	–	1	2	$\psi_h = \psi_{II}(1)\,\psi_{III}(2)$	$\psi_{h,i} = C(\psi_h + \psi_i)$
(i)	–	2	1	$\psi_i = \psi_{II}(2)\,\psi_{III}(1)$	

d und e, sowie f und g und h und i sind wegen der Ununterscheidbarkeit der Teilchen nicht verschiedene Eigenfunktionen, man muß sie erst durch Addition zu symmetrischen zusammenfassen. Deshalb bleiben von den 9 Eigenfunktionen nur 6 übrig. Man braucht nun noch ein anderes *Abzählverfahren*, weil die Formel $g_i^{N_i}$ nicht mehr brauchbar ist. Man ordnet die N_i Teilchen und die g_i Zellen in *einer* Reihe an, so daß die Teilchen, die zu einer bestimmten Zelle gehören, immer links daneben stehen:

●●I	II	III	I	●●II	III	I	II	●●III
●I	●II	III	I	●II	●III	●I	II	●III

Beim Übergang von einem Zustand zum andern ändern sich immer nur die ersten vier (allgemein die $(N_i + g_i - 1)$) Glieder der Reihe, während die Zelle III immer ganz rechts ungeändert bleibt. Die Zahl dieser Änderungen von $(N_i + g_i - 1)$ Elementen ergibt sich aus der Kombinatorik zu $\binom{4}{2} = 6$ bzw. allgemein zu

$$\binom{N_i + g_i - 1}{N_i} = \frac{(N_i + g_i - 1)!}{N_i!\,(g_i - 1)!}.$$

Das ist die Zahl der Mikrozustände anstelle von $g_i^{N_i}$ der alten Zählung. Damit ergibt sich das statistische Gewicht eines Makrozustandes zu

$$\Omega = \Pi \frac{(N_i + g_i - 1)!}{N_i!\,(g_i - 1)!}. \tag{109}$$

Bei der *Bose*-Statistik ist also nur das Abzähl-Verfahren ein anderes als bei der *Boltzmann*-Statistik; nur die symmetrischen Eigenfunktionen werden a priori als gleich-wahrscheinlich angesehen.

Um die Verteilungsfunktion zu gewinnen, muß man wieder das maximale statistische Gewicht Ω_{max} bestimmen. Man benutzt wieder die *Stirling*sche Formel und das *Lagrange*sche Verfahren unter Berücksichtigung der Nebenbedingungen

$$\sum N_i = N; \quad \sum \varepsilon_i N_i = U = \text{konst.}$$

Die *Stirling*sche Formel ergibt unter Vernachlässigung der 1 gegenüber den großen Zahlen N_i und g_i

$$\ln \Omega = \sum (N_i + g_i) \ln (N_i + g_i) - \sum N_i \ln N_i - \sum g_i \ln g_i. \tag{110}$$

Nach *Lagrange* wird das Maximum des Ausdrucks

$$\sum (N_i + g_i) \ln (N_i + g_i) - \sum N_i \ln N_i - \sum g_i \ln g_i - \lambda \sum N_i - \mu \sum \varepsilon_i N_i \tag{111}$$

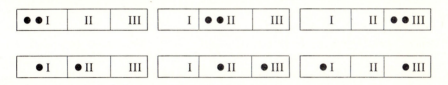

gesucht; λ und μ sind wieder willkürliche Konstanten. Durch Differentiation nach N_i erhält man

$$\ln\left(\frac{g_i}{N_i} + 1\right) - \lambda - \mu\varepsilon_i = 0 \tag{112}$$

und daraus die Verteilungsfunktion analog zu (16)

$$N_i = \frac{g_i}{e^{\lambda + \mu\varepsilon_i} - 1}. \tag{113}$$

Setzt man wieder $\mu \equiv 1/kT$ und $e^{\lambda} \equiv B$, so lautet die Verteilungsfunktion

$$N_i = \frac{g_i}{B\,e^{\varepsilon_i/kT} - 1}. \tag{114}$$

7.2 Antisymmetrische Wellenstatistik (Fermi-Dirac-Statistik)

Sind nur antisymmetrische ψ-Funktionen zulässig, so muß außerdem das *Pauli*-Prinzip beachtet werden, im übrigen bleiben die Überlegungen, die zur Einführung der Gruppen-Einteilung und der Zellen führten, vollkommen erhalten; jedoch darf nun jede Zelle nur noch mit *einem* Teilchen besetzt werden, weil Teilchen mit gleicher Energie, d. h. in gleichem Zustand nicht vorkommen dürfen. In Tab. 26 fallen also noch die Fälle (a) bis (c) weg, und es gleiben insgesamt nur noch drei Mikrozustände übrig. Die kombinatorische Fragestellung ist die gleiche wie bei dem Münzen-Beispiel (S. 399): den N Würfen entsprechen die g_i vorhandenen Zellen, einem K-Wurf entspricht die Besetzung einer Zelle mit einem Teilchen, einem S-Wurf das Freibleiben der Zelle. Für die Anzahl der möglichen Verteilungen auf einen Makrozustand gilt deshalb die Form der Gleichung (5)

$$\Omega = \frac{g_i!}{N_i!\,(g_i - N_i)!} = \binom{g_i}{N_i}. \tag{115}$$

Da die Vertauschung von Teilchen aus verschiedenen Gruppen wegen ihrer Ununterscheidbarkeit auch hier keine neuen Mikrozustände liefert, gilt allgemein für das statistische Gewicht eines Makrozustandes

$$\Omega = \Pi \frac{g_i!}{N_i!\,(g_i - N_i)!}. \tag{116}$$

Unter Verwendung der *Stirling*schen Näherung und des *Lagrange*schen Verfahrens ist das Maximum von

$$\sum g_i \ln g_i - \sum N_i \ln N_i - \sum (g_i - N_i)\ln(g_i - N_i) - \lambda \sum N_i - \mu \sum \varepsilon_i N_i$$

zu bestimmen:

$$\delta \ln \Omega = 0$$

$$\ln \left(\frac{g_i}{N_i} - 1 \right) - \lambda - \mu \varepsilon_i = 0 .$$

Daraus ergibt sich die Verteilungsfunktion mit $\mu = 1/kT$ und $e^{\lambda} \equiv B$ zu

$$N_i = \frac{g_i}{B e^{\varepsilon_i/kT} + 1} . \tag{117}$$

Die beiden Gleichungen (114) und (117) unterscheiden sich also nur durch -1 bzw. $+1$ im Nenner.

Setzt man im *Boltzmann*schen e-Satz (54) $Z/N \equiv B$, so erhält man die Form

$$N_i = \frac{g_i}{B e^{+\varepsilon_i/kT}} . \tag{54}$$

Wenn also B sehr groß wird, so daß man 1 gegen $B e^{\varepsilon_i/kT}$ vernachlässigen kann, gehen die drei Statistiken ineinander über. Das ist dann der Fall, wenn $g_i \gg N_i$, wenn also sehr viel mehr Eigenfunktionen als Teilchen vorhanden sind, so daß ein Quantenzustand von höchstens einem Teilchen besetzt wird. Dieser Fall ist bei den Translationszuständen eines idealen Gases bei höheren Temperaturen mit guter Näherung verwirklicht (vgl. S. 429).

7.3 Das Elektronengas

Es gibt nur wenige Systeme, an denen sich die neuen Statistiken unmittelbar prüfen lassen. Am besten untersucht ist das sog. Elektronengas, das in den Metallen angenähert verwirklicht ist. Die große Wärme- und Elektrizitäts-Leitfähigkeit der Metalle sowie ihre optischen Eigenschaften führten zu der Vorstellung (*Drude*), daß eine Anzahl von Elektronen nicht fest an bestimmte Atome gebunden seien, sondern sich frei bewegen könnten. Diese Vorstellung führte jedoch nach der klassischen Theorie zu großen Schwierigkeiten, denn nach dem Äquipartitions-Prinzip der Energie müßte man einem Mol der frei beweglichen Elektronen in einem Metall wie Na die zusätzliche Molwärme $\boldsymbol{C}_V = (3/2)R$ zuschreiben, so daß Metalle eine viel höhere Molwärme besitzen sollten, als nach dem *Dulong-Petit*schen Gesetz (vgl. S. 96) beobachtet wird (ca. 26 J K^{-1} mol^{-1}). Diese Schwierigkeit wurde erst mit Hilfe der Wellenstatistik beseitigt und damit die Vorstellung des „freien Elektronengases" bestätigt.

Für Elektronen gilt das *Pauli*-Prinzip und deshalb die *Fermi*-Statistik. Sie können sich deshalb auch bei $T = 0$ nicht alle im tiefsten Energiezustand befinden, weil jeder Energiezustand nur mit zwei Elektronen entgegengesetzten Spins besetzt sein kann. Für Teilchen mit symmetrischer Gesamt-Eigenfunktion fällt diese Einschränkung fort. In einem aus N Atomen bestehenden Metall-Kristall wird jeder Energiezustand des einzelnen Atoms wegen der Wechselwirkung mit den Nachbarn in N Energiezustände aufgespalten (Ensemble). Jeder derselben kann nach dem *Pauli*-Prinzip nur mit 2 Elektronen besetzt sein, deshalb können auch bei $T = 0$ nicht alle Elektronen die Energie Null besitzen, sondern es müssen die jeweils tiefstmöglichen Energiezustände des Kristalls mit Elektronenpaaren besetzt sein. Die Elektronen besitzen deshalb auch bei $T = 0$ eine erhebliche kinetische Energie, die sog. *Fermi-Grenzenergie* E_{F}. Sie beträgt je nach dem betrachteten Metall Werte zwischen 3 und 7 eV oder (29 bis 68) · 10^4 J mol^{-1}. Die Nullpunktsenergie der Elektronen ist also so groß, wie sie bei klassischer Betrachtung nur bei Temperaturen von 10^4 bis 10^5 K möglich wäre. Die hohe Nullpunktsenergie der Elektronen erklärt, weshalb sie zur Molwärme des Metalls praktisch nichts beitragen, denn ihre kinetische Energie ist bereits so hoch, daß geringe Temperaturänderungen keine wesentliche Änderung der Energieverteilung mehr hervorrufen, auch wenn mit zunehmendem T einige Elektronen in höhere Energie-Niveaus gelangen. Die Besetzungswahrscheinlichkeit $w(E)$ eines Energie-Niveaus ist für $E \ll E_F$ stets gleich 1 und fällt für $E > E_F$ steil auf Null ab (vgl. Abb. 140). Die Verteilungsfunktion läßt sich in dem Bereich von E_F durch die Formel beschreiben

$$w(E) = \frac{1}{e^{(E-E_F)/kT} + 1}. \tag{118}$$

Ist $E = E_F$, so wird $w(E) = 1/2$.

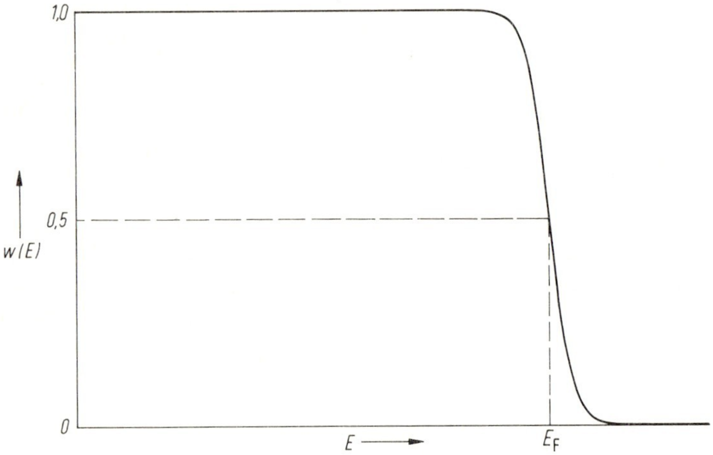

Abb. 140. Verteilungsfunktion des Elektronengases in Metallen bei $T \approx 0$.

Dieses Verhalten des Elektronengases verschwindet erst bei so hohen Temperaturen, daß die mittlere thermische Energie der Elektronen von der Größenordnung der Nullpunktsenergie wird. Diese Temperatur liegt bei den üblichen Metallen zwischen (3 und 8) · 10^4 K. Von da ab entspricht das Verhalten des Elektronengases angenähert den klassischen Gesetzen.

Für die quantitative Berechnung der Verteilungsfunktion muß man von der Gl. (117) der *Fermi-Dirac*-Statistik ausgehen. Die noch unbekannte Konstante $e^{\lambda} = B$ ergibt sich wie früher aus der Bedingung $\sum N_i = N$, also aus

$$N = \sum \frac{g_i}{B e^{E_i/kT} + 1}. \tag{119}$$

Analog wie bei den sehr dicht liegenden Translations-Zuständen des idealen Gases muß die Zahl g_i der Zellen dem Energie-Intervall ΔE proportional sein (vgl. Abb. 138), d. h. nach Gl. (76) wird

$$g_i = n_i \Delta E. \tag{120}$$

Setzt man dies in (119) ein und ersetzt wegen der sehr dicht liegenden Energieniveaus der Translation wiederum die Summe durch ein Integral, so erhält man

$$N = \int_0^\infty \frac{n_i \Delta E}{e^{\lambda + E_i/kT} + 1}. \tag{121}$$

$n_i \Delta E$, die Dichte der Energiezustände, kann man durch die gleiche Formel darstellen wie beim idealen Gas, nur gibt es wegen der zwei möglichen Spin-Einstellungen der Elektronen doppelt soviel Translationszustände wie beim idealen Gas. $n_i \Delta E$ ergibt sich somit aus Gl. (76) bzw. (77) zu

$$n_i \Delta E = 2 \cdot \frac{1}{h^3} \int\!\!\int\!\!\int\!\!\int\!\!\int\!\!\int_E^{E+\Delta E} \mathrm{d}x\,\mathrm{d}y\,\mathrm{d}z\,\mathrm{d}p_x\,\mathrm{d}p_y\,\mathrm{d}p_z = \frac{2\Delta V}{h^3} \int\!\!\int\!\!\int_E^{E+\Delta E} \mathrm{d}p_x\,\mathrm{d}p_y\,\mathrm{d}p_z. \tag{122}$$

Formt man das Impuls-Integral in ein Energie-Integral um

$\left(\text{mit } E = \frac{mu^2}{2};\ \mathrm{d}E = mu\,\mathrm{d}u;\ \mathrm{d}u = \frac{\mathrm{d}E}{mu} = \frac{\mathrm{d}E}{\sqrt{2mE}};\ u^2\mathrm{d}u = \sqrt{\frac{2E}{m^3}}\,\mathrm{d}E;\right.$

$\left.\text{ferner } \int\!\!\int\!\!\int_E^{E+\mathrm{d}E} dp_x\,\mathrm{d}p_y\,\mathrm{d}p_z = m^3 \cdot 4\pi u^2 \mathrm{d}u, \text{ vgl. S. 428}\right)$, so erhält man

$$n_i \mathrm{d}E = \frac{2\Delta V m^3 4\pi u^2 \mathrm{d}u}{h^3} = \frac{4\pi \Delta V (2m)^{3/2} E^{1/2} \mathrm{d}E}{h^3}. \tag{122a}$$

Die Energie E_F, bis zu der die Translations-Niveaus mit Elektronenpaaren besetzt sind, ergibt sich einfach aus der Gesamtzahl der Elektronen von $E = 0$ bis $E = E_\mathrm{F}$, also durch das Integral

$$\int_0^{E_\mathrm{F}} n_i \Delta E = 4\pi V \int_0^{E_\mathrm{F}} \frac{(2m)^{3/2} E^{1/2} \mathrm{d}E}{h^3} = \frac{2}{3} \frac{4\pi V (2m)^{3/2} E_\mathrm{F}^{3/2}}{h^3} = N_{T=0}. \tag{123}$$

Daraus errechnet sich die *Fermi*-Grenzenergie zu

$$E_\mathrm{F} = \frac{h^2}{8m} \left(\frac{3N}{\pi V}\right)^{2/3}. \tag{124}$$

7.4 Die Gasentartung

Für die Translationsbewegung von idealen Gasen gilt ebenfalls Gl. (122a) ohne den Faktor 2. Damit erhält man anstelle von (121), indem man gleichzeitig auf 1 Mol umrechnet ($N = N_\mathrm{L}$)

$$N_\mathrm{L} = \int_0^\infty \frac{n_i \mathrm{d}E}{e^{\lambda + E_i/kT} \pm 1}. \tag{125}$$

Das Minus-Zeichen gilt für die *Bose*-Statistik, das Plus-Zeichen für die *Fermi*-Statistik. Mit (122a) wird analog zu (123)

$$N_\mathrm{L} = \frac{2\pi \mathbf{V} (2m)^{3/2}}{h^3} \int_0^\infty \frac{E_i^{1/2} \mathrm{d}E}{e^{\lambda + E_i/kT} \pm 1}. \tag{126}$$

Die Energieverteilung hängt nun im wesentlichen von der Größe e^{λ} ab. Setzt man versuchsweise $e^{\lambda} \equiv B \gg 1$, so kann man jedenfalls den Summanden $+1$ oder -1 gegenüber $B \cdot e^{-E/kT}$ im Nenner vernachlässigen und erhält

$$N_L = \frac{2\pi \boldsymbol{V}(2m)^{3/2}}{h^3 \cdot B} \int_0^{\infty} E_i^{1/2} e^{-E_i/kT} dE. \tag{127}$$

Durch die Substitutionen $E_i^{1/2} \equiv x$; $E_i \equiv x^2$; $dE \equiv 2x\,dx$ läßt sich das Integral auf die einfachere Form bringen $\int_0^{\infty} 2x^2 e^{-x^2/kT} dx$, das bekannt ist, so daß man anstelle von (127) bekommt

$$N_L = \frac{2\pi \boldsymbol{V}(2m)^{3/2}}{h^3 B} (kT)^{3/2} \frac{\sqrt{\pi}}{2} \tag{127a}$$

oder

$$B = \frac{\boldsymbol{V}(2\pi mkT)^{3/2}}{N_L h^3}. \tag{128}$$

Wie die Berechnung von Z auf S. 428 nach Gl. (78) ergab, wird $B = Z/N_L$ tatsächlich (außer für extrem niedrige Temperaturen T) je nach der Größe von m für das betr. Gas von der Größenordnung mehrerer Zehnerpotenzen, woraus folgt, daß die Vernachlässigung von $+1$ bzw. -1 in (127) gerechtfertigt war. Setzt man den Wert für B in Gl. (114) bzw. (117) ein, so erhält man die Verteilungsfunktion

$$\frac{N_i}{N_L} = \frac{g_i h^3 e^{-E_i/kT}}{\boldsymbol{V}(2\pi mkT)^{3/2}}. \tag{129}$$

Das ist mit Gl. (81) identisch, d. h. man erhält, wie zu erwarten, die klassische *Boltzmann*-Verteilung. B wird erst bei Temperaturen unter 10 K und bei relativ großer Dichte des Gases (kleines $\boldsymbol{V}$) Werte von der Größenordnung 1 erreichen. (Beispiel: Für He mit $\boldsymbol{V} = 1000\ \text{cm}^3$; $M_{r_i} = 4$; $T = 0{,}54$ K wird $B = 1$.) Praktisch läßt sich also diese sog. „*Gasentartung*“ [1] experimentell kaum nachweisen. Das ist der Grund, weswegen man mit der klassischen *Boltzmann*-Statistik anstelle der Wellenstatistik auskommt außer für die Berechnung des Entropieanteils der Translationsbewegung, bei der die Zustandssumme noch auf Grund der klassischen Vorstellungen und der entsprechenden Abzählmethode gewonnen war.

Wenn man von vornherein die strenge Wellenstatistik verwendet, so gelangt man auch unmittelbar (ohne nachträgliche Division durch $N!$ zur Berücksichtigung der Ununterscheidbarkeit der Teilchen) zur richtigen Gleichung für die Entropie. Wir nehmen dabei an, daß T groß sei gegenüber der Entartungstemperatur (großes B). Für ein Gas, das z. B. der *Bose*-Statistik gehorcht, ergibt sich dann aus $S = k \cdot \ln \Omega_{max}$, indem man für Ω_{max} die Gl. (110) einsetzt, die *Stirling*sche Näherung benutzt und jeweils die 1 gegenüber den großen Zahlen N_i und g_i vernachlässigt:

---

[1] Diese nicht sehr glückliche Bezeichnung hat mit dem früher benutzten Begriff „Entartung“ nichts zu tun.

$$S = k[\sum (N_i + g_i)\ln(N_i + g_i) - \sum N_i \ln N_i - \sum g_i \ln g_i]$$

$$= k\left[\sum N_i \ln \frac{N_i + g_i}{N_i} + \sum g_i \ln \frac{N_i + g_i}{g_i}\right]. \tag{130}$$

Aus der *Bose*schen Verteilungsfunktion (114) folgt

$$\frac{N_i + g_i}{N_i} = \mathrm{e}^{\lambda + \varepsilon_i/kT}; \quad \frac{N_i + g_i}{g_i} = \frac{1}{1 - \mathrm{e}^{-\lambda - \varepsilon_i/kT}}.$$

Setzt man dies in (130) ein, so erhält man

$$S = k[\sum N_i(\lambda + \varepsilon_i/kT) - \sum g_i \ln(1 - \mathrm{e}^{-\lambda - \varepsilon_i/kT})] \tag{131}$$

und mit $B \equiv \mathrm{e}^{\lambda}$

$$S = k \sum N_i(\ln B + \varepsilon_i/kT) - k \sum g_i \ln\left(1 - \frac{\mathrm{e}^{-\varepsilon_i/kT}}{B}\right).$$

Da nun für Gase $B \gg 1$, kann man umformen mittels

$$\ln\left(1 - \frac{\mathrm{e}^{-\varepsilon_i/kT}}{B}\right) \approx \frac{1}{B\mathrm{e}^{\varepsilon_i/kT}} = -\frac{N_i}{g_i}. \tag{114}$$

Dann folgt für den Entropiebetrag

$$S = k \sum N_i(\ln B + \varepsilon_i/kT) + k \sum N_i = kN \ln B + \frac{U}{T} + kN,$$

weil $\sum N_i = N$ und $\sum N_i \varepsilon_i = U$.

Setzt man für B den Ausdruck Gl. (128) ein, so erhält man schließlich für ein Mol ($N = N_L$)

$$\boldsymbol{S} = R \ln \frac{\boldsymbol{V}}{N_L}\left(\frac{2\pi mkT}{h^2}\right)^{3/2} + \frac{\boldsymbol{U}}{T} + R. \tag{132}$$

Das ist mit der *Sackur-Tetrode*-Gleichung (99) identisch, denn für ein 1-atomiges ideales Gas ist $\boldsymbol{U} = 3/2(RT)$. Zum gleichen Resultat kommt man natürlich, wenn man die Beziehungen der *Fermi*-Statistik verwendet, solange die Bedingung erfüllt ist, daß die Temperatur groß ist gegenüber der Entartungs-Temperatur, was bei Gasen praktisch immer der Fall ist. Dann ist auch das früher nach Gl. (97) benutzte Korrektur-Verfahren zur Berücksichtigung der Ununterscheidbarkeit der Teilchen (Division von $\overset{*}{Z}$ durch N_L!) stets zulässig.

7.5 Einfluß des Kernspins auf die Häufigkeit rotatorischer Energiezustände (homonucleare zweiatomige Molekeln)

Es sind noch die Rotationsanteile der kalorischen Größen bei 2-atomigen Molekeln mit gleichen Kernen zu ergänzen (vgl. S. 422). Das Vorhandensein eines *Kernspins* bewirkt dann, daß zwei Modifikationen der Molekeln auftreten mit entweder symmetrischen oder antisymmetrischen Kernspin-Eigenfunktionen. Erstere bezeichnet man analog wie bei entsprechenden Elektronenspin-Eigenfunktionen als *ortho*-, letztere als *para*-Modifikation (vgl. S. 432).

Falls die Kerne einen Spin besitzen, kommt zu der Gesamteigenfunktion der Molekel noch ein Faktor ψ_j hinzu, der vom Kernspin abhängt und für sich allein gegen die Vertauschung der beiden Kerne symmetrisch oder antisymmetrisch sein kann. Zu jeder der Gruppen von S. 431 f. gibt es deshalb in solchen Fällen noch zwei Untergruppen, die sich im Kernspin unterscheiden und zwischen denen es normalerweise auch keine Übergänge gibt. Diese Unterteilung macht sich spektroskopisch in einem Intensitäts-Wechsel der Rotationsbanden bemerkbar. Der Kernspin ändert zwar die Energie nicht, beeinflußt aber das statistische Gewicht: Jeder Rotationszustand weist außer seiner schon besprochenen $(2J + 1)$fachen Entartung zusätzlich eine g_r-fache Spin-Entartung auf. Jedem Kernspin mit $j = 0, 1/2, 1, 3/2 \ldots$ entsprechen $2j + 1$ Einstellmöglichkeiten und damit auch $2j + 1$ unabhängige Eigenfunktionen. Bei einem zweiatomigen Molekül mit gleichen Kernen gibt es demnach $(2j + 1)^2$ Kernspin-Eigenfunktionen, die alle zum gleichen Energiewert gehören. Von diesen ist ein Teil symmetrisch und ein Teil antisymmetrisch, und zwar gibt es $(j + 1)(2j + 1)$ symmetrische (ortho) und $j(2j + 1)$ antisymmetrische (para)-Kernspin-Eigenfunktionen, wie eine einfache Abzählung ergibt, insgesamt also $(2j + 1)^2$.

Beispiele:

O_2; Kernspin $j = 0$.

$$(0 + 1)(2 \times 0 + 1) = 1 = g_{r,o} \quad \text{ortho-Spin-Zustände}$$
$$0(2 \times 0 + 1) = 0 = g_{r,p} \quad \text{para-Spin-Zustände.}$$

H_2; Kernspin $j = 1/2$.

$$(1/2 + 1)(2 \times (1/2) + 1) = 3 = g_{r,o} \quad \text{ortho-Spin-Zustände}$$
$$1/2(2 \times (1/2) + 1) = 1 = g_{r,p} \quad \text{para-Spin-Zustände.}$$

D_2; Kernspin $j = 1$.

$$(1 + 1)(2 \times 1 + 1) = 6 = g_{r,o} \quad \text{ortho-Spin-Zustände}$$
$$1(2 \times 1 + 1) = 3 = g_{r,p} \quad \text{para-Spin-Zustände.}$$

Je größer j wird, um so mehr nähert sich das Verhältnis der statistischen Gewichte dem Wert 1. Besonders bei kleinen Kernspins machen sich deshalb merkliche Unterschiede in den Besetzungszahlen der Energie-Niveaus bemerkbar.

Je nach der Art der Wellenstatistik, der die *Kerne* genügen, gehören zu den einzelnen Modifikationen symmetrische oder antisymmetrische *Orts*-Eigenfunktionen der Kerne:

Fermi-Statistik. Zu symmetrischen Spin-Eigenfunktionen (ortho) gehören antisymmetrische Orts-Eigenfunktionen, die bei ungeraden Rotations-Quantenzahlen J vorliegen; zu antisymmetrischen Spin-Eigenfunktionen (para) gehören symmetrische Orts-Eigenfunktionen, die geraden Rotations-Quantenzahlen J entsprechen.

Bose-Statistik. Zu symmetrischen Spin-Eigenfunktionen (ortho) gehören symmetrische Orts-Eigenfunktionen, also gerade Rotationsquantenzahlen J; zu antisymmetrischen Spin-Eigenfunktionen (para) gehören antisymmetrische Orts-Eigenfunktionen, also ungerade Rotationsquantenzahlen J.

Die *Fermi*-Statistik ist bei Kernen mit halbzahligem Spin oder ungerader Massenzahl, die *Bose*-Statistik bei Kernen mit ganzzahligem Spin oder gerader Massenzahl zu verwenden.

Beispiele:

H_2; $j = 1/2$; *Fermi*-Statistik

Nach Gl. (56a) ist

$$\left.\begin{aligned} Z_{\mathrm{r,para}} &= g_{\mathrm{r,p}} Z_{\mathrm{p}} \quad \text{(Orts-Eigenfunktionen mit geradem } J) \\ &= 1(1 + 5\mathrm{e}^{-6\Theta_{\mathrm{r}}/T} + 9\mathrm{e}^{-20\Theta_{\mathrm{r}}/T} + \cdots) \\ Z_{\mathrm{r,ortho}} &= g_{\mathrm{r,o}} Z_{\mathrm{o}} \quad \text{(Orts-Eigenfunktionen mit ungeradem } J) \\ &= 3(3\mathrm{e}^{-2\Theta_{\mathrm{r}}/T} + 7\mathrm{e}^{-12\Theta_{\mathrm{r}}/T} + 11\mathrm{e}^{-30\Theta_{\mathrm{r}}/T} + \cdots). \end{aligned}\right\} \tag{133}$$

D_2; $j = 1$; *Bose*-Statistik

$$\left.\begin{aligned} Z_{\mathrm{r,para}} &= g_{\mathrm{r,p}} Z_{\mathrm{p}} \quad \text{(Orts-Eigenfunktionen mit ungeradem } J) \\ &= 3(3\mathrm{e}^{-2\Theta_{\mathrm{r}}/T} + 7\mathrm{e}^{-12\Theta_{\mathrm{r}}/T} + 11\mathrm{e}^{-30\Theta_{\mathrm{r}}/T} + \cdots) \\ Z_{\mathrm{r,ortho}} &= g_{\mathrm{r,o}} Z_{\mathrm{o}} \quad \text{(Orts-Eigenfunktionen mit geradem } J) \\ &= 6(1 + 5\mathrm{e}^{-6\Theta_{\mathrm{r}}/T} + 9\mathrm{e}^{-20\Theta_{\mathrm{r}}/T} + \cdots). \end{aligned}\right\} \tag{134}$$

Für genügend hohe Temperaturen ($\Theta_{\mathrm{r}} \ll T$) kann man wieder die Summe durch ein Integral ersetzen, wobei jedoch zu berücksichtigen ist, daß jede der Summen nur aus der Hälfte der Glieder besteht, so daß man erhält (analog zu S. 420)

$$\left.\begin{aligned} Z_{\mathrm{r,para}} &= g_{\mathrm{r,p}} \frac{T}{2\Theta_{\mathrm{r}}} \\ Z_{\mathrm{r,ortho}} &= g_{\mathrm{r,o}} \frac{T}{2\Theta_{\mathrm{r}}}. \end{aligned}\right\} \tag{135}$$

Das Verhältnis der beiden Zustandssummen liefert unmittelbar die relative Häufigkeit der beiden Modifikationen. Bei sehr tiefen Temperaturen, wenn alle Molekeln in den Rotations-Grundzustand übergehen ($J = 0$), ist also im Fall des H_2 nur die Para-Modifikation, im Fall des D_2 nur die Ortho-Modifikation beständig. Bei höheren Temperaturen sind die Mengenverhältnisse beim H_2 1 Para: 3 Ortho, beim D_2 1 Para: 2 Ortho. Entsprechend ergeben sich die Molenbrüche

beim H_2 zu $x_{\mathrm{para}} = 1/4$; $x_{\mathrm{ortho}} = 3/4$,

beim D_2 zu $x_{\mathrm{para}} = 1/3$; $x_{\mathrm{ortho}} = 2/3$.

Da zwischen den beiden Modifikationen normalweise keine Übergänge stattfinden[1], liegen die Molekeln gewöhnlich in einer *Mischung* gegebener Zusammensetzung vor. Für den Anteil der Freien Energie der Rotation gilt nach (59) vor der Vermischung

$$\boldsymbol{F}_{\mathrm{r}} = x_{\mathrm{para}}\boldsymbol{F}_{\mathrm{para}} + x_{\mathrm{ortho}}\boldsymbol{F}_{\mathrm{ortho}}.$$

Die Freie Mischungs-Energie ergibt sich nach (IV, 52) aus der Mischungsentropie, da keine Mischungswärme auftritt, zu

$$\Delta \boldsymbol{F}_{\mathrm{r,Mischung}} = RT(x_{\mathrm{para}}\ln x_{\mathrm{para}} + x_{\mathrm{ortho}}\ln x_{\mathrm{ortho}}). \tag{136}$$

Insgesamt ergibt sich also für den Anteil der Freien Energie der Rotation nach (59)

$$\boldsymbol{F}_{\mathrm{r,Mischung}} = -x_{\mathrm{para}}RT(\ln Z_{\mathrm{r,para}} - \ln x_{\mathrm{para}}) - x_{\mathrm{ortho}}RT(\ln Z_{\mathrm{r,ortho}} - \ln x_{\mathrm{ortho}}). \tag{137}$$

Bei *genügend hohen Temperaturen* wird dies unter Benutzung von (135)

$$\boldsymbol{F}_{\mathrm{r,Mischung}} = -x_{\mathrm{para}}RT\left(\ln g_{\mathrm{r,p}} + \ln\frac{T}{\Theta_{\mathrm{r}}} - \ln 2 - \ln x_{\mathrm{para}}\right)$$

$$-x_{\mathrm{ortho}}RT\left(\ln g_{\mathrm{r,o}} + \ln\frac{T}{\Theta_{\mathrm{r}}} - \ln 2 - \ln x_{\mathrm{ortho}}\right).$$

Mit Hilfe der Beziehungen

$$x_{\mathrm{para}} = 1 - x_{\mathrm{ortho}}; \quad x_{\mathrm{para}} = \frac{g_{\mathrm{r,p}}}{g_{\mathrm{r,p}} + g_{\mathrm{r,o}}}$$

läßt sich dies umformen in

$$\boldsymbol{F}_{\mathrm{r,Mischung}} = -RT\left[\ln\frac{T}{\Theta_{\mathrm{r}}} - \ln 2 + \ln(g_{\mathrm{r,p}} + g_{\mathrm{r,o}})\right]. \tag{138}$$

Im Vergleich zu dem Beitrag an Freier Energie zur Rotation einer Molekel aus ungleichen Kernen nach Gl. (59) besteht der wesentliche Unterschied in dem Glied $+RT \cdot \ln 2$. Das letzte Glied

$$-RT\ln(g_{\mathrm{r,p}} + g_{\mathrm{r,o}}) = -RT\ln(2j+1)^2$$

ist eine Konstante und stellt den Einfluß der zusätzlichen Entartung durch die Kernspin-Multiplizität dar, die bei allen Berechnungen herausfällt. Dagegen entspricht der Term $+RT\ln 2$ der Aufspaltung in para- und ortho-Zustände, was früher durch die Symmetriezahl σ im Nenner berücksichtigt wurde (vgl. S. 422). Die Begründung der Symmetriezahl ergibt sich also erst aus der Wellenstatistik und der Berücksichtigung der Kernspins. Der Entropiebetrag zur Rotation der Molekeln in einer aus beiden Modifikationen bestehenden Mischung ergibt sich aus (138) zu

[1] Beim Wasserstoff kann man das erzwingen, indem man ihn an Kohle adsorbiert.

$$\boldsymbol{S}_{\mathrm{r,Mischung}} = \frac{-\partial \boldsymbol{F}_{\mathrm{r,Mischung}}}{\partial T} = R \ln \frac{T}{2\Theta_{\mathrm{r}}} + R = R \ln \frac{8\pi^2 I k}{h^2} + R \ln T + R - R \ln 2, \tag{139}$$

die zugehörige Molwärme zu

$$\boldsymbol{C}_{\mathrm{r,Mischung},V} = -T \frac{\partial^2 \boldsymbol{F}_{\mathrm{r}}}{\partial T^2} = T \frac{\partial \boldsymbol{S}_{\mathrm{r}}}{\partial T} = R. \tag{140}$$

Bei *sehr tiefen Temperaturen* muß man die Summenformeln (133), (134) und (137) benutzen, d. h. auf die Symmetriezahl σ verzichten.

8 Statistische Berechnung von molaren konventionellen Entropien und Freien Enthalpien idealer Gase

Wie schon auf S. 412 begründet wurde, kann man die Energiebeiträge der verschiedenen Bewegungsarten von Molekeln (Translation, Rotation, Schwingung, Elektronenbewegung), von der Kopplung zwischen Schwingung und Rotation abgesehen, als voneinander unabhängig betrachten und deshalb zur Gesamtenergie zusammensetzen [Gl. (38)]. Entsprechend zerlegt man die Gesamt-Zustandssumme in ein Produkt, dessen Faktoren für die einzelnen Bewegungsarten gesondert ermittelt werden [Gl. (39)]. Die zur statistischen Berechnung notwendigen Θ_{v}-Werte der verschiedenen Normalschwingungen, die Trägheitsmomente I, die Symmetriezahlen σ und die Quantengewichte g_{e} von elektronischen Grund- und Anregungszuständen, sowie die Molwärmen bei voller Anregung der Rotation findet man in einer Reihe von Tabellen[1].

Besonders wichtig ist die statistische Berechnung molarer konventioneller Standard-Entropiewerte von idealen Gasen, die ihrerseits zur Berechnung von Gleichgewichten gebraucht werden, ohne daß man die Entropie der zugehörigen kondensierten Phasen und ihre Umwandlungsentropien zu bestimmen braucht, wie dies auf S. 353 ff. beschrieben wurde. Wir stellen deshalb die molaren Zustandssummen für die verschiedenen Bewegungsmöglichkeiten der Molekeln nochmals in Tabelle 27 zusammen, damit man sie für Rechnungen übersichtlich zur Verfügung hat.

Die Temperatur- und Volumen- bzw. Druckabhängigkeit der Entropie des idealen Gases ergab sich aus (IV, 21 und 22) zu

$$\mathrm{d}S_V = C_V \,\mathrm{d}\ln T + R\,\mathrm{d}\ln V,$$

$$\mathrm{d}S_p = C_p \,\mathrm{d}\ln T - R\,\mathrm{d}\ln p.$$

Zerlegt man wie üblich in einen T-unabhängigen und einen T-abhängigen Anteil, so liefert die Integration zwischen den Grenzen 1 K und T[2] pro mol

---

1 *H. S. Taylor, S. Glasstone* (Eds.), Treatise on Physical Chemistry, 3. ed., Vol. 1, New York 1947; *Landolt-Börnstein,* 6. Auflage, Bd. II/4, Berlin 1961, Kap. 242; *I. N. Godnew*, Berechnung thermodynamischer Funktionen aus Moleküldaten, Berlin 1963; JANAF, Thermochemical Tables, 2. ed., *D. R. Stoll* and *H. Prophet*, NSRDS-NBS 37, Washington 1971.

2 Wegen der Grenze 1 vgl. Anmerkung[2] auf S. 355.

Tabelle 27. Beiträge zur molaren Zustandssumme.

1. *Translation*

$$Z_{\text{trans}} = \left(\frac{2\pi m k T}{h^2}\right)^{3/2} \boldsymbol{V}$$

Zur Berechnung von $\boldsymbol{U}, \boldsymbol{H}, \boldsymbol{C}_V, \boldsymbol{C}_p$

$$\ln Z_{\text{trans}} = N_{\text{L}}\left[\ln \text{e} + \ln\left(\frac{2\pi m k T}{h^2}\right)^{3/2} + \ln\frac{\boldsymbol{V}}{N_{\text{L}}}\right]$$

Zur Berechnung von $\boldsymbol{F}, \boldsymbol{G}, \boldsymbol{S}, \boldsymbol{K}_p$

2. *Rotation linearer Molekeln*

$$Z_{\text{r}} = \frac{8\pi^2 I k T}{\sigma h^2} = \frac{T}{\sigma \Theta_{\text{r}}}; \quad \Theta_{\text{r}} \equiv \frac{h^2}{8\pi^2 I k}$$

3. *Rotation nichtlinearer Molekeln*

$$Z_{\text{r}} = \frac{\pi^{1/2}}{\sigma}\left[\left(\frac{8\pi^2 I_{\text{A}} k T}{h^2}\right)\left(\frac{8\pi^2 I_{\text{B}} k T}{h^2}\right)\left(\frac{8\pi^2 I_{\text{C}} k T}{h^2}\right)\right]^{1/2} = \frac{1}{\sigma}\left[\frac{\pi^7 (8\bar{I} k T)^3}{h^2}\right]^{1/2};$$

$$\bar{I}^3 \equiv I_{\text{A}} I_{\text{B}} I_{\text{C}} = \frac{\pi^{1/2}}{\sigma}\left(\frac{T}{\Theta_{\text{r}}}\right)^{3/2}; \quad \Theta_{\text{r}} = \frac{h^2}{8\pi^2 \bar{I} k}.$$

4. *Normalschwingung*

$$Z_{\text{v}} = \frac{\text{e}^{-h\nu_0/2kT}}{1 - \text{e}^{-h\nu_0/kT}} = \frac{\text{e}^{-\Theta_{\text{v}}/2T}}{1 - \text{e}^{-\Theta_{\text{v}}/T}}; \quad \nu_0 = c\tilde{\nu}_0; \quad \Theta_{\text{v}} \equiv \frac{h\nu_0}{k} = 0{,}01438\,\text{m}\cdot\text{K}\cdot\tilde{\nu}_0.$$

5. *Elektronenbewegung*

$$Z_{\text{e}} = g_{\text{e},0} + g_{\text{e},1}\,\text{e}^{-\Delta E_1/kT} + \cdots = \sum (2j_{\text{e}} + 1)\,\text{e}^{-\Delta E_i/kT}$$

$$\left.\begin{aligned} \boldsymbol{S}_V &= \boldsymbol{S}_{0,V} + \boldsymbol{C}_{V,0}\ln T + \int_1^T \frac{\boldsymbol{C}_V \mathrm{d}T}{T} + R\ln\boldsymbol{V} \\ \boldsymbol{S}_p &= \boldsymbol{S}_{0,p} + \boldsymbol{C}_{p,0}\ln T + \int_1^T \frac{\boldsymbol{C}_V \mathrm{d}T}{T} - R\ln p. \end{aligned}\right\} \tag{141}$$

Statistisch erhält man $\boldsymbol{S}_V$, praktisch braucht man $\boldsymbol{S}_p$. Mit $\boldsymbol{C}_{p,0} - \boldsymbol{C}_{V,0} = R$ und $\boldsymbol{V} = RT/p$ erhält man den Zusammenhang zwischen $\boldsymbol{S}_{0,p}$ und $\boldsymbol{S}_{0,V}$ zu

$$\boldsymbol{S}_{0,p} = \boldsymbol{S}_{0,V} + R\ln R. \tag{142}$$

8.1 Einatomige Gase

Zu der Entropiekonstanten $\boldsymbol{S}_{0,V,\text{trans}}$ gelangt man unter Benutzung der *Sackur-Tetrode*-Gleichung (99) und der Gl. (71), indem man noch $m = M/N_{\text{L}}$ setzt und die konstanten Größen zusammenfaßt:

$$\boldsymbol{S}_{0,V,\text{trans}} + \boldsymbol{S}_{0,\text{e}} = R \ln \left[\text{e}^{5/2} \left(\frac{2\pi}{N_\text{L} h^2} \right)^{3/2} \frac{k^{5/2}}{\overset{*}{p}} \right] + R \ln g_{\text{e},0} \,. \tag{143}$$

Dabei ist gleichzeitig auf Standardbedingungen umgerechnet ($\overset{*}{p} = 1{,}0135 \cdot 10^5$ N · m^{-2} = 1 atm). Dann ist der gesamte Translationsanteil der Entropie gegeben durch

$$\boldsymbol{S}_{V,\text{trans}} = \boldsymbol{S}_{0,V,\text{trans}} + R \ln [M^{3/2} g_{\text{e},0} T^{5/2}] \,, \tag{144}$$

eine Gleichung, die für den Translationsanteil beliebiger idealer Gase gilt, wie schon auf S. 434 an einem Beispiel gezeigt wurde. $\boldsymbol{S}_{V,\text{trans}}$ wächst mit dem Molekulargewicht bzw. der molaren Masse M an, weil die Energiezustände mit zunehmendem M näher zusammenrücken, so daß auch die Zahl der Verteilungsmöglichkeiten und damit auch das statistische Gewicht größer wird. Dabei ist nur zu beachten, daß man M in kg mol^{-1} angibt. Für $\boldsymbol{S}_{0,V,\text{trans}}$ erhält man

$$\boldsymbol{S}_{0,V,\text{trans}} = (8{,}314 \text{ J K}^{-1} \text{mol}^{-1}) \cdot \ln \left[\text{e}^{5/2} \left(\frac{6{,}283}{(6{,}022 \cdot 10^{23} \text{ mol}^{-1})(6{,}626 \cdot 10^{-34} \text{ J s})^2} \right)^{3/2} \cdot \frac{(1{,}381 \cdot 10^{-23} \text{ J K}^{-1})^{5/2}}{(1{,}0135 \cdot 10^5 \text{ Nm}^{-2})} \right]$$

$$= (8{,}314 \text{ J K}^{-1} \text{mol}^{-1}) \cdot \ln [9{,}87 \cdot 10^3] = 76{,}5 \text{ J K}^{-1} \text{mol}^{-1} \,.$$

Indem man noch mit (142) zusammenfaßt, erhält man

$$\boldsymbol{S}_{0,p,\text{trans}} = \boldsymbol{S}_{0,V,\text{trans}} + R \ln R = (76{,}5 + 17{,}6) = 94{,}1 \text{ J K}^{-1} \text{mol}^{-1} \,. \tag{145}$$

und entsprechend

$$\boldsymbol{S}_{p,\text{trans}} = \boldsymbol{S}_{0,p,\text{trans}} + R \ln [M^{3/2} g_{\text{e},0} T^{5/2}] \,. \tag{146}$$

In Tab. 28 sind die kalorimetrisch nach Gl. (VI, 31) und die statistisch nach Gl. (146) ermittelten Standardentropien einiger 1-atomiger idealer Gase bei 298,15 K und 1 atm Druck einander gegenübergestellt.

Tabelle 28. Kalorimetrisch bzw. statistisch ermittelte Standard-Entropien einatomiger Gase bei 298 K.

Gas	$\boldsymbol{S}_{298}$ kalorim. J K^{-1} mol^{-1}	$\boldsymbol{S}_{298}$ statist. J K^{-1} mol^{-1}
He	127,2	125,9
Ar	154,4	154,8
Na	155,6	153,6
Zn	160,7	161,1
Cd	167,4	167,8
Hg	176,6	174,9
Pb	174,9	175,3

Sie stimmen gut überein, was gleichzeitig ein Beweis dafür ist, daß sich die kondensierten Phasen im inneren Gleichgewicht befinden, so daß die Normierung $\boldsymbol{S}_{0,\mathrm{Gl.}} = 0$ berechtigt ist.

8.2 Lineare Moleküle

Zur statistischen Berechnung der Entropiekonstanten $\boldsymbol{S}_{0,p}$ von mehratomigen Molekülen sind auch die Rotations- und Schwingungszustände zu berücksichtigen.

Nach Gl. (56c) ist $Z_\mathrm{r} = T/\Theta_\mathrm{r}\sigma$, nach (59) $\boldsymbol{F}_\mathrm{r} = -RT \cdot \ln Z_\mathrm{r}$ und nach (60a)

$$\boldsymbol{S}_\mathrm{r} = -\left(\frac{\partial \boldsymbol{F}_\mathrm{r}}{\partial T}\right)_V = R\ln T + R \cdot \ln\frac{8\pi^2 I k}{h^2\sigma} + R,$$

wobei σ die Symmetriezahl und I das Trägheitsmoment ist. Der T-unabhängige Teil von $\boldsymbol{S}_\mathrm{r}$ beträgt also

$$\boldsymbol{S}_{0,\mathrm{r}} = R \cdot \ln\frac{8\pi^2 k}{h^2} + R + R\ln I - R\ln\sigma$$

$$= (8{,}314\ \mathrm{J\,K^{-1}\,mol^{-1}}) \cdot \ln\left[\frac{78{,}96 \cdot (1{,}381 \cdot 10^{-23}\ \mathrm{J\,K^{-1}})}{(6{,}626 \cdot 10^{-34}\ \mathrm{J\,s})^2}\right]$$

$$+ \mathrm{R} + \mathrm{R}\ln I - R\ln\sigma = 877{,}3\ \mathrm{J\,K^{-1}\,mol^{-1}} + R\ln I - R\ln\sigma. \tag{147}$$

Der Rotationsanteil der Entropie eines linearen Moleküls beträgt also

$$\boldsymbol{S}_\mathrm{r} = 877{,}3\ \mathrm{J\,K^{-1}\,mol^{-1}} + R\ln I - R\ln\sigma + R\ln T. \tag{148}$$

Für das auf S. 434 besprochene Iodmolekül beträgt er $65{,}8\ \mathrm{J\,K^{-1}\,mol^{-1}}$.

Die Entropiekonstante eines linearen Moleküls, die sich aus einem Translationsanteil und einem Rotationsanteil zusammensetzt, ist – da die Schwingung zu $\boldsymbol{S}_0$ nichts beiträgt – danach:

$$\boldsymbol{S}_{0,p,\mathrm{trans}} + \boldsymbol{S}_{0,\mathrm{r}} = 94{,}1 + 877{,}3 = 971{,}4\ \mathrm{J\,K^{-1}\,mol^{-1}}. \tag{149}$$

8.3 Starre, mehratomige nichtlineare Moleküle

Der Rotationsanteil der Entropie war nach (64)

$$\boldsymbol{S}_{\mathrm{r},V} = \frac{3}{2}R \cdot \ln\frac{8\pi^{7/3}\bar{I}k}{h^2} + \frac{3}{2}R + \frac{3}{2}R\ln T - R\ln\sigma,$$

wobei $\bar{I} = \sqrt[3]{I_\mathrm{A} I_\mathrm{B} I_\mathrm{C}}$ das geometrische Mittel der drei Trägheitsmomente bedeutete und σ wieder die Symmetriezahl. Der T-unabhängige Teil von $\boldsymbol{S}_{\mathrm{r},V}$ beträgt demnach in diesem Fall

$$\boldsymbol{S}_{0,\mathrm{r}} = \frac{3}{2} R \cdot \ln \frac{8\pi^{7/3} k}{h^2} + \frac{3}{2} R + \frac{3}{2} R \ln \bar{I} - R \ln \sigma \tag{150}$$

$$= (12{,}47\ \mathrm{J\,K^{-1}\,mol^{-1}}) \cdot \ln[3{,}604 \cdot 10^{45}] + \frac{3}{2} R + \frac{3}{2} R \ln \bar{I} - R \ln \sigma$$

$$= (12{,}47 \cdot 104{,}898\ \mathrm{J\,K^{-1}\,mol^{-1}}) + \frac{3}{2} R + \frac{3}{2} R \ln \bar{I} - R \ln \sigma$$

$$= 1320{,}65\ \mathrm{J\,K^{-1}\,mol^{-1}} + \frac{3}{2} R \ln \bar{I} - R \ln \sigma . \tag{151}$$

Die Entropiekonstante eines starren, mehratomigen Moleküls, bestehend aus Translations- und Rotationsanteil, ist also

$$\boldsymbol{S}_{0,p,\mathrm{trans}} + \boldsymbol{S}_{0,\mathrm{r}} = (94{,}1 + 1320{,}7)\ \mathrm{J\,K^{-1}\,mol^{-1}} = 1414{,}8\ \mathrm{J\,K^{-1}\,mol^{-1}} . \tag{152}$$

Beispiel. Für die Berechnung der Rotationsentropie des Benzols sind die drei Trägheitsmomente gegeben mit

$$I_\mathrm{A} = 2{,}93 \cdot 10^{-45}\ \mathrm{kg\,m^2};$$

$$I_\mathrm{B} = I_\mathrm{C} = 1{,}46 \cdot 10^{-45}\ \mathrm{kg\,m^2},$$

$$\bar{I} = 1{,}843 \cdot 10^{-45}\ \mathrm{kg\,m^2},$$

ferner $\sigma = 12$. Bei 298,15 K ist

$$\boldsymbol{S}_\mathrm{r} = 1320{,}7 + (3/2) R \ln 298{,}15 - R \ln \sigma + (3/2) R \ln \bar{I}$$

$$= (1320{,}7 + 71{,}1 - 20{,}7 - 1284{,}6)\ \mathrm{J\,K^{-1}\,mol^{-1}} = 86{,}5\ \mathrm{J\,K^{-1}\,mol^{-1}} .$$

Zur Berechnung der Schwingungsentropie benutzt man die Gl. (48) für jede der Normalschwingungen. Für das oben untersuchte Iodmolekül bei 298 K beträgt sie $8{,}4\ \mathrm{J\,K^{-1}\,mol^{-1}}$, ist also relativ klein und wächst erst bei höheren Temperaturen rasch an. Da die Schwingungsentropie keine *T*-unabhängigen Glieder besitzt, trägt sie zur Entropiekonstante $\boldsymbol{S}_0$ nicht bei.

Zusammenfassend erhält man für die Entropiekonstanten $\boldsymbol{S}_{0,p}$ des idealen Gases, d. h. für den *T*-unabhängigen Anteil in Gl. (141), die folgende Tabelle:

Tabelle 29. Entropiekonstanten des idealen Gases.

$\boldsymbol{S}_{0,p} = 94{,}1\ \mathrm{J\,K^{-1}\,mol^{-1}} + R \ln [M^{3/2} \cdot g_{\mathrm{e},0}]$	1-atomige Gase
$\boldsymbol{S}_{0,p} = 971{,}4\ \mathrm{J\,K^{-1}\,mol^{-1}} + (3/2) \ln M + R \ln (g_{\mathrm{e},0}/\sigma) + R \ln I$	lineare Molekeln
$\boldsymbol{S}_{0,p} = 1414{,}8\ \mathrm{J\,K^{-1}\,mol^{-1}} + (3/2) \ln M + (3/2) \ln \bar{I} + R \ln \left(\frac{g_{\mathrm{e},0}}{\sigma}\right)$	mehratomige nichtlineare Molekeln

In den berechneten Zahlenwerten sind die Beiträge von $(5/2)R$, $(7/2)R$ bzw. $(8/2)R$ bereits enthalten.

In Tab. 30 sind analog zu Tab. 28 einige der statistisch und der kalorimetrisch nach Gl. (VI, 31) ermittelten Standard-Entropiewerte mehratomiger Gase verglichen. Die Übereinstimmung

Tabelle 30. Kalorimetrisch bzw. statistisch ermittelte Standard-Entropien mehratomiger Gase bei 298 K.

Gas	$\boldsymbol{S}_{298}$ kalorim. J K^{-1} mol^{-1}	$\boldsymbol{S}_{298}$ statist. J K^{-1} mol^{-1}
H_2	124,3	130,5
CO	193,3	197,5
N_2	192,0	191,6
O_2	205,4	205,0
Cl_2	223,0	223,0
HCl	186,2	186,6
HBr	199,2	198,7
HJ	207,5	206,7
H_2O	185,4	188,7
H_2S	205,9	205,9
CO_2	213,8	213,8
N_2O	215,1	220,1
NH_3	192,0	192,5
CH_4	185,4	186,2
CH_3Cl	233,9	234,3
C_2H_5Cl	275,7	283,7

ist gut, wie dies auch in Tab. 28 der Fall war. Die Abweichungen bei CO und N_2O lassen sich darauf zurückführen, daß infolge der S. 350 diskutierten zwei Orientierungsmöglichkeiten der Dipole in der festen Phase nach Gl. (VI, 25) eine Nullpunktsentropie von rund 5,8 J K^{-1} mol^{-1} auftreten kann, wenn die bei höheren Temperaturen bevorzugte regellose Orientierung bei der Abkühlung des Kristalls „einfriert". Die beobachtete Abweichung kann deshalb als Beweis für das fehlende innere Gleichgewicht der festen Phase betrachtet werden. Ähnliche Überlegungen gelten für H_2O mit seinen Wasserstoffbrückenbindungen zwischen den Molekeln. Die große Differenz beim H_2 dürfte auf Meßfehler bei der schwer zu handhabenden festen Phase beruhen.

Wir gehen nun zur Berechnung der T-abhängigen Anteile über. Die gesamte *Molwärme* ergibt sich einfach zu

$$\boldsymbol{C}_p = \boldsymbol{C}_{p,0} + \sum_1^n \boldsymbol{C}_{V,\mathrm{v}}, \tag{153}$$

wobei für jede Normalschwingung nach (46)

$$\boldsymbol{C}_{\mathrm{v},V} = \frac{R(\Theta_\mathrm{v}/T)^2 \mathrm{e}^{\Theta_\mathrm{v}/T}}{(\mathrm{e}^{\Theta_\mathrm{v}/T} - 1)^2}$$

und $$\Theta_\mathrm{v} \equiv \frac{hc\tilde{\nu}_0}{k} = 0{,}01438\ \tilde{\nu}_0\,\mathrm{m}\cdot\mathrm{K}.$$

Insgesamt erhält man für die molare *Entropie des idealen Gases* nach Gl. (141)

$$\boldsymbol{S}_p = \boldsymbol{S}_{0,p} + \boldsymbol{C}_{p,0}\ln T + \sum_1^n \boldsymbol{S}_\mathrm{v} - R\ln p. \tag{154}$$

Für die molare *Enthalpie des idealen Gases* gilt analog

$$\boldsymbol{H} = \boldsymbol{H}_0 + \boldsymbol{C}_{p,0} T + \sum_1^n \boldsymbol{U}_\mathrm{v}, \tag{155}$$

wobei nach (45) und (50)

$$\boldsymbol{U}_\mathrm{v} = \frac{R\Theta_\mathrm{v}}{2} + \frac{R\Theta_\mathrm{v}}{\mathrm{e}^{\Theta_\mathrm{v}/T} - 1}.$$

$\boldsymbol{H}_0$ ist für Elemente gleich Null gesetzt, für chemische Verbindungen gleich der (extrapolierten) Bildungswärme bei $T = 0$ K.

Für die *Freie Enthalpie des idealen Gases* ergibt sich aus $\boldsymbol{G} = \boldsymbol{H} - T\boldsymbol{S}$ die Beziehung

$$\begin{aligned}\boldsymbol{G} &= \boldsymbol{H}_0 + \boldsymbol{C}_{p_0} T + \sum_1^n \boldsymbol{U}_\mathrm{v} - T\sum_1^n \boldsymbol{S}_\mathrm{v} - T\boldsymbol{S}_{0,p} - \boldsymbol{C}_{p_0} T \ln T + RT\ln p \\ &= \boldsymbol{H}_0 + \boldsymbol{C}_{p_0} T - T\boldsymbol{S}_{0,p} + \sum_1^n \boldsymbol{F}_\mathrm{v} - \boldsymbol{C}_{p_0} T\ln T + RT\ln p,\end{aligned} \tag{156}$$

wobei nach (47)

$$\boldsymbol{F}_\mathrm{v} = -RT\ln Z_\mathrm{v} = -RT\ln(1 - \mathrm{e}^{-\Theta_\mathrm{v}/T}).$$

9 Statistische Berechnungen der Gleichgewichtskonstanten von Gasreaktionen

Aus Gleichung (V, 239) $-\Delta\boldsymbol{G} = RT\ln\boldsymbol{K}$ ging hervor, daß die Gleichgewichtskonstante einer Reaktion ein Maß für die Freie Standard-Reaktionsenthalpie ist. Letztere ist nach (32) und (39) für ideale Gase gegeben durch

$$\boldsymbol{G} = \boldsymbol{F} + p\boldsymbol{V} = -RT\ln Z + p\boldsymbol{V} = -RT\ln(Z_\mathrm{trans} \cdot Z_\mathrm{int.}) + RT. \tag{157}$$

Setzt man für $\ln Z_\mathrm{trans}$ die Gl. (98) ein, so wird

$$\boldsymbol{F} = -RT\ln Z_\mathrm{int.} - \mathrm{R}T\left[\ln\left(\frac{2\pi mkT}{h^2}\right)^{3/2} + \ln\frac{\boldsymbol{V}}{N_\mathrm{L}}\right] - RT. \tag{158}$$

Eliminiert man $\boldsymbol{F}$ aus den Gln. (157) und (158), so erhält man

$$\boldsymbol{G} = -RT\ln Z_\mathrm{int.} - RT\left[\ln\left(\frac{2\pi mkT}{h^2}\right)^{3/2} + \ln\frac{\boldsymbol{V}}{N_\mathrm{L}}\right]. \tag{159}$$

Für *ideale Gase im Standardzustand* ist, da $\overset{*}{p} = 1$ atm, $\boldsymbol{V} = RT/\overset{*}{p} = RT$, so daß man (159) auch in der Form schreiben kann

$$\boldsymbol{G} = -RT\ln Z_\mathrm{int.} - RT\left[\ln\left(\frac{2\pi m}{h^2}\right)^{3/2} + \ln(kT)^{5/2}\right] \equiv -RT\ln Z_\mathrm{Stand.}. \tag{160}$$

Das ist die Beziehung zwischen der Freien Enthalpie eines idealen Gases und der Gesamtzustandssumme unter Standardbedingungen.

Für das allgemeine Reaktionsschema (III, 118) $\nu_A A + \nu_B B \rightleftarrows \nu_C C + \nu_D D$ folgt nach (V, 239)

$$\Delta \boldsymbol{G}_{\text{Stand.}} = -RT\ln \boldsymbol{K}_p = -RT\ln \frac{(Z_{\text{Stand. C}})^{\nu_C}(Z_{\text{Stand. D}})^{\nu_D}}{(Z_{\text{Stand. A}})^{\nu_A}(Z_{\text{Stand. B}})^{\nu_B}} \cdot e^{-\Delta\varepsilon_0/kT}. \tag{161}$$

$\Delta\varepsilon_0$ ist die Energiedifferenz zwischen den *Grundzuständen* von C und D bzw. von A und B. Dies ist für die einfache Reaktion A $\rightleftarrows$ B in Abb. 141 dargestellt: $\Delta\varepsilon_0 = \varepsilon_0(\text{B}) - \varepsilon_0(\text{A})$. Im Gleichgewicht sind die Molekeln A statistisch über die Energiezustände $\varepsilon_i(\text{A})$ verteilt, die Molekeln B über die Energiezustände $\varepsilon_i(\text{B})$. Es ist also $Z_{\text{Stand.}}(\text{A}) = \sum_0^\infty e^{-\varepsilon_i(\text{A})/kT}$. Da man im Gleichgewicht die Energieniveaus von demselben Nullzustand aus zu zählen hat (vgl. Abb. 141), gilt entsprechend $Z_{\text{Stand.}}(\text{B}) = e^{-\Delta\varepsilon_0/kT}\sum_0^\infty e^{-\varepsilon_i(\text{B})/kT}$.

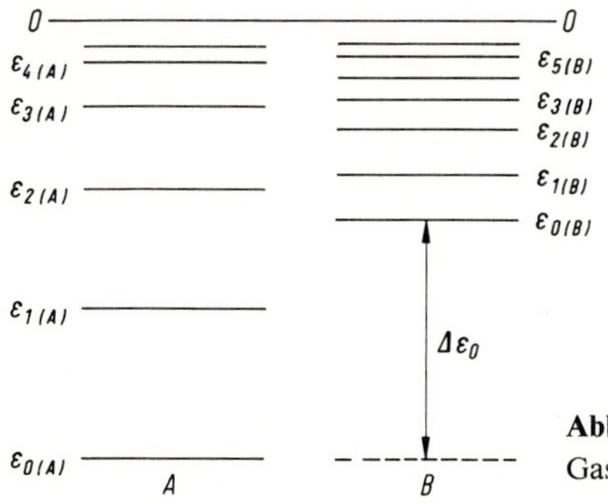

Abb. 141. Energie-Niveaus zweier miteinander reagierender Gase A und B.

In Gl. (161) ist analog $\Delta\varepsilon_0$ die Energiedifferenz des gesamten Systems der Endprodukte C und D bzw. der Ausgangsstoffe A und B bezogen auf den gleichen Nullzustand. $N_L \cdot \Delta\varepsilon_0$ ist danach gleich der Reaktionsenthalpie $\Delta \boldsymbol{H}_0$ bei $T = 0$ K, die man etwa aus dem *Kirchhoff*schen Satz (III, 143) berechnen kann.

Als Beispiel sei die Gleichgewichtskonstante $\boldsymbol{K}_p$ der Dissoziation des Natriumdampfes

$$Na_2 \rightleftarrows 2\,Na$$

bei 1000 K berechnet. Gegeben sind folgende Größen:
Die Grundschwingungsfrequenz des Na_2 $\tilde{\nu}_0 = \lambda_0^{-1} = 159{,}23\ \text{cm}^{-1}$; das Trägheitsmoment $I = \mu r^2 = 1{,}81 \cdot 10^{-45}\ \text{kg m}^2$; $m_{Na} = 3{,}82 \cdot 10^{-26}$ kg; $m_{Na_2} = 7{,}64 \cdot 10^{-26}$ kg; die Dissoziationsenergie des Na_2 bei 0 K = 0,73 eV = 70,4 kJ mol^{-1}. Der Grundzustand des Na_2-Moleküls ist ein Singulett, also $g_0(Na_2) = 1$, der des Na-Atoms dagegen ein Dublett mit $g_0(\text{Na}) = 2$. Damit erhält man für die Teil-Zustandssummen unter Standardbedingungen ($\overset{*}{p} = 1$ atm $= 1{,}0135 \cdot 10^5\ \text{N m}^{-2}$)

$$Z_{\text{trans, Stand.}}(Na_2) = \left[\frac{2\pi(7{,}64 \cdot 10^{-26}\ \text{kg})}{(6{,}626 \cdot 10^{-34}\ \text{J s})^2}\right]^{3/2} \cdot [1{,}381 \cdot 10^{-23}\ \text{J K}^{-1} \cdot 1000\ \text{K}]^{5/2} \cdot \frac{1}{\overset{*}{p}}$$

$$= 2{,}53 \cdot 10^8;$$

$$Z_{\text{rot.}}(\text{Na}_2) = \left[\frac{8\pi^2(1{,}81 \cdot 10^{-45}\ \text{kg m}^2)}{2(6{,}626 \cdot 10^{-34}\ \text{J s})^2}\right][1{,}381 \cdot 10^{-23}\ \text{J K}^{-1} \cdot 1000\ \text{K}] = 2246;$$

$$Z_{\text{v}}(\text{Na}_2) = \frac{1}{1 - \exp\left(\dfrac{-15923\ \text{m}^{-1} \cdot 3 \cdot 10^8\ \text{m s}^{-1} \cdot 6{,}626 \cdot 10^{-34}\ \text{J s}}{1{,}381 \cdot 10^{-23}\ \text{J K}^{-1} \cdot 1000\ \text{K}}\right)}$$

$$= \frac{1}{1 - \text{e}^{-0{,}229}} = 4{,}878;$$

$$Z_{\text{Stand.}}(\text{Na}_2) = Z_{\text{trans}} \cdot Z_{\text{rot.}} \cdot Z_{\text{v}} = 2{,}772 \cdot 10^{12};$$

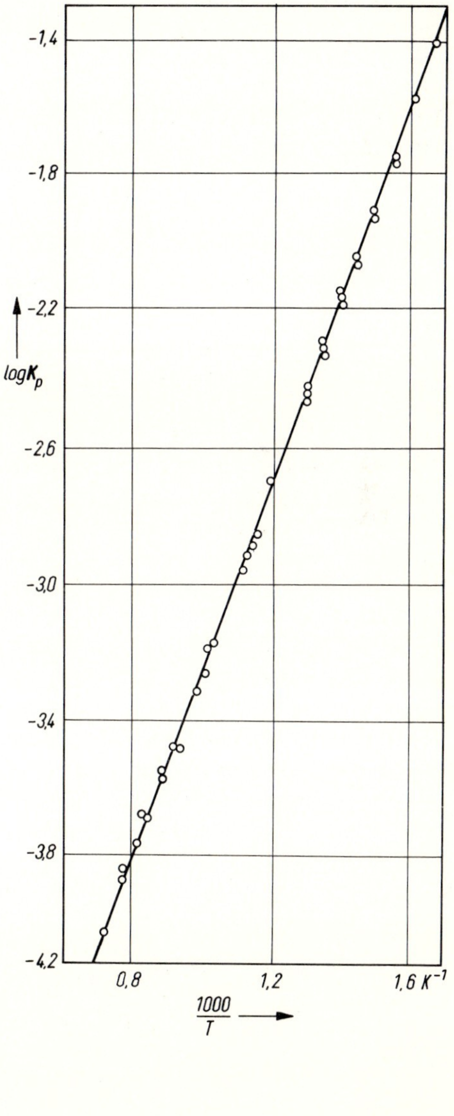

Abb. 142. Gleichgewichtskonstante der Reaktion $\frac{3}{2}\,H_2 + \frac{1}{2}\,N_2 \rightleftarrows NH_3$ nach experimentellen Messungen und statistischer Berechnung (durchgezogene Kurve) als Funktion von $1/T$.

$$Z_{\text{trans}}(\text{Na}) = 2\left[\frac{(2\pi\cdot 3{,}82\cdot 10^{-26}\,\text{kg})}{(6{,}626\cdot 10^{-34}\,\text{J s})^2}\right]^{3/2}\cdot[(1{,}381\cdot 10^{-23}\,\text{J K}^{-1})\cdot 1000\,\text{K}]^{5/2}\frac{1}{\overset{*}{p}}$$

$$= 1{,}788\cdot 10^8;$$

$$Z^2_{\text{trans}}(\text{Na}) = 3{,}197\cdot 10^{16};\quad e^{-\Delta\varepsilon/kT} = e^{-8{,}47} = 2{,}095\cdot 10^{-4};$$

$$\boldsymbol{K}_p = \frac{Z^2(\text{Na})\,e^{-\Delta\varepsilon_0/kT}}{Z(\text{Na}_2)} = \frac{3{,}197\cdot 10^{16}\times 2{,}095\cdot 10^{-4}}{2{,}772\cdot 10^{12}} = 2{,}416\quad(\text{in bar}).$$

Mit Hilfe der Gl. (161) lassen sich Gleichgewichtskonstanten leicht abschätzen, wenn man Reaktionen zwischen ähnlichen 2-atomigen Gasen vor sich hat, bei denen das Verhältnis der Schwingungs-Zustandssummen bei nicht zu hohen Temperaturen etwa gleich 1 ist, so daß man sie weglassen kann und nur noch Translation und Rotation berücksichtigen muß. Gl. (161) vereinfacht sich dann z. B. für die Reaktion

$$H_2 + 2DI \rightleftarrows 2HI + D_2$$

zu

$$\ln\boldsymbol{K}_p = \frac{3}{2}\ln\frac{M^2_{\text{HI}}\cdot M_{\text{D}_2}}{M_{\text{H}_2}\cdot M^2_{\text{DI}}} + \ln\frac{I^2_{\text{HI}}\cdot I_{\text{D}_2}}{I_{\text{H}_2}\cdot I^2_{\text{DI}}} - \Delta\varepsilon/kT, \tag{162}$$

d. h. man braucht zur Berechnung außer $\Delta\boldsymbol{H}_0$ nur noch die Molekulargewichte (bzw. molaren Massen) und die Trägheitsmomente der Reaktions-Teilnehmer.

Wie gut bei Vorhandensein sorgfältiger Messungen experimentelle Ergebnisse und statistische Berechnung von Gleichgewichtskonstanten übereinstimmen, zeigt Abb. 142 für die Reaktion $\frac{3}{2}H_2 + \frac{1}{2}N_2 \rightleftarrows NH_3$ als Funktion von $1/T$.

10 Statistische Thermodynamik von Kristallen

Bei reinen atomaren Kristallen liegt der statistisch ideale Festkörper vor (ohne Nullpunktsentropie, d. h. ohne Gitterfehlstellen). Hier handelt es sich um ein lokalisiertes System, aber – im Gegensatz zum idealen Gas – mit sehr starker zwischenatomarer Wechselwirkung. Ein solcher Kristall stellt also offenbar eine Einheit eines kanonischen Ensembles dar, und wir können ein Mol eines solchen Kristalls analog wie beim idealen Gas als eine Einheit mit $3\,N_\text{L}$ Freiheitsgraden betrachten [vgl. Gl. (96)] mit dem Unterschied, daß hier alle Vertauschungen von einzelnen Atomen zur Ermittlung von Z mitgezählt werden müssen, da es sich um ein lokalisiertes System handelt. Bei der Berechnung der Zustandssumme fällt also die Division durch $N_\text{L}!$ weg. Da es sich hier nicht um Translationsbewegungen der Atome handelt, sondern um Schwingungen um eine Ruhelage in drei verschiedenen Raumrichtungen, kann man nach dem von *Einstein* angegebenen Modell für die Energie von $3\,N_\text{L}$ solcher harmonischer Schwingungen den einfachen Ansatz machen analog zu Gl. (45)

$$\boldsymbol{U}_\text{v} = 3N_\text{L}\bar{\varepsilon} = \frac{3N_\text{L}h\nu_0}{2} + \frac{3N_\text{L}h\nu_0}{e^{h\nu_0/kT}-1}. \tag{162}$$

Entsprechend erhält man für die Molwärme analog zu (46)

$$\boldsymbol{C}_{\mathrm{v},V} = 3R\left(\frac{h\nu_0}{kT}\right)^2 \frac{e^{h\nu_0/kT}}{(e^{h\nu_0/kT}-1)^2}. \tag{163}$$

Führt man auch hier wieder die charakteristische Temperatur $\Theta_\mathrm{v} \equiv h\nu_0/k$ ein, so erhält man die *Einstein*sche Gleichung

$$\boldsymbol{C}_{\mathrm{v},V} = \frac{3R(\Theta_\mathrm{v}/T)^2 e^{\Theta_\mathrm{v}/T}}{(e^{\Theta_\mathrm{v}/T}-1)^2}. \tag{163a}$$

Entwickelt man die e-Potenz in eine *Taylor*sche Reihe

$$e^{\Theta_\mathrm{v}/T} = 1 + \frac{\Theta_\mathrm{v}}{T} + \frac{1}{2!}\left(\frac{\Theta_\mathrm{v}}{T}\right)^2 + \frac{1}{3!}\left(\frac{\Theta_\mathrm{v}}{T}\right)^3 + \cdots$$

und bricht für hohe Temperaturen T die Reihe nach dem 2. Glied ab, so erhält man

$$\lim_{T\to\infty} \boldsymbol{C}_{\mathrm{v},V} = 3R, \tag{164}$$

d. h. die *Dulong-Petit*sche Regel. Die Atomwärme erscheint also als ein Produkt aus dem Grenzwert $3R$ für hohe Temperaturen und einem Korrekturfaktor, der eine Funktion von Θ_v/T darstellt. Für tiefe Temperaturen wird Θ_v/T sehr groß, so daß man 1 gegenüber $\Theta_{\mathrm{v}T}$ vernachlässigen kann, und es wird

$$\lim_{T\to 0} \boldsymbol{C}_{\mathrm{v},V} = \lim_{T\to 0} 3R\left(\frac{\Theta_\mathrm{v}}{T}\right)^2 e^{-\Theta_\mathrm{v}/T}, \tag{165}$$

weil $e^{-\Theta_\mathrm{v}T}$ rascher gegen Null abnimmt, als $(\Theta_\mathrm{v}/T)^2$ gegen ∞ wächst. Das *Einstein*sche Modell vermag also die Abnahme der Atomwärme bei tiefen Temperaturen zu erklären: Ein bestimmter, von Null verschiedener Wert der Atomwärme wird ebenso wie der Grenzwert $3R$ bei um so höherer Temperatur erreicht, je größer Θ_v und damit die Eigenfrequenz ν_0 der Schwingung ist. Trägt man also $\boldsymbol{C}_\mathrm{v}$ gegen T/Θ_v auf, d. h. mißt man die Temperatur in Einheiten der charakteristischen Temperatur Θ_v, so sollten die $\boldsymbol{C}_\mathrm{v}$-Kurven aller 1-atomigen Kristalle zusammenfallen. Das ist mit einer gewissen Näherung der Fall, d. h. die *Einstein*sche Gleichung kann die experimentellen Messungen qualitativ recht gut wiedergeben, versagt jedoch bei tiefen Temperaturen, da $\boldsymbol{C}_\mathrm{v}$ nach Gl. (165) viel rascher abfällt, als der Beobachtung entspricht. Man hat versucht, das *Einstein*sche Modell zu verbessern, indem man statt einer einzelnen Grundfrequenz ν_0 mehrere Frequenzen berücksichtigt. Tatsächlich sind ja die schwingenden Atome im Gitter nicht unabhängig voneinander, d. h. die Schwingungen sind gekoppelt, so daß keineswegs nur eine einzige Grundschwingung ν_0 und ihre Oberschwingungen vorkommen. Vielmehr muß man annehmen, daß der Kristall $3N_\mathrm{L}$ verschiedene Normalschwingungen besitzt entsprechend den $3N_\mathrm{L}$ Freiheitsgraden der Schwingungsbewegung. Es muß sich demnach um ein ganzes Schwingungsspektrum handeln. Zur Berechnung der Schwingungsenergie muß man also den Mittelwert aus allen möglichen Schwingungsfrequenzen bilden:

$$\boldsymbol{U}_{\mathrm{v}} - \boldsymbol{U}_{0,\mathrm{v}} = \sum_{1}^{3N_{\mathrm{L}}} \frac{h\nu_i}{\mathrm{e}^{h\nu_1/kT} - 1}. \tag{166}$$

Bezeichnet man die Energiequanten der einzelnen Normalschwingungen mit $\varepsilon_1, \varepsilon_2 \ldots \varepsilon_{3N_{\mathrm{L}}}$, so ergibt sich die Zustandssumme des Festkörpers nach Gl. (41) zu

$$Z = \sum_{(1)} \mathrm{e}^{-\varepsilon_{i1}/kT} \cdot \sum_{(2)} \mathrm{e}^{-\varepsilon_{i2}/kT} \ldots \cdot \sum_{3N_{\mathrm{L}}} \mathrm{e}^{-\varepsilon_{i3N_L}/kT}, \tag{167}$$

indem man die Gesamtenergie in die Energien der einzelnen Normalschwingungen mit ihren Oberschwingungen aufteilt. Diese lassen sich wieder als geometrische Reihe darstellen und führen zu Gl. (42), wobei die T-abhängigen Schwingungen wieder von der Nullpunktsenergie E_0 aus gerechnet werden, die nicht abgegeben werden kann. Damit ergibt sich

$$Z = \prod_{1}^{3N_{\mathrm{L}}} (1 - \mathrm{e}^{-h\nu_i/kT})^{-1}. \tag{168}$$

Für die Berechnung von Z braucht man die Normalschwingungen ν_i, die sich in besonderen Fällen (bei Ionen-Kristallen) aus den Spektren ermitteln lassen. Außerdem steht der Berechnung noch die große Zahl N_{L} im Wege. Da die ν_i wegen der Koppelung der Schwingungen sehr nahe beieinander liegen, kann man die Summe durch ein Integral ersetzen und braucht dann nur noch eine Verteilungsfunktion der Normalschwingungen, die angibt, wie viele solcher Schwingungen in den Bereich zwischen ν und $\nu + \Delta\nu$ fallen. Diese Zahl $g(\nu)$ wird von der Gitterstruktur, den zwischenatomaren Kräften, den Massen der Gitterpunkte usw. abhängen. Nach dem von *Debye* entwickelten Modell kann man sie ermitteln, indem man die Gitterstruktur des Festkörpers unberücksichtigt läßt und ihm die elastischen Eigenschaften eines Kontinuums zuschreibt. Ein solches kann zu *stehenden Wellen* angeregt werden, analog wie sie nach *Planck* bei der schwarzen Strahlung auftreten. Die Bestimmung der Verteilungsfunktion $g(\nu)\,\mathrm{d}\nu$ läuft somit auf die Berechnung der Zahl der möglichen stehenden Schallwellen in dem Frequenzintervall zwischen ν und $\nu + \Delta\nu$ hinaus. Unter diesen Annahmen läßt sich die Zustandssumme von Gl. (168) in der Form schreiben

$$\ln Z = -\int_{0}^{\infty} g(\nu) \ln(1 - \mathrm{e}^{-h\nu/kT})\,\mathrm{d}\nu. \tag{169}$$

Da ein Kontinuum eine unendlich große Zahl von Freiheitsgraden besitzt, d. h. eine unendliche Reihe von Eigenschwingungen, muß das Integral sich von Null bis ∞ erstrecken. Um diese Zahl von Eigenfrequenzen zu begrenzen, wurde sie von *Debye* auf $3\,N_{\mathrm{L}}$ pro Grammatom festgesetzt, da die $3N_{\mathrm{L}}$ Normal-Gitterschwingungen ja ebenfalls die Rolle von Freiheitsgraden spielen. Die Reihe der Eigenschwingungen des Kontinuums wird also bei einer bestimmten oberen Grenzfrequenz ν_{m} abgebrochen[1)]. Dann kann man die Gesamtzahl der Eigenschwin-

---

[1] Offenbar können sich beliebig kurze Wellen, deren halbe Wellenlänge kleiner ist als der Abstand zweier Gitterpunkte, nicht mehr ausbilden, während die Entstehung von Wellen beliebig großer Wellenlänge offenbar nicht behindert ist.

gungen unterhalb von ν_m aus der Theorie der elastischen Schwingungen ausrechnen. Für den einfachsten Fall isotroper Kristalle gilt

$$g(\nu)\,d\nu = \frac{12\pi \boldsymbol{V} \nu^2}{\bar{c}^3}\,d\nu, \tag{170}$$

worin $\boldsymbol{V}$ das Molvolumen des Festkörpers und $\bar{c}$ die mittlere Fortpflanzungsgeschwindigkeit der longitudinalen und transversalen Schallwellen im Kontinuum bedeutet. Integriert man zwischen Null und ν_m, so muß nach den angestellten Überlegungen die Gesamtzahl der Eigenschwingungen gleich $3N_L$ pro Grammatom bzw. Mol. sein:

$$\frac{12\pi \boldsymbol{V}}{\bar{c}^3}\int_0^{\nu_m} \nu^2\,d\nu = 3N_L\,. \tag{171}$$

Daraus erhält man

$$\bar{c}^3 = \nu_m^3\,\frac{4\pi \boldsymbol{V}}{3N_L} \quad \text{bzw.} \quad \nu_m = \bar{c}\,\sqrt[3]{\frac{3N_L}{4\pi \boldsymbol{V}}}\,. \tag{172}$$

Setzt man (170) in (169) ein, so wird mit (23)

$$\ln Z_v = -\frac{12\pi \boldsymbol{V}}{\bar{c}^3}\int_0^{\nu_m} \nu^2 \ln(1 - e^{-h\nu/kT})\,d\nu, \tag{173}$$

$$\boldsymbol{U}_v = kT^2\frac{\partial \ln Z_v}{\partial T} = \boldsymbol{U}_{0,v} - kT^2\frac{12\pi \boldsymbol{V}}{\bar{c}^3}\frac{\partial}{\partial T}\int_0^{\nu_m} \nu^2 \ln(1 - e^{-h\nu/kT})\,d\nu.$$

Führt man die Differentiation unter dem Integral aus, so erhält man unter Benutzung von (172)

$$\boldsymbol{U}_v = \boldsymbol{U}_{0,v} + \frac{12\pi \boldsymbol{V}}{\bar{c}^3}\int_0^{\nu_m} \frac{h\nu^3}{e^{h\nu/kT} - 1}\,d\nu = \boldsymbol{U}_{0,v} + \frac{9N_L}{\nu_m^3}\int_0^{\nu_m} \frac{h\nu^3}{e^{h\nu/kT} - 1}\,d\nu. \tag{174}$$

Unter Einführung der charakteristischen Temperatur $\Theta \equiv h\nu/k$ bzw. $\Theta_m = h\nu_m/k$ und der Abkürzungen $h\nu/kT \equiv x = \Theta/T$ und $d\nu = (kT/h)\,dx$ erhält man

$$\boldsymbol{U}_v = \boldsymbol{U}_{0,v} + \frac{9N_L}{\nu_m}\frac{kT}{h}\frac{(kT)^3}{h^2}\int_0^{x_m} \frac{x^3}{e^x - 1}\,dx$$

$$= \boldsymbol{U}_{0,v} + 9N_L kT\left(\frac{T}{\Theta_m}\right)^3\int_0^{x_m} \frac{x^3}{e^x - 1}\,dx\,. \tag{175}$$

Das Integral läßt sich nicht elementar auswerten und ist für verschiedene Werte von x_m in Tabellen angegeben[1], so daß man die thermische Schwingungsenergie bei Kenntnis von ν_m – zu

[1] *H. Zeise,* Thermodynamik, Bd. III/1, Leipzig 1954; *Landolt-Börnstein,* 6. Aufl., Bd. II/4, Berlin 1961, Kap. 242.

berechnen aus (172) – für beliebige Temperaturen angeben kann. Durch eine analoge Rechnung ergibt sich die Nullpunktsenergie der Schwingung aus

$$\ln Z_{0,\mathrm{v}} = \frac{\boldsymbol{U}_0}{kT} = -\frac{1}{kT}\int_0^\infty g(\nu)\frac{h\nu}{2}\,\mathrm{d}\nu$$

zu

$$\boldsymbol{U}_{0,\mathrm{v}} = \frac{9}{8} R\,\Theta_\mathrm{m}\,. \tag{176}$$

Die *Debye*sche Theorie sagt aus, daß die Schwingungsenergie eines Festkörpers außer von T nur noch von der charakteristischen Frequenz ν_m abhängt. In der Tabelle 31 sind die charakteristischen Temperaturen einiger Metalle angegeben.

Tabelle 31. Charakteristische Temperaturen $\Theta_\mathrm{m} = h\nu_\mathrm{m}/k$ nach *Debye* in K.

Metall	Θ_m	Metall	Θ_m	Metall	Θ_m
Na	159	Be	1000	Al	398
K	100	Mg	290	Ti	350
Cu	315	Ca	230	Pb	88
Ag	215	Zn	235	Pt	225
Au	180	Hg	96	Fe	420

Die Atomwärme erhält man aus (175) durch Ableitung nach T. Man schreibt die Gleichung zweckmäßig in folgender Form

$$\boldsymbol{U}_\mathrm{v} = \boldsymbol{U}_{0,\mathrm{v}} + 3RT\frac{3}{(\Theta_\mathrm{m}/T)^3}\int_0^{x_\mathrm{m}} \frac{x^3}{\mathrm{e}^x - 1}\,\mathrm{d}x \equiv \boldsymbol{U}_{0,\mathrm{v}} + 3RT\cdot D\left(\frac{\Theta_\mathrm{m}}{T}\right). \tag{178}$$

Die Funktion

$$D\left(\frac{\Theta_\mathrm{m}}{T}\right) \equiv \frac{3}{(\Theta_\mathrm{m}/T)^3}\int_0^{x_\mathrm{m}} \frac{x^3}{\mathrm{e}^x - 1}\,\mathrm{d}x \tag{177}$$

wird als *Debyesche Funktion* bezeichnet. Die Differentiation nach T ergibt

$$\boldsymbol{C}_{\mathrm{v},V} = 3R\left[D\left(\frac{\Theta_\mathrm{m}}{T}\right) - \frac{\Theta_\mathrm{m}}{T}D'\left(\frac{\Theta_\mathrm{m}}{T}\right)\right] = 3R\left[4D\left(\frac{\Theta_\mathrm{m}}{T}\right) - 3P\left(\frac{\Theta_\mathrm{m}}{T}\right)\right], \tag{178}$$

worin $P(x) \equiv \dfrac{x}{\mathrm{e}^x - 1}$ die *Plancksche Funktion* für die Energie des Oscillators darstellt. Die Funktionen $D\left(\frac{\Theta_\mathrm{m}}{T}\right)$ und $P\left(\frac{\Theta_\mathrm{m}}{T}\right)$ sind ebenfalls tabelliert[1)].

[1] Vgl. die auf S. 416[1)] zitierte Literatur.

Bei sehr tiefen Temperaturen wird das Argument (Θ_m/T) sehr groß, so daß in diesem Bereich des Integrals $\int\limits_0^\infty \frac{x^3}{e^x - 1}\,dx$ der Grenzwert für $x = \infty$ bereits erreicht wird. Man kann das Integral durch die Reihenentwicklung

$$6\left(\frac{1}{1^4} + \frac{1}{2^4} + \frac{1}{3^4} + \cdots\right) \approx 6{,}494$$

darstellen, die rasch gegen Null konvergiert, was bedeutet, daß höher liegende Frequenzen in der Nähe von ν_m dann zu dem Integral nicht mehr merklich beitragen. Für tiefe Temperaturen kann man deshalb die *Debye*sche Funktion in der asymptotischen Form schreiben:

$$D = 3\left(\frac{T}{\Theta_m}\right)^3 \cdot 6{,}494 = 19{,}482\left(\frac{T}{\Theta_m}\right)^3.$$

Ferner kann man $3P(\Theta_m/T)$ in Gl. (178) als klein gegenüber $4D(\Theta_m/T)$ vernachlässigen, so daß man für die Atomwärme das schon S. 97 erwähnte *T^3-Gesetz von Debye* erhält:

$$\boldsymbol{C}_{v,V} = 12R \cdot 19{,}482\left(\frac{T}{\Theta_m}\right)^3 = 1943{,}7 \cdot \frac{T^3}{\Theta_m^3}\,\mathrm{J\,K^{-1}\,mol^{-1}}. \quad (179)$$

Zur experimentellen Prüfung des *Debye*schen Gesetzes[1] berechnet man aus den leicht zugänglichen experimentellen $\boldsymbol{C}_v$-Werten bei Temperaturen oberhalb 20 K das Θ_m. Erhält man dabei innerhalb eines größeren Temperaturbereiches einen konstanten Wert für das jeweilige Θ_m, so bedeutet das eine Bestätigung des *Debye*schen Modells. So schwanken z. B. bei CaF_2 im T-Bereich zwischen 17 und 86 K die berechneten Θ_m-Werte nur um 3%. In solchen Fällen kann man jedenfalls das T^3-Gesetz zur Extrapolation der Meßwerte auf das schwer zugängliche T-Gebiet unterhalb von 20 K benutzen.

Häufig zeigt allerdings das so ermittelte Θ_m in einem großen Temperaturbereich einen deutlichen Gang, woraus man schließen muß, daß es sich bei der *Debye*schen Theorie nur um eine Näherung handelt, die darin besteht, daß man ein Gitter nicht als Kontinuum auffassen kann, in dem sich elastische Wellen fortpflanzen. Trotzdem ist das *Debye*sche Modell bei tiefen Temperaturen eine sehr brauchbare Näherung, die sich insbesondere für die Berechnung von konventionellen Entropien bei tiefen Temperaturen als außerordentlich nützlich erwiesen hat.

---

[1] Praktisch mißt man allerdings nicht $\boldsymbol{C}_V$, sondern $\boldsymbol{C}_p$- bzw. $\boldsymbol{C}_s$-Werte bei Sättigungsdampfdruck. Die Differenzen gegenüber $\boldsymbol{C}_V$ sind jedoch bei Festkörpern fast immer vernachlässigbar klein (vgl. S. 351).

Anhang

Literatur (Größere thermodynamische Werke):

J. G. Aston, J. J. Fritz,	Thermodynamics and Statistical Thermodynamics, New York 1959.
R. Becker,	Theorie der Wärme, Berlin 1978.
K. G. Denbigh,	Prinzipien des chemischen Gleichgewichts, Darmstadt 1959.
A. Eucken,	Physikalische, Chemische und Technische Thermodynamik in: Müller-Pouillet, Lehrbuch der Physik, Band III/1 (1926).
A. Eucken,	Lehrbuch der chemischen Physik, Band II/1 und II/2, Leipzig 1949/50.
R. Fowler, E. A. Guggenheim,	Statistical Thermodynamics, Cambridge 1952.
E. A. Guggenheim,	Thermodynamics, New York 1960.
R. Haase,	Thermodynamik der Mischphasen, Berlin 1956.
G. N. Lewis, N. Randall,	Thermodynamik, Wien 1927; engl. Ausgabe, New York 1961.
H. Moesta,	Chemische Statistik, Berlin 1979.
A. Münster,	Statistische Thermodynamik, Berlin 1956; engl. Ausgabe, Band I, II, Berlin 1969/74.
M. Päsler,	Phänomenologische Thermodynamik, Berlin 1975.
M. Planck,	Vorlesungen über Thermodynamik, Berlin 1964.
I. Prigogine, R. Defay,	Chemical Thermodynamics, London 1954.
K. Schäfer,	Statistische Theorie der Materie, Göttingen 1960.
W. Schottky, H. Ulich, C. Wagner,	Thermodynamik, Berlin 1929; Nachdruck 1973.
A. Sommerfeld,	Thermodynamik und Statistik (Vorlesungen über Theoretische Physik, Band V), Leipzig 1962.
H. Stumpf, A. Rieckers,	Thermodynamik, Band 1 und 2, Wiesbaden 1976/77.
H. Zeise,	Thermodynamik (auf den Grundlagen der Quantentheorie, Quantenstatistik und Spektroskopie), Bd. III/1 und III/2, Leipzig 1954/57.
M. W. Zemansky,	Heat and Thermodynamics, New York 1968.

Tabelle I:	Wichtige Naturkonstanten in SI-Einheiten	siehe hinterer Innendeckel
Tabelle II:	Maßeinheiten des Drucks	
Tabelle III:	Maßeinheiten der Energie	

Tabelle IV. Empirische Molwärmen $\boldsymbol{C}_{p_0}$ von Gasen zwischen 300 und 1500 K[1] in $\mathrm{J\,K^{-1}\,mol^{-1}}$

$$\boldsymbol{C}_{p_0} = a + bT + cT^2 + dT^3$$

Gas	Formel	a	$b \cdot 10^3$	$c \cdot 10^6$	$d \cdot 10^9$
Wasserstoff	H_2	29,066	−0,837	2,012	
Deuterium	D_2	28,577	0,879	1,958	
Sauerstoff	O_2	25,723	12,979	−3,862	

[1] S. Fußnote S. 464

Gas	Formel	a	$b \cdot 10^3$	$c \cdot 10^6$	$d \cdot 10^9$
Stickstoff	N_2	27,296	5,230	−0,004	
Chlor	Cl_2	31,698	10,142	−4,038	
Brom	Br_2	35,242	4,075	−1,487	
Chlorwasserstoff	HCl	28,167	1,810	1,547	
Bromwasserstoff	HBr	27,522	3,996	0,662	
Wasserdampf	H_2O	30,359	9,615	1,184	
Kohlenoxid	CO	26,861	6,966	−0,820	
Kohlendioxid	CO_2	21,556	63,697	−40,505	9,678
Distickstoffmonoxid	N_2O	27,317	43,995	−14,941	
Schwefeldioxid	SO_2	25,719	57,923	−38,087	
Schwefeltrioxid	SO_3	15,075	151,921	−120,616	36,187 (bis 1200 K)
Schwefelwasserstoff	H_2S	28,719	16,117	3,284	−2,653
Cyanwasserstoff	HCN	24,995	42,710	−18,062	
Ammoniak	NH_3	25,895	32,581	−3,046	
Methan	CH_4	17,451	60,459	1,117	−7,205
Ethan	C_2H_6	5,351	177,669	−68,701	8,514
Propan	C_3H_8	−5,058	308,503	−161,779	33,309
n-Butan	C_4H_{10}	−0,050	387,045	−200,824	40,610
n-Pentan	C_5H_{12}	0,414	480,298	−255,002	52,815
n-Hexan	C_6H_{14}	1,790	570,497	−306,009	63,994
n-Heptan	C_7H_{16}	3,125	661,013	−357,435	75,324
n-Octan	C_8H_{18}	4,452	751,492	−408,768	86,605
Ethylen	C_2H_4	11,322	122,005	−37,903	
Benzol	C_6H_6	−39,656	501,787	−337,657	85,462
Toluol	C_7H_8	−37,363	573,346	−362,669	87,056
o-Xylol	C_8H_{10}	−16,276	599,442	−350,933	78,948
m-Xylol	C_8H_{10}	−31,941	639,943	−386,321	89,144
p-Xylol	C_8H_{10}	−29,501	624,395	−367,569	82,705
Mesitylen	C_9H_{12}	−25,154	692,084	−390,451	84,157 (bis 1000 K)
Pyridin	C_5H_5N	−12,619	368,539	−161,774	
Methanol	CH_3OH	18,401	101,562	−28,681	
Ethanol	C_2H_5OH	14,970	208,560	−71,090	
Aceton	$(CH_3)_2CO$	8,468	269,454	−143,448	29,631

[1] Über weitere Werte, ihre Zuverlässigkeit und ihre Abweichungen von den theoretisch-statistisch aus optischen Daten berechneten Werten vgl. *J. R. Partigton,* An Advanced Treatise on Physical Chemistry, Bd. I, S. 807 ff. (1949). Tabellen von $\boldsymbol{C}_{p_0}$-Werten in Temperaturstufen von je 100 K findet man in: *Landolt-Börnstein,* 6. Aufl., Bd. II/4, Berlin-Göttingen-Heidelberg 1961; JANAF, Thermochemical Tables, 2. A., Washington 1971, NSRDS-NBS 37.

Tabelle V. Bildungsenthalpien ΔH^{B}_{298} und Freie Bildungsenthalpien ΔG^{B}_{298} aus den Elementen unter Standardbedingungen (p = 1 atm = 1,01325 bar) bei 298,15 K in kJ mol^{-1} sowie konventionelle molare Entropien S_{298} unter Standardbedingungen (p = 1 atm = 1,01325 bar) bei 298,15 K in J mol^{-1} K^{-1} (g = gasförmig; fl = flüssig; f = fest; aq = in idealisierter wäßriger Lösung; m = 1 mol/1000 g Wasser)[1].

a) Anorganische Stoffe

Stoff	Aggregat-zustand	ΔH^{B}_{298}	S_{298}	ΔG^{B}_{298}
Aluminium Al	f	*0*	*28,32*	*0*
Al^{+++}	aq	−524,7	−313,4	−481,2
αAl_2O_3 (Korund)	f	*−1675,27*	*50,94*	*−1581,88*
$Al_2O_3 \cdot 3\,H_2O$ (Hydrargellit)	f	−2567,7	140,21	−2292,4
AlF_3	f	*−1510,42*	*66,48*	*−1431,15*
$AlCl_3$	f	*−705,63*	*109,29*	*−630,06*
$AlBr_3$	f	*−527,18*	*180,23*	*−504,39*
$Al_2O_3 \cdot SiO_2$ (Andalusit)	f	*−2592,07*	*93,22*	*−2444,54*
AlN	f	*−317,98*	*20,15*	*−287,00*
$Al_2(SO_4)_3$	f	−3434,98	239,32	−3091,93
Antimon Sb	f	0	43,9	0
Sb_2O_5	f	−980,7	125,1	−838,9
$SbCl_3$	f	−382,17	186,2	−324,76
$SbCl_3$	g	−314,7	338,1	−302,5
Argon Ar	g	0	154,72	0
Arsen As, α, met.	f	0	35,2	0
As_4O_6, oktaedrisch	f	−1313,53	214,2	−1152,11
As_2O_5	f	−914,6	105,4	−772,4
AsO_4^{---}	aq	−870,3	−144,8	−636,0
$HAsO_4^{--}$	aq	−898,7	3,8	−707,1
$H_2AsO_4^{-}$	aq	−904,6	117,2	−748,5
$AsCl_3$	fl	−335,6	233,5	−295,0
Barium Ba	f	0	64,9	0
Ba^{++}	aq	−538,36	12,6	−561,28
BaO	f	−558,1	70,3	−529,07
$BaCl_2$	f	−860,06	125,5	−811,49
$BaCl_2 \cdot 2\,H_2O$	f	−1461,68	202,9	−1296,41
$BaSO_4$	f	−1465,2	132,2	−1353,73
$Ba(NO_3)_2$	f	−991,86	213,8	−795,59
$BaCO_3$	f	−1218,8	112,1	−1139,51
Beryllium Be	f	*0*	*9,54*	*0*
BeO	f	*−598,73*	*14,13*	*569,53*

[1] Quellen: a) Selected Values of Chemical Thermodynamic Properties, NBS-Circular 500 (1950) [normal gedruckte Zahlenwerte]; b) JANAF, Thermochemical Tables, 2. A., Washington 1971, NSRDS-NBS 37 [kursiv gedruckte Zahlenwerte]. Zur Nomenklatur: In a) wird die Freie Bildungsenthalpie stets mit ΔF, in b) abwechselnd mit ΔF *oder* ΔG bezeichnet!

Stoff	Aggregat-zustand	ΔH^{B}_{298}	S_{298}	ΔG^{B}_{298}
Bismut Bi	f	0	56,9	0
Bi_2O_3	f	−577,0	151,5	−496,6
$BiCl_3$	f	−379,11	189,5	−318,95
$BiCl_3$	g	−270,70	356,9	−260,2
BiOCl	f	−365,3	86,2	−322,2
BiCl	g	44,8	246,4	21,8
BiBr	g	53,1	257,7	15,82
BiI	g	66,9	265,3	46,0
BiS	f	−183,3	147,7	−164,8
Blei Pb	f	*0*	*64,79*	*0*
Pb^{++}	aq	1,63	21,34	−24,31
PbO, gelb	f	*−217,84*	*67,42*	*−188,07*
PbO, rot	f	*−219,27*	*65,24*	*−188,84*
PbO_2	f	*−270,06*	*76,47*	*−212,42*
Pb_3O_4	f	*−733,50*	*210,85*	*−616,16*
$PbCl_2$	f	*−360,66*	*135,98*	*−315,42*
$PbBr_2$	f	*−276,45*	*161,75*	*−259,97*
PbI_2	f	*−175,12*	*175,18*	*−173,41*
PbS	f	−94,31	91,2	−92,68
$PbSO_4$	f	−918,39	147,3	−811,24
$PbCO_3$	f	−700,0	131,0	−626,3
$PbSiO_3$	f	−1082,8	113,0	−1000,0
Bor B	f	*0*	*5,87*	*0*
B_2O_3	f	*−1270,4*	*53,85*	*−1191,29*
B_2H_6	g	*41,00*	*233,09*	*91,80*
B_5H_9	g	*73,22*	*275,32*	*175,07*
H_3BO_3	f	*−1093,99*	*88,74*	*968,61*
$H_2BO_3^-$	aq	−1053,5	30,5	−910,65
BF_3	g	*−1135,62*	*254,24*	*−1119,30*
BF_4^-	aq	−1527,2	167,4	−1435,1
BCl_3	g	*−402,96*	*290,07*	*−387,98*
BBr_3	g	*−204,18*	*324,21*	*−231,01*
BN	f	*−250,91*	*14,79*	*−225,03*
Brom Br_2	fl	*0*	*152,08*	*0*
Br_2	g	*30,91*	*245,38*	*3,13*
Br	g	*111,88*	*174,91*	*82,42*
Br^-	aq	−120,92	80,71	−102,93
HBr	g	*−36,44*	*198,59*	*−53,49*
BrCl	g	*−14,64*	*239,90*	*−0,95*
BrO_3^-	aq	−40,2	162,8	45,6
Cadmium Cd	f	0	51,76	0
Cd^{++}	aq	−72,38	−61,09	−77,66
CdO	f	−254,64	54,8	−224,97

Stoff	Aggregat-zustand	$\Delta \boldsymbol{H}^{B}_{298}$	$\boldsymbol{S}_{298}$	$\Delta \boldsymbol{G}^{B}_{298}$
$Cd(OH)_2$	f	−557,56	95,4	−470,45
$CdCl_2$	f	−389,11	118,4	−342,50
$CdCl_2 \cdot H_2O$	f	−686,72	170,7	−586,22
CdS	f	−144,3	71,1	−140,6
$CdSO_4$	f	−926,17	137,2	−819,94
$CdSO_4 \cdot H_2O$	f	−1231,64	172,0	−1066,17
$CdCO_3$	f	−747,68	105,4	−669,4
Cäsium Cs	f	*0*	*85,15*	*0*
Cs^+	aq	−247,7	133,1	−281,58
CsH	g	121,3	214,43	−102,1
$CsClO_4$	f	−434,55	175,27	−306,14
CsBr	f	−394,6	121,3	−382,8
CsI	f	−336,8	129,7	−333,0
Calcium Ca	f	*0*	*41,56*	*0*
Ca^{++}	aq	−542,96	−55,2	−553,04
CaO	f	−635,5	39,7	−604,2
CaH_2	f	−188,7	41,8	−149,8
$Ca(OH)_2$	f	−986,6	76,1	−896,6
CaF_2	f	*−1225,91*	*68,57*	*−1173,53*
$CaCl_2$	f	*−795,80*	*104,60*	*−748,12*
CaS	f	−482,4	56,5	−477,4
$CaSO_4$, Anhydrid	f	−1432,6	106,7	−1320,5
$CaSO_4 \cdot H_2O$	f	−2021,3	193,97	−1795,8
$Ca(NO_3)_2$	f	−937,2	193,3	−741,8
$Ca(NO_2)_2 \cdot 2\,H_2O$	f	−1539,7	269,0	−1228,0
$Ca_3(PO_4)_2$, α	f	−4126,3	241,0	−3889,9
CaC_2	f	−62,8	70,3	−67,8
$CaCO_3$, Calcit	f	−1207,1	92,9	−1128,8
$CaSiO_3$, α	f	−1579,0	87,4	−1495,4
$CaCrO_4$	f	−1379,0	133,9	−1277,4
Cer Ce	f	0	69,62	0
Ce^{+++}	aq	−727,2	−184,1	−713,4
Chlor Cl_2	g	*0*	*222,96*	*0*
Cl	g	*121,01*	*165,08*	*105,03*
Cl^-	aq	−167,46	55,10	−131,17
ClO_2^-	g	*104,60*	*257,12*	*385,90*
ClO_2	aq	−69,0	100,4	14,6
ClO_3^-	aq	−98,32	163,2	−2,59
ClO_4^-	aq	−131,42	182,0	−10,75
Cl_2O	g	*87,86*	*267,86*	*105,04*
HCl	g	*−92,31*	*186,79*	*−95,30*
ClF	g	*−50,79*	*217,84*	*−52,29*
ClF_3	g	*−158,87*	*281,50*	*−118,90*

Stoff	Aggregat-zustand	ΔH^{B}_{298}	S_{298}	ΔG^{B}_{298}
Chrom Cr	f	0	23,85	0
Cr_2O_3	f	−1128,4	81,17	−1046,8
CrO_4^{--}	aq	−863,2	38,5	−706,3
$Cr_2O_7^{--}$	aq	−1460,6	213,8	−1257,3
$HCrO_4^{-}$	aq	−890,4	69,0	−742,7
$CrCl_2$	f	−395,64	114,6	−356,27
$CrCl_3$	f	−563,2	125,5	−493,7
Cobalt Co	f	*0*	*30,04*	*0*
Co^{++}	aq	−67,4	−155,2	−51,0
CoO	f	−239,3	43,9	−213,0
$CoCl_2$	f	−325,5	106,3	−282,0
$CoSO_4$	f	−868,2	113,4	−761,5
$[Co(NH_3)_5 \cdot H_2O]^{+++}$	aq	−807,1	307,1	−443,9
$[Co(NH_3)_5Cl]^{++}$	aq	−678,2	402,1	−360,2
Co_3C	f	39,7	124,7	31,0
Eisen Fe	f	*0*	*27,32*	*0*
Fe^{++}	aq	−87,9	−113,4	−84,94
Fe^{+++}	aq	−47,7	−293,3	−10,54
FeO	f	*−272,04*	*60,75*	*−251,45*
Fe_2O_3	f	*−825,5*	*87,40*	*−743,58*
Fe_3O_4	f	*−1120,9*	*145,3*	*−1017,51*
$Fe(OH)_2$	f	*−574,0*	*87,9*	*−492,03*
$FeCl_2$	f	−341,0	119,7	−302,1
FeS, α	f	−95,06	67,4	−97,57
FeS_2, Pyrit	f	−177,90	53,1	−166,69
Fe_3C, Cementit	f	20,9	107,5	14,6
$FeCO_3$	f	−747,68	92,9	−673,88
Fe_2SiO_4	f	−1438,0	148,1	−1338,0
Fluor F_2	g	*0*	*202,70*	*0*
F	g	*78,91*	*158,64*	*61,83*
F^-	aq	−329,11	−9,6	−276,5
HF	g	*−272,55*	*173,67*	*−274,64*
Gadolinium Gd	f	0	58,6	0
Gd^{+++}	aq	−706,3	−197,1	−688,7
Gallium Ga	f	0	42,7	0
Germanium Ge	f	0	42,4	0
Gold Au	f	0	47,36	0
$Au(OH)_2$	f	−418,4	121,3	−290,0
Au_2O_3	f	80,8	125,5	163,2
$AuCl_4^-$	aq	−325,5	255,2	−235,1

Stoff	Aggregat-zustand	ΔH^B_{298}	S_{298}	ΔG^B_{298}
$AuBr_4^-$	aq	−190,4	313,8	−159,4
$Au(CN)_2$	aq	244,3	414,2	215,5
Helium He	g	0	126,05	0
Indium In	f	0	52,3	0
In^{+++}	aq	−99,2	−259,4	−133,9
$In(OH)_3$	f	−895,4	104,6	−761,5
Iod I_2	f	*0*	*116,14*	*0*
I	g	*106,85*	*180,68*	*70,29*
I_2	g	*62,44*	*260,58*	*19,38*
I^-	aq	−55,94	109,37	−51,67
I_3^-	aq	−51,9	173,6	−51,51
IO_3^-	aq	−230,1	115,9	−135,6
HI	g	*26,36*	*206,48*	*1,57*
ICl	g	*17,51*	*247,46*	*−5,72*
IBr	g	*40,88*	*258,84*	*3,71*
ICl_3	f	−88,28	172,0	−22,43
Iridium Ir	f	0	36,4	0
Kalium K	f	*0*	*64,67*	*0*
K	g	*89,16*	*160,23*	*60,67*
K^+	aq	−251,21	102,5	−282,04
KH	g	125,5	197,9	105,23
KF	f	−562,58	66,57	−532,87
KHF_2	f	−920,40	104,27	−852,16
KCl	f	*−436,68*	*82,55*	*−408,78*
$KClO_3$	f	−391,20	142,97	−289,66
$KClO_4$	f	*−430,12*	*151,04*	*−300,37*
KBr	f	*−393,80*	*95,94*	*−380,43*
$KBrO_3$	f	−332,2	149,16	−243,5
KI	f	*−327,90*	*106,39*	*−323,03*
KIO_3	f	−508,4	151,46	−425,1
K_2SO_4	f	−1433,69	175,7	−1315,87
KNO_3	f	−492,71	132,93	−392,88
K_2PtCl_6	f	−1259,4	333,9	−1108,8
$KMnO_4$	f	−813,4	171,71	−713,58
$KAl(SO_4)_2$	f	−2465,38	204,6	−2235,22
Kohlenstoff C				
Graphit	f	*0*	*5,69*	*0*
Diamant	f	1,90	2,45	2,88
C	g	*714,99*	*157,99*	*669,58*
CO	g	*−110,53*	*197,54*	*−137,16*
CO_2	g	*−393,52*	*213,69*	*−394,40*

Stoff	Aggregat-zustand	ΔH^{B}_{298}	S_{298}	ΔG^{B}_{298}
CO_3^{--}	aq	−676,26	−53,1	−528,10
HCO_3^-	aq	−691,11	95,0	−587,06
CF_4	g	*−933,20*	*261,31*	*−888,54*
CCl_4	fl	−139,3	214,43	−68,6
CCl_4	g	*−95,98*	*309,70*	*−53,67*
CS_2	fl	87,9	151,04	63,6
CS_2	g	*117,07*	*237,79*	*66,91*
COS	g	*−138,41*	*231,47*	*−165,64*
CN^-	aq	151,0	118,0	165,7
HCN	fl	105,44	112,84	121,34
HCN	g	*135,14*	*201,72*	*124,71*
CNO^-	aq	−140,2	130,1	−98,7
CNCl	g	*137,95*	*236,22*	*131,00*
C_2N_2	g	*309,07*	*241,46*	*297,55*
Krypton Kr	g	0	163,97	0
Kupfer Cu	f	*0*	*33,11*	*0*
Cu^{++}	aq	64,39	−98,7	64,98
Cu^+	aq	51,9	−26,4	50,2
Cu_2O	f	*−170,29*	*92,94*	*−147,69*
CuO	f	*−155,85*	*42,61*	*−128,12*
CuCl	f	−134,7	91,6	−118,8
CuBr	f	−105,0	91,6	−99,62
CuI	f	−67,8	96,7	−69,54
CuS	f	−48,5	66,5	−49,0
Cu_2S	f	−79,5	120,9	−86,2
$CuSO_4$	f	−769,9	113,4	−661,9
$CuSO_4 \cdot 5\,H_2O$	f	−2277,98	305,4	−1879,9
$[Cu(NH_3)_4]^{++}$	aq	−334,3	806,7	−256,1
$CuCO_3$	f	−595,0	87,9	−518,0
Lanthan La	f	0	56,90	0
La^{+++}	aq	−737,2	−184,1	−723,4
Lithium Li	f	*0*	*29,10*	*0*
Li^+	aq	−278,45	14,2	−293,76
LiH	f	*−90.63*	*20,04*	*−68,46*
LiOH	f	−487,23	50,2	−443,9
LiF	f	*−616,93*	*35,66*	*−588,67*
$LiCl \cdot H_2O$	f	−712,58	103,8	−632,6
Li_2CO_3	f	−1215,62	90,37	−1132,36
Magnesium Mg	f	*0*	*32,69*	*0*
Mg^{++}	aq	−461,96	−118,0	−455,97
MgO	f	*−601,24*	*26,94*	*−568,96*
$Mg(OH)_2$	f	−924,66	63,14	−833,7

Stoff	Aggregat-zustand	ΔH^{B}_{298}	S_{298}	ΔG^{B}_{298}
$MgCl_2$	f	*−641,62*	*89,63*	*−592,12*
$MgCl_2 \cdot 6\ H_2O$	f	−2499,61	366,1	−2115,60
$MgSO_4$	f	*−1261,79*	*91,40*	*−1147,51*
$Mg(NO_3)_2$	f	−789,60	164,0	−588,35
$MgCO_3$	f	−1112,9	65,7	−1029,3
$MgSiO_3$	f	*−1548,92*	*67,77*	*−1462,07*
Mangan, α Mn	f	0	32,01	0
Mn^{++}	aq	−218,8	−83,7	−223,4
MnO	f	−384,9	−60,2	−363,2
Mn_3O_4	f	−1386,6	148,5	−1280,3
MnO_2	f	−520,9	53,1	−466,1
MnO_4^-	aq	−518,4	190,0	−425,1
MnS, grün	f	−204,2	78,2	−208,8
$MnSO_4$	f	−1063,74	112,1	−955,96
$MnCO_3$	f	−895,0	85,8	−817,6
$MnSiO_3$	f	−1265,7	89,1	−1185,3
Molybdän Mo	f	*0*	*28,61*	*0*
MoO_3	f	*−745,17*	*77,76*	*−668,13*
MoS_2	f	−232,2	63,2	−225,1
Mo_2C	f	18,0	82,4	12,1
Natrium Na	f	*0*	*51,47*	*0*
Na	g	*107,76*	*153,61*	*77,30*
Na^+	aq	−239,66	60,2	−261,88
Na_2O	f	*−417,98*	*75,04*	*−379,11*
NaH	g	125,02	187,99	103,68
$NaOH \cdot H_2O$	f	−732,91	84,5	−623,42
NaF	f	*−575,38*	*51,21*	*−545,09*
NaCl	f	*−411,12*	*72,12*	*−384,04*
Na_2SO_3	f	−1090,4	146,0	−1002,1
Na_2SO_4 (V)	f	*−1387,21*	*149,64*	*−1269,35*
$Na_2SO_4 \cdot 10\ H_2O$	f	−4324,08	592,87	−3643,97
$NaNO_3$	f	−466,68	116,3	−365,89
Na_2CO_3	f	*−1130,77*	*138,80*	*−1048,08*
$NaHCO_3$	f	−947,7	102,1	−851,9
Na_2SiO_3	f	*−1561,43*	*113,85*	*−1467,38*
$NaBH_4$	f	*−191,84*	*101,39*	*−127,11*
Neon Ne	g	0	146,22	0
Nickel Ni	f	0	29,87	0
Ni^{++}	aq	64,0	−159,4	−46,4
NiO	f	−244,3	38,58	−216,3
$Ni(OH)_2$	f	−538,1	79,5	−453,1
$NiCl_2$	f	−315,9	107,1	−272,4

Stoff	Aggregat-zustand	ΔH^{B}_{298}	S_{298}	ΔG^{B}_{298}
$NiCl_2 \cdot 6\,H_2O$	f	−2116,3	314,6	−1717,5
$NiSO_4$	f	−891,2	77,8	−773,6
$NiSO_4 \cdot 6\,H_2O$, blau	f	−2688,2	305,9	−2221,7
Niob Nb	f	0	37,7	0
Osmium Os	f	0	32,6	0
OsO_4, weiß	f	−383,7	145,2	−295,0
OsO_4, gelb	f	−390,8	124,3	−295,8
OsO_4	g	−334,3	274,5	−284,1
Palladium Pd	f	0	37,2	0
Phosphor, rot P	f	*0*	*22,80*	*0*
P	g	*333,86*	*163,09*	*292,03*
P_2	g	*178,57*	*218,03*	*127,16*
P_4	g	*128,75*	*279,88*	*72,50*
PH_3	g	*22,89*	*210,20*	*25,41*
PCl_3	g	*−271,12*	*311,57*	*−257,50*
PCl_5	g	*−342,72*	*364,19*	*−278,32*
$POCl_3$	g	*−542,38*	*325,38*	*−502,31*
PBr_3	g	*−128,45*	*348,13*	*−157,36*
PN	g	*+104,78*	*211,03*	*+77,21*
Platin Pt	f	0	41,8	0
$Pt(OH)_2$	f	−364,8	110,9	−285,3
$PtCl_4^{--}$	aq	−516,3	175,7	−384,5
$PtCl_6^{--}$	aq	−700,4	220,1	−515,1
Quecksilber Hg	fl	*0*	*76,03*	*0*
Hg	g	*61,30*	*174,87*	*31,84*
HgO, gelb	f	−90,21	73,22	−58,79
HgO, rot	f	−90,71	71,96	−58,91
HgH	g	*238,49*	*219,60*	*215,15*
Hg_2Cl_2	f	*−264,93*	*192,54*	*−210,52*
Hg_2Br_2	f	*−204,18*	*218,75*	*−178,68*
Hg_2I_2	f	*−120,96*	*239,3*	*−112,05*
HgS, rot	f	−58,16	77,8	−49,20
HgS, schwarz	f	−53,97	79,1	−46,61
Hg_2SO_4	f	−741,99	200,75	−624,29
Radium Ra	f	0	71,1	0
Ra^{++}	aq	−527,2	54,4	−562,7
$RaCl_2 \cdot 2\,H_2O$	f	−1468,6	209,2	−1304,2
$RaSO_4$	f	−1472,8	142,3	−1364,0
$Ra(NO_3)_2$	f	−991,6	217,6	−796,2
Radon Rn	g	0	176,15	0

Stoff	Aggregat-zustand	ΔH^{B}_{298}	S_{298}	ΔG^{B}_{298}
Rhenium Re	f	0	41,84	0
Rhodium Rh	f	0	31,80	0
Rubidium Rb	f	0	76,23	0
Rb^+	aq	−246,4	124,3	−280,3
$RbClO_3$	f	−392,5	151,9	−290,0
$RbClO_4$	f	−434,7	160,7	−304,2
RbBr	f	−389,1	108,28	−376,35
RbI	f	−328,4	118,03	−323,4
Ruthenium Ru	f	0	28,9	0
Sauerstoff O_2	g	*0*	*205,03*	*0*
O	g	*249,19*	*160,95*	*231,77*
O_3	g	*142,67*	*238,82*	*163,16*
OH	g	*39,46*	*183,59*	*34,76*
OH^-	aq	−229,95	−10,54	−157,32
H_2O	fl	*−285,84*	*69,94*	*−237,19*
H_2O	g	*−241,83*	*188,72*	*−228,60*
Schwefel, rh. S	f	*0*	*31,93*	*0*
S, monoklin	f	0,30	32,55	0,10
S	g	*278,99*	*167,72*	*238,50*
S_2	g	*129,03*	*228,07*	*80,07*
S^{--}	aq	41,8	22,2	83,7
SO	g	*6,86*	*221,84*	*19,20*
SO_2	g	*−296,84*	*248,10*	*−300,16*
SO_3	g	*−395,76*	*256,66*	*−371,07*
SO_3^{--}	aq	−624,3	43,5	−497,1
SO_4^{--}	aq	−907,5	17,2	−741,99
$S_2O_3^{--}$	aq	−644,3	121,3	−532,2
$S_2O_4^{--}$	aq	−686,2	238,5	−577,4
$S_4O_6^{--}$	aq	−1213,4	259,4	−1030,5
H_2S	g	*−20,42*	*205,65*	*−33,28*
HS^-	aq	−17,66	61,1	12,59
HSO_3^-	aq	−627,98	132,38	−527,31
HSO_4^-	aq	−885,75	126,86	−752,87
SF_6	g	*−1220,85*	*291,68*	*−1116,99*
Selen, grau Se	f	0	41,8	0
Se	g	202,25	176,61	162,21
Se^{--}	aq	132,2	83,7	155,6
Se_2	g	138,66	251,96	88,49
SeO_3^{--}	aq	−512,08	16,3	−373,76
SeO_4^{--}	aq	−607,9	23,8	−441,08
H_2Se	g	85,8	221,3	71,1

Stoff	Aggregat-zustand	ΔH^B_{298}	S_{298}	ΔG^B_{298}
HSe^-	aq	102,9	177,0	98,62
$HSeO_3^-$	aq	−516,7	127,2	−411,3
$HSeO_4^-$	aq	−598,7	92,0	−452,7
SeF_6	g	−1029,3	314,22	−928,8
Silber Ag	f	0	42,70	0
Ag^+	aq	105,90	73,93	77,11
Ag_2O	f	−30,57	121,71	−10,82
AgH	g	283,3	204,43	254,4
AgF	f	202,9	83,7	−184,9
$AgF \cdot 2\,H_2O$	f	−800,0	159,0	−665,3
AgCl	f	−127,04	96,11	−109,72
AgBr	f	−99,50	107,11	−96,11
AgI	f	−62,38	114,2	−66,32
Ag_2S, α	f	−31,80	145,6	−40,25
Ag_2S, β	f	−29,33	150,2	−39,16
Ag_2SO_4	f	−713,37	200,0	−615,76
Ag_2SeO_4	f	−396,22	202,1	−286,6
$AgNO_3$	f	−123,14	140,92	−32,17
Ag_2CO_3	f	−506,14	167,4	−437,14
AgCN	f	146,19	83,7	164,01
$Ag(CN)_2^-$	aq	269,9	205,0	301,46
Silicium Si	f	*0*	*18,82*	*0*
SiO	g	*−100,42*	*211,47*	*−127,29*
SiO_2, Quarz	f	*−910,86*	*44,59*	*−856,48*
SiO_2, Kristobalit, β	f	*−905,49*	*50,05*	*−853,67*
SiO_2, Tridymit	f	−856,88	43,35	−802,91
SiH_4	g	*+32,64*	*204,13*	*+55,16*
SiF_4	g	*−1614,94*	*282,14*	*−1572,58*
$SiCl_4$	fl	−640,15	239,32	−572,79
$SiCl_4$	g	*−657,31*	*330,83*	*−617,38*
SiC (hexag., α)	f	*−71,55*	*16,48*	*−69,15*
Stickstoff N_2	g	*0*	*191,50*	*0*
N	g	*472,65*	*153,19*	*455,51*
N_2O	g	*82,05*	*219,85*	*104,16*
NO	g	*90,29*	*210,65*	*86,60*
NO_2	g	*33,10*	*239,92*	*51,24*
N_2O_4	g	*9,08*	*304,28*	*97,72*
NO_3^-	aq	−206,56	146,4	−110,50
$N_2O_2^{--}$	aq	−10,84	27,61	138,1
NH_3	g	*−45,90*	*192,60*	*−16,38*
NH_4^+	aq	−132,8	112,84	−79,50
N_3H	g	294,1	237,40	328,44
HNO_3	fl	−173,23	155,60	−79,91
$HNO_3 \cdot H_2O$	fl	−472,62	216,86	−328,07

Stoff	Aggregat-zustand	ΔH^B_{298}	S_{298}	ΔG^B_{298}
NH_4Cl	f	– 315,39	94,6	– 203,89
NOCl	g	*51,76*	261,61	*66,11*
NOBr	g	*82,13*	273,41	*82,42*
$(NH_4)_2SO_4$	f	– 1179,30	220,29	– 900,35
Strontium Sr	f	0	52,3	0
Sr^{++}	aq	– 545,51	– 39,3	– 557,94
SrO	f	– 590,4	54,4	– 560,45
SrH	g	219,2	206,82	191,2
$SrCl_2$	f	– 828,4	117,2	– 781,78
$SrSO_4$	f	– 1444,7	121,8	– 1334,91
$SrCO_3$	f	– 1218,4	97,1	– 1138,26
Tantal Ta	f	0	41,4	0
Ta_2O_5	f	– 2091,6	143,05	– 1969,0
Tellur Te	f	0	49,71	0
Te	g	199,2	182,59	159,4
Te_2	g	171,5	268,07	121,3
TeO_2	f	– 325,05	71,09	– 270,29
H_2Te	g	154,4	234,30	138,1
H_2TeO_3	f	– 605,4	199,6	– 484,1
$H_2TeO_4 \cdot 2\,H_2O$	f	– 1282,8	196,6	– 1026,3
TeF_6	g	– 1318,0	337,52	– 1221,7
Thallium Tl	f	0	64,22	0
Tl	g	181,33	180,87	146,57
Tl^+	aq	5,77	127,2	– 32,51
Tl^{+++}	aq	115,9	– 443,5	209,28
Tl_2O	f	– 175,3	99,6	– 136,06
TlH	g	200,8	215,02	175,7
TlOH	f	– 238,1	72,4	– 190,46
TlCl	f	– 204,97	108,4	– 184,97
TlBr	f	– 172,4	119,7	– 166,44
TlI	f	– 124,3	123,0	– 124,35
$TlNO_3$	f	– 242,71	159,8	– 151,00
Thorium Th	f	0	56,9	0
Titan, α Ti	f	*0*	*30,65*	*0*
TiO_2, Rutil	f	*– 944,75*	*50,34*	*– 889,49*
Ti_2O_3	f	*– 1520,84*	*78,78*	*– 1434,36*
Ti_3O_5	f	*– 2459,15*	*129,43*	*– 2317,50*
$TiCl_4$	fl	*– 804,16*	*252,40*	*– 737,33*
TiN	f	*– 337,65*	*30,23*	*– 308,98*
TiC	f	*– 184,10*	*24,23*	*– 180,49*
$FeTiO_3$	f	– 1207,08	105,86	– 1125,08

Stoff	Aggregat-zustand	$\Delta \boldsymbol{H}^{B}_{298}$	$\boldsymbol{S}_{298}$	$\Delta \boldsymbol{G}^{B}_{298}$
Uran U	f	0	50,33	0
U^{+++}	aq	−514,6	−125,5	−520,5
UO_2	f	−1129,7	77,8	−1075,3
UO_2^+	aq	−1035,1	50,2	−994,2
UO_2^{++}	aq	−1047,7	−71,1	−989,1
UO_3	f	−1263,6	98,62	−1184,1
UF_3	f	−1493,7	108,8	−1418,4
UF_6	f	−2163,1	227,82	−2033,4
UF_6	g	−2112,9	379,74	−2029,2
UCl_3	f	−891,2	158,95	−823,8
UCl_6	f	−1139,7	285,8	−1010,4
UBr_6	f	−711,7	205,0	−689,31
UI_3	f	−479,9	234,3	−482,4
$UO_2SO_4 \cdot 3\,H_2O$	f	−2789,9	263,6	−2451,8
$UO_2(NO_3)_2$	f	−1377,4	276,1	−1142,7
UN	f	−334,7	75,3	−313,8
U_2N_3	f	−891,2	121,3	−811,7
Vanadium V	f	0	29,33	0
V_2O_3	f	−1213,4	98,66	−1133,9
V_2O_4	f	−1439,3	103,14	−1330,5
V_2O_5	f	−1560,6	131,0	−1439,3
VCl_2	f	−451,9	97,1	−405,8
VCl_3	f	−573,2	131,0	−502,1
VN	f	−171,5	37,28	−146,4
NH_4VO_3	f	−1051,0	140,6	−886,2
Wasserstoff H_2	g	*0*	*130,57*	*0*
H	g	*217,99*	*114,61*	*203,28*
H^+	aq	0	0	0
D_2	g	0	144,78	0
D	g	221,68	123,24	206,51
HD	g	0,16	143,68	−1,64
OH	g	*39,46*	*183,59*	*34,76*
OH^-	aq	−229,95	−10,54	−157,32
H_2O	fl	*−285,84*	*69,94*	*−237,19*
H_2O	g	*−241,83*	*188,72*	*−228,60*
D_2O	fl	−294,61	75,99	−243,53
D_2O	g	−249,21	198,23	−234,58
HDO	fl	−290,34	79,29	−242,36
HDO	g	−245,75	199,41	−233,58
Wolfram W	f	*0*	*32,66*	*0*
WO_3	f	*−842,91*	*75,91*	*−764,11*
WS_2	f	−193,7	96,2	−193,3
Xenon X	g	0	169,58	0

Stoff	Aggregat-zustand	ΔH^B_{298}	S_{298}	ΔG^B_{298}
Zink Zn	f	0	41,63	0
Zn	g	130,50	160,87	94,93
Zn^{++}	aq	−152,42	−106,48	−147,28
ZnO	f	−347,98	43,9	−318,19
ZnH	g	227,6	203,76	198,7
$ZnCl_2$	f	−415,89	108,4	−369,28
$ZnBr_2$	f	−327,06	137,40	−310,41
ZnI_2	f	−209,12	159,0	−209,24
ZnS	f	−202,9	57,7	−198,3
$ZnSO_4$	f	−978,55	124,7	−871,57
$ZnSO_4 \cdot 7\ H_2O$	f	−3075,7	386,6	−2560,2
$ZnCO_3$	f	−812,5	82,4	−731,4
Zinn, weiß Sn	f	0	51,42	0
Sn, grau	f	2,5	44,8	4,6
SnO	f	−286,2	56,5	−257,3
SnO_2	f	−580,7	52,3	−519,7
$Sn(OH)_2$	f	−578,6	96,7	−492,0
$SnCl_4$	fl	−545,2	258,6	−474,0
SnS	f	−77,8	98,7	−82,4
Zirkon Zr	f	*0*	*38,97*	*0*
ZrO_2	f	*−1097,46*	*50,36*	*−1039,73*
$ZrCl_4$	f	*−979,77*	*181,42*	*−889,29*
ZrN	f	*−365,26*	*38,86*	*−336,69*

b) Organische Stoffe

Stoff		Aggregat-zustand	ΔH^B_{298}	S_{298}	ΔG^B_{298}
Kohlenwasserstoffe					
Methan	CH_4	g	*−78,87*	*186,15*	*−50,81*
Ethan	C_2H_6	g	−84,68	229,49	−32,89
Propan	C_3H_8	g	−103,85	269,91	−23,47
n-Butan	C_4H_{10}	g	−124,73	310,03	−15,69
2-Methylpropan	C_4H_{10}	g	−131,59	294,64	−17,99
n-Pentan	C_5H_{12}	g	−146,44	348,40	−8,20
n-Pentan	C_5H_{12}	fl	−173,05	262,71	−9,25
2-Methylbutan	C_5H_{12}	g	−154,47	343,00	−14,64
2-Methylbutan	C_5H_{12}	fl	−179,28	261,00	−15,02
2,2-Dimethylpropan	C_5H_{12}	g	−165,98	306,39	−15,23
n-Hexan	C_6H_{14}	g	−167,19	386,81	0,21
n-Hexan	C_6H_{14}	fl	−198,82	294,30	−3,81
2-Methylpentan	C_6H_{14}	g	−174,31	379,28	−4,64
2-Methylpentan	C_6H_{14}	fl	−204,26	289,57	−7,87

Stoff		Aggregatzustand	ΔH^B_{298}	S_{298}	ΔG^B_{298}
3-Methylpentan	C_6H_{14}	g	−171,63	379,78	−2,13
3-Methylpentan	C_6H_{14}	fl	−202,00	289,62	−5,61
2,2-Dimethylbutan	C_6H_{14}	g	−185,56	358,65	−9,75
2,2-Dimethylbutan	C_6H_{14}	fl	−213,38	272,71	−11,97
2,3-Dimethylbutan	C_6H_{14}	g	−177,78	365,39	−3,97
2,3-Dimethylbutan	C_6H_{14}	fl	−207,02	277,27	−6,95
n-Heptan	C_7H_{16}	g	−187,82	425,26	8,74
n-Heptan	C_7H_{16}	fl	−224,39	326,02	1,76
2-Methylhexan	C_7H_{16}	g	194,97	416,89	4,10
2-Methylhexan	C_7H_{16}	fl	−229,83	320,41	−1,97
3-Methylhexan	C_7H_{16}	g	−192,30	424,13	4,60
3-Methylhexan	C_7H_{16}	fl	−227,40	327,31	−1,63
3-Ethylpentan	C_7H_{16}	g	−189,70	412,00	10,84
3-Ethylpentan	C_7H_{16}	fl	−224,97	315,18	4,44
2,2-Dimethylpentan	C_7H_{16}	g	−206,23	391,62	0,38
2,2-Dimethylpentan	C_7H_{16}	fl	−238,70	299,16	−4,52
2,2,3-Trimethylbutan	C_7H_{16}	g	−204,85	386,85	3,18
2,2,3-Trimethylbutan	C_7H_{16}	fl	−236,94	295,93	−1,80
n-Octan	C_8H_{18}	g	−208,45	463,67	17,32
n-Octan	C_8H_{18}	fl	−249,95	357,73	7,41
2-Methylheptan	C_8H_{18}	g	−215,48	455,26	12,80
2,2-Dimethylhexan	C_8H_{18}	g	−224,72	431,20	10,71
2,2,3-Trimethylpentan	C_8H_{18}	g	−220,12	425,18	17,11
2,2,3,3-Tetramethylbutan	C_8H_{18}	g	−225,89	394,72	20,42
n-Nonan	C_9H_{20}	g	−229,03	502,08	25,86
n-Dekan	$C_{10}H_{22}$	g	−249,66	540,53	34,43
n-Pentadekan	$C_{15}H_{32}$	g	−352,75	732,62	77,32
n-Eicosan	$C_{20}H_{42}$	g	−455,76	924,75	120,12
Cyclopentan	C_5H_{10}	g	−77,24	292,88	38,62
Cyclohexan	C_6H_{12}	g	−123,14	298,24	31,76
Ethylen	C_2H_4	g	52,3	219,45	68,12
Propylen	C_3H_6	g	20,42	266,94	62,72
1-Buten	C_4H_8	g	−0,13	305,60	71,50
cis-2-Buten	C_4H_8	g	−6,99	300,83	65,86
trans-2-Buten	C_4H_8	g	−11,17	296,48	62,97
2-Methyl-2-Propen (Isobuten)	C_4H_8	g	−16,90	293,59	58,07
1,3-Butadien	C_4H_6	g	111,92	278,74	152,42
Acetylen	C_2H_2	g	226,73	200,83	209,20
Methylacetylen	C_3H_4	g	185,43	248,11	193,76
Dimethylacetylen	C_4H_6	g	147,99	283,30	187,15
Benzol	C_6H_6	g	82,93	269,20	129,66
Benzol	C_6H_6	fl	49,04	172,80	124,52
Toluol	C_7H_8	g	50,00	319,74	122,30
Toluol	C_7H_8	fl	12,01	219,58	114,14
Ethylbenzol	C_8H_{10}	g	29,79	360,45	130,58
Ethylbenzol	C_8H_{10}	fl	−12,47	255,18	119,70

Stoff		Aggregat-zustand	ΔH_{298}^{B}	S_{298}	ΔG_{298}^{B}
o-Xylol	C_8H_{10}	g	19,00	352,75	122,09
o-Xylol	C_8H_{10}	fl	−24,43	246,48	110,33
m-Xylol	C_8H_{10}	g	17,24	357,69	118,67
m-Xylol	C_8H_{10}	fl	−25,44	252,17	107,65
p-Xylol	C_8H_{10}	g	17,95	352,42	121,13
p-Xylol	C_8H_{10}	fl	−24,43	247,36	110,08
Mesitylen	C_9H_{12}	g	−16,07	385,56	117,86
Mesitylen	C_9H_{12}	fl	−63,51	273,42	103,89
Styrol	C_8H_8	g	147,78	345,10	213,80
Alkohole, Aldehyde, Säuren, Ether					
Methanol	CH_3OH	g	−201,17	237,65	−161,88
Methanol	CH_3OH	fl	−238,57	126,78	−166,23
Ethanol	C_2H_5OH	g	−235,31	282,00	−168,62
Ethanol	C_2H_5OH	fl	−277,65	160,67	−174,77
Glykol	$(CH_2OH)_2$	fl	−454,30	166,94	−322,67
Ethylenoxid	C_2H_4O	g	−51,00	243,09	−11,67
Formaldehyd	CH_2O	g	−115,90	218,66	−110,04
Acetaldehyd	C_2H_4O	g	−166,36	265,68	−133,72
Ameisensäure	HCOOH	g	−362,63	251,04	−335,72
Ameisensäure, dimer	$(HCOOH)_2$	g	−785,34	347,69	−685,34
Ameisensäure	HCOOH	fl	−409,20	128,95	−346,02
Formiat-Ion	$HCOO^-$	aq	−410,03	91,63	−334,72
Essigsäure	CH_3COOH	fl	−487,02	159,83	−392,46
Essigsäure	CH_3COOH	g	−437,35	282,50	−315,52
Oxalsäure	$(COOH)_2$	fl	−826,76	120,08	−697,89
Oxalat-Ion	$C_2O_4^{--}$	aq	−824,25	51,04	−674,88
Hydrogenoxalat-Ion	$HC_2O_4^-$	aq	−817,97	153,55	−699,15
Aminoessigsäure	$C_2H_5O_2N$	f	−528,56	109,20	−370,74
Dimethylether	$(CH_3)_2O$	g	−185,35	266,60	−114,22
Dimethylether-hydro-chlorid	$(CH_3)_2O \cdot HCl$	g	−297,48	373,63	−205,43
Halogenverbindungen					
Tetrafluormethan	CF_4	g	*−933,20*	*261,31*	*−888,54*
Chlormethan	CH_3Cl	g	*−86,44*	*234,25*	*−62,95*
Dichlormethan	CH_2Cl_2	g	*−95,52*	*270,18*	*−68,97*
Dichlormethan	CH_2Cl_2	fl	−117,15	178,66	−63,18
Trichlormethan	$CHCl_3$	g	*−103,18*	*295,51*	*−70,41*
Trichlormethan	$CHCl_3$	fl	−131,80	202,92	−71,55
Tetrachlormethan	CCl_4	g	*−95,98*	*309,70*	*−53,67*
Tetrachlormethan	CCl_4	fl	−139,33	214,43	−68,62
Brommethan	CH_3Br	g	−35,56	245,77	−25,94
Iodmethan	CH_3I	g	20,50	254,60	22,18
Chlorethan	C_2H_5Cl	g	−105,02	275,73	−53,14
1,2-Dichlorethan	$C_2H_4Cl_2$	fl	−166,10	208,53	−80,33
1,2-Dibromethan	$C_2H_4Br_2$	fl	−80,75	223,30	−20,88

Stoff		Aggregat-zustand	ΔH^B_{298}	S_{298}	ΔG^B_{298}
Stickstoffverbindungen					
Cyanwasserstoff	HCN	g	*135,14*	*201,72*	*124,71*
Cyanwasserstoff	HCN	fl	105,44	112,84	121,34
Cyanid-Ion	CN^-	aq	151,04	117,99	165,69
Methylamin	CH_3NH_2	g	−28,03	241,63	27,61
Dimethylamin	$HN(CH_3)_2$	g	−27,61	273,17	58,99
Trimethylamin	$N(CH_3)_3$	g	−46,02	288,78	76,73
Nitromethan	CH_3NO_2	fl	−89,04	171,96	9,46
Harnstoff	$CO(NH_2)_2$	f	−333,17	104,60	−197,15
Chlorcyan	$CNCl$	g	*137,95*	*236,22*	*131,00*
Iodcyan	CNI	g	*225,94*	*257,23*	*196,79*
Iodcyan	CNI	f	169,03	128,87	178,24
Acetonitril	C_2H_3N	g	87,86	243,43	105,44
Acetonitril	C_2H_3N	fl	53,14	144,35	100,42

Sachverzeichnis